模糊控制系统的
设计及稳定性分析

（第二版）

佟绍成　王　巍　李元新　编著

科 学 出 版 社

北　京

内 容 简 介

本书系统地介绍了基于模糊 T-S 模型控制的基本理论和方法，力图概括国内外相关研究的最新成果。主要内容包括：模糊集和模糊逻辑系统的基本知识，模糊系统的控制设计方法与稳定性分析，不确定模糊系统的鲁棒控制设计方法与稳定性分析，非线性动态系统的模糊鲁棒控制设计方法与稳定性分析，不确定模糊系统的 H^{∞} 控制设计方法与稳定性分析，非线性时滞系统的模糊控制设计方法与稳定性分析，以及模糊系统的事件触发控制设计方法与稳定性分析。

本书内容系统性强、覆盖面广，可作为高等院校自动控制及其相关专业的研究生教材，也可供模糊控制理论研究的科技工作者参考。

图书在版编目(CIP)数据

模糊控制系统的设计及稳定性分析/佟绍成，王巍，李元新编著. —2 版. —北京：科学出版社，2022.3

ISBN 978-7-03-071182-3

Ⅰ.①模… Ⅱ.①佟… ②王… ③李… Ⅲ.①模糊控制-自动控制系统-系统设计 Ⅳ.①TP273

中国版本图书馆 CIP 数据核字(2021)第 274269 号

责任编辑：朱英彪 / 责任校对：王萌萌
责任印制：吴兆东 / 封面设计：蓝正设计

科学出版社 出版
北京东黄城根北街 16 号
邮政编码：100717
http://www.sciencep.com

北京建宏印刷有限公司 印刷

科学出版社发行 各地新华书店经销

*

2004 年 4 月第 一 版 开本：787×1092 1/16
2022 年 3 月第 二 版 印张：19
2023 年 1 月第三次印刷 字数：450 000

定价：138.00 元

(如有印装质量问题，我社负责调换)

第二版前言

本书第一版于2004年正式出版，是国内第一部系统介绍模糊T-S(Takagi-Sugeno)系统控制设计方法和理论的著作。十多年来，该书为从事模糊控制领域的专家和学者提供了重要的参考，成为智能控制和相关专业研究生的一部精品教材，已被国内多所高校使用和借鉴，得到良好的教学效果。诸多专家学者、读者对该书的知识结构、内容体系给予了高度评价，也提出了许多非常有意义的建议，并期待该书能够再版。

为此，作者结合多年来的教学经验，在第一版的基础上，对部分章节的内容进行微调和取舍，并融合了该研究方向上一些最新的代表性研究成果。另外，修订了第一版中的一些表述，使之更加清晰、简洁，同时也对第一版中存在的一些疏漏进行了修正。

本书的出版得到了国家自然科学基金项目(62173172)和辽宁省高校一流学科建设项目的资助，在此表示衷心的感谢！

由于作者水平有限，书中难免存在疏漏之处，殷切希望广大读者批评指正。

作　者

2021年10月

第一版前言

随着科学技术的进步，现代工业过程日趋复杂，过程的严重非线性、不确定性、多变量、时滞特性、未建模动态和有界干扰，使得控制对象的精确数学模型难以建立，单一应用传统的控制理论和方法难以满足复杂控制系统的设计要求。而模糊控制无须知道被控对象的精确数学模型，且模糊算法能够有效地利用专家所提供的模糊信息知识，处理那些定义不完善或难以精确建模的复杂过程。因此，模糊控制成为近年来国内外控制界关注的热点研究领域。

1965 年，美国控制理论专家 L. A. Zadeh 发表了创建性论文《模糊集合论》，随后，国内外许多学者对模糊控制系统理论和方法进行了研究，对所提出的模糊控制方法进行了工程化研究，并成功地应用于实际工业过程，取得了明显的应用效果。特别是近年来，在模糊控制系统理论的研究方向上，对模糊控制系统的设计准则、模糊系统的稳定性与鲁棒性等关键性理论问题的研究取得了长足的进展。鉴于国内外尚无这方面的专著出版，众多成果散见于期刊文献之中，为满足广大科技工作者的迫切需要，我们撰写了本书，期望为模糊控制理论的研究人员和研究生进入该领域提供捷径。

本书系统介绍模糊控制系统的设计方法和基本理论，着重反映该领域最新的研究成果和发展状态。本书取材于国际期刊杂志上公开发表的学术论文，同时包含了作者的研究成果。本书的出版感谢中国科学院科学出版基金的资助，感谢国家重点基础研究发展计划项目(2002CB312200)、国家自然科学基金项目(60274019)和辽宁省自然科学基金项目(2001101061)的资助。

限于作者水平，书中纰漏在所难免，殷切希望广大读者批评指正。

作　者

2004 年 1 月

目　录

第 1 章　模糊集和模糊逻辑系统

本章介绍有关模糊集合、模糊逻辑系统和模糊 T-S 模糊模型的一些主要知识，这些知识是后面各章节的基础。

1.1　模糊集合及其性质

定义 1.1.1　映射 $\mu_A(x):X\to[0,1]$称为论域 X 上的模糊子集合，记为 A。$\mu_A(x)$称为 x 相对于模糊集合 A 的隶属度，也称为模糊集合 A 的隶属函数。

由定义 1.1.1 可知，论域 X 的一个模糊集合 A 完全由隶属函数 $\mu_A(x)$所刻画。x 对模糊集 A 的隶属程度由 $\mu_A(x)$在闭区间$[0,1]$上的取值大小来反映。特别地，当 $\mu_A(x)$的值域为$\{0,1\}$时，隶属函数将变成集合 X 上的特征函数，即模糊集合变成了清晰集合。因此，模糊集合是清晰集合在概念上的拓广，清晰集合是模糊集合的一种特殊形式。

模糊集合有多种表示方法，最基本的表示方法是将它所包含的元素及其相应的隶属函数表示出来。它可以用如下的序偶形式来表示：

$$A=\{(x,\mu_A(x))\mid x\in X\}$$

也可表示成

$$A=\begin{cases}\displaystyle\int_X \frac{\mu_A(x)}{x}, & X\text{ 为连续论域}\\ \displaystyle\sum_{i=1}^{n}\frac{\mu_A(x_i)}{x_i}, & X\text{ 为离散论域}\end{cases}\tag{1.1.1}$$

下面是模糊集合的例子。

例 1.1.1　设论域 X 为“年龄”，在 $X=[0,200]$上定义两个模糊集合“少年”和“老年人”，这两个模糊集分别用 Y 和 O 表示，其隶属函数如图 1-1 所示。

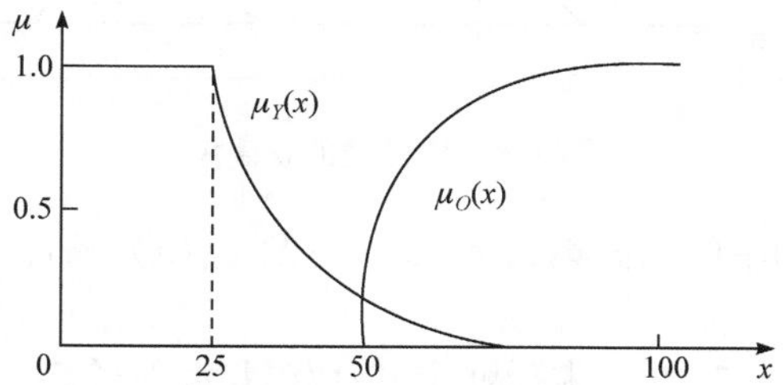

图 1-1　模糊集合的隶属函数

隶属函数是模糊集合的重要组成部分，它是人为主观定义的一种函数。在理论上，隶属函数描述了论域内所有元素属于模糊集合的强度。在实际中，人们常常用有限的数值来定义一个模糊集,中间值则用内插值法计算。常见的隶属函数有指数函数、高斯函数和线性函数等。在工程实际应用中,为了计算方便,常采用线性函数的形式。下面给出有关模糊集合的几个重要概念。

定义 1.1.2　设 A 是 X 上的一个模糊集合,则称

$$\text{supp}A = \{x \mid x \in X, \mu_A(x) > 0\} \tag{1.1.2}$$

为模糊集合 A 的支撑集(见图 1-2)。

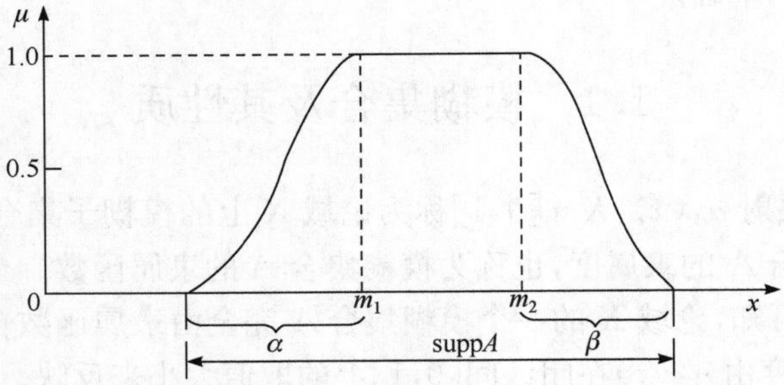

图 1-2　模糊集的支撑集

定义 1.1.3　设 A 是 X 上的一个模糊集合,如果 A 的支撑集仅为一个点,且在该点的隶属函数 $\mu_A(x)=1$,则称 A 为单点模糊集。

定义 1.1.4　设 A 是 X 上的一个模糊集合,定义 A 的 α 截集(见图 1-3)为

$$A_\alpha = \{x \mid x \in X, \mu_A(x) \geqslant \alpha\} \tag{1.1.3}$$

模糊集合 A 的 α 截集 A_α 实际上是一个普通集合。

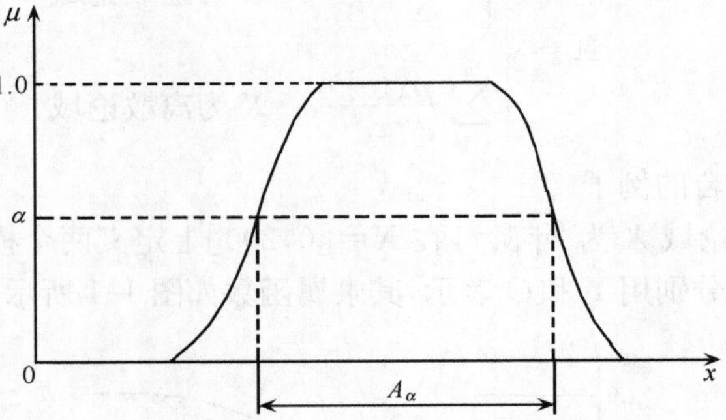

图 1-3　模糊集的 α 截集

同理,可以定义模糊集的强截集 $A_{\dot{\alpha}}=\{x|x\in X,\mu_A(x)>\alpha\}$。

1.2　模糊集合的基本运算

定义 1.2.1　设 A 和 B 是论域 X 上的两个模糊集,如果 $\forall x\in X,\mu_A(x)\leqslant\mu_B(x)$,则称 A 包含于 B,或 B 包含 A,并记作 $A\subset B$。若 $\forall x\in X,\mu_A(x)=\mu_B(x)$,则称 A 等于 B,记作 $A=B$。

用$\varnothing$表示隶属函数恒为 0 的模糊集，X 表示隶属函数恒为 1 的模糊集，则有下面的性质：

(1) $\varnothing \subset A \subset X$；

(2) $A \subset A$；

(3) 若 $A \subset B$，$B \subset A$，则 $A = B$；

(4) 若 $A \subset B$，$B \subset C$，则 $A \subset C$。

定义 1.2.2　设 A 和 B 是论域 X 上的两个模糊集，$\mu_A(x)$ 和 $\mu_B(x)$ 分别为 A 和 B 的隶属函数，定义并集 $A \cup B$ 的隶属函数为

$$\mu_{A\cup B}(x) = \mu_A(x) \vee \mu_B(x) = \max\{\mu_A(x), \mu_B(x)\} \tag{1.2.1}$$

交集 $A \cap B$ 的隶属函数为

$$\mu_{A\cap B}(x) = \mu_A(x) \wedge \mu_B(x) = \min\{\mu_A(x), \mu_B(x)\} \tag{1.2.2}$$

A 的补集 $\overline{A}$ 的隶属函数为

$$\mu_{\overline{A}}(x) = 1 - \mu_A(x) \tag{1.2.3}$$

定义 1.2.3　设 A 和 B 是两个模糊集，其论域分别为 X 和 Y，称积空间 $X \times Y$ 上的模糊集合 $A \times B$ 为 A 和 B 的直积，其隶属函数为

$$\mu_{A\times B}(x, y) = \min\{\mu_A(x), \mu_B(y)\} \tag{1.2.4}$$

或者

$$\mu_{A\times B}(x, y) = \mu_A(x)\,\mu_B(y) \tag{1.2.5}$$

模糊集与经典集合有着相同的运算性质。

(1) 分配律：

$$A \cap (B \cup C) = (A \cap B) \cup (A \cap C)$$
$$A \cup (B \cap C) = (A \cup B) \cap (A \cup C)$$

(2) 结合律：

$$(A \cap B) \cap C = A \cap (B \cap C)$$
$$(A \cup B) \cup C = A \cup (B \cup C)$$

(3) 交换律：

$$A \cup B = B \cup A$$
$$A \cap B = B \cap A$$

(4) 吸收律：

$$(A \cap B) \cup A = A$$
$$(A \cup B) \cap A = A$$

(5) 幂等律：

$$A \cup A = A,\quad A \cap A = A$$

(6) 同一律：

$$A \cup X = X,\quad A \cap X = A,\quad A \cup \varnothing = A,\quad A \cap \varnothing = \varnothing$$

(7) 狄 · 摩根律：

$$(\overline{A \cup B}) = \overline{A} \cap \overline{B},\quad (\overline{A \cap B}) = \overline{A} \cup \overline{B}$$

(8) 双重否定律：

$$\overline{\overline{A}} = A$$

值得指出的是,普通集合中成立的排中律和矛盾律对于模糊集合不再成立,即

$$A \cup \overline{A} \neq X, \quad A \cap \overline{A} \neq \varnothing$$

在模糊集合运算,特别是模糊推理中,还常常用到其他类型的运算,下面列出主要的几种。

(1) 代数和:

$$A \hat{+} B \leftrightarrow \mu_{A \hat{+} B}(x) = \mu_A(x) + \mu_B(x) - \mu_A(x)\mu_B(x) \tag{1.2.6}$$

(2) 代数积:

$$A \cdot B \leftrightarrow \mu_{A \cdot B}(x) = \mu_A(x) \cdot \mu_B(x) \tag{1.2.7}$$

(3) 有界和:

$$A \oplus B \leftrightarrow \mu_{A \oplus B}(x) = \min\{1, \mu_A(x) + \mu_B(x) - 1\} \tag{1.2.8}$$

(4) 有界积:

$$A \otimes B \leftrightarrow \mu_{A \otimes B}(x) = \max\{0, \mu_A(x)\mu_B(x) - 1\} \tag{1.2.9}$$

(5) 强烈和:

$$A \cup B \leftrightarrow \mu_{A \cup B}(x) = \begin{cases} \mu_A(x), & \mu_B(x) = 0 \\ \mu_B(x), & \mu_A(x) = 0 \\ 1, & \mu_A(x),\ \mu_B(x) > 0 \end{cases} \tag{1.2.10}$$

(6) 强烈积:

$$A \cap B \leftrightarrow \mu_{A \cap B}(x) = \begin{cases} \mu_A(x), & \mu_B(x) = 1 \\ \mu_B(x), & \mu_A(x) = 1 \\ 1, & \mu_A(x),\ \mu_B(x) < 1 \end{cases} \tag{1.2.11}$$

1.3 模糊集合的基本定理

分解定理和扩展原理是模糊数学中的两个重要定理,它们在理论研究中有广泛的应用。

定理 1.3.1(分解定理) 设 A 是论域 X 上的模糊集,A_α 是 A 的 α 截集,其中 $\alpha \in [0,1]$,则下列分解式成立:

$$A = \bigcup_{\alpha \in [0,1]} \alpha A_\alpha \tag{1.3.1}$$

式中,αA_α 也是论域 X 上的一个模糊集,被称为 α 与截集 A_α 的"乘积",其隶属函数定义为

$$\mu_{A_\alpha}(x) = \begin{cases} \alpha, & x \in A_\alpha \\ 0, & x \notin A_\alpha \end{cases} \tag{1.3.2}$$

上述关系可用图 1-4 来表示;当 α 取不同的 $\alpha_i(i=1,2,\cdots,n)$ 值时,可由图 1-5 直观表示。当 α 在闭区间 $[0,1]$ 取遍所有值时,按 $\bigcup\limits_{\alpha \in [0,1]} \alpha A_\alpha$ 求模糊集"并"运算,也就是取各个 $\alpha \in [0,1]$ 水平集隶属函数上的点,并且连接成为一条曲线。显然,该曲线与 $\mu_A(x)$ 重合,这就是分解定理的物理意义所在。

分解定理的另一种表现形式为

$$\mu_A(x) = \sup_{\alpha \in [0,1]} [\alpha \wedge \mu_{A_\alpha}(x)] = \bigvee_{\alpha \in [0,1]} [\alpha \wedge \mu_{A_\alpha}(x)] \tag{1.3.3}$$

或

$$\mu_A(x) = \sup_{\alpha\in[0,1]}[\alpha \wedge \mu_{A_\alpha}(x)] = \bigvee_{\alpha\in[0,1]}[\alpha \wedge \mu_{A_\alpha}(x)] \tag{1.3.4}$$

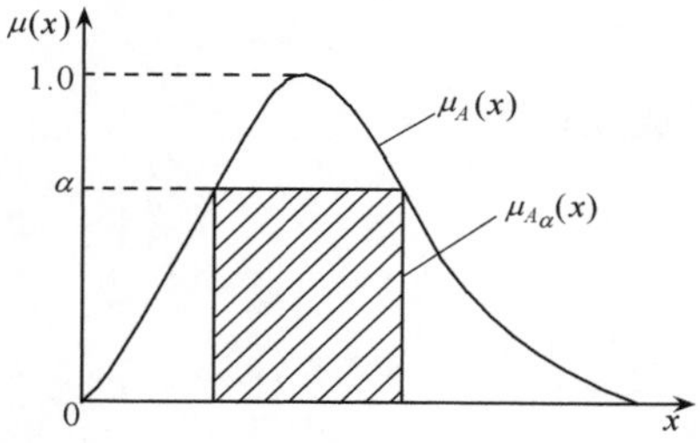

图 1-4　隶属函数

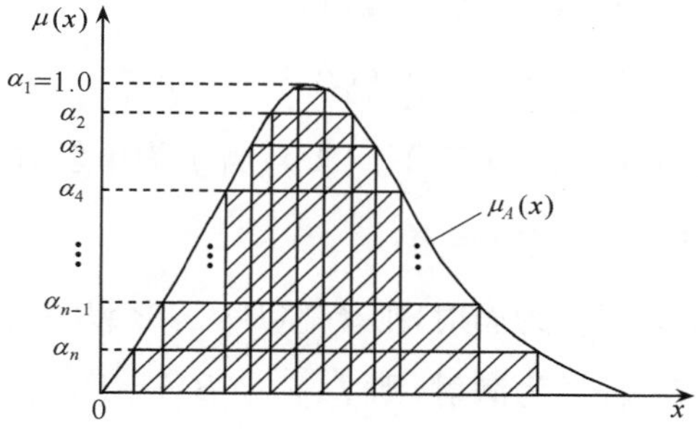

图 1-5　分解定理示意图

定义 1.3.1　设映射 $f:X\to Y$,若 $A\subseteq Y$,则称 $f(A)=\{f(x)|x\in A\}$为 A 在映射 f 下的“像”;若 $B\subseteq Y$,则称 $f^{-1}(B)=\{x|f(x)\in B\}$为 B 在映射 f 下的“原像”。

由上述定义,对于幂集 $P(X)$与 $P(Y)$,可诱导出一个新的映射 g,即

$$g:P(X)\to P(Y),\quad A\to g(A)=\{y \mid y=g(x), x\in A\} \tag{1.3.5}$$

用特征函数表示,有

$$\Psi_{g(A)}(y) = \bigvee_{g(x)=y} \Psi_A(x) \tag{1.3.6}$$

并且,当 $g^{-1}(y)=\varnothing$时,$\Psi_{g(A)}(y)=0$。同样有相应的逆映射

$$g^{-1}:P(Y)\to P(X),\quad B\to g^{-1}(B)=\{x \mid g(x)\in B\} \tag{1.3.7}$$

用特征函数表示,有

$$\Psi_{g^{-1}(B)}(x) = \Psi_B(g(x)) \tag{1.3.8}$$

对于模糊集合,能否将映射 g 扩展到幂集 $F(X)$和 $F(Y)$上去呢?这是 1965 年 L. A. Zadeh 给出的著名的扩展定理所解决的问题。

定理 1.3.2(扩展原理)　设映射 $f:X\to Y$,由 f 诱导一个新的映射,记为 $\tilde{f}$,有

$$\tilde{f}:F(X)\to F(Y), A\to \tilde{f}(A)$$

$$\mu_{\tilde{f}(A)}(y) = \begin{cases} \bigvee_{\tilde{f}(x)=y} \mu_A(x), & \tilde{f}(y)\neq\varnothing \\ 0, & \tilde{f}(y)=\varnothing \end{cases} \tag{1.3.9}$$

由 $\tilde{f}$ 诱导出另一个新的映射 $\tilde{f}^{-1}$,有

$$\tilde{f}^{-1}:F(Y)\to F(X), B\to \tilde{f}^{-1}(B)$$

$$\mu_{\tilde{f}^{-1}(B)}(x) = \mu_B(\tilde{f}(x)) \tag{1.3.10}$$

这时,$\tilde{f}(A)$称作 A 在 $\tilde{f}$ 下的像,而 $\tilde{f}^{-1}(B)$称作 B 在 $\tilde{f}$ 下的原像。这里的 $\tilde{f}$ 为 f 的扩展。A 通过 $\tilde{f}$ 映射为像 $\tilde{f}(A)$时,它的隶属函数的值保持不变。

由扩展原理,并设 $f:X\to Y$,指标集为 $\mathbf{Z}$,$\forall i\in\mathbf{Z}$,有下面的性质:

(1) $\tilde{f}(A)=\varnothing\Leftrightarrow A=\varnothing$;

(2) $A\subseteq B\Leftrightarrow\tilde{f}(A)\subseteq\tilde{f}(B)$;

(3) $\tilde{f}(\bigcup\limits_{i\in\mathbf{Z}}A_i)=\bigcup\limits_{i\in\mathbf{Z}}\tilde{f}(A_i)$;

(4) $\tilde{f}(\bigcap\limits_{i\in\mathbf{Z}}A_i)\subseteq\bigcap\limits_{i\in\mathbf{Z}}\tilde{f}(A_i)$,当 f 为单射时,等号成立;

(5) $\tilde{f}^{-1}(\varnothing)=\varnothing$;

(6) 若 f 为满射,则 $\tilde{f}^{-1}(B)=\varnothing\Leftrightarrow B=\varnothing$;

(7) 若 f 为满射,则 $\tilde{f}(\tilde{f}^{-1}(B))=B$;

(8) 若 $B_1\subseteq B_2$,则 $\tilde{f}^{-1}(B_1)\subseteq\tilde{f}^{-1}(B_2)$;

(9) $\tilde{f}^{-1}(\bigcup\limits_{i\in\mathbf{Z}}B_i)=\bigcup\limits_{i\in\mathbf{Z}}\tilde{f}^{-1}(B_i)$;

(10) $\tilde{f}^{-1}(\bigcap\limits_{i\in\mathbf{Z}}B_i)=\bigcap\limits_{i\in\mathbf{Z}}\tilde{f}^{-1}(B_i)$;

(11) $\tilde{f}^{-1}(B^c)=(\tilde{f}^{-1}(B))^c$。

扩展定理是模糊集合中一个很重要的定理,已得到了广泛的应用。如果说分解定理是模糊集与清晰集之间的纽带,那么扩展原理是把清晰集合中的数学方法扩展到模糊集合中的有力工具。

1.4 模糊关系

在日常生活中,除了如“电源开关与电动机启动按钮都闭合了”、“$A=B$”等清晰概念上的普通逻辑关系以外,还会遇到一些表达模糊概念的关系语句,例如,“妹妹和妈妈很相像”、“小明的个子很高”等。普通关系只是表示事物(元素)间是否存在关联,而模糊关系是描述事物(元素)间对于某一模糊概念的关联程度。用普通关系来表示模糊概念上的关联是不可能的,所以,需用模糊关系来表示。

1.4.1 模糊关系的定义及其表示方法

定义 1.4.1 n 元模糊关系 R 是定义在积空间 $X_1\times X_2\times\cdots\times X_n$ 上的模糊集合,它表示为

$$\begin{aligned}R_{X_1\times X_2\times\cdots\times X_n}&=\{((x_1,x_2,\cdots,x_n),\mu_R(x_1,x_2,\cdots,x_n))\mid(x_1,x_2,\cdots,x_n)\in X_1\times X_2\times\cdots\times X_n\}\\&=\int_{X_1\times X_2\times\cdots\times X_n}\mu_R(x_1,x_2,\cdots,x_n)/(x_1,x_2,\cdots,x_n)\end{aligned}\tag{1.4.1}$$

通常用得较多的是 $n=2$ 时的模糊关系。

值得指出的是,模糊关系也是模糊集合,可用表示模糊集合的方法来表示。此外,当 X 和 Y 为有限集合时,常用模糊矩阵来表示。

设 $X=\{x_1,x_2,\cdots,x_n\}$ 和 $Y=\{y_1,y_2,\cdots,y_m\}$ 为有限集合,$X\times Y$ 上的模糊关系 R 可

用 $n\times m$ 阶矩阵来表示：

$$\boldsymbol{R}=\begin{bmatrix}\mu_R(x_1,y_1) & \mu_R(x_1,y_2) & \cdots & \mu_R(x_1,y_m)\\ \mu_R(x_2,y_1) & \mu_R(x_2,y_2) & \cdots & \mu_R(x_2,y_m)\\ \vdots & \vdots & & \vdots\\ \mu_R(x_n,y_1) & \mu_R(x_n,y_2) & \cdots & \mu_R(x_n,y_m)\end{bmatrix}$$

这样的矩阵称为模糊关系矩阵。由于其元素均为隶属函数，它们均在[0,1]中取值。

例 1.4.1　设 X 是实数集合，$x,y\in X$，R 表示模糊关系"y 比 x 大得多"，R 的隶属函数可定义为

$$\mu_R(x,y)=\begin{cases}0, & x\geqslant y\\ \dfrac{1}{1+\left(\dfrac{10}{y-x}\right)^2}, & x<y\end{cases}\tag{1.4.2}$$

例 1.4.2　设 $X=\{1,2,3\}$，$Y=\{2,3,4\}$，定义模糊关系 R 为"$x\approx y$"，则 $X\times Y$ 上的模糊关系表示为

x	y		
	2	3	4
1	0.66	0.33	0
2	1	0.66	0.33
3	0.66	1	0.66

对应的模糊矩阵为

$$\boldsymbol{R}=\begin{bmatrix}0.66 & 0.33 & 0\\ 1 & 0.66 & 0.33\\ 0.66 & 1 & 0.66\end{bmatrix}$$

1.4.2　模糊关系的合成

按照模糊关系的定义，模糊关系实质上是乘积空间上的模糊集合，所以，它也遵循一般模糊集合的基本运算和性质，例如，交、并、补运算如下。

交：$R\cap S\Leftrightarrow\mu_R(x,y)\wedge\mu_S(x,y)$；

并：$R\cup S\Leftrightarrow\mu_R(x,y)\vee\mu_S(x,y)$；

补：$\bar{R}\Leftrightarrow 1-\mu_R(x,y)$。

下面介绍模糊关系的合成运算，它在模糊控制中有着很重要的应用。

定义 1.4.2　设 R 是 $X\times Y$ 中的模糊关系，S 是 $Y\times Z$ 中的模糊关系，定义 R 和 S 的合成 $R\circ S$ 是 $X\times Z$ 中的模糊关系，其隶属函数为

$$\mu_{R\circ S}(x,z)=\bigvee_{y\in Y}[\mu_R(x,y)*\mu_S(y,z)]\tag{1.4.3}$$

式中，$x\in X$；$z\in Z$。显然，$R\circ S$ 是 $X\times Z$ 上的一个模糊集合。

由定义 1.4.2 所定义的模糊关系合成，通常称为 $\vee$-$*$ 合成运算。其中，算子 $*$ 可取一般模糊文献中所定义的 T 范式的任何一种，但最常用的 $\vee$-$*$ 运算是 $\vee$-$\wedge$ 或 $\vee$-$\cdot$，对应的隶属函数分别为

$$\mu_{R\circ S}(u,w)=\bigvee_{v\in V}\left[\left(\mu_R(u,v)\wedge\mu_S(v,w)\right)\right] \tag{1.4.4}$$

$$\mu_{R\circ S}(u,w)=\bigvee_{v\in V}\left[\mu_R(u,v)\cdot\mu_S(v,w)\right] \tag{1.4.5}$$

当 X、Y 和 Z 是离散的有限论域时，$\vee$-$\wedge$ 和 $\vee$-$\cdot$ 可分别用 max-min 和 max-· 来替换。

例 1.4.3　设 R_1 表示西红柿的颜色与成熟程度之间的关系，R_2 表示西红柿的成熟程度与味道之间的关系，并设 $X=\{\text{green},\text{yellow},\text{red}\}$，$Y=\{\text{unripe},\text{semi-ripe},\text{ripe}\}$，$Z=\{\text{sour},\text{sweet-sour},\text{sweet}\}$，则有

$R_1(x,y)$	unripe	semi-ripe	ripe
green	1	0.5	0
yellow	0.3	1	0.3
red	0	0.7	1

$R_2(y,z)$	sour	sweet-sour	sweet
unripe	1	0.2	0
semi-ripe	0.7	1	0.3
ripe	0	0.7	1

R_1 和 R_2 的合成表示西红柿的颜色与味道之间的模糊关系。按照模糊关系合成运算 max-min，有

$R(x,z)$	sour	sweet-sour	sweet
green	1	0.5	0.3
yellow	0.7	1	0.4
red	0.2	0.7	1

例 1.4.4　设 $X=\{1,2,3,4\}$，$Y=\{a,b,c\}$，$Z=\{\alpha,\beta\}$，$X\times Y$ 和 $Y\times Z$ 上的模糊关系 R 和 S 分别用模糊矩阵表示为

$$\boldsymbol{R}=\begin{bmatrix}0.7 & 0.5 & 0\\ 1.0 & 0 & 0\\ 0 & 1.0 & 0\\ 0 & 0.4 & 0.3\end{bmatrix},\quad \boldsymbol{S}=\begin{bmatrix}0.6 & 0.8\\ 0 & 1.0\\ 0 & 0.9\end{bmatrix}$$

按照 max-min 合成规则，可得模糊合成关系为

$$\boldsymbol{T}=\boldsymbol{R}\circ\boldsymbol{S}=\begin{bmatrix}0.7 & 0.5 & 0\\ 1.0 & 0 & 0\\ 0 & 1.0 & 0\\ 0 & 0.4 & 0.3\end{bmatrix}\circ\begin{bmatrix}0.6 & 0.8\\ 0 & 1.0\\ 0 & 0.9\end{bmatrix}$$

$$
=\begin{bmatrix}
(0.7\wedge 0.6)\vee(0.5\wedge 0)\vee(0\wedge 0) & (0.7\wedge 0.8)\vee(0.5\wedge 1.0)\vee(0\wedge 0.9)\\
(1.0\wedge 0.6)\vee(0\wedge 0)\vee(0\wedge 0) & (1.0\wedge 0.8)\vee(0\wedge 1.0)\vee(0\wedge 0.9)\\
(0\wedge 0.6)\vee(0\wedge 0)\vee(0\wedge 0) & (0\wedge 0.8)\vee(1.0\wedge 1.0)\vee(0\wedge 0.9)\\
(0\wedge 0.6)\vee(0.4\wedge 0)\vee(0.3\wedge 0) & (0\wedge 0.8)\vee(0.4\wedge 1.0)\vee(0\wedge 0.9)
\end{bmatrix}
$$

$$
=\begin{bmatrix}
0.6 & 0.7\\
0.6 & 0.8\\
0 & 1\\
0 & 0.4
\end{bmatrix}
$$

1.5　模糊逻辑与近似推理

1.5.1　模糊语言变量

语言变量是自然语言中的词或句,它的取值不是通常的数,而是用模糊语言表示的模糊集合。例如,若把“年龄”看成一个模糊语言变量,则它的取值不是具体年龄,而是诸如“年幼”、“年老”和“年轻”等用模糊语言表示的模糊集合。L. A. Zadeh 为语言变量给出了如下的定义。

定义 1.5.1　一个语言变量可用一个五元体$(x,T(x),U,G,M)$来表示,其中x为变量名称;$T(x)$为x的语言集,即语言x取值名称的集合,而且每个语言取值对应一个在U上的模糊集;U是论域;G为语言取值的语法规则;M为解释每种语言x取值的语义规则。

例 1.5.1　以控制系统的误差为语言变量x,论域取为$[-6,+6]$。“误差”这个语言变量的原子单词有“大”、“中”、“小”和“零”, 对这些原子单词施加适当的语气算子,就可以构成多个语言值名称, 如“很大”、“大”和“较小”等,再考虑误差有正、负的情况,$T(x)$可表示成为

$T(x)=T$(误差)

　　={负很大,负大, 负较大,负中,负小,零,正小,正中,正较大,正大,正很大}

图 1-6 是以误差为语言变量的五元体示意图,其中语言集合$T(x)$只画出一部分,语义规则是模糊集的隶属函数。

上述定义可能会造成一个这样的印象:语言变量是一个很复杂的概念, 但实际上并非如此。引入语言变量这个概念的目的是要确切地表明,一个变量是能够用普通语言中的词汇来取值的。下面是语言变量的直观定义。

定义 1.5.2　如果一个变量能够用普通语言中的词(如大、小和快等)来取值,则该变量就定义为语言变量。所用的词常常是模糊集合的标识词。

例 1.5.2　语言变量“速度”可用“慢速”、“中速”和“快速”来取值,而这里“慢速”、“中速”和“快速”分别对应于图 1-7 中定义的模糊集合;同时,语言变量“速度”也可以取$[0,V]$之间的任意值。由此可见,语言变量是一个很重要的概念,它提供了量化语言描述的正规途径。

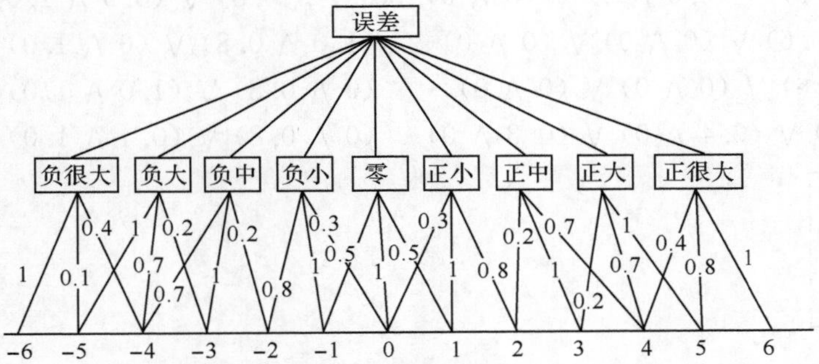

图 1-6 误差为语言变量的五元体

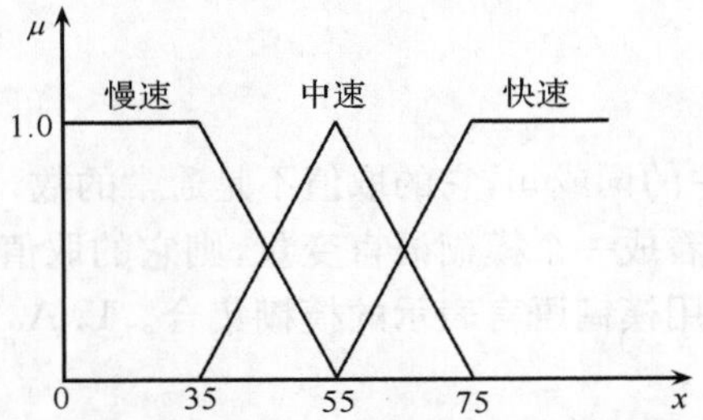

图 1-7 汽车“慢速”、“中速”和“快速”三种模糊集合的隶属函数

如上所述,每个模糊语言变量相当于一个模糊集合,通常在模糊语言前加上“极”、“非常”、“相当”、“比较”、“略”和“稍微”这样一类的修饰词,其结果改变了该模糊语言的含义,相应的隶属函数也要改变。例如,设模糊语言为 A,其隶属函数为 μ_A,则通常有

$$\mu_{\text{极}A}=\mu_A^4,\quad \mu_{\text{非常}A}=\mu_A^2,\quad \mu_{\text{相当}A}=\mu_A^{1.25}$$

$$\mu_{\text{比较}A}=\mu_A^{0.75},\quad \mu_{\text{略}A}=\mu_A^{0.5},\quad \mu_{\text{稍微}A}=\mu_A^{0.25}$$

1.5.2 模糊蕴涵关系

定义 1.5.3 设 A 和 B 分别是 X 和 Y 上的两个模糊集,则由 $A\to B$ 所表示的模糊蕴涵是 X 到 Y 的一个模糊关系,即定义在 $X\times Y$ 上的一个二元模糊集。

在模糊逻辑控制中,模糊控制规则实质上是模糊蕴涵关系。由于模糊关系有许多种定义方法,模糊蕴涵关系相应地也有许多种定义方法。在模糊逻辑控制中,常用到如下几种模糊蕴涵关系的运算。

(1) 模糊蕴涵的最小运算(Mamdani):

$$R=A\to B=A\wedge B=\int_{X\times Y}\mu_A(x)\wedge\mu_B(y)/(x,y) \tag{1.5.1}$$

(2) 模糊蕴涵的积运算(Larsen):

$$R=A\to B=A\times B=\int_{X\times Y}\mu_A(x)\mu_B(y)/(x,y) \tag{1.5.2}$$

(3) 模糊蕴涵的算术运算(Zadeh):

$$R=A\to B=(\overline{A}\times Y)\oplus(X\times B)$$

$$=\int_{X\times Y}[1\wedge(1-\mu_A(x)+\mu_B(y))]/(x,y) \tag{1.5.3}$$

（4）模糊蕴涵的最大最小运算（Zadeh）：

$$R=A\to B=(A\times B)\cup(\overline{A}\times Y)$$
$$=\int_{X\times Y}(\mu_A(x)\wedge\mu_B(y))\vee(1-\mu_A(x))/(x,y) \tag{1.5.4}$$

（5）模糊蕴涵的布尔运算：

$$R=A\to B=(\overline{A}\times Y)\cup(X\times B)$$
$$=\int_{X\times Y}[1\wedge(1-\mu_A(x)+\mu_B(y))]/(x,y) \tag{1.5.5}$$

（6）模糊蕴涵的标准法运算（一）：

$$R=A\to B=(A\times Y)\to(X\times B)$$
$$=\int_{X\times Y}(\mu_A(x)>\mu_B(y))/(x,y) \tag{1.5.6}$$

式中

$$\mu_A(x)>\mu_B(y)=\begin{cases}1, & \mu_A(x)\leqslant\mu_B(y)\\ 0, & \mu_A(x)>\mu_B(y)\end{cases}$$

（7）模糊蕴涵的标准法运算（二）：

$$R=A\to B=(A\times Y)\to(X\times B)$$
$$=\int_{X\times Y}(\mu_A(x)\gg\mu_B(y))/(x,y) \tag{1.5.7}$$

式中

$$\mu_A(x)\gg\mu_B(y)=\begin{cases}1, & \mu_A(x)\leqslant\mu_B(y)\\ \dfrac{\mu_B(y)}{\mu_A(x)}, & \mu_A(x)>\mu_B(y)\end{cases}$$

1.5.3　模糊推理及其模型

在形式逻辑中，经常使用三段论式的演绎推理，即由大前提、小前提和结论构成的推理。例如，平行四边形两对角线相互平分，矩形是平行四边形，则矩形的两条对角线也相互平分。这种推理可以写成如下模型。

大前提：　如果 X 是 A，则 Y 是 B
小前提：　X 是 A
―――――――――――――――――
结　论：　Y 是 B

在这种推理过程中，如果大前提中的“A”与小前提的“A”是完全一样的，则结论必然是“B”，这就是二值逻辑的本质。在这种推理过程中，不管“A”与“B”代表什么，推理是普遍适用的。目前的计算机就是基于这种形式逻辑推理进行设计和工作的。如果大前提中的“A”与小前提的“A”不一致，形式逻辑就无法再进行推理，因此计算机也无法进行推理。但是在这种情况下，人是可以进行思维和推理的。例如，健康的人长寿，孔子非常健康，则孔子非常长寿。在这一推理中,大前提中的“A”是“健康”,小前提中的“A”是“非常健康”,大前提与小前提不一致,无法使用形式逻辑进行推理。但仍可以得到“相当长寿”的结论,这是根据大前提中的“健康”与小前提中的“非常健康”的“含义”的相似程度得到的。通常用模糊集方法模拟人脑,这样一个思维过程的推理称为模糊推理。又如

大前提: 如果西红柿红了,则熟了
小前提: 这个西红柿有点红

结 论: 这个西红柿差不多熟了

关于模糊推理可以概括成以下几个模型。

(1) 单输入单输出模糊推理模型。

大前提: 如果 X 是 A,则 Y 是 B
小前提: X 是 A'

结 论: Y 是 B'

其中,A 和 A' 是 X 上的模糊集;B 和 B' 是 Y 上的模糊集。

(2) 多规则、单输入单输出模糊推理模型。

大前提 1: 如果 X 是 A_1,则 Y 是 B_1
大前提 2: 如果 X 是 A_2,则 Y 是 B_2
⋮
大前提 m: 如果 X 是 A_m,则 Y 是 B_m
小前提: X 是 A'

结 论: Y 是 B'

其中,A_i 和 $A'(i=1,2,\cdots,n)$ 是 X 上的模糊集;B 和 B' 是 Y 上的模糊集。

(3) 多输入单输出模糊推理模型。

大前提: 如果 X_1 是 A_1,X_2 是 A_2,…,X_n 是 A_n,则 Y 是 B
小前提: X_1 是 A'_1,X_2 是 A'_2,…,X_n 是 A'_n

结 论: Y 是 B'

其中,A_i 和 $A'_i(i=1,2,\cdots,n)$ 是 X 上的模糊集,B 和 B' 是 Y 上的模糊集。

(4) 多规则、多输入单输出模糊推理模型。

大前提 1: 如果 X_1 是 A_{11},X_2 是 A_{12},…,X_n 是 A_{1n},则 Y 是 B_1
大前提 2: 如果 X_1 是 A_{21},X_2 是 A_{22},…,X_n 是 A_{2n},则 Y 是 B_2
⋮
大前提 m: 如果 X_1 是 A_{m1},X_2 是 A_{m2},…,X_n 是 A_{mn},则 Y 是 B_m
小前提: X_1 是 A'_1,X_2 是 A'_2,…,X_n 是 A'_n

结 论: Y 是 B'

其中，A_{ij} 和 A'_i 是 X 上的模糊集($i=1,2,\cdots,n$；$j=1,2,\cdots,m$)；B_j 和 B' 是 Y 上的模糊集($j=1,2,\cdots,m$)。

(5) 多规则、多输入多输出模糊推理模型。

大前提 1：　如果 X_1 是 A_{11}，…，X_n 是 A_{1n}，则 Y_1 是 B_{11}，…，Y_q 是 B_{1q}

大前提 2：　如果 X_1 是 A_{21}，…，X_n 是 A_{2n}，则 Y_1 是 B_{21}，…，Y_q 是 B_{2q}

⋮

大前提 m：　如果 X_1 是 A_{m1}，…，X_n 是 A_{mn}，则 Y_1 是 B_{m1}，…，Y_q 是 B_{mq}

小前提：　X_1 是 A'_1，X_2 是 A'_2，…，X_n 是 A'_n

结　论：　Y_1 是 B_1，…，Y_q 是 B_q

其中，A_{ij} 和 A'_i 是 X 上的模糊集($i=1,2,\cdots,m$；$j=1,2,\cdots,n$)；B_{ij} 和 B_j 是 Y 上的模糊集($i=1,2,\cdots,m$；$j=1,2,\cdots,q$)。

1.6　模糊推理的方法及算法

1.6.1　模糊推理的方法

为了实现模糊推理，必须先处理以下两个问题。

问题 1　模糊关系的生成规则：设 A 是 X 上的模糊集，B 是 Y 上的模糊集。根据模糊推理的大前提条件，确定模糊关系 $R(x,y)=$“$A\to B$”(x,y)。

问题 2　模糊推理的合成规则：由模糊关系 $R(x,y)=$“$A\to B$”(x,y)和小前提中的模糊集 A'得到 Y 上的模糊集 B'，即

$$B' = A' \circ R$$

下面就前面所述的五种模糊推理模型分别给出一般的推理方法。

1) 单输入单输出模糊推理模型

由模糊推理大前提条件 $A\to B$，确定模糊关系 $R(x,y)=\mu_{A\times B}(x,y)$。利用小前提条件 A'，确定结论中的模糊集 B'为

$$B' = A' \circ R \tag{1.6.1}$$

其模糊隶属函数为

$$\mu_{B'}(y) = \bigvee_{x\in X}[\mu_{A'}(x) * \mu_{A\times B}(x,y)] \tag{1.6.2}$$

式中，“ * ”是一种算子，一般可取为 T 范式。在模糊控制中，模糊关系经常取为

$$\mu_{A\times B}(x,y) = \mu_A(x) \wedge \mu_B(y) \tag{1.6.3}$$

或

$$\mu_{A\times B}(x,y) = \mu_A(x) \cdot \mu_B(y) \tag{1.6.4}$$

“ * ”算子通常取为取小“ ∧ ”或乘积“ · ”运算，即

$$\mu_{A'}(x) * \mu_{A\times B}(x,y) = \mu_{A'}(x) \wedge \mu_{A\times B}(x,y) \tag{1.6.5}$$

或

$$\mu_{A'}(x) * \mu_{A\times B}(x,y) = \mu_{A'}(x) \cdot \mu_{A\times B}(x,y) \tag{1.6.6}$$

2) 多规则、单输入单输出模糊推理模型

由第 i 个模糊推理规则 $A_i \to B_i$,确定第 i 个模糊关系 $R_i(x,y)=\mu_{A_i\times B_i}(x,y)$。总的模糊关系为

$$R=\bigcup_{i=1}^{m} R_i \tag{1.6.7}$$

或

$$R(x,y)=\bigvee_{i=1}^{m} R_i(x,y) \tag{1.6.8}$$

利用小前提条件 A',确定结论中的模糊集 B' 为

$$B'=A'\circ R=A'\circ\bigcup_{i=1}^{m} R_i=\bigcup_{i=1}^{m} A'\circ R_i \tag{1.6.9}$$

其模糊隶属函数为

$$\mu_{B'}(y)=\bigvee_{x\in X}[\mu_{A'}(x) * R(x,y)] \tag{1.6.10}$$

或

$$\mu_{B'}(y)=\bigvee_{x\in X}[\mu_{A'}(x) * \bigvee_{i=1}^{m}\mu_{A_i\times B_i}(x,y)] \tag{1.6.11}$$

例如模糊关系取小“∧”或乘积“·”,“*”算子取小“∧”,则

$$\mu_{B'}(y)=\bigvee_{x\in X}[\mu_{A'}(x)\wedge(\bigvee_{i=1}^{m}\mu_{A_i}(x)\wedge\mu_{B_i}(y))] \tag{1.6.12}$$

或

$$\mu_{B'}(y)=\bigvee_{x\in X}\left[\mu_{A'}(x)\wedge\left(\prod_{i=1}^{m}\mu_{A_i}(x)\mu_{B_i}(y)\right)\right] \tag{1.6.13}$$

3) 多输入单输出模糊推理模型

由模糊推理规则的大前提条件 $A_1, A_2, \cdots, A_n \to B$ 生成多元模糊关系 $R(x_1, x_2, \cdots, x_n, y)=\mu_{A_1\times A_2\times\cdots\times A_n\times B}(x_1, x_2, \cdots, x_n, y)$。利用小前提条件 $A'_1, A'_2, \cdots, A'_n$ 确定 $X_1\times X_2\times\cdots\times X_n$ 上的一个模糊集合 A',其模糊隶属函数为 $\mu_{A'_1\times A'_2\times\cdots\times A'_n}(x_1, x_2, \cdots, x_n)$,由此确定结论中的模糊集 B' 为

$$B'=A'\circ R \tag{1.6.14}$$

记 $x=(x_1, x_2, \cdots, x_n)$,$B'$ 的模糊隶属函数为

$$\mu_{B'}(y)=\bigvee_{x\in X}[\mu_{A'}(x) * \mu_{A_1\times A_2\times\cdots\times A_n\times B}(x,y)] \tag{1.6.15}$$

例如模糊关系和“*”算子取乘积“·”运算,模糊集 A' 的隶属函数取为

$$\mu_{A'}(x)=\mu_{A'_1}(x)\cdot\mu_{A'_2}(x_2)\cdot\cdots\cdot\mu_{A'_n}(x_n) \tag{1.6.16}$$

则

$$B'(y)=\bigvee_{x\in X}\left[\prod_{i=1}^{n}\mu_{A'_i}(x_i)\times\prod_{i=1}^{n}\mu_{A_i}(x_i)\times B(y)\right] \tag{1.6.17}$$

4) 多规则、多输入单输出模糊推理模型

由第 i 条模糊推理规则的大前提条件 $A_{i1}, A_{i2}, \cdots, A_{in}\to B_i$,生成一个多元模糊关系 $R_i(x_1, x_2, \cdots, x_n, y)=\mu_{A_{i1}\times A_{i2}\times\cdots\times A_{in}\times B_i}(x_1, x_2, \cdots, x_n, y)$,总的模糊关系为

$$R=\bigcup_{i=1}^{m} R_i \tag{1.6.18}$$

其模糊隶属函数为

$$R(x,y)=\bigvee_{i=1}^{m}R_i(x,y) \tag{1.6.19}$$

利用小前提条件 A'，确定结论中的模糊集 B' 为

$$B'=A'\circ R=A'\circ\bigcup_{i=1}^{m}R_i=\bigcup_{i=1}^{m}A'\circ R_i \tag{1.6.20}$$

其模糊隶属函数为

$$\mu_{B'}(y)=\bigvee_{x\in X}[\mu_{A'}(x)*R(x,y)] \tag{1.6.21}$$

或

$$\mu_{B'}(y)=\bigvee_{x\in X}[\mu_{A'}(x)*\bigvee_{i=1}^{m}\mu_{A_i\times B_i}(x,y)] \tag{1.6.22}$$

例如模糊关系取小"∧"，"∗"算子取小"∧"，则

$$\mu_{B'}(y)=\bigvee_{x\in X}[\mu_{A'}(x)\wedge(\bigvee_{i=1}^{n}\mu_{A_i}(x)\wedge\mu_{B_i}(y))] \tag{1.6.23}$$

如果模糊集 A' 的隶属函数取为

$$\mu_{A'}(x)=\mu_{A'_1}(x)\cdot\mu_{A'_2}(x_2)\cdot\cdots\cdot\mu_{A'_n}(x_n) \tag{1.6.24}$$

则

$$\mu_{B'}(y)=\bigvee_{x\in X}\left[\prod_{i=1}^{m}\mu_{A'_i}(x_i)\wedge(\bigvee_{i=1}^{n}\mu_{A_i}(x)\wedge\mu_{B_i}(y))\right] \tag{1.6.25}$$

5）多规则、多输入多输出模糊推理模型

多规则、多输入多输出模糊推理模型中的模糊规则，在一般情况下总可以分解成如下的多规则、多输入单输出模糊推理规则，即

R_j^i：如果 X_1 是 A_{i1}，X_2 是 A_{i2}，…，X_n 是 A_{in}，则 Y_j 是 B_{ij}

其中，$i=1,2,\cdots,m$；$j=1,2,\cdots,q$。对于给定的 j，由上面的推理规则可以构成一个多规则、多输入多输出模糊推理模型，即

大前提 1：　如果 X_1 是 A_{11}，X_2 是 A_{12}，…，X_n 是 A_{1n}，则 Y_j 是 B_{1j}

大前提 2：　如果 X_1 是 A_{21}，X_2 是 A_{22}，…，X_n 是 A_{2n}，则 Y_j 是 B_{2j}

⋮

大前提 m：　如果 X_1 是 A_{m1}，X_2 是 A_{m2}，…，X_n 是 A_{mn}，则 Y_j 是 B_{mj}

小前提：　X_1 是 A'_1，X_2 是 A'_2，…，X_n 是 A'_n

结　论：　Y_j 是 B'_j

因此，可仿照第四种类型进行模糊推理。

1.6.2　Mamdani 模糊推理算法

1974 年，E. H. Mandani 提出了模糊控制，并给出了一种非常有效的模糊推理算法，即 Mamdani 算法。下面针对 1.6.1 节所给出的模糊推理模型，分别介绍 Mamdani 算法。

1）单输入单输出模糊推理的 Mamdani 算法

在 Mamdani 算法中，模糊关系生成规则为

$$R(x,y)=\text{“}A\rightarrow B\text{”}(x,y)=\mu_A(x)\wedge\mu_B(y) \tag{1.6.26}$$

推理合成规则为 max-min 复合运算

$$\mu_{B'}(y)=\bigvee_{x\in X}(\mu_{A'}(x)\wedge R(x,y)) \tag{1.6.27}$$

将模糊关系生成规则与推理合成规则合并在一起,即得

$$\begin{aligned}\mu_{B'}(y)&=\bigvee_{x\in X}(\mu_{A'}(x)\wedge\mu_A(x)\wedge\mu_B(y))\\&=\bigvee_{x\in X}(\mu_{A'}(x)\wedge\mu_A(x))\wedge\mu_B(y)\\&=q\wedge\mu_B(y)\end{aligned} \tag{1.6.28}$$

式中,$q=\bigvee_{x\in X}(\mu_{A'}(x)\wedge\mu_A(x))$,表示大前提中的模糊集 A 与小前提中的模糊集 A' 的相似度。图 1-8 给出了模糊推理方法的全过程。从图 1-8 中可以看出,当 $q_1\leqslant q_2$ 时,有 $B'_1\subseteq B'_2$,即 A' 与 A 相似度越大,模糊推理结果 B' 越大;反之,A' 与 A 相似度越小,模糊推理结果 B' 越小。有以下特殊情况:

(1) 当 $A'\cap A=\varnothing$ 时,$q=0$,从而 $B'=\varnothing$;

(2) 当 A 为正规模糊集时,若 $A'=A$,则 $B'=B$。

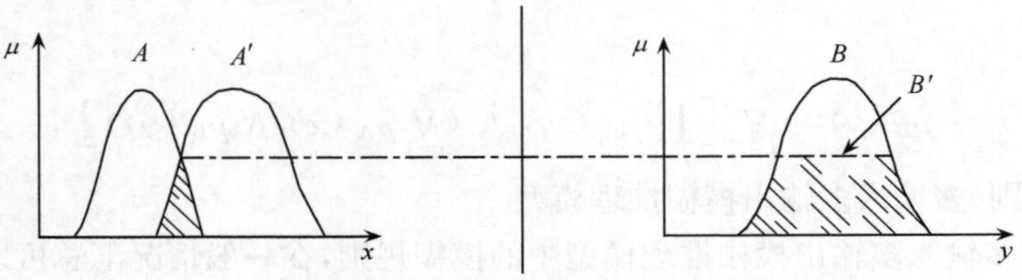

图 1-8 单输入单输出模糊推理的 Mamdani 算法

由此可见,模糊推理的 Mamdani 算法是假言推理形式的推广。

2) 多规则、单输入单输出模糊推理的 Mamdani 算法

由第 i 条模糊推理规则得到模糊关系 R_i,从而得到

$$R(x,y)=\bigvee_{i=1}^{m}R_i(x,y)=\bigvee_{i=1}^{m}(\mu_{A_i}(x)\wedge\mu_{B_i}(y)) \tag{1.6.29}$$

于是

$$\begin{aligned}\mu_{B'}(y)&=(A'\circ R)(y)=\bigvee_{x\in X}(\mu_{A'}(x)\wedge R(x,y))\\&=\bigvee_{i=1}^{m}\bigvee_{x\in X}(\mu_{A'}(x)\wedge\mu_{A_i}(x)\wedge\mu_{B_i}(y))\\&=\bigvee_{i=1}^{m}(q(A',A_i)\wedge\mu_{B_i}(y))\end{aligned} \tag{1.6.30}$$

特别当 $A'=x_0$ 时,有

$$\mu_{B'}(y)=\bigvee_{i=1}^{m}(\mu_{A_i}(x_0)\wedge\mu_{B_i}(y)) \tag{1.6.31}$$

多规则模糊推理是通过计算小前提中的 A' 与 A_i 的相似度 $q(A',A_i)$,由相似度与大前提中的后件进行比较,并将这些比较的结果综合起来,得到模糊推理结果。图 1-9 给出了这种推理的全过程。

3) 多规则、多输入单输出模糊推理的 Mamdani 算法

对于多规则、多输入单输出模糊推理模型,通过设

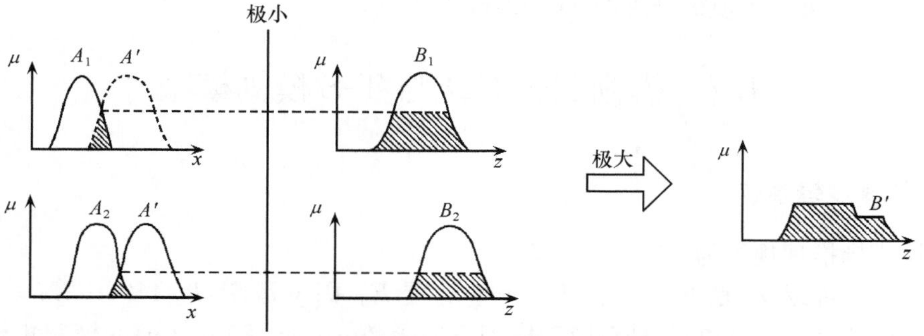

图 1-9　多规则、单输入单输出模糊推理的 Mamdani 算法

$$\mu_{\overline{A}_i}(x_1,\cdots,x_n)=\mu_{A_{i1}}(x_1)\wedge\mu_{A_{i2}}(x_2)\wedge\cdots\wedge\mu_{A_{in}}(x_n),\quad i=1,2,\cdots,n$$
$$\mu_{\overline{A}^l}(x_1,\cdots,x_n)=\mu_{A^1}(x_1)\wedge\mu_{A^2}(x_2)\wedge\cdots\wedge\mu_{A^n}(x_n),\quad i=1,2,\cdots,n$$

可得到 $X=\prod_{i=1}^{n}X_i$ 上的模糊集，从而多规则、多输入单输出模糊推理可以归结为多规则、单输入单输出的模糊推理。

因此，多规则、多输入单输出的 Mamdani 算法为

$$\mu_{B'}(y)=\bigvee_{i=1}^{m}q(\overline{A}_i,\overline{A}')\wedge\mu_{B_i}(y)\tag{1.6.32}$$

式中，$q(\overline{A}_i,\overline{A}')$是 $\overline{A}_i$ 与 $\overline{A}'$的相似度，即

$$\begin{aligned}q(\overline{A}_i,\overline{A}')&=\bigvee_{x\in X}\left[\left(\bigwedge_{j=1}^{n}\mu_{A_{ij}}(x_j)\right)\wedge\left(\bigwedge_{j=1}^{n}\mu_{A'_j}(x_j)\right)\right]\\&=\bigvee_{x\in X}\left[\bigwedge_{j=1}^{n}\left(\mu_{A_{ij}}(x_j)\wedge\mu_{A'_j}(x_j)\right)\right]\\&=\bigwedge_{j=1}^{n}\left(\bigvee_{x\in X}\left(\mu_{A_{ij}}(x_j)\wedge\mu_{A'_j}(x_j)\right)\right)\\&=\bigwedge_{j=1}^{n}q(A_{ij},A'_j)\end{aligned}\tag{1.6.33}$$

特别是当 $A'_j=x_j$ 时，有

$$q(\overline{A}_i,\overline{A}')=\bigwedge_{j=1}^{n}\mu_{A_{ij}}(x_j)\tag{1.6.34}$$

图 1-10 给出了两个推理规则、两个输入和一个输出的推理过程。

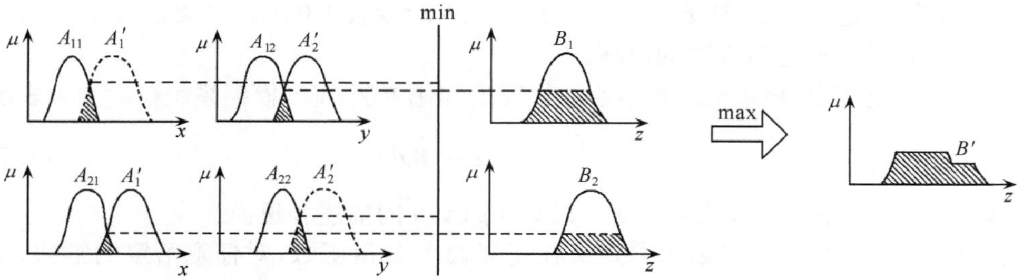

图 1-10　多规则、多输入单输出模糊推理的 Mamdani 算法

对于多规则、多输入多输出的模糊推理算法，按照多规则、多输入多输出的模糊模型，都可以转化成多规则、多输入单输出的模糊推理模型，由多规则、多输入单输出的模糊

推理算法,进而可得到模糊推理的 Mamdani 算法。

1.7 模糊逻辑系统与 T-S 模糊模型

1.7.1 模糊逻辑系统

假设模糊推理规则为

R^l:如果 x_1 是 F_1^l, x_2 是 F_2^l, …, x_n 是 F_n^l,则 y 是 G^l,$l=1,2,\cdots,N$

其中,$F_i^l(i=1,2,\cdots,n)$和 G^l 是对应于模糊隶属函数 $\mu_{F_i^l}(x_i)$和 $\mu_{G^l}(y)$的模糊集合;N 是模糊规则数。

采用单点模糊化、乘积推理和中心加权反模糊化方法,模糊逻辑系统可表示成

$$y(\boldsymbol{x})=\frac{\sum_{l=1}^{N}\bar{y}_l\prod_{i=1}^{n}\mu_{F_i^l}(x_i)}{\sum_{l=1}^{N}\prod_{i=1}^{n}\mu_{F_i^l}(x_i)} \tag{1.7.1}$$

式中,$\boldsymbol{x}=[x_1,x_2,\cdots,x_n]^{\mathrm{T}}$;$\bar{y}_l=\max\limits_{y\in V}\mu_{G^l}(y)$。定义模糊基函数

$$\varphi_l=\frac{\prod_{i=1}^{n}\mu_{F_i^l}(x_i)}{\sum_{l=1}^{N}\prod_{i=1}^{n}\mu_{F_i^l}(x_i)} \tag{1.7.2}$$

令 $\boldsymbol{\theta}=[\bar{y}_1,\bar{y}_2,\cdots,\bar{y}_N]^{\mathrm{T}}=[\theta_1,\theta_2,\cdots,\theta_N]^{\mathrm{T}}$, $\boldsymbol{\varphi}^{\mathrm{T}}(\boldsymbol{x})=[\varphi_1(\boldsymbol{x}),\varphi_2(\boldsymbol{x}),\cdots,\varphi_N(\boldsymbol{x})]$,则模糊逻辑系统(1.7.1)可表示为

$$y(\boldsymbol{x})=\boldsymbol{\theta}^{\mathrm{T}}\boldsymbol{\varphi}(\boldsymbol{x}) \tag{1.7.3}$$

引理 1.7.1[1] $f(\boldsymbol{x})$是定义在闭集 Ω 的光滑函数,对任意给定的常数 $\varepsilon>0$,存在模糊逻辑系统(1.7.3),使得如下不等式成立:

$$\sup_{x\in\Omega}|f(\boldsymbol{x})-\boldsymbol{\theta}^{\mathrm{T}}\boldsymbol{\varphi}(\boldsymbol{x})|\leqslant\varepsilon \tag{1.7.4}$$

1.7.2 T-S 模糊模型

假设模糊推理规则为

R^l:如果 x_1 是 F_1^l, x_2 是 F_2^l, …, x_n 是 F_n^l,则 $\dot{\boldsymbol{x}}=\boldsymbol{A}_i\boldsymbol{x}+\boldsymbol{B}_i\boldsymbol{u}$,$l=1,2,\cdots,N$

其中,$\boldsymbol{A}_i$ 和 $\boldsymbol{B}_i$ 是具有适当维数的矩阵。

采用单点模糊化、乘积推理和中心加权反模糊化方法,T-S 模糊系统(模型)可表示成

$$\dot{\boldsymbol{x}}=\sum_{i=1}^{N}\varphi_i(\boldsymbol{A}_i\boldsymbol{x}+\boldsymbol{B}_i\boldsymbol{u}) \tag{1.7.5}$$

T-S 模型主要用于非线性动态系统 $\dot{\boldsymbol{x}}=\boldsymbol{f}(\boldsymbol{x})+\boldsymbol{g}(\boldsymbol{x})\boldsymbol{u}$ 的描述和建模。

引理 1.7.2[3] $\boldsymbol{f}(\boldsymbol{x})$和 $\boldsymbol{g}(\boldsymbol{x})$是定义在闭集 Ω 的光滑函数,对任意给定的常数 $\varepsilon>0$,存在 T-S 模糊系统(1.7.5),使得如下不等式成立:

$$\left\|\boldsymbol{f}(\boldsymbol{x})+\boldsymbol{g}(\boldsymbol{x})\boldsymbol{u}-\sum_{i=1}^{N}\varphi_i(\boldsymbol{A}_i\boldsymbol{x}+\boldsymbol{B}_i\boldsymbol{u})\right\|\leqslant\varepsilon \tag{1.7.6}$$

第 2 章　模糊系统的控制设计与分析

模糊 T-S 模型是一种非线性模型，易于表示复杂系统的动态特征。对于非线性系统的不同区域的动态，首先可以利用模糊 T-S 模型建立局部线性模型，然后把各个局部线性模型用模糊隶属函数连接起来，得到整体的模糊非线性模型，最后基于此模型进行复杂系统的控制设计及其分析。本章主要介绍文献[4]～[12]所提出的模糊控制系统的设计方法及其稳定性条件。

2.1　连续模糊系统的控制设计与分析

本节应用模糊 T-S 模型，对一类不确定非线性系统进行模糊建模，介绍连续模糊系统状态反馈控制设计的几种方法，并基于 Lyapunov(李雅普诺夫)函数方法给出保证模糊闭环系统稳定的几个充分条件。

2.1.1　状态反馈控制设计与稳定性分析

考虑由模糊 T-S 模型所描述的非线性不确定系统。

模糊系统规则 i：如果 $z_1(t)$是 F_{i1}，$z_2(t)$是 F_{i2}，…，$z_n(t)$是 F_{in}，则

$$\begin{aligned}\dot{\boldsymbol{x}}(t) &= \boldsymbol{A}_i\boldsymbol{x}(t)+\boldsymbol{B}_i\boldsymbol{u}(t)\\ \boldsymbol{y}(t) &= \boldsymbol{C}_i\boldsymbol{x}(t)\end{aligned},\quad i=1,2,\cdots,N \tag{2.1.1}$$

其中，$F_{ij}\,(j=1,2,\cdots,n)$是模糊集合；$\boldsymbol{z}(t)=[z_1(t),\cdots,z_n(t)]^{\mathrm{T}}$ 是模糊前件变量；$\boldsymbol{x}(t)\in\mathbf{R}^n$是状态变量；$\boldsymbol{u}(t)\in\mathbf{R}^m$是系统的控制输入；$\boldsymbol{y}(t)\in\mathbf{R}^l$ 是系统的输出；$\boldsymbol{A}_i\in\mathbf{R}^{n\times n}$、$\boldsymbol{B}_i\in\mathbf{R}^{n\times m}$和$\boldsymbol{C}_i\in\mathbf{R}^{l\times n}$分别是系统、输入和输出矩阵；$N$是模糊推理规则数。

对于给定的数对$(\boldsymbol{x}(t),\boldsymbol{u}(t))$，由单点模糊化、乘积推理和平均加权反模糊化，可得模糊系统的整个状态方程如下：

$$\begin{aligned}\dot{\boldsymbol{x}}(t) &= \frac{\sum_{i=1}^{N}\alpha_i(\boldsymbol{z}(t))(\boldsymbol{A}_i\boldsymbol{x}(t)+\boldsymbol{B}_i\boldsymbol{u}(t))}{\sum_{i=1}^{N}\alpha_i(\boldsymbol{z}(t))}\\ &= \sum_{i=1}^{N}\mu_i(\boldsymbol{z}(t))(\boldsymbol{A}_i\boldsymbol{x}(t)+\boldsymbol{B}_i\boldsymbol{u}(t))\end{aligned} \tag{2.1.2}$$

$$\boldsymbol{y}(t) = \frac{\sum_{i=1}^{N}\alpha_i(\boldsymbol{z}(t))\boldsymbol{C}_i\boldsymbol{x}(t)}{\sum_{i=1}^{N}\alpha_i(\boldsymbol{z}(t))} = \sum_{i=1}^{N}\mu_i(\boldsymbol{z}(t))\boldsymbol{C}_i\boldsymbol{x}(t) \tag{2.1.3}$$

式中

$$\alpha_i(\boldsymbol{z}(t)) = \prod_{j=1}^{n} F_{ij}(z_j(t)), \quad \mu_i(\boldsymbol{z}(t)) = \frac{\alpha_i(\boldsymbol{z}(t))}{\sum_{i=1}^{N} \alpha_i(\boldsymbol{z}(t))}$$

$F_{ij}(z_j(t))$是$z_j(t)$关于模糊集F_{ij}的隶属函数;$\alpha_i(\boldsymbol{z}(t))$满足

$$\alpha_i(\boldsymbol{z}(t)) \geqslant 0, \quad \sum_{i=1}^{N} \alpha_i(\boldsymbol{z}(t)) > 0, \quad i = 1,2,\cdots,N$$

且有

$$\mu_i(\boldsymbol{z}(t)) \geqslant 0, \quad \sum_{i=1}^{N} \mu_i(\boldsymbol{z}(t)) = 1, \quad i = 1,2,\cdots,N$$

定义 2.1.1　如果矩阵对$(\boldsymbol{A}_i, \boldsymbol{B}_i)$,$i=1,2,\cdots,N$是可控的,则称模糊系统(2.1.1)是局部可控的。

假设模糊系统(2.1.1)是局部可控的,则根据平行分布补偿(PDC)算法可设计局部状态反馈控制器。平行分布补偿算法中每一条控制模糊规则的前件与相应的系统模糊规则的前件相同。

模糊控制规则i:如果$z_1(t)$是F_{i1},$z_2(t)$是F_{i2},$\cdots$,$z_n(t)$是F_{in},则

$$\boldsymbol{u}(t) = -\boldsymbol{K}_i\boldsymbol{x}(t), \quad i = 1,2,\cdots,N \tag{2.1.4}$$

整个状态反馈控制律为

$$\boldsymbol{u}(t) = -\frac{\sum_{i=1}^{N} \alpha_i(\boldsymbol{z}(t))\boldsymbol{K}_i\boldsymbol{x}(t)}{\sum_{i=1}^{N} \alpha_i(\boldsymbol{z}(t))} = -\sum_{i=1}^{N} \mu_i(\boldsymbol{z}(t))\boldsymbol{K}_i\boldsymbol{x}(t) \tag{2.1.5}$$

把式(2.1.5)代入式(2.1.2),可得闭环系统

$$\dot{\boldsymbol{x}}(t) = \sum_{i=1}^{N}\sum_{j=1}^{N} \mu_i(\boldsymbol{z}(t))\mu_j(\boldsymbol{z}(t))(\boldsymbol{A}_i - \boldsymbol{B}_i\boldsymbol{K}_j)\boldsymbol{x}(t) \tag{2.1.6}$$

为了研究模糊系统(2.1.6)的稳定性,首先介绍连续非线性系统的 Lyapunov 稳定性定理。

引理 2.1.1[5]　对于非线性系统

$$\dot{\boldsymbol{x}} = \boldsymbol{f}(\boldsymbol{x}(t)) \tag{2.1.7}$$

式中,$\boldsymbol{x}(t) \in \mathbf{R}^n$;$\boldsymbol{f}(\mathbf{0}) = \mathbf{0}$,假设存在一个标量函数$V(\boldsymbol{x}(t))$,满足以下条件:

(1) $V(\mathbf{0}) = 0$;

(2) $\forall\, \boldsymbol{x}(t) \neq \mathbf{0}, V(\boldsymbol{x}(t)) > 0$;

(3) 当$\|\boldsymbol{x}(t)\| \to \infty, V(\boldsymbol{x}(t)) \to \infty$;

(4) $\forall\, \boldsymbol{x}(t) \neq \mathbf{0}, \dfrac{\mathrm{d}V(\boldsymbol{x}(t))}{\mathrm{d}t} < 0$。

那么,非线性系统关于平衡点$\boldsymbol{x}(t) = \mathbf{0}$是全局渐近稳定的。

应用引理 2.1.1,可给出模糊系统(2.1.6)全局渐近稳定的几个充分条件。

定理 2.1.1　如果存在正定矩阵$\boldsymbol{P}$,使得线性矩阵不等式

$$\boldsymbol{G}_{ii}^{\mathrm{T}}\boldsymbol{P} + \boldsymbol{P}\boldsymbol{G}_{ii} < \mathbf{0}, \quad i = 1,2,\cdots,N \tag{2.1.8}$$

$$\left(\frac{\boldsymbol{G}_{ij} + \boldsymbol{G}_{ji}}{2}\right)^{\mathrm{T}}\boldsymbol{P} + \boldsymbol{P}\left(\frac{\boldsymbol{G}_{ij} + \boldsymbol{G}_{ji}}{2}\right) < \mathbf{0}, \quad i < j \leqslant N \tag{2.1.9}$$

成立，则闭环系统(2.1.6)是渐近稳定的。其中，$\boldsymbol{G}_{ij}=\boldsymbol{A}_i-\boldsymbol{B}_i\boldsymbol{K}_j$。

证明　选取 Lyapunov 函数为

$$V(\boldsymbol{x}(t))=\boldsymbol{x}^{\mathrm{T}}(t)\boldsymbol{P}\boldsymbol{x}(t) \tag{2.1.10}$$

求 $V(\boldsymbol{x}(t))$ 对时间的导数。由式(2.1.6)得到

$$\begin{aligned}\dot{V}(\boldsymbol{x}(t))&=\sum_{i=1}^{N}\sum_{j=1}^{N}\mu_i(\boldsymbol{z}(t))\mu_j(\boldsymbol{z}(t))\boldsymbol{x}^{\mathrm{T}}(t)\\&\quad\times[(\boldsymbol{A}_i-\boldsymbol{B}_i\boldsymbol{K}_j)^{\mathrm{T}}\boldsymbol{P}+\boldsymbol{P}(\boldsymbol{A}_i-\boldsymbol{B}_i\boldsymbol{K}_j)]\boldsymbol{x}(t)\\&=\sum_{i=1}^{N}\mu_i^2(\boldsymbol{z}(t))\boldsymbol{x}^{\mathrm{T}}(t)(\boldsymbol{G}_{ii}^{\mathrm{T}}\boldsymbol{P}+\boldsymbol{P}\boldsymbol{G}_{ii})\boldsymbol{x}(t)\\&\quad+\sum_{i<j}^{N}2\mu_i(\boldsymbol{z}(t))\mu_j(\boldsymbol{z}(t))\boldsymbol{x}^{\mathrm{T}}(t)\\&\quad\times\left[\left(\frac{\boldsymbol{G}_{ij}+\boldsymbol{G}_{ji}}{2}\right)^{\mathrm{T}}\boldsymbol{P}+\boldsymbol{P}\left(\frac{\boldsymbol{G}_{ij}+\boldsymbol{G}_{ji}}{2}\right)\right]\boldsymbol{x}(t)\end{aligned} \tag{2.1.11}$$

如果矩阵不等式(2.1.8)和(2.1.9)成立，则当 $\boldsymbol{x}(t)\neq\boldsymbol{0}$ 时，可得 $\dot{V}(\boldsymbol{x}(t))<0$，所以根据引理 2.1.1，模糊控制系统(2.1.6)是渐近稳定的。

定理 2.1.1 表明，模糊控制系统(2.1.6)的渐近稳定性归结为求公共的正定矩阵 $\boldsymbol{P}$。然而，当模糊推理规则数较大时，很难求出满足定理 2.1.1 条件的正定矩阵 $\boldsymbol{P}$，所以，有必要减弱定理 2.1.1 的条件。

引理 2.1.2　假设在任意 t 时刻，被激活的模糊规则数小于或等于 N，则有

$$\sum_{i=1}^{N}\mu_i^2(\boldsymbol{z}(t))-\frac{1}{N-1}\sum_{i<j}^{N}2\mu_i(\boldsymbol{z}(t))\mu_j(\boldsymbol{z}(t))\geqslant 0$$

式中

$$\mu_i(\boldsymbol{z}(t))\geqslant 0,\quad \sum_{i=1}^{N}\mu_i(\boldsymbol{z}(t))=1$$

证明　显然有

$$\begin{aligned}&\sum_{i=1}^{N}\mu_i^2(\boldsymbol{z}(t))-\frac{1}{N-1}\sum_{i<j}^{N}2\mu_i(\boldsymbol{z}(t))\mu_j(\boldsymbol{z}(t))\\&=\frac{1}{N-1}\sum_{i<j}^{N}(\mu_i(\boldsymbol{z}(t))-\mu_j(\boldsymbol{z}(t)))^2\geqslant 0\end{aligned}$$

由引理 2.1.2，有如下的性质。

引理 2.1.3　假设在任意 t 时刻，被激活的模糊规则数小于或等于 $s(1<s\leqslant N)$，则有

$$\sum_{i=1}^{N}\mu_i^2(\boldsymbol{z}(t))-\frac{1}{s-1}\sum_{i<j}^{N}2\mu_i(\boldsymbol{z}(t))\mu_j(\boldsymbol{z}(t))\geqslant 0$$

定理 2.1.2　假设在任意 t 时刻，被激活的模糊规则数小于或等于 $s(1<s\leqslant N)$，而且如果存在正定矩阵 $\boldsymbol{P}$ 和 $\boldsymbol{Q}$，使得线性矩阵不等式

$$\boldsymbol{G}_{ii}^{\mathrm{T}}\boldsymbol{P}+\boldsymbol{P}\boldsymbol{G}_{ii}+(s-1)\boldsymbol{Q}<\boldsymbol{0} \tag{2.1.12}$$

$$\left(\frac{\boldsymbol{G}_{ij}+\boldsymbol{G}_{ji}}{2}\right)^{\mathrm{T}}\boldsymbol{P}+\boldsymbol{P}\left(\frac{\boldsymbol{G}_{ij}+\boldsymbol{G}_{ji}}{2}\right)-\boldsymbol{Q}\leqslant\boldsymbol{0},\quad i<j \tag{2.1.13}$$

成立,则连续模糊系统(2.1.6)对于平衡点是全局渐近稳定的。

证明 考虑 Lyapunov 函数

$$V(\boldsymbol{x}(t)) = \boldsymbol{x}^{\mathrm{T}}(t)\boldsymbol{P}\boldsymbol{x}(t) \tag{2.1.14}$$

求 $V(\boldsymbol{x}(t))$对时间的导数,并由式(2.1.6)可得

$$\begin{aligned}\dot{V}(\boldsymbol{x}(t)) &= \sum_{i=1}^{N}\sum_{j=1}^{N}\mu_i(\boldsymbol{z}(t))\mu_j(\boldsymbol{z}(t))\boldsymbol{x}^{\mathrm{T}}(t)\\ &\quad\times[(\boldsymbol{A}_i-\boldsymbol{B}_i\boldsymbol{K}_j)^{\mathrm{T}}\boldsymbol{P}+\boldsymbol{P}(\boldsymbol{A}_i-\boldsymbol{B}_i\boldsymbol{K}_j)]\boldsymbol{x}(t)\\ &= \sum_{i=1}^{N}\mu_i^2(\boldsymbol{z}(t))\boldsymbol{x}^{\mathrm{T}}(t)(\boldsymbol{G}_{ii}^{\mathrm{T}}\boldsymbol{P}+\boldsymbol{P}\boldsymbol{G}_{ii})\boldsymbol{x}(t)+\sum_{i<j}^{N}2\mu_i(\boldsymbol{z}(t))\mu_j(\boldsymbol{z}(t))\boldsymbol{x}^{\mathrm{T}}(t)\\ &\quad\times\left[\left(\frac{\boldsymbol{G}_{ij}+\boldsymbol{G}_{ji}}{2}\right)^{\mathrm{T}}\boldsymbol{P}+\boldsymbol{P}\left(\frac{\boldsymbol{G}_{ij}+\boldsymbol{G}_{ji}}{2}\right)\right]\boldsymbol{x}(t)\end{aligned} \tag{2.1.15}$$

由条件(2.1.12)和引理 2.1.3 可得

$$\begin{aligned}\dot{V}(\boldsymbol{x}(t)) &\leqslant \sum_{i=1}^{N}\mu_i^2(\boldsymbol{z}(t))\boldsymbol{x}^{\mathrm{T}}(t)(\boldsymbol{G}_{ii}^{\mathrm{T}}\boldsymbol{P}+\boldsymbol{P}\boldsymbol{G}_{ii})\boldsymbol{x}(t)+\sum_{i<j}^{N}2\mu_i(\boldsymbol{z}(t))\mu_j(\boldsymbol{z}(t))\boldsymbol{x}^{\mathrm{T}}(t)\boldsymbol{Q}\boldsymbol{x}(t)\\ &\leqslant \sum_{i=1}^{N}\mu_i^2(\boldsymbol{z}(t))\boldsymbol{x}^{\mathrm{T}}(t)(\boldsymbol{G}_{ii}^{\mathrm{T}}\boldsymbol{P}+\boldsymbol{P}\boldsymbol{G}_{ii})\boldsymbol{x}(t)+(s-1)\sum_{i=1}^{N}\mu_i^2(\boldsymbol{z}(t))\boldsymbol{x}^{\mathrm{T}}(t)\boldsymbol{Q}\boldsymbol{x}(t)\\ &= \sum_{i=1}^{N}\mu_i^2(\boldsymbol{z}(t))\boldsymbol{x}^{\mathrm{T}}(t)[\boldsymbol{G}_{ii}^{\mathrm{T}}\boldsymbol{P}+\boldsymbol{P}\boldsymbol{G}_{ii}+(s-1)\boldsymbol{Q}]\boldsymbol{x}(t)\end{aligned} \tag{2.1.16}$$

如果条件(2.1.12)成立,则当 $\boldsymbol{x}(t)\neq\boldsymbol{0}$ 时,有 $\dot{V}(\boldsymbol{x}(t))<0$。所以,模糊控制系统(2.1.6)是全局渐近稳定的。

定理 2.1.3 如果存在正定矩阵 $\boldsymbol{P}$ 和一系列对称矩阵 $\boldsymbol{X}_{ij}$,使得矩阵不等式

$$\boldsymbol{\Lambda}_{ii}^{\mathrm{T}}\boldsymbol{P}+\boldsymbol{P}\boldsymbol{\Lambda}_{ii}+\boldsymbol{X}_{ii}<\boldsymbol{0} \tag{2.1.17}$$

$$\boldsymbol{\Lambda}_{ij}^{\mathrm{T}}\boldsymbol{P}+\boldsymbol{P}\boldsymbol{\Lambda}_{ij}+\boldsymbol{X}_{ij}<\boldsymbol{0} \tag{2.1.18}$$

$$\widetilde{\boldsymbol{X}}=\begin{bmatrix}\boldsymbol{X}_{11} & \boldsymbol{X}_{12} & \cdots & \boldsymbol{X}_{1N}\\ \boldsymbol{X}_{12} & \boldsymbol{X}_{22} & \cdots & \boldsymbol{X}_{2N}\\ \vdots & \vdots & & \vdots\\ \boldsymbol{X}_{1N} & \boldsymbol{X}_{2N} & \cdots & \boldsymbol{X}_{NN}\end{bmatrix}>\boldsymbol{0} \tag{2.1.19}$$

成立,则模糊控制系统(2.1.6)是全局渐近稳定的。式中

$$\boldsymbol{\Lambda}_{ii}=\boldsymbol{G}_{ii},\quad \boldsymbol{\Lambda}_{ij}=\frac{\boldsymbol{G}_{ij}+\boldsymbol{G}_{ji}}{2}$$

证明 选择 Lyapunov 函数为

$$V(\boldsymbol{x}(t)) = \boldsymbol{x}^{\mathrm{T}}(t)\boldsymbol{P}\boldsymbol{x}(t) \tag{2.1.20}$$

求 $V(\boldsymbol{x}(t))$对时间的导数,并由式(2.1.6)可得

$$\begin{aligned}\dot{V}(\boldsymbol{x}(t)) &= \dot{\boldsymbol{x}}^{\mathrm{T}}(t)\boldsymbol{P}\boldsymbol{x}(t)+\boldsymbol{x}^{\mathrm{T}}(t)\boldsymbol{P}\dot{\boldsymbol{x}}(t)\\ &= 2\boldsymbol{x}^{\mathrm{T}}(t)\boldsymbol{P}\left(\sum_{i=1}^{N}\mu_i^2(\boldsymbol{z}(t))\boldsymbol{G}_{ii}\boldsymbol{x}(t)+2\sum_{i<j}^{N}\mu_i(\boldsymbol{z}(t))\mu_j(\boldsymbol{z}(t))\frac{\boldsymbol{G}_{ij}+\boldsymbol{G}_{ji}}{2}\boldsymbol{x}(t)\right)\\ &= \sum_{i=1}^{N}\mu_i^2(\boldsymbol{z}(t))\boldsymbol{x}^{\mathrm{T}}(t)(\boldsymbol{G}_{ii}\boldsymbol{P}+\boldsymbol{P}\boldsymbol{G}_{ii})\boldsymbol{x}(t)\end{aligned}$$

$$
\begin{aligned}
&+2\sum_{i<j}^{N}\mu_i(\boldsymbol{z}(t))\mu_j(\boldsymbol{z}(t))\boldsymbol{x}^{\mathrm{T}}(t)\left[\left(\frac{\boldsymbol{G}_{ij}+\boldsymbol{G}_{ji}}{2}\right)^{\mathrm{T}}\boldsymbol{P}+\boldsymbol{P}\left(\frac{\boldsymbol{G}_{ij}+\boldsymbol{G}_{ji}}{2}\right)\right]\boldsymbol{x}(t)\\
&\leqslant-\sum_{i=1}^{N}\mu_i^2\boldsymbol{x}^{\mathrm{T}}(t)\boldsymbol{X}_{ii}\boldsymbol{x}(t)-2\sum_{i<j}^{N}\mu_i\mu_j\boldsymbol{x}^{\mathrm{T}}(t)\boldsymbol{X}_{ij}\boldsymbol{x}(t)\\
&=-\begin{bmatrix}\mu_1\boldsymbol{x}(t)\\ \mu_2\boldsymbol{x}(t)\\ \vdots\\ \mu_N\boldsymbol{x}(t)\end{bmatrix}\begin{bmatrix}\boldsymbol{X}_{11} & \boldsymbol{X}_{12} & \cdots & \boldsymbol{X}_{1N}\\ \boldsymbol{X}_{12} & \boldsymbol{X}_{22} & \cdots & \boldsymbol{X}_{2N}\\ \vdots & \vdots & & \vdots\\ \boldsymbol{X}_{1N} & \boldsymbol{X}_{2N} & \cdots & \boldsymbol{X}_{NN}\end{bmatrix}[\mu_1\boldsymbol{x}(t),\mu_2\boldsymbol{x}(t),\cdots,\mu_N\boldsymbol{x}(t)]\\
&=\boldsymbol{x}^{\mathrm{T}}(t)\boldsymbol{H}^{\mathrm{T}}(-\widetilde{\boldsymbol{X}})\boldsymbol{H}\boldsymbol{x}(t)
\end{aligned}
\tag{2.1.21}
$$

式中，$\boldsymbol{H}^{\mathrm{T}}=[\mu_1,\mu_2,\cdots,\mu_N]$。

如果矩阵不等式(2.1.17)～(2.1.19)成立，则当 $\boldsymbol{x}(t)\neq\boldsymbol{0}$ 时，有 $\dot{V}(\boldsymbol{x}(t))<0$，因此模糊控制系统(2.1.6)是全局渐近稳定的。

下面的定理给出了定理 2.1.2 与定理 2.1.3 之间的关系。

定理 2.1.4　如果在定理 2.1.2 中存在正定矩阵 $\boldsymbol{P}$ 和对称矩阵 $\boldsymbol{Q}$，则一定存在正定矩阵 $\boldsymbol{P}$ 和对称矩阵 $\widetilde{\boldsymbol{X}}$ 满足矩阵不等式(2.1.17)～(2.1.19)。

证明　简单起见，不妨假设 $N=s$。

如果存在满足式(2.1.12)和式(2.1.13)的正定矩阵 $\boldsymbol{P}$ 和对称矩阵 $\boldsymbol{Q}$，则可以找到充分小的 $\boldsymbol{Q}_\varepsilon$ 使得下面的矩阵不等式成立：

$$\boldsymbol{Q}_\varepsilon>\boldsymbol{0}\text{ 且 }\boldsymbol{Q}_\varepsilon\approx\boldsymbol{0}$$

$$\boldsymbol{G}_{ii}^{\mathrm{T}}\boldsymbol{P}+\boldsymbol{P}\boldsymbol{G}_{ii}+(N-1)\boldsymbol{Q}+\boldsymbol{Q}_\varepsilon<\boldsymbol{0}\tag{2.1.22}$$

$$\left(\frac{\boldsymbol{G}_{ij}+\boldsymbol{G}_{ji}}{2}\right)^{\mathrm{T}}\boldsymbol{P}+\boldsymbol{P}\left(\frac{\boldsymbol{G}_{ij}+\boldsymbol{G}_{ji}}{2}\right)-\boldsymbol{Q}\leqslant\boldsymbol{0},\quad i<j\tag{2.1.23}$$

由于式(2.1.12)是一个严格的不等式，如果选择 $\boldsymbol{X}_{ij}$ 为

$$\boldsymbol{X}_{ii}=(N-1)\boldsymbol{Q}+\boldsymbol{Q}_\varepsilon\tag{2.1.24}$$

$$\boldsymbol{X}_{ij}=-\boldsymbol{Q}\tag{2.1.25}$$

则

$$
\begin{aligned}
\widetilde{\boldsymbol{X}}&=\begin{bmatrix}\boldsymbol{X}_{11} & \boldsymbol{X}_{12} & \cdots & \boldsymbol{X}_{1N}\\ \boldsymbol{X}_{12} & \boldsymbol{X}_{22} & \cdots & \boldsymbol{X}_{2N}\\ \vdots & \vdots & & \vdots\\ \boldsymbol{X}_{1N} & \boldsymbol{X}_{2N} & \cdots & \boldsymbol{X}_{NN}\end{bmatrix}\\
&=\begin{bmatrix}(N-1)\boldsymbol{Q}+\boldsymbol{Q}_\varepsilon & -\boldsymbol{Q} & \cdots & -\boldsymbol{Q}\\ -\boldsymbol{Q} & (N-1)\boldsymbol{Q}+\boldsymbol{Q}_\varepsilon & \cdots & -\boldsymbol{Q}\\ \vdots & \vdots & & \vdots\\ -\boldsymbol{Q} & -\boldsymbol{Q} & \cdots & (N-1)\boldsymbol{Q}+\boldsymbol{Q}_\varepsilon\end{bmatrix}
\end{aligned}
$$

下面证明 $\widetilde{\boldsymbol{X}}>\boldsymbol{0}$。设 $\boldsymbol{Z}=[\boldsymbol{z}_1^{\mathrm{T}},\cdots,\boldsymbol{z}_N^{\mathrm{T}}]^{\mathrm{T}}$，由于

$$\boldsymbol{Z}^{\mathrm{T}}\widetilde{\boldsymbol{X}}\boldsymbol{Z}=\begin{bmatrix}\boldsymbol{z}_1^{\mathrm{T}}\\ \boldsymbol{z}_2^{\mathrm{T}}\\ \vdots\\ \boldsymbol{z}_N^{\mathrm{T}}\end{bmatrix}\begin{bmatrix}(N-1)\boldsymbol{Q}+\boldsymbol{Q}_\varepsilon & -\boldsymbol{Q} & \cdots & -\boldsymbol{Q}\\ -\boldsymbol{Q} & (N-1)\boldsymbol{Q}+\boldsymbol{Q}_\varepsilon & \cdots & -\boldsymbol{Q}\\ \vdots & \vdots & & \vdots\\ -\boldsymbol{Q} & -\boldsymbol{Q} & \cdots & (N-1)\boldsymbol{Q}+\boldsymbol{Q}_\varepsilon\end{bmatrix}[\boldsymbol{z}_1,\boldsymbol{z}_2,\cdots,\boldsymbol{z}_N]$$

$$=(N-1)\sum_{i=1}^{N}\boldsymbol{z}_i^{\mathrm{T}}\boldsymbol{Q}\boldsymbol{z}_i-2\sum_{i<j}^{N}\boldsymbol{z}_i^{\mathrm{T}}\boldsymbol{M}\boldsymbol{z}_j+\sum_{i=1}^{N}\boldsymbol{z}_i^{\mathrm{T}}\boldsymbol{Q}_\varepsilon\boldsymbol{z}_i$$

$$=\sum_{i<j}^{N}(\boldsymbol{z}_i-\boldsymbol{z}_j)^{\mathrm{T}}\boldsymbol{Q}(\boldsymbol{z}_i-\boldsymbol{z}_j)+\sum_{i=1}^{N}\boldsymbol{z}_i^{\mathrm{T}}\boldsymbol{Q}_\varepsilon\boldsymbol{z}_i>0$$

定理 2.1.4 成立。

定理 2.1.5 如果存在正定矩阵 $\boldsymbol{P}$ 和一系列矩阵 $\boldsymbol{X}_{ij}=\boldsymbol{X}_{ji}^{\mathrm{T}}$,使得不等式

$$\boldsymbol{\Lambda}_{ii}^{\mathrm{T}}\boldsymbol{P}+\boldsymbol{P}\boldsymbol{\Lambda}_{ii}+\boldsymbol{X}_{ii}<\boldsymbol{0} \tag{2.1.26}$$

$$\boldsymbol{\Lambda}_{ij}^{\mathrm{T}}\boldsymbol{P}+\boldsymbol{P}\boldsymbol{\Lambda}_{ij}+\frac{\boldsymbol{X}_{ij}+\boldsymbol{X}_{ij}^{\mathrm{T}}}{2}<\boldsymbol{0} \tag{2.1.27}$$

$$\overline{\boldsymbol{X}}=\begin{bmatrix}\boldsymbol{X}_{11} & \boldsymbol{X}_{12} & \cdots & \boldsymbol{X}_{1N}\\ \boldsymbol{X}_{21} & \boldsymbol{X}_{22} & \cdots & \boldsymbol{X}_{2N}\\ \vdots & \vdots & & \vdots\\ \boldsymbol{X}_{N1} & \boldsymbol{X}_{2N} & \cdots & \boldsymbol{X}_{NN}\end{bmatrix}>\boldsymbol{0} \tag{2.1.28}$$

成立,那么闭环系统(2.1.6)是全局渐近稳定的。

证明 选择 Lyapunov 函数为

$$V(\boldsymbol{x}(t))=\boldsymbol{x}^{\mathrm{T}}(t)\boldsymbol{P}\boldsymbol{x}(t) \tag{2.1.29}$$

求 $V(t)$ 对时间的导数,并由式(2.1.6)可得

$$\begin{aligned}\dot{V}(\boldsymbol{x}(t))&=\sum_{i=1}^{N}\mu_i^2\boldsymbol{x}^{\mathrm{T}}(t)(\boldsymbol{\Lambda}_{ii}\boldsymbol{P}+\boldsymbol{P}\boldsymbol{\Lambda}_{ii}^{\mathrm{T}})\boldsymbol{x}(t)\\ &\quad+2\sum_{i=1}^{N}\sum_{i<j}^{N}\mu_i\mu_j\boldsymbol{x}^{\mathrm{T}}(t)(\boldsymbol{\Lambda}_{ij}^{\mathrm{T}}\boldsymbol{P}+\boldsymbol{P}\boldsymbol{\Lambda}_{ij})\boldsymbol{x}(t)\\ &\leqslant-\sum_{i=1}^{N}\mu_i^2\boldsymbol{x}^{\mathrm{T}}(t)\boldsymbol{X}_{ii}\boldsymbol{x}(t)-\sum_{i=1}^{N}\sum_{i<j}^{N}\mu_i\mu_j\boldsymbol{x}^{\mathrm{T}}(t)(\boldsymbol{X}_{ij}+\boldsymbol{X}_{ij}^{\mathrm{T}})\boldsymbol{x}(t)\\ &=-\sum_{i=1}^{N}\mu_i^2\boldsymbol{x}^{\mathrm{T}}(t)\boldsymbol{X}_{ii}\boldsymbol{x}(t)-\sum_{i=1}^{N}\sum_{i<j}^{N}\mu_i\mu_j\boldsymbol{x}^{\mathrm{T}}(t)(\boldsymbol{X}_{ij}+\boldsymbol{X}_{ji})\boldsymbol{x}(t)\\ &=-\begin{bmatrix}\mu_1\boldsymbol{x}(t)\\ \mu_2\boldsymbol{x}(t)\\ \vdots\\ \mu_N\boldsymbol{x}(t)\end{bmatrix}^{\mathrm{T}}\begin{bmatrix}\boldsymbol{X}_{11} & \boldsymbol{X}_{12} & \cdots & \boldsymbol{X}_{1N}\\ \boldsymbol{X}_{21} & \boldsymbol{X}_{22} & \cdots & \boldsymbol{X}_{2N}\\ \vdots & \vdots & & \vdots\\ \boldsymbol{X}_{N1} & \boldsymbol{X}_{2N} & \cdots & \boldsymbol{X}_{NN}\end{bmatrix}\begin{bmatrix}\mu_1\boldsymbol{x}(t)\\ \mu_2\boldsymbol{x}(t)\\ \vdots\\ \mu_N\boldsymbol{x}(t)\end{bmatrix}\\ &=\boldsymbol{x}^{\mathrm{T}}(t)\boldsymbol{H}^{\mathrm{T}}(-\overline{\boldsymbol{X}})\boldsymbol{H}\boldsymbol{x}(t)\end{aligned} \tag{2.1.30}$$

式中,$\boldsymbol{H}^{\mathrm{T}}=[\mu_1,\mu_2,\cdots,\mu_N]$。

因此,不等式(2.1.26)~(2.1.28)成立,则当 $\boldsymbol{x}(t)\neq\boldsymbol{0}$ 时,有 $\dot{V}(\boldsymbol{x}(t))<0$,闭环模糊控制系统(2.1.6)是渐近稳定的。

注 2.1.1 在定理 2.1.3 的稳定性条件中,要求矩阵 $\overline{\boldsymbol{X}}$ 满足 $\boldsymbol{X}_{ij}=\boldsymbol{X}_{ji}$ 约束,而定理

2.1.5 的稳定性条件中，要求矩阵 $\bar{\boldsymbol{X}}$ 仅满足 $\boldsymbol{X}_{ij}=\boldsymbol{X}_{ji}^{\mathrm{T}}$ 约束，所以定理 2.1.5 放宽了定理 2.1.3 的条件。

2.1.2　模糊状态反馈控制器的设计

本小节将讨论基于线性矩阵不等式(LMI)的模糊状态反馈控制器的设计问题。由 2.1.1 节中模糊控制系统的稳定性定理可知，模糊状态反馈控制器设计的关键问题是如何根据矩阵不等式求出公共正定矩阵 $\boldsymbol{P}$ 和控制增益矩阵 $\boldsymbol{K}_i$ 等。一般来说，目前还没有成熟的算法可以求出其解析解，但是应用线性矩阵不等式的相关技术和优化算法，可容易地求得它们的数值解。

依据定理 2.1.1 的稳定性条件，公共正定矩阵 $\boldsymbol{P}$ 和控制增益矩阵 $\boldsymbol{K}_i$ 的设计算法如下：

令 $\boldsymbol{X}=\boldsymbol{P}^{-1}$，$\boldsymbol{M}_i=\boldsymbol{K}_i\boldsymbol{X}$，不等式(2.1.8)和(2.1.9)两边同乘以 $\boldsymbol{X}=\boldsymbol{P}^{-1}$，可得

$$\boldsymbol{A}_i\boldsymbol{X}+\boldsymbol{X}\boldsymbol{A}_i^{\mathrm{T}}-\boldsymbol{B}_i\boldsymbol{M}_i-\boldsymbol{M}_i^{\mathrm{T}}\boldsymbol{B}_i^{\mathrm{T}}<\boldsymbol{0},\quad i=1,2,\cdots,N \tag{2.1.31}$$

$$\begin{gathered}\boldsymbol{A}_i\boldsymbol{X}+\boldsymbol{X}\boldsymbol{A}_i^{\mathrm{T}}+\boldsymbol{A}_j\boldsymbol{X}+\boldsymbol{X}\boldsymbol{A}_j^{\mathrm{T}}-\boldsymbol{B}_i\boldsymbol{M}_j-\boldsymbol{M}_j^{\mathrm{T}}\boldsymbol{B}_i^{\mathrm{T}}-\boldsymbol{B}_j\boldsymbol{M}_i-\boldsymbol{M}_i^{\mathrm{T}}\boldsymbol{B}_j^{\mathrm{T}}<\boldsymbol{0}\\ 1\leqslant i<j\leqslant N\end{gathered} \tag{2.1.32}$$

上面条件是关于变量 $\boldsymbol{X}$ 和 $\boldsymbol{M}_i$ 的线性矩阵不等式，应用数学规划中的一些优化算法[6]，可求得满足线性矩阵不等式的矩阵 $\boldsymbol{X}$ 和 $\boldsymbol{M}_i$，进而得到公共正定矩阵 $\boldsymbol{P}=\boldsymbol{X}^{-1}$ 和反馈增益矩阵 $\boldsymbol{K}_i=\boldsymbol{M}_i\boldsymbol{P}$。

依据定理 2.1.2 的稳定性条件的公共正定矩阵 $\boldsymbol{P}$、$\boldsymbol{Q}$ 和控制增益矩阵 $\boldsymbol{K}_i$ 的设计算法如下：

令 $\boldsymbol{X}=\boldsymbol{P}^{-1}$，$\boldsymbol{M}_i=\boldsymbol{K}_i\boldsymbol{X}$，$\boldsymbol{Y}=\boldsymbol{X}\boldsymbol{Q}\boldsymbol{X}$，不等式(2.1.12)和(2.1.13)两边同乘以 $\boldsymbol{X}=\boldsymbol{P}^{-1}$，可得

$$-\boldsymbol{X}\boldsymbol{A}_i^{\mathrm{T}}-\boldsymbol{A}_i\boldsymbol{X}_i+\boldsymbol{M}_i^{\mathrm{T}}\boldsymbol{B}_i^{\mathrm{T}}+\boldsymbol{B}_i\boldsymbol{M}_i-(s-1)\boldsymbol{Y}>\boldsymbol{0},\quad i=1,2,\cdots,N \tag{2.1.33}$$

$$\begin{gathered}2\boldsymbol{Y}-\boldsymbol{X}\boldsymbol{A}_i^{\mathrm{T}}-\boldsymbol{A}_i\boldsymbol{X}-\boldsymbol{X}\boldsymbol{A}_j^{\mathrm{T}}-\boldsymbol{A}_j\boldsymbol{X}+\boldsymbol{M}_j^{\mathrm{T}}\boldsymbol{B}_i^{\mathrm{T}}+\boldsymbol{B}_i\boldsymbol{M}_j+\boldsymbol{M}_i^{\mathrm{T}}\boldsymbol{B}_j^{\mathrm{T}}+\boldsymbol{B}_j\boldsymbol{M}_i\geqslant\boldsymbol{0}\\ 1\leqslant i<j\leqslant N\end{gathered} \tag{2.1.34}$$

上述条件是关于变量 $\boldsymbol{X}$、$\boldsymbol{Y}$ 和 $\boldsymbol{M}_i$ 的线性矩阵不等式，通过求解该不等式，可得到正定矩阵 $\boldsymbol{X}$、半正定矩阵 $\boldsymbol{Y}$ 和 $\boldsymbol{M}_i$ 的可行解，进而得到 $\boldsymbol{P}=\boldsymbol{X}^{-1}$，$\boldsymbol{K}_i=\boldsymbol{M}_i\boldsymbol{P}$，$\boldsymbol{Q}=\boldsymbol{P}\boldsymbol{Y}\boldsymbol{P}$。

依据定理 2.1.3 的稳定性条件，模糊控制器的设计问题归结如下。

找出 $\boldsymbol{Q}>\boldsymbol{0}$，$\boldsymbol{Y}_{ij}>\boldsymbol{0}$ 和 $\boldsymbol{N}_i(i=1,2,\cdots,N)$，满足

$$\boldsymbol{Q}\boldsymbol{A}_i^{\mathrm{T}}+\boldsymbol{A}_i\boldsymbol{Q}-\boldsymbol{N}_i^{\mathrm{T}}\boldsymbol{B}_i^{\mathrm{T}}-\boldsymbol{B}_i\boldsymbol{N}_i+\boldsymbol{Y}_{ii}<\boldsymbol{0},\quad i=1,2,\cdots,N \tag{2.1.35}$$

$$\begin{gathered}2\boldsymbol{Y}_{ij}+\boldsymbol{Q}\boldsymbol{A}_i^{\mathrm{T}}+\boldsymbol{A}_i\boldsymbol{Q}+\boldsymbol{Q}\boldsymbol{A}_j^{\mathrm{T}}+\boldsymbol{A}_j\boldsymbol{Q}-\boldsymbol{N}_j^{\mathrm{T}}\boldsymbol{B}_i^{\mathrm{T}}-\boldsymbol{B}_i\boldsymbol{N}_j-\boldsymbol{N}_i^{\mathrm{T}}\boldsymbol{B}_j^{\mathrm{T}}-\boldsymbol{B}_j\boldsymbol{N}_i\leqslant\boldsymbol{0}\\ 1\leqslant i<j\leqslant N\end{gathered} \tag{2.1.36}$$

$$\begin{bmatrix}\boldsymbol{Y}_{11} & \boldsymbol{Y}_{12} & \cdots & \boldsymbol{Y}_{1N}\\ \boldsymbol{Y}_{21} & \boldsymbol{Y}_{22} & \cdots & \boldsymbol{Y}_{2N}\\ \vdots & \vdots & & \vdots\\ \boldsymbol{Y}_{1N} & \boldsymbol{Y}_{2N} & \cdots & \boldsymbol{Y}_{NN}\end{bmatrix}>\boldsymbol{0} \tag{2.1.37}$$

式中

$$\boldsymbol{Q}=\boldsymbol{P}^{-1},\quad \boldsymbol{N}_i=\boldsymbol{K}_i\boldsymbol{P},\quad \boldsymbol{Y}_{ij}=\boldsymbol{Q}\boldsymbol{X}_{ij}\boldsymbol{Q}$$

类似于定理 2.1.3 的模糊控制设计问题,很容易得到依据定理 2.1.5 的模糊控制的设计算法,这里不再叙述。

值得指出的是,在系统控制设计中,一般不仅要考虑控制系统的稳定性,还要考虑其他的控制品质,如响应速度、输入输出限制等。下面就定理 2.1.3 的稳定性条件,分别给出控制系统的响应速度、输入输出限制等问题。

(1) 响应速度衰减稳定的控制设计问题。该问题就是要求满足条件 $\dot{V}(\boldsymbol{X}(t))\leqslant -2\alpha V(\boldsymbol{x}(t))$ 的最大指数 $\alpha>0$。在此条件下,定理 2.1.2 的稳定性条件变成

$$\max\ \alpha(i=1,2,\cdots,N),\text{满足}$$

$$\boldsymbol{X}>\boldsymbol{0},\quad \boldsymbol{Y}>\boldsymbol{0}$$

$$-\boldsymbol{X}\boldsymbol{A}_i^{\mathrm{T}}-\boldsymbol{A}_i\boldsymbol{X}_i+\boldsymbol{M}_i^{\mathrm{T}}\boldsymbol{B}_i^{\mathrm{T}}+\boldsymbol{B}_i\boldsymbol{M}_i-(s-1)\boldsymbol{Y}-2\alpha\boldsymbol{X}>\boldsymbol{0} \tag{2.1.38}$$

$$2\boldsymbol{Y}-\boldsymbol{X}\boldsymbol{A}_i^{\mathrm{T}}-\boldsymbol{A}_i\boldsymbol{X}-\boldsymbol{X}\boldsymbol{A}_j^{\mathrm{T}}-\boldsymbol{A}_j\boldsymbol{X}+\boldsymbol{M}_j^{\mathrm{T}}\boldsymbol{B}_i^{\mathrm{T}}+\boldsymbol{B}_i\boldsymbol{M}_j+\boldsymbol{M}_i^{\mathrm{T}}\boldsymbol{B}_j^{\mathrm{T}}+\boldsymbol{B}_j\boldsymbol{M}_i-4\alpha\boldsymbol{X}\geqslant\boldsymbol{0} \tag{2.1.39}$$
$$1\leqslant i<j\leqslant N$$

式中

$$\boldsymbol{X}=\boldsymbol{P}^{-1},\quad \boldsymbol{M}_i=\boldsymbol{K}_i\boldsymbol{X},\quad \boldsymbol{Y}=\boldsymbol{X}\boldsymbol{Q}\boldsymbol{X}$$

(2) 输入约束稳定的模糊控制设计问题。假设初始条件 $\boldsymbol{x}(0)$ 已知,如果下面的线性矩阵不等式成立,则对所有 $t\geqslant 0$,控制输入满足约束条件 $\|\boldsymbol{u}(t)\|_2\leqslant\mu$:

$$\begin{bmatrix}\boldsymbol{1} & \boldsymbol{x}^{\mathrm{T}}(0)\\ \boldsymbol{x}(0) & \boldsymbol{X}\end{bmatrix}\geqslant\boldsymbol{0} \tag{2.1.40}$$

$$\begin{bmatrix}\boldsymbol{X} & \boldsymbol{M}_i^{\mathrm{T}}\\ \boldsymbol{M}_i & \mu^2\boldsymbol{I}\end{bmatrix}\geqslant\boldsymbol{0} \tag{2.1.41}$$

式中

$$\boldsymbol{X}=\boldsymbol{P}^{-1},\quad \boldsymbol{M}_i=\boldsymbol{K}_i\boldsymbol{X},\quad \boldsymbol{I}\ \text{是单位矩阵}$$

因此,输入约束稳定的模糊控制器设计问题可定义为

找出 $\boldsymbol{X}>\boldsymbol{0}$、$\boldsymbol{Y}\geqslant 0$ 和 $\boldsymbol{M}_i(i=1,2,\cdots,N)$,满足

式(2.1.33)、(2.1.34)、(2.1.40)和(2.1.41)

(3) 输出约束稳定的模糊控制设计问题。假设初始条件 $\boldsymbol{x}(0)$ 已知,如果矩阵不等式

$$\begin{bmatrix}\boldsymbol{1} & \boldsymbol{x}^{\mathrm{T}}(0)\\ \boldsymbol{x}(0) & \boldsymbol{X}\end{bmatrix}\geqslant\boldsymbol{0} \tag{2.1.42}$$

$$\begin{bmatrix}\boldsymbol{X} & \boldsymbol{X}\boldsymbol{C}_i^{\mathrm{T}}\\ \boldsymbol{C}_i\boldsymbol{X} & \lambda^2\boldsymbol{I}\end{bmatrix}\geqslant\boldsymbol{0} \tag{2.1.43}$$

成立,则对所有 $t\geqslant 0$,控制输出满足约束条件 $\|\boldsymbol{y}(t)\|_2\leqslant\lambda$。式中,$\boldsymbol{X}=\boldsymbol{P}^{-1}$。

因此,满足输出约束稳定模糊控制器设计问题定义为

找出 $\boldsymbol{X}>\boldsymbol{0}$、$\boldsymbol{Y}\geqslant\boldsymbol{0}$ 和 $\boldsymbol{M}_i(i=1,2,\cdots,N)$,满足

式(2.1.33)、(2.1.34)、(2.1.42)和(2.1.43)

2.1.3 模糊输出反馈控制设计与稳定性分析

在 2.1.2 节中,针对状态可测的非线性系统,介绍了模糊状态反馈控制的设计及其模

糊闭环系统稳定的充分条件。本小节将针对状态不可测的非线性系统，介绍模糊观测器和输出反馈控制器的设计，给出模糊闭环系统稳定的充分条件。

定义 2.1.2　如果矩阵对$(\boldsymbol{A}_i,\boldsymbol{C}_i)$是可观测的，则模糊系统(2.1.1)为局部可观测的。

假设模糊系统(2.1.1)是局部可观测的。根据平行分布补偿算法，设计局部状态观测器如下。

模糊观测器规则 i：如果 $z_1(t)$是 F_{i1}，$z_2(t)$是 F_{i2}，…，$z_n(t)$是 F_{in}，则

$$\begin{aligned}\dot{\hat{\boldsymbol{x}}}(t)&=\boldsymbol{A}_i\hat{\boldsymbol{x}}(t)+\boldsymbol{B}_i\boldsymbol{u}(t)+\boldsymbol{G}_i(\boldsymbol{y}(t)-\hat{\boldsymbol{y}}(t))\\ \hat{\boldsymbol{y}}(t)&=\boldsymbol{C}_i\hat{\boldsymbol{x}}(t)\end{aligned},\quad i=1,2,\cdots,N$$

式中，$\boldsymbol{G}_i$ 是观测增益矩阵；$\boldsymbol{y}(t)$和 $\hat{\boldsymbol{y}}(t)$分别表示模糊系统的输出和模糊观测器的输出。

由模糊推理可得整个模糊观测器的状态方程为

$$\begin{aligned}\dot{\hat{\boldsymbol{x}}}(t)=&\sum_{i=1}^{N}\mu_i(\boldsymbol{z}(t))\boldsymbol{A}_i\hat{\boldsymbol{x}}(t)+\sum_{i=1}^{N}\mu_i(\boldsymbol{z}(t))\boldsymbol{B}_i\boldsymbol{u}(t)\\&+\sum_{i=1}^{N}\mu_i(\boldsymbol{z}(t))\boldsymbol{G}_i(\boldsymbol{y}(t)-\hat{\boldsymbol{y}}(t))\end{aligned}\tag{2.1.44}$$

模糊观测器的输出为

$$\hat{\boldsymbol{y}}(t)=\sum_{i=1}^{N}\mu_i(\boldsymbol{z}(t))\boldsymbol{C}_i\hat{\boldsymbol{x}}(t)\tag{2.1.45}$$

将式(2.1.3)和(2.1.45)代入式(2.1.44)，可得

$$\begin{aligned}\dot{\hat{\boldsymbol{x}}}(t)=&\sum_{i=1}^{N}\mu_i(\boldsymbol{z}(t))\boldsymbol{A}_i\hat{\boldsymbol{x}}(t)+\sum_{i=1}^{N}\mu_i(\boldsymbol{z}(t))\boldsymbol{B}_i\boldsymbol{u}(t)\\&+\sum_{i=1}^{N}\sum_{j=1}^{N}\mu_i(\boldsymbol{z}(t))\mu_j(\boldsymbol{z}(t))\boldsymbol{G}_i\boldsymbol{C}_j(\boldsymbol{x}(t)-\hat{\boldsymbol{x}}(t))\end{aligned}\tag{2.1.46}$$

基于模糊观测器的模糊控制器设计如下。

模糊控制规则 i：如果 $z_1(t)$是 F_{i1}，$z_2(t)$是 F_{i2}，…，$z_n(t)$是 F_{in}，则

$$\boldsymbol{u}(t)=-\boldsymbol{K}_i\hat{\boldsymbol{x}}(t),\quad i=1,2,\cdots,N\tag{2.1.47}$$

整个状态反馈控制律表示如下：

$$\boldsymbol{u}(t)=-\sum_{i=1}^{N}\mu_i(\boldsymbol{z}(t))\boldsymbol{K}_i\hat{\boldsymbol{x}}(t)\tag{2.1.48}$$

将式(2.1.48)代入式(2.1.2)和(2.1.46)，得到

$$\dot{\boldsymbol{x}}(t)=\sum_{i=1}^{N}\mu_i(\boldsymbol{z}(t))\boldsymbol{A}_i\boldsymbol{x}(t)-\sum_{i=1}^{N}\sum_{j=1}^{N}\mu_i(\boldsymbol{z}(t))\mu_j(\boldsymbol{z}(t))\boldsymbol{B}_i\boldsymbol{K}_j\hat{\boldsymbol{x}}(t)\tag{2.1.49}$$

$$\begin{aligned}\dot{\hat{\boldsymbol{x}}}(t)=&\sum_{i=1}^{N}\sum_{j=1}^{N}\mu_i(\boldsymbol{z}(t))\mu_j(\boldsymbol{z}(t))(\boldsymbol{A}_i-\boldsymbol{B}_i\boldsymbol{K}_j)\hat{\boldsymbol{x}}(t)\\&+\sum_{i=1}^{N}\sum_{j=1}^{N}\mu_i(\boldsymbol{z}(t))\mu_j(\boldsymbol{z}(t))\boldsymbol{G}_i\boldsymbol{C}_j(\boldsymbol{x}(t)-\hat{\boldsymbol{x}}(t))\end{aligned}\tag{2.1.50}$$

令 $\boldsymbol{e}(t)=\boldsymbol{x}(t)-\hat{\boldsymbol{x}}(t)$，则

$$\dot{\boldsymbol{e}}(t)=\sum_{i=1}^{N}\sum_{j=1}^{N}\mu_i(\boldsymbol{z}(t))\mu_j(\boldsymbol{z}(t))(\boldsymbol{A}_i-\boldsymbol{G}_i\boldsymbol{C}_j)\boldsymbol{e}(t)\tag{2.1.51}$$

对于系统(2.1.51),根据定理 2.1.1,可得到如下的定理。

定理 2.1.6 如果存在正定矩阵 $\boldsymbol{P}$,使得线性矩阵不等式

$$(\boldsymbol{A}_i-\boldsymbol{G}_i\boldsymbol{C}_i)^{\mathrm{T}}\boldsymbol{P}+\boldsymbol{P}(\boldsymbol{A}_i-\boldsymbol{G}_i\boldsymbol{C}_i)<\boldsymbol{0},\quad i=1,2,\cdots,N$$

$$\left(\frac{\boldsymbol{A}_i-\boldsymbol{G}_i\boldsymbol{C}_j+\boldsymbol{A}_j-\boldsymbol{G}_j\boldsymbol{C}_i}{2}\right)^{\mathrm{T}}\boldsymbol{P}+\boldsymbol{P}\left(\frac{\boldsymbol{A}_i-\boldsymbol{G}_i\boldsymbol{C}_j+\boldsymbol{A}_j-\boldsymbol{G}_j\boldsymbol{C}_i}{2}\right)<\boldsymbol{0},\quad 1\leqslant i<j\leqslant N$$

成立,则观测器系统(2.1.51)是渐近稳定的。

由式(2.1.49)~(2.1.51)组成的模糊闭环系统为

$$\begin{aligned}\dot{\boldsymbol{x}}(t)=&\sum_{i=1}^{N}\sum_{j=1}^{N}\mu_i(\boldsymbol{z}(t))\mu_j(\boldsymbol{z}(t))(\boldsymbol{A}_i-\boldsymbol{B}_i\boldsymbol{K}_j)\boldsymbol{x}(t)\\&+\sum_{i=1}^{N}\sum_{j=1}^{N}\mu_i(\boldsymbol{z}(t))\mu_j(\boldsymbol{z}(t))\boldsymbol{B}_i\boldsymbol{K}_j\boldsymbol{e}(t)\end{aligned}\tag{2.1.52}$$

$$\dot{\boldsymbol{e}}(t)=\sum_{i=1}^{N}\sum_{j=1}^{N}\mu_i(\boldsymbol{z}(t))\mu_j(\boldsymbol{z}(t))(\boldsymbol{A}_i-\boldsymbol{G}_i\boldsymbol{C}_j)\boldsymbol{e}(t)\tag{2.1.53}$$

定义辅助系统如下:

$$\begin{aligned}\dot{\boldsymbol{x}}_a(t)&=\sum_{i=1}^{N}\sum_{j=1}^{N}\mu_i(\boldsymbol{z}(t))\mu_j(\boldsymbol{z}(t))\boldsymbol{G}_{ij}\boldsymbol{x}_a(t)\\&=\sum_{i=1}^{N}\mu_i(\boldsymbol{z}(t))\mu_i(\boldsymbol{z}(t))\boldsymbol{G}_{ii}\boldsymbol{x}_a(t)+\sum_{i<j}^{N}2\mu_i(\boldsymbol{z}(t))\mu_j(\boldsymbol{z}(t))\frac{\boldsymbol{G}_{ij}+\boldsymbol{G}_{ji}}{2}\boldsymbol{x}_a(t)\end{aligned}\tag{2.1.54}$$

式中

$$\boldsymbol{x}_a(t)=\begin{bmatrix}\boldsymbol{x}(t)\\\boldsymbol{e}(t)\end{bmatrix},\quad \boldsymbol{G}_{ij}=\begin{bmatrix}\boldsymbol{A}_i-\boldsymbol{B}_i\boldsymbol{K}_j & \boldsymbol{B}_i\boldsymbol{K}_j\\\boldsymbol{0} & \boldsymbol{A}_i-\boldsymbol{G}_i\boldsymbol{C}_j\end{bmatrix}\tag{2.1.55}$$

应用定理 2.1.1 和 2.1.2,得到辅助系统(2.1.54)全局渐近稳定的两个定理。

定理 2.1.7 如果存在正定矩阵 $\boldsymbol{P}$,使得线性矩阵不等式

$$\boldsymbol{G}_{ii}^{\mathrm{T}}\boldsymbol{P}+\boldsymbol{P}\boldsymbol{G}_{ii}<\boldsymbol{0}\tag{2.1.56}$$

$$\left(\frac{\boldsymbol{G}_{ij}+\boldsymbol{G}_{ji}}{2}\right)^{\mathrm{T}}\boldsymbol{P}+\boldsymbol{P}\left(\frac{\boldsymbol{G}_{ij}+\boldsymbol{G}_{ji}}{2}\right)\leqslant\boldsymbol{0},\quad i<j\tag{2.1.57}$$

成立,则辅助系统(2.1.54)对平衡点是全局渐近稳定的。

定理 2.1.8 假设 $s>1$,如果存在正定矩阵 $\boldsymbol{P}$ 和半正定矩阵 $\boldsymbol{Q}$,使得线性矩阵不等式

$$\boldsymbol{G}_{ii}^{\mathrm{T}}\boldsymbol{P}+\boldsymbol{P}\boldsymbol{G}_{ii}+(s-1)\boldsymbol{Q}<\boldsymbol{0}\tag{2.1.58}$$

$$\left(\frac{\boldsymbol{G}_{ij}+\boldsymbol{G}_{ji}}{2}\right)^{\mathrm{T}}\boldsymbol{P}+\boldsymbol{P}\left(\frac{\boldsymbol{G}_{ij}+\boldsymbol{G}_{ji}}{2}\right)-\boldsymbol{Q}\leqslant\boldsymbol{0},\quad i<j\tag{2.1.59}$$

成立,则辅助系统(2.1.54)对平衡点是全局渐近稳定的。

对于辅助系统(2.1.54),定义基于线性矩阵不等式的衰减律设计为

$$\boldsymbol{G}_{ii}^{\mathrm{T}}\boldsymbol{P}+\boldsymbol{P}\boldsymbol{G}_{ii}+(s-1)\boldsymbol{Q}+2\alpha\boldsymbol{P}<\boldsymbol{0}\tag{2.1.60}$$

$$\left(\frac{\boldsymbol{G}_{ij}+\boldsymbol{G}_{ji}}{2}\right)^{\mathrm{T}}\boldsymbol{P}+\boldsymbol{P}\left(\frac{\boldsymbol{G}_{ij}+\boldsymbol{G}_{ji}}{2}\right)-\boldsymbol{Q}+2\alpha\boldsymbol{P}\leqslant\boldsymbol{0},\quad i<j\tag{2.1.61}$$

定理 2.1.9 如果存在两个标量函数 $V(\boldsymbol{x}(t))$:$\mathbf{R}^n\rightarrow\mathbf{R}$ 和 $\hat{V}(\boldsymbol{e}(t))$:$\mathbf{R}^n\rightarrow\mathbf{R}$,及正数 γ_1,

$\gamma_2,\gamma_3,\gamma_4$ 和 $\tilde{\gamma}_1,\tilde{\gamma}_2,\tilde{\gamma}_3,\tilde{\gamma}_4$，满足

(1) $\gamma_1\|\boldsymbol{x}(t)\|^2\leqslant V(\boldsymbol{x}(t))\leqslant\gamma_2\|\boldsymbol{x}(t)\|^2,\tilde{\gamma}_1\|\boldsymbol{e}(t)\|^2\leqslant\tilde{V}(\boldsymbol{e}(t))\leqslant\tilde{\gamma}_2\|\boldsymbol{e}(t)\|^2$；

(2) $\dfrac{\partial V(\boldsymbol{x}(t))}{\partial\boldsymbol{x}(t)}\sum_{i=1}^{N}\sum_{j=1}^{N}\mu_i(\boldsymbol{z}(t))\mu_j(\boldsymbol{z}(t))(\boldsymbol{A}_i-\boldsymbol{B}_i\boldsymbol{K}_j)\boldsymbol{x}(t)\leqslant-\gamma_3\|\boldsymbol{x}(t)\|^2$，

$\dfrac{\partial\tilde{V}(\boldsymbol{e}(t))}{\partial\boldsymbol{e}(t)}\sum_{i=1}^{N}\sum_{j=1}^{N}\mu_i(\boldsymbol{z}(t))\mu_j(\boldsymbol{z}(t))(\boldsymbol{A}_i-\boldsymbol{G}_i\boldsymbol{C}_j)\boldsymbol{e}(t)\leqslant-\tilde{\gamma}_3\|\boldsymbol{e}(t)\|^2$；

(3) $\left\|\dfrac{\partial V(\boldsymbol{x}(t))}{\partial\boldsymbol{x}(t)}\right\|\leqslant\gamma_4\|\boldsymbol{x}(t)\|$，$\left\|\dfrac{\partial\tilde{V}(\boldsymbol{e}(t))}{\partial\boldsymbol{e}(t)}\right\|\leqslant\tilde{\gamma}_4\|\boldsymbol{e}(t)\|$。

那么，由式(2.1.52)和(2.1.53)组成的整个系统是全局渐近稳定的。

证明　对 $V(\boldsymbol{x}(t))$ 求导，并根据式(2.1.52)得到

$$
\begin{aligned}
\dot{V}(\boldsymbol{x}(t))&=\frac{\partial V(\boldsymbol{x}(t))}{\partial\boldsymbol{x}(t)}\dot{\boldsymbol{x}}(t)=\frac{\partial V(\boldsymbol{x}(t))}{\partial\boldsymbol{x}(t)}\sum_{i=1}^{N}\sum_{j=1}^{N}\mu_i(\boldsymbol{z}(t))\mu_j(\boldsymbol{z}(t))(\boldsymbol{A}_i-\boldsymbol{B}_i\boldsymbol{K}_j)\boldsymbol{x}(t)\\
&\quad+\frac{\partial V(\boldsymbol{x}(t))}{\partial\boldsymbol{x}(t)}\sum_{i=1}^{N}\sum_{j=1}^{N}\mu_i(\boldsymbol{z}(t))\mu_j(\boldsymbol{z}(t))\boldsymbol{B}_i\boldsymbol{K}_j\boldsymbol{e}(t)\\
&\leqslant\gamma_3\|\boldsymbol{x}(t)\|^2+P\left\|\frac{\partial V(\boldsymbol{x})}{\partial\boldsymbol{x}}\right\|\sum_{i=1}^{N}\sum_{j=1}^{N}\|\boldsymbol{B}_i\boldsymbol{K}_j\|\|\boldsymbol{e}(t)\|\\
&\leqslant-\gamma_3\|\boldsymbol{x}(t)\|^2+\gamma_4\sum_{i=1}^{N}\sum_{j=1}^{N}\|\boldsymbol{B}_i\boldsymbol{K}_j\|\|\boldsymbol{e}(t)\|\|\boldsymbol{x}(t)\|\\
&=-\frac{\gamma_3}{2}\|\boldsymbol{x}(t)\|^2-\frac{\gamma_3}{2}\|\boldsymbol{x}(t)\|^2+\gamma_4\sum_{i=1}^{N}\sum_{j=1}^{N}\|\boldsymbol{B}_i\boldsymbol{K}_j\|\|\boldsymbol{e}(t)\|\|\boldsymbol{x}(t)\|\\
&\leqslant-\frac{\gamma_3}{2}\|\boldsymbol{x}(t)\|^2+\frac{\gamma_4^2}{2\gamma_3}\Big(\sum_{i=1}^{N}\sum_{j=1}^{N}\|\boldsymbol{B}_i\boldsymbol{K}_j\|\|\boldsymbol{e}(t)\|\Big)^2\\
&=-\frac{\gamma_3}{2}\|\boldsymbol{x}(t)\|^2-\frac{\gamma_4^2}{2\gamma_3}\Big(\sum_{i=1}^{N}\sum_{j=1}^{N}\|\boldsymbol{B}_i\boldsymbol{K}_j\|\Big)^2\|\boldsymbol{e}(t)\|^2\\
&\leqslant-\frac{\gamma_3}{2\gamma_2}V(\boldsymbol{x}(t))+\frac{\gamma_4^2}{2\gamma_3\tilde{\gamma}_1}\Big(\sum_{i=1}^{N}\sum_{j=1}^{N}\|\boldsymbol{B}_i\boldsymbol{K}_j\|\Big)^2\tilde{V}(\boldsymbol{e}(t))
\end{aligned}\tag{2.1.62}
$$

令$\left(\sum_{i=1}^{N}\sum_{j=1}^{N}\|\boldsymbol{B}_i\boldsymbol{K}_j\|\right)^2=a$，则

$$
\dot{V}(\boldsymbol{x}(t))\leqslant-\frac{\gamma_3}{2\gamma_2}V(\boldsymbol{x}(t))+\frac{\gamma_4^2}{2\gamma_3\tilde{\gamma}_1 a}\tilde{V}(\boldsymbol{e}(t))\tag{2.1.63}
$$

求 $\tilde{V}(\boldsymbol{e}(t))$ 的导数，并由式(2.1.53)得到

$$
\begin{aligned}
\dot{\tilde{V}}(\boldsymbol{e}(t))&=\frac{\partial\tilde{V}(\boldsymbol{e}(t))}{\partial\boldsymbol{e}(t)}\dot{\boldsymbol{e}}(t)=\frac{\partial\tilde{V}(\boldsymbol{e}(t))}{\partial\boldsymbol{e}(t)}\sum_{i=1}^{N}\sum_{j=1}^{N}\mu_i(\boldsymbol{z}(t))\mu_j(\boldsymbol{z}(t))(\boldsymbol{A}_i-\boldsymbol{G}_i\boldsymbol{C}_j)\boldsymbol{e}(t)\\
&\leqslant-\tilde{\gamma}_3\|\boldsymbol{e}(t)\|^2\leqslant-\frac{\tilde{\gamma}_3}{\tilde{\gamma}_2}\tilde{V}(\boldsymbol{e}(t))
\end{aligned}\tag{2.1.64}
$$

根据式(2.1.63)和(2.1.64)得到

$$\begin{bmatrix}\dot{V}(\boldsymbol{x}(t))\\ \dot{\widetilde{V}}(\boldsymbol{e}(t))\end{bmatrix}\leqslant\begin{bmatrix}-\dfrac{\gamma_3}{\gamma_2} & \dfrac{a\gamma_4^2}{2\gamma_3\widetilde{\gamma}_1}\\ 0 & -\dfrac{\widetilde{\gamma}_3}{\widetilde{\gamma}_2}\end{bmatrix}\begin{bmatrix}V(\boldsymbol{x}(t))\\ \widetilde{V}(\boldsymbol{e}(t))\end{bmatrix}=\boldsymbol{A}\begin{bmatrix}V(\boldsymbol{x}(t))\\ \widetilde{V}(\boldsymbol{e}(t))\end{bmatrix}\tag{2.1.65}$$

式中

$$\boldsymbol{A}=\begin{bmatrix}-\dfrac{\gamma_3}{\gamma_2} & \dfrac{a\gamma_4^2}{2\gamma_3\widetilde{\gamma}_1}\\ 0 & -\dfrac{\widetilde{\gamma}_3}{\widetilde{\gamma}_2}\end{bmatrix}$$

由于矩阵 $\boldsymbol{A}$ 是负定矩阵，整个系统(2.1.52)和(2.1.53)是全局渐近稳定的。

注 2.1.2　需要指出的是，定理 2.1.7～定理 2.1.9 给出了模糊控制器和模糊观测器设计的稳定条件，但与 2.1.2 节的模糊状态反馈控制设计不同。在状态反馈控制设计中，可以把稳定性定理中的条件转化为线性矩阵不等式，并应用数学规划中的一些优化算法求出正定矩阵 $\boldsymbol{P}$ 和控制增益矩阵 $\boldsymbol{K}_i$ 等。由于在模糊输出反馈控制设计中，不但需要求出正定矩阵 $\boldsymbol{P}$ 和控制增益矩阵 $\boldsymbol{K}_i$ 等，还需要求出观测增益矩阵 $\boldsymbol{G}_i$，而定理中的稳定条件不能直接转化为线性矩阵不等式，所以现有的优化算法不能同时得到 $\boldsymbol{P}$、$\boldsymbol{K}_i$ 和 $\boldsymbol{G}_i$ 的解。目前一般做法是，首先给出满足一定条件的反馈增益矩阵 $\boldsymbol{K}_i(\boldsymbol{G}_i)$，然后把定理中的稳定性条件转化为线性矩阵不等式，最后通过求解线性矩阵不等式，设计 $\boldsymbol{P}$、$\boldsymbol{G}_i(\boldsymbol{K}_i)$。

2.1.4　仿真

为了验证所设计的模糊控制器和模糊观测器的性能，下面给出两个仿真算例。

例 2.1.1　倒立摆的平衡问题。设倒立摆方程如下：

$$\begin{aligned}
\dot{x}_1&=x_2\\
\dot{x}_2&=\frac{1}{(M+m)(J+ml^2)-m^2l^2\cos^2x_1}[-f_1(M+m)x_2-m^2l^2x_2^2\sin x_1\cos x_1\\
&\quad+f_0mlx_4\cos x_1+(M+m)mgl\sin x_1-ml\cos x_1u]\\
\dot{x}_3&=x_4\\
\dot{x}_4&=\frac{1}{(M+m)(J+ml^2)-m^2l^2\cos^2x_1}[f_1mlx_2\cos x_1+(J+ml^2)mlx_2^2\sin x_1\\
&\quad-f_0(J+ml^2)x_4-m^2gl^2\sin x_1\cos x_1+(J+ml^2)u]
\end{aligned}\tag{2.1.66}$$

式中，x_1 表示摆与垂直方向的角度；x_2 是车的角速度；x_3 是车的位移；x_4 是车的速度；$g=9.8\text{m/s}^2$ 是重力加速度；m 是摆的质量；M 是车的质量；f_0 是车的摩擦力因子；f_1 是摆的摩擦力因子；l 是摆的中心到轴的长度；J 是摆绕着其质心的惯性矩；u 是作用在车上的力。在仿真中取 $M=1.3282\text{kg}$，$m=0.22\text{kg}$，$f_0=22.915$，$f_1=0.007056$，$l=0.304\text{m}$，$J=0.004963\text{m}^4$。

要设计模糊控制器和模糊观测器，必须建立能够描述非线性模型动态的模糊 T-S 模型。为了减小设计的复杂性，尽可能用较少的模糊规则。注意到当 $x_1=\pm\pi/2$ 时，系统是不可控的，所以给出系统的两个模糊规则。

模糊系统规则 1：如果 x_1 大约是 0，则

$$\begin{aligned}\dot{\boldsymbol{x}}&=\boldsymbol{A}_1\boldsymbol{x}(t)+\boldsymbol{B}_1u(t)\\ \boldsymbol{y}_1(t)&=\boldsymbol{C}_1\boldsymbol{x}(t)\end{aligned}\tag{2.1.67}$$

模糊系统规则 2：如果 x_1 大约是 $\pm\pi/3$，则

$$\begin{aligned}\dot{\boldsymbol{x}}&=\boldsymbol{A}_2\boldsymbol{x}(t)+\boldsymbol{B}_2u(t)\\ \boldsymbol{y}_2(t)&=\boldsymbol{C}_2\boldsymbol{x}(t)\end{aligned}\tag{2.1.68}$$

式中

$$\boldsymbol{A}_1=\begin{bmatrix}0&1&0&0\\a_{21}&a_{22}&0&a_{24}\\0&0&0&1\\a_{41}&a_{42}&0&a_{44}\end{bmatrix},\quad \boldsymbol{B}_1=\begin{bmatrix}0\\b_2\\0\\b_4\end{bmatrix},\quad \boldsymbol{C}_1=\begin{bmatrix}1&0&0&0\\0&0&1&0\end{bmatrix}$$

$$\boldsymbol{A}_2=\begin{bmatrix}0&1&0&0\\a'_{21}&a'_{22}&0&a'_{24}\\0&0&0&1\\a'_{41}&a'_{42}&0&a'_{44}\end{bmatrix},\quad \boldsymbol{B}_2=\begin{bmatrix}0\\b'_2\\0\\b'_4\end{bmatrix},\quad \boldsymbol{C}_2=\begin{bmatrix}1&0&0&0\\0&0&1&0\end{bmatrix}$$

上述矩阵中，其元素取为

$$a_{21}=(M+m)mgl/a,\quad a_{22}=-f_1(M+m)/a,\quad a_{24}=f_0ml/a$$

$$a_{41}=-m^2gl^2/a,\quad a_{42}=f_1ml/a,\quad a_{44}=-f_0(J+ml^2)/a$$

$$b_2=-ml/a,\quad b_4=(J+ml^2)/a$$

$$a=(M+m)(J+ml^2)-m^2l^2$$

$$a'_{21}=\frac{3\sqrt{3}}{2\pi}(M+m)mgl/a',\quad a'_{22}=-f_1(M+m)/a'$$

$$a'_{24}=f_0ml\cos60^\circ/a',\quad a'_{41}=-\frac{3\sqrt{3}}{2\pi}m^2gl^2\cos60^\circ/a'$$

$$a'_{42}=f_1ml\cos60^\circ/a',\quad a'_{44}=-f_0(J+ml^2)/a'$$

$$b'_2=-ml\cos60^\circ/a',\quad b'_4=(J+ml^2)/a'$$

$$a'=(M+m)(J+ml^2)-m^2l^2(\cos60^\circ)^2$$

规则 1 和规则 2 中模糊集的隶属函数取为

$$\mu_1(x_1(t))=\left[1-\frac{1}{1+\mathrm{e}^{-7(x_1(t)-\pi/6)}}\right]\frac{1}{1+\mathrm{e}^{-7(x_1(t)+\pi/6)}}$$

$$\mu_2(x_1(t))=1-\mu_1(x_1(t))$$

对于 $\boldsymbol{A}_1-\boldsymbol{B}_1\boldsymbol{K}_1$ 和 $\boldsymbol{A}_2-\boldsymbol{B}_2\boldsymbol{K}_2$、$\boldsymbol{A}_1-\boldsymbol{G}_1\boldsymbol{C}_1$ 和 $\boldsymbol{A}_2-\boldsymbol{G}_2\boldsymbol{C}_2$，取闭环系统的特征值分别为 [−7.0　−3.0　−6.0　−1.0]、[−36.0　−32.0　−34.0　−30.0]，则有

$$\boldsymbol{K}_1=[-69.1254\quad -11.2047\quad -7.8689\quad -34.0224]$$

$$\boldsymbol{K}_2=[-154.1245\quad -30.2409\quad -9.8612\quad -37.0122]$$

$$G_1=\begin{bmatrix}69.0462 & 34.6898\\ 1239.2391 & 1703.4629\\ 0.7808 & 45.9292\\ 12.0342 & 207.7951\end{bmatrix},\quad G_2=\begin{bmatrix}68.0757 & 16.8997\\ 1176.4956 & 862.6384\\ 0.4915 & 48.4011\\ 8.5666 & 270.5840\end{bmatrix}$$

为了验证模糊系统的稳定性,通过解线性矩阵不等式(2.1.8)和(2.1.9),得到两个正定矩阵 $\boldsymbol{P}_1$ 和 $\boldsymbol{P}_2$:

$$\boldsymbol{P}_1=\begin{bmatrix}1.93554895090464 & 0.35986524787917 & 0.22362030149497 & 0.35248948967165\\ 0.35986524787917 & 0.07627576776849 & 0.04387910868787 & 0.06840971854849\\ 0.22362030149497 & 0.04387910868787 & 0.03834011388736 & 0.05137789625508\\ 0.35248948967165 & 0.06840971854849 & 0.05137789625508 & 0.08002908164611\end{bmatrix}$$

$$\boldsymbol{P}_2=\begin{bmatrix}2.00478667718985 & -0.04220694223059 & 1.75499560683946 & 0.03305718253114\\ -0.04220694223059 & 0.00179787773000 & -0.03838764925938 & -0.00404244310201\\ 1.75499560683946 & -0.03838764925938 & 2.47906556610290 & 0.02062045478780\\ 0.03305718253114 & -0.00404244310201 & 0.02062045478780 & 0.01388356335765\end{bmatrix}$$

应用定理 2.1.1,设计基于模糊观测器的模糊控制器如下。

模糊控制规则 1:如果 x_1 大约是 0,则

$$\boldsymbol{u}(t)=-\boldsymbol{K}_1\hat{\boldsymbol{x}}(t) \tag{2.1.69}$$

模糊控制规则 2:如果 x_1 大约是 $\pm\pi/3$,则

$$\boldsymbol{u}(t)=-\boldsymbol{K}_2\hat{\boldsymbol{x}}(t) \tag{2.1.70}$$

所以有

$$\boldsymbol{u}(t)=-\mu_1(\boldsymbol{z}(t))\boldsymbol{K}_1\hat{\boldsymbol{x}}(t)-\mu_2(\boldsymbol{z}(t))\boldsymbol{K}_2\hat{\boldsymbol{x}}(t) \tag{2.1.71}$$

控制器(2.1.71)保证了模糊控制系统的稳定性。为了说明非线性控制的有效性,将控制器用于原系统(2.1.66)。选择初始条件为 $x_1\in[-60.0°,+60.0°]$,$x_2(0)=x_3(0)=x_4(0)=0.0$,仿真结果由图 2-1～图 2-3 给出。

例 2.1.2　为了解释定理 2.1.3 的稳定性条件,考虑如下的非线性系统模型:

$$\begin{aligned}\dot{x}_1(t)&=x_2(t)+\sin x_3(t)+(x_1^2(t)+1)u(t)\\ \dot{x}_2(t)&=x_1(t)+2x_2(t)\\ \dot{x}_3(t)&=x_1^2(t)x_2(t)+x_1(t)\\ \dot{x}_4(t)&=\sin x_3(t)\\ y_1(t)&=(x_1^2(t)+1)x_4(t)+x_2(t)\\ y_2(t)&=x_2(t)+x_3(t)\end{aligned} \tag{2.1.72}$$

假设状态 $x_1(t)$、$x_2(t)$、$x_3(t)$和 $x_4(t)$可观测,并且 $x_1(t)\in[-a,a]$,$x_3(t)\in[-b,b]$,其中 a 和 b 为正值,非线性项是 $x_1^2(t)$和 $x_3(t)$。把非线性项表示为

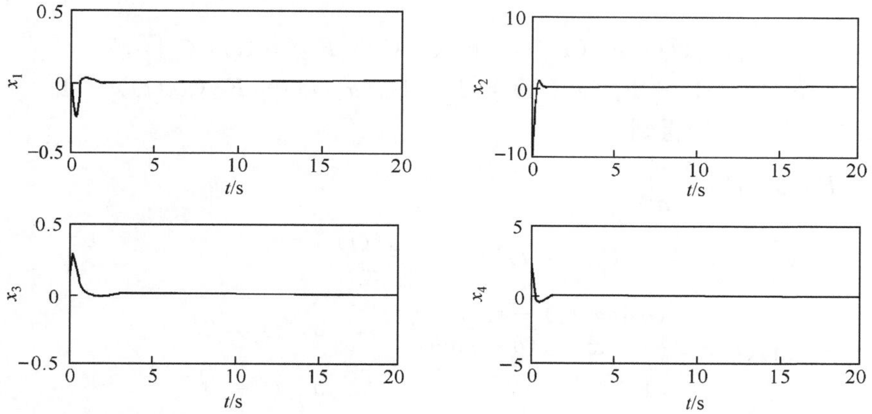

图 2-1　初始条件 $x_1(0)=20.0°$ 和 $x_2(0)=x_3(0)=x_4(0)=0.0$ 所对应的系统响应曲线

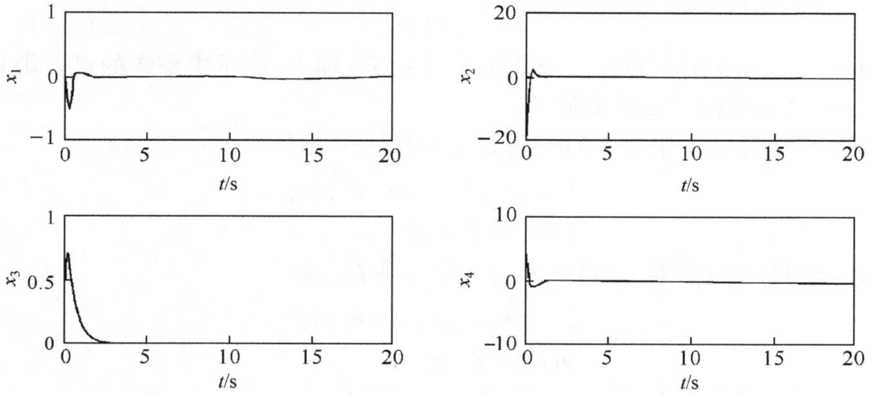

图 2-2　初始条件 $x_1(0)=40.0°$ 和 $x_2(0)=x_3(0)=x_4(0)=0.0$ 所对应的系统响应曲线

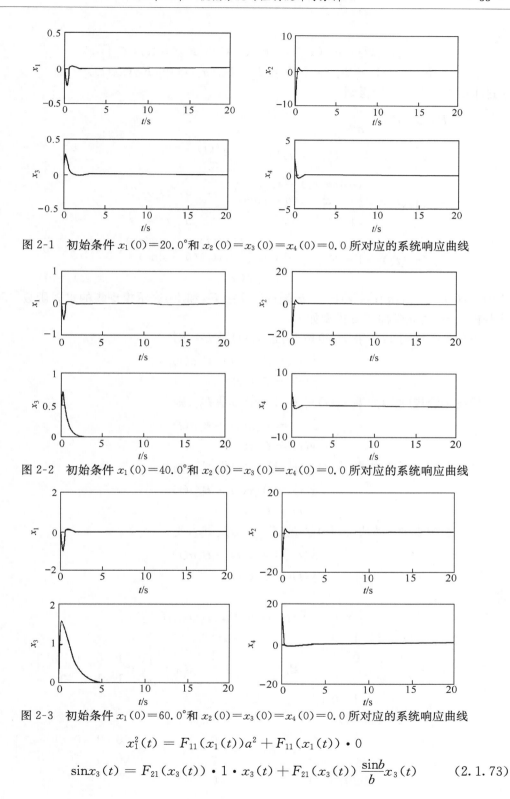

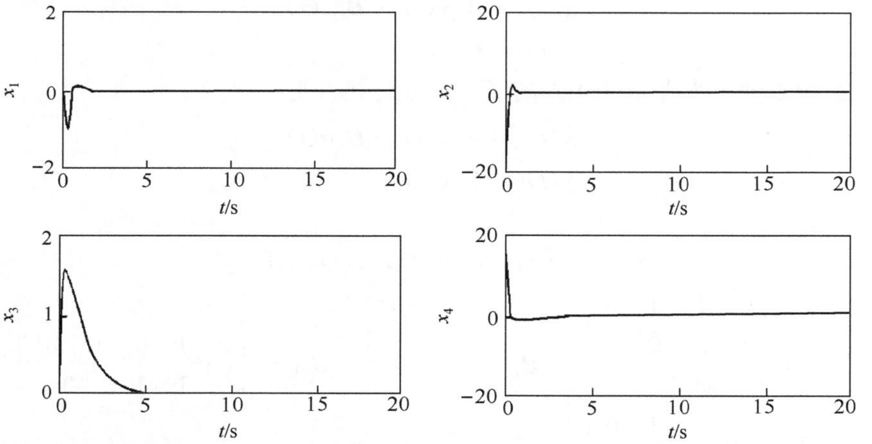

图 2-3　初始条件 $x_1(0)=60.0°$ 和 $x_2(0)=x_3(0)=x_4(0)=0.0$ 所对应的系统响应曲线

$$
\begin{aligned}
x_1^2(t) &= F_{11}(x_1(t))a^2 + F_{11}(x_1(t)) \cdot 0 \\
\sin x_3(t) &= F_{21}(x_3(t)) \cdot 1 \cdot x_3(t) + F_{21}(x_3(t)) \frac{\sin b}{b} x_3(t)
\end{aligned}
\tag{2.1.73}
$$

式中

$$F_{11}(x_1(t)),F_{12}(x_1(t)),F_{21}(x_3(t)),F_{22}(x_3(t))\in[0,1]$$

$$F_{11}(x_1(t))+F_{12}(x_1(t))=1,\quad F_{21}(x_3(t))+F_{22}(x_3(t))=1$$

通过求解方程(2.1.73)得到

$$F_{11}(x_1(t))=\frac{x_1^2}{a^2}$$

$$F_{12}(x_1(t))=1-F_{11}(x_1(t))=1-\frac{x^2(t)}{a^2}$$

$$F_{21}(x_3(t))=\begin{cases}\dfrac{b\sin x_3(t)-\sin b\cdot x_3(t)}{x_3(t)(b-\sin b)}, & x_3(t)\neq 0\\ 1, & x_3(t)=0\end{cases}$$

$$F_{22}(x_3(t))=1-F_{21}(x_3(t))=\begin{cases}\dfrac{b(x_3(t)-\sin x_3(t))}{x_3(t)(b-\sin b)}, & x_3(t)\neq 0\\ 0, & x_3(t)=0\end{cases}$$

式中,$x_1(t)\in[-a,a]$;$x_3(t)\in[-b,b]$;F_{11}、F_{21}、F_{12}和 F_{22}表示模糊集的隶属函数。利用这些模糊集,建立模糊 T-S 模型如下。

模糊系统规则 1:如果 $x_1(t)$是 F_{11}且 $x_3(t)$是 F_{12},则

$$\dot{\boldsymbol{x}}(t)=\boldsymbol{A}_1\boldsymbol{x}(t)+\boldsymbol{B}_1u(t)$$
$$\boldsymbol{y}(t)=\boldsymbol{C}_1\boldsymbol{x}(t)$$

模糊系统规则 2:如果 $x_1(t)$是 F_{11}且 $x_3(t)$是 F_{22},则

$$\dot{\boldsymbol{x}}(t)=\boldsymbol{A}_2\boldsymbol{x}(t)+\boldsymbol{B}_2u(t)$$
$$\boldsymbol{y}(t)=\boldsymbol{C}_2\boldsymbol{x}(t)$$

模糊系统规则 3:如果 $x_1(t)$是 F_{21}且 $x_3(t)$是 F_{12},则

$$\dot{\boldsymbol{x}}(t)=\boldsymbol{A}_3\boldsymbol{x}(t)+\boldsymbol{B}_3u(t)$$
$$\boldsymbol{y}(t)=\boldsymbol{C}_3\boldsymbol{x}(t)$$

模糊系统规则 4:如果 $x_1(t)$是 F_{21}且 $x_3(t)$是 F_{22},则

$$\dot{\boldsymbol{x}}(t)=\boldsymbol{A}_4\boldsymbol{x}(t)+\boldsymbol{B}_4u(t)$$
$$\boldsymbol{y}(t)=\boldsymbol{C}_4\boldsymbol{x}(t)$$

式中

$$\boldsymbol{x}(t)=[x_1(t),x_2(t),x_3(t),x_4(t)]^{\mathrm{T}}$$

$$\boldsymbol{A}_1=\begin{bmatrix}0&1&1&0\\1&2&0&0\\1&a^2&0&0\\0&0&1&0\end{bmatrix},\quad \boldsymbol{B}_1=\begin{bmatrix}1+a^2\\0\\0\\0\end{bmatrix},\quad \boldsymbol{C}_1=\begin{bmatrix}0&1&0&1+a^2\\0&1&1&0\end{bmatrix}$$

$$\boldsymbol{A}_2=\begin{bmatrix}0&1&(\sin b)/b&0\\1&2&0&0\\1&a^2&0&0\\0&0&(\sin b)/b&0\end{bmatrix},\quad \boldsymbol{B}_2=\begin{bmatrix}1+a^2\\0\\0\\0\end{bmatrix},\quad \boldsymbol{C}_2=\begin{bmatrix}0&1&0&1+a^2\\0&1&1&0\end{bmatrix}$$

$$A_3=\begin{bmatrix}0&1&1&0\\1&2&0&0\\1&0&0&0\\0&0&1&0\end{bmatrix},\quad B_3=\begin{bmatrix}1\\0\\0\\0\end{bmatrix},\quad C_3=\begin{bmatrix}0&1&0&1\\0&1&1&0\end{bmatrix}$$

$$A_4=\begin{bmatrix}0&1&(\sin b)/b&0\\1&2&0&0\\1&a^2&0&0\\0&0&(\sin b)/b&1\end{bmatrix},\quad B_4=\begin{bmatrix}1\\0\\0\\0\end{bmatrix},\quad C_4=\begin{bmatrix}0&1&0&1\\0&1&1&0\end{bmatrix}$$

为了比较定理 2.1.2 与定理 2.1.3，应用控制输入约束的条件(2.1.32)和式(2.1.33)。在仿真中，取 $a=1.4$，$b=0.7$，初始条件 $\boldsymbol{x}(0)=[-1.2\quad 0.5\quad 0.7\quad -0.6]$。取 $\mu=5.5$，解定理 2.1.3 中的线性矩阵不等式，得到反馈增益矩阵 $\boldsymbol{K}_i$：

$$\boldsymbol{K}_1=[5.9882\quad 40.1959\quad -14.7488\quad -0.2932]$$
$$\boldsymbol{K}_2=[6.0881\quad 40.9750\quad -15.0883\quad -0.2984]$$
$$\boldsymbol{K}_3=[5.6587\quad 34.7254\quad -10.2981\quad -0.2864]$$
$$\boldsymbol{K}_4=[5.6680\quad 34.7756\quad -10.4468\quad -0.2864]$$

仿真结果如图 2-4 和图 2-5 所示。然而，在相同的条件下，定理 2.1.2 中的线性矩阵不等式却找不到公共矩阵 $\boldsymbol{P}$ 和反馈增益矩阵 $\boldsymbol{K}_i$。

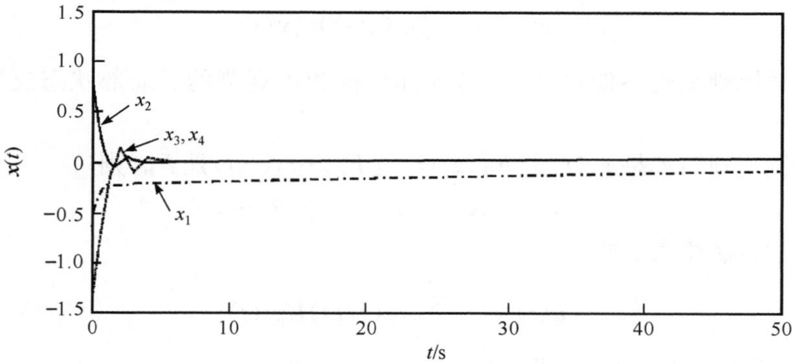

图 2-4　闭环系统的状态曲线

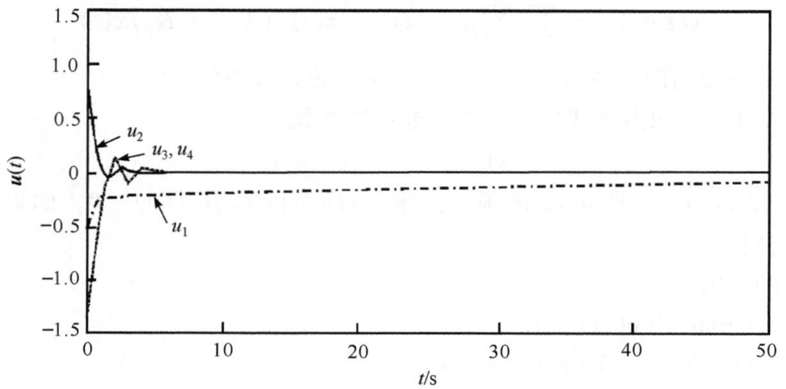

图 2-5　闭环系统的控制曲线

2.2 离散模糊系统的控制设计与分析

本节应用离散模糊 T-S 模型,对离散非线性系统进行建模,并把连续模糊控制系统的设计及其稳定性分析的某些结果,推广到离散模糊系统的情形之中。

2.2.1 离散模糊系统的控制设计与稳定性分析

离散模糊 T-S 模型也是用下面的模糊推理规则来描述。

模糊系统规则 i:如果 $z_1(t)$是 F_{i1},$z_2(t)$是 F_{i2},…,$z_n(t)$是 F_{in},则

$$\begin{aligned}\boldsymbol{x}(t+1) &= \boldsymbol{A}_i\boldsymbol{x}(t) + \boldsymbol{B}_i\boldsymbol{u}(t)\\ \boldsymbol{y}(t) &= \boldsymbol{C}_i\boldsymbol{x}(t)\end{aligned},\quad i = 1,2,\cdots,N \tag{2.2.1}$$

每一个变量都是与模型(2.1.1)中的连续模糊状态相对应的离散情况。

对于给定的数对$(\boldsymbol{x}(t),\boldsymbol{u}(t))$,与处理连续系统的方法相类似,模糊系统的整体状态方程为

$$\boldsymbol{x}(t+1) = \sum_{i=1}^{N}\mu_i(\boldsymbol{z}(t))\boldsymbol{A}_i\boldsymbol{x}(t) + \sum_{i=1}^{N}\mu_i(\boldsymbol{z}(t))\boldsymbol{B}_i\boldsymbol{u}(t) \tag{2.2.2}$$

模糊系统的输出为

$$\boldsymbol{y}(t) = \sum_{i=1}^{N}\mu_i(\boldsymbol{z}(t))\boldsymbol{C}_i\boldsymbol{x}(t) \tag{2.2.3}$$

假设离散模糊线性系统(2.2.1)是局部可控和可观测的。局部状态反馈控制器设计如下。

模糊控制规则 i:如果 $z_1(t)$是 F_{i1},$z_2(t)$是 F_{i2},…,$z_n(t)$是 F_{in},则

$$\boldsymbol{u}(t) = -\boldsymbol{K}_i\boldsymbol{x}(t),\quad i = 1,2,\cdots,N \tag{2.2.4}$$

整个状态反馈控制律表示如下:

$$\boldsymbol{u}(t) = -\sum_{i=1}^{N}\mu_i(\boldsymbol{z}(t))\boldsymbol{K}_i\boldsymbol{x}(t) \tag{2.2.5}$$

把式(2.2.5)代入式(2.2.2),可得

$$\boldsymbol{x}(t+1) = \sum_{i=1}^{N}\sum_{j=1}^{N}\mu_i(\boldsymbol{z}(t))\mu_j(\boldsymbol{z}(t))(\boldsymbol{A}_i - \boldsymbol{B}_i\boldsymbol{K}_j)\boldsymbol{x}(t) \tag{2.2.6}$$

首先给出一般离散非线性系统全局渐近稳定的充分条件。

引理 2.2.1 考虑由下式描述的离散非线性系统:

$$\boldsymbol{x}(t+1) = \boldsymbol{f}(\boldsymbol{x}(t)) \tag{2.2.7}$$

式中,$\boldsymbol{x}(t)\in\mathbf{R}^n$;$\boldsymbol{f}(\boldsymbol{x}(t))$是 $n\times 1$ 的函数向量,对所有的 t,有 $\boldsymbol{f}(\boldsymbol{0})=\boldsymbol{0}$。如果存在标量函数$V(\boldsymbol{x}(t))$,使得

(1) $V(\boldsymbol{0})=0$;

(2) $\forall\,\boldsymbol{x}(t)\neq\boldsymbol{0}, V(\boldsymbol{x}(t))>0$;

(3) 当$\|\boldsymbol{x}(t)\|\to\infty, V(\boldsymbol{x}(t))\to\infty$;

(4) $\forall\,\boldsymbol{x}(t)\neq\boldsymbol{0}, \nabla V(\boldsymbol{x}(t))<\boldsymbol{0}$,

则模糊控制系统对于平衡点 $\boldsymbol{x}(t)=\boldsymbol{0}$ 是全局渐近稳定的。

对离散模糊控制系统(2.2.6)应用引理 2.2.1,有下面的几个定理。

定理 2.2.1　如果存在正定矩阵 $\boldsymbol{P}$,使得线性矩阵不等式

$$\boldsymbol{G}_{ii}^{\mathrm{T}}\boldsymbol{P}\boldsymbol{G}_{ii}-\boldsymbol{P}<\boldsymbol{0},\quad i=1,2,\cdots,N \tag{2.2.8}$$

$$\left(\frac{\boldsymbol{G}_{ij}+\boldsymbol{G}_{ji}}{2}\right)^{\mathrm{T}}\boldsymbol{P}\left(\frac{\boldsymbol{G}_{ij}+\boldsymbol{G}_{ji}}{2}\right)-\boldsymbol{P}<\boldsymbol{0},\quad 1\leqslant i<j\leqslant N \tag{2.2.9}$$

成立,则离散模糊控制系统(2.2.6)是全局渐近稳定的。

证明　取 Lyapunov 函数为

$$V(\boldsymbol{x}(t))=\boldsymbol{x}^{\mathrm{T}}(t)\boldsymbol{P}\boldsymbol{x}(t)$$

根据式(2.2.6)得到

$$\begin{aligned}\Delta V(\boldsymbol{x}(t))&=V(\boldsymbol{x}(t+1))-V(\boldsymbol{x}(t))\\&=\boldsymbol{x}^{\mathrm{T}}(t+1)\boldsymbol{P}\boldsymbol{x}(t+1)-\boldsymbol{x}^{\mathrm{T}}(t)\boldsymbol{P}\boldsymbol{x}(t)\\&=\Big(\sum_{i=1}^{N}\sum_{j=1}^{N}\mu_i(\boldsymbol{z}(t))\mu_j(\boldsymbol{z}(t))\boldsymbol{G}_{ij}\boldsymbol{x}(t)\Big)^{\mathrm{T}}\boldsymbol{P}\sum_{i=1}^{N}\sum_{j=1}^{N}\mu_i(\boldsymbol{z}(t))\mu_j(\boldsymbol{z}(t))\boldsymbol{G}_{ij}\boldsymbol{x}(t)\\&\quad-\boldsymbol{x}^{\mathrm{T}}(t)\boldsymbol{P}\boldsymbol{x}(t)\\&=\boldsymbol{x}^{T}(t)\Big[\sum_{i=1}^{N}\sum_{j=1}^{N}\mu_i(\boldsymbol{z}(t))\mu_j(\boldsymbol{z}(t))(\boldsymbol{G}_{ij}^{\mathrm{T}}\boldsymbol{P}\boldsymbol{G}_{ij}-\boldsymbol{P})\Big]\boldsymbol{x}(t)\\&=\sum_{i=1}^{N}\mu_i^2(\boldsymbol{z}(t))\boldsymbol{x}^{\mathrm{T}}(t)(\boldsymbol{G}_{ii}^{\mathrm{T}}\boldsymbol{P}\boldsymbol{G}_{ii}-\boldsymbol{P})\boldsymbol{x}(t)\\&\quad+\sum_{i<j}^{N}\mu_i(\boldsymbol{z}(t))\mu_j(\boldsymbol{z}(t))\boldsymbol{x}^{\mathrm{T}}(t)\left[\left(\frac{\boldsymbol{G}_{ij}+\boldsymbol{G}_{ji}}{2}\right)^{\mathrm{T}}\boldsymbol{P}\left(\frac{\boldsymbol{G}_{ij}+\boldsymbol{G}_{ji}}{2}\right)-\boldsymbol{P}\right]\boldsymbol{x}(t)\end{aligned} \tag{2.2.10}$$

根据引理 2.2.1 和假设条件,有

$$\Delta V(\boldsymbol{x}(t))<0$$

所以,离散模糊控制系统(2.2.6)是全局渐近稳定的。

定理 2.2.2　假设被激活的模糊规则数小于或等于 $s(1<s\leqslant N)$,且如果存在正定矩阵 $\boldsymbol{P}$ 和 $\boldsymbol{Q}$,使得线性矩阵不等式

$$\boldsymbol{G}_{ii}^{\mathrm{T}}\boldsymbol{P}\boldsymbol{G}_{ii}-\boldsymbol{P}+(s-1)\boldsymbol{Q}<\boldsymbol{0} \tag{2.2.11}$$

$$\left(\frac{\boldsymbol{G}_{ij}+\boldsymbol{G}_{ji}}{2}\right)^{\mathrm{T}}\boldsymbol{P}\left(\frac{\boldsymbol{G}_{ij}+\boldsymbol{G}_{ji}}{2}\right)-\boldsymbol{P}-\boldsymbol{Q}\leqslant\boldsymbol{0},\quad i<j \tag{2.2.12}$$

成立,则离散模糊控制系统(2.2.6)是全局渐近稳定的。

证明　考虑 Lyapunov 函数

$$V(\boldsymbol{x}(t))=\boldsymbol{x}^{\mathrm{T}}(t)\boldsymbol{P}\boldsymbol{x}(t) \tag{2.2.13}$$

根据式(2.2.6)得到

$$\begin{aligned}\Delta V(\boldsymbol{x}(t))&=V(\boldsymbol{x}(t+1))-V(\boldsymbol{x}(t))\\&=\sum_{i=1}^{N}\sum_{j=1}^{N}\sum_{k=1}^{N}\sum_{l=1}^{N}\mu_i(\boldsymbol{z}(t))\mu_j(\boldsymbol{z}(t))\mu_k(\boldsymbol{z}(t))\mu_l(\boldsymbol{z}(t))\\&\quad\times\boldsymbol{x}^{\mathrm{T}}(t)(\boldsymbol{G}_{ij}^{\mathrm{T}}\boldsymbol{P}\boldsymbol{G}_{kl}-\boldsymbol{P})\boldsymbol{x}(t)\end{aligned}$$

$$
\begin{aligned}
&=\frac{1}{4}\sum_{i=1}^{N}\sum_{j=1}^{N}\sum_{k=1}^{N}\sum_{l=1}^{N}\mu_i(\boldsymbol{z}(t))\mu_j(\boldsymbol{z}(t))\mu_k(\boldsymbol{z}(t))\mu_l(\boldsymbol{z}(t))\\
&\quad\times\boldsymbol{x}^{\mathrm{T}}(t)[(\boldsymbol{G}_{ij}+\boldsymbol{G}_{ji})^{\mathrm{T}}\boldsymbol{P}(\boldsymbol{G}_{kl}+\boldsymbol{G}_{lk})-4\boldsymbol{P}]\boldsymbol{x}(t)\\
&\leqslant\frac{1}{4}\sum_{i=1}^{N}\sum_{j=1}^{N}\mu_i(\boldsymbol{z}(t))\mu_j(\boldsymbol{z}(t))\boldsymbol{x}^{\mathrm{T}}(t)\\
&\quad\times[(\boldsymbol{G}_{ij}+\boldsymbol{G}_{ji})^{\mathrm{T}}\boldsymbol{P}(\boldsymbol{G}_{ij}+\boldsymbol{G}_{ji})-4\boldsymbol{P}]\boldsymbol{x}(t)\\
&=\sum_{i=1}^{N}\sum_{j=1}^{N}\mu_j(\boldsymbol{z}(t))\mu_i(\boldsymbol{z}(t))\boldsymbol{x}^{\mathrm{T}}(t)\\
&\quad\times\left[\left(\frac{\boldsymbol{G}_{ij}+\boldsymbol{G}_{ji}}{2}\right)^{\mathrm{T}}\boldsymbol{P}\left(\frac{\boldsymbol{G}_{ij}+\boldsymbol{G}_{ji}}{2}\right)-\boldsymbol{P}\right]\boldsymbol{x}(t)\\
&=\sum_{i=1}^{N}\mu_i^2(\boldsymbol{z}(t))\boldsymbol{x}^{\mathrm{T}}(t)(\boldsymbol{G}_{ii}^{\mathrm{T}}\boldsymbol{P}\boldsymbol{G}_{ii}-\boldsymbol{P})\boldsymbol{x}(t)\\
&\quad+2\sum_{i<j}^{N}\mu_i(\boldsymbol{z}(t))\mu_j(\boldsymbol{z}(t))\boldsymbol{x}^{\mathrm{T}}(t)\\
&\quad\times\left[\left(\frac{\boldsymbol{G}_{ij}+\boldsymbol{G}_{ji}}{2}\right)^{\mathrm{T}}\boldsymbol{P}\left(\frac{\boldsymbol{G}_{ij}+\boldsymbol{G}_{ji}}{2}\right)-\boldsymbol{P}\right]\boldsymbol{x}(t)
\end{aligned}
\tag{2.2.14}
$$

由条件(2.2.11)和(2.2.12),式(2.2.14)变为

$$
\begin{aligned}
\Delta V(\boldsymbol{x}(t))&\leqslant\sum_{i=1}^{N}\mu_i^2(\boldsymbol{z}(t))\boldsymbol{x}^{\mathrm{T}}(t)(\boldsymbol{G}_{ii}^{\mathrm{T}}\boldsymbol{P}\boldsymbol{G}_{ii}-\boldsymbol{P})\boldsymbol{x}(t)\\
&\quad+2\sum_{i<j}^{N}\mu_i(\boldsymbol{z}(t))\mu_j(\boldsymbol{z}(t))\boldsymbol{x}^{\mathrm{T}}(t)\boldsymbol{Q}\boldsymbol{x}(t)\\
&\leqslant\sum_{i=1}^{N}\mu_i^2(\boldsymbol{z}(t))\boldsymbol{x}^{\mathrm{T}}(t)(\boldsymbol{G}_{ii}^{\mathrm{T}}\boldsymbol{P}\boldsymbol{G}_{ii}-\boldsymbol{P})\boldsymbol{x}(t)\\
&\quad+(s-1)\sum_{i=1}^{N}\mu_i^2(\boldsymbol{z}(t))\boldsymbol{x}^{\mathrm{T}}(t)\boldsymbol{Q}\boldsymbol{x}(t)\\
&=\sum_{i=1}^{N}\mu_i^2(\boldsymbol{z}(t))\boldsymbol{x}^{\mathrm{T}}(t)[\boldsymbol{G}_{ii}^{\mathrm{T}}\boldsymbol{P}\boldsymbol{G}_{ii}-\boldsymbol{P}+(s-1)\boldsymbol{Q}]\boldsymbol{x}(t)
\end{aligned}
\tag{2.2.15}
$$

根据定理 2.2.1 及其假设条件,当 $\boldsymbol{x}(t)\neq\boldsymbol{0}$ 时,有 $\Delta V(\boldsymbol{x}(t))<0$。所以,离散模糊控制系统(2.2.6)是全局渐近稳定的。

应用 Schur (舒尔)分解原理[7],把定理 2.2.2 中的矩阵不等式转化为下面的线性矩阵不等式:

$$
\begin{bmatrix}\boldsymbol{X}-(s-1)\boldsymbol{Y} & \boldsymbol{X}\boldsymbol{A}_i^{\mathrm{T}}-\boldsymbol{M}_i^{\mathrm{T}}\boldsymbol{B}_i^{\mathrm{T}}\\ \boldsymbol{A}_i\boldsymbol{X}-\boldsymbol{B}_i\boldsymbol{M}_i & \boldsymbol{X}\end{bmatrix}>\boldsymbol{0}
\tag{2.2.16}
$$

$$
\begin{bmatrix}\boldsymbol{X}+\boldsymbol{Y} & \frac{1}{2}\boldsymbol{\Omega}_{ij}^{\mathrm{T}}\\ \frac{1}{2}\boldsymbol{\Omega}_{ij} & \boldsymbol{X}\end{bmatrix}\geqslant\boldsymbol{0},\quad i<j
\tag{2.2.17}
$$

式中,$\boldsymbol{X}>\boldsymbol{0},\boldsymbol{Y}>\boldsymbol{0}$,且有

$$\boldsymbol{X}=\boldsymbol{P}^{-1},\quad \boldsymbol{M}_i=\boldsymbol{K}_i\boldsymbol{X},\quad \boldsymbol{Y}=\boldsymbol{XQX},\quad \boldsymbol{\Omega}_{ij}=\boldsymbol{A}_i\boldsymbol{X}+\boldsymbol{A}_j\boldsymbol{X}-\boldsymbol{B}_i\boldsymbol{M}_j-\boldsymbol{B}_j\boldsymbol{M}_i$$

进而获得反馈增益矩阵 $\boldsymbol{K}_i$，以及公共正定矩阵 $\boldsymbol{P}$ 和 $\boldsymbol{Q}$：

$$\boldsymbol{K}_i=\boldsymbol{M}_i\boldsymbol{X}^{-1},\quad \boldsymbol{P}=\boldsymbol{X}^{-1},\quad \boldsymbol{Q}=\boldsymbol{PYP}$$

根据上面的定理，对 $\alpha<1$，由于条件

$$\Delta V(\boldsymbol{x}(t))\leqslant(\alpha^2-1)V(\boldsymbol{x}(t))$$

等价于

$$\boldsymbol{G}_{ii}^{\mathrm{T}}\boldsymbol{P}\boldsymbol{G}_{ii}-\alpha^2\boldsymbol{P}+(s-1)\boldsymbol{Q}<\boldsymbol{0}$$

$$\left(\frac{\boldsymbol{G}_{ij}+\boldsymbol{G}_{ji}}{2}\right)^{\mathrm{T}}\boldsymbol{P}\left(\frac{\boldsymbol{G}_{ij}+\boldsymbol{G}_{ji}}{2}\right)-\alpha^2\boldsymbol{P}-\boldsymbol{Q}\leqslant\boldsymbol{0},\quad i<j$$

因此，离散模糊系统响应速度的衰减设计问题可表示为

$$\min\beta(i=1,2,\cdots,N),\text{满足}$$

$$\boldsymbol{X}>\boldsymbol{0},\quad \boldsymbol{Y}\geqslant\boldsymbol{0}$$

$$\begin{bmatrix}\beta\boldsymbol{X}-(s-1)\boldsymbol{Y} & \boldsymbol{XA}_i^{\mathrm{T}}-\boldsymbol{M}_i^{\mathrm{T}}\boldsymbol{B}_i^{\mathrm{T}}\\ \boldsymbol{A}_i\boldsymbol{X}-\boldsymbol{B}_i\boldsymbol{M}_i & \boldsymbol{X}\end{bmatrix}>\boldsymbol{0}\tag{2.2.18}$$

$$\begin{bmatrix}\beta\boldsymbol{X}+\boldsymbol{Y} & \frac{1}{2}\boldsymbol{\Omega}_{ij}^{\mathrm{T}}\\ \frac{1}{2}\boldsymbol{\Omega}_{ij} & \boldsymbol{X}\end{bmatrix}\geqslant\boldsymbol{0},\quad i<j\tag{2.2.19}$$

式中，$\beta=\alpha^2$；$0<\beta<1$。

与连续模糊系统的输入和输出约束设计问题相类似，关于离散模糊系统的输入和输出约束设计问题陈述如下。

输入约束稳定的模糊控制器设计问题：

找出 $\boldsymbol{Q}>\boldsymbol{0}$、$\boldsymbol{Y}$ 和 $\boldsymbol{N}_i(i=1,2,\cdots,N)$，满足

式(2.1.32)、(2.1.33)、(2.2.18)和(2.2.19)

输出约束稳定的模糊控制器设计问题：

找出 $\boldsymbol{Q}>\boldsymbol{0}$、$\boldsymbol{Y}$ 和 $\boldsymbol{N}_i(i=1,2,\cdots,N)$，满足

式(2.1.34)、(2.1.35)、(2.2.18)和(2.2.19)

定理 2.2.3 如果存在正定矩阵 $\boldsymbol{P}$ 和一系列对称矩阵 $\boldsymbol{X}_{ij}$，使得矩阵不等式

$$\boldsymbol{\Lambda}_{ii}^{\mathrm{T}}\boldsymbol{P}\boldsymbol{\Lambda}_{ii}-\boldsymbol{P}+\boldsymbol{X}_{ii}<\boldsymbol{0}\tag{2.2.20}$$

$$\boldsymbol{\Lambda}_{ij}^{\mathrm{T}}\boldsymbol{P}\boldsymbol{\Lambda}_{ij}-\boldsymbol{P}+\boldsymbol{X}_{ij}<\boldsymbol{0}\tag{2.2.21}$$

$$\widetilde{\boldsymbol{X}}=\begin{bmatrix}\boldsymbol{X}_{11} & \boldsymbol{X}_{12} & \cdots & \boldsymbol{X}_{1N}\\ \boldsymbol{X}_{12} & \boldsymbol{X}_{22} & \cdots & \boldsymbol{X}_{2N}\\ \vdots & \vdots & & \vdots\\ \boldsymbol{X}_{1N} & \boldsymbol{X}_{2N} & \cdots & \boldsymbol{X}_{NN}\end{bmatrix}>\boldsymbol{0}\tag{2.2.22}$$

成立，则离散模糊控制系统(2.2.6)是全局渐近稳定的。式中

$$\boldsymbol{\Lambda}_{ii}=\boldsymbol{G}_{ii},\quad \boldsymbol{\Lambda}_{ij}=\frac{\boldsymbol{G}_{ij}+\boldsymbol{G}_{ji}}{2}$$

证明 考虑 Lyapunov 函数

$$V(\boldsymbol{x}(t))=\boldsymbol{x}^{\mathrm{T}}(t)\boldsymbol{P}\boldsymbol{x}(t)\tag{2.2.23}$$

根据式(2.2.6)得到

$$\begin{aligned}\Delta V(\boldsymbol{x}(t)) &= V(\boldsymbol{x}(t+1)) - V(\boldsymbol{x}(t))\\
&= \sum_{i=1}^{N}\sum_{j=1}^{N}\sum_{k=1}^{N}\sum_{l=1}^{N}\mu_i(\boldsymbol{z}(t))\mu_j(\boldsymbol{z}(t))\mu_k(\boldsymbol{z}(t))\mu_l(\boldsymbol{z}(t))\\
&\quad\times \boldsymbol{x}^{\mathrm{T}}(t)(\boldsymbol{G}_{ij}^{\mathrm{T}}\boldsymbol{P}\boldsymbol{G}_{kl} - \boldsymbol{P})\boldsymbol{x}(t)\\
&= \frac{1}{4}\sum_{i=1}^{N}\sum_{j=1}^{N}\sum_{k=1}^{N}\sum_{l=1}^{N}\mu_i(\boldsymbol{z}(t))\mu_j(\boldsymbol{z}(t))\mu_k(\boldsymbol{z}(t))\mu_l(\boldsymbol{z}(t))\\
&\quad\times \boldsymbol{x}^{\mathrm{T}}(t)[(\boldsymbol{G}_{ij}+\boldsymbol{G}_{ji})^{\mathrm{T}}\boldsymbol{P}(\boldsymbol{G}_{kl}+\boldsymbol{G}_{lk}) - 4\boldsymbol{P}]\boldsymbol{x}(t)\\
&\leqslant \frac{1}{4}\sum_{i=1}^{N}\sum_{j=1}^{N}\mu_i(\boldsymbol{z}(t))\mu_j(\boldsymbol{z}(t))\boldsymbol{x}^{\mathrm{T}}(t)\\
&\quad\times[(\boldsymbol{G}_{ij}+\boldsymbol{G}_{ji})^{\mathrm{T}}\boldsymbol{P}(\boldsymbol{G}_{ij}+\boldsymbol{G}_{ji}) - 4\boldsymbol{P}]\boldsymbol{x}(t)\\
&= \sum_{i=1}^{N}\sum_{j=1}^{N}\mu_i(\boldsymbol{z}(t))\mu_j(\boldsymbol{z}(t))\boldsymbol{x}^{\mathrm{T}}(t)\\
&\quad\times\left[\left(\frac{\boldsymbol{G}_{ij}+\boldsymbol{G}_{ji}}{2}\right)^{\mathrm{T}}\boldsymbol{P}\left(\frac{\boldsymbol{G}_{ij}+\boldsymbol{G}_{ji}}{2}\right) - \boldsymbol{P}\right]\boldsymbol{x}(t)\\
&= \sum_{i=1}^{N}\mu_i^2(\boldsymbol{z}(t))\boldsymbol{x}^{\mathrm{T}}(t)(\boldsymbol{\Lambda}_{ii}^{\mathrm{T}}\boldsymbol{P}\boldsymbol{\Lambda}_{ii} - \boldsymbol{P})\boldsymbol{x}(t)\\
&\quad + 2\sum_{i<j}^{N}\mu_i(\boldsymbol{z}(t))\mu_j(\boldsymbol{z}(t))\boldsymbol{x}^{\mathrm{T}}(t)(\boldsymbol{\Lambda}_{ij}^{\mathrm{T}}\boldsymbol{P}\boldsymbol{\Lambda}_{ij} - \boldsymbol{P})\boldsymbol{x}(t)
\end{aligned}\tag{2.2.24}$$

由定理 2.2.3 中的条件(2.2.21)和(2.2.22),式(2.2.24)变成

$$\begin{aligned}\Delta V(\boldsymbol{x}(t)) &\leqslant -\sum_{i=1}^{N}\mu_i^2(\boldsymbol{z}(t))\boldsymbol{x}^{\mathrm{T}}(t)\boldsymbol{X}_{ii}\boldsymbol{x}(t) - 2\sum_{i<j}^{N}\mu_i(\boldsymbol{z}(t))\mu_j(\boldsymbol{z}(t))\boldsymbol{x}^{\mathrm{T}}(t)\boldsymbol{X}_{ij}\boldsymbol{x}(t)\\
&= -\begin{bmatrix}\mu_1\boldsymbol{x}(t)\\ \mu_2\boldsymbol{x}(t)\\ \vdots\\ \mu_N\boldsymbol{x}(t)\end{bmatrix}^{\mathrm{T}}\begin{bmatrix}\boldsymbol{X}_{11} & \boldsymbol{X}_{12} & \cdots & \boldsymbol{X}_{1N}\\ \boldsymbol{X}_{12} & \boldsymbol{X}_{22} & \cdots & \boldsymbol{X}_{2N}\\ \vdots & \vdots & & \vdots\\ \boldsymbol{X}_{1N} & \boldsymbol{X}_{2N} & \cdots & \boldsymbol{X}_{NN}\end{bmatrix}[\mu_1\boldsymbol{x}(t),\mu_2\boldsymbol{x}(t),\cdots,\mu_N\boldsymbol{x}(t)]\\
&= \boldsymbol{x}^{\mathrm{T}}(t)\boldsymbol{H}^{\mathrm{T}}(-\widetilde{\boldsymbol{X}})\boldsymbol{H}\boldsymbol{x}(t)
\end{aligned}\tag{2.2.25}$$

如果定理中的条件(2.2.22)成立,则当 $\boldsymbol{x}(t)\neq\boldsymbol{0}$ 时,有 $V(\boldsymbol{x}(t))<0$。所以,离散模糊控制系统(2.2.6)是全局渐近稳定的。

注 2.2.1 与连续模糊系统相仿,可以证明定理 2.2.3 的条件比定理 2.2.2 的条件弱。

2.2.2 输出反馈控制设计与稳定性分析

与连续模糊系统相同,如果离散模糊系统的状态不可测,则需要先建立模糊观测器,然后设计基于观测器的模糊输出反馈控制。

局部状态观测器设计如下。

模糊观测器规则 i:如果 $z_1(t)$是 F_{i1},$z_2(t)$是 F_{i2},…,$z_n(t)$是 F_{in},则

$$\begin{aligned}&\dot{\hat{\boldsymbol{x}}}(t+1)=\boldsymbol{A}_i\hat{\boldsymbol{x}}(t)+\boldsymbol{B}_i\boldsymbol{u}(t)+\boldsymbol{G}_i(\boldsymbol{y}(t)-\hat{\boldsymbol{y}}(t))\\&\hat{\boldsymbol{y}}(t)=\boldsymbol{C}_i\hat{\boldsymbol{x}}(t)\end{aligned},\quad i=1,2,\cdots,N \tag{2.2.26}$$

最终模糊观测器的状态方程为

$$\begin{aligned}\dot{\hat{\boldsymbol{x}}}(t+1)=&\sum_{i=1}^{N}\mu_i(\boldsymbol{z}(t))\boldsymbol{A}_i\hat{\boldsymbol{x}}(t)+\sum_{i=1}^{N}\mu_i(\boldsymbol{z}(t))\boldsymbol{B}_i\boldsymbol{u}(t)\\&+\sum_{i=1}^{N}\mu_i(\boldsymbol{z}(t))\boldsymbol{G}_i(\boldsymbol{y}(t)-\hat{\boldsymbol{y}}(t))\end{aligned} \tag{2.2.27}$$

模糊观测器的输出为

$$\hat{\boldsymbol{y}}(t)=\sum_{i=1}^{N}\mu_i(\boldsymbol{z}(t))\boldsymbol{C}_i\hat{\boldsymbol{x}}(t) \tag{2.2.28}$$

令 $\boldsymbol{e}(t+1)=\boldsymbol{x}(t+1)-\hat{\boldsymbol{x}}(t+1)$,则

$$\boldsymbol{e}(t+1)=\sum_{i=1}^{N}\sum_{j=1}^{N}\mu_i(\boldsymbol{z}(t))\mu_j(\boldsymbol{z}(t))(\boldsymbol{A}_i-\boldsymbol{G}_i\boldsymbol{C}_j)\boldsymbol{e}(t) \tag{2.2.29}$$

根据定理 2.2.2，有如下定理。

定理 2.2.4　如果存在正定矩阵 $\boldsymbol{P}$,使得线性矩阵不等式

$$\boldsymbol{G}_{ii}^{\mathrm{T}}\boldsymbol{P}\boldsymbol{G}_{ii}-\boldsymbol{P}<\boldsymbol{0},\quad i=1,2,\cdots,N$$

$$\left(\frac{\boldsymbol{G}_{ij}+\boldsymbol{G}_{ji}}{2}\right)^{\mathrm{T}}\boldsymbol{P}\left(\frac{\boldsymbol{G}_{ij}+\boldsymbol{G}_{ji}}{2}\right)-\boldsymbol{P}\leqslant\boldsymbol{0},\quad 1\leqslant i<j\leqslant N$$

成立,则观测器系统(2.2.27)是渐近稳定的。

设计基于模糊观测器(2.2.27)和(2.2.28)的模糊控制律为

$$\boldsymbol{u}(t)=-\sum_{i=1}^{N}\mu_i(\boldsymbol{z}(t))\boldsymbol{K}_i\hat{\boldsymbol{x}}(t) \tag{2.2.30}$$

则整个闭环系统为

$$\begin{aligned}\boldsymbol{x}(t+1)=&\sum_{i=1}^{N}\sum_{j=1}^{N}\mu_i(\boldsymbol{z}(t))\mu_j(\boldsymbol{z}(t))(\boldsymbol{A}_i-\boldsymbol{B}_i\boldsymbol{K}_j)\boldsymbol{x}(t)\\&+\sum_{i=1}^{N}\sum_{j=1}^{N}\mu_i(\boldsymbol{z}(t))\mu_j(\boldsymbol{z}(t))\boldsymbol{B}_i\boldsymbol{K}_j\boldsymbol{e}(t)\end{aligned} \tag{2.2.31}$$

$$\boldsymbol{e}(t+1)=\sum_{i=1}^{N}\sum_{j=1}^{N}\mu_i(\boldsymbol{z}(t))\mu_j(\boldsymbol{z}(t))(\boldsymbol{A}_i-\boldsymbol{G}_i\boldsymbol{C}_j)\boldsymbol{e}(t) \tag{2.2.32}$$

定义辅助系统如下：

$$\begin{aligned}\dot{\boldsymbol{x}}_a(t+1)&=\sum_{i=1}^{N}\sum_{j=1}^{N}\mu_i(\boldsymbol{z}(t))\mu_j(\boldsymbol{z}(t))\boldsymbol{G}_{ij}\boldsymbol{x}_a(t)\\&=\sum_{i=1}^{N}\mu_i^2(\boldsymbol{z}(t))\boldsymbol{G}_{ii}\boldsymbol{x}_a(t)+\sum_{i<j}^{N}2\mu_i(\boldsymbol{z}(t))\mu_j(\boldsymbol{z}(t))\frac{\boldsymbol{G}_{ij}+\boldsymbol{G}_{ji}}{2}\boldsymbol{x}_a(t)\end{aligned} \tag{2.2.33}$$

式中

$$\boldsymbol{x}_a(t)=\begin{bmatrix}\boldsymbol{x}(t)\\\boldsymbol{e}(t)\end{bmatrix},\quad \boldsymbol{G}_{ij}=\begin{bmatrix}\boldsymbol{A}_i-\boldsymbol{B}_i\boldsymbol{K}_j & \boldsymbol{B}_i\boldsymbol{K}_j\\\boldsymbol{0} & \boldsymbol{A}_i-\boldsymbol{G}_i\boldsymbol{C}_j\end{bmatrix}$$

与连续模糊系统相同，对于离散的模糊系统,其分离性质也成立。

定理 2.2.5　如果存在正定矩阵 $\boldsymbol{P}$,使得线性矩阵不等式

$$\boldsymbol{G}_{ii}^{\mathrm{T}}\boldsymbol{P}\boldsymbol{G}_{ii}-\boldsymbol{P}<0 \tag{2.2.34}$$

$$\left(\frac{\boldsymbol{G}_{ij}+\boldsymbol{G}_{ji}}{2}\right)^{\mathrm{T}}\boldsymbol{P}\left(\frac{\boldsymbol{G}_{ij}+\boldsymbol{G}_{ji}}{2}\right)-\boldsymbol{P}\leqslant\boldsymbol{0},\quad i<j \tag{2.2.35}$$

成立,则由式(2.2.33)所描述的离散模糊系统是全局渐近稳定的。

定理 2.2.6　假设 $s>1$,如果存在正定矩阵 $\boldsymbol{P}$ 和半正定矩阵 $\boldsymbol{Q}$,使得线性矩阵不等式

$$\boldsymbol{G}_{ii}^{\mathrm{T}}\boldsymbol{P}\boldsymbol{G}_{ii}-\boldsymbol{P}+(s-1)\boldsymbol{Q}<\boldsymbol{0} \tag{2.2.36}$$

$$\left(\frac{\boldsymbol{G}_{ij}+\boldsymbol{G}_{ji}}{2}\right)^{\mathrm{T}}\boldsymbol{P}\left(\frac{\boldsymbol{G}_{ij}+\boldsymbol{G}_{ji}}{2}\right)-\boldsymbol{P}-\boldsymbol{Q}\leqslant\boldsymbol{0},\quad i<j \tag{2.2.37}$$

成立,则离散模糊系统(2.2.33)是全局渐近稳定的。

定理 2.2.7　如果存在两个标量函数 $V(\boldsymbol{x}(t)):\mathbf{R}^n\to\mathbf{R}$ 和 $\widetilde{V}(\boldsymbol{e}(t)):\mathbf{R}^n\to\mathbf{R}$,及正数 c_1,c_2,c_3,c_4 和 $\tilde{c}_1$,$\tilde{c}_2$,$\tilde{c}_3$,$\tilde{c}_4$,满足

(1) $c_1\|\boldsymbol{x}(t)\|^2\leqslant\Delta V(\boldsymbol{x}(t))\leqslant c_2\|\boldsymbol{x}(t)\|^2$,$\tilde{c}_1\|\boldsymbol{e}(t)\|^2\leqslant\Delta\widetilde{V}(\boldsymbol{e}(t))\leqslant\tilde{c}_2\|\boldsymbol{e}(t)\|^2$;

(2) $\Delta V(\boldsymbol{x}(t))\sum_{i=1}^{N}\sum_{j=1}^{N}\mu_i(\boldsymbol{z}(t))\mu_j(\boldsymbol{z}(t))(\boldsymbol{A}_i-\boldsymbol{B}_i\boldsymbol{K}_j)\boldsymbol{x}(t)\leqslant-c_3\|\boldsymbol{x}(t)\|^2$,

$$\Delta\widetilde{V}(\boldsymbol{e}(t))\sum_{i=1}^{N}\sum_{j=1}^{N}\mu_i(\boldsymbol{z}(t))\mu_j(\boldsymbol{z}(t))(\boldsymbol{A}_i-\boldsymbol{G}_i\boldsymbol{C}_j)\boldsymbol{e}(t)\leqslant-\tilde{c}_3\|\boldsymbol{e}(t)\|^2;$$

(3) $\|\Delta V(\boldsymbol{x}(t))\|\leqslant c_4\|\boldsymbol{x}(t)\|$,$\|\Delta\widetilde{V}(\boldsymbol{e}(t))\|\leqslant\tilde{c}_4\|\boldsymbol{e}(t)\|$。

那么,整个模糊系统(2.2.31)和(2.2.32)是全局渐近稳定的。

证明　取 Lyapunov 函数为

$$V(\boldsymbol{x}(t))=\boldsymbol{x}^{\mathrm{T}}(t)\boldsymbol{P}_1\boldsymbol{x}(t)\ \text{和}\ \widetilde{V}(\boldsymbol{e}(t))=\boldsymbol{e}^{\mathrm{T}}(t)\boldsymbol{P}_2\boldsymbol{e}(t) \tag{2.2.38}$$

由式(2.2.31)可得

$$\begin{aligned}
\Delta V(\boldsymbol{x}(t))&=V(\boldsymbol{x}(t+1))-V(\boldsymbol{x}(t))\\
&=\boldsymbol{x}^{\mathrm{T}}(t+1)\boldsymbol{P}_1\boldsymbol{x}(t+1)-\boldsymbol{x}^{\mathrm{T}}(t)\boldsymbol{P}_1\boldsymbol{x}(t)\\
&=\Delta V(\boldsymbol{x}(t))+2\boldsymbol{x}^{\mathrm{T}}(t)\Big[\sum_{i=1}^{N}\sum_{j=1}^{N}\sum_{l=1}^{N}\sum_{k=1}^{N}\mu_i(\boldsymbol{z}(t))\mu_j(\boldsymbol{z}(t))\mu_l(\boldsymbol{z}(t))\mu_k(\boldsymbol{z}(t))\\
&\quad\times(\boldsymbol{A}_i-\boldsymbol{B}_i\boldsymbol{K}_j)^{\mathrm{T}}\boldsymbol{P}_1(\boldsymbol{B}_l\boldsymbol{K}_k)\Big]\boldsymbol{e}(t)+\boldsymbol{e}^{\mathrm{T}}(t)\Big[\sum_{i=1}^{N}\sum_{j=1}^{N}\sum_{l=1}^{N}\sum_{k=1}^{N}\mu_i(\boldsymbol{z}(t))\mu_j(\boldsymbol{z}(t))\\
&\quad\times\mu_l(\boldsymbol{z}(t))\mu_k(\boldsymbol{z}(t))(\boldsymbol{B}_i\boldsymbol{K}_j)^{\mathrm{T}}\boldsymbol{P}_1(\boldsymbol{B}_l\boldsymbol{K}_k)\Big]\boldsymbol{e}(t)\\
&\leqslant-c_3\|\boldsymbol{x}(t)\|^2+2\sum_{i=1}^{N}\sum_{j=1}^{N}\sum_{l=1}^{N}\sum_{k=1}^{N}\|(\boldsymbol{A}_i+\boldsymbol{B}_i\boldsymbol{K}_j)^{\mathrm{T}}\boldsymbol{P}_1(\boldsymbol{B}_l\boldsymbol{K}_k)\|\,\|\boldsymbol{e}(t)\|\,\|\boldsymbol{x}(t)\|\\
&\quad+\sum_{i=1}^{N}\sum_{j=1}^{N}\sum_{l=1}^{N}\sum_{k=1}^{N}\|(\boldsymbol{B}_i\boldsymbol{K}_j)^{\mathrm{T}}\boldsymbol{P}_1(\boldsymbol{B}_l\boldsymbol{K}_k)\|\,\|\boldsymbol{e}(t)\|^2
\end{aligned} \tag{2.2.39}$$

令

$$\sum_{i=1}^{N}\sum_{j=1}^{N}\sum_{l=1}^{N}\sum_{k=1}^{N}\|(\boldsymbol{A}_i-\boldsymbol{B}_i\boldsymbol{K}_j)^{\mathrm{T}}\boldsymbol{P}_1(\boldsymbol{B}_l\boldsymbol{K}_k)\|=b_1$$

$$\sum_{i=1}^{N}\sum_{j=1}^{N}\sum_{l=1}^{N}\sum_{k=1}^{N}\|(\boldsymbol{B}_i\boldsymbol{K}_j)^{\mathrm{T}}\boldsymbol{P}_1(\boldsymbol{B}_l\boldsymbol{K}_k)\|=b_2$$

则式(2.2.39)变成

$$\begin{aligned}\Delta V(\boldsymbol{x}(t)) &\leqslant -c_3\|\boldsymbol{x}(t)\|^2+2b_1\|\boldsymbol{e}(t)\|\ \|\boldsymbol{x}(t)\|+b_2\|\boldsymbol{e}(t)\|^2\\ &=-\frac{c_3}{2}\|\boldsymbol{x}(t)\|^2-\frac{c_3}{2}\|\boldsymbol{x}(t)\|^2+2b_1\|\boldsymbol{e}(t)\|\ \|\boldsymbol{x}(t)\|+b_2\|\boldsymbol{e}(t)\|^2\\ &\leqslant -\frac{c_3}{2}\|\boldsymbol{x}(t)\|^2+\frac{4b_1^2}{2c_3}\|\boldsymbol{e}(t)\|^2+b_2\|\boldsymbol{e}(t)\|^2\\ &=-\frac{c_3}{2}\|\boldsymbol{x}(t)\|^2+\left(\frac{4b_1^2}{2c_3}+b_2\right)\|\boldsymbol{e}(t)\|^2\\ &\leqslant -\frac{c_3}{2c_2}V(\boldsymbol{x}(t))+\left(\frac{4b_1^2}{2\tilde{c}_1c_3}+\frac{b_2}{\tilde{c}_1}\right)\tilde{V}(\boldsymbol{e}(t))\end{aligned}\tag{2.2.40}$$

由式(2.2.33)得

$$\begin{aligned}\Delta\tilde{V}(\boldsymbol{e}(t)) &=\tilde{V}(\boldsymbol{e}(t+1))-\tilde{V}(\boldsymbol{e}(t))\\ &=\boldsymbol{e}^{\mathrm{T}}(t+1)\boldsymbol{P}_2\boldsymbol{e}(t+1)-\boldsymbol{e}^{\mathrm{T}}(t)\boldsymbol{P}_2\boldsymbol{e}(t)\\ &\leqslant -\tilde{c}_3\|\boldsymbol{e}(t)\|^2\leqslant -\frac{\tilde{c}_3}{\tilde{c}_2}\tilde{V}(\tilde{\boldsymbol{e}}(t))\end{aligned}\tag{2.2.41}$$

因此

$$\begin{bmatrix}\Delta V(\boldsymbol{x}(t+1))\\ \Delta\tilde{V}(\boldsymbol{e}(t+1))\end{bmatrix}\leqslant\begin{bmatrix}1-\dfrac{c_3}{2c_2} & \dfrac{4b_1^2}{2\tilde{c}_1c_3}+\dfrac{b_2}{\tilde{c}_1}\\ 0 & 1-\dfrac{\tilde{c}_3}{\tilde{c}_2}\end{bmatrix}\begin{bmatrix}V(\boldsymbol{x}(t))\\ \tilde{V}(\boldsymbol{e}(t))\end{bmatrix}=\boldsymbol{A}'\begin{bmatrix}V(\boldsymbol{x}(t))\\ \tilde{V}(\boldsymbol{e}(t))\end{bmatrix}\tag{2.2.42}$$

式中

$$\boldsymbol{A}'=\begin{bmatrix}1-\dfrac{c_3}{2c_2} & \dfrac{4b_1^2}{2\tilde{c}_1c_3}+\dfrac{b_2}{\tilde{c}_1}\\ 0 & 1-\dfrac{\tilde{c}_3}{\tilde{c}_2}\end{bmatrix}$$

这里选择 c_2 和 $\tilde{c}_2$ 足够大，使得矩阵 $\boldsymbol{A}'$ 的特征值的绝对值满足 $|\lambda_i(\boldsymbol{A}')|<1,i=1,2$。因此，整个模糊系统是全局渐近稳定的。

2.3　非线性系统的模糊控制设计与分析

本节主要针对一类不确定非线性系统，介绍如何构造 T-S 模糊模型并对其建模，给出状态反馈控制设计及稳定性分析。

2.3.1　模型描述与模糊建模

考虑描述动态过程的一类不确定非线性系统模型：

$$\dot{\boldsymbol{x}}=\boldsymbol{f}(\boldsymbol{x})+\boldsymbol{G}(\boldsymbol{x})(\boldsymbol{u}+\boldsymbol{h}(\boldsymbol{x},t))\tag{2.3.1}$$

式中，$\boldsymbol{f}:\mathbf{R}^n\to\mathbf{R}^n$ 和 $\boldsymbol{G}:\mathbf{R}^n\to\mathbf{R}^{n\times m}$ 是非线性光滑向量函数；$\boldsymbol{h}(\boldsymbol{x},t)$ 是一个向量值函数，表示模型的不确定性。

假设 2.3.1　存在非负有界函数 $\eta(t,\boldsymbol{x})$，使得不确定项 $\boldsymbol{h}(\boldsymbol{x},t)$ 满足

$$\| \boldsymbol{h}(\boldsymbol{x},t) \|_p \leqslant \eta(\boldsymbol{x},t) \tag{2.3.2}$$

式中,$\| \cdot \|_p$ 表示向量的 p 范数。

根据 2.2 节的模糊 T-S 模型,构造模糊设计模型为

$$\dot{\boldsymbol{x}} = \boldsymbol{A}(\boldsymbol{\mu})\boldsymbol{x} + \boldsymbol{B}(\boldsymbol{\mu})(\boldsymbol{u} + \boldsymbol{h}(\boldsymbol{x},t)) \tag{2.3.3}$$

式中,$\boldsymbol{A}(\boldsymbol{\mu}) = \sum_{i=1}^{N} \mu_i \boldsymbol{A}_i$;$\boldsymbol{B}(\boldsymbol{\mu}) = \sum_{i=1}^{N} \mu_i \boldsymbol{B}_i$。

本节的主要目标是基于系统模型(2.3.1),给出构造模糊设计模型的方法;对于所构造的模糊设计模型,设计使其稳定的模糊反馈控制器。

对于非线性系统的稳定性问题,关键是构造一个控制器,使得在工作点的某一邻域内的任意起始点,闭环系统的轨迹收敛到该点。另外,如果起始点恰好是工作点,则期望控制器能在以后的任何时间,使其闭环系统的轨迹都能停留在这个点上。由上面的描述,可知满足上面要求的工作点必须是闭环系统渐近稳定的平衡点。本节在非线性系统(2.3.1)的基础上,结合数学和语言描述获得一个模糊设计模型。这个模糊设计模型属于一种局部线性化模型,它能够在不同工作点描述非线性系统的动态。

现在利用一般的线性化方法构造局部模型。假设系统的模型为

$$\dot{\boldsymbol{x}} = \boldsymbol{f}(\boldsymbol{x}) + \boldsymbol{G}(\boldsymbol{x})\boldsymbol{u} \tag{2.3.4}$$

为了方便,记 $\boldsymbol{F}(\boldsymbol{x},\boldsymbol{u}) = \boldsymbol{f}(\boldsymbol{x}) + \boldsymbol{G}(\boldsymbol{x})\boldsymbol{u}$。那么,模型(2.3.4)可表示为

$$\dot{\boldsymbol{x}} = \boldsymbol{F}(\boldsymbol{x},\boldsymbol{u}) \tag{2.3.5}$$

将 $\boldsymbol{F}$ 在工作点$(\boldsymbol{x}_0,\boldsymbol{u}_0)$处进行 Taylor(泰勒)展开

$$\dot{\boldsymbol{x}} = \boldsymbol{F}(\boldsymbol{x}_0,\boldsymbol{u}_0) + \left.\frac{\partial \boldsymbol{F}}{\partial \boldsymbol{x}}\right|_{\substack{\boldsymbol{x}=\boldsymbol{x}_0\\ \boldsymbol{u}=\boldsymbol{u}_0}} (\boldsymbol{x} - \boldsymbol{x}_0) + \left.\frac{\partial \boldsymbol{F}}{\partial \boldsymbol{u}}\right|_{\substack{\boldsymbol{x}=\boldsymbol{x}_0\\ \boldsymbol{u}=\boldsymbol{u}_0}} (\boldsymbol{u} - \boldsymbol{u}_0) + \cdots \tag{2.3.6}$$

式中

$$\boldsymbol{F}(\boldsymbol{x}_0,\boldsymbol{u}_0) = \boldsymbol{f}(\boldsymbol{x}_0) + \boldsymbol{G}(\boldsymbol{x}_0)\boldsymbol{u}_0 \tag{2.3.7}$$

为了将式(2.3.6)的第二项和第三项表示成 $\boldsymbol{f}$ 和 $\boldsymbol{G}$ 的函数,设 g_{ij} 是矩阵 $\boldsymbol{G}$ 的第(i,j)个元素,则

$$\left.\frac{\partial \boldsymbol{F}}{\partial \boldsymbol{x}}\right|_{\substack{\boldsymbol{x}=\boldsymbol{x}_0\\ \boldsymbol{u}=\boldsymbol{u}_0}} = \left.\frac{\partial \boldsymbol{f}}{\partial \boldsymbol{x}}\right|_{\boldsymbol{x}=\boldsymbol{x}_0} + \boldsymbol{H}(\boldsymbol{x}_0,\boldsymbol{u}_0) \tag{2.3.8}$$

式中,$n \times n$ 阶矩阵 $\boldsymbol{H}$ 的第(i,j)个元素为如下形式:

$$\sum_{k=1}^{m} u_k \left.\frac{\partial g_{ik}(\boldsymbol{x})}{\partial x_j}\right|_{\substack{\boldsymbol{x}=\boldsymbol{x}_0\\ \boldsymbol{u}=\boldsymbol{u}_0}}$$

因此

$$\left.\frac{\partial \boldsymbol{F}}{\partial \boldsymbol{x}}\right|_{\substack{\boldsymbol{x}=\boldsymbol{x}_0\\ \boldsymbol{u}=\boldsymbol{u}_0}} = \boldsymbol{G}(\boldsymbol{x}_0) \tag{2.3.9}$$

如果 $\boldsymbol{F}(\boldsymbol{x}_0,\boldsymbol{u}_0) = \boldsymbol{0}$,则$(\boldsymbol{x}_0^{\mathrm{T}},\boldsymbol{u}_0^{\mathrm{T}})^{\mathrm{T}} \in \mathbf{R}^{n+m}$是式(2.3.5)的平衡点,即在$(\boldsymbol{x}_0,\boldsymbol{u}_0)$点,$\dot{\boldsymbol{x}} = \boldsymbol{0}$。设 $\delta\boldsymbol{x} = \boldsymbol{x} - \boldsymbol{x}_0$,并注意到$\frac{\mathrm{d}\boldsymbol{x}_0}{\mathrm{d}t} = \boldsymbol{0}$,则忽略 Taylor 展开式中的高阶项,可获得在平衡点$(\boldsymbol{x}_0,\boldsymbol{u}_0)$处的线性化模型:

$$\frac{\mathrm{d}}{\mathrm{d}t}\delta\boldsymbol{x} = \boldsymbol{A}\delta\boldsymbol{x} + \boldsymbol{B}\delta\boldsymbol{u} \tag{2.3.10}$$

式中，$\boldsymbol{A}=\left.\dfrac{\partial \boldsymbol{F}}{\partial \boldsymbol{x}}\right|_{\substack{\boldsymbol{x}=\boldsymbol{x}_0\\ \boldsymbol{u}=\boldsymbol{u}_0}}$；$\boldsymbol{B}=\left.\dfrac{\partial \boldsymbol{F}}{\partial \boldsymbol{u}}\right|_{\substack{\boldsymbol{x}=\boldsymbol{x}_0\\ \boldsymbol{u}=\boldsymbol{u}_0}}$。

根据系统模型 $\dot{\boldsymbol{x}}=\boldsymbol{f}(\boldsymbol{x})+\boldsymbol{G}(\boldsymbol{x})\boldsymbol{u}$，$\boldsymbol{f}(\boldsymbol{0})=\boldsymbol{0}$来构造一个稳定控制器，使得 $\boldsymbol{x}=\boldsymbol{0}$，$\boldsymbol{u}=\boldsymbol{0}$是闭环系统的渐近稳定平衡点。首先，需要构造一个模糊设计模型，即在所选择的工作点处，构造描述系统动态的线性化模型。首先要取得线性局部模型描述所选工作点处的系统状态。显然应先在平衡点 $\boldsymbol{x}=\boldsymbol{0}$ 处构造一个局部线性模型。利用上面所描述的线性化方法，可以获得这个局部线性模型，合成的模型为 $\dot{\boldsymbol{x}}=\boldsymbol{A}_1\boldsymbol{x}+\boldsymbol{B}_1\boldsymbol{u}$。其次，在剩余工作点处构造描述系统动态的线性化模型。假设 $\boldsymbol{x}=\boldsymbol{x}_j$ 是下一个感兴趣的工作点。在非平衡工作点，非线性模型的 Taylor 线性化结果是一个仿射线性模型，而不是线性模型。即使工作点是平衡点，一般说来，Taylor 线性化模型也不一定产生一个关于 $\boldsymbol{x}$ 和 $\boldsymbol{u}$ 的线性模型。事实上，假设工作点$(\boldsymbol{x}_j,\boldsymbol{u}_j)$是一个平衡点，即

$$\boldsymbol{f}(\boldsymbol{x}_j)+\boldsymbol{G}(\boldsymbol{x}_j)\boldsymbol{u}_j=\boldsymbol{0} \tag{2.3.11}$$

合成的线性化模型为

$$\begin{aligned}\frac{\mathrm{d}}{\mathrm{d}t}(\boldsymbol{x}-\boldsymbol{x}_j)&=\boldsymbol{f}(\boldsymbol{x}_j)+\boldsymbol{G}(\boldsymbol{x}_j)\boldsymbol{u}_j+\boldsymbol{A}_j(\boldsymbol{x}-\boldsymbol{x}_j)+\boldsymbol{B}_j(\boldsymbol{u}-\boldsymbol{u}_j)\\&=\boldsymbol{A}_j(\boldsymbol{x}-\boldsymbol{x}_j)+\boldsymbol{B}_j(\boldsymbol{u}-\boldsymbol{u}_j)\end{aligned} \tag{2.3.12}$$

模型(2.3.12)可表示为如下形式：

$$\dot{\boldsymbol{x}}=\boldsymbol{A}_j\boldsymbol{x}+\boldsymbol{B}_j\boldsymbol{u}-(\boldsymbol{A}_j\boldsymbol{x}_j+\boldsymbol{B}_j\boldsymbol{u}_j) \tag{2.3.13}$$

式中，$(\boldsymbol{A}_j\boldsymbol{x}_j+\boldsymbol{B}_j\boldsymbol{u}_j)$不一定等于$\boldsymbol{0}$，因此，模型(2.3.13)不一定是线性模型，可能是一个仿射线性模型。下面用一个数值例子来说明这一点。

例 2.3.1　设线性模型为

$$\begin{bmatrix}\dot{x}_1\\ \dot{x}_2\\ \dot{x}_3\\ \dot{x}_4\end{bmatrix}=\begin{bmatrix}x_2\\ \dfrac{g\sin x_1-mlax_2^2\sin(2x_1)/2}{4l/3-mla\cos^2 x_1}\\ x_4\\ \dfrac{-mag\sin(2x_1)/2+4mlax_2^2\sin x_1/3}{4/3-mla\cos^2 x_1}\end{bmatrix}+\begin{bmatrix}0\\ \dfrac{-a\cos x_1}{4l/3-mla\cos^2 x_1}\\ 0\\ \dfrac{4a/3}{4/3-mla\cos^2 x_1}\end{bmatrix}(u-f_c) \tag{2.3.14}$$

式中，$g=9.8\text{m/s}^2$；$m=2\text{km}$；$a=1/(m+M)$，$M=8\text{km}$；$l=0.5\text{m}$。

考虑式(2.3.14)所示的子系统：

$$\begin{bmatrix}\dot{x}_1\\ \dot{x}_2\end{bmatrix}=\begin{bmatrix}x_2\\ \dfrac{g\sin x_1-mlax_2^2\sin(2x_1)/2}{4l/3-mla\cos^2 x_1}\end{bmatrix}+\begin{bmatrix}0\\ \dfrac{a\cos x_1}{4l/3-mla\cos^2 x_1}\end{bmatrix}u \tag{2.3.15}$$

在点 $x_1=\pi/4$ 处，对式(2.3.15)进行线性化。因为 $x_1=\pi/4$ 是平衡点的一个分量，则一定有 $x_2=0$，所以，$\boldsymbol{x}_e=[\pi/4\quad 0]^{\mathrm{T}}$ 是平衡点。接下来计算 $u=u_e$，使得式(2.3.11)成立。经过简单计算得到 $u_e=98$，于是由式(2.3.8)可得

$$\boldsymbol{A}=\begin{bmatrix}0 & 1\\ 22.4745 & 0\end{bmatrix} \tag{2.3.16}$$

再由式(2.3.9)可得

$$\boldsymbol{B}=\begin{bmatrix}0\\-0.1147\end{bmatrix} \tag{2.3.17}$$

记

$$\boldsymbol{A}\boldsymbol{x}_e+\boldsymbol{B}\boldsymbol{u}_e=\begin{bmatrix}0\\6.4108\end{bmatrix}\neq\boldsymbol{0}$$

由例 2.3.1 可知，在 $\delta\boldsymbol{x}=\boldsymbol{x}-\boldsymbol{x}_0$ 和 $\delta\boldsymbol{u}=\boldsymbol{u}-\boldsymbol{u}_0$ 处线性化模型是线性的，由于存在补偿项 $-(\boldsymbol{A}\boldsymbol{x}_0+\boldsymbol{B}\boldsymbol{u}_0)$，线性化模型关于 $\boldsymbol{x}$ 和 $\boldsymbol{u}$ 是一般仿射线性模型而不是线性模型。因为这种方法一般不会产生一个局部线性模型，所以，在利用 Taylor 线性化方法构造局部模型时必须注意到这一点。注意到，如果 $(\boldsymbol{x}_0^{\mathrm{T}},\boldsymbol{u}_0^{\mathrm{T}})=(\boldsymbol{0}^{\mathrm{T}},\boldsymbol{0}^{\mathrm{T}})$ 是平衡点，则 Taylor 线性化将产生一个关于 $\boldsymbol{x}$ 和 $\boldsymbol{u}$ 的线性系统。

下面应用上述方法，用非线性系统(2.3.1)来构造局部线性化模型。假设系统模型由式(2.3.4)给出。给定一个工作点 $\boldsymbol{x}_0$，但 $\boldsymbol{x}_0$ 不一定是式(2.3.4)的平衡点。我们的目的是构造一个关于 $\boldsymbol{x}$ 和 $\boldsymbol{u}$ 的线性模型，使其在工作点 $\boldsymbol{x}_0$ 邻近逼近真值模型(2.3.4)，即希望找到常数矩阵 $\boldsymbol{A}$ 和 $\boldsymbol{B}$，使得在 $\boldsymbol{x}_0$ 的邻域内有

$$\boldsymbol{f}(\boldsymbol{x})+\boldsymbol{G}(\boldsymbol{x})\boldsymbol{u}\approx\boldsymbol{A}\boldsymbol{x}+\boldsymbol{B}\boldsymbol{u},\quad\forall\boldsymbol{u} \tag{2.3.18}$$

和

$$\boldsymbol{f}(\boldsymbol{x}_0)+\boldsymbol{G}(\boldsymbol{x}_0)\boldsymbol{u}=\boldsymbol{A}\boldsymbol{x}_0+\boldsymbol{B}\boldsymbol{u},\quad\forall\boldsymbol{u} \tag{2.3.19}$$

因为 $\boldsymbol{u}$ 是任意的，所以一定有

$$\boldsymbol{G}(\boldsymbol{x}_0)=\boldsymbol{B} \tag{2.3.20}$$

下面的问题是要找到一个常数矩阵 $\boldsymbol{A}$，使得在 $\boldsymbol{x}_0$ 的邻域内有

$$\boldsymbol{f}(\boldsymbol{x})\approx\boldsymbol{A}\boldsymbol{x} \tag{2.3.21}$$

和

$$\boldsymbol{f}(\boldsymbol{x}_0)=\boldsymbol{A}\boldsymbol{x}_0 \tag{2.3.22}$$

设 $\boldsymbol{a}_i^{\mathrm{T}}$ 表示矩阵 $\boldsymbol{A}$ 的第 i 行。为了进一步分析，将条件(2.3.21)表示为

$$f_i(\boldsymbol{x})\approx\boldsymbol{a}_i^{\mathrm{T}}\boldsymbol{x},\quad i=1,2,\cdots,n \tag{2.3.23}$$

将式(2.3.22)表示为

$$f_i(\boldsymbol{x}_0)=\boldsymbol{a}_i^{\mathrm{T}}\boldsymbol{x}_0,\quad i=1,2,\cdots,n \tag{2.3.24}$$

式中，$f_i:\mathbf{R}^n\rightarrow\mathbf{R}$ 是 $\boldsymbol{f}$ 的第 i 个分量。

将式(2.3.23)的左边在 $\boldsymbol{x}_0$ 点展开，并且忽略第二项和高阶项，得到

$$f_i(\boldsymbol{x}_0)+\boldsymbol{\nabla}^{\mathrm{T}}f_i(\boldsymbol{x}_0)(\boldsymbol{x}-\boldsymbol{x}_0)\approx\boldsymbol{a}_i^{\mathrm{T}}\boldsymbol{x} \tag{2.3.25}$$

式中，$\boldsymbol{\nabla}f_i(\boldsymbol{x}_0):\mathbf{R}^n\rightarrow\mathbf{R}^n$ 为 f_i 的梯度。

现在利用式(2.3.24)，将式(2.3.25)表示为

$$\boldsymbol{\nabla}^{\mathrm{T}}f_i(\boldsymbol{x}_0)(\boldsymbol{x}-\boldsymbol{x}_0)\approx\boldsymbol{a}_i^{\mathrm{T}}(\boldsymbol{x}-\boldsymbol{x}_0) \tag{2.3.26}$$

式中，$\boldsymbol{x}$ 是任意的，但趋近于 $\boldsymbol{x}_0$。现在的问题是定义一个常向量 $\boldsymbol{a}_i$，使它尽可能地趋近于 $\boldsymbol{\nabla}f_i(\boldsymbol{x}_0)$，并且满足约束条件 $\boldsymbol{a}_i^{\mathrm{T}}\boldsymbol{x}_0=f_i(\boldsymbol{x}_0)$。

设

$$E=\frac{1}{2}\parallel\boldsymbol{\nabla}f_i(\boldsymbol{x}_0)-\boldsymbol{a}_i\parallel_2^2$$

上述的问题归结为如下带有约束的优化问题：

$$\min_{a_i} E，满足$$
$$\boldsymbol{a}_i^{\mathrm{T}}\boldsymbol{x}_0 = f_i(\boldsymbol{x}_0) \tag{2.3.27}$$

式(2.3.27)是一个凸约束最优化问题。这意味着 E 取得极小值的第一个必要条件也是充分条件。最优化问题(2.3.27)的第一个条件为

$$\boldsymbol{\nabla}_{\boldsymbol{a}_i} E + \lambda \boldsymbol{\nabla}_{\boldsymbol{a}_i}(\boldsymbol{a}_i^{\mathrm{T}}\boldsymbol{x}_0 - f_i(\boldsymbol{x}_0)) = \boldsymbol{0} \tag{2.3.28}$$

$$\boldsymbol{a}_i^{\mathrm{T}}\boldsymbol{x}_0 = f_i(\boldsymbol{x}_0) \tag{2.3.29}$$

式中，λ 是 Lagrange(拉格朗日)乘子；$\boldsymbol{\nabla}_{\boldsymbol{a}_i}$ 的下标 $\boldsymbol{a}_i$ 说明梯度 $\boldsymbol{\nabla}$ 的计算与 $\boldsymbol{a}_i$ 有关。对式(2.3.28)求导可得

$$\boldsymbol{a}_i - \boldsymbol{\nabla} f_i(\boldsymbol{x}_0) + \lambda \boldsymbol{x}_0 = \boldsymbol{0} \tag{2.3.30}$$

$$\boldsymbol{a}_i^{\mathrm{T}}\boldsymbol{x}_0 = f_i(\boldsymbol{x}_0) \tag{2.3.31}$$

考虑 $\boldsymbol{x}_0 \neq \boldsymbol{0}$ 时的情况。用 $\boldsymbol{x}_0^{\mathrm{T}}$ 左乘式(2.3.30)，并将式(2.3.31)代入合成的方程得到

$$\lambda = \frac{\boldsymbol{x}_0^{\mathrm{T}}\, \boldsymbol{\nabla} f_i(\boldsymbol{x}_0) - f_i(\boldsymbol{x}_0)}{\|\boldsymbol{x}_0\|^2} \tag{2.3.32}$$

将式(2.3.32)中的 λ 代入式(2.3.30)，得到

$$\boldsymbol{a}_i = \boldsymbol{\nabla} f_i(\boldsymbol{x}_0) + \frac{f_i(\boldsymbol{x}_0) - \boldsymbol{x}_0^{\mathrm{T}}\, \boldsymbol{\nabla} f_i(\boldsymbol{x}_0)}{\|\boldsymbol{x}_0\|^2}\boldsymbol{x}_0, \quad \boldsymbol{x}_0 \neq \boldsymbol{0} \tag{2.3.33}$$

为了解释上面的线性化方法，下面通过例 2.3.1 给出具体的构造局部线性模型的步骤。

针对例 2.3.1，要构造两个局部线性化模型，一个描述工作点为 $x_1=0$ 时系统的动态，另一个描述工作点大约为 $x_1=\pm\pi/2$ 时系统的动态。在这两个模型中，假设 $x_2=0$ 且 u 是任意的。注意到，非线性模型(2.3.15)已经表示成模型(2.3.4)的形式。首先在工作点 $x_1=x_2=0$ 处构造一个局部线性化模型。此模型可以通过在平衡点 $(\boldsymbol{x}_0, \boldsymbol{u}_0)=(\boldsymbol{0},\boldsymbol{0})$ 处对非线性模型(2.3.15)进行 Taylor 展开而直接获得。

接下来在 $x_1=88°(\pi/180°)$ 和 $x_2=0$ 处，构造第二个局部线性化模型。设 $\beta=\cos 88°$，利用式(2.3.15)，矩阵 $\boldsymbol{B}$ 可由式(2.3.20)获得：

$$\boldsymbol{B} = \begin{bmatrix} 0 \\ -\dfrac{a\beta}{4l/3 - mla\beta^2} \end{bmatrix}$$

下面利用式(2.3.33)计算第二个局部模型中的矩阵 $\boldsymbol{A}$。首先计算矩阵 $\boldsymbol{A}$ 的第一行。由于 $f_1(\boldsymbol{x})=x_2$，所以，$\boldsymbol{\nabla} f_1 = [0 \quad 1]^{\mathrm{T}}$。因为 $\boldsymbol{x}_0=[88°(\pi/180°) \quad 0]^{\mathrm{T}}$ 是工作点，于是利用式(2.3.33)计算矩阵 $\boldsymbol{A}$ 的第一行 $\boldsymbol{a}_1^{\mathrm{T}}$，得到

$$\boldsymbol{a}_1^{\mathrm{T}} = \boldsymbol{\nabla}^{\mathrm{T}} f_1(\boldsymbol{x}_0) + [0 \quad 0] = [0 \quad 1]$$

再利用式(2.3.33)，计算第二个局部模型中矩阵 $\boldsymbol{A}$ 的第二行 $\boldsymbol{a}_2^{\mathrm{T}}$，得到

$$\boldsymbol{a}_2^{\mathrm{T}} = [f_2(\boldsymbol{x}_0)/(88°(\pi/180°)), 0] \approx \left[\frac{g}{4l/3 - mla\beta^2}\,\frac{2}{\pi}, 0\right]$$

2.3.2 模糊控制器的设计与稳定性分析

如果设计模型不含有不确定项 $\boldsymbol{h}(\boldsymbol{x},t)$，即

$$\dot{\boldsymbol{x}} = \boldsymbol{A}(\boldsymbol{\mu})\boldsymbol{x} + \boldsymbol{B}(\boldsymbol{\mu})\boldsymbol{u} \tag{2.3.34}$$

则利用平行分布补偿算法设计模糊状态反馈控制律

$$\boldsymbol{u}=-\sum_{i=1}^{N}\mu_i\boldsymbol{K}_i\boldsymbol{x} \tag{2.3.35}$$

把式(2.3.35)代入式(2.3.34),可得闭环系统

$$\dot{\boldsymbol{x}}=\sum_{i=1}^{N}\sum_{j=1}^{N}\mu_i\mu_j(\boldsymbol{A}_i-\boldsymbol{B}_i\boldsymbol{K}_j)\boldsymbol{x} \tag{2.3.36}$$

选择反馈增益矩阵 $\boldsymbol{K}_i$ 使矩阵 $\boldsymbol{A}_i-\boldsymbol{B}_i\boldsymbol{K}_i(i=1,2,\cdots,N)$ 的特征值位于左半开平面内,并设

$$\boldsymbol{G}_{ij}=(\boldsymbol{A}_i-\boldsymbol{B}_i\boldsymbol{K}_j)+(\boldsymbol{A}_j-\boldsymbol{B}_j\boldsymbol{K}_i),\quad i<j\leqslant N$$

由定理 2.1.1 可得闭环系统模型(2.3.36)全局渐近稳定的充分条件是存在满足下面矩阵不等式的正定矩阵 $\boldsymbol{P}$:

$$(\boldsymbol{A}_i-\boldsymbol{B}_i\boldsymbol{K}_i)^{\mathrm{T}}\boldsymbol{P}+\boldsymbol{P}(\boldsymbol{A}_i-\boldsymbol{B}_i\boldsymbol{K}_i)<\boldsymbol{0},\quad i=1,2,\cdots,N \tag{2.3.37}$$

和

$$\boldsymbol{G}_{ij}^{\mathrm{T}}\boldsymbol{P}+\boldsymbol{P}\boldsymbol{G}_{ij}<\boldsymbol{0},\quad i<j\leqslant N \tag{2.3.38}$$

如果稳定性条件(2.3.38)不满足,则可以给出使得闭环系统模型(2.3.36)全局渐近稳定的另一个充分条件。

为了讨论方便,将条件(2.3.37)表示为

$$(\boldsymbol{A}_i-\boldsymbol{B}_i\boldsymbol{K}_i)^{\mathrm{T}}\boldsymbol{P}+\boldsymbol{P}(\boldsymbol{A}_i-\boldsymbol{B}_i\boldsymbol{K}_i)=-\boldsymbol{Q}_i,\quad i=1,2,\cdots,N \tag{2.3.39}$$

式中,$\boldsymbol{Q}_i$ 是任意给定的对称正定矩阵。

设 λ_i 表示 $\boldsymbol{Q}_i$ 的最小特征值,因为 $\boldsymbol{Q}_i=\boldsymbol{Q}_i^{\mathrm{T}}>\boldsymbol{0}$,所以有

$$\lambda_i>0,\quad i=1,2,\cdots,N \tag{2.3.40}$$

设

$$\boldsymbol{G}_{ij}^{\mathrm{T}}\boldsymbol{P}+\boldsymbol{P}\boldsymbol{G}_{ij}=-\boldsymbol{Q}_{ij},\quad i<j\leqslant N \tag{2.3.41}$$

这里不要求 $\boldsymbol{Q}_{ij}$ 正定。由于 $\boldsymbol{Q}_{ij}=\boldsymbol{Q}_{ij}^{\mathrm{T}}$,所以 $\boldsymbol{Q}_{ij}$ 的特征值是实数。设 λ_{ij} 表示 $\boldsymbol{Q}_{ij}$ 的最小特征值。我们有如下定理。

定理 2.3.1　假设在式(2.3.39)中每个矩阵 $\boldsymbol{A}_i-\boldsymbol{B}_i\boldsymbol{K}_i(i=1,2,\cdots,N)$ 都是渐近稳定的,并且存在一个正定矩阵 $\boldsymbol{P}$ 满足条件(2.3.37),如果矩阵

$$\boldsymbol{\Lambda}=\begin{bmatrix}\lambda_1 & \lambda_{12}/2 & \cdots & \lambda_{1N}/2\\ \lambda_{12}/2 & \lambda_2 & \cdots & \lambda_{2N}/2\\ \vdots & \vdots & & \vdots\\ \lambda_{1N}/2 & \lambda_{2N}/2 & \cdots & \lambda_N\end{bmatrix}$$

是正定的,则闭环模糊模型(2.3.36)是全局渐近稳定的。

证明　选择 Lyapunov 函数为

$$V(\boldsymbol{x})=\boldsymbol{x}^{\mathrm{T}}\boldsymbol{P}\boldsymbol{x} \tag{2.3.42}$$

求 $V(\boldsymbol{x})$ 对时间的导数,并由式(2.3.37)可得

$$\begin{aligned}\dot{V}(\boldsymbol{x})&=2\boldsymbol{x}^{\mathrm{T}}\boldsymbol{P}\dot{\boldsymbol{x}}=2\boldsymbol{x}^{\mathrm{T}}\boldsymbol{P}\left[\sum_{i=1}^{N}\sum_{j=1}^{N}\mu_i\mu_j(\boldsymbol{A}_i-\boldsymbol{B}_i\boldsymbol{K}_j)\boldsymbol{x}\right]\\&=\sum_{i=1}^{N}\sum_{j=1}^{N}\mu_i\mu_j\boldsymbol{x}^{\mathrm{T}}[(\boldsymbol{A}_i-\boldsymbol{B}_i\boldsymbol{K}_j)^{\mathrm{T}}\boldsymbol{P}+\boldsymbol{P}(\boldsymbol{A}_i-\boldsymbol{B}_i\boldsymbol{K}_j)]\boldsymbol{x}\end{aligned}$$

$$=-\sum_{i=1}^{N}\mu_i^2\boldsymbol{x}^{\mathrm{T}}\boldsymbol{Q}_i\boldsymbol{x}-\sum_{i=1}^{N}\sum_{i<j}^{N}\mu_i\mu_j\boldsymbol{x}^{\mathrm{T}}\boldsymbol{Q}_{ij}\boldsymbol{x} \tag{2.3.43}$$

因为存在对称矩阵 $\boldsymbol{M}=\boldsymbol{M}^{\mathrm{T}}$，所以满足

$$\lambda_{\min}(\boldsymbol{M})\|\boldsymbol{x}\|^2\leqslant\boldsymbol{x}^{\mathrm{T}}\boldsymbol{M}\boldsymbol{x}$$

式中，$\lambda_{\min}(\boldsymbol{M})$是 $\boldsymbol{M}$ 的最小特征值。在式(2.3.43)中应用这个条件，可得

$$\begin{aligned}\dot{V}(\boldsymbol{x})&\leqslant-\left(\sum_{i=1}^{N}\mu_i^2\lambda_i+\sum_{i=1}^{N}\sum_{i<j}^{N}\mu_i\mu_j\lambda_{ij}\right)\|\boldsymbol{x}\|^2\\&=-[\mu_1,\mu_2,\cdots,\mu_N]\begin{bmatrix}\lambda_1&\lambda_{12}/2&\cdots&\lambda_{1N}/2\\\lambda_{12}/2&\lambda_2&\cdots&\lambda_{2N}/2\\\vdots&\vdots&&\vdots\\\lambda_{1N}/2&\lambda_{2N}/2&\cdots&\lambda_N\end{bmatrix}\begin{bmatrix}\mu_1\\\mu_2\\\vdots\\\mu_N\end{bmatrix}\|\boldsymbol{x}\|^2\\&=-(\boldsymbol{\mu}^{\mathrm{T}}\boldsymbol{\Lambda}\boldsymbol{\mu})\|\boldsymbol{x}\|^2\end{aligned} \tag{2.3.44}$$

如果矩阵 $\boldsymbol{\Lambda}$ 是正定矩阵，则 $\dot{V}(\boldsymbol{x})<0$。所以，闭环系统(2.3.36)是全局渐近稳定的。

下面讨论设计模型中含有不确定项 $\boldsymbol{h}(\boldsymbol{x},t)$，即

$$\dot{\boldsymbol{x}}=\boldsymbol{A}(\boldsymbol{\mu})\boldsymbol{x}+\boldsymbol{B}(\boldsymbol{\mu})(\boldsymbol{u}+\boldsymbol{h}(\boldsymbol{x},t)) \tag{2.3.45}$$

的模糊控制问题。

设计模糊控制律为

$$\boldsymbol{u}=\boldsymbol{u}_1+\boldsymbol{u}_2 \tag{2.3.46}$$

式中，$\boldsymbol{u}_1=-\sum_{i=1}^{N}\mu_i\boldsymbol{K}_i\boldsymbol{x}$ 是上面所设计的模糊状态反馈控制律，它能使 $\dot{\boldsymbol{x}}=\sum_{i=1}^{N}\sum_{j=1}^{N}\mu_i\mu_j(\boldsymbol{A}_i-\boldsymbol{B}_i\boldsymbol{K}_j)\boldsymbol{x}$ 全局渐近稳定；$\boldsymbol{u}_2$ 是一种补偿器，它的作用是抑制或消除不确定项 $\boldsymbol{h}(\boldsymbol{x},t)$。把式(2.3.46)代入式(2.3.45)，可得闭环系统

$$\begin{aligned}\dot{\boldsymbol{x}}&=\sum_{i=1}^{N}\mu_i\boldsymbol{A}_i\boldsymbol{x}-\sum_{i=1}^{N}\mu_i\boldsymbol{B}_i\left(\sum_{j=1}^{N}\mu_j\boldsymbol{K}_j\boldsymbol{x}\right)+\sum_{i=1}^{N}\mu_i\boldsymbol{B}_i(\boldsymbol{u}_2+\boldsymbol{h})\\&=\sum_{i=1}^{N}\sum_{j=1}^{N}\mu_i\mu_j(\boldsymbol{A}_i-\boldsymbol{B}_i\boldsymbol{K}_j)\boldsymbol{x}+\sum_{i=1}^{N}\mu_i\boldsymbol{B}_i(\boldsymbol{u}_2+\boldsymbol{h})\end{aligned} \tag{2.3.47}$$

为了设计 $\boldsymbol{u}_2$，首先引用下面的一些记号和公式。设

$$\boldsymbol{z}=[z_1,z_2,\cdots,z_m]^{\mathrm{T}}=\sum_{i=1}^{N}\mu_i\boldsymbol{B}_i^{\mathrm{T}}\boldsymbol{P}\boldsymbol{x} \tag{2.3.48}$$

令 $\|\cdot\|_p$ 表示向量的 p 范数，即如果向量 $\boldsymbol{v}\in\mathbf{R}^m$，则其 p 范数定义为

$$\|\boldsymbol{v}\|_p=(|v_1|^p+|v_2|^p+\cdots+|v_m|^p)^{1/p},\quad p\geqslant 1$$

$\|\boldsymbol{z}\|_p$ 的梯度定义为

$$\nabla\|\boldsymbol{z}\|_p=\left[\frac{\partial\|\boldsymbol{z}\|_p}{\partial z_1},\frac{\partial\|\boldsymbol{z}\|_p}{\partial z_2},\cdots,\frac{\partial\|\boldsymbol{z}\|_p}{\partial z_m}\right]^{\mathrm{T}},\quad p\geqslant 1 \tag{2.3.49}$$

应用链式法则计算 $\|\boldsymbol{z}\|_p$，得到

$$\nabla\|\boldsymbol{z}\|_p=\frac{1}{\|\boldsymbol{z}\|_p^{p-1}}\begin{bmatrix}|z_1|^{p-1}\operatorname{sgn}(z_1)\\|z_2|^{p-1}\operatorname{sgn}(z_2)\\\vdots\\|z_m|^{p-1}\operatorname{sgn}(z_m)\end{bmatrix} \tag{2.3.50}$$

根据假设 2.3.1 及有限维范数空间范数的等价性,必存在 $\eta_q \geqslant 0$,使得不确定项 $\boldsymbol{h}(\boldsymbol{x},t)$满足不等式 $\|\boldsymbol{h}(t,\boldsymbol{x})\|_q \leqslant \eta_q$。因此,设计补偿控制项如下:

$$\boldsymbol{u}_2 = -\eta_q \nabla \|\boldsymbol{z}\|_p, \quad p \geqslant 1, \quad \frac{1}{p} + \frac{1}{q} = 1 \tag{2.3.51}$$

注 2.3.1 式(2.3.51)给出的 $\boldsymbol{u}_2$ 是一族补偿控制,在实际设计时,可由设计者决定。

定理 2.3.2 对于模糊系统模型(2.3.45),假设 $\|\boldsymbol{h}(t,\boldsymbol{x})\|_q \leqslant \eta_q$ 成立,取 $\boldsymbol{u}_1$ 为式(2.3.46),$\boldsymbol{u}_2$ 为式(2.3.51)。如果满足式(2.3.40)和(2.3.41)或定理 2.3.1 条件的公共矩阵 $\boldsymbol{P}$ 存在,则模糊控制律 $\boldsymbol{u}=\boldsymbol{u}_1+\boldsymbol{u}_2$ 使得闭环系统(2.3.45)全局渐近稳定。

证明 选择 Lyapunov 函数

$$V(\boldsymbol{x}) = \boldsymbol{x}^{\mathrm{T}}\boldsymbol{P}\boldsymbol{x} \tag{2.3.52}$$

式中,$\boldsymbol{P}=\boldsymbol{P}^{\mathrm{T}}>\boldsymbol{0}$ 满足式(2.3.40)和(2.3.41)或定理 2.3.1 的条件。求 $V(\boldsymbol{x})$对时间的导数,由闭环系统(2.3.47)可得

$$\begin{aligned}\dot{V}(\boldsymbol{x}) &= \sum_{i=1}^{N}\sum_{j=1}^{N}\mu_i\mu_j\boldsymbol{x}^{\mathrm{T}}[(\boldsymbol{A}_i-\boldsymbol{B}_i\boldsymbol{K}_j)^{\mathrm{T}}\boldsymbol{P}+\boldsymbol{P}(\boldsymbol{A}_i-\boldsymbol{B}_i\boldsymbol{K}_j)]\boldsymbol{x}\\ &\quad+\sum_{i=1}^{N}\mu_i 2\boldsymbol{x}^{\mathrm{T}}\boldsymbol{P}\boldsymbol{B}_i(\boldsymbol{u}_2+\boldsymbol{h}(\boldsymbol{x},t))\end{aligned} \tag{2.3.53}$$

由于模糊状态反馈控制律 $\boldsymbol{u}_1$ 使得闭环系统 $\dot{\boldsymbol{x}}=\sum_{i=1}^{N}\sum_{j=1}^{N}\mu_i\mu_j(\boldsymbol{A}_i-\boldsymbol{B}_i\boldsymbol{K}_j)\boldsymbol{x}$ 渐近稳定,所以

$$\begin{aligned}\dot{V}(\boldsymbol{x}) &\leqslant -2\eta_q\boldsymbol{z}^{\mathrm{T}}\nabla\|\boldsymbol{z}\|_p+2\boldsymbol{z}^{\mathrm{T}}\boldsymbol{h}(\boldsymbol{x},t)\\ &\leqslant -2\eta_q\|\boldsymbol{z}\|_p+2|\boldsymbol{z}^{\mathrm{T}}\boldsymbol{h}(\boldsymbol{x},t)|\end{aligned} \tag{2.3.54}$$

对式(2.3.54)应用 Hölder 不等式$|\boldsymbol{v}^{\mathrm{T}}\boldsymbol{w}|\leqslant\|\boldsymbol{v}\|_p\|\boldsymbol{w}\|_q$,可得

$$\begin{aligned}\dot{V}(\boldsymbol{x}) &< -2\eta_q\|\boldsymbol{z}\|_p+2\|\boldsymbol{z}\|_p\|\boldsymbol{h}(\boldsymbol{x},t)\|_q\\ &< -2\eta_q\|\boldsymbol{z}\|_p+2\|\boldsymbol{z}\|_p\eta_q<0\end{aligned} \tag{2.3.55}$$

因此,闭环系统(2.3.45)是全局渐近稳定的。

例 2.3.2 利用系统模型(2.3.14),描述系统动态的两条规则。

模糊系统规则 1:如果 $x_1(t)$大约是 0,则

$$\dot{\boldsymbol{x}} = \boldsymbol{A}_1\boldsymbol{x}+\boldsymbol{B}_1(u+h)$$

模糊系统规则 2:如果 $x_1(t)$大约是$\pm\pi/4$,则

$$\dot{\boldsymbol{x}} = \boldsymbol{A}_2\boldsymbol{x}+\boldsymbol{B}_2(u+h)$$

式中,$h=-f_c+mlx_2^2\sin x_1$。利用 2.3.1 节中线性局部模型的构造方法,有

$$\boldsymbol{A}_1 = \begin{bmatrix} 0 & 1 & 0 & 0\\ \dfrac{g}{4l/3-aml} & 0 & 0 & 0\\ 0 & 0 & 0 & 1\\ -\dfrac{amg}{4/3-am} & 0 & 0 & 0 \end{bmatrix}, \quad \boldsymbol{B}_1 = \begin{bmatrix} 0\\ -\dfrac{a}{4l/3-aml}\\ 0\\ \dfrac{4a/3}{4/3-am} \end{bmatrix}$$

对应于模糊系统规则 2,局部模型的矩阵 $\boldsymbol{A}_2$ 和 $\boldsymbol{B}_2$ 为

$$A_2 = \begin{bmatrix} 0 & 1 & 0 & 0 \\ a_{21} & 0 & 0 & 0 \\ 0 & 0 & 0 & 1 \\ a_{41} & 0 & 0 & 0 \end{bmatrix}_{x_1=\pm\pi/4}, \quad B_2 = \begin{bmatrix} 0 \\ b_{21} \\ 0 \\ b_{41} \end{bmatrix}_{x_1=\pm\pi/4}$$

式中

$$a_{21} = \frac{g\sin x_1}{4l/3 - mla\cos^2 x_1}\frac{1}{x_1}, \quad a_{41} = \frac{-mag\sin(2x_1)/2}{4/3 - ma\cos^2 x_1}\frac{1}{x_1}$$

$$b_{21} = \frac{-a\cos x_1}{4l/3 - mla\cos^2 x_1}, \quad b_{41} = \frac{4a/3}{4/3 - ma\cos^2 x_1}$$

取如下形式的隶属函数：

$$\mu_1(x_1) = \frac{1 - 1/\{1 + \exp[-14(x_1 - \pi/8)]\}}{1 + \exp[-14(x_1 + \pi/8)]}$$

$$\mu_2(x_1) = 1 - \mu_1(x_1)$$

相应的模糊系统模型为

$$\dot{x} = (\mu_1 A_1 + \mu_2 A_2)x + (\mu_1 B_1 + \mu_2 B_2)(u - v_c \operatorname{sgn}(x_4) + mlx_2^2 \sin x_1) \tag{2.3.56}$$

式中，$\mu_i = \alpha_i, i=1,2$。因为对任意的 t，有 $\alpha_1 + \alpha_2 = 1$ 且摩擦系数为 $v_c = 0.005$，首先构造

$$u_1 = -(\mu_1 K_1 + \mu_2 K_2)x$$

使系统

$$\dot{x} = \sum_{i=1}^{2}\sum_{j=1}^{2}\mu_i\mu_j(A_i - B_i K_j)x \tag{2.3.57}$$

全局渐近稳定。为了更好地检验稳定化算法，在区间[−4，−1]上，任取 $A_1 - B_1K_1$ 的一组满意的极点为

$$\{-1.0970, -2.1263, -2.5553, -3.9090\}$$

同理，在区间[−4，−1]上，任取 $A_2 - B_2K_2$ 的一组满意的极点为

$$\{-1.5794, -1.6857, -2.7908, -3.6895\}$$

由局部模型闭环极点的这个选择，可得下面的反馈增益矩阵：

$$K_1 = [-294.8766 \quad -73.1208 \quad -13.4726 \quad -27.3362]$$

$$K_2 = [-440.3915 \quad -118.5144 \quad -19.1611 \quad -35.5575]$$

设

$$G_{12} = A_1 - B_1K_2 + A_2 - B_2K_1$$

且

$$P = \begin{bmatrix} 54.9580 & 15.6219 & 6.9389 & 12.1165 \\ 15.6219 & 4.5429 & 2.1011 & 3.5488 \\ 6.9389 & 2.1011 & 1.3972 & 1.7978 \\ 12.1165 & 3.5488 & 1.7978 & 2.9375 \end{bmatrix}$$

那么，容易验证由式(2.3.40)和(2.3.41)给出的充分条件满足系统(2.3.57)的全局渐近稳定性。

下面构造 u_2，利用式(2.3.48)构造

$$z=(\mu_1 \boldsymbol{B}_1^{\mathrm{T}}\boldsymbol{P}+\mu_2 \boldsymbol{B}_2^{\mathrm{T}}\boldsymbol{P})\boldsymbol{x}$$

取 $q=1$,则式(2.3.51)简化为

$$u_2=-\eta_q \operatorname{sgn}(z)$$

可取 $\eta_q=|h|$。结合 u_1 和 u_2 获得最后的稳定控制律:

$$u=u_1+u_2=-(\mu_1 \boldsymbol{K}_1+\mu_2 \boldsymbol{K}_2)\boldsymbol{x}-\eta_q \operatorname{sgn}(z) \tag{2.3.58}$$

在仿真中将控制器用于系统模型(2.3.14),其响应由图 2-6 和图 2-7 给出,表明模糊控制器局部稳定了系统模型(2.3.14)。观察到当 $|x_1(0)|>1.3$ 且 $x_2(0)=x_3(0)=x_4(0)=0$时,闭环系统在平衡点 $\boldsymbol{x}=\boldsymbol{0}$ 处不稳定。

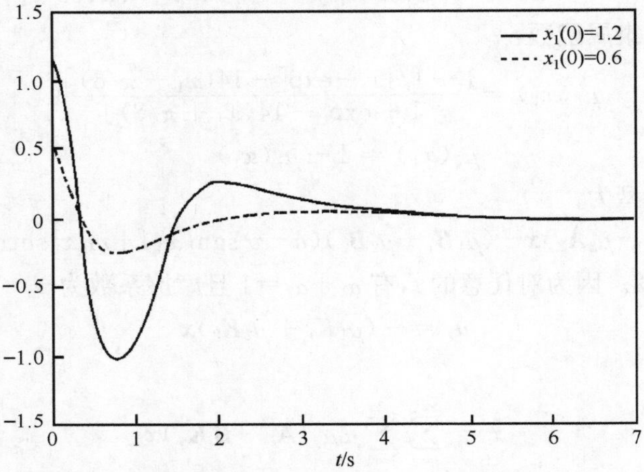

图 2-6　初始条件 $x_1(0)=1.2(x_1(0)=0.6)$
和 $x_2(0)=x_3(0)=x_4(0)=0$ 所对应的状态 x_1

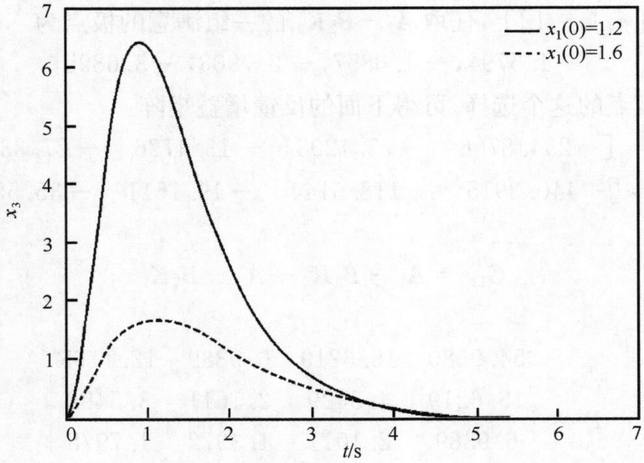

图 2-7　初始条件 $x_1(0)=1.2(x_1(0)=0.6)$
和 $x_2(0)=x_3(0)=x_4(0)=0$ 所对应的状态 x_3

2.4　非线性系统的模糊自适应控制设计与分析

模糊 T-S 模型是一个万能逼近器，它能够逼近不确定非线性系统到预先指定的精度，而且模糊局部模型数越大，精度越高。如果模糊局部模型数减少，则必然会引起建模误差和不确定性。本节结合自适应控制算法，在尽量减少模糊局部模型数的情况下，设计一种稳定的模糊自适应控制器，并给出闭环系统的稳定性分析。

2.4.1　模型描述与模糊建模

本节考虑如下的非线性动态系统：

$$x^{(n)}(t)=f(\boldsymbol{x}(t))+g(\boldsymbol{x}(t))u(t)+w(t) \tag{2.4.1}$$

式中，$\boldsymbol{x}(t)=[x_1(t),x_2(t),\cdots,x_n(t)]^{\mathrm{T}}$；$x_1(t)=x(t)$，$x_2(t)=\dot{x}(t)$，$\cdots$，$x_n(t)=x^{(n-1)}(t)$；$u(t)\in\mathbf{R}$表示控制输入；$f:\mathbf{R}^n\to\mathbf{R}$ 和 $g:\mathbf{R}^n\to\mathbf{R}$ 是定义在 $\mathbf{R}^n$ 的一个开子集上的光滑函数；$w(t)$表示有界干扰。

如果没有不确定项和外界干扰，即 $w(t)=0$，那么在系统(2.4.1)的一些工作点附近，应用 2.3 节的线性化方法，可建立模糊设计模型。

模糊系统规则 i：如果 $x_1(t)$是 F_{i1}，$\cdots$，$x_n(t)$是 F_{in}，则

$$\dot{\boldsymbol{x}}(t)=\boldsymbol{A}_i\boldsymbol{x}(t)+\boldsymbol{B}_i\boldsymbol{u}_i(t),\quad i=1,2,\cdots,N \tag{2.4.2}$$

式中，N 是模糊规则数；F_{ij} 为模糊集；$\boldsymbol{A}_i\in\mathbf{R}^{n\times n}$；$\boldsymbol{B}_i=\mathrm{diag}(b_{i1},\cdots,b_{in})\in\mathbf{R}^{n\times n}$；$\boldsymbol{u}_i(t)$ 是控制输入变量。前件变量 $x_i(t)$与 2.1.1 节中的 $z_i(t)$表示的意义相同。假设模糊局部模型(2.4.2)是可控和可观测的。

通过单点模糊化、乘积推理和平均加权反模糊化得到模糊动态系统，即模糊设计模型为

$$\dot{\boldsymbol{x}}(t)=\boldsymbol{A}(\boldsymbol{x}(t))\boldsymbol{x}(t)+\boldsymbol{B}(\boldsymbol{x}(t))\boldsymbol{u}(t) \tag{2.4.3}$$

式中

$$\boldsymbol{A}(\boldsymbol{x}(t))=\frac{\sum_{i=1}^{N}\alpha_i\boldsymbol{A}_i}{\sum_{i=1}^{N}\alpha_i}=\begin{bmatrix}a_{11}(\boldsymbol{x}(t)) & a_{12}(\boldsymbol{x}(t)) & \cdots & a_{1n}(\boldsymbol{x}(t))\\ a_{21}(\boldsymbol{x}(t)) & a_{22}(\boldsymbol{x}(t)) & \cdots & a_{2n}(\boldsymbol{x}(t))\\ \vdots & \vdots & & \vdots\\ a_{n1}(\boldsymbol{x}(t)) & a_{n2}(\boldsymbol{x}(t)) & \cdots & a_{nn}(\boldsymbol{x}(t))\end{bmatrix}$$

$$\boldsymbol{B}(\boldsymbol{x}(t))=\frac{\sum_{i=1}^{N}\alpha_i\boldsymbol{B}_i}{\sum_{i=1}^{N}\alpha_i}=\mathrm{diag}(b_1(\boldsymbol{x}(t)),b_2(\boldsymbol{x}(t)),\cdots,b_n(\boldsymbol{x}(t)))$$

2.4.2　模糊状态反馈自适应控制设计与稳定性分析

本小节介绍另一种模糊状态反馈设计方法，其全局控制采用起主导作用的子系统的局部控制。所谓起主导作用的子系统是指隶属函数的最大值所对应的局部反馈控制。

模糊反馈控制设计为

模糊控制规则 i:如果 $z_1(t)$是 F_{i1},$z_2(t)$是 F_{i2},…,$z_n(t)$是 F_{in},则

$$\boldsymbol{u}_i(t) = -\boldsymbol{K}_i\boldsymbol{x}(t) \tag{2.4.4}$$

令

$$k = \arg\{\max_i\{\mu_i, i = 1,2,\cdots,N\}\} \tag{2.4.5}$$

模糊控制律用第 k 个状态反馈控制律表示为

$$\boldsymbol{u}(t) = \boldsymbol{u}_k(t) = -\boldsymbol{K}_k\boldsymbol{x}(t) \tag{2.4.6}$$

将式(2.4.6)代入式(2.4.3),可得

$$\dot{\boldsymbol{x}}(t) = \boldsymbol{A}(\boldsymbol{x}(t))\boldsymbol{x}(t) - \boldsymbol{B}(\boldsymbol{x}(t))\boldsymbol{K}_k\boldsymbol{x}(t) = \frac{\sum_{i=1}^{N}\alpha_i(\boldsymbol{A}_i - \boldsymbol{B}_i\boldsymbol{K}_k)}{\sum_{i=1}^{N}\alpha_i}\boldsymbol{x}(t) \tag{2.4.7}$$

虽然每一个模糊局部状态反馈控制可保证模糊系统是渐近稳定的,但是仅使用最大权的反馈控制增益 $\boldsymbol{K}_k$ 对应的模糊控制器,不一定保证系统渐近稳定。为了保证模糊控制律(2.4.6)使得模糊闭环控制系统(2.4.7)也是稳定的,有下面的引理。

引理 2.4.1 如果式(2.4.2)中所描述的模糊局部模型都是可控制的,则模糊控制律(2.4.6)使得闭环系统(2.4.7)渐近稳定,并且若

$$\sum_{i=1}^{N}\alpha_i\lambda_{\max}(\boldsymbol{Q}_{ik}) < 0 \tag{2.4.8}$$

式中,$\lambda_{\max}(\boldsymbol{Q}_{ik})$是 $\boldsymbol{Q}_{ik}$ 的最大特征值,下标 k 由式(2.4.5)定义,$\boldsymbol{Q}_{ik}$ 定义为

$$\boldsymbol{Q}_{ik} = (\boldsymbol{A}_i - \boldsymbol{B}_i\boldsymbol{K}_k)^{\mathrm{T}}\boldsymbol{P} + \boldsymbol{P}(\boldsymbol{A}_i - \boldsymbol{B}_i\boldsymbol{K}_k), \quad i = 1,2,\cdots,N \tag{2.4.9}$$

其中,$\boldsymbol{P} = \sum_{i=1}^{N}\boldsymbol{P}_i$,$\boldsymbol{P}_i(i = 1,2,\cdots,N)$,则满足下面的 Lyapunov 方程:

$$\bar{\boldsymbol{A}}_i^{\mathrm{T}}\boldsymbol{P}_i + \boldsymbol{P}_i\bar{\boldsymbol{A}}_i = -\boldsymbol{Q}_i \tag{2.4.10}$$

式中,$\bar{\boldsymbol{A}}_i = \boldsymbol{A}_i - \boldsymbol{B}_i\boldsymbol{K}_i$;$\boldsymbol{Q}_i$ 是正定矩阵。

证明 选择 Lyapunov 函数为

$$V_i(\boldsymbol{x}(t)) = \boldsymbol{x}^{\mathrm{T}}(t)\boldsymbol{P}_i\boldsymbol{x}(t)$$

设

$$V(\boldsymbol{x}(t)) = \sum_{i=1}^{N}V_i(\boldsymbol{x}(t)) = \boldsymbol{x}^{\mathrm{T}}(t)\boldsymbol{P}\boldsymbol{x}(t) \tag{2.4.11}$$

求 $V(\boldsymbol{x}(t))$对时间的导数,并由式(2.4.7)得到

$$\begin{aligned}
\dot{V}(\boldsymbol{x}(t)) &= \dot{\boldsymbol{x}}^{\mathrm{T}}(t)\boldsymbol{P}\boldsymbol{x}(t) + \boldsymbol{x}^{\mathrm{T}}(t)\boldsymbol{P}\dot{\boldsymbol{x}}(t) \\
&= \boldsymbol{x}^{\mathrm{T}}(t)\left[\frac{\sum_{i=1}^{N}\alpha_i(\boldsymbol{A}_i - \boldsymbol{B}_i\boldsymbol{K}_k)^{\mathrm{T}}}{\sum_{i=1}^{N}\alpha_i}\boldsymbol{P} + \boldsymbol{P}\frac{\sum_{i=1}^{N}\alpha_i(\boldsymbol{A}_i - \boldsymbol{B}_i\boldsymbol{K}_k)}{\sum_{i=1}^{N}\alpha_i}\right]\boldsymbol{x}(t) \\
&= \boldsymbol{x}^{\mathrm{T}}(t)\frac{\sum_{i=1}^{N}\alpha_i[(\boldsymbol{A}_i - \boldsymbol{B}_i\boldsymbol{K}_k)^{\mathrm{T}}\boldsymbol{P} + \boldsymbol{P}(\boldsymbol{A}_i - \boldsymbol{B}_i\boldsymbol{K}_k)]}{\sum_{i=1}^{N}\alpha_i}\boldsymbol{x}(t)
\end{aligned}$$

$$=\boldsymbol{x}^{\mathrm{T}}(t)\frac{\sum_{i=1}^{N}\alpha_i\boldsymbol{Q}_{ik}}{\sum_{i=1}^{N}\alpha_i}\boldsymbol{x}(t)\leqslant\boldsymbol{x}^{\mathrm{T}}(t)\frac{\sum_{i=1}^{N}\alpha_i\lambda_{\max}(\boldsymbol{Q}_{ik})}{\sum_{i=1}^{N}\alpha_i}\boldsymbol{x}(t)$$

可以看出，如果满足式(2.4.8)，则当 $\boldsymbol{x}(t)\neq\boldsymbol{0}$ 时，有 $\dot{V}(\boldsymbol{x}(t))<0$。所以，模糊闭环系统(2.4.7)是渐近稳定的。

对模糊闭环控制系统，引理 2.4.1 给出了一个充分的稳定条件。可以看到，当使用具有最大权的推理规则时，来自其他规则的权重值起的作用比较小，所以，在模糊规则数较少时很难保证系统的稳定性。此外，在实际中确实存在着不确定性和外界输入干扰，并且后者一般以未知的方式变化，如果外界输入干扰比较大，仅用模糊反馈控制也不能保证模糊闭环控制系统的稳定性。但利用模糊控制器和开关 σ 修正自适应控制的合成控制，可以保证系统的稳定性，并具有满意的控制品质。

假设具有模型不确定性和干扰的控制系统为

$$\dot{\boldsymbol{x}}(t)=(\boldsymbol{A}(\boldsymbol{x}(t))+\Delta\boldsymbol{A}(\boldsymbol{x}(t)))\boldsymbol{x}(t)+(\boldsymbol{B}(\boldsymbol{x}(t))+\Delta\boldsymbol{B}(\boldsymbol{x}(t)))\boldsymbol{u}(t)+\boldsymbol{w}(t)\tag{2.4.12}$$

式中，二元组$(\boldsymbol{A}(\boldsymbol{x}(t)),\boldsymbol{B}(\boldsymbol{x}(t)))$由式(2.4.3)定义，为未知的模型参数；$\boldsymbol{w}(t)=[w_1(t),\cdots,w_n(t)]^{\mathrm{T}}\in\mathbf{R}^n$ 为未知的时变干扰。对上面提到的模糊系统，进一步假设如下。

假设 2.4.1　(1) $\Delta\boldsymbol{A}(\boldsymbol{x}(t))$是未知的不确定项，但 $\|\boldsymbol{A}(\boldsymbol{x}(t))+\Delta\boldsymbol{A}(\boldsymbol{x}(t))\|_2$ 有界。

(2) $\Delta\boldsymbol{B}(\boldsymbol{x}(t))$ 的对角元素 $\Delta b_i(\boldsymbol{x}(t))(i=1,2,\cdots,N)$的下界是已知的，即对于所有的 t，$|b_i(\boldsymbol{x}(t))+\Delta b_i(\boldsymbol{x}(t))|\geqslant\underline{b}_i$，其中 $\underline{b}_i$ 是一个已知的参数常量。

(3) $\mathrm{sgn}(b_i(\boldsymbol{x}(t))+\Delta b_i(\boldsymbol{x}(t)))(i=1,2,\cdots,N)$是已知的，其中如果 $b_i(\boldsymbol{x}(t))+\Delta b_i(\boldsymbol{x}(t))\geqslant0$，则 $\mathrm{sgn}(b_i(\boldsymbol{x}(t))+\Delta b_i(\boldsymbol{x}(t)))=1$，否则 $\mathrm{sgn}(b_i(\boldsymbol{x}(t))+\Delta b_i(\boldsymbol{x}(t)))=-1$。

(4) 干扰 $w_i(t)(i=1,2,\cdots,N)$的上界已知，即对于所有的 i，有$|w_i(t)|\leqslant\overline{w}_i$，其中 $\overline{w}_i$ 是一个已知的参数常量。

引理 2.4.2　假设 $\hat{\boldsymbol{A}}\in\mathbf{R}^{n\times n}$是一个未知的常数矩阵，但 $\|\hat{\boldsymbol{A}}\|_2$ 有界。设 $\widetilde{\boldsymbol{P}}$ 是一个任意的 $n\times n$ 对称常数矩阵，$\boldsymbol{W}_1\in\mathbf{R}^{n\times n}>0$ 是一个任意的对角常数矩阵，则存在 $\boldsymbol{W}_2=(\eta/\lambda_{\min})$，$\boldsymbol{W}_1=\mathrm{diag}(w_{21},w_{22},\cdots,w_{2n})$，$\lambda_{\mathrm{ind}}<\eta$ 和一个负定矩阵$\widetilde{\boldsymbol{Q}}$，使得

$$\widetilde{\boldsymbol{Q}}=\widetilde{\boldsymbol{P}}(\hat{\boldsymbol{A}}-\boldsymbol{W}_2)+(\hat{\boldsymbol{A}}-\boldsymbol{W}_2)^{\mathrm{T}}\widetilde{\boldsymbol{P}}\tag{2.4.13}$$

成立。其中，$\eta>0$；$\lambda_{\min}=\lambda_{\min}(\widetilde{\boldsymbol{P}}\boldsymbol{W}_1+\boldsymbol{W}_1^{\mathrm{T}}\widetilde{\boldsymbol{P}})$；$\lambda_{\mathrm{ind}}=\|\widetilde{\boldsymbol{P}}\hat{\boldsymbol{A}}+\hat{\boldsymbol{A}}^{\mathrm{T}}\widetilde{\boldsymbol{P}}\|_2$。

证明　在式(2.4.13)的左边乘上 $\boldsymbol{x}^{\mathrm{T}}(t)$，右边乘上 $\boldsymbol{x}(t)$，可得

$$\begin{aligned}\boldsymbol{x}^{\mathrm{T}}(t)\widetilde{\boldsymbol{Q}}\boldsymbol{x}(t)&=\boldsymbol{x}^{\mathrm{T}}(t)[\widetilde{\boldsymbol{P}}(\hat{\boldsymbol{A}}-\boldsymbol{W}_2)+(\hat{\boldsymbol{A}}-\boldsymbol{W}_2)^{\mathrm{T}}\widetilde{\boldsymbol{P}}]\boldsymbol{x}(t)\\&=\boldsymbol{x}^{\mathrm{T}}(t)(\widetilde{\boldsymbol{P}}\hat{\boldsymbol{A}}+\hat{\boldsymbol{A}}^{\mathrm{T}}\widetilde{\boldsymbol{P}})\boldsymbol{x}(t)-\boldsymbol{x}^{\mathrm{T}}(t)(\widetilde{\boldsymbol{P}}\boldsymbol{W}_2+\boldsymbol{W}_2^{\mathrm{T}}\widetilde{\boldsymbol{P}})\boldsymbol{x}(t)\\&=\boldsymbol{x}^{\mathrm{T}}(t)(\widetilde{\boldsymbol{P}}\hat{\boldsymbol{A}}+\hat{\boldsymbol{A}}^{\mathrm{T}}\widetilde{\boldsymbol{P}})\boldsymbol{x}(t)-\frac{\eta}{\lambda_{\min}}\boldsymbol{x}^{\mathrm{T}}(t)(\widetilde{\boldsymbol{P}}\boldsymbol{W}_1+\boldsymbol{W}_1^{\mathrm{T}}\widetilde{\boldsymbol{P}})\boldsymbol{x}(t)\\&\leqslant\lambda_{\mathrm{ind}}-\frac{\eta}{\lambda_{\min}}\lambda_{\min}<0\ (\text{取}\ \|\boldsymbol{x}(t)\|=1)\end{aligned}\tag{2.4.14}$$

因此，$\widetilde{\boldsymbol{Q}}$ 是一个负定矩阵。

设计控制律为

$$\boldsymbol{u}(t)=\boldsymbol{u}_f(t)+\boldsymbol{u}_s(t) \tag{2.4.15}$$

式中,$\boldsymbol{u}_f(t)$由式(2.4.6)定义;$\boldsymbol{u}_s(t)$是自适应补偿控制律,其定义如下:

$$\boldsymbol{u}_s(t)=-\operatorname{sgn}(\boldsymbol{B}(\boldsymbol{x}(t)))\,\boldsymbol{\Xi}(t)\boldsymbol{x}(t) \tag{2.4.16}$$

式中

$$\operatorname{sgn}(\boldsymbol{B}(\boldsymbol{x}(t)))=\operatorname{diag}(\operatorname{sgn}(b_1(\boldsymbol{x}(t))+\Delta b_1(\boldsymbol{x}(t))),\cdots,\operatorname{sgn}(b_n(\boldsymbol{x}(t))+\Delta b_n(\boldsymbol{x}(t))))$$

$$\boldsymbol{\Xi}(t)=\operatorname{diag}(\zeta_1(t),\cdots,\zeta_n(t))$$

补偿控制中增益的自适应律为

$$\begin{aligned}&\|\boldsymbol{B}(\boldsymbol{x}(t))\|\dot{\boldsymbol{\Xi}}(t)\\&=\boldsymbol{P}\boldsymbol{x}(t)\boldsymbol{x}^{\mathrm{T}}(t)-\frac{1}{2}(\|\boldsymbol{B}(\boldsymbol{x}(t))\|\boldsymbol{\Xi}(t)-\boldsymbol{W}_2)^{-1}\mu_k\bar{\boldsymbol{Q}}_k^{\mathrm{T}}\boldsymbol{x}(t)\boldsymbol{x}^{\mathrm{T}}(t)-\boldsymbol{P}\boldsymbol{\Gamma}\boldsymbol{\Xi}(t)\end{aligned} \tag{2.4.17}$$

式中

$$\|\boldsymbol{B}(\boldsymbol{x}(t))\|=\operatorname{diag}(|b_1(\boldsymbol{x}(t))+\Delta b_1(\boldsymbol{x}(t))|,\cdots,|b_n(\boldsymbol{x}(t))+\Delta b_n(\boldsymbol{x}(t))|) \tag{2.4.18}$$

$$\dot{\boldsymbol{\Xi}}(t)=\operatorname{diag}(\dot{\zeta}_1(t),\cdots,\dot{\zeta}_n(t)) \tag{2.4.19}$$

$$\boldsymbol{\Gamma}=\operatorname{diag}(\Gamma_1,\cdots,\Gamma_n) \tag{2.4.20}$$

$$\Gamma_i=\begin{cases}0, & \underline{b}_i\,|\zeta_i(t)|<\varepsilon_i\\ \sigma_i\left(\dfrac{\underline{b}_i\,|\zeta_i(t)|}{\varepsilon_i}-1\right), & \varepsilon_i\leqslant\underline{b}_i\,|\zeta_i(t)|\leqslant 2\varepsilon_i\\ \sigma_i, & \underline{b}_i\,|\zeta_i(t)|>2\varepsilon_i\end{cases} \tag{2.4.21}$$

$$\boldsymbol{P}=\sum_{i=1}^{N}\boldsymbol{P}_i,\quad \bar{\boldsymbol{P}}_k=\sum_{i=1,i\neq k}^{N}\boldsymbol{P}_i,\quad \bar{\boldsymbol{Q}}_k=(\bar{\boldsymbol{A}}_k^{\mathrm{T}}\bar{\boldsymbol{P}}_k+\bar{\boldsymbol{P}}_k\bar{\boldsymbol{A}}_k)$$

且 $\varepsilon_i,\sigma_i>0$ 是要设计的参数,$i=1,2,\cdots,N$;$\boldsymbol{W}_2$ 由引理 2.4.2 获得;ε_i 须满足条件 $\varepsilon_i>|w_{2i}|$。将式(2.4.15)代入式(2.4.12),并由式(2.4.7)得到闭环系统

$$\begin{aligned}\dot{\boldsymbol{x}}(t)&=\sum_{i=1}^{N}\mu_i(\boldsymbol{A}_i-\boldsymbol{B}_i\boldsymbol{K}_k)\boldsymbol{x}(t)+\Delta\boldsymbol{A}(\boldsymbol{x}(t))\boldsymbol{x}(t)+(\boldsymbol{B}(\boldsymbol{x}(t))+\Delta\boldsymbol{B}(\boldsymbol{x}(t)))\boldsymbol{u}_s(t)+\boldsymbol{w}(t)\\&=\mu_k\bar{\boldsymbol{A}}_k\boldsymbol{x}(t)+\boldsymbol{H}_k(\boldsymbol{x}(t))\boldsymbol{x}(t)+(\boldsymbol{B}(\boldsymbol{x}(t))+\Delta\boldsymbol{B}(\boldsymbol{x}(t)))\boldsymbol{u}_s(t)+\boldsymbol{w}(t)\end{aligned} \tag{2.4.22}$$

对于 $i=k$,$\bar{\boldsymbol{A}}_k=\boldsymbol{A}_k-\boldsymbol{B}_k\boldsymbol{K}_k$,其中 $\bar{\boldsymbol{A}}_k$ 由式(2.4.10)定义,且

$$\boldsymbol{H}_k(\boldsymbol{x}(t))=\sum_{i=1,i\neq k}^{N}\mu_i(\boldsymbol{A}_i-\boldsymbol{B}_i\boldsymbol{K}_k)+\Delta\boldsymbol{A}(\boldsymbol{x}(t))$$

定理 2.4.1　考虑不确定模糊系统(2.4.12),如果采用模糊控制律(2.4.15)和(2.4.17),则整个模糊控制方案保证下面的性质成立:

(1) 在没有干扰和不确定性条件下,系统的状态趋近于原点;

(2) 在有干扰和不确定性条件下,系统的状态收敛到原点的一个邻域内。

证明　将式(2.4.16)代入式(2.4.22),可得

$$\dot{\boldsymbol{x}}(t)=\mu_k\bar{\boldsymbol{A}}_k\boldsymbol{x}(t)+(\boldsymbol{H}_k(\boldsymbol{x}(t))-\|\boldsymbol{B}(\boldsymbol{x}(t))\|\boldsymbol{\Xi}(t))\boldsymbol{x}(t)+\boldsymbol{w}(t)$$

$$=\mu_k\bar{\boldsymbol{A}}_k\boldsymbol{x}(t)-(\boldsymbol{W}_2-\boldsymbol{H}_k(\boldsymbol{x}(t)))\boldsymbol{x}(t)$$
$$-(\|\boldsymbol{B}(\boldsymbol{x}(t))\|\boldsymbol{\Xi}(t)-\boldsymbol{W}_2)\boldsymbol{x}(t)+\boldsymbol{w}(t) \tag{2.4.23}$$

式中，$\boldsymbol{W}_2$ 由引理 2.4.2 定义。选择 Lyapunov 函数为

$$V(\boldsymbol{x}(t))=\boldsymbol{x}^{\mathrm{T}}(t)\boldsymbol{P}\boldsymbol{x}(t)+\mathrm{tr}\{(\|\boldsymbol{B}(\boldsymbol{x}(t))\|\boldsymbol{\Xi}(t)-\boldsymbol{W}_2)^{\mathrm{T}}(\|\boldsymbol{B}(\boldsymbol{x}(t))\|\boldsymbol{\Xi}(t)-\boldsymbol{W}_2)\} \tag{2.4.24}$$

求 $V(\boldsymbol{x}(t))$ 对时间的导数，并由式(2.4.23)得到

$$\begin{aligned}
\dot{V}(\boldsymbol{x}(t))&=\dot{\boldsymbol{x}}^{\mathrm{T}}(t)\boldsymbol{P}\boldsymbol{x}(t)+\boldsymbol{x}^{\mathrm{T}}(t)\boldsymbol{P}\dot{\boldsymbol{x}}(t)+\mathrm{tr}\{2(\|\boldsymbol{B}(\boldsymbol{x}(t))\|\boldsymbol{\Xi}(t)-\boldsymbol{W}_2)^{\mathrm{T}}\|\boldsymbol{B}(\boldsymbol{x}(t))\|\dot{\boldsymbol{\Xi}}(t)\}\\
&=[\mu_k\bar{\boldsymbol{A}}_k\boldsymbol{x}(t)-(\boldsymbol{W}_2-\boldsymbol{H}_k(\boldsymbol{x}(t)))]\boldsymbol{x}(t)\\
&\quad-[(\|\boldsymbol{B}(\boldsymbol{x}(t))\|\boldsymbol{\Xi}(t)-\boldsymbol{W}_2)\boldsymbol{x}(t)+\boldsymbol{w}^{\mathrm{T}}(t)]\boldsymbol{P}\boldsymbol{x}(t)\\
&\quad+\boldsymbol{x}^{\mathrm{T}}(t)\boldsymbol{P}[\mu_k\bar{\boldsymbol{A}}_k\boldsymbol{x}(t)-(\boldsymbol{W}_2-\boldsymbol{H}_k(\boldsymbol{x}(t)))\boldsymbol{x}(t)\\
&\quad-(\|\boldsymbol{B}(\boldsymbol{x}(t))\|\boldsymbol{\Xi}(t)-\boldsymbol{W}_2)\boldsymbol{x}(t)+\boldsymbol{w}(t)]\\
&\quad+\mathrm{tr}\{2(\|\boldsymbol{B}(\boldsymbol{x}(t))\|\boldsymbol{\Xi}(t)-\boldsymbol{W}_2)^{\mathrm{T}}\|\boldsymbol{B}(\boldsymbol{x}(t))\|\dot{\boldsymbol{\Xi}}(t)\}\\
&=\mu_k\boldsymbol{x}^{\mathrm{T}}(t)(\bar{\boldsymbol{A}}_k^{\mathrm{T}}\boldsymbol{P}_k+\boldsymbol{P}_k\bar{\boldsymbol{A}}_k)\boldsymbol{x}(t)+\mu_k\boldsymbol{x}^{\mathrm{T}}(t)(\bar{\boldsymbol{A}}_k^{\mathrm{T}}\bar{\boldsymbol{P}}_k+\bar{\boldsymbol{P}}_k\bar{\boldsymbol{A}}_k)\boldsymbol{x}(t)\\
&\quad-\boldsymbol{x}^{\mathrm{T}}(t)(\boldsymbol{W}_2-\boldsymbol{H}_k(\boldsymbol{x}(t)))^{\mathrm{T}}\boldsymbol{P}+\boldsymbol{P}(\boldsymbol{W}_2-\boldsymbol{H}_k(\boldsymbol{x}(t)))\boldsymbol{x}(t)-2\boldsymbol{x}^{\mathrm{T}}(t)\\
&\quad\times\boldsymbol{P}(\|\boldsymbol{B}(\boldsymbol{x}(t))\|\boldsymbol{\Xi}(t)-\boldsymbol{W}_2)\boldsymbol{x}(t)+2\boldsymbol{x}^{\mathrm{T}}(t)\boldsymbol{P}\boldsymbol{w}(t)\\
&\quad+\mathrm{tr}\{2(\|\boldsymbol{B}(\boldsymbol{x}(t))\|\boldsymbol{\Xi}(t)-\boldsymbol{W}_2)^{\mathrm{T}}\|\boldsymbol{B}(\boldsymbol{x}(t))\|\dot{\boldsymbol{\Xi}}(t)\}\\
&=\mu_k\boldsymbol{x}^{\mathrm{T}}(t)\boldsymbol{Q}_k\boldsymbol{x}(t)+\mu_k\boldsymbol{x}^{\mathrm{T}}(t)\bar{\boldsymbol{Q}}_k\boldsymbol{x}(t)+\boldsymbol{x}^{\mathrm{T}}(t)\tilde{\boldsymbol{Q}}\boldsymbol{x}(t)\\
&\quad-2\boldsymbol{x}^{\mathrm{T}}(t)\boldsymbol{P}(\|\boldsymbol{B}(\boldsymbol{x}(t))\|\boldsymbol{W}-\boldsymbol{W}_2)\boldsymbol{x}(t)\\
&\quad+2\boldsymbol{x}^{\mathrm{T}}(t)\boldsymbol{P}\boldsymbol{w}(t)+\mathrm{tr}\{2(\|\boldsymbol{B}(\boldsymbol{x}(t))\|\boldsymbol{\Xi}(t)-\boldsymbol{W}_2)^{\mathrm{T}}\|\boldsymbol{B}(\boldsymbol{x}(t))\|\dot{\boldsymbol{\Xi}}(t)\}\\
&=\mu_k\boldsymbol{x}^{\mathrm{T}}(t)\boldsymbol{Q}_k\boldsymbol{x}(t)+\boldsymbol{x}^{\mathrm{T}}(t)\tilde{\boldsymbol{Q}}\boldsymbol{x}(t)+\mathrm{tr}\{-2(\|\boldsymbol{B}(\boldsymbol{x}(t))\|\boldsymbol{\Xi}(t)-\boldsymbol{W}_2)\boldsymbol{P}\boldsymbol{x}(t)\boldsymbol{x}^{\mathrm{T}}(t)\\
&\quad+2\boldsymbol{P}\boldsymbol{x}(t)\boldsymbol{w}^{\mathrm{T}}(t)+\mu_k\bar{\boldsymbol{Q}}_k^{\mathrm{T}}\boldsymbol{x}(t)\boldsymbol{x}^{\mathrm{T}}(t)\\
&\quad+2(\|\boldsymbol{B}(\boldsymbol{x}(t))\|\boldsymbol{\Xi}(t)-\boldsymbol{W}_2)^{\mathrm{T}}\|\boldsymbol{B}(\boldsymbol{x}(t))\|\dot{\boldsymbol{\Xi}}(t)\}\\
&=\boldsymbol{x}^{\mathrm{T}}(t)\boldsymbol{Q}\boldsymbol{x}(t)+\mathrm{tr}\{2\boldsymbol{P}\boldsymbol{x}(t)\boldsymbol{w}^{\mathrm{T}}(t)-2(\|\boldsymbol{B}(\boldsymbol{x}(t))\|\boldsymbol{\Xi}(t)-\boldsymbol{W}_2)^{\mathrm{T}}\boldsymbol{\Psi}\}
\end{aligned} \tag{2.4.25}$$

式中，$\boldsymbol{Q}=\mu_k\boldsymbol{Q}_k+\tilde{\boldsymbol{Q}}$，$\tilde{\boldsymbol{Q}}$ 由式(2.4.13)用 $\boldsymbol{H}_k(\boldsymbol{x}(t))$ 代替 $\hat{\boldsymbol{A}}$ 得到，$\boldsymbol{Q}_k$ 由式(2.4.10)用 k 代替 i 得到；$\boldsymbol{\Psi}=\mathrm{diag}(p_{11}\boldsymbol{\Gamma}_1\zeta_1(t),\cdots,p_{m}\boldsymbol{\Gamma}_n\zeta_n(t))$。

由式(2.4.21)，可得 $(\|\boldsymbol{B}(\boldsymbol{x}(t))\|\boldsymbol{\Xi}(t)-\boldsymbol{W}_2)^{\mathrm{T}}\boldsymbol{\Psi}>\boldsymbol{0}$，进而有

$$\mathrm{tr}\{2\boldsymbol{P}\boldsymbol{x}(t)\boldsymbol{w}^{\mathrm{T}}-2(\|\boldsymbol{B}(\boldsymbol{x}(t))\|\boldsymbol{\Xi}(t)-\boldsymbol{W}_2)^{\mathrm{T}}\boldsymbol{\Psi}\}\leqslant 2\sum_{i=1}^{n}p_{ii}x_i\bar{w}_i(t) \tag{2.4.26}$$

因为 $\boldsymbol{Q}_k$ 和 $\tilde{\boldsymbol{Q}}$ 是负定矩阵，所以 $\boldsymbol{Q}$ 也是负定矩阵，于是有

$$\begin{aligned}
\dot{V}(\boldsymbol{x}(t))&\leqslant\boldsymbol{x}^{\mathrm{T}}(t)\boldsymbol{Q}\boldsymbol{x}(t)+2\sum_{i=1}^{n}p_{ii}x_i\bar{w}_i(t)=\boldsymbol{x}^{\mathrm{T}}(t)\boldsymbol{Q}\boldsymbol{x}(t)+2\bar{\boldsymbol{w}}^{\mathrm{T}}(t)\boldsymbol{x}(t)\\
&=(\boldsymbol{x}(t)+\bar{\boldsymbol{x}}(t))^{\mathrm{T}}\boldsymbol{Q}(\boldsymbol{x}(t)+\bar{\boldsymbol{x}}(t))-\bar{\boldsymbol{x}}^{\mathrm{T}}(t)\boldsymbol{Q}\bar{\boldsymbol{x}}(t)
\end{aligned} \tag{2.4.27}$$

式中，$\bar{\boldsymbol{w}}(t)=[p_{11}\bar{w}_1(t),\cdots,p_{m}\bar{w}_n(t)]^{\mathrm{T}}$，且 $\bar{\boldsymbol{x}}^{\mathrm{T}}(t)\boldsymbol{Q}=\bar{\boldsymbol{w}}^{\mathrm{T}}(t)$。因为 $\boldsymbol{Q}$ 是一个对称的负定矩阵且 $\boldsymbol{Q}^{-1}$ 存在，所以，$\bar{\boldsymbol{x}}^{\mathrm{T}}(t)=\bar{\boldsymbol{w}}^{\mathrm{T}}(t)\boldsymbol{Q}^{-1}$ 也存在。根据假设 2.4.1 中的(4)，可以推出 $\|\bar{\boldsymbol{x}}(t)\|\leqslant v$，这里 v 是一个正常数。如果 $v=0$，则 $\dot{V}(t)=\boldsymbol{x}^{\mathrm{T}}(t)\boldsymbol{Q}\boldsymbol{x}(t)\leqslant 0$，由此得到 $t\to\infty$ 时，$\boldsymbol{x}(t)\to 0$。如果 $v\neq 0$ 但足够小，则对所有的不确定性和外界干扰的实现，$\boldsymbol{x}(t)$ 将收敛

到原点的一个邻域内。

2.4.3 仿真

例 2.4.1 把本节的模糊自适应控制器应用于倒立摆系统中,研究它的平衡和跟踪问题。倒立摆系统如图 2-8 所示。设 $x_1=\theta, x_2=\dot{\theta}$,则倒立摆系统的动态方程为

$$\begin{aligned}\dot{x}_1&=x_2\\ \dot{x}_2&=\frac{g\sin x_1-amlx_2^2\sin(2x_1)/2-a\cos x_1 u}{4l/3-aml\cos^2 x_1}\end{aligned}\tag{2.4.28}$$

式中,x_1 是摆与垂线间的夹角;x_2 是角速度;g 是重力加速度;m 是摆的质量;u 是作用在小车上的力;$a=1/(m+M)$。

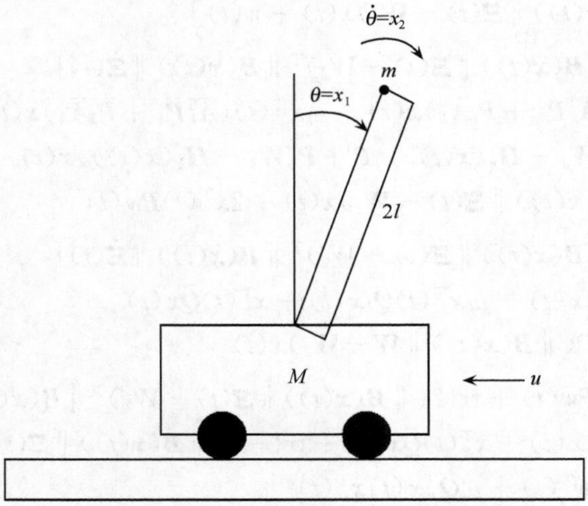

图 2-8 倒立摆系统

倒立摆的模糊 T-S 模型可以在相平面上一些工作点(x_1,x_2)处,通过线性化非线性系统(2.4.28)获得。为了说明所提出方法的有效性,下面仅采用五个模糊推理规则进行模糊建模。

模糊系统规则如下。

规则 1:如果 x_1 大约是 0,x_2 大约是 0,则

$$\dot{\boldsymbol{x}}=\begin{bmatrix}0 & 1\\ 17.2941 & 0\end{bmatrix}\boldsymbol{x}+\begin{bmatrix}0 & 0\\ 0 & -0.1765\end{bmatrix}\begin{bmatrix}0\\ u_2\end{bmatrix},\quad y=\begin{bmatrix}1 & 0\end{bmatrix}\boldsymbol{x}$$

规则 2:如果 x_1 大约是 0,x_2 大约是±4,则

$$\dot{\boldsymbol{x}}=\begin{bmatrix}0 & 1\\ 14.4706 & 0\end{bmatrix}\boldsymbol{x}+\begin{bmatrix}0 & 0\\ 0 & -0.1765\end{bmatrix}\begin{bmatrix}0\\ u_2\end{bmatrix},\quad y=\begin{bmatrix}1 & 0\end{bmatrix}\boldsymbol{x}$$

规则 3:如果 x_1 大约是±π/3,x_2 大约是 0,则

$$\dot{\boldsymbol{x}}=\begin{bmatrix}0 & 1\\ 5.8512 & 0\end{bmatrix}\boldsymbol{x}+\begin{bmatrix}0 & 0\\ 0 & -0.0779\end{bmatrix}\begin{bmatrix}0\\ u_2\end{bmatrix},\quad y=\begin{bmatrix}1 & 0\end{bmatrix}\boldsymbol{x}$$

规则 4:如果 x_1 大约是 π/3,x_2 大约是 4,或 x_1 大约是−π/3,x_2 大约是−4,则

$$\dot{x}=\begin{bmatrix}0 & 1\\ 7.2437 & 0.5399\end{bmatrix}x+\begin{bmatrix}0 & 0\\ 0 & -0.0779\end{bmatrix}\begin{bmatrix}0\\ u_2\end{bmatrix},\quad y=\begin{bmatrix}1 & 0\end{bmatrix}x$$

规则 5:如果 x_1 大约是 $\pi/3$,x_2 大约是 -4,或 x_1 大约是 $-\pi/3$,x_2 大约是 4,则

$$\dot{x}=\begin{bmatrix}0 & 1\\ 7.2437 & -0.5399\end{bmatrix}x+\begin{bmatrix}0 & 0\\ 0 & -0.0779\end{bmatrix}\begin{bmatrix}0\\ u_2\end{bmatrix},\quad y=\begin{bmatrix}1 & 0\end{bmatrix}x$$

在模糊推理中,模糊集采用正规化的隶属函数,即 $\sum_{i=1}^{N}\mu_i=1$。状态 x_1 和 x_2 的隶属函数由图 2-9 和图 2-10 给出。

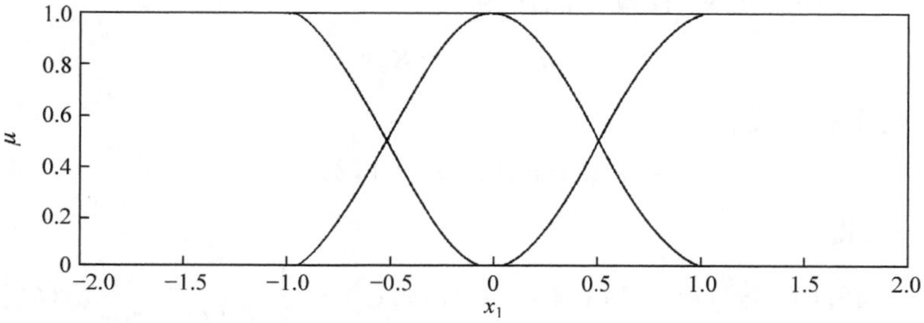

图 2-9　状态 x_1 的模糊隶属函数

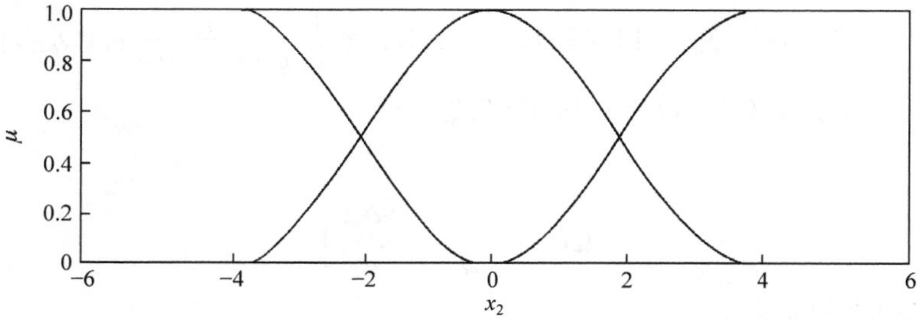

图 2-10　状态 x_2 的模糊隶属函数

对于每一个模糊局部模型,其闭环系统的极点选择为 $-4\pm j5.454$,它对应于 10% 的超调量和 1s 的设定时间。因此,得到每一个模糊局部模型的反馈控制增益矩阵为

$$K_1=\begin{bmatrix}0 & 0\\ -357.4135 & -45.3333\end{bmatrix},\quad K_2=\begin{bmatrix}0 & 0\\ -357.4135 & -45.3333\end{bmatrix}$$

$$K_3=\begin{bmatrix}0 & 0\\ -662.5861 & -102.6667\end{bmatrix},\quad K_4=\begin{bmatrix}0 & 0\\ -680.4563 & -109.5949\end{bmatrix}$$

$$K_5=\begin{bmatrix}0 & 0\\ -680.4563 & -95.7385\end{bmatrix}$$

如果选择 $Q=I$(单位矩阵),则得到正定矩阵为

$$P_1=\begin{bmatrix}189.0356 & 22.8947\\ 22.8947 & 0.1227\end{bmatrix},\quad P_2=\begin{bmatrix}189.0356 & 22.8944\\ 22.8944 & 0.1227\end{bmatrix}$$

$$P_3=\begin{bmatrix}189.8524 & 22.8821\\ 22.8821 & 0.1278\end{bmatrix},\quad P_4=\begin{bmatrix}189.8464 & 22.8819\\ 22.8819 & 0.1278\end{bmatrix}$$

$$\boldsymbol{P}_5=\begin{bmatrix}192.3083 & 22.8819\\ 22.8819 & 0.1253\end{bmatrix}$$

且

$$\boldsymbol{P}=\sum_{i=1}^{5}\boldsymbol{P}_i=\begin{bmatrix}948.0763 & 114.4351\\ 114.4351 & 0.6363\end{bmatrix}$$

取 $\eta=\lambda_{\min}(\boldsymbol{Q}_{ik})+0.5$，$\boldsymbol{W}_1=\mathrm{diag}(20,20)$，$\sigma_1=\sigma_2=2$，$\varepsilon_1=|w_{21}|+5$ 和 $\varepsilon_2=|w_{22}|+5$，$\boldsymbol{W}_2=\mathrm{diag}(w_{21},w_{22})$。

由引理 2.4.2 中的定义，模糊控制律为

$$u_f(t)=-\boldsymbol{K}_k\boldsymbol{x} \tag{2.4.29}$$

式中，下标 k 由下式定义：

$$k=\arg\{\max_i\{\mu_i,i=1,2,\cdots,5\}\} \tag{2.4.30}$$

由式(2.4.17)可得

$$\begin{aligned}\dot{\zeta}_1(t)=&948.0763x_1^2(t)+114.4351x_1(t)x_2(t)-\frac{1}{2}\frac{1}{\zeta_1(t)-w_{21}}\mu_k(\bar{Q}_{k11}x_1^2(t)\\&+\bar{Q}_{k12}x_1(t)x_2(t))-948.0763\Gamma_1\zeta_1(t)\end{aligned} \tag{2.4.31}$$

$$\begin{aligned}\dot{\zeta}_2(t)=&0.6363x_2^2(t)+114.4351x_1(t)x_2(t)-\frac{1}{2}\frac{1}{\zeta_2(t)-w_{22}}\mu_k(\bar{Q}_{k22}x_2^2(t)\\&+\bar{Q}_{k21}x_1(t)x_2(t))-0.636\Gamma_2\zeta_2(t)\end{aligned} \tag{2.4.32}$$

式中

$$\bar{\boldsymbol{Q}}_k^{\mathrm{T}}=\begin{bmatrix}\bar{Q}_{k11} & \bar{Q}_{k12}\\ \bar{Q}_{k21} & \bar{Q}_{k22}\end{bmatrix}$$

因此获得自适应补偿器为

$$u_s(t)=-\mathrm{sgn}(b_1(\boldsymbol{x})+\Delta b_1(\boldsymbol{x}))\zeta_1(t)x_1(t)-\mathrm{sgn}(b_n(\boldsymbol{x})+\Delta b_n(\boldsymbol{x}))\zeta_2(t)x_2(t) \tag{2.4.33}$$

为了表明所提出的控制算法的有效性，分别对控制器具有自适应补偿控制和没有自适应补偿控制两种情况进行仿真，并且比较它们的控制性能。在仿真中，初始条件选取 $x_1(0)$ 可以在 $x_1(0)\geqslant 85°$ 或 $x_1(0)\leqslant -85°$ 范围内任取，$x_2(0)=0$。仿真结果如图 2-11～图 2-15所示。

图 2-11～图 2-15 表明，当 $x_1(0)\geqslant 85°$ 或 $x_1(0)\leqslant -85°$ 时，仅应用模糊控制器不能使倒立摆保持在铅直的位置，但是应用模糊控制和自适应补偿控制可以使倒立摆保持在接近铅直的位置。

图 2-16 和图 2-17 给出了在 2s 时，系统存在干扰 $\boldsymbol{w}=[\pi/2\quad 1]^{\mathrm{T}}$，持续时间为 0.1s 的倒立摆响应曲线。从图 2-16 和图 2-17 可以看出，带有自适应补偿控制的模糊控制器具有克服系统的不确定动态和有界干扰的能力，但仅用模糊控制器没有这种功能。

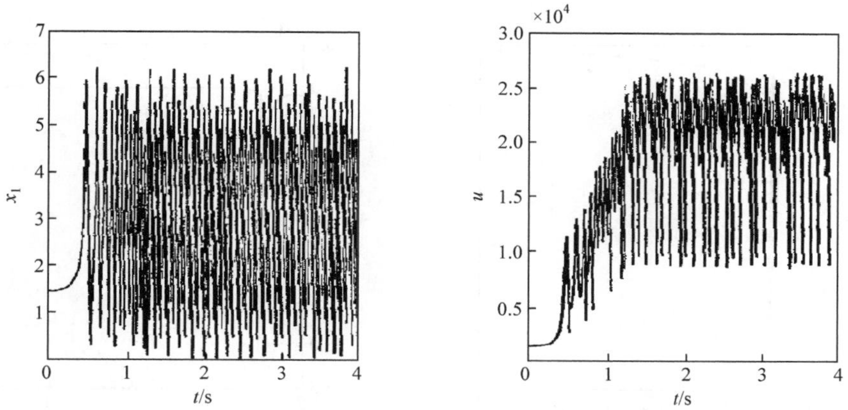

图 2-11　使用模糊控制算法在 $\boldsymbol{x}(0)=[85° \quad 0]^{\mathrm{T}}$ 条件下摆的角的响应

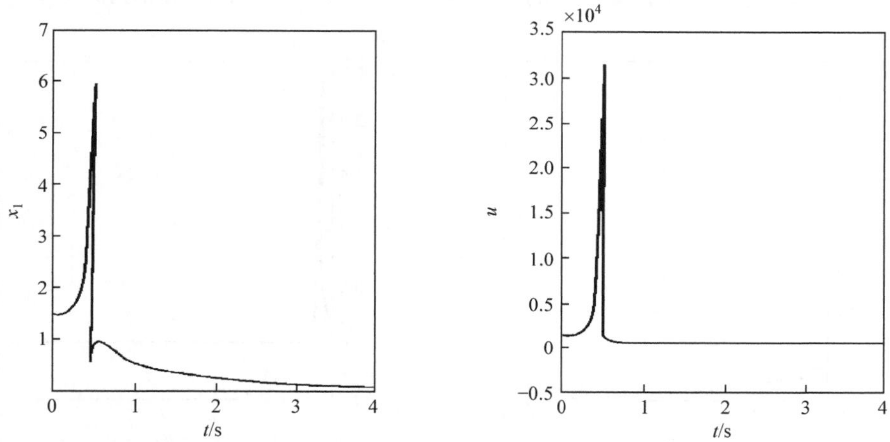

图 2-12　使用模糊自适应控制算法在 $\boldsymbol{x}(0)=[85° \quad 0]^{\mathrm{T}}$ 条件下摆的角的响应

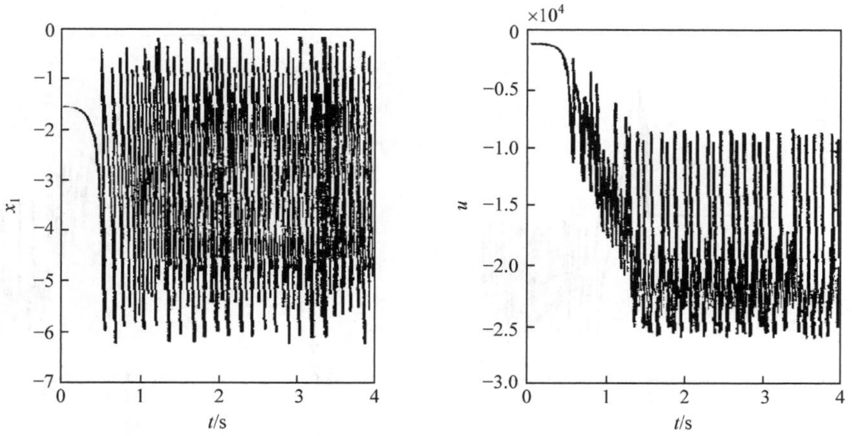

图 2-13　使用模糊控制算法在 $\boldsymbol{x}(0)=[-85° \quad 0]^{\mathrm{T}}$ 条件下摆的角的响应

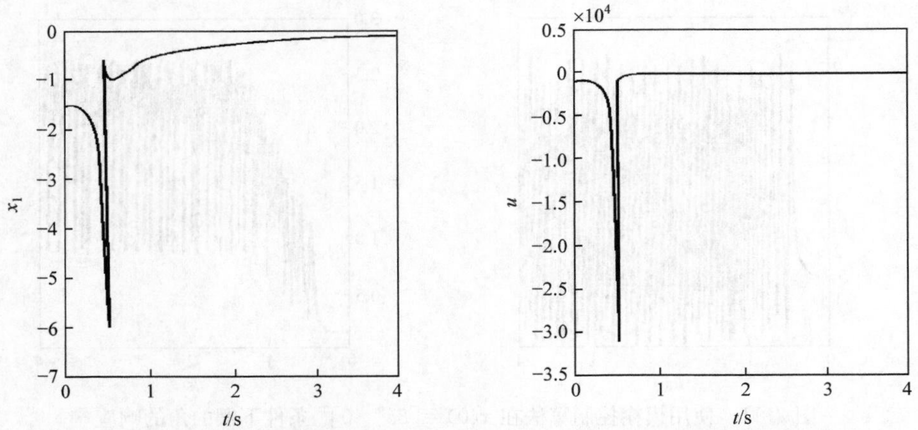

图 2-14 使用模糊自适应控制算法在 $\boldsymbol{x}(0)=[-85° \quad 0]^{\mathrm{T}}$ 条件下摆的角的响应

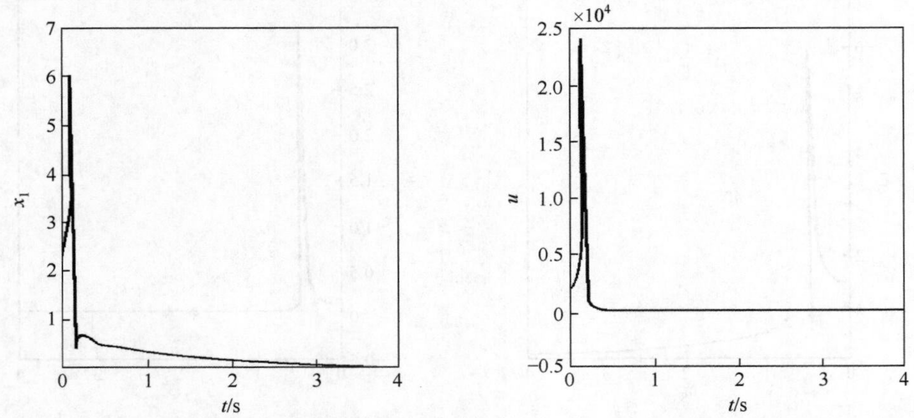

图 2-15 使用模糊自适应控制算法在 $\boldsymbol{x}(0)=[135° \quad 0]^{\mathrm{T}}$ 条件下摆的角的响应

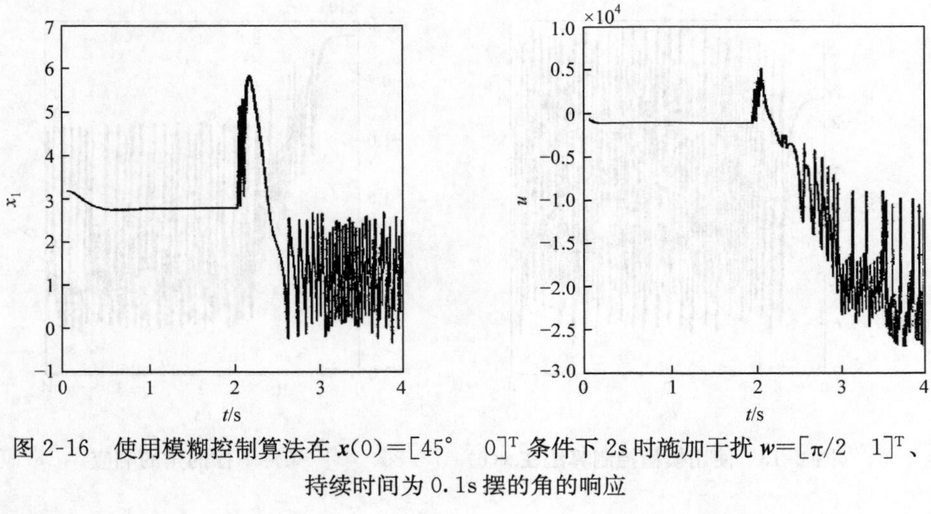

图 2-16 使用模糊控制算法在 $\boldsymbol{x}(0)=[45° \quad 0]^{\mathrm{T}}$ 条件下 2s 时施加干扰 $\boldsymbol{w}=[\pi/2 \quad 1]^{\mathrm{T}}$、持续时间为 0.1s 摆的角的响应

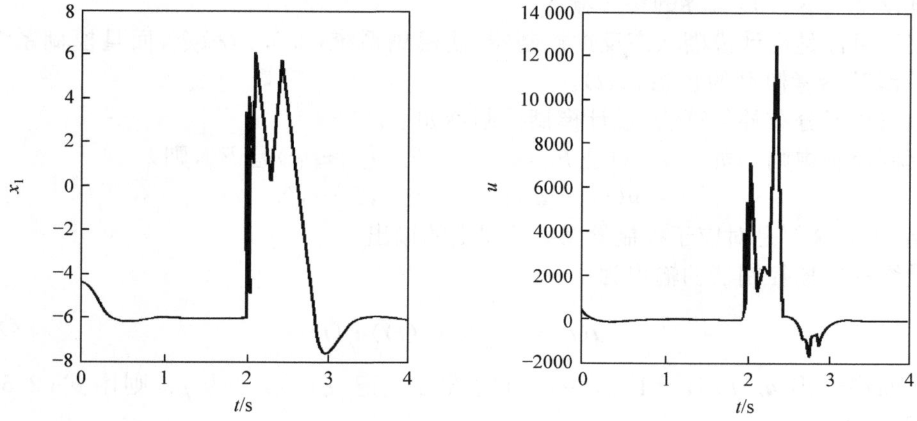

图 2-17　使用模糊自适应控制算法在 $\boldsymbol{x}(0)=[45°\quad 0]^{\mathrm{T}}$ 条件下 2s 时施加干扰 $\boldsymbol{w}=[\pi/2\quad 1]^{\mathrm{T}}$、持续时间为 0.1s 摆的角的响应

2.5　参考模型的模糊自适应控制设计与分析

本节针对一类不确定模糊 T-S 模型，介绍一种参考模型模糊控制策略，在该控制策略中，模糊控制器由两部分组成，一部分是等价控制器，另一部分是滑模补偿控制器，并给出整个模糊控制策略所具有的控制性质。

2.5.1　不确定模糊系统的描述与状态反馈控制设计

考虑由下面的不确定模糊 T-S 模型所描述的非线性系统。

模糊系统规则 i：如果 $z_1(t)$ 是 F_{i1}，$z_2(t)$ 是 F_{i2}，…，$z_n(t)$ 是 F_{in}，则

$$\dot{\boldsymbol{x}}(t)=(\boldsymbol{A}_i+\Delta\boldsymbol{A}_i)\boldsymbol{x}(t)+\boldsymbol{B}_i\boldsymbol{u}(t),\quad i=1,2,\cdots,N \tag{2.5.1}$$

其中，F_{ij} 是模糊集；N 是模糊规则数；$\boldsymbol{A}_i\in\mathbf{R}^{n\times n}$ 是系统矩阵；$\boldsymbol{B}_i\in\mathbf{R}^{n\times m}$ 是系统的输入矩阵；$\Delta\boldsymbol{A}_i\in\mathbf{R}^{n\times n}$ 是结构参数不确定项；$\boldsymbol{x}(t)\in\mathbf{R}^{n\times 1}$ 是状态向量；$\boldsymbol{u}(t)\in\mathbf{R}^{m\times 1}$ 是控制输入。

通过单点模糊化、乘积推理和中心平均加权反模糊化可得模糊动态系统模型为

$$\dot{\boldsymbol{x}}(t)=\sum_{i=1}^{N}\mu_i(\boldsymbol{z}(t))[(\boldsymbol{A}_i+\Delta\boldsymbol{A}_i)\boldsymbol{x}(t)+\boldsymbol{B}_i\boldsymbol{u}(t)] \tag{2.5.2}$$

式中

$$\alpha_i(\boldsymbol{z}(t))=\prod_{j=1}^{n}F_{ij}(\boldsymbol{z}_j(t)),\quad \mu_i(\boldsymbol{z}(t))=\frac{\alpha_i(\boldsymbol{z}(t))}{\sum_{i=1}^{N}\alpha_i(\boldsymbol{z}(t))} \tag{2.5.3}$$

$F_{ij}(\boldsymbol{z}_j(t))$ 是 $\boldsymbol{z}_j(t)$ 关于模糊集 F_{ij} 的隶属函数，$\alpha_i(\boldsymbol{z}(t))$ 和 $\mu_i(\boldsymbol{z}(t))$ 与前几章的表示相同，并规定 $\boldsymbol{z}(t)=\boldsymbol{x}(t)$。

给定参考模型如下：

$$\dot{\boldsymbol{x}}_r(t)=\boldsymbol{A}_m\boldsymbol{x}_r(t)+\boldsymbol{B}_m\boldsymbol{r}(t) \tag{2.5.4}$$

式中，$\boldsymbol{A}_m\in\mathbf{R}^{n\times n}$ 是系统的稳定矩阵；$\boldsymbol{B}_m\in\mathbf{R}^{n\times n}$ 是输入矩阵；$\boldsymbol{x}_r\in\mathbf{R}^{n\times l}$ 是参考模型的系统状

态变量;$\boldsymbol{r}(t)\in\mathbf{R}^{n\times l}$是有界的参考输入。

控制目标是设计模糊状态反馈控制器,使模糊系统(2.5.1)稳定,而且模糊系统的状态 $\boldsymbol{x}(t)$跟踪参考模型的状态 $\boldsymbol{x}_r(t)$。

根据平行分布补偿算法,设计模糊控制器如下。

模糊控制规则 i:如果 $z_1(t)$是 F_{i1},$z_2(t)$是 F_{i2},…,$z_n(t)$是 F_{in},则

$$\boldsymbol{u}(t)=\boldsymbol{u}_i(t),\quad i=1,2,\cdots,N \tag{2.5.5}$$

式中,$\boldsymbol{u}_i(t)\in\mathbf{R}^{n\times l}$是对应于控制器第 i 条规则的输出。

最终的模糊控制器的输出为

$$\boldsymbol{u}(t)=\sum_{j=1}^{N}\mu_j(\boldsymbol{z}(t))\boldsymbol{u}_j(t) \tag{2.5.6}$$

下面将给出 $\boldsymbol{u}_i(t)(i=1,2,\cdots,N)$的设计。记 $\mu_i(\boldsymbol{z}(t))$为 μ_i,则由式(2.5.2)和(2.5.6)可得

$$\begin{aligned}\dot{\boldsymbol{x}}(t)&=\sum_{i=1}^{N}\mu_i\Big[(\boldsymbol{A}_i+\Delta\boldsymbol{A}_i)\boldsymbol{x}(t)+\boldsymbol{B}_i\sum_{j=1}^{N}\mu_j\boldsymbol{u}_j(t)\Big]\\&=\sum_{i=1}^{N}\mu_i(\boldsymbol{A}_i+\Delta\boldsymbol{A}_i)\boldsymbol{x}(t)+\sum_{i=1}^{N}\mu_i\boldsymbol{B}_i\sum_{j=1}^{N}\mu_j\boldsymbol{u}_j(t)\\&=\sum_{i=1}^{N}\mu_i(\boldsymbol{A}_i+\Delta\boldsymbol{A}_i)\boldsymbol{x}(t)+\boldsymbol{B}\sum_{j=1}^{N}\mu_j\boldsymbol{u}_j(t)\\&=\sum_{i=1}^{N}\mu_i[(\boldsymbol{A}_i+\Delta\boldsymbol{A}_i)\boldsymbol{x}(t)+\boldsymbol{B}\boldsymbol{u}_i(t)]\end{aligned} \tag{2.5.7}$$

式中

$$\boldsymbol{B}=\sum_{i=1}^{N}\mu_i\boldsymbol{B}_i \tag{2.5.8}$$

注意,$\boldsymbol{B}$ 是关于 $\boldsymbol{x}(t)$的已知函数矩阵。

设模糊跟踪误差为 $\boldsymbol{e}(t)=\boldsymbol{x}(t)-\boldsymbol{x}_r(t)$,则

$$\begin{aligned}\dot{\boldsymbol{e}}(t)&=\dot{\boldsymbol{x}}(t)-\dot{\boldsymbol{x}}_r(t)=\sum_{i=1}^{N}\mu_i[(\boldsymbol{A}_i+\Delta\boldsymbol{A}_i)\boldsymbol{x}(t)+\boldsymbol{B}\boldsymbol{u}_i(t)]-\boldsymbol{H}_m\boldsymbol{x}_r(t)-\boldsymbol{B}_m\boldsymbol{r}(t)\\&=\sum_{i=1}^{N}\mu_i[(\boldsymbol{A}_i+\Delta\boldsymbol{A}_i)\boldsymbol{x}(t)+\boldsymbol{B}\boldsymbol{u}_i(t)]-\sum_{i=1}^{N}\mu_i[\boldsymbol{A}_m\boldsymbol{x}_r(t)+\boldsymbol{B}_m\boldsymbol{r}(t)]\\&=\sum_{i=1}^{N}\mu_i[(\boldsymbol{A}_i+\Delta\boldsymbol{A}_i)\boldsymbol{x}(t)+\boldsymbol{B}\boldsymbol{u}_i(t)-\boldsymbol{A}_m\boldsymbol{x}_r(t)-\boldsymbol{B}_m\boldsymbol{r}(t)]\end{aligned} \tag{2.5.9}$$

定义 Lyapunov 函数为

$$V=V(\boldsymbol{e}(t))=\frac{1}{2}\boldsymbol{e}^{\mathrm{T}}(t)\boldsymbol{P}\boldsymbol{e}(t) \tag{2.5.10}$$

式中,$\boldsymbol{P}\in\mathbf{R}^{n\times n}$是一个对称的正定矩阵。求 V 对时间的导数,得到

$$\dot{V}=\frac{1}{2}(\dot{\boldsymbol{e}}^{\mathrm{T}}(t)\boldsymbol{P}\boldsymbol{e}(t)+\boldsymbol{e}^{\mathrm{T}}(t)\boldsymbol{P}\dot{\boldsymbol{e}}(t)) \tag{2.5.11}$$

由式(2.5.9)和(2.5.11)可得

$$\dot{V}=\frac{1}{2}\left\{\sum_{i=1}^{N}\mu_i[(\boldsymbol{A}_i+\Delta\boldsymbol{A}_i)\boldsymbol{x}(t)+\boldsymbol{B}\boldsymbol{u}_i(t)-\boldsymbol{A}_m\boldsymbol{x}_r(t)-\boldsymbol{B}_m\boldsymbol{r}(t)]\right\}^{\mathrm{T}}\boldsymbol{P}\boldsymbol{e}(t)$$

$$+\frac{1}{2}\boldsymbol{e}^{\mathrm{T}}(t)\boldsymbol{P}\sum_{i=1}^{N}\mu_i[(\boldsymbol{A}_i+\Delta\boldsymbol{A}_i)\boldsymbol{x}(t)+\boldsymbol{B}\boldsymbol{u}_i(t)-\boldsymbol{A}_m\boldsymbol{x}_r(t)-\boldsymbol{B}_m\boldsymbol{r}(t)] \quad (2.5.12)$$

模糊控制律 $\boldsymbol{u}_i(t)$ 设计为

$$\begin{cases}\boldsymbol{u}_i(t)=\boldsymbol{B}^{-1}(\boldsymbol{H}\boldsymbol{e}(t)-\boldsymbol{A}_i\boldsymbol{x}(t)+\boldsymbol{A}_m\boldsymbol{x}_r(t)+\boldsymbol{B}_m\boldsymbol{r}(t)-\boldsymbol{v}_i(t)), & \boldsymbol{e}(t)\neq\boldsymbol{0}\\ \boldsymbol{u}_i(t)=\boldsymbol{B}^{-1}(-\boldsymbol{A}_i\boldsymbol{x}(t)+\boldsymbol{A}_m\boldsymbol{x}_r(t)+\boldsymbol{B}_m\boldsymbol{r}(t)), & \boldsymbol{e}(t)=\boldsymbol{0}\end{cases} \quad (2.5.13)$$

式中，$\boldsymbol{v}_i(t)=\dfrac{\boldsymbol{e}(t)\|\boldsymbol{e}(t)\|\|\boldsymbol{P}\|\|\Delta\boldsymbol{A}_i\|_{\max}\|\boldsymbol{x}(t)\|}{\boldsymbol{e}^{\mathrm{T}}(t)\boldsymbol{P}\boldsymbol{e}(t)}$；$\|\cdot\|$ 表示向量的 L_2 模，对于矩阵，L_2 表示诱导模。假设 $\|\Delta\boldsymbol{A}_i\|\leqslant\|\Delta\boldsymbol{A}_i\|_{\max}$，$\boldsymbol{H}\in\mathbf{R}^{n\times n}$ 是所要设计的稳定矩阵。闭环控制系统的框图如图 2-18 所示。

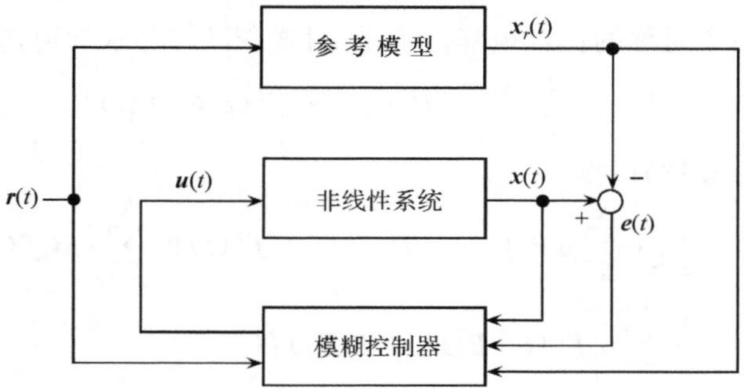

图 2-18　闭环控制系统的框图

由式(2.5.12)和(2.5.13)以及假设 $\boldsymbol{e}(t)\neq\boldsymbol{0}$，可得

$$\begin{aligned}\dot{V}=&\frac{1}{2}\left[\sum_{i=1}^{N}\mu_i(\boldsymbol{H}\boldsymbol{e}(t)+\Delta\boldsymbol{A}_i\boldsymbol{x}(t)-\boldsymbol{v}_i(t))\right]^{\mathrm{T}}\boldsymbol{P}\boldsymbol{e}(t)\\&+\frac{1}{2}\boldsymbol{e}^{\mathrm{T}}(t)\boldsymbol{P}\sum_{i=1}^{N}\mu_i(\boldsymbol{H}\boldsymbol{e}(t)+\Delta\boldsymbol{A}_i\boldsymbol{x}(t)-\boldsymbol{v}_i(t))\\=&\frac{1}{2}\boldsymbol{e}^{\mathrm{T}}(t)(\boldsymbol{H}^{\mathrm{T}}\boldsymbol{P}+\boldsymbol{P}\boldsymbol{H})\boldsymbol{e}(t)+\sum_{i=1}^{N}\mu_i\Big(\boldsymbol{e}^{\mathrm{T}}(t)\boldsymbol{P}\Delta\boldsymbol{A}_i\boldsymbol{x}(t)\\&-\frac{\boldsymbol{e}^{\mathrm{T}}(t)\boldsymbol{P}\boldsymbol{e}(t)\|\boldsymbol{e}(t)\|\|\boldsymbol{P}\|\|\Delta\boldsymbol{A}_i\|_{\max}\|\boldsymbol{x}(t)\|}{\boldsymbol{e}^{\mathrm{T}}(t)\boldsymbol{P}\boldsymbol{e}(t)}\Big)\\\leqslant&\frac{1}{2}\boldsymbol{e}^{\mathrm{T}}(t)(\boldsymbol{H}^{\mathrm{T}}\boldsymbol{P}+\boldsymbol{P}\boldsymbol{H})\boldsymbol{e}(t)+\sum_{i=1}^{N}\mu_i\Big(\|\boldsymbol{e}(t)\|\|\boldsymbol{P}\|\|\Delta\boldsymbol{A}_i\|\|\boldsymbol{x}(t)\|\\&-\frac{\boldsymbol{e}^{\mathrm{T}}(t)\boldsymbol{P}\boldsymbol{e}(t)\|\boldsymbol{e}(t)\|\|\boldsymbol{P}\|\|\Delta\boldsymbol{A}_i\|_{\max}\|\boldsymbol{x}(t)\|}{\boldsymbol{e}^{\mathrm{T}}(t)\boldsymbol{P}\boldsymbol{e}(t)}\Big)\\\leqslant&-\frac{1}{2}\boldsymbol{e}^{\mathrm{T}}(t)\boldsymbol{Q}\boldsymbol{e}(t)+\sum_{i=1}^{N}\mu_i\|\boldsymbol{e}(t)\|\|\boldsymbol{P}\|(\|\Delta\boldsymbol{A}_i\|-\|\Delta\boldsymbol{A}_i\|_{\max})\|\boldsymbol{x}(t)\|\end{aligned} \quad (2.5.14)$$

式中，$\boldsymbol{Q}=-(\boldsymbol{H}^{\mathrm{T}}\boldsymbol{P}+\boldsymbol{P}\boldsymbol{H})$ 是一个正定矩阵。

由于 $\|\Delta\boldsymbol{A}_i\|-\|\Delta\boldsymbol{A}_i\|_{\max}\leqslant 0$，由式(2.5.14)可得

$$\dot{V} \leqslant -\frac{1}{2}\boldsymbol{e}^{\mathrm{T}}(t)\boldsymbol{Q}\boldsymbol{e}(t) \leqslant 0 \tag{2.5.15}$$

当 $\boldsymbol{e}(t)=\boldsymbol{0}$ 时,$\dot{V}=0$。因此,可以推出 $t\to\infty$ 时,$\boldsymbol{e}(t)\to\boldsymbol{0}$。

在式(2.5.13)中,假设了 $\boldsymbol{B}^{-1}$ 存在,即 $\boldsymbol{B}$ 是非奇异的,下面给出验证 $\boldsymbol{B}^{-1}$ 存在的一个充分条件。对照式(2.5.8),考虑下面的动态系统:

$$\dot{\boldsymbol{f}}(t) = \boldsymbol{B}\boldsymbol{f}(t) = \sum_{i=1}^{N}\mu_i\boldsymbol{B}_i\boldsymbol{f}(t) \tag{2.5.16}$$

如果非线性系统(2.5.16)是渐近稳定的,可推出 $\boldsymbol{B}^{-1}$ 存在。为了保证渐近稳定性,考虑下面的 Lyapunov 函数:

$$V_f = \frac{1}{2}\boldsymbol{f}^{\mathrm{T}}(t)\boldsymbol{P}_f\boldsymbol{f}(t) \tag{2.5.17}$$

式中,$\boldsymbol{P}_f\in\mathbf{R}^{n\times n}$ 是一个对称的正定矩阵。于是,对式(2.5.17)求导可得

$$\dot{V}_f = \frac{1}{2}(\dot{\boldsymbol{f}}^{\mathrm{T}}(t)\boldsymbol{P}_f\boldsymbol{f}(t) + \boldsymbol{f}^{\mathrm{T}}(t)\boldsymbol{P}_f\dot{\boldsymbol{f}}(t)) \tag{2.5.18}$$

由式(2.5.16)和(2.5.18)可得

$$\begin{aligned}\dot{V}_f &= \frac{1}{2}\Big[\Big(\sum_{i=1}^{N}\mu_i\boldsymbol{B}_i\boldsymbol{f}(t)\Big)^{\mathrm{T}}\boldsymbol{P}_f\boldsymbol{f}(t) + \boldsymbol{f}^{\mathrm{T}}(t)\boldsymbol{P}_f\sum_{i=1}^{N}\mu_i\boldsymbol{B}_i\boldsymbol{f}(t)\Big] \\ &= \frac{1}{2}\sum_{i=1}^{N}\mu_i\boldsymbol{f}^{\mathrm{T}}(t)(\boldsymbol{B}_i^{\mathrm{T}}\boldsymbol{P}_f + \boldsymbol{P}_f\boldsymbol{B}_i)\boldsymbol{f}(t) \\ &= -\frac{1}{2}\sum_{i=1}^{N}\mu_i\boldsymbol{f}^{\mathrm{T}}(t)\boldsymbol{Q}_i\boldsymbol{f}(t)\end{aligned} \tag{2.5.19}$$

式中,$\boldsymbol{Q}_i=-(\boldsymbol{B}_i^{\mathrm{T}}\boldsymbol{P}_f+\boldsymbol{P}_f\boldsymbol{B}_i)$。如果对任意的 $i=1,2,\cdots,N$,有 $\boldsymbol{Q}_i<\boldsymbol{0}$,那么由式(2.5.19)可得

$$\dot{V}_f = -\frac{1}{2}\sum_{i=1}^{N}\mu_i\boldsymbol{f}^{\mathrm{T}}(t)\boldsymbol{Q}_i\boldsymbol{f}(t) \leqslant 0 \tag{2.5.20}$$

所以,非线性系统(2.5.16)是渐近稳定的,且 $\boldsymbol{B}^{-1}$ 存在。另外,如果假设 $\bar{\boldsymbol{B}}=-\boldsymbol{B}$,$\bar{\boldsymbol{B}}_i=-\boldsymbol{B}_i$,并考虑 $\dot{\boldsymbol{f}}(t)=\bar{\boldsymbol{B}}\boldsymbol{f}(t)=\sum\limits_{i=1}^{N}\mu_i\bar{\boldsymbol{B}}_i\boldsymbol{f}(t)$,则可以看到对任意的 $i=1,2,\cdots,N$,有 $\boldsymbol{B}_i^{\mathrm{T}}\boldsymbol{P}_f+\boldsymbol{P}_f\boldsymbol{B}_i<\boldsymbol{0}$,则 $\bar{\boldsymbol{B}}^{-1}$ 存在。由 $\bar{\boldsymbol{B}}^{-1}$ 存在可推出 $\boldsymbol{B}^{-1}$ 存在。

综合上面的分析,可以概括为如下的定理。

定理 2.5.1 对于不确定模糊动态系统(2.5.2),如果满足下面的条件:

(1) $\boldsymbol{B}$ 是非奇异矩阵,保证 $\boldsymbol{B}$ 的非奇异性的一个充分条件是存在 $\boldsymbol{P}_f$ 使得对任意的 i,不等式

$$-(\boldsymbol{B}_i^{\mathrm{T}}\boldsymbol{P}_f+\boldsymbol{P}_f\boldsymbol{B}_i)<\boldsymbol{0} \quad 或 \quad \boldsymbol{B}_i^{\mathrm{T}}\boldsymbol{P}_f+\boldsymbol{P}_f\boldsymbol{B}_i>\boldsymbol{0} \tag{2.5.21}$$

成立。

(2) 模糊反馈控制律(2.5.6)设计为

$$\begin{cases}\boldsymbol{u}_i(t) = \boldsymbol{B}^{-1}(\boldsymbol{H}\boldsymbol{e}(t) - \boldsymbol{A}_i\boldsymbol{x}(t) + \boldsymbol{A}_m\boldsymbol{x}_r(t) + \boldsymbol{B}_m\boldsymbol{r}(t) - \boldsymbol{v}_i(t)), & \boldsymbol{e}(t)\neq\boldsymbol{0} \\ \boldsymbol{u}_i(t) = \boldsymbol{B}^{-1}(-\boldsymbol{A}_i\boldsymbol{x}(t) + \boldsymbol{A}_m\boldsymbol{x}_r(t) + \boldsymbol{B}_m\boldsymbol{r}(t)), & \boldsymbol{e}(t)=\boldsymbol{0}\end{cases} \tag{2.5.22}$$

那么，不确定模糊控制系统(2.5.7)是渐近稳定的，而且它的状态跟踪参考模型(2.5.4)的状态。

由定理 2.5.1 的控制律可以看出，模糊控制律由两部分组成，一部分是等价控制器

$$\boldsymbol{B}^{-1}(-\boldsymbol{A}_i\boldsymbol{x}(t)+\boldsymbol{H}_m\boldsymbol{x}_r(t)+\boldsymbol{B}_m\boldsymbol{r}(t))$$

另一部分 $\boldsymbol{v}_i(t)$ 可看作一个滑模补偿项，并且

$$\boldsymbol{v}_i(t)\geqslant\frac{\boldsymbol{e}(t)\|\boldsymbol{e}(t)\|\|\boldsymbol{P}\|\|\Delta\boldsymbol{A}_i\|_{\max}\|\boldsymbol{x}(t)\|}{\|\boldsymbol{P}\|\|\boldsymbol{e}(t)\|^2}=\frac{\boldsymbol{e}(t)\|\Delta\boldsymbol{A}_i\|_{\max}\|\boldsymbol{x}(t)\|}{\|\boldsymbol{e}(t)\|}$$

因此，可以称模糊控制器(2.5.22)是一个模糊滑模控制器。

模糊控制器的设计步骤如下：

(1) 确定被控制的非线性系统的数学模型。

(2) 利用模糊 T-S 模型对步骤(1)所获得的非线性模型进行模糊建模，确定模糊系统模型。

(3) 按照定理 2.5.1，通过寻找 $\boldsymbol{P}_f$ 验证 $\boldsymbol{B}^{-1}$ 是否存在。

(4) 选择一个稳定的参考模型。

(5) 根据定理 2.5.1 设计模糊控制器。

2.5.2　仿真

例 2.5.1　假设非线性系统的数学模型是可获得的，且可以表达为如下的模糊 T-S 模型。

模糊系统规则 i：如果 $\boldsymbol{x}(t)$ 是 F_{i1}，$\dot{\boldsymbol{x}}(t)$ 是 F_{i2}，则

$$\dot{\boldsymbol{x}}(t)=(\boldsymbol{A}_i+\Delta\boldsymbol{A}_i)\boldsymbol{x}(t)+\boldsymbol{B}_i\boldsymbol{u}(t),\quad i=1,2,3,4 \tag{2.5.23}$$

式中

$$\boldsymbol{A}_1=\boldsymbol{A}_2=\begin{bmatrix}0 & 1\\-0.01 & -1\end{bmatrix},\quad \boldsymbol{A}_3=\boldsymbol{A}_4=\begin{bmatrix}0 & 1\\-0.235 & -1\end{bmatrix}$$

$$\boldsymbol{B}_1=\boldsymbol{B}_3=\begin{bmatrix}0 & 1\\-1.4387 & -2\end{bmatrix},\quad \boldsymbol{B}_2=\boldsymbol{B}_4=\begin{bmatrix}0 & 1\\-0.5613 & -2\end{bmatrix}$$

$$\Delta\boldsymbol{A}_1=\Delta\boldsymbol{A}_2=\Delta\boldsymbol{A}_3=\Delta\boldsymbol{A}_4=\begin{bmatrix}0 & 0\\d_1(t) & d_2(t)\end{bmatrix}$$

这里 $d_1(t)$ 和 $d_2(t)$ 是参数不确定项。在实际中，它们往往是限定在给定界内的未知值。为了说明控制器的鲁棒性，$d_1(t)$ 和 $d_2(t)$ 分别定义为如下的时变函数：

$$d_1(t)=\frac{d_1^U+d_1^L}{2}+\left(c_1^L-\frac{d_1^U+d_1^L}{2}\right)\cos t,\quad d_1(t)\in[d_1^L,d_1^U] \tag{2.5.24}$$

$$d_2(t)=\frac{d_2^U+d_2^L}{2}+\left(c_1^L-\frac{d_2^U+d_2^L}{2}\right)\cos t,\quad d_2(t)\in[d_2^L,d_2^U] \tag{2.5.25}$$

式中，$d_1^L=-0.5$，$d_1^U=0.5$，$d_2^L=-0.1$，$d_2^U=0.1$。

记 $\boldsymbol{x}(t)=[x_1(t),x_2(t)]^{\mathrm{T}}=[x(t),\dot{x}(t)]^{\mathrm{T}}$，选择模糊隶属函数为

$$F_{11}(x(t))=F_{21}(x(t))=1-\frac{x^2(t)}{2.25},\quad F_{31}(x(t))=F_{41}(x(t))=\frac{x^2(t)}{2.25}$$

$$F_{12}(\dot{x}(t))=F_{32}(\dot{x}(t))=1-\frac{\dot{x}^2(t)}{6.75},\quad F_{22}(\dot{x}(t))=F_{42}(\dot{x}(t))=\frac{\dot{x}^2(t)}{6.75}$$

取正定矩阵为

$$\boldsymbol{P}_f=\begin{bmatrix}39.7945 & 12.6915\\ 12.6915 & 14.9997\end{bmatrix}$$

使得

$$\boldsymbol{Q}_i=-(\boldsymbol{B}_i^{\mathrm{T}}\boldsymbol{P}_f+\boldsymbol{P}_f\boldsymbol{B}_i)<\boldsymbol{0},\quad i=1,2,3,4$$

因此,能保证 $\boldsymbol{B}^{-1}$ 存在。

给定稳定的参考模型为

$$\dot{\boldsymbol{x}}_r(t)=\boldsymbol{A}_m\boldsymbol{x}_r(t)+\boldsymbol{B}_m\boldsymbol{r}(t) \tag{2.5.26}$$

式中

$$\boldsymbol{A}_m=\begin{bmatrix}0 & 1\\ -1 & -1\end{bmatrix},\quad \boldsymbol{B}_m=\begin{bmatrix}0\\ 1\end{bmatrix} \tag{2.5.27}$$

设计模糊控制器规则如下。

模糊控制规则 i:如果 $x(t)$ 是 F_{i1},$\dot{x}(t)$ 是 F_{i2},则

$$\boldsymbol{u}(t)=\boldsymbol{u}_i(t),\quad i=1,2,3,4 \tag{2.5.28}$$

式中

$$\begin{cases}\boldsymbol{u}_i(t)=\boldsymbol{B}^{-1}(\boldsymbol{H}\boldsymbol{e}(t)-\boldsymbol{A}_i\boldsymbol{x}(t)+\boldsymbol{A}_m\boldsymbol{x}_r(t)+\boldsymbol{B}_m\boldsymbol{r}(t)-\boldsymbol{v}_i(t)), & \boldsymbol{e}(t)\neq\boldsymbol{0}\\ \boldsymbol{u}_i(t)=\boldsymbol{B}^{-1}(-\boldsymbol{A}_i\boldsymbol{x}(t)+\boldsymbol{A}_m\boldsymbol{x}_r(t)+\boldsymbol{B}_m\boldsymbol{r}(t)), & \boldsymbol{e}(t)=\boldsymbol{0}\end{cases}$$
$$i=1,2,3,4$$

选择

$$\boldsymbol{H}=\begin{bmatrix}0 & 1\\ -4 & -4\end{bmatrix},\quad \boldsymbol{P}=\begin{bmatrix}1.5000 & 0.5000\\ 0.5000 & 1.000\end{bmatrix}$$

且 $\|\Delta\boldsymbol{A}\|_{\max}=0.5099$。

(1) 令 $\boldsymbol{r}(t)=0$,初始条件取为 $\boldsymbol{x}(0)=[1.5\quad 0]^{\mathrm{T}}$ 和 $\boldsymbol{x}_r(0)=[0.5\quad 0]^{\mathrm{T}}$,图 2-19 和图 2-20 分别给出了没有(实线)和具有(点画线)参数不确定性的模糊控制系统以及参考模型(虚线)的系统响应曲线。

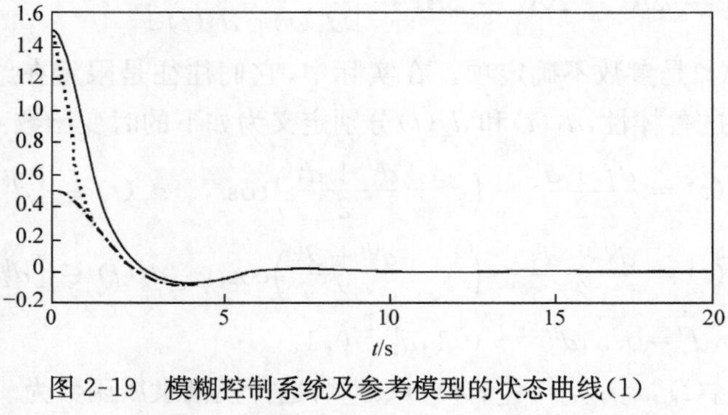

图 2-19 模糊控制系统及参考模型的状态曲线(1)

(2) 令 $\boldsymbol{r}(t)=1$,初始条件取为 $\boldsymbol{x}(0)=[1.5\quad 0]^{\mathrm{T}}$,图 2-21 和图 2-22 给出了没有(实

线)和具有(点画线)参数不确定性的模糊控制系统以及参考模型(虚线)的系统响应曲线。

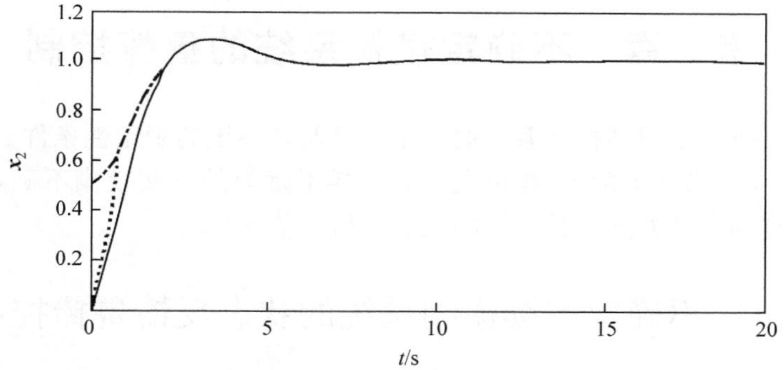

图 2-20　模糊控制系统及参考模型的状态曲线(2)

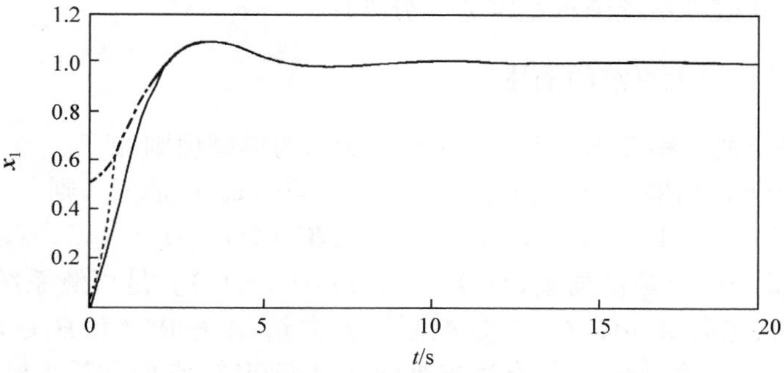

图 2-21　模糊控制系统及参考模型的状态曲线(3)

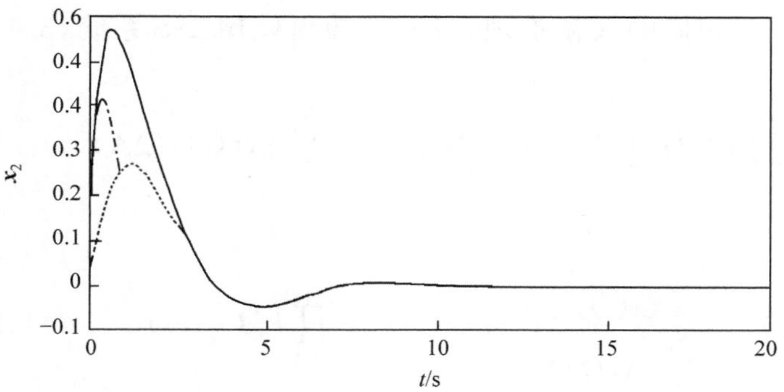

图 2-22　模糊控制系统及参考模型的状态曲线(4)

从仿真结果可以看到,非线性系统的状态能跟踪参考模型的状态。由于在模糊控制器中附加了一个控制信号 $v_i(t)$,具有参数不确定性的模糊控制系统的响应比没有参数不确定性的模糊控制系统的响应更好。

第3章　不确定模糊系统的鲁棒控制

第2章主要研究了模糊控制系统的控制设计及其系统的稳定性条件。本章在第2章的基础上，针对存在参数不确定、建模误差和外界干扰等的一些模糊不确定系统，主要介绍模糊鲁棒控制的设计方法及其系统的性能分析[11,13,15-21]。

3.1　不确定连续模糊系统的状态反馈鲁棒控制

本节对状态可测的不确定连续模糊系统，基于线性矩阵不等式方法，给出模糊状态反馈控制的设计及其模糊系统渐近稳定的充分条件。

3.1.1　不确定连续模糊系统的描述

在参数不确定的模糊 T-S 系统中，其连续状态的模糊规则如下。

模糊系统规则 i：如果 $z_1(t)$是 F_{i1}，$z_2(t)$是 F_{i2}，$\cdots$，$z_n(t)$是 F_{in}，则

$$\dot{\boldsymbol{x}}(t)=(\boldsymbol{A}_i+\Delta\boldsymbol{A}_i)\boldsymbol{x}(t)+(\boldsymbol{B}_i+\Delta\boldsymbol{B}_i)\boldsymbol{u}(t),\quad i=1,2,\cdots,N \tag{3.1.1}$$

其中，$F_{ij}(j=1,2,\cdots,n)$是模糊集；$\boldsymbol{z}(t)=[z_1(t),\cdots,z_n(t)]^{\mathrm{T}}$是可测系统变量，即前件变量；$\boldsymbol{x}(t)\in\mathbf{R}^n$ 是状态向量；$\boldsymbol{u}(t)\in\mathbf{R}^m$ 是控制输入向量；$\boldsymbol{A}_i\in\mathbf{R}^{n\times n}$ 和 $\boldsymbol{B}_i\in\mathbf{R}^{n\times m}$ 分别是系统矩阵和输入矩阵；$\Delta\boldsymbol{A}_i$ 和 $\Delta\boldsymbol{B}_i$ 是具有适当维数的时变矩阵，它们在系统模型中表示结构不确定；N 是模糊 T-S 模型中的规则数。

采用与第2章相同的模糊推理方法，推导出模糊 T-S 系统(3.1.1)的状态方程如下：

$$\dot{\boldsymbol{x}}(t)=\sum_{i=1}^{N}\mu_i(\boldsymbol{z}(t))(\boldsymbol{A}_i\boldsymbol{x}(t)+\boldsymbol{B}_i\boldsymbol{u}(t))+\sum_{i=1}^{N}\mu_i(\boldsymbol{z}(t))(\Delta\boldsymbol{A}_i\boldsymbol{x}(t)+\Delta\boldsymbol{B}_i\boldsymbol{u}(t)) \tag{3.1.2}$$

式中

$$\mu_i(\boldsymbol{z}(t))=\frac{\alpha_i(\boldsymbol{z}(t))}{\sum_{i=1}^{N}\alpha_i(\boldsymbol{z}(t))},\quad \alpha_i(\boldsymbol{z}(t))=\prod_{j=1}^{n}F_{ij}(z_j(t)),\quad i=1,2,\cdots,N$$

其中，$F_{ij}(z_j(t))$是 $z_j(t)$在 F_{ij} 中的隶属度；$\alpha_i(\boldsymbol{z}(t))$具有下列基本性质：

$$\alpha_i(\boldsymbol{z}(t))\geqslant 0,\quad \sum_{i=1}^{N}\alpha_i(\boldsymbol{z}(t))>0,\quad i=1,2,\cdots,N \tag{3.1.3}$$

显然有

$$\mu_i(\boldsymbol{z}(t))\geqslant 0,\quad \sum_{i=1}^{N}\mu_i(\boldsymbol{z}(t))=1,\quad i=1,2,\cdots,N$$

对于连续状态模糊 T-S 模型，其模糊状态反馈控制器设计如下。

模糊控制规则 i：如果 $z_1(t)$是 F_{i1}，$z_2(t)$是 F_{i2}，$\cdots$，$z_n(t)$是 F_{in}，则

$$\boldsymbol{u}(t)=\boldsymbol{K}_i\boldsymbol{x}(t),\quad i=1,2,\cdots,N \tag{3.1.4}$$

式中，$\boldsymbol{K}_i\in\mathbf{R}^{m\times n}$为确定的反馈增益矩阵。

假设 3.1.1　假设参数不确定矩阵是模有界的，其形式为

$$[\Delta\boldsymbol{A}_i\quad\Delta\boldsymbol{B}_i]=\boldsymbol{D}_i\boldsymbol{F}_i(t)[\boldsymbol{E}_{1i}\quad\boldsymbol{E}_{2i}]$$

式中，$\boldsymbol{D}_i$、$\boldsymbol{E}_{1i}$和$\boldsymbol{E}_{2i}$是已知的具有适当维数的矩阵；$\boldsymbol{F}_i(t)$是未知函数矩阵，其每个元素是 Lebesgue 可测的函数，并满足$\boldsymbol{F}_i^{\mathrm{T}}(t)\boldsymbol{F}_i(t)\leqslant\boldsymbol{I}$，这里$\boldsymbol{I}$是单位阵。

3.1.2　模糊状态反馈鲁棒控制设计与稳定性分析

本小节中将给出保证模糊 T-S 不确定系统渐近稳定的充分条件。为了证明本节的主要定理，首先给出如下的引理。

引理 3.1.1[12]　对具有适当维数的常数矩阵$\boldsymbol{D}$、$\boldsymbol{E}$及对称常数矩阵$\boldsymbol{S}$，矩阵不等式

$$\boldsymbol{S}+\boldsymbol{DFE}+\boldsymbol{E}^{\mathrm{T}}\boldsymbol{F}^{\mathrm{T}}\boldsymbol{D}^{\mathrm{T}}<\boldsymbol{0}$$

成立的充分必要条件是存在$\varepsilon>0$，满足下面的矩阵不等式：

$$\boldsymbol{S}+[\varepsilon^{-1}\boldsymbol{E}^{\mathrm{T}},\varepsilon\boldsymbol{D}]\begin{bmatrix}\boldsymbol{R}&\boldsymbol{0}\\\boldsymbol{0}&\boldsymbol{I}\end{bmatrix}\begin{bmatrix}\varepsilon^{-1}\boldsymbol{E}\\\varepsilon\boldsymbol{D}^{\mathrm{T}}\end{bmatrix}<\boldsymbol{0}$$

其中，$\boldsymbol{F}$满足$\boldsymbol{F}^{\mathrm{T}}\boldsymbol{F}\leqslant\boldsymbol{R}$。

考虑一个参数不确定的连续状态模糊 T-S 系统，其状态方程为

$$\dot{\boldsymbol{x}}(t)=\sum_{i=1}^{N}\mu_i(\boldsymbol{z}(t))[(\boldsymbol{A}_i+\Delta\boldsymbol{A}_i)\boldsymbol{x}(t)+(\boldsymbol{B}_i+\Delta\boldsymbol{B}_i)\boldsymbol{u}(t)] \tag{3.1.5}$$

本节的目的是：设计一个模糊状态反馈控制器，使得模糊控制器不但具有鲁棒性，而且能保证闭环系统的全局渐近稳定性质。

设计模糊控制器为

$$\boldsymbol{u}(t)=\sum_{i=1}^{N}\mu_i(\boldsymbol{z}(t))\boldsymbol{K}_i\boldsymbol{x}(t) \tag{3.1.6}$$

系统(3.1.5)和(3.1.6)所组成的闭环系统为

$$\begin{aligned}\dot{\boldsymbol{x}}(t)&=\sum_{i=1}^{N}\sum_{j=1}^{N}\mu_i(\boldsymbol{z}(t))\mu_j(\boldsymbol{z}(t))[\boldsymbol{A}_i+\Delta\boldsymbol{A}_i+(\boldsymbol{B}_i+\Delta\boldsymbol{B}_i)\boldsymbol{K}_j]\boldsymbol{x}(t)\\&=\sum_{i=1}^{N}\mu_i^2(\boldsymbol{z}(t))[\boldsymbol{A}_i+\Delta\boldsymbol{A}_i+(\boldsymbol{B}_i+\Delta\boldsymbol{B}_i)\boldsymbol{K}_i]\boldsymbol{x}(t)+2\sum_{i<j}^{N}\mu_i(\boldsymbol{z}(t))\mu_j(\boldsymbol{z}(t))\\&\quad\times\frac{\boldsymbol{A}_i+\Delta\boldsymbol{A}_i+(\boldsymbol{B}_i+\Delta\boldsymbol{B}_i)\boldsymbol{K}_j+\boldsymbol{A}_j+\Delta\boldsymbol{A}_j+(\boldsymbol{B}_j+\Delta\boldsymbol{B}_j)\boldsymbol{K}_i}{2}\boldsymbol{x}(t)\end{aligned} \tag{3.1.7}$$

关于参数不确定模糊 T-S 模型的全局渐近稳定性，有如下的定理。

定理 3.1.1　如果存在一个正定矩阵$\boldsymbol{P}$，矩阵$\boldsymbol{K}_i$及正参数$\varepsilon_{ij}\,(i,j=1,2,\cdots,N)$，满足下列的线性矩阵不等式：

$$\begin{bmatrix}\boldsymbol{\Phi}_{ii}&(\boldsymbol{E}_{1i}\boldsymbol{Q}+\boldsymbol{E}_{2i}\boldsymbol{M}_i)^{\mathrm{T}}&\boldsymbol{D}_i\\\boldsymbol{E}_{1i}\boldsymbol{Q}+\boldsymbol{E}_{2i}\boldsymbol{M}_i&-\varepsilon_{ii}\boldsymbol{I}&\boldsymbol{0}\\\boldsymbol{D}_i^{\mathrm{T}}&\boldsymbol{0}&-\varepsilon_{ii}^{-1}\boldsymbol{I}\end{bmatrix}<\boldsymbol{0},\quad 1\leqslant i\leqslant N \tag{3.1.8}$$

$$\begin{bmatrix} \boldsymbol{\Psi}_{ij} & (\boldsymbol{E}_{1i}\boldsymbol{Q}+\boldsymbol{E}_{2i}\boldsymbol{M}_j)^{\mathrm{T}} & (\boldsymbol{E}_{1j}\boldsymbol{Q}+\boldsymbol{E}_{2j}\boldsymbol{M}_i)^{\mathrm{T}} & \boldsymbol{D}_i & \boldsymbol{D}_j \\ \boldsymbol{E}_{1i}\boldsymbol{Q}+\boldsymbol{E}_{2i}\boldsymbol{M}_j & -\varepsilon_{ij}\boldsymbol{I} & \boldsymbol{0} & \boldsymbol{0} & \boldsymbol{0} \\ \boldsymbol{E}_{1j}\boldsymbol{Q}+\boldsymbol{E}_{2j}\boldsymbol{M}_i & \boldsymbol{0} & -\varepsilon_{ij}\boldsymbol{I} & \boldsymbol{0} & \boldsymbol{0} \\ \boldsymbol{D}_i^{\mathrm{T}} & \boldsymbol{0} & \boldsymbol{0} & -\varepsilon_{ij}^{-1}\boldsymbol{I} & \boldsymbol{0} \\ \boldsymbol{D}_j^{\mathrm{T}} & \boldsymbol{0} & \boldsymbol{0} & \boldsymbol{0} & -\varepsilon_{ij}^{-1}\boldsymbol{I} \end{bmatrix} < \boldsymbol{0} \tag{3.1.9}$$

$$1 \leqslant i < j \leqslant N$$

式中

$$\boldsymbol{\Phi}_{ii} = \boldsymbol{Q}\boldsymbol{A}_i^{\mathrm{T}} + \boldsymbol{A}_i\boldsymbol{Q} + \boldsymbol{M}_i^{\mathrm{T}}\boldsymbol{B}_i^{\mathrm{T}} + \boldsymbol{B}_i\boldsymbol{M}_i$$

$$\boldsymbol{\Psi}_{ij} = \boldsymbol{Q}\boldsymbol{A}_i^{\mathrm{T}} + \boldsymbol{A}_i\boldsymbol{Q} + \boldsymbol{Q}\boldsymbol{A}_j^{\mathrm{T}} + \boldsymbol{A}_j\boldsymbol{Q} + \boldsymbol{M}_j^{\mathrm{T}}\boldsymbol{B}_i^{\mathrm{T}} + \boldsymbol{B}_i\boldsymbol{M}_j + \boldsymbol{M}_i^{\mathrm{T}}\boldsymbol{B}_j^{\mathrm{T}} + \boldsymbol{B}_j\boldsymbol{M}_i$$

$$\boldsymbol{Q} = \boldsymbol{P}^{-1}, \quad \boldsymbol{M}_i = \boldsymbol{K}_i\boldsymbol{P}^{-1}$$

则模糊状态反馈控制器(3.1.6)使得连续状态模糊 T-S 系统(3.1.5)全局渐近稳定。

证明 考虑 Lyapunov 函数

$$V(\boldsymbol{x}(t)) = \boldsymbol{x}^{\mathrm{T}}(t)\boldsymbol{P}\boldsymbol{x}(t) \tag{3.1.10}$$

式中,$\boldsymbol{P}$ 是正定对称矩阵。显然,$V(\boldsymbol{x}(t))$是正定的且径向无界的。求 $V(\boldsymbol{x}(t))$对时间的导数,可得

$$\dot{V}(\boldsymbol{x}(t)) = \dot{\boldsymbol{x}}^{\mathrm{T}}(t)\boldsymbol{P}\boldsymbol{x}(t) + \boldsymbol{x}^{\mathrm{T}}(t)\boldsymbol{P}\dot{\boldsymbol{x}}(t) \tag{3.1.11}$$

将式(3.1.7)代入式(3.1.11),可得

$$\begin{aligned} \dot{V}(\boldsymbol{x}(t)) &= \sum_{i=1}^{N}\sum_{j=1}^{N}\mu_i(\boldsymbol{z}(t))\mu_j(\boldsymbol{z}(t))\{\boldsymbol{x}^{\mathrm{T}}(t)[\boldsymbol{A}_i + \Delta\boldsymbol{A}_i + (\boldsymbol{B}_i + \Delta\boldsymbol{B}_i)\boldsymbol{K}_j]\boldsymbol{P}\boldsymbol{x}(t) \\ &\quad + \boldsymbol{x}^{\mathrm{T}}(t)\boldsymbol{P}[\boldsymbol{A}_i + \Delta\boldsymbol{A}_i + (\boldsymbol{B}_i + \Delta\boldsymbol{B}_i)\boldsymbol{K}_j]\boldsymbol{x}(t)\} \\ &= \sum_{i=1}^{N}\mu_i^2(\boldsymbol{z}(t))\boldsymbol{x}^{\mathrm{T}}(t)\{[\boldsymbol{A}_i + \Delta\boldsymbol{A}_i + (\boldsymbol{B}_i + \Delta\boldsymbol{B}_i)\boldsymbol{K}_i]^{\mathrm{T}}\boldsymbol{P} \\ &\quad + \boldsymbol{P}[\boldsymbol{A}_i + \Delta\boldsymbol{A}_i + (\boldsymbol{B}_i + \Delta\boldsymbol{B}_i)\boldsymbol{K}_i]\}\boldsymbol{x}(t) \\ &\quad + 2\sum_{i<j}^{N}\mu_i(\boldsymbol{z}(t))\mu_j(\boldsymbol{z}(t))\boldsymbol{x}^{\mathrm{T}}(t) \\ &\quad \times \left\{\left[\frac{\boldsymbol{A}_i + \Delta\boldsymbol{A}_i + (\boldsymbol{B}_i + \Delta\boldsymbol{B}_i)\boldsymbol{K}_j + \boldsymbol{A}_j + \Delta\boldsymbol{A}_j + (\boldsymbol{B}_j + \Delta\boldsymbol{B}_j)\boldsymbol{K}_i}{2}\right]^{\mathrm{T}}\boldsymbol{P}\right. \\ &\quad \left. + \boldsymbol{P}\left[\frac{\boldsymbol{A}_i + \Delta\boldsymbol{A}_i + (\boldsymbol{B}_i + \Delta\boldsymbol{B}_i)\boldsymbol{K}_j + \boldsymbol{A}_j + \Delta\boldsymbol{A}_j + (\boldsymbol{B}_j + \Delta\boldsymbol{B}_j)\boldsymbol{K}_i}{2}\right]\right\}\boldsymbol{x}(t) \end{aligned} \tag{3.1.12}$$

为了保证除 $\boldsymbol{x}(t)=\boldsymbol{0}$ 之外,式(3.1.11)的导数对任意 $\boldsymbol{x}(t)$及 $t\geqslant 0$ 都是负定的,假设在式(3.1.12)中,第二个等式中的每个和式都是负定的,那么连续状态模糊 T-S 控制系统在其平衡点 $\boldsymbol{0}$ 处是渐近稳定的。

首先假设第二个等式中的第一个和式是负定的,即

$$[\boldsymbol{A}_i + \Delta\boldsymbol{A}_i + (\boldsymbol{B}_i + \Delta\boldsymbol{B}_i)\boldsymbol{K}_i]^{\mathrm{T}}\boldsymbol{P} + \boldsymbol{P}[\boldsymbol{A}_i + \Delta\boldsymbol{A}_i + (\boldsymbol{B}_i + \Delta\boldsymbol{B}_i)\boldsymbol{K}_i] < \boldsymbol{0} \tag{3.1.13}$$

$$1 \leqslant i \leqslant N$$

则根据假设 3.1.1,式(3.1.13)可变成如下的不等式:

$$\boldsymbol{\Gamma}_{ii} + \boldsymbol{P}\boldsymbol{D}_i\boldsymbol{F}_i(t)(\boldsymbol{E}_{1i} + \boldsymbol{E}_{2i}\boldsymbol{K}_i) + (\boldsymbol{E}_{1i} + \boldsymbol{E}_{2i}\boldsymbol{K}_i)^{\mathrm{T}}\boldsymbol{F}_i^{\mathrm{T}}(t)\boldsymbol{D}_i^{\mathrm{T}}\boldsymbol{P} < \boldsymbol{0} \tag{3.1.14}$$

式中

$$\boldsymbol{\Gamma}_{ii} = \boldsymbol{A}_i^{\mathrm{T}}\boldsymbol{P} + \boldsymbol{P}\boldsymbol{A}_i + \boldsymbol{K}_i^{\mathrm{T}}\boldsymbol{B}_i^{\mathrm{T}}\boldsymbol{P} + \boldsymbol{P}\boldsymbol{B}_i\boldsymbol{K}_i$$

根据引理3.1.1,对于满足 $\boldsymbol{F}_i^{\mathrm{T}}(t)\boldsymbol{F}_i(t)\leqslant\boldsymbol{I}$ 的所有 $\boldsymbol{F}_i(t)$,矩阵不等式(3.1.14)成立的充分必要条件是存在常数 $\varepsilon_{ii}^{1/2}>0$,使得

$$\boldsymbol{\Gamma}_{ii} + \left[\varepsilon_{ii}^{-1/2}(\boldsymbol{E}_{1i} + \boldsymbol{E}_{2i}\boldsymbol{K}_i)^{\mathrm{T}} \quad \varepsilon_{ii}^{1/2}\boldsymbol{P}\boldsymbol{D}_i\right]\begin{bmatrix}\varepsilon_{ii}^{-1/2}(\boldsymbol{E}_{1i} + \boldsymbol{E}_{2i}\boldsymbol{K}_i)\\ \varepsilon_{ii}^{1/2}(\boldsymbol{P}\boldsymbol{D}_i)^{\mathrm{T}}\end{bmatrix}$$

$$= \boldsymbol{\Gamma}_{ii} + \left[(\boldsymbol{E}_{1i} + \boldsymbol{E}_{2i}\boldsymbol{K}_i)^{\mathrm{T}} \quad \boldsymbol{P}\boldsymbol{D}_i\right]\begin{bmatrix}\varepsilon_{ii}^{-1}\boldsymbol{I} & \boldsymbol{0}\\ \boldsymbol{0} & \varepsilon_{ii}\boldsymbol{I}\end{bmatrix}\begin{bmatrix}\boldsymbol{E}_{1i} + \boldsymbol{E}_{2i}\boldsymbol{K}_i\\ (\boldsymbol{P}\boldsymbol{D}_i)^{\mathrm{T}}\end{bmatrix} < \boldsymbol{0} \tag{3.1.15}$$

应用Schur分解原理得到

$$\begin{bmatrix}\boldsymbol{\Gamma}_{ii} & (\boldsymbol{E}_{1i} + \boldsymbol{E}_{2i}\boldsymbol{K}_i)^{\mathrm{T}} & \boldsymbol{P}\boldsymbol{D}_i\\ \boldsymbol{E}_{1i} + \boldsymbol{E}_{2i}\boldsymbol{K}_i & -\varepsilon_{ii}\boldsymbol{I} & \boldsymbol{0}\\ \boldsymbol{D}_i^{\mathrm{T}}\boldsymbol{P} & \boldsymbol{0} & -\varepsilon_{ii}^{-1}\boldsymbol{I}\end{bmatrix} < \boldsymbol{0} \tag{3.1.16}$$

尽管式(3.1.16)不是线性矩阵不等式(LMI),但它是二次矩阵不等式(QMI)。为了使用线性矩阵不等式优化方法求得公共的正定矩阵 $\boldsymbol{P}$,必须通过变量替换使二次矩阵不等式变为线性矩阵不等式,因此定义下列变换矩阵:

$$\begin{bmatrix}\boldsymbol{P}^{-1} & \boldsymbol{0} & \boldsymbol{0}\\ \boldsymbol{0} & \boldsymbol{I} & \boldsymbol{0}\\ \boldsymbol{0} & \boldsymbol{0} & \boldsymbol{I}\end{bmatrix}$$

并作相似变换:

$$\begin{bmatrix}\boldsymbol{P}^{-1} & \boldsymbol{0} & \boldsymbol{0}\\ \boldsymbol{0} & \boldsymbol{I} & \boldsymbol{0}\\ \boldsymbol{0} & \boldsymbol{0} & \boldsymbol{I}\end{bmatrix}\begin{bmatrix}\boldsymbol{\Gamma}_{ii} & (\boldsymbol{E}_{1i}+\boldsymbol{E}_{2i}\boldsymbol{K}_i)^{\mathrm{T}} & \boldsymbol{P}\boldsymbol{D}_i\\ \boldsymbol{E}_{1i}+\boldsymbol{E}_{2i}\boldsymbol{K}_i & -\varepsilon_{ii}\boldsymbol{I} & \boldsymbol{0}\\ \boldsymbol{D}_i^{\mathrm{T}}\boldsymbol{P} & \boldsymbol{0} & -\varepsilon_{ii}^{-1}\boldsymbol{I}\end{bmatrix}\begin{bmatrix}\boldsymbol{P}^{-1} & \boldsymbol{0} & \boldsymbol{0}\\ \boldsymbol{0} & \boldsymbol{I} & \boldsymbol{0}\\ \boldsymbol{0} & \boldsymbol{0} & \boldsymbol{I}\end{bmatrix}^{\mathrm{T}}$$

$$= \begin{bmatrix}\boldsymbol{P}^{-1}\boldsymbol{\Gamma}_{ii}\boldsymbol{P}^{-1} & (\boldsymbol{E}_{1i}\boldsymbol{P}^{-1}+\boldsymbol{E}_{2i}\boldsymbol{K}_i\boldsymbol{P}^{-1})^{\mathrm{T}} & \boldsymbol{D}_i\\ \boldsymbol{E}_{1i}\boldsymbol{P}^{-1}+\boldsymbol{E}_{2i}\boldsymbol{K}_i\boldsymbol{P}^{-1} & -\varepsilon_{ii}\boldsymbol{I} & \boldsymbol{0}\\ \boldsymbol{D}_i^{\mathrm{T}} & \boldsymbol{0} & -\varepsilon_{ii}^{-1}\boldsymbol{I}\end{bmatrix} < \boldsymbol{0} \tag{3.1.17}$$

若记 $\boldsymbol{Q}=\boldsymbol{P}^{-1}$ 及 $\boldsymbol{M}_i=\boldsymbol{K}_i\boldsymbol{P}^{-1}$,则可得定理3.1.1中第一个线性矩阵不等式(3.1.8)。

类似地可得到定理3.1.1中第二个线性矩阵不等式(3.1.9)。假设

$$\left[\frac{\boldsymbol{A}_i + \Delta\boldsymbol{A}_i + (\boldsymbol{B}_i + \Delta\boldsymbol{B}_i)\boldsymbol{K}_j + \boldsymbol{A}_j + \Delta\boldsymbol{A}_j + (\boldsymbol{B}_j + \Delta\boldsymbol{B}_j)\boldsymbol{K}_i}{2}\right]^{\mathrm{T}}\boldsymbol{P}$$

$$+\boldsymbol{P}\left[\frac{\boldsymbol{A}_i + \Delta\boldsymbol{A}_i + (\boldsymbol{B}_i + \Delta\boldsymbol{B}_i)\boldsymbol{K}_j + \boldsymbol{A}_j + \Delta\boldsymbol{A}_j + (\boldsymbol{B}_j + \Delta\boldsymbol{B}_j)\boldsymbol{K}_i}{2}\right] < \boldsymbol{0}, \quad 1\leqslant i<j\leqslant N \tag{3.1.18}$$

应用假设3.1.1,式(3.1.18)可化为

$$\boldsymbol{\Theta}_{ij} + \left[\boldsymbol{P}\boldsymbol{D}_i \quad \boldsymbol{P}\boldsymbol{D}_j\right]\begin{bmatrix}\boldsymbol{F}_i(t) & \boldsymbol{0}\\ \boldsymbol{0} & \boldsymbol{F}_j(t)\end{bmatrix}\begin{bmatrix}\boldsymbol{E}_{1i} + \boldsymbol{E}_{2i}\boldsymbol{K}_j\\ \boldsymbol{E}_{1j} + \boldsymbol{E}_{2j}\boldsymbol{K}_i\end{bmatrix}$$

$$+\begin{bmatrix}\boldsymbol{E}_{1i} + \boldsymbol{E}_{2i}\boldsymbol{K}_j\\ \boldsymbol{E}_{1j} + \boldsymbol{E}_{2j}\boldsymbol{K}_i\end{bmatrix}^{\mathrm{T}}\begin{bmatrix}\boldsymbol{F}_i(t) & \boldsymbol{0}\\ \boldsymbol{0} & \boldsymbol{F}_j(t)\end{bmatrix}^{\mathrm{T}}\left[\boldsymbol{P}\boldsymbol{D}_i \quad \boldsymbol{P}\boldsymbol{D}_j\right]^{\mathrm{T}} < \boldsymbol{0} \tag{3.1.19}$$

式中

$$\boldsymbol{\Theta}_{ij}=\boldsymbol{A}_i^{\mathrm{T}}\boldsymbol{P}+\boldsymbol{P}\boldsymbol{A}_i+\boldsymbol{A}_j^{\mathrm{T}}\boldsymbol{P}+\boldsymbol{P}\boldsymbol{A}_j+\boldsymbol{K}_j^{\mathrm{T}}\boldsymbol{B}_i^{\mathrm{T}}\boldsymbol{P}+\boldsymbol{P}\boldsymbol{B}_i\boldsymbol{K}_j+\boldsymbol{K}_i^{\mathrm{T}}\boldsymbol{B}_j^{\mathrm{T}}\boldsymbol{P}+\boldsymbol{P}\boldsymbol{B}_j\boldsymbol{K}_i$$

重复使用引理 3.1.1 可知,对所有满足

$$\begin{bmatrix}\boldsymbol{F}_i(t) & \boldsymbol{0}\\ \boldsymbol{0} & \boldsymbol{F}_j(t)\end{bmatrix}^{\mathrm{T}}\begin{bmatrix}\boldsymbol{F}_i(t) & \boldsymbol{0}\\ \boldsymbol{0} & \boldsymbol{F}_j(t)\end{bmatrix}\leqslant \boldsymbol{I}$$

的 $\boldsymbol{F}_i(t)$,矩阵不等式(3.1.19)成立的充分必要条件是存在常数 $\varepsilon_{ij}^{1/2}>0$,使得

$$\begin{aligned}&\boldsymbol{\Theta}_{ij}+[(\boldsymbol{E}_{1i}+\boldsymbol{E}_{2i}\boldsymbol{K}_j)^{\mathrm{T}}\quad(\boldsymbol{E}_{1j}+\boldsymbol{E}_{2j}\boldsymbol{K}_i)^{\mathrm{T}}\quad \boldsymbol{P}\boldsymbol{D}_i\quad \boldsymbol{P}\boldsymbol{D}_j]\\&\times\begin{bmatrix}\varepsilon_{ij}^{-1}\boldsymbol{I} & \boldsymbol{0} & \boldsymbol{0} & \boldsymbol{0}\\ \boldsymbol{0} & \varepsilon_{ij}^{-1}\boldsymbol{I} & \boldsymbol{0} & \boldsymbol{0}\\ \boldsymbol{0} & \boldsymbol{0} & \varepsilon_{ij}\boldsymbol{I} & \boldsymbol{0}\\ \boldsymbol{0} & \boldsymbol{0} & \boldsymbol{0} & \varepsilon_{ij}\boldsymbol{I}\end{bmatrix}\begin{bmatrix}\boldsymbol{E}_{1i}+\boldsymbol{E}_{2i}\boldsymbol{K}_j\\ \boldsymbol{E}_{1j}+\boldsymbol{E}_{2j}\boldsymbol{K}_i\\ (\boldsymbol{P}\boldsymbol{D}_i)^{\mathrm{T}}\\ (\boldsymbol{P}\boldsymbol{D}_j)^{\mathrm{T}}\end{bmatrix}<\boldsymbol{0}\end{aligned}\tag{3.1.20}$$

对式(3.1.20),应用 Schur 分解原理,并用对角阵 $\mathrm{diag}(\boldsymbol{P}^{-1},\boldsymbol{I},\boldsymbol{I},\boldsymbol{I},\boldsymbol{I})$ 作相似变换,易得

$$\begin{bmatrix}\boldsymbol{P}^{-1}\boldsymbol{\Theta}_{ij}\boldsymbol{P}^{-1} & (\boldsymbol{E}_{1i}\boldsymbol{P}^{-1}+\boldsymbol{E}_{2i}\boldsymbol{K}_j\boldsymbol{P}^{-1})^{\mathrm{T}} & (\boldsymbol{E}_{1j}\boldsymbol{P}^{-1}+\boldsymbol{E}_{2j}\boldsymbol{K}_i\boldsymbol{P}^{-1})^{\mathrm{T}} & \boldsymbol{D}_i & \boldsymbol{D}_j\\ \boldsymbol{E}_{1i}\boldsymbol{P}^{-1}+\boldsymbol{E}_{2i}\boldsymbol{K}_j\boldsymbol{P}^{-1} & -\varepsilon_{ij}\boldsymbol{I} & \boldsymbol{0} & \boldsymbol{0} & \boldsymbol{0}\\ \boldsymbol{E}_{1j}\boldsymbol{P}^{-1}+\boldsymbol{E}_{2j}\boldsymbol{K}_i\boldsymbol{P}^{-1} & \boldsymbol{0} & -\varepsilon_{ij}\boldsymbol{I} & \boldsymbol{0} & \boldsymbol{0}\\ \boldsymbol{D}_i^{\mathrm{T}} & \boldsymbol{0} & \boldsymbol{0} & -\varepsilon_{ij}^{-1}\boldsymbol{I} & \boldsymbol{0}\\ \boldsymbol{D}_j^{\mathrm{T}} & \boldsymbol{0} & \boldsymbol{0} & \boldsymbol{0} & -\varepsilon_{ij}^{-1}\boldsymbol{I}\end{bmatrix}<\boldsymbol{0}\tag{3.1.21}$$

若记 $\boldsymbol{Q}=\boldsymbol{P}^{-1}$ 及 $\boldsymbol{M}_i=\boldsymbol{K}_i\boldsymbol{P}^{-1}$,则可得定理 3.1.1 中的不等式(3.1.9)。

3.1.3 仿真

例 3.1.1 设混沌 Lorenz(洛伦茨)系统的数学方程如下:

$$\frac{\mathrm{d}}{\mathrm{d}t}\begin{bmatrix}x_1(t)\\ x_2(t)\\ x_3(t)\end{bmatrix}=\begin{bmatrix}-\sigma x_1(t)+\sigma x_2(t)\\ rx_1(t)-x_2(t)-x_1(t)x_3(t)\\ x_1(t)x_2(t)-bx_3(t)\end{bmatrix}\tag{3.1.22}$$

为构造混沌 Lorenz 系统的模糊 T-S 模型,把式(3.1.22)中的二次非线性项 $x_1(t)x_3(t)$ 及 $x_1(t)x_2(t)$ 表示成一些线性函数的权重线性和。

非线性项 $f(\boldsymbol{x}(t))=x_1(t)x_2(t)$,可以表示成如下的线性函数的权重和:

$$f(\boldsymbol{x}(t))=\Big(\sum_{i=1}^{2}\mu_i g_i(\boldsymbol{x}(t))\Big)x_2(t)$$

式中

$$g_1(\boldsymbol{x}(t))=M_1,\quad g_2(\boldsymbol{x}(t))=M_2$$

而

$$\mu_1(\boldsymbol{x}(t))=\frac{-x_1(t)+M_2}{M_2-M_1},\quad \mu_2(\boldsymbol{x}(t))=\frac{x_1(t)-M_1}{M_2-M_1}\tag{3.1.23}$$

注意到式(3.1.22)中的所有非线性项都是 $x_1(t)$的函数,因此,可以构造系统(3.1.22)的模糊 T-S 模型如下。

模糊系统规则 1:如果 $x_1(t)$大约是 M_1,则

$$\dot{\boldsymbol{x}}(t) = \boldsymbol{A}_1\boldsymbol{x}(t)$$

模糊系统规则 2:如果 $x_1(t)$大约是 M_2,则

$$\dot{\boldsymbol{x}}(t) = \boldsymbol{A}_2\boldsymbol{x}(t)$$

式中

$$\boldsymbol{A}_1 = \begin{bmatrix} -\sigma & \sigma & 0 \\ r & -1 & -M_1 \\ 0 & M_1 & -b \end{bmatrix}, \quad \boldsymbol{A}_2 = \begin{bmatrix} -\sigma & \sigma & 0 \\ r & -1 & -M_2 \\ 0 & M_2 & -b \end{bmatrix}$$

从图 3-1 可以看出,$x_1(t)$在[−20,30]内是有界的,并且满足式(3.1.3),因此,取[M_1,M_2]为[−20, 30],将式(3.1.23)作为模糊推理中的模糊隶属函数。

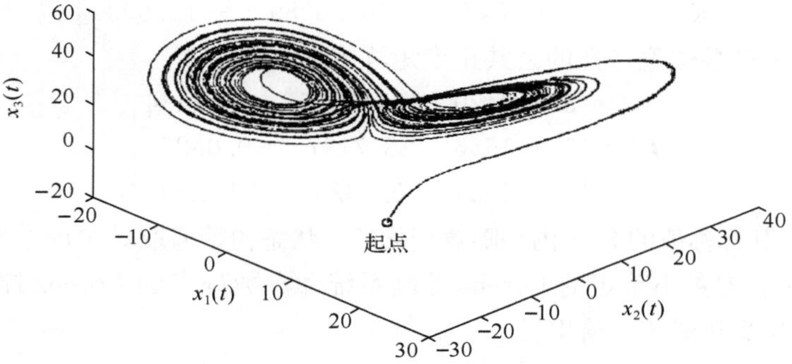

图 3-1　混沌 Lorenz 系统轨迹

混沌 Lorenz 系统(3.1.22)的不确定模糊 T-S 模型如下。

模糊系统规则 1:如果 $x_1(t)$大约是 M_1,则

$$\dot{\boldsymbol{x}}(t) = \boldsymbol{A}_1\boldsymbol{x}(t)$$

模糊系统规则 2:如果 $x_1(t)$大约是 M_2,则

$$\dot{\boldsymbol{x}}(t) = \boldsymbol{A}_2\boldsymbol{x}(t)$$

式中

$$\boldsymbol{A}_1 = \begin{bmatrix} -\sigma & \sigma & 0 \\ r & -1 & -M_1 \\ 0 & M_1 & -b \end{bmatrix}, \quad \boldsymbol{A}_2 = \begin{bmatrix} -\sigma & \sigma & 0 \\ r & -1 & -M_2 \\ 0 & M_2 & -b \end{bmatrix}$$

其模糊隶属函数为

$$F_{11}(\boldsymbol{x}(t)) = \frac{-x_1(t) + M_2}{M_2 - M_1}, \quad F_{21}(\boldsymbol{x}(t)) = \frac{x_1(t) - M_1}{M_2 - M_1}$$

只要保证系统可控,输入矩阵 $\boldsymbol{B}_1$ 和 $\boldsymbol{B}_2$ 就可任意选取,这里令

$$\boldsymbol{B}_1 = \boldsymbol{B}_2 = [1 \quad 0 \quad 0]^{\mathrm{T}}$$

简单起见,令

$$\Delta\boldsymbol{B}_1 = \Delta\boldsymbol{B}_2 = [0 \quad 0 \quad 0]^{\mathrm{T}}$$

(σ,r,b)表示混沌的标称值,并取为(10,28,8/3)。假设系统的所有参数是不确定的,但可在其标称值的30%内选取。

根据假设3.1.1,定义

$$\boldsymbol{D}_1=\boldsymbol{D}_2=\begin{bmatrix}-0.3 & 0 & 0\\ 0 & 0.3 & 0\\ 0 & 0 & 0.3\end{bmatrix}$$

$$\boldsymbol{E}_{11}=\boldsymbol{E}_{12}=\begin{bmatrix}\sigma & -\sigma & 0\\ r & 0 & 0\\ 0 & 0 & b\end{bmatrix}$$

$$\boldsymbol{E}_{21}=\boldsymbol{E}_{22}=[0\quad 0\quad 0]^{\mathrm{T}}$$

应用定理3.1.1并求解对应的线性矩阵不等式,可得控制器增益矩阵为

$$\boldsymbol{K}_1=[-295.7653\quad -137.2603\quad -8.0866]$$
$$\boldsymbol{K}_2=[-443.0647\quad -204.8089\quad -12.6930]$$

保证模糊T-S模型整体稳定性的公共正定矩阵$\boldsymbol{P}$为

$$\boldsymbol{P}=\begin{bmatrix}308.8420 & 131.1656 & -0.2434\\ 131.1656 & 88.7197 & 0.0626\\ -0.2434 & 0.0626 & 32.1586\end{bmatrix}$$

参数σ、r和b在其标称值的30%内是随意变化的。状态初始值取$\boldsymbol{x}^{\mathrm{T}}(0)=[10\ -10\ -10]^{\mathrm{T}}$,仿真时间为10s。参数不确定的Lorenz控制系统和参数确定的Lorenz控制系统的仿真结果分别由图3-2和图3-3给出。

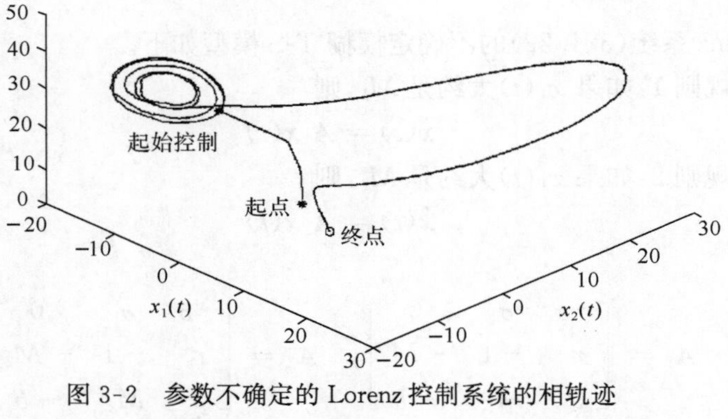

图3-2　参数不确定的Lorenz控制系统的相轨迹

在图3-2显示的控制结果中,为了比较,在$t=3.89$s时,控制输入开始使用。在使用之前,Lorenz系统的相轨迹是混沌的;在使用之后,其相轨迹迅速指向终点。在图3-3显示的控制结果中,也是在$t=3.89$s时,控制输入开始使用。与参数不确定系统相似,在使用之后,系统状态迅速指向终点。两个仿真结果表明,在模有界的参数不确定情形下,利用定理3.1.1设计的模糊控制器具有鲁棒性。

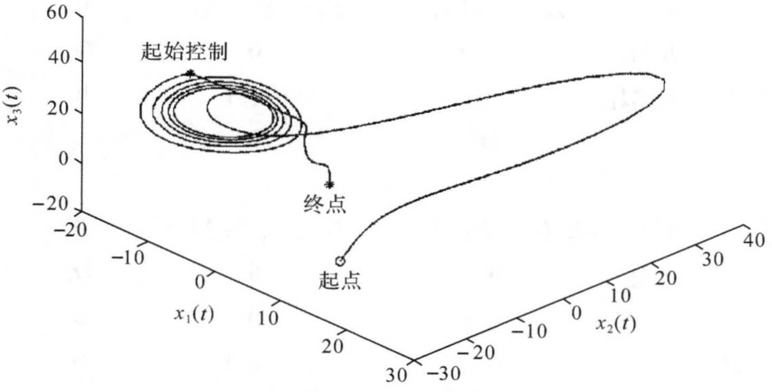

图 3-3　参数确定的 Lorenz 控制系统的相轨迹

3.2　不确定离散模糊系统的状态反馈鲁棒控制

类似于连续系统情况，不确定离散模糊 T-S 模型及其对应的状态反馈控制器构造如下。

离散模糊模型如下。

模糊系统规则 i：如果 $z_1(t)$是 F_{i1}，$z_2(t)$是 F_{i2}，…，$z_n(t)$是 F_{in}，则

$$\boldsymbol{x}(t+1)=(\boldsymbol{A}_i+\Delta\boldsymbol{A}_i)\boldsymbol{x}(t)+(\boldsymbol{B}_i+\Delta\boldsymbol{B}_i)\boldsymbol{u}(t),\quad i=1,2,\cdots,N \tag{3.2.1}$$

模糊控制规则 i：如果 $z_1(t)$是 F_{i1}，$z_2(t)$是 F_{i2}，…，$z_n(t)$是 F_{in}，则

$$\boldsymbol{u}(t)=\boldsymbol{K}_i\boldsymbol{x}(t),\quad i=1,2,\cdots,N \tag{3.2.2}$$

模糊系统的状态方程及其对应的基于模糊 T-S 模型的状态反馈控制器可表示为

$$\boldsymbol{x}(t+1)=\sum_{i=1}^{N}\mu_i(\boldsymbol{z}(t))[(\boldsymbol{A}_i+\Delta\boldsymbol{A}_i)\boldsymbol{x}(t)+(\boldsymbol{B}_i+\Delta\boldsymbol{B}_i)\boldsymbol{u}(t)] \tag{3.2.3}$$

$$\boldsymbol{u}(t)=\sum_{i=1}^{N}\mu_i(\boldsymbol{z}(t))\boldsymbol{K}_i\boldsymbol{x}(t) \tag{3.2.4}$$

其模糊闭环系统为

$$\begin{aligned}\boldsymbol{x}(t+1)&=\sum_{i=1}^{N}\sum_{j=1}^{N}\mu_i(\boldsymbol{z}(t))\mu_j(\boldsymbol{z}(t))[\boldsymbol{A}_i+\Delta\boldsymbol{A}_i+(\boldsymbol{B}_i+\Delta\boldsymbol{B}_i)\boldsymbol{K}_j]\boldsymbol{x}(t)\\&=\sum_{i=1}^{N}\mu_i^2(\boldsymbol{z}(t))[\boldsymbol{A}_i+\Delta\boldsymbol{A}_i+(\boldsymbol{B}_i+\Delta\boldsymbol{B}_i)\boldsymbol{K}_i]\boldsymbol{x}(t)+2\sum_{i<j}^{N}\mu_i(\boldsymbol{z}(t))\mu_j(\boldsymbol{z}(t))\\&\quad\times\left[\frac{\boldsymbol{A}_i+\Delta\boldsymbol{A}_i+(\boldsymbol{B}_i+\Delta\boldsymbol{B}_i)\boldsymbol{K}_j+\boldsymbol{A}_j+\Delta\boldsymbol{A}_j+(\boldsymbol{B}_j+\Delta\boldsymbol{B}_j)\boldsymbol{K}_i}{2}\right]\boldsymbol{x}(t)\end{aligned} \tag{3.2.5}$$

下面的定理给出了参数不确定离散模糊 T-S 系统(3.2.5)鲁棒稳定的一个充分条件。

定理 3.2.1　如果存在一个正定矩阵 $\boldsymbol{P}$，矩阵 $\boldsymbol{K}_i$ 及正参数 $\varepsilon_{ij}\,(i,j=1,2,\cdots,N)$，满足

下列的线性矩阵不等式：

$$\begin{bmatrix} -\boldsymbol{Q} & (\boldsymbol{A}_i\boldsymbol{Q}+\boldsymbol{B}_i\boldsymbol{M}_i)^{\mathrm{T}} & (\boldsymbol{E}_{1i}\boldsymbol{Q}+\boldsymbol{E}_{2i}\boldsymbol{M}_i)^{\mathrm{T}} & \boldsymbol{0} \\ \boldsymbol{A}_i\boldsymbol{Q}+\boldsymbol{B}_i\boldsymbol{M}_i & -\boldsymbol{Q} & \boldsymbol{0} & \boldsymbol{D}_i \\ \boldsymbol{E}_{1i}\boldsymbol{Q}+\boldsymbol{E}_{2i}\boldsymbol{M}_i & \boldsymbol{0} & -\varepsilon_{ii}\boldsymbol{I} & \boldsymbol{0} \\ \boldsymbol{0} & \boldsymbol{D}_i^{\mathrm{T}} & \boldsymbol{0} & -\varepsilon_{ii}^{-1}\boldsymbol{I} \end{bmatrix} < \boldsymbol{0}$$

$$1 \leqslant i \leqslant N \tag{3.2.6}$$

$$\begin{bmatrix} -4\boldsymbol{Q} & \boldsymbol{\Omega}_{ij}^{\mathrm{T}} & (\boldsymbol{E}_{1i}\boldsymbol{Q}+\boldsymbol{E}_{2i}\boldsymbol{M}_j)^{\mathrm{T}} & (\boldsymbol{E}_{1j}\boldsymbol{Q}+\boldsymbol{E}_{2j}\boldsymbol{M}_i)^{\mathrm{T}} & \boldsymbol{0} & \boldsymbol{0} \\ \boldsymbol{\Omega}_{ij} & -\boldsymbol{Q} & \boldsymbol{0} & \boldsymbol{0} & \boldsymbol{D}_i & \boldsymbol{D}_j \\ \boldsymbol{E}_{1i}\boldsymbol{Q}+\boldsymbol{E}_{2i}\boldsymbol{M}_j & \boldsymbol{0} & -\varepsilon_{ij}\boldsymbol{I} & \boldsymbol{0} & \boldsymbol{0} & \boldsymbol{0} \\ \boldsymbol{E}_{1j}\boldsymbol{Q}+\boldsymbol{E}_{2j}\boldsymbol{M}_{ii} & \boldsymbol{0} & \boldsymbol{0} & -\varepsilon_{ij}\boldsymbol{I} & \boldsymbol{0} & \boldsymbol{0} \\ \boldsymbol{0} & \boldsymbol{D}_i^{\mathrm{T}} & \boldsymbol{0} & \boldsymbol{0} & -\varepsilon_{ij}^{-1}\boldsymbol{I} & \boldsymbol{0} \\ \boldsymbol{0} & \boldsymbol{D}_j^{\mathrm{T}} & \boldsymbol{0} & \boldsymbol{0} & \boldsymbol{0} & -\varepsilon_{ij}^{-1}\boldsymbol{I} \end{bmatrix} < \boldsymbol{0}$$

$$1 \leqslant i < j \leqslant N \tag{3.2.7}$$

式中

$$\boldsymbol{\Omega}_{ij} = \boldsymbol{A}_i\boldsymbol{Q}+\boldsymbol{B}_i\boldsymbol{M}_j+\boldsymbol{A}_j\boldsymbol{Q}+\boldsymbol{B}_j\boldsymbol{K}_i$$
$$\boldsymbol{Q} = \boldsymbol{P}^{-1}, \quad \boldsymbol{M}_i = \boldsymbol{K}_i\boldsymbol{P}^{-1}$$

则由式(3.2.4)给出的模糊状态反馈控制器，可保证不确定离散模糊 T-S 系统(3.2.3)渐近稳定。

证明　考虑 Lyapunov 函数

$$V(\boldsymbol{x}(t)) = \boldsymbol{x}^{\mathrm{T}}(t)\boldsymbol{P}\boldsymbol{x}(t) \tag{3.2.8}$$

求 $V(\boldsymbol{x}(t))$ 的差分，并由式(3.2.5)可得

$$\begin{aligned}
\Delta V(\boldsymbol{x}(t)) &= V(\boldsymbol{x}(t+1)) - V(\boldsymbol{x}(t)) \\
&= \boldsymbol{x}^{\mathrm{T}}(t+1)\boldsymbol{P}\boldsymbol{x}(t+1) - \boldsymbol{x}^{\mathrm{T}}(t)\boldsymbol{P}\boldsymbol{x}(t) \\
&= \sum_{i=1}^{N}\sum_{j=1}^{N}\sum_{k=1}^{N}\sum_{l=1}^{N}\mu_i(\boldsymbol{z}(t))\mu_j(\boldsymbol{z}(t))\mu_k(\boldsymbol{z}(t))\mu_l(\boldsymbol{z}(t))\boldsymbol{x}^{\mathrm{T}}(t) \\
&\quad \times\{[\boldsymbol{A}_i+\Delta\boldsymbol{A}_i+(\boldsymbol{B}_i+\Delta\boldsymbol{B}_i)\boldsymbol{K}_j]^{\mathrm{T}}\boldsymbol{P}[\boldsymbol{A}_k+\Delta\boldsymbol{A}_k+(\boldsymbol{B}_k+\Delta\boldsymbol{B}_k)\boldsymbol{K}_l]-\boldsymbol{P}\}\boldsymbol{x}(t) \\
&= \frac{1}{4}\sum_{i=1}^{N}\sum_{j=1}^{N}\sum_{k=1}^{N}\sum_{l=1}^{N}\mu_i(\boldsymbol{z}(t))\mu_j(\boldsymbol{z}(t))\mu_k(\boldsymbol{z}(t))\mu_l(\boldsymbol{z}(t))\boldsymbol{x}^{\mathrm{T}}(t) \\
&\quad \times\{[\boldsymbol{A}_i+\Delta\boldsymbol{A}_i+(\boldsymbol{B}_i+\Delta\boldsymbol{B}_i)\boldsymbol{K}_j+\boldsymbol{A}_j+\Delta\boldsymbol{A}_j+(\boldsymbol{B}_j+\Delta\boldsymbol{B}_j)\boldsymbol{K}_i]^{\mathrm{T}}\boldsymbol{P} \\
&\quad \times[\boldsymbol{A}_k+\Delta\boldsymbol{A}_k+(\boldsymbol{B}_k+\Delta\boldsymbol{B}_k)\boldsymbol{K}_l+\boldsymbol{A}_l+\Delta\boldsymbol{A}_l+(\boldsymbol{B}_l+\Delta\boldsymbol{B}_l)\boldsymbol{K}_k]-4\boldsymbol{P}\}\boldsymbol{x}(t) \\
&\leqslant \frac{1}{4}\sum_{i=1}^{N}\sum_{j=1}^{N}\mu_i(\boldsymbol{z}(t))\mu_j(\boldsymbol{z}(t))\boldsymbol{x}^{\mathrm{T}}(t) \\
&\quad \times\{[\boldsymbol{A}_i+\Delta\boldsymbol{A}_i+(\boldsymbol{B}_i+\Delta\boldsymbol{B}_i)\boldsymbol{K}_j+\boldsymbol{A}_j+\Delta\boldsymbol{A}_j+(\boldsymbol{B}_j+\Delta\boldsymbol{B}_j)\boldsymbol{K}_i]^{\mathrm{T}}\boldsymbol{P} \\
&\quad \times[\boldsymbol{A}_i+\Delta\boldsymbol{A}_i+(\boldsymbol{B}_i+\Delta\boldsymbol{B}_i)\boldsymbol{K}_j+\boldsymbol{A}_j+\Delta\boldsymbol{A}_j+(\boldsymbol{B}_j+\Delta\boldsymbol{B}_j)\boldsymbol{K}_i]-4\boldsymbol{P}\}\boldsymbol{x}(t) \\
&= \sum_{i=1}^{N}\mu_i^2(\boldsymbol{z}(t))\boldsymbol{x}^{\mathrm{T}}(t)\{[\boldsymbol{A}_i+\Delta\boldsymbol{A}_i+(\boldsymbol{B}_i+\Delta\boldsymbol{B}_i)\boldsymbol{K}_i]^{\mathrm{T}}\boldsymbol{P}[\boldsymbol{A}_i+\Delta\boldsymbol{A}_i
\end{aligned}$$

$$
\begin{aligned}
&+(\boldsymbol{B}_i+\Delta\boldsymbol{B}_i)\boldsymbol{K}_i]-\boldsymbol{P}\}\boldsymbol{x}(t)+2\sum_{i<j}^{N}\mu_i(\boldsymbol{z}(t))\mu_j(\boldsymbol{z}(t))\boldsymbol{x}^{\mathrm{T}}(t)\\
&\times\left\{\left[\frac{\boldsymbol{A}_i+\Delta\boldsymbol{A}_i+(\boldsymbol{B}_i+\Delta\boldsymbol{B}_i)\boldsymbol{K}_j+\boldsymbol{A}_j+\Delta\boldsymbol{A}_j+(\boldsymbol{B}_j+\Delta\boldsymbol{B}_j)\boldsymbol{K}_i}{2}\right]^{\mathrm{T}}\boldsymbol{P}\right.\\
&\left.\times\left[\frac{\boldsymbol{A}_i+\Delta\boldsymbol{A}_i+(\boldsymbol{B}_i+\Delta\boldsymbol{B}_i)\boldsymbol{K}_j+\boldsymbol{A}_j+\Delta\boldsymbol{A}_j+(\boldsymbol{B}_j+\Delta\boldsymbol{B}_j)\boldsymbol{K}_i}{2}\right]-\boldsymbol{P}\right\}\boldsymbol{x}(t)
\end{aligned}
\tag{3.2.9}
$$

如果式(3.2.9)中的两个和式对任意 $\boldsymbol{x}(t)$ 及 $t\geqslant 0$ 都是负定的，则 $\Delta V(\boldsymbol{x}(t))$ 是负定的，进而，控制系统是渐近稳定的。

假设式(3.2.9)最后等式中的第一个和式是负定的，即

$$
\begin{gathered}
[\boldsymbol{A}_i+\Delta\boldsymbol{A}_i+(\boldsymbol{B}_i+\Delta\boldsymbol{B}_i)\boldsymbol{K}_i]^{\mathrm{T}}\boldsymbol{P}[\boldsymbol{A}_i+\Delta\boldsymbol{A}_i+(\boldsymbol{B}_i+\Delta\boldsymbol{B}_i)\boldsymbol{K}_i]-\boldsymbol{P}<\boldsymbol{0}\\
1\leqslant i\leqslant N
\end{gathered}
\tag{3.2.10}
$$

则利用 Schur 分解原理和假设 3.1.1，式(3.2.10)可化为

$$
\begin{aligned}
&\begin{bmatrix}-\boldsymbol{P} & [\boldsymbol{A}_i+\Delta\boldsymbol{A}_i+(\boldsymbol{B}_i+\Delta\boldsymbol{B}_i)\boldsymbol{K}_i]^{\mathrm{T}}\\ \boldsymbol{A}_i+\Delta\boldsymbol{A}_i+(\boldsymbol{B}_i+\Delta\boldsymbol{B}_i)\boldsymbol{K}_i & -\boldsymbol{P}^{-1}\end{bmatrix}\\
&=\boldsymbol{\Lambda}_{ii}+\begin{bmatrix}\boldsymbol{0}\\ \boldsymbol{D}_i\end{bmatrix}\boldsymbol{F}_i(t)[\boldsymbol{E}_{1i}+\boldsymbol{E}_{2i}\boldsymbol{K}_i\quad \boldsymbol{0}]+[\boldsymbol{E}_{1i}+\boldsymbol{E}_{2i}\boldsymbol{K}_i\quad \boldsymbol{0}]^{\mathrm{T}}\boldsymbol{F}_i^{\mathrm{T}}(t)\begin{bmatrix}\boldsymbol{0}\\ \boldsymbol{D}_i\end{bmatrix}^{\mathrm{T}}<\boldsymbol{0}
\end{aligned}
\tag{3.2.11}
$$

根据引理 3.1.1，对于满足 $\boldsymbol{F}_i^{\mathrm{T}}(t)\boldsymbol{F}_i(t)\leqslant\boldsymbol{I}$ 的所有 $\boldsymbol{F}_i(t)$，式(3.2.11)成立的充分必要条件是存在一个常数 $\varepsilon_{ii}^{1/2}>0$，使得

$$
\boldsymbol{\Lambda}_{ii}+\begin{bmatrix}(\boldsymbol{E}_{1i}+\boldsymbol{E}_{2i}\boldsymbol{K})^{\mathrm{T}} & \boldsymbol{0}\\ \boldsymbol{0} & \boldsymbol{D}_i\end{bmatrix}\begin{bmatrix}\varepsilon_{ii}^{-1}\boldsymbol{I} & \boldsymbol{0}\\ \boldsymbol{0} & \varepsilon_{ii}\boldsymbol{I}\end{bmatrix}\begin{bmatrix}\boldsymbol{E}_{1i}+\boldsymbol{E}_{2i}\boldsymbol{K} & \boldsymbol{0}\\ \boldsymbol{0} & \boldsymbol{D}_i^{\mathrm{T}}\end{bmatrix}<\boldsymbol{0}
\tag{3.2.12}
$$

式中

$$
\boldsymbol{\Lambda}_{ii}=\begin{bmatrix}-\boldsymbol{P} & (\boldsymbol{A}_i+\boldsymbol{B}_i\boldsymbol{K}_i)^{\mathrm{T}}\\ \boldsymbol{A}_i+\boldsymbol{B}_i\boldsymbol{K}_i & -\boldsymbol{P}^{-1}\end{bmatrix}
$$

在式(3.2.12)中应用 Schur 分解原理，并用对角阵 $\mathrm{diag}(\boldsymbol{P}^{-1},\boldsymbol{I},\boldsymbol{I},\boldsymbol{I})$ 作相似变换，可得

$$
\begin{bmatrix}
-\boldsymbol{P}^{-1} & (\boldsymbol{A}_i\boldsymbol{P}^{-1}+\boldsymbol{B}_i\boldsymbol{K}_i\boldsymbol{P}^{-1})^{\mathrm{T}} & (\boldsymbol{E}_{1i}\boldsymbol{P}^{-1}+\boldsymbol{E}_{2i}\boldsymbol{K}_i\boldsymbol{P}^{-1})^{\mathrm{T}} & \boldsymbol{0}\\
\boldsymbol{A}_i\boldsymbol{P}^{-1}+\boldsymbol{B}_i\boldsymbol{K}_i\boldsymbol{P}^{-1} & -\boldsymbol{P}^{-1} & \boldsymbol{0} & \boldsymbol{D}_i\\
\boldsymbol{E}_{1i}\boldsymbol{P}^{-1}+\boldsymbol{E}_{2i}\boldsymbol{K}_i\boldsymbol{P}^{-1} & \boldsymbol{0} & -\varepsilon_{ii}\boldsymbol{I} & \boldsymbol{0}\\
\boldsymbol{0} & \boldsymbol{D}_i^{\mathrm{T}} & \boldsymbol{0} & -\varepsilon_{ii}^{-1}\boldsymbol{I}
\end{bmatrix}<\boldsymbol{0}
\tag{3.2.13}
$$

若记 $\boldsymbol{Q}=\boldsymbol{P}^{-1}$，$\boldsymbol{M}_i=\boldsymbol{K}_i\boldsymbol{P}^{-1}$，则得到式(3.2.6)。

类似可证明线性矩阵不等式(3.2.7)。假设

$$
\begin{gathered}
\left[\frac{\boldsymbol{A}_i+\Delta\boldsymbol{A}_i+(\boldsymbol{B}_i+\Delta\boldsymbol{B}_i)\boldsymbol{K}_j+\boldsymbol{A}_j+\Delta\boldsymbol{A}_j+(\boldsymbol{B}_j+\Delta\boldsymbol{B}_j)\boldsymbol{K}_i}{2}\right]^{\mathrm{T}}\boldsymbol{P}\\
\times\left[\frac{\boldsymbol{A}_i+\Delta\boldsymbol{A}_i+(\boldsymbol{B}_i+\Delta\boldsymbol{B}_i)\boldsymbol{K}_j+\boldsymbol{A}_j+\Delta\boldsymbol{A}_j+(\boldsymbol{B}_j+\Delta\boldsymbol{B}_j)\boldsymbol{K}_i}{2}\right]-\boldsymbol{P}<\boldsymbol{0}\\
1\leqslant i<j\leqslant N
\end{gathered}
\tag{3.2.14}
$$

利用 Schur 分解原理,以及假设 3.1.1 和引理 3.1.1,并作相似变换,可得式(3.2.7)。

例 3.2.1 以例 3.1.1 的混沌 Lorenz 系统为例,研究离散不确定系统的状态反馈控制问题。利用下面的连续与离散系统间的关系:

$$\boldsymbol{A}_i=\exp(\widetilde{\boldsymbol{A}}_i T_s)=\boldsymbol{I}+\widetilde{\boldsymbol{A}}_i T_s+\widetilde{\boldsymbol{A}}_i^2\frac{T_s^2}{2!}+\cdots \tag{3.2.15}$$

$$\boldsymbol{B}_i=\int_0^{T_s}\exp(\widetilde{\boldsymbol{A}}_i\tau)\widetilde{\boldsymbol{B}}_i\mathrm{d}\tau=(\boldsymbol{A}_i-\boldsymbol{I})\widetilde{\boldsymbol{A}}_i^{-1}\widetilde{\boldsymbol{B}}_i \tag{3.2.16}$$

式中

$$\widetilde{\boldsymbol{A}}_1=\begin{bmatrix}-\sigma & \sigma & 0\\ r & -1 & -M_1\\ 0 & M_1 & -b\end{bmatrix},\quad \widetilde{\boldsymbol{A}}_2=\begin{bmatrix}-\sigma & \sigma & 0\\ r & -1 & -M_2\\ 0 & M_2 & -b\end{bmatrix}$$

可得混沌 Lorenz 系统的离散化的模糊 T-S 模型。

模糊系统规则 1:如果 $x_1(t)$大约是 M_1,则

$$\boldsymbol{x}(t+1)=\boldsymbol{A}_1\boldsymbol{x}(t)$$

模糊系统规则 2:如果 $x_1(t)$大约是 M_2,则

$$\boldsymbol{x}(t+1)=\boldsymbol{A}_2\boldsymbol{x}(t)$$

式中

$$\boldsymbol{A}_1=\begin{bmatrix}1-\sigma T_s & \sigma T_s & 0\\ rT_s & 1-T_s & -M_1T_s\\ 0 & M_1T_s & 1-bT_s\end{bmatrix},\quad \boldsymbol{A}_2=\begin{bmatrix}1-\sigma T_s & \sigma T_s & 0\\ rT_s & 1-T_s & -M_2T_s\\ 0 & M_2T_s & 1-bT_s\end{bmatrix}$$

T_s 是采样时间,此处取 0.002s。简单起见,这里忽略等于或高于三次的项。不失可控性,取输入矩阵为

$$\boldsymbol{B}_1=\boldsymbol{B}_2=[1\quad 0\quad 0]^{\mathrm{T}}$$

简单起见,令

$$\Delta\boldsymbol{B}_1=\Delta\boldsymbol{B}_2=[0\quad 0\quad 0]^{\mathrm{T}}$$

系统参数 σ、r 和 b 的值与连续状态相同,同样假设系统的所有参数是不确定的,在其标称值的 30%内是有界的。根据假设 3.1.1,矩阵 $\boldsymbol{D}_1$、$\boldsymbol{D}_2$、$\boldsymbol{E}_{11}$、$\boldsymbol{E}_{12}$、$\boldsymbol{E}_{21}$ 和 $\boldsymbol{E}_{22}$ 定义为

$$\boldsymbol{D}_1=\boldsymbol{D}_2=\begin{bmatrix}0.006 & 0 & 0\\ 0 & 0.006 & 0\\ 0 & 0 & 0.006\end{bmatrix}$$

$$\boldsymbol{E}_{11}=\boldsymbol{E}_{12}=\begin{bmatrix}-\sigma & \sigma & 0\\ b & 0 & 0\\ 0 & 0 & -r\end{bmatrix}$$

$$\boldsymbol{E}_{21}=\boldsymbol{E}_{22}=[0\quad 0\quad 0]^{\mathrm{T}}$$

由定理 3.2.1,可得控制器增益矩阵为

$$\boldsymbol{K}_1=[-1.0024\quad -0.4328\quad -0.0158]$$

$$\boldsymbol{K}_2=[-1.0023\quad -0.4338\quad -0.0045]$$

保证离散状态模糊 T-S 控制系统(3.2.5)的整体稳定性的公共正定矩阵 $\boldsymbol{P}$ 为

$$P=\begin{bmatrix}128.4 & 54.2 & 0.9\\ 54.2 & 1725.3 & 22.3\\ 0.9 & 22.3 & 1593.8\end{bmatrix}$$

仿真时间取为 10s，每一次仿真的初始条件都取为 $\boldsymbol{x}^{\mathrm{T}}(0)=[10\quad -10\quad -10]^{\mathrm{T}}$。在仿真过程中，所有系统参数在其标称值的 30% 内是随意变化的。参数不确定的离散 Lorenz 控制系统和参数确定的离散 Lorenz 控制系统的仿真结果分别由图 3-4 和图 3-5 给出。

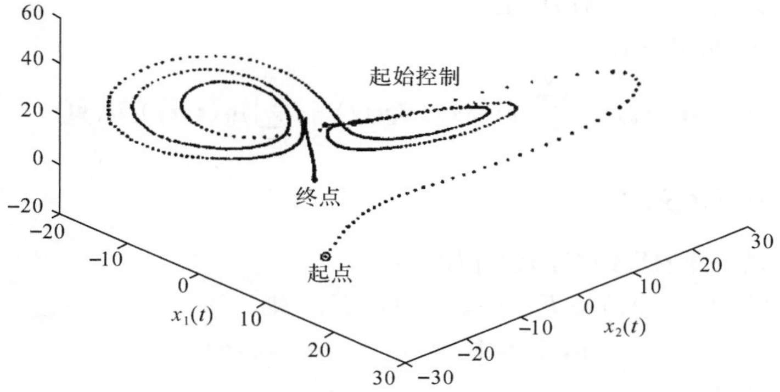

图 3-4　参数不确定的离散混沌 Lorenz 控制系统的相轨迹

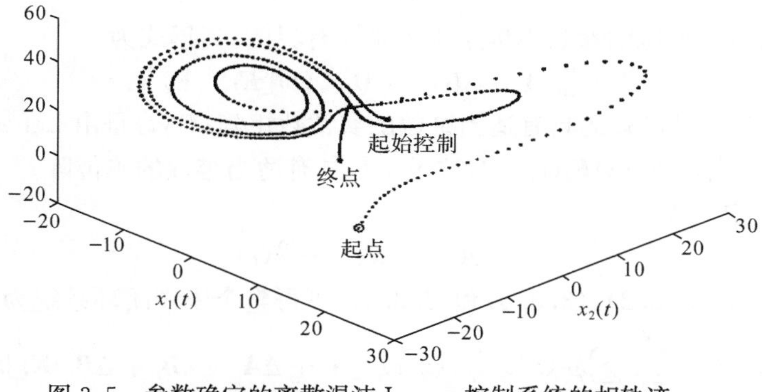

图 3-5　参数确定的离散混沌 Lorenz 控制系统的相轨迹

在图 3-4 显示的控制结果中，为了比较，在 $t=3.89$s 时，控制输入开始使用。在使用之前，Lorenz 系统的相轨迹是混沌的；在使用之后，其相轨迹迅速指向终点。在图 3-5 显示的控制结果中，也是在 $t=3.89$s 时，控制输入开始使用。与参数不确定系统相似，在使用之后，系统状态迅速指向终点。两个仿真结果表明，在模有界的参数不确定情形下，采用定理 3.1.1 设计的模糊 T-S 模型控制器具有鲁棒性。

3.3　不确定连续模糊系统的输出反馈鲁棒控制

本节对状态不可测的不确定连续模糊系统，给出模糊观测器及鲁棒输出反馈控制的设计，并基于线性矩阵不等式方法，给出模糊闭环系统的稳定性分析。

3.3.1　模糊输出反馈控制设计与稳定性分析

对于参数不确定模糊 T-S 系统(3.1.1),设计模糊状态观测器如下。

模糊观测规则 i:如果 $z_1(t)$是 F_{i1},$z_2(t)$是 F_{i2},…,$z_n(t)$是 F_{in},则

$$\begin{cases}\dot{\hat{\boldsymbol{x}}}(t)=\boldsymbol{A}_i\hat{\boldsymbol{x}}(t)+\boldsymbol{B}_i\boldsymbol{u}(t)+\boldsymbol{G}_i(\boldsymbol{y}(t)-\hat{\boldsymbol{y}}(t))\\ \hat{\boldsymbol{y}}(t)=\boldsymbol{C}_i\hat{\boldsymbol{x}}(t)\end{cases},\quad i=1,2,\cdots,N \tag{3.3.1}$$

式中,$\boldsymbol{G}_i\in\mathbf{R}^{n\times l}$是待定的观测器增益。

式(3.3.1)的输出可表示为

$$\begin{aligned}\dot{\hat{\boldsymbol{x}}}(t)&=\sum_{i=1}^{N}\mu_i(\boldsymbol{z}(t))\boldsymbol{A}_i\hat{\boldsymbol{x}}(t)+\sum_{i=1}^{N}\mu_i(\boldsymbol{z}(t))\boldsymbol{B}_i\boldsymbol{u}(t)+\sum_{i=1}^{N}\mu_i(\boldsymbol{z}(t))\boldsymbol{G}_i(\boldsymbol{y}(t)-\hat{\boldsymbol{y}}(t))\\ \hat{\boldsymbol{y}}(t)&=\sum_{i=1}^{N}\mu_i(\boldsymbol{z}(t))\boldsymbol{C}_i\hat{\boldsymbol{x}}(t)\end{aligned} \tag{3.3.2}$$

基于模糊观测器的反馈控制设计如下:

如果 $z_1(t)$是 F_{i1},$z_2(t)$是 F_{i2},…,$z_n(t)$是 F_{in},则

$$\boldsymbol{u}(t)=\boldsymbol{K}_i\hat{\boldsymbol{x}}(t),\quad i=1,2,\cdots,N \tag{3.3.3}$$

模糊控制的输出为

$$\boldsymbol{u}(t)=\sum_{i=1}^{N}\mu_i(\boldsymbol{z}(t))\boldsymbol{K}_i\hat{\boldsymbol{x}}(t) \tag{3.3.4}$$

假设 3.3.1　考虑的参数不确定矩阵是模有界的,其形式为

$$[\Delta\boldsymbol{A}_i\quad\Delta\boldsymbol{B}_i]=\boldsymbol{D}_i\boldsymbol{F}_i(t)[\boldsymbol{E}_{1i}\quad\boldsymbol{E}_{2i}]$$

式中,$\boldsymbol{D}_i$、$\boldsymbol{E}_{1i}$和$\boldsymbol{E}_{2i}$是已知的具有适当维数的实常数矩阵;$\boldsymbol{F}_i(t)$是由 Lebesgue 可测函数构成的未知矩阵,满足 $\boldsymbol{F}_i^{\mathrm{T}}(t)\boldsymbol{F}_i(t)\leqslant\boldsymbol{I}$,这里 $\boldsymbol{I}$ 是具有适当维数的单位阵。

观测误差定义为

$$\boldsymbol{e}(t)=\boldsymbol{x}(t)-\hat{\boldsymbol{x}}(t) \tag{3.3.5}$$

由系统 (3.1.2)、(3.3.2)、(3.3.3)和(3.3.4),可得整个模糊闭环系统为

$$\begin{aligned}\dot{\boldsymbol{x}}(t)=&\sum_{i=1}^{N}\sum_{j=1}^{N}\mu_i(\boldsymbol{z}(t))\mu_j(\boldsymbol{z}(t))[\boldsymbol{A}_i+\Delta\boldsymbol{A}_i+(\boldsymbol{B}_i+\Delta\boldsymbol{B}_i)\boldsymbol{K}_j]\boldsymbol{x}(t)\\ &-\sum_{i=1}^{N}\sum_{j=1}^{N}\mu_i(\boldsymbol{z}(t))\mu_j(\boldsymbol{z}(t))(\boldsymbol{B}_i+\Delta\boldsymbol{B}_i)\boldsymbol{K}_j\boldsymbol{e}(t)\end{aligned} \tag{3.3.6}$$

$$\begin{aligned}\dot{\hat{\boldsymbol{x}}}(t)=&\sum_{i=1}^{N}\sum_{j=1}^{N}\mu_i(\boldsymbol{z}(t))\mu_j(\boldsymbol{z}(t))(\boldsymbol{A}_i+\boldsymbol{B}_i\boldsymbol{K}_j)\hat{\boldsymbol{x}}(t)\\ &+\sum_{i=1}^{N}\sum_{j=1}^{N}\mu_i(\boldsymbol{z}(t))\mu_j(\boldsymbol{z}(t))\boldsymbol{G}_i\boldsymbol{C}_j\boldsymbol{e}(t)\end{aligned} \tag{3.3.7}$$

$$\begin{aligned}\dot{\boldsymbol{e}}(t)=&\sum_{i=1}^{N}\sum_{j=1}^{N}\mu_i(\boldsymbol{z}(t))\mu_j(\boldsymbol{z}(t))(\boldsymbol{A}_i-\boldsymbol{G}_i\boldsymbol{C}_j-\Delta\boldsymbol{B}_i\boldsymbol{K}_j)\boldsymbol{e}(t)\\ &+\sum_{i=1}^{N}\sum_{j=1}^{N}\mu_i(\boldsymbol{z}(t))\mu_j(\boldsymbol{z}(t))(\Delta\boldsymbol{A}_i+\Delta\boldsymbol{B}_i\boldsymbol{K}_j)\boldsymbol{x}(t)\end{aligned} \tag{3.3.8}$$

参数不确定且状态变量不可测的模糊 T-S 系统,其全局渐近稳定的充分条件由下面

定理给出。

定理 3.3.1　如果存在正定矩阵 $\boldsymbol{P}_1$ 和 $\boldsymbol{P}_2$，矩阵 $\boldsymbol{K}_i$ 和 $\boldsymbol{G}_i$ 以及参数 $\varepsilon_{ij}(i,j=1,2,\cdots,N)$，满足下面的线性矩阵不等式：

$$\begin{bmatrix} \boldsymbol{\Phi}_{ii} & (\boldsymbol{E}_{1i}\boldsymbol{Q}+\boldsymbol{E}_{2i}\boldsymbol{M}_i)^{\mathrm{T}} & \boldsymbol{D}_i \\ \boldsymbol{E}_{1i}\boldsymbol{Q}+\boldsymbol{E}_{2i}\boldsymbol{M}_i & -(\varepsilon_{ii}^{-1}+1)^{-1}\boldsymbol{I} & \boldsymbol{0} \\ \boldsymbol{D}_i^{\mathrm{T}} & \boldsymbol{0} & -(\varepsilon_{ii}+1)^{-1}\boldsymbol{I} \end{bmatrix} < \boldsymbol{0}, \quad 1 \leqslant i \leqslant N \tag{3.3.9}$$

$$\begin{bmatrix} \boldsymbol{\Psi}_{ij} & (\boldsymbol{E}_{1i}\boldsymbol{Q}+\boldsymbol{E}_{2i}\boldsymbol{M}_i)^{\mathrm{T}} & (\boldsymbol{E}_{1j}\boldsymbol{Q}+\boldsymbol{E}_{2j}\boldsymbol{M}_i)^{\mathrm{T}} & \boldsymbol{D}_i & \boldsymbol{D}_j \\ \boldsymbol{E}_{1i}\boldsymbol{Q}+\boldsymbol{E}_{2i}\boldsymbol{M}_i & -\left[\left(\frac{\varepsilon_{ij}}{2}\right)^{-1}+\frac{1}{2}\right]^{-1}\boldsymbol{I} & \boldsymbol{0} & \boldsymbol{0} & \boldsymbol{0} \\ \boldsymbol{E}_{1j}\boldsymbol{Q}+\boldsymbol{E}_{2j}\boldsymbol{M}_i & \boldsymbol{0} & -\left[\left(\frac{\varepsilon_{ij}}{2}\right)^{-1}+\frac{1}{2}\right]^{-1}\boldsymbol{I} & \boldsymbol{0} & \boldsymbol{0} \\ \boldsymbol{D}_i^{\mathrm{T}} & \boldsymbol{0} & \boldsymbol{0} & -\varepsilon_{ij}^{-1}\boldsymbol{I} & \boldsymbol{0} \\ \boldsymbol{D}_j^{\mathrm{T}} & \boldsymbol{0} & \boldsymbol{0} & \boldsymbol{0} & -\varepsilon_{ij}^{-1}\boldsymbol{I} \end{bmatrix} < \boldsymbol{0}$$

$$1 \leqslant i < j \leqslant N \tag{3.3.10}$$

$$\begin{bmatrix} \boldsymbol{T}_{ii} & (\boldsymbol{B}_i\boldsymbol{K}_i)^{\mathrm{T}} & (\boldsymbol{E}_{2i}\boldsymbol{K}_i)^{\mathrm{T}} & \boldsymbol{P}_2^{\mathrm{T}}\boldsymbol{D}_i \\ \boldsymbol{B}_i\boldsymbol{K}_i & -\boldsymbol{I} & \boldsymbol{0} & \boldsymbol{0} \\ \boldsymbol{E}_{2i}\boldsymbol{K}_i & \boldsymbol{0} & -(\varepsilon_{ii}^{-1}+1)^{-1}\boldsymbol{I} & \boldsymbol{0} \\ \boldsymbol{D}_i^{\mathrm{T}}\boldsymbol{P}_2 & \boldsymbol{0} & \boldsymbol{0} & -(\varepsilon_{ii}^{-1}+1)^{-1}\boldsymbol{I} \end{bmatrix} < \boldsymbol{0}, \quad 1 \leqslant i \leqslant N \tag{3.3.11}$$

$$\begin{bmatrix} \boldsymbol{\Xi}_{ij} & (\boldsymbol{B}_i\boldsymbol{K}_j)^{\mathrm{T}} & (\boldsymbol{B}_j\boldsymbol{K}_i)^{\mathrm{T}} & (\boldsymbol{E}_{2i}\boldsymbol{K}_j)^{\mathrm{T}} & (\boldsymbol{E}_{2j}\boldsymbol{K}_i)^{\mathrm{T}} & \boldsymbol{P}_2\boldsymbol{D}_i & \boldsymbol{P}_2\boldsymbol{D}_j \\ \boldsymbol{B}_i\boldsymbol{K}_j & -\frac{1}{2}\boldsymbol{I} & \boldsymbol{0} & \boldsymbol{0} & \boldsymbol{0} & \boldsymbol{0} & \boldsymbol{0} \\ \boldsymbol{B}_j\boldsymbol{K}_i & \boldsymbol{0} & -\frac{1}{2}\boldsymbol{I} & \boldsymbol{0} & \boldsymbol{0} & \boldsymbol{0} & \boldsymbol{0} \\ \boldsymbol{E}_{2i}\boldsymbol{K}_j & \boldsymbol{0} & \boldsymbol{0} & -\left[\left(\frac{\varepsilon_{ij}}{2}\right)^{-1}+\frac{1}{2}\right]^{-1}\boldsymbol{I} & \boldsymbol{0} & \boldsymbol{0} & \boldsymbol{0} \\ \boldsymbol{E}_{2j}\boldsymbol{K}_i & \boldsymbol{0} & \boldsymbol{0} & \boldsymbol{0} & -\left[\left(\frac{\varepsilon_{ij}}{2}\right)^{-1}+\frac{1}{2}\right]^{-1}\boldsymbol{I} & \boldsymbol{0} & \boldsymbol{0} \\ \boldsymbol{D}_i\boldsymbol{P}_2 & \boldsymbol{0} & \boldsymbol{0} & \boldsymbol{0} & \boldsymbol{0} & -\varepsilon_{ij}^{-1}\boldsymbol{I} & \boldsymbol{0} \\ \boldsymbol{D}_j\boldsymbol{P}_2 & \boldsymbol{0} & \boldsymbol{0} & \boldsymbol{0} & \boldsymbol{0} & \boldsymbol{0} & -\varepsilon_{ij}^{-1}\boldsymbol{I} \end{bmatrix}$$

$$< \boldsymbol{0}, \quad 1 \leqslant i < j \leqslant N \tag{3.3.12}$$

式中

$$\boldsymbol{\Phi}_{ii} = \boldsymbol{Q}\boldsymbol{A}_i^{\mathrm{T}} + \boldsymbol{A}_i\boldsymbol{Q} + \boldsymbol{M}_i^{\mathrm{T}}\boldsymbol{B}_i^{\mathrm{T}} + \boldsymbol{B}_i\boldsymbol{M}_i + \boldsymbol{I}$$

$$\boldsymbol{\Psi}_{ij} = \boldsymbol{Q}\boldsymbol{A}_i^{\mathrm{T}} + \boldsymbol{A}_i\boldsymbol{Q} + \boldsymbol{Q}\boldsymbol{A}_j^{\mathrm{T}} + \boldsymbol{A}_j\boldsymbol{Q} + \boldsymbol{M}_j^{\mathrm{T}}\boldsymbol{B}_i^{\mathrm{T}} + \boldsymbol{B}_i\boldsymbol{M}_j + \boldsymbol{M}_i^{\mathrm{T}}\boldsymbol{B}_j^{\mathrm{T}} + \boldsymbol{B}_j\boldsymbol{M}_i$$

$$\boldsymbol{T}_{ii} = \boldsymbol{A}_i^{\mathrm{T}}\boldsymbol{P}_2 + \boldsymbol{A}_i\boldsymbol{P}_2 - \boldsymbol{C}_i^{\mathrm{T}}\boldsymbol{N}_i^{\mathrm{T}} - \boldsymbol{N}_i\boldsymbol{C}_i$$

$$\boldsymbol{\Xi}_{ij} = \boldsymbol{A}_i^{\mathrm{T}}\boldsymbol{P}_2 + \boldsymbol{P}_2\boldsymbol{A}_i + \boldsymbol{A}_j^{\mathrm{T}}\boldsymbol{P}_2 + \boldsymbol{P}_2\boldsymbol{A}_j - \boldsymbol{N}_j^{\mathrm{T}}\boldsymbol{B}_i^{\mathrm{T}} - \boldsymbol{B}_i\boldsymbol{N}_j - \boldsymbol{N}_i^{\mathrm{T}}\boldsymbol{B}_j^{\mathrm{T}} - \boldsymbol{B}_j\boldsymbol{N}_i$$

$$\boldsymbol{Q}=\boldsymbol{P}^{-1},\quad \boldsymbol{M}_i=\boldsymbol{K}_i\boldsymbol{P}^{-1},\quad \boldsymbol{N}_i=\boldsymbol{P}_2\boldsymbol{G}_i$$

则基于模糊 T-S 模型的输出反馈控制器(3.3.4),可使系统(3.1.2)全局渐近稳定。

引理 3.3.1 给定具有适当维数的常值矩阵 $\boldsymbol{X}$ 和 $\boldsymbol{Y}$,对任意 $\varepsilon>0$,有下列不等式成立:

$$\boldsymbol{X}^{\mathrm{T}}\boldsymbol{Y}+\boldsymbol{Y}^{\mathrm{T}}\boldsymbol{X}\leqslant\varepsilon\boldsymbol{X}^{\mathrm{T}}\boldsymbol{X}+\frac{1}{\varepsilon}\boldsymbol{Y}^{\mathrm{T}}\boldsymbol{Y}$$

证明 考虑 Lyapunov 函数

$$V(t)=\boldsymbol{x}^{\mathrm{T}}(t)\boldsymbol{P}_1\boldsymbol{x}(t)+\boldsymbol{e}^{\mathrm{T}}(t)\boldsymbol{P}_2\boldsymbol{e}(t)\tag{3.3.13}$$

式中,$\boldsymbol{P}_1$ 和 $\boldsymbol{P}_2$ 是两个正定矩阵。

令

$$V_1(\boldsymbol{x}(t))=\boldsymbol{x}^{\mathrm{T}}(t)\boldsymbol{P}_1\boldsymbol{x}(t),\quad V_2(\boldsymbol{e}(t))=\boldsymbol{e}^{\mathrm{T}}(t)\boldsymbol{P}_2\boldsymbol{e}(t)$$

则 $V_1(\boldsymbol{x}(t))$ 对时间 t 的导数为

$$\dot{V}_1(\boldsymbol{x}(t))=\dot{\boldsymbol{x}}^{\mathrm{T}}(t)\boldsymbol{P}_1\boldsymbol{x}(t)+\boldsymbol{x}^{\mathrm{T}}(t)\boldsymbol{P}_1\dot{\boldsymbol{x}}(t)\tag{3.3.14}$$

将式(3.3.6)代入式(3.3.14),可得

$$\begin{aligned}\dot{V}_1(\boldsymbol{x}(t))=&\sum_{i=1}^{N}\sum_{j=1}^{N}\mu_i(\boldsymbol{z}(t))\mu_j(\boldsymbol{z}(t))\boldsymbol{x}^{\mathrm{T}}(t)\{[\boldsymbol{A}_i+\Delta\boldsymbol{A}_i+(\boldsymbol{B}_i+\Delta\boldsymbol{B}_i)\boldsymbol{K}_j]^{\mathrm{T}}\boldsymbol{P}_1\\&+\boldsymbol{P}_1[\boldsymbol{A}_i+\Delta\boldsymbol{A}_i+(\boldsymbol{B}_i+\Delta\boldsymbol{B}_i)\boldsymbol{K}_j]\}\boldsymbol{x}(t)\\&-2\sum_{i=1}^{N}\sum_{j=1}^{N}\mu_i(\boldsymbol{z}(t))\mu_j(\boldsymbol{z}(t))\boldsymbol{x}^{\mathrm{T}}(t)\boldsymbol{P}_1(\boldsymbol{B}_i+\Delta\boldsymbol{B}_i)\boldsymbol{K}_j\boldsymbol{e}(t)\end{aligned}\tag{3.3.15}$$

令

$$\boldsymbol{H}_{ij}=\boldsymbol{A}_i+\Delta\boldsymbol{A}_i+(\boldsymbol{B}_i+\Delta\boldsymbol{B}_i)\boldsymbol{K}_j,\quad 1\leqslant i,j\leqslant N$$

式(3.3.15)变为

$$\begin{aligned}\dot{V}_1(\boldsymbol{x}(t))=&\sum_{i=1}^{N}\mu_i^2(\boldsymbol{z}(t))\boldsymbol{x}^{\mathrm{T}}(t)(\boldsymbol{H}_{ii}^{\mathrm{T}}\boldsymbol{P}_1+\boldsymbol{P}_1\boldsymbol{H}_{ii})\boldsymbol{x}(t)\\&+2\sum_{i<j}^{N}\mu_i(\boldsymbol{z}(t))\mu_j(\boldsymbol{z}(t))\boldsymbol{x}^{\mathrm{T}}(t)\left[\left(\frac{\boldsymbol{H}_{ij}+\boldsymbol{H}_{ji}}{2}\right)^{\mathrm{T}}\boldsymbol{P}_1+\boldsymbol{P}_1\left(\frac{\boldsymbol{H}_{ij}+\boldsymbol{H}_{ji}}{2}\right)\right]\boldsymbol{x}(t)\\&-2\sum_{i=1}^{N}\sum_{j=1}^{N}\mu_i(\boldsymbol{z}(t))\mu_j(\boldsymbol{z}(t))\boldsymbol{x}^{\mathrm{T}}(t)\boldsymbol{P}_1(\boldsymbol{B}_i+\Delta\boldsymbol{B}_i)\boldsymbol{K}_j\boldsymbol{e}(t)\end{aligned}\tag{3.3.16}$$

对 $2\boldsymbol{x}^{\mathrm{T}}(t)\boldsymbol{P}_1(\boldsymbol{B}_i+\Delta\boldsymbol{B}_i)\boldsymbol{K}_j\boldsymbol{e}(t)$,利用引理 3.3.1 及假设 3.3.1,可得

$$\begin{aligned}&-\boldsymbol{x}^{\mathrm{T}}(t)\boldsymbol{P}_1(\boldsymbol{B}_i+\Delta\boldsymbol{B}_i)\boldsymbol{K}_j\boldsymbol{e}(t)+\boldsymbol{e}^{\mathrm{T}}(t)[(\boldsymbol{B}_i+\Delta\boldsymbol{B}_i)\boldsymbol{K}_j]^{\mathrm{T}}\boldsymbol{P}_1\boldsymbol{x}(t)\\&\leqslant\boldsymbol{x}^{\mathrm{T}}(t)(\boldsymbol{P}_1\boldsymbol{P}_1+\boldsymbol{P}_1\boldsymbol{D}_i\boldsymbol{D}_i^{\mathrm{T}}\boldsymbol{P}_1)\boldsymbol{x}(t)+\boldsymbol{e}^{\mathrm{T}}(t)\boldsymbol{K}_j^{\mathrm{T}}(\boldsymbol{B}_i^{\mathrm{T}}\boldsymbol{B}_i+\boldsymbol{E}_{i2}^{\mathrm{T}}\boldsymbol{E}_{i2})\boldsymbol{K}_j\boldsymbol{e}(t)\end{aligned}\tag{3.3.17}$$

注意到 $\mu_i^2(\boldsymbol{z}(t))\leqslant\mu_i(\boldsymbol{z}(t))$,将式(3.3.17)代入式(3.3.16),可得

$$\begin{aligned}\dot{V}_1(\boldsymbol{x}(t))\leqslant&\sum_{i=1}^{N}\mu_i(\boldsymbol{z}(t))\boldsymbol{x}^{\mathrm{T}}(t)(\boldsymbol{H}_{ii}^{\mathrm{T}}\boldsymbol{P}_1+\boldsymbol{P}_1\boldsymbol{H}_{ii}+\boldsymbol{P}_1\boldsymbol{P}_1+\boldsymbol{P}_1\boldsymbol{D}_i\boldsymbol{D}_i^{\mathrm{T}}\boldsymbol{P}_1)\boldsymbol{x}(t)\\&+2\sum_{i<j}^{N}\mu_i(\boldsymbol{z}(t))\mu_j(\boldsymbol{z}(t))\boldsymbol{x}^{\mathrm{T}}(t)\left[\left(\frac{\boldsymbol{H}_{ij}+\boldsymbol{H}_{ji}}{2}\right)^{\mathrm{T}}\boldsymbol{P}_1+\boldsymbol{P}_1\left(\frac{\boldsymbol{H}_{ij}+\boldsymbol{H}_{ji}}{2}\right)\right]\boldsymbol{x}(t)\\&+\sum_{i=1}^{N}\mu_i(\boldsymbol{z}(t))\boldsymbol{e}^{\mathrm{T}}(t)(\boldsymbol{K}_i^{\mathrm{T}}\boldsymbol{B}_i^{\mathrm{T}}\boldsymbol{B}_i\boldsymbol{K}_i+\boldsymbol{K}_i^{\mathrm{T}}\boldsymbol{E}_{i2}^{\mathrm{T}}\boldsymbol{E}_{i2}\boldsymbol{K}_i)\boldsymbol{e}(t)\end{aligned}$$

$$+2\sum_{i<j}^{N}\mu_i(\boldsymbol{z}(t))\mu_j(\boldsymbol{z}(t))\boldsymbol{e}^{\mathrm{T}}(t)\frac{\boldsymbol{K}_i^{\mathrm{T}}(\boldsymbol{B}_j^{\mathrm{T}}\boldsymbol{B}_j+\boldsymbol{E}_{j2}^{\mathrm{T}}\boldsymbol{E}_{j2})\boldsymbol{K}_i+\boldsymbol{K}_j^{\mathrm{T}}(\boldsymbol{B}_i^{\mathrm{T}}\boldsymbol{B}_i+\boldsymbol{E}_{i2}^{\mathrm{T}}\boldsymbol{E}_{i2})\boldsymbol{K}_j}{2}\boldsymbol{e}(t) \tag{3.3.18}$$

$V_2(\boldsymbol{e}(t))$对时间 t 的导数为

$$\dot{V}_2(\boldsymbol{e}(t))=\dot{\boldsymbol{e}}^{\mathrm{T}}(t)\boldsymbol{P}_2\boldsymbol{e}(t)+\boldsymbol{e}^{\mathrm{T}}(t)\boldsymbol{P}_2\dot{\boldsymbol{e}}(t) \tag{3.3.19}$$

将式(3.3.8)代入式(3.3.19),可得

$$\begin{aligned}\dot{V}_2(\boldsymbol{e}(t))=&\sum_{i=1}^{N}\sum_{j=1}^{N}\mu_i(\boldsymbol{z}(t))\mu_j(\boldsymbol{z}(t))\boldsymbol{e}^{\mathrm{T}}(t)[(\boldsymbol{A}_i-\boldsymbol{G}_i\boldsymbol{C}_j-\Delta\boldsymbol{B}_i\boldsymbol{K}_j)^{\mathrm{T}}\boldsymbol{P}_2\\&+\boldsymbol{P}_2(\boldsymbol{A}_i-\boldsymbol{G}_i\boldsymbol{C}_j-\Delta\boldsymbol{B}_i\boldsymbol{K}_j)]\boldsymbol{e}(t)\\&+2\sum_{i=1}^{N}\sum_{j=1}^{N}\mu_i(\boldsymbol{z}(t))\mu_j(\boldsymbol{z}(t))\boldsymbol{x}^{\mathrm{T}}(t)\boldsymbol{P}_2(\Delta\boldsymbol{A}_i+\Delta\boldsymbol{B}_i\boldsymbol{K}_j)\boldsymbol{e}(t)\end{aligned} \tag{3.3.20}$$

令

$$\boldsymbol{\Sigma}_{ij}=\boldsymbol{A}_i-\boldsymbol{G}_i\boldsymbol{C}_j-\Delta\boldsymbol{B}_i\boldsymbol{K}_j,\quad 1\leqslant i,j\leqslant N$$

则式(3.3.20) 变为

$$\begin{aligned}\dot{V}_2(\boldsymbol{e}(t))=&\sum_{i=1}^{N}\mu_i^2(\boldsymbol{z}(t))\boldsymbol{e}^{\mathrm{T}}(t)(\boldsymbol{\Sigma}_{ij}^{\mathrm{T}}\boldsymbol{P}_2+\boldsymbol{P}_2\boldsymbol{\Sigma}_{ij})\boldsymbol{e}(t)\\&+2\sum_{i<j}^{N}\mu_i(\boldsymbol{z}(t))\mu_j(\boldsymbol{z}(t))\boldsymbol{e}^{\mathrm{T}}(t)\left[\left(\frac{\boldsymbol{\Sigma}_{ij}+\boldsymbol{\Sigma}_{ji}}{2}\right)^{\mathrm{T}}\boldsymbol{P}_2+\boldsymbol{P}_2\left(\frac{\boldsymbol{\Sigma}_{ij}+\boldsymbol{\Sigma}_{ji}}{2}\right)\right]\boldsymbol{e}(t)\\&+2\sum_{i=1}^{N}\sum_{j=1}^{N}\mu_i(\boldsymbol{z}(t))\mu_j(\boldsymbol{z}(t))\boldsymbol{e}^{\mathrm{T}}(t)\boldsymbol{P}_2(\Delta\boldsymbol{A}_i+\Delta\boldsymbol{B}_i\boldsymbol{K}_j)\boldsymbol{x}(t)\end{aligned} \tag{3.3.21}$$

对 $\boldsymbol{e}^{\mathrm{T}}(t)\boldsymbol{P}_2(\Delta\boldsymbol{A}_i+\Delta\boldsymbol{B}_i\boldsymbol{K}_j)\boldsymbol{x}(t)$利用引理 3.3.1 及假设 3.3.1,可得

$$\begin{aligned}&\boldsymbol{e}^{\mathrm{T}}(t)\boldsymbol{P}_2(\Delta\boldsymbol{A}_i+\Delta\boldsymbol{B}_i\boldsymbol{K}_j)\boldsymbol{x}(t)+\boldsymbol{x}^{\mathrm{T}}(t)(\Delta\boldsymbol{A}_i+\Delta\boldsymbol{B}_i\boldsymbol{K}_j)^{\mathrm{T}}\boldsymbol{P}_2\boldsymbol{e}(t)\\\leqslant&\boldsymbol{e}^{\mathrm{T}}(t)\boldsymbol{P}_2\boldsymbol{D}_i\boldsymbol{D}_i^{\mathrm{T}}\boldsymbol{P}_2\boldsymbol{e}(t)+\boldsymbol{x}^{\mathrm{T}}(t)(\boldsymbol{E}_{1i}+\boldsymbol{E}_{2i}\boldsymbol{K}_j)^{\mathrm{T}}(\boldsymbol{E}_{1i}+\boldsymbol{E}_{2i}\boldsymbol{K}_j)\boldsymbol{x}(t)\end{aligned} \tag{3.3.22}$$

令

$$\boldsymbol{L}_{ij}=(\boldsymbol{E}_{1i}+\boldsymbol{E}_{2i}\boldsymbol{K}_j)^{\mathrm{T}}(\boldsymbol{E}_{1i}+\boldsymbol{E}_{2i}\boldsymbol{K}_j)$$

注意到 $\mu_i^2(\boldsymbol{z}(t))\leqslant\mu_i(\boldsymbol{z}(t))$,将式(3.3.22)代入式(3.3.21),可得

$$\begin{aligned}\dot{V}_2(\boldsymbol{e}(t))\leqslant&\sum_{i=1}^{N}\mu_i(\boldsymbol{z}(t))\boldsymbol{e}^{\mathrm{T}}(t)(\boldsymbol{\Sigma}_{ii}^{\mathrm{T}}\boldsymbol{P}_2+\boldsymbol{P}_2\boldsymbol{\Sigma}_{ii}+\boldsymbol{P}_2\boldsymbol{D}_i\boldsymbol{D}_i^{\mathrm{T}}\boldsymbol{P}_2)\boldsymbol{e}(t)\\&+2\sum_{i<j}^{N}\mu_i(\boldsymbol{z}(t))\mu_j(\boldsymbol{z}(t))\boldsymbol{e}^{\mathrm{T}}(t)\left[\left(\frac{\boldsymbol{\Sigma}_{ij}+\boldsymbol{\Sigma}_{ji}}{2}\right)^{\mathrm{T}}\boldsymbol{P}_2+\boldsymbol{P}_2\left(\frac{\boldsymbol{\Sigma}_{ij}+\boldsymbol{\Sigma}_{ji}}{2}\right)\right]\boldsymbol{e}(t)\\&+\sum_{i=1}^{N}\mu_i(\boldsymbol{z}(t))\boldsymbol{x}^{\mathrm{T}}(t)\boldsymbol{L}_{ii}\boldsymbol{x}(t)+\sum_{i<j}^{N}\mu_i(\boldsymbol{z}(t))\mu_j(\boldsymbol{z}(t))\boldsymbol{x}^{\mathrm{T}}(t)\left(\frac{\boldsymbol{L}_{ij}+\boldsymbol{L}_{ji}}{2}\right)\boldsymbol{x}(t)\end{aligned} \tag{3.3.23}$$

合并式(3.3.18)与(3.3.23), $V(t)$对时间 t 的导数可表示为

$$\begin{aligned}\dot{V}(t)\leqslant&\sum_{i=1}^{N}\mu_i(\boldsymbol{z}(t))\boldsymbol{x}^{\mathrm{T}}(t)(\boldsymbol{H}_{ii}^{\mathrm{T}}\boldsymbol{P}_1+\boldsymbol{P}_1\boldsymbol{H}_{ii}+\boldsymbol{P}_1\boldsymbol{P}_1+\boldsymbol{P}_1\boldsymbol{D}_i\boldsymbol{D}_i^{\mathrm{T}}\boldsymbol{P}_1+\boldsymbol{L}_{ii})\boldsymbol{x}(t)\\&+2\sum_{i<j}^{N}\mu_i(\boldsymbol{z}(t))\mu_j(\boldsymbol{z}(t))\boldsymbol{x}^{\mathrm{T}}(t)\left[\left(\frac{\boldsymbol{H}_{ij}+\boldsymbol{H}_{ji}}{2}\right)^{\mathrm{T}}\boldsymbol{P}_1\right.\end{aligned}$$

$$+\boldsymbol{P}_1\left(\frac{\boldsymbol{H}_{ij}+\boldsymbol{H}_{ji}}{2}\right)+\frac{\boldsymbol{L}_{ij}+\boldsymbol{L}_{ji}}{4}\Bigg]\boldsymbol{x}(t)+\sum_{i=1}^{N}\mu_i(\boldsymbol{z}(t))\boldsymbol{e}^{\mathrm{T}}(t)$$
$$\times[\boldsymbol{\Sigma}_{ii}^{\mathrm{T}}\boldsymbol{P}_2+\boldsymbol{P}_2\boldsymbol{\Sigma}_{ii}+\boldsymbol{P}_2\boldsymbol{D}_i\boldsymbol{D}_i^{\mathrm{T}}\boldsymbol{P}_2+\boldsymbol{K}_i^{\mathrm{T}}(\boldsymbol{B}_i^{\mathrm{T}}\boldsymbol{B}_i+\boldsymbol{E}_{i2}^{\mathrm{T}}\boldsymbol{E}_{i2})\boldsymbol{K}_i]\boldsymbol{e}(t)$$
$$+2\sum_{i<j}^{N}\mu_i(\boldsymbol{z}(t))\mu_j(\boldsymbol{z}(t))\boldsymbol{e}^{\mathrm{T}}(t)\Bigg[\left(\frac{\boldsymbol{\Sigma}_{ij}+\boldsymbol{\Sigma}_{ji}}{2}\right)^{\mathrm{T}}\boldsymbol{P}_2+\boldsymbol{P}_2\left(\frac{\boldsymbol{\Sigma}_{ij}+\boldsymbol{\Sigma}_{ji}}{2}\right)$$
$$+\frac{\boldsymbol{K}_i^{\mathrm{T}}(\boldsymbol{B}_j^{\mathrm{T}}\boldsymbol{B}_j+\boldsymbol{E}_{j2}^{\mathrm{T}}\boldsymbol{E}_{j2})\boldsymbol{K}_i+\boldsymbol{K}_j^{\mathrm{T}}(\boldsymbol{B}_j^{\mathrm{T}}\boldsymbol{B}_j+\boldsymbol{E}_{i2}^{\mathrm{T}}\boldsymbol{E}_{i2})\boldsymbol{K}_j}{2}\Bigg]\boldsymbol{e}(t) \tag{3.3.24}$$

如果对所有的 $\boldsymbol{x}(t)$ 和 $\boldsymbol{e}(t)$,式(3.3.13)除在 $\boldsymbol{x}(t)=\boldsymbol{0}$ 和 $\boldsymbol{e}(t)=\boldsymbol{0}$ 之外总是负定的,则模糊控制系统(3.1.2)在其平衡点处是渐近稳定的。因此,如果可以假设式(3.3.24)中的每个和式是负定的,则模糊 T-S 控制系统是渐近稳定的。

首先,假设式(3.3.24)中的每个和式是负定的:

$$\boldsymbol{H}_{ii}^{\mathrm{T}}\boldsymbol{P}_1+\boldsymbol{P}_1\boldsymbol{H}_{ii}+\boldsymbol{P}_1\boldsymbol{P}_1+\boldsymbol{P}_1\boldsymbol{D}_i\boldsymbol{D}_i^{\mathrm{T}}\boldsymbol{P}_1+\boldsymbol{L}_{ii}<\boldsymbol{0},\quad 1\leqslant i\leqslant N \tag{3.3.25}$$

即

$$\boldsymbol{P}_1\boldsymbol{P}_1+\boldsymbol{P}_1\boldsymbol{D}_i\boldsymbol{D}_i^{\mathrm{T}}\boldsymbol{P}_1+\boldsymbol{L}_{ii}+[\boldsymbol{A}_i+\Delta\boldsymbol{A}_i+(\boldsymbol{B}_i+\Delta\boldsymbol{B}_i)\boldsymbol{K}_i]^{\mathrm{T}}\boldsymbol{P}_1$$
$$+\boldsymbol{P}_1[\boldsymbol{A}_i+\Delta\boldsymbol{A}_i+(\boldsymbol{B}_i+\Delta\boldsymbol{B}_i)\boldsymbol{K}_i]<\boldsymbol{0} \tag{3.3.26}$$

利用假设 3.3.1,式(3.3.26)变为

$$\boldsymbol{\Pi}_{ii}+\boldsymbol{P}_1\boldsymbol{D}_i\boldsymbol{F}_i(t)(\boldsymbol{E}_{1i}+\boldsymbol{E}_{2i}\boldsymbol{K}_i)+(\boldsymbol{E}_{1i}+\boldsymbol{E}_{2i}\boldsymbol{K}_i)^{\mathrm{T}}\boldsymbol{F}_i^{\mathrm{T}}(t)\boldsymbol{D}_i^{\mathrm{T}}\boldsymbol{P}_1<\boldsymbol{0} \tag{3.3.27}$$

式中

$$\boldsymbol{\Pi}_{ii}=\boldsymbol{P}_1\boldsymbol{P}_1+\boldsymbol{P}_1\boldsymbol{D}_i\boldsymbol{D}_i^{\mathrm{T}}\boldsymbol{P}+\boldsymbol{L}_{ii}+\boldsymbol{A}_i^{\mathrm{T}}\boldsymbol{P}_1+\boldsymbol{P}_1\boldsymbol{A}_i+\boldsymbol{K}_i^{\mathrm{T}}\boldsymbol{B}_i^{\mathrm{T}}\boldsymbol{P}_1+\boldsymbol{P}_1\boldsymbol{B}_i\boldsymbol{K}_i$$

根据引理 3.1.1,对所有满足 $\boldsymbol{F}_i^{\mathrm{T}}(t)\boldsymbol{F}_i(t)\leqslant\boldsymbol{I}$ 的 $\boldsymbol{F}_i(t)$,矩阵不等式(3.3.27) 成立的充分必要条件是存在常数 $\varepsilon_{ii}^{1/2}>0$,使得

$$\boldsymbol{\Pi}_{ii}+[(\boldsymbol{E}_{1i}+\boldsymbol{E}_{2i}\boldsymbol{K}_i)^{\mathrm{T}}\quad \boldsymbol{P}_1\boldsymbol{D}_i]\begin{bmatrix}\varepsilon_{ii}^{-1}\boldsymbol{I} & \boldsymbol{0}\\ \boldsymbol{0} & \varepsilon_{ii}\boldsymbol{I}\end{bmatrix}\begin{bmatrix}\boldsymbol{E}_{1i}+\boldsymbol{E}_{2i}\boldsymbol{K}_i\\ (\boldsymbol{P}_1\boldsymbol{D}_i)^{\mathrm{T}}\end{bmatrix}<\boldsymbol{0} \tag{3.3.28}$$

将 $\boldsymbol{P}_1\boldsymbol{D}_i\boldsymbol{D}_i^{\mathrm{T}}\boldsymbol{P}_1+\boldsymbol{L}_{ii}$ 记为

$$[(\boldsymbol{E}_{1i}+\boldsymbol{E}_{2i}\boldsymbol{K}_i)^{\mathrm{T}}\quad \boldsymbol{P}_1\boldsymbol{D}_i]\begin{bmatrix}\boldsymbol{I} & \boldsymbol{0}\\ \boldsymbol{0} & \boldsymbol{I}\end{bmatrix}\begin{bmatrix}\boldsymbol{E}_{1i}+\boldsymbol{E}_{2i}\boldsymbol{K}_i\\ (\boldsymbol{P}_1\boldsymbol{D}_i)^{\mathrm{T}}\end{bmatrix} \tag{3.3.29}$$

则式(3.3.28)变为

$$\boldsymbol{\Delta}_{ii}+[(\boldsymbol{E}_{1i}+\boldsymbol{E}_{2i}\boldsymbol{K}_i)^{\mathrm{T}}\quad \boldsymbol{P}_1\boldsymbol{D}_i]\begin{bmatrix}(\varepsilon_{ii}^{-1}+1)\boldsymbol{I} & \boldsymbol{0}\\ \boldsymbol{0} & (\varepsilon_{ii}+1)\boldsymbol{I}\end{bmatrix}\begin{bmatrix}\boldsymbol{E}_{1i}+\boldsymbol{E}_{2i}\boldsymbol{K}_i\\ (\boldsymbol{P}_1\boldsymbol{D}_i)^{\mathrm{T}}\end{bmatrix}<\boldsymbol{0} \tag{3.3.30}$$

式中

$$\boldsymbol{\Delta}_{ii}=\boldsymbol{A}_i^{\mathrm{T}}\boldsymbol{P}_1+\boldsymbol{P}_1\boldsymbol{A}_i+\boldsymbol{P}_1\boldsymbol{K}_i^{\mathrm{T}}\boldsymbol{B}_i^{\mathrm{T}}+\boldsymbol{B}_i\boldsymbol{K}_i\boldsymbol{P}_1+\boldsymbol{P}_1\boldsymbol{P}_1$$

令 $\boldsymbol{Q}=\boldsymbol{P}_1^{-1}$,$\boldsymbol{M}_i=\boldsymbol{K}_i\boldsymbol{Q}$,用 $\boldsymbol{Q}=\boldsymbol{P}_1^{-1}$ 乘以不等式(3.3.30)的两边,可得

$$\boldsymbol{\Phi}_{ii}+[(\boldsymbol{E}_{1i}\boldsymbol{Q}+\boldsymbol{E}_{2i}\boldsymbol{M}_i)^{\mathrm{T}}\quad \boldsymbol{D}_i]\begin{bmatrix}(\varepsilon_{ii}^{-1}+1)\boldsymbol{I} & \boldsymbol{0}\\ \boldsymbol{0} & (\varepsilon_{ii}+1)\boldsymbol{I}\end{bmatrix}\begin{bmatrix}\boldsymbol{E}_{1i}\boldsymbol{Q}+\boldsymbol{E}_{2i}\boldsymbol{M}_i\\ \boldsymbol{D}_i^{\mathrm{T}}\end{bmatrix}<\boldsymbol{0} \tag{3.3.31}$$

式中

$$\boldsymbol{\Phi}_{ii}=\boldsymbol{Q}\boldsymbol{A}_i^{\mathrm{T}}+\boldsymbol{A}_i\boldsymbol{Q}+\boldsymbol{M}_i^{\mathrm{T}}\boldsymbol{B}_i^{\mathrm{T}}+\boldsymbol{B}_i\boldsymbol{M}_i+\boldsymbol{I}$$

利用 Schur 分解原理，由式(3.3.31)可得定理 3.3.1 中的第一个线性矩阵不等式(3.3.9)。

通过类似的方法可得第二个线性矩阵不等式(3.3.10)。假设方程(3.3.24)中的第二个和式是负定的：

$$\left(\frac{\boldsymbol{H}_{ij}+\boldsymbol{H}_{ji}}{2}\right)^{\mathrm{T}}\boldsymbol{P}_1+\boldsymbol{P}_1\left(\frac{\boldsymbol{H}_{ij}+\boldsymbol{H}_{ji}}{2}\right)+\frac{\boldsymbol{L}_{ij}+\boldsymbol{L}_{ji}}{4}<\boldsymbol{0} \tag{3.3.32}$$

即

$$\begin{gathered}\frac{\boldsymbol{L}_{ij}+\boldsymbol{L}_{ji}}{2}+\left[\frac{\boldsymbol{A}_i+\Delta\boldsymbol{A}_i+(\boldsymbol{B}_i+\Delta\boldsymbol{B}_i)\boldsymbol{K}_j+\boldsymbol{A}_j+\Delta\boldsymbol{A}_j+(\boldsymbol{B}_j+\Delta\boldsymbol{B}_j)\boldsymbol{K}_i}{2}\right]^{\mathrm{T}}\boldsymbol{P}_1\\+\boldsymbol{P}_1\left[\frac{\boldsymbol{A}_i+\Delta\boldsymbol{A}_i+(\boldsymbol{B}_i+\Delta\boldsymbol{B}_i)\boldsymbol{K}_j+\boldsymbol{A}_j+\Delta\boldsymbol{A}_j+(\boldsymbol{B}_j+\Delta\boldsymbol{B}_j)\boldsymbol{K}_i}{2}\right]<\boldsymbol{0}\\1\leqslant i<j\leqslant N\end{gathered} \tag{3.3.33}$$

则利用假设 3.3.1，式(3.3.33)可表示为

$$\begin{aligned}&\frac{\boldsymbol{L}_{ij}+\boldsymbol{L}_{ji}}{4}+\boldsymbol{\Theta}_{ij}+[\boldsymbol{P}_1\boldsymbol{D}_i\quad \boldsymbol{P}_1\boldsymbol{D}_j]\begin{bmatrix}\boldsymbol{F}_i(t)&\boldsymbol{0}\\\boldsymbol{0}&\boldsymbol{F}_i(t)\end{bmatrix}\begin{bmatrix}\boldsymbol{E}_{1i}+\boldsymbol{E}_{2i}\boldsymbol{K}_j\\\boldsymbol{E}_{1j}+\boldsymbol{E}_{2j}\boldsymbol{K}_i\end{bmatrix}\\&\quad+\begin{bmatrix}\boldsymbol{E}_{1i}+\boldsymbol{E}_{2i}\boldsymbol{K}_j\\\boldsymbol{E}_{1j}+\boldsymbol{E}_{2j}\boldsymbol{K}_i\end{bmatrix}^{\mathrm{T}}\begin{bmatrix}\boldsymbol{F}_i(t)&\boldsymbol{0}\\\boldsymbol{0}&\boldsymbol{F}_j(t)\end{bmatrix}^{\mathrm{T}}[\boldsymbol{P}_1\boldsymbol{D}_i\quad \boldsymbol{P}_1\boldsymbol{D}_j]^{\mathrm{T}}<\boldsymbol{0}\end{aligned} \tag{3.3.34}$$

式中

$$\boldsymbol{\Theta}_{ij}=\boldsymbol{A}_i^{\mathrm{T}}\boldsymbol{P}_1+\boldsymbol{P}_1\boldsymbol{A}_i+\boldsymbol{P}_1\boldsymbol{A}_j^{\mathrm{T}}+\boldsymbol{A}_j\boldsymbol{P}_1+\boldsymbol{K}_j^{\mathrm{T}}\boldsymbol{B}_i^{\mathrm{T}}\boldsymbol{P}_1+\boldsymbol{P}_1\boldsymbol{B}_i\boldsymbol{K}_j+\boldsymbol{K}_i^{\mathrm{T}}\boldsymbol{B}_j^{\mathrm{T}}\boldsymbol{P}_1+\boldsymbol{P}_1\boldsymbol{B}_j\boldsymbol{K}_i$$

重复利用引理 3.1.1 可知，对所有满足

$$\begin{bmatrix}\boldsymbol{F}_i(t)&\boldsymbol{0}\\\boldsymbol{0}&\boldsymbol{F}_j(t)\end{bmatrix}^{\mathrm{T}}\begin{bmatrix}\boldsymbol{F}_i(t)&\boldsymbol{0}\\\boldsymbol{0}&\boldsymbol{F}_j(t)\end{bmatrix}\leqslant\boldsymbol{I}$$

的 $\boldsymbol{F}_i(t)$，矩阵不等式(3.3.34)成立的充分必要条件是存在常数 $\varepsilon_{ii}^{1/2}>0$，使得

$$\begin{aligned}&\frac{\boldsymbol{L}_{ij}+\boldsymbol{L}_{ji}}{2}+\boldsymbol{\Theta}_{ij}+[(\boldsymbol{E}_{1i}+\boldsymbol{E}_{2i}\boldsymbol{K}_j)^{\mathrm{T}}\quad(\boldsymbol{E}_{1j}+\boldsymbol{E}_{2j}\boldsymbol{K}_i)^{\mathrm{T}}\quad\boldsymbol{P}_1\boldsymbol{D}_i\quad\boldsymbol{P}_1\boldsymbol{D}_j]\\&\times\begin{bmatrix}\left(\frac{\varepsilon_{ij}}{2}\right)^{-1}\boldsymbol{I}&\boldsymbol{0}&\boldsymbol{0}&\boldsymbol{0}\\\boldsymbol{0}&\left(\frac{\varepsilon_{ij}}{2}\right)^{-1}\boldsymbol{I}&\boldsymbol{0}&\boldsymbol{0}\\\boldsymbol{0}&\boldsymbol{0}&\varepsilon_{ij}\boldsymbol{I}&\boldsymbol{0}\\\boldsymbol{0}&\boldsymbol{0}&\boldsymbol{0}&\varepsilon_{ij}\boldsymbol{I}\end{bmatrix}\begin{bmatrix}\boldsymbol{E}_{1i}+\boldsymbol{E}_{2i}\boldsymbol{K}_j\\\boldsymbol{E}_{1j}+\boldsymbol{E}_{2j}\boldsymbol{K}_i\\(\boldsymbol{P}_1\boldsymbol{D}_i)^{\mathrm{T}}\\(\boldsymbol{P}_1\boldsymbol{D}_j)^{\mathrm{T}}\end{bmatrix}<\boldsymbol{0}\end{aligned} \tag{3.3.35}$$

记 $\dfrac{\boldsymbol{L}_{ij}+\boldsymbol{L}_{ji}}{2}$ 为

$$\begin{aligned}&[(\boldsymbol{E}_{1i}+\boldsymbol{E}_{2i}\boldsymbol{K}_j)^{\mathrm{T}}\quad(\boldsymbol{E}_{1j}+\boldsymbol{E}_{2j}\boldsymbol{K}_i)^{\mathrm{T}}\quad\boldsymbol{P}_1\boldsymbol{D}_i\quad\boldsymbol{P}_1\boldsymbol{D}_j]\\&\times\begin{bmatrix}\frac{1}{2}\boldsymbol{I}&\boldsymbol{0}&\boldsymbol{0}&\boldsymbol{0}\\\boldsymbol{0}&\frac{1}{2}\boldsymbol{I}&\boldsymbol{0}&\boldsymbol{0}\\\boldsymbol{0}&\boldsymbol{0}&\boldsymbol{0}&\boldsymbol{0}\\\boldsymbol{0}&\boldsymbol{0}&\boldsymbol{0}&\boldsymbol{0}\end{bmatrix}\begin{bmatrix}\boldsymbol{E}_{1i}+\boldsymbol{E}_{2i}\boldsymbol{K}_j\\\boldsymbol{E}_{1j}+\boldsymbol{E}_{2j}\boldsymbol{K}_i\\(\boldsymbol{P}_1\boldsymbol{D}_i)^{\mathrm{T}}\\(\boldsymbol{P}_1\boldsymbol{D}_j)^{\mathrm{T}}\end{bmatrix}<\boldsymbol{0}\end{aligned} \tag{3.3.36}$$

则式(3.3.35)变为

$$\boldsymbol{\Theta}_{ij}+[(\boldsymbol{E}_{1i}+\boldsymbol{E}_{2i}\boldsymbol{K}_j)^{\mathrm{T}}\quad(\boldsymbol{E}_{1j}+\boldsymbol{E}_{2j}\boldsymbol{K}_i)^{\mathrm{T}}\quad\boldsymbol{P}_1\boldsymbol{D}_i\quad\boldsymbol{P}_1\boldsymbol{D}_j]$$

$$\times\begin{bmatrix}\left[\left(\frac{\varepsilon_{ij}}{2}\right)^{-1}+\frac{1}{4}\right]\boldsymbol{I} & \boldsymbol{0} & \boldsymbol{0} & \boldsymbol{0}\\ \boldsymbol{0} & \left[\left(\frac{\varepsilon_{ij}}{2}\right)^{-1}+\frac{1}{4}\right]\boldsymbol{I} & \boldsymbol{0} & \boldsymbol{0}\\ \boldsymbol{0} & \boldsymbol{0} & \varepsilon_{ij}\boldsymbol{I} & \boldsymbol{0}\\ \boldsymbol{0} & \boldsymbol{0} & \boldsymbol{0} & \varepsilon_{ij}\boldsymbol{I}\end{bmatrix}\begin{bmatrix}\boldsymbol{E}_{1i}+\boldsymbol{E}_{2i}\boldsymbol{K}_j\\ \boldsymbol{E}_{1j}+\boldsymbol{E}_{2j}\boldsymbol{K}_i\\ (\boldsymbol{P}_1\boldsymbol{D}_i)^{\mathrm{T}}\\ (\boldsymbol{P}_1\boldsymbol{D}_j)^{\mathrm{T}}\end{bmatrix}<\boldsymbol{0}\tag{3.3.37}$$

用 $\boldsymbol{P}_1^{-1}$ 乘以不等式(3.3.37)的两边,并利用 Schur 分解原理,可得第二个 LMI(3.3.10)。

假设方程(3.3.24)中第三个和式是负定的:

$$\boldsymbol{\Sigma}_{ii}^{\mathrm{T}}\boldsymbol{P}_2+\boldsymbol{P}_2\boldsymbol{\Sigma}_{ii}+\boldsymbol{P}_2\boldsymbol{D}_i\boldsymbol{D}_i^{\mathrm{T}}\boldsymbol{P}_2+\boldsymbol{K}_i^{\mathrm{T}}\boldsymbol{B}_i^{\mathrm{T}}\boldsymbol{B}_i\boldsymbol{K}_i+\boldsymbol{K}_i^{\mathrm{T}}\boldsymbol{E}_{i2}\boldsymbol{E}_{i2}^{\mathrm{T}}\boldsymbol{K}_i<\boldsymbol{0}\tag{3.3.38}$$

由引理 3.1.1,式(3.3.38)变为

$$\boldsymbol{T}_{ii}+\boldsymbol{K}_i^{\mathrm{T}}\boldsymbol{B}_i^{\mathrm{T}}\boldsymbol{B}_i\boldsymbol{K}_i+\boldsymbol{P}_2\boldsymbol{D}_i\boldsymbol{D}_i^{\mathrm{T}}\boldsymbol{P}_2+\boldsymbol{K}_i^{\mathrm{T}}\boldsymbol{E}_{i2}^{\mathrm{T}}\boldsymbol{E}_{i2}\boldsymbol{K}_i+[(\boldsymbol{E}_{i2}\boldsymbol{K}_i)^{\mathrm{T}}\quad\boldsymbol{P}_2\boldsymbol{D}_i]\begin{bmatrix}\varepsilon_{ii}^{-1}\boldsymbol{I} & \boldsymbol{0}\\ \boldsymbol{0} & \varepsilon_{ii}^{-1}\boldsymbol{I}\end{bmatrix}\begin{bmatrix}\boldsymbol{E}_{i2}\boldsymbol{K}_i\\ (\boldsymbol{P}_2\boldsymbol{D}_i)^{\mathrm{T}}\end{bmatrix}<\boldsymbol{0}\tag{3.3.39}$$

式中

$$\boldsymbol{T}_{ii}=\boldsymbol{A}_i^{\mathrm{T}}\boldsymbol{P}_2+\boldsymbol{P}_2\boldsymbol{A}_i-\boldsymbol{C}_i^{\mathrm{T}}\boldsymbol{N}_i^{\mathrm{T}}-\boldsymbol{N}_i\boldsymbol{C}_i$$

式(3.3.39)也可写成

$$\boldsymbol{T}_{ii}+[(\boldsymbol{B}_i\boldsymbol{K}_i)^{\mathrm{T}}\quad(\boldsymbol{E}_{i2}\boldsymbol{K}_i)^{\mathrm{T}}\quad\boldsymbol{P}_2\boldsymbol{D}_i]\begin{bmatrix}\boldsymbol{I} & \boldsymbol{0} & \boldsymbol{0}\\ \boldsymbol{0} & (\varepsilon_{ii}^{-1}+1)\boldsymbol{I} & \boldsymbol{0}\\ \boldsymbol{0} & \boldsymbol{0} & (\varepsilon_{ii}^{-1}+1)\boldsymbol{I}\end{bmatrix}\begin{bmatrix}\boldsymbol{B}_i\boldsymbol{K}_i\\ \boldsymbol{E}_{i2}\boldsymbol{K}_i\\ (\boldsymbol{P}_2\boldsymbol{D}_i)^{\mathrm{T}}\end{bmatrix}<\boldsymbol{0}\tag{3.3.40}$$

令 $\boldsymbol{N}_i=\boldsymbol{P}_2\boldsymbol{G}_i$,利用 Schur 分解原理,由式(3.3.40)可得第三个 LMI(3.3.11)。

假设方程(3.3.24)中第四个和式是负定的:

$$\left(\frac{\boldsymbol{\Sigma}_{ij}+\boldsymbol{\Sigma}_{ji}}{2}\right)^{\mathrm{T}}\boldsymbol{P}_2+\boldsymbol{P}_2\left(\frac{\boldsymbol{\Sigma}_{ij}+\boldsymbol{\Sigma}_{ji}}{2}\right)+\frac{\boldsymbol{K}_i^{\mathrm{T}}(\boldsymbol{B}_j^{\mathrm{T}}\boldsymbol{B}_j+\boldsymbol{E}_{j2}\boldsymbol{E}_{j2}^{\mathrm{T}})\boldsymbol{K}_i+\boldsymbol{K}_j^{\mathrm{T}}(\boldsymbol{B}_i^{\mathrm{T}}\boldsymbol{B}_i+\boldsymbol{E}_{i2}\boldsymbol{E}_{i2}^{\mathrm{T}})\boldsymbol{K}_j}{2}<\boldsymbol{0}\tag{3.3.41}$$

用相似的方法,式(3.3.41)可以变为第四个 LMI(3.3.12)。

3.3.2 仿真

例 3.3.1 设倒立摆控制系统的数学模型如下:

$$\begin{aligned}\dot{x}_1&=x_2\\ \dot{x}_2&=\frac{1}{(M+m)(J+ml^2)-m^2l^2\cos^2x_1}[-f_1(M+m)x_2\\ &\quad -m^2l^2x_2^2\sin x_1\cos x_1+f_0mlx_4\cos x_1+(M+m)mg\sin x_1-ml\cos x_1u]\\ \dot{x}_3&=x_4\\ \dot{x}_4&=\frac{1}{(M+m)(J+ml^2)-m^2l^2\cos^2x_1}[-f_1mlx_2\cos x_1\end{aligned}$$

$$+(J+ml^2)mlx_2^2\sin x_1-f_0(J+ml^2)x_4-m^2gl^2\sin x_1\cos x_1+(J+ml^2)u]$$

(3.3.42)

式中，x_1 为摆相对垂直位置的角度；x_2 是角速度；x_3 是车的位移；x_4 是车的速度；g 为重力加速度；m 为摆的质量；M 为车的质量；f_0 为车的摩擦系数；f_1 为摆的摩擦系数；l 为摆的重心到摆轴的长度；J 为摆对其重心的转动惯量；u 是作用于车的力。在本例中，取 $M=1.3282\text{kg}$，$m=0.22\text{kg}$，$f_0=22.915$，$f_1=0.007056$，$l=0.304\text{m}$，$J=0.004963\text{m}^4$。

首先用模糊 T-S 模型来表示系统。为减小设计误差，规则尽可能少。注意在 $x_1=\pm\pi/2$时，系统是不可控制的，因此，将系统近似表示为如下的两条模糊规则。

模糊系统规则 1：如果 x_1 大约是 0，则

$$\dot{\boldsymbol{x}}=(\boldsymbol{A}_1+\Delta\boldsymbol{A}_1)\boldsymbol{x}(t)+\boldsymbol{B}_1u(t)$$
$$\boldsymbol{y}_1(t)=\boldsymbol{C}_1\boldsymbol{x}(t)$$

模糊系统规则 2：如果 x_1 大约是$\pm\pi/3$，则

$$\dot{\boldsymbol{x}}=(\boldsymbol{A}_2+\Delta\boldsymbol{A}_2)\boldsymbol{x}(t)+\boldsymbol{B}_2u(t)$$
$$\boldsymbol{y}_2(t)=\boldsymbol{C}_2\boldsymbol{x}(t)$$

式中

$$\boldsymbol{A}_1=\begin{bmatrix}0&1&0&0\\a_{21}&a_{22}&0&a_{24}\\0&0&0&1\\a_{41}&a_{42}&0&a_{44}\end{bmatrix},\quad \boldsymbol{B}_1=\begin{bmatrix}0\\b_2\\0\\b_4\end{bmatrix},\quad \boldsymbol{C}_1=\begin{bmatrix}1&0&0&0\\0&0&1&0\end{bmatrix}$$

$$\boldsymbol{A}_2=\begin{bmatrix}0&1&0&0\\a'_{21}&a'_{22}&0&a'_{24}\\0&0&0&1\\a'_{41}&a'_{42}&0&a'_{44}\end{bmatrix},\quad \boldsymbol{B}_2=\begin{bmatrix}0\\b'_2\\0\\b'_4\end{bmatrix},\quad \boldsymbol{C}_2=\begin{bmatrix}1&0&0&0\\0&0&1&0\end{bmatrix}$$

其中

$$a_{21}=(M+m)mgl/a,\quad a_{22}=-f_1(M+m)/a,\quad a_{24}=f_0ml/a$$
$$a_{41}=-m^2gl^2/a,\quad a_{42}=f_1ml/a,\quad a_{44}=-f_0(J+ml^2)/a$$
$$b_2=-ml/a,\quad b_4=(J+ml^2)/a$$
$$a=(M+m)(J+ml^2)-m^2l^2$$
$$a'_{21}=\frac{3\sqrt{3}}{2\pi}(M+m)mgl/a',\quad a'_{22}=-f_1(M+m)/a'$$
$$a'_{24}=f_0ml\cos60°/a',\quad a'_{41}=-\frac{3\sqrt{3}}{2\pi}m^2gl^2\cos60°/a'$$
$$a'_{42}=f_1ml\cos60°/a',\quad a'_{44}=-f_0(J+ml^2)/a'$$
$$b'_2=-ml\cos60°/a',\quad b'_4=(J+ml^2)/a'$$
$$a'=(M+m)(J+ml^2)-m^2l^2(\cos60°)^2$$

$\Delta\boldsymbol{A}_1$ 和 $\Delta\boldsymbol{A}_2$ 表示系统参数的不确定性，但模有界，其中元素在其标称值的 30％内是任取的，假设 $\Delta\boldsymbol{B}_1=\Delta\boldsymbol{B}_2=\boldsymbol{0}$。根据假设 3.3.1，定义

$$\boldsymbol{D}_1=\boldsymbol{D}_2=\begin{bmatrix}0.3&0&0&0\\0&0.3&0&0\\0&0&0.3&0\\0&0&0&0.3\end{bmatrix},\quad \boldsymbol{E}_{11}=\boldsymbol{E}_{12}=\begin{bmatrix}15&0&0&0\\0&15&0&0\\0&0&15&0\\0&0&0&15\end{bmatrix}$$

$$\boldsymbol{E}_{21}=\boldsymbol{E}_{22}=\boldsymbol{0}$$

模糊隶属函数取为

$$\mu_1(x_1(t))=\left[1-\frac{1}{1+\mathrm{e}^{-7(x_1(t)-\pi/6)}}\right]\frac{1}{1+\mathrm{e}^{-7(x_1(t)+\pi/6)}}$$

$$\mu_2(x_1(t))=1-\mu_1(x_1(t))$$

求解线性矩阵不等式(3.3.9)～(3.3.12)，可得反馈增益矩阵和观测增益矩阵为

$$\boldsymbol{K}_1=[-69.1254\quad -11.2047\quad -7.8689\quad -34.0224]$$

$$\boldsymbol{K}_2=[-154.1245\quad -30.2409\quad -9.8612\quad -37.0122]$$

$$\boldsymbol{G}_1=\begin{bmatrix}69.0423&34.6818\\1198.1034&1609.3412\\0.6709&45.7658\\11.9908&234.7865\end{bmatrix},\quad \boldsymbol{G}_2=\begin{bmatrix}68.1493&14.3918\\1108.0939&609.3112\\0.4509&49.1608\\10.5668&284.0865\end{bmatrix}$$

分别取状态及其估计状态值的初始值为 $\boldsymbol{x}(0)=[-60°\quad 0\quad 0\quad 0]$，$\hat{\boldsymbol{x}}(0)=[0.9\quad 0.8\quad 0.2\quad 0.2]$和 $\boldsymbol{x}(0)=[60°\quad 0\quad 0\quad 0]$，$\hat{\boldsymbol{x}}(0)=[0.9\quad 0.8\quad 0.2\quad 0.2]$。图 3-6～图 3-9 显示了闭环系统的状态曲线。仿真结果显示，在参数不确定但模有界的条件下，基于模糊观测器的 T-S 模型控制器具有鲁棒性。

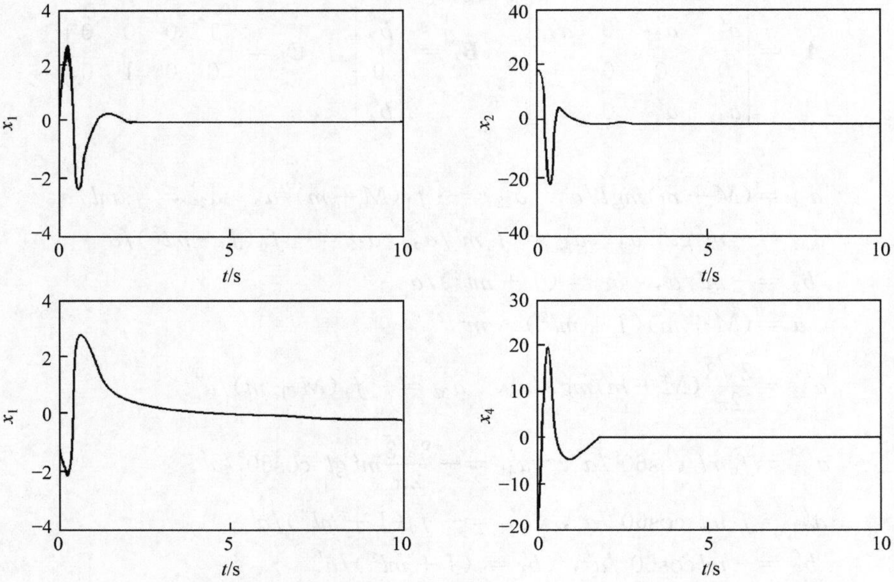

图 3-6 对应初始条件 $\boldsymbol{x}(0)=[-60°\quad 0\quad 0\quad 0]$和 $\hat{\boldsymbol{x}}(0)=[0.9\quad 0.8\quad 0.2\quad 0.2]$的状态曲线

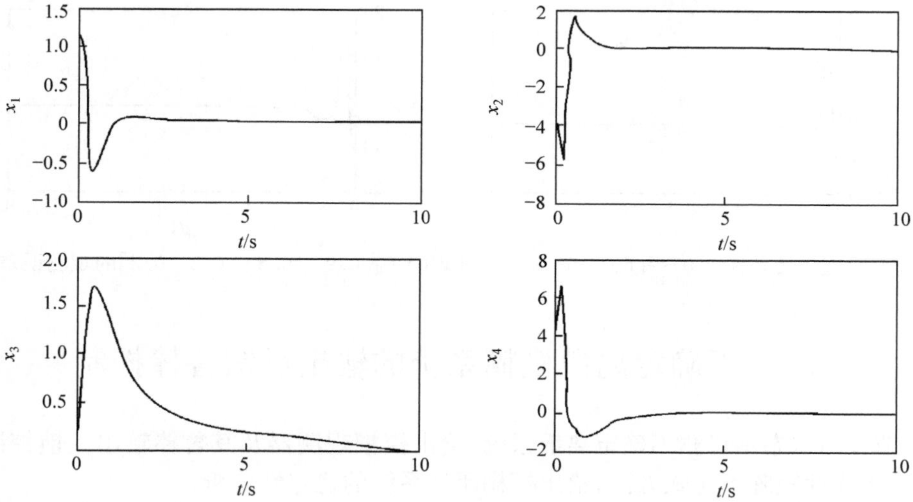

图 3-7　对应初始条件 $\boldsymbol{x}(0)=[60°\quad 0\quad 0\quad 0]$和 $\hat{\boldsymbol{x}}(0)=[0.9\quad 0.8\quad 0.2\quad 0.2]$的状态曲线

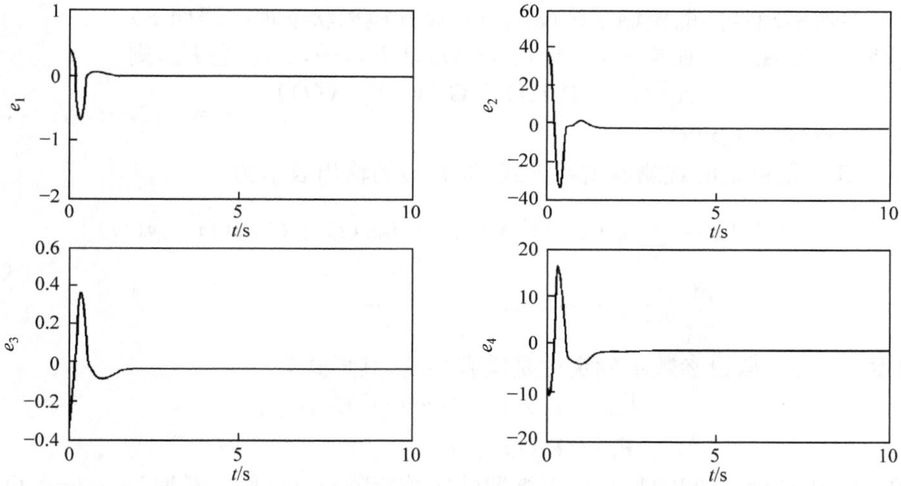

图 3-8　对应初始条件 $\boldsymbol{x}(0)=[-60°\quad 0\quad 0\quad 0]$和 $\hat{\boldsymbol{x}}(0)=[0.9\quad 0.8\quad 0.2\quad 0.2]$的观测误差曲线

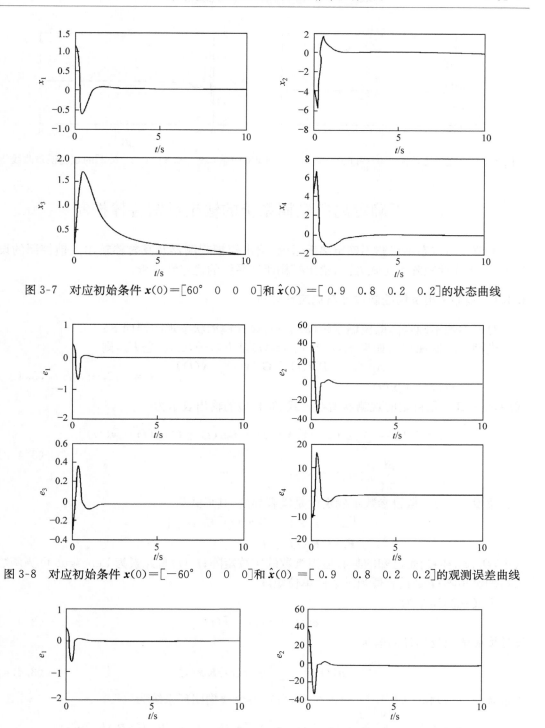

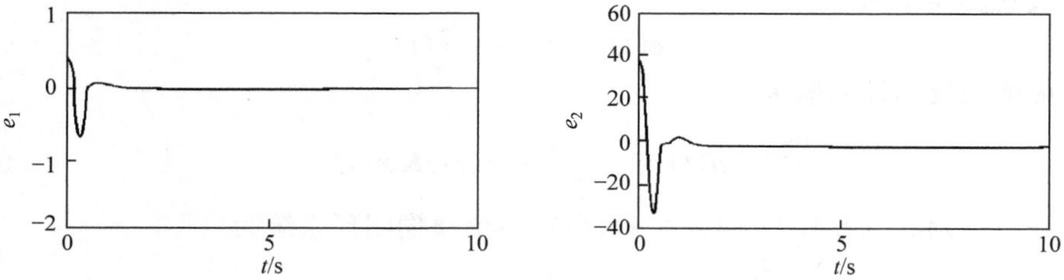

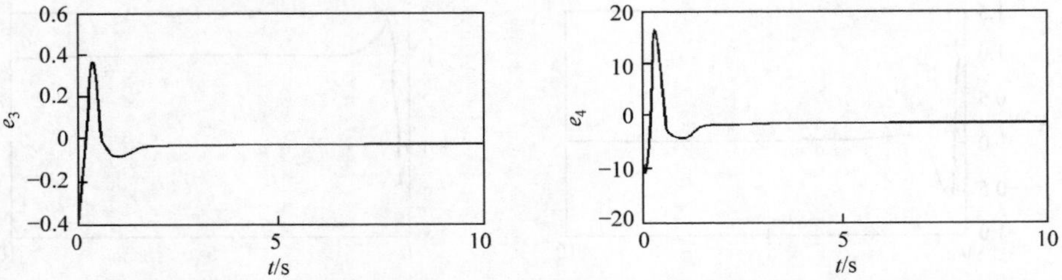

图 3-9　对应初始条件 $\boldsymbol{x}(0)=[60° \quad 0 \quad 0 \quad 0]$ 和 $\hat{\boldsymbol{x}}(0)=[0.9 \quad 0.8 \quad 0.2 \quad 0.2]$ 的观测误差曲线

3.4　不确定离散模糊系统的输出反馈鲁棒控制

本节针对状态不可测不确定离散系统，给出模糊观测器及其鲁棒输出反馈控制的设计，并基于线性矩阵不等式方法，给出模糊闭环系统的稳定性分析。

3.4.1　模糊输出反馈控制设计与稳定性分析

对于参数不确定离散模糊系统(3.2.1)，设计模糊状态观测器如下。

模糊观测器规则 i：如果 $z_1(t)$ 是 F_{i1}，$z_2(t)$ 是 F_{i2}，…，$z_n(t)$ 是 F_{in}，则

$$\begin{aligned}&\hat{\boldsymbol{x}}(t+1)=\boldsymbol{A}_i\hat{\boldsymbol{x}}(t)+\boldsymbol{B}_i\boldsymbol{u}(t)+\boldsymbol{G}_i(\boldsymbol{y}(t)-\hat{\boldsymbol{y}}(t))\\&\hat{\boldsymbol{y}}(t)=\boldsymbol{C}_i\hat{\boldsymbol{x}}(t)\end{aligned},\quad i=1,2,\cdots,N \tag{3.4.1}$$

式中，$\boldsymbol{G}_i\in\mathbf{R}^{n\times l}$ 是待定的观测器增益。式(3.4.1)的输出表示为

$$\begin{aligned}\hat{\boldsymbol{x}}(t+1)&=\sum_{i=1}^{N}\mu_i(\boldsymbol{z}(t))[\boldsymbol{A}_i\hat{\boldsymbol{x}}(t)+\boldsymbol{B}_i\boldsymbol{u}(t)+\boldsymbol{G}_i(\boldsymbol{y}(t)-\hat{\boldsymbol{y}}(t))]\\\hat{\boldsymbol{y}}(t)&=\sum_{i=1}^{N}\mu_i(\boldsymbol{z}(t))\boldsymbol{C}_i\hat{\boldsymbol{x}}(t)\end{aligned} \tag{3.4.2}$$

假设 3.4.1　假设参数不确定性是模有界的，其形式为

$$[\Delta\boldsymbol{A}_i,\Delta\boldsymbol{B}_i]=\boldsymbol{D}_i\boldsymbol{F}_i(t)[\boldsymbol{E}_{1i},\boldsymbol{E}_{2i}]$$
$$\boldsymbol{F}_i^{\mathrm{T}}(t)\boldsymbol{F}_i(t)\leqslant\boldsymbol{I}$$

式中，$\boldsymbol{D}_i$、$\boldsymbol{E}_{1i}$ 和 $\boldsymbol{E}_{2i}$ 是已知的具有适当维数的实数矩阵；$\boldsymbol{F}_i(t)$ 是元素为 Lebesgue 可测函数的不确定矩阵；$\boldsymbol{I}$ 是具有适当维数的单位矩阵。

定义观测误差为

$$\boldsymbol{e}(t)=\boldsymbol{x}(t)-\hat{\boldsymbol{x}}(t) \tag{3.4.3}$$

设计模糊输出反馈控制器为

$$\boldsymbol{u}(t)=-\sum_{i=1}^{N}\mu_i(\boldsymbol{z}(t))\boldsymbol{K}_i\hat{\boldsymbol{x}}(t) \tag{3.4.4}$$

由系统(3.2.1)和式(3.4.2)～(3.4.4)，可得整个模糊闭环系统为

$$\begin{aligned}\boldsymbol{x}(t+1)=&\sum_{i=1}^{N}\sum_{j=1}^{N}\mu_i(\boldsymbol{z}(t))\mu_j(\boldsymbol{z}(t))[\boldsymbol{A}_i+\Delta\boldsymbol{A}_i-(\boldsymbol{B}_i+\Delta\boldsymbol{B}_i)\boldsymbol{K}_j]\boldsymbol{x}(t)\\&+\sum_{i=1}^{N}\sum_{j=1}^{N}\mu_i(\boldsymbol{z}(t))\mu_j(\boldsymbol{z}(t))(\boldsymbol{B}_i+\Delta\boldsymbol{B}_i)\boldsymbol{e}(t)\end{aligned} \tag{3.4.5}$$

$$\begin{aligned}\boldsymbol{e}(t+1)=&\sum_{i=1}^{N}\sum_{j=1}^{N}\mu_i(\boldsymbol{z}(t))\mu_j(\boldsymbol{z}(t))(\Delta\boldsymbol{A}_i-\Delta\boldsymbol{B}_i\boldsymbol{K}_j)\boldsymbol{x}(t)\\&+\sum_{i=1}^{N}\sum_{j=1}^{N}\mu_i(\boldsymbol{z}(t))\mu_j(\boldsymbol{z}(t))(\boldsymbol{A}_i-\boldsymbol{G}_i\boldsymbol{C}_j+\Delta\boldsymbol{B}_i\boldsymbol{K}_j)\boldsymbol{e}(t)\end{aligned}\tag{3.4.6}$$

引理 3.4.1[9]　对于具有适当维数的矩阵 $\boldsymbol{Q}$、$\boldsymbol{H}$、$\boldsymbol{E}$ 和 $\boldsymbol{R}$，其中 $\boldsymbol{Q}$ 和 $\boldsymbol{R}$ 是对称的且 $\boldsymbol{R}>\boldsymbol{0}$，则对所有满足 $\boldsymbol{F}^{\mathrm{T}}(t)\boldsymbol{F}(t)\leqslant\boldsymbol{R}$ 的矩阵 $\boldsymbol{F}(t)$，有

$$\boldsymbol{Q}+\boldsymbol{H}\boldsymbol{F}(t)\boldsymbol{E}+\boldsymbol{E}^{\mathrm{T}}\boldsymbol{F}^{\mathrm{T}}(t)\boldsymbol{H}^{\mathrm{T}}<\boldsymbol{0}$$

当且仅当存在某个 $\varepsilon>0$ 使得

$$\boldsymbol{Q}+\varepsilon^2\boldsymbol{H}\boldsymbol{H}^{\mathrm{T}}+\varepsilon^{-2}\boldsymbol{E}^{\mathrm{T}}\boldsymbol{R}\boldsymbol{E}<\boldsymbol{0}$$

对于参数不确定且状态不可测的离散模糊系统，其全局渐近稳定性的充分条件由下面的定理给出。

定理 3.4.1　如果存在公共的对称正定矩阵 $\boldsymbol{P}_1$ 和 $\boldsymbol{P}_2$，矩阵 $\boldsymbol{K}_i$ 和 $\boldsymbol{G}_i$ 以及常数 ε_{ij}（i，$j=1,2,\cdots,N$）满足下面的线性矩阵不等式：

$$\begin{bmatrix}-\frac{1}{2}\boldsymbol{Q} & (\boldsymbol{A}_i\boldsymbol{Q}-\boldsymbol{B}_i\boldsymbol{M}_i)^{\mathrm{T}} & \boldsymbol{0} & (\boldsymbol{E}_{1i}\boldsymbol{Q}-\boldsymbol{E}_{2i}\boldsymbol{M}_i)^{\mathrm{T}} & \boldsymbol{0}\\ \boldsymbol{A}_i\boldsymbol{Q}-\boldsymbol{B}_i\boldsymbol{M}_i & -\boldsymbol{Q}+\varepsilon_{ii}\boldsymbol{D}_i\boldsymbol{D}_i^{\mathrm{T}} & (\varepsilon_{ii}\boldsymbol{P}_2\boldsymbol{D}_i\boldsymbol{D}_i^{\mathrm{T}})^{\mathrm{T}} & \boldsymbol{0} & \boldsymbol{0}\\ \boldsymbol{0} & \varepsilon_{ii}\boldsymbol{P}_2\boldsymbol{D}_i\boldsymbol{D}_i^{\mathrm{T}} & -\boldsymbol{P}_2 & \boldsymbol{0} & \boldsymbol{D}_i\\ \boldsymbol{E}_{1i}\boldsymbol{Q}-\boldsymbol{E}_{2i}\boldsymbol{M}_i & \boldsymbol{0} & \boldsymbol{0} & -\varepsilon_{ii}\boldsymbol{I} & \boldsymbol{0}\\ \boldsymbol{0} & \boldsymbol{0} & \boldsymbol{D}_i^{\mathrm{T}} & \boldsymbol{0} & -\varepsilon_{ii}^{-1}\boldsymbol{I}\end{bmatrix}<\boldsymbol{0}\tag{3.4.7}$$

$$\begin{bmatrix}-2\boldsymbol{Q} & \boldsymbol{\Xi}_{ij}^{\mathrm{T}} & \boldsymbol{0} & (\boldsymbol{E}_{1i}\boldsymbol{Q}-\boldsymbol{E}_{2i}\boldsymbol{M}_j)^{\mathrm{T}} & (\boldsymbol{E}_{1j}\boldsymbol{Q}-\boldsymbol{E}_{2j}\boldsymbol{M}_i)^{\mathrm{T}} & \boldsymbol{0} & \boldsymbol{0}\\ \boldsymbol{\Xi}_{ij} & -\boldsymbol{Q}+\varepsilon_{ij}^{-1}(\boldsymbol{D}_i\boldsymbol{D}_i^{\mathrm{T}}+\boldsymbol{D}_j\boldsymbol{D}_j^{\mathrm{T}}) & \boldsymbol{\Gamma}_{ij}^{\mathrm{T}} & \boldsymbol{0} & \boldsymbol{0} & \boldsymbol{0} & \boldsymbol{0}\\ \boldsymbol{0} & \boldsymbol{\Gamma}_{ij} & -\boldsymbol{P}_2 & \boldsymbol{0} & \boldsymbol{0} & \boldsymbol{D}_i & \boldsymbol{D}_j\\ \boldsymbol{E}_{1i}\boldsymbol{Q}-\boldsymbol{E}_{2i}\boldsymbol{M}_j & \boldsymbol{0} & \boldsymbol{0} & -\varepsilon_{ij}\boldsymbol{I} & \boldsymbol{0} & \boldsymbol{0} & \boldsymbol{0}\\ \boldsymbol{E}_{1j}\boldsymbol{Q}-\boldsymbol{E}_{2j}\boldsymbol{M}_i & \boldsymbol{0} & \boldsymbol{0} & \boldsymbol{0} & -\varepsilon_{ij}\boldsymbol{I} & \boldsymbol{0} & \boldsymbol{0}\\ \boldsymbol{0} & \boldsymbol{0} & \boldsymbol{D}_i^{\mathrm{T}} & \boldsymbol{0} & \boldsymbol{0} & -\varepsilon_{ij}^{-1}\boldsymbol{I} & \boldsymbol{0}\\ \boldsymbol{0} & \boldsymbol{0} & \boldsymbol{D}_j^{\mathrm{T}} & \boldsymbol{0} & \boldsymbol{0} & \boldsymbol{0} & -\varepsilon_{ij}^{-1}\boldsymbol{I}\end{bmatrix}<\boldsymbol{0}\tag{3.4.8}$$

$$\begin{bmatrix} -\frac{1}{2}\boldsymbol{P}_2 & (\boldsymbol{P}_2\boldsymbol{A}_i-\boldsymbol{N}_i\boldsymbol{C}_i)^{\mathrm{T}} & (\boldsymbol{B}_i\boldsymbol{K}_i)^{\mathrm{T}} & (\boldsymbol{E}_{2i}\boldsymbol{K}_i)^{\mathrm{T}} & \boldsymbol{0} \\ \boldsymbol{P}_2\boldsymbol{A}_i-\boldsymbol{N}_i\boldsymbol{C}_i & -\boldsymbol{P}_2 & \varepsilon_{ii}\boldsymbol{D}_i\boldsymbol{D}_i^{\mathrm{T}} & \boldsymbol{0} & \boldsymbol{P}_2\boldsymbol{D}_i \\ \boldsymbol{B}_i\boldsymbol{K}_i & \varepsilon_{ii}\boldsymbol{D}_i\boldsymbol{D}_i^{\mathrm{T}} & -\boldsymbol{Q}+\varepsilon_{ii}\boldsymbol{D}_i\boldsymbol{D}_i^{\mathrm{T}} & \boldsymbol{0} & \boldsymbol{0} \\ \boldsymbol{E}_{2i}\boldsymbol{K}_i & \boldsymbol{0} & \boldsymbol{0} & -\varepsilon_{ii}\boldsymbol{I} & \boldsymbol{0} \\ \boldsymbol{0} & \boldsymbol{D}_i^{\mathrm{T}}\boldsymbol{P}_2 & \boldsymbol{0} & \boldsymbol{0} & -\varepsilon_{ii}^{-1}\boldsymbol{I} \end{bmatrix} < \boldsymbol{0} \tag{3.4.9}$$

$$\begin{bmatrix} -2\boldsymbol{P}_2 & \boldsymbol{\Phi}_{ij}^{\mathrm{T}} & (\boldsymbol{B}_i\boldsymbol{K}_j+\boldsymbol{B}_j\boldsymbol{K})^{\mathrm{T}} & (\boldsymbol{E}_{2i}\boldsymbol{K}_j)^{\mathrm{T}} & (\boldsymbol{E}_{2j}\boldsymbol{K}_i)^{\mathrm{T}} & \boldsymbol{0} & \boldsymbol{0} \\ \boldsymbol{\Phi}_{ij} & -\boldsymbol{P}_2 & \boldsymbol{\Psi}_{ij}^{\mathrm{T}} & \boldsymbol{0} & \boldsymbol{0} & \boldsymbol{P}_2\boldsymbol{D}_i & \boldsymbol{P}_2\boldsymbol{D}_j \\ \boldsymbol{B}_i\boldsymbol{K}_j+\boldsymbol{B}_j\boldsymbol{K}_i & \boldsymbol{\Psi}_{ij} & -\boldsymbol{Q}+\varepsilon_{ij}(\boldsymbol{D}_i\boldsymbol{D}_i^{\mathrm{T}}+\boldsymbol{D}_j\boldsymbol{D}_j^{\mathrm{T}}) & \boldsymbol{0} & \boldsymbol{0} & \boldsymbol{0} & \boldsymbol{0} \\ \boldsymbol{E}_{2i}\boldsymbol{K}_j & \boldsymbol{0} & \boldsymbol{0} & -\varepsilon_{ij}\boldsymbol{I} & \boldsymbol{0} & \boldsymbol{0} & \boldsymbol{0} \\ \boldsymbol{E}_{2j}\boldsymbol{K}_i & \boldsymbol{0} & \boldsymbol{0} & \boldsymbol{0} & -\varepsilon_{ij}\boldsymbol{I} & \boldsymbol{0} & \boldsymbol{0} \\ \boldsymbol{0} & \boldsymbol{D}_i^{\mathrm{T}}\boldsymbol{P}_2 & \boldsymbol{0} & \boldsymbol{0} & \boldsymbol{0} & -\varepsilon_{ij}^{-1}\boldsymbol{I} & \boldsymbol{0} \\ \boldsymbol{0} & \boldsymbol{D}_j^{\mathrm{T}}\boldsymbol{P}_2 & \boldsymbol{0} & \boldsymbol{0} & \boldsymbol{0} & \boldsymbol{0} & -\varepsilon_{ij}^{-1}\boldsymbol{I} \end{bmatrix} < \boldsymbol{0} \tag{3.4.10}$$

式中

$$\boldsymbol{\Gamma}_{ij} = \varepsilon_{ij}^{-1}\boldsymbol{P}_2(\boldsymbol{D}_i\boldsymbol{D}_i^{\mathrm{T}}+\boldsymbol{D}_j\boldsymbol{D}_j^{\mathrm{T}}), \quad \boldsymbol{\Xi}_{ij} = \boldsymbol{A}_i\boldsymbol{Q}-\boldsymbol{B}_i\boldsymbol{M}_j+\boldsymbol{A}_j\boldsymbol{Q}-\boldsymbol{B}_j\boldsymbol{M}_i$$

$$\boldsymbol{\Phi}_{ij} = \boldsymbol{P}_2\boldsymbol{A}_i+\boldsymbol{P}_2\boldsymbol{A}_j-\boldsymbol{N}_i\boldsymbol{C}_j-\boldsymbol{N}_j\boldsymbol{C}_i, \quad \boldsymbol{\Psi}_{ij} = \varepsilon_{ij}(\boldsymbol{D}_i\boldsymbol{D}_i^{\mathrm{T}}+\boldsymbol{D}_j\boldsymbol{D}_j^{\mathrm{T}})\boldsymbol{P}_2$$

则基于观测器(3.4.2)的模糊输出反馈控制器(3.4.4),可使模糊系统(3.4.2)全局渐近稳定。

证明 考虑 Lyapunov 函数为

$$V(\boldsymbol{x}(t)) = \boldsymbol{x}^{\mathrm{T}}(t)\boldsymbol{P}_1\boldsymbol{x}(t)+\boldsymbol{e}^{\mathrm{T}}(t)\boldsymbol{P}_2\boldsymbol{e}(t) \tag{3.4.11}$$

式中,$\boldsymbol{P}_1$ 和 $\boldsymbol{P}_2$ 是对称正定矩阵。令

$$V_1(\boldsymbol{x}(t)) = \boldsymbol{x}^{\mathrm{T}}(t)\boldsymbol{P}_1\boldsymbol{x}(t), \quad V_2(\boldsymbol{e}(t)) = \boldsymbol{e}^{\mathrm{T}}(t)\boldsymbol{P}_2\boldsymbol{e}(t)$$

则 $V_1(\boldsymbol{x}(t))$ 的差分为(这里记 $\mu_i(\boldsymbol{z}(t))$ 为 μ_i)

$$\begin{aligned} \Delta V_1(\boldsymbol{x}(t)) &= \boldsymbol{x}^{\mathrm{T}}(t+1)\boldsymbol{P}_1\boldsymbol{x}(t+1)-\boldsymbol{x}^{\mathrm{T}}(t)\boldsymbol{P}_1\boldsymbol{x}(t) \\ &= \sum_{i=1}^{N}\sum_{j=1}^{N}\sum_{k=1}^{N}\sum_{l=1}^{N}\mu_i\mu_j\mu_k\mu_l\boldsymbol{x}^{\mathrm{T}}(t)[\boldsymbol{A}_i+\Delta\boldsymbol{A}_i-(\boldsymbol{B}_i+\Delta\boldsymbol{B}_i)\boldsymbol{K}_j]^{\mathrm{T}} \\ &\quad \times\boldsymbol{P}_1[\boldsymbol{A}_k+\Delta\boldsymbol{A}_k-(\boldsymbol{B}_k+\Delta\boldsymbol{B}_k)\boldsymbol{K}_l] \\ &\quad +2\sum_{i=1}^{N}\sum_{j=1}^{N}\sum_{k=1}^{N}\sum_{l=1}^{N}\mu_i\mu_j\mu_k\mu_l\boldsymbol{x}^{\mathrm{T}}(t)[\boldsymbol{A}_i+\Delta\boldsymbol{A}_i-(\boldsymbol{B}_i+\Delta\boldsymbol{B}_i)\boldsymbol{K}_j]^{\mathrm{T}} \\ &\quad \times\boldsymbol{P}_1(\boldsymbol{B}_k+\Delta\boldsymbol{B}_k)\boldsymbol{K}_l\boldsymbol{e}(t) \\ &\quad +\sum_{i=1}^{N}\sum_{j=1}^{N}\sum_{k=1}^{N}\sum_{l=1}^{N}\mu_i\mu_j\mu_k\mu_l\boldsymbol{e}^{\mathrm{T}}(t)\{[(\boldsymbol{B}_i+\Delta\boldsymbol{B}_i)\boldsymbol{K}_j] \\ &\quad \times\boldsymbol{P}_1(\boldsymbol{B}_k+\Delta\boldsymbol{B}_k)\boldsymbol{K}_l\}\boldsymbol{e}(t)-\boldsymbol{x}^{\mathrm{T}}(t)\boldsymbol{P}_1\boldsymbol{x}(t) \end{aligned} \tag{3.4.12}$$

记 $\boldsymbol{H}_{ij}=\boldsymbol{A}_i+\Delta\boldsymbol{A}_i-(\boldsymbol{B}_i+\Delta\boldsymbol{B}_i)\boldsymbol{K}_j$,则

$$\Delta V_1(\boldsymbol{x}(t)) \leqslant \frac{1}{4}\sum_{i=1}^{N}\sum_{j=1}^{N}\mu_i\mu_j\boldsymbol{x}^{\mathrm{T}}(t)[(\boldsymbol{H}_{ij}+\boldsymbol{H}_{ji})^{\mathrm{T}}\boldsymbol{P}_1(\boldsymbol{H}_{ij}+\boldsymbol{H}_{ji})-4\boldsymbol{P}_1]\boldsymbol{x}(t)$$

$$
\begin{aligned}
&+\frac{1}{4}\sum_{i=1}^{N}\sum_{j=1}^{N}\mu_i\mu_j\boldsymbol{e}^{\mathrm{T}}(t)[(\boldsymbol{B}_i+\Delta\boldsymbol{B}_i)\boldsymbol{K}_j+(\boldsymbol{B}_j+\Delta\boldsymbol{B}_j)\boldsymbol{K}_i]^{\mathrm{T}}\\
&\times\boldsymbol{P}_1[(\boldsymbol{B}_i+\Delta\boldsymbol{B}_i)\boldsymbol{K}_j+(\boldsymbol{B}_j+\Delta\boldsymbol{B}_j)\boldsymbol{K}_i]\boldsymbol{e}(t)\\
&+\frac{1}{4}\sum_{i=1}^{N}\sum_{j=1}^{N}\mu_i\mu_j\boldsymbol{x}^{\mathrm{T}}(t)(\boldsymbol{H}_{ij}+\boldsymbol{H}_{ji})^{\mathrm{T}}\boldsymbol{P}_1(\boldsymbol{H}_{ij}+\boldsymbol{H}_{ji})\boldsymbol{x}(t)\\
&+\frac{1}{4}\sum_{i=1}^{N}\sum_{j=1}^{N}\mu_i\mu_j\boldsymbol{e}^{\mathrm{T}}(t)[(\boldsymbol{B}_i+\Delta\boldsymbol{B}_i)\boldsymbol{K}_j+(\boldsymbol{B}_j+\Delta\boldsymbol{B}_j)\boldsymbol{K}_i]^{\mathrm{T}}\\
&\times\boldsymbol{P}_1[(\boldsymbol{B}_i+\Delta\boldsymbol{B}_i)\boldsymbol{K}_j+(\boldsymbol{B}_j+\Delta\boldsymbol{B}_j)\boldsymbol{K}_i]\boldsymbol{e}(t)\\
=&\frac{1}{2}\sum_{i=1}^{N}\sum_{j=1}^{N}\mu_i\mu_j\boldsymbol{x}^{\mathrm{T}}(t)[(\boldsymbol{H}_{ij}+\boldsymbol{H}_{ji})^{\mathrm{T}}\boldsymbol{P}_1(\boldsymbol{H}_{ij}+\boldsymbol{H}_{ji})-2\boldsymbol{P}_1]\boldsymbol{x}(t)\\
&+\frac{1}{2}\sum_{i=1}^{N}\sum_{j=1}^{N}\mu_i\mu_j\boldsymbol{e}^{\mathrm{T}}(t)[(\boldsymbol{B}_i+\Delta\boldsymbol{B}_i)\boldsymbol{K}_j+(\boldsymbol{B}_j+\Delta\boldsymbol{B}_j)\boldsymbol{K}_i]^{\mathrm{T}}\\
&\times\boldsymbol{P}_1[(\boldsymbol{B}_i+\Delta\boldsymbol{B}_i)\boldsymbol{K}_j+(\boldsymbol{B}_j+\Delta\boldsymbol{B}_j)\boldsymbol{K}_i]\boldsymbol{e}(t)
\end{aligned}\tag{3.4.13}
$$

记 $\boldsymbol{\Sigma}_{ij}=\boldsymbol{A}_i-\boldsymbol{G}_i\boldsymbol{C}_j+\Delta\boldsymbol{B}_i\boldsymbol{K}_j$，则有

$$
\begin{aligned}
\Delta V_2(\boldsymbol{e}(t))=&\ \boldsymbol{e}^{\mathrm{T}}(t+1)\boldsymbol{P}_2\boldsymbol{e}(t+1)-\boldsymbol{e}^{\mathrm{T}}(t)\boldsymbol{P}_2\boldsymbol{e}(t)\\
\leqslant&\ \frac{1}{2}\sum_{i=1}^{N}\sum_{j=1}^{N}\mu_i\mu_j\boldsymbol{x}^{\mathrm{T}}(t)(\Delta\boldsymbol{A}_i-\Delta\boldsymbol{B}_i\boldsymbol{K}_j+\Delta\boldsymbol{A}_j-\Delta\boldsymbol{B}_j\boldsymbol{K}_i)^{\mathrm{T}}\\
&\times\boldsymbol{P}_2(\Delta\boldsymbol{A}_i-\Delta\boldsymbol{B}_i\boldsymbol{K}_j+\Delta\boldsymbol{A}_j-\Delta\boldsymbol{B}_j\boldsymbol{K}_i)\boldsymbol{x}(t)\\
&+\frac{1}{2}\sum_{i=1}^{N}\sum_{j=1}^{N}\mu_i\mu_j\boldsymbol{e}^{\mathrm{T}}(t)[(\boldsymbol{\Sigma}_{ij}+\boldsymbol{\Sigma}_{ji})^{\mathrm{T}}\boldsymbol{P}_2(\boldsymbol{\Sigma}_{ij}+\boldsymbol{\Sigma}_{ji})-2\boldsymbol{P}_2]\boldsymbol{e}(t)
\end{aligned}\tag{3.4.14}
$$

将式(3.4.13)和式(3.4.14)结合起来，则 $V(\boldsymbol{x}(t))$ 的差分可以表示为

$$
\begin{aligned}
\Delta V(\boldsymbol{x}(t))\leqslant&\frac{1}{2}\sum_{i=1}^{N}\sum_{j=1}^{N}\mu_i\mu_j\boldsymbol{x}^{\mathrm{T}}(t)[(\boldsymbol{H}_{ij}+\boldsymbol{H}_{ji})^{\mathrm{T}}\boldsymbol{P}_1(\boldsymbol{H}_{ij}+\boldsymbol{H}_{ji})-2\boldsymbol{P}_1\\
&+(\Delta\boldsymbol{A}_i-\Delta\boldsymbol{B}_i\boldsymbol{K}_j+\Delta\boldsymbol{A}_j-\Delta\boldsymbol{B}_j\boldsymbol{K}_i)^{\mathrm{T}}\boldsymbol{P}_2(\Delta\boldsymbol{A}_i-\Delta\boldsymbol{B}_i\boldsymbol{K}_j+\Delta\boldsymbol{A}_j-\Delta\boldsymbol{B}_j\boldsymbol{K}_i)]\boldsymbol{x}(t)\\
&+\frac{1}{2}\sum_{i=1}^{N}\sum_{j=1}^{N}\mu_i\mu_j\boldsymbol{e}^{\mathrm{T}}(t)\{[(\boldsymbol{B}_i+\Delta\boldsymbol{B}_i)\boldsymbol{K}_j+(\boldsymbol{B}_j+\Delta\boldsymbol{B}_j)\boldsymbol{K}_i]^{\mathrm{T}}\\
&\times\boldsymbol{P}_1[(\boldsymbol{B}_i+\Delta\boldsymbol{B}_i)\boldsymbol{K}_j+(\boldsymbol{B}_j+\Delta\boldsymbol{B}_j)\boldsymbol{K}_i]+(\boldsymbol{\Sigma}_{ij}+\boldsymbol{\Sigma}_{ji})^{\mathrm{T}}\boldsymbol{P}_2(\boldsymbol{\Sigma}_{ij}+\boldsymbol{\Sigma}_{ji})-2\boldsymbol{P}_2\}\boldsymbol{e}(t)\\
=&2\sum_{i=1}^{N}\mu_i^2\boldsymbol{x}^{\mathrm{T}}(t)\left[\boldsymbol{H}_{ii}^{\mathrm{T}}\boldsymbol{P}_1\boldsymbol{H}_{ii}-\frac{1}{2}\boldsymbol{P}_1+(\Delta\boldsymbol{A}_i-\Delta\boldsymbol{B}_i\boldsymbol{K}_i)^{\mathrm{T}}\boldsymbol{P}_2(\Delta\boldsymbol{A}_i-\Delta\boldsymbol{B}_i\boldsymbol{K}_i)\right]\boldsymbol{x}(t)\\
&+\sum_{i<j}^{N}\mu_i\mu_j\boldsymbol{x}(t)[(\boldsymbol{H}_{ij}+\boldsymbol{H}_{ji})^{\mathrm{T}}\boldsymbol{P}_1(\boldsymbol{H}_{ij}+\boldsymbol{H}_{ji})-2\boldsymbol{P}_1\\
&+(\Delta\boldsymbol{A}_i-\Delta\boldsymbol{B}_i\boldsymbol{K}_j+\Delta\boldsymbol{A}_j-\Delta\boldsymbol{B}_j\boldsymbol{K}_i)^{\mathrm{T}}\boldsymbol{P}_2(\Delta\boldsymbol{A}_i-\Delta\boldsymbol{B}_i\boldsymbol{K}_j+\Delta\boldsymbol{A}_j-\Delta\boldsymbol{B}_j\boldsymbol{K}_i)]\boldsymbol{x}(t)\\
&+2\sum_{i=1}^{N}\mu_i^2\boldsymbol{e}^{\mathrm{T}}(t)\left\{[(\boldsymbol{B}_i+\Delta\boldsymbol{B}_i)\boldsymbol{K}_i]^{\mathrm{T}}\boldsymbol{P}_1[(\boldsymbol{B}_i+\Delta\boldsymbol{B}_i)\boldsymbol{K}_i]+\boldsymbol{\Sigma}_{ii}^{\mathrm{T}}\boldsymbol{P}_2\boldsymbol{\Sigma}_{ii}-\frac{1}{2}\boldsymbol{P}_2\right\}\boldsymbol{e}(t)\\
&+\sum_{i<j}^{N}\mu_i\mu_j\boldsymbol{e}^{\mathrm{T}}(t)\{(\boldsymbol{\Sigma}_{ij}+\boldsymbol{\Sigma}_{ji})^{\mathrm{T}}\boldsymbol{P}_2(\boldsymbol{\Sigma}_{ij}+\boldsymbol{\Sigma}_{ji})-2\boldsymbol{P}_2
\end{aligned}
$$

$$+[(\boldsymbol{B}_i+\Delta\boldsymbol{B}_i)\boldsymbol{K}_j+(\boldsymbol{B}_j+\Delta\boldsymbol{B}_j)\boldsymbol{K}_i]^{\mathrm{T}}\boldsymbol{P}_1[(\boldsymbol{B}_i+\Delta\boldsymbol{B}_i)\boldsymbol{K}_j+(\boldsymbol{B}_j+\Delta\boldsymbol{B}_j)\boldsymbol{K}_i]\}\boldsymbol{e}(t) \tag{3.4.15}$$

除了在 $\boldsymbol{x}(t)=\boldsymbol{0}$ 和 $\boldsymbol{e}(t)=\boldsymbol{0}$ 外,对所有的 $\boldsymbol{x}(t)$ 和 $\boldsymbol{e}(t)$,$V(t)$ 的差分是一致负定的。因此,被控系统(3.4.2)在其零平衡点是渐近稳定的。如果能够分别假定式(3.4.15)中的每一个和项是负定的,则被控的离散 T-S 模糊系统是渐近稳定的。

首先,假定式(3.4.15)中的第一项是负定的:

$$\boldsymbol{H}_{ii}^{\mathrm{T}}\boldsymbol{P}_1\boldsymbol{H}_{ii}-\frac{1}{2}\boldsymbol{P}_1+(\Delta\boldsymbol{A}_i-\Delta\boldsymbol{B}_i\boldsymbol{K}_i)^{\mathrm{T}}\boldsymbol{P}_2(\Delta\boldsymbol{A}_i-\Delta\boldsymbol{B}_i\boldsymbol{K}_i)<\boldsymbol{0} \tag{3.4.16}$$

应用 Schur 分解原理和引理 3.4.1,式(3.4.16)等价于

$$\begin{aligned}&\begin{bmatrix}-\frac{1}{2}\boldsymbol{P}_1 & \boldsymbol{H}_{ii}^{\mathrm{T}} & (\Delta\boldsymbol{A}_i-\Delta\boldsymbol{B}_i\boldsymbol{K}_i)^{\mathrm{T}}\\ \boldsymbol{H}_{ii} & -\boldsymbol{P}_1^{-1} & \boldsymbol{0}\\ \Delta\boldsymbol{A}_i-\Delta\boldsymbol{B}_i\boldsymbol{K}_i & \boldsymbol{0} & -\boldsymbol{P}_2^{-1}\end{bmatrix}\\ &=\boldsymbol{\Omega}_{ii}+\begin{bmatrix}\boldsymbol{0}\\ \boldsymbol{D}_i\\ \boldsymbol{D}_i\end{bmatrix}\boldsymbol{F}_i[\boldsymbol{E}_{1i},-\boldsymbol{E}_{2i}\boldsymbol{K}_i,\boldsymbol{0},\boldsymbol{0}]+[\boldsymbol{E}_{1i},-\boldsymbol{E}_{2i}\boldsymbol{K}_i,\boldsymbol{0},\boldsymbol{0}]^{\mathrm{T}}\boldsymbol{F}_i^{\mathrm{T}}\begin{bmatrix}\boldsymbol{0}\\ \boldsymbol{D}_i\\ \boldsymbol{D}_i\end{bmatrix}^{\mathrm{T}}<\boldsymbol{0}\end{aligned} \tag{3.4.17}$$

式中

$$\boldsymbol{\Omega}_{ii}=\begin{bmatrix}-\frac{1}{2}\boldsymbol{P}_1 & (\boldsymbol{A}_i-\boldsymbol{B}_i\boldsymbol{K}_i)^{\mathrm{T}} & \boldsymbol{0}\\ \boldsymbol{A}_i-\boldsymbol{B}_i\boldsymbol{K}_i & -\boldsymbol{P}_1^{-1} & \boldsymbol{0}\\ \boldsymbol{0} & \boldsymbol{0} & -\boldsymbol{P}_2^{-1}\end{bmatrix}$$

根据引理 3.4.1,矩阵不等式(3.4.17)对所有满足 $\boldsymbol{F}_i^{\mathrm{T}}(t)\boldsymbol{F}_i(t)\leqslant\boldsymbol{I}$ 的 $\boldsymbol{F}_i(t)$ 成立当且仅当存在常数 $\varepsilon_{ii}>0$ 使得

$$\boldsymbol{\Omega}_{ii}+\begin{bmatrix}(\boldsymbol{E}_{1i}-\boldsymbol{E}_{2i}\boldsymbol{K}_i)^{\mathrm{T}} & \boldsymbol{0}\\ \boldsymbol{0} & \boldsymbol{D}_i\\ \boldsymbol{0} & \boldsymbol{D}_i\end{bmatrix}\begin{bmatrix}\varepsilon_{ii}^{-1}\boldsymbol{I} & \boldsymbol{0}\\ \boldsymbol{0} & \varepsilon_{ii}\boldsymbol{I}\end{bmatrix}\begin{bmatrix}\boldsymbol{E}_{1i}-\boldsymbol{E}_{2i}\boldsymbol{K}_i & \boldsymbol{0} & \boldsymbol{0}\\ \boldsymbol{0} & \boldsymbol{D}_i^{\mathrm{T}} & \boldsymbol{D}_i^{\mathrm{T}}\end{bmatrix}<\boldsymbol{0} \tag{3.4.18}$$

对式(3.4.18)应用 Schur 分解原理,得到

$$\begin{bmatrix}-\frac{1}{2}\boldsymbol{P}_1 & (\boldsymbol{A}_i-\boldsymbol{B}_i\boldsymbol{K}_i)^{\mathrm{T}} & \boldsymbol{0} & (\boldsymbol{E}_{1i}-\boldsymbol{E}_{2i}\boldsymbol{K}_i)^{\mathrm{T}} & \boldsymbol{0}\\ \boldsymbol{A}_i-\boldsymbol{B}_i\boldsymbol{K}_i & -\boldsymbol{P}_1^{-1}+\varepsilon_{ii}\boldsymbol{D}_i\boldsymbol{D}_i^{\mathrm{T}} & \varepsilon_{ii}\boldsymbol{D}_i\boldsymbol{D}_i^{\mathrm{T}} & \boldsymbol{0} & \boldsymbol{0}\\ \boldsymbol{0} & \varepsilon_{ii}\boldsymbol{D}_i\boldsymbol{D}_i^{\mathrm{T}} & -\boldsymbol{P}_2^{-1} & \boldsymbol{0} & \boldsymbol{D}_i\\ \boldsymbol{E}_{1i}-\boldsymbol{E}_{2i}\boldsymbol{K}_i & \boldsymbol{0} & \boldsymbol{0} & -\varepsilon_{ii}\boldsymbol{I} & \boldsymbol{0}\\ \boldsymbol{0} & \boldsymbol{0} & \boldsymbol{D}_i^{\mathrm{T}} & \boldsymbol{0} & -\varepsilon_{ii}^{-1}\boldsymbol{I}\end{bmatrix}<\boldsymbol{0} \tag{3.4.19}$$

令 $\boldsymbol{Q}=\boldsymbol{P}_1^{-1}$,$\boldsymbol{M}_i=\boldsymbol{K}_i\boldsymbol{Q}$,用 $\mathrm{diag}(\boldsymbol{P}_1^{-1},\boldsymbol{I},\boldsymbol{P}_2,\boldsymbol{I},\boldsymbol{I})$ 左、右乘式(3.4.19),得到第一个线性矩阵不等式(3.4.7)。

其次,假定式(3.4.15)中的第二项和式是负定的:

$$
(\boldsymbol{H}_{ij}+\boldsymbol{H}_{ji})^{\mathrm{T}}\boldsymbol{P}_1(\boldsymbol{H}_{ij}+\boldsymbol{H}_{ji})-2\boldsymbol{P}_1+(\Delta\boldsymbol{A}_i-\Delta\boldsymbol{B}_i\boldsymbol{K}_j+\Delta\boldsymbol{A}_j-\Delta\boldsymbol{B}_j\boldsymbol{K}_i)^{\mathrm{T}} \times\boldsymbol{P}_2(\Delta\boldsymbol{A}_i-\Delta\boldsymbol{B}_i\boldsymbol{K}_j+\Delta\boldsymbol{A}_j-\Delta\boldsymbol{B}_j\boldsymbol{K}_i)<\boldsymbol{0} \tag{3.4.20}
$$

等价于

$$
\begin{aligned}
&\boldsymbol{\Omega}_{ij}+\begin{bmatrix}\boldsymbol{0} & \boldsymbol{\Lambda}_{ij}^{\mathrm{T}} & \boldsymbol{\Theta}_{ij}^{\mathrm{T}}\\ \boldsymbol{\Lambda}_{ij} & \boldsymbol{0} & \boldsymbol{0}\\ \boldsymbol{\Theta}_{ij} & \boldsymbol{0} & \boldsymbol{0}\end{bmatrix}\\
&=\boldsymbol{\Omega}_{ij}+\begin{bmatrix}\boldsymbol{0} & \boldsymbol{0}\\ \boldsymbol{D}_i & \boldsymbol{D}_j\\ \boldsymbol{D}_i & \boldsymbol{D}_j\end{bmatrix}\begin{bmatrix}\boldsymbol{F}_i(t) & \boldsymbol{0}\\ \boldsymbol{0} & \boldsymbol{F}_j(t)\end{bmatrix}\begin{bmatrix}\boldsymbol{E}_{1i}-\boldsymbol{E}_{2i}\boldsymbol{K}_j & \boldsymbol{0} & \boldsymbol{0}\\ \boldsymbol{E}_{1j}-\boldsymbol{E}_{2j}\boldsymbol{K}_i & \boldsymbol{0} & \boldsymbol{0}\end{bmatrix}\\
&\quad+\begin{bmatrix}\boldsymbol{E}_{1i}-\boldsymbol{E}_{2i}\boldsymbol{K}_j & \boldsymbol{0} & \boldsymbol{0}\\ \boldsymbol{E}_{1j}-\boldsymbol{E}_{2j}\boldsymbol{K}_i & \boldsymbol{0} & \boldsymbol{0}\end{bmatrix}^{\mathrm{T}}\begin{bmatrix}\boldsymbol{F}_i(t) & \boldsymbol{0}\\ \boldsymbol{0} & \boldsymbol{F}_j(t)\end{bmatrix}^{\mathrm{T}}\begin{bmatrix}\boldsymbol{0} & \boldsymbol{0}\\ \boldsymbol{D}_i & \boldsymbol{D}_j\\ \boldsymbol{D}_i & \boldsymbol{D}_j\end{bmatrix}<\boldsymbol{0}
\end{aligned} \tag{3.4.21}
$$

式中

$$
\boldsymbol{\Lambda}_{ij}=\boldsymbol{D}_i\boldsymbol{F}_i(\boldsymbol{E}_{1i}-\boldsymbol{E}_{2i}\boldsymbol{K}_j)+\boldsymbol{D}_j\boldsymbol{F}_j(\boldsymbol{E}_{1j}-\boldsymbol{E}_{2j}\boldsymbol{K}_i)
$$
$$
\boldsymbol{\Theta}_{ij}=\boldsymbol{D}_i\boldsymbol{F}_i(\boldsymbol{E}_{1i}-\boldsymbol{E}_{2i}\boldsymbol{K}_j)+\boldsymbol{D}_j\boldsymbol{F}_j(\boldsymbol{E}_{1j}-\boldsymbol{E}_{2j}\boldsymbol{K}_i)
$$

由引理 3.4.1,式(3.4.21)对满足 $\boldsymbol{F}_i^{\mathrm{T}}(t)\boldsymbol{F}_i(t)\leqslant\boldsymbol{I}$ 的所有 $\boldsymbol{F}_i(t)$ 成立当且仅当存在常数 $\varepsilon_{ij}>0$,使得

$$
\boldsymbol{\Omega}_{ij}+\varepsilon_{ij}^{-1}\begin{bmatrix}\boldsymbol{E}_{1i}-\boldsymbol{E}_{2i}\boldsymbol{K}_j & \boldsymbol{0} & \boldsymbol{0}\\ \boldsymbol{E}_{1j}-\boldsymbol{E}_{2j}\boldsymbol{K}_i & \boldsymbol{0} & \boldsymbol{0}\end{bmatrix}^{\mathrm{T}}\begin{bmatrix}\boldsymbol{E}_{1i}-\boldsymbol{E}_{2i}\boldsymbol{K}_j & \boldsymbol{0} & \boldsymbol{0}\\ \boldsymbol{E}_{1j}-\boldsymbol{E}_{2j}\boldsymbol{K}_i & \boldsymbol{0} & \boldsymbol{0}\end{bmatrix}+\varepsilon_{ij}\begin{bmatrix}\boldsymbol{0} & \boldsymbol{0}\\ \boldsymbol{D}_i & \boldsymbol{D}_j\\ \boldsymbol{D}_i & \boldsymbol{D}_j\end{bmatrix}\begin{bmatrix}\boldsymbol{0} & \boldsymbol{0}\\ \boldsymbol{D}_i & \boldsymbol{D}_j\\ \boldsymbol{D}_i & \boldsymbol{D}_j\end{bmatrix}^{\mathrm{T}}<\boldsymbol{0} \tag{3.4.22}
$$

式中

$$
\boldsymbol{\Omega}_{ij}=\begin{bmatrix}-2\boldsymbol{P}_1 & (\boldsymbol{A}_i-\boldsymbol{B}_i\boldsymbol{K}_j+\boldsymbol{A}_j-\boldsymbol{B}_j\boldsymbol{K}_i)^{\mathrm{T}} & \boldsymbol{0}\\ \boldsymbol{A}_i-\boldsymbol{B}_i\boldsymbol{K}_j+\boldsymbol{A}_j-\boldsymbol{B}_j\boldsymbol{K}_i & -\boldsymbol{P}_1^{-1} & \boldsymbol{0}\\ \boldsymbol{0} & \boldsymbol{0} & -\boldsymbol{P}_2^{-1}\end{bmatrix}
$$

对式(3.4.22)应用 Schur 分解原理,再用矩阵 $\mathrm{diag}(\boldsymbol{P}_1^{-1},\boldsymbol{I},\boldsymbol{P}_2,\boldsymbol{I},\boldsymbol{I},\boldsymbol{I},\boldsymbol{I})$ 左、右乘式(3.4.22),得到式(3.4.8)。

用相同的方法,假定第三个和式与第四个和式都是负定的,则可以得到线性矩阵不等式(3.4.9)和(3.4.10)。

3.4.2 仿真

例 3.4.1 应用本节的模糊输出反馈控制方法控制 3.3 节的倒立摆系统。

应用两个模糊规则模型近似倒立摆系统。

模糊系统规则 1：如果 x_1 大约是 0,则

$$
\dot{\boldsymbol{x}}(t)=(\widetilde{\boldsymbol{A}}_1+\Delta\widetilde{\boldsymbol{A}}_1)\boldsymbol{x}(t)+\widetilde{\boldsymbol{B}}_1u(t)
$$
$$
\boldsymbol{y}_1(t)=\boldsymbol{C}_1\boldsymbol{x}(t)
$$

模糊系统规则 2:如果 x_1 大约是$\mp\pi/3$,则

$$\dot{\boldsymbol{x}}(t)=(\widetilde{\boldsymbol{A}}_2+\Delta\widetilde{\boldsymbol{A}}_2)\boldsymbol{x}(t)+\widetilde{\boldsymbol{B}}_2u(t)$$
$$\boldsymbol{y}_2(t)=\boldsymbol{C}_2\boldsymbol{x}(t)$$

式中

$$\widetilde{\boldsymbol{A}}_1=\begin{bmatrix}0&1&0&0\\a_{21}&a_{22}&0&a_{24}\\0&0&0&1\\a_{41}&a_{42}&0&a_{44}\end{bmatrix},\quad \widetilde{\boldsymbol{A}}_2=\begin{bmatrix}0&1&0&0\\a'_{21}&a'_{22}&0&a'_{24}\\0&0&0&1\\a'_{41}&a'_{42}&0&a'_{44}\end{bmatrix}$$

$$\widetilde{\boldsymbol{B}}_1=[0\quad b_2\quad 0\quad b_4]^{\mathrm{T}},\quad \widetilde{\boldsymbol{B}}_2=[0\quad b'_2\quad 0\quad b'_4],\quad \boldsymbol{C}_1=\boldsymbol{C}_2=\begin{bmatrix}1&0&0&0\\0&0&1&0\end{bmatrix}$$

$$\boldsymbol{D}_1=\boldsymbol{D}_2=\begin{bmatrix}0.1&0&0&0\\0&0.1&0&0\\0&0&0.1&0\\0&0&0&0.1\end{bmatrix},\quad \boldsymbol{E}_{11}=\boldsymbol{E}_{12}=\begin{bmatrix}15&0&0&0\\0&15&0&0\\0&0&15&0\\0&0&0&15\end{bmatrix}$$

$a_{21}=(M+m)mgl/a$， $a_{22}=-f_1(M+m)/a$ $a_{24}=f_0ml/a$， $a_{41}=-m^2gl^2/a$

$a_{42}=-f_1ml/a$， $a_{44}=-f_0(J+ml^2)/a$， $a=(M+m)(J+ml^2)-m^2l^2$

$b_2=-ml/a$， $b_4=(J+ml^2)/a$， $b'_2=-ml\cos 60°/a'$， $b'_4=(J+ml^2)/a'$

$a'_{21}=\dfrac{3\sqrt{3}}{2\pi}(M+m)mgl/a'$， $a'_{22}=-f_1(M+m)/a'$， $a'_{24}=f_0ml\cos 60°/a'$

$a'_{41}=-\dfrac{3\sqrt{3}}{2\pi}m^2gl^2\cos 60°/a'$， $a'_{42}=-ml\cos 60°/a'$

$a'_{44}=-f_0(J+ml^2)/a'$， $a'=(M+m)(J+ml^2)-m^2l^2\cos^2 60°$

应用下面的连续和离散系统的简单关系：

$$\boldsymbol{A}_i=\exp(\widetilde{\boldsymbol{A}}_iT_s)=\boldsymbol{I}+\widetilde{\boldsymbol{A}}_iT_s+\widetilde{\boldsymbol{A}}_i^2\frac{T_s^2}{2!}+\cdots \tag{3.4.23}$$

$$\boldsymbol{B}_i=\int_0^{T_s}\exp(\widetilde{\boldsymbol{A}}_i\tau)\widetilde{\boldsymbol{B}}_i\mathrm{d}\tau=(\boldsymbol{A}_i-\boldsymbol{I})\widetilde{\boldsymbol{A}}_i^{-1}\widetilde{\boldsymbol{B}}_i \tag{3.4.24}$$

可以得到离散 T-S 模糊模型。

模糊系统规则 1:如果 x_1 大约是 0,则

$$\boldsymbol{x}(t+1)=(\boldsymbol{A}_1+\Delta\boldsymbol{A}_1)\boldsymbol{x}(t)+\boldsymbol{B}_1u(t)$$
$$\boldsymbol{y}_1(t)=\boldsymbol{C}_1\boldsymbol{x}(t)$$

模糊系统规则 2:如果 x_1 大约是 $\mp\pi/3$,则

$$\boldsymbol{x}(t+1)=(\boldsymbol{A}_2+\Delta\boldsymbol{A}_2)\boldsymbol{x}(t)+\boldsymbol{B}_2u(t)$$
$$\boldsymbol{y}_2(t)=\boldsymbol{C}_2\boldsymbol{x}(t)$$

式中

$$\boldsymbol{A}_1=\begin{bmatrix}1&T_s&0&0\\a_{21}T_s&1+a_{22}T_s&0&a_{24}T_s\\0&0&1&T_s\\a_{41}T_s&a_{42}T_s&0&1+a_{44}T_s\end{bmatrix},\quad \boldsymbol{A}_2=\begin{bmatrix}1&T_s&0&0\\a'_{21}T_s&1+a'_{22}T_s&0&a'_{24}T_s\\0&0&1&T_s\\a'_{41}T_s&a'_{42}T_s&0&1+a'_{44}T_s\end{bmatrix}$$

T_s 是采样时间，这里取 0.002s。简单起见，在仿真中，忽略了式(3.4.23)中的第三项以及更高次项。

通过解 LMI (3.4.7)～(3.4.10)，得到状态反馈增益及观测器增益如下：

$$\boldsymbol{K}_1=[-709.2129\quad -189.1417\quad -13.9937\quad -342.7087]$$

$$\boldsymbol{K}_2=[-1050.3062\quad -350.5075\quad -13.6582\quad -352.8080]$$

$$\boldsymbol{G}_1=\begin{bmatrix}1.5173 & 0.0614\\ 200.0420 & 39.4017\\ 0.0294 & 1.4629\\ 14.1785 & 323.9394\end{bmatrix},\quad \boldsymbol{G}_2=\begin{bmatrix}1.5173 & 0.0614\\ 250.3274 & 40.1193\\ 0.0294 & 1.4629\\ 34.2339 & 184.5420\end{bmatrix}$$

初始条件为

$$\boldsymbol{x}(0)=[60^\circ\quad 0\quad 0\quad 0],\quad \hat{\boldsymbol{x}}(0)=[0.9\quad 0.8\quad 0.2\quad 0.2]$$

仿真时间为 6s，控制系统仿真结果如图 3-10 和图 3-11 所示。

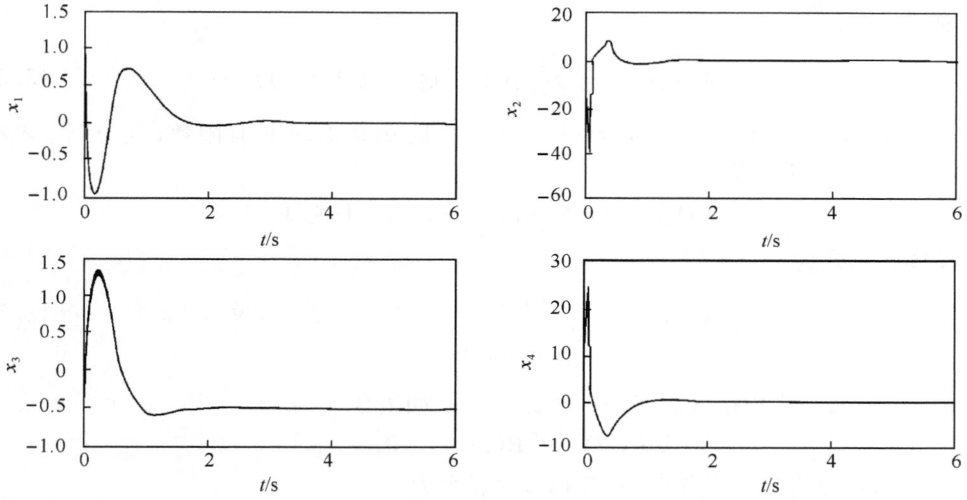

图 3-10　对应初始条件 $\boldsymbol{x}(0)=[60^\circ\quad 0\quad 0\quad 0]$ 和 $\hat{\boldsymbol{x}}(0)=[0.9\quad 0.8\quad 0.2\quad 0.2]$ 的状态曲线

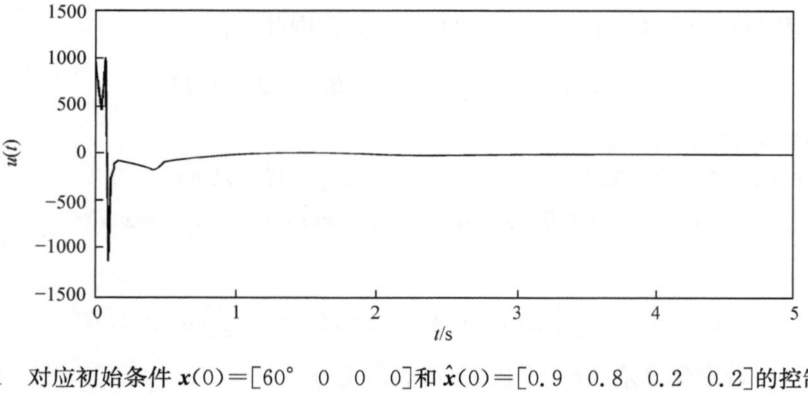

图 3-11　对应初始条件 $\boldsymbol{x}(0)=[60^\circ\quad 0\quad 0\quad 0]$ 和 $\hat{\boldsymbol{x}}(0)=[0.9\quad 0.8\quad 0.2\quad 0.2]$ 的控制曲线

3.5　非线性连续系统的模糊建模与控制

本节应用模糊 T-S 模型对一类非线性系统进行建模，给出在建模误差满足扇形界的条件下，模糊状态反馈控制和输出反馈控制设计及其控制系统的稳定性分析方法。

3.5.1　非线性系统的模糊模型

考虑一类仿射非线性动态系统：

$$\dot{\boldsymbol{x}}(t)=\boldsymbol{A}(\boldsymbol{x}(t))+\boldsymbol{B}(\boldsymbol{x}(t))\boldsymbol{u}(t) \tag{3.5.1}$$

式中，$\boldsymbol{x}(t)\in\mathbf{R}^n$；$\boldsymbol{u}(t)\in\mathbf{R}^m$；$\boldsymbol{A}(\boldsymbol{x}(t))\in\mathbf{R}^{n\times n}$和$\boldsymbol{B}(\boldsymbol{x}(t))\in\mathbf{R}^{n\times m}$是连续可微的函数矩阵。在一个任意大的紧子空间$\chi\subseteq\mathbf{R}^n$中，非线性系统(3.5.1)可通过一类模糊模型逼近到满意的精度。对任意的$\boldsymbol{x}(t)\in\chi$，利用模糊基函数$\mu_i(\boldsymbol{x}(t))$，系统矩阵$\boldsymbol{A}(\boldsymbol{x}(t))$可表示成下面的模糊模型：

$$\boldsymbol{A}(\boldsymbol{x}(t))=\sum_{i=1}^{N}\mu_i(\boldsymbol{x}(t))\boldsymbol{A}_i+\Delta\boldsymbol{A}(\boldsymbol{x}(t)) \tag{3.5.2}$$

式中，$\boldsymbol{A}_i,\Delta\boldsymbol{A}(\boldsymbol{x}(t))\in\mathbf{R}^{n\times n}$；$\|\Delta\boldsymbol{A}(\boldsymbol{x}(t))\|_a\leqslant\bar{\mu}_{\boldsymbol{A}}$，且$\bar{\mu}_{\boldsymbol{A}}>0$；$N$是有限数；$\|\cdot\|_a$表示矩阵的绝对范数，其定义为

$$\|\boldsymbol{D}\|_a=n\times\max_{1\leqslant k,l\leqslant n}|d_{kl}|,\quad \boldsymbol{D}\in\mathbf{R}^{n\times n}$$

给定模糊基函数为

$$\mu_i(\boldsymbol{x}(t))=\frac{\alpha_i(\boldsymbol{x}(t))}{\sum\limits_{i=1}^{N}\alpha_i(\boldsymbol{x}(t))},\quad i=1,2,\cdots,N \tag{3.5.3}$$

式中，$\alpha_i:\chi\to[0,1]$为模糊隶属函数。假设$n\leqslant m$，如果令

$$\boldsymbol{B}_s(\boldsymbol{x}(t))=[\boldsymbol{B}(\boldsymbol{x}(t))\quad \boldsymbol{0}_{n\times(n-m)}]$$

类似于$\boldsymbol{A}_s(\boldsymbol{x}(t))$的展开式方法，把$\boldsymbol{B}_s(\boldsymbol{x}(t))$表示为

$$\boldsymbol{B}_s(\boldsymbol{x}(t))=\sum_{i=1}^{N}\mu_i(\boldsymbol{x}(t))\boldsymbol{B}_{si}+\Delta\boldsymbol{B}_s(\boldsymbol{x}(t)) \tag{3.5.4}$$

式中，$\boldsymbol{B}_{si},\Delta\boldsymbol{B}_s(\boldsymbol{x}(t))\in\mathbf{R}^{n\times n}$；$\|\Delta\boldsymbol{B}_s(\boldsymbol{x}(t))\|_a\leqslant\bar{\mu}_{\boldsymbol{B}}$。因此，有

$$\boldsymbol{B}(\boldsymbol{x}(t))=\sum_{i=1}^{N}\mu_i(\boldsymbol{x}(t))\boldsymbol{B}_i+\Delta\boldsymbol{B}(\boldsymbol{x}(t)) \tag{3.5.5}$$

式中，$\boldsymbol{B}_i,\Delta\boldsymbol{B}(\boldsymbol{x}(t))\in\mathbf{R}^{n\times m}$。

将展开式(3.5.2)和(3.5.5)代入式(3.5.1)，得到模糊模型

$$\dot{\boldsymbol{x}}(t)=\boldsymbol{A}(\boldsymbol{x}(t))\boldsymbol{x}(t)+\boldsymbol{B}(\boldsymbol{x}(t))\boldsymbol{u}(t)+\boldsymbol{f}_U(\boldsymbol{x}(t),\boldsymbol{u}(t)),\quad \forall\boldsymbol{x}(t)\in\chi \tag{3.5.6}$$

式中

$$\boldsymbol{A}(\boldsymbol{x}(t))=\sum_{i=1}^{N}\mu_i(\boldsymbol{x}(t))\boldsymbol{A}_i,\quad \boldsymbol{B}(\boldsymbol{x}(t))=\sum_{i=1}^{N}\mu_i(\boldsymbol{x}(t))\boldsymbol{B}_i \tag{3.5.7}$$

$\boldsymbol{f}_U(\boldsymbol{x}(t),\boldsymbol{u}(t))$为建模误差，看作干扰项，可表示为

$$\boldsymbol{f}_U(\boldsymbol{x}(t),\boldsymbol{u}(t))=\Delta\boldsymbol{A}(\boldsymbol{x}(t))\boldsymbol{x}(t)+\Delta\boldsymbol{B}(\boldsymbol{x}(t))\boldsymbol{u}(t) \tag{3.5.8}$$

就方程(3.5.7)而言，注意到对任意的$\boldsymbol{x}(t)\in\chi$，有$\boldsymbol{A}(\boldsymbol{x}(t))\in\mathrm{Co}\{\boldsymbol{A}_1,\cdots,\boldsymbol{A}_N\}$和$\boldsymbol{B}(\boldsymbol{x}(t))\in$

$\mathrm{Co}\{\boldsymbol{B}_1,\cdots,\boldsymbol{B}_N\}$。其中，$\mathrm{Co}\{\boldsymbol{D}_1,\cdots,\boldsymbol{D}_N\}$是矩阵 $\boldsymbol{D}_1,\cdots,\boldsymbol{D}_N$ 的凸包，模糊基函数$\mu_i(\boldsymbol{x}(t))$可看作插值函数。

假设式(3.5.6)对于每个局部模糊模型$(\boldsymbol{A}_i,\boldsymbol{B}_i)$是可控的，下面的引理给出了干扰项$\boldsymbol{f}_U(\boldsymbol{x}(t),\boldsymbol{u}(t))$满足的限制。

引理 3.5.1　考虑由式(3.5.8)给出的干扰项 $\boldsymbol{f}_U(\boldsymbol{x}(t),\boldsymbol{u}(t))$，假设 $\|\Delta\boldsymbol{A}\|_a\leqslant\bar{\mu}_{\boldsymbol{A}}$，$\|\Delta\boldsymbol{B}_s\|_a\leqslant\bar{\mu}_{\boldsymbol{B}}$，则不等式(3.5.9)成立：

$$\boldsymbol{f}_U^{\mathrm{T}}(\boldsymbol{x}(t),\boldsymbol{u}(t))\boldsymbol{f}_U(\boldsymbol{x}(t),\boldsymbol{u}(t))\leqslant\mu^2\begin{bmatrix}\boldsymbol{x}(t)\\ \boldsymbol{u}(t)\end{bmatrix}^{\mathrm{T}}\begin{bmatrix}\boldsymbol{x}(t)\\ \boldsymbol{u}(t)\end{bmatrix},\quad \mu=\max\{\bar{\mu}_{\boldsymbol{A}},\bar{\mu}_{\boldsymbol{B}}\}^{\sqrt{\frac{1}{2}}}\tag{3.5.9}$$

证明　将 $\Delta\boldsymbol{B}_s\boldsymbol{u}_s(t)=\Delta\boldsymbol{B}\boldsymbol{u}(t)$代入式(3.5.8)，其中 $\boldsymbol{u}_s^{\mathrm{T}}(t)=[\boldsymbol{u}^{\mathrm{T}}(t)\quad \boldsymbol{0}_{n-m}^{\mathrm{T}}]$，经计算可得

$$\boldsymbol{f}_U^{\mathrm{T}}(\boldsymbol{x}(t),\boldsymbol{u}(t))\boldsymbol{f}_U(\boldsymbol{x}(t),\boldsymbol{u}(t))=\begin{bmatrix}\boldsymbol{x}(t)\\ \boldsymbol{u}_s(t)\end{bmatrix}^{\mathrm{T}}\begin{bmatrix}\Delta\boldsymbol{A}^{\mathrm{T}}\Delta\boldsymbol{A} & \Delta\boldsymbol{A}^{\mathrm{T}}\Delta\boldsymbol{B}_s\\ \Delta\boldsymbol{B}_s^{\mathrm{T}}\Delta\boldsymbol{A} & \Delta\boldsymbol{B}_s^{\mathrm{T}}\Delta\boldsymbol{B}_s\end{bmatrix}\begin{bmatrix}\boldsymbol{x}(t)\\ \boldsymbol{u}_s(t)\end{bmatrix}$$

由 Schwartz 不等式和矩阵绝对范数与 Euclid 向量范数的相容性，可得

$$\boldsymbol{f}_U^{\mathrm{T}}(\boldsymbol{x}(t),\boldsymbol{u}(t))\boldsymbol{f}_U(\boldsymbol{x}(t),\boldsymbol{u}(t))\leqslant\left\|\begin{bmatrix}\Delta\boldsymbol{A}^{\mathrm{T}}\Delta\boldsymbol{A} & \Delta\boldsymbol{A}^{\mathrm{T}}\Delta\boldsymbol{B}_s\\ \Delta\boldsymbol{B}_s^{\mathrm{T}}\Delta\boldsymbol{A} & \Delta\boldsymbol{B}_s^{\mathrm{T}}\Delta\boldsymbol{B}_s\end{bmatrix}\right\|_a\left\|\begin{bmatrix}\boldsymbol{x}(t)\\ \boldsymbol{u}_s(t)\end{bmatrix}\right\|^2$$

由于 $\mu=\max\{\bar{\mu}_{\boldsymbol{A}},\bar{\mu}_{\boldsymbol{B}}\}$，有

$$\begin{aligned}\left\|\begin{bmatrix}\Delta\boldsymbol{A}^{\mathrm{T}}\Delta\boldsymbol{A} & \Delta\boldsymbol{A}^{\mathrm{T}}\Delta\boldsymbol{B}_s\\ \Delta\boldsymbol{B}_s^{\mathrm{T}}\Delta\boldsymbol{A} & \Delta\boldsymbol{B}_s^{\mathrm{T}}\Delta\boldsymbol{B}_s\end{bmatrix}\right\|_a&=2n\max\left\{\frac{1}{n}\|\Delta\boldsymbol{A}^{\mathrm{T}}\Delta\boldsymbol{A}\|_a,\cdots,\frac{1}{n}\|\Delta\boldsymbol{B}_s^{\mathrm{T}}\Delta\boldsymbol{B}_s\|_a\right\}\\&\leqslant2\max\{\|\Delta\boldsymbol{A}^{\mathrm{T}}\|_a\|\Delta\boldsymbol{A}\|_a,\cdots,\|\Delta\boldsymbol{B}_s^{\mathrm{T}}\|_a\|\Delta\boldsymbol{B}_s\|_a\}\leqslant2\bar{\mu}^2\end{aligned}$$

令 $\mu^2=2\bar{\mu}^2$，注意到$\|[\boldsymbol{x}^{\mathrm{T}}(t),\boldsymbol{u}_s^{\mathrm{T}}(t)]^{\mathrm{T}}\|=\|[\boldsymbol{x}^{\mathrm{T}}(t),\boldsymbol{u}^{\mathrm{T}}(t)]^{\mathrm{T}}\|$，不等式(3.5.9)成立。

引理 3.5.1 表明，在$\|\Delta\boldsymbol{A}\|_a$和$\|\Delta\boldsymbol{B}_s\|_a$一致有界的条件下，干扰项 $\boldsymbol{f}_U(\boldsymbol{x}(t),\boldsymbol{u}(t))$满足扇形界：

$$\boldsymbol{f}_U^{\mathrm{T}}(\boldsymbol{x}(t),\boldsymbol{u}(t))\boldsymbol{f}_U(\boldsymbol{x}(t),\boldsymbol{u}(t))\leqslant\mu^2\begin{bmatrix}\boldsymbol{x}(t)\\ \boldsymbol{u}(t)\end{bmatrix}^{\mathrm{T}}\begin{bmatrix}\boldsymbol{x}(t)\\ \boldsymbol{u}(t)\end{bmatrix},\quad \mu=\max\{\bar{\mu}_{\boldsymbol{A}},\bar{\mu}_{\boldsymbol{B}}\}^{\sqrt{\frac{1}{2}}}$$

注意到利用干扰项 $\boldsymbol{f}_U(\boldsymbol{x}(t),\boldsymbol{u}(t))$可以描述系统的其他不确定性，如参数不确定性。为了说明这一点，假设方程(3.5.1)中的向量函数$\boldsymbol{A}(\boldsymbol{x}(t))$线性依赖于一个参变量$\theta$，$\Delta\theta$表示标称值$\theta_0$的变化量，所以有$\boldsymbol{A}(\boldsymbol{x}(t),\theta)=\boldsymbol{A}(\boldsymbol{x}(t),\theta_0)+\Delta\boldsymbol{A}_P(\boldsymbol{x}(t),\Delta\theta)$。把矩阵$\boldsymbol{A}(\boldsymbol{x}(t),\theta_0)$表示成模糊模型

$$\boldsymbol{A}(\boldsymbol{x}(t),\theta)=\boldsymbol{A}(\boldsymbol{x}(t),\theta_0)+\Delta\boldsymbol{A}(\boldsymbol{x}(t),\theta_0)+\Delta\boldsymbol{A}_P(\boldsymbol{x}(t),\Delta\theta)$$

类似地有

$$\boldsymbol{B}(\boldsymbol{x}(t),\theta)=\boldsymbol{B}(\boldsymbol{x}(t),\theta_0)+\Delta\boldsymbol{B}(\boldsymbol{x}(t),\theta_0)+\Delta\boldsymbol{B}_P(\boldsymbol{x}(t),\Delta\theta)$$

如果矩阵范数$\|\Delta\boldsymbol{A}_P\|_a$和$\|\Delta\boldsymbol{B}_P\|_a$是一致有界的，并且它们的上界分别与$\|\Delta\boldsymbol{A}\|_a$和$\|\Delta\boldsymbol{B}_s\|_a$相同，则参数不确定性是建模误差的总和。如果把这个复合项也记为$\boldsymbol{f}_U(\boldsymbol{x}(t),\boldsymbol{u}(t))$，则对于较大的$\mu$，$\boldsymbol{f}_U(\boldsymbol{x}(t),\boldsymbol{u}(t))$也将满足不等式(3.5.9)给出的扇形界。

3.5.2 状态反馈控制设计与稳定性分析

如果模糊模型的所有状态变量可测，则设计状态反馈控制律为

$$\boldsymbol{u}(t)=\boldsymbol{K}(\boldsymbol{x}(t))\boldsymbol{x}(t)\tag{3.5.10}$$

将方程(3.5.10)代入式(3.5.6),可得闭环系统

$$\dot{\boldsymbol{x}}(t)=(\boldsymbol{A}(\boldsymbol{x}(t))+\boldsymbol{B}(\boldsymbol{x}(t))\boldsymbol{K}(\boldsymbol{x}(t)))\boldsymbol{x}(t)+\boldsymbol{f}_U(\boldsymbol{x}(t)) \tag{3.5.11}$$

式中,$\boldsymbol{f}_U(\boldsymbol{x}(t))$是$\boldsymbol{f}_U(\boldsymbol{x}(t),\boldsymbol{K}\boldsymbol{x}(t))$的简写形式,$\boldsymbol{f}_U(\boldsymbol{x}(t))$满足如下的扇形界:

$$\boldsymbol{f}_U^{\mathrm{T}}(\boldsymbol{x}(t))\boldsymbol{f}_U(\boldsymbol{x}(t))\leqslant\mu^2\boldsymbol{x}^{\mathrm{T}}(t)\begin{bmatrix}\boldsymbol{I}_n\\ \boldsymbol{K}\end{bmatrix}^{\mathrm{T}}\begin{bmatrix}\boldsymbol{I}_n\\ \boldsymbol{K}\end{bmatrix}\boldsymbol{x}(t) \tag{3.5.12}$$

引理 3.5.2　对于模糊模型(3.5.6),假设式(3.5.12)成立,且如果存在$\bar{\boldsymbol{Q}}>0$,$\bar{\boldsymbol{Q}}\in\mathbf{R}^{n\times n}$,$\bar{\boldsymbol{Y}}=\bar{\boldsymbol{Y}}(\boldsymbol{x}(t))\in\mathbf{R}^{m\times n}$和$\tau>0$,对任意的$\boldsymbol{x}(t)\neq\boldsymbol{0}$满足如下不等式:

$$\begin{bmatrix}\boldsymbol{m}_{11} & \mu[\bar{\boldsymbol{Q}}\quad\bar{\boldsymbol{Y}}^{\mathrm{T}}]\\ \mu\begin{bmatrix}\bar{\boldsymbol{Q}}\\ \bar{\boldsymbol{Y}}\end{bmatrix} & -\tau^{-1}\begin{bmatrix}\boldsymbol{I}_n & \\ & \boldsymbol{I}_m\end{bmatrix}\end{bmatrix}<\boldsymbol{0} \tag{3.5.13}$$

式中

$$\boldsymbol{m}_{11}=\bar{\boldsymbol{Q}}\boldsymbol{A}^{\mathrm{T}}(\boldsymbol{x}(t))+\boldsymbol{A}(\boldsymbol{x}(t))\bar{\boldsymbol{Q}}+\boldsymbol{B}(\boldsymbol{x}(t))\bar{\boldsymbol{Y}}+\bar{\boldsymbol{Y}}^{\mathrm{T}}\boldsymbol{B}^{\mathrm{T}}(\boldsymbol{x}(t))+\tau^{-1}\boldsymbol{I}_n$$

则闭环系统(3.5.11)是渐近稳定的,且反馈增益矩阵$\boldsymbol{K}(\boldsymbol{x}(t))=\bar{\boldsymbol{Y}}\bar{\boldsymbol{Q}}^{-1}$。

证明　选择 Lyapunov 函数$V(\boldsymbol{x}(t))=\boldsymbol{x}^{\mathrm{T}}(t)\boldsymbol{P}\boldsymbol{x}(t)$,其中$\boldsymbol{P}=\bar{\boldsymbol{Q}}^{-1}$。求$V$对时间的导数,由式(3.5.11)可得

$$\begin{aligned}\dot{V}(\boldsymbol{x}(t))&=\dot{\boldsymbol{x}}^{\mathrm{T}}(t)\boldsymbol{P}\boldsymbol{x}(t)+\boldsymbol{x}^{\mathrm{T}}(t)\boldsymbol{P}\dot{\boldsymbol{x}}(t)\\&=\boldsymbol{x}^{\mathrm{T}}(t)[\boldsymbol{P}(\boldsymbol{A}+\boldsymbol{B}\boldsymbol{K})+(\boldsymbol{A}+\boldsymbol{B}\boldsymbol{K})^{\mathrm{T}}\boldsymbol{P}]\boldsymbol{x}(t)+2\boldsymbol{x}^{\mathrm{T}}(t)\boldsymbol{P}\boldsymbol{f}_U(\boldsymbol{x}(t))\end{aligned} \tag{3.5.14}$$

上式等价于

$$\dot{V}=\begin{bmatrix}\boldsymbol{x}(t)\\ \boldsymbol{f}_U(\boldsymbol{x}(t))\end{bmatrix}^{\mathrm{T}}\begin{bmatrix}(\boldsymbol{A}+\boldsymbol{B}\boldsymbol{K})^{\mathrm{T}}\boldsymbol{P}+\boldsymbol{P}(\boldsymbol{A}+\boldsymbol{B}\boldsymbol{K}) & \boldsymbol{P}\\ \boldsymbol{P} & \boldsymbol{0}\end{bmatrix}\begin{bmatrix}\boldsymbol{x}(t)\\ \boldsymbol{f}_U(\boldsymbol{x}(t))\end{bmatrix}<0,\quad\forall\,\boldsymbol{x}(t)\neq\boldsymbol{0} \tag{3.5.15}$$

把不等式(3.5.12)改写为如下的形式:

$$\begin{bmatrix}\boldsymbol{x}(t)\\ \boldsymbol{f}_U(\boldsymbol{x}(t))\end{bmatrix}^{\mathrm{T}}\begin{bmatrix}-\mu^2(\boldsymbol{I}_n+\boldsymbol{K}^{\mathrm{T}}\boldsymbol{K}) & \boldsymbol{0}_{n\times n}\\ \boldsymbol{0}_{n\times n} & \boldsymbol{I}_n\end{bmatrix}\begin{bmatrix}\boldsymbol{x}(t)\\ \boldsymbol{f}_U(\boldsymbol{x}(t))\end{bmatrix}\leqslant\boldsymbol{0} \tag{3.5.16}$$

应用 Schur 分解原理可知,如果存在$\tau\geqslant0$,满足

$$\begin{bmatrix}(\boldsymbol{A}+\boldsymbol{B}\boldsymbol{K})^{\mathrm{T}}\boldsymbol{P}+\boldsymbol{P}(\boldsymbol{A}+\boldsymbol{B}\boldsymbol{K})+\tau\mu^2(\boldsymbol{I}_n+\boldsymbol{K}^{\mathrm{T}}\boldsymbol{K}) & \boldsymbol{P}\\ \boldsymbol{P} & -\tau\boldsymbol{I}_n\end{bmatrix}<\boldsymbol{0} \tag{3.5.17}$$

则不等式(3.5.15)和(3.5.16)成立。再由 Schur 分解原理可知,如果对某些$\tau>0$,有

$$(\boldsymbol{A}+\boldsymbol{B}\boldsymbol{K})^{\mathrm{T}}\boldsymbol{P}+\boldsymbol{P}(\boldsymbol{A}+\boldsymbol{B}\boldsymbol{K})+\tau\mu^2(\boldsymbol{I}_n+\boldsymbol{K}^{\mathrm{T}}\boldsymbol{K})+\tau^{-1}\boldsymbol{P}^2<\boldsymbol{0} \tag{3.5.18}$$

则不等式(3.5.17)成立。在式(3.5.18)前后各乘以$\boldsymbol{P}^{-1}=\bar{\boldsymbol{Q}}$,把$\bar{\boldsymbol{Y}}=\boldsymbol{K}\bar{\boldsymbol{Q}}$代入式(3.5.18)可得

$$\bar{\boldsymbol{Q}}\boldsymbol{A}^{\mathrm{T}}+\boldsymbol{A}\bar{\boldsymbol{Q}}+\boldsymbol{B}\bar{\boldsymbol{Y}}+\bar{\boldsymbol{Y}}^{\mathrm{T}}\boldsymbol{B}^{\mathrm{T}}+\tau^{-1}\boldsymbol{I}_n-\tau\mu^2\begin{bmatrix}\bar{\boldsymbol{Q}}\\ \bar{\boldsymbol{Y}}\end{bmatrix}^{\mathrm{T}}\begin{bmatrix}-\boldsymbol{I}_n & \\ & -\boldsymbol{I}_m\end{bmatrix}\begin{bmatrix}\bar{\boldsymbol{Q}}\\ \bar{\boldsymbol{Y}}\end{bmatrix}<\boldsymbol{0} \tag{3.5.19}$$

对式(3.5.13)利用 Schur 分解原理,由不等式(3.5.13)可推出不等式(3.5.19),引理成立。

虽然不等式(3.5.13)关于未知矩阵$\bar{\boldsymbol{Q}}$和$\bar{\boldsymbol{Y}}$是线性的,但是,如果$\bar{\boldsymbol{Y}}$是一般矩阵的形式,那么求解满足不等式(3.5.13)的$\bar{\boldsymbol{Q}}$和$\bar{\boldsymbol{Y}}$是困难的,所以,下面讨论两种特殊形式的$\bar{\boldsymbol{Y}}$。

1) 线性稳定控制器

假设控制增益矩阵$\boldsymbol{K}$不依赖于状态向量$\boldsymbol{x}(t)$,即$\boldsymbol{u}(t)=\boldsymbol{K}\boldsymbol{x}(t)$,则有如下的定理。

定理 3.5.1 对于模糊模型(3.5.6)，假设满足式(3.5.12)，且如果存在 $\boldsymbol{Q}=\boldsymbol{Q}^{\mathrm{T}}>\boldsymbol{0}$ 和 $\boldsymbol{Y}$ 满足

$$\begin{bmatrix} \boldsymbol{Q}\boldsymbol{A}_i^{\mathrm{T}}+\boldsymbol{A}_i\boldsymbol{Q}+\boldsymbol{B}_i\boldsymbol{Y}+\boldsymbol{Y}^{\mathrm{T}}\boldsymbol{B}_i^{\mathrm{T}}+\boldsymbol{I}_n & \mu[\boldsymbol{Q} \quad \boldsymbol{Y}^{\mathrm{T}}] \\ \mu\begin{bmatrix}\boldsymbol{Q}\\ \boldsymbol{Y}\end{bmatrix} & -\begin{bmatrix}\boldsymbol{I}_n & \\ & \boldsymbol{I}_m\end{bmatrix} \end{bmatrix}<\boldsymbol{0}, \quad i=1,2,\cdots,N \tag{3.5.20}$$

则闭环系统(3.5.11)是渐近稳定的，且 $\boldsymbol{K}=\boldsymbol{Y}\boldsymbol{Q}^{-1}$。

证明 由于模糊基函数非负，且至少有一个不等于 0，所以不等式(3.5.20)的加权和满足

$$\sum_{i=1}^{N}\mu_i(\boldsymbol{x}(t))\begin{bmatrix} \boldsymbol{Q}\boldsymbol{A}_i^{\mathrm{T}}+\boldsymbol{A}_i\boldsymbol{Q}+\boldsymbol{B}_i\boldsymbol{Y}+\boldsymbol{Y}^{\mathrm{T}}\boldsymbol{B}_i^{\mathrm{T}}+\boldsymbol{I}_n & \mu[\boldsymbol{Q} \quad \boldsymbol{Y}^{\mathrm{T}}] \\ \mu\begin{bmatrix}\boldsymbol{Q}\\ \boldsymbol{Y}\end{bmatrix} & -\begin{bmatrix}\boldsymbol{I}_n & \\ & \boldsymbol{I}_m\end{bmatrix} \end{bmatrix}<\boldsymbol{0}$$

利用性质 $\sum_{i=1}^{N}\mu_i(\boldsymbol{x}(t))=1$，可得

$$\begin{bmatrix} \boldsymbol{Q}\boldsymbol{A}^{\mathrm{T}}(\boldsymbol{x}(t))+\boldsymbol{A}(\boldsymbol{x}(t))\boldsymbol{Q}+\boldsymbol{B}(\boldsymbol{x}(t))\boldsymbol{Y}+\boldsymbol{Y}^{\mathrm{T}}\boldsymbol{B}^{\mathrm{T}}(\boldsymbol{x}(t))+\boldsymbol{I}_n & \mu[\boldsymbol{Q} \quad \boldsymbol{Y}^{\mathrm{T}}] \\ \mu\begin{bmatrix}\boldsymbol{Q}\\ \boldsymbol{Y}\end{bmatrix} & -\begin{bmatrix}\boldsymbol{I}_n & \\ & \boldsymbol{I}_m\end{bmatrix} \end{bmatrix}<\boldsymbol{0}$$

把 $\boldsymbol{Q}=\tau\boldsymbol{Q}^{\mathrm{T}}$ 和 $\boldsymbol{Y}=\tau\bar{\boldsymbol{Y}}$ 代入上式，则对于任意的 $\tau>0$，可推出式(3.5.13)成立。

2) 非线性稳定控制器

考虑应用平行分布补偿算法，设计如下的模糊非线性控制器：

$$\boldsymbol{u}(t)=\sum_{i=1}^{N}\mu_i(\boldsymbol{x}(t))\boldsymbol{K}_i\boldsymbol{x}(t) \tag{3.5.21}$$

式中，增益矩阵 $\boldsymbol{K}_i$ 不依赖于状态向量 $\boldsymbol{x}(t)$，则有如下定理。

定理 3.5.2 对于模糊模型(3.5.6)，假设满足式 (3.5.12)，且如果存在 $\boldsymbol{Q}=\boldsymbol{Q}^{\mathrm{T}}>\boldsymbol{0}$ 和$\{\boldsymbol{Y}_1,\cdots,\boldsymbol{Y}_l\}$，对 $i=1,2,\cdots,N$ 和 $j=1,2,\cdots,N$ 使得下面的不等式成立：

$$\boldsymbol{\Omega}_i+\boldsymbol{\Omega}_j<\boldsymbol{0} \tag{3.5.22}$$

式中

$$\boldsymbol{\Omega}_i=\begin{bmatrix} \boldsymbol{Q}\boldsymbol{A}_i^{\mathrm{T}}+\boldsymbol{A}_i\boldsymbol{Q}+\boldsymbol{B}_i\boldsymbol{Y}_j+\boldsymbol{Y}_i^{\mathrm{T}}\boldsymbol{B}_i^{\mathrm{T}}+\boldsymbol{I}_n & \mu[\boldsymbol{Q} \quad \boldsymbol{Y}_j^{\mathrm{T}}] \\ \mu\begin{bmatrix}\boldsymbol{Q}\\ \boldsymbol{Y}_j\end{bmatrix} & -\begin{bmatrix}\boldsymbol{I}_n & \\ & \boldsymbol{I}_m\end{bmatrix} \end{bmatrix}$$

$$\boldsymbol{\Omega}_j=\begin{bmatrix} \boldsymbol{Q}\boldsymbol{A}_j^{\mathrm{T}}+\boldsymbol{A}_j\boldsymbol{Q}+\boldsymbol{B}_j\boldsymbol{Y}_i+\boldsymbol{Y}_i^{\mathrm{T}}\boldsymbol{B}_j^{\mathrm{T}}+\boldsymbol{I}_n & \mu[\boldsymbol{Q} \quad \boldsymbol{Y}_i^{\mathrm{T}}] \\ \mu\begin{bmatrix}\boldsymbol{Q}\\ \boldsymbol{Y}_i\end{bmatrix} & -\begin{bmatrix}\boldsymbol{I}_n & \\ & \boldsymbol{I}_m\end{bmatrix} \end{bmatrix}$$

则闭环系统(3.5.11)是渐近稳定的，且 $\boldsymbol{K}_j=\boldsymbol{Y}_j\boldsymbol{Q}^{-1}$。

证明 类似于定理 3.5.1 的证明。

3.5.3 输出反馈控制设计与稳定性分析

本小节的主要目的是针对状态变量不可测系统(3.5.6)，在干扰项 $\boldsymbol{f}_U(\boldsymbol{x}(t),\boldsymbol{u}(t))$ 满

足扇形界的条件下，设计基于观测器的动态输出反馈控制。

假设所讨论的模糊模型为

$$\begin{aligned}&\dot{\boldsymbol{x}}(t)=\boldsymbol{A}(\boldsymbol{x}(t))\boldsymbol{x}(t)+\boldsymbol{B}(\boldsymbol{x}(t))\boldsymbol{u}(t)+\boldsymbol{f}_U(\boldsymbol{x}(t),\boldsymbol{u}(t))\\&\boldsymbol{y}(t)=\boldsymbol{C}\boldsymbol{x}(t)\end{aligned},\quad \forall\,\boldsymbol{x}(t)\in\chi \tag{3.5.23}$$

基于观测器的输出反馈控制设计为

$$\boldsymbol{u}(t)=\boldsymbol{K}(\hat{\boldsymbol{x}}(t))\hat{\boldsymbol{x}}(t) \tag{3.5.24}$$

$$\dot{\hat{\boldsymbol{x}}}(t)=\boldsymbol{A}(\boldsymbol{x}(t))\hat{\boldsymbol{x}}(t)+\boldsymbol{B}(\boldsymbol{x}(t))\boldsymbol{K}(\hat{\boldsymbol{x}}(t))\hat{\boldsymbol{x}}(t)+\boldsymbol{G}(\boldsymbol{C}\hat{\boldsymbol{x}}(t)-\boldsymbol{y}(t)) \tag{3.5.25}$$

式中，$\hat{\boldsymbol{x}}(t)$为$\boldsymbol{x}(t)$的估计；$\boldsymbol{G}$为增益矩阵。由式(3.5.6)、(3.4.24)和(3.4.25)可得闭环系统

$$\dot{\boldsymbol{x}}(t)=\boldsymbol{A}(\boldsymbol{x}(t))\boldsymbol{x}(t)+\boldsymbol{B}(\boldsymbol{x}(t))\boldsymbol{K}(\hat{\boldsymbol{x}}(t))\hat{\boldsymbol{x}}(t)+\boldsymbol{f}_U(\boldsymbol{x}(t)) \tag{3.5.26}$$

$$\dot{\hat{\boldsymbol{x}}}(t)=\boldsymbol{A}(\boldsymbol{x}(t))\hat{\boldsymbol{x}}(t)+\boldsymbol{B}(\boldsymbol{x})\boldsymbol{K}(\hat{\boldsymbol{x}}(t))\hat{\boldsymbol{x}}(t)+\boldsymbol{G}(\boldsymbol{C}\hat{\boldsymbol{x}}(t)-\boldsymbol{y}(t)) \tag{3.5.27}$$

简单起见，假设输入矩阵 $\boldsymbol{B}$ 不依赖于 $\boldsymbol{x}(t)$ 并且已知，那么干扰项 $\boldsymbol{f}_U(\boldsymbol{x}(t))$ 满足$\boldsymbol{f}_U^{\mathrm{T}}(\boldsymbol{x}(t))\boldsymbol{f}_U(\boldsymbol{x}(t))\leqslant\mu^2\boldsymbol{x}^{\mathrm{T}}(t)\boldsymbol{x}(t)$。

引理 3.5.3 假设对任意的 $\boldsymbol{x}(t)\in\chi$，有 $\boldsymbol{A}(\boldsymbol{x}(t))\in\mathrm{Co}\{\boldsymbol{A}_1,\cdots,\boldsymbol{A}_N\}$，且 $\boldsymbol{f}(\boldsymbol{x}(t))=\boldsymbol{A}(\boldsymbol{x}(t))\boldsymbol{x}(t)$，则存在函数 $\beta_j(\hat{\boldsymbol{x}}(t)-\boldsymbol{x}(t))\geqslant 0$，$j=1,2,\cdots,N$，满足

$$\boldsymbol{A}(\hat{\boldsymbol{x}}(t))\hat{\boldsymbol{x}}(t)-\boldsymbol{A}(\boldsymbol{x}(t))\boldsymbol{x}(t)=\sum_{j=1}^{N}\beta_j(\hat{\boldsymbol{x}}(t)-\boldsymbol{x}(t))\boldsymbol{A}_j(\hat{\boldsymbol{x}}(t)-\boldsymbol{x}(t))$$

式中，$\sum_{j=1}^{N}\beta_j(\hat{\boldsymbol{x}}(t)-\boldsymbol{x}(t))=1$。

证明 利用扩展的中值定理，从$\nabla\boldsymbol{f}(\boldsymbol{x}(t))\in\Omega$可得$\boldsymbol{f}(\hat{\boldsymbol{x}}(t))-\boldsymbol{f}(\boldsymbol{x}(t))\in\mathrm{Co}\Omega(\hat{\boldsymbol{x}}(t)-\boldsymbol{x}(t))$。根据$\int_0^1\nabla\boldsymbol{f}(v\boldsymbol{x}(t))\mathrm{d}v=\boldsymbol{A}(\boldsymbol{x}(t))$，得到$\nabla\boldsymbol{f}(\boldsymbol{x}(t))\in\mathrm{Co}\{\boldsymbol{A}_1,\cdots,\boldsymbol{A}_N\}$。把$\mathrm{Co}\{\boldsymbol{A}_1,\cdots,\boldsymbol{A}_N\}$看作与$\Omega$相同，并注意到$\mathrm{Co}\Omega=\Omega$，所以有$\boldsymbol{f}(\hat{\boldsymbol{x}}(t))-\boldsymbol{f}(\boldsymbol{x}(t))\in\mathrm{Co}\{\boldsymbol{A}_1,\cdots,\boldsymbol{A}_N\}\cdot(\hat{\boldsymbol{x}}(t)-\boldsymbol{x}(t))$ 。

根据式(3.5.26)、(3.5.27)和引理 3.5.2，可得

$$\begin{aligned}\dot{\hat{\boldsymbol{x}}}(t)-\dot{\boldsymbol{x}}(t)&=\boldsymbol{A}(\hat{\boldsymbol{x}}(t))\hat{\boldsymbol{x}}(t)-\boldsymbol{A}(\boldsymbol{x}(t))\boldsymbol{x}(t)+\boldsymbol{G}\boldsymbol{C}(\hat{\boldsymbol{x}}(t)-\boldsymbol{x}(t))-\boldsymbol{f}_U(\boldsymbol{x}(t))\\&=\sum_{j=1}^{N}\beta_j(\hat{\boldsymbol{x}}(t)-\boldsymbol{x}(t))\boldsymbol{A}_j(\hat{\boldsymbol{x}}(t)-\boldsymbol{x}(t))+\boldsymbol{G}\boldsymbol{C}(\hat{\boldsymbol{x}}(t)-\boldsymbol{x}(t))-\boldsymbol{f}_U(\boldsymbol{x}(t))\end{aligned}$$

式中，$\beta_j(\hat{\boldsymbol{x}}(t)-\boldsymbol{x}(t))\geqslant 0$且$\sum_{j=1}^{N}\beta_j(\hat{\boldsymbol{x}}(t)-\boldsymbol{x}(t))=1$。

假设$\boldsymbol{K}(\hat{\boldsymbol{x}}(t))=\sum_{i=1}^{N}\mu_i(\hat{\boldsymbol{x}}(t))\boldsymbol{K}_i$，其中矩阵$\boldsymbol{K}_i$是常数，经过计算，由式(3.5.26)和(3.5.27)得到辅助的闭环系统为

$$\begin{bmatrix}\dot{\hat{\boldsymbol{x}}}(t)\\\dot{\hat{\boldsymbol{x}}}(t)-\dot{\boldsymbol{x}}(t)\end{bmatrix}=\sum_{i=1}^{N}\sum_{j=1}^{N}\mu_i(\hat{\boldsymbol{x}}(t))\beta_j(\hat{\boldsymbol{x}}(t)-\boldsymbol{x}(t))\widetilde{\boldsymbol{A}}_{ij}\begin{bmatrix}\hat{\boldsymbol{x}}(t)\\\hat{\boldsymbol{x}}(t)-\boldsymbol{x}(t)\end{bmatrix}+\widetilde{\boldsymbol{f}}_U(\boldsymbol{x}(t))$$

式中

$$\widetilde{\boldsymbol{A}}_{ij}=\begin{bmatrix}\boldsymbol{A}_i+\boldsymbol{B}\boldsymbol{K}_i & \boldsymbol{G}\boldsymbol{C}\\ \boldsymbol{0}_{n\times n} & \boldsymbol{A}_j+\boldsymbol{G}\boldsymbol{C}\end{bmatrix},\quad \widetilde{\boldsymbol{f}}_U(\boldsymbol{x}(t))=\begin{bmatrix}\boldsymbol{0}_n\\ -\boldsymbol{f}_U(\boldsymbol{x}(t))\end{bmatrix}$$

定义合成的状态为 $\widetilde{\boldsymbol{x}}^{\mathrm{T}}(t)=[\dot{\hat{\boldsymbol{x}}}(t),(\dot{\hat{\boldsymbol{x}}}(t)-\boldsymbol{x}(t))^{\mathrm{T}}]$，则

$$\widetilde{\boldsymbol{A}}(\widetilde{\boldsymbol{x}}(t))=\sum_{i=1}^{N}\sum_{j=1}^{N}\mu_i(\widetilde{\boldsymbol{x}}(t))\beta_j(\widetilde{\boldsymbol{x}}(t))\widetilde{\boldsymbol{A}}_{ij}$$

因此，辅助闭环系统表示为

$$\dot{\widetilde{\boldsymbol{x}}}(t)=\widetilde{\boldsymbol{A}}(\widetilde{\boldsymbol{x}}(t))\widetilde{\boldsymbol{x}}(t)+\widetilde{\boldsymbol{f}}_U(\boldsymbol{x}(t)) \tag{3.5.28}$$

利用 $\widetilde{\boldsymbol{f}}_U(\boldsymbol{x}(t))$ 的定义，得到 $\widetilde{\boldsymbol{f}}_U(\boldsymbol{x}(t))$ 的扇形界为

$$\widetilde{\boldsymbol{f}}_U^{\mathrm{T}}(\boldsymbol{x}(t))\widetilde{\boldsymbol{f}}_U(\boldsymbol{x}(t))=\boldsymbol{f}_U^{\mathrm{T}}(\boldsymbol{x}(t))\boldsymbol{f}_U(\boldsymbol{x}(t))\leqslant\mu^2\widetilde{\boldsymbol{x}}^{\mathrm{T}}(t)\begin{bmatrix}\boldsymbol{I}_n & -\boldsymbol{I}_n\\ -\boldsymbol{I}_n & \boldsymbol{I}_n\end{bmatrix}\widetilde{\boldsymbol{x}}(t)\leqslant\mu^2\widetilde{\boldsymbol{x}}^{\mathrm{T}}(t)\widetilde{\boldsymbol{x}}(t) \tag{3.5.29}$$

引理 3.5.4　假设存在 $\widetilde{\boldsymbol{P}}>0$，$\widetilde{\boldsymbol{P}}\in\mathbf{R}^{2n\times 2n}$，对任意的 $\widetilde{\boldsymbol{x}}(t)\neq\boldsymbol{0}$，满足

$$\widetilde{\boldsymbol{A}}^{\mathrm{T}}(\widetilde{\boldsymbol{x}}(t))\widetilde{\boldsymbol{P}}+\widetilde{\boldsymbol{P}}\widetilde{\boldsymbol{A}}(\widetilde{\boldsymbol{x}}(t))+\mu^2\boldsymbol{I}_{2n}+\widetilde{\boldsymbol{P}}^2<\boldsymbol{0}$$

则满足条件(3.5.29)的辅助系统是渐近稳定的。

证明　选取 Lyapunov 函数为 $\widetilde{V}=\widetilde{\boldsymbol{x}}^{\mathrm{T}}(t)\widetilde{\boldsymbol{P}}\widetilde{\boldsymbol{x}}(t)$，以下的证明步骤类似于引理 3.5.2。

如果把动态输出反馈鲁棒稳定性条件用线性矩阵不等式表示，则得到如下的定理。

定理 3.5.3　考虑模糊系统(3.5.6)，假设满足条件(3.5.29)，取基于观测器的输出反馈控制为式(3.5.24)和(3.5.25)，如果下面的条件成立：

(1) 存在 $\boldsymbol{P}>\boldsymbol{0}$，$\boldsymbol{P}\in\mathbf{R}^{n\times n}$，$\boldsymbol{S}\in\mathbf{R}^{n\times l}$，满足

$$\begin{bmatrix}\boldsymbol{A}_j^{\mathrm{T}}\boldsymbol{P}+\boldsymbol{P}\boldsymbol{A}_j+\boldsymbol{C}^{\mathrm{T}}\boldsymbol{S}^{\mathrm{T}}+\boldsymbol{S}\boldsymbol{C}+\mu^2\boldsymbol{I}_n & \boldsymbol{P}\\ \boldsymbol{P} & -\boldsymbol{I}_n\end{bmatrix}<\boldsymbol{0},\quad j=1,2,\cdots,N \tag{3.5.30}$$

(2) 存在 $\boldsymbol{Q}>\boldsymbol{0}$，$\boldsymbol{Q}\in\mathbf{R}^{n\times n}$，$\boldsymbol{Y}_i\in\mathbf{R}^{m\times n}$ 且对 $i,j=1,2,\cdots,N$，有

$$\begin{bmatrix}\boldsymbol{Q}\boldsymbol{A}_i^{\mathrm{T}}+\boldsymbol{A}_i\boldsymbol{Q}+\boldsymbol{B}\boldsymbol{Y}_i+\boldsymbol{Y}_i^{\mathrm{T}}\boldsymbol{B}^{\mathrm{T}}+\boldsymbol{I}_n-\boldsymbol{G}\boldsymbol{C}\boldsymbol{R}_j^{-1}(\boldsymbol{G},\boldsymbol{P})\boldsymbol{C}^{\mathrm{T}}\boldsymbol{G}^{\mathrm{T}} & \widetilde{\mu}\boldsymbol{Q}\\ \widetilde{\mu}\boldsymbol{Q} & -\boldsymbol{I}_n\end{bmatrix}<\boldsymbol{0} \tag{3.5.31}$$

式中，观测增益 $\boldsymbol{G}=\boldsymbol{P}^{-1}\boldsymbol{S}$；

$$\boldsymbol{R}_j(\boldsymbol{G},\boldsymbol{P})=(\boldsymbol{A}_j+\boldsymbol{G}\boldsymbol{C})^{\mathrm{T}}\boldsymbol{P}+\boldsymbol{P}(\boldsymbol{A}_j+\boldsymbol{G}\boldsymbol{C})+\mu^2\boldsymbol{I}_n+\boldsymbol{P}^2 \tag{3.5.32}$$

则闭环系统(3.5.28)是渐近稳定的，且反馈增益矩阵 $\boldsymbol{K}_i=\boldsymbol{Y}_i\boldsymbol{Q}^{-1}$。

证明　设正定矩阵 $\widetilde{\boldsymbol{P}}$ 为

$$\widetilde{\boldsymbol{P}}=\begin{bmatrix}\boldsymbol{Q}^{-1} & \\ & \boldsymbol{P}\end{bmatrix}$$

如果下面的不等式成立：

$$\begin{bmatrix}\boldsymbol{A}_i+\boldsymbol{B}\boldsymbol{K}_i & \boldsymbol{G}\boldsymbol{C}\\ \boldsymbol{0}_{n\times n} & \boldsymbol{A}_j+\boldsymbol{G}\boldsymbol{C}\end{bmatrix}^{\mathrm{T}}\begin{bmatrix}\boldsymbol{Q}^{-1} & \\ & \boldsymbol{P}\end{bmatrix}+\begin{bmatrix}\boldsymbol{Q}^{-1} & \\ & \boldsymbol{P}\end{bmatrix}\begin{bmatrix}\boldsymbol{A}_i+\boldsymbol{B}\boldsymbol{K}_i & \boldsymbol{G}\boldsymbol{C}\\ \boldsymbol{0}_{n\times n} & \boldsymbol{A}_j+\boldsymbol{G}\boldsymbol{C}\end{bmatrix}$$
$$+\mu^2\begin{bmatrix}\boldsymbol{I}_n & \\ & \boldsymbol{I}_n\end{bmatrix}\begin{bmatrix}\boldsymbol{Q}^{-2} & \\ & \boldsymbol{P}^2\end{bmatrix}<\boldsymbol{0} \tag{3.5.33}$$

那么由引理 3.5.3 可知，系统(3.5.28)是渐近稳定的。经过计算，不等式(3.5.33)变成

$$\begin{bmatrix} \boldsymbol{M}_{11} & \boldsymbol{Q}^{-1}\boldsymbol{GC} \\ (\boldsymbol{GC})^{\mathrm{T}}\boldsymbol{Q}^{-1} & \boldsymbol{M}_{22} \end{bmatrix} < \boldsymbol{0} \tag{3.5.34}$$

式中

$$\boldsymbol{M}_{11} = (\boldsymbol{A}_i + \boldsymbol{BK}_i)^{\mathrm{T}}\boldsymbol{Q}^{-1} + \boldsymbol{Q}^{-1}(\boldsymbol{A}_i + \boldsymbol{BK}_i) + \mu^2\boldsymbol{I}_n + \boldsymbol{Q}^{-2}$$
$$\boldsymbol{M}_{22} = (\boldsymbol{A}_j + \boldsymbol{GC})^{\mathrm{T}}\boldsymbol{P} + \boldsymbol{P}(\boldsymbol{A}_j + \boldsymbol{GC}) + \mu^2\boldsymbol{I}_n + \boldsymbol{P}^2$$

根据 Schur 分解原理,如果

$$(\boldsymbol{A}_j + \boldsymbol{GC})^{\mathrm{T}}\boldsymbol{P} + \boldsymbol{P}(\boldsymbol{A}_j + \boldsymbol{GC}) + \mu^2\boldsymbol{I}_n + \boldsymbol{P}^2 < \boldsymbol{0} \tag{3.5.35}$$

则条件(3.5.33)成立。由式(3.5.32)可得

$$(\boldsymbol{A}_i + \boldsymbol{BK}_i)^{\mathrm{T}}\boldsymbol{Q}^{-1} + \boldsymbol{Q}^{-1}(\boldsymbol{A}_i + \boldsymbol{BK}_i) + \mu^2\boldsymbol{I}_n + \boldsymbol{Q}^{-2} - \boldsymbol{Q}^{-1}\boldsymbol{GCR}_j^{-1}(\boldsymbol{G},\boldsymbol{P})(\boldsymbol{GC})^{\mathrm{T}}\boldsymbol{Q}^{-1} < \boldsymbol{0} \tag{3.5.36}$$

重复应用 Schur 分解原理,首先,由假设中的线性矩阵不等式(3.5.30)成立,可推知不等式(3.5.33)成立。其次,在式(3.5.36)两边乘以矩阵 $\boldsymbol{Q}$,由线性矩阵不等式(3.5.36)可推出不等式(3.5.31)。

3.5.4 仿真

例 3.5.1 倒立摆的稳定性问题。设倒立摆的系统模型为

$$\dot{\boldsymbol{x}}(t) = \begin{bmatrix} 0 & 1 \\ h(\boldsymbol{x}(t)) & -2\zeta \end{bmatrix}\boldsymbol{x}(t) + \begin{bmatrix} 0 \\ 1 \end{bmatrix}u(t) = \boldsymbol{A}(\boldsymbol{x}(t))\boldsymbol{x}(t) + \boldsymbol{B}u(t)$$

式中,$\boldsymbol{x}(t)=[x_1, x_2]^{\mathrm{T}}$;$u(t)$为控制转动力矩;$\zeta=0.08471$为阻尼比率;非线性项$h(\boldsymbol{x}(t))$未知;$x_1$是对称轴与向上的铅垂线间的夹角;$x_2$是角速度。在子空间$\chi=[-\pi/7,\pi/7]\times(-\infty,\infty)$内,利用图 3-12 中所给出的插值函数$\alpha_i$,将矩阵$\boldsymbol{A}(\boldsymbol{x}(t))$展开成如下的形式:

$$\boldsymbol{A}(\boldsymbol{x}(t)) = \sum_{i=1}^{5}\mu_i(\boldsymbol{x}(t))\boldsymbol{A}_i + \Delta\boldsymbol{A}(\boldsymbol{x}(t)),\quad \boldsymbol{A}_i = \begin{bmatrix} \boldsymbol{0} & 1 \\ \hat{\boldsymbol{h}}_i & -2\zeta \end{bmatrix},\quad i = 1,2,\cdots,5$$
$$\hat{\boldsymbol{h}} = [0.97\quad 0.99\quad 1.00\quad 0.99\quad 0.97]$$

式中,$\|\Delta\boldsymbol{A}(\boldsymbol{x}(t))\|_a<\bar{\mu}=0.05$。为了获得干扰测量$\mu$,注意到输入矩阵$\boldsymbol{B}$不依赖于$\boldsymbol{x}(t)$并且已知,干扰的唯一来源是系统矩阵$\boldsymbol{A}$的建模误差,于是有$\mu=\bar{\mu}$。

首先,假设状态变量是可测的,根据定理 3.5.1,取线性稳定控制器为$u(t)=\boldsymbol{Kx}(t)$。通过求解满足带有约束条件的线性矩阵不等式(3.5.20)的特征值问题,其中$\boldsymbol{B}_i=\boldsymbol{B}$,可获得稳定的增益$\boldsymbol{K}$。其次,假设系统的状态不可测,系统的输出由$y=[0\quad 1]\boldsymbol{x}(t)$给出。取观测器为式(3.5.25),线性输出反馈控制器为$u(t)=\boldsymbol{K}\hat{\boldsymbol{x}}(t)$。由定理 3.5.3,从满足约束条件的线性矩阵不等式(3.5.30)的特征值问题可求得矩阵$\boldsymbol{P}$和$\boldsymbol{G}$。再次,得到矩阵$\boldsymbol{R}_j(\boldsymbol{G},\boldsymbol{P})$的值。最后,通过求解线性矩阵不等式(3.5.31)的特征值问题,得到矩阵$\boldsymbol{Q}$和$\boldsymbol{K}$。

图 3-12 给出了对应于表 3-1 中的每个闭环系统的位置和速度响应曲线,其中实线表示状态反馈控制对应的位置和速度响应曲线,虚线表示输出反馈对应的位置和速度响应曲线。从图 3-12 可以看出,与状态反馈控制的设计相比,基于观测器的输出反馈设计性能较差,取得系统稳定性的控制代价也比较大。

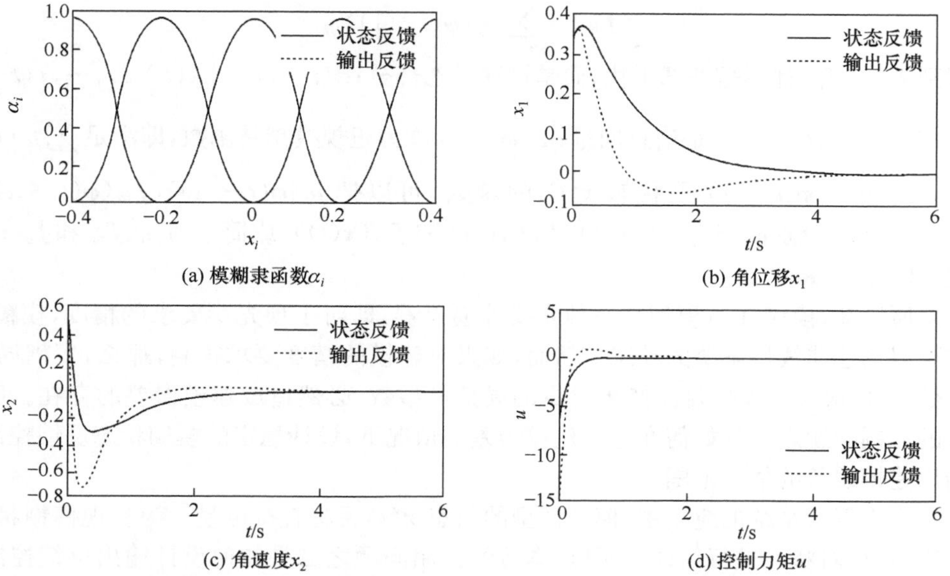

图 3-12　模糊隶属函数 α_i、角位移 x_1、角速度 x_2 和控制力矩 u

表 3-1　建模误差为 $\mu=0.05$ 使得倒立摆稳定的参数表

反馈	$u(t)$	K	G	线性矩阵不等式
状态反馈	$Kx(t)$	[−8.37　−7.19]	N/A	5
输出反馈	$K\hat{x}(t)$	[−66.81　−58.11]	[−18.90　−12.38]	30

3.6　非线性离散系统的模糊建模与控制

本节对一类单输入、单输出不确定离散模糊系统，介绍一种模糊状态反馈和输出反馈控制的设计方法，并给出了模糊控制系统的稳定性和鲁棒性分析。

3.6.1　非线性模型描述及其控制问题

用单输入、单输出模糊 T-S 模型描述的动态非线性系统如下：

$$\boldsymbol{x}(t+1)=\boldsymbol{f}_d(\boldsymbol{x}(t),u(t))+\boldsymbol{f}_{sb} \tag{3.6.1}$$

$$y(t)=\boldsymbol{c}^{\mathrm{T}}\boldsymbol{x}(t)+\boldsymbol{f}_{ob} \tag{3.6.2}$$

式中，$\boldsymbol{f}_d(\boldsymbol{x}(t),u(t))$表示为

$$\boldsymbol{f}_d(\boldsymbol{x}(t),u(t))=\sum_{i=1}^{N}\mu_i(\boldsymbol{\varphi}(t-1))(\boldsymbol{A}_i\boldsymbol{x}(t)+\boldsymbol{b}_iu(t)) \tag{3.6.3}$$

$\boldsymbol{f}_{sb}$表示状态相对于系统平衡点的偏差，称为状态偏差，表示为

$$\boldsymbol{f}_{sb}=\sum_{i=1}^{N}\sum_{j=1}^{N}\mu_i(\boldsymbol{\varphi}(t-1))\mu_j(\boldsymbol{\varphi}(t-1))d_{ij} \tag{3.6.4}$$

f_{ob}表示系统输出的偏差，表示为

$$\boldsymbol{f}_{ob}=\sum_{j=1}^{N}\mu_j(\boldsymbol{\varphi}(t-1))\eta_j$$

注意到$\boldsymbol{f}_{sb}$和$\boldsymbol{f}_{ob}$都不是外部干扰，而是漂移动态部分；$\boldsymbol{\varphi}(t-1)=[y(t-1),\cdots,y(t-n),u(t-1),\cdots,u(t-n)]^{\mathrm{T}}$是信息向量；$\mu_i(\boldsymbol{\varphi}(t-1))$为正规模糊基函数，即满足$\sum_{i=1}^{N}\mu_i(\boldsymbol{\varphi}(t-1))=1$。由于$\boldsymbol{\varphi}(t-1)$是状态$\boldsymbol{x}(t)$的函数，可以把$\mu_i(\boldsymbol{\varphi}(t-1))$、$\boldsymbol{f}_{sb}(\boldsymbol{\varphi}(t-1))$和$\boldsymbol{f}_{ob}(\boldsymbol{\varphi}(t-1))$分别简记为$\mu_i(\boldsymbol{x}(t))$、$\boldsymbol{f}_{sb}(\boldsymbol{x}(t))$和$\boldsymbol{f}_{ob}(\boldsymbol{x}(t))$，或简记为$\mu_i$、$\boldsymbol{f}_{sb}$和$\boldsymbol{f}_{ob}$；$b_i,c,d_{ij}\in\mathbf{R}^n$；$\eta_j\in\mathbf{R}$。

众所周知，模糊 T-S 模型是一种非线性逼近器，即对于预先所要求的精度，模糊 T-S 模型可以描述非线性系统的动态。然而，如果对建模的精度要求很高，那么，模糊局部的模型数 N 将很大。如果要保持相对少的局部模型数，必然造成建模误差的存在。所以，本节的控制问题之一是如何在存在建模误差的情况下，设计稳定的模糊状态反馈控制律，并给出建模误差的估计范围。

在许多复杂系统的应用中，模糊模型的状态$\boldsymbol{x}(t)$无法直接测量。为实现模糊状态反馈控制，必须对状态进行估计。所以，本节的控制问题之二是如何设计输出反馈控制，使得闭环系统稳定。

3.6.2　模糊状态反馈控制设计与稳定性分析

假设系统(3.6.1)的状态表示为如下的形式：

$$\boldsymbol{x}^*(t+1)=\boldsymbol{f}_d(\boldsymbol{x}^*(t),u(t))+\boldsymbol{f}_{sb}(\boldsymbol{x}^*(t))+\boldsymbol{f}_p(\boldsymbol{x}^*(t)) \tag{3.6.5}$$

式中，$\boldsymbol{f}_p(\boldsymbol{x}^*(t))$为误差项；$\boldsymbol{x}^*(t)$为$\boldsymbol{x}(t)$的真值动态；状态偏差$\boldsymbol{f}_{sb}$为已知。

如果$\boldsymbol{f}_{sb}$存在不确定性，那么用一个简单的积分环节就可以消除这种不确定性。

假设 3.6.1　设$\boldsymbol{f}_p(\boldsymbol{x}^*(t))$具有下面的非线性扇形界：

$$\|\boldsymbol{f}_p(\boldsymbol{x}^*(t))\|\leqslant\zeta\|\boldsymbol{x}^*(t)\| \tag{3.6.6}$$

式中，$\zeta\geqslant0$是模型误差的测量。

对于模糊模型(3.6.1)，利用平行分布补偿算法，设计非线性状态反馈控制律为

$$\boldsymbol{u}(t)=-\sum_{j=1}^{N}\mu_j(\boldsymbol{\varphi}(t-1))\boldsymbol{k}_j^{\mathrm{T}}\boldsymbol{x}^*(t) \tag{3.6.7}$$

选择一个公共的反馈增益$\boldsymbol{k}_j=\boldsymbol{k}(j=1,2,\cdots,N)$，将式(3.6.7)化为线性控制律

$$\boldsymbol{u}(t)=-\boldsymbol{k}_j^{\mathrm{T}}\boldsymbol{x}^*(t) \tag{3.6.8}$$

对于模糊模型(3.6.1)，定义

$$\begin{aligned}\boldsymbol{A}_0&=\frac{1}{N}\sum_{i=1}^{N}\boldsymbol{A}_i,\quad \boldsymbol{E}_i=\boldsymbol{A}_i-\boldsymbol{A}_0\\ \boldsymbol{b}_0&=\frac{1}{N}\sum_{i=1}^{N}\boldsymbol{B}_i,\quad \boldsymbol{h}_i=\boldsymbol{b}_i-\boldsymbol{b}_0\end{aligned} \tag{3.6.9}$$

显然，如果$\{\boldsymbol{A}_0,\boldsymbol{b}_0\}$可控，那么$\boldsymbol{A}_0-\boldsymbol{b}_0\boldsymbol{k}^{\mathrm{T}}$的极点可以任意配置。选择$\boldsymbol{k}$使其谱半径$\rho(\boldsymbol{A}_0-\boldsymbol{b}_0\boldsymbol{k}^{\mathrm{T}})<1/\sqrt{1+\beta}$，其中$\beta>0$是设计参数。在这种情况下，Lyapunov 方程

$$(1+\beta)(\boldsymbol{A}_0-\boldsymbol{b}_0\boldsymbol{k}^{\mathrm{T}})^{\mathrm{T}}\boldsymbol{P}(\boldsymbol{A}_0-\boldsymbol{b}_0\boldsymbol{k}^{\mathrm{T}})-\boldsymbol{P}=-\boldsymbol{Q},\quad \boldsymbol{Q}>\boldsymbol{0} \tag{3.6.10}$$

有唯一解 $\boldsymbol{P}>\boldsymbol{0}$。令

$$v_c(\boldsymbol{k}) = \lambda_{\min}(\boldsymbol{Q}) - (1+\beta)\{2\max_{1\leqslant i\leqslant N} w[(\boldsymbol{E}_i - \boldsymbol{h}_i\boldsymbol{k}^{\mathrm{T}})^{\mathrm{T}}\boldsymbol{P}(\boldsymbol{A}_0 - \boldsymbol{b}_0\boldsymbol{k}^{\mathrm{T}})] + \max_{1\leqslant i\leqslant j\leqslant N} 2^{(1-\delta_{ij})} w[(\boldsymbol{E}_i - \boldsymbol{h}_i\boldsymbol{k}^{\mathrm{T}})^{\mathrm{T}}\boldsymbol{P}(\boldsymbol{E}_j - \boldsymbol{h}_j\boldsymbol{k}^{\mathrm{T}})]\} \tag{3.6.11}$$

式中，$w(\cdot)$为矩阵的测量，定义为 $\lambda_{\max}([\cdot]_H)$，$[\cdot]_H$ 表示矩阵的 Hermite(埃尔米特)部分；δ_{ij} 为 Kronecker(克罗内克)符号。

下面的定理给出了不确定闭环系统稳定的一个充分条件。

定理 3.6.1　考虑由式(3.6.5)给出的真值动态，用模糊模型(3.6.1)对式(3.6.5)进行逼近，假设模型误差满足式(3.6.6)中的界，如果模糊状态反馈增益 $\boldsymbol{k}$ 满足下式：

$$\frac{v_c(\boldsymbol{k})}{\lambda_{\max}(\boldsymbol{P})} > (1+\beta^{-1})\zeta^2 \tag{3.6.12}$$

则由式(3.6.5)和(3.6.8)组成的闭环系统是全局稳定的。

证明　首先证明如下方程的全局渐近稳定性：

$$\boldsymbol{x}^*(t+1) = \boldsymbol{f}_d(\boldsymbol{x}^*(t), u(t)) + \boldsymbol{f}_p(\boldsymbol{x}^*(t)) \tag{3.6.13}$$

系统(3.6.13)是由真值动态(3.6.5)中略去状态偏差项 $\boldsymbol{f}_{sb}(\boldsymbol{x}^*(t))$得到的。因为这一项是有界的，所以由系统(3.6.13)的渐近稳定性可推出系统(3.6.5)的有界性。

利用式(3.6.8)和(3.6.9)，把式(3.6.3)写成

$$\boldsymbol{f}_d(\boldsymbol{x}^*(t), -\boldsymbol{k}^{\mathrm{T}}\boldsymbol{x}^*(t)) = (\boldsymbol{A}_0 - \boldsymbol{b}_0\boldsymbol{k}^{\mathrm{T}})\boldsymbol{x}^*(t) + \sum_{i=1}^{N}\mu_i(\boldsymbol{x}^*(t))(\boldsymbol{E}_i - \boldsymbol{h}_i\boldsymbol{k}^{\mathrm{T}})\boldsymbol{x}^*(t)$$

记 $\boldsymbol{f}_d(\boldsymbol{x}^*(t), u(t)) = \boldsymbol{f}_d$，$\boldsymbol{f}_p(\boldsymbol{x}^*(t)) = \boldsymbol{f}_p$。因为 $\boldsymbol{P}>\boldsymbol{0}$，所以

$$(\beta^{\frac{1}{2}}\boldsymbol{f}_d - \beta^{-\frac{1}{2}}\boldsymbol{f}_p)^{\mathrm{T}}\boldsymbol{P}(\beta^{\frac{1}{2}}\boldsymbol{f}_d - \beta^{-\frac{1}{2}}\boldsymbol{f}_p) = \beta\boldsymbol{f}_d^{\mathrm{T}}\boldsymbol{P}\boldsymbol{f}_d - \boldsymbol{f}_d^{\mathrm{T}}\boldsymbol{P}\boldsymbol{f}_p - \boldsymbol{f}_p^{\mathrm{T}}\boldsymbol{P}\boldsymbol{f}_d + \beta^{-1}\boldsymbol{f}_p^{\mathrm{T}}\boldsymbol{P}\boldsymbol{f}_p \geqslant 0$$

可得

$$\boldsymbol{f}_d^{\mathrm{T}}\boldsymbol{P}\boldsymbol{f}_p + \boldsymbol{f}_p^{\mathrm{T}}\boldsymbol{P}\boldsymbol{f}_d \leqslant \beta\boldsymbol{f}_d^{\mathrm{T}}\boldsymbol{P}\boldsymbol{f}_d + \beta^{-1}\boldsymbol{f}_p^{\mathrm{T}}\boldsymbol{P}\boldsymbol{f}_p \tag{3.6.14}$$

考虑 Lyapunov 函数为 $V(\boldsymbol{x}^*(t)) = \boldsymbol{x}^{*\mathrm{T}}(t)\boldsymbol{P}\boldsymbol{x}^*(t)$，求 $V(\boldsymbol{x}^*(t))$的差分，并由式(3.6.13)和(3.6.14)可得

$$\begin{aligned}
\Delta V(\boldsymbol{x}^*(t)) &= V(\boldsymbol{x}^*(t+1)) - V(\boldsymbol{x}^*(t)) = (\boldsymbol{f}_d + \boldsymbol{f}_p)^{\mathrm{T}}\boldsymbol{P}(\boldsymbol{f}_d + \boldsymbol{f}_p) - \boldsymbol{x}^*(t)\boldsymbol{P}\boldsymbol{x}^*(t) \\
&= \boldsymbol{f}_d^{\mathrm{T}}\boldsymbol{P}\boldsymbol{f}_d + \boldsymbol{f}_d^{\mathrm{T}}\boldsymbol{P}\boldsymbol{f}_p + \boldsymbol{f}_p^{\mathrm{T}}\boldsymbol{P}\boldsymbol{f}_d + \boldsymbol{f}_p^{\mathrm{T}}\boldsymbol{P}\boldsymbol{f}_p - \boldsymbol{x}^{*\mathrm{T}}(t)\boldsymbol{P}\boldsymbol{x}^*(t) \\
&\leqslant (1+\beta)\boldsymbol{f}_d^{\mathrm{T}}\boldsymbol{P}\boldsymbol{f}_d - \boldsymbol{x}^{*\mathrm{T}}(t)\boldsymbol{P}\boldsymbol{x}^*(t) + (1+\beta^{-1})\boldsymbol{f}_p^{\mathrm{T}}\boldsymbol{P}\boldsymbol{f}_p
\end{aligned}$$

把 $\boldsymbol{f}_d$ 代入上式可得

$$\begin{aligned}
\Delta V(\boldsymbol{x}^*(t)) \leqslant{}& (1+\beta)\boldsymbol{x}^{*\mathrm{T}}(t)(\boldsymbol{A}_0 - \boldsymbol{b}_0\boldsymbol{k}^{\mathrm{T}})^{\mathrm{T}}\boldsymbol{P}(\boldsymbol{A}_0 - \boldsymbol{b}_0\boldsymbol{k}^{\mathrm{T}})\boldsymbol{x}^*(t) - \boldsymbol{x}^{*\mathrm{T}}(t)\boldsymbol{P}\boldsymbol{x}^*(t) \\
&+ (1+\beta)\boldsymbol{x}^{*\mathrm{T}}(t)(\boldsymbol{A}_0 - \boldsymbol{b}_0\boldsymbol{k}^{\mathrm{T}})^{\mathrm{T}}\boldsymbol{P}\Big[\sum_{i=1}^{N}\mu_i(\boldsymbol{x}^*(t))(\boldsymbol{E}_i - \boldsymbol{h}_i\boldsymbol{k}^{\mathrm{T}})\Big]\boldsymbol{x}^*(t) \\
&+ \boldsymbol{x}^{*\mathrm{T}}(t)\Big[\sum_{i=1}^{N}\mu_i(\boldsymbol{x}^*(t))(\boldsymbol{E}_i - \boldsymbol{h}_i\boldsymbol{k}^{\mathrm{T}})\Big]^{\mathrm{T}}\boldsymbol{P}(\boldsymbol{A}_0 - \boldsymbol{b}_0\boldsymbol{k}^{\mathrm{T}})\boldsymbol{x}^*(t) \\
&+ (1+\beta)\boldsymbol{x}^{*\mathrm{T}}(t)\Big[\sum_{i=1}^{N}\mu_i(\boldsymbol{x}^*(t))(\boldsymbol{E}_i - \boldsymbol{h}_i\boldsymbol{k}^{\mathrm{T}})\Big]^{\mathrm{T}}\boldsymbol{P}\Big[\sum_{i=1}^{N}\mu_i(\boldsymbol{x}^*(t))(\boldsymbol{E}_i - \boldsymbol{h}_i\boldsymbol{k}^{\mathrm{T}})\Big] \\
&\times \boldsymbol{x}^*(t) + (1+\beta^{-1})\boldsymbol{f}_p^{\mathrm{T}}\boldsymbol{P}\boldsymbol{f}_p \\
\leqslant{}& -\boldsymbol{x}^{*\mathrm{T}}(t)\boldsymbol{Q}\boldsymbol{x}^*(t) + 2(1+\beta)\sum_{i=1}^{N}\mu_i\boldsymbol{x}^{*\mathrm{T}}(t)[(\boldsymbol{E}_i - \boldsymbol{h}_i\boldsymbol{k}^{\mathrm{T}})^{\mathrm{T}}\boldsymbol{P}(\boldsymbol{E}_i - \boldsymbol{h}_i\boldsymbol{k}^{\mathrm{T}})]_H\boldsymbol{x}^*(t)
\end{aligned}$$

$$+(1+\beta)\sum_{i=1}^{N}\sum_{j\geqslant i}^{N}\mu_i\mu_j 2^{(1-\delta_{ij})}\boldsymbol{x}^{*\mathrm{T}}(t)[(\boldsymbol{E}_i-\boldsymbol{h}_i\boldsymbol{k}^{\mathrm{T}})^{\mathrm{T}}\boldsymbol{P}(\boldsymbol{E}_i-\boldsymbol{h}_i\boldsymbol{k}^{\mathrm{T}})]\boldsymbol{x}^*(t)$$
$$+(1+\beta^{-1})\boldsymbol{f}_p^{\mathrm{T}}\boldsymbol{P}\boldsymbol{f}_p$$

对上式反复应用 Rayleigh 原理可得

$$\begin{aligned}\Delta V(\boldsymbol{x}^*(t))\leqslant&-\lambda_{\min}(\boldsymbol{Q})\boldsymbol{x}^{*\mathrm{T}}(t)\boldsymbol{x}^*(t)+(1+\beta)\Big(2\sum_{i=1}^{N}\mu_i\lambda_{\max}[(\boldsymbol{A}_0-\boldsymbol{b}_0\boldsymbol{k}^{\mathrm{T}})^{\mathrm{T}}\\&\times\boldsymbol{P}(\boldsymbol{A}_0-\boldsymbol{b}_0\boldsymbol{k}^{\mathrm{T}})]_H\Big)+\sum_{i=1}^{N}\sum_{j\geqslant i}^{N}\mu_i\mu_j 2^{(1-\delta_{ij})}\lambda_{\max}([(\boldsymbol{E}_i-\boldsymbol{h}_i\boldsymbol{k}^{\mathrm{T}})^{\mathrm{T}}\\&\times\boldsymbol{P}(\boldsymbol{E}_i-\boldsymbol{h}_i\boldsymbol{k}^{\mathrm{T}})]_H)\boldsymbol{x}^{*\mathrm{T}}(t)\boldsymbol{x}^*(t)+(1+\beta^{-1})\lambda_{\max}(\boldsymbol{P})\boldsymbol{f}_p^{\mathrm{T}}\boldsymbol{f}_p\end{aligned}$$

由于

$$\sum_{i=1}^{N}\mu_i(\boldsymbol{x}^*(t))=1,\quad\sum_{i=1}^{N}\sum_{j\geqslant i}^{N}\mu_i(\boldsymbol{x}^*(t))\mu_j(\boldsymbol{x}^*(t))\leqslant 1$$

代入上式后可得

$$\begin{aligned}\Delta V(\boldsymbol{x}^*(t))\leqslant&\{-\lambda_{\min}(\boldsymbol{Q})+2(1+\beta)\max_{1\leqslant i\leqslant N}w[(\boldsymbol{E}_i-\boldsymbol{h}_i\boldsymbol{k}^{\mathrm{T}})^{\mathrm{T}}\boldsymbol{P}(\boldsymbol{A}_0-\boldsymbol{b}_0\boldsymbol{k}^{\mathrm{T}})]\\&+(1+\beta)\max_{1\leqslant i\leqslant j\leqslant N}2^{(1-\delta_{ij})}w[(\boldsymbol{E}_i-\boldsymbol{h}_i\boldsymbol{k}^{\mathrm{T}})^{\mathrm{T}}\boldsymbol{P}(\boldsymbol{E}_i-\boldsymbol{h}_i\boldsymbol{k}^{\mathrm{T}})]\\&+(1+\beta^{-1})\lambda_{\max}(\boldsymbol{P})\zeta^2\}\|\boldsymbol{x}^*(t)\|^2\\\leqslant&[-v_c(\boldsymbol{k})+(1+\beta^{-1})\lambda_{\max}(\boldsymbol{P})\zeta^2]\|\boldsymbol{x}^*(t)\|^2\end{aligned}$$

于是，条件(3.6.12)充分保证了式(3.6.13)的全局渐近稳定性。因此，真值动态(3.6.5)有界。

定理 3.6.1 表明，根据模糊模型(3.6.5)设计的控制器(3.6.8)，在闭环系统不稳定之前，将至少承受满足如下条件的不确定性：

$$\|\boldsymbol{f}_p(\boldsymbol{x}^*(t))\|\leqslant\sqrt{\frac{v_c(\boldsymbol{k})}{(1+\beta^{-1})\lambda_{\max}(\boldsymbol{P})}}\|\boldsymbol{x}^*(t)\|$$

可以在下面两个方面应用此结果。第一，若模糊模型最初由大量的子系统集聚而成，只要相应的模型误差在指定界内，就可以尽可能地减少局部模型数。第二，如果其他类型的误差，如参数估计误差，使得不确定性增大，则仍能够设计控制器使其得到鲁棒稳定性。此外，当不存在模型不确定性，即 $\zeta=0$ 时，式(3.6.12)变成 $v_c(\boldsymbol{k})>0$。

3.6.3　模糊输出反馈控制设计与稳定性分析

设状态估计方程为

$$\hat{\boldsymbol{x}}(t+1)=\boldsymbol{f}_d(\hat{\boldsymbol{x}}(t),\boldsymbol{u}(t))+\boldsymbol{f}_{sb}(\boldsymbol{\varphi}(t-1))+\boldsymbol{G}(\boldsymbol{y}(t)-\boldsymbol{c}^{\mathrm{T}}\hat{\boldsymbol{x}}(t)-\boldsymbol{f}_{ob}(\boldsymbol{\varphi}(t-1)))\tag{3.6.15}$$

式中，$\boldsymbol{G}$ 是观测器增益。这里，$\boldsymbol{x}(t)$ 被当作真值状态。

假设估计状态反馈形式为

$$\boldsymbol{u}(t)=-\boldsymbol{k}^{\mathrm{T}}\hat{\boldsymbol{x}}(t)\tag{3.6.16}$$

由式(3.6.16)和模糊模型(3.6.1)组成的闭环系统为

$$\boldsymbol{x}(t+1)=\sum_{i=1}^{N}\mu_i(\boldsymbol{\varphi}(t-1))(\boldsymbol{A}_i\boldsymbol{x}(t)-\boldsymbol{b}_i\boldsymbol{k}^{\mathrm{T}}\hat{\boldsymbol{x}}(t))$$

$$+\sum_{i=1}^{N}\sum_{j=1}^{N}\mu_i(\boldsymbol{\varphi}(t-1))\mu_j(\boldsymbol{\varphi}(t-1))\boldsymbol{d}_{ij} \tag{3.6.17}$$

类似地,基于观测器的模糊模型为

$$\hat{\boldsymbol{x}}(t+1)=\sum_{i=1}^{N}\mu_i(\boldsymbol{\varphi}(t-1))[(\boldsymbol{A}_i-\boldsymbol{G}\boldsymbol{c}^{\mathrm{T}}-\boldsymbol{b}_i\boldsymbol{k}^{\mathrm{T}})\hat{\boldsymbol{x}}(t)+\boldsymbol{G}\boldsymbol{c}^{\mathrm{T}}\boldsymbol{x}(t)]$$
$$+\sum_{i=1}^{N}\sum_{j=1}^{N}\mu_i(\boldsymbol{\varphi}(t-1))\mu_j(\boldsymbol{\varphi}(t-1))\boldsymbol{d}_{ij}-\boldsymbol{G}\sum_{j=1}^{N}\mu_j(\boldsymbol{\varphi}(t-1))\eta_j \tag{3.6.18}$$

为了进行稳定性分析,考察式(3.6.17)和(3.6.18)所对应的齐次方程,即没有偏差项 $\sum_{j=1}^{N}\mu_j(\boldsymbol{\varphi}(t-1))\boldsymbol{\eta}_j$ 和 $\sum_{i=1}^{N}\sum_{j=1}^{N}\mu_i(\boldsymbol{\varphi}(t-1))\mu_j(\boldsymbol{\varphi}(t-1))\boldsymbol{d}_{ij}$。很明显,常数项 η_i 和 $\boldsymbol{d}_{ij}$ 只影响 $\boldsymbol{x}(t)$ 和 $\hat{\boldsymbol{x}}(t)$ 的渐近行为,因此,上面的耦合状态方程组的稳定性取决于如下的辅助状态方程的稳定性:

$$\begin{bmatrix}\boldsymbol{x}(t+1)\\ \hat{\boldsymbol{x}}(t+1)\end{bmatrix}=\sum_{i=1}^{N}\mu_i(\boldsymbol{\varphi}(t-1))\begin{bmatrix}\boldsymbol{A}_i & -\boldsymbol{b}_i\boldsymbol{k}^{\mathrm{T}}\\ \boldsymbol{G}\boldsymbol{c}^{\mathrm{T}} & \boldsymbol{A}_i-\boldsymbol{G}\boldsymbol{c}^{\mathrm{T}}-\boldsymbol{b}_i\boldsymbol{k}^{\mathrm{T}}\end{bmatrix}\begin{bmatrix}\boldsymbol{x}(t)\\ \hat{\boldsymbol{x}}(t)\end{bmatrix} \tag{3.6.19}$$

设状态的观测误差为 $\boldsymbol{e}(t)=\boldsymbol{x}(t)-\hat{\boldsymbol{x}}(t)$,由式(3.6.1)和(3.6.18)可得误差方程

$$\boldsymbol{e}(t+1)=\sum_{i=1}^{N}\mu_i(\boldsymbol{\varphi}(t-1))(\boldsymbol{A}_i-\boldsymbol{G}\boldsymbol{c}^{\mathrm{T}})\boldsymbol{e}(t) \tag{3.6.20}$$

如果误差方程(3.6.20)是渐近稳定的,则 $\hat{\boldsymbol{x}}(t)$ 收敛于 $\boldsymbol{x}(t)$。经过适当的状态变换后,辅助方程(3.6.19)变为

$$\begin{bmatrix}\hat{\boldsymbol{x}}(t+1)\\ \boldsymbol{e}(t)\end{bmatrix}=\sum_{i=1}^{N}\mu_i(\boldsymbol{\varphi}(t-1))\begin{bmatrix}\boldsymbol{A}_i-\boldsymbol{b}_i\boldsymbol{k}^{\mathrm{T}} & \boldsymbol{G}\boldsymbol{c}^{\mathrm{T}}\\ \boldsymbol{0} & \boldsymbol{A}_i-\boldsymbol{G}\boldsymbol{c}^{\mathrm{T}}\end{bmatrix}\begin{bmatrix}\hat{\boldsymbol{x}}(t)\\ \boldsymbol{e}(t)\end{bmatrix} \tag{3.6.21}$$

定理 3.6.2　假设存在 $\boldsymbol{P}_0>\boldsymbol{0}$ 和 $\boldsymbol{W}=\boldsymbol{P}_0\boldsymbol{M},\boldsymbol{S}>\boldsymbol{0}$,使得下面的线性矩阵不等式成立:

$$\begin{bmatrix}\boldsymbol{P}_0 & \boldsymbol{P}_0\boldsymbol{A}_i-\boldsymbol{W}\boldsymbol{c}^{\mathrm{T}}\\ (\boldsymbol{P}_0\boldsymbol{A}_i-\boldsymbol{W}\boldsymbol{c}^{\mathrm{T}})^{\mathrm{T}} & \boldsymbol{P}_0\end{bmatrix}>\boldsymbol{0},\quad i=1,2,\cdots,N \tag{3.6.22}$$

$$\begin{bmatrix}\boldsymbol{S} & \boldsymbol{A}_i\boldsymbol{S}-\boldsymbol{b}_i\boldsymbol{z}^{\mathrm{T}}\\ (\boldsymbol{A}_i\boldsymbol{S}-\boldsymbol{b}_i\boldsymbol{z}^{\mathrm{T}})^{\mathrm{T}} & \boldsymbol{S}\end{bmatrix}>\boldsymbol{0},\quad i=1,2,\cdots,N \tag{3.6.23}$$

则辅助系统(3.6.21)全局渐近稳定,且观测器增益和估计状态反馈增益分别为 $\boldsymbol{G}=\boldsymbol{P}_0^{-1}\boldsymbol{W}$ 和 $\boldsymbol{k}^{\mathrm{T}}=\boldsymbol{z}^{\mathrm{T}}\boldsymbol{S}^{-1}$。

证明　对于模糊模型(3.6.21),定义矩阵

$$\widetilde{\boldsymbol{A}}_i=\begin{bmatrix}\boldsymbol{A}_i-\boldsymbol{b}_i\boldsymbol{k}^{\mathrm{T}} & \boldsymbol{G}\boldsymbol{c}^{\mathrm{T}}\\ \boldsymbol{0} & \boldsymbol{A}_i-\boldsymbol{G}\boldsymbol{c}^{\mathrm{T}}\end{bmatrix}$$

如果下面的矩阵不等式成立:

$$\widetilde{\boldsymbol{P}}=\widetilde{\boldsymbol{P}}^{\mathrm{T}}>\boldsymbol{0},\quad \widetilde{\boldsymbol{A}}_i^{\mathrm{T}}\widetilde{\boldsymbol{P}}\widetilde{\boldsymbol{A}}_i-\widetilde{\boldsymbol{P}}<\boldsymbol{0},\quad i=1,2,\cdots,N \tag{3.6.24}$$

则辅助方程(3.6.21)渐近稳定。

注意,矩阵不等式(3.6.24)是未知变量 $\boldsymbol{k}$、$\boldsymbol{G}$ 和 $\widetilde{\boldsymbol{P}}$ 的非线性不等式。下面证明不等

式(3.6.24)等价于线性矩阵不等式(3.6.22)和(3.6.23)。

首先证明,如果式(3.6.24)成立,则式(3.6.23)和(3.6.24)成立。

把 $\widetilde{\boldsymbol{P}}$ 划分成与 $\widetilde{\boldsymbol{A}}_i$ 相一致的分块矩阵,将式(3.6.24)中的第二个不等式记为

$$\begin{bmatrix} \boldsymbol{A}_i - \boldsymbol{b}_i\boldsymbol{k}^{\mathrm{T}} & \boldsymbol{G}\boldsymbol{c}^{\mathrm{T}} \\ \boldsymbol{0} & \boldsymbol{A}_i - \boldsymbol{G}\boldsymbol{c}^{\mathrm{T}} \end{bmatrix}^{\mathrm{T}} \begin{bmatrix} \boldsymbol{P}_{11} & \boldsymbol{P}_{12} \\ \boldsymbol{P}_{12}^{\mathrm{T}} & \boldsymbol{P}_{22} \end{bmatrix} \begin{bmatrix} \boldsymbol{A}_i - \boldsymbol{b}_i\boldsymbol{k}^{\mathrm{T}} & \boldsymbol{G}\boldsymbol{c}^{\mathrm{T}} \\ \boldsymbol{0} & \boldsymbol{A}_i - \boldsymbol{G}\boldsymbol{c}^{\mathrm{T}} \end{bmatrix} - \begin{bmatrix} \boldsymbol{P}_{11} & \boldsymbol{P}_{12} \\ \boldsymbol{P}_{12}^{\mathrm{T}} & \boldsymbol{P}_{22} \end{bmatrix} < \boldsymbol{0}$$

对上面不等式的左边进行矩阵运算,可得

$$\begin{bmatrix} \boldsymbol{R}_{11} & \boldsymbol{R}_{12} \\ \boldsymbol{R}_{12}^{\mathrm{T}} & \boldsymbol{R}_{22} \end{bmatrix} < \boldsymbol{0} \tag{3.6.25}$$

式中,$\boldsymbol{R}_{12}$ 和 $\boldsymbol{R}_{22}$ 是具有适当维数的矩阵,且

$$\boldsymbol{R}_{11} = (\boldsymbol{A}_i - \boldsymbol{b}_i\boldsymbol{k}^{\mathrm{T}})^{\mathrm{T}}\boldsymbol{P}_{11}(\boldsymbol{A}_i - \boldsymbol{b}_i\boldsymbol{k}^{\mathrm{T}}) - \boldsymbol{P}_{11}$$

利用 Schur 分解原理,矩阵不等式(3.6.25)等价于

$$\boldsymbol{R}_{22} < \boldsymbol{0} \text{ 和 } \boldsymbol{R}_{11} - \boldsymbol{R}_{12}\boldsymbol{R}_{22}^{-1}\boldsymbol{R}_{12}^{\mathrm{T}} < \boldsymbol{0}$$

由此可知 $\boldsymbol{R}_{11} < \boldsymbol{0}$,或等价于

$$(\boldsymbol{A}_i - \boldsymbol{b}_i\boldsymbol{k}^{\mathrm{T}})^{\mathrm{T}}\boldsymbol{P}_{11}(\boldsymbol{A}_i - \boldsymbol{b}_i\boldsymbol{k}^{\mathrm{T}}) - \boldsymbol{P}_{11} < \boldsymbol{0} \tag{3.6.26}$$

矩阵不等式(3.6.26)关于 $\boldsymbol{k}^{\mathrm{T}}$ 和 $\boldsymbol{P}_{11}$ 缺少凸性。为了克服这一点,采用下面的方法来处理。第一,注意到不等式(3.6.26)成立的充分必要条件是存在 $\boldsymbol{S} > \boldsymbol{0}$ 满足

$$(\boldsymbol{A}_i - \boldsymbol{b}_i\boldsymbol{k}^{\mathrm{T}})^{\mathrm{T}}\boldsymbol{S}(\boldsymbol{A}_i - \boldsymbol{b}_i\boldsymbol{k}^{\mathrm{T}}) - \boldsymbol{S} < \boldsymbol{0} \tag{3.6.27}$$

第二,通过变量 $\boldsymbol{z}^{\mathrm{T}} = \boldsymbol{k}^{\mathrm{T}}\boldsymbol{S}$ 的变换,不等式(3.6.27) 可转化成如下的不等式:

$$(\boldsymbol{A}_i\boldsymbol{S} - \boldsymbol{b}_i\boldsymbol{z}^{\mathrm{T}})\boldsymbol{S}^{-1}(\boldsymbol{A}_i\boldsymbol{S} - \boldsymbol{b}_i\boldsymbol{z}^{\mathrm{T}})^{\mathrm{T}} - \boldsymbol{S} < \boldsymbol{0} \tag{3.6.28}$$

由 Schur 分解原理,矩阵不等式(3.6.28)等价于线性矩阵不等式(3.6.23)。

与观测器设计有关的线性矩阵不等式可用类似的方法取得。为此,把不等式(3.6.24)变为如下的等价形式:

$$\widetilde{\boldsymbol{S}} = \widetilde{\boldsymbol{S}}^{\mathrm{T}} > \boldsymbol{0}, \quad \widetilde{\boldsymbol{A}}_i\widetilde{\boldsymbol{S}}\widetilde{\boldsymbol{A}}_i^{\mathrm{T}} - \widetilde{\boldsymbol{S}} < \boldsymbol{0}, \quad i = 1, 2, \cdots, N \tag{3.6.29}$$

则适当地划分 $\widetilde{\boldsymbol{S}}$ 可得

$$\begin{bmatrix} \boldsymbol{A}_i - \boldsymbol{b}_i\boldsymbol{k}^{\mathrm{T}} & \boldsymbol{G}\boldsymbol{c}^{\mathrm{T}} \\ \boldsymbol{0} & \boldsymbol{A}_i - \boldsymbol{G}\boldsymbol{c}^{\mathrm{T}} \end{bmatrix}^{\mathrm{T}} \begin{bmatrix} \boldsymbol{S}_{11} & \boldsymbol{S}_{12} \\ \boldsymbol{S}_{12}^{\mathrm{T}} & \boldsymbol{S}_{22} \end{bmatrix} \begin{bmatrix} \boldsymbol{A}_i - \boldsymbol{b}_i\boldsymbol{k}^{\mathrm{T}} & \boldsymbol{G}\boldsymbol{c}^{\mathrm{T}} \\ \boldsymbol{0} & \boldsymbol{A}_i - \boldsymbol{G}\boldsymbol{c}^{\mathrm{T}} \end{bmatrix} - \begin{bmatrix} \boldsymbol{S}_{11} & \boldsymbol{S}_{12} \\ \boldsymbol{S}_{12}^{\mathrm{T}} & \boldsymbol{S}_{22} \end{bmatrix} < \boldsymbol{0}$$

经过矩阵运算,上面的不等式变成

$$\begin{bmatrix} \bar{\boldsymbol{R}}_{11} & \bar{\boldsymbol{R}}_{12} \\ \bar{\boldsymbol{R}}_{12}^{\mathrm{T}} & \bar{\boldsymbol{R}}_{22} \end{bmatrix} < \boldsymbol{0}$$

式中,$\bar{\boldsymbol{R}}_{11}$ 和 $\bar{\boldsymbol{R}}_{12}$ 是具有适当维数的矩阵,且

$$\bar{\boldsymbol{R}}_{22} = (\boldsymbol{A}_i - \boldsymbol{G}\boldsymbol{c}^{\mathrm{T}})^{\mathrm{T}}\boldsymbol{S}_{22}(\boldsymbol{A}_i - \boldsymbol{G}\boldsymbol{c}^{\mathrm{T}}) - \boldsymbol{S}_{22}$$

再利用 Schur 分解原理,由上面的矩阵不等式可得

$$(\boldsymbol{A}_i - \boldsymbol{G}\boldsymbol{c}^{\mathrm{T}})^{\mathrm{T}}\boldsymbol{S}_{22}(\boldsymbol{A}_i - \boldsymbol{G}\boldsymbol{c}^{\mathrm{T}}) - \boldsymbol{S}_{22} < \boldsymbol{0} \tag{3.6.30}$$

矩阵不等式(3.6.30)是非线性的。为了使不等式(3.6.30)关于 $\boldsymbol{G}$ 和 $\boldsymbol{S}_{22}$ 具有凸性,采用与前面类似的方法。定义 $\boldsymbol{P}_0 = \boldsymbol{S}_{22}^{-1}$,在不等式(3.6.30)前后乘以 $\boldsymbol{P}_0 > \boldsymbol{0}$,并利用新的变量 $\boldsymbol{W} = \boldsymbol{P}_0\boldsymbol{G}$ 得到

$$(\boldsymbol{P}_0\boldsymbol{A}_i - \boldsymbol{W}\boldsymbol{c}^{\mathrm{T}})\boldsymbol{P}_0^{-1}(\boldsymbol{P}_0\boldsymbol{A}_i - \boldsymbol{W}\boldsymbol{c}^{\mathrm{T}})^{\mathrm{T}} - \boldsymbol{P}_0 < \boldsymbol{0} \tag{3.6.31}$$

由 Schur 分解原理，容易知道上面的不等式等价于线性矩阵不等式(3.6.22)。

接下来证明线性矩阵不等式(3.6.22) 和(3.6.23)，如果有可行解，则式 (3.6.24)成立。利用 Schur 分解原理，由不等式(3.6.22)和(3.6.23)可分别得到不等式(3.6.28)和(3.6.31)。另一方面，不等式(3.6.28)存在可行解当且仅当存在 $\boldsymbol{P}>\boldsymbol{0}$，使得

$$(\boldsymbol{A}_i-\boldsymbol{b}_i\boldsymbol{k}^{\mathrm{T}})^{\mathrm{T}}\boldsymbol{P}(\boldsymbol{A}_i-\boldsymbol{b}_i\boldsymbol{k}^{\mathrm{T}})-\boldsymbol{P}<\boldsymbol{0}$$

而且存在 $\overline{\boldsymbol{P}}>\boldsymbol{0}$，使得不等式(3.6.31)等价于

$$(\boldsymbol{A}_i-\boldsymbol{G}\boldsymbol{c}^{\mathrm{T}})^{\mathrm{T}}\overline{\boldsymbol{P}}(\boldsymbol{A}_i-\boldsymbol{G}\boldsymbol{c}^{\mathrm{T}})-\overline{\boldsymbol{P}}<\boldsymbol{0}$$

下面证明存在正数 ζ_1 和 ζ_2，使得

$$\widetilde{\boldsymbol{P}}=\begin{bmatrix}\zeta_1\boldsymbol{P} & \boldsymbol{0}\\ \boldsymbol{0} & \zeta_2\overline{\boldsymbol{P}}\end{bmatrix}>\boldsymbol{0}$$

满足条件(3.6.24)。如果对 $i=1,2,\cdots,N$ 有

$$\begin{bmatrix}\zeta_1\boldsymbol{M}_{1i} & \zeta_1(\boldsymbol{A}_i-\boldsymbol{b}_i\boldsymbol{k}^{\mathrm{T}})^{\mathrm{T}}\boldsymbol{P}\boldsymbol{G}\boldsymbol{c}^{\mathrm{T}}\\ \zeta_1(\boldsymbol{G}\boldsymbol{c}^{\mathrm{T}})^{\mathrm{T}}\boldsymbol{P}(\boldsymbol{A}_i-\boldsymbol{b}_i\boldsymbol{k}^{\mathrm{T}}) & \zeta_2\boldsymbol{M}_{2i}\end{bmatrix}>\boldsymbol{0} \tag{3.6.32}$$

式中

$$\boldsymbol{M}_{1i}=(\boldsymbol{A}_i-\boldsymbol{b}_i\boldsymbol{k}^{\mathrm{T}})^{\mathrm{T}}\boldsymbol{P}(\boldsymbol{A}_i-\boldsymbol{b}_i\boldsymbol{k}^{\mathrm{T}})-\boldsymbol{P}$$
$$\boldsymbol{M}_{2i}=(\boldsymbol{A}_i-\boldsymbol{b}_i\boldsymbol{k}^{\mathrm{T}})^{\mathrm{T}}\overline{\boldsymbol{P}}(\boldsymbol{A}_i-\boldsymbol{b}_i\boldsymbol{k}^{\mathrm{T}})-\overline{\boldsymbol{P}}$$

代入上式后，则式(3.6.24)成立。定义矩阵

$$\boldsymbol{\Xi}_1=(\boldsymbol{G}\boldsymbol{c}^{\mathrm{T}})^{\mathrm{T}}\boldsymbol{P}\boldsymbol{G}\boldsymbol{c}^{\mathrm{T}}>\boldsymbol{0}$$
$$\boldsymbol{\Xi}_{2i}=(\boldsymbol{A}_i-\boldsymbol{G}\boldsymbol{c}^{\mathrm{T}})^{\mathrm{T}}\overline{\boldsymbol{P}}(\boldsymbol{A}_i-\boldsymbol{G}\boldsymbol{c}^{\mathrm{T}})-\overline{\boldsymbol{P}}<\boldsymbol{0}$$
$$\boldsymbol{\Xi}_{3i}=(\boldsymbol{A}_i-\boldsymbol{b}_i\boldsymbol{k}^{\mathrm{T}})^{\mathrm{T}}\boldsymbol{P}(\boldsymbol{A}_i-\boldsymbol{b}_i\boldsymbol{k}^{\mathrm{T}})-\boldsymbol{P}<\boldsymbol{0}$$
$$\boldsymbol{\Xi}_{4i}(\zeta_1,\zeta_2)=(\boldsymbol{A}_i-\boldsymbol{b}_i\boldsymbol{k}^{\mathrm{T}})^{\mathrm{T}}\boldsymbol{P}\boldsymbol{G}\boldsymbol{c}^{\mathrm{T}}(\zeta_1\boldsymbol{\Xi}_1+\zeta_2\boldsymbol{\Xi}_{2i})^{-1}(\boldsymbol{G}\boldsymbol{c}^{\mathrm{T}})^{\mathrm{T}}\boldsymbol{P}(\boldsymbol{A}_i-\boldsymbol{b}_i\boldsymbol{k}^{\mathrm{T}})$$

利用 Schur 分解原理，矩阵不等式(3.6.32)等价于

$$\zeta_1\boldsymbol{\Xi}_1+\zeta_2\boldsymbol{\Xi}_{2i}<\boldsymbol{0} \tag{3.6.33}$$

和

$$\boldsymbol{\Xi}_{3i}-\zeta_1\boldsymbol{\Xi}_{4i}(\zeta_1,\zeta_2)<\boldsymbol{0} \tag{3.6.34}$$

如果

$$\frac{\zeta_1}{\zeta_2}<-\frac{\max\limits_{1\leqslant i\leqslant N}\lambda_{\max}(\boldsymbol{\Xi}_{2i})}{\lambda_{\max}(\boldsymbol{\Xi}_1)} \tag{3.6.35}$$

成立，则容易看出不等式(3.6.33)成立。另外，如果

$$\max_{1\leqslant i\leqslant N}\lambda_{\max}(\boldsymbol{\Xi}_{3i})<\zeta_1\min_{1\leqslant i\leqslant N}\lambda_{\min}(\boldsymbol{\Xi}_{4i}(\zeta_1,\zeta_2)) \tag{3.6.36}$$

成立，则不等式(3.6.34)成立。考虑所有满足不等式(3.6.35)的 ζ_1 和 ζ_2 所组成的集合 (ζ_1,ζ_2)，由定义，在此集合内，$\boldsymbol{\Xi}_{4i}(\zeta_1,\zeta_2)<0$ 成立。那么，在满足式(3.6.35)的条件下，选择充分小的 $\zeta_1>0$(或充分大的 $\zeta_2>0$)使不等式(3.6.36)的右边任意接近于 0，因此右边比左边大。

3.6.4 观测器收敛的速度和闭环系统状态的最终有界性

3.6.3 节中应用线性矩阵不等式方法给出了控制系统稳定性问题(如果可行解存在)

的解法,但是没有给出其他问题的分析,如在状态偏差的影响下,观测器的收敛性和闭环状态系统的渐近表现等。本小节将利用传统的鲁棒控制方法对上述问题进行分析。

利用模糊模型(3.6.1)、(3.6.2)和观测器(3.6.15),并由定义(3.6.9),可把误差方程(3.6.20)写成

$$\boldsymbol{e}(t+1)=(\boldsymbol{A}_0-\boldsymbol{G}\boldsymbol{c}^{\mathrm{T}})\boldsymbol{e}(t)+\sum_{i=1}^{N}\mu_i(\boldsymbol{\varphi}(t-1))\boldsymbol{E}_i\boldsymbol{e}(t)=\boldsymbol{H}(t)\boldsymbol{e}(t) \quad (3.6.37)$$

假设$\{\boldsymbol{A}_0,\boldsymbol{c}\}$可观测,$\boldsymbol{A}_0-\boldsymbol{G}\boldsymbol{c}^{\mathrm{T}}$ 的特征值可任意设计。特别地,选择观测器增益 $\boldsymbol{G}$,使得它的谱半径 $\rho(\boldsymbol{A}_0-\boldsymbol{G}\boldsymbol{c}^{\mathrm{T}})<\rho_0$,其中 $0\leqslant\rho_0<1$ 是一个设计参数,则离散的 Lyapunov 方程

$$\rho_0^{-2}(\boldsymbol{A}_0-\boldsymbol{G}\boldsymbol{c}^{\mathrm{T}})^{\mathrm{T}}\overline{\boldsymbol{P}}(\boldsymbol{A}_0-\boldsymbol{G}\boldsymbol{c}^{\mathrm{T}})-\overline{\boldsymbol{P}}=-\overline{\boldsymbol{Q}},\quad \overline{\boldsymbol{Q}}>\boldsymbol{0} \quad (3.6.38)$$

有唯一解 $\overline{\boldsymbol{P}}>\boldsymbol{0}$。此外,令

$$\begin{aligned}v_0(\boldsymbol{M})=&2\max_{1\leqslant i\leqslant N}w[(\boldsymbol{E}_i\overline{\boldsymbol{Q}}^{-1/2})^{\mathrm{T}}\overline{\boldsymbol{P}}(\boldsymbol{A}_0-\boldsymbol{G}\boldsymbol{c}^{\mathrm{T}})\overline{\boldsymbol{Q}}^{-1/2}]\\&+\max_{1\leqslant i\leqslant j\leqslant N}2^{(1-\delta_{ij})}w[(\boldsymbol{E}_i\overline{\boldsymbol{Q}}^{-1/2})^{\mathrm{T}}\overline{\boldsymbol{P}}\boldsymbol{E}_j\overline{\boldsymbol{Q}}^{-1/2}]\end{aligned}$$

下面的定理给出了误差方程(3.6.37)稳定的一个充分条件。

定理 3.6.3 假设 $v_0(\boldsymbol{G})<\rho_0^2$,其中 $\rho_0^{-2}\geqslant1$,则状态估计误差方程(3.6.37)全局渐近稳定。

证明 选择 Lyapunov 函数为 $\overline{V}(\boldsymbol{e}(t))=\boldsymbol{e}^{\mathrm{T}}(t)\overline{\boldsymbol{P}}\boldsymbol{e}(t)$,它的差分为

$$\begin{aligned}\Delta\overline{V}(\boldsymbol{e}(t))&=\boldsymbol{e}^{\mathrm{T}}(t+1)\overline{\boldsymbol{P}}\boldsymbol{e}(t+1)-\boldsymbol{e}^{\mathrm{T}}(t)\overline{\boldsymbol{P}}\boldsymbol{e}(t)\\&\leqslant\rho_0^{-2}\boldsymbol{e}^{\mathrm{T}}(t)\boldsymbol{H}^{\mathrm{T}}(t)\overline{\boldsymbol{P}}\boldsymbol{H}(t)\boldsymbol{e}(t)-\boldsymbol{e}^{\mathrm{T}}(t)\overline{\boldsymbol{P}}\boldsymbol{e}(t)\\&=-\boldsymbol{e}^{\mathrm{T}}(t)\overline{\boldsymbol{Q}}\boldsymbol{e}(t)+2\rho_0^{-2}\sum_{i=1}^{N}\mu_i\boldsymbol{e}^{\mathrm{T}}(t)[\boldsymbol{E}_i^{\mathrm{T}}\overline{\boldsymbol{P}}(\boldsymbol{A}_0-\boldsymbol{G}\boldsymbol{c})]_H\boldsymbol{e}(t)\\&\quad+\rho^2\sum_{i=1}^{N}\sum_{j=1}^{N}\mu_i\mu_j2^{(1-\delta_{ij})}\lambda_{\max}([\boldsymbol{E}_i^{\mathrm{T}}\overline{\boldsymbol{P}}\boldsymbol{E}_i]_H)\boldsymbol{e}^{\mathrm{T}}(t)\boldsymbol{e}(t)\end{aligned} \quad (3.6.39)$$

由于$\sum_{i=1}^{N}\sum_{j=1}^{N}\mu_i\mu_j=1$,上式变成

$$\begin{aligned}\Delta V(\boldsymbol{e}(t))<&\lambda_{\min}(\overline{\boldsymbol{Q}})+2\rho_0^{-2}\max_{1\leqslant i\leqslant N}(\lambda_{\max}[\boldsymbol{E}_i^{\mathrm{T}}\overline{\boldsymbol{P}}(\boldsymbol{A}-\boldsymbol{G}\boldsymbol{c})^{\mathrm{T}}]_H)\\&+\rho_0^{-2}\max_{1\leqslant i\leqslant N}2^{(1-\delta_{ij})}\lambda_{\max}(\boldsymbol{E}_i^{\mathrm{T}}\overline{\boldsymbol{P}}\boldsymbol{E}_j\|\boldsymbol{e}(t)\|^2)\end{aligned}$$

令 $\boldsymbol{y}(t)=\boldsymbol{Q}^{1/2}\boldsymbol{e}(t)$, 则

$$\begin{aligned}\Delta V(\boldsymbol{y}(t))<&[(-1+2\max_{1\leqslant i\leqslant N}(\lambda_{\max}[\boldsymbol{Q}^{-1/2}\boldsymbol{E}_i^{\mathrm{T}}\overline{\boldsymbol{P}}(\boldsymbol{A}-\boldsymbol{M}\boldsymbol{c})^{\mathrm{T}}]_H\boldsymbol{Q}^{1/2})\\&+\max_{1\leqslant i<j\leqslant N}2^{(1-\delta_{ij})}\lambda_{\max}(\boldsymbol{Q}^{-1/2}\boldsymbol{E}_i^{\mathrm{T}}\overline{\boldsymbol{P}}\boldsymbol{E}_j\|\boldsymbol{e}(t)\|_2^2\boldsymbol{Q}^{1/2})]\|\boldsymbol{y}(t)\|^2\end{aligned}$$

根据假设 $v_0(\boldsymbol{G})<\rho_0^2$,得到 $\Delta V(\boldsymbol{y}(t))<0$,即 $\Delta V(\boldsymbol{e}(t))<0$。因此,误差方程全局渐近稳定。

由于观测器(3.6.15)的渐近收敛性已经给出,收敛速度的上界由下面的引理给出。记由二次向量范数 $\|\cdot\|_{v,N}=\sqrt{(\cdot)^{\mathrm{T}}N(\cdot)}$诱导的矩阵范数为 $\|\cdot\|_N$,则有如下推论。

推论 3.6.1 如果定理 3.6.1 的假设成立,则误差动态(3.6.37)的系统矩阵对任意的 $t\geqslant0$,满足 $\|\boldsymbol{H}(t)\|_{\overline{P}}<\rho_0$。

证明　由定理 3.6.3 的证明可知，不等式(3.6.37)的右边是正定的，有

$$\rho_0^{-2}\boldsymbol{e}^{\mathrm{T}}(t)\boldsymbol{H}^{\mathrm{T}}(t)\bar{\boldsymbol{P}}\boldsymbol{H}(t)\boldsymbol{e}(t) < \boldsymbol{e}^{\mathrm{T}}(t)\bar{\boldsymbol{P}}\boldsymbol{e}(t)$$

因此

$$\rho_0^{-2}\|\boldsymbol{H}(t)\boldsymbol{e}(t)\|_{v,\bar{P}} < \|\boldsymbol{e}(t)\|_{v,\bar{P}}$$

即

$$\|\boldsymbol{H}(t)\|_{\bar{P}} < \rho_0$$

上面陈述的几何解释如下：根据定理 3.6.3 和推论 3.6.1 的证明，必然有

$$\boldsymbol{e}^{\mathrm{T}}(t+1)\bar{\boldsymbol{P}}\boldsymbol{e}(t+1) < \rho_0^2\boldsymbol{e}^{\mathrm{T}}(t)\bar{\boldsymbol{P}}\boldsymbol{e}(t), \quad \forall t \geqslant 0$$

不失一般性，假设在时刻 t，估计误差 $\boldsymbol{e}(t)$ 是椭球面 $\boldsymbol{e}^{\mathrm{T}}\bar{\boldsymbol{P}}\boldsymbol{e}=1$ 上的一个点，则下一步估计误差 $\boldsymbol{e}(t+1)$ 位于椭球面 $\boldsymbol{e}^{\mathrm{T}}\bar{\boldsymbol{P}}\boldsymbol{e}=\rho_0^2$ 内。因此，由第一个椭球面上的采样到第二个椭球面上的采样，至少收缩了 $1-\rho_0^2$。

下面，对闭环系统进行分析和设计。由模糊模型(3.6.1)和控制器(3.6.16)组成的等价闭环系统为

$$\begin{aligned}\boldsymbol{x}(t+1) &= \sum_{i=1}^{N}\mu_i(\boldsymbol{\varphi}(t-1))(\boldsymbol{A}_i-\boldsymbol{b}_i\boldsymbol{k}^{\mathrm{T}})\boldsymbol{x}(t)+\sum_{i=1}^{N}\mu_i(\boldsymbol{\varphi}(t-1))\boldsymbol{b}_i\boldsymbol{k}^{\mathrm{T}}\boldsymbol{e}(t)\\&\quad+\sum_{i=1}^{N}\sum_{j=1}^{N}\mu_i(\boldsymbol{\varphi}(t-1))\mu_j(\boldsymbol{\varphi}(t-1))\boldsymbol{d}_{ij}\end{aligned}\tag{3.6.40}$$

用式(3.6.9)对式(3.6.40)进行替换，闭环系统(3.6.40)变成

$$\begin{aligned}\boldsymbol{x}(t+1) &= (\boldsymbol{A}_0-\boldsymbol{b}_0\boldsymbol{k}^{\mathrm{T}})\boldsymbol{x}(t)+\sum_{i=1}^{N}\mu_i(\boldsymbol{\varphi}(t))(\boldsymbol{E}_i-\boldsymbol{h}_i\boldsymbol{k}^{\mathrm{T}})\boldsymbol{x}(t)\\&\quad+\sum_{i=1}^{N}\mu_i(\boldsymbol{\varphi}(t-1))\boldsymbol{b}_i\boldsymbol{k}^{\mathrm{T}}\boldsymbol{e}(t)+\sum_{i=1}^{N}\sum_{j=1}^{N}\mu_i(\boldsymbol{\varphi}(t-1))\mu_j(\boldsymbol{\varphi}(t-1))\boldsymbol{d}_{ij}\end{aligned}\tag{3.6.41}$$

根据文献[18]的分析，$v_c(\boldsymbol{k})>0$ 使得具有真值状态反馈的闭环系统稳定。为了给出动态输出反馈控制系统稳定的另外一个充分条件，引入下面的引理。

引理 3.6.1　考虑非线性系统 $\boldsymbol{x}(t+1)=\boldsymbol{f}(\boldsymbol{x}(t),t)$。假设存在与系统相关的矩阵 $\boldsymbol{P}>\boldsymbol{0}$，使得所有的 $\boldsymbol{x}(t)$ 和 t 有

$$\boldsymbol{x}^{\mathrm{T}}(t+1)\boldsymbol{P}\boldsymbol{x}(t+1)-\boldsymbol{x}^{\mathrm{T}}(t)\boldsymbol{P}\boldsymbol{x}(t) \leqslant -\gamma_1\|\boldsymbol{x}(t)\|^2+\gamma_2\gamma_3^t \tag{3.6.42}$$

成立，式中 $\gamma_i>0, i=1,2,3$，且

$$\frac{\gamma_1}{\lambda_{\max}(\boldsymbol{P})}+\gamma_3<1$$

则状态 $\boldsymbol{x}(t)$ 几何收敛到 0。

证明　选取 Lyapunov 函数为 $V(\boldsymbol{x}(t))=\boldsymbol{x}^{\mathrm{T}}(t)\boldsymbol{P}\boldsymbol{x}(t)$。求 $V(\boldsymbol{x}(t))$ 的差分，并由不等式(3.6.42)得到

$$\begin{aligned}V(\boldsymbol{x}(t+1))-V(\boldsymbol{x}(t)) &\leqslant -\frac{\gamma_1}{\lambda_{\max}(\boldsymbol{P})}\lambda_{\max}(\boldsymbol{P})\|\boldsymbol{x}(t)\|^2+\gamma_2\gamma_3^t\\&\leqslant -\frac{\gamma_1}{\lambda_{\max}(\boldsymbol{P})}V(\boldsymbol{x}(t))+\gamma_2\gamma_3^t\end{aligned}$$

或等价于

$$V(\boldsymbol{x}(t+1)) \leqslant \left(1-\frac{\gamma_1}{\lambda_{\max}(\boldsymbol{P})}\right)V(\boldsymbol{x}(t))+\gamma_2\gamma_3^t \tag{3.6.43}$$

现在考虑

$$V(\boldsymbol{x}(t+1)) = aV(\boldsymbol{x}(t))+\gamma_2\gamma_3^t, \quad t\geqslant 0 \tag{3.6.44}$$

式中,$a=1-\dfrac{\gamma_1}{\lambda_{\max}(\boldsymbol{P})}$。

方程(3.6.44)的解为

$$\begin{aligned} V(\boldsymbol{x}(t+1)) &= a^{t+1}V(\boldsymbol{0})+\sum_{i=0}^{t}a^{t-i}\gamma_2\gamma_3^i \\ &= a^{t+1}V(\boldsymbol{0})+a^t\gamma_2\sum_{i=0}^{t}\left(\frac{\gamma_3}{a}\right)^i = a^{t+1}V(\boldsymbol{0})+a^t\gamma_2\,\frac{r^{t+1}-1}{r-1}\end{aligned}$$

式中,$r=\dfrac{\gamma_3}{a}$。在不等式(3.6.43)的右边利用上面的结果可得

$$V(\boldsymbol{x}(t+1)) \leqslant a^{t+1}V(\boldsymbol{0})+a^t\gamma_2\,\frac{r^{t+1}-1}{r-1}$$

由引理 3.6.2 的假设,必然有 $a<1$ 和 $r<1$,即 $V(\boldsymbol{x}(t))$ 几何收敛到 0,因此,$\|\boldsymbol{x}(t)\|$ 几何收敛到 0。

定理 3.6.4　考虑满足条件 $v_0(\boldsymbol{G})<\rho_0^2$ 的状态估计器(3.6.15)和满足条件 $v_c(\boldsymbol{k})>0$ 的基于估计的控制器(3.6.16)。假设

$$\frac{v_c(\boldsymbol{k})}{\lambda_{\max}(\boldsymbol{P})}+\rho_0^2<1 \tag{3.6.45}$$

则由式(3.6.1)、(3.6.2)、(3.6.15)和(3.6.18)组成的闭环系统全局稳定,即对任意的初始条件,式(3.6.40)中的状态 $\boldsymbol{x}(t)$ 有界。

证明　与定理 3.6.1 的证明类似,记

$$\boldsymbol{f}_e = \sum_{i=1}^{N}\mu_i(\boldsymbol{x}(t))\boldsymbol{b}_i\boldsymbol{k}^{\mathrm{T}}\boldsymbol{e}(t)$$

把干扰项 $\boldsymbol{f}_e$ 看作类似于模型误差 $\boldsymbol{f}_p$。由于偏差项 $\boldsymbol{f}_{sb}$ 的有界性,显然,无偏闭环系统

$$\boldsymbol{x}(t+1) = \boldsymbol{f}_d(\boldsymbol{x}(t),-\boldsymbol{k}^{\mathrm{T}}\boldsymbol{x}(t))+\boldsymbol{f}_e$$

的稳定性意味着所对应的有偏闭环系统(3.6.41)的稳定性。因此,为了证明闭环系统(3.6.41)的稳定性,只需要证明上面的无偏系统的渐近稳定性即可。选择 Lyapunov 函数为 $V(\boldsymbol{x}(t))=\boldsymbol{x}^{\mathrm{T}}(t)\boldsymbol{P}\boldsymbol{x}(t)$,用与求不等式(3.6.14)同样的运算,可得

$$\begin{aligned}\Delta V(\boldsymbol{x}(t)) &= (\boldsymbol{f}_d+\boldsymbol{f}_e)^{\mathrm{T}}\boldsymbol{P}(\boldsymbol{f}_d+\boldsymbol{f}_e)-\boldsymbol{x}^{\mathrm{T}}(t)\boldsymbol{P}\boldsymbol{x}(t) \\ &\leqslant (1+\beta)\boldsymbol{f}_d^{\mathrm{T}}\boldsymbol{P}\boldsymbol{f}_d-\boldsymbol{x}^{\mathrm{T}}(t)\boldsymbol{P}\boldsymbol{x}(t)+(1+\beta^{-1})\boldsymbol{f}_e^{\mathrm{T}}\boldsymbol{P}\boldsymbol{f}_e\end{aligned}$$

用类似于证明定理 3.6.1 的步骤可得

$$\begin{aligned}\Delta V(\boldsymbol{x}(t)) \leqslant \{&-\lambda_{\min}(\boldsymbol{Q})+2(1+\beta)\max_{1\leqslant i\leqslant N} w[(\boldsymbol{E}_i-\eta_i\boldsymbol{k}^{\mathrm{T}})^{\mathrm{T}}\boldsymbol{P}(\boldsymbol{A}_0-\boldsymbol{b}_0\boldsymbol{k}^{\mathrm{T}})] \\ &+(1+\beta)\max_{1\leqslant i\leqslant N}\max_{i\leqslant j\leqslant N}2^{(1-\delta_{ij})}w[(\boldsymbol{E}_i-\boldsymbol{h}_i\boldsymbol{k}^{\mathrm{T}})^{\mathrm{T}}\boldsymbol{P}(\boldsymbol{E}_i-\boldsymbol{h}_i\boldsymbol{k}^{\mathrm{T}})]\}\|\boldsymbol{x}(t)\|^2 \\ &+(1+\beta^{-1})\boldsymbol{f}_e^{\mathrm{T}}\boldsymbol{P}\boldsymbol{f}_e\end{aligned} \tag{3.6.46}$$

在不等式(3.6.46)的右边,二次干扰项有如下的界:

$$\begin{aligned} \boldsymbol{f}_e^{\mathrm{T}}\boldsymbol{P}\boldsymbol{f}_e &= \|\boldsymbol{f}_e\|_{v,P}^2 \leqslant \left\| \sum_{i=1}^{N} \mu_i(\boldsymbol{x}(t))\boldsymbol{b}_i\boldsymbol{k}^{\mathrm{T}}\boldsymbol{e}(t) \right\|_{v,P}^2 \\ &\leqslant \left\| \sum_{i=1}^{N} \mu_i(\boldsymbol{x}(t))\boldsymbol{b}_i\boldsymbol{k}^{\mathrm{T}} \right\|_P^2 \|\boldsymbol{e}(t)\|_{v,P}^2 \end{aligned}$$

显然上面的矩阵范数项有界,即存在 $\gamma'_2>0$,满足

$$\left\| \sum_{i=1}^{N} \mu_i(\boldsymbol{x}(t))\boldsymbol{b}_i\boldsymbol{k}^{\mathrm{T}} \right\|_P^2 \leqslant \gamma'_2, \quad \forall t \geqslant 0 \tag{3.6.47}$$

另外,总能找到满足 Lyapunov 方程的解 $\bar{\boldsymbol{P}}$,使得

$$\|\boldsymbol{e}(t)\|_{v,P}^2 \leqslant \|\boldsymbol{e}(t)\|_{v,\bar{P}}^2 \tag{3.6.48}$$

注意到式(3.6.38)中,适当的 $\bar{\boldsymbol{Q}}$ 可保证 $\lambda_{\min}(\bar{\boldsymbol{P}})>\lambda_{\max}(\boldsymbol{P})$,或者等价于 $\bar{\boldsymbol{P}}>\boldsymbol{P}$,这样就有不等式(3.6.48)成立。利用不等式(3.6.47)和(3.6.48),并由式(3.6.37)和引理 3.6.2 得到

$$\begin{aligned} \boldsymbol{f}_e^{\mathrm{T}}\boldsymbol{P}\boldsymbol{f}_e &\leqslant \gamma'_2 \|\boldsymbol{e}(t)\|_{v,\bar{P}}^2 \leqslant \gamma_2 \|\boldsymbol{H}(t-1)\|_{\bar{P}}^2 \cdots \|\boldsymbol{H}(0)\|_{\bar{P}}^2 \|\boldsymbol{e}(0)\|_{v,\bar{P}}^2 \\ &\leqslant \gamma'_2(\rho_0^2)^t \|\boldsymbol{e}(0)\|_{v,\bar{P}}^2 \\ &\leqslant \gamma_2(\rho_0^2)^t \end{aligned} \tag{3.6.49}$$

式中,$\gamma_2=\gamma'_2\|\boldsymbol{e}(0)\|_{v,\bar{P}}^2$。最后,由 $v_c(\boldsymbol{k})$的定义,把不等式(3.6.46)写成

$$\Delta V(\boldsymbol{x}(t)) \leqslant -v_c(\boldsymbol{k})\|\boldsymbol{x}(t)\|^2 + \gamma_2(\rho_0^2)^t$$

根据假设和引理 3.6.2,定理成立。

通过所建立的闭环系统的稳定性,下面的推论给出了状态一致有界的界。

推论 3.6.2 假设定理 3.6.4 的条件成立,则由式(3.6.1)、(3.6.15)和(3.6.18)组成的闭环系统的状态是一致有界的,且一致的界如下:

$$\lim_{t\to\infty}\sup\|\boldsymbol{x}(t)\|_{v,\bar{P}} < \frac{1}{1-11\sqrt{1+\beta}} \max_{1\leqslant i,j\leqslant N}\|\boldsymbol{d}_{ij}\|_{v,P} \tag{3.6.50}$$

证明 考虑模糊模型(3.6.41)的解 $\boldsymbol{x}(t)$,按照这个轨迹定义

$$\begin{aligned} \boldsymbol{F}(t) &= \boldsymbol{A}_0 - \boldsymbol{b}_0\boldsymbol{k}^{\mathrm{T}} + \sum_{i=1}^{N}\mu_i(\boldsymbol{x}(t))(\boldsymbol{E}_i - \boldsymbol{h}_i\boldsymbol{k}^{\mathrm{T}}) \\ \boldsymbol{d}(t) &= \sum_{i=1}^{N}\sum_{j=1}^{N}\mu_i(\boldsymbol{x}(t))\mu_j(\boldsymbol{x}(t))\boldsymbol{d}_{ij} \end{aligned} \tag{3.6.51}$$

很显然,$\boldsymbol{x}(t)$满足时变系统

$$\boldsymbol{x}(t+1) = \boldsymbol{F}(t)\boldsymbol{x}(t) + \boldsymbol{f}_e(t) + \boldsymbol{d}(t) \tag{3.6.52}$$

由定义(3.6.51),可知 $\boldsymbol{F}(t)\boldsymbol{x}(t)=\boldsymbol{f}_d(\boldsymbol{x}(t),-\boldsymbol{k}^{\mathrm{T}}\boldsymbol{x}(t))$。因此,由定理 3.6.4 的证明过程有

$$(1+\beta)\boldsymbol{F}^{\mathrm{T}}(t)\boldsymbol{P}\boldsymbol{F}(t) - \boldsymbol{P} < \boldsymbol{0}, \quad \forall t \geqslant 0 \tag{3.6.53}$$

由不等式(3.6.53),显然可得 $\|\boldsymbol{F}(t)\|_P<\frac{1}{\sqrt{1+\beta}}$。将时变系统(3.6.52)的传递矩阵记为 $\boldsymbol{\Phi}(t_2,t_1)$,对任意的 $t\geqslant 0$,状态 $\boldsymbol{x}(t)$满足

$$\|\boldsymbol{x}(t)\|_{v,P} \leqslant \|\boldsymbol{\Phi}(t,0)\|_P\|\boldsymbol{x}(0)\|_{v,P} + \sum_{\tau=0}^{t-1}\|\boldsymbol{\Phi}(t,\tau+1)\|_P\|\boldsymbol{f}_e(\tau)+\boldsymbol{d}(\tau)\|_{v,P} \tag{3.6.54}$$

利用不等式

$$\|\boldsymbol{\Phi}(t_2,t_1)\|_P \leqslant \|\boldsymbol{F}(t_2-1)\|_P\|\boldsymbol{F}(t_2-2)\|_P\cdots\|\boldsymbol{F}(t_1)\|_P < \left(\frac{1}{\sqrt{1+\beta}}\right)^{t_2-t_1}$$

不等式(3.6.54)右边的初始项有如下的界：

$$\|\boldsymbol{\Phi}(t,0)\|_P\|\boldsymbol{x}(0)\|_{v,P} < \left(\frac{1}{\sqrt{1+\beta}}\right)^t\|\boldsymbol{x}(0)\|_{v,P}$$

对于模型误差项，由式(3.6.49)有

$$\begin{aligned}\sum_{\tau=0}^{t-1}\|\boldsymbol{\Phi}(t,\tau+1)\|_P\|\boldsymbol{f}_e(\tau)\|_{v,P} &\leqslant \sum_{\tau=0}^{t-1}\|\boldsymbol{\Phi}(t,\tau+1)\|_P(\gamma_2^{\frac{1}{2}}\rho_0^\tau)\\ &< \gamma_2^{\frac{1}{2}}\sum_{\tau=0}^{t-1}\left(\frac{1}{\sqrt{1+\beta}}\right)^{t-\tau-1}\rho_0^\tau < \gamma_2^{\frac{1}{2}}\left(\frac{1}{\sqrt{1+\beta}}\right)^{t-1}\sum_{\tau=0}^{t-1}(\rho_0\sqrt{1+\beta})^\tau\\ &< \gamma_2^{\frac{1}{2}}\left(\frac{1}{\sqrt{1+\beta}}\right)^{t-1}\frac{(\rho_0\sqrt{1+\beta})^t-1}{\rho_0\sqrt{1+\beta}-1} < \gamma_2^{\frac{1}{2}}\sqrt{1+\beta}\frac{\rho_0^t-(\sqrt{1+\beta})^{-t}}{\rho_0\sqrt{1+\beta}-1}\end{aligned}$$

类似地，对于偏差项有

$$\begin{aligned}\sum_{\tau=0}^{t-1}\|\boldsymbol{\Phi}(t,\tau+1)\|_P\|\boldsymbol{d}(\tau)\|_{v,P} &< \sum_{r=0}^{t-1}\left(\frac{1}{\sqrt{1+\beta}}\right)^{t-\tau-1}\|\boldsymbol{d}(\tau)\|_{v,P}\\ &< \max_{1\leqslant i,j\leqslant N}\|\boldsymbol{d}_{ij}\|_{v,P}\left(\frac{1}{\sqrt{1+\beta}}\right)^{t-1}\sum_{\tau=0}^{t-1}(\sqrt{1+\beta})^\tau\\ &< \max_{1\leqslant i,j\leqslant N}\|\boldsymbol{d}_{ij}\|_{v,P}\sqrt{1+\beta}\frac{1-(\sqrt{1+\beta})^{-t}}{\sqrt{1+\beta}-1}\end{aligned}$$

最后，根据上面的界，不等式(3.6.54)变成

$$\begin{aligned}\|\boldsymbol{x}(t)\|_{v,P} < &\left(\frac{1}{\sqrt{1+\beta}}\right)^t\|\boldsymbol{x}(0)\|_{v,P} + \gamma_2^{\frac{1}{2}}\sqrt{1+\beta}\frac{\rho_0^t-(\sqrt{1+\beta})^{-t}}{\rho_0\sqrt{1+\beta}-1}\\ &+\max_{1\leqslant i,j\leqslant N}\|\boldsymbol{d}_{ij}\|_{v,P}\sqrt{1+\beta}\frac{1-(\sqrt{1+\beta})^{-t}}{\sqrt{1+\beta}-1}\end{aligned} \tag{3.6.55}$$

当 $t\to\infty$ 时，因为 $\frac{1}{\sqrt{1+\beta}}<1$，$\rho_0<1$，所以，不等式(3.6.55)的右边趋近于推论中所指定的一致界。

3.7 不确定模糊系统的执行器饱和控制

本节针对执行器饱和的不确定模糊系统，介绍一种鲁棒控制策略，并基于线性矩阵不等式方法给出模糊闭环系统的稳定性分析。

3.7.1 不确定模糊系统的描述和控制问题

考虑不确定模糊系统，其模糊规则 i 如下。

如果 $z_1(t)$ 是 F_{i1}，$z_2(t)$ 是 F_{i2}，…，$z_n(t)$ 是 F_{in}，则

$$\dot{\boldsymbol{x}}(t)=(\boldsymbol{A}_i+\Delta\boldsymbol{A}_i)\boldsymbol{x}(t)+(\boldsymbol{B}_i+\Delta\boldsymbol{B}_i)\mathrm{sat}(\boldsymbol{u}(t)),\quad i=1,2,\cdots,N \tag{3.7.1}$$

式中，$\boldsymbol{x}(t)\in\mathbf{R}^n$ 是状态向量；$\boldsymbol{u}(t)\in\mathbf{R}^m$ 是控制输入向量；$\boldsymbol{A}_i\in\mathbf{R}^{n\times n}$ 和 $\boldsymbol{B}_i\in\mathbf{R}^{n\times m}$ 分别是系统矩阵和输入矩阵；$\Delta\boldsymbol{A}_i$ 和 $\Delta\boldsymbol{B}_i$ 是具有适当维数的时变矩阵。标量值饱和函数 $\text{sat}(u_k)$ 和向量值饱和函数 $\text{sat}(\boldsymbol{u})$ 定义如下：

$$\text{sat}(u_k)=\begin{cases}\rho, & u_k>\rho>0\\ u_k, & \rho\geqslant u_k\geqslant-\rho,\quad k=1,2,\cdots,m\\ -\rho, & 0>-\rho>u_k\end{cases}\tag{3.7.2}$$

$$\text{sat}(\boldsymbol{u})=[\text{sat}(u_1)\quad\text{sat}(u_2)\quad\cdots\quad\text{sat}(u_m)]^{\mathrm{T}}$$

为讨论方便，且不失一般性，取 $\rho=1$，称为标准的饱和函数向量。

定义 $\hat{\boldsymbol{A}}_i=\boldsymbol{A}_i+\Delta\boldsymbol{A}_i$，$\hat{\boldsymbol{B}}_i=\boldsymbol{B}_i+\Delta\boldsymbol{B}_i$，则模糊系统的全局模型如下：

$$\dot{\boldsymbol{x}}(t)=\sum_{i=1}^{N}\mu_i(\boldsymbol{z}(t))(\hat{\boldsymbol{A}}_i\boldsymbol{x}(t)+\hat{\boldsymbol{B}}_i\text{sat}(\boldsymbol{u}(t)))\tag{3.7.3}$$

假设 3.7.1　假设参数不确定性是模有界的，其形式为

$$[\Delta\boldsymbol{A}_i\quad\Delta\boldsymbol{B}_i]=\boldsymbol{D}_i\boldsymbol{F}_i(t)[\boldsymbol{E}_{1i}\quad\boldsymbol{E}_{2i}]$$

$$\boldsymbol{F}_i^{\mathrm{T}}(t)\boldsymbol{F}_i(t)\leqslant\boldsymbol{I}$$

式中，$\boldsymbol{D}_i$、$\boldsymbol{E}_{1i}$ 和 $\boldsymbol{E}_{2i}$ 是具有适当维数的常数矩阵；$\boldsymbol{F}_i(t)$ 是元素为 Lebesgue（勒贝格）可测函数的不确定矩阵；$\boldsymbol{I}$ 是具有适当维数的单位矩阵。

为了更好地理解本节内容，下面介绍涉及的定义和引理。

定义 3.7.1　设原点 $\boldsymbol{x}=\boldsymbol{0}$ 是非线性系统 $\dot{\boldsymbol{x}}=f(\boldsymbol{x})$ 的渐近稳定平衡点，其中 $f(\boldsymbol{x})$：$\boldsymbol{D}\rightarrow\mathbf{R}^n$ 是局部 Lipschitz（利普希茨）的，且 $\boldsymbol{D}\subset\mathbf{R}^n$ 是包含原点的定义域。设 $\phi(t;\boldsymbol{x})$ 是此系统在初始状态为 $\boldsymbol{x}(0)$ 的解。原点的吸引域记为 S，定义为

$$S=\{\boldsymbol{x}\in\boldsymbol{D}\,|\,\phi(t;\boldsymbol{x}),\ \forall t\geqslant0,\ \phi(t;\boldsymbol{x})\rightarrow0\ \text{当}\ t\rightarrow\infty\}$$

定义 3.7.2　如果起始于某个集合内任意一个状态的轨迹一直保留在该集合内，则称该集合为不变集。

显然，吸引域 S 是一个不变集。如果起始于一个不变集的所有状态轨迹最终收敛到原点，则该不变集可用来估计系统的吸引域。一般使用椭球收缩不变集估计系统的吸引域，具体表述如下：

令 $\boldsymbol{P}\in\mathbf{R}^{n\times n}$ 是一个正定矩阵，定义椭球体 $\varepsilon(\boldsymbol{P},\rho)=\{\boldsymbol{x}\in\mathbf{R}^n:\boldsymbol{x}^{\mathrm{T}}\boldsymbol{P}\boldsymbol{x}\leqslant\rho\}$，并选择 $V(\boldsymbol{x})=\boldsymbol{x}^{\mathrm{T}}\boldsymbol{P}\boldsymbol{x}$，那么椭球体 $\varepsilon(\boldsymbol{P},\rho)$ 具有收缩性不变的充分必要条件是 $\dot{V}(\boldsymbol{x})<0$，$\forall\boldsymbol{x}\in\varepsilon(\boldsymbol{P},\rho)\backslash\{0\}$。

显然，若椭球体 $\varepsilon(\boldsymbol{P},\rho)$ 具有收缩性不变性，则其必定也在吸引域内。

注意到存在执行器饱和的系统，通常是局部稳定的。局部稳定分析的一个重要问题就是确定系统的吸引域。本节使用椭球收缩不变集估计模糊饱和控制系统的吸引域。

执行器饱和系统的控制难点在于饱和环节的处理。本节采用线性凸包方法来处理执行器饱和问题。下面给出凸组合、凸集、凸包及线性凸包的定义和相关引理。

定义 3.7.3　设 $\boldsymbol{x}_1,\boldsymbol{x}_2,\cdots,\boldsymbol{x}_m$ 为欧几里得空间 $\mathbf{R}^n$ 中的向量，则将

$$\boldsymbol{x}=\sum_{i=1}^{m}\lambda_i\boldsymbol{x}_i,\quad\lambda_i\geqslant0,\quad\sum_{i=1}^{m}\lambda_i=1$$

称为 $\boldsymbol{x}_1,\boldsymbol{x}_2,\cdots,\boldsymbol{x}_m$ 的凸组合。

定义 3.7.4　设 C 为 $\mathbf{R}^n$ 上的一个子集合,若对于任意两点 $x_1, x_2 \in C$ 和 $0 \leqslant \lambda \leqslant 1$,有 $\lambda x_1 + (1-\lambda)x_2 \in C$,则称 C 为一凸集。

定义 3.7.5　设 $S \subset \mathbf{R}^n$ 是给定的集合,则 S 的凸包是指包含 S 的最小凸集,即 $\mathrm{co}(S) = \bigcap \{C: C$ 为 $\mathbf{R}^n$ 中的凸集,并且 $C \supseteq S\}$。

显然,S 的凸包是由属于 S 的点的所有凸组合组成的集合,可表示为

$$\mathrm{co}(S) = \left\{ \sum_{i=1}^{n} \lambda_i x_i : x_i \in S, \lambda_i \geqslant 0, \sum_{i=1}^{n} \lambda_i = 1, n \in \mathbf{N} \right\}$$

令 $\boldsymbol{D}$ 为一个 $m \times m$ 的对角矩阵的集合,且对角线上的元素为 1 或 0。显然,$\boldsymbol{D}$ 中有 2^m 个元素,$\boldsymbol{D}_s$ 表示其中的元素,$s=1,2,\cdots,2^m$。定义 $\boldsymbol{D}_s^{-1} = \boldsymbol{I} - \boldsymbol{D}_s$,则 $\boldsymbol{D}_s^{-1} \in \boldsymbol{D}$。

给定两个向量 $\boldsymbol{u}, \boldsymbol{v} \in \mathbf{R}^m$,集合 $\{\boldsymbol{D}_s \boldsymbol{u} + \boldsymbol{D}_s^{-1} \boldsymbol{v}: s=1,2,\cdots,2^m\}$ 中的向量是由 $\boldsymbol{u}, \boldsymbol{v} \in \mathbf{R}^m$ 的一些元素与 $\boldsymbol{u}, \boldsymbol{v} \in \mathbf{R}^m$ 中选择剩下的相应元素拼成的。该集合包含了所有可能的组合。

引理 3.7.1　令 $\boldsymbol{u}, \boldsymbol{v} \in \mathbf{R}^m$,具体形式如下:

$$\boldsymbol{u} = [u_1 \quad u_2 \quad \cdots \quad u_m]^{\mathrm{T}}, \quad \boldsymbol{v} = [v_1 \quad v_2 \quad \cdots \quad v_m]^{\mathrm{T}}$$

假设 $|v_k| \leqslant 1, k=1,2,\cdots,m$,则式(3.7.2)定义的饱和控制输入包含于凸包,即

$$\mathrm{sat}(\boldsymbol{u}) \in \mathrm{co}\{\boldsymbol{D}_s \boldsymbol{u} + \boldsymbol{D}_s^{-1} \boldsymbol{v}: s=1,2,\cdots,2^m\}$$

3.7.2　模糊饱和控制设计与稳定性分析

根据平行分布补偿算法,设计状态反馈模糊控制器为

$$\boldsymbol{u}(t) = \sum_{j=1}^{N} \mu_j(\boldsymbol{z}(t)) \boldsymbol{K}_j \boldsymbol{x}(t) \tag{3.7.4}$$

式中,$\boldsymbol{K}_j \in \mathbf{R}^{m \times n}$ 为待求的控制增益矩阵。

把式(3.7.4)代入式(3.7.3),得到闭环模糊系统方程为

$$\dot{\boldsymbol{x}}(t) = \sum_{i=1}^{N} \sum_{j=1}^{N} \mu_i(\boldsymbol{z}(t)) \mu_j(\boldsymbol{z}(t)) (\hat{\boldsymbol{A}}_i \boldsymbol{x}(t) + \hat{\boldsymbol{B}}_i \mathrm{sat}(\boldsymbol{K}_j \boldsymbol{x}(t))) \tag{3.7.5}$$

令 $\boldsymbol{K}_j^k$ 表示矩阵 $\boldsymbol{K}_j$ 的第 k 行,定义

$$L(\boldsymbol{K}_j) = \{\boldsymbol{x} \in \mathbf{R}^n: |K_j^k x(t)| \leqslant 1, k=1,2,\cdots,m\} \tag{3.7.6}$$

显然,如果 $\boldsymbol{x} \in \bigcap_{j=1}^{N} L(\boldsymbol{K}_j)$,则 $\boldsymbol{u}(t)$ 的各个分量均未进入饱和区。此时,式(3.7.5)可以表示为

$$\dot{\boldsymbol{x}}(t) = \sum_{i=1}^{N} \sum_{j=1}^{N} \mu_i(\boldsymbol{z}(t)) \mu_j(\boldsymbol{z}(t)) (\hat{\boldsymbol{A}}_i \boldsymbol{x}(t) + \hat{\boldsymbol{B}}_i \boldsymbol{K}_j \boldsymbol{x}(t))$$

显然,这种限制控制输入不进入饱和区的处理方法过于保守。本节采用线性凸包方法处理执行器饱和问题,主要思想是允许控制输入进入饱和区,但要满足一定的条件。定义一个与引理 3.7.1 相同的集合 $\{\boldsymbol{D}_s \boldsymbol{u} + \boldsymbol{D}_s^{-1} \boldsymbol{v}: s=1,2,\cdots,2^m\}$,根据引理 3.7.1,可以得出如下结论。

引理 3.7.2　给定反馈增益矩阵矩阵 $\boldsymbol{K}_j, \boldsymbol{H}_j \in \mathbf{R}^{m \times n}$,对于 $\boldsymbol{x} \in \mathbf{R}^n$,如果 $\boldsymbol{x} \in \bigcap_{j=1}^{N} L(\boldsymbol{H}_j)$,则有

$$\mathrm{sat}(\boldsymbol{K}_j \boldsymbol{x}) \in \mathrm{co}\{\boldsymbol{D}_s \boldsymbol{K}_j \boldsymbol{x} + \boldsymbol{D}_s^{-1} \boldsymbol{H}_j \boldsymbol{x}, s \in [1, 2^m]\}$$

式中，$\mathrm{sat}(\boldsymbol{K}_j\boldsymbol{x})$可以进一步表示为

$$\mathrm{sat}(\boldsymbol{K}_j\boldsymbol{x}) = \sum_{s=1}^{2^m} \eta_s(\boldsymbol{D}_s\boldsymbol{K}_j + \boldsymbol{D}_s^{-1}\boldsymbol{H}_j)\boldsymbol{x} \tag{3.7.7}$$

其中，$0 \leqslant \eta_s \leqslant 1$，且$\sum_{s=1}^{2^m}\eta_s = 1$。

引理 3.7.3　对于正定对称矩阵 $\boldsymbol{P} \in \mathbf{R}^{n\times n}$，以及矩阵 $\boldsymbol{K}_i \in \mathbf{R}^{m\times n}$，如果 $0 \leqslant \mu_i \leqslant 1$ 且 $\sum_{i=1}^{N}\mu_i = 1$，则有

$$\left(\sum_{i=1}^{N}\mu_i\boldsymbol{K}_i\right)^{\mathrm{T}}\boldsymbol{P}\left(\sum_{i=1}^{N}\mu_i\boldsymbol{K}_i\right) \leqslant \sum_{i=1}^{N}\mu_i\boldsymbol{K}_i^{\mathrm{T}}\boldsymbol{P}\boldsymbol{K}_i$$

由式(3.7.3)和式(3.7.7)得到闭环系统为

$$\dot{\boldsymbol{x}}(t) = \sum_{i=1}^{N}\sum_{j=1}^{N}\mu_i\mu_j[\hat{\boldsymbol{A}}_i + \hat{\boldsymbol{B}}_i\sum_{s=1}^{2^m}\eta_s(\boldsymbol{D}_s\boldsymbol{K}_j + \boldsymbol{D}_s^{-1}\boldsymbol{H}_j)]\boldsymbol{x}(t) \tag{3.7.8}$$

定理 3.7.1　如果存在正定对称矩阵 $\boldsymbol{P}$ 和 $\boldsymbol{W}_{ij}$，以及矩阵 $\boldsymbol{K}_j$ 和 $\boldsymbol{H}_j$，满足下面的矩阵不等式：

$$\begin{bmatrix} \boldsymbol{\Omega}_{iis} + \boldsymbol{D}_i\boldsymbol{W}_{ij}\boldsymbol{D}_i^{\mathrm{T}} & [\boldsymbol{E}_{1i}\boldsymbol{Q} + \boldsymbol{E}_{2i}(\boldsymbol{D}_s\boldsymbol{M}_j + \boldsymbol{D}_s^{-1}\boldsymbol{G}_j)]^{\mathrm{T}} \\ \boldsymbol{E}_{1i}\boldsymbol{Q} + \boldsymbol{E}_{2i}(\boldsymbol{D}_s\boldsymbol{M}_j + \boldsymbol{D}_s^{-1}\boldsymbol{G}_j) & -\boldsymbol{W}_{ij} \end{bmatrix} < \boldsymbol{0}, \quad 1 \leqslant i \leqslant N \tag{3.7.9}$$

$$\begin{bmatrix} \boldsymbol{\Omega}_{ijs} + \boldsymbol{D}_i\boldsymbol{W}_{ij}\boldsymbol{D}_i^{\mathrm{T}} + \boldsymbol{D}_j\boldsymbol{W}_{ji}\boldsymbol{D}_j^{\mathrm{T}} & [\boldsymbol{E}_{1i}\boldsymbol{Q} + \boldsymbol{E}_{2i}(\boldsymbol{D}_s\boldsymbol{M}_j + \boldsymbol{D}_s^{-1}\boldsymbol{G}_j)]^{\mathrm{T}} & [\boldsymbol{E}_{1j}\boldsymbol{Q} + \boldsymbol{E}_{2j}(\boldsymbol{D}_s\boldsymbol{M}_i + \boldsymbol{D}_s^{-1}\boldsymbol{G}_i)]^{\mathrm{T}} \\ \boldsymbol{E}_{1i}\boldsymbol{Q} + \boldsymbol{E}_{2i}(\boldsymbol{D}_s\boldsymbol{M}_j + \boldsymbol{D}_s^{-1}\boldsymbol{G}_j) & -\boldsymbol{W}_{ij} & \boldsymbol{0} \\ \boldsymbol{E}_{1j}\boldsymbol{Q} + \boldsymbol{E}_{2j}(\boldsymbol{D}_s\boldsymbol{M}_i + \boldsymbol{D}_s^{-1}\boldsymbol{G}_i) & \boldsymbol{0} & -\boldsymbol{W}_{ji} \end{bmatrix}$$
$$< \boldsymbol{0}, \quad 1 \leqslant i < j \leqslant N \tag{3.7.10}$$

其中

$$\boldsymbol{\Omega}_{iis} = [\boldsymbol{A}_i\boldsymbol{X} + \boldsymbol{B}_i(\boldsymbol{D}_s\boldsymbol{M}_i + \boldsymbol{D}_s^{-1}\boldsymbol{G}_i)] + (*)^{\mathrm{T}}$$
$$\boldsymbol{\Omega}_{ijs} = [\boldsymbol{A}_i\boldsymbol{X} + \boldsymbol{B}_i(\boldsymbol{D}_s\boldsymbol{M}_j + \boldsymbol{D}_s^{-1}\boldsymbol{G}_j)] + [\boldsymbol{A}_j\boldsymbol{X} + \boldsymbol{B}_j(\boldsymbol{D}_s\boldsymbol{M}_i + \boldsymbol{D}_s^{-1}\boldsymbol{G}_i)] + (*)^{\mathrm{T}}$$
$$\boldsymbol{K}_j = \boldsymbol{M}_j\boldsymbol{Q}^{-1}, \quad \boldsymbol{H}_j = \boldsymbol{G}_j\boldsymbol{Q}^{-1}, \quad s = 1, 2, \cdots, 2^m$$

且满足椭球 $\varepsilon(\boldsymbol{P}, \rho) \subset \bigcap_{j=1}^{N} L(\boldsymbol{H}_j)$，即

$$|\boldsymbol{H}_j^k\boldsymbol{x}(t)| \leqslant 1, \quad \forall\, \boldsymbol{x} \in \varepsilon(\boldsymbol{P}, \rho), \quad k = 1, 2, \cdots, m \tag{3.7.11}$$

式中，$\boldsymbol{H}_j^k$ 是矩阵 $\boldsymbol{H}_j$ 的第 k 行。那么，$\varepsilon(\boldsymbol{P}, \rho)$是一个具有收缩性的椭球不变集，也即闭环系统(3.7.3)在椭球 $\varepsilon(\boldsymbol{P}, \rho)$内渐近稳定。

证明　选取 Lyapunov 函数为

$$V(t) = \boldsymbol{x}^{\mathrm{T}}(t)\boldsymbol{P}\boldsymbol{x}(t) \tag{3.7.12}$$

求 $V(t)$对时间的导数，并将式(3.7.8)代入可得

$$\begin{aligned} \dot{V}(t) = &\sum_{s=1}^{2^m}\eta_s\Big\{\sum_{i=1}^{N}\mu_i^2\boldsymbol{x}^{\mathrm{T}}(\boldsymbol{P}\boldsymbol{\Lambda}_{iis} + \boldsymbol{\Lambda}_{iis}^{\mathrm{T}}\boldsymbol{P})\boldsymbol{x} \\ &+ \sum_{i<j}^{N}\mu_i\mu_j\boldsymbol{x}^{\mathrm{T}}[\boldsymbol{P}(\boldsymbol{\Lambda}_{ijs} + \boldsymbol{\Lambda}_{ijs}^{\mathrm{T}}) + (\boldsymbol{\Lambda}_{ijs} + \boldsymbol{\Lambda}_{ijs}^{\mathrm{T}})^{\mathrm{T}}\boldsymbol{P}]\Big\} \end{aligned} \tag{3.7.13}$$

式中，$\boldsymbol{\Lambda}_{ijs} = \boldsymbol{A}_i + \boldsymbol{B}_i(\boldsymbol{D}_s\boldsymbol{K}_j + \boldsymbol{D}_s^{-1}\boldsymbol{H}_j) + \boldsymbol{D}_i\boldsymbol{F}_i(t)[\boldsymbol{E}_{1i} + \boldsymbol{E}_{2i}(\boldsymbol{D}_s\boldsymbol{K}_j + \boldsymbol{D}_s^{-1}\boldsymbol{H}_j)]$。

令 $\boldsymbol{X} + (*)^{\mathrm{T}} = \boldsymbol{X} + \boldsymbol{X}^{\mathrm{T}}$，则有

$$\boldsymbol{PD}_i\boldsymbol{F}_i(t)[\boldsymbol{E}_{1i} + \boldsymbol{E}_{2i}(\boldsymbol{D}_s\boldsymbol{K}_j + \boldsymbol{D}_s^{-1}\boldsymbol{H}_j)] + \boldsymbol{PD}_j\boldsymbol{F}_j(t)[\boldsymbol{E}_{1j} + \boldsymbol{E}_{2j}(\boldsymbol{D}_s\boldsymbol{K}_i + \boldsymbol{D}_s^{-1}\boldsymbol{H}_i)] + (*)^{\mathrm{T}}$$
$$\leqslant \boldsymbol{PD}_i\boldsymbol{W}_{ij}\boldsymbol{D}_i^{\mathrm{T}}\boldsymbol{P} + [\boldsymbol{E}_{1i} + \boldsymbol{E}_{2i}(\boldsymbol{D}_s\boldsymbol{K}_j + \boldsymbol{D}_s^{-1}\boldsymbol{H}_j)]^{\mathrm{T}}\boldsymbol{W}_{ij}^{-1}[\boldsymbol{E}_{1i} + \boldsymbol{E}_{2i}(\boldsymbol{D}_s\boldsymbol{K}_j + \boldsymbol{D}_s^{-1}\boldsymbol{H}_j)]$$
$$+ \boldsymbol{PD}_j\boldsymbol{W}_{ji}\boldsymbol{D}_j^{\mathrm{T}}\boldsymbol{P} + [\boldsymbol{E}_{1j} + \boldsymbol{E}_{2j}(\boldsymbol{D}_s\boldsymbol{K}_i + \boldsymbol{D}_s^{-1}\boldsymbol{H}_i)]^{\mathrm{T}}\boldsymbol{W}_{ji}^{-1}[\boldsymbol{E}_{1j} + \boldsymbol{E}_{2j}(\boldsymbol{D}_s\boldsymbol{K}_i + \boldsymbol{D}_s^{-1}\boldsymbol{H}_i)] \quad (3.7.14)$$

式中，$\boldsymbol{W}_{ij}$ 和 $\boldsymbol{W}_{ji}$ 是正定对称矩阵。

把式(3.7.14)代入式(3.7.13)，可得

$$\dot{V}(t) \leqslant \sum_{s=1}^{2^m} \eta_s \bigg(\sum_{i=1}^{N} \mu_i^2 \boldsymbol{x}^{\mathrm{T}} \{\boldsymbol{P}[\boldsymbol{A}_i + \boldsymbol{B}_i(\boldsymbol{D}_s\boldsymbol{K}_i + \boldsymbol{D}_s^{-1}\boldsymbol{H}_i)] + (*)^{\mathrm{T}} + \boldsymbol{PD}_i\boldsymbol{W}_{ii}\boldsymbol{D}_i^{\mathrm{T}}\boldsymbol{P}$$
$$+ [\boldsymbol{E}_{1i} + \boldsymbol{E}_{2i}(\boldsymbol{D}_s\boldsymbol{K}_j + \boldsymbol{D}_s^{-1}\boldsymbol{H}_j)]^{\mathrm{T}}\boldsymbol{W}_{ii}^{-1}[\boldsymbol{E}_{1i} + \boldsymbol{E}_{2i}(\boldsymbol{D}_s\boldsymbol{K}_j + \boldsymbol{D}_s^{-1}\boldsymbol{H}_j)]\}\boldsymbol{x}$$
$$+ \sum_{i<j}^{N} \mu_i\mu_j\boldsymbol{x}^{\mathrm{T}}\{\boldsymbol{P}[\boldsymbol{A}_i + \boldsymbol{B}_i(\boldsymbol{D}_s\boldsymbol{K}_j + \boldsymbol{D}_s^{-1}\boldsymbol{H}_j)]$$
$$+ \boldsymbol{P}[\boldsymbol{A}_j + \boldsymbol{B}_j(\boldsymbol{D}_s\boldsymbol{K}_i + \boldsymbol{D}_s^{-1}\boldsymbol{H}_i)]\boldsymbol{P} + (*)^{\mathrm{T}} + \boldsymbol{PD}_i\boldsymbol{W}_{ij}\boldsymbol{D}_i^{\mathrm{T}}\boldsymbol{P} + \boldsymbol{PD}_j\boldsymbol{W}_{ji}\boldsymbol{D}_j^{\mathrm{T}}\boldsymbol{P}$$
$$+ [\boldsymbol{E}_{1i} + \boldsymbol{E}_{2i}(\boldsymbol{D}_s\boldsymbol{K}_j + \boldsymbol{D}_s^{-1}\boldsymbol{H}_j)]^{\mathrm{T}}\boldsymbol{W}_{ij}^{-1}[\boldsymbol{E}_{1i} + \boldsymbol{E}_{2i}(\boldsymbol{D}_s\boldsymbol{K}_j + \boldsymbol{D}_s^{-1}\boldsymbol{H}_j)]$$
$$+ [\boldsymbol{E}_{1j} + \boldsymbol{E}_{2j}(\boldsymbol{D}_s\boldsymbol{K}_i + \boldsymbol{D}_s^{-1}\boldsymbol{H}_i)]^{\mathrm{T}}\boldsymbol{W}_{ji}^{-1}[\boldsymbol{E}_{1j} + \boldsymbol{E}_{2j}(\boldsymbol{D}_s\boldsymbol{K}_i + \boldsymbol{D}_s^{-1}\boldsymbol{H}_i)]\}\bigg)$$

$$(3.7.15)$$

为了保证除 $\boldsymbol{x}(t) = \boldsymbol{0}$ 之外，$\dot{V}(t) < 0$，假设在式(3.7.15)中每个和式都是负定的，则闭环模糊 T-S 控制系统在其平衡点处是渐近稳定的。

首先假设第一个和式是负定的，应用 Schur 分解原理可得

$$\begin{bmatrix} \boldsymbol{P}[\boldsymbol{A}_i + \boldsymbol{B}_i(\boldsymbol{D}_s\boldsymbol{K}_i + \boldsymbol{D}_s^{-1}\boldsymbol{H}_i)] + (*)^{\mathrm{T}} + \boldsymbol{PD}_i\boldsymbol{W}_{ii}\boldsymbol{D}_i^{\mathrm{T}}\boldsymbol{P} & [\boldsymbol{E}_{1i} + \boldsymbol{E}_{2i}(\boldsymbol{D}_s\boldsymbol{K}_i + \boldsymbol{D}_s^{-1}\boldsymbol{H}_i)]^{\mathrm{T}} \\ \boldsymbol{E}_{1i} + \boldsymbol{E}_{2i}(\boldsymbol{D}_s\boldsymbol{K}_i + \boldsymbol{D}_s^{-1}\boldsymbol{H}_i) & -\boldsymbol{W}_{ii} \end{bmatrix} < 0$$

$$(3.7.16)$$

定义变换矩阵 $\mathrm{diag}(\boldsymbol{Q}, \boldsymbol{I})$，其中，$\boldsymbol{Q} = (\boldsymbol{P}/\rho)^{-1}$。将式(3.7.16)左右同乘变换矩阵，并记 $\boldsymbol{M}_j = \boldsymbol{K}_j\boldsymbol{Q}, \boldsymbol{G}_j = \boldsymbol{H}_j\boldsymbol{Q}$，则得到定理 3.7.1 中的第一个线性矩阵不等式(3.7.9)。

类似地可以得到定理 3.7.1 中的第二个线性矩阵不等式(3.7.10)。假设式(3.7.15)中的第二个和式是负定的，应用 Schur 分解原理可得

$$\begin{bmatrix} \boldsymbol{P}[\boldsymbol{A}_i + \boldsymbol{B}_i(\boldsymbol{D}\boldsymbol{K}_j + \boldsymbol{D}_s^{-1}\boldsymbol{H}_j)] + \boldsymbol{P}[\boldsymbol{A}_j + \boldsymbol{B}_j(\boldsymbol{D}_s\boldsymbol{K}_i + \boldsymbol{D}_s^{-1}\boldsymbol{H}_i)] + (*)^{\mathrm{T}} + \boldsymbol{PD}_i\boldsymbol{W}_{ij}\boldsymbol{D}_i^{\mathrm{T}}\boldsymbol{P} + \boldsymbol{PD}_j\boldsymbol{W}_{ji}\boldsymbol{D}_j^{\mathrm{T}}\boldsymbol{P} \\ \boldsymbol{E}_{1i} + \boldsymbol{E}_{2i}(\boldsymbol{D}_s\boldsymbol{K}_j + \boldsymbol{D}_s^{-1}\boldsymbol{H}_j) \\ \boldsymbol{E}_{1j} + \boldsymbol{E}_{2j}(\boldsymbol{D}_s\boldsymbol{K}_i + \boldsymbol{D}_s^{-1}\boldsymbol{H}_i) \end{bmatrix}$$

$$\begin{bmatrix} [\boldsymbol{E}_{1i} + \boldsymbol{E}_{2i}(\boldsymbol{D}_s\boldsymbol{K}_j + \boldsymbol{D}_s^{-1}\boldsymbol{H}_j)]^{\mathrm{T}} & [\boldsymbol{E}_{1j} + \boldsymbol{E}_{2j}(\boldsymbol{D}_s\boldsymbol{K}_i + \boldsymbol{D}_s^{-1}\boldsymbol{H}_i)]^{\mathrm{T}} \\ -\boldsymbol{W}_{ij} & \boldsymbol{0} \\ \boldsymbol{0} & -\boldsymbol{W}_{ji} \end{bmatrix} > 0$$

对上式左右同乘对角矩阵 $\mathrm{diag}(\boldsymbol{Q}, \boldsymbol{I}, \boldsymbol{I})$，则得定理 3.7.1 中的第二个线性矩阵不等式(3.7.10)。

可以看出，矩阵不等式(3.7.9)和(3.7.10)能够保证 $\dot{V}(t) < 0$ 成立。由此得到，如果 $\boldsymbol{x}^{\mathrm{T}}(0)\boldsymbol{Px}(0) \leqslant \rho$，则 $\boldsymbol{x}^{\mathrm{T}}(t)\boldsymbol{Px}(t) \leqslant \rho(t > 0)$，即椭球 $\varepsilon(\boldsymbol{P}, \rho)$ 是一个收缩不变集，且模糊控制

器(3.7.8)使得闭环系统(3.7.3)在椭球内渐近稳定。

注意到，定理 3.7.1 给出了确保椭球 $\varepsilon(\boldsymbol{P},\rho)$ 收缩不变性的充分条件，在满足定理 3.7.1 的所有收缩不变性的椭球中，希望根据某一参考集选取最大的椭球作为吸引域的估计值。这里先选取形状参考集 X_R，然后求出最大的正实数 α，使得 $\alpha X_R\subset\varepsilon(\boldsymbol{P},\rho)$ 去接近椭球不变集 $\varepsilon(\boldsymbol{P},\rho)$ 的大小。由此，确定最大收缩不变椭球问题可以转化为下面的优化问题：

$$\sup_{\boldsymbol{P}>\boldsymbol{0},\boldsymbol{W}_{ij}>\boldsymbol{0},\boldsymbol{K}_j,\boldsymbol{H}_j}\alpha\text{，满足}$$
$$\begin{cases}\alpha X_R\subset\varepsilon(\boldsymbol{P},\rho)\\ \text{式(3.3.9)和(3.3.10)}\\ |\boldsymbol{H}_i^k\boldsymbol{x}|\leqslant 1,\quad k=1,2,\cdots,m\end{cases}\tag{3.7.17}$$

式中，$\boldsymbol{H}_i^k$ 是 $\boldsymbol{H}_i$ 的第 k 行。

通常选用的形状参考集是椭球不变集和多面体不变集，其中椭球不变集可以表示为
$$X_R=\{\boldsymbol{x}\in\mathbf{R}^n\,|\,\boldsymbol{x}^{\mathrm{T}}\boldsymbol{R}\boldsymbol{x}\leqslant 1\},\quad \boldsymbol{R}>\boldsymbol{0}\tag{3.7.18}$$
式中，$\boldsymbol{R}$ 为正定矩阵。

多面体不变集可以表示为
$$X_R=\mathrm{co}\{x_0^1,x_0^2,\cdots,x_0^l\}\tag{3.7.19}$$
式中，$\boldsymbol{x}_0^p\in\mathbf{R}^n$，$p=1,2,\cdots,N$。

若 X_R 是椭球不变集，则 $\alpha X_R\subset\varepsilon(p,\rho)$ 等价于
$$\alpha^{-2}\boldsymbol{R}\geqslant\frac{\boldsymbol{P}}{\rho}\Leftrightarrow\boldsymbol{R}^{-1}\leqslant\alpha^{-2}\left(\frac{\boldsymbol{P}}{\rho}\right)^{-1}\tag{3.7.20}$$
若 X_R 是多面体不变集，则 $\alpha X_R\subset\varepsilon(p,\rho)$ 等价于
$$\alpha^2(\boldsymbol{x}_0^p)^{\mathrm{T}}\boldsymbol{P}\boldsymbol{x}_0^p\leqslant\rho\Leftrightarrow\begin{bmatrix}\alpha^{-2} & (\boldsymbol{x}_0^p)^{\mathrm{T}}\\ \boldsymbol{x}_0^p & \left(\dfrac{\boldsymbol{P}}{\rho}\right)^{-1}\end{bmatrix}\geqslant\boldsymbol{0}\tag{3.7.21}$$

定义
$$\boldsymbol{Q}=\boldsymbol{P}/\rho^{-1},\quad \gamma=\alpha^2$$
则式(3.7.15)和(3.7.16)也即 $\alpha X_R\subset\varepsilon(p,\rho)$ 等价于下面不等式：
$$\boldsymbol{R}^{-1}\leqslant\gamma\boldsymbol{Q}\tag{3.7.22}$$
$$\begin{bmatrix}\gamma & (\boldsymbol{x}_0^p)^{\mathrm{T}}\\ \boldsymbol{x}_0^p & \boldsymbol{Q}\end{bmatrix}\geqslant\boldsymbol{0}\tag{3.7.23}$$

对定理 3.7.1 中的式(3.7.11)，也即式(3.7.17)的最后一个约束条件，应用 Schur 分解原理，可以表示为
$$\boldsymbol{H}_i^k\left(\frac{\boldsymbol{P}}{\rho}\right)^{-1}(\boldsymbol{H}_i^k)^{\mathrm{T}}\leqslant 1\Leftrightarrow\begin{bmatrix}1 & \boldsymbol{H}_i^k\boldsymbol{Q}\\ \boldsymbol{Q}(\boldsymbol{H}_i^k)^{\mathrm{T}} & \boldsymbol{Q}\end{bmatrix}\geqslant\boldsymbol{0}\tag{3.7.24}$$

基于以上分析，得到如下定理。

定理 3.7.2　如果存在正定对称矩阵 $\boldsymbol{P}$ 和 $\boldsymbol{W}_{ij}$，以及矩阵 $\boldsymbol{M}_j$ 和 $\boldsymbol{G}_j$，满足下面的线性矩阵不等式：

$$\min_{Q>0,M_j,G_j} \gamma \text{ ,满足}$$

$$\begin{cases} \text{LMI}(3.7.17)\text{或者}(3.7.18)、(3.7.19)\text{和}(3.7.20) \\ \begin{bmatrix} 1 & G_i^k \\ (G_i^k)^{\mathrm{T}} & Q \end{bmatrix} \geqslant \mathbf{0}, \quad k=1,2,\cdots,m \end{cases} \tag{3.7.25}$$

式中，$\boldsymbol{G}_i^k$ 是 $\boldsymbol{G}_i$ 的第 k 行。满足条件的椭球 $\varepsilon(\boldsymbol{P},\rho)$ 是可以作为模糊控制系统(3.7.3)吸引域的估计。

3.7.3 仿真

例 3.7.1 把本节的模糊鲁棒饱和控制器应用于倒立摆系统，研究它的平衡和跟踪问题。倒立摆系统的动态方程为

$$\begin{aligned} \dot{x}_1 &= x_2 \\ \dot{x}_2 &= \frac{g\sin x_1 - amlx_2^2\sin(2x_1)/2 - 1000a\cos x_1 v}{4l/3 - aml\cos^2 x_1} \end{aligned} \tag{3.7.26}$$

式中，x_1 是摆与垂线间的夹角；x_2 是角速度；g 是重力加速度；m 是摆的质量；M 是小车的质量；$2l$ 是摆的长度；v 是作用在小车上的力；$a=1/(m+M)$。

系统中的参数选择为：$m=2.0\text{kg}$，$M=8.0\text{kg}$，$2l=1.0\text{m}$。已知倒立摆系统(3.7.26)可以在 $x_1\in[-84°,84°]$ 范围内保持平衡。

应用模糊 T-S 模型对系统(3.7.26)进行描述，模糊推理规则如下。

模糊系统规则 1：如果 x_1 大约是 0，则有

$$\dot{\boldsymbol{x}} = (\boldsymbol{A}_1 + \Delta\boldsymbol{A}_1)\boldsymbol{x} + (\boldsymbol{B}_1 + \Delta\boldsymbol{B}_1)v$$

模糊系统规则 2：如果 x_1 大约是 $\pm\frac{\pi}{2}\left(|x_1|<\frac{\pi}{2}\right)$，则有

$$\dot{\boldsymbol{x}} = (\boldsymbol{A}_2 + \Delta\boldsymbol{A}_2)\boldsymbol{x} + (\boldsymbol{B}_2 + \Delta\boldsymbol{B}_2)v$$

式中

$$\boldsymbol{A}_1 = \begin{bmatrix} 0 & 1 \\ \dfrac{g}{\dfrac{4l}{3} - aml} & 0 \end{bmatrix}, \quad \boldsymbol{B}_1 = \begin{bmatrix} 0 \\ \dfrac{-\mu a}{\dfrac{4l}{3} - aml} \end{bmatrix}$$

$$\boldsymbol{A}_2 = \begin{bmatrix} 0 & 1 \\ \dfrac{g}{\pi\left(\dfrac{4l}{3} - aml\beta^2\right)} & 0 \end{bmatrix}, \quad \boldsymbol{B}_2 = \begin{bmatrix} 0 \\ \dfrac{-\mu a\beta}{\dfrac{4l}{3} - aml\beta^2} \end{bmatrix}, \quad \beta = \cos 86°$$

$\Delta\boldsymbol{A}_1$、$\Delta\boldsymbol{A}_2$、$\Delta\boldsymbol{B}_1$ 和 $\Delta\boldsymbol{B}_2$ 表示系统参数的不确定性，根据假设 3.7.1，令

$$\boldsymbol{D}_1 = \boldsymbol{D}_2 = \begin{bmatrix} 0 & 0 & 0 \\ 1 & 1 & 1 \end{bmatrix}^{\mathrm{T}}, \quad \boldsymbol{E}_{11} = \boldsymbol{E}_{12} = \begin{bmatrix} a_1 & 0 \\ 0 & a_2 \\ 0 & 0 \end{bmatrix}, \quad \boldsymbol{E}_{21} = \boldsymbol{E}_{22} = \begin{bmatrix} 0 \\ 0 \\ b \end{bmatrix}$$

其中，$a_1=4.6757$，$a_2=0.813$，$b=8.9697$。

模糊隶属函数为

$$\mu_1 = cos(x_1), \quad \mu_2 = 1 - \mu_1$$

由定理 3.7.2 求解式(3.7.25)，得到

$$\alpha_{\max} = 1.2111$$

$$\boldsymbol{K} = [0.8998 \quad 0.4021]$$

$\alpha_{\max} = 1.2111$ 对应的平衡范围是 $x_1 \in [-69°, 69°]$。仿真结果如图 3-13 所示，可以看出估计吸引域是[−84°,84°]的子集。

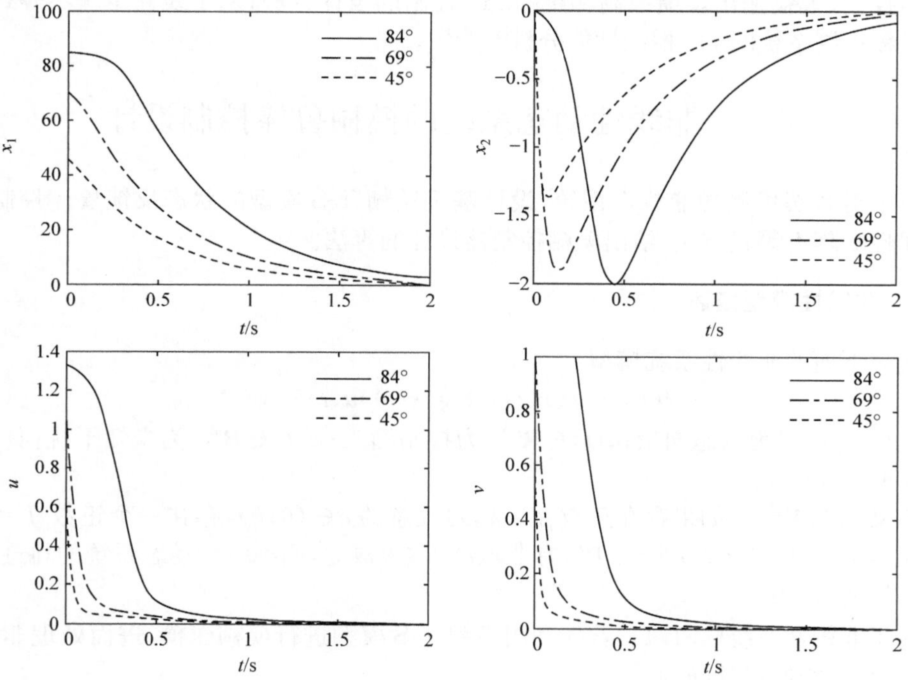

图 3-13　对应初始条件 $x_1(0) = 84°, 69°, 45°$ 和 $x_2(0) = 0$ 的状态曲线和输入曲线

第 4 章 非线性动态系统的模糊鲁棒控制

本章应用模糊 T-S 模型对一类不确定非线性系统进行逼近，在此基础上介绍模糊状态反馈控制、模糊输出反馈控制和跟踪 H^{∞} 控制的设计方法；基于线性矩阵不等式理论，给出模糊控制系统的 H^{∞} 控制性能分析[26,30,31]。

4.1 非线性动态系统的模糊鲁棒控制设计

本节对状态可测的非线性系统，设计基于模糊 T-S 模型的状态反馈鲁棒控制器，并应用线性矩阵不等式方法，给出模糊控制器设计的算法。

4.1.1 非线性模型描述

考虑下面的非线性系统模型：

$$\dot{\boldsymbol{x}}(t) = \boldsymbol{f}(\boldsymbol{x}(t)) + \boldsymbol{g}(\boldsymbol{x}(t))\boldsymbol{u}(t) + \boldsymbol{w}(t) \tag{4.1.1}$$

式中，$\boldsymbol{x}(t)\in\mathbf{R}^{n\times1}$ 为状态向量；$\boldsymbol{u}(t)\in\mathbf{R}^{m\times1}$ 为控制输入；$\boldsymbol{w}(t)\in\mathbf{R}^{n\times1}$ 为未知干扰；具有已知上界 $\|\boldsymbol{w}(t)\|\leqslant w_{ub}$。

定义 4.1.1[27] 如果存在正数 β 和 k，对任意的 $\delta\in(0,k)$，存在一个正数 $T=T(\delta)$，使得当 $t\geqslant t_0+T$，$\|\boldsymbol{x}(t_0)\|<\delta$ 时，有 $\|\boldsymbol{x}(t)\|\leqslant\beta$ 成立，则称一个动态系统的轨迹是最终一致有界的(UUB)。

对于非线性系统(4.1.1)，首先利用模糊 T-S 模型进行模糊建模，进而处理非线性系统(4.1.1)的控制设计问题。

模糊系统规则 i：如果 $z_1(t)$ 是 F_{i1}，$z_2(t)$ 是 F_{i2}，…，$z_n(t)$ 是 F_{in}，则

$$\dot{\boldsymbol{x}}(t) = \boldsymbol{A}_i\boldsymbol{x}(t) + \boldsymbol{B}_i\boldsymbol{u}(t) + \boldsymbol{w}(t),\quad i=1,2,\cdots,N \tag{4.1.2}$$

式中，F_{ij} 为模糊集；$\boldsymbol{A}_i\in\mathbf{R}^{n\times n}$；$\boldsymbol{B}_i\in\mathbf{R}^{n\times m}$；$N$ 是模糊规则数；$z_1(t)$，$z_2(t)$，…，$z_n(t)$ 是模糊推理规则的前件变量。

通过单点模糊化、乘积推理和中心平均加权反模糊化，可得模糊动态系统模型为

$$\begin{aligned}\dot{\boldsymbol{x}}(t) &= \frac{\sum_{i=1}^{N}\alpha_i(\boldsymbol{z}(t))(\boldsymbol{A}_i\boldsymbol{x}(t)+\boldsymbol{B}_i\boldsymbol{u}(t))}{\sum_{i=1}^{N}\alpha_i(\boldsymbol{z}(t))} + \boldsymbol{w}(t)\\ &= \sum_{i=1}^{N}\mu_i(\boldsymbol{z}(t))(\boldsymbol{A}_i\boldsymbol{x}(t)+\boldsymbol{B}_i\boldsymbol{u}(t)) + \boldsymbol{w}(t)\end{aligned} \tag{4.1.3}$$

式中

$$\alpha_i(\boldsymbol{z}(t)) = \prod_{j=1}^{n}F_{ij}(z_j(t)),\quad \mu_i(\boldsymbol{z}(t)) = \frac{\alpha_i(\boldsymbol{z}(t))}{\sum_{i=1}^{N}\alpha_i(\boldsymbol{z}(t))}$$

假设 $\alpha_i(\boldsymbol{z}(t))\geqslant 0(i=1,2,\cdots,N)$，$\sum_{i=1}^{N}\alpha_i(\boldsymbol{z}(t))>0$，对所有的 t 成立。因此

$$\mu_i(\boldsymbol{z}(t))\geqslant 0,\quad i=1,2,\cdots,N \tag{4.1.4}$$

$$\sum_{i=1}^{N}\mu_i(\boldsymbol{z}(t))=1 \tag{4.1.5}$$

由式(4.1.1)可得

$$\begin{aligned}\dot{\boldsymbol{x}}(t)=&\boldsymbol{f}(\boldsymbol{x}(t))+\boldsymbol{g}(\boldsymbol{x}(t))\boldsymbol{u}(t)+\boldsymbol{w}(t)=\sum_{i=1}^{N}\mu_i(\boldsymbol{z}(t))(\boldsymbol{A}_i\boldsymbol{x}(t)+\boldsymbol{B}_i\boldsymbol{u}(t))\\&+\left(\boldsymbol{f}(\boldsymbol{x}(t))-\sum_{i=1}^{N}\mu_i(\boldsymbol{z}(t))\boldsymbol{A}_i\boldsymbol{x}(t)\right)+\left(\boldsymbol{g}(\boldsymbol{x}(t))-\sum_{i=1}^{N}\mu_i(\boldsymbol{z}(t))\boldsymbol{B}_i\right)\boldsymbol{u}(t)+\boldsymbol{w}(t)\end{aligned} \tag{4.1.6}$$

式中，$\left(\boldsymbol{f}(\boldsymbol{x}(t))-\sum_{i=1}^{N}\mu_i(\boldsymbol{z}(t))\boldsymbol{A}_i\boldsymbol{x}(t)\right)+\left(\boldsymbol{g}(\boldsymbol{x}(t))-\sum_{i=1}^{N}\mu_i(\boldsymbol{z}(t))\boldsymbol{B}_i\right)\boldsymbol{u}(t)$ 表示非线性系统(4.1.1)与模糊模型(4.1.3)之间的模糊逼近误差。

4.1.2　模糊状态反馈控制器的设计

应用平行分布补偿算法设计模糊状态反馈控制器如下。

模糊控制规则 i：如果 $z_1(t)$ 是 F_{i1}，$z_2(t)$ 是 F_{i2}，…，$z_n(t)$ 是 F_{in}，则

$$\boldsymbol{u}(t)=\boldsymbol{K}_j\boldsymbol{x}(t),\quad j=1,2,\cdots,N \tag{4.1.7}$$

最终合成的模糊状态反馈控制律为

$$\boldsymbol{u}(t)=\frac{\sum_{j=1}^{N}\alpha_j(\boldsymbol{z}(t))\boldsymbol{K}_j\boldsymbol{x}(t)}{\sum_{j=1}^{N}\alpha_j(\boldsymbol{z}(t))}=\sum_{j=1}^{N}\mu_j(\boldsymbol{z}(t))\boldsymbol{K}_j\boldsymbol{x}(t) \tag{4.1.8}$$

式中，$\mu_j(\boldsymbol{z}(t))$ 由式(4.1.4)和(4.1.5)给出；$\boldsymbol{K}_j$ 是反馈增益矩阵。

将式(4.1.8)代入式(4.1.6)，可得模糊闭环系统如下：

$$\begin{aligned}\dot{\boldsymbol{x}}(t)=&\boldsymbol{f}(\boldsymbol{x}(t))+\boldsymbol{g}(\boldsymbol{x}(t))\boldsymbol{u}(t)+\boldsymbol{w}(t)\\=&\sum_{i=1}^{N}\sum_{j=1}^{N}\mu_i(\boldsymbol{z}(t))\mu_j(\boldsymbol{z}(t))(\boldsymbol{A}_i+\boldsymbol{B}_i\boldsymbol{K}_j)\boldsymbol{x}(t)+\left(\boldsymbol{f}(\boldsymbol{x}(t))-\sum_{i=1}^{N}\mu_i(\boldsymbol{z}(t))\boldsymbol{A}_i\boldsymbol{x}(t)\right)\\&+\sum_{i=1}^{N}\sum_{j=1}^{N}\mu_i(\boldsymbol{z}(t))\mu_j(\boldsymbol{z}(t))(\boldsymbol{g}(\boldsymbol{x}(t))-\boldsymbol{B}_i)\boldsymbol{K}_j\boldsymbol{x}(t)+\boldsymbol{w}(t)\\=&\sum_{i=1}^{N}\sum_{j=1}^{N}\mu_i(\boldsymbol{z}(t))\mu_j(\boldsymbol{z}(t))(\boldsymbol{A}_i+\boldsymbol{B}_i\boldsymbol{K}_j)\boldsymbol{x}(t)+\Delta\boldsymbol{f}(\boldsymbol{x}(t))+\Delta\boldsymbol{g}(\boldsymbol{x}(t))+\boldsymbol{w}(t)\end{aligned} \tag{4.1.9}$$

式中

$$\Delta \boldsymbol{f}(\boldsymbol{x}(t))=\boldsymbol{f}(\boldsymbol{x}(t))-\sum_{i=1}^{N}\mu_i(\boldsymbol{z}(t))\boldsymbol{A}_i\boldsymbol{x}(t) \tag{4.1.10}$$

$$\Delta \boldsymbol{g}(\boldsymbol{x}(t))=\sum_{i=1}^{N}\sum_{j=1}^{N}\mu_i(\boldsymbol{z}(t))\mu_j(\boldsymbol{z}(t))(\boldsymbol{g}(\boldsymbol{x}(t))-\boldsymbol{B}_i)\boldsymbol{K}_j\boldsymbol{x}(t) \tag{4.1.11}$$

假设 4.1.1　存在有界矩阵 $\Delta\boldsymbol{A}_i$ 和 $\Delta\boldsymbol{B}_i$，使得下面的不等式成立：

$$\|\Delta \boldsymbol{f}(\boldsymbol{x}(t))\|\leqslant\left\|\sum_{i=1}^{N}\mu_i(\boldsymbol{z}(t))\Delta\boldsymbol{A}_i\boldsymbol{x}(t)\right\| \tag{4.1.12}$$

$$\|\Delta \boldsymbol{g}(\boldsymbol{x}(t))\|\leqslant\left\|\sum_{i=1}^{N}\sum_{j=1}^{N}\mu_i(\boldsymbol{z}(t))\mu_j(\boldsymbol{z}(t))\Delta\boldsymbol{B}_i\boldsymbol{K}_j\boldsymbol{x}(t)\right\| \tag{4.1.13}$$

假设 4.1.2　对于所有的状态向量 $\boldsymbol{x}(t)$，有界矩阵 $\Delta\boldsymbol{A}_i$ 和 $\Delta\boldsymbol{B}_i$ 表示如下：

$$\begin{bmatrix}\Delta\boldsymbol{A}_i\\ \Delta\boldsymbol{B}_i\end{bmatrix}=\begin{bmatrix}\delta_i\boldsymbol{A}_p\\ \eta_i\boldsymbol{B}_p\end{bmatrix} \tag{4.1.14}$$

式中，$\|\delta_i\|\leqslant1$；$\|\eta_i\|\leqslant1$；$i=1,2,\cdots,N$。

注 4.1.1　根据假设 4.1.1 和 4.1.2，如果存在 $\Delta\boldsymbol{A}_i\,(=\delta_i\boldsymbol{A}_p)$ 和 $\Delta\boldsymbol{B}_i\,(=\eta_i\boldsymbol{B}_p)$，使得 $\|\delta_i\|\leqslant1$，$\|\eta_i\|\leqslant1\,(i=1,2,\cdots,N)$ 成立，则对于模糊逼近误差而言是最坏的一种表示。

由假设 4.1.1 和假设 4.1.2 可得

$$\begin{aligned}(\Delta \boldsymbol{f}(\boldsymbol{x}(t)))^{\mathrm{T}}\Delta \boldsymbol{f}(\boldsymbol{x}(t))&=\boldsymbol{f}(\boldsymbol{x}(t))-\sum_{i=1}^{N}\mu_i(\boldsymbol{z}(t))(\boldsymbol{A}_i\boldsymbol{x}(t))^{\mathrm{T}}\Big(\boldsymbol{f}(\boldsymbol{x}(t))-\sum_{i=1}^{N}\mu_i(\boldsymbol{z}(t))\boldsymbol{A}_i\boldsymbol{x}(t)\Big)\\&\leqslant\Big(\sum_{i=1}^{N}\mu_i(\boldsymbol{z}(t))\Delta\boldsymbol{A}_i\boldsymbol{x}(t)\Big)^{\mathrm{T}}\Big(\sum_{i=1}^{N}\mu_i(\boldsymbol{z}(t))\Delta\boldsymbol{A}_i\boldsymbol{x}(t)\Big)\\&=\Big(\sum_{i=1}^{N}\mu_i(\boldsymbol{z}(t))\delta_i\boldsymbol{A}_p\boldsymbol{x}(t)\Big)^{\mathrm{T}}\Big(\sum_{i=1}^{N}\mu_i(\boldsymbol{z}(t))\delta_i\boldsymbol{A}_p\boldsymbol{x}(t)\Big)\\&\leqslant(\boldsymbol{A}_p\boldsymbol{x}(t))^{\mathrm{T}}(\boldsymbol{A}_p\boldsymbol{x}(t))\end{aligned} \tag{4.1.15}$$

$$\begin{aligned}(\Delta \boldsymbol{g}(\boldsymbol{x}(t)))^{\mathrm{T}}\Delta \boldsymbol{g}(\boldsymbol{x}(t))&=\Big[\sum_{i=1}^{N}\sum_{j=1}^{N}\mu_i(\boldsymbol{z}(t))\mu_j(\boldsymbol{z}(t))(\boldsymbol{g}(\boldsymbol{x}(t))-\boldsymbol{B}_i)\boldsymbol{K}_j\boldsymbol{x}(t)\Big]^{\mathrm{T}}\\&\quad\times\Big[\sum_{i=1}^{N}\sum_{j=1}^{N}\mu_i(\boldsymbol{z}(t))\mu_j(\boldsymbol{z}(t))(\boldsymbol{g}(\boldsymbol{x}(t))-\boldsymbol{B}_i)\boldsymbol{K}_j\boldsymbol{x}(t)\Big]\\&\leqslant\Big(\sum_{i=1}^{N}\sum_{j=1}^{N}\mu_i(\boldsymbol{z}(t))\mu_j(\boldsymbol{z}(t))\Delta\boldsymbol{B}_i\boldsymbol{K}_j\boldsymbol{x}(t)\Big)^{\mathrm{T}}\\&\quad\times\Big(\sum_{i=1}^{N}\sum_{j=1}^{N}\mu_i(\boldsymbol{z}(t))\mu_j(\boldsymbol{z}(t))\Delta\boldsymbol{B}_i\boldsymbol{K}_j\boldsymbol{x}(t)\Big)\\&=\Big(\sum_{i=1}^{N}\sum_{j=1}^{N}\mu_i(\boldsymbol{z}(t))\mu_j(\boldsymbol{z}(t))\eta_i\boldsymbol{B}_p\boldsymbol{K}_j\boldsymbol{x}(t)\Big)^{\mathrm{T}}\\&\quad\times\Big(\sum_{i=1}^{N}\sum_{j=1}^{N}\mu_i(\boldsymbol{z}(t))\mu_j(\boldsymbol{z}(t))\eta_i\boldsymbol{B}_p\boldsymbol{K}_j\boldsymbol{x}(t)\Big)\\&\leqslant\Big(\sum_{i=1}^{N}\mu_j(\boldsymbol{z}(t))\boldsymbol{B}_p\boldsymbol{K}_j\boldsymbol{x}(t)\Big)^{\mathrm{T}}\Big(\sum_{i=1}^{N}\mu_j(\boldsymbol{z}(t))\boldsymbol{B}_p\boldsymbol{K}_j\boldsymbol{x}(t)\Big)\end{aligned} \tag{4.1.16}$$

式(4.1.15)和(4.1.16)表明,通过指定有界矩阵 $\boldsymbol{A}_p$ 和 $\boldsymbol{B}_p$,可以使模糊逼近误差有界。

在控制系统设计中,稳定性是最重要的理论问题之一。显然,对控制设计来讲,模糊控制律(4.1.8)要求特别的控制增益矩阵 $\boldsymbol{K}_j$,以保证非线性闭环系统(4.1.9)的稳定性。

虽然假设 $\boldsymbol{w}(t)$ 是未知有界的,但是 $\boldsymbol{w}(t)$ 的存在将影响或破坏模糊控制系统的控制性能。因而,在控制系统中,如何抑制 $\boldsymbol{w}(t)$ 的影响并保证控制性能是一个重要的问题。由于 H^∞ 控制是一种非常有效的抑制 $\boldsymbol{w}(t)$ 对控制系统影响的方法,下面将引用 H^∞ 控制来处理式(4.1.9)的鲁棒控制问题。

引用下面的 H^∞ 控制性能:

$$\frac{\int_0^{t_f}\boldsymbol{x}^{\mathrm{T}}(t)\boldsymbol{Q}\boldsymbol{x}(t)\mathrm{d}t}{\int_0^{t_f}\boldsymbol{w}^{\mathrm{T}}(t)\boldsymbol{w}(t)\mathrm{d}t}\leqslant\rho^2 \tag{4.1.17}$$

式(4.1.17)等价于

$$\int_0^{t_f}\boldsymbol{x}^{\mathrm{T}}(t)\boldsymbol{Q}\boldsymbol{x}(t)\mathrm{d}t\leqslant\rho^2\int_0^{t_f}\boldsymbol{w}^{\mathrm{T}}(t)\boldsymbol{w}(t)\mathrm{d}t \tag{4.1.18}$$

式中,t_f 表示控制的终止时间;ρ 是一个给定的性能指标,ρ 的大小表示 $\boldsymbol{w}(t)$ 对于 $\boldsymbol{x}(t)$ 的影响程度;$\boldsymbol{Q}$ 是一个正定矩阵。

从能量的观点来说,式(4.1.17)的物理意义是 $\boldsymbol{w}(t)$ 对 $\boldsymbol{x}(t)$ 的作用必须抑制到一个满意的性能指标 ρ,即无论 $\boldsymbol{w}(t)$ 大小如何,从 $\boldsymbol{w}(t)$ 到 $\boldsymbol{x}(t)$ 的 L_2 增益必须小于或等于一个给定的值 ρ^2。一般来说,为保证 $\boldsymbol{w}(t)$ 的衰减,ρ 取为小于 1 的正数。

如果考虑初始条件,那么不等式(4.1.18)可变为

$$\int_0^{t_f}\boldsymbol{x}^{\mathrm{T}}(t)\boldsymbol{Q}\boldsymbol{x}(t)\mathrm{d}t<\boldsymbol{x}^{\mathrm{T}}(0)\boldsymbol{P}\boldsymbol{x}(0)+\rho^2\int_0^{t_f}\boldsymbol{w}^{\mathrm{T}}(t)\boldsymbol{w}(t)\mathrm{d}t \tag{4.1.19}$$

式中,$\boldsymbol{P}$ 是对称的正定加权矩阵。

根据上面的分析,模糊控制系统的设计目的是设计一个线性模糊控制律(4.1.8),它不但要保证模糊控制系统稳定,而且对于预先给定的性能指标 ρ,应取得 H^∞ 控制性能(4.1.19)。

鲁棒优化问题就是要获得满足式(4.1.19)的 ρ^2 的一个最小值,以达到对 $\boldsymbol{w}(t)$ 抑制的最大作用。对非线性系统(4.1.1)来说,这个设计问题是如何设计一个稳定的模糊控制律(4.1.8),在满足约束条件(4.1.19)下,使得 ρ^2 的值最小。

4.1.3 稳定性分析

定理 4.1.1 对于非线性系统(4.1.1),如果存在一个正定矩阵 $\boldsymbol{P}$,使矩阵不等式

$$\begin{aligned}&\boldsymbol{A}_i^{\mathrm{T}}\boldsymbol{P}+\boldsymbol{P}\boldsymbol{A}_i+\boldsymbol{P}\boldsymbol{B}_i\boldsymbol{K}_j+\boldsymbol{K}_j^{\mathrm{T}}\boldsymbol{B}_i^{\mathrm{T}}\boldsymbol{P}+\boldsymbol{A}_p^{\mathrm{T}}\boldsymbol{A}_p+(\boldsymbol{B}_p\boldsymbol{K}_j)^{\mathrm{T}}(\boldsymbol{B}_p\boldsymbol{K}_j)\\&\quad+(2+1/\rho^2)\boldsymbol{P}\boldsymbol{P}+\boldsymbol{Q}<\boldsymbol{0},\quad i,j=1,2,\cdots,N\end{aligned} \tag{4.1.20}$$

成立,则模糊状态反馈控制律(4.1.8)使得非线性闭环系统(4.1.9)是最终一致有界的,且对给定的 ρ^2,取得 H^∞ 控制性能(4.1.19)。

证明 选择 Lyapunov 函数为

$$V(t)=\boldsymbol{x}^{\mathrm{T}}(t)\boldsymbol{P}\boldsymbol{x}(t) \tag{4.1.21}$$

式中,$\boldsymbol{P}$ 为正定矩阵。求 $V(t)$ 对时间 t 的导数,可得

$$\dot{V}(t)=\dot{\boldsymbol{x}}^{\mathrm{T}}(t)\boldsymbol{P}\boldsymbol{x}(t)+\boldsymbol{x}^{\mathrm{T}}(t)\boldsymbol{P}\dot{\boldsymbol{x}}(t) \tag{4.1.22}$$

将式(4.1.9)代入式(4.1.22),可得

$$\begin{aligned}\dot{V}(t)=&\sum_{i=1}^{N}\sum_{j=1}^{N}\mu_i(z(t))\mu_j(z(t))\{\boldsymbol{x}^{\mathrm{T}}(t)[\boldsymbol{P}(\boldsymbol{A}_i+\boldsymbol{B}_i\boldsymbol{K}_j)+(\boldsymbol{A}_i+\boldsymbol{B}_i\boldsymbol{K}_j)^{\mathrm{T}}\boldsymbol{P}]\boldsymbol{x}(t)\}\\&+(\Delta\boldsymbol{f}(\boldsymbol{x}(t)))^{\mathrm{T}}\boldsymbol{P}\boldsymbol{x}(t)+\boldsymbol{x}^{\mathrm{T}}(t)\boldsymbol{P}\Delta\boldsymbol{f}(\boldsymbol{x}(t))+(\Delta\boldsymbol{g}(\boldsymbol{x}(t)))^{\mathrm{T}}\boldsymbol{P}\boldsymbol{x}(t)\\&+\boldsymbol{x}^{\mathrm{T}}(t)\boldsymbol{P}\Delta\boldsymbol{g}(\boldsymbol{x}(t))+\boldsymbol{x}^{\mathrm{T}}(t)\boldsymbol{P}\boldsymbol{w}(t)+\boldsymbol{w}^{\mathrm{T}}(t)\boldsymbol{P}\boldsymbol{x}(t)\\\leqslant&\sum_{i=1}^{N}\sum_{j=1}^{N}\mu_i(z(t))\mu_j(z(t))\{\boldsymbol{x}^{\mathrm{T}}(t)[\boldsymbol{P}(\boldsymbol{A}_i+\boldsymbol{B}_i\boldsymbol{K}_j)+(\boldsymbol{A}_i+\boldsymbol{B}_i\boldsymbol{K}_j)^{\mathrm{T}}\boldsymbol{P}]\boldsymbol{x}(t)\}\\&+(\Delta\boldsymbol{f}(\boldsymbol{x}(t)))^{\mathrm{T}}\Delta\boldsymbol{f}(\boldsymbol{x}(t))+\boldsymbol{x}^{\mathrm{T}}(t)\boldsymbol{P}\boldsymbol{P}\boldsymbol{x}(t)+(\Delta\boldsymbol{g}(\boldsymbol{x}(t)))^{\mathrm{T}}\Delta\boldsymbol{g}(\boldsymbol{x}(t))\\&+\boldsymbol{x}^{\mathrm{T}}(t)\boldsymbol{P}\boldsymbol{P}\boldsymbol{x}(t)+\boldsymbol{x}^{\mathrm{T}}(t)\boldsymbol{P}\boldsymbol{w}(t)+\boldsymbol{w}^{\mathrm{T}}(t)\boldsymbol{P}\boldsymbol{x}(t)\end{aligned} \tag{4.1.23}$$

由假设 4.1.1 和 4.1.2,式(4.1.23)变为

$$\begin{aligned}\dot{V}(t)\leqslant&\sum_{i=1}^{N}\sum_{j=1}^{N}\mu_i(z(t))\mu_j(z(t))\{\boldsymbol{x}^{\mathrm{T}}(t)[\boldsymbol{P}(\boldsymbol{A}_i+\boldsymbol{B}_i\boldsymbol{K}_j)+(\boldsymbol{A}_i+\boldsymbol{B}_i\boldsymbol{K}_j)^{\mathrm{T}}\boldsymbol{P}]\boldsymbol{x}(t)\\&+(\boldsymbol{A}_p\boldsymbol{x}(t))^{\mathrm{T}}\boldsymbol{A}_p\boldsymbol{x}(t)+(\boldsymbol{B}_p\boldsymbol{K}_j\boldsymbol{x}(t))^{\mathrm{T}}(\boldsymbol{B}_p\boldsymbol{K}_j\boldsymbol{x}(t))+2\boldsymbol{x}^{\mathrm{T}}(t)\boldsymbol{P}\boldsymbol{P}\boldsymbol{x}(t)\}\\\leqslant&\sum_{i=1}^{N}\sum_{j=1}^{N}\mu_i(z(t))\mu_j(z(t))\{\boldsymbol{x}^{\mathrm{T}}(t)[\boldsymbol{A}_i^{\mathrm{T}}\boldsymbol{P}+\boldsymbol{P}\boldsymbol{A}_i+\boldsymbol{P}\boldsymbol{B}_i\boldsymbol{K}_j+\boldsymbol{K}_j^{\mathrm{T}}\boldsymbol{B}_i^{\mathrm{T}}\boldsymbol{P}\\&+\boldsymbol{A}_p^{\mathrm{T}}\boldsymbol{A}_p+(\boldsymbol{B}_p\boldsymbol{K}_j)^{\mathrm{T}}(\boldsymbol{B}_p\boldsymbol{K}_j)+2\boldsymbol{P}\boldsymbol{P}]\boldsymbol{x}(t)\}+\boldsymbol{x}^{\mathrm{T}}(t)\boldsymbol{P}\boldsymbol{w}(t)+\boldsymbol{w}^{\mathrm{T}}(t)\boldsymbol{P}\boldsymbol{x}(t)\end{aligned} \tag{4.1.24}$$

在式(4.1.24)中同时减去再加上 $\rho^2\boldsymbol{w}^{\mathrm{T}}(t)\boldsymbol{w}(t)$、$(1/\rho^2)\boldsymbol{x}^{\mathrm{T}}(t)\boldsymbol{P}\boldsymbol{P}\boldsymbol{x}(t)$,可得

$$\begin{aligned}\dot{V}(t)\leqslant&\sum_{i=1}^{N}\sum_{j=1}^{N}\mu_i(z(t))\mu_j(z(t))\{\boldsymbol{x}^{\mathrm{T}}(t)[\boldsymbol{A}_i^{\mathrm{T}}\boldsymbol{P}+\boldsymbol{P}\boldsymbol{A}_i+\boldsymbol{P}\boldsymbol{B}_i\boldsymbol{K}_j+\boldsymbol{K}_j^{\mathrm{T}}\boldsymbol{B}_i^{\mathrm{T}}\boldsymbol{P}\\&+\boldsymbol{A}_p^{\mathrm{T}}\boldsymbol{A}_p+(\boldsymbol{B}_p\boldsymbol{K}_j)^{\mathrm{T}}(\boldsymbol{B}_p\boldsymbol{K}_j)+2\boldsymbol{P}\boldsymbol{P}]\boldsymbol{x}(t)\}+\boldsymbol{x}^{\mathrm{T}}(t)\boldsymbol{P}\boldsymbol{w}(t)+\boldsymbol{w}^{\mathrm{T}}(t)\boldsymbol{P}\boldsymbol{x}(t)\\&-\rho^2\boldsymbol{w}^{\mathrm{T}}(t)\boldsymbol{w}(t)-(1/\rho^2)\boldsymbol{x}^{\mathrm{T}}(t)\boldsymbol{P}\boldsymbol{P}\boldsymbol{x}(t)+(1/\rho^2)\boldsymbol{x}^{\mathrm{T}}(t)\boldsymbol{P}\boldsymbol{P}\boldsymbol{x}(t)+\rho^2\boldsymbol{w}^{\mathrm{T}}(t)\boldsymbol{w}(t)\\=&\sum_{i=1}^{N}\sum_{j=1}^{N}\mu_i(z(t))\mu_j(z(t))\{\boldsymbol{x}^{\mathrm{T}}(t)[\boldsymbol{A}_i^{\mathrm{T}}\boldsymbol{P}+\boldsymbol{P}\boldsymbol{A}_i+\boldsymbol{P}\boldsymbol{B}_i\boldsymbol{K}_j+\boldsymbol{K}_j^{\mathrm{T}}\boldsymbol{B}_i^{\mathrm{T}}\boldsymbol{P}\\&+\boldsymbol{A}_p^{\mathrm{T}}\boldsymbol{A}_p+(\boldsymbol{B}_p\boldsymbol{K}_j)^{\mathrm{T}}(\boldsymbol{B}_p\boldsymbol{K}_j)+2\boldsymbol{P}\boldsymbol{P}]\boldsymbol{x}(t)\}-[(1/\rho)\boldsymbol{P}\boldsymbol{x}(t)-\rho\boldsymbol{w}(t)]^{\mathrm{T}}\\&\times[(1/\rho)\boldsymbol{P}\boldsymbol{x}(t)-\rho\boldsymbol{w}(t)]+(1/\rho^2)\boldsymbol{x}^{\mathrm{T}}(t)\boldsymbol{P}\boldsymbol{P}\boldsymbol{x}(t)+\rho^2\boldsymbol{w}^{\mathrm{T}}(t)\boldsymbol{w}(t)\\\leqslant&\sum_{i=1}^{N}\sum_{j=1}^{N}\mu_i(z(t))\mu_j(z(t))\{\boldsymbol{x}^{\mathrm{T}}(t)[\boldsymbol{A}_i^{\mathrm{T}}\boldsymbol{P}+\boldsymbol{P}\boldsymbol{A}_i+\boldsymbol{P}\boldsymbol{B}_i\boldsymbol{K}_j+\boldsymbol{K}_j^{\mathrm{T}}\boldsymbol{B}_i^{\mathrm{T}}\boldsymbol{P}\\&+\boldsymbol{A}_p^{\mathrm{T}}\boldsymbol{A}_p+(\boldsymbol{B}_p\boldsymbol{K}_j)^{\mathrm{T}}(\boldsymbol{B}_p\boldsymbol{K}_j)+2\boldsymbol{P}\boldsymbol{P}]\boldsymbol{x}(t)\}\\&+(1/\rho^2)\boldsymbol{x}^{\mathrm{T}}(t)\boldsymbol{P}\boldsymbol{P}\boldsymbol{x}(t)+\rho^2\boldsymbol{w}^{\mathrm{T}}(t)\boldsymbol{w}(t)\end{aligned} \tag{4.1.25}$$

由式(4.1.20)可得

$$\begin{aligned}&\boldsymbol{A}_i^{\mathrm{T}}\boldsymbol{P}+\boldsymbol{P}\boldsymbol{A}_i+\boldsymbol{P}\boldsymbol{B}_i\boldsymbol{K}_j+\boldsymbol{K}_j^{\mathrm{T}}\boldsymbol{B}_i^{\mathrm{T}}\boldsymbol{P}+\boldsymbol{A}_p^{\mathrm{T}}\boldsymbol{A}_p+(\boldsymbol{B}_p\boldsymbol{K}_j)^{\mathrm{T}}(\boldsymbol{B}_p\boldsymbol{K}_j)+2\boldsymbol{P}\boldsymbol{P}\\&<-(1/\rho^2)\boldsymbol{P}\boldsymbol{P}-\boldsymbol{Q}\end{aligned} \tag{4.1.26}$$

把式(4.1.26)代入式(4.1.25),可得

$$\dot{V}(t) < \sum_{i=1}^{N}\sum_{j=1}^{N}\mu_i(\boldsymbol{z}(t))\mu_j(\boldsymbol{z}(t))\boldsymbol{x}^{\mathrm{T}}(t)[-\boldsymbol{Q}-(1/\rho^2)\boldsymbol{PP}]\boldsymbol{x}(t) + (1/\rho^2)\boldsymbol{x}^{\mathrm{T}}(t)\boldsymbol{PPx}(t)+\rho^2\boldsymbol{w}^{\mathrm{T}}(t)\boldsymbol{w}(t) \tag{4.1.27}$$

利用(4.1.4)和(4.1.5)中 $\mu_i(\boldsymbol{z}(t))$的性质，不等式(4.1.27)变成如下的不等式：

$$\begin{aligned}\dot{V}(t) &< -\boldsymbol{x}^{\mathrm{T}}(t)\boldsymbol{Qx}(t)-(1/\rho^2)\boldsymbol{x}^{\mathrm{T}}(t)\boldsymbol{PPx}(t) \\ &\quad + (1/\rho^2)\boldsymbol{x}^{\mathrm{T}}(t)\boldsymbol{PPx}(t)+\rho^2\boldsymbol{w}^{\mathrm{T}}(t)\boldsymbol{w}(t) \\ &= -\boldsymbol{x}^{\mathrm{T}}(t)\boldsymbol{Qx}(t)+\rho^2\boldsymbol{w}^{\mathrm{T}}(t)\boldsymbol{w}(t)\end{aligned} \tag{4.1.28}$$

由于 $\|\boldsymbol{w}(t)\| \leqslant w_{ub}$，如果记 $c_1=\lambda_{\min}(\boldsymbol{Q})$，则有

$$\dot{V}(t) < -\boldsymbol{x}^{\mathrm{T}}(t)\boldsymbol{Qx}(t)+\rho^2 w_{ub}^2 \leqslant -c_1\boldsymbol{x}^{\mathrm{T}}(t)\boldsymbol{x}(t)+\rho^2 w_{ub}^2 \tag{4.1.29}$$

从式(4.1.29)可以看出，只要当 $\|\boldsymbol{x}(t)\| > \rho w_{ub}/\sqrt{c_1}$ 时，就有 $\dot{V}(t)<0$，根据标准的 Lyapunov 扩展定理[27]，可推出模糊闭环系统(4.1.9)是一致最终有界的。

从 $t=0$ 到 $t=t_f$ 对式(4.1.28)积分可得

$$V(t_f)-V(0) < -\int_0^{t_f}\boldsymbol{x}^{\mathrm{T}}(t)\boldsymbol{Qx}(t)\mathrm{d}t+\rho^2\int_0^{t_f}\boldsymbol{w}^{\mathrm{T}}(t)\boldsymbol{w}(t)\mathrm{d}t \tag{4.1.30}$$

由式(4.1.22)可得

$$\int_0^{t_f}\boldsymbol{x}^{\mathrm{T}}(t)\boldsymbol{Qx}(t)\mathrm{d}t < \boldsymbol{x}^{\mathrm{T}}(0)\boldsymbol{Px}(0)+\rho^2\int_0^{t_f}\boldsymbol{w}^{\mathrm{T}}(t)\boldsymbol{w}(t)\mathrm{d}t \tag{4.1.31}$$

因此，对于给定的性能指标 ρ^2，模糊状态反馈控制取得 H^∞ 控制性能。

推论 4.1.1　对于非线性系统(4.1.1)，如果存在一个正定矩阵 $\boldsymbol{P}$，使矩阵不等式(4.1.20)成立，那么当 $\boldsymbol{w}(t)=\boldsymbol{0}$ 时模糊控制律(4.1.8)使得模糊闭环系统(4.1.9)二次稳定。

一般来说，求出满足式(4.1.20)的一般正定矩阵 $\boldsymbol{P}$ 是非常困难的，而且解不是唯一的。但是，矩阵不等式(4.1.20)可以转化成线性矩阵不等式问题(LMIP)[28]。对于线性矩阵不等式问题，可以应用凸最优化技术中的内点算法和 MATLAB 中的 LMI 优化工具箱等有效的方法进行求解。

下面给出将矩阵不等式(4.1.20)转化成等价的线性矩阵不等式的具体步骤。

首先，引入变量 $\boldsymbol{W}=\boldsymbol{P}^{-1}$，$\boldsymbol{Y}_j=\boldsymbol{K}_j\boldsymbol{W}$，则式(4.1.20)等价于下面的矩阵不等式：

$$\boldsymbol{WA}_i^{\mathrm{T}}+\boldsymbol{A}_i\boldsymbol{W}+\boldsymbol{B}_i\boldsymbol{Y}_j+\boldsymbol{Y}_j^{\mathrm{T}}\boldsymbol{B}_i^{\mathrm{T}}+\boldsymbol{WA}_p^{\mathrm{T}}\boldsymbol{A}_p\boldsymbol{W}+(\boldsymbol{B}_p\boldsymbol{Y}_j)^{\mathrm{T}}(\boldsymbol{B}_p\boldsymbol{Y}_j) + (2+1/\rho^2)\boldsymbol{I}+\boldsymbol{WQW}<\boldsymbol{0} \tag{4.1.32}$$

利用 Schur 分解原理，式(4.1.32)等价于下面的线性矩阵不等式：

$$\boldsymbol{H}(\boldsymbol{W},\boldsymbol{Y}_j)=\begin{bmatrix}\boldsymbol{WA}_i^{\mathrm{T}}+\boldsymbol{A}_i\boldsymbol{W}+\boldsymbol{B}_i\boldsymbol{Y}_j+\boldsymbol{Y}_j^{\mathrm{T}}\boldsymbol{B}_i^{\mathrm{T}}+[2+(1/\rho^2)]\boldsymbol{I} & (\boldsymbol{B}_p\boldsymbol{Y}_j)^{\mathrm{T}} & \boldsymbol{W} \\ \boldsymbol{B}_p\boldsymbol{Y}_j & -\boldsymbol{I} & \boldsymbol{0} \\ \boldsymbol{W} & \boldsymbol{0} & -(\boldsymbol{A}_p^{\mathrm{T}}\boldsymbol{A}_p+\boldsymbol{Q})^{-1}\end{bmatrix}<\boldsymbol{0}$$

$$i,j=1,2,\cdots,N \tag{4.1.33}$$

如果式(4.1.33)存在正定解 $\boldsymbol{W}$，那么闭环系统是稳定的，而且对于给定的 ρ，取得 H^∞ 控制性能(4.1.19)。

模糊控制系统(4.1.1)的 H^∞ 最优化设计可以表示为下面的最优化约束问题：

$$\min \rho^2，满足$$
$$\begin{cases} \boldsymbol{W} = \boldsymbol{W}^{\mathrm{T}} > \boldsymbol{0} \\ \boldsymbol{H}(\boldsymbol{W}, \boldsymbol{Y}_j) < \boldsymbol{0} \end{cases} \tag{4.1.34}$$

这个问题也称为特征值问题(EVP),可以通过凸最优化算法得到有效的解决。

4.1.4 基于观测器的模糊输出反馈控制

4.1.2 和 4.1.3 小节分别讨论了模糊状态反馈控制器的设计及其稳定性问题,但假设了系统的状态变量是直接可以获得的。一般来说,在一些实际控制系统的应用中,这种假设通常是不成立的。所以,本小节介绍一种基于模糊观测器的模糊状态反馈控制器设计方法,并给出控制系统的稳定性分析。

假设被控非线性系统模型为

$$\begin{aligned} \dot{\boldsymbol{x}}(t) &= \boldsymbol{f}(\boldsymbol{x}(t)) + \boldsymbol{g}(\boldsymbol{x}(t))\boldsymbol{u}(t) + \boldsymbol{w}(t) \\ \boldsymbol{y}(t) &= \boldsymbol{h}(\boldsymbol{x}(t)) \end{aligned} \tag{4.1.35}$$

式中,$\boldsymbol{y}(t)$表示系统的输出。如果记$\boldsymbol{C}_i \in \mathbf{R}^{p\times n}$,则非线性系统(4.1.35)的模糊模型的第 i 条规则如下。

模糊系统规则 i:如果 $z_1(t)$是 F_{i1},$z_2(t)$是 F_{i2},…,$z_n(t)$是 F_{in},则

$$\begin{aligned} \dot{\boldsymbol{x}}(t) &= \boldsymbol{A}_i\boldsymbol{x}(t) + \boldsymbol{B}_i\boldsymbol{u}(t) + \boldsymbol{w}(t) \\ \boldsymbol{y}(t) &= \boldsymbol{C}_i\boldsymbol{x}(t) \end{aligned}, \quad i=1,2,\cdots,N \tag{4.1.36}$$

模糊系统的动态模型与模型(4.1.3)相同,模糊系统的输出可表示为

$$\boldsymbol{y}(t) = \sum_{i=1}^{N}\mu_i(\boldsymbol{z}(t))\boldsymbol{C}_i\boldsymbol{x}(t) \tag{4.1.37}$$

所以,非线性系统(4.1.35)的输出等价于

$$\begin{aligned} \boldsymbol{y}(t) &= \sum_{i=1}^{N}\mu_i(\boldsymbol{z}(t))\boldsymbol{C}_i\boldsymbol{x}(t) + \boldsymbol{h}(\boldsymbol{x}(t)) - \sum_{i=1}^{N}\mu_i(\boldsymbol{z}(t))\boldsymbol{C}_i\boldsymbol{x}(t) \\ &= \sum_{i=1}^{N}\mu_i(\boldsymbol{z}(t))\boldsymbol{C}_i\boldsymbol{x}(t) + \Delta\boldsymbol{h}(\boldsymbol{x}(t)) \end{aligned} \tag{4.1.38}$$

式中

$$\Delta\boldsymbol{h}(\boldsymbol{x}(t)) = \boldsymbol{h}(\boldsymbol{x}(t)) - \sum_{i=1}^{N}\mu_i(\boldsymbol{z}(t))\boldsymbol{C}_i\boldsymbol{x}(t) \tag{4.1.39}$$

表示非线性不确定系统(4.1.35)的输出与模糊系统(4.1.37)的输出之间的逼近误差。

模糊观测器的设计如下。

模糊观测器规则 i:如果 $z_1(t)$是 F_{i1},$z_2(t)$是 F_{i2},…,$z_n(t)$是 F_{in},则

$$\begin{aligned} \dot{\hat{\boldsymbol{x}}}(t) &= \boldsymbol{A}_i\hat{\boldsymbol{x}}(t) + \boldsymbol{B}_i\boldsymbol{u}(t) + \boldsymbol{G}_i(\boldsymbol{y}(t) - \hat{\boldsymbol{y}}(t)) \\ \hat{\boldsymbol{y}}(t) &= \sum_{i=1}^{N}\mu_i(\boldsymbol{z}(t))\boldsymbol{C}_i\hat{\boldsymbol{x}}(t) \end{aligned} \tag{4.1.40}$$

式中,$\boldsymbol{G}_i$ 是观测器增益矩阵,$i=1,2,\cdots,N$。最终合成的模糊观测器为

$$\dot{\hat{\boldsymbol{x}}}(t) = \sum_{i=1}^{N}\mu_i(\boldsymbol{z}(t))[(\boldsymbol{A}_i\hat{\boldsymbol{x}}(t) + \boldsymbol{B}_i\boldsymbol{u}(t)) + \boldsymbol{G}_i(\boldsymbol{y}(t) - \hat{\boldsymbol{y}}(t))]$$

$$= \sum_{i=1}^{N}\mu_i(\boldsymbol{z}(t))\sum_{j=1}^{N}\mu_j(\boldsymbol{z}(t))[\boldsymbol{A}_i\hat{\boldsymbol{x}}(t)+\boldsymbol{B}_i\boldsymbol{u}(t) + \boldsymbol{G}_i\boldsymbol{C}_j(\boldsymbol{x}(t)-\hat{\boldsymbol{x}}(t))+\boldsymbol{G}_i\Delta\boldsymbol{h}(\boldsymbol{x}(t))] \tag{4.1.41}$$

基于模糊观测器的模糊控制器设计如下。

模糊控制规则 i：如果 $z_1(t)$ 是 F_{i1}，$z_2(t)$ 是 F_{i2}，…，$z_n(t)$ 是 F_{in}，则

$$\boldsymbol{u}(t)=\boldsymbol{K}_j\hat{\boldsymbol{x}}(t),\quad j=1,2,\cdots,N \tag{4.1.42}$$

最后合成的模糊控制律可表示为

$$\boldsymbol{u}(t)=\sum_{j=1}^{N}\mu_j(\boldsymbol{z}(t))\boldsymbol{K}_j\hat{\boldsymbol{x}}(t) \tag{4.1.43}$$

设观测器误差为

$$\boldsymbol{e}(t)=\boldsymbol{x}(t)-\hat{\boldsymbol{x}}(t) \tag{4.1.44}$$

对式(4.1.44)求导可得

$$\begin{aligned}\dot{\boldsymbol{e}}(t) &= \dot{\boldsymbol{x}}(t)-\dot{\hat{\boldsymbol{x}}}(t)=\boldsymbol{f}(\boldsymbol{x}(t))+\boldsymbol{g}(\boldsymbol{x}(t))\boldsymbol{u}(t)-\sum_{i=1}^{N}\sum_{j=1}^{N}\mu_i(\boldsymbol{z}(t))\mu_j(\boldsymbol{z}(t))\\ &\quad\times(\boldsymbol{A}_i\hat{\boldsymbol{x}}(t)+\boldsymbol{B}_i\boldsymbol{u}(t)+\boldsymbol{G}_i\boldsymbol{C}_j\boldsymbol{e}(t)+\boldsymbol{G}_i\Delta\boldsymbol{h}(\boldsymbol{x}(t)))+\boldsymbol{w}(t)\\ &=\sum_{i=1}^{N}\sum_{j=1}^{N}\mu_i(\boldsymbol{z}(t))\mu_j(\boldsymbol{z}(t))(\boldsymbol{A}_i\boldsymbol{x}(t)+\boldsymbol{B}_i\boldsymbol{K}_j\hat{\boldsymbol{x}}(t))+\Delta\boldsymbol{f}(\boldsymbol{x}(t))+\Delta\boldsymbol{g}(\boldsymbol{x}(t))\\ &\quad-\sum_{i=1}^{N}\sum_{j=1}^{N}\mu_i(\boldsymbol{z}(t))\mu_j(\boldsymbol{z}(t))(\boldsymbol{A}_i\hat{\boldsymbol{x}}(t)+\boldsymbol{B}_i\boldsymbol{u}(t)+\boldsymbol{G}_i\boldsymbol{C}_j\boldsymbol{e}(t)+\boldsymbol{G}_i\Delta\boldsymbol{h}(\boldsymbol{x}(t)))+\boldsymbol{w}(t)\\ &=\sum_{i=1}^{N}\sum_{j=1}^{N}\mu_i(\boldsymbol{z}(t))\mu_j(\boldsymbol{z}(t))[(\boldsymbol{A}_i-\boldsymbol{G}_i\boldsymbol{C}_j)\boldsymbol{e}(t)+\boldsymbol{G}_i\Delta\boldsymbol{h}(\boldsymbol{x}(t))]+\Delta\boldsymbol{f}(\boldsymbol{x}(t))\\ &\quad+\Delta\boldsymbol{g}(\boldsymbol{x}(t))+\boldsymbol{w}(t)\end{aligned} \tag{4.1.45}$$

式中，$\Delta\boldsymbol{h}(\boldsymbol{x}(t))$由式(4.1.39)定义；$\Delta\boldsymbol{f}(\boldsymbol{x}(t))$与式(4.1.10)相同；$\Delta\boldsymbol{g}(\boldsymbol{x}(t))$定义如下：

$$\Delta\boldsymbol{g}(\boldsymbol{x}(t))=\sum_{i=1}^{N}\sum_{j=1}^{N}\mu_i(\boldsymbol{z}(t))\mu_j(\boldsymbol{z}(t))(\boldsymbol{g}(\boldsymbol{x}(t))-\boldsymbol{B}_i)\boldsymbol{K}_j\hat{\boldsymbol{x}}(t)$$

假设 4.1.3　如果 $\|\boldsymbol{\varphi}_i\|\leqslant 1$，则存在一个有界矩阵 $\Delta\boldsymbol{C}_i=\boldsymbol{C}_p\boldsymbol{\varphi}_i$，对所有的 $\boldsymbol{x}(t)$ 满足

$$\left\|\sum_{i=1}^{N}\mu_i(\boldsymbol{z}(t))\boldsymbol{G}_i\Delta\boldsymbol{h}(\boldsymbol{x}(t))\right\|\leqslant\left\|\sum_{i=1}^{N}\mu_i(\boldsymbol{z}(t))\boldsymbol{G}_i\Delta\boldsymbol{C}_i\boldsymbol{x}(t)\right\| \tag{4.1.46}$$

定义辅助系统为下面的形式：

$$\begin{bmatrix}\dot{\hat{\boldsymbol{x}}}(t)\\ \dot{\boldsymbol{e}}(t)\end{bmatrix}=\begin{bmatrix}\sum_{i=1}^{N}\sum_{j=1}^{N}\mu_i(\boldsymbol{z}(t))\mu_j(\boldsymbol{z}(t))[(\boldsymbol{A}_i+\boldsymbol{B}_i\boldsymbol{K}_j)\hat{\boldsymbol{x}}(t)+\boldsymbol{G}_i\boldsymbol{C}_j\boldsymbol{e}(t)+\boldsymbol{G}_i\Delta\boldsymbol{h}(\boldsymbol{x}(t))]\\ \sum_{i=1}^{N}\sum_{j=1}^{N}\mu_i(\boldsymbol{z}(t))\mu_j(\boldsymbol{z}(t))[(\boldsymbol{A}_i-\boldsymbol{G}_i\boldsymbol{C}_j)\boldsymbol{e}(t)+\boldsymbol{G}_i\Delta\boldsymbol{h}(\boldsymbol{x}(t))]+\Delta\boldsymbol{f}(\boldsymbol{x}(t))+\Delta\boldsymbol{g}(\boldsymbol{x}(t))+\boldsymbol{w}(t)\end{bmatrix} \tag{4.1.47}$$

经代数运算，式(4.1.47)可表示为

$$\begin{bmatrix}\dot{\hat{\boldsymbol{x}}}(t)\\ \dot{\boldsymbol{e}}(t)\end{bmatrix}=\sum_{i=1}^{N}\sum_{j=1}^{N}\mu_i(\boldsymbol{z}(t))\mu_j(\boldsymbol{z}(t))\left(\begin{bmatrix}\boldsymbol{A}_i+\boldsymbol{B}_i\boldsymbol{K}_j & \boldsymbol{G}_i\boldsymbol{C}_j\\ \boldsymbol{0} & \boldsymbol{A}_i-\boldsymbol{G}_i\boldsymbol{C}_j\end{bmatrix}\begin{bmatrix}\hat{\boldsymbol{x}}(t)\\ \boldsymbol{e}(t)\end{bmatrix}\right)$$

$$+\begin{bmatrix}\sum_{i=1}^{N}\mu_i(z(t))G_i\Delta h(x(t))\\ \sum_{i=1}^{N}\mu_i(z(t))G_i\Delta h(x(t))\end{bmatrix}+\begin{bmatrix}0\\ \Delta f(x(t))\end{bmatrix}+\begin{bmatrix}0\\ \Delta g(x(t))\end{bmatrix}+\begin{bmatrix}0\\ w(t)\end{bmatrix} \tag{4.1.48}$$

记

$$\tilde{x}(t)=\begin{bmatrix}\hat{x}(t)\\ e(t)\end{bmatrix},\quad \bar{A}_{ij}=\begin{bmatrix}A_i+B_iK_j & G_iC_j\\ 0 & A_i-G_iC_j\end{bmatrix}$$

$$\Delta\tilde{h}(x(t))=\begin{bmatrix}\sum_{i=1}^{N}\mu_i(z(t))G_i\Delta h(x(t))\\ \sum_{i=1}^{N}\mu_i(z(t))G_i\Delta h(x(t))\end{bmatrix},\quad \Delta\tilde{f}(x(t))=\begin{bmatrix}0\\ \Delta f(x(t))\end{bmatrix} \tag{4.1.49}$$

$$\Delta\tilde{g}(x(t))=\begin{bmatrix}0\\ \Delta g(x(t))\end{bmatrix},\quad \tilde{w}(t)=\begin{bmatrix}0\\ w(t)\end{bmatrix}$$

辅助系统(4.1.48)可以表示为

$$\begin{aligned}\dot{\tilde{x}}(t)=&\sum_{i=1}^{N}\sum_{j=1}^{N}\mu_i(z(t))\mu_j(z(t))\bar{A}_{ij}\tilde{x}(t)+\Delta\tilde{h}(x(t))\\ &+\Delta\tilde{f}(x(t))+\Delta\tilde{g}(x(t))+\tilde{w}(t)\end{aligned} \tag{4.1.50}$$

引入记号 $\boldsymbol{\Phi}=[A_p,A_p]$，$\boldsymbol{\Omega}_j=[B_pK_j,0]$，$\boldsymbol{\Xi}_i=[G_iC_p,G_iC_p]$，$i=1,2,\cdots,N$。估计 $\Delta\tilde{f}(x(t))$、$\Delta\tilde{g}(x(t))$和 $\Delta\tilde{h}(x(t))$的上界如下：

$$\begin{aligned}(\Delta\tilde{f}(x(t)))^{\mathrm{T}}\Delta\tilde{f}(x(t))&=(\Delta f(x(t)))^{\mathrm{T}}\Delta f(x(t))\leqslant(A_px(t))^{\mathrm{T}}(A_px(t))\\ &=(A_p\hat{x}(t)+A_pe(t))^{\mathrm{T}}(A_p\hat{x}(t)+A_pe(t))\\ &=([A_p,A_p]\tilde{x}(t))^{\mathrm{T}}([A_p,A_p]\tilde{x}(t))=(\boldsymbol{\Phi}\tilde{x}(t))^{\mathrm{T}}(\boldsymbol{\Phi}\tilde{x}(t))\end{aligned} \tag{4.1.51}$$

$$\begin{aligned}(\Delta\tilde{g}(x(t)))^{\mathrm{T}}\Delta\tilde{g}(x(t))&=(\Delta g(x(t)))^{\mathrm{T}}\Delta g(x(t))\\ &\leqslant\left(\sum_{j=1}^{N}\mu_j(z(t))B_pK_j\hat{x}(t)\right)^{\mathrm{T}}\left(\sum_{j=1}^{N}\mu_j(z(t))B_pK_j\hat{x}(t)\right)\\ &=\left(\sum_{j=1}^{N}\mu_j(z(t))[B_pK_j,0]\tilde{x}(t)\right)^{\mathrm{T}}\left(\sum_{j=1}^{N}\mu_j(z(t))[B_pK_j,0]\tilde{x}(t)\right)\\ &=\left(\sum_{j=1}^{N}\mu_j(z(t))\boldsymbol{\Omega}_j\tilde{x}(t)\right)^{\mathrm{T}}\left(\sum_{j=1}^{N}\mu_j(z(t))\boldsymbol{\Omega}_j\tilde{x}(t)\right)\end{aligned} \tag{4.1.52}$$

$$\begin{aligned}(\Delta\tilde{h}(x(t)))^{\mathrm{T}}\Delta\tilde{h}(x(t))&=2\left(\sum_{i=1}^{N}\mu_i(z(t))G_i\Delta h(x(t))\right)^{\mathrm{T}}\left(\sum_{i=1}^{N}\mu_i(z(t))G_i\Delta h(x(t))\right)\\ &\leqslant2\left(\sum_{i=1}^{N}\mu_i(z(t))G_i\Delta C_ix(t)\right)^{\mathrm{T}}\left(\sum_{i=1}^{N}\mu_i(z(t))G_i\Delta C_ix(t)\right)\\ &\leqslant2\left(\sum_{i=1}^{N}\mu_i(z(t))[G_iC_p,G_iC_p]\tilde{x}(t)\right)^{\mathrm{T}}\left(\sum_{i=1}^{N}\mu_i(z(t))[G_iC_p,G_iC_p]\tilde{x}(t)\right)\\ &=2\left(\sum_{i=1}^{N}\mu_i(z(t))\boldsymbol{\Xi}_i\tilde{x}(t)\right)^{\mathrm{T}}\left(\sum_{i=1}^{N}\mu_i(z(t))\boldsymbol{\Xi}_i\tilde{x}(t)\right)\end{aligned}$$

$$\leqslant 2\sum_{i=1}^{N}\mu_i(\boldsymbol{z}(t))\boldsymbol{\Xi}_i^{\mathrm{T}}\boldsymbol{\Xi}_i\tilde{\boldsymbol{x}}(t) \tag{4.1.53}$$

因此，H^∞控制性能可改进为如下的形式：

$$\int_0^{t_f}\tilde{\boldsymbol{x}}^{\mathrm{T}}(t)\tilde{\boldsymbol{Q}}\tilde{\boldsymbol{x}}(t)\mathrm{d}t < \tilde{\boldsymbol{x}}^{\mathrm{T}}(0)\tilde{\boldsymbol{P}}\tilde{\boldsymbol{x}}(0) + \rho^2\int_0^{t_f}\tilde{\boldsymbol{w}}^{\mathrm{T}}(t)\tilde{\boldsymbol{w}}(t)\mathrm{d}t \tag{4.1.54}$$

式中，$\tilde{\boldsymbol{P}}$ 和 $\tilde{\boldsymbol{Q}}$ 是正定加权矩阵。

对于模糊观测器(4.1.41)和模糊反馈控制律(4.1.43)，有如下的性质。

定理 4.1.2　对于非线性系统(4.1.50)，假设下面的矩阵不等式存在公共正定解 $\tilde{\boldsymbol{P}}$：

$$\begin{gathered}\bar{\boldsymbol{A}}_{ij}^{\mathrm{T}}\tilde{\boldsymbol{P}} + \tilde{\boldsymbol{P}}\bar{\boldsymbol{A}}_{ij} + 2\boldsymbol{\Xi}_i^{\mathrm{T}}\boldsymbol{\Xi}_i + \boldsymbol{\Phi}^{\mathrm{T}}\boldsymbol{\Phi} + \boldsymbol{\Omega}_j^{\mathrm{T}}\boldsymbol{\Omega}_j + (3+1/\rho^2)\tilde{\boldsymbol{P}}\tilde{\boldsymbol{P}} + \tilde{\boldsymbol{Q}} < \boldsymbol{0}\\ i,j = 1,2,\cdots,N\end{gathered} \tag{4.1.55}$$

则基于模糊观测器(4.1.41)的模糊反馈控制律(4.1.43)使得闭环系统(4.1.50)是最终一致有界的，且对于给定的 ρ^2 取得 H^∞控制性能(4.1.54)。

证明　选择 Lyapunov 函数为

$$V(t) = \tilde{\boldsymbol{x}}^{\mathrm{T}}(t)\tilde{\boldsymbol{P}}\tilde{\boldsymbol{x}}(t) \tag{4.1.56}$$

求 $V(t)$对时间的导数，由式(4.1.50)可得

$$\begin{aligned}\dot{V}(t) = &\sum_{i=1}^{N}\sum_{j=1}^{N}\mu_i(\boldsymbol{z}(t))\mu_j(\boldsymbol{z}(t))\tilde{\boldsymbol{x}}^{\mathrm{T}}(t)(\bar{\boldsymbol{A}}_{ij}^{\mathrm{T}}\tilde{\boldsymbol{P}} + \tilde{\boldsymbol{P}}\bar{\boldsymbol{A}}_{ij})\tilde{\boldsymbol{x}}(t) + (\Delta\tilde{\boldsymbol{h}}(\boldsymbol{x}(t)))^{\mathrm{T}}\tilde{\boldsymbol{P}}\tilde{\boldsymbol{x}}(t)\\ &+\tilde{\boldsymbol{x}}^{\mathrm{T}}(t)\tilde{\boldsymbol{P}}\Delta\tilde{\boldsymbol{h}}(\boldsymbol{x}(t)) + (\Delta\tilde{\boldsymbol{f}}(\boldsymbol{x}(t)))^{\mathrm{T}}\tilde{\boldsymbol{P}}\tilde{\boldsymbol{x}}(t) + \tilde{\boldsymbol{x}}^{\mathrm{T}}(t)\tilde{\boldsymbol{P}}\Delta\tilde{\boldsymbol{f}}(\boldsymbol{x}(t))\\ &+(\Delta\tilde{\boldsymbol{g}}(\boldsymbol{x}(t)))^{\mathrm{T}}\tilde{\boldsymbol{P}}\tilde{\boldsymbol{x}}(t) + \tilde{\boldsymbol{x}}^{\mathrm{T}}(t)\tilde{\boldsymbol{P}}\Delta\tilde{\boldsymbol{g}}(\boldsymbol{x}(t))^{\mathrm{T}} + \tilde{\boldsymbol{x}}^{\mathrm{T}}(t)\tilde{\boldsymbol{P}}\tilde{\boldsymbol{w}}(t) + \tilde{\boldsymbol{w}}^{\mathrm{T}}(t)\tilde{\boldsymbol{P}}\tilde{\boldsymbol{x}}(t)\end{aligned} \tag{4.1.57}$$

把式(4.1.51)～(4.1.53)代入上式可得

$$\begin{aligned}\dot{V}(t) \leqslant &\sum_{i=1}^{N}\sum_{j=1}^{N}\mu_i(\boldsymbol{z}(t))\mu_j(\boldsymbol{z}(t))\tilde{\boldsymbol{x}}^{\mathrm{T}}(t)(\bar{\boldsymbol{A}}_{ij}^{\mathrm{T}}\tilde{\boldsymbol{P}} + \tilde{\boldsymbol{P}}\bar{\boldsymbol{A}}_{ij})\tilde{\boldsymbol{x}}(t) + (\Delta\tilde{\boldsymbol{h}}(\boldsymbol{x}(t)))^{\mathrm{T}}\Delta\tilde{\boldsymbol{h}}(\boldsymbol{x}(t))\\ &+\tilde{\boldsymbol{x}}^{\mathrm{T}}(t)\tilde{\boldsymbol{P}}\tilde{\boldsymbol{P}}\tilde{\boldsymbol{x}}(t) + (\Delta\tilde{\boldsymbol{f}}(\boldsymbol{x}(t)))^{\mathrm{T}}\Delta\tilde{\boldsymbol{f}}(\boldsymbol{x}(t)) + \tilde{\boldsymbol{x}}^{\mathrm{T}}(t)\tilde{\boldsymbol{P}}\tilde{\boldsymbol{P}}\tilde{\boldsymbol{x}}(t)\\ &+(\Delta\tilde{\boldsymbol{g}}(\boldsymbol{x}(t)))^{\mathrm{T}}\Delta\tilde{\boldsymbol{g}}(\boldsymbol{x}(t)) + \tilde{\boldsymbol{x}}^{\mathrm{T}}(t)\tilde{\boldsymbol{P}}\tilde{\boldsymbol{P}}\tilde{\boldsymbol{x}}(t) + \tilde{\boldsymbol{x}}^{\mathrm{T}}(t)\tilde{\boldsymbol{P}}\tilde{\boldsymbol{w}}(t) + \tilde{\boldsymbol{w}}^{\mathrm{T}}(t)\tilde{\boldsymbol{P}}\tilde{\boldsymbol{x}}(t)\\ \leqslant &\sum_{i=1}^{N}\sum_{j=1}^{N}\mu_i(\boldsymbol{z}(t))\mu_j(\boldsymbol{z}(t))\tilde{\boldsymbol{x}}^{\mathrm{T}}(t)(\bar{\boldsymbol{A}}_{ij}^{\mathrm{T}}\tilde{\boldsymbol{P}} + \tilde{\boldsymbol{P}}\bar{\boldsymbol{A}}_{ij} + 2\boldsymbol{\Xi}_i^{\mathrm{T}}\boldsymbol{\Xi}_i\\ &+\boldsymbol{\Phi}^{\mathrm{T}}\boldsymbol{\Phi} + \boldsymbol{\Omega}_j^{\mathrm{T}}\boldsymbol{\Omega}_j + 3\tilde{\boldsymbol{P}}\tilde{\boldsymbol{P}})\tilde{\boldsymbol{x}}(t) + \tilde{\boldsymbol{x}}^{\mathrm{T}}(t)\tilde{\boldsymbol{P}}\tilde{\boldsymbol{w}}(t) + \tilde{\boldsymbol{w}}^{\mathrm{T}}(t)\tilde{\boldsymbol{P}}\tilde{\boldsymbol{x}}(t)\end{aligned} \tag{4.1.58}$$

在式(4.1.58)中同时减去再加上 $\rho^2\tilde{\boldsymbol{w}}^{\mathrm{T}}(t)\tilde{\boldsymbol{w}}(t)$、$(1/\rho^2)\boldsymbol{x}^{\mathrm{T}}(t)\tilde{\boldsymbol{P}}\tilde{\boldsymbol{P}}\boldsymbol{x}(t)$，可得

$$\begin{aligned}\dot{V}(t) \leqslant &\sum_{i=1}^{N}\sum_{j=1}^{N}\mu_i(\boldsymbol{z}(t))\mu_j(\boldsymbol{z}(t))\\ &\times\tilde{\boldsymbol{x}}^{\mathrm{T}}(t)(\bar{\boldsymbol{A}}_{ij}^{\mathrm{T}}\tilde{\boldsymbol{P}} + \tilde{\boldsymbol{P}}\bar{\boldsymbol{A}}_{ij} + 2\boldsymbol{\Xi}_i^{\mathrm{T}}\boldsymbol{\Xi}_i + \boldsymbol{\Phi}^{\mathrm{T}}\boldsymbol{\Phi} + \boldsymbol{\Omega}_j^{\mathrm{T}}\boldsymbol{\Omega}_j + 3\tilde{\boldsymbol{P}}\tilde{\boldsymbol{P}})\tilde{\boldsymbol{x}}(t)\\ &+\tilde{\boldsymbol{x}}^{\mathrm{T}}(t)\tilde{\boldsymbol{P}}\tilde{\boldsymbol{w}}(t) + \tilde{\boldsymbol{w}}^{\mathrm{T}}(t)\tilde{\boldsymbol{P}}\tilde{\boldsymbol{x}}(t) - \rho^2\tilde{\boldsymbol{w}}^{\mathrm{T}}(t)\tilde{\boldsymbol{w}}(t) - (1/\rho^2)\tilde{\boldsymbol{x}}^{\mathrm{T}}(t)\tilde{\boldsymbol{P}}\tilde{\boldsymbol{P}}\tilde{\boldsymbol{x}}(t)\\ &+(1/\rho^2)\tilde{\boldsymbol{x}}^{\mathrm{T}}(t)\tilde{\boldsymbol{P}}\tilde{\boldsymbol{P}}\tilde{\boldsymbol{x}}(t) + \rho^2\tilde{\boldsymbol{w}}^{\mathrm{T}}(t)\boldsymbol{w}(t)\\ = &\sum_{i=1}^{N}\sum_{j=1}^{N}\mu_i(\boldsymbol{z}(t))\mu_j(\boldsymbol{z}(t))\\ &\times\tilde{\boldsymbol{x}}^{\mathrm{T}}(t)(\bar{\boldsymbol{A}}_{ij}^{\mathrm{T}}\tilde{\boldsymbol{P}} + \tilde{\boldsymbol{P}}\bar{\boldsymbol{A}}_{ij} + 2\boldsymbol{\Xi}_i^{\mathrm{T}}\boldsymbol{\Xi}_i + \boldsymbol{\Phi}^{\mathrm{T}}\boldsymbol{\Phi} + \boldsymbol{\Omega}_j^{\mathrm{T}}\boldsymbol{\Omega}_j + 3\tilde{\boldsymbol{P}}\tilde{\boldsymbol{P}})\tilde{\boldsymbol{x}}(t)\\ &-\left(\frac{1}{\rho}\tilde{\boldsymbol{P}}\tilde{\boldsymbol{x}}(t) - \rho\tilde{\boldsymbol{w}}(t)\right)^{\mathrm{T}}\left(\frac{1}{\rho}\tilde{\boldsymbol{P}}\tilde{\boldsymbol{x}}(t) - \rho\tilde{\boldsymbol{w}}(t)\right)\end{aligned}$$

$$+(1/\rho^2)\tilde{\boldsymbol{x}}^{\mathrm{T}}(t)\tilde{\boldsymbol{P}}\tilde{\boldsymbol{P}}\tilde{\boldsymbol{x}}(t)+\rho^2\tilde{\boldsymbol{w}}^{\mathrm{T}}(t)\tilde{\boldsymbol{w}}(t)$$

$$\leqslant\sum_{i=1}^{N}\sum_{j=1}^{N}\mu_i(\boldsymbol{z}(t))\mu_j(\boldsymbol{z}(t))\tilde{\boldsymbol{x}}^{\mathrm{T}}(t)(\overline{\boldsymbol{A}}_{ij}^{\mathrm{T}}\tilde{\boldsymbol{P}}+\tilde{\boldsymbol{P}}\overline{\boldsymbol{A}}_{ij}+2\boldsymbol{\Xi}_i^{\mathrm{T}}\boldsymbol{\Xi}_i+\boldsymbol{\Phi}^{\mathrm{T}}\boldsymbol{\Phi}$$

$$+\boldsymbol{\Omega}_j^{\mathrm{T}}\boldsymbol{\Omega}_j+3\tilde{\boldsymbol{P}}\tilde{\boldsymbol{P}})\tilde{\boldsymbol{x}}(t)+(1/\rho^2)\tilde{\boldsymbol{x}}^{\mathrm{T}}(t)\tilde{\boldsymbol{P}}\tilde{\boldsymbol{P}}\tilde{\boldsymbol{x}}(t)+\rho^2\tilde{\boldsymbol{w}}^{\mathrm{T}}(t)\tilde{\boldsymbol{w}}(t) \tag{4.1.59}$$

由式(4.1.55)可得

$$\overline{\boldsymbol{A}}_{ij}^{\mathrm{T}}\tilde{\boldsymbol{P}}+\tilde{\boldsymbol{P}}\overline{\boldsymbol{A}}_{ij}+2\boldsymbol{\Xi}_i^{\mathrm{T}}\boldsymbol{\Xi}_i+\boldsymbol{\Phi}^{\mathrm{T}}\boldsymbol{\Phi}+\boldsymbol{\Omega}_j^{\mathrm{T}}\boldsymbol{\Omega}_j+3\tilde{\boldsymbol{P}}\tilde{\boldsymbol{P}}<-(1/\rho^2)\tilde{\boldsymbol{P}}\tilde{\boldsymbol{P}}-\tilde{\boldsymbol{Q}} \tag{4.1.60}$$

将式(4.1.60)代入式(4.1.59),可得

$$\dot{V}(t)\leqslant\sum_{i=1}^{N}\sum_{j=1}^{N}\mu_i(\boldsymbol{z}(t))\mu_j(\boldsymbol{z}(t))\tilde{\boldsymbol{x}}^{\mathrm{T}}(t)[-\tilde{\boldsymbol{Q}}-(1/\rho^2)\tilde{\boldsymbol{P}}\tilde{\boldsymbol{P}}]\tilde{\boldsymbol{x}}(t)$$

$$+(1/\rho^2)\tilde{\boldsymbol{x}}^{\mathrm{T}}(t)\tilde{\boldsymbol{P}}\tilde{\boldsymbol{P}}\tilde{\boldsymbol{x}}(t)+\rho^2\tilde{\boldsymbol{w}}^{\mathrm{T}}(t)\tilde{\boldsymbol{w}}(t) \tag{4.1.61}$$

根据 $\mu_i(\boldsymbol{z}(t))$ 的性质(4.1.4)及式(4.1.5),不等式(4.1.61)可写成

$$\dot{V}(t)\leqslant-\tilde{\boldsymbol{x}}^{\mathrm{T}}(t)\tilde{\boldsymbol{Q}}\tilde{\boldsymbol{x}}(t)-(1/\rho^2)\tilde{\boldsymbol{x}}^{\mathrm{T}}(t)\tilde{\boldsymbol{P}}\tilde{\boldsymbol{P}}\tilde{\boldsymbol{x}}(t)+(1/\rho^2)\tilde{\boldsymbol{x}}^{\mathrm{T}}(t)\tilde{\boldsymbol{P}}\tilde{\boldsymbol{P}}\tilde{\boldsymbol{x}}(t)+\rho^2\tilde{\boldsymbol{w}}^{\mathrm{T}}(t)\tilde{\boldsymbol{w}}(t)$$

$$=-\tilde{\boldsymbol{x}}^{\mathrm{T}}(t)\tilde{\boldsymbol{Q}}\tilde{\boldsymbol{x}}(t)+\rho^2\tilde{\boldsymbol{w}}^{\mathrm{T}}(t)\tilde{\boldsymbol{w}}(t) \tag{4.1.62}$$

根据假设

$$\|\tilde{\boldsymbol{w}}(t)\|=\|\boldsymbol{w}(t)\|\leqslant w_{ub}$$

如果记 $\tilde{c}_1=\lambda_{\min}(\tilde{\boldsymbol{Q}})$,则

$$\dot{V}(t)<-\tilde{\boldsymbol{x}}^{\mathrm{T}}(t)\tilde{\boldsymbol{Q}}\tilde{\boldsymbol{x}}(t)+\rho^2w_{ub}^2\leqslant-\tilde{c}_1\tilde{\boldsymbol{x}}^{\mathrm{T}}(t)\tilde{\boldsymbol{x}}(t)+\rho^2w_{ub}^2 \tag{4.1.63}$$

由式(4.1.63)可知,只要 $\|\tilde{\boldsymbol{x}}(t)\|>\rho w_{ub}/\sqrt{\tilde{c}_1}$,就有 $\dot{V}(t)<0$。所以,模糊闭环系统(4.1.50)是最终一致有界的。对式(4.1.62)从 $t=0$ 到 $t=t_f$ 积分,可得

$$V(t_f)-V(0)\leqslant-\int_0^{t_f}\tilde{\boldsymbol{x}}^{\mathrm{T}}(t)\tilde{\boldsymbol{Q}}\tilde{\boldsymbol{x}}(t)\mathrm{d}t+\rho^2\int_0^{t_f}\tilde{\boldsymbol{w}}^{\mathrm{T}}(t)\tilde{\boldsymbol{w}}(t)\mathrm{d}t$$

由式(4.1.56)可得

$$\int_0^{t_f}\tilde{\boldsymbol{x}}^{\mathrm{T}}(t)\tilde{\boldsymbol{Q}}\tilde{\boldsymbol{x}}(t)\mathrm{d}t\leqslant\tilde{\boldsymbol{x}}^{\mathrm{T}}(0)\tilde{\boldsymbol{P}}\tilde{\boldsymbol{x}}(0)+\rho^2\int_0^{t_f}\tilde{\boldsymbol{w}}^{\mathrm{T}}(t)\tilde{\boldsymbol{w}}(t)\mathrm{d}t \tag{4.1.64}$$

因此,对给定的 ρ^2 取得 H^∞ 控制性能。

推论 4.1.2 当 $\tilde{\boldsymbol{w}}(t)=\boldsymbol{0}$ 时,如果存在满足矩阵不等式(4.1.55)的公共正定解 $\tilde{\boldsymbol{P}}$,则模糊控制律(4.1.43)使得闭环系统(4.1.9)二次稳定。

与模糊状态反馈控制相类似,在模糊观测器和输出反馈控制器的设计问题中,最重要的是求满足矩阵不等式(4.1.55)的公共正定解 $\tilde{\boldsymbol{P}}$。

为设计方便,选择 $\tilde{\boldsymbol{P}}$ 和 $\tilde{\boldsymbol{Q}}$ 为

$$\tilde{\boldsymbol{P}}=\begin{bmatrix}\tilde{\boldsymbol{P}}_{11}&\boldsymbol{0}\\\boldsymbol{0}&\tilde{\boldsymbol{P}}_{22}\end{bmatrix},\quad\tilde{\boldsymbol{Q}}=\begin{bmatrix}\tilde{\boldsymbol{Q}}_{11}&\boldsymbol{0}\\\boldsymbol{0}&\tilde{\boldsymbol{Q}}_{22}\end{bmatrix} \tag{4.1.65}$$

式中,$\tilde{\boldsymbol{P}}_{11}=\tilde{\boldsymbol{P}}_{11}^{\mathrm{T}}>\boldsymbol{0}$,$\tilde{\boldsymbol{P}}_{22}=\tilde{\boldsymbol{P}}_{22}^{\mathrm{T}}>\boldsymbol{0}$;$\tilde{\boldsymbol{Q}}_{11}>\boldsymbol{0}$,$\tilde{\boldsymbol{Q}}_{22}>\boldsymbol{0}$。

将式(4.1.65)代入式(4.1.55),可得

$$\overline{\boldsymbol{A}}_{ij}^{\mathrm{T}}\tilde{\boldsymbol{P}}+\tilde{\boldsymbol{P}}\overline{\boldsymbol{A}}_{ij}+2\boldsymbol{\Xi}_i^{\mathrm{T}}\boldsymbol{\Xi}_i+\boldsymbol{\Phi}^{\mathrm{T}}\boldsymbol{\Phi}+\boldsymbol{\Omega}_j^{\mathrm{T}}\boldsymbol{\Omega}_j+[3+(1/\rho^2)]\tilde{\boldsymbol{P}}\tilde{\boldsymbol{P}}+\tilde{\boldsymbol{Q}}=\boldsymbol{0}$$

$$\begin{bmatrix}\boldsymbol{E}_{11}^*&\boldsymbol{E}_{12}^*\\\boldsymbol{E}_{21}^*&\boldsymbol{E}_{22}^*\end{bmatrix}<\boldsymbol{0} \tag{4.1.66}$$

式中

$$\begin{aligned}
\boldsymbol{E}_{11}^{*}=&\widetilde{\boldsymbol{P}}_{11}(\boldsymbol{A}_i+\boldsymbol{B}_i\boldsymbol{K}_j)+(\boldsymbol{A}_i+\boldsymbol{B}_i\boldsymbol{K}_j)^{\mathrm{T}}\widetilde{\boldsymbol{P}}_{11}+2(\boldsymbol{G}_i\boldsymbol{C}_p)^{\mathrm{T}}\boldsymbol{G}_i\boldsymbol{C}_p\\
&+\boldsymbol{A}_p^{\mathrm{T}}\boldsymbol{A}_p+\widetilde{\boldsymbol{Q}}_{11}+(\boldsymbol{B}_p\boldsymbol{K}_j)^{\mathrm{T}}\boldsymbol{B}_p\boldsymbol{K}_j+(3+1/\rho^2)\widetilde{\boldsymbol{P}}_{11}\widetilde{\boldsymbol{P}}_{11}\\
\boldsymbol{E}_{21}^{*}=&\boldsymbol{C}_j^{\mathrm{T}}\boldsymbol{G}_i^{\mathrm{T}}\widetilde{\boldsymbol{P}}_{11}+2(\boldsymbol{G}_i\boldsymbol{C}_p)^{\mathrm{T}}\boldsymbol{G}_i\boldsymbol{C}_p+\boldsymbol{A}_p^{\mathrm{T}}\boldsymbol{A}_p\\
\boldsymbol{E}_{12}^{*}=&\widetilde{\boldsymbol{P}}_{11}\boldsymbol{G}_i\boldsymbol{C}_j+2(\boldsymbol{G}_i\boldsymbol{C}_p)^{\mathrm{T}}\boldsymbol{G}_i\boldsymbol{C}_p+\boldsymbol{A}_p^{\mathrm{T}}\boldsymbol{A}_p\\
\boldsymbol{E}_{22}^{*}=&\widetilde{\boldsymbol{P}}_{22}(\boldsymbol{A}_i-\boldsymbol{G}_i\boldsymbol{C}_j)+(\boldsymbol{A}_i-\boldsymbol{G}_i\boldsymbol{C}_j)^{\mathrm{T}}\widetilde{\boldsymbol{P}}_{22}+2(\boldsymbol{G}_i\boldsymbol{C}_p)^{\mathrm{T}}\boldsymbol{G}_i\boldsymbol{C}_p\\
&+\boldsymbol{A}_p^{\mathrm{T}}\boldsymbol{A}_p+(3+1/\rho^2)\widetilde{\boldsymbol{P}}_{22}\widetilde{\boldsymbol{P}}_{22}+\widetilde{\boldsymbol{Q}}_{22}
\end{aligned}$$

设

$$\boldsymbol{W}=\begin{bmatrix}\boldsymbol{W}_{11}&\boldsymbol{0}\\\boldsymbol{0}&\boldsymbol{I}\end{bmatrix}=\begin{bmatrix}\widetilde{\boldsymbol{P}}_{11}^{-1}&\boldsymbol{0}\\\boldsymbol{0}&\boldsymbol{I}\end{bmatrix},\quad \boldsymbol{W}_{11}=\widetilde{\boldsymbol{P}}_{11}^{-1} \tag{4.1.67}$$

将式(4.1.66)左右同时乘以$\boldsymbol{W}$,可得

$$\boldsymbol{W}\begin{bmatrix}\boldsymbol{E}_{11}^{*}&\boldsymbol{E}_{12}^{*}\\\boldsymbol{E}_{21}^{*}&\boldsymbol{E}_{22}^{*}\end{bmatrix}\boldsymbol{W}<\boldsymbol{0} \tag{4.1.68}$$

式(4.1.68)等价于

$$\begin{bmatrix}\boldsymbol{G}_{11}^{*}&\boldsymbol{G}_{12}^{*}\\\boldsymbol{G}_{21}^{*}&\boldsymbol{G}_{22}^{*}\end{bmatrix}<\boldsymbol{0},\quad \boldsymbol{Y}_j=\boldsymbol{K}_j\boldsymbol{W}_{11},\quad \boldsymbol{Z}_i=\widetilde{\boldsymbol{P}}_{22}\boldsymbol{G}_i \tag{4.1.69}$$

式中

$$\begin{aligned}
\boldsymbol{G}_{11}^{*}=&(\boldsymbol{A}_i+\boldsymbol{B}_i\boldsymbol{K}_j)\boldsymbol{W}_{11}+\boldsymbol{W}_{11}(\boldsymbol{A}_i+\boldsymbol{B}_i\boldsymbol{K}_j)^{\mathrm{T}}+2\boldsymbol{W}_{11}(\boldsymbol{G}_i\boldsymbol{C}_p)^{\mathrm{T}}(\boldsymbol{G}_i\boldsymbol{C}_p)\boldsymbol{W}_{11}\\
&+\boldsymbol{W}_{11}\boldsymbol{A}_p^{\mathrm{T}}\boldsymbol{A}_p\boldsymbol{W}_{11}+(\boldsymbol{B}_p\boldsymbol{K}_j\boldsymbol{W}_{11})^{\mathrm{T}}(\boldsymbol{B}_p\boldsymbol{K}_j\boldsymbol{W}_{11})+(3+1/\rho^2)\boldsymbol{I}+\boldsymbol{W}_{11}\widetilde{\boldsymbol{Q}}_{11}\boldsymbol{W}_{11}\\
\boldsymbol{G}_{21}^{*}=&\boldsymbol{C}_j^{\mathrm{T}}\boldsymbol{G}_i^{\mathrm{T}}+[2(\boldsymbol{G}_i\boldsymbol{C}_p)^{\mathrm{T}}(\boldsymbol{G}_i\boldsymbol{C}_p)+\boldsymbol{A}_p^{\mathrm{T}}\boldsymbol{A}_p]\boldsymbol{W}_{11}\\
\boldsymbol{G}_{12}^{*}=&\boldsymbol{G}_i\boldsymbol{C}_j+\boldsymbol{W}_{11}[2(\boldsymbol{G}_i\boldsymbol{C}_p)^{\mathrm{T}}\boldsymbol{G}_i\boldsymbol{C}_p+\boldsymbol{A}_p^{\mathrm{T}}\boldsymbol{A}_p]\\
\boldsymbol{G}_{22}^{*}=&\widetilde{\boldsymbol{P}}_{22}(\boldsymbol{A}_i-\boldsymbol{G}_i\boldsymbol{C}_j)+(\boldsymbol{A}_i-\boldsymbol{G}_i\boldsymbol{C}_j)^{\mathrm{T}}\widetilde{\boldsymbol{P}}_{22}+2(\boldsymbol{G}_i\boldsymbol{C}_p)^{\mathrm{T}}(\boldsymbol{G}_i\boldsymbol{C}_p)+\boldsymbol{A}_p^{\mathrm{T}}\boldsymbol{A}_p\\
&+(3+1/\rho^2)\widetilde{\boldsymbol{P}}_{22}\widetilde{\boldsymbol{P}}_{22}+\widetilde{\boldsymbol{Q}}_{22}
\end{aligned}$$

矩阵不等式(4.1.69)可写成如下的形式:

$$\begin{bmatrix}\boldsymbol{M}_{11}^{*}&\boldsymbol{W}_{11}&(\boldsymbol{B}_p\boldsymbol{Y}_j)^{\mathrm{T}}&(\boldsymbol{M}_{41}^{*})^{\mathrm{T}}&\boldsymbol{0}\\\boldsymbol{W}_{11}&\boldsymbol{M}_{22}^{*}&\boldsymbol{0}&\boldsymbol{0}&\boldsymbol{0}\\\boldsymbol{B}_p\boldsymbol{Y}_j&\boldsymbol{0}&-\boldsymbol{I}&\boldsymbol{0}&\boldsymbol{0}\\\boldsymbol{M}_{41}^{*}&\boldsymbol{0}&\boldsymbol{0}&\boldsymbol{M}_{44}^{*}&(\boldsymbol{G}_i\boldsymbol{C}_p)^{\mathrm{T}}\\\boldsymbol{0}&\boldsymbol{0}&\boldsymbol{0}&\boldsymbol{G}_i\boldsymbol{C}_p&-1/2\boldsymbol{I}\end{bmatrix}<\boldsymbol{0} \tag{4.1.70}$$

式中

$$\begin{aligned}
\boldsymbol{M}_{11}^{*}&=\boldsymbol{A}_i\boldsymbol{W}_{11}+\boldsymbol{W}_{11}\boldsymbol{A}_i^{\mathrm{T}}+\boldsymbol{B}_i\boldsymbol{Y}_j+(\boldsymbol{B}_i\boldsymbol{Y}_j)^{\mathrm{T}}+(3+1/\rho^2)\boldsymbol{I}\\
\boldsymbol{M}_{41}^{*}&=\boldsymbol{C}_j^{\mathrm{T}}\boldsymbol{G}_i^{\mathrm{T}}+[2(\boldsymbol{G}_i\boldsymbol{C}_p)^{\mathrm{T}}(\boldsymbol{G}_i\boldsymbol{C}_p)+\boldsymbol{A}_p^{\mathrm{T}}\boldsymbol{A}_p]\boldsymbol{W}_{11}\\
\boldsymbol{M}_{22}^{*}&=-[2(\boldsymbol{G}_i\boldsymbol{C}_p)^{\mathrm{T}}(\boldsymbol{G}_i\boldsymbol{C}_p)+\boldsymbol{A}_p^{\mathrm{T}}\boldsymbol{A}_p+\widetilde{\boldsymbol{Q}}_{11}]^{-1}\\
\boldsymbol{M}_{44}^{*}&=\widetilde{\boldsymbol{P}}_{22}\boldsymbol{A}_i+\boldsymbol{A}_i^{\mathrm{T}}\widetilde{\boldsymbol{P}}_{22}-\boldsymbol{Z}_i\boldsymbol{C}_j-\boldsymbol{C}_j^{\mathrm{T}}\boldsymbol{Z}_i^{\mathrm{T}}+\boldsymbol{A}_p^{\mathrm{T}}\boldsymbol{A}_p+(3+1/\rho^2)\widetilde{\boldsymbol{P}}_{22}\widetilde{\boldsymbol{P}}_{22}+\widetilde{\boldsymbol{Q}}_{22}
\end{aligned}$$

上面的分析表明,在基于模糊观测器的输出反馈控制器设计中,最重要的问题是求出满足矩阵不等式(4.1.70)的公共正定解$\boldsymbol{W}_{11}$和$\widetilde{\boldsymbol{P}}_{22}$。由于变量$\boldsymbol{G}_i$和$\boldsymbol{Z}_i(=\widetilde{\boldsymbol{P}}_{22}\boldsymbol{G}_i)$是交叉耦合的,目前还没有有效的算法解这个矩阵不等式。但是,容易验证由矩阵不等式(4.1.70)可以推出$\boldsymbol{M}_{44}^{*}<\boldsymbol{0}$,即

$$\widetilde{\boldsymbol{P}}_{22}\boldsymbol{A}_i+\boldsymbol{A}_i^{\mathrm{T}}\widetilde{\boldsymbol{P}}_{22}-\boldsymbol{Z}_i\boldsymbol{C}_j-\boldsymbol{C}_j^{\mathrm{T}}\boldsymbol{Z}_i^{\mathrm{T}}+\boldsymbol{A}_p^{\mathrm{T}}\boldsymbol{A}_p+(3+1/\rho^2)\widetilde{\boldsymbol{P}}_{22}\widetilde{\boldsymbol{P}}_{22}+\widetilde{\boldsymbol{Q}}_{22}<\boldsymbol{0}$$
$$i,j=1,2,\cdots,N \tag{4.1.71}$$

应用 Schur 分解原理,式(4.1.71)可以转化为下面的线性矩阵不等式:

$$\begin{bmatrix}\widetilde{\boldsymbol{P}}_{22}\boldsymbol{A}_i+\boldsymbol{A}_i^{\mathrm{T}}\widetilde{\boldsymbol{P}}_{22}-\boldsymbol{Z}_i\boldsymbol{C}_j-\boldsymbol{C}_j^{\mathrm{T}}\boldsymbol{Z}_i^{\mathrm{T}}+\boldsymbol{A}_p^{\mathrm{T}}\boldsymbol{A}_p+\widetilde{\boldsymbol{Q}}_{22} & \widetilde{\boldsymbol{P}}_{22}\\ \widetilde{\boldsymbol{P}}_{22} & -(3+1/\rho^2)^{-1}\boldsymbol{I}\end{bmatrix}<\boldsymbol{0} \tag{4.1.72}$$

注意到,式(4.1.72)是关于变量 $\widetilde{\boldsymbol{P}}_{22}$ 和 $\boldsymbol{Z}_i$(即 $\boldsymbol{G}_i=\widetilde{\boldsymbol{P}}_{22}^{-1}\boldsymbol{Z}_i$)的一个标准的线性矩阵不等式问题。通过解式(4.1.72),并把 $\widetilde{\boldsymbol{P}}_{22}$、$\boldsymbol{Z}_i$ 及 $\boldsymbol{G}_i$ 代入式(4.1.70),则式(4.1.70)成为标准的线性矩阵不等式。最后解线性矩阵不等式(4.1.70),可得 $\boldsymbol{W}_{11}$ 和 $\boldsymbol{Y}_j$(即 $\boldsymbol{K}_j=\boldsymbol{Y}_j\boldsymbol{W}_{11}^{-1}$)。

如果在式(4.1.70)和(4.1.72)中都存在正定解 $\boldsymbol{W}_{11}$ 和 $\widetilde{\boldsymbol{P}}_{22}$,那么闭环系统(4.1.50)是稳定的,而且对给定的 ρ,模糊控制器取得 H^∞ 控制性能(4.1.54)。所以,基于模糊观测器的控制系统(4.1.50)的 H^∞ 最优化设计,可以归结为下面的最优化约束问题:

$$\begin{aligned}&\min\rho^2,\text{满足}\\&\boldsymbol{W}_{11}=\boldsymbol{W}_{11}^{\mathrm{T}}>\boldsymbol{0},\widetilde{\boldsymbol{P}}_{22}=\widetilde{\boldsymbol{P}}_{22}^{\mathrm{T}}>\boldsymbol{0},\text{式(4.1.70) 和(4.1.72)}\end{aligned} \tag{4.1.73}$$

式(4.1.73)可以通过逐步减少给定值 ρ^2 来迭代,求 $\boldsymbol{W}_{11}>\boldsymbol{0}$ 和 $\widetilde{\boldsymbol{P}}_{22}>\boldsymbol{0}$ 的解,直到在式(4.1.70)和(4.1.72)中不能求解为止。

模糊控制系统的 H^∞ 最优化设计步骤可概括如下:

(1) 选择模糊系统规则和模糊隶属函数。

(2) 选择加权矩阵 $\boldsymbol{Q}_{11}$ 和 $\boldsymbol{Q}_{22}$,以及有界矩阵 $\Delta\boldsymbol{A}_i(=\delta_i\boldsymbol{A}_p)$、$\Delta\boldsymbol{B}_i(=\eta_i\boldsymbol{B}_p)$ 和 $\Delta\boldsymbol{C}_i(=\boldsymbol{C}_p\boldsymbol{\varphi}_i)$。

(3) 选择抑制水平 ρ^2,解线性矩阵不等式(4.1.72)得到 $\widetilde{\boldsymbol{P}}_{22}$ 和 $\boldsymbol{Z}_i$(即 $\boldsymbol{\Gamma}_i=\widetilde{\boldsymbol{P}}_{22}^{-1}\boldsymbol{Z}_i$)。

(4) 将 $\widetilde{\boldsymbol{P}}_{22}$、$\boldsymbol{Z}_i$ 和 $\boldsymbol{G}_i$ 代入式(4.1.70),求解得到 $\boldsymbol{W}_{11}$ 和 $\boldsymbol{Y}_j$(即 $\boldsymbol{K}_j=\boldsymbol{Y}_j\boldsymbol{W}_{11}^{-1}$)。

(5) 减少 ρ^2,重复步骤(3)~(4)直到 $\boldsymbol{W}_{11}$ 和 $\widetilde{\boldsymbol{P}}_{22}$ 不能找到为止。

(6) 验证假定条件:$\|\Delta\boldsymbol{f}(\boldsymbol{x}(t))\|\leqslant\left\|\sum_{i=1}^{N}\mu_i(\boldsymbol{z}(t))\delta_i\boldsymbol{A}_p\boldsymbol{x}(t)\right\|$

$$\|\Delta\boldsymbol{g}(\boldsymbol{x}(t))\|\leqslant\left\|\sum_{i=1}^{N}\sum_{j=1}^{N}\mu_i(\boldsymbol{z}(t))\mu_j(\boldsymbol{z}(t))\eta_i\boldsymbol{B}_p\boldsymbol{K}_j\hat{\boldsymbol{x}}(t)\right\|$$

$$\left\|\sum_{i=1}^{N}\mu_i(\boldsymbol{z}(t))\boldsymbol{G}_i\Delta\boldsymbol{h}(\boldsymbol{x}(t))\right\|\leqslant\left\|\sum_{i=1}^{N}\mu_i(\boldsymbol{z}(t))\boldsymbol{G}_i\boldsymbol{C}_p\boldsymbol{\varphi}_i\boldsymbol{x}(t)\right\|$$

是否满足,如果不满足,则调整(扩大)$\Delta\boldsymbol{A}_i$、$\Delta\boldsymbol{B}_i$ 和 $\Delta\boldsymbol{C}_i$ 中所有元素的界,再重复步骤(3)~(5)。

(7) 构造模糊观测器(4.1.41)。

(8) 获得模糊控制律(4.1.43)。

4.1.5 仿真

例 4.1.1 设倒立摆的状态方程为

$$\begin{aligned}\dot{x}_1&=x_2\\\dot{x}_2&=\frac{1.0}{(M+m)(J+ml^2)-(ml\cos x_1)^2}h(x_1,x_2)\\y&=x_1\end{aligned} \tag{4.1.74}$$

式中

$$h(x_1,x_2)=[-f_1(M+m)x_2-(mlx_2)^2\sin x_1\cos x_1 \\ +(M+m)mgl\sin x_1-ml\cos x_1 u]+d$$

x_1 表示摆与垂线的夹角；x_2 是角速度；g 是重力加速度；m 是摆的质量；M 是车的质量；f_1 是摆对轴的摩擦力；l 是从摆的重心到轴的长度；J 是摆的惯性力矩；d 是外部干扰；u 是作用在推车上的力。系统中的参数选择为：$m=0.22\text{kg}$，$M=10\text{kg}$，$l=0.304\text{m}$，$J=0.004963\text{m}^4$，$f_1=0.007056$。

应用模糊 T-S 模型对系统(4.1.74)进行描述，设模糊推理规则如下。

模糊系统规则 1：如果 x_1 大约是 0，则

$$\dot{\boldsymbol{x}}(t)=\boldsymbol{A}_1\boldsymbol{x}(t)+\boldsymbol{B}_1u(t)+\boldsymbol{w},\quad y(t)=\boldsymbol{C}_1\boldsymbol{x}(t)$$

模糊系统规则 2：如果 x_1 大约是 $\pm\pi/9$，则

$$\dot{\boldsymbol{x}}(t)=\boldsymbol{A}_2\boldsymbol{x}(t)+\boldsymbol{B}_2u(t)+\boldsymbol{w},\quad y(t)=\boldsymbol{C}_2\boldsymbol{x}(t)$$

模糊系统规则 3：如果 x_1 大约是 $\pm 2\pi/9$，则

$$\dot{\boldsymbol{x}}(t)=\boldsymbol{A}_3\boldsymbol{x}(t)+\boldsymbol{B}_3u(t)+\boldsymbol{w},\quad y(t)=\boldsymbol{C}_3\boldsymbol{x}(t)$$

模糊系统规则 4：如果 x_1 大约是 $\pm\pi/3$，则

$$\dot{\boldsymbol{x}}(t)=\boldsymbol{A}_4\boldsymbol{x}(t)+\boldsymbol{B}_4u(t)+\boldsymbol{w},\quad y(t)=\boldsymbol{C}_4\boldsymbol{x}(t)$$

式中

$$\boldsymbol{A}_1=\begin{bmatrix}0 & 1\\ 26.3679 & -0.2839\end{bmatrix},\quad \boldsymbol{B}_1=\begin{bmatrix}0\\ -0.2633\end{bmatrix}$$

$$\boldsymbol{A}_2=\begin{bmatrix}0 & 1\\ 25.7826 & -0.2833\end{bmatrix},\quad \boldsymbol{B}_2=\begin{bmatrix}0\\ -0.2469\end{bmatrix}$$

$$\boldsymbol{A}_3=\begin{bmatrix}0 & 1\\ 24.1023 & -0.2818\end{bmatrix},\quad \boldsymbol{B}_3=\begin{bmatrix}0\\ -0.2002\end{bmatrix}$$

$$\boldsymbol{A}_4=\begin{bmatrix}0 & 1\\ 21.5219 & -0.2802\end{bmatrix},\quad \boldsymbol{B}_4=\begin{bmatrix}0\\ -0.1299\end{bmatrix}$$

选择有界矩阵为

$$\boldsymbol{A}_p=\begin{bmatrix}0 & 0.0050\\ 0.1076 & 0.0014\end{bmatrix},\quad \boldsymbol{B}_p=\begin{bmatrix}0\\ 0.0039\end{bmatrix},\quad \boldsymbol{C}_p=\boldsymbol{0}$$

$$\boldsymbol{w}=[0,d]^{\mathrm{T}},\quad \boldsymbol{C}_i=[1\quad 0],\quad \boldsymbol{\delta}_i=\boldsymbol{I},\quad \boldsymbol{\eta}_i=\boldsymbol{I},\quad i=1,2,3,4$$

取模糊系统规则中的模糊集的隶属函数如图 4-1 所示。

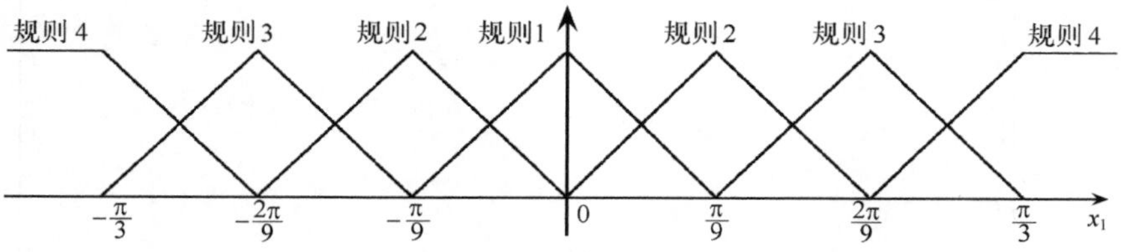

图 4-1　模糊集的隶属函数

给定 $\tilde{Q}_{11}=\tilde{Q}_{22}=\begin{bmatrix}0.01 & 0\\ 0 & 0.01\end{bmatrix}$。用 MATLAB 中的 LMI 优化算法进行几次实验迭代,获得最优的性能指标 $\rho^2=0.6084$。通过求解线性矩阵不等式(4.1.72)和(4.1.73),得到

$$W_{11}=\begin{bmatrix}16.1564 & -80.0150\\ -80.0150 & 434.0087\end{bmatrix},\quad \tilde{P}_{22}=\begin{bmatrix}1.9318 & -0.2116\\ -0.2116 & 0.2038\end{bmatrix}$$

假设

$$\left\| f(x(t))-\sum_{i=1}^{4}\mu_i(z(t))A_i x(t)\right\| \leqslant \left\|\sum_{i=1}^{4}\mu_i(z(t))A_p x(t)\right\|$$

$$\left\| g(x(t))-\sum_{i=1}^{4}\mu_i(z(t))\sum_{j=1}^{4}\mu_j(z(t))B_iK_j\hat{x}(t)\right\| \leqslant \left\|\sum_{i=1}^{4}\sum_{j=1}^{4}\mu_i(z(t))\mu_j(z(t))B_pK_j\hat{x}(t)\right\|$$

则构造观测器和输出反馈控制器分别如下:

$$\dot{\hat{x}}(t)=\sum_{i=1}^{4}\mu_i(x_1(t))[A_i\hat{x}(t)+B_iu(t)+G_i(y(t)-\hat{y}(t))]$$

$$u(t)=\sum_{j=1}^{4}\mu_j(x_1(t))K_j\hat{x}(t)$$

在仿真中,初始条件取为$[x_1(0),x_2(0),\hat{x}_1(0),\hat{x}_2(0)]^{\mathrm{T}}=[\pi/4\quad 0\quad 0\quad 0]^{\mathrm{T}}$。假设外界干扰 d 是振幅为±0.2 的周期二次波。图 4-2 给出了状态 x_1 和 x_2(包括估计状态 $\hat{x}_1$ 和 $\hat{x}_2$)的仿真曲线。图 4-3 给出了控制输入 u 的仿真曲线。

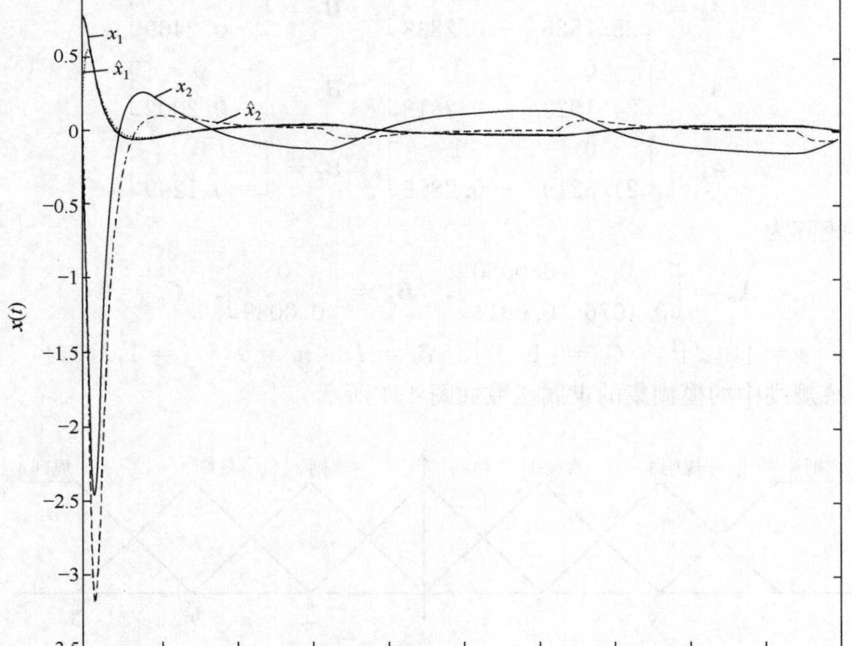

图 4-2　状态 x_1、x_2 和它们的估计 $\hat{x}_1$、$\hat{x}_2$ 的轨迹

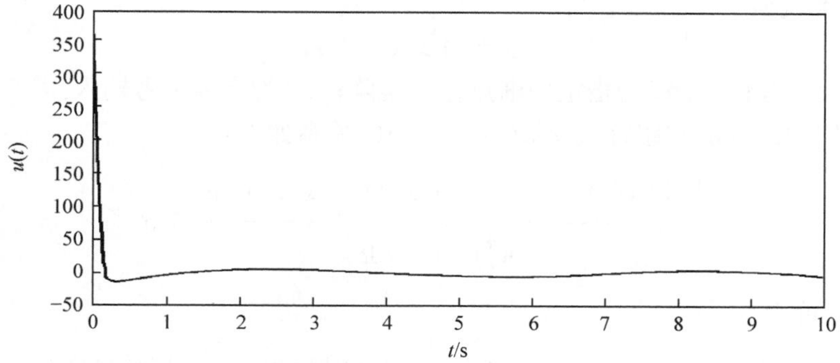

图 4-3　控制输入 u

从仿真结果可以看出，在较大的外界干扰下，基于模糊观测器的模糊控制器能使倒立摆得到平衡，并且取得良好的 H^{∞} 控制性能。

4.2　非线性动态系统的模糊跟踪控制设计

在 4.1 节的基础上，本节针对一类非线性动态系统，给出基于模糊 T-S 模型的跟踪控制设计，并应用线性矩阵不等式方法给出模糊跟踪控制设计的优化算法。

4.2.1　问题的提出

对于 4.1 节中的非线性系统(4.1.1)，首先用模糊 T-S 模型进行建模。

模糊系统规则 i：如果 $z_1(t)$是 F_{i1}，$z_2(t)$是 F_{i2}，…，$z_n(t)$是 F_{in}，则

$$\begin{cases}\dot{\boldsymbol{x}}(t)=\boldsymbol{A}_i\boldsymbol{x}(t)+\boldsymbol{B}_i\boldsymbol{u}(t)+\boldsymbol{w}(t)\\ \boldsymbol{y}(t)=\boldsymbol{C}_i\boldsymbol{x}(t)+\boldsymbol{v}(t)\end{cases},\quad i=1,2,\cdots,N \tag{4.2.1}$$

式中，$\boldsymbol{x}(t)\in\mathbf{R}^{n\times1}$ 为状态向量；$\boldsymbol{u}(t)\in\mathbf{R}^{m\times1}$ 为控制输入；$\boldsymbol{w}(t)\in\mathbf{R}^{n\times1}$ 为有界的外界干扰；$\boldsymbol{y}(t)$为系统的输出；$\boldsymbol{v}(t)$为测量噪声；F_{ij} 为模糊集；$\boldsymbol{A}_i\in\mathbf{R}^{n\times n}$；$\boldsymbol{B}_i\in\mathbf{R}^{n\times m}$；$N$ 是模糊规则数；$z_1(t)$，$z_2(t)$，…，$z_n(t)$是模糊推理规则的前件变量。

通过单点模糊化、乘积模糊推理和平均加权反模糊化得到模糊系统：

$$\begin{aligned}\dot{\boldsymbol{x}}(t)&=\frac{\sum_{i=1}^{N}\alpha_i(\boldsymbol{z}(t))(\boldsymbol{A}_i\boldsymbol{x}(t)+\boldsymbol{B}_i\boldsymbol{u}(t))+\boldsymbol{w}(t)}{\sum_{i=1}^{N}\alpha_i(\boldsymbol{z}(t))}\\&=\sum_{i=1}^{N}\mu_i(\boldsymbol{z}(t))(\boldsymbol{A}_i\boldsymbol{x}(t)+\boldsymbol{B}_i\boldsymbol{u}(t))+\boldsymbol{w}(t)\end{aligned} \tag{4.2.2}$$

$$\boldsymbol{y}(t)=\frac{\sum_{i=1}^{N}\alpha_i(\boldsymbol{z}(t))\boldsymbol{C}_i\boldsymbol{x}(t)+\boldsymbol{v}(t)}{\sum_{i=1}^{N}\alpha_i(\boldsymbol{z}(t))}=\sum_{i=1}^{N}\mu_i(\boldsymbol{z}(t))\boldsymbol{C}_i\boldsymbol{x}(t)+\boldsymbol{v}(t) \tag{4.2.3}$$

式中，$\alpha_i(\boldsymbol{z}(t))$和 $\mu_i(\boldsymbol{z}(t))$与 4.1 节代表的意义相同。

给定参考模型

$$\dot{\boldsymbol{x}}_r(t)=\boldsymbol{A}_r\boldsymbol{x}_r(t)+\boldsymbol{r}(t) \tag{4.2.4}$$

式中,$\boldsymbol{x}_r(t)$为参考状态;$\boldsymbol{A}_r$ 为指定的渐近稳定矩阵;$\boldsymbol{r}(t)$为有界参考输入。

考虑 H^∞ 跟踪性能与跟踪误差 $\boldsymbol{x}(t)-\boldsymbol{x}_r(t)$的关系如下:

$$\frac{\int_0^{t_f}[(\boldsymbol{x}(t)-\boldsymbol{x}_r(t))^{\mathrm{T}}\boldsymbol{Q}(\boldsymbol{x}(t)-\boldsymbol{x}_r(t))]\mathrm{d}t}{\int_0^{t_f}\widetilde{\boldsymbol{w}}^{\mathrm{T}}(t)\widetilde{\boldsymbol{w}}(t)\mathrm{d}t}\leqslant\rho^2 \tag{4.2.5}$$

式(4.2.5)等价于

$$\int_0^{t_f}[(\boldsymbol{x}(t)-\boldsymbol{x}_r(t))^{\mathrm{T}}\boldsymbol{Q}(\boldsymbol{x}(t)-\boldsymbol{x}_r(t))]\mathrm{d}t\leqslant\rho^2\int_0^{t_f}\widetilde{\boldsymbol{w}}^{\mathrm{T}}(t)\widetilde{\boldsymbol{w}}(t)\mathrm{d}t \tag{4.2.6}$$

式中,$\widetilde{\boldsymbol{w}}(t)=[\boldsymbol{v}(t),\boldsymbol{w}(t),\boldsymbol{r}(t)]^{\mathrm{T}}$;外界干扰为 $\boldsymbol{w}(t)$;测量噪声为 $\boldsymbol{v}(t)$。

控制目标是设计模糊控制器,使得闭环模糊系统稳定,并且取得 H^∞ 跟踪控制性能(4.2.6)。

4.2.2　模糊状态反馈控制设计

如果所有的状态变量可以直接获得,则设计模糊状态反馈控制器如下。

模糊控制规则 i:如果 $z_1(t)$是 F_{i1},$z_2(t)$是 F_{i2},…,$z_n(t)$是 F_{in},则

$$\boldsymbol{u}(t)=\boldsymbol{K}_i(\boldsymbol{x}(t)-\boldsymbol{x}_r(t)),\quad i=1,2,\cdots,N \tag{4.2.7}$$

因此,最终合成的模糊控制律为

$$\boldsymbol{u}(t)=\sum_{i=1}^{N}\mu_i(\boldsymbol{z}(t))\boldsymbol{K}_i(\boldsymbol{x}(t)-\boldsymbol{x}_r(t)) \tag{4.2.8}$$

把式(4.2.8)代入式(4.2.2),得到闭环系统

$$\dot{\bar{\boldsymbol{x}}}(t)=\sum_{i=1}^{N}\sum_{j=1}^{N}\mu_i(\boldsymbol{z}(t))\mu_j(\boldsymbol{z}(t))\bar{\boldsymbol{A}}_{ij}\bar{\boldsymbol{x}}(t)+\bar{\boldsymbol{w}}(t) \tag{4.2.9}$$

式中

$$\bar{\boldsymbol{x}}(t)=\begin{bmatrix}\boldsymbol{x}(t)\\ \boldsymbol{x}_r(t)\end{bmatrix},\quad \bar{\boldsymbol{w}}(t)=\begin{bmatrix}\boldsymbol{w}(t)\\ \boldsymbol{r}(t)\end{bmatrix},\quad \bar{\boldsymbol{A}}_{ij}=\begin{bmatrix}\boldsymbol{A}_i+\boldsymbol{B}_i\boldsymbol{K}_j & -\boldsymbol{B}_i\boldsymbol{K}_j\\ \boldsymbol{0} & \boldsymbol{A}_r\end{bmatrix}$$

如果考虑初始条件,那么 H^∞ 跟踪性能(4.2.6)变为

$$\begin{aligned}&\int_0^{t_f}[(\boldsymbol{x}(t)-\boldsymbol{x}_r(t))^{\mathrm{T}}\boldsymbol{Q}(\boldsymbol{x}(t)-\boldsymbol{x}_r(t))]\mathrm{d}t\\ =&\int_0^{t_f}\bar{\boldsymbol{x}}^{\mathrm{T}}(t)\bar{\boldsymbol{Q}}\bar{\boldsymbol{x}}(t)\mathrm{d}t\leqslant\bar{\boldsymbol{x}}^{\mathrm{T}}(0)\bar{\boldsymbol{P}}\bar{\boldsymbol{x}}(0)+\rho^2\int_0^{t_f}\bar{\boldsymbol{w}}(t)^{\mathrm{T}}\bar{\boldsymbol{w}}(t)\mathrm{d}t\end{aligned} \tag{4.2.10}$$

式中,$\bar{\boldsymbol{P}}$ 是一个对称的正定加权矩阵;

$$\bar{\boldsymbol{Q}}=\begin{bmatrix}\boldsymbol{0} & \boldsymbol{0} & \boldsymbol{0}\\ \boldsymbol{0} & \boldsymbol{Q} & -\boldsymbol{Q}\\ \boldsymbol{0} & -\boldsymbol{Q} & \boldsymbol{Q}\end{bmatrix}$$

定理 4.2.1　对于模糊非线性系统(4.2.2),如果存在满足下面矩阵不等式的公共正定解 $\bar{\boldsymbol{P}}$:

$$\bar{\boldsymbol{A}}_{ij}^{\mathrm{T}}\bar{\boldsymbol{P}}+\bar{\boldsymbol{P}}\bar{\boldsymbol{A}}_{ij}+(1/\rho^2)\bar{\boldsymbol{P}}\bar{\boldsymbol{P}}+\bar{\boldsymbol{Q}}<\boldsymbol{0},\quad i=1,2,\cdots,N \tag{4.2.11}$$

则模糊控制律(4.2.8)可使模糊系统(4.2.9)稳定,且对给定的 ρ^2 取得 H^∞ 跟踪性能(4.2.6)。

证明 由式(4.2.10)可得

$$\int_0^{t_f}[(\boldsymbol{x}(t)-\boldsymbol{x}_r(t))^{\mathrm{T}}\boldsymbol{Q}(\boldsymbol{x}(t)-\boldsymbol{x}_r(t))]\mathrm{d}t=\int_0^{t_f}\bar{\boldsymbol{x}}^{\mathrm{T}}(t)\bar{\boldsymbol{Q}}\bar{\boldsymbol{x}}(t)\mathrm{d}t$$

$$=\bar{\boldsymbol{x}}^{\mathrm{T}}(0)\bar{\boldsymbol{P}}\bar{\boldsymbol{x}}(0)-\bar{\boldsymbol{x}}^{\mathrm{T}}(t_f)\bar{\boldsymbol{P}}\bar{\boldsymbol{x}}(t_f)+\int_0^{t_f}\left[\bar{\boldsymbol{x}}^{\mathrm{T}}(t)\bar{\boldsymbol{Q}}\bar{\boldsymbol{x}}(t)+\frac{\mathrm{d}}{\mathrm{d}t}(\bar{\boldsymbol{x}}^{\mathrm{T}}(t)\bar{\boldsymbol{P}}\bar{\boldsymbol{x}}(t))\right]\mathrm{d}t$$

$$\leqslant\bar{\boldsymbol{x}}^{\mathrm{T}}(0)\bar{\boldsymbol{P}}\bar{\boldsymbol{x}}(0)+\int_0^{t_f}\Big\{\bar{\boldsymbol{x}}^{\mathrm{T}}(t)\bar{\boldsymbol{Q}}\bar{\boldsymbol{x}}(t)+\sum_{i=1}^{N}\sum_{j=1}^{N}\mu_i(\boldsymbol{z}(t))\mu_j(\boldsymbol{z}(t))[(\bar{\boldsymbol{A}}_{ij}\bar{\boldsymbol{x}}(t))^{\mathrm{T}}\bar{\boldsymbol{P}}\bar{\boldsymbol{x}}(t)$$

$$+\bar{\boldsymbol{x}}^{\mathrm{T}}(t)\bar{\boldsymbol{P}}\bar{\boldsymbol{A}}_{ij}\bar{\boldsymbol{x}}(t)]+(\bar{\boldsymbol{w}}^{\mathrm{T}}(t)\bar{\boldsymbol{P}}\bar{\boldsymbol{x}}(t)+\bar{\boldsymbol{x}}^{\mathrm{T}}(t)\bar{\boldsymbol{P}}\bar{\boldsymbol{w}}(t))\Big\}\mathrm{d}t \tag{4.2.12}$$

在式(4.2.12)中,同时减去再加上$-\rho^2\bar{\boldsymbol{w}}^{\mathrm{T}}(t)\bar{\boldsymbol{w}}(t)$、$(1/\rho^2)\bar{\boldsymbol{x}}^{\mathrm{T}}(t)\bar{\boldsymbol{P}}\bar{\boldsymbol{P}}\bar{\boldsymbol{x}}(t)$,可得

$$\int_0^{t_f}\bar{\boldsymbol{x}}^{\mathrm{T}}(t)\bar{\boldsymbol{Q}}\bar{\boldsymbol{x}}(t)\mathrm{d}t\leqslant\bar{\boldsymbol{x}}^{\mathrm{T}}(0)\bar{\boldsymbol{P}}\bar{\boldsymbol{x}}(0)+\int_0^{t_f}\Big\{\bar{\boldsymbol{x}}^{\mathrm{T}}(t)\bar{\boldsymbol{Q}}\bar{\boldsymbol{x}}(t)$$

$$+\sum_{i=1}^{N}\sum_{j=1}^{N}\mu_i(\boldsymbol{z}(t))\mu_j(\boldsymbol{z}(t))[(\bar{\boldsymbol{A}}_{ij}\bar{\boldsymbol{x}}(t))^{\mathrm{T}}\bar{\boldsymbol{P}}\bar{\boldsymbol{x}}(t)+\bar{\boldsymbol{x}}^{\mathrm{T}}(t)\bar{\boldsymbol{P}}\bar{\boldsymbol{A}}_{ij}\bar{\boldsymbol{x}}(t)$$

$$+\bar{\boldsymbol{w}}^{\mathrm{T}}(t)\bar{\boldsymbol{P}}\bar{\boldsymbol{x}}(t)+\bar{\boldsymbol{x}}^{\mathrm{T}}(t)\bar{\boldsymbol{P}}\bar{\boldsymbol{w}}(t)-\rho^2\bar{\boldsymbol{w}}^{\mathrm{T}}(t)\bar{\boldsymbol{w}}(t)-(1/\rho^2)\bar{\boldsymbol{x}}^{\mathrm{T}}(t)\bar{\boldsymbol{P}}\bar{\boldsymbol{P}}\bar{\boldsymbol{x}}(t)]$$

$$+(1/\rho^2)\bar{\boldsymbol{x}}^{\mathrm{T}}(t)\bar{\boldsymbol{P}}\bar{\boldsymbol{P}}\bar{\boldsymbol{x}}(t)+\rho^2\bar{\boldsymbol{w}}^{\mathrm{T}}(t)\bar{\boldsymbol{w}}(t)\Big\}\mathrm{d}t$$

$$=\bar{\boldsymbol{x}}^{\mathrm{T}}(0)\bar{\boldsymbol{P}}\bar{\boldsymbol{x}}(0)+\int_0^{t_f}\Big(\bar{\boldsymbol{x}}^{\mathrm{T}}(t)\bar{\boldsymbol{Q}}\bar{\boldsymbol{x}}(t)+\sum_{i=1}^{N}\sum_{j=1}^{N}\mu_i(\boldsymbol{z}(t))\mu_j(\boldsymbol{z}(t))\{(\bar{\boldsymbol{A}}_{ij}\bar{\boldsymbol{x}}(t))^{\mathrm{T}}\bar{\boldsymbol{P}}\bar{\boldsymbol{x}}(t)$$

$$+\bar{\boldsymbol{x}}^{\mathrm{T}}(t)\bar{\boldsymbol{P}}\bar{\boldsymbol{A}}_{ij}\bar{\boldsymbol{x}}(t)-[(1/\rho)\bar{\boldsymbol{P}}\bar{\boldsymbol{x}}(t)-\rho\bar{\boldsymbol{w}}(t)]^{\mathrm{T}}[(1/\rho)\bar{\boldsymbol{P}}\bar{\boldsymbol{x}}(t)-\rho\bar{\boldsymbol{w}}(t)]$$

$$+(1/\rho^2)\bar{\boldsymbol{x}}^{\mathrm{T}}(t)\bar{\boldsymbol{P}}\bar{\boldsymbol{P}}\bar{\boldsymbol{x}}(t)\}+\rho^2\bar{\boldsymbol{w}}^{\mathrm{T}}(t)\bar{\boldsymbol{w}}(t)\Big)\mathrm{d}t$$

$$\leqslant\bar{\boldsymbol{x}}^{\mathrm{T}}(0)\bar{\boldsymbol{P}}\bar{\boldsymbol{x}}(0)+\int_0^{t_f}\Big\{\sum_{i=1}^{N}\sum_{j=1}^{N}\mu_i(\boldsymbol{z}(t))\mu_j(\boldsymbol{z}(t))\bar{\boldsymbol{x}}^{\mathrm{T}}(t)$$

$$\times[\bar{\boldsymbol{Q}}+\bar{\boldsymbol{A}}_{ij}^{\mathrm{T}}\bar{\boldsymbol{P}}+\bar{\boldsymbol{P}}\bar{\boldsymbol{A}}_{ij}+(1/\rho^2)\bar{\boldsymbol{P}}\bar{\boldsymbol{P}}]\bar{\boldsymbol{x}}(t)+\rho^2\bar{\boldsymbol{w}}^{\mathrm{T}}(t)\bar{\boldsymbol{w}}(t)\Big\}\mathrm{d}t$$

由式(4.2.11)可得

$$\int_0^{t_f}\bar{\boldsymbol{x}}^{\mathrm{T}}(t)\bar{\boldsymbol{Q}}\bar{\boldsymbol{x}}(t)\mathrm{d}t\leqslant\bar{\boldsymbol{x}}^{\mathrm{T}}(0)\bar{\boldsymbol{P}}\bar{\boldsymbol{x}}(0)+\rho^2\int_0^{t_f}\bar{\boldsymbol{w}}^{\mathrm{T}}(t)\bar{\boldsymbol{w}}(t)\mathrm{d}t$$

所以对给定的 ρ^2,取得 H^∞ 跟踪控制性能。

为了取得更好的跟踪性能,跟踪控制的最优化问题可表示为如下的最优化约束问题:

$$\min_{\bar{\boldsymbol{P}}}\rho^2,\text{满足}$$

$$\begin{cases}\bar{\boldsymbol{P}}>\boldsymbol{0}\\ \bar{\boldsymbol{A}}_{ij}^{\mathrm{T}}\bar{\boldsymbol{P}}+\bar{\boldsymbol{P}}\bar{\boldsymbol{A}}_{ij}+(1/\rho^2)\bar{\boldsymbol{P}}\bar{\boldsymbol{P}}+\bar{\boldsymbol{Q}}<\boldsymbol{0}\end{cases} \tag{4.2.13}$$

为设计方便,假设

$$\bar{\boldsymbol{P}} = \begin{bmatrix} \bar{\boldsymbol{P}}_{11} & \boldsymbol{0} \\ \boldsymbol{0} & \bar{\boldsymbol{P}}_{22} \end{bmatrix} \tag{4.2.14}$$

将式(4.2.14)代入式(4.2.11),可得

$$\begin{bmatrix} \boldsymbol{F}_{11} & \boldsymbol{F}_{12} \\ \boldsymbol{F}_{21} & \boldsymbol{F}_{22} \end{bmatrix} < \boldsymbol{0} \tag{4.2.15}$$

式中

$$\boldsymbol{F}_{11} = (\boldsymbol{A}_i + \boldsymbol{B}_i\boldsymbol{K}_j)^{\mathrm{T}}\bar{\boldsymbol{P}}_{11} + \bar{\boldsymbol{P}}_{11}(\boldsymbol{A}_i + \boldsymbol{B}_i\boldsymbol{K}_j) + (1/\rho^2)\bar{\boldsymbol{P}}_{11}\bar{\boldsymbol{P}}_{11} + \boldsymbol{Q}$$
$$\boldsymbol{F}_{12} = \boldsymbol{F}_{21}^{\mathrm{T}} = -\bar{\boldsymbol{P}}_{11}\boldsymbol{B}_i\boldsymbol{K}_j - \boldsymbol{Q}$$
$$\boldsymbol{F}_{22} = \boldsymbol{A}_r^{\mathrm{T}}\bar{\boldsymbol{P}}_{22} + \bar{\boldsymbol{P}}_{22}\boldsymbol{A}_r + (1/\rho^2)\bar{\boldsymbol{P}}_{22}\bar{\boldsymbol{P}}_{22} + \boldsymbol{Q}$$

由 Schur 分解原理,式(4.2.15)等价于

$$\begin{bmatrix} \boldsymbol{H}_{11} & \boldsymbol{H}_{12} & \boldsymbol{0} \\ \boldsymbol{H}_{21} & \boldsymbol{H}_{22} & \bar{\boldsymbol{P}}_{22} \\ \boldsymbol{0} & \bar{\boldsymbol{P}}_{22} & -\rho^2\boldsymbol{I} \end{bmatrix} < \boldsymbol{0} \tag{4.2.16}$$

式中

$$\boldsymbol{H}_{11} = (\boldsymbol{A}_i + \boldsymbol{B}_i\boldsymbol{K}_j)^{\mathrm{T}}\bar{\boldsymbol{P}}_{11} + \bar{\boldsymbol{P}}_{11}(\boldsymbol{A}_i + \boldsymbol{B}_i\boldsymbol{K}_j) + (1/\rho^2)\bar{\boldsymbol{P}}_{11}\bar{\boldsymbol{P}}_{11} + \boldsymbol{Q}$$
$$\boldsymbol{H}_{12} = \boldsymbol{H}_{21}^{\mathrm{T}} = -\bar{\boldsymbol{P}}_{11}\boldsymbol{B}_i\boldsymbol{K}_j - \boldsymbol{Q}$$
$$\boldsymbol{H}_{22} = \boldsymbol{A}_r^{\mathrm{T}}\bar{\boldsymbol{P}}_{22} + \bar{\boldsymbol{P}}_{22}\boldsymbol{A}_r + \boldsymbol{Q}$$

与 4.1 节的讨论相同,可以通过如下两个步骤来求解 $\bar{\boldsymbol{P}}_{11}$、$\bar{\boldsymbol{P}}_{22}$和 $\boldsymbol{K}_j$。

(1) 由式(4.2.16)可得

$$(\boldsymbol{A}_i + \boldsymbol{B}_i\boldsymbol{K}_j)^{\mathrm{T}}\bar{\boldsymbol{P}}_{11} + \bar{\boldsymbol{P}}_{11}(\boldsymbol{A}_i + \boldsymbol{B}_i\boldsymbol{K}_j) + (1/\rho^2)\bar{\boldsymbol{P}}_{11}\bar{\boldsymbol{P}}_{11} + \boldsymbol{Q} < \boldsymbol{0} \tag{4.2.17}$$

如果令 $\bar{\boldsymbol{W}}_{11} = \bar{\boldsymbol{P}}_{11}^{-1}$,$\boldsymbol{Y}_j = \boldsymbol{K}_j\bar{\boldsymbol{W}}_{11}$,则式(4.2.17)等价于

$$\bar{\boldsymbol{W}}_{11}\boldsymbol{A}_i^{\mathrm{T}} + \boldsymbol{A}_i\bar{\boldsymbol{W}}_{11} + \boldsymbol{B}_i\boldsymbol{Y}_j + (\boldsymbol{B}_i\boldsymbol{Y}_j)^{\mathrm{T}} + (1/\rho^2)\boldsymbol{I} + \bar{\boldsymbol{W}}_{11}\boldsymbol{Q}\bar{\boldsymbol{W}}_{11} < \boldsymbol{0} \tag{4.2.18}$$

由 Schur 分解原理,式(4.2.18)等价于下面的线性矩阵不等式:

$$\begin{bmatrix} \bar{\boldsymbol{W}}_{11}\boldsymbol{A}_i^{\mathrm{T}} + \boldsymbol{A}_i\bar{\boldsymbol{W}}_{11} + \boldsymbol{B}_i\boldsymbol{Y}_j + (\boldsymbol{B}_i\boldsymbol{Y}_j)^{\mathrm{T}} + (1/\rho^2)\boldsymbol{I} & \bar{\boldsymbol{W}}_{11} \\ \bar{\boldsymbol{W}}_{11} & -\boldsymbol{Q}^{-1} \end{bmatrix} < \boldsymbol{0} \tag{4.2.19}$$

通过求解线性矩阵不等式(4.2.19),可得参数 $\bar{\boldsymbol{W}}_{11}$和 $\boldsymbol{Y}_j$(即 $\bar{\boldsymbol{P}}_{11} = \bar{\boldsymbol{W}}_{11}^{-1}$,$\boldsymbol{K}_j = \boldsymbol{Y}_j\bar{\boldsymbol{W}}_{11}^{-1}$)。

(2) 将 $\bar{\boldsymbol{P}}_{11}$和 $\boldsymbol{K}_j$ 代入式(4.2.16),则式(4.2.16)成为标准的线性矩阵不等式。类似地,可以容易地从式(4.2.16)中解出 $\bar{\boldsymbol{P}}_{22}$。如果式(4.2.16)存在正定解 $\bar{\boldsymbol{P}}_{11}$和 $\bar{\boldsymbol{P}}_{22}$,则闭环系统是稳定的,而且对给定的性能指标 ρ^2,取得 H^∞ 跟踪性能(4.2.6)。所以,跟踪控制的最优化问题(4.2.13)可表示为

$$\min_{(\bar{\boldsymbol{P}}_{11},\bar{\boldsymbol{P}}_{22})} \rho^2,\text{满足}$$
$$\begin{cases} \bar{\boldsymbol{P}}_{11} = \bar{\boldsymbol{P}}_{11}^{\mathrm{T}} > \boldsymbol{0}, \quad \bar{\boldsymbol{P}}_{22} = \bar{\boldsymbol{P}}_{22}^{\mathrm{T}} > \boldsymbol{0} \\ \begin{bmatrix} \boldsymbol{H}_{11} & \boldsymbol{H}_{12} & \boldsymbol{0} \\ \boldsymbol{H}_{21} & \boldsymbol{H}_{22} & \bar{\boldsymbol{P}}_{22} \\ \boldsymbol{0} & \bar{\boldsymbol{P}}_{22} & -\rho^2\boldsymbol{I} \end{bmatrix} < \boldsymbol{0} \end{cases}$$

4.2.3 基于观测器的输出反馈控制设计

如果所有的状态变量不能获得,那么可通过设计下面的模糊观测器来处理系统状态

的估计。

模糊观测器规则 i：如果 $z_1(t)$ 是 F_{i1}，$z_2(t)$ 是 F_{i2}，…，$z_n(t)$ 是 F_{in}，则

$$\begin{aligned}\dot{\hat{\boldsymbol{x}}}(t) &= \boldsymbol{A}_i\hat{\boldsymbol{x}}(t) + \boldsymbol{B}_i\boldsymbol{u}(t) + \boldsymbol{G}_i(\boldsymbol{y}(t) - \hat{\boldsymbol{y}}(t)) \\ \hat{\boldsymbol{y}}(t) &= \sum_{i=1}^{N}\mu_i(\boldsymbol{z}(t))\boldsymbol{C}_i\hat{\boldsymbol{x}}(t)\end{aligned} \tag{4.2.20}$$

式中，$\boldsymbol{G}_i$ 是第 i 条观测器规则的观测器增益。最终合成的模糊观测器为

$$\dot{\hat{\boldsymbol{x}}}(t) = \sum_{i=1}^{N}\mu_i(\boldsymbol{z}(t))[\boldsymbol{A}_i\hat{\boldsymbol{x}}(t) + \boldsymbol{B}_i\boldsymbol{u}(t) + \boldsymbol{G}_i(\boldsymbol{y}(t) - \hat{\boldsymbol{y}}(t))] \tag{4.2.21}$$

设观测器误差为

$$\boldsymbol{e}(t) = \boldsymbol{x}(t) - \hat{\boldsymbol{x}}(t) \tag{4.2.22}$$

对式(4.2.22)求导可得

$$\begin{aligned}\dot{\boldsymbol{e}}(t) = \dot{\boldsymbol{x}}(t) - \dot{\hat{\boldsymbol{x}}}(t) &= \sum_{i=1}^{N}\sum_{j=1}^{N}\mu_i(\boldsymbol{z}(t))\mu_j(\boldsymbol{z}(t))\{(\boldsymbol{A}_i\boldsymbol{x}(t) + \boldsymbol{B}_i\boldsymbol{u}(t) + \boldsymbol{w}(t)) \\ &\quad - [\boldsymbol{A}_i\hat{\boldsymbol{x}}(t) + \boldsymbol{B}_i\boldsymbol{u}(t) + \boldsymbol{G}_i\boldsymbol{C}_j(\boldsymbol{x}(t) - \hat{\boldsymbol{x}}(t)) + \boldsymbol{G}_i\boldsymbol{v}(t)]\} \\ &= \sum_{i=1}^{N}\sum_{j=1}^{N}\mu_i(\boldsymbol{z}(t))\mu_j(\boldsymbol{z}(t))[(\boldsymbol{A}_i - \boldsymbol{G}_i\boldsymbol{C}_j)\boldsymbol{e}(t) - \boldsymbol{G}_i\boldsymbol{v}(t)] + \boldsymbol{w}(t)\end{aligned} \tag{4.2.23}$$

设计模糊控制器如下。

模糊控制规则 i：如果 $z_1(t)$ 是 F_{i1}，$z_2(t)$ 是 F_{i2}，…，$z_n(t)$ 是 F_{in}，则

$$\boldsymbol{u}(t) = \boldsymbol{K}_j(\hat{\boldsymbol{x}}(t) - \boldsymbol{x}_r(t)), \quad j = 1,2,\cdots,N \tag{4.2.24}$$

所以，最终合成的模糊控制律可表示为

$$\begin{aligned}\boldsymbol{u}(t) &= \frac{\sum_{j=1}^{N}\alpha_j(\boldsymbol{z}(t))[\boldsymbol{K}_j(\hat{\boldsymbol{x}}(t) - \boldsymbol{x}_r(t))]}{\sum_{j=1}^{N}\alpha_j(\boldsymbol{z}(t))} \\ &= \sum_{j=1}^{N}\mu_j(\boldsymbol{z}(t))\boldsymbol{K}_j(\hat{\boldsymbol{x}}(t) - \boldsymbol{x}_r(t))\end{aligned} \tag{4.2.25}$$

经代数处理，所讨论的系统可表示为如下的形式：

$$\dot{\tilde{\boldsymbol{x}}}(t) = \sum_{i=1}^{N}\sum_{j=1}^{N}\mu_i(\boldsymbol{z}(t))\mu_j(\boldsymbol{z}(t))(\widetilde{\boldsymbol{A}}_{ij}\tilde{\boldsymbol{x}}(t) + \widetilde{\boldsymbol{E}}_i\tilde{\boldsymbol{w}}(t)) \tag{4.2.26}$$

记

$$\widetilde{\boldsymbol{A}}_{ij} = \begin{bmatrix}\boldsymbol{A}_i - \boldsymbol{G}_i\boldsymbol{C}_j & \boldsymbol{0} & \boldsymbol{0} \\ -\boldsymbol{B}_i\boldsymbol{K}_j & \boldsymbol{A}_i + \boldsymbol{B}_i\boldsymbol{K}_j & -\boldsymbol{B}_i\boldsymbol{K}_j \\ \boldsymbol{0} & \boldsymbol{0} & \boldsymbol{A}_r\end{bmatrix}, \quad \tilde{\boldsymbol{x}}(t) = \begin{bmatrix}\boldsymbol{e}(t) \\ \boldsymbol{x}(t) \\ \boldsymbol{x}_r(t)\end{bmatrix} \tag{4.2.27}$$

$$\tilde{\boldsymbol{w}}(t) = \begin{bmatrix}\boldsymbol{v}(t) \\ \boldsymbol{w}(t) \\ \boldsymbol{r}(t)\end{bmatrix}, \quad \widetilde{\boldsymbol{E}}_i = \begin{bmatrix}-\boldsymbol{G}_i & \boldsymbol{I} & \boldsymbol{0} \\ \boldsymbol{0} & \boldsymbol{I} & \boldsymbol{0} \\ \boldsymbol{0} & \boldsymbol{0} & \boldsymbol{I}\end{bmatrix}$$

对于辅助系统(4.2.26)，如果考虑初始条件，那么 H^∞ 跟踪性能(4.2.6)变为

$$\begin{aligned}&\int_0^{t_f}[(\boldsymbol{x}(t)-\boldsymbol{x}_r(t))^{\mathrm{T}}\boldsymbol{Q}(\boldsymbol{x}(t)-\boldsymbol{x}_r(t))]\mathrm{d}t\\&=\int_0^{t_f}\tilde{\boldsymbol{x}}^{\mathrm{T}}(t)\tilde{\boldsymbol{Q}}\tilde{\boldsymbol{x}}(t)\mathrm{d}t\leqslant\tilde{\boldsymbol{x}}^{\mathrm{T}}(0)\tilde{\boldsymbol{P}}\tilde{\boldsymbol{x}}(0)+\rho^2\int_0^{t_f}\tilde{\boldsymbol{w}}(t)^{\mathrm{T}}\tilde{\boldsymbol{w}}(t)\mathrm{d}t\end{aligned}\tag{4.2.28}$$

式中,$\tilde{\boldsymbol{P}}$ 是一个对称的正定加权矩阵,且

$$\tilde{\boldsymbol{Q}}=\begin{bmatrix}\boldsymbol{0}&\boldsymbol{0}&\boldsymbol{0}\\\boldsymbol{0}&\boldsymbol{Q}&-\boldsymbol{Q}\\\boldsymbol{0}&-\boldsymbol{Q}&\boldsymbol{Q}\end{bmatrix}$$

定理 4.2.2　对于非线性模糊系统(4.2.2),如果存在满足下面矩阵不等式的公共解 $\tilde{\boldsymbol{P}}$:

$$\tilde{\boldsymbol{A}}_{ij}^{\mathrm{T}}\tilde{\boldsymbol{P}}+\tilde{\boldsymbol{P}}\tilde{\boldsymbol{A}}_{ij}+(1/\rho^2)\tilde{\boldsymbol{P}}\tilde{\boldsymbol{E}}_i\tilde{\boldsymbol{E}}_i^{\mathrm{T}}\tilde{\boldsymbol{P}}+\tilde{\boldsymbol{Q}}<\boldsymbol{0}\tag{4.2.29}$$

则基于模糊观测器(4.2.21)的模糊控制律(4.2.25)使得闭环系统(4.2.26)稳定,且对给定的 ρ^2,取得 H^∞ 跟踪控制性能(4.2.28)。

证明　证明类似于定理 4.2.1。

为了取得更好的跟踪性能,跟踪控制优化问题表示为

$$\begin{aligned}&\min_{\tilde{\boldsymbol{P}}}\rho^2,\text{满足}\\&\begin{cases}\tilde{\boldsymbol{P}}>\boldsymbol{0}\\\tilde{\boldsymbol{A}}_{ij}^{\mathrm{T}}\tilde{\boldsymbol{P}}+\tilde{\boldsymbol{P}}\tilde{\boldsymbol{A}}_{ij}+(1/\rho^2)\tilde{\boldsymbol{P}}\tilde{\boldsymbol{E}}_i\tilde{\boldsymbol{E}}_i^{\mathrm{T}}\tilde{\boldsymbol{P}}+\tilde{\boldsymbol{Q}}<\boldsymbol{0}\end{cases}\end{aligned}\tag{4.2.30}$$

关于处理基于模糊观测器的状态反馈跟踪控制问题,最重要的是从最小化问题(4.2.30)中求出一般解 $\tilde{\boldsymbol{P}}=\tilde{\boldsymbol{P}}^{\mathrm{T}}>\boldsymbol{0}$。与 4.1 节处理的方法相同,下面把 (4.2.30)转化成线性矩阵不等式的最小化问题。

为设计方便,假设

$$\tilde{\boldsymbol{P}}=\begin{bmatrix}\tilde{\boldsymbol{P}}_{11}&\boldsymbol{0}&\boldsymbol{0}\\\boldsymbol{0}&\tilde{\boldsymbol{P}}_{22}&\boldsymbol{0}\\\boldsymbol{0}&\boldsymbol{0}&\tilde{\boldsymbol{P}}_{33}\end{bmatrix}\tag{4.2.31}$$

将式(4.2.31)代入式(4.2.29),可得

$$\begin{bmatrix}\boldsymbol{S}_{11}&\boldsymbol{S}_{12}&\boldsymbol{0}\\\boldsymbol{S}_{21}&\boldsymbol{S}_{22}&\boldsymbol{S}_{23}\\\boldsymbol{0}&\boldsymbol{S}_{32}&\boldsymbol{S}_{33}\end{bmatrix}<\boldsymbol{0}$$

式中

$$\begin{aligned}\boldsymbol{S}_{11}&=(\boldsymbol{A}_i-\boldsymbol{G}_i\boldsymbol{C}_j)^{\mathrm{T}}\tilde{\boldsymbol{P}}_{11}+\tilde{\boldsymbol{P}}_{11}(\boldsymbol{A}_i-\boldsymbol{G}_i\boldsymbol{C}_j)+(1/\rho^2)\tilde{\boldsymbol{P}}_{11}(\boldsymbol{G}_i\boldsymbol{G}_i^{\mathrm{T}}+\boldsymbol{I})\tilde{\boldsymbol{P}}_{11}\\\boldsymbol{S}_{12}&=\boldsymbol{S}_{21}^{\mathrm{T}}=-\tilde{\boldsymbol{P}}_{22}\boldsymbol{B}_i\boldsymbol{K}_j+(1/\rho^2)\tilde{\boldsymbol{P}}_{11}\tilde{\boldsymbol{P}}_{22}\\\boldsymbol{S}_{22}&=(\boldsymbol{A}_i+\boldsymbol{B}_i\boldsymbol{K}_j)^{\mathrm{T}}\tilde{\boldsymbol{P}}_{22}+\tilde{\boldsymbol{P}}_{22}(\boldsymbol{A}_i+\boldsymbol{B}_i\boldsymbol{K}_j)+(1/\rho^2)\tilde{\boldsymbol{P}}_{22}\tilde{\boldsymbol{P}}_{22}+\boldsymbol{Q}\\\boldsymbol{S}_{23}&=\boldsymbol{S}_{32}^{\mathrm{T}}=-\tilde{\boldsymbol{P}}_{22}\boldsymbol{B}_i\boldsymbol{K}_j-\boldsymbol{Q}\\\boldsymbol{S}_{33}&=\boldsymbol{A}_r^{\mathrm{T}}\tilde{\boldsymbol{P}}_{33}+\tilde{\boldsymbol{P}}_{33}\boldsymbol{A}_r+(1/\rho^2)\tilde{\boldsymbol{P}}_{33}\tilde{\boldsymbol{P}}_{33}+\boldsymbol{Q}\end{aligned}$$

设 $\boldsymbol{Z}_i=\tilde{\boldsymbol{P}}_{11}\boldsymbol{G}_i$,可得

$$
\begin{bmatrix}
\boldsymbol{M}_{11}^{*} & \widetilde{\boldsymbol{P}}_{11} & \boldsymbol{Z}_i & \boldsymbol{M}_{41}^{*\mathrm{T}} & \boldsymbol{0} & \boldsymbol{0} \\
\widetilde{\boldsymbol{P}}_{11} & -\rho^2\boldsymbol{I} & \boldsymbol{0} & \boldsymbol{0} & \boldsymbol{0} & \boldsymbol{0} \\
\boldsymbol{Z}_i^{\mathrm{T}} & \boldsymbol{0} & -\rho^2\boldsymbol{I} & \boldsymbol{0} & \boldsymbol{0} & \boldsymbol{0} \\
\boldsymbol{M}_{41}^{*} & \boldsymbol{0} & \boldsymbol{0} & \boldsymbol{M}_{44}^{*} & \boldsymbol{M}_{45}^{*} & \boldsymbol{0} \\
\boldsymbol{0} & \boldsymbol{0} & \boldsymbol{0} & \boldsymbol{M}_{45}^{*\mathrm{T}} & \boldsymbol{M}_{55}^{*} & \widetilde{\boldsymbol{P}}_{33} \\
\boldsymbol{0} & \boldsymbol{0} & \boldsymbol{0} & \boldsymbol{0} & \widetilde{\boldsymbol{P}}_{33} & -\rho^2\boldsymbol{I}
\end{bmatrix} < \boldsymbol{0} \tag{4.2.32}
$$

式中

$$
\begin{aligned}
\boldsymbol{M}_{11}^{*} &= \boldsymbol{A}_i^{\mathrm{T}}\widetilde{\boldsymbol{P}}_{11} + \widetilde{\boldsymbol{P}}_{11}\boldsymbol{A}_i - \boldsymbol{Z}_i\boldsymbol{C}_j - (\boldsymbol{Z}_i\boldsymbol{C}_j)^{\mathrm{T}} \\
\boldsymbol{M}_{41}^{*} &= -(\boldsymbol{B}_i\boldsymbol{K}_j)^{\mathrm{T}}\widetilde{\boldsymbol{P}}_{22} + (1/\rho^2)\widetilde{\boldsymbol{P}}_{22}\widetilde{\boldsymbol{P}}_{11} \\
\boldsymbol{M}_{44}^{*} &= (\boldsymbol{A}_i + \boldsymbol{B}_i\boldsymbol{K}_j)^{\mathrm{T}}\widetilde{\boldsymbol{P}}_{22} + \widetilde{\boldsymbol{P}}_{22}(\boldsymbol{A}_i + \boldsymbol{B}_i\boldsymbol{K}_j) + (1/\rho^2)\widetilde{\boldsymbol{P}}_{22}\widetilde{\boldsymbol{P}}_{22} + \boldsymbol{Q} \\
\boldsymbol{M}_{45}^{*} &= -\widetilde{\boldsymbol{P}}_{22}\boldsymbol{B}_i\boldsymbol{K}_j - \boldsymbol{Q} \\
\boldsymbol{M}_{55}^{*} &= \boldsymbol{A}_r^{\mathrm{T}}\widetilde{\boldsymbol{P}}_{33} + \widetilde{\boldsymbol{P}}_{33}\boldsymbol{A}_r + \boldsymbol{Q}
\end{aligned}
$$

式(4.2.32)中涉及五个参数 $\widetilde{\boldsymbol{P}}_{11}$、$\widetilde{\boldsymbol{P}}_{22}$、$\widetilde{\boldsymbol{P}}_{33}$、$\boldsymbol{K}_j$ 和 $\boldsymbol{L}_i$，目前还没有有效的算法来解决。下面给出一种方法，其具体步骤如下：

(1) 由式(4.2.32)可得 $\boldsymbol{M}_{44}^{*} < \boldsymbol{0}$，即

$$
(\boldsymbol{A}_i + \boldsymbol{B}_i\boldsymbol{K}_j)^{\mathrm{T}}\widetilde{\boldsymbol{P}}_{22} + \widetilde{\boldsymbol{P}}_{22}(\boldsymbol{A}_i + \boldsymbol{B}_i\boldsymbol{K}_j) + (1/\rho^2)\widetilde{\boldsymbol{P}}_{22}\widetilde{\boldsymbol{P}}_{22} + \boldsymbol{Q} < \boldsymbol{0} \tag{4.2.33}
$$

如果 $\widetilde{\boldsymbol{W}}_{22} = \widetilde{\boldsymbol{P}}_{22}^{-1}$，$\boldsymbol{Y}_j = \boldsymbol{K}_j\widetilde{\boldsymbol{W}}_{22}$，那么式(4.2.33)等价于

$$
\widetilde{\boldsymbol{W}}_{22}\boldsymbol{A}_i^{\mathrm{T}} + \boldsymbol{A}_i\widetilde{\boldsymbol{W}}_{22} + \boldsymbol{B}_i\boldsymbol{Y}_j + (\boldsymbol{B}_i\boldsymbol{Y}_j)^{\mathrm{T}} + (1/\rho^2)\boldsymbol{I} + \widetilde{\boldsymbol{W}}_{22}\boldsymbol{Q}\widetilde{\boldsymbol{W}}_{22} < \boldsymbol{0} \tag{4.2.34}
$$

利用 Schur 分解原理，式(4.2.34)等价于下面的线性矩阵不等式：

$$
\begin{bmatrix}
\boldsymbol{H}_{11} & \widetilde{\boldsymbol{W}}_{22} \\
\widetilde{\boldsymbol{W}}_{22} & -\boldsymbol{Q}^{-1}
\end{bmatrix} < \boldsymbol{0} \tag{4.2.35}
$$

式中，$\boldsymbol{H}_{11} = \widetilde{\boldsymbol{W}}_{22}\boldsymbol{A}_i^{\mathrm{T}} + \boldsymbol{A}_i\widetilde{\boldsymbol{W}}_{22} + \boldsymbol{B}_i\boldsymbol{Y}_j + (\boldsymbol{B}_i\boldsymbol{Y}_j)^{\mathrm{T}} + (1/\rho^2)\boldsymbol{I}$。

对给定的衰减水平 ρ^2，参数 $\widetilde{\boldsymbol{W}}_{22}$ 和 $\boldsymbol{Y}_j$（即 $\widetilde{\boldsymbol{P}}_{22} = \boldsymbol{W}_{22}^{-1}$，$\boldsymbol{K}_j = \boldsymbol{Y}_j\widetilde{\boldsymbol{W}}_{22}^{-1}$）可以通过求解线性矩阵不等式(4.2.35)取得。

(2) 将 $\widetilde{\boldsymbol{P}}_{22}$ 和 $\boldsymbol{K}_j$ 代入式(4.2.32)，该式成为标准的线性矩阵不等式。类似地，可以容易地从式(4.2.32)中解出 $\widetilde{\boldsymbol{P}}_{11}$、$\widetilde{\boldsymbol{P}}_{33}$ 和 $\boldsymbol{Z}_i$（即 $\boldsymbol{G}_i = \widetilde{\boldsymbol{P}}_{11}^{-1}\boldsymbol{Z}_i$）。于是，跟踪控制优化问题(4.2.30)可表示为

$$
\min_{\{\widetilde{\boldsymbol{P}}_{11},\widetilde{\boldsymbol{P}}_{22},\widetilde{\boldsymbol{P}}_{33}\}} \rho^2，\text{满足}
$$

$$
\widetilde{\boldsymbol{P}}_{11} > \boldsymbol{0}，\widetilde{\boldsymbol{P}}_{22} > \boldsymbol{0}，\widetilde{\boldsymbol{P}}_{33} > \boldsymbol{0} \text{ 及式(4.2.32)}
$$

根据上面的分析，基于模糊观测器的状态反馈跟踪控制设计步骤如下：

(1) 选择隶属函数和构造模糊系统规则(4.2.1)。

(2) 给定一个初始的衰减水平 ρ^2。

(3) 求解线性矩阵不等式(4.2.35)，可得 $\widetilde{\boldsymbol{W}}_{22}$ 和 $\boldsymbol{Y}_j$，于是得到 $\widetilde{\boldsymbol{P}}_{22} = \boldsymbol{W}_{22}^{-1}$，$\boldsymbol{K}_j = \boldsymbol{Y}_j\widetilde{\boldsymbol{W}}_{22}^{-1}$。

(4) 将 $\widetilde{\boldsymbol{P}}_{22}$ 和 $\boldsymbol{K}_j$ 代入式(4.2.32)，求解线性矩阵不等式(4.2.32)可得 $\widetilde{\boldsymbol{P}}_{11}$、$\widetilde{\boldsymbol{P}}_{33}$ 和 $\boldsymbol{Z}_i$，从而得到 $\boldsymbol{G}_i = \widetilde{\boldsymbol{P}}_{11}^{-1}\boldsymbol{Z}_i$。

(5) 减少 ρ^2，重复步骤(3)～(4)直到 $\widetilde{\boldsymbol{W}}_{22}$、$\widetilde{\boldsymbol{P}}_{11}$ 和 $\widetilde{\boldsymbol{P}}_{33}$ 无法找到为止。

(6) 构造模糊观测器(4.2.21)。

(7) 获得模糊控制律(4.2.25)。

4.2.4　仿真

例 4.2.1　考虑如图 4-4 所示的两自由度机械手鲁棒系统,设其动态方程如下:

$$\boldsymbol{M}(\boldsymbol{q})\ddot{\boldsymbol{q}}+\boldsymbol{C}(\boldsymbol{q},\dot{\boldsymbol{q}})\dot{\boldsymbol{q}}+\boldsymbol{G}(\boldsymbol{q})=\boldsymbol{\tau} \tag{4.2.36}$$

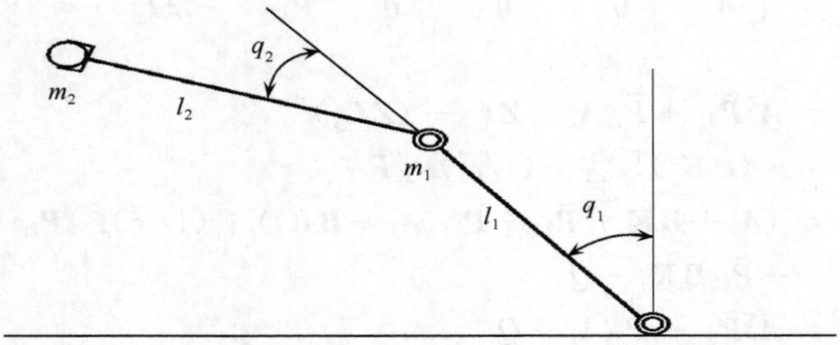

图 4-4　两自由度机械手图形

式中

$$\boldsymbol{M}(\boldsymbol{q})=\begin{bmatrix}(m_1+m_2)l_1^2 & m_2l_1l_2(s_1s_2+c_1c_2)\\ m_2l_1l_2(s_1s_2+c_1c_2) & m_2l_2^2\end{bmatrix}$$

$$\boldsymbol{C}(\boldsymbol{q},\dot{\boldsymbol{q}})=m_2l_1l_2(c_1s_2-s_1c_2)\begin{bmatrix}0 & -\dot{q}_2\\ -\dot{q}_1 & 0\end{bmatrix}$$

$$\boldsymbol{G}(\boldsymbol{q})=\begin{bmatrix}-(m_1+m_2)l_1gs_1\\ -m_2l_2gs_2\end{bmatrix},\quad \boldsymbol{q}=[q_1,q_2]^{\mathrm{T}}$$

其中,q_1 和 q_2 是广义坐标;$\boldsymbol{M}(\boldsymbol{q})$是惯性力矩;$\boldsymbol{C}(\boldsymbol{q},\dot{\boldsymbol{q}})$包括科式加速度所产生的力和向心力;$\boldsymbol{G}(\boldsymbol{q})$是重力;$m_1$ 和 m_2 为连杆的质量;l_1 和 l_2 为连杆的长度;q_1 和 q_2 为角的位置,$\boldsymbol{\tau}=[\tau_1,\tau_2]^{\mathrm{T}}$ 为作用转动力矩;g 为重力加速度。简记 $s_1=\sin q_1$,$s_2=\sin q_2$,$c_1=\cos q_1$,$c_2=\cos q_2$。

设 $x_1=q_1$,$x_2=\dot{q}_1$,$x_3=q_2$,$x_4=\dot{q}_2$,则式(4.2.36)可写成下面的状态空间形式:

$$\begin{aligned}&\dot{x}_1=x_2+w_1,\quad \dot{x}_2=f_1(x)+g_{11}(x)\tau_1+g_{12}\tau_2+w_2\\ &\dot{x}_3=x_4+w_3,\quad \dot{x}_4=f_2(x)+g_{21}(x)\tau_1+g_{22}\tau_2+w_4\\ &y_1=x_1+v_1,\quad y_2=x_3+v_2\end{aligned} \tag{4.2.37}$$

式中,w_1、w_2、w_3 和 w_4 表示外界干扰;v_1 和 v_2 表示可测量的噪声;且

$$\begin{aligned}f_1(\boldsymbol{x})=&\frac{(s_1c_2-c_1s_2)[m_2l_1l_2(s_1s_2+c_1c_2)x_2^2-m_2l_2^2x_4^2]}{l_1l_2[(m_1+m_2)-m_2(s_1s_2+c_1c_2)^2]}\\ &+\frac{(m_1+m_2)l_2gs_1-m_2l_2gs_2(s_1s_2+c_1c_2)}{l_1l_2[(m_1+m_2)-m_2(s_1s_2+c_1c_2)^2]}\end{aligned}$$

$$\begin{aligned}f_2(\boldsymbol{x})=&\frac{(s_1c_2-c_1s_2)[-(m_1+m_2)l_1^2x_2^2+m_2l_1l_2(s_1s_2+c_1c_2)x_4^2]}{l_1l_2[(m_1+m_2)-m_2(s_1s_2+c_1c_2)^2]}\\ &+\frac{-(m_1+m_2)l_1gs_1(s_1s_2+c_1c_2)+(m_1+m_2)l_1gs_2}{l_1l_2[(m_1+m_2)-m_2(s_1s_2+c_1c_2)^2]}\end{aligned}$$

$$g_{11}(\boldsymbol{x}) = \frac{m_2 l_2^2}{m_2 l_1^2 l_2^2[(m_1+m_2)-m_2(s_1s_2+c_1c_2)^2]}$$

$$g_{12}(\boldsymbol{x}) = \frac{-m_2 l_1 l_2(s_1s_2+c_1c_2)}{m_2 l_1^2 l_2^2[(m_1+m_2)-m_2(s_1s_2+c_1c_2)^2]}$$

$$g_{21}(\boldsymbol{x}) = \frac{-m_2 l_1 l_2(s_1s_2+c_1c_2)}{m_2 l_1^2 l_2^2[(m_1+m_2)-m_2(s_1s_2+c_1c_2)^2]}$$

$$g_{22}(\boldsymbol{x}) = \frac{(m_1+m_2) l_1^2}{m_2 l_1^2 l_2^2[(m_1+m_2)-m_2(s_1s_2+c_1c_2)^2]}$$

在仿真中，选取 $m_1=1, m_2=1, l_1=1, l_2=1, w_1=0.1\sin(2t), w_2=0.1\cos(2t); w_3=0.1\cos(2t), w_4=0.1\sin(2t)$。假设 v_1 和 v_2 是均值为 0、偏差等于 0.1%的白噪声，角 q_1 和 q_2 约束在$[-\pi/2, \pi/2]$内，x_1 和 x_3 是可测量的。

对系统(4.2.36)，建立如下的 T-S 模糊模型。

模糊系统规则 1：如果 x_1 大约是$-\pi/2$ 且 x_3 大约是$-\pi/2$，则

$$\dot{\boldsymbol{x}} = \boldsymbol{A}_1\boldsymbol{x}+\boldsymbol{B}_1\boldsymbol{u}+\boldsymbol{w}, \quad \boldsymbol{y}=\boldsymbol{C}_1\boldsymbol{x}+\boldsymbol{v}$$

模糊系统规则 2：如果 x_1 大约是$-\pi/2$ 且 x_3 大约是 0，则

$$\dot{\boldsymbol{x}} = \boldsymbol{A}_2\boldsymbol{x}+\boldsymbol{B}_2\boldsymbol{u}+\boldsymbol{w}, \quad \boldsymbol{y}=\boldsymbol{C}_2\boldsymbol{x}+\boldsymbol{v}$$

模糊系统规则 3：如果 x_1 大约是$-\pi/2$ 且 x_3 大约是 $\pi/2$，则

$$\dot{\boldsymbol{x}} = \boldsymbol{A}_3\boldsymbol{x}+\boldsymbol{B}_3\boldsymbol{u}+\boldsymbol{w}, \quad \boldsymbol{y}=\boldsymbol{C}_3\boldsymbol{x}+\boldsymbol{v}$$

模糊系统规则 4：如果 x_1 大约是 0 且 x_3 大约是$-\pi/2$，则

$$\dot{\boldsymbol{x}} = \boldsymbol{A}_4\boldsymbol{x}+\boldsymbol{B}_4\boldsymbol{u}+\boldsymbol{w}, \quad \boldsymbol{y}=\boldsymbol{C}_4\boldsymbol{x}+\boldsymbol{v}$$

模糊系统规则 5：如果 x_1 大约是 0 且 x_3 大约是 0，则

$$\dot{\boldsymbol{x}} = \boldsymbol{A}_5\boldsymbol{x}+\boldsymbol{B}_5\boldsymbol{u}+\boldsymbol{w}, \quad \boldsymbol{y}=\boldsymbol{C}_5\boldsymbol{x}+\boldsymbol{v}$$

模糊系统规则 6：如果 x_1 大约是 0 且 x_3 大约是 $\pi/2$，则

$$\dot{\boldsymbol{x}} = \boldsymbol{A}_6\boldsymbol{x}+\boldsymbol{B}_6\boldsymbol{u}+\boldsymbol{w}, \quad \boldsymbol{y}=\boldsymbol{C}_6\boldsymbol{x}+\boldsymbol{v}$$

模糊系统规则 7：如果 x_1 大约是 $\pi/2$ 且 x_3 大约是$-\pi/2$，则

$$\dot{\boldsymbol{x}} = \boldsymbol{A}_7\boldsymbol{x}+\boldsymbol{B}_7\boldsymbol{u}+\boldsymbol{w}, \quad \boldsymbol{y}=\boldsymbol{C}_7\boldsymbol{x}+\boldsymbol{v}$$

模糊系统规则 8：如果 x_1 大约是 $\pi/2$ 且 x_3 大约是 0，则

$$\dot{\boldsymbol{x}} = \boldsymbol{A}_8\boldsymbol{x}+\boldsymbol{B}_8\boldsymbol{u}+\boldsymbol{w}, \quad \boldsymbol{y}=\boldsymbol{C}_8\boldsymbol{x}+\boldsymbol{v}$$

模糊系统规则 9：如果 x_1 大约是 $\pi/2$ 且 x_3 大约是 $\pi/2$，则

$$\dot{\boldsymbol{x}} = \boldsymbol{A}_9\boldsymbol{x}+\boldsymbol{B}_9\boldsymbol{u}+\boldsymbol{w}, \quad \boldsymbol{y}=\boldsymbol{C}_9\boldsymbol{x}+\boldsymbol{v}$$

式中

$$\boldsymbol{x}=[x_1,x_2,x_3,x_4]^{\mathrm{T}}, \quad \boldsymbol{u}=[\tau_1,\tau_2]^{\mathrm{T}}, \quad \boldsymbol{w}=[w_1,w_2,w_3,w_4]^{\mathrm{T}}, \quad \boldsymbol{v}=[v_1,v_2]^{\mathrm{T}}$$

$$\boldsymbol{A}_1=\begin{bmatrix} 0 & 1 & 0 & 0 \\ 5.927 & -0.001 & -0.315 & -8.4\times10^{-6} \\ 0 & 0 & 0 & 1 \\ -6.859 & 0.002 & 3.155 & 6.2\times10^{-6} \end{bmatrix}$$

$$\boldsymbol{A}_2=\begin{bmatrix} 0 & 1 & 0 & 0 \\ 3.0428 & -0.0011 & 0.1791 & -0.0002 \\ 0 & 0 & 0 & 1 \\ 3.5436 & 0.0313 & 2.5611 & 1.14\times10^{-5} \end{bmatrix}$$

$$A_3=\begin{bmatrix}0 & 1 & 0 & 0\\ 6.2728 & 0.0030 & 0.4339 & -0.0001\\ 0 & 0 & 0 & 1\\ 9.1041 & 0.0158 & -1.0574 & -3.2\times10^{-5}\end{bmatrix}$$

$$A_4=\begin{bmatrix}0 & 1 & 0 & 0\\ 6.4535 & 0.0017 & 1.2427 & 0.0002\\ 0 & 0 & 0 & 1\\ -3.1873 & -0.0306 & 5.1911 & -1.8\times10^{-5}\end{bmatrix}$$

$$A_5=\begin{bmatrix}0 & 1 & 0 & 0\\ 11.1336 & 0.0 & -1.8145 & 0.0\\ 0 & 0 & 0 & 1\\ -9.0918 & 0.0 & 9.1638 & 0.0\end{bmatrix}$$

$$A_6=\begin{bmatrix}0 & 1 & 0 & 0\\ 6.1702 & -0.0010 & 1.6870 & -0.0002\\ 0 & 0 & 0 & 1\\ -2.3559 & 0.0314 & 4.5298 & 1.1\times10^{-5}\end{bmatrix}$$

$$A_7=\begin{bmatrix}0 & 1 & 0 & 0\\ 6.1206 & -0.0041 & 0.6205 & 0.0001\\ 0 & 0 & 0 & 1\\ 8.8794 & -0.0193 & -1.0119 & 4.4\times10^{-5}\end{bmatrix}$$

$$A_8=\begin{bmatrix}0 & 1 & 0 & 0\\ 3.6421 & 0.0018 & 0.0721 & 0.0002\\ 0 & 0 & 0 & 1\\ 2.4290 & -0.0305 & 2.9832 & -1.9\times10^{-5}\end{bmatrix}$$

$$A_9=\begin{bmatrix}0 & 1 & 0 & 0\\ 6.2933 & -0.0009 & -0.2188 & -1.2\times10^{-5}\\ 0 & 0 & 0 & 1\\ -7.4649 & 0.0024 & 3.2693 & 9.2\times10^{-6}\end{bmatrix}$$

$$B_1=\begin{bmatrix}0 & 0\\ 1 & -1\\ 0 & 0\\ -1 & 2\end{bmatrix},\quad B_2=\begin{bmatrix}0 & 0\\ 0.5 & 0\\ 0 & 0\\ 0 & 1\end{bmatrix},\quad B_3=\begin{bmatrix}0 & 0\\ 1 & 1\\ 0 & 0\\ 1 & 2\end{bmatrix},\quad B_4=\begin{bmatrix}0 & 0\\ 0.5 & 0\\ 0 & 0\\ 0 & 1\end{bmatrix}$$

$$B_5=\begin{bmatrix}0 & 0\\ 1 & -1\\ 0 & 0\\ -1 & 2\end{bmatrix},\quad B_6=\begin{bmatrix}0 & 0\\ 0.5 & 0\\ 0 & 0\\ 0 & 1\end{bmatrix},\quad B_7=\begin{bmatrix}0 & 0\\ 1 & 1\\ 0 & 0\\ 1 & 2\end{bmatrix},\quad B_8=\begin{bmatrix}0 & 0\\ 0.5 & 0\\ 0 & 0\\ 0 & 1\end{bmatrix}$$

$$\boldsymbol{B}_9=\begin{bmatrix}0 & 0\\ 1 & -1\\ 0 & 0\\ -1 & 2\end{bmatrix}$$

$$\boldsymbol{C}_i=\begin{bmatrix}1 & 0 & 0 & 0\\ 0 & 0 & 1 & 0\end{bmatrix},\quad i=1,2,\cdots,9$$

给定参考模型为

$$\boldsymbol{A}_r=\begin{bmatrix}0 & 1 & 0 & 0\\ -6 & -5 & 0 & 0\\ 0 & 0 & 0 & 1\\ 0 & 0 & -6 & -5\end{bmatrix}$$

且

$$\boldsymbol{r}(t)=[0,\ 8\sin t,\ 0,\ 8\cos t]^{\mathrm{T}}$$

为设计方便起见,模糊集隶属函数采用如图 4-5 所示的三角形隶属函数。

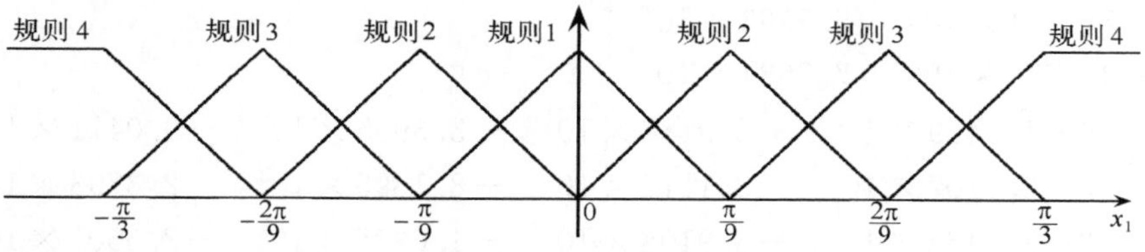

图 4-5　模糊集隶属函数

通过求解线性不等式,得到正定矩阵、观测器增益矩阵和反馈矩阵为

$$\widetilde{\boldsymbol{P}}_{11}=\begin{bmatrix}1.5097\times10^{0} & -5.6709\times10^{-1} & 1.6095\times10^{-1} & -9.1080\times10^{-2}\\ -5.6709\times10^{-1} & 2.1365\times10^{-1} & -6.2016\times10^{-2} & 3.4924\times10^{-2}\\ 1.6095\times10^{-1} & -6.2016\times10^{-2} & 4.3109\times10^{-1} & -1.4470\times10^{-1}\\ -9.1080\times10^{-2} & 3.4924\times10^{-2} & -1.4470\times10^{-1} & 5.0333\times10^{-2}\end{bmatrix}$$

$$\widetilde{\boldsymbol{W}}_{22}=\begin{bmatrix}7.9577\times10^{3} & -2.1030\times10^{5} & -3.8664\times10^{2} & 9.4840\times10^{3}\\ -2.1030\times10^{5} & 6.6342\times10^{6} & 8.7428\times10^{3} & -2.2568\times10^{5}\\ -3.8664\times10^{2} & 8.7428\times10^{3} & 9.0528\times10^{3} & -2.8448\times10^{5}\\ 9.4840\times10^{3} & -2.2568\times10^{5} & -2.8448\times10^{5} & 1.0629\times10^{7}\end{bmatrix}$$

$$\widetilde{\boldsymbol{P}}_{33}=\begin{bmatrix}2.6701\times10^{0} & 8.9051\times10^{-1} & -1.8708\times10^{-3} & -8.3602\times10^{-4}\\ 8.9051\times10^{-1} & 7.6799\times10^{-1} & -8.5026\times10^{-4} & 1.7538\times10^{-5}\\ -1.8708\times10^{-3} & -8.5062\times10^{-4} & 2.6730\times10^{0} & 8.9170\times10^{-1}\\ -8.3602\times10^{-4} & 1.7538\times10^{-5} & 8.9170\times10^{-1} & 7.6790\times10^{-1}\end{bmatrix}$$

$$\boldsymbol{G}_1=\begin{bmatrix}4.5110\times10^{2} & -4.4693\times10^{1}\\ 1.2168\times10^{3} & -1.7120\times10^{2}\\ -7.5851\times10^{1} & 2.5735\times10^{2}\\ -2.4621\times10^{2} & 7.7910\times10^{2}\end{bmatrix},\quad \boldsymbol{G}_2=\begin{bmatrix}4.6963\times10^{2} & -8.1664\times10^{1}\\ 1.2667\times10^{3} & -2.7067\times10^{2}\\ -8.0699\times10^{1} & 2.6313\times10^{2}\\ -2.6021\times10^{2} & 7.9779\times10^{2}\end{bmatrix}$$

$$\boldsymbol{G}_3=\begin{bmatrix}4.0385\times10^2 & -1.1052\times10^2\\ 1.0888\times10^3 & -3.5054\times10^2\\ -6.4433\times10^1 & 2.7854\times10^2\\ -2.0810\times10^2 & 8.4484\times10^2\end{bmatrix},\quad \boldsymbol{G}_4=\begin{bmatrix}4.3523\times10^2 & -5.5508\times10^1\\ 1.1773\times10^3 & -1.9855\times10^2\\ -8.8939\times10^1 & 2.5128\times10^2\\ -2.8464\times10^2 & 7.6144\times10^2\end{bmatrix}$$

$$\boldsymbol{G}_5=\begin{bmatrix}3.7229\times10^2 & -4.1800\times10^1\\ 1.0041\times10^3 & -1.6094\times10^2\\ -5.7890\times10^1 & 2.4382\times10^2\\ -1.8940\times10^2 & 7.3892\times10^2\end{bmatrix},\quad \boldsymbol{G}_6=\begin{bmatrix}4.3828\times10^2 & -5.9589\times10^1\\ 1.1861\times10^3 & -2.0975\times10^2\\ -9.2605\times10^1 & 2.5321\times10^2\\ -2.9571\times10^2 & 7.6731\times10^2\end{bmatrix}$$

$$\boldsymbol{G}_7=\begin{bmatrix}4.0793\times10^2 & -1.0870\times10^2\\ 1.1001\times10^3 & -3.4554\times10^2\\ -6.6944\times10^1 & 2.7792\times10^2\\ -2.1585\times10^2 & 8.4292\times10^2\end{bmatrix},\quad \boldsymbol{G}_8=\begin{bmatrix}4.6273\times10^2 & -7.6872\times10^1\\ 1.2481\times10^3 & -2.5757\times10^2\\ -7.9199\times10^1 & 2.6137\times10^2\\ -2.5558\times10^2 & 7.9235\times10^2\end{bmatrix}$$

$$\boldsymbol{G}_9=\begin{bmatrix}4.4698\times10^2 & -4.2650\times10^1\\ 1.2059\times10^3 & -1.6560\times10^2\\ -7.6254\times10^1 & 2.5663\times10^2\\ -2.4734\times10^2 & 7.7684\times10^2\end{bmatrix}$$

$$\boldsymbol{K}_1=\begin{bmatrix}-1.1409\times10^4 & -3.9188\times10^2 & -3.3955\times10^3 & -9.0411\times10^1\\ -2.5707\times10^3 & -8.1172\times10^1 & -8.1895\times10^3 & -2.3703\times10^2\end{bmatrix}$$

$$\boldsymbol{K}_2=\begin{bmatrix}-1.1162\times10^4 & -3.9108\times10^2 & -1.0318\times10^3 & -2.6501\times10^1\\ -7.6060\times10^2 & -2.2040\times10^1 & -8.1335\times10^3 & -2.3977\times10^2\end{bmatrix}$$

$$\boldsymbol{K}_3=\begin{bmatrix}-1.0428\times10^4 & -3.6347\times10^2 & -1.2792\times10^2 & -1.5470\times10^0\\ -1.3571\times10^2 & -1.3056\times10^0 & -7.6424\times10^3 & -2.2424\times10^2\end{bmatrix}$$

$$\boldsymbol{K}_4=\begin{bmatrix}-1.1163\times10^4 & -3.9114\times10^2 & -1.0279\times10^3 & -2.6391\times10^1\\ -7.6200\times10^2 & -2.2068\times10^1 & -8.1345\times10^3 & -2.3981\times10^2\end{bmatrix}$$

$$\boldsymbol{K}_5=\begin{bmatrix}-1.1853\times10^4 & -4.1892\times10^2 & -7.7869\times10^2 & -1.9598\times10^1\\ -5.8800\times10^2 & -1.6314\times10^1 & -8.5878\times10^3 & -2.5501\times10^2\end{bmatrix}$$

$$\boldsymbol{K}_6=\begin{bmatrix}-1.1162\times10^4 & -3.9110\times10^2 & -1.0290\times10^3 & -2.6424\times10^1\\ -7.6159\times10^2 & -2.2062\times10^1 & -8.1337\times10^3 & -2.3978\times10^2\end{bmatrix}$$

$$\boldsymbol{K}_7=\begin{bmatrix}-1.0430\times10^4 & -3.6353\times10^2 & -1.2540\times10^2 & -1.4751\times10^0\\ -1.3574\times10^2 & -1.2959\times10^0 & -7.6436\times10^3 & -2.2428\times10^2\end{bmatrix}$$

$$\boldsymbol{K}_8=\begin{bmatrix}-1.1164\times10^4 & -3.9113\times10^2 & -1.0308\times10^3 & -2.6470\times10^1\\ -7.6024\times10^2 & -2.2023\times10^1 & -8.1344\times10^3 & -2.3980\times10^2\end{bmatrix}$$

$$\boldsymbol{K}_9=\begin{bmatrix}-1.1409\times10^4 & -3.9188\times10^2 & -3.3969\times10^3 & -9.0449\times10^1\\ -2.5697\times10^3 & -8.1138\times10^1 & -8.1900\times10^3 & -2.3705\times10^2\end{bmatrix}$$

在仿真中,初始条件假设为

$$[x_1(0),x_2(0),x_3(0),x_4(0),x_{r1}(0),x_{r2}(0),x_{r3}(0),x_{r4}(0),\hat{x}_1(0),\hat{x}_2(0),\hat{x}_3(0),\hat{x}_4(0)]^{\mathrm{T}}$$
$$=[0.5\quad 0\quad -0.5\quad 0\quad 0\quad 0\quad 0\quad 0\quad 0\quad 0\quad 0\quad 0]^{\mathrm{T}}$$

图 4-6～图 4-9 给出了所给的模糊跟踪控制的仿真结果。

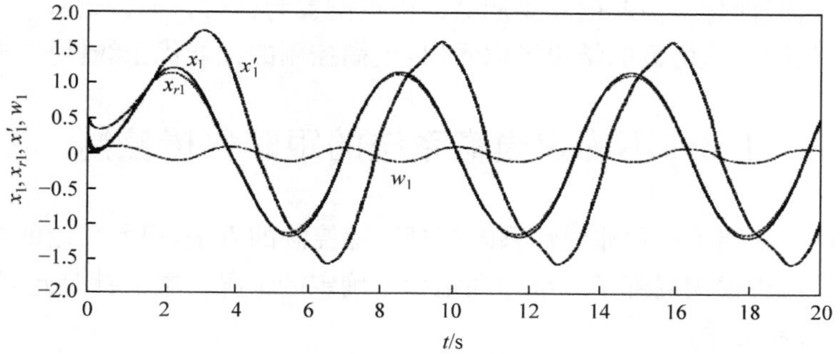

图 4-6　模糊/线性控制对应的状态和干扰(1)

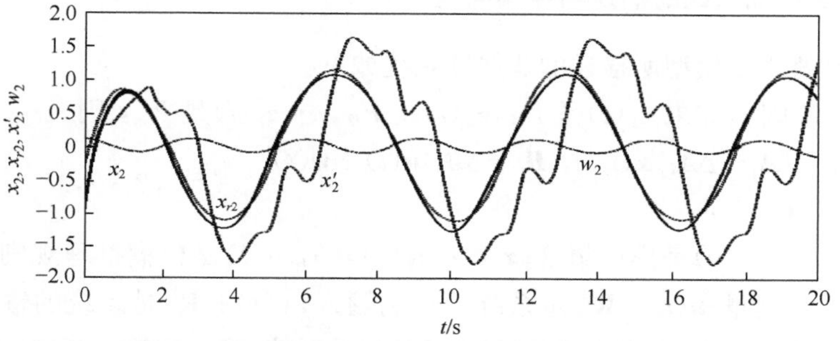

图 4-7　模糊/线性控制对应的状态和干扰(2)

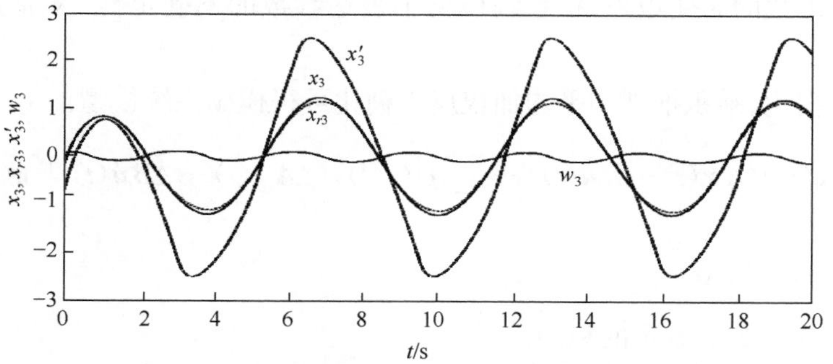

图 4-8　模糊/线性控制对应的状态和干扰(3)

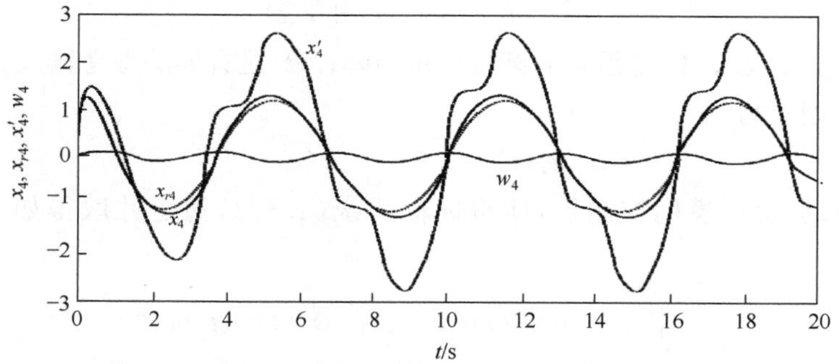

图 4-9　模糊/线性控制对应的状态和干扰(4)

为了与本节的模糊控制方法相比较,也应用简单的线性输出反馈控制方法进行仿真,并在原点处进行线性化。控制器和观测器的极点配置为(−5,−6,−15,−16),初始条件与模糊控制的相同。从仿真的结果可以看出,模糊控制的性能优于线性控制的性能。

4.3 不确定模糊系统的跟踪鲁棒控制

在4.2节中,介绍了一种非线性系统模糊跟踪控制的方法,但所采用的模糊T-S模型是确定的,没有考虑模糊局部子系统存在结构不确定的情况。本节针对此问题,给出一种模糊鲁棒跟踪控制方法。

4.3.1 不确定模糊系统的描述与控制问题

考虑由模糊T-S模型所描述的非线性系统如下。

模糊系统规则 i:如果 $z_1(t)$ 是 F_{i1},$z_2(t)$ 是 F_{i2},…,$z_n(t)$ 是 F_{in},则

$$\begin{aligned}&\dot{\boldsymbol{x}}(t)=(\boldsymbol{A}_i+\Delta\boldsymbol{A}_i)\boldsymbol{x}(t)+(\boldsymbol{B}_i+\Delta\boldsymbol{B}_i)\boldsymbol{u}(t)+\boldsymbol{w}(t)\\&\boldsymbol{y}(t)=\boldsymbol{C}_i\boldsymbol{x}(t)\end{aligned},\quad i=1,2,\cdots,N \tag{4.3.1}$$

其中,$F_{ij}(j=1,2,\cdots,n)$是模糊集合;$z_1(t),z_2(t),\cdots,z_n(t)$是模糊推理规则的前件变量;$\boldsymbol{x}(t)\in\mathbf{R}^n$ 是状态变量;$\boldsymbol{u}(t)\in\mathbf{R}^m$ 是系统的控制输入;$\boldsymbol{y}(t)\in\mathbf{R}^l$ 是系统的输出;$\boldsymbol{w}(t)$表示有界的外界干扰;$\boldsymbol{A}_i\in\mathbf{R}^{n\times n}$、$\boldsymbol{B}_i\in\mathbf{R}^{n\times m}$和$\boldsymbol{C}_i\in\mathbf{R}^{l\times n}$是系统、输入和输出矩阵;$\Delta\boldsymbol{A}_i$ 和 $\Delta\boldsymbol{B}_i$ 分别是具有适当维数的时变矩阵,在系统模型中表达参数的不确定性;N 是这个T-S模糊模型的规则数。

由单点模糊化、乘积推理和平均加权反模糊化可得模糊系统模型:

$$\begin{aligned}\dot{\boldsymbol{x}}(t)&=\sum_{i=1}^{N}\mu_i(\boldsymbol{z}(t))(\boldsymbol{A}_i\boldsymbol{x}(t)+\boldsymbol{B}_i\boldsymbol{u}(t))+\sum_{i=1}^{N}\mu_i(\boldsymbol{z}(t))(\Delta\boldsymbol{A}_i\boldsymbol{x}(t)+\Delta\boldsymbol{B}_i\boldsymbol{u}(t)+\boldsymbol{w}(t))\\\boldsymbol{y}(t)&=\sum_{i=1}^{N}\mu_i(\boldsymbol{z}(t))\boldsymbol{C}_i\boldsymbol{x}(t)\end{aligned} \tag{4.3.2}$$

式中,$\mu_i(\boldsymbol{z}(t))$与4.1节表示的相同。

给定参考模型为

$$\dot{\boldsymbol{x}}_r(t)=\boldsymbol{A}_r\boldsymbol{x}_r(t)+\boldsymbol{r}(t) \tag{4.3.3}$$

式中,$\boldsymbol{x}_r(t)$是参考状态;$\boldsymbol{A}_r$ 是给定的渐近稳定矩阵;$\boldsymbol{r}(t)$是有界的参考输入。

定义跟踪误差为

$$\boldsymbol{e}_r(t)=\boldsymbol{x}(t)-\boldsymbol{x}_r(t)$$

控制目标是设计模糊控制器,使得模糊系统(4.3.2)稳定并取得如下的 H^∞ 跟踪性能:

$$\int_0^{t_f}\boldsymbol{e}_r^{\mathrm{T}}(t)\boldsymbol{Q}\boldsymbol{e}_r(t)\mathrm{d}t\leqslant\rho^2\int_0^{t_f}\bar{\boldsymbol{w}}^{\mathrm{T}}(t)\bar{\boldsymbol{w}}(t)\mathrm{d}t \tag{4.3.4}$$

式中,$\bar{\boldsymbol{w}}(t)=[\boldsymbol{w}(t),\boldsymbol{r}(t)]^{\mathrm{T}}$。

因为动态系统(4.3.2)中有时变不确定矩阵,不容易设计控制器增益矩阵,所以需对

不确定矩阵 $\Delta \boldsymbol{A}_i$ 和 $\Delta \boldsymbol{B}_i$ 作假设。

假设 4.3.1　不确定矩阵可表示成如下的形式：

$$[\Delta \boldsymbol{A}_i, \Delta \boldsymbol{B}_i] = \boldsymbol{D}_i \boldsymbol{F}_i(t)[\boldsymbol{E}_{i1}, \boldsymbol{E}_{i2}]$$

$$\boldsymbol{F}_i^{\mathrm{T}}(t)\boldsymbol{F}_i(t) \leqslant \boldsymbol{I}$$

式中，$\boldsymbol{D}_i$、$\boldsymbol{E}_{i1}$ 和 $\boldsymbol{E}_{i2}$ 是具有适当维数的已知实数矩阵；$\boldsymbol{F}_i(t)$ 是一个未知矩阵函数，其每个元素是 Lebesgue 可测函数；$\boldsymbol{I}$ 是具有适当维数的单位矩阵。

4.3.2　模糊状态反馈控制设计

如果状态变量可以直接获得，则模糊控制器设计如下。

模糊控制规则：如果 $z_1(t)$ 是 F_{i1}，$z_2(t)$ 是 F_{i2}，…，$z_n(t)$ 是 F_{in}，则

$$\boldsymbol{u}(t) = -\boldsymbol{K}_i \boldsymbol{e}_r(t), \quad i = 1,2,\cdots,N \tag{4.3.5}$$

式中，$\boldsymbol{K}_i \in \mathbf{R}^{m\times n}$ 是反馈增益矩阵。因此，最终合成的模糊控制律为

$$\boldsymbol{u}(t) = \sum_{i=1}^{N} \mu_i(\boldsymbol{z}(t))\boldsymbol{K}_i \boldsymbol{e}_r(t) \tag{4.3.6}$$

将式(4.3.6)代入式(4.3.2)，可得

$$\begin{aligned}\dot{\boldsymbol{x}}(t) = & \sum_{i=1}^{N}\sum_{j=1}^{N} \mu_i(\boldsymbol{z}(t))\mu_j(\boldsymbol{z}(t))[(\boldsymbol{A}_i + \Delta \boldsymbol{A}_i)\boldsymbol{x}(t) \\ & + (\boldsymbol{B}_i + \Delta \boldsymbol{B}_i)\boldsymbol{K}_j \boldsymbol{e}_r(t)] + \boldsymbol{w}(t)\end{aligned} \tag{4.3.7}$$

定义辅助状态变量和外界干扰变量如下：

$$\bar{\boldsymbol{x}}(t) = [\boldsymbol{x}(t), \boldsymbol{x}_r(t)]^{\mathrm{T}}, \quad \bar{\boldsymbol{w}}(t) = [\boldsymbol{w}(t), \boldsymbol{r}(t)]^{\mathrm{T}}$$

那么，利用式(4.3.2)和(4.3.6)，式(4.3.7)成为

$$\dot{\bar{\boldsymbol{x}}}(t) = \sum_{i=1}^{N}\sum_{j=1}^{N} \mu_i(\boldsymbol{z}(t))\mu_j(\boldsymbol{z}(t))(\bar{\boldsymbol{A}}_{ij} + \Delta \bar{\boldsymbol{A}}_{ij})\bar{\boldsymbol{x}}(t) + \bar{\boldsymbol{w}}(t) \tag{4.3.8}$$

式中

$$\bar{\boldsymbol{A}}_{ij} = \begin{bmatrix} \boldsymbol{A}_i + \boldsymbol{B}_i\boldsymbol{K}_j & -\boldsymbol{B}_i\boldsymbol{K}_j \\ \boldsymbol{0} & \boldsymbol{A}_r \end{bmatrix}, \quad \Delta \bar{\boldsymbol{A}}_{ij} = \begin{bmatrix} \Delta \boldsymbol{A}_i + \Delta \boldsymbol{B}_i\boldsymbol{K}_j & -\Delta \boldsymbol{B}_i\boldsymbol{K}_j \\ \boldsymbol{0} & \boldsymbol{0} \end{bmatrix}$$

定理 4.3.1　假设不确定模糊系统(4.3.2)满足假设 4.3.1，如果存在一个正定矩阵 $\boldsymbol{P}$ 和矩阵 $\boldsymbol{K}_i(i=1,2,\cdots,N)$ 满足矩阵不等式(4.3.9)，则模糊状态反馈控制律(4.3.6)使得闭环系统(4.3.8)稳定，且对给定的值 ρ^2 取得 H^∞ 跟踪控制性能(4.3.4)。

$$\bar{\boldsymbol{A}}_{ij}^{\mathrm{T}}\boldsymbol{P} + \boldsymbol{P}\bar{\boldsymbol{A}}_{ij} + \frac{1}{\rho^2}\boldsymbol{P}\boldsymbol{P} + \bar{\boldsymbol{Q}} + \bar{\boldsymbol{E}}_{ij}^{\mathrm{T}}\bar{\boldsymbol{E}}_{ij} + \boldsymbol{P}\bar{\boldsymbol{D}}_i\bar{\boldsymbol{D}}_i^{\mathrm{T}}\boldsymbol{P} < \boldsymbol{0} \tag{4.3.9}$$

式中

$$\bar{\boldsymbol{Q}} = \begin{bmatrix} \boldsymbol{Q} & -\boldsymbol{Q} \\ -\boldsymbol{Q} & \boldsymbol{Q} \end{bmatrix}, \quad \boldsymbol{E}_{ij} = \begin{bmatrix} \boldsymbol{E}_{i1} - \boldsymbol{E}_{i2}\boldsymbol{K}_j & -\boldsymbol{E}_{i2}\boldsymbol{K}_j \\ \boldsymbol{0} & \boldsymbol{0} \end{bmatrix}$$

$$\bar{\boldsymbol{D}}_i = \begin{bmatrix} \boldsymbol{D}_i & \boldsymbol{0} \\ \boldsymbol{0} & \boldsymbol{D}_i \end{bmatrix}$$

证明　选取 Lyapunov 函数为

$$V(t) = \bar{\boldsymbol{x}}^{\mathrm{T}}(t)\boldsymbol{P}\bar{\boldsymbol{x}}(t) \tag{4.3.10}$$

式中,加权矩阵 $\boldsymbol{P}=\boldsymbol{P}^{\mathrm{T}}>\mathbf{0}$。求 $V(t)$ 对时间 t 的导数,可得

$$\dot{V}(t)=\dot{\bar{\boldsymbol{x}}}^{\mathrm{T}}(t)\boldsymbol{P}\bar{\boldsymbol{x}}(t)+\bar{\boldsymbol{x}}^{\mathrm{T}}(t)\boldsymbol{P}\dot{\bar{\boldsymbol{x}}}(t) \tag{4.3.11}$$

记 $\mu_i=\mu_i(\boldsymbol{z}(t))$,并将式(4.3.8)代入式(4.3.11),可得

$$\begin{aligned}
\dot{V}(t)=&\sum_{i=1}^{N}\sum_{j=1}^{N}\mu_i\mu_j\bar{\boldsymbol{x}}^{\mathrm{T}}(t)(\bar{\boldsymbol{A}}_{ij}^{\mathrm{T}}\boldsymbol{P}+\boldsymbol{P}\bar{\boldsymbol{A}}_{ij}+\Delta\bar{\boldsymbol{A}}_{ij}^{\mathrm{T}}\boldsymbol{P}+\boldsymbol{P}\Delta\bar{\boldsymbol{A}}_{ij})\bar{\boldsymbol{x}}(t)+\bar{\boldsymbol{w}}^{\mathrm{T}}\boldsymbol{P}\bar{\boldsymbol{x}}(t)+\bar{\boldsymbol{x}}^{\mathrm{T}}(t)\boldsymbol{P}\bar{\boldsymbol{w}}(t)\\
=&\sum_{i=1}^{N}\sum_{j=1}^{N}\mu_i\mu_j\bar{\boldsymbol{x}}^{\mathrm{T}}(t)(\bar{\boldsymbol{A}}_{ij}^{\mathrm{T}}\boldsymbol{P}+\boldsymbol{P}\bar{\boldsymbol{A}}_{ij}+\Delta\bar{\boldsymbol{A}}_{ij}^{\mathrm{T}}\boldsymbol{P}+\boldsymbol{P}\Delta\bar{\boldsymbol{A}}_{ij})\bar{\boldsymbol{x}}(t)\\
&+\bar{\boldsymbol{w}}^{\mathrm{T}}(t)\boldsymbol{P}\bar{\boldsymbol{x}}(t)+\bar{\boldsymbol{x}}^{\mathrm{T}}(t)\boldsymbol{P}\bar{\boldsymbol{w}}(t)-\rho^2\bar{\boldsymbol{w}}^{\mathrm{T}}(t)\bar{\boldsymbol{w}}(t)-\frac{1}{\rho^2}\bar{\boldsymbol{w}}^{\mathrm{T}}(t)\bar{\boldsymbol{w}}(t)\\
&+\frac{1}{\rho^2}\bar{\boldsymbol{w}}^{\mathrm{T}}(t)\bar{\boldsymbol{w}}(t)+\rho^2\bar{\boldsymbol{w}}^{\mathrm{T}}(t)\bar{\boldsymbol{w}}(t)\\
=&\sum_{i=1}^{N}\sum_{j=1}^{N}\mu_i\mu_j\bar{\boldsymbol{x}}^{\mathrm{T}}(t)(\bar{\boldsymbol{A}}_{ij}^{\mathrm{T}}\boldsymbol{P}+\boldsymbol{P}\bar{\boldsymbol{A}}_{ij}+\Delta\bar{\boldsymbol{A}}_{ij}^{\mathrm{T}}\boldsymbol{P}+\boldsymbol{P}\Delta\bar{\boldsymbol{A}}_{ij})\bar{\boldsymbol{x}}(t)\\
&-\left(\frac{1}{\rho}\boldsymbol{P}\bar{\boldsymbol{x}}(t)-\rho\bar{\boldsymbol{w}}(t)\right)^{\mathrm{T}}\left(\frac{1}{\rho}\boldsymbol{P}\bar{\boldsymbol{x}}(t)-\rho\bar{\boldsymbol{w}}(t)\right)+\frac{1}{\rho^2}\bar{\boldsymbol{x}}^{\mathrm{T}}(t)\boldsymbol{P}\boldsymbol{P}\bar{\boldsymbol{x}}(t)+\rho^2\bar{\boldsymbol{w}}^{\mathrm{T}}(t)\bar{\boldsymbol{w}}(t)\\
\leqslant&\sum_{i=1}^{N}\sum_{j=1}^{N}\mu_i\mu_j\bar{\boldsymbol{x}}^{\mathrm{T}}(t)(\bar{\boldsymbol{A}}_{ij}^{\mathrm{T}}\boldsymbol{P}+\boldsymbol{P}\bar{\boldsymbol{A}}_{ij}+\Delta\bar{\boldsymbol{A}}_{ij}^{\mathrm{T}}\boldsymbol{P}+\boldsymbol{P}\Delta\bar{\boldsymbol{A}}_{ij})\bar{\boldsymbol{x}}(t)\\
&+\frac{1}{\rho^2}\bar{\boldsymbol{x}}^{\mathrm{T}}(t)\boldsymbol{P}\boldsymbol{P}\bar{\boldsymbol{x}}(t)+\rho^2\bar{\boldsymbol{w}}^{\mathrm{T}}(t)\bar{\boldsymbol{w}}(t)\\
=&\sum_{i=1}^{N}\sum_{j=1}^{N}\mu_i\mu_j\bar{\boldsymbol{x}}^{\mathrm{T}}(t)\left[\bar{\boldsymbol{A}}_{ij}^{\mathrm{T}}\boldsymbol{P}+\boldsymbol{P}\bar{\boldsymbol{A}}_{ij}+\Delta\bar{\boldsymbol{A}}_{ij}^{\mathrm{T}}\boldsymbol{P}+\boldsymbol{P}\Delta\bar{\boldsymbol{A}}_{ij}+\frac{1}{\rho^2}\boldsymbol{P}\boldsymbol{P}\right]\bar{\boldsymbol{x}}(t)+\rho^2\bar{\boldsymbol{w}}^{\mathrm{T}}(t)\bar{\boldsymbol{w}}(t)
\end{aligned} \tag{4.3.12}$$

对 $\bar{\boldsymbol{x}}^{\mathrm{T}}(t)(\Delta\bar{\boldsymbol{A}}_{ij}^{\mathrm{T}}\boldsymbol{P}+\boldsymbol{P}\Delta\bar{\boldsymbol{A}}_{ij})\bar{\boldsymbol{x}}(t)$ 应用引理 3.3.1,取 $\varepsilon=1$ 时可得

$$\begin{aligned}
&\bar{\boldsymbol{x}}^{\mathrm{T}}(t)(\Delta\bar{\boldsymbol{A}}_{ij}^{\mathrm{T}}\boldsymbol{P}+\boldsymbol{P}\Delta\bar{\boldsymbol{A}}_{ij})\bar{\boldsymbol{x}}(t)\\
&\leqslant\bar{\boldsymbol{x}}^{\mathrm{T}}(t)\bar{\boldsymbol{E}}_{ij}^{\mathrm{T}}\bar{\boldsymbol{F}}_i^{\mathrm{T}}\bar{\boldsymbol{D}}_i^{\mathrm{T}}\boldsymbol{P}\bar{\boldsymbol{x}}(t)+\bar{\boldsymbol{x}}^{\mathrm{T}}(t)\boldsymbol{P}\bar{\boldsymbol{D}}_i\bar{\boldsymbol{F}}_i\bar{\boldsymbol{E}}_{ij}\boldsymbol{P}\bar{\boldsymbol{x}}(t)\\
&\leqslant\bar{\boldsymbol{x}}^{\mathrm{T}}(t)\bar{\boldsymbol{E}}_{ij}^{\mathrm{T}}\bar{\boldsymbol{F}}_i^{\mathrm{T}}\bar{\boldsymbol{F}}_i\bar{\boldsymbol{E}}_{ij}\bar{\boldsymbol{x}}(t)+\bar{\boldsymbol{x}}^{\mathrm{T}}(t)\boldsymbol{P}\bar{\boldsymbol{D}}_i\bar{\boldsymbol{D}}_i^{\mathrm{T}}\boldsymbol{P}\bar{\boldsymbol{x}}(t)\\
&\leqslant\bar{\boldsymbol{x}}^{\mathrm{T}}(t)\bar{\boldsymbol{E}}_{ij}^{\mathrm{T}}\bar{\boldsymbol{E}}_{ij}\bar{\boldsymbol{x}}(t)+\bar{\boldsymbol{x}}^{\mathrm{T}}(t)\boldsymbol{P}\bar{\boldsymbol{D}}_i\bar{\boldsymbol{D}}_i^{\mathrm{T}}\boldsymbol{P}\bar{\boldsymbol{x}}(t)
\end{aligned} \tag{4.3.13}$$

将式(4.3.13)代入式(4.3.12),可得

$$\begin{aligned}
\dot{V}\leqslant&\sum_{i=1}^{N}\sum_{j=1}^{N}\mu_i\mu_j\bar{\boldsymbol{x}}^{\mathrm{T}}(t)\left(\bar{\boldsymbol{A}}_{ij}^{\mathrm{T}}\boldsymbol{P}+\boldsymbol{P}\bar{\boldsymbol{A}}_{ij}+\bar{\boldsymbol{E}}_{ij}^{\mathrm{T}}\bar{\boldsymbol{E}}_{ij}+\frac{1}{\rho^2}\boldsymbol{P}\boldsymbol{P}+\bar{\boldsymbol{Q}}+\boldsymbol{P}\bar{\boldsymbol{D}}_i\bar{\boldsymbol{D}}_i^{\mathrm{T}}\boldsymbol{P}\right)\bar{\boldsymbol{x}}(t)\\
&+\rho^2\bar{\boldsymbol{w}}^{\mathrm{T}}(t)\bar{\boldsymbol{w}}(t)
\end{aligned} \tag{4.3.14}$$

根据式(4.3.9),式(4.3.14)变为

$$\dot{V}(t)\leqslant-\bar{\boldsymbol{x}}^{\mathrm{T}}(t)\bar{\boldsymbol{Q}}\,\bar{\boldsymbol{x}}(t)+\rho^2\bar{\boldsymbol{w}}^{\mathrm{T}}(t)\bar{\boldsymbol{w}}(t) \tag{4.3.15}$$

对式(4.3.15)从 $t=0$ 到 $t=t_f$ 积分,可得

$$\begin{aligned}
V(t_f)-V(0)\leqslant&-\int_0^{t_f}\bar{\boldsymbol{x}}^{\mathrm{T}}(t)\bar{\boldsymbol{Q}}\,\bar{\boldsymbol{x}}(t)\mathrm{d}t+\rho^2\int_0^{t_f}\bar{\boldsymbol{w}}^{\mathrm{T}}(t)\bar{\boldsymbol{w}}(t)\mathrm{d}t\\
=&-\int_0^{t_f}\boldsymbol{e}_r^{\mathrm{T}}(t)\bar{\boldsymbol{Q}}\boldsymbol{e}_r(t)\mathrm{d}t+\rho^2\int_0^{t_f}\bar{\boldsymbol{w}}^{\mathrm{T}}(t)\bar{\boldsymbol{w}}(t)\mathrm{d}t
\end{aligned} \tag{4.3.16}$$

或者等价于

$$\int_0^{t_f} \boldsymbol{e}_r^{\mathrm{T}}(t)\bar{\boldsymbol{Q}}\boldsymbol{e}_r(t)\mathrm{d}t \leqslant \boldsymbol{e}_r^{\mathrm{T}}(0)\boldsymbol{P}\boldsymbol{e}_r(0) + \rho^2\int_0^{t_f} \bar{\boldsymbol{w}}^{\mathrm{T}}(t)\bar{\boldsymbol{w}}(t)\mathrm{d}t \tag{4.3.17}$$

因此，对于给定的性能指标 ρ^2，模糊状态反馈控制器取得 H^∞ 性能(4.3.4)。

下面给出模糊控制器的设计方法。为了设计方便，假设

$$\boldsymbol{P} = \begin{bmatrix} \boldsymbol{P}_{11} & \boldsymbol{0} \\ \boldsymbol{0} & \boldsymbol{P}_{22} \end{bmatrix} \tag{4.3.18}$$

将式(4.3.18)代入式(4.3.9)，可得

$$\begin{bmatrix} \boldsymbol{F}_{11} & \boldsymbol{F}_{12} \\ \boldsymbol{F}_{21} & \boldsymbol{F}_{22} \end{bmatrix} < \boldsymbol{0} \tag{4.3.19}$$

式中

$$\begin{aligned} \boldsymbol{F}_{11} =& (\boldsymbol{A}_i + \boldsymbol{B}_i\boldsymbol{K}_j)^{\mathrm{T}}\boldsymbol{P}_{11} + \boldsymbol{P}_{11}(\boldsymbol{A}_i + \boldsymbol{B}_i\boldsymbol{K}_j) + \frac{1}{\rho^2}\boldsymbol{P}_{11}\boldsymbol{P}_{11} + \boldsymbol{Q} \\ &+ (\boldsymbol{E}_{i1} + \boldsymbol{E}_{i2}\boldsymbol{K}_j)^{\mathrm{T}}(\boldsymbol{E}_{i1} + \boldsymbol{E}_{i2}\boldsymbol{K}_j) + \boldsymbol{P}_{11}\boldsymbol{D}_i\boldsymbol{D}_i^{\mathrm{T}}\boldsymbol{P}_{11} \\ \boldsymbol{F}_{12} =& \boldsymbol{F}_{21}^{\mathrm{T}} = -(\boldsymbol{E}_{i1} + \boldsymbol{E}_{i2}\boldsymbol{K}_j)^{\mathrm{T}}\boldsymbol{B}_i\boldsymbol{K}_j - \boldsymbol{Q} \\ \boldsymbol{F}_{22} =& \boldsymbol{A}_r^{\mathrm{T}}\boldsymbol{P}_{22} + \boldsymbol{P}_{22}\boldsymbol{A}_r + \boldsymbol{Q} + \frac{1}{\rho^2}\boldsymbol{P}_{22}\boldsymbol{P}_{22} + \boldsymbol{P}_{12}\boldsymbol{D}_i\boldsymbol{D}_i^{\mathrm{T}}\boldsymbol{P}_{22} \end{aligned}$$

由 Schur 分解原理，式(4.3.19)等价于

$$\begin{bmatrix} \boldsymbol{H}_{11} & \boldsymbol{H}_{12} & \boldsymbol{0} \\ \boldsymbol{H}_{21} & \boldsymbol{H}_{22} & \boldsymbol{P}_{22} \\ \boldsymbol{0} & \boldsymbol{P}_{22} & -\rho^2\boldsymbol{I} \end{bmatrix} < \boldsymbol{0} \tag{4.3.20}$$

式中

$$\begin{aligned} \boldsymbol{H}_{11} =& (\boldsymbol{A}_i + \boldsymbol{B}_i\boldsymbol{K}_j)^{\mathrm{T}}\boldsymbol{P}_{11} + \boldsymbol{P}_{11}(\boldsymbol{A}_i + \boldsymbol{B}_i\boldsymbol{K}_j) + \frac{1}{\rho^2}\boldsymbol{P}_{11}\boldsymbol{P}_{11} + \boldsymbol{Q} \\ &+ (\boldsymbol{E}_{i1} + \boldsymbol{E}_{i2}\boldsymbol{K}_j)^{\mathrm{T}}(\boldsymbol{E}_{i1} + \boldsymbol{E}_{i2}\boldsymbol{K}_j) + \boldsymbol{P}_{11}\boldsymbol{D}_i\boldsymbol{D}_i^{\mathrm{T}}\boldsymbol{P}_{11} \\ \boldsymbol{H}_{12} =& \boldsymbol{H}_{21}^{\mathrm{T}} = -(\boldsymbol{E}_{i1} + \boldsymbol{E}_{i2}\boldsymbol{K}_j)^{\mathrm{T}}\boldsymbol{B}_i\boldsymbol{K}_j - \boldsymbol{Q} \\ \boldsymbol{H}_{22} =& \boldsymbol{A}_r^{\mathrm{T}}\boldsymbol{P}_{22} + \boldsymbol{P}_{22}\boldsymbol{A}_r + \boldsymbol{Q} + \frac{1}{\rho^2}\boldsymbol{P}_{22}\boldsymbol{P}_{22} + \boldsymbol{P}_{12}\boldsymbol{D}_i\boldsymbol{D}_i^{\mathrm{T}}\boldsymbol{P}_{22} \end{aligned}$$

具体求解 $\boldsymbol{P}_{11}$、$\boldsymbol{P}_{22}$ 和 $\boldsymbol{K}_j$ 的步骤如下：

(1)注意到由式(4.3.20)可推出

$$\begin{aligned} &\boldsymbol{H}_{11} < \boldsymbol{0} \\ &(\boldsymbol{A}_i + \boldsymbol{B}_i\boldsymbol{K}_j)^{\mathrm{T}}\boldsymbol{P}_{11} + \boldsymbol{P}_{11}(\boldsymbol{A}_i + \boldsymbol{B}_i\boldsymbol{K}_j) + \frac{1}{\rho^2}\boldsymbol{P}_{11}\boldsymbol{P}_{11} + \boldsymbol{Q} \\ &\quad + (\boldsymbol{E}_{i1} + \boldsymbol{E}_{i2}\boldsymbol{K}_j)^{\mathrm{T}}(\boldsymbol{E}_{i1} + \boldsymbol{E}_{i2}\boldsymbol{K}_j) + \boldsymbol{P}_{11}\boldsymbol{D}_i\boldsymbol{D}_i^{\mathrm{T}}\boldsymbol{P}_{11} < \boldsymbol{0} \end{aligned} \tag{4.3.21}$$

引入变量 $\boldsymbol{W} = \boldsymbol{P}_{11}^{-1}$ 和 $\boldsymbol{Y}_j = \boldsymbol{K}_j\boldsymbol{W}$，则式(4.3.21)等价于下面的矩阵不等式：

$$\begin{aligned} &\boldsymbol{W}\boldsymbol{A}_i^{\mathrm{T}} + \boldsymbol{A}_i\boldsymbol{W} + \boldsymbol{Y}_j^{\mathrm{T}}\boldsymbol{B}_i^{\mathrm{T}} + \boldsymbol{Y}_j\boldsymbol{B}_i + \frac{1}{\rho^2}\boldsymbol{I} + \boldsymbol{D}_i\boldsymbol{D}_i^{\mathrm{T}} + \boldsymbol{W}\boldsymbol{Q}\boldsymbol{W} \\ &\quad + (\boldsymbol{E}_{i1}\boldsymbol{W} + \boldsymbol{E}_{i2}\boldsymbol{Y}_j)^{\mathrm{T}}(\boldsymbol{E}_{i1}\boldsymbol{W} + \boldsymbol{E}_{i2}\boldsymbol{Y}_j) < \boldsymbol{0} \end{aligned} \tag{4.3.22}$$

由 Schur 分解原理，式(4.3.22)等价于下面的矩阵不等式：

$$\begin{bmatrix} \boldsymbol{\Phi}_{ij} & \boldsymbol{W} & \boldsymbol{E}_{i1}\boldsymbol{W}+\boldsymbol{E}_{i2}\boldsymbol{Y}_j \\ \boldsymbol{W}^{\mathrm{T}} & -\boldsymbol{Q}^{-1} & \boldsymbol{0} \\ (\boldsymbol{E}_{i1}\boldsymbol{W}+\boldsymbol{E}_{i2}\boldsymbol{Y}_j)^{\mathrm{T}} & \boldsymbol{0} & -\boldsymbol{I} \end{bmatrix} < \boldsymbol{0} \tag{4.3.23}$$

式中

$$\boldsymbol{\Phi}_{ij} = \boldsymbol{W}\boldsymbol{A}_i^{\mathrm{T}} + \boldsymbol{A}_i\boldsymbol{W} + \boldsymbol{Y}_j^{\mathrm{T}}\boldsymbol{B}_i^{\mathrm{T}} + \boldsymbol{Y}_j\boldsymbol{B}_i + \frac{1}{\rho^2}\boldsymbol{I} + \boldsymbol{D}_i\boldsymbol{D}_i^{\mathrm{T}}$$

参数 $\boldsymbol{W}$ 和 $\boldsymbol{Y}_i$(即 $\boldsymbol{P}_{11}=\boldsymbol{W}^{-1}, \boldsymbol{K}_j=\boldsymbol{Y}_j\boldsymbol{W}^{-1}$)可以通过求解线性矩阵不等式(4.3.23)获得。

(2) 将 $\boldsymbol{P}_{11}$ 和 $\boldsymbol{K}_j$ 代入式(4.3.21),则式(4.3.21)成为一个标准的线性矩阵不等式。类似地,可以容易地解出 $\boldsymbol{P}_{22}$。

4.3.3　基于观测器的输出反馈控制设计

以上是在状态变量可以直接获得的情况下的模糊鲁棒跟踪控制设计,如果状态不能直接获得,那么需要设计观测器估计状态变量。

模糊观测器设计:如果 $z_1(t)$ 是 F_{i1}, $z_2(t)$ 是 F_{i2}, $\cdots$, $z_n(t)$ 是 F_{in}, 则

$$\begin{aligned} &\dot{\hat{\boldsymbol{x}}}(t)=\boldsymbol{A}_i\hat{\boldsymbol{x}}(t)+\boldsymbol{B}_i\boldsymbol{u}(t)+\boldsymbol{G}_i(\boldsymbol{y}(t)-\hat{\boldsymbol{y}}(t)) \\ &\hat{\boldsymbol{y}}(t)=\boldsymbol{C}_i\hat{\boldsymbol{x}}(t) \end{aligned}, \quad i=1,2,\cdots,N \tag{4.3.24}$$

式中,$\boldsymbol{G}_i\in\mathbf{R}^{n\times l}$ 是观测增益矩阵。

最终合成的模糊观测器可表达为如下形式:

$$\begin{aligned} \dot{\hat{\boldsymbol{x}}}(t) &= \sum_{i=1}^{N}\mu_i(\boldsymbol{z}(t))[\boldsymbol{A}_i\hat{\boldsymbol{x}}(t)+\boldsymbol{B}_i\boldsymbol{u}(t)+\boldsymbol{G}_i(\boldsymbol{y}(t)-\hat{\boldsymbol{y}}(t))] \\ \hat{\boldsymbol{y}}(t) &= \sum_{i=1}^{N}\mu_i(\boldsymbol{z}(t))\boldsymbol{C}_i\hat{\boldsymbol{x}}(t) \end{aligned} \tag{4.3.25}$$

定义观测误差为

$$\boldsymbol{e}(t) = \boldsymbol{x}(t) - \hat{\boldsymbol{x}}(t) \tag{4.3.26}$$

设计基于观测器的模糊控制律为

$$\boldsymbol{u}(t) = \sum_{i=1}^{N}\mu_i(\boldsymbol{z}(t))\boldsymbol{K}_i(\hat{\boldsymbol{x}}(t)-\boldsymbol{x}_r(t)) \tag{4.3.27}$$

由式(4.3.7)、(4.3.25)和(4.3.26)可得

$$\begin{aligned} \dot{\boldsymbol{e}}(t) = &\sum_{i=1}^{N}\sum_{j=1}^{N}\mu_i(\boldsymbol{z}(t))\mu_j(\boldsymbol{z}(t))(\boldsymbol{A}_i-\boldsymbol{G}_i\boldsymbol{C}_j+\Delta\boldsymbol{B}_i\boldsymbol{K}_j)\boldsymbol{e}(t) \\ &+\sum_{i=1}^{N}\sum_{j=1}^{N}\mu_i(\boldsymbol{z}(t))\mu_j(\boldsymbol{z}(t))\Delta\boldsymbol{A}_i\boldsymbol{x}(t)+\boldsymbol{w}(t) \end{aligned} \tag{4.3.28}$$

由式(4.3.2)、(4.3.3)、(4.3.27)和(4.3.28)定义的辅助系统为

$$\dot{\tilde{\boldsymbol{x}}}(t) = \sum_{i=1}^{N}\sum_{j=1}^{N}\mu_i(\boldsymbol{z}(t))\mu_j(\boldsymbol{z}(t))[(\tilde{\boldsymbol{A}}_{ij}+\Delta\tilde{\boldsymbol{A}}_{ij})\tilde{\boldsymbol{x}}(t)+\tilde{\boldsymbol{E}}_i\tilde{\boldsymbol{w}}(t)] \tag{4.3.29}$$

式中

$$\tilde{\boldsymbol{x}}(t) = [\boldsymbol{e}(t), \boldsymbol{x}(t), \boldsymbol{x}_r(t)]^{\mathrm{T}}, \quad \tilde{\boldsymbol{w}}(t) = [\boldsymbol{0}, \boldsymbol{w}(t), \boldsymbol{r}(t)]^{\mathrm{T}}$$

$$\widetilde{\boldsymbol{A}}_{ij}=\begin{bmatrix}\boldsymbol{A}_i-\boldsymbol{G}_i\boldsymbol{C}_j & \boldsymbol{0} & \boldsymbol{0}\\ -\boldsymbol{B}_i\boldsymbol{K}_j & \boldsymbol{A}_i+\boldsymbol{B}_i\boldsymbol{K}_j & -\boldsymbol{B}_i\boldsymbol{K}_j\\ \boldsymbol{0} & \boldsymbol{0} & \boldsymbol{A}_r\end{bmatrix}$$

$$\Delta\widetilde{\boldsymbol{A}}_{ij}=\begin{bmatrix}\Delta\boldsymbol{B}_i\boldsymbol{K}_j & \Delta\boldsymbol{A}_i & \boldsymbol{0}\\ \boldsymbol{0} & \Delta\boldsymbol{A}_i+\Delta\boldsymbol{B}_i\boldsymbol{K}_j & -\Delta\boldsymbol{B}_i\boldsymbol{K}_j\\ \boldsymbol{0} & \boldsymbol{0} & \boldsymbol{0}\end{bmatrix}$$

$$\widetilde{\boldsymbol{E}}_i=\begin{bmatrix}\boldsymbol{I} & \boldsymbol{I} & \boldsymbol{0}\\ \boldsymbol{0} & \boldsymbol{0} & \boldsymbol{I}\end{bmatrix}^{\mathrm{T}}$$

定理 4.3.2　假设不确定模糊系统(4.3.2)满足假设条件 4.3.1，并且如果存在一个正定矩阵 $\boldsymbol{P}$ 以及矩阵 $\boldsymbol{K}_i$ 和 $\boldsymbol{G}_i(i=1,2,\cdots,N)$，满足矩阵不等式(4.3.30)，则基于模糊观测器(4.3.25)的模糊状态反馈控制律(4.3.27)使得闭环系统(4.3.29)稳定，且对给定的值 ρ^2，取得 H^∞ 跟踪控性能(4.3.4)。

$$\widetilde{\boldsymbol{A}}_{ij}^{\mathrm{T}}\widetilde{\boldsymbol{P}}+\widetilde{\boldsymbol{P}}\widetilde{\boldsymbol{A}}_{ij}+\frac{1}{\rho^2}\widetilde{\boldsymbol{P}}\boldsymbol{E}_i\boldsymbol{E}_i^{\mathrm{T}}\widetilde{\boldsymbol{P}}+\widetilde{\boldsymbol{Q}}+\widetilde{\boldsymbol{E}}_{ij}^{\mathrm{T}}\widetilde{\boldsymbol{E}}_{ij}+\widetilde{\boldsymbol{P}}\widetilde{\boldsymbol{D}}_i\widetilde{\boldsymbol{D}}_i^{\mathrm{T}}\widetilde{\boldsymbol{P}}<\boldsymbol{0}\tag{4.3.30}$$

式中

$$\widetilde{\boldsymbol{D}}_i=\begin{bmatrix}\boldsymbol{D}_i & \boldsymbol{0} & \boldsymbol{0}\\ \boldsymbol{0} & \boldsymbol{D}_i & \boldsymbol{0}\\ \boldsymbol{0} & \boldsymbol{0} & \boldsymbol{D}_i\end{bmatrix},\quad \widetilde{\boldsymbol{E}}_{ij}=\begin{bmatrix}\boldsymbol{E}_{i2}\boldsymbol{K}_j & \boldsymbol{E}_{i1} & \boldsymbol{0}\\ \boldsymbol{0} & \boldsymbol{E}_{i1}+\boldsymbol{E}_{i2}\boldsymbol{K}_j & -\boldsymbol{E}_{i2}\boldsymbol{K}_j\\ \boldsymbol{0} & \boldsymbol{0} & \boldsymbol{0}\end{bmatrix}$$

$$\widetilde{\boldsymbol{F}}(t)=\begin{bmatrix}\boldsymbol{F}_i(t) & \boldsymbol{0} & \boldsymbol{0}\\ \boldsymbol{0} & \boldsymbol{F}_i(t) & \boldsymbol{0}\\ \boldsymbol{0} & \boldsymbol{0} & \boldsymbol{F}_i(t)\end{bmatrix},\quad \widetilde{\boldsymbol{Q}}=\begin{bmatrix}\boldsymbol{0} & \boldsymbol{0} & \boldsymbol{0}\\ \boldsymbol{0} & \boldsymbol{Q} & -\boldsymbol{Q}\\ \boldsymbol{0} & -\boldsymbol{Q} & \boldsymbol{Q}\end{bmatrix}$$

证明　选择 Lyapunov 函数为

$$V(t)=\tilde{\boldsymbol{x}}^{\mathrm{T}}(t)\widetilde{\boldsymbol{P}}\tilde{\boldsymbol{x}}(t)\tag{4.3.31}$$

式中，加权矩阵 $\widetilde{\boldsymbol{P}}=\widetilde{\boldsymbol{P}}^{\mathrm{T}}>\boldsymbol{0}$。求 $V(t)$ 对时间的导数得到

$$\dot{V}(t)=\dot{\tilde{\boldsymbol{x}}}^{\mathrm{T}}(t)\widetilde{\boldsymbol{P}}\tilde{\boldsymbol{x}}(t)+\tilde{\boldsymbol{x}}^{\mathrm{T}}(t)\widetilde{\boldsymbol{P}}\dot{\tilde{\boldsymbol{x}}}(t)\tag{4.3.32}$$

将式(4.3.29)代入式(4.3.32)，重复定理 4.3.1 的证明过程得到

$$\begin{aligned}\dot{V}(t)\leqslant&\sum_{i=1}^{N}\sum_{j=1}^{N}\mu_i\mu_j\tilde{\boldsymbol{x}}^{\mathrm{T}}(t)\left(\widetilde{\boldsymbol{A}}_{ij}^{\mathrm{T}}\widetilde{\boldsymbol{P}}+\widetilde{\boldsymbol{P}}\widetilde{\boldsymbol{A}}_{ij}+\Delta\widetilde{\boldsymbol{A}}_{ij}^{\mathrm{T}}\widetilde{\boldsymbol{P}}+\widetilde{\boldsymbol{P}}\Delta\widetilde{\boldsymbol{A}}_{ij}+\frac{1}{\rho^2}\widetilde{\boldsymbol{P}}\boldsymbol{E}_i\boldsymbol{E}_i^{\mathrm{T}}\widetilde{\boldsymbol{P}}\right)\tilde{\boldsymbol{x}}(t)\\&+\rho^2\widetilde{\boldsymbol{w}}^{\mathrm{T}}(t)\widetilde{\boldsymbol{w}}(t)\end{aligned}\tag{4.3.33}$$

对 $\tilde{\boldsymbol{x}}^{\mathrm{T}}(t)(\Delta\widetilde{\boldsymbol{A}}_{ij}^{\mathrm{T}}\boldsymbol{P}+\boldsymbol{P}\Delta\widetilde{\boldsymbol{A}}_{ij})\tilde{\boldsymbol{x}}(t)$ 应用引理 3.3.1，可得

$$\begin{aligned}\tilde{\boldsymbol{x}}^{\mathrm{T}}(t)(\Delta\widetilde{\boldsymbol{A}}_{ij}^{\mathrm{T}}\widetilde{\boldsymbol{P}}+\widetilde{\boldsymbol{P}}\Delta\widetilde{\boldsymbol{A}}_{ij})\tilde{\boldsymbol{x}}(t)&=\tilde{\boldsymbol{x}}^{\mathrm{T}}(t)\widetilde{\boldsymbol{E}}_{ij}^{\mathrm{T}}\widetilde{\boldsymbol{F}}_i^{\mathrm{T}}\widetilde{\boldsymbol{D}}_i^{\mathrm{T}}\widetilde{\boldsymbol{P}}\tilde{\boldsymbol{x}}(t)+\tilde{\boldsymbol{x}}^{\mathrm{T}}(t)\widetilde{\boldsymbol{P}}\widetilde{\boldsymbol{D}}_i\widetilde{\boldsymbol{F}}_i\widetilde{\boldsymbol{E}}_{ij}\tilde{\boldsymbol{x}}(t)\\&\leqslant\tilde{\boldsymbol{x}}^{\mathrm{T}}(t)\widetilde{\boldsymbol{E}}_{ij}^{\mathrm{T}}\widetilde{\boldsymbol{F}}_i^{\mathrm{T}}\widetilde{\boldsymbol{F}}_i\widetilde{\boldsymbol{E}}_{ij}\tilde{\boldsymbol{x}}(t)+\tilde{\boldsymbol{x}}^{\mathrm{T}}(t)\widetilde{\boldsymbol{P}}\widetilde{\boldsymbol{D}}_i\widetilde{\boldsymbol{D}}_i^{\mathrm{T}}\widetilde{\boldsymbol{P}}\tilde{\boldsymbol{x}}(t)\\&\leqslant\tilde{\boldsymbol{x}}^{\mathrm{T}}(t)\widetilde{\boldsymbol{E}}_{ij}^{\mathrm{T}}\widetilde{\boldsymbol{E}}_{ij}\tilde{\boldsymbol{x}}(t)+\tilde{\boldsymbol{x}}^{\mathrm{T}}(t)\widetilde{\boldsymbol{P}}\widetilde{\boldsymbol{D}}_i\widetilde{\boldsymbol{D}}_i^{\mathrm{T}}\widetilde{\boldsymbol{P}}\tilde{\boldsymbol{x}}(t)\end{aligned}\tag{4.3.34}$$

将式(4.3.34)代入式(4.3.33)，可得

$$\begin{aligned}\dot{V}(t)\leqslant&\sum_{i=1}^{N}\sum_{j=1}^{N}\mu_i\mu_j\tilde{\boldsymbol{x}}^{\mathrm{T}}(t)\left(\widetilde{\boldsymbol{A}}_{ij}^{\mathrm{T}}\widetilde{\boldsymbol{P}}+\widetilde{\boldsymbol{P}}\widetilde{\boldsymbol{A}}_{ij}+\widetilde{\boldsymbol{E}}_{ij}^{\mathrm{T}}\widetilde{\boldsymbol{E}}_{ij}+\widetilde{\boldsymbol{P}}\widetilde{\boldsymbol{D}}_i\widetilde{\boldsymbol{D}}_i^{\mathrm{T}}\widetilde{\boldsymbol{P}}+\frac{1}{\rho^2}\widetilde{\boldsymbol{P}}\boldsymbol{E}_i\boldsymbol{E}_i^{\mathrm{T}}\widetilde{\boldsymbol{P}}\right)\tilde{\boldsymbol{x}}(t)\\&+\rho^2\widetilde{\boldsymbol{w}}^{\mathrm{T}}(t)\widetilde{\boldsymbol{w}}(t)\end{aligned}\tag{4.3.35}$$

由式(4.3.30)可得

$$\dot{V}(t) \leqslant -\widetilde{\boldsymbol{x}}^{\mathrm{T}}(t)\widetilde{\boldsymbol{Q}}\widetilde{\boldsymbol{x}}(t)+\rho^2\widetilde{\boldsymbol{w}}^{\mathrm{T}}(t)\widetilde{\boldsymbol{w}}(t) \tag{4.3.36}$$

用4.2.2节中同样的处理方法可得

$$\int_0^{t_f}\boldsymbol{e}_r^{\mathrm{T}}(t)\boldsymbol{Q}\boldsymbol{e}_r(t)\mathrm{d}t \leqslant \boldsymbol{e}_r^{\mathrm{T}}(0)\boldsymbol{P}\boldsymbol{e}_r(0)+\rho^2\int_0^{t_f}\widetilde{\boldsymbol{w}}^{\mathrm{T}}(t)\widetilde{\boldsymbol{w}}(t)\mathrm{d}t \tag{4.3.37}$$

因此对于给定的性能指标ρ^2,模糊控制器(4.3.27)取得了H^∞性能(4.3.4)。

下面将矩阵不等式(4.3.30)转变成线性矩阵不等式,给出求正定矩阵$\widetilde{\boldsymbol{P}}$的算法。

假设

$$\widetilde{\boldsymbol{P}}=\begin{bmatrix}\boldsymbol{P}_{11} & & \\ & \boldsymbol{P}_{22} & \\ & & \boldsymbol{P}_{33}\end{bmatrix} \tag{4.3.38}$$

将式(4.3.38)代入式(4.3.30),可得

$$\begin{bmatrix}\boldsymbol{S}_{11} & \boldsymbol{S}_{12} & \boldsymbol{0}\\ \boldsymbol{S}_{21} & \boldsymbol{S}_{22} & \boldsymbol{S}_{23}\\ \boldsymbol{0} & \boldsymbol{S}_{32} & \boldsymbol{S}_{33}\end{bmatrix}<\boldsymbol{0} \tag{4.3.39}$$

式中

$$\begin{aligned}
\boldsymbol{S}_{11}=&(\boldsymbol{A}_i-\boldsymbol{G}_i\boldsymbol{C}_j)^{\mathrm{T}}\boldsymbol{P}_{11}+\boldsymbol{P}_{11}(\boldsymbol{A}_i-\boldsymbol{G}_i\boldsymbol{C}_j)+\boldsymbol{K}_j^{\mathrm{T}}\boldsymbol{E}_{i2}^{\mathrm{T}}\boldsymbol{E}_{i2}\boldsymbol{K}_j\\
&+\boldsymbol{P}_{11}\boldsymbol{D}_i\boldsymbol{D}_i^{\mathrm{T}}\boldsymbol{P}_{11}+\frac{1}{\rho^2}\boldsymbol{P}_{11}\boldsymbol{P}_{11}\\
\boldsymbol{S}_{12}=&\boldsymbol{S}_{21}^{\mathrm{T}}=-(\boldsymbol{B}_i\boldsymbol{K}_j)^{\mathrm{T}}\boldsymbol{P}_{22}+(\boldsymbol{E}_{i2}\boldsymbol{K}_j)^{\mathrm{T}}\boldsymbol{E}_{i1}+\boldsymbol{P}_{11}\boldsymbol{P}_{22}\\
\boldsymbol{S}_{22}=&(\boldsymbol{A}_i+\boldsymbol{B}_i\boldsymbol{K}_j)^{\mathrm{T}}\boldsymbol{P}_{22}+\boldsymbol{P}_{22}(\boldsymbol{A}_i+\boldsymbol{B}_i\boldsymbol{K}_j)+\boldsymbol{E}_{i1}^{\mathrm{T}}\boldsymbol{E}_{i1}\\
&+(\boldsymbol{E}_{i1}+\boldsymbol{E}_{i2}\boldsymbol{K}_j)^{\mathrm{T}}(\boldsymbol{E}_{i1}+\boldsymbol{E}_{i2}\boldsymbol{K}_j)+\boldsymbol{P}_{22}\boldsymbol{D}_i\boldsymbol{D}_i^{\mathrm{T}}\boldsymbol{P}_{22}+\frac{1}{\rho^2}\boldsymbol{P}_{22}\boldsymbol{P}_{22}\\
\boldsymbol{S}_{23}=&\boldsymbol{S}_{32}^{\mathrm{T}}=-\boldsymbol{P}_{22}\boldsymbol{B}_i\boldsymbol{K}_j-(\boldsymbol{E}_{i1}+\boldsymbol{E}_{i2}\boldsymbol{K}_j)\boldsymbol{E}_{i2}\boldsymbol{K}_j\\
\boldsymbol{S}_{11}=&\boldsymbol{A}_r^{\mathrm{T}}\boldsymbol{P}_{33}+\boldsymbol{P}_{33}\boldsymbol{A}_r+(\boldsymbol{E}_{i2}\boldsymbol{K}_j)^{\mathrm{T}}\boldsymbol{E}_{i2}\boldsymbol{K}_j+\boldsymbol{P}_{33}\boldsymbol{D}_i\boldsymbol{D}_i^{\mathrm{T}}\boldsymbol{P}_{33}+\frac{1}{\rho^2}\boldsymbol{P}_{33}\boldsymbol{P}_{33}
\end{aligned}$$

由Schur分解原理可知,式(4.3.39)等价于

$$\begin{bmatrix}\boldsymbol{M}_{11} & \boldsymbol{P}_{11} & \boldsymbol{P}_{11}\boldsymbol{D}_i & \boldsymbol{M}_{41} & \boldsymbol{0} & \boldsymbol{0}\\ \boldsymbol{P}_{11} & -\rho^2\boldsymbol{I} & \boldsymbol{0} & \boldsymbol{0} & \boldsymbol{0} & \boldsymbol{0}\\ (\boldsymbol{P}_{11}\boldsymbol{D}_i)^{\mathrm{T}} & \boldsymbol{0} & -\boldsymbol{I} & \boldsymbol{0} & \boldsymbol{0} & \boldsymbol{0}\\ \boldsymbol{M}_{41}^{\mathrm{T}} & \boldsymbol{0} & \boldsymbol{0} & \boldsymbol{M}_{44} & \boldsymbol{M}_{45} & \boldsymbol{0}\\ \boldsymbol{0} & \boldsymbol{0} & \boldsymbol{0} & \boldsymbol{M}_{45}^{\mathrm{T}} & \boldsymbol{M}_{55} & \boldsymbol{P}_{33}\\ \boldsymbol{0} & \boldsymbol{0} & \boldsymbol{0} & \boldsymbol{0} & \boldsymbol{P}_{33} & -\left(\frac{1}{\rho^2}\boldsymbol{I}+\boldsymbol{D}_i\boldsymbol{D}_i^{\mathrm{T}}\right)^{-1}\end{bmatrix}<\boldsymbol{0} \tag{4.3.40}$$

式中

$$\begin{aligned}
\boldsymbol{M}_{11}&=\boldsymbol{A}_i^{\mathrm{T}}\boldsymbol{P}_{11}+\boldsymbol{P}_{11}\boldsymbol{A}_i-(\boldsymbol{G}_i\boldsymbol{C}_j)^{\mathrm{T}}\boldsymbol{P}_{11}+\boldsymbol{P}_{11}\boldsymbol{G}_i\boldsymbol{C}_j+\boldsymbol{K}_j^{\mathrm{T}}\boldsymbol{E}_{i2}^{\mathrm{T}}\boldsymbol{E}_{i2}\boldsymbol{K}_j\\
\boldsymbol{M}_{41}&=\boldsymbol{M}_{41}^{\mathrm{T}}=\boldsymbol{S}_{12},\quad \boldsymbol{M}_{44}=\boldsymbol{S}_{22},\quad \boldsymbol{M}_{45}=\boldsymbol{M}_{54}^{\mathrm{T}}=\boldsymbol{S}_{23}\\
\boldsymbol{M}_{55}&=\boldsymbol{A}_r^{\mathrm{T}}\boldsymbol{P}_{33}+\boldsymbol{P}_{33}\boldsymbol{A}_r+(\boldsymbol{E}_{i2}\boldsymbol{K}_j)^{\mathrm{T}}\boldsymbol{E}_{i2}\boldsymbol{K}_j
\end{aligned}$$

式(4.3.40)中涉及五个参数$\boldsymbol{P}_{11}$、$\boldsymbol{P}_{22}$、$\boldsymbol{P}_{33}$、$\boldsymbol{K}_j$和$\boldsymbol{G}_i$,也没有有效的算法直接求解。下

面介绍一种求解方法，具体步骤如下：

(1) 由式(4.3.40)推出

$$\boldsymbol{M}_{44} < \boldsymbol{0}$$

即

$$(\boldsymbol{A}_i+\boldsymbol{B}_i\boldsymbol{K}_j)^{\mathrm{T}}\boldsymbol{P}_{22}+\boldsymbol{P}_{22}(\boldsymbol{A}_i+\boldsymbol{B}_i\boldsymbol{K}_j)+\boldsymbol{E}_{i1}^{\mathrm{T}}\boldsymbol{E}_{i1}$$
$$+(\boldsymbol{E}_{i1}+\boldsymbol{E}_{i2}\boldsymbol{K}_j)^{\mathrm{T}}(\boldsymbol{E}_{i1}+\boldsymbol{E}_{i2}\boldsymbol{K}_j)+\boldsymbol{P}_{22}\boldsymbol{D}_i\boldsymbol{D}_i^{\mathrm{T}}\boldsymbol{P}_{22}+\frac{1}{\rho^2}\boldsymbol{P}_{22}\boldsymbol{P}_{22}<\boldsymbol{0} \quad (4.3.41)$$

如果令 $\boldsymbol{W}_{22}=\boldsymbol{P}_{22}^{-1}$ 且 $\boldsymbol{Y}_j=\boldsymbol{K}_j\boldsymbol{W}_{22}$，则式(4.3.41)等价于

$$\boldsymbol{W}_{22}\boldsymbol{A}_i^{\mathrm{T}}+\boldsymbol{A}_i\boldsymbol{W}_{22}+\boldsymbol{B}_i\boldsymbol{Y}_j+\boldsymbol{Y}_j^{\mathrm{T}}\boldsymbol{B}_i^{\mathrm{T}}+\frac{1}{\rho^2}\boldsymbol{I}+\boldsymbol{D}_i\boldsymbol{D}_i^{\mathrm{T}}+\boldsymbol{W}_{22}(\boldsymbol{E}_{i1}^{\mathrm{T}}\boldsymbol{E}_{i1}+\boldsymbol{Q})\boldsymbol{W}_{22}$$
$$+(\boldsymbol{E}_{i1}\boldsymbol{W}_{22}+\boldsymbol{E}_{i2}\boldsymbol{Y}_j)^{\mathrm{T}}(\boldsymbol{E}_{i1}\boldsymbol{W}_{22}+\boldsymbol{E}_{i2}\boldsymbol{Y}_j)<\boldsymbol{0} \quad (4.3.42)$$

由 Schur 分解原理可知，式(4.3.42)等价于如下的线性矩阵不等式：

$$\begin{bmatrix} \boldsymbol{\Psi}_{ij} & \boldsymbol{W}_{22} & \boldsymbol{E}_{i1}\boldsymbol{W}_{22}+\boldsymbol{E}_{i2}\boldsymbol{Y}_j \\ \boldsymbol{W}_{22}^{\mathrm{T}} & -(\boldsymbol{E}_{i1}^{\mathrm{T}}\boldsymbol{E}_{i1}+\boldsymbol{Q})^{-1} & \boldsymbol{0} \\ (\boldsymbol{E}_{i1}\boldsymbol{W}_{22}+\boldsymbol{E}_{i2}\boldsymbol{Y}_j)^{\mathrm{T}} & \boldsymbol{0} & -\boldsymbol{I} \end{bmatrix}<\boldsymbol{0} \quad (4.3.43)$$

式中

$$\boldsymbol{\Psi}_{ij}=\boldsymbol{W}_{22}\boldsymbol{A}_i^{\mathrm{T}}+\boldsymbol{A}_i\boldsymbol{W}_{22}+\boldsymbol{B}_i\boldsymbol{Y}_j+\boldsymbol{Y}_j^{\mathrm{T}}\boldsymbol{B}_i^{\mathrm{T}}+\frac{1}{\rho^2}\boldsymbol{I}+\boldsymbol{D}_i\boldsymbol{D}_i^{\mathrm{T}}$$

参数 $\boldsymbol{W}_{22}$ 和 $\boldsymbol{Y}_j$（即 $\boldsymbol{P}_{22}=\boldsymbol{W}_{22}^{-1}$ 和 $\boldsymbol{K}_j=\boldsymbol{Y}_j\boldsymbol{W}_{22}^{-1}$）可以通过解线性矩阵不等式(4.3.43)获得。

(2) 将 $\boldsymbol{P}_{22}$ 和 $\boldsymbol{K}_j$ 代入式(4.3.41)，则式(4.3.41)变成一个标准的线性矩阵不等式。

类似地，可以从式(4.3.41)解出 $\boldsymbol{P}_{11}$、$\boldsymbol{P}_{33}$ 和 $\boldsymbol{G}_i$。

4.4　模糊互联大系统的跟踪分散鲁棒控制

本节应用模糊 T-S 模型对一类非线性互联大系统进行模糊建模，介绍状态反馈和输出反馈的模糊鲁棒跟踪分散控制策略，并基于 Lyapunov 函数方法给出保证模糊闭环系统稳定的充分条件。

4.4.1　模型描述及控制问题

考虑由 N 个子系统 $S_i(i=1,2,\cdots,N)$ 组成的一类非线性互联大系统 S，采用模糊 T-S 模型对其进行如下模糊建模。

第 i 个子系统的模糊规则 k：如果 $z_{i1}(t)$ 是 F_{k1}，…，$z_{in_i}(t)$ 是 F_{kn_i}，则有

$$\dot{\boldsymbol{x}}_i(t)=\boldsymbol{A}_{ik}\boldsymbol{x}_i(t)+\boldsymbol{B}_{ik}\boldsymbol{u}_i(t)+\sum_{j=1,j\neq i}^{N}\boldsymbol{A}_{ijk}\boldsymbol{x}_j(t)+\boldsymbol{w}_i(t),\quad k=1,2,\cdots,L \quad (4.4.1)$$
$$\boldsymbol{y}_i(t)=\boldsymbol{C}_{ik}\boldsymbol{x}_i(t)+\boldsymbol{v}_i(t) \quad (4.4.2)$$

式中，$\boldsymbol{x}_i(t)\in\mathbf{R}^{n_i}$ 是第 i 个子系统的状态变量；$\boldsymbol{u}_i(t)\in\mathbf{R}^{m_i}$ 和 $\boldsymbol{u}_i(t)\in\mathbf{R}^{p_i}$ 分别是第 i 个子系统的控制输入和输出；$\boldsymbol{w}_i(t)\in\mathbf{R}^{m_i}$ 是系统的有界扰动向量；$\boldsymbol{v}_i(t)\in\mathbf{R}^{p_i}$ 是有界测量噪声；$\boldsymbol{A}_{ik}\in\mathbf{R}^{n_i\times n_i}$、$\boldsymbol{B}_{ik}\in\mathbf{R}^{n_i\times m_i}$ 和 $\boldsymbol{C}_{ik}\in\mathbf{R}^{p_i\times n_i}$ 是第 i 个子系统的系统矩阵、输入矩阵和输出矩阵；$\boldsymbol{A}_{ijk}\in$

$\mathbf{R}^{n_i \times n_i}$是第 i 个子系统与第 $j\,(j \neq i)$个子系统之间的互联项。

通过单点模糊化、乘积推理和中心平均加权反模糊化，得到第 i 个子系统的全局模型为

$$\dot{\boldsymbol{x}}_i(t) = \sum_{k=1}^{L} \boldsymbol{\mu}_k(z_i(t))(\boldsymbol{A}_{ik}\boldsymbol{x}_i(t) + \boldsymbol{B}_{ik}\boldsymbol{u}_i(t) + \sum_{j=1, j\neq i}^{N} \boldsymbol{A}_{ijk}\boldsymbol{x}_j(t) + \boldsymbol{w}_i(t)) \tag{4.4.3}$$

$$\boldsymbol{y}_i(t) = \sum_{k=1}^{L} \boldsymbol{\mu}_k(z_i(t))\boldsymbol{C}_{ik}\boldsymbol{x}_i(t) + \boldsymbol{v}_i(t) \tag{4.4.4}$$

考虑 i 个子系统，给定参考模型如下：

$$\dot{\boldsymbol{x}}_{ri}(t) = \boldsymbol{A}_{ri}\boldsymbol{x}_{ri}(t) + \boldsymbol{r}_i(t) \tag{4.4.5}$$

式中，$\boldsymbol{A}_{ri}$是系统的稳定矩阵；$\boldsymbol{x}_{ri}(t)$是参考模型的状态变量；$\boldsymbol{r}_i(t)$是有界的参考输入。

考虑 H^∞ 控制性能与模糊跟踪误差 $\boldsymbol{e}_i(t) = \boldsymbol{x}_i(t) - \boldsymbol{x}_{ri}(t)$的关系如下：

$$\int_0^{t_f} [(\boldsymbol{x}_i(t) - \boldsymbol{x}_{ri}(t))^{\mathrm{T}}\boldsymbol{Q}_i(\boldsymbol{x}_i(t) - \boldsymbol{x}_{ri}(t))]\mathrm{d}t \leqslant \rho^2 \int_0^{t_f} \bar{\boldsymbol{w}}_i(t)^{\mathrm{T}}\bar{\boldsymbol{w}}_i(t)\mathrm{d}t \tag{4.4.6}$$

式中，$\bar{\boldsymbol{w}}_i(t) = [\boldsymbol{w}_i(t), \boldsymbol{r}_i(t)]^{\mathrm{T}}$；$\boldsymbol{Q}_i$ 是正定对称加权矩阵；ρ 是衰减水平。

控制目标是设计模糊分散控制器使得闭环模糊系统(4.4.3)稳定，而且能够实现 H^∞ 跟踪控制性能(4.4.6)。

4.4.2 模糊状态反馈分散控制

根据平行分布补偿算法，设计模糊分散控制器为

$$\boldsymbol{u}_i(t) = \sum_{k=1}^{L} \mu_k(\boldsymbol{z}_i(t))[\boldsymbol{K}_{ik}(\boldsymbol{x}_i(t) - \boldsymbol{x}_{ri}(t))] \tag{4.4.7}$$

式中，$\boldsymbol{K}_{ik}$ 为反馈增益矩阵。那么，由式(4.4.3)和(4.4.5)可得

$$\begin{aligned}\dot{\boldsymbol{x}}_i(t) = &\sum_{k=1}^{L}\sum_{m=1}^{L} \mu_k(\boldsymbol{z}_i(t))\mu_m(\boldsymbol{z}_i(t)) \\ &\times \Big[(\boldsymbol{A}_{ik} + \boldsymbol{B}_{ik}\boldsymbol{K}_{im})\boldsymbol{x}_i(t) - \boldsymbol{B}_{ik}\boldsymbol{K}_{im}\boldsymbol{x}_{ri}(t) + \sum_{j=1, j\neq i}^{N} \boldsymbol{A}_{ijk}\boldsymbol{x}_j(t) + \boldsymbol{w}_i(t)\Big]\end{aligned} \tag{4.4.8}$$

定义增广向量 $\bar{\boldsymbol{x}}_i(t) = [\boldsymbol{x}_i^{\mathrm{T}}(t), \boldsymbol{x}_{ri}^{\mathrm{T}}(t)]^{\mathrm{T}}$，则系统(4.4.5)和(4.4.8)可表示为复合系统

$$\dot{\bar{\boldsymbol{x}}}_i(t) = \sum_{j=1, j\neq i}^{N}\sum_{k=1}^{L}\sum_{m=1}^{L} \mu_k(\boldsymbol{z}_i(t))\mu_m(\boldsymbol{z}_i(t)) \times (\bar{\boldsymbol{A}}_{ikm}\bar{\boldsymbol{x}}_i(t) + \bar{\boldsymbol{B}}_{ijk}\bar{\boldsymbol{x}}_j(t) + \bar{\boldsymbol{w}}_i(t)) \tag{4.4.9}$$

式中

$$\bar{\boldsymbol{A}}_{ikm} = \begin{bmatrix} \boldsymbol{A}_{ik} + \boldsymbol{B}_{ik}\boldsymbol{K}_{im} & -\boldsymbol{B}_{ik}\boldsymbol{K}_{im} \\ \boldsymbol{0} & \boldsymbol{A}_{ri} \end{bmatrix}, \quad \bar{\boldsymbol{B}}_{ijk} = \begin{bmatrix} \boldsymbol{A}_{ijk} & \boldsymbol{0} \\ \boldsymbol{0} & \boldsymbol{0} \end{bmatrix}, \quad \bar{\boldsymbol{w}}_i(t) = \begin{bmatrix} \boldsymbol{w}_i(t) \\ \boldsymbol{r}_i(t) \end{bmatrix}$$

如果考虑初始条件，H^∞ 跟踪性能(4.4.6)可表示为

$$\begin{aligned}&\int_0^{t_f} [(\boldsymbol{x}_i(t) - \boldsymbol{x}_{ri}(t))^{\mathrm{T}}\boldsymbol{Q}_i(\boldsymbol{x}_i(t) - \boldsymbol{x}_{ri}(t))]\mathrm{d}t \\ &= \int_0^{t_f} \bar{\boldsymbol{x}}_i^{\mathrm{T}}(t)\bar{\boldsymbol{Q}}_i\bar{\boldsymbol{x}}_i(t)\mathrm{d}t \leqslant \bar{\boldsymbol{x}}_i^{\mathrm{T}}(0)\bar{\boldsymbol{P}}_i\bar{\boldsymbol{x}}_i(0) + \rho^2 \int_0^{t_f} \bar{\boldsymbol{w}}_i(t)^{\mathrm{T}}\bar{\boldsymbol{w}}_i(t)\mathrm{d}t\end{aligned} \tag{4.4.10}$$

式中，$\bar{\boldsymbol{P}}_i$ 是正定对称矩阵；$\bar{\boldsymbol{Q}}_i = \begin{bmatrix} \boldsymbol{Q}_i & -\boldsymbol{Q}_i \\ -\boldsymbol{Q}_i & \boldsymbol{Q}_i \end{bmatrix}$。

定理 4.4.1　对于增广系统(4.4.9)，给定常数 ρ 和矩阵 $\bar{\boldsymbol{Q}}_i$，如果存在正定对称矩阵 $\bar{\boldsymbol{P}}_i$，使得矩阵不等式

$$\begin{bmatrix} \bar{\boldsymbol{A}}_{ikm}^{\mathrm{T}}\bar{\boldsymbol{P}}_i+\bar{\boldsymbol{P}}_i\bar{\boldsymbol{A}}_{ikm}+\bar{\boldsymbol{Q}}_i & \bar{\boldsymbol{P}}_i\bar{\boldsymbol{B}}_{ijk} & \bar{\boldsymbol{P}}_i \\ \bar{\boldsymbol{B}}_{ijk}^{\mathrm{T}}\bar{\boldsymbol{P}}_i & \boldsymbol{0} & \boldsymbol{0} \\ \bar{\boldsymbol{P}}_i & \boldsymbol{0} & -\rho^2\boldsymbol{I} \end{bmatrix}\leqslant\boldsymbol{0} \tag{4.4.11}$$

$$i,j=1,2,\cdots,N(j\neq i);k,m=1,2,\cdots,L$$

成立，则状态反馈模糊分散控制器(4.4.7)使得整个模糊互联大系统是最终一致有界的，且取得 H^∞ 跟踪性能(4.4.10)。

证明　选择 Lyapunov 函数为

$$V_i(t)=\bar{\boldsymbol{x}}_i^{\mathrm{T}}(t)\bar{\boldsymbol{P}}_i\bar{\boldsymbol{x}}_i(t),\quad i=1,2,\cdots,N \tag{4.4.12}$$

式中，$\bar{P}_i$ 为正定对称矩阵。那么，整个互联大系统的 Lyapunov 函数为

$$V(t)=\sum_{i=1}^{N}V_i(t)=\sum_{i=1}^{N}\bar{\boldsymbol{x}}_i^{\mathrm{T}}(t)\bar{\boldsymbol{P}}_i\bar{\boldsymbol{x}}_i(t) \tag{4.4.13}$$

求 $V(t)$ 的时间导数，并将式(4.4.9)代入得到

$$\begin{aligned}\dot{V}(t)&=\sum_{i=1}^{N}(\dot{\bar{\boldsymbol{x}}}_i^{\mathrm{T}}(t)\bar{\boldsymbol{P}}_i\bar{\boldsymbol{x}}_i(t)+\bar{\boldsymbol{x}}_i^{\mathrm{T}}(t)\bar{\boldsymbol{P}}_i\dot{\bar{\boldsymbol{x}}}_i(t))\\&=\sum_{i=1}^{N}\sum_{j=1,j\neq i}^{N}\sum_{k=1}^{L}\sum_{m=1}^{L}\mu_k(\boldsymbol{z}_i(t))\mu_m(\boldsymbol{z}_i(t))[(\bar{\boldsymbol{A}}_{ikm}\bar{\boldsymbol{x}}_i(t)+\bar{\boldsymbol{B}}_{ijk}\bar{\boldsymbol{x}}_j(t)+\bar{\boldsymbol{w}}_i(t))^{\mathrm{T}}\bar{\boldsymbol{P}}_i\bar{\boldsymbol{x}}_i(t)\\&\quad+\bar{\boldsymbol{x}}_i^{\mathrm{T}}(t)\bar{\boldsymbol{P}}_i(\bar{\boldsymbol{A}}_{ikm}\bar{\boldsymbol{x}}_i(t)+\bar{\boldsymbol{B}}_{ijk}\bar{\boldsymbol{x}}_j(t)+\bar{\boldsymbol{w}}_i(t))]\end{aligned} \tag{4.4.14}$$

在式(4.4.14)中同时减去再加上 $\rho^2\sum_{i=1}^{N}\bar{\boldsymbol{w}}_i^{\mathrm{T}}(t)\bar{\boldsymbol{w}}_i(t)$ 和 $(1/\rho^2)\sum_{i=1}^{N}\bar{\boldsymbol{x}}_i^{\mathrm{T}}(t)\bar{\boldsymbol{P}}_i\bar{\boldsymbol{P}}_i\bar{\boldsymbol{x}}_i(t)$，可得

$$\begin{aligned}\dot{V}(t)&=\sum_{i=1}^{N}\sum_{j=1,j\neq i}^{N}\sum_{k=1}^{L}\sum_{m=1}^{L}\mu_k(\boldsymbol{z}_i(t))\mu_m(\boldsymbol{z}_i(t))\\&\quad\times[(\bar{\boldsymbol{A}}_{ikm}\bar{\boldsymbol{x}}_i(t)+\bar{\boldsymbol{B}}_{ijk}\bar{\boldsymbol{x}}_j(t))^{\mathrm{T}}\bar{\boldsymbol{P}}_i\bar{\boldsymbol{x}}_i(t)+\bar{\boldsymbol{x}}_i^{\mathrm{T}}(t)\bar{\boldsymbol{P}}_i(\bar{\boldsymbol{A}}_{ikm}\bar{\boldsymbol{x}}_i(t)+\bar{\boldsymbol{B}}_{ijk}\bar{\boldsymbol{x}}_j(t))]\\&\quad-\sum_{i=1}^{N}(\overline{\boldsymbol{Px}}_i(t)/\rho-\rho\bar{\boldsymbol{w}}_i(t))^{\mathrm{T}}\times(\overline{\boldsymbol{Px}}_i(t)/\rho-\rho\bar{\boldsymbol{w}}_i(t))\\&\quad+\sum_{i=1}^{N}[(1/\rho^2)\bar{\boldsymbol{x}}_i^{\mathrm{T}}(t)\bar{\boldsymbol{P}}_i\bar{\boldsymbol{P}}_i\bar{\boldsymbol{x}}_i(t)+\rho^2\bar{\boldsymbol{w}}_i^{\mathrm{T}}(t)\bar{\boldsymbol{w}}_i(t)]\\&\leqslant\sum_{i=1}^{N}\sum_{j=1,j\neq i}^{N}\sum_{k=1}^{L}\sum_{m=1}^{L}\mu_k(\boldsymbol{z}_i(t))\mu_m(\boldsymbol{z}_i(t))\\&\quad\times[(\bar{\boldsymbol{A}}_{ikm}\bar{\boldsymbol{x}}_i(t)+\bar{\boldsymbol{B}}_{ijk}\bar{\boldsymbol{x}}_j(t))^{\mathrm{T}}\bar{\boldsymbol{P}}_i\bar{\boldsymbol{x}}_i(t)+\bar{\boldsymbol{x}}_i^{\mathrm{T}}(t)\bar{\boldsymbol{P}}_i(\bar{\boldsymbol{A}}_{ikm}\bar{\boldsymbol{x}}_i(t)+\bar{\boldsymbol{B}}_{ijk}\bar{\boldsymbol{x}}_j(t))]\\&\quad+\sum_{i=1}^{N}[(1/\rho^2)\bar{\boldsymbol{x}}_i^{\mathrm{T}}(t)\bar{\boldsymbol{P}}_i\bar{\boldsymbol{P}}_i\bar{\boldsymbol{x}}_i(t)+\rho^2\bar{\boldsymbol{w}}_i^{\mathrm{T}}(t)\bar{\boldsymbol{w}}_i(t)]\\&=\sum_{i=1}^{N}\sum_{j=1,j\neq i}^{N}\sum_{k=1}^{L}\sum_{m=1}^{L}\mu_k(\boldsymbol{z}_i(t))\mu_m(\boldsymbol{z}_i(t))\begin{bmatrix}\bar{\boldsymbol{x}}_i(t)\\ \bar{\boldsymbol{x}}_j(t)\end{bmatrix}^{\mathrm{T}}\begin{bmatrix}\bar{\boldsymbol{A}}_{ikm}^{\mathrm{T}}\bar{\boldsymbol{P}}_i+\bar{\boldsymbol{P}}_i\bar{\boldsymbol{A}}_{ikm} & \bar{\boldsymbol{P}}_i\bar{\boldsymbol{B}}_{ijk}\\ \bar{\boldsymbol{B}}_{ijk}^{\mathrm{T}}\bar{P}_i & \boldsymbol{0}\end{bmatrix}\begin{bmatrix}\bar{\boldsymbol{x}}_i(t)\\ \bar{\boldsymbol{x}}_j(t)\end{bmatrix}\\&\quad+\sum_{i=1}^{N}[(1/\rho^2)\bar{\boldsymbol{x}}_i^{\mathrm{T}}(t)\bar{\boldsymbol{P}}_i\bar{\boldsymbol{P}}_i\bar{\boldsymbol{x}}_i(t)+\rho^2\bar{\boldsymbol{w}}_i^{\mathrm{T}}(t)\bar{\boldsymbol{w}}_i(t)]\end{aligned} \tag{4.4.15}$$

应用 Schur 分解原理，由式(4.4.11)可得

$$\begin{bmatrix} \bar{\boldsymbol{A}}_{ikm}^{\mathrm{T}}\bar{\boldsymbol{P}}_i+\bar{\boldsymbol{P}}_i\bar{\boldsymbol{A}}_{ikm} & \bar{\boldsymbol{P}}_i\bar{\boldsymbol{B}}_{ijk} \\ \bar{\boldsymbol{B}}_{ijk}^{\mathrm{T}}\bar{\boldsymbol{P}}_i & \boldsymbol{0} \end{bmatrix} \leqslant -\begin{bmatrix} \bar{\boldsymbol{Q}}_i+\bar{\boldsymbol{P}}_i\bar{\boldsymbol{P}}_i/\rho^2 & \boldsymbol{0} \\ \boldsymbol{0} & \boldsymbol{0} \end{bmatrix} \tag{4.4.16}$$

把式(4.4.16)代入式(4.4.15),可得

$$\begin{aligned} \dot{V}(t) &\leqslant -\sum_{i=1}^{N}\bar{\boldsymbol{x}}_i^{\mathrm{T}}(t)(\bar{\boldsymbol{Q}}_i+\bar{\boldsymbol{P}}_i\bar{\boldsymbol{P}}_i/\rho^2)\bar{\boldsymbol{x}}_i(t)+\sum_{i=1}^{N}[(1/\rho^2)\bar{\boldsymbol{x}}_i^{\mathrm{T}}(t)\bar{\boldsymbol{P}}_i\bar{\boldsymbol{P}}_i\bar{\boldsymbol{x}}_i(t)+\rho^2\bar{\boldsymbol{w}}_i^{\mathrm{T}}(t)\bar{\boldsymbol{w}}_i(t)] \\ &= \sum_{i=1}^{N}(-\bar{\boldsymbol{x}}_i^{\mathrm{T}}(t)\bar{\boldsymbol{Q}}_i\bar{\boldsymbol{x}}_i(t)+\rho^2\bar{\boldsymbol{w}}_i^{\mathrm{T}}(t)\bar{\boldsymbol{w}}_i(t)) \end{aligned} \tag{4.4.17}$$

由于扰动向量 $\boldsymbol{w}_i(t)$ 和参考输入 $\boldsymbol{r}_i(t)$ 是有界的,令 $\|\bar{\boldsymbol{w}}_i(t)\|\leqslant\bar{w}_{ib}$,则有

$$\dot{V}(t)\leqslant\sum_{i=1}^{N}(-\lambda_{\min}(\bar{\boldsymbol{Q}}_i)\bar{\boldsymbol{x}}_i^{\mathrm{T}}(t)\bar{\boldsymbol{x}}_i(t)+\rho^2\bar{w}_{ib}^2) \tag{4.4.18}$$

可见只要 $\|\bar{\boldsymbol{x}}_i(t)\|>\rho\bar{w}_{ib}/\sqrt{\lambda_{\min}(\bar{\boldsymbol{Q}}_i)}$,就有 $\dot{V}(t)\leqslant 0$,即整个互联大系统是最终一致有界的。

从 $t=0$ 到 $t=t_f$ 对式(4.4.18)积分,可得

$$\int_0^{t_f}\bar{\boldsymbol{x}}_i^{\mathrm{T}}(t)\bar{\boldsymbol{Q}}_i\bar{\boldsymbol{x}}_i(t)\mathrm{d}t\leqslant\bar{\boldsymbol{x}}_i^{\mathrm{T}}(0)\bar{\boldsymbol{P}}_i\bar{\boldsymbol{x}}_i(0)+\rho^2\int_0^{t_f}\bar{\boldsymbol{w}}_i(t)^{\mathrm{T}}\bar{\boldsymbol{w}}_i(t)\mathrm{d}t \tag{4.4.19}$$

因此,对于给定的性能指标 ρ^2,状态反馈模糊分散控制实现了 H^∞ 跟踪性能指标(4.4.10)。

推论 4.4.1 对于增广系统(4.4.9),如果存在正定对称矩阵 $\bar{\boldsymbol{P}}_i$,使矩阵不等式(4.4.11)成立,那么当 $\boldsymbol{w}_i(t)=\boldsymbol{0}$ 时,状态反馈模糊分散控制器(4.4.7)使得增广系统(4.4.9)二次稳定,即整个互联大系统在 Lyapunov 意义下渐近稳定。

下面给出将(4.4.11)转化成等价的线性矩阵不等式的具体步骤。

首先,引入变量 $\bar{\boldsymbol{W}}_i=\bar{\boldsymbol{P}}_i^{-1}$,在式(4.4.11)左右两侧同时乘以 $\mathrm{diag}(\bar{\boldsymbol{W}}_i,\boldsymbol{I},\boldsymbol{I})$,并利用 Schur 分解原理,得到式(4.4.11)等价于下面的矩阵不等式:

$$\begin{bmatrix} \bar{\boldsymbol{W}}_i\bar{\boldsymbol{A}}_{ikm}^{\mathrm{T}}+\bar{\boldsymbol{A}}_{ikm}\bar{\boldsymbol{W}}_i & \bar{\boldsymbol{W}}_i\bar{\boldsymbol{Q}}_i^{1/2} & \bar{\boldsymbol{B}}_{ijk} & \boldsymbol{I} \\ (\bar{\boldsymbol{Q}}_i^{1/2})^{\mathrm{T}}\bar{\boldsymbol{W}}_i & -\boldsymbol{I} & \boldsymbol{0} & \boldsymbol{0} \\ \bar{\boldsymbol{B}}_{ijk}^{\mathrm{T}} & \boldsymbol{0} & \boldsymbol{0} & \boldsymbol{0} \\ \boldsymbol{I} & \boldsymbol{0} & \boldsymbol{0} & -\rho^2\boldsymbol{I} \end{bmatrix}\leqslant\boldsymbol{0} \tag{4.4.20}$$

为设计方便,选择 $\bar{\boldsymbol{P}}_i$ 和 $\bar{\boldsymbol{W}}_i$ 为

$$\bar{\boldsymbol{P}}_i=\begin{bmatrix} \bar{\boldsymbol{P}}_{i11} & \boldsymbol{0} \\ \boldsymbol{0} & \bar{\boldsymbol{P}}_{i11} \end{bmatrix},\quad \bar{\boldsymbol{W}}_i=\begin{bmatrix} \bar{\boldsymbol{W}}_{i11} & \boldsymbol{0} \\ \boldsymbol{0} & \bar{\boldsymbol{W}}_{i11} \end{bmatrix}$$

式中,$\bar{\boldsymbol{P}}_{i11}=\bar{\boldsymbol{P}}_{i11}^{\mathrm{T}}>0$;$\bar{\boldsymbol{W}}_{i11}=\bar{\boldsymbol{P}}_{i11}^{-1}$。

引入变量 $\boldsymbol{M}_{im}=\boldsymbol{K}_{im}\bar{\boldsymbol{W}}_{i11}$,则式(4.4.20)等价于下面的线性矩阵不等式:

$$\boldsymbol{H}_i(\bar{\boldsymbol{W}}_{i11},\boldsymbol{M}_{im})=\begin{bmatrix} \boldsymbol{\Phi}_{i11} & \boldsymbol{\Phi}_{i12} & \boldsymbol{\Phi}_{i13} & \bar{\boldsymbol{I}} \\ \boldsymbol{\Phi}_{i12}^{\mathrm{T}} & -\bar{\boldsymbol{I}} & \boldsymbol{0} & \boldsymbol{0} \\ \boldsymbol{\Phi}_{i13}^{\mathrm{T}} & \boldsymbol{0} & \boldsymbol{0} & \boldsymbol{0} \\ \bar{\boldsymbol{I}} & \boldsymbol{0} & \boldsymbol{0} & -\rho^2\bar{\boldsymbol{I}} \end{bmatrix}\leqslant\boldsymbol{0} \tag{4.4.21}$$

式中

$$\boldsymbol{\Phi}_{i11}=\begin{bmatrix}\overline{\boldsymbol{W}}_{i11}\boldsymbol{A}_{ik}^{\mathrm{T}}+\boldsymbol{M}_{im}^{\mathrm{T}}\boldsymbol{B}_{ik}^{\mathrm{T}}+\boldsymbol{A}_{ik}\overline{\boldsymbol{W}}_{i11}+\boldsymbol{B}_{ik}\boldsymbol{M}_{im} & -\boldsymbol{B}_{ik}\boldsymbol{M}_{im}\\ -\boldsymbol{M}_{im}^{\mathrm{T}}\boldsymbol{B}_{ik}^{\mathrm{T}} & \overline{\boldsymbol{W}}_{i11}\boldsymbol{A}_{ri}^{\mathrm{T}}+\boldsymbol{A}_{ri}\overline{\boldsymbol{W}}_{i11}\end{bmatrix}$$

$$\boldsymbol{\Phi}_{i12}=\begin{bmatrix}\overline{\boldsymbol{W}}_{i11}\boldsymbol{Q}_{i11} & \overline{\boldsymbol{W}}_{i11}\boldsymbol{Q}_{i12}\\ \overline{\boldsymbol{W}}_{i11}\boldsymbol{Q}_{i21} & \overline{\boldsymbol{W}}_{i11}\boldsymbol{Q}_{i22}\end{bmatrix},\quad \boldsymbol{\Phi}_{i13}=\begin{bmatrix}\boldsymbol{A}_{ijk} & \boldsymbol{0}\\ \boldsymbol{0} & \boldsymbol{0}\end{bmatrix}$$

$$\begin{bmatrix}\boldsymbol{Q}_{i11} & \boldsymbol{Q}_{i12}\\ \boldsymbol{Q}_{i21} & \boldsymbol{Q}_{i22}\end{bmatrix}=\overline{\boldsymbol{Q}}_i^{1/2},\quad \overline{\boldsymbol{I}}=\begin{bmatrix}\boldsymbol{I} & \boldsymbol{0}\\ \boldsymbol{0} & \boldsymbol{I}\end{bmatrix}$$

如果式(4.4.21)存在正定解 $\boldsymbol{W}_{i11}$，那么整个闭环互联大系统是最终一致有界的，且取得 H^{∞} 跟踪性能(4.4.10)。

模糊互联大系统(4.4.9)的 H^{∞} 最优化设计可以表示为如下最优化约束问题：

$$\min_{\boldsymbol{W}_{i11}>0,\boldsymbol{M}_{im}}\rho^2,\text{满足}$$

$$\begin{cases}\overline{\boldsymbol{W}}_{i11}=\overline{\boldsymbol{W}}_{i11}^{\mathrm{T}}>\boldsymbol{0}\\ H_i(\overline{\boldsymbol{W}}_{i11},\boldsymbol{M}_{im})\leqslant\boldsymbol{0}\end{cases}\tag{4.4.22}$$

通过求解式(4.4.22)得到矩阵 $\overline{\boldsymbol{W}}_{i11}$ 和 $\boldsymbol{M}_{im}$，进而求得反馈增益矩阵 $\boldsymbol{K}_{im}=\boldsymbol{M}_{im}\overline{\boldsymbol{W}}_{i11}^{-1}$。此问题也称为特征值问题，可以通过凸最优化算法得到有效的解决。

4.4.3　基于观测器的输出反馈分散控制

根据平行分布补偿算法，对于第 i 个模糊 T-S 子系统(4.4.3)，设计模糊状态观测器为

$$\dot{\hat{\boldsymbol{x}}}_i(t)=\sum_{k=1}^{L}\mu_k(\boldsymbol{z}_i(t))\Big[\boldsymbol{A}_{ik}\hat{\boldsymbol{x}}_i(t)+\boldsymbol{B}_{ik}\mu_i(t)+\sum_{j=1,j\neq i}^{N}\boldsymbol{A}_{ijk}\hat{\boldsymbol{x}}_j(t)+\boldsymbol{G}_{ik}(\boldsymbol{y}_i(t)-\hat{\boldsymbol{y}}_i(t))\Big]\tag{4.4.23}$$

$$\hat{\boldsymbol{y}}_i(t)=\sum_{k=1}^{L}\mu_k(\boldsymbol{z}_i(t))\boldsymbol{C}_{ik}\hat{\boldsymbol{x}}_i(t)\tag{4.4.24}$$

式中，$\boldsymbol{G}_{ik}$ 是待定的观测器增益矩阵。

基于观测器的输出反馈模糊分散控制器为

$$\boldsymbol{u}_i(t)=\sum_{m=1}^{L}\mu_m(\boldsymbol{z}_i(t))[\boldsymbol{K}_{im}(\hat{\boldsymbol{x}}_i(t)-\boldsymbol{x}_{ri}(t))]\tag{4.4.25}$$

观测误差定义为

$$\boldsymbol{e}_i(t)=\boldsymbol{x}_i(t)-\hat{\boldsymbol{x}}_i(t)\tag{4.4.26}$$

由系统(4.4.3)、(4.4.23)和(4.4.25)，得到观测误差的闭环系统方程为

$$\dot{\boldsymbol{e}}_i(t)=\sum_{j=1,j\neq i}^{N}\sum_{k=1}^{L}\mu_k(\boldsymbol{z}_i(t))\sum_{m=1}^{L}\mu_m(\boldsymbol{z}_i(t))[(\boldsymbol{A}_{ik}-\boldsymbol{G}_{ik}\boldsymbol{C}_{im})\boldsymbol{e}_i(t)+\boldsymbol{A}_{ijk}\boldsymbol{e}_j(t)+\boldsymbol{w}_i(t)-\boldsymbol{G}_{ik}\boldsymbol{v}_i(t)]\tag{4.4.27}$$

定义增广向量 $\tilde{\boldsymbol{x}}_i(t)=[\boldsymbol{x}_i^{\mathrm{T}}(t),\boldsymbol{x}_{ri}^{\mathrm{T}}(t),\boldsymbol{e}_i^{\mathrm{T}}(t)]$，则系统(4.4.3)、(4.4.5)、(4.4.25)和(4.4.27)可表示为如下的复合系统：

$$\dot{\tilde{\boldsymbol{x}}}_i(t)=\sum_{j=1,j\neq i}^{N}\sum_{k=1}^{L}\mu_k(\boldsymbol{z}_i(t))\sum_{m=1}^{L}\mu_m(\boldsymbol{z}_i(t))(\widetilde{\boldsymbol{A}}_{ikm}\tilde{\boldsymbol{x}}_i(t)+\widetilde{\boldsymbol{B}}_{ijk}\tilde{\boldsymbol{x}}_j(t)+\widetilde{\boldsymbol{E}}_{ik}\tilde{\boldsymbol{w}}_i(t))\tag{4.4.28}$$

式中

$$\widetilde{\boldsymbol{A}}_{ikm}=\begin{bmatrix}\boldsymbol{A}_{ik}+\boldsymbol{B}_{ik}\boldsymbol{K}_{im} & -\boldsymbol{B}_{ik}\boldsymbol{K}_{im} & -\boldsymbol{B}_{ik}\boldsymbol{K}_{im}\\ \boldsymbol{0} & \boldsymbol{A}_{ri} & \boldsymbol{0}\\ \boldsymbol{0} & \boldsymbol{0} & \boldsymbol{A}_{ik}-\boldsymbol{G}_{ik}\boldsymbol{C}_{im}\end{bmatrix},\ \widetilde{\boldsymbol{B}}_{ijk}=\begin{bmatrix}\boldsymbol{A}_{ijk} & \boldsymbol{0} & \boldsymbol{0}\\ \boldsymbol{0} & \boldsymbol{0} & \boldsymbol{0}\\ \boldsymbol{0} & \boldsymbol{0} & \boldsymbol{A}_{ijk}\end{bmatrix}$$

$$\widetilde{\boldsymbol{E}}_{ik}=\begin{bmatrix}\boldsymbol{I} & \boldsymbol{0} & \boldsymbol{0}\\ \boldsymbol{0} & \boldsymbol{I} & \boldsymbol{0}\\ \boldsymbol{I} & \boldsymbol{0} & -\boldsymbol{G}_{ik}\end{bmatrix},\ \widetilde{\boldsymbol{w}}_i(t)=\begin{bmatrix}\boldsymbol{w}_i(t)\\ \boldsymbol{r}_i(t)\\ \boldsymbol{v}_i(t)\end{bmatrix}$$

因此，H^{∞} 跟踪控制性能(4.4.6)可以重新表示为

$$\begin{aligned}&\int_0^{t_f}[(\boldsymbol{x}_i(t)-\boldsymbol{x}_{ri}(t))^{\mathrm{T}}\boldsymbol{Q}_i(\boldsymbol{x}_i(t)-\boldsymbol{x}_{ri}(t))]\mathrm{d}t\\ &=\int_0^{t_f}\widetilde{\boldsymbol{x}}_i^{\mathrm{T}}(t)\widetilde{\boldsymbol{Q}}_i\widetilde{\boldsymbol{x}}_i(t)\mathrm{d}t\leqslant\widetilde{\boldsymbol{x}}_i^{\mathrm{T}}(0)\widetilde{\boldsymbol{P}}_i\widetilde{\boldsymbol{x}}_i(0)+\rho^2\int_0^{t_f}\widetilde{\boldsymbol{w}}_i^{\mathrm{T}}(t)\widetilde{\boldsymbol{w}}_i(t)\mathrm{d}t\end{aligned}\tag{4.4.29}$$

式中，$\widetilde{\boldsymbol{P}}_i$ 是对称正定矩阵；$\widetilde{\boldsymbol{Q}}_i=\begin{bmatrix}\boldsymbol{Q}_i & -\boldsymbol{Q}_i & \boldsymbol{0}\\ -\boldsymbol{Q}_i & \boldsymbol{Q}_i & \boldsymbol{0}\\ \boldsymbol{0} & \boldsymbol{0} & \boldsymbol{0}\end{bmatrix}$。

定理 4.4.2　对于增广系统(4.4.28)，给定常数 ρ 和矩阵 $\widetilde{\boldsymbol{Q}}_i$，如果存在正定对称矩阵 $\widetilde{\boldsymbol{P}}_i$ 使得

$$\begin{bmatrix}\widetilde{\boldsymbol{A}}_{ikm}^{\mathrm{T}}\widetilde{\boldsymbol{P}}_i+\widetilde{\boldsymbol{P}}_i\widetilde{\boldsymbol{A}}_{ikm}+\widetilde{\boldsymbol{Q}}_i & \widetilde{\boldsymbol{P}}_i\widetilde{\boldsymbol{B}}_{ijk} & \widetilde{\boldsymbol{P}}_i\widetilde{\boldsymbol{E}}_{ik}\\ \widetilde{\boldsymbol{B}}_{ijk}^{\mathrm{T}}\widetilde{\boldsymbol{P}}_i & \boldsymbol{0} & \boldsymbol{0}\\ \widetilde{\boldsymbol{E}}_{ik}^{\mathrm{T}}\widetilde{\boldsymbol{P}}_i & \boldsymbol{0} & -\rho^2\boldsymbol{I}\end{bmatrix}\leqslant\boldsymbol{0}\tag{4.4.30}$$

$$i,j=1,2,\cdots,N(j\neq i);k,m=1,2,\cdots,L$$

成立，则输出反馈模糊分散控制器(4.4.25)使得整个模糊互联大系统是最终一致有界的，且取得 H^{∞} 跟踪性能(4.4.29)。

证明　选择 Lyapunov 函数为

$$\widetilde{V}_i(t)=\widetilde{\boldsymbol{x}}_i^{\mathrm{T}}(t)\widetilde{\boldsymbol{P}}_i\widetilde{\boldsymbol{x}}_i(t),\quad i=1,2,\cdots,N\tag{4.4.31}$$

式中，$\widetilde{\boldsymbol{P}}_i$ 为正定对称矩阵。那么，整个互联大系统的 Lyapunov 函数为

$$\widetilde{V}(t)=\sum_{i=1}^{N}\widetilde{V}_i(t)=\sum_{i=1}^{N}\widetilde{\boldsymbol{x}}_i^{\mathrm{T}}(t)\widetilde{\boldsymbol{P}}_i\widetilde{\boldsymbol{x}}_i(t)\tag{4.4.32}$$

求 $\widetilde{V}(t)$ 的时间导数，并将式(4.4.28)代入，得到

$$\begin{aligned}\dot{\widetilde{V}}(t)&=\sum_{i=1}^{N}(\dot{\widetilde{\boldsymbol{x}}}_i^{\mathrm{T}}(t)\widetilde{\boldsymbol{P}}_i\widetilde{\boldsymbol{x}}_i(t)+\widetilde{\boldsymbol{x}}_i^{\mathrm{T}}(t)\widetilde{\boldsymbol{P}}_i\dot{\widetilde{\boldsymbol{x}}}_i(t))\\ &=\sum_{i=1}^{N}\sum_{j=1,j\neq i}^{N}\sum_{k=1}^{L}\mu_k(\boldsymbol{z}_i(t))\sum_{m=1}^{L}\mu_m(\boldsymbol{z}_i(t))(\widetilde{\boldsymbol{A}}_{ikm}\widetilde{\boldsymbol{x}}_i(t)+\widetilde{\boldsymbol{B}}_{ijk}\widetilde{\boldsymbol{x}}_j(t)+\widetilde{\boldsymbol{E}}_{ik}\widetilde{\boldsymbol{w}}_i(t))^{\mathrm{T}}\widetilde{\boldsymbol{P}}_i\widetilde{\boldsymbol{x}}_i(t)\\ &\quad+\widetilde{\boldsymbol{x}}_i^{\mathrm{T}}(t)\widetilde{\boldsymbol{P}}_i(\widetilde{\boldsymbol{A}}_{ikm}\widetilde{\boldsymbol{x}}_i(t)+\widetilde{\boldsymbol{B}}_{ijk}\widetilde{\boldsymbol{x}}_j(t)+\widetilde{\boldsymbol{E}}_{ik}\widetilde{\boldsymbol{w}}_i(t))\end{aligned}\tag{4.4.33}$$

在式(4.4.33)中同时减去再加上 $\rho^2\sum_{i=1}^{N}\widetilde{\boldsymbol{w}}_i^{\mathrm{T}}(t)\widetilde{\boldsymbol{w}}_i(t)$ 和 $(1/\rho^2)\sum_{i=1}^{N}\widetilde{\boldsymbol{x}}_i^{\mathrm{T}}(t)\widetilde{\boldsymbol{P}}_i\widetilde{\boldsymbol{E}}_{ik}^{\mathrm{T}}\widetilde{\boldsymbol{E}}_{ik}\widetilde{\boldsymbol{P}}_i\widetilde{\boldsymbol{x}}_i(t)$，可得

$$\begin{aligned}\dot{\widetilde{V}}(t)&=\sum_{i=1}^{N}\sum_{j=1,j\neq i}^{N}\sum_{k=1}^{L}\sum_{m=1}^{L}\mu_k(\boldsymbol{z}_i(t))\mu_m(\boldsymbol{z}_i(t))\\ &\quad\times[(\widetilde{\boldsymbol{A}}_{ikm}\widetilde{\boldsymbol{x}}_i(t)+\widetilde{\boldsymbol{B}}_{ijk}\widetilde{\boldsymbol{x}}_j(t))^{\mathrm{T}}\widetilde{\boldsymbol{P}}_i\widetilde{\boldsymbol{x}}_i(t)+\widetilde{\boldsymbol{x}}_i^{\mathrm{T}}(t)\widetilde{\boldsymbol{P}}_i(\widetilde{\boldsymbol{A}}_{ikm}\widetilde{\boldsymbol{x}}_i(t)+\widetilde{\boldsymbol{B}}_{ijk}\widetilde{\boldsymbol{x}}_j(t))]\end{aligned}$$

$$
\begin{aligned}
&-\sum_{i=1}^{N}(\widetilde{\boldsymbol{E}}_{ik}\widetilde{\boldsymbol{P}}\widetilde{\boldsymbol{x}}_i(t)/\rho-\rho\widetilde{\boldsymbol{w}}_i(t))^{\mathrm{T}}\times(\widetilde{\boldsymbol{E}}_{ik}\widetilde{\boldsymbol{P}}\widetilde{\boldsymbol{x}}_i(t)/\rho-\rho\widetilde{\boldsymbol{w}}_i(t))\\
&+\sum_{i=1}^{N}[(1/\rho^2)\widetilde{\boldsymbol{x}}_i^{\mathrm{T}}(t)\widetilde{\boldsymbol{P}}_i\widetilde{\boldsymbol{E}}_{ik}^{\mathrm{T}}\widetilde{\boldsymbol{E}}_{ik}\widetilde{\boldsymbol{P}}_i\widetilde{\boldsymbol{x}}_i(t)+\rho^2\widetilde{\boldsymbol{w}}_i^{\mathrm{T}}(t)\widetilde{\boldsymbol{w}}_i(t)]\\
\leqslant&\sum_{i=1}^{N}\sum_{j=1,j\neq i}^{N}\sum_{k=1}^{L}\sum_{m=1}^{L}\mu_k(\boldsymbol{z}_i(t))\mu_m(\boldsymbol{z}_i(t))\begin{bmatrix}\widetilde{\boldsymbol{x}}_i(t)\\ \widetilde{\boldsymbol{x}}_j(t)\end{bmatrix}^{\mathrm{T}}\begin{bmatrix}\widetilde{\boldsymbol{A}}_{ikm}^{\mathrm{T}}\widetilde{\boldsymbol{P}}_i+\widetilde{\boldsymbol{P}}_i\widetilde{\boldsymbol{A}}_{ikm} & \widetilde{\boldsymbol{P}}_i\widetilde{\boldsymbol{B}}_{ijk}\\ \widetilde{\boldsymbol{B}}_{ijk}^{\mathrm{T}}\widetilde{\boldsymbol{P}}_i & \boldsymbol{0}\end{bmatrix}\begin{bmatrix}\widetilde{\boldsymbol{x}}_i(t)\\ \widetilde{\boldsymbol{x}}_j(t)\end{bmatrix}\\
&+\sum_{i=1}^{N}[(1/\rho^2)\widetilde{\boldsymbol{x}}_i^{\mathrm{T}}(t)\widetilde{\boldsymbol{P}}_i\widetilde{\boldsymbol{E}}_{ik}^{\mathrm{T}}\widetilde{\boldsymbol{E}}_{ik}\widetilde{\boldsymbol{P}}_i\widetilde{\boldsymbol{x}}_i(t)+\rho^2\widetilde{\boldsymbol{w}}_i^{\mathrm{T}}(t)\widetilde{\boldsymbol{w}}_i(t)]
\end{aligned}\tag{4.4.34}
$$

应用 Schur 分解原理，由式(4.4.30)可得

$$
\begin{bmatrix}\widetilde{\boldsymbol{A}}_{ikm}^{\mathrm{T}}\widetilde{\boldsymbol{P}}_i+\widetilde{\boldsymbol{P}}_i\widetilde{\boldsymbol{A}}_{ikm} & \widetilde{\boldsymbol{P}}_i\widetilde{\boldsymbol{B}}_{ijk}\\ \widetilde{\boldsymbol{B}}_{ijk}^{\mathrm{T}}\widetilde{\boldsymbol{P}}_i & \boldsymbol{0}\end{bmatrix}\leqslant-\begin{bmatrix}\widetilde{\boldsymbol{Q}}_i+\widetilde{\boldsymbol{P}}_i\widetilde{\boldsymbol{E}}_{ik}\widetilde{\boldsymbol{E}}_{ik}^{\mathrm{T}}\widetilde{\boldsymbol{P}} & \boldsymbol{0}\\ \boldsymbol{0} & \boldsymbol{0}\end{bmatrix}\tag{4.4.35}
$$

把式(4.4.35)代入(4.4.34)，可得

$$
\begin{aligned}
\dot{V}(t)&\leqslant-\sum_{i=1}^{N}\widetilde{\boldsymbol{x}}_i(t)(\widetilde{\boldsymbol{Q}}_i+\widetilde{\boldsymbol{P}}_i\widetilde{\boldsymbol{P}}_i/\rho^2)\widetilde{\boldsymbol{x}}_i(t)+\sum_{i=1}^{N}[(1/\rho^2)\widetilde{\boldsymbol{x}}_i^{\mathrm{T}}(t)\widetilde{\boldsymbol{P}}_i\widetilde{\boldsymbol{P}}_i\widetilde{\boldsymbol{x}}_i(t)+\rho^2\widetilde{\boldsymbol{w}}_i^{\mathrm{T}}(t)\widetilde{\boldsymbol{w}}_i(t)]\\
&=\sum_{i=1}^{N}(-\widetilde{\boldsymbol{x}}_i(t)\widetilde{\boldsymbol{Q}}_i\widetilde{\boldsymbol{x}}_i(t)+\rho^2\widetilde{\boldsymbol{w}}_i^{\mathrm{T}}(t)\widetilde{\boldsymbol{w}}_i(t))
\end{aligned}\tag{4.4.36}
$$

由于扰动向量 $\boldsymbol{w}_i(t)$、参考输入 $\boldsymbol{r}_i(t)$ 和测量噪声 $\boldsymbol{v}_i(t)$ 是有界的，令 $\|\widetilde{\boldsymbol{w}}_i(t)\|\leqslant\widetilde{w}_{ib}$，则有

$$
\dot{V}(t)\leqslant\sum_{i=1}^{N}(-\lambda_{\min}(\widetilde{\boldsymbol{Q}}_i)\widetilde{\boldsymbol{x}}_i^{\mathrm{T}}(t)\widetilde{\boldsymbol{x}}_i(t)+\rho^2\widetilde{w}_{ib}^2)\tag{4.4.37}
$$

由式(4.4.37)可以看出，只要 $\|\widetilde{\boldsymbol{x}}_i(t)\|>\rho\widetilde{w}_{ib}/\sqrt{\lambda_{\min}(\widetilde{\boldsymbol{Q}}_i)}$，就有 $\dot{V}(t)\leqslant0$，即整个互联大系统是最终一致有界的。

从 $t=0$ 到 $t=t_f$ 对式(4.4.37)积分，可得

$$
\int_0^{t_f}\widetilde{\boldsymbol{x}}_i^{\mathrm{T}}(t)\widetilde{\boldsymbol{Q}}_i\widetilde{\boldsymbol{x}}_i(t)\mathrm{d}t\leqslant\widetilde{\boldsymbol{x}}_i^{\mathrm{T}}(0)\widetilde{\boldsymbol{P}}_i\widetilde{\boldsymbol{x}}_i(0)+\rho^2\int_0^{t_f}\widetilde{\boldsymbol{w}}_i(t)^{\mathrm{T}}\widetilde{\boldsymbol{w}}_i(t)\mathrm{d}t\tag{4.4.38}
$$

因此，对于给定的性能指标 ρ^2，输出反馈模糊分散控制实现了 H^∞ 跟踪性能指标(4.4.29)。

推论 4.4.2　对于增广系统(4.4.28)，如果存在正定对称矩阵 $\widetilde{\boldsymbol{P}}_i$，使矩阵不等式(4.4.30)成立，那么当 $\boldsymbol{w}_i(t)=\boldsymbol{0}$ 时，状态反馈模糊分散控制器(4.4.25)使得增广系统(4.4.9)二次稳定，即整个互联大系统在 Lyapunov 意义下渐近稳定。

与模糊状态反馈分散控制类似，在模糊观测器和输出反馈分散控制器的设计问题中，最重要的是求满足矩阵不等式(4.4.30)的正定对称矩阵 $\widetilde{\boldsymbol{P}}_i$。

为设计方便，选择 $\widetilde{\boldsymbol{P}}_i$ 为

$$
\widetilde{\boldsymbol{P}}_i=\begin{bmatrix}\widetilde{\boldsymbol{P}}_{i11} & \boldsymbol{0} & \boldsymbol{0}\\ \boldsymbol{0} & \widetilde{\boldsymbol{P}}_{i22} & \boldsymbol{0}\\ \boldsymbol{0} & \boldsymbol{0} & \widetilde{\boldsymbol{P}}_{i33}\end{bmatrix}\tag{4.4.39}
$$

式中，$\widetilde{\boldsymbol{P}}_{i11}=\widetilde{\boldsymbol{P}}_{i11}^{\mathrm{T}}>\boldsymbol{0}$，$\widetilde{\boldsymbol{P}}_{i22}=\widetilde{\boldsymbol{P}}_{i22}^{\mathrm{T}}>\boldsymbol{0}$，$\widetilde{\boldsymbol{P}}_{i33}=\widetilde{\boldsymbol{P}}_{i33}^{\mathrm{T}}>\boldsymbol{0}$。

将式(4.4.39)代入式(4.4.30)，可得

$$
\begin{bmatrix}
\boldsymbol{\Phi}_{ikm} & -\widetilde{\boldsymbol{P}}_{i11}(\boldsymbol{B}_{ik}\boldsymbol{K}_{im})-\boldsymbol{Q}_i & -\widetilde{\boldsymbol{P}}_{i11}(\boldsymbol{B}_{ik}\boldsymbol{K}_{im}) & \widetilde{\boldsymbol{P}}_{i11}\boldsymbol{A}_{ijk} & \boldsymbol{0} & \boldsymbol{0} & \widetilde{\boldsymbol{P}}_{i11} & \boldsymbol{0} & \boldsymbol{0} \\
-(\boldsymbol{B}_{ik}\boldsymbol{K}_{im})^{\mathrm{T}}\widetilde{\boldsymbol{P}}_{i11}-\boldsymbol{Q}_i & \boldsymbol{A}_{ri}^{\mathrm{T}}\widetilde{\boldsymbol{P}}_{i22}+\widetilde{\boldsymbol{P}}_{i22}\boldsymbol{A}_{ri}+\boldsymbol{Q} & \boldsymbol{\Psi}_{ikm} & \boldsymbol{0} & \boldsymbol{0} & \boldsymbol{0} & \boldsymbol{0} & \widetilde{\boldsymbol{P}}_{i22} & \boldsymbol{0} \\
-(\boldsymbol{B}_{ik}\boldsymbol{K}_{im})^{\mathrm{T}}\widetilde{\boldsymbol{P}}_{i11} & \boldsymbol{0} & \boldsymbol{0} & \boldsymbol{0} & \boldsymbol{0} & \widetilde{\boldsymbol{P}}_{i33}\boldsymbol{A}_{ijk} & \widetilde{\boldsymbol{P}}_{i33} & \boldsymbol{0} & -\widetilde{\boldsymbol{P}}_{i33}^{\mathrm{T}}\boldsymbol{G}_{ik} \\
\boldsymbol{A}_{ijk}^{\mathrm{T}}\widetilde{\boldsymbol{P}}_{i11} & \boldsymbol{0} & \boldsymbol{0} & \boldsymbol{0} & \boldsymbol{0} & \boldsymbol{0} & \boldsymbol{0} & \boldsymbol{0} & \boldsymbol{0} \\
\boldsymbol{0} & \boldsymbol{0} & \boldsymbol{A}_{ijk}^{\mathrm{T}}\widetilde{\boldsymbol{P}}_{i33} & \boldsymbol{0} & \boldsymbol{0} & \boldsymbol{0} & \boldsymbol{0} & \boldsymbol{0} & \boldsymbol{0} \\
\boldsymbol{0} & \boldsymbol{0} & \boldsymbol{0} & \boldsymbol{0} & \boldsymbol{0} & \boldsymbol{0} & \boldsymbol{0} & \boldsymbol{0} & \boldsymbol{0} \\
\widetilde{\boldsymbol{P}}_{i11} & \boldsymbol{0} & \widetilde{\boldsymbol{P}}_{i33} & \boldsymbol{0} & \boldsymbol{0} & \boldsymbol{0} & -\rho^2\boldsymbol{I} & \boldsymbol{0} & \boldsymbol{0} \\
\boldsymbol{0} & \widetilde{\boldsymbol{P}}_{i22} & \boldsymbol{0} & \boldsymbol{0} & \boldsymbol{0} & \boldsymbol{0} & \boldsymbol{0} & -\rho^2\boldsymbol{I} & \boldsymbol{0} \\
\boldsymbol{0} & \boldsymbol{0} & -\boldsymbol{G}_{ik}^{\mathrm{T}}\widetilde{\boldsymbol{P}}_{i33} & \boldsymbol{0} & \boldsymbol{0} & \boldsymbol{0} & \boldsymbol{0} & \boldsymbol{0} & -\rho^2\boldsymbol{I}
\end{bmatrix} < \boldsymbol{0} \tag{4.4.40}
$$

式中

$$
\boldsymbol{\Phi}_{ikm}=(\boldsymbol{A}_{ik}+\boldsymbol{B}_{ik}\boldsymbol{K}_{im})^{\mathrm{T}}\widetilde{\boldsymbol{P}}_{i11}+\widetilde{\boldsymbol{P}}_{i11}(\boldsymbol{A}_{ik}+\boldsymbol{B}_{ik}\boldsymbol{K}_{im})+\boldsymbol{Q}_i
$$

$$
\boldsymbol{\Psi}_{ikm}=(\boldsymbol{A}_{ik}-\boldsymbol{G}_{ik}\boldsymbol{C}_{im})^{\mathrm{T}}\widetilde{\boldsymbol{P}}_{i33}+\widetilde{\boldsymbol{P}}_{i33}(\boldsymbol{A}_{ik}-\boldsymbol{G}_{ik}\boldsymbol{C}_{im})
$$

在矩阵不等式(4.4.40)左右两侧同时乘以 $\mathrm{diag}(\widetilde{\boldsymbol{W}}_{i11},\boldsymbol{I},\cdots,\boldsymbol{I})$，其中 $\widetilde{\boldsymbol{W}}_{i11}=\widetilde{\boldsymbol{P}}_{i11}^{-1}$，并利用 Schur 分解原理，可得式(4.4.40)等价于如下矩阵不等式：

$$
\begin{bmatrix}
\widetilde{\boldsymbol{\Phi}}_{ikm} & -\boldsymbol{B}_{ik}\boldsymbol{K}_{im}-\widetilde{\boldsymbol{W}}_{i11}\boldsymbol{Q}_i & -\boldsymbol{B}_{ik}\boldsymbol{K}_{im} & \boldsymbol{A}_{ijk} & \boldsymbol{0} & \boldsymbol{0} & \boldsymbol{I} & \boldsymbol{0} & \boldsymbol{0} \\
-(\boldsymbol{B}_{ik}\boldsymbol{K}_{im})^{\mathrm{T}}-\boldsymbol{Q}_i\widetilde{\boldsymbol{W}}_{i11} & \boldsymbol{A}_{ri}^{\mathrm{T}}\widetilde{\boldsymbol{P}}_{i22}+\widetilde{\boldsymbol{P}}_{i22}\boldsymbol{A}_{ri}+\boldsymbol{Q}_i & \boldsymbol{0} & \boldsymbol{0} & \boldsymbol{0} & \boldsymbol{0} & \boldsymbol{0} & \widetilde{\boldsymbol{P}}_{i22} & \boldsymbol{0} \\
-(\boldsymbol{B}_{ik}\boldsymbol{K}_{im})^{\mathrm{T}} & \boldsymbol{0} & \widetilde{\boldsymbol{\Psi}}_{ikm} & \boldsymbol{0} & \boldsymbol{0} & \widetilde{\boldsymbol{P}}_{i33}\boldsymbol{A}_{ijk} & \widetilde{\boldsymbol{P}}_{i33} & \boldsymbol{0} & -\boldsymbol{N}_{ik} \\
\boldsymbol{A}_{ijk}^{\mathrm{T}} & \boldsymbol{0} & \boldsymbol{0} & \boldsymbol{0} & \boldsymbol{0} & \boldsymbol{0} & \boldsymbol{0} & \boldsymbol{0} & \boldsymbol{0} \\
\boldsymbol{0} & \boldsymbol{0} & \boldsymbol{0} & \boldsymbol{0} & \boldsymbol{0} & \boldsymbol{0} & \boldsymbol{0} & \boldsymbol{0} & \boldsymbol{0} \\
\boldsymbol{0} & \boldsymbol{0} & \boldsymbol{A}_{ijk}^{\mathrm{T}}\widetilde{\boldsymbol{P}}_{i33} & \boldsymbol{0} & \boldsymbol{0} & \boldsymbol{0} & \boldsymbol{0} & \boldsymbol{0} & \boldsymbol{0} \\
\boldsymbol{I} & \boldsymbol{0} & \widetilde{\boldsymbol{P}}_{i33} & \boldsymbol{0} & \boldsymbol{0} & \boldsymbol{0} & -\rho^2\boldsymbol{I} & \boldsymbol{0} & \boldsymbol{0} \\
\boldsymbol{0} & \widetilde{\boldsymbol{P}}_{i22} & \boldsymbol{0} & \boldsymbol{0} & \boldsymbol{0} & \boldsymbol{0} & \boldsymbol{0} & -\rho^2\boldsymbol{I} & \boldsymbol{0} \\
\boldsymbol{0} & \boldsymbol{0} & -\boldsymbol{N}_{ik}^{\mathrm{T}} & \boldsymbol{0} & \boldsymbol{0} & \boldsymbol{0} & \boldsymbol{0} & \boldsymbol{0} & -\rho^2\boldsymbol{I}
\end{bmatrix} \leqslant \boldsymbol{0} \tag{4.4.41}
$$

式中

$$
\widetilde{\boldsymbol{\Phi}}_{ikm}=(\boldsymbol{A}_{ik}\widetilde{\boldsymbol{W}}_{i11}+\boldsymbol{B}_{ik}\boldsymbol{M}_{im})^{\mathrm{T}}+(\boldsymbol{A}_{ik}\widetilde{\boldsymbol{W}}_{i11}+\boldsymbol{B}_{ik}\boldsymbol{M}_{im})+\widetilde{\boldsymbol{W}}_{i11}\boldsymbol{Q}_i\widetilde{\boldsymbol{W}}_{i11}
$$

$$
\widetilde{\boldsymbol{\Psi}}_{ikm}=(\widetilde{\boldsymbol{P}}_{i33}\boldsymbol{A}_{ik}-\boldsymbol{N}_{ik}\boldsymbol{C}_{im})^{\mathrm{T}}+(\widetilde{\boldsymbol{P}}_{i33}\boldsymbol{A}_{ik}-\boldsymbol{N}_{ik}\boldsymbol{C}_{im})
$$

$$
\boldsymbol{N}_{ik}=\widetilde{\boldsymbol{P}}_{i33}\boldsymbol{G}_{ik},\quad \boldsymbol{M}_{im}=\boldsymbol{K}_{im}\widetilde{\boldsymbol{W}}_{i11}
$$

上面的分析表明，在基于模糊观测器的输出反馈分散控制器设计中，最重要的问题是求出满足矩阵不等式(4.4.41)的公共正定解 $\widetilde{\boldsymbol{W}}_{i11}$、$\widetilde{\boldsymbol{P}}_{i22}$ 和 $\widetilde{\boldsymbol{P}}_{i33}$。由于变量 $\boldsymbol{K}_{im}$ 和 $\boldsymbol{M}_{im}(=\boldsymbol{K}_{im}\widetilde{\boldsymbol{W}}_{i11})$ 是交叉耦合的，式(4.4.41)不能直接求解。但是容易验证由矩阵不等式(4.4.41)可以推导出 $\widetilde{\boldsymbol{\Phi}}_{ikm}\leqslant\boldsymbol{0}$。应用 Schur 分解原理，$\widetilde{\boldsymbol{\Phi}}_{ikm}\leqslant\boldsymbol{0}$ 可以转化为下面的线性矩阵不等式：

$$\begin{bmatrix}(\boldsymbol{A}_{ik}\widetilde{\boldsymbol{W}}_{i11}+\boldsymbol{B}_{ik}\boldsymbol{M}_{im})^{\mathrm{T}}+(\boldsymbol{A}_{ik}\widetilde{\boldsymbol{W}}_{i11}+\boldsymbol{B}_{ik}\boldsymbol{M}_{im}) & \widetilde{\boldsymbol{W}}_{i11}\\ \widetilde{\boldsymbol{W}}_{i11} & -\boldsymbol{Q}_i^{-1}\end{bmatrix}\leqslant\boldsymbol{0} \tag{4.4.42}$$

注意到，式(4.4.42)是关于变量 $\widetilde{\boldsymbol{W}}_{i11}$ 和 $\boldsymbol{M}_{im}$ 的线性矩阵不等式。通过求解式(4.4.42)可得矩阵 $\widetilde{\boldsymbol{W}}_{i11}$ 和 $\boldsymbol{M}_{im}$，进而得到控制增益矩阵 $\boldsymbol{K}_{im}=\boldsymbol{M}_{im}\widetilde{\boldsymbol{W}}_{i11}^{-1}$。将 $\widetilde{\boldsymbol{W}}_{i11}$ 和 $\boldsymbol{M}_{im}$ 代入式(4.4.41)，则式(4.4.41)成为标准的线性矩阵不等式。最后，求解线性矩阵不等式(4.4.41)可得 $\widetilde{\boldsymbol{P}}_{i22}$、$\widetilde{\boldsymbol{P}}_{i33}$ 和 $\boldsymbol{N}_{ik}$，进而得到观测增益矩阵 $\boldsymbol{G}_{ik}=\widetilde{\boldsymbol{P}}_{i33}^{-1}\boldsymbol{N}_{ik}$。

如果式(4.4.41)和式(4.4.42)都存在正定解 $\widetilde{\boldsymbol{W}}_{i11}$、$\widetilde{\boldsymbol{P}}_{i22}$ 和 $\widetilde{\boldsymbol{P}}_{i33}$，那么整个闭环互联大系统是最终一致有界的，且取得 H^∞ 跟踪性能(4.4.29)。

基于观测器的输出反馈模糊互联大系统(4.4.9)的 H^∞ 最优化设计可以表示为下面的最优化约束问题：

$$\min_{\widetilde{\boldsymbol{P}}_{i22}>\boldsymbol{0},\widetilde{\boldsymbol{P}}_{i33}>\boldsymbol{0},\boldsymbol{N}_{ik}>\boldsymbol{0}}\rho^2\text{，满足}$$

$$\begin{cases}\widetilde{\boldsymbol{W}}_{i11}=\widetilde{\boldsymbol{W}}_{i11}^{\mathrm{T}}>\boldsymbol{0},\quad \widetilde{\boldsymbol{P}}_{i22}=\widetilde{\boldsymbol{P}}_{i22}^{\mathrm{T}}>\boldsymbol{0},\quad \widetilde{\boldsymbol{P}}_{i33}=\widetilde{\boldsymbol{P}}_{i33}^{\mathrm{T}}>\boldsymbol{0}\\ \text{式(4.4.41)和式(4.4.42)}\end{cases} \tag{4.4.43}$$

输出反馈模糊分散控制互联大系统的 H^∞ 最优化设计步骤可以概括如下：

(1) 选择模糊系统规则和隶属函数。

(2) 选择加权矩阵 $\boldsymbol{Q}_i$。

(3) 选择性能指标 ρ^2，求解线性矩阵不等式(4.4.42)可得 $\widetilde{\boldsymbol{W}}_{i11}$ 和 $\boldsymbol{M}_{im}$(即得 $\boldsymbol{K}_{im}=\boldsymbol{M}_{im}\widetilde{\boldsymbol{W}}_{i11}^{-1}$)。

(4) 将 $\widetilde{\boldsymbol{W}}_{i11}$、$\boldsymbol{M}_{im}$ 和 $\boldsymbol{K}_{im}$ 代入式(4.4.41)，求解式(4.4.41)可得 $\widetilde{\boldsymbol{P}}_{i22}$、$\widetilde{\boldsymbol{P}}_{i33}$ 和 $\boldsymbol{N}_{ik}$(即得 $\boldsymbol{G}_{ik}=\widetilde{\boldsymbol{P}}_{i33}^{-1}\boldsymbol{N}_{ik}$)。

(5) 减少 ρ^2，重复步骤(3)和步骤(4)直到 $\widetilde{\boldsymbol{W}}_{i11}$、$\widetilde{\boldsymbol{P}}_{i22}$ 和 $\widetilde{\boldsymbol{P}}_{i33}$ 不能找到为止。

(6) 构造模糊观测器(4.4.23)。

(7) 构造模糊分散控制器(4.4.25)。

4.4.4　仿真

例 4.4.1　考虑一个由双机子系统组成的互联大系统 S_i，系统方程如下：

$$\begin{aligned}\dot{x}_{i1}(t)&=x_{i2}(t)\\ \dot{x}_{i2}(t)&=-\frac{D_i}{M_i}x_{i2}(t)+\frac{1}{M_i}u_i(t)+\sum_{j=1,j\neq i}^{2}\frac{E_iE_jY_{ij}}{M_i}\cos(\delta_{ij}^0-\theta_{ij})\\ &\quad-\cos(x_{i1}(t)-x_{j1}(t)+\delta_{ij}^0-\theta_{ij})+w_{i2}(t)\\ y_i(t)&=x_{i1}(t)+v_i(t)\end{aligned} \tag{4.4.44}$$

式中，$i,j=1,2(i\neq j)$；$x_{i1}(t)$ 和 $x_{i2}(t)$ 分别为转角和角速度；M_i 是惯性系数；D_i 是阻尼系数；E_i 是电压信号；Y_{ij} 是子系统之间的转移导纳的模；θ_{ij} 是子系统之间的转移导纳的相位角;$w_{i2}(t)=\sin(2t)$是外部扰动;$v_i(t)$是测量噪声。系统中的参数选择为:$E_1=1.017$,$E_2=1.005$,$M_1=1.03$,$M_2=1.25$,$D_1=0.8$,$D_2=1.2$,$Y_{12}=Y_{21}=1.98$,$\theta_{12}=-\theta_{21}=1.5$,$\delta_{12}^0=-\delta_{21}^0=1.2$。

应用模糊 T-S 模型对系统(4.4.44)进行描述,模糊推理规则如下。

模糊系统规则 1:如果 $x_{11}(t)$大约是$-\pi/2$且$x_{21}(t)$大约是$-\pi/2$,则有

$$\dot{\boldsymbol{x}}_i(t)=\boldsymbol{A}_{i1}\boldsymbol{x}_i(t)+\boldsymbol{B}_{i1}\boldsymbol{u}_i(t)+\sum_{j=1,j\neq i}^{2}\boldsymbol{A}_{ij1}\boldsymbol{x}_j(t)+\boldsymbol{w}_i(t)$$
$$y_i(t)=\boldsymbol{C}_{i1}\boldsymbol{x}_i(t)+\boldsymbol{v}_i(t)$$

模糊系统规则 2:如果 $x_{11}(t)$大约是$-\pi/2$且$x_{21}(t)$大约是 0,则有

$$\dot{\boldsymbol{x}}_i(t)=\boldsymbol{A}_{i2}\boldsymbol{x}_i(t)+\boldsymbol{B}_{i2}\boldsymbol{u}_i(t)+\sum_{j=1,j\neq i}^{2}\boldsymbol{A}_{ij2}\boldsymbol{x}_j(t)+\boldsymbol{w}_i(t)$$
$$y_i(t)=\boldsymbol{C}_{i2}\boldsymbol{x}_i(t)+\boldsymbol{v}_i(t)$$

模糊系统规则 3:如果 $x_{11}(t)$大约是$-\pi/2$且$x_{21}(t)$大约是$\pi/2$,则有

$$\dot{\boldsymbol{x}}_i(t)=\boldsymbol{A}_{i3}\boldsymbol{x}_i(t)+\boldsymbol{B}_{i3}\boldsymbol{u}_i(t)+\sum_{j=1,j\neq i}^{2}\boldsymbol{A}_{ij3}\boldsymbol{x}_j(t)+\boldsymbol{w}_i(t)$$
$$y_i(t)=\boldsymbol{C}_{i3}\boldsymbol{x}_i(t)+\boldsymbol{v}_i(t)$$

模糊系统规则 4:如果 $x_{11}(t)$大约是 0 且$x_{21}(t)$大约是$-\pi/2$,则有

$$\dot{\boldsymbol{x}}_i(t)=\boldsymbol{A}_{i4}\boldsymbol{x}_i(t)+\boldsymbol{B}_{i4}\boldsymbol{u}_i(t)+\sum_{j=1,j\neq i}^{2}\boldsymbol{A}_{ij4}\boldsymbol{x}_j(t)+\boldsymbol{w}_i(t)$$
$$y_i(t)=\boldsymbol{C}_{i4}\boldsymbol{x}_i(t)+\boldsymbol{v}_i(t)$$

模糊系统规则 5:如果 $x_{11}(t)$大约是 0 且$x_{21}(t)$大约是 0,则有

$$\dot{\boldsymbol{x}}_i(t)=\boldsymbol{A}_{i5}\boldsymbol{x}_i(t)+\boldsymbol{B}_{i5}\boldsymbol{u}_i(t)+\sum_{j=1,j\neq i}^{2}\boldsymbol{A}_{ij5}\boldsymbol{x}_j(t)+\boldsymbol{w}_i(t)$$
$$y_i(t)=\boldsymbol{C}_{i5}\boldsymbol{x}_i(t)+\boldsymbol{v}_i(t)$$

模糊系统规则 6:如果 $x_{11}(t)$大约是 0 且$x_{21}(t)$大约是$\pi/2$,则有

$$\dot{\boldsymbol{x}}_i(t)=\boldsymbol{A}_{i6}\boldsymbol{x}_i(t)+\boldsymbol{B}_{i6}\boldsymbol{u}_i(t)+\sum_{j=1,j\neq i}^{2}\boldsymbol{A}_{ij6}\boldsymbol{x}_j(t)+\boldsymbol{w}_i(t)$$
$$y_i(t)=\boldsymbol{C}_{i6}\boldsymbol{x}_i(t)+\boldsymbol{v}_i(t)$$

模糊系统规则 7:如果 $x_{11}(t)$大约是$\pi/2$且$x_{21}(t)$大约是$-\pi/2$,则有

$$\dot{\boldsymbol{x}}_i(t)=\boldsymbol{A}_{i7}\boldsymbol{x}_i(t)+\boldsymbol{B}_{i7}\boldsymbol{u}_i(t)+\sum_{j=1,j\neq i}^{2}\boldsymbol{A}_{ij7}\boldsymbol{x}_j(t)+\boldsymbol{w}_i(t)$$
$$y_i(t)=\boldsymbol{C}_{i7}\boldsymbol{x}_i(t)+\boldsymbol{v}_i(t)$$

模糊系统规则 8:如果 $x_{11}(t)$大约是$\pi/2$且$x_{21}(t)$大约是 0,则有

$$\dot{\boldsymbol{x}}_i(t)=\boldsymbol{A}_{i8}\boldsymbol{x}_i(t)+\boldsymbol{B}_{i8}\boldsymbol{u}_i(t)+\sum_{j=1,j\neq i}^{2}\boldsymbol{A}_{ij8}\boldsymbol{x}_j(t)+\boldsymbol{w}_i(t)$$
$$y_i(t)=\boldsymbol{C}_{i8}\boldsymbol{x}_i(t)+\boldsymbol{v}_i(t)$$

模糊系统规则 9：如果 $x_{11}(t)$ 大约是 $\pi/2$ 且 $x_{21}(t)$ 大约是 $\pi/2$，则有

$$\dot{\boldsymbol{x}}_i(t)=\boldsymbol{A}_{i9}\boldsymbol{x}_i(t)+\boldsymbol{B}_{i9}\boldsymbol{u}_i(t)+\sum_{j=1,j\neq i}^{2}\boldsymbol{A}_{ij9}\boldsymbol{x}_j(t)+\boldsymbol{w}_i(t)$$
$$y_i(t)=\boldsymbol{C}_{i9}\boldsymbol{x}_i(t)+\boldsymbol{v}_i(t)$$

式中

$$\boldsymbol{A}_{11}=\begin{bmatrix}0 & 1\\ -0.7046 & -0.7767\end{bmatrix},\quad \boldsymbol{A}_{12}=\begin{bmatrix}0 & 1\\ -1.4809 & -0.7767\end{bmatrix},\quad \boldsymbol{A}_{13}=\begin{bmatrix}0 & 1\\ -1.4536 & -0.7767\end{bmatrix}$$

$$\boldsymbol{A}_{14}=\begin{bmatrix}0 & 1\\ 1.0472 & -0.7767\end{bmatrix},\quad \boldsymbol{A}_{15}=\begin{bmatrix}0 & 1\\ -0.5139 & -0.7767\end{bmatrix},\quad \boldsymbol{A}_{16}=\begin{bmatrix}0 & 1\\ -1.5480 & -0.7767\end{bmatrix}$$

$$\boldsymbol{A}_{17}=\begin{bmatrix}0 & 1\\ 1.1261 & -0.7767\end{bmatrix},\quad \boldsymbol{A}_{18}=\begin{bmatrix}0 & 1\\ 0.7686 & -0.7767\end{bmatrix},\quad \boldsymbol{A}_{19}=\begin{bmatrix}0 & 1\\ -0.5066 & -0.7767\end{bmatrix}$$

$$\boldsymbol{A}_{121}=\begin{bmatrix}0 & 0\\ 0.5086 & 0\end{bmatrix},\quad \boldsymbol{A}_{122}=\begin{bmatrix}0 & 0\\ 1.5483 & 0\end{bmatrix},\quad \boldsymbol{A}_{123}=\begin{bmatrix}0 & 0\\ 1.4556 & 0\end{bmatrix}$$

$$\boldsymbol{A}_{124}=\begin{bmatrix}0 & 0\\ -0.7669 & 0\end{bmatrix},\quad \boldsymbol{A}_{125}=\begin{bmatrix}0 & 0\\ 0.5249 & 0\end{bmatrix},\quad \boldsymbol{A}_{126}=\begin{bmatrix}0 & 0\\ 1.4812 & 0\end{bmatrix}$$

$$\boldsymbol{A}_{127}=\begin{bmatrix}0 & 0\\ -1.1295 & 0\end{bmatrix},\quad \boldsymbol{A}_{128}=\begin{bmatrix}0 & 0\\ -1.0486 & 0\end{bmatrix},\quad \boldsymbol{A}_{129}=\begin{bmatrix}0 & 0\\ 0.7017 & 0\end{bmatrix}$$

$$\boldsymbol{A}_{21}=\begin{bmatrix}0 & 1\\ 0.2776 & -0.96\end{bmatrix},\quad \boldsymbol{A}_{22}=\begin{bmatrix}0 & 1\\ -0.6478 & -0.96\end{bmatrix},\quad \boldsymbol{A}_{23}=\begin{bmatrix}0 & 1\\ -0.9528 & -0.96\end{bmatrix}$$

$$\boldsymbol{A}_{24}=\begin{bmatrix}0 & 1\\ 1.2532 & -0.96\end{bmatrix},\quad \boldsymbol{A}_{25}=\begin{bmatrix}0 & 1\\ 0.3200 & -0.96\end{bmatrix},\quad \boldsymbol{A}_{26}=\begin{bmatrix}0 & 1\\ -0.9129 & -0.96\end{bmatrix}$$

$$\boldsymbol{A}_{27}=\begin{bmatrix}0 & 1\\ 1.2135 & -0.96\end{bmatrix},\quad \boldsymbol{A}_{28}=\begin{bmatrix}0 & 1\\ 1.2206 & -0.96\end{bmatrix},\quad \boldsymbol{A}_{29}=\begin{bmatrix}0 & 1\\ -0.5133 & -0.96\end{bmatrix}$$

$$\boldsymbol{A}_{211}=\begin{bmatrix}0 & 0\\ -0.4410 & 0\end{bmatrix},\quad \boldsymbol{A}_{212}=\begin{bmatrix}0 & 0\\ 0.9436 & 0\end{bmatrix},\quad \boldsymbol{A}_{213}=\begin{bmatrix}0 & 0\\ 0.9284 & 0\end{bmatrix}$$

$$\boldsymbol{A}_{214}=\begin{bmatrix}0 & 0\\ -1.2188 & 0\end{bmatrix},\quad \boldsymbol{A}_{215}=\begin{bmatrix}0 & 0\\ -0.2912 & 0\end{bmatrix},\quad \boldsymbol{A}_{216}=\begin{bmatrix}0 & 0\\ 0.6472 & 0\end{bmatrix}$$

$$\boldsymbol{A}_{217}=\begin{bmatrix}0 & 0\\ -1.2104 & 0\end{bmatrix},\quad \boldsymbol{A}_{218}=\begin{bmatrix}0 & 0\\ -1.2670 & 0\end{bmatrix},\quad \boldsymbol{A}_{219}=\begin{bmatrix}0 & 0\\ -0.3509 & 0\end{bmatrix}$$

$$\boldsymbol{B}_{1k}=\begin{bmatrix}0\\ 0.9709\end{bmatrix},\quad \boldsymbol{B}_{2k}=\begin{bmatrix}0\\ 0.800\end{bmatrix},\quad \boldsymbol{C}_{ik}=[1\quad 0]$$

$$\boldsymbol{w}_i(t)=[0\quad w_{i2}(t)]^{\mathrm{T}},\quad i=1,2;k=1,2,\cdots,9$$

取模糊系统规则中模糊集的隶属函数如图 4-10 所示。

给定参考模型如下：

$$\boldsymbol{A}_{ri}=\begin{bmatrix}0 & 1\\ -100 & -101\end{bmatrix},\quad \boldsymbol{r}_1(t)=\begin{bmatrix}0\\ 100\cos(0.5t)\end{bmatrix},\quad \boldsymbol{r}_2(t)=\begin{bmatrix}0\\ 100\sin(0.5t)\end{bmatrix},\quad i=1,2$$

(1) 假设系统状态变量完全可测。把本节提出的状态反馈模糊鲁棒分散控制器应用

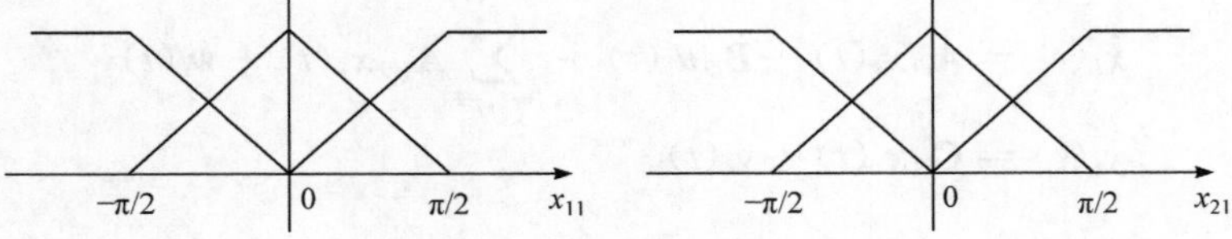

图 4-10　模糊集的隶属函数

于此模糊互联大系统。使用 MATLAB 中的 LMI 优化工具箱求解特征值问题,可得

$$\boldsymbol{W}_{111}=\begin{bmatrix}0.0092 & -0.0376\\ -0.0376 & 2.6558\end{bmatrix}\times 10^5,\quad \boldsymbol{W}_{211}=\begin{bmatrix}0.0098 & -0.0471\\ -0.0471 & 3.4882\end{bmatrix}\times 10^5$$

$$\boldsymbol{K}_{11}=[-140.6451\quad -67.8928],\quad \boldsymbol{K}_{12}=[-140.3757\quad -67.7941]$$
$$\boldsymbol{K}_{13}=[-140.3836\quad -67.7969],\quad \boldsymbol{K}_{14}=[-141.3106\quad -68.1321]$$
$$\boldsymbol{K}_{15}=[-140.7160\quad -67.9187],\quad \boldsymbol{K}_{16}=[-140.3494\quad -67.7843]$$
$$\boldsymbol{K}_{17}=[-141.3433\quad -68.1446],\quad \boldsymbol{K}_{18}=[-141.2039\quad -68.0953]$$
$$\boldsymbol{K}_{19}=[-140.7202\quad -67.9204],\quad \boldsymbol{K}_{21}=[-184.0177\quad -85.4650]$$
$$\boldsymbol{K}_{22}=[-183.7923\quad -85.4344],\quad \boldsymbol{K}_{23}=[-183.7179\quad -85.4238]$$
$$\boldsymbol{K}_{24}=[184.2922\quad -85.5030],\quad \boldsymbol{K}_{25}=[-184.0277\quad -85.4662]$$
$$\boldsymbol{K}_{26}=[-183.7261\quad -85.4246],\quad \boldsymbol{K}_{27}=[-184.2813\quad -85.5016]$$
$$\boldsymbol{K}_{28}=[-184.2854\quad -85.5023],\quad \boldsymbol{K}_{29}=[-184.0760\quad -85.4728]$$

初始条件设置为$[x_{11}(0),x_{12}(0),x_{21}(0),x_{22}(0)]^{\mathrm{T}}=[1,0,1,0]^{\mathrm{T}}$。图 4-11～图 4-14 给出了状态反馈模糊跟踪控制的仿真结果。

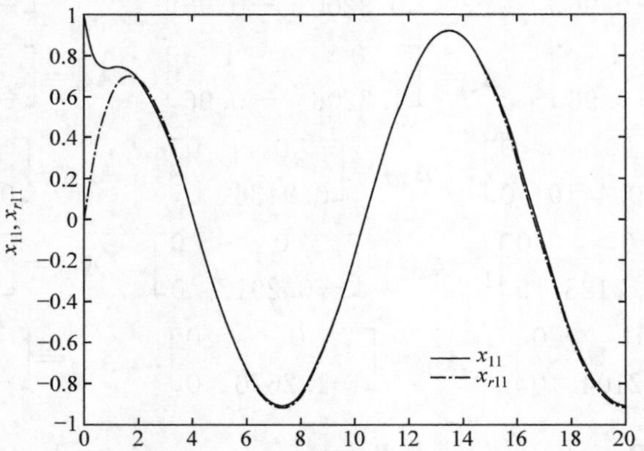

图 4-11　状态反馈下模糊控制子系统 1 及参考模型的状态曲线(1)

(2) 假设系统状态变量不完全可测,把本节提出的输出反馈模糊鲁棒分散控制器应用于此模糊互联大系统,利用 MATLAB 中的 LMI 优化工具箱求解线性矩阵不等式和特征值问题:

$$\widetilde{\boldsymbol{W}}_{111}=\begin{bmatrix}0.0077 & -0.0493\\ -0.0493 & 1.7958\end{bmatrix}\times 10^7,\quad \widetilde{\boldsymbol{W}}_{211}=\begin{bmatrix}0.0079 & -0.0488\\ -0.0488 & 1.7743\end{bmatrix}\times 10^7$$

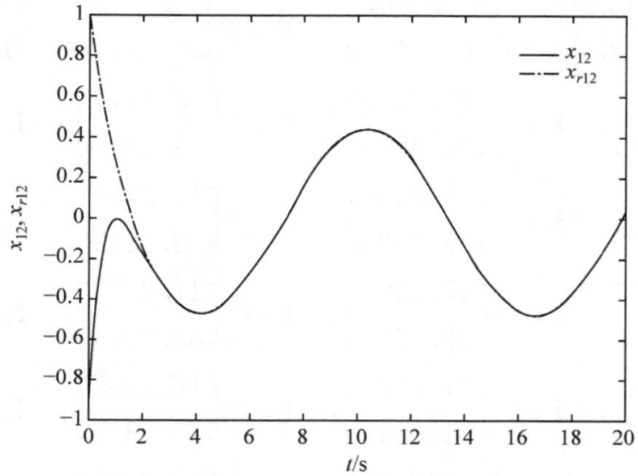

图 4-12　状态反馈下模糊控制子系统 1 及参考模型的状态曲线(2)

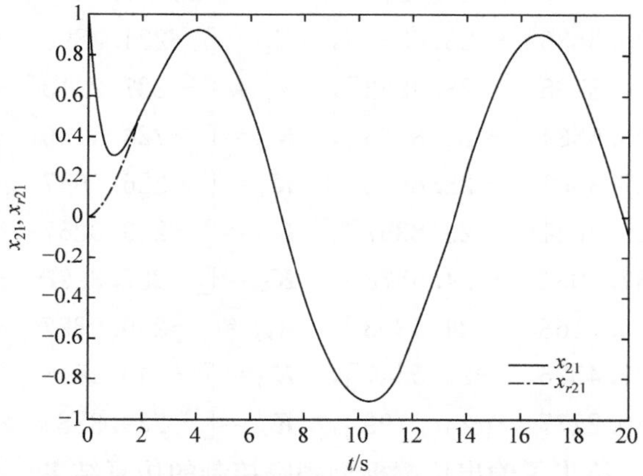

图 4-13　状态反馈下模糊控制子系统 2 及参考模型的状态曲线(1)

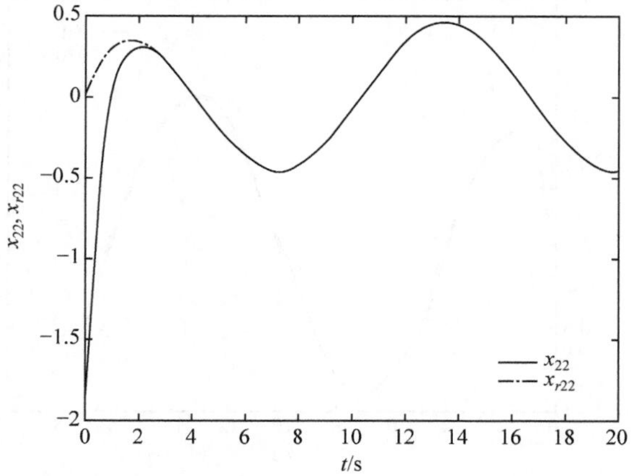

图 4-14　状态反馈下模糊控制子系统 2 及参考模型的状态曲线(2)

$$\widetilde{\boldsymbol{P}}_{122}=\begin{bmatrix}0.5596 & 0.0070\\0.0070 & 0.0025\end{bmatrix},\quad \widetilde{\boldsymbol{P}}_{222}=\begin{bmatrix}33.8545 & 33.5434\\33.5434 & 33.8967\end{bmatrix}$$

$$\widetilde{\boldsymbol{P}}_{133}=\begin{bmatrix}0.0686 & -0.0067\\ -0.0067 & 0.0017\end{bmatrix},\quad \widetilde{\boldsymbol{P}}_{233}=\begin{bmatrix}0.0924 & -0.0088\\ -0.0088 & 0.0020\end{bmatrix}$$

$$\boldsymbol{L}_{11}=\begin{bmatrix}15.2449\\ 58.9788\end{bmatrix},\quad \boldsymbol{L}_{12}=\begin{bmatrix}15.2449\\ 58.2905\end{bmatrix},\quad \boldsymbol{L}_{13}=\begin{bmatrix}15.2449\\ 58.8063\end{bmatrix},\quad \boldsymbol{L}_{14}=\begin{bmatrix}15.2449\\ 58.1325\end{bmatrix}$$

$$\boldsymbol{L}_{15}=\begin{bmatrix}15.2449\\ 58.9632\end{bmatrix},\quad \boldsymbol{L}_{16}=\begin{bmatrix}15.2449\\ 58.9628\end{bmatrix},\quad \boldsymbol{L}_{17}=\begin{bmatrix}15.2449\\ 58.9342\end{bmatrix},\quad \boldsymbol{L}_{18}=\begin{bmatrix}15.2449\\ 58.4381\end{bmatrix}$$

$$\boldsymbol{L}_{19}=\begin{bmatrix}15.2449\\ 58.9351\end{bmatrix},\quad \boldsymbol{L}_{21}=\begin{bmatrix}17.2505\\ 83.9651\end{bmatrix},\quad \boldsymbol{L}_{22}=\begin{bmatrix}17.2505\\ 85.2093\end{bmatrix},\quad \boldsymbol{L}_{23}=\begin{bmatrix}17.2505\\ 88.9561\end{bmatrix}$$

$$\boldsymbol{L}_{24}=\begin{bmatrix}17.2505\\ 86.4055\end{bmatrix},\quad \boldsymbol{L}_{25}=\begin{bmatrix}17.2505\\ 83.9011\end{bmatrix},\quad \boldsymbol{L}_{26}=\begin{bmatrix}17.2505\\ 85.9321\end{bmatrix},\quad \boldsymbol{L}_{27}=\begin{bmatrix}17.2505\\ 89.3109\end{bmatrix}$$

$$\boldsymbol{L}_{28}=\begin{bmatrix}17.2505\\ 85.6217\end{bmatrix},\quad \boldsymbol{L}_{29}=\begin{bmatrix}17.2505\\ 83.8479\end{bmatrix}$$

$$\boldsymbol{K}_{11}=[-225.3436\quad -23.8345],\quad \boldsymbol{K}_{12}=[-224.4896\quad -23.8259]$$
$$\boldsymbol{K}_{13}=[-224.5195\quad -23.8262],\quad \boldsymbol{K}_{14}=[-227.2713\quad -23.8540]$$
$$\boldsymbol{K}_{15}=[-225.5534\quad -23.8366],\quad \boldsymbol{K}_{16}=[-224.4156\quad -23.8251]$$
$$\boldsymbol{K}_{17}=[-227.3581\quad -23.8548],\quad \boldsymbol{K}_{18}=[-226.9647\quad -23.8509]$$
$$\boldsymbol{K}_{19}=[-225.5641\quad -23.8367],\quad \boldsymbol{K}_{21}=[-239.0267\quad -24.5687]$$
$$\boldsymbol{K}_{22}=[-237.8031\quad -24.5578],\quad \boldsymbol{K}_{23}=[-237.3998\quad -24.5542]$$
$$\boldsymbol{K}_{24}=[-240.3168\quad -24.5803],\quad \boldsymbol{K}_{25}=[-239.0827\quad -24.5692]$$
$$\boldsymbol{K}_{26}=[-237.4526\quad -24.5547],\quad \boldsymbol{K}_{27}=[-240.2643\quad -24.5798]$$
$$\boldsymbol{K}_{28}=[-240.2737\quad -24.5799],\quad \boldsymbol{K}_{29}=[-239.3384\quad -24.5715]$$

图 4-15～图 4-20 给出了输出反馈模糊跟踪控制的仿真结果。

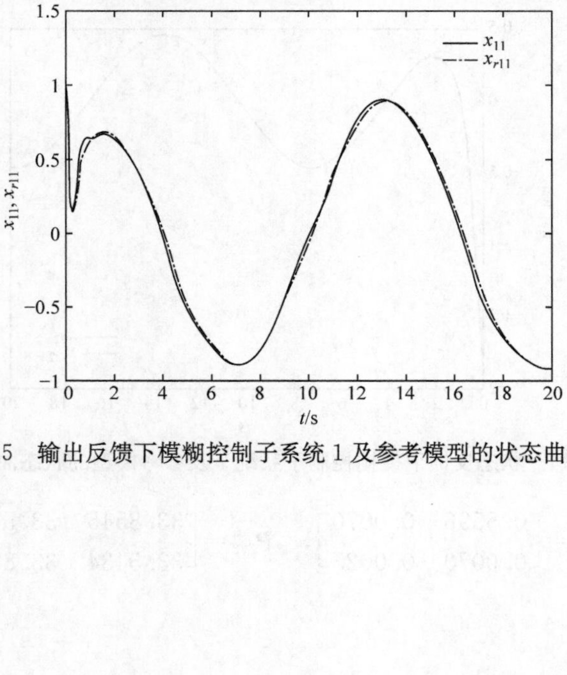

图 4-15 输出反馈下模糊控制子系统 1 及参考模型的状态曲线(1)

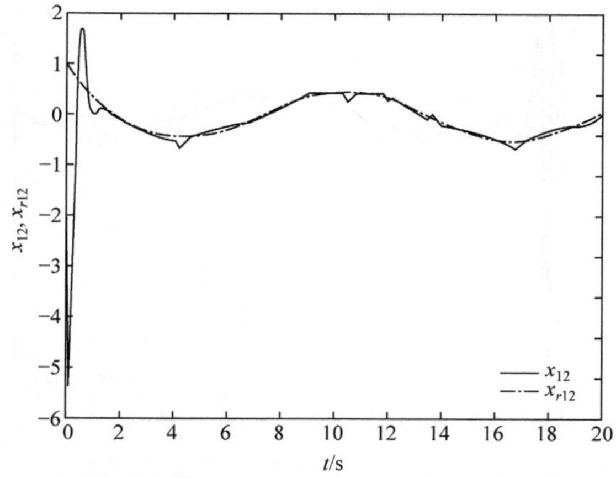

图 4-16　输出反馈下模糊控制子系统 1 及参考模型的状态曲线(2)

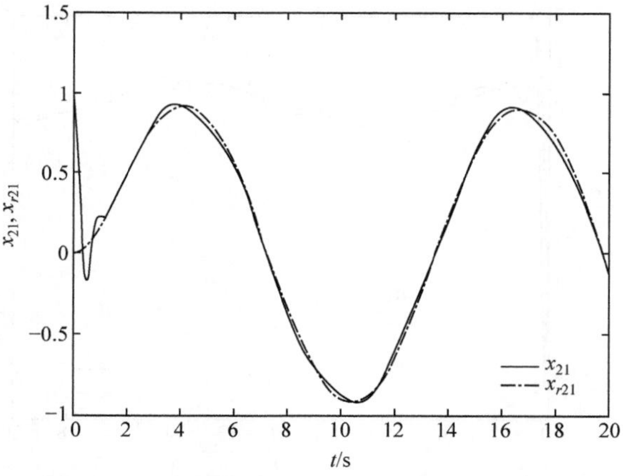

图 4-17　输出反馈下模糊控制子系统 2 及参考模型的状态曲线(1)

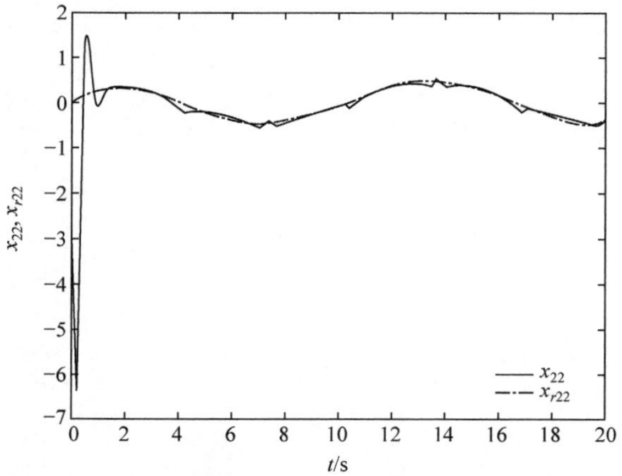

图 4-18　输出反馈下模糊控制子系统 2 及参考模型的状态曲线(2)

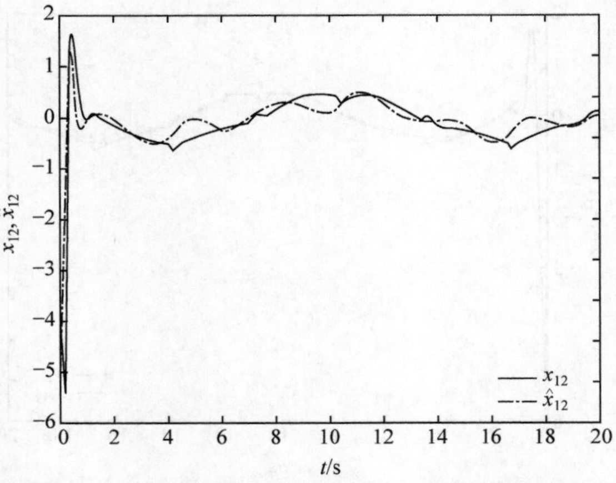

图 4-19　输出反馈下模糊控制子系统 1 及其估计的状态曲线

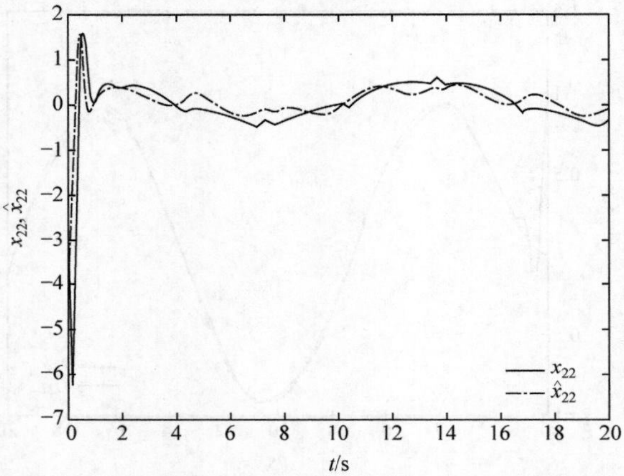

图 4-20　输出反馈下模糊控制子系统 2 及其估计的状态曲线

第 5 章　不确定模糊系统的 H^∞ 控制

前几章介绍了在线性控制和非线性控制的理论框架下，不确定模糊系统的控制设计方法及其稳定性分析。目前，H^∞ 控制理论和方法已成为处理非线性不确定系统的一个有利力工具。本章介绍把 H^∞ 控制理论和方法与模糊控制相结合，而形成的一些具有代表性的模糊 H^∞ 控制理论和方法[41,45,47-49]。

5.1　不确定模糊系统的 H^∞ 控制的稳定性定理

本节介绍一般不确定非线性系统 H^∞ 控制的几个稳定性判别条件，在此基础上，给出不确定模糊系统的 H^∞ 控制及其闭环系统的稳定性判别准则。

5.1.1　不确定非线性系统的二次稳定性条件

为了介绍不确定模糊系统的二次稳定性条件，首先回顾 H^∞ 控制理论和线性矩阵不等式中关于二次稳定的条件，并且对一般的不确定系统给出新的稳定性条件。

考虑不确定线性系统

$$\dot{\boldsymbol{x}}(t)=(\boldsymbol{A}+\Delta\boldsymbol{A}(\boldsymbol{z}(t)))\boldsymbol{x}(t)+(\boldsymbol{B}+\Delta\boldsymbol{B}(\boldsymbol{z}(t)))\boldsymbol{u}(t) \tag{5.1.1}$$

式中，$\boldsymbol{x}(t)\in\mathbf{R}^n$ 是状态变量；$\boldsymbol{u}(t)\in\mathbf{R}^m$ 是控制输入；$\boldsymbol{z}(t)$是不确定参数向量。假设不确定参数限制在指定的有界紧集 Ω 上，函数 $\boldsymbol{z}(t)$是 Lebesgue 可测的，$\Delta\boldsymbol{A}(\cdot)$和 $\Delta\boldsymbol{B}(\cdot)$是$\boldsymbol{z}(t)$的连续矩阵函数，而且$(\boldsymbol{A},\boldsymbol{B})$是稳定的。

对应于式(5.1.1)的自治不确定系统为

$$\dot{\boldsymbol{x}}(t)=(\boldsymbol{A}_0+\boldsymbol{D}\boldsymbol{F}(t)\boldsymbol{E})\boldsymbol{x}(t) \tag{5.1.2}$$

式中，$\boldsymbol{D}$ 和 $\boldsymbol{E}$ 是具有不确定结构的已知实矩阵。不确定性 $\boldsymbol{F}(t)$限制为

$$\boldsymbol{F}(t)\in\underline{\boldsymbol{F}}=\{\boldsymbol{F}(t):\|\boldsymbol{F}(t)\|\leqslant 1;\boldsymbol{F}(t)\text{ 的元素 Lebesgue 可测}\}$$

定义 5.1.1[42,43]　如果存在 $n\times n$ 正定矩阵 $\boldsymbol{P}$ 和常数 $\alpha>0$，使得对所容许的 $\boldsymbol{z}(t)$，Lyapunov 函数 $V(\boldsymbol{x}(t))=\boldsymbol{x}^{\mathrm{T}}(t)\boldsymbol{P}\boldsymbol{x}(t)$的导数满足

$$L(\boldsymbol{x}(t),t)=\dot{V}(\boldsymbol{x}(t))=2\boldsymbol{x}^{\mathrm{T}}(t)\boldsymbol{P}(\boldsymbol{A}+\Delta\boldsymbol{A}(\boldsymbol{z}(t)))\boldsymbol{x}(t)\leqslant-\alpha\|\boldsymbol{x}(t)\|^2$$
$$\forall(\boldsymbol{x}(t),t)\in\mathbf{R}^n\times\mathbf{R}$$

则称系统(5.1.2)是二次稳定的。

定理 5.1.1[43]　不确定系统(5.1.2)二次稳定的充分必要条件是以下条件之一成立：

(1) 设矩阵集合$\underline{\boldsymbol{A}}=\{\boldsymbol{A}=\boldsymbol{A}_0+\boldsymbol{D}\boldsymbol{F}\boldsymbol{E}:\boldsymbol{F}\text{ 为实矩阵},\|\boldsymbol{F}\|\leqslant 1\}$，则存在正定矩阵 $\boldsymbol{P}$，使得对$\underline{\boldsymbol{A}}$中所有 $\boldsymbol{A}$，都有

$$\boldsymbol{A}^{\mathrm{T}}\boldsymbol{P}+\boldsymbol{P}\boldsymbol{A}<\boldsymbol{0} \tag{5.1.3}$$

(2) $\boldsymbol{A}_0$ 是稳定矩阵，且

$$\|\boldsymbol{E}(s\boldsymbol{I}-\boldsymbol{A}_0)^{-1}\boldsymbol{D}\|_\infty<1 \tag{5.1.4}$$

文献[43]给出了与条件(2)等价的条件。

定理 5.1.2[44]　定理 5.1.1 中条件(2)成立的充分必要条件是下面的两等价条件之一成立：

(3) Riccati 方程

$$\boldsymbol{PA}+\boldsymbol{A}^{\mathrm{T}}\boldsymbol{P}+\boldsymbol{PDD}^{\mathrm{T}}\boldsymbol{P}+\boldsymbol{E}^{\mathrm{T}}\boldsymbol{E}<\boldsymbol{0} \tag{5.1.5}$$

有正定解 $\boldsymbol{P}$。

(4) 设

$$\boldsymbol{H}=\begin{bmatrix}\boldsymbol{A} & -\boldsymbol{DD}^{\mathrm{T}}\\ \boldsymbol{E}^{\mathrm{T}}\boldsymbol{E} & -\boldsymbol{A}^{\mathrm{T}}\end{bmatrix} \tag{5.1.6}$$

矩阵 $\boldsymbol{H}$ 的所有特征值的实部非零，即

$$\mathrm{Re}\lambda_i(\boldsymbol{H})\neq 0,\quad i=1,2,\cdots,2n$$

定理 5.1.3　下面的条件是等价的：

(5) 存在 $\boldsymbol{P}>\boldsymbol{0}$，满足矩阵不等式

$$\boldsymbol{A}^{\mathrm{T}}\boldsymbol{P}+\boldsymbol{PA}+\boldsymbol{C}^{\mathrm{T}}\boldsymbol{C}+(\boldsymbol{PB}+\boldsymbol{C}^{\mathrm{T}}\boldsymbol{D})(\gamma^2\boldsymbol{I}-\boldsymbol{D}^{\mathrm{T}}\boldsymbol{D})^{-1}(\boldsymbol{B}^{\mathrm{T}}\boldsymbol{P}+\boldsymbol{D}^{\mathrm{T}}\boldsymbol{C})<\boldsymbol{0} \tag{5.1.7}$$

式中，$\gamma^2\boldsymbol{I}-\boldsymbol{D}^{\mathrm{T}}\boldsymbol{D}>\boldsymbol{0}$。

(6) 存在 $\boldsymbol{P}>\boldsymbol{0}$，满足矩阵不等式

$$\begin{bmatrix}\boldsymbol{A}^{\mathrm{T}}\boldsymbol{P}+\boldsymbol{PA}+\boldsymbol{C}^{\mathrm{T}}\boldsymbol{C} & \boldsymbol{PB}+\boldsymbol{C}^{\mathrm{T}}\boldsymbol{D}\\ \boldsymbol{B}^{\mathrm{T}}\boldsymbol{P}+\boldsymbol{D}^{\mathrm{T}}\boldsymbol{C} & -\gamma^2\boldsymbol{I}+\boldsymbol{D}^{\mathrm{T}}\boldsymbol{D}\end{bmatrix}<\boldsymbol{0} \tag{5.1.8}$$

(7) 存在 $\boldsymbol{P}>\boldsymbol{0}$，满足矩阵不等式

$$\begin{bmatrix}\boldsymbol{A}^{\mathrm{T}}\boldsymbol{P}+\boldsymbol{PA} & \boldsymbol{PB} & \boldsymbol{C}^{\mathrm{T}}\\ \boldsymbol{B}^{\mathrm{T}}\boldsymbol{P} & -\gamma^2\boldsymbol{I} & \boldsymbol{D}^{\mathrm{T}}\\ \boldsymbol{C} & \boldsymbol{D} & -\boldsymbol{I}\end{bmatrix}<\boldsymbol{0} \tag{5.1.9}$$

注 5.1.1　如果在条件(4)中，$\boldsymbol{B}=\boldsymbol{D}=\boldsymbol{0}$，$\boldsymbol{C}=\boldsymbol{E}$ 且 $\gamma=1$，则条件(5)与(3)相同。

用条件(2)～(7)中的任何一个，都可以检验不确定系统的稳定性。在本节中，为了方便检验稳定性，将使用条件(4)。

由于不确定线性系统(5.1.2)假设了条件 $\|\boldsymbol{F}(t)\|\leqslant 1$，下面考虑一般的不确定线性系统：

$$\dot{\boldsymbol{x}}(t)=(\boldsymbol{A}_0+\boldsymbol{D\Delta}(t)\boldsymbol{E})\boldsymbol{x}(t) \tag{5.1.10}$$

假设

$$\boldsymbol{\Delta}(t)=\mathrm{diag}(g_1(t),g_2(t),\cdots,g_s(t))$$

式中

$$a_i\leqslant g_i(t)\leqslant b_i,\quad i=1,2,\cdots,s$$

由于系统(5.1.10)不需要条件 $\|\boldsymbol{\Delta}(t)\|\leqslant 1$，它与式(5.1.2)不同。通过引入对称矩阵

$$\boldsymbol{M}=\mathrm{diag}\left(\frac{b_1+a_1}{2},\frac{b_2+a_2}{2},\cdots,\frac{b_s+a_s}{2}\right)$$

$$\boldsymbol{N}=\mathrm{diag}\left(\frac{b_1-a_1}{2},\frac{b_2-a_2}{2},\cdots,\frac{b_s-a_s}{2}\right)$$

可将式(5.1.10)化为

$$\dot{\boldsymbol{x}}(t)=(\bar{\boldsymbol{A}}+\bar{\boldsymbol{D}}\bar{\boldsymbol{\Delta}}(t)\bar{\boldsymbol{E}})\boldsymbol{x}(t) \tag{5.1.11}$$

式中

$$\bar{\boldsymbol{A}}=\boldsymbol{A}_0+\boldsymbol{DME},\quad \bar{\boldsymbol{D}}=\boldsymbol{DN}$$
$$\bar{\boldsymbol{E}}=\boldsymbol{E},\quad \bar{\boldsymbol{\Delta}}(t)=\boldsymbol{N}^{-1}(\boldsymbol{\Delta}(t)-\boldsymbol{M})$$

注意到 $\|\bar{\boldsymbol{\Delta}}(t)\|\leqslant 1$,式(5.1.10)基本等价于式(5.1.2)。进而,由定理 5.1.1～5.1.3,可得到一般不确定系统(5.1.10)的稳定条件。

定理 5.1.4　系统(5.1.10)二次稳定的充分必要条件是下列等价条件之一成立:

(8) $\boldsymbol{A}_0+\boldsymbol{DEM}$ 为稳定矩阵,且 $\|\boldsymbol{E}(s\boldsymbol{I}-\boldsymbol{A}_0-\boldsymbol{DME})^{-1}\boldsymbol{DN}\|_{\infty}<1$。

(9) Riccati 方程

$$\boldsymbol{P}(\boldsymbol{A}_0+\boldsymbol{DME})+(\boldsymbol{A}_0+\boldsymbol{DME})^{\mathrm{T}}\boldsymbol{P}+\boldsymbol{PDNN}^{\mathrm{T}}\boldsymbol{D}^{\mathrm{T}}\boldsymbol{P}+\boldsymbol{E}^{\mathrm{T}}\boldsymbol{E}<\boldsymbol{0}$$

有正定解 $\boldsymbol{P}$。

(10) 设

$$\boldsymbol{H}=\begin{bmatrix}\boldsymbol{A}_0+\boldsymbol{DME} & -\boldsymbol{DNN}^{\mathrm{T}}\boldsymbol{D}^{\mathrm{T}}\\ \boldsymbol{E}^{\mathrm{T}}\boldsymbol{E} & -(\boldsymbol{A}_0+\boldsymbol{DME})^{\mathrm{T}}\end{bmatrix}$$

则有

$$\mathrm{Re}\lambda_i(\boldsymbol{H})\neq 0,\quad i=1,2,\cdots,2n$$

(11) 存在 $\boldsymbol{P}>\boldsymbol{0}$,满足矩阵不等式

$$\begin{bmatrix}\boldsymbol{P}(\boldsymbol{A}_0+\boldsymbol{DME})+(\boldsymbol{A}_0+\boldsymbol{DME})^{\mathrm{T}}\boldsymbol{P}+\boldsymbol{E}^{\mathrm{T}}\boldsymbol{E} & \boldsymbol{PDN}\\ \boldsymbol{N}^{\mathrm{T}}\boldsymbol{D}^{\mathrm{T}}\boldsymbol{P}^{\mathrm{T}} & -\boldsymbol{I}\end{bmatrix}<\boldsymbol{0}$$

(12) 存在 $\boldsymbol{P}>\boldsymbol{0}$,满足矩阵不等式

$$\begin{bmatrix}\boldsymbol{P}(\boldsymbol{A}_0+\boldsymbol{DME})+(\boldsymbol{A}_0+\boldsymbol{DME})^{\mathrm{T}}\boldsymbol{P} & \boldsymbol{PDN} & \boldsymbol{E}^{\mathrm{T}}\\ \boldsymbol{N}^{\mathrm{T}}\boldsymbol{D}^{\mathrm{T}}\boldsymbol{P}^{\mathrm{T}} & -\boldsymbol{I} & \boldsymbol{0}\\ \boldsymbol{E} & \boldsymbol{0} & -\boldsymbol{I}\end{bmatrix}<\boldsymbol{0}$$

5.1.2　模糊状态反馈控制与稳定性条件

5.1.1 节中给出了一般不确定非线性系统的稳定性条件,本小节把这些稳定性条件应用到不确定模糊控制系统的设计过程中。

考虑 3.1 节中所给出的不确定模糊系统:

$$\dot{\boldsymbol{x}}(t)=\sum_{i=1}^{N}\mu_i(\boldsymbol{z}(t))[(\boldsymbol{A}_i+\Delta\boldsymbol{A}_i(\boldsymbol{z}(t)))\boldsymbol{x}(t)+(\boldsymbol{B}_i+\Delta\boldsymbol{B}_i(\boldsymbol{z}(t)))\boldsymbol{u}(t)] \tag{5.1.12}$$

式中

$$\mu_i(\boldsymbol{z}(t))\geqslant 0,\quad \sum_{i=1}^{N}\mu_i(\boldsymbol{z}(t))=1,\quad i=1,2,\cdots,N$$

假设不确定矩阵表示为

$$\Delta\boldsymbol{A}_i(\boldsymbol{z}(t))=\sum_{p=1}^{s_p}\lambda_{ip}(\boldsymbol{z}(t))\boldsymbol{A}_{ip}$$

$$\Delta \boldsymbol{B}_i(\boldsymbol{z}(t)) = \sum_{q=1}^{s_q} \varepsilon_{iq}(\boldsymbol{z}(t)) \boldsymbol{B}_{iq}$$

式中

$$\lambda_{ip}(\boldsymbol{z}(t)) \geqslant 0, \quad i = 1,2,\cdots,N, \quad p = 1,2,\cdots,s_p, \quad \sum_{p=1}^{s_p} \lambda_{ip}(\boldsymbol{z}(t)) = 1$$

$$\varepsilon_{iq}(\boldsymbol{z}(t)) \geqslant 0, \quad i = 1,2,\cdots,N, \quad q = 1,2,\cdots,s_q, \quad \sum_{q=1}^{s_q} \varepsilon_{iq}(\boldsymbol{z}(t)) = 1$$

其中,$\lambda_{ip}(\boldsymbol{z}(t))$和$\varepsilon_{iq}(\boldsymbol{z}(t))$是未知的;$\mu_i(\boldsymbol{z}(t))$、$\boldsymbol{A}_{ip}$和$\boldsymbol{B}_{iq}$是已知的。

应用平行分布补偿算法,设计模糊控制如下。

模糊控制规则 i:如果 $z_1(t)$是 F_{i1},$z_2(t)$是 F_{i2},$\cdots$,$z_n(t)$是 F_{in},则

$$\boldsymbol{u}(t) = -\boldsymbol{K}_i \boldsymbol{x}(t), \quad i = 1,2,\cdots,N$$

模糊控制器的最终输出为

$$\boldsymbol{u}(t) = -\sum_{i=1}^{N} \mu_i(\boldsymbol{z}(t)) \boldsymbol{K}_i \boldsymbol{x}(t) \tag{5.1.13}$$

将式(5.1.13)代入式(5.1.12),可得

$$\dot{\boldsymbol{x}}(t) = \sum_{i=1}^{N}\sum_{j=1}^{N} \mu_i(\boldsymbol{z}(t))\mu_j(\boldsymbol{z}(t))[(\boldsymbol{A}_i - \boldsymbol{B}_i\boldsymbol{K}_j) + (\Delta\boldsymbol{A}_i - \Delta\boldsymbol{B}_i\boldsymbol{K}_j)]\boldsymbol{x}(t) \tag{5.1.14}$$

1. 模糊系统的稳定性条件

对于确定的模糊系统,即在式(5.1.12)中

$$\begin{gathered}\dot{\boldsymbol{x}}(t) = \sum_{i=1}^{N}\sum_{j=1}^{N} \mu_i(\boldsymbol{z}(t))\mu_j(\boldsymbol{z}(t))(\boldsymbol{A}_i - \boldsymbol{B}_i\boldsymbol{K}_j)\boldsymbol{x}(t) \\ \Delta\boldsymbol{A}_i(\boldsymbol{z}(t)) = \boldsymbol{0}, \quad \Delta\boldsymbol{B}_i(\boldsymbol{z}(t)) = \boldsymbol{0}, \quad i = 1,2,\cdots,N\end{gathered} \tag{5.1.15}$$

为了使用条件(8)~(12),必须把式(5.1.15)表示成式(5.1.2)的形式。若记

$$\Delta\boldsymbol{G}_{ij} = \boldsymbol{A}_i - \boldsymbol{B}_i\boldsymbol{K}_j - \boldsymbol{G}$$

$$\Delta\boldsymbol{T}_{ij} = \Delta\boldsymbol{G}_{ij} + \Delta\boldsymbol{G}_{ji}$$

则有

$$\begin{aligned}\dot{\boldsymbol{x}}(t) &= \boldsymbol{G}\boldsymbol{x}(t) + \sum_{i=1}^{N}\sum_{j=1}^{N} \mu_i(\boldsymbol{z}(t))\mu_j(\boldsymbol{z}(t))\Delta\boldsymbol{G}_{ij}\boldsymbol{x}(t) \\ &= \boldsymbol{G}\boldsymbol{x}(t) + \sum_{i=1}^{N} \mu_i(\boldsymbol{z}(t))\mu_i(\boldsymbol{z}(t))\Delta\boldsymbol{G}_{ii}\boldsymbol{x}(t) \\ &\quad + \sum_{i<j}^{N} \mu_i(\boldsymbol{z}(t))\mu_j(\boldsymbol{z}(t))\Delta\boldsymbol{T}_{ij}\boldsymbol{x}(t)\end{aligned} \tag{5.1.16}$$

式中,$\boldsymbol{G}$是可任意选择且具有所期望的特征值的稳定矩阵。例如,取

$$\boldsymbol{G} = \frac{1}{N}\sum_{i=1}^{N}(\boldsymbol{A}_i - \boldsymbol{B}_i\boldsymbol{K}_i)$$

或取

$$\boldsymbol{G} = \boldsymbol{A}_1 - \boldsymbol{B}_1\boldsymbol{K}_1$$

引入矩阵的奇异值分解

$$\Delta \boldsymbol{G}_{ii} = \boldsymbol{U}_{ii}\boldsymbol{S}_{ii}\boldsymbol{V}_{ii}^{\mathrm{T}}$$
$$\Delta \boldsymbol{T}_{ij} = \boldsymbol{U}_{ij}\boldsymbol{S}_{ij}\boldsymbol{V}_{ij}^{\mathrm{T}},\quad i<j$$

式中，$\boldsymbol{U}_{ij}$ 和 $\boldsymbol{V}_{ij}$ 为酉矩阵。那么

$$\dot{\boldsymbol{x}}(t) = (\boldsymbol{G}+\boldsymbol{D\Delta}(t)\boldsymbol{E})\boldsymbol{x}(t)$$

其中

$$\boldsymbol{D}\in \mathbf{R}^{n\times v},\quad \boldsymbol{\Delta}(t)\in \mathbf{R}^{v\times v},\quad \boldsymbol{E}\in \mathbf{R}^{v\times n}$$
$$v=\frac{n\times N\times (N+1)}{2}$$
$$\boldsymbol{D}=[\bar{\boldsymbol{U}}_1,\bar{\boldsymbol{U}}_2,\cdots,\bar{\boldsymbol{U}}_N]$$
$$\boldsymbol{E}=[\bar{\boldsymbol{V}}_1,\bar{\boldsymbol{V}}_2,\cdots,\bar{\boldsymbol{V}}_N]^{\mathrm{T}}$$
$$\boldsymbol{\Delta}(t)=\mathrm{diag}(\bar{\boldsymbol{S}}_1^e(\boldsymbol{z}(t)),\bar{\boldsymbol{S}}_2^e(\boldsymbol{z}(t)),\cdots,\bar{\boldsymbol{S}}_N^e(\boldsymbol{z}(t)))$$
$$\bar{\boldsymbol{U}}_i=[\boldsymbol{U}_{ii},\boldsymbol{U}_{ii+1},\cdots,\boldsymbol{U}_{ii+N}]$$
$$\bar{\boldsymbol{V}}_i=[\boldsymbol{V}_{ii},\boldsymbol{V}_{ii+1},\cdots,\boldsymbol{V}_{ii+N}]$$
$$\bar{\boldsymbol{S}}_i^e(\boldsymbol{z}(t))=\mathrm{diag}(e_{ii}(\boldsymbol{z}(t))\boldsymbol{S}_{ii},e_{ii+1}(\boldsymbol{z}(t))\boldsymbol{S}_{ii+1},\cdots,e_{ii+N}(\boldsymbol{z}(t))\boldsymbol{S}_{ii+N})$$
$$e_{ij}(\boldsymbol{z}(t))=\mu_i(\boldsymbol{z}(t))\mu_j(\boldsymbol{z}(t))$$

另外，由矩阵 $\boldsymbol{\Delta}(t)$ 可得

$$\boldsymbol{M}=\boldsymbol{N}=\mathrm{diag}(\bar{\boldsymbol{S}}_1^d,\bar{\boldsymbol{S}}_2^d,\cdots,\bar{\boldsymbol{S}}_N^d)$$

式中

$$\bar{\boldsymbol{S}}_i^d=\mathrm{diag}\left(\frac{d_{ii}}{2}\boldsymbol{S}_{ii},\frac{d_{ii+1}}{2}\boldsymbol{S}_{ii+1},\cdots,\frac{d_{ii+N}}{2}\boldsymbol{S}_{ii+N}\right)$$
$$d_{ij}=\max_{\boldsymbol{z}(t)}\{\mu_i(\boldsymbol{z}(t))\mu_j(\boldsymbol{z}(t))\}$$

注 5.1.2　希望通过减少不确定矩阵的块数，即 $\boldsymbol{\Delta}(t)$ 的对角线非零元素的个数，来避免稳定性分析的保守性。

当 $\boldsymbol{\Delta}(t)$ 非满秩时，即存在 i,j 满足

$$R(\Delta\boldsymbol{G}_{ii})=f_{ii}<n,\quad R(\Delta\boldsymbol{T}_{ij})=f_{ij}<n$$

时，可以减少不确定矩阵块数。此时，由于奇异值分解可增加 $\boldsymbol{\Delta}(t)$ 的对角线零元素的个数，可达到避免稳定性分析的保守性。

定理 5.1.5　模糊系统(5.1.15)(或式(5.1.16))二次稳定的充分必要条件是下列等价条件之一成立：

(13) $\boldsymbol{G}+\boldsymbol{MDE}$ 为稳定矩阵，且 $\|\boldsymbol{E}(s\boldsymbol{I}-\boldsymbol{G}-\boldsymbol{DME})^{-1}\boldsymbol{DN}\|_{\infty}<1$。

(14) Riccati 方程

$$\boldsymbol{P}(\boldsymbol{G}+\boldsymbol{DME})+(\boldsymbol{G}+\boldsymbol{DME})^{\mathrm{T}}\boldsymbol{P}+\boldsymbol{PDNN}^{\mathrm{T}}\boldsymbol{D}^{\mathrm{T}}\boldsymbol{P}+\boldsymbol{E}^{\mathrm{T}}\boldsymbol{E}<\boldsymbol{0}$$

有正定解 $\boldsymbol{P}$。

(15) 设

$$\boldsymbol{H}=\begin{bmatrix}\boldsymbol{G}+\boldsymbol{DME} & -\boldsymbol{DNN}^{\mathrm{T}}\boldsymbol{D}^{\mathrm{T}}\\ \boldsymbol{E}^{\mathrm{T}}\boldsymbol{E} & -(\boldsymbol{G}+\boldsymbol{DME})^{\mathrm{T}}\end{bmatrix}\tag{5.1.17}$$

则

$$\mathrm{Re}\lambda_i(\boldsymbol{H})\neq 0,\quad i=1,2,\cdots,2n$$

(16) 存在 $\boldsymbol{P}>\mathbf{0}$,满足矩阵不等式

$$\begin{bmatrix} \boldsymbol{P}(\boldsymbol{G}+\boldsymbol{DME})+(\boldsymbol{G}+\boldsymbol{DME})^{\mathrm{T}}\boldsymbol{P}+\boldsymbol{E}^{\mathrm{T}}\boldsymbol{E} & \boldsymbol{PDN} \\ \boldsymbol{N}^{\mathrm{T}}\boldsymbol{D}^{\mathrm{T}}\boldsymbol{P} & -\boldsymbol{I} \end{bmatrix}<\mathbf{0}$$

(17) 存在 $\boldsymbol{P}>\mathbf{0}$,满足矩阵不等式

$$\begin{bmatrix} \boldsymbol{P}(\boldsymbol{G}+\boldsymbol{DME})+(\boldsymbol{G}+\boldsymbol{DME})^{\mathrm{T}}\boldsymbol{P} & \boldsymbol{PDN} & \boldsymbol{E}^{\mathrm{T}} \\ \boldsymbol{N}^{\mathrm{T}}\boldsymbol{D}^{\mathrm{T}}\boldsymbol{P} & -\boldsymbol{I} & \mathbf{0} \\ \boldsymbol{E} & \mathbf{0} & -\boldsymbol{I} \end{bmatrix}<\mathbf{0}$$

式中

$$\boldsymbol{DME}=\frac{1}{2}\left(\sum_{i=1}^{N}d_{ii}\boldsymbol{U}_{ii}\boldsymbol{S}_{ii}\boldsymbol{V}_{ii}+\sum_{i<j}^{N}d_{ij}\boldsymbol{U}_{ij}\boldsymbol{S}_{ij}\boldsymbol{V}_{ij}\right)$$

$$\boldsymbol{DNN}^{\mathrm{T}}\boldsymbol{D}^{\mathrm{T}}=\frac{1}{4}\left(\sum_{i=1}^{N}d_{ii}^{2}\boldsymbol{U}_{ii}\boldsymbol{S}_{ii}\boldsymbol{S}_{ii}^{\mathrm{T}}\boldsymbol{U}_{ii}^{\mathrm{T}}+\sum_{i<j}^{N}d_{ij}^{2}\boldsymbol{U}_{ij}\boldsymbol{S}_{ij}\boldsymbol{S}_{ij}^{\mathrm{T}}\boldsymbol{U}_{ij}^{\mathrm{T}}\right)$$

$$\boldsymbol{E}^{\mathrm{T}}\boldsymbol{E}=\sum_{i=1}^{N}\boldsymbol{V}_{ii}\boldsymbol{V}_{ii}^{\mathrm{T}}+\sum_{i<j}^{N}\boldsymbol{V}_{ij}\boldsymbol{V}_{ij}^{\mathrm{T}}=\frac{N(N+1)}{2}\boldsymbol{I}_{n}$$

本节将利用条件(15)来检验非线性模糊控制系统的稳定性。

注 5.1.3　如果式(5.1.15)(或式(5.1.16))中有公共的矩阵 $\boldsymbol{B}$,即

$$\boldsymbol{B}_1=\boldsymbol{B}_2=\cdots=\boldsymbol{B}_N=\boldsymbol{B}$$

而且对所有 i,能找到反馈增益矩阵 $\boldsymbol{K}_i$,使得 $\boldsymbol{A}_i-\boldsymbol{BK}_i=\boldsymbol{G}$,这里 $\boldsymbol{G}$ 为稳定矩阵,则对所有的 i 和 j,有 $\Delta\boldsymbol{G}_{ii}=\mathbf{0}$ 和 $\Delta\boldsymbol{T}_{ij}=\mathbf{0}$。因此,反馈系统简化为线性系统

$$\dot{\boldsymbol{x}}(t)=\boldsymbol{Gx}(t)$$

利用条件(14),很容易验证系统的稳定性条件,因为

$$\boldsymbol{H}=\begin{bmatrix} \boldsymbol{G} & \mathbf{0} \\ \dfrac{N(N+1)}{2}\boldsymbol{I}_n & -\boldsymbol{G}^{\mathrm{T}} \end{bmatrix} \tag{5.1.18}$$

显然 $\boldsymbol{H}$ 的特征值为 $\lambda_i(\boldsymbol{G})$ 和 $-\lambda_i(\boldsymbol{G})$,$i=1,2,\cdots,N$。

值得注意的是,并非对所有 i,总能找到 $\boldsymbol{K}_i$,使得 $\boldsymbol{A}_i-\boldsymbol{BK}_i=\boldsymbol{G}$。

2. 不确定模糊系统的鲁棒稳定性条件

对于不确定非线性模糊系统:

$$\dot{\boldsymbol{x}}(t)=\sum_{i=1}^{N}\sum_{j=1}^{N}\mu_i(\boldsymbol{z}(t))\mu_j(\boldsymbol{z}(t))[(\boldsymbol{A}_i-\boldsymbol{B}_i\boldsymbol{K}_j)+(\Delta\boldsymbol{A}_i-\Delta\boldsymbol{B}_i\boldsymbol{K}_j)]\boldsymbol{x}(t)$$

把关于不确定矩阵 $\Delta\boldsymbol{A}_i$ 和 $\Delta\boldsymbol{B}_i$ 的表达式代入上式,可得

$$\dot{\boldsymbol{x}}(t)=\sum_{i=1}^{N}\sum_{j=1}^{N}\sum_{p=1}^{s_p}\sum_{q=1}^{s_q}e_{ijpq}(\boldsymbol{z}(t))(\boldsymbol{A}_i-\boldsymbol{B}_i\boldsymbol{K}_j+\boldsymbol{A}_{ip}-\boldsymbol{B}_{iq}\boldsymbol{K}_j)\boldsymbol{x}(t) \tag{5.1.19}$$

式中

$$e_{ijpq}(\boldsymbol{z}(t))=\mu_i(\boldsymbol{z}(t))\mu_j(\boldsymbol{z}(t))\lambda_{ip}(\boldsymbol{z}(t))\varepsilon_{iq}(\boldsymbol{z}(t))$$

为了利用定理 5.1.4 的条件,必须将式(5.1.19)表示为式(5.1.10)所示的形式。由式(5.1.19)可得

$$\begin{aligned}\dot{\boldsymbol{x}}(t)=&\ \boldsymbol{G}\boldsymbol{x}(t)+\sum_{i=1}^{N}\sum_{j=1}^{N}\sum_{p=1}^{s_p}\sum_{q=1}^{s_q}e_{ijpq}(\boldsymbol{z}(t))\Delta\boldsymbol{G}_{ijpq}\boldsymbol{x}(t)\\=&\ \boldsymbol{G}\boldsymbol{x}(t)+\sum_{i=1}^{N}\sum_{p=1}^{s_p}\sum_{q=1}^{s_q}e_{iipq}(\boldsymbol{z}(t))\Delta\boldsymbol{G}_{iipq}\boldsymbol{x}(t)\\&+\sum_{i<j}^{N}\sum_{p=1}^{s_p}\sum_{q=1}^{s_q}e_{ijpq}(\boldsymbol{z}(t))\Delta\boldsymbol{T}_{ijpq}\boldsymbol{x}(t)\end{aligned}\tag{5.1.20}$$

式中

$$\begin{aligned}\Delta\boldsymbol{G}_{ijpq}&=\boldsymbol{A}_i+\boldsymbol{A}_{ip}-(\boldsymbol{B}_i+\boldsymbol{B}_{iq})\boldsymbol{K}_j-\boldsymbol{G}\\\Delta\boldsymbol{T}_{ijpq}&=\Delta\boldsymbol{G}_{ijpq}+\Delta\boldsymbol{G}_{jipq},\quad i<j\end{aligned}$$

$\boldsymbol{G}$ 可取为

$$\boldsymbol{G}=\frac{1}{N}\sum_{i=1}^{N}(\boldsymbol{A}_i-\boldsymbol{B}_i\boldsymbol{K}_i)$$

或

$$\boldsymbol{G}=\boldsymbol{A}_1-\boldsymbol{B}_1\boldsymbol{K}_1$$

引入矩阵奇异值分解

$$\begin{aligned}\Delta\boldsymbol{G}_{iipq}&=\boldsymbol{U}_{iipq}\boldsymbol{S}_{iipq}\boldsymbol{V}_{iipq}^{\mathrm{T}}\\\Delta\boldsymbol{T}_{ijpq}&=\boldsymbol{U}_{ijpq}\boldsymbol{S}_{ijpq}\boldsymbol{V}_{ijpq}^{\mathrm{T}},\quad i<j\end{aligned}$$

式中，$\boldsymbol{U}_{ijpq}$ 和 $\boldsymbol{V}_{ijpq}$ 为酉矩阵。由式(5.1.20)可得

$$\dot{\boldsymbol{x}}(t)=(\boldsymbol{G}+\boldsymbol{D}\boldsymbol{\Delta}(t)\boldsymbol{E})\boldsymbol{x}(t)$$

其中

$$\boldsymbol{D}\in\mathbf{R}^{n\times v},\quad\boldsymbol{\Delta}(t)\in\mathbf{R}^{v\times v},\quad\boldsymbol{E}\in\mathbf{R}^{v\times n},\quad v=\frac{n\times N\times(N+1)\times s_p\times s_q}{2}$$

则

$$\begin{aligned}\boldsymbol{D}&=[\overline{\boldsymbol{W}}_1^u,\overline{\boldsymbol{W}}_2^u,\cdots,\overline{\boldsymbol{W}}_N^u]\\\boldsymbol{E}&=[\overline{\boldsymbol{W}}_1^v,\overline{\boldsymbol{W}}_2^v,\cdots,\overline{\boldsymbol{W}}_N^v]^{\mathrm{T}}\\\boldsymbol{\Delta}(t)&=\mathrm{diag}(\overline{\boldsymbol{W}}_1^{es}(\boldsymbol{z}(t)),\overline{\boldsymbol{W}}_2^{es}(\boldsymbol{z}(t)),\cdots,\overline{\boldsymbol{W}}_N^{es}(\boldsymbol{z}(t)))\end{aligned}$$

其中

$$\overline{\boldsymbol{W}}_i^u=[\boldsymbol{W}_{ii}^u,\boldsymbol{W}_{ii+1}^u,\cdots,\boldsymbol{W}_{ii+N}^u]$$

$$\boldsymbol{W}_{ij}^u=\begin{bmatrix}\boldsymbol{U}_{ij11}&\boldsymbol{U}_{ij12}&\cdots&\boldsymbol{U}_{ij1s_q}\\\boldsymbol{U}_{ij21}&\boldsymbol{U}_{ij22}&\cdots&\boldsymbol{U}_{ij2s_q}\\\vdots&\vdots&&\vdots\\\boldsymbol{U}_{ijs_p1}&\boldsymbol{U}_{ijs_p2}&\cdots&\boldsymbol{U}_{ijs_ps_q}\end{bmatrix}$$

$$\overline{\boldsymbol{W}}_i^v=[\boldsymbol{W}_{ii}^v,\boldsymbol{W}_{ii+1}^v,\cdots,\boldsymbol{W}_{ii+N}^v]$$

$$\boldsymbol{W}_{ij}^v=\begin{bmatrix}\boldsymbol{V}_{ij11}&\boldsymbol{V}_{ij12}&\cdots&\boldsymbol{V}_{ij1s_q}\\\boldsymbol{V}_{ij21}&\boldsymbol{V}_{ij22}&\cdots&\boldsymbol{V}_{ij2s_q}\\\vdots&\vdots&&\vdots\\\boldsymbol{V}_{ijs_p1}&\boldsymbol{V}_{ijs_p2}&\cdots&\boldsymbol{V}_{ijs_ps_q}\end{bmatrix}$$

$$\overline{\boldsymbol{W}}_i^{es}(\boldsymbol{z}(t))=[\boldsymbol{W}_{ii}^{es}(\boldsymbol{z}(t)),\boldsymbol{W}_{ii+1}^{es}(\boldsymbol{z}(t)),\cdots,\boldsymbol{W}_{ii+N}^{es}(\boldsymbol{z}(t))]$$

$$\overline{\boldsymbol{W}}_{ij}^{es}(\boldsymbol{z}(t))=\begin{bmatrix}\boldsymbol{W}_{ij11}^{es}(\boldsymbol{z}(t)) & \boldsymbol{W}_{ij12}^{es}(\boldsymbol{z}(t)) & \cdots & \boldsymbol{W}_{ij1s_q}^{es}(\boldsymbol{z}(t))\\ \boldsymbol{W}_{ij21}^{es}(\boldsymbol{z}(t)) & \boldsymbol{W}_{ij22}^{es}(\boldsymbol{z}(t)) & \cdots & \boldsymbol{W}_{ij2s_q}^{es}(\boldsymbol{z}(t))\\ \vdots & \vdots & & \vdots\\ \boldsymbol{W}_{ijs_p1}^{es}(\boldsymbol{z}(t)) & \boldsymbol{W}_{ijs_p2}^{es}(\boldsymbol{z}(t)) & \cdots & \boldsymbol{W}_{ijs_ps_q}^{es}(\boldsymbol{z}(t))\end{bmatrix}$$

$$\boldsymbol{W}_{ijs_ps_q}^{es}(\boldsymbol{z}(t))=e_{ijpq}(\boldsymbol{z}(t))\boldsymbol{S}_{ijpq}$$

另外,由矩阵$\boldsymbol{\Delta}(t)$可得

$$\boldsymbol{M}=\boldsymbol{N}=\mathrm{diag}(\overline{\boldsymbol{W}}_1^{ds},\overline{\boldsymbol{W}}_2^{ds},\cdots,\overline{\boldsymbol{W}}_N^{ds})$$

式中

$$\overline{\boldsymbol{W}}_i^{ds}=\mathrm{diag}(\overline{\boldsymbol{W}}_{ii}^{ds},\overline{\boldsymbol{W}}_{ii+1}^{ds},\cdots,\overline{\boldsymbol{W}}_{ii+N}^{ds})$$

$$\overline{\boldsymbol{W}}_{ij}^{ds}=\begin{bmatrix}\dfrac{d_{ij11}}{2}\boldsymbol{S}_{ij11} & \dfrac{d_{ij12}}{2}\boldsymbol{S}_{ij12} & \cdots & \dfrac{d_{ij1s_q}}{2}\boldsymbol{S}_{ij1s_q}\\ \dfrac{d_{ij21}}{2}\boldsymbol{S}_{ij21} & \dfrac{d_{ij22}}{2}\boldsymbol{S}_{ij22} & \cdots & \dfrac{d_{ij2s_q}}{2}\boldsymbol{S}_{ij2s_q}\\ \vdots & \vdots & & \vdots\\ \dfrac{d_{ijs_p1}}{2}\boldsymbol{S}_{ijs_p1} & \dfrac{d_{ijs_p2}}{2}\boldsymbol{S}_{ijs_p2} & \cdots & \dfrac{d_{ijs_ps_q}}{2}\boldsymbol{S}_{ijs_ps_q}\end{bmatrix}$$

$$d_{ijs_ps_q}=\max_{z(t)}\{\mu_i(\boldsymbol{z}(t))\mu_j(\boldsymbol{z}(t))\}$$

对不确定模糊系统(5.1.19)(或式(5.1.20)),有如下重要定理。

定理 5.1.6 系统(5.1.19)(或式(5.1.20))二次稳定的充分必要条件是下列等价条件之一成立:

(18) $\boldsymbol{G}+\boldsymbol{MDE}$为稳定矩阵,且$\|\boldsymbol{E}(s\boldsymbol{I}-\boldsymbol{G}-\boldsymbol{DME})^{-1}\boldsymbol{DN}\|_\infty<1$。

(19) Riccati 方程

$$\boldsymbol{P}(\boldsymbol{G}+\boldsymbol{DME})+(\boldsymbol{G}+\boldsymbol{DME})^{\mathrm{T}}\boldsymbol{P}+\boldsymbol{PDNN}^{\mathrm{T}}\boldsymbol{D}^{\mathrm{T}}\boldsymbol{P}+\boldsymbol{E}^{\mathrm{T}}\boldsymbol{E}<\boldsymbol{0}$$

有正定解$\boldsymbol{P}$。

(20) 设

$$\boldsymbol{H}=\begin{bmatrix}\boldsymbol{G}+\boldsymbol{DME} & -\boldsymbol{DNN}^{\mathrm{T}}\boldsymbol{D}^{\mathrm{T}}\\ \boldsymbol{E}^{\mathrm{T}}\boldsymbol{E} & -(\boldsymbol{G}+\boldsymbol{DME})^{\mathrm{T}}\end{bmatrix}\tag{5.1.21}$$

则

$$\mathrm{Re}\lambda_i(\boldsymbol{H})\neq0,\quad i=1,2,\cdots,2n$$

(21) 存在$\boldsymbol{P}>\boldsymbol{0}$,满足矩阵不等式

$$\begin{bmatrix}\boldsymbol{P}(\boldsymbol{G}+\boldsymbol{DME})+(\boldsymbol{G}+\boldsymbol{DME})^{\mathrm{T}}\boldsymbol{P}+\boldsymbol{E}^{\mathrm{T}}\boldsymbol{E} & \boldsymbol{PDN}\\ \boldsymbol{N}^{\mathrm{T}}\boldsymbol{D}^{\mathrm{T}}\boldsymbol{P} & -\boldsymbol{I}\end{bmatrix}<\boldsymbol{0}$$

(22) 存在$\boldsymbol{P}>\boldsymbol{0}$,满足矩阵不等式

$$\begin{bmatrix}\boldsymbol{P}(\boldsymbol{G}+\boldsymbol{DME})+(\boldsymbol{G}+\boldsymbol{DME})^{\mathrm{T}}\boldsymbol{P} & \boldsymbol{PDN} & \boldsymbol{E}^{\mathrm{T}}\\ \boldsymbol{N}^{\mathrm{T}}\boldsymbol{D}^{\mathrm{T}}\boldsymbol{P} & -\boldsymbol{I} & \boldsymbol{0}\\ \boldsymbol{E} & \boldsymbol{0} & -\boldsymbol{I}\end{bmatrix}<\boldsymbol{0}$$

在定理 5.1.6 的条件中

$$\boldsymbol{DME}=\frac{1}{2}\left(\sum_{i=1}^{N}\sum_{p=1}^{s_p}\sum_{q=1}^{s_q}d_{iipq}\boldsymbol{U}_{iipq}\boldsymbol{S}_{iipq}\boldsymbol{V}_{iipq}+\sum_{i<j}^{N}\sum_{p=1}^{s_p}\sum_{q=1}^{s_q}d_{ijpq}\boldsymbol{U}_{ijpq}\boldsymbol{S}_{ijpq}\boldsymbol{V}_{ijpq}\right)$$

$$\boldsymbol{DNN}^{\mathrm{T}}\boldsymbol{D}^{\mathrm{T}}=\frac{1}{4}\left(\sum_{i=1}^{N}\sum_{p=1}^{s_p}\sum_{q=1}^{s_q}d_{iipq}^2\boldsymbol{U}_{iipq}\boldsymbol{S}_{iipq}\boldsymbol{S}_{iipq}^{\mathrm{T}}\boldsymbol{U}_{iipq}^{\mathrm{T}}+\sum_{i<j}^{N}\sum_{p=1}^{s_p}\sum_{q=1}^{s_q}d_{ijpq}^2\boldsymbol{U}_{ijpq}\boldsymbol{S}_{ijpq}\boldsymbol{S}_{ijpq}^{\mathrm{T}}\boldsymbol{U}_{ijpq}^{\mathrm{T}}\right)$$

$$\boldsymbol{E}^{\mathrm{T}}\boldsymbol{E}=\sum_{i=1}^{N}\sum_{p=1}^{s_p}\sum_{q=1}^{s_q}\boldsymbol{V}_{iipq}\boldsymbol{V}_{iipq}^{\mathrm{T}}+\sum_{i<j}^{N}\sum_{p=1}^{s_p}\sum_{q=1}^{s_q}\boldsymbol{V}_{ijpq}\boldsymbol{V}_{ijpq}^{\mathrm{T}}=\frac{N\times(N+1)\times s_p\times s_q}{2}\boldsymbol{I}_n$$

注 5.1.4　一般情况下，定理 5.1.5 的条件与定理 5.1.6 的条件不等价。仅当对所有 i，有 $\Delta\boldsymbol{A}_i(\boldsymbol{z}(t))=\boldsymbol{0}$ 且 $\Delta\boldsymbol{B}_i(\boldsymbol{z}(t))=\boldsymbol{0}$ 时，定理 5.1.6 才与定理 5.1.5 等价。

5.1.3　仿真

例 5.1.1　应用本节所设计的模糊控制器控制如图 5-1 所示的质量弹簧装置系统，设其非线性模型为

$$M\ddot{x}+g(x,\dot{x})+f(x)=\varphi(\dot{x})u \tag{5.1.22}$$

式中，M 为质量；u 为力；$f(x)$ 表示弹簧的非线性或不确定项；$g(x,\dot{x})$ 表示装置的非线性或不确定项；$\varphi(\dot{x})$ 为输入的非线性项。

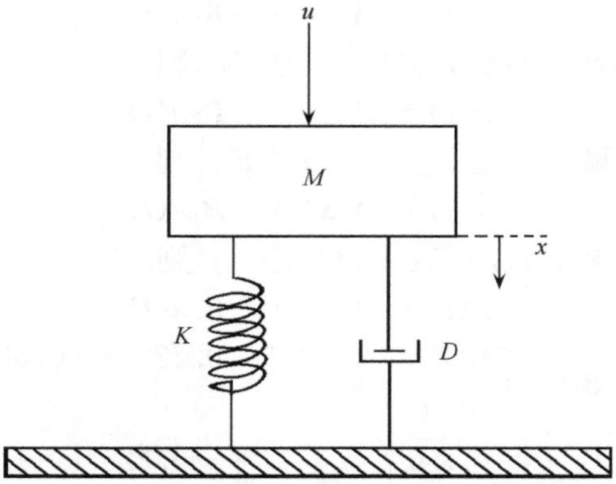

图 5-1　质量弹簧装置系统

(1) 存在公共输入矩阵 $\boldsymbol{B}$ 的非线性模糊系统。

假设 $g(x,\dot{x})=D(c_1x+c_2\dot{x}^3)$，$f(x)=c_3x+c_4x^3$ 及 $\varphi(\dot{x})=1+c_5\dot{x}^3$；进一步假设

$$x\in[-a,a],\quad \dot{x}\in[-b,b],\quad a,b>0$$

令上述参数取值为

$$M=1.0,\quad D=1.0,\quad c_1=0.01,\quad c_2=0.1,\quad c_3=0.01$$
$$c_4=0.67,\quad c_5=0,\quad a=1.5,\quad b=1.5$$

则式(5.1.22)变为

$$\ddot{x}=-0.1\dot{x}^3-0.02x-0.67x^3+u \tag{5.1.23}$$

式中，$-0.1\dot{x}^3$ 和 $-0.67x^3$ 为非线性项。对于 $x\in[-1.5,1.5]$ 和 $\dot{x}\in[-1.5,1.5]$，非线性项满足

$$\begin{cases}-1.5075x \leqslant -0.67x^3 \leqslant 0 \cdot x, & x \geqslant 0 \\ 0 \cdot x \leqslant -0.67x^3 \leqslant -1.5075x, & x < 0\end{cases} \tag{5.1.24}$$

$$\begin{cases}-0.225\dot{x} \leqslant -0.1\dot{x}^3 \leqslant 0 \cdot x, & x \geqslant 0 \\ 0 \cdot x \leqslant -0.1\dot{x}^3 \leqslant -0.225\dot{x}, & x < 0\end{cases} \tag{5.1.25}$$

由式(5.1.24)和(5.1.25),非线性项可以由上界和下界表示:

$$\begin{cases}-0.67x^3 = F_{11}(x(t)) \cdot 0 \cdot x - (1 - F_{11}(x(t))) \cdot 1.5075x \\ -0.1\dot{x}^3 = F_{21}(\dot{x}(t)) \cdot 0 \cdot \dot{x} - (1 - F_{21}(\dot{x}(t))) \cdot 0.225\dot{x}\end{cases} \tag{5.1.26}$$

式中

$$F_{11}(x(t)) \in [0,1], \quad F_{21}(\dot{x}(t)) \in [0,1]$$

通过解方程(5.1.26),可得

$$F_{11}(x(t)) = 1 - \frac{x^2(t)}{2.25}, \quad F_{12}(x(t)) = 1 - F_{11}(x(t)) = \frac{x^2(t)}{2.25}$$

$$F_{21}(\dot{x}(t)) = 1 - \frac{\dot{x}^2(t)}{2.25}, \quad F_{22}(\dot{x}(t)) = 1 - F_{21}(\dot{x}(t)) = \frac{\dot{x}^2(t)}{2.25}$$

利用模糊集 F_{11}、F_{12}、F_{21}和 F_{22},$\boldsymbol{x}(t)=[\dot{x}(t),x(t)]^{\mathrm{T}}$,非线性系统可以表示成如下的模糊T-S模型。

模糊系统规则 1:如果 $x(t)$是 F_{11}且 $\dot{x}(t)$是 F_{21},则

$$\dot{\boldsymbol{x}}(t) = \boldsymbol{A}_1\boldsymbol{x}(t) + \boldsymbol{B}_1u(t)$$

模糊系统规则 2:如果 $x(t)$是 F_{11}且 $\dot{x}(t)$是 F_{22},则

$$\dot{\boldsymbol{x}}(t) = \boldsymbol{A}_2\boldsymbol{x}(t) + \boldsymbol{B}_2u(t)$$

模糊系统规则 3:如果 $x(t)$是 F_{12}且 $\dot{x}(t)$是 F_{21},则

$$\dot{\boldsymbol{x}}(t) = \boldsymbol{A}_3\boldsymbol{x}(t) + \boldsymbol{B}_3u(t)$$

模糊系统规则 4:如果 $x(t)$是 F_{12}且 $\dot{x}(t)$是 F_{22},则

$$\dot{\boldsymbol{x}}(t) = \boldsymbol{A}_4\boldsymbol{x}(t) + \boldsymbol{B}_4u(t)$$

$$\boldsymbol{A}_1 = \begin{bmatrix}0 & -0.02 \\ 1 & 0\end{bmatrix}, \quad \boldsymbol{B}_1 = \begin{bmatrix}1.0 \\ 0\end{bmatrix}, \quad \boldsymbol{A}_2 = \begin{bmatrix}-0.225 & -0.02 \\ 1 & 0\end{bmatrix}, \quad \boldsymbol{B}_2 = \begin{bmatrix}1.0 \\ 0\end{bmatrix}$$

$$\boldsymbol{A}_3 = \begin{bmatrix}0 & -1.5275 \\ 1 & 0\end{bmatrix}, \quad \boldsymbol{B}_3 = \begin{bmatrix}1.0 \\ 0\end{bmatrix}, \quad \boldsymbol{A}_4 = \begin{bmatrix}-0.225 & -1.5275 \\ 1 & 0\end{bmatrix}, \quad \boldsymbol{B}_4 = \begin{bmatrix}1.0 \\ 0\end{bmatrix}$$

应用平行分布补偿算法设计模糊控制器,如果选择闭环系统的特征值为-2、-2,则可得反馈增益矩阵如下:

$$\boldsymbol{K}_1 = [4.0 \quad 3.98], \quad \boldsymbol{K}_2 = [3.775 \quad 3.98]$$

$$\boldsymbol{K}_3 = [4.0 \quad 2.4725], \quad \boldsymbol{K}_4 = [3.775 \quad 2.4725]$$

取

$$\boldsymbol{G} = \frac{1}{4}\sum_{i=1}^{4}(\boldsymbol{A}_i - \boldsymbol{B}_i\boldsymbol{K}_i) = \begin{bmatrix}-4 & -4 \\ 1 & 0\end{bmatrix}$$

对该系统,有

$$d_{ij} = \begin{cases}1.0, & i = j \\ 0.25, & i \neq j, i+j \neq 5 \\ 0.0625, & i \neq j, i+j = 5\end{cases}$$

则由条件(15)，可得

$$\boldsymbol{H}=\begin{bmatrix}-4 & -4 & 0 & 0\\ 1 & 0 & 0 & 0\\ 10 & 0 & 4 & -1\\ 0 & 10 & 4 & 0\end{bmatrix}$$

由于 $\boldsymbol{H}$ 的特征值为 -2.0、-2.0、2.0 和 2.0，所设计的模糊控制器可保证该非线性系统二次稳定。图 5-2 给出了仿真控制结果。

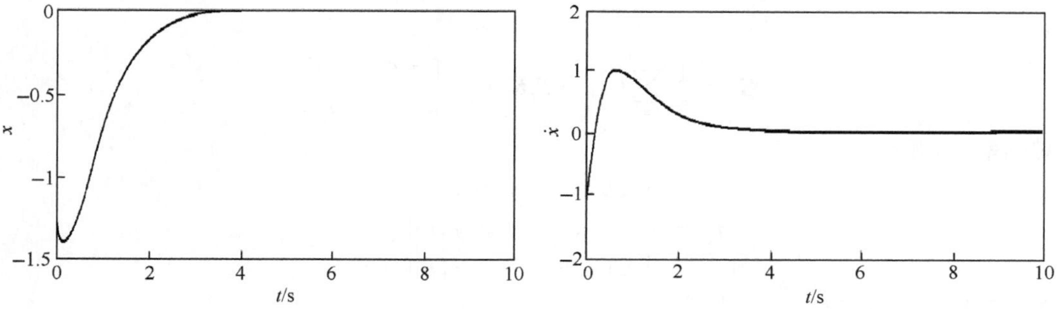

图 5-2　公共输入矩阵下的仿真控制结果

(2) 不具有公共输入矩阵 $\boldsymbol{B}$ 的模糊非线性系统。

应用例 5.1.1 的方法，把非线性系统表示成如下的模糊 T-S 模型。

模糊系统规则 1：如果 $x(t)$ 是 F_{11} 且 $\dot{x}(t)$ 是 F_{21}，则

$$\dot{\boldsymbol{x}}(t)=\boldsymbol{A}_1\boldsymbol{x}(t)+\boldsymbol{B}_1 u(t)$$

模糊系统规则 2：如果 $x(t)$ 是 F_{11} 且 $\dot{x}(t)$ 是 F_{22}，则

$$\dot{\boldsymbol{x}}(t)=\boldsymbol{A}_2\boldsymbol{x}(t)+\boldsymbol{B}_2 u(t)$$

模糊系统规则 3：如果 $x(t)$ 是 F_{12} 且 $\dot{x}(t)$ 是 F_{21}，则

$$\dot{\boldsymbol{x}}(t)=\boldsymbol{A}_3\boldsymbol{x}(t)+\boldsymbol{B}_3 u(t)$$

模糊系统规则 4：如果 $x(t)$ 是 F_{12} 且 $\dot{x}(t)$ 是 F_{22}，则

$$\dot{\boldsymbol{x}}(t)=\boldsymbol{A}_4\boldsymbol{x}(t)+\boldsymbol{B}_4 u(t)$$

式中

$$\boldsymbol{x}(t)=[\dot{x}(t),x(t)]^{\mathrm{T}}$$

$$\boldsymbol{A}_1=\begin{bmatrix}-1.0 & -0.01\\ 1 & 0\end{bmatrix},\quad \boldsymbol{B}_1=\begin{bmatrix}1.4387\\ 0\end{bmatrix}$$

$$\boldsymbol{A}_2=\begin{bmatrix}-1.0 & -0.01\\ 1 & 0\end{bmatrix},\quad \boldsymbol{B}_2=\begin{bmatrix}0.5613\\ 0\end{bmatrix}$$

$$\boldsymbol{A}_3=\begin{bmatrix}-1.0 & -0.235\\ 1 & 0\end{bmatrix},\quad \boldsymbol{B}_3=\begin{bmatrix}1.4387\\ 0\end{bmatrix}$$

$$\boldsymbol{A}_4=\begin{bmatrix}-1.0 & -0.235\\ 1 & 0\end{bmatrix},\quad \boldsymbol{B}_4=\begin{bmatrix}0.5613\\ 0\end{bmatrix}$$

应用存在公共输入矩阵 $\boldsymbol{B}$ 的非线性模糊系统的方法，获得模糊集如下：

$$F_{11}(x(t))=1-\frac{x^2(t)}{2.25},\quad F_{12}(x(t))=\frac{x^2(t)}{2.25}$$

$$F_{21}(\dot{x}(t))=0.5+\frac{\dot{x}^3(t)}{6.75},\quad F_{22}(\dot{x}(t))=0.5-\frac{\dot{x}^3(t)}{6.75}$$

式中,$x\in[-1.5,1.5]$;$\dot{x}\in[-1.5,1.5]$。

如果选择闭环系统的特征值为-2、-2,则可得反馈增益矩阵为

$$\boldsymbol{K}_1=[2.0851\quad 2.7732],\quad \boldsymbol{K}_2=[5.3452\quad 7.1091]$$
$$\boldsymbol{K}_3=[2.0851\quad 2.6169],\quad \boldsymbol{K}_4=[5.3452\quad 6.7082]$$

取

$$\boldsymbol{G}=\frac{1}{4}\sum_{i=1}^{4}(\boldsymbol{A}_i-\boldsymbol{B}_i\boldsymbol{K}_i)=\begin{bmatrix}-4 & -4\\ 1 & 0\end{bmatrix}$$

对此系统,有

$$d_{ij}=\begin{cases}1.0, & i=j\\ 0.25, & i\neq j, i+j\neq 5\\ 0.0625, & i\neq j, i+j=5\end{cases}$$

则由条件(15),可得

$$\boldsymbol{H}=\begin{bmatrix}-4.894 & -2.8445 & -0.7261 & 0\\ 1 & 0 & 0 & 0\\ 10 & 0 & 4.894 & -1\\ 0 & 10 & 2.8445 & 0\end{bmatrix}$$

由于 $\boldsymbol{H}$ 的特征值为-3.3052、-0.2757、3.3052 和 0.2757,所设计的模糊控制器可保证该非线性系统二次稳定。图 5-3 给出了仿真控制结果。

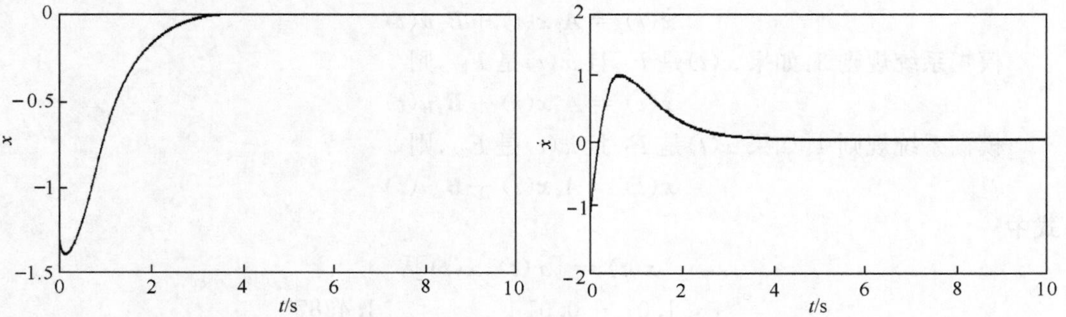

图 5-3 非公共输入矩阵下的仿真控制结果

(3) 不确定非线性模糊系统。

假设 $f(\boldsymbol{x})=c(t)\boldsymbol{x}$,这里 $c(t)$是不确定项,且 $c(t)\in[c_3,c_4]$,取参数与(1)相同,则非线性系统为

$$\ddot{x}+\dot{x}+c(t)x=(1+0.13\dot{x})u$$

式中,$c(t)\in[0.5,1.81]$。与存在公共输入矩阵 $\boldsymbol{B}$ 的非线性模糊系统的方法相类似,不确定非线性系统可采用如下的模糊 T-S 模型来表示。

模糊系统规则 1:如果 $\dot{x}(t)$是 F_{11},则

$$\dot{\boldsymbol{x}}(t)=(\boldsymbol{A}_1+\Delta\boldsymbol{A}_1(t))\boldsymbol{x}(t)+\boldsymbol{B}_1u(t)$$

模糊系统规则 2:如果 $\dot{x}(t)$是 F_{12},则

$$\dot{\boldsymbol{x}}(t)=(\boldsymbol{A}_2+\Delta\boldsymbol{A}_2(t))\boldsymbol{x}(t)+\boldsymbol{B}_2u(t)$$

式中

$$\Delta\boldsymbol{A}_i(t)=\sum_{p=1}^{2}\lambda_{ip}(t)\boldsymbol{A}_{ip}$$

$$\boldsymbol{x}(t)=[\dot{x}(t),x(t)]^{\mathrm{T}}$$

$$\boldsymbol{A}_1=\begin{bmatrix}-1.0 & -1.155\\ 1 & 0\end{bmatrix},\quad \boldsymbol{B}_1=\begin{bmatrix}1.4387\\ 0\end{bmatrix}$$

$$\boldsymbol{A}_2=\begin{bmatrix}-1.0 & -1.155\\ 1 & 0\end{bmatrix},\quad \boldsymbol{B}_2=\begin{bmatrix}0.5613\\ 0\end{bmatrix}$$

$$\boldsymbol{A}_{11}=\boldsymbol{A}_{21}=\begin{bmatrix}0 & -0.655\\ 0 & 0\end{bmatrix},\quad \boldsymbol{A}_{12}=\boldsymbol{A}_{22}=\begin{bmatrix}0 & 0.655\\ 0 & 0\end{bmatrix}$$

$$\boldsymbol{B}_{11}=\boldsymbol{B}_{21}=\boldsymbol{B}_{12}=\boldsymbol{B}_{22}=\begin{bmatrix}0\\ 0\end{bmatrix}$$

并且

$$\lambda_{ip}(\boldsymbol{z}(t))\geqslant 0,\quad i=1,2,\quad p=1,2,\quad \sum_{p=1}^{2}\lambda_{ip}(\boldsymbol{z}(t))=1$$

$$\varepsilon_{iq}(\boldsymbol{z}(t))\geqslant 0,\quad i=1,2,\quad q=1,2,\quad \sum_{q=1}^{2}\varepsilon_{iq}(\boldsymbol{z}(t))=1$$

应用存在公共输入矩阵 $\boldsymbol{B}$ 的非线性模糊系统的方法,可推得模糊集为

$$F_{11}(\dot{x}(t))=0.5+\frac{\dot{x}^3(t)}{6.75},\quad F_{12}(\dot{x}(t))=0.5-\frac{\dot{x}^3(t)}{6.75}$$

式中,$\dot{x}\in[-1.5,1.5]$。

应用平行分布补偿算法设计模糊控制器,若取闭环系统的特征值为-2、-2,则反馈增益矩阵为

$$\boldsymbol{K}_1=[2.0851\quad 1.9774],\quad \boldsymbol{K}_2=[5.3452\quad 5.0690]$$

取

$$\boldsymbol{G}=\frac{1}{2}\sum_{i=1}^{2}(\boldsymbol{A}_i-\boldsymbol{B}_i\boldsymbol{K}_i)=\begin{bmatrix}-4 & -4\\ 1 & 0\end{bmatrix}$$

对此系统,有

$$d_{ij}=\begin{cases}1.0, & i=j\\ 0.25, & i\neq j\end{cases}$$

则由条件(21),可得

$$\boldsymbol{H}=\begin{bmatrix}-5.4304 & -5.3565 & -1.9368 & 0\\ 1 & 0 & 0 & 0\\ 12 & 0 & 5.4304 & -1\\ 0 & 12 & 5.3565 & 0\end{bmatrix}$$

由于 $\boldsymbol{H}$ 的特征值为

$$-0.2257+1.5112i,\quad -0.2257-1.5112i$$
$$0.2257+1.5112i,\quad 0.2257-1.5112i$$

所设计的模糊控制器可保证不确定非线性系统二次稳定。在仿真中,给定

$$c(t)=\frac{c_3+c_4}{2}+\left(c_4-\frac{c_3+c_4}{2}\right)\cos(3cv(t))$$
$$cv(t)=(x_2(t))^{10\sin x_1(t)}$$

仿真结果由图 5-4 给出。

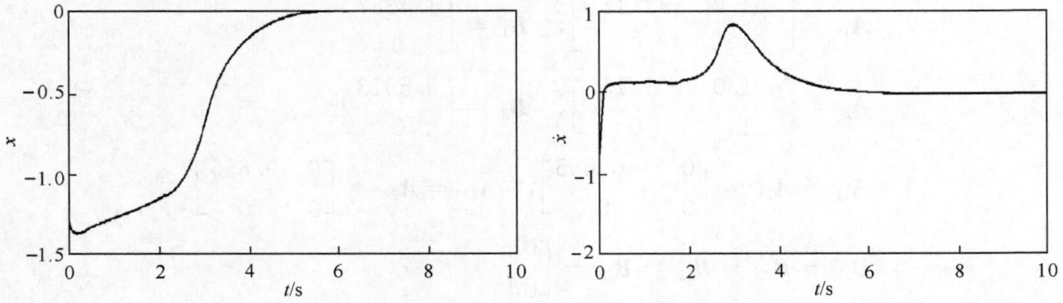

图 5-4　不确定系统的状态响应曲线

5.2　不确定模糊系统的 H^∞ 输出反馈控制

本节针对一类不确定模糊系统,介绍一种 H^∞ 输出反馈控制方法,研究模糊控制系统输入输出稳定的充分条件,并给出 H^∞ 范数小于 γ 的模糊控制设计算法。

5.2.1　模糊系统及 H^∞ 控制性能

考虑由模糊 T-S 模型所描述的一类不确定非线性系统。

模糊系统规则 i:如果 $\xi_1(t)$是 F_{i1},$\xi_2(t)$是 F_{i2},…,$\xi_n(t)$是 F_{in},则

$$\dot{\boldsymbol{x}}(t)=\boldsymbol{A}_i\boldsymbol{x}(t)+\boldsymbol{B}_i\boldsymbol{w}(t)$$
$$\boldsymbol{z}(t)=\boldsymbol{C}_i\boldsymbol{x}(t)$$

其中,$F_{ij}(i=1,2,\cdots,N;j=1,2,\cdots,n)$是模糊集合;$\boldsymbol{\xi}(t)=[\xi_1(t),\cdots,\xi_n(t)]^{\mathrm{T}}$ 是模糊前件变量;$\boldsymbol{x}(t)\in\mathbf{R}^n$ 是状态变量;$\boldsymbol{w}(t)\in\mathbf{R}^m$ 是系统的扰动向量,$\boldsymbol{z}(t)\in\mathbf{R}^l$ 是系统的控制输出;$\boldsymbol{A}_i\in\mathbf{R}^{n\times n}$、$\boldsymbol{B}_i\in\mathbf{R}^{n\times m}$和 $\boldsymbol{C}_i\in\mathbf{R}^{l\times n}(i=1,2)$分别是系统、输入和输出矩阵;$N$ 是模糊推理规则数。模糊系统的状态方程和控制输出可表示如下:

$$\begin{aligned}\dot{\boldsymbol{x}}(t)&=\sum_{i=1}^{N}\mu_i(\boldsymbol{\xi}(t))(\boldsymbol{A}_i\boldsymbol{x}(t)+\boldsymbol{B}_i\boldsymbol{w}(t))\\ \boldsymbol{z}(t)&=\sum_{i=1}^{N}\mu_i(\boldsymbol{\xi}(t))\boldsymbol{C}_i\boldsymbol{x}(t)\end{aligned}\tag{5.2.1}$$

式中,$\mu_i(\boldsymbol{\xi}(t))$与前面章给出的相同。

定义 5.2.1 对于模糊系统(5.2.1),如果对任意的 $\boldsymbol{w}(t)\in L^2(0,\infty;\mathbf{R}^m)$,有 $\boldsymbol{z}(t)\in L^2(0,\infty;\mathbf{R}^l)$,则称系统(5.2.1)为输入输出稳定。

本节的目标是找到使得系统(5.2.1)指数稳定的和输入输出稳定的充分条件,并且满足

$$\|\boldsymbol{z}(t)\|_2\leqslant d\|\boldsymbol{w}(t)\|_2,\quad 0<d<\gamma \tag{5.2.2}$$

式中,$\|\boldsymbol{z}(t)\|_2=\left(\int_0^{\infty}\boldsymbol{z}^{\mathrm{T}}(t)\boldsymbol{z}(t)\mathrm{d}t\right)^{\frac{1}{2}}$ 是 L_2 范数。如果模糊 T-S 系统(5.2.1)满足条件(5.2.2),则称系统(5.2.1)的 H^{∞} 范数小于 γ。

对于一般的线性系统,有下面的引理。

引理 5.2.1[46] 考虑如下的线性系统:

$$\begin{aligned}\dot{\boldsymbol{x}}(t)&=\boldsymbol{A}\boldsymbol{x}(t)+\boldsymbol{B}\boldsymbol{w}(t)\\ \boldsymbol{z}(t)&=\boldsymbol{C}\boldsymbol{x}(t)\end{aligned}$$

此系统指数稳定并满足条件(5.2.2)的充分必要条件是存在正定矩阵 $\boldsymbol{X}$ 和 $\boldsymbol{P}_i$ 满足

$$\boldsymbol{A}^{\mathrm{T}}\boldsymbol{X}+\boldsymbol{X}\boldsymbol{A}+\boldsymbol{C}^{\mathrm{T}}\boldsymbol{C}+\frac{1}{\gamma^2}\boldsymbol{X}\boldsymbol{B}\boldsymbol{B}^{\mathrm{T}}\boldsymbol{X}\leqslant-\boldsymbol{P}<\boldsymbol{0}$$

把引理 5.2.1 推广到模糊系统(5.2.1)之中,可得到如下的命题。

命题 5.2.1 如果存在正定矩阵 $\boldsymbol{X}$ 和 $\boldsymbol{P}_i$ 满足

$$\boldsymbol{A}_i^{\mathrm{T}}\boldsymbol{X}+\boldsymbol{X}\boldsymbol{A}_i+\boldsymbol{C}_i^{\mathrm{T}}\boldsymbol{C}_i+\frac{1}{\gamma^2}\boldsymbol{X}\boldsymbol{B}_i\boldsymbol{B}_i^{\mathrm{T}}\boldsymbol{X}\leqslant-\boldsymbol{P}_i<\boldsymbol{0},\quad i=1,2,\cdots,N \tag{5.2.3}$$

则模糊系统(5.2.1)是稳定的,而且是满足条件(5.2.2)的输入输出稳定。

证明 由 Schur 分解原理,式(5.2.3)等价于

$$\boldsymbol{G}_i=\begin{bmatrix}\boldsymbol{A}_i^{\mathrm{T}}\boldsymbol{X}+\boldsymbol{X}\boldsymbol{A}_i+\boldsymbol{P}_i & \boldsymbol{X}\boldsymbol{B}_i & \boldsymbol{C}_i^{\mathrm{T}}\\ \boldsymbol{B}_i^{\mathrm{T}}\boldsymbol{X} & -\gamma^2\boldsymbol{I} & \boldsymbol{0}\\ \boldsymbol{C}_i & \boldsymbol{0} & -\boldsymbol{I}\end{bmatrix}<\boldsymbol{0}$$

因为 $\mu_i(\boldsymbol{\xi}(t))\geqslant 0$,$\sum_{i=1}^{N}\mu_i(\boldsymbol{\xi}(t))=1$,所以有

$$\sum_{i=1}^{N}\mu_i(\boldsymbol{\xi}(t))\boldsymbol{G}_i<\boldsymbol{0}$$

上面的不等式等价于

$$\bar{\boldsymbol{A}}^{\mathrm{T}}\boldsymbol{X}+\boldsymbol{X}\bar{\boldsymbol{A}}+\bar{\boldsymbol{C}}^{\mathrm{T}}\bar{\boldsymbol{C}}+\frac{1}{\gamma^2}\boldsymbol{X}\bar{\boldsymbol{B}}\bar{\boldsymbol{B}}^{\mathrm{T}}\boldsymbol{X}<-\sum_{i=1}^{N}\mu_i(\boldsymbol{\xi}(t))\boldsymbol{P}_i \tag{5.2.4}$$

式中

$$\bar{\boldsymbol{A}}=\sum_{i=1}^{N}\mu_i(\boldsymbol{\xi}(t))\boldsymbol{A}_i,\quad \bar{\boldsymbol{B}}=\sum_{i=1}^{N}\mu_i(\boldsymbol{\xi}(t))\boldsymbol{B}_i,\quad \bar{\boldsymbol{C}}=\sum_{i=1}^{N}\mu_i(\boldsymbol{\xi}(t))\boldsymbol{C}_i$$

选择 Lyapunov 函数为

$$V(t)=V(\boldsymbol{x}(t))=\boldsymbol{x}^{\mathrm{T}}(t)\boldsymbol{X}\boldsymbol{x}(t)$$

求 $V(t)$ 对时间的导数,由式(5.2.1)得到

$$\dot{V}(t)<-\|\boldsymbol{z}(t)\|^2+\gamma^2\|\boldsymbol{w}(t)\|^2-\boldsymbol{x}^{\mathrm{T}}(t)\Big(\sum_{i=1}^{N}\mu_i(\boldsymbol{\xi}(t)\boldsymbol{P}_i)\boldsymbol{x}(t)$$

$$-\gamma^2\left\|\boldsymbol{w}(t)-\frac{1}{\gamma^2}\overline{\boldsymbol{B}}^{\mathrm{T}}\boldsymbol{X}\boldsymbol{x}(t)\right\|^2 \tag{5.2.5}$$

因为存在 $\alpha>0$,使得 $\sum_{i=1}^{N}\mu_i(\boldsymbol{\xi}(t))\boldsymbol{P}_i>\alpha\boldsymbol{I}$,所以式(5.2.5)变成

$$\begin{aligned}\dot{V}(t)<&-\|\boldsymbol{z}(t)\|^2+\gamma^2\|\boldsymbol{w}(t)\|^2-\alpha\|\boldsymbol{x}(t)\|^2\\&-\gamma^2\left\|\boldsymbol{w}(t)-\frac{1}{\gamma^2}\overline{\boldsymbol{B}}^{\mathrm{T}}\boldsymbol{X}\boldsymbol{x}(t)\right\|^2\end{aligned} \tag{5.2.6}$$

从 $t=0$ 到 $t=T$ 对式(5.2.6)积分,可得

$$\begin{aligned}&V(T)+\|\boldsymbol{z}(t)\|_{2T}^2+\alpha\|\boldsymbol{x}(t)\|_{2T}^2+\gamma^2\left\|\boldsymbol{w}(t)-\frac{1}{\gamma^2}\overline{\boldsymbol{B}}^{\mathrm{T}}\boldsymbol{X}\boldsymbol{x}(t)\right\|_{2T}^2\\&\leqslant\gamma^2\|\boldsymbol{w}(t)\|_{2T}^2+V(0)\end{aligned} \tag{5.2.7}$$

式中,$\|\cdot\|_{2T}^2$表示$L^2(0,T)$中的模。因此,系统(5.2.1)既是指数稳定的,又是输入输出稳定的,而且有

$$\|\boldsymbol{z}(t)\|_2^2+\alpha\|\boldsymbol{x}(t)\|_2^2<\gamma^2\|\boldsymbol{w}(t)\|_2^2 \tag{5.2.8}$$

5.2.2　不确定模糊系统的 H^∞ 输出反馈控制设计

考虑如下的模糊 T-S 模型。

模糊系统规则 i:如果 $\xi_1(t)$是 F_{i1},$\xi_2(t)$是 F_{i2},…,$\xi_n(t)$是 F_{in},则

$$\begin{aligned}&\dot{\boldsymbol{x}}(t)=\boldsymbol{A}_i\boldsymbol{x}(t)+\boldsymbol{B}_{1i}\boldsymbol{w}(t)+\boldsymbol{B}_{2i}\boldsymbol{u}(t)\\&\boldsymbol{z}(t)=\begin{bmatrix}\boldsymbol{C}_{1i}\boldsymbol{x}(t)\\\boldsymbol{D}_{12i}\boldsymbol{u}(t)\end{bmatrix},\quad i=1,2,\cdots,N\\&\boldsymbol{y}(t)=\boldsymbol{C}_{2i}\boldsymbol{x}(t)+\boldsymbol{D}_{21i}\boldsymbol{w}(t)\end{aligned} \tag{5.2.9}$$

式中,$\boldsymbol{u}(t)\in\mathbf{R}^m$ 是系统的控制输入;$\boldsymbol{y}(t)\in\mathbf{R}^l$ 是观测变量;$\boldsymbol{A}_i$、$\boldsymbol{B}_{1i}$、$\boldsymbol{B}_{2i}$、$\boldsymbol{C}_{1i}$、$\boldsymbol{C}_{2i}$、$\boldsymbol{D}_{12i}$和$\boldsymbol{D}_{21i}$是具有适当维数的矩阵,假设

$$\boldsymbol{D}_{12i}^{\mathrm{T}}\boldsymbol{D}_{12i}=\boldsymbol{I},\quad\boldsymbol{D}_{21i}[\boldsymbol{B}_{1i}^{\mathrm{T}},\boldsymbol{D}_{21i}^{\mathrm{T}}]=[\boldsymbol{0},\boldsymbol{I}],\quad i=1,2,\cdots,N$$

则系统状态、控制输出和观测变量可定义为

$$\begin{aligned}&\dot{\boldsymbol{x}}(t)=\sum_{i=1}^{N}\mu_i(\boldsymbol{\xi}(t))[\boldsymbol{A}_i\boldsymbol{x}(t)+\boldsymbol{B}_{1i}\boldsymbol{w}(t)+\boldsymbol{B}_{2i}\boldsymbol{u}(t)]\\&\boldsymbol{z}(t)=\sum_{i=1}^{N}\mu_i(\boldsymbol{\xi}(t))\begin{bmatrix}\boldsymbol{C}_{1i}\boldsymbol{x}(t)\\\boldsymbol{D}_{12i}\boldsymbol{u}(t)\end{bmatrix}\\&\boldsymbol{y}(t)=\sum_{i=1}^{N}\mu_i(\boldsymbol{\xi}(t))[\boldsymbol{C}_{2i}\boldsymbol{x}(t)+\boldsymbol{D}_{21i}\boldsymbol{w}(t)],\quad i=1,2,\cdots,N\end{aligned} \tag{5.2.10}$$

对应每个局部子系统(5.2.9)的模糊 H^∞ 输出反馈控制规则如下。

如果 $\xi_1(t)$是 F_{i1},$\xi_2(t)$是 F_{i2},…,$\xi_n(t)$是 F_{in},则

$$\begin{aligned}&\dot{\hat{\boldsymbol{x}}}(t)=\hat{\boldsymbol{A}}_i\hat{\boldsymbol{x}}(t)+\hat{\boldsymbol{B}}_i\boldsymbol{y}(t)\\&\boldsymbol{u}(t)=\hat{\boldsymbol{K}}_i\hat{\boldsymbol{x}}(t)\end{aligned},\quad i=1,2,\cdots,N$$

式中,$\hat{\boldsymbol{x}}(t)\in\mathbf{R}^{\hat{n}}$是$\boldsymbol{x}(t)$的估计,而且所有矩阵都具有相容维数,所以 H^∞ 输出反馈控制器设计为

$$
\begin{aligned}
\dot{\hat{\boldsymbol{x}}}(t) &= \sum_{i=1}^{N}\mu_i(\boldsymbol{\xi}(t))(\hat{\boldsymbol{A}}_i\hat{\boldsymbol{x}}(t)+\hat{\boldsymbol{B}}_i\boldsymbol{y}(t)) \\
\boldsymbol{u}(t) &= \sum_{i=1}^{N}\mu_i(\boldsymbol{\xi}(t))\hat{\boldsymbol{K}}_i\hat{\boldsymbol{x}}(t)
\end{aligned}
\tag{5.2.11}
$$

本节的目的是应用经典的 H^∞ 控制理论，对每一局部子系统，设计一个 γ 次最优控制器，即满足条件(5.2.2)。下面分三种情况进行讨论。

(1) $\boldsymbol{\xi}(t)$是与 $\boldsymbol{x}(t)$无关的函数。

在这种情形下，由式(5.2.11)表示的任何控制器都可以用于控制系统(5.2.9)。

定理 5.2.1　考虑系统(5.2.10)，假设 $\boldsymbol{D}_{12i}=\boldsymbol{D}_{12}$ 和 $\boldsymbol{D}_{21i}=\boldsymbol{D}_{21}$，$i=1,2,\cdots,N$。如果存在正定矩阵 $\boldsymbol{X}$、$\boldsymbol{Z}$ 和 $\boldsymbol{P}_i$、$\boldsymbol{P}_{ij}$、$\boldsymbol{Q}_i$、$\boldsymbol{Q}_{ij}$，满足下面的矩阵不等式：

$$
\boldsymbol{A}_i^{\mathrm{T}}\boldsymbol{X}+\boldsymbol{X}\boldsymbol{A}_i+\boldsymbol{C}_{1i}^{\mathrm{T}}\boldsymbol{C}_{1i}+\boldsymbol{X}\left(\frac{1}{\gamma^2}\boldsymbol{B}_{1i}\boldsymbol{B}_{1i}^{\mathrm{T}}-\boldsymbol{B}_{2i}\boldsymbol{B}_{2i}^{\mathrm{T}}\right)\boldsymbol{X}\leqslant-\boldsymbol{P}_i<\boldsymbol{0}
\tag{5.2.12}
$$

$$
\boldsymbol{X}\Delta\boldsymbol{B}_{2ij}\Delta\boldsymbol{B}_{2ij}^{\mathrm{T}}\boldsymbol{X}-\left(\boldsymbol{P}_i+\boldsymbol{P}_j+\Delta\boldsymbol{C}_{1ij}^{\mathrm{T}}\Delta\boldsymbol{C}_{1ij}+\frac{1}{\gamma^2}\boldsymbol{X}\Delta\boldsymbol{B}_{1ij}\Delta\boldsymbol{B}_{1ij}^{\mathrm{T}}\boldsymbol{X}\right)\leqslant-\boldsymbol{P}_{ij}<\boldsymbol{0}
\tag{5.2.13}
$$

$$
\begin{aligned}
&\left(\boldsymbol{A}_i+\frac{1}{\gamma^2}\boldsymbol{B}_{1i}\boldsymbol{B}_{1i}^{\mathrm{T}}\boldsymbol{X}\right)\boldsymbol{Z}+\boldsymbol{Z}\left(\boldsymbol{A}_i+\frac{1}{\gamma^2}\boldsymbol{B}_{1i}\boldsymbol{B}_{1i}^{\mathrm{T}}\boldsymbol{X}\right)^{\mathrm{T}} \\
&\quad+\boldsymbol{B}_{1i}\boldsymbol{B}_{1i}^{\mathrm{T}}+\boldsymbol{Z}\left(\frac{1}{\gamma^2}\boldsymbol{X}\boldsymbol{B}_{2i}\boldsymbol{B}_{2i}^{\mathrm{T}}\boldsymbol{X}-\boldsymbol{C}_{2i}^{\mathrm{T}}\boldsymbol{C}_{2i}\right)\boldsymbol{Z}\leqslant-\boldsymbol{Q}_i<\boldsymbol{0}
\end{aligned}
\tag{5.2.14}
$$

$$
\begin{aligned}
&\boldsymbol{Z}\Delta\boldsymbol{C}_{2ij}^{\mathrm{T}}\Delta\boldsymbol{C}_{2ij}\boldsymbol{Z}-\frac{1}{\gamma^2}(\boldsymbol{Z}\boldsymbol{X}\Delta\boldsymbol{B}_{1ij}\Delta\boldsymbol{B}_{1ij}^{\mathrm{T}}+\Delta\boldsymbol{B}_{1ij}\Delta\boldsymbol{B}_{1ij}^{\mathrm{T}}\boldsymbol{X}\boldsymbol{Z}) \\
&\quad-\left(\boldsymbol{Q}_i+\boldsymbol{Q}_j+\Delta\boldsymbol{B}_{1ij}\Delta\boldsymbol{B}_{1ij}^{\mathrm{T}}+\frac{1}{\gamma^2}\boldsymbol{Z}\boldsymbol{X}\Delta\boldsymbol{B}_{1ij}\Delta\boldsymbol{B}_{1ij}^{\mathrm{T}}\boldsymbol{Z}\boldsymbol{X}\right)\leqslant-\boldsymbol{Q}_{ij}<\boldsymbol{0}
\end{aligned}
\tag{5.2.15}
$$

式中，$\Delta\boldsymbol{B}_{1ij}=\boldsymbol{B}_{1i}-\boldsymbol{B}_{1j}$；$\Delta\boldsymbol{B}_{2ij}=\boldsymbol{B}_{2i}-\boldsymbol{B}_{2ij}$；$\Delta\boldsymbol{C}_{1ij}=\boldsymbol{C}_{1i}-\boldsymbol{C}_{1j}$；$\Delta\boldsymbol{C}_{2ij}=\boldsymbol{C}_{2i}-\boldsymbol{C}_{2j}$，则输出反馈控制器为

$$
\begin{aligned}
\dot{\hat{\boldsymbol{x}}}(t) &= \sum_{i=1}^{N}\mu_i(\boldsymbol{\xi}(t))[\hat{\boldsymbol{A}}_i\hat{\boldsymbol{x}}(t)+\boldsymbol{B}_{1i}\hat{\boldsymbol{w}}(t)+\boldsymbol{B}_{2i}\boldsymbol{u}(t)+\boldsymbol{Z}\boldsymbol{C}_{2i}^{\mathrm{T}}(\boldsymbol{y}(t)-\hat{\boldsymbol{y}}(t))] \\
\boldsymbol{u}(t) &= -\sum_{i=1}^{N}\mu_i(\boldsymbol{\xi}(t))\boldsymbol{B}_{2i}^{\mathrm{T}}\boldsymbol{X}\hat{\boldsymbol{x}}(t)
\end{aligned}
\tag{5.2.16}
$$

是 γ 次最优的。式中

$$
\begin{aligned}
\hat{\boldsymbol{y}}(t) &= \sum_{i=1}^{N}\mu_i(\boldsymbol{\xi}(t))\boldsymbol{C}_{2i}\hat{\boldsymbol{x}}(t) \\
\hat{\boldsymbol{w}}(t) &= \frac{1}{\gamma^2}\sum_{i=1}^{N}\mu_i(\boldsymbol{\xi}(t))\boldsymbol{B}_{1i}^{\mathrm{T}}\boldsymbol{X}\hat{\boldsymbol{x}}(t)
\end{aligned}
$$

证明　令 $\boldsymbol{e}(t)=\boldsymbol{x}(t)-\hat{\boldsymbol{x}}(t)$，由式(5.2.10)和(5.2.16)组成的闭环系统为

$$
\begin{aligned}
\begin{bmatrix}\dot{\boldsymbol{x}}(t)\\ \dot{\boldsymbol{e}}(t)\end{bmatrix} &= \bar{\boldsymbol{A}}_{c1}\begin{bmatrix}\boldsymbol{x}(t)\\ \boldsymbol{e}(t)\end{bmatrix}+\bar{\boldsymbol{B}}_{c1}\boldsymbol{w}(t) \\
\boldsymbol{z}(t) &= \bar{\boldsymbol{C}}_{c1}\begin{bmatrix}\boldsymbol{x}(t)\\ \boldsymbol{e}(t)\end{bmatrix}
\end{aligned}
\tag{5.2.17}
$$

式中

$$\bar{\boldsymbol{A}}_{c1}=\sum_{i=1}^{N}\sum_{j=1}^{N}\mu_i(\boldsymbol{\xi}(t))\mu_j(\boldsymbol{\xi}(t))\begin{bmatrix}\boldsymbol{A}_i-\boldsymbol{B}_{2i}\boldsymbol{B}_{2j}^{\mathrm{T}}\boldsymbol{X} & \boldsymbol{B}_{2i}\boldsymbol{B}_{2j}^{\mathrm{T}}\boldsymbol{X}\\ -\dfrac{1}{\gamma^2}\boldsymbol{B}_{1i}\boldsymbol{B}_{1j}^{\mathrm{T}}\boldsymbol{X} & \boldsymbol{A}_i+\dfrac{1}{\gamma^2}\boldsymbol{B}_{1i}\boldsymbol{B}_{1j}^{\mathrm{T}}\boldsymbol{X}-\boldsymbol{Z}\boldsymbol{C}_{2i}^{\mathrm{T}}\boldsymbol{C}_{2j}\end{bmatrix}$$

$$\bar{\boldsymbol{B}}_{c1}=\sum_{i=1}^{N}\mu_i(\boldsymbol{\xi}(t))\begin{bmatrix}\boldsymbol{B}_{1i}\\ \boldsymbol{B}_{1i}-\boldsymbol{Z}\boldsymbol{C}_{2i}^{\mathrm{T}}\boldsymbol{D}_{21}\end{bmatrix}$$

$$\bar{\boldsymbol{C}}_{c1}=\sum_{i=1}^{N}\mu_i(\boldsymbol{\xi}(t))\begin{bmatrix}\boldsymbol{C}_{1i} & \boldsymbol{0}\\ -\boldsymbol{D}_{12}\boldsymbol{B}_{2i}^{\mathrm{T}}\boldsymbol{X} & \boldsymbol{D}_{12}\boldsymbol{B}_{2i}^{\mathrm{T}}\boldsymbol{X}\end{bmatrix}$$

对闭环系统(5.2.17),正定矩阵

$$\boldsymbol{\mathcal{X}}=\begin{bmatrix}\boldsymbol{X} & \boldsymbol{0}\\ \boldsymbol{0} & \gamma^2\boldsymbol{Z}^{-1}\end{bmatrix}\tag{5.2.18}$$

满足命题 5.2.1 的条件。事实上,

$$\bar{\boldsymbol{A}}_{c1}^{\mathrm{T}}\boldsymbol{\mathcal{X}}+\boldsymbol{\mathcal{X}}\bar{\boldsymbol{A}}_{c1}+\boldsymbol{C}_{c1}^{\mathrm{T}}\boldsymbol{C}_{c1}+\frac{1}{\gamma^2}\boldsymbol{\mathcal{X}}\bar{\boldsymbol{B}}_{c1}\boldsymbol{B}_{c1}^{\mathrm{T}}\boldsymbol{\mathcal{X}}=\begin{bmatrix}\boldsymbol{M}_1 & \boldsymbol{M}_{12}\\ \boldsymbol{M}_{12}^{\mathrm{T}} & \boldsymbol{M}_2\end{bmatrix}\tag{5.2.19}$$

式中

$$\begin{aligned}\boldsymbol{M}_1=&\sum_{i=1}^{N}\sum_{j=1}^{N}\mu_i(\boldsymbol{\xi}(t))\mu_j(\boldsymbol{\xi}(t))\Big[(\boldsymbol{A}_i-\boldsymbol{B}_{2i}\boldsymbol{B}_{2j}^{\mathrm{T}}\boldsymbol{X})^{\mathrm{T}}\boldsymbol{X}\\&+\boldsymbol{X}(\boldsymbol{A}_i-\boldsymbol{B}_{2i}\boldsymbol{B}_{2j}^{\mathrm{T}}\boldsymbol{X})+\boldsymbol{C}_{1i}^{\mathrm{T}}\boldsymbol{C}_{1j}+\boldsymbol{X}\boldsymbol{B}_{2i}\boldsymbol{B}_{2j}^{\mathrm{T}}\boldsymbol{X}+\frac{1}{\gamma^2}\boldsymbol{X}\boldsymbol{B}_{1i}\boldsymbol{B}_{1j}^{\mathrm{T}}\boldsymbol{X}\Big]\\=&\sum_{i=1}^{N}\mu_i^2(\boldsymbol{\xi}(t))\boldsymbol{R}_i+\sum_{i<j}^{N}2\mu_i(\boldsymbol{\xi}(t))\mu_j(\boldsymbol{\xi}(t))\,\frac{1}{2}\Big(\boldsymbol{R}_i+\boldsymbol{R}_j\\&+\boldsymbol{X}\Delta\boldsymbol{B}_{2ij}\Delta\boldsymbol{B}_{2ij}^{\mathrm{T}}\boldsymbol{X}-\Delta\boldsymbol{C}_{1ij}\Delta\boldsymbol{C}_{1ij}-\frac{1}{\gamma^2}\boldsymbol{X}\Delta\boldsymbol{B}_{1ij}\Delta\boldsymbol{B}_{1ij}^{\mathrm{T}}\boldsymbol{X}\Big)\end{aligned}$$

$$\begin{aligned}\boldsymbol{M}_{12}=&\sum_{i=1}^{N}\sum_{j=1}^{N}\mu_i(\boldsymbol{\xi}(t))\mu_j(\boldsymbol{\xi}(t))(-\boldsymbol{X}\boldsymbol{B}_{1j}\boldsymbol{B}_{1i}^{\mathrm{T}}\boldsymbol{Z}^{-1}+\boldsymbol{X}\boldsymbol{B}_{2i}\boldsymbol{B}_{2j}^{\mathrm{T}}\boldsymbol{X}\\&-\boldsymbol{X}\boldsymbol{B}_{2i}\boldsymbol{B}_{2j}^{\mathrm{T}}\boldsymbol{X}+\boldsymbol{X}\boldsymbol{B}_{1i}\boldsymbol{B}_{1j}^{\mathrm{T}}\boldsymbol{Z}^{-1})=\boldsymbol{0}\end{aligned}$$

$$\begin{aligned}\boldsymbol{M}_2=&\sum_{i=1}^{N}\sum_{j=1}^{N}\mu_i(\boldsymbol{\xi}(t))\mu_j(\boldsymbol{\xi}(t))\Big[\gamma^2\Big(\boldsymbol{A}_i+\frac{1}{\gamma^2}\boldsymbol{B}_{1i}\boldsymbol{B}_{1j}^{\mathrm{T}}\boldsymbol{X}-\boldsymbol{Z}\boldsymbol{C}_{2i}^{\mathrm{T}}\boldsymbol{C}_{2j}\Big)\boldsymbol{Z}^{-1}\\&+\gamma^2\boldsymbol{Z}^{-1}\Big(\boldsymbol{A}_i+\frac{1}{\gamma^2}\boldsymbol{B}_{1i}\boldsymbol{B}_{1j}^{\mathrm{T}}\boldsymbol{X}-\boldsymbol{Z}\boldsymbol{C}_{2i}^{\mathrm{T}}\boldsymbol{C}_{2j}\Big)^{\mathrm{T}}\\&+\boldsymbol{X}\boldsymbol{B}_{2i}\boldsymbol{B}_{2j}^{\mathrm{T}}\boldsymbol{X}+\gamma^2\boldsymbol{Z}^{-1}(\boldsymbol{B}_{1i}\boldsymbol{B}_{1j}^{\mathrm{T}}+\boldsymbol{Z}\boldsymbol{C}_{2i}^{\mathrm{T}}\boldsymbol{C}_{2j}\boldsymbol{Z})\boldsymbol{Z}^{-1}\Big]\\=&\gamma^2\boldsymbol{Z}^{-1}\Big\{\sum_{i=1}^{N}\mu_i^2(\boldsymbol{\xi}(t))\hat{\boldsymbol{R}}_i+\sum_{i<j}^{N}2\mu_i(\boldsymbol{\xi}(t))\mu_j(\boldsymbol{\xi}(t))\,\frac{1}{2}\Big[\hat{\boldsymbol{R}}_i+\hat{\boldsymbol{R}}_j\\&+\boldsymbol{Z}\Delta\boldsymbol{C}_{2ij}^{\mathrm{T}}\Delta\boldsymbol{C}_{2ij}\boldsymbol{Z}-\frac{1}{\gamma^2}(\boldsymbol{Z}\boldsymbol{X}\Delta\boldsymbol{B}_{1ij}\Delta\boldsymbol{B}_{1ij}^{\mathrm{T}}+\Delta\boldsymbol{B}_{1ij}\Delta\boldsymbol{B}_{1ij}^{\mathrm{T}}\boldsymbol{X}\boldsymbol{Z})\\&-\Big(\Delta\boldsymbol{B}_{1ij}\Delta\boldsymbol{B}_{1ij}^{\mathrm{T}}+\frac{1}{\gamma^2}\boldsymbol{Z}\boldsymbol{X}\Delta\boldsymbol{B}_{1ij}\Delta\boldsymbol{B}_{1ij}^{\mathrm{T}}\boldsymbol{X}\boldsymbol{Z}\Big)\Big]\Big\}\boldsymbol{Z}^{-1}\end{aligned}$$

其中

$$\boldsymbol{R}_i=\boldsymbol{A}_i^{\mathrm{T}}\boldsymbol{X}+\boldsymbol{X}\boldsymbol{A}_i+\boldsymbol{C}_{1i}^{\mathrm{T}}\boldsymbol{C}_{1i}+\boldsymbol{X}\Big(\frac{1}{\gamma^2}\boldsymbol{B}_{1i}\boldsymbol{B}_{1i}^{\mathrm{T}}-\boldsymbol{B}_{2i}\boldsymbol{B}_{2i}^{\mathrm{T}}\Big)\boldsymbol{X}$$

$$\hat{\boldsymbol{R}}_i = \left(\boldsymbol{A}_i + \frac{1}{\gamma^2}\boldsymbol{B}_{1i}\boldsymbol{B}_{1i}^{\mathrm{T}}\boldsymbol{X}\right)\boldsymbol{Z} + \boldsymbol{Z}\left(\boldsymbol{A}_i + \frac{1}{\gamma^2}\boldsymbol{B}_{1i}\boldsymbol{B}_{1i}^{\mathrm{T}}\boldsymbol{X}\right)^{\mathrm{T}} + \boldsymbol{B}_{1i}\boldsymbol{B}_{1i}^{\mathrm{T}} + \boldsymbol{Z}\left(\frac{1}{\gamma^2}\boldsymbol{X}\boldsymbol{B}_{2i}\boldsymbol{B}_{2i}^{\mathrm{T}}\boldsymbol{X} - \boldsymbol{C}_{2i}^{\mathrm{T}}\boldsymbol{C}_{2i}\right)\boldsymbol{Z}$$

由式(5.2.12)～(5.2.15)可得

$$\begin{bmatrix}\boldsymbol{M}_1 & \boldsymbol{M}_{12}\\ \boldsymbol{M}_{12}^{\mathrm{T}} & \boldsymbol{M}_2\end{bmatrix} \leqslant -\begin{bmatrix}\boldsymbol{\Omega}_{ij} & \boldsymbol{0}\\ \boldsymbol{0} & \boldsymbol{\Psi}_{ij}\end{bmatrix} < \boldsymbol{0} \tag{5.2.20}$$

式中

$$\boldsymbol{\Omega}_{ij} = \sum_{i=1}^{N}\mu_i^2(\boldsymbol{\xi}(t))\boldsymbol{P}_i + \sum_{i<j}^{N}\mu_i(\boldsymbol{\xi}(t))\mu_j(\boldsymbol{\xi}(t))\boldsymbol{P}_{ij}$$

$$\boldsymbol{\Psi}_{ij} = \gamma^2\boldsymbol{Z}^{-1}\left(\sum_{i=1}^{N}\mu_i^2(\boldsymbol{\xi}(t))\boldsymbol{Q}_i + \sum_{i<j}^{N}\mu_i(\boldsymbol{\xi}(t))\mu_j(\boldsymbol{\xi}(t))\boldsymbol{Q}_{ij}\right)\boldsymbol{Z}^{-1}$$

注 5.2.1　条件(5.2.12)和(5.2.14)是式(5.2.9)中第 i 个子系统取得 γ 次最优控制的充分必要条件。

下面考虑系统(5.2.10)的特殊情况。

定理 5.2.2　考虑系统(5.2.10)，假设 $\boldsymbol{B}_{2i}=\boldsymbol{B}_2$ 和 $\boldsymbol{C}_{2i}=\boldsymbol{C}_2$，$i=1,2,\cdots,N$。若存在正定矩阵 $\boldsymbol{X}$ 和 $\boldsymbol{Z}$ 满足式(5.2.12)和(5.2.14)，则输出反馈控制器

$$\dot{\hat{\boldsymbol{x}}}(t)=\sum_{i=1}^{N}\mu_i(\boldsymbol{\xi}(t))\left[\boldsymbol{A}_i+\left(\frac{1}{\gamma^2}\boldsymbol{B}_{1i}\boldsymbol{B}_{1i}^{\mathrm{T}}-\boldsymbol{B}_2\boldsymbol{B}_2^{\mathrm{T}}\right)\boldsymbol{X}-\boldsymbol{Z}\boldsymbol{C}_2^{\mathrm{T}}\boldsymbol{C}_2\right]\hat{\boldsymbol{x}}(t)+\boldsymbol{Z}\boldsymbol{C}_2^{\mathrm{T}}\boldsymbol{y}(t) \tag{5.2.21}$$

$$\boldsymbol{u}(t)=-\boldsymbol{B}_2^{\mathrm{T}}\boldsymbol{X}\hat{\boldsymbol{x}}(t)$$

是 γ 次最优的。

证明　令 $\boldsymbol{e}(t)=\boldsymbol{x}(t)-\hat{\boldsymbol{x}}(t)$，注意到由式(5.2.10)和(5.2.21)组成的闭环系统为

$$\begin{aligned}\begin{bmatrix}\dot{\boldsymbol{x}}(t)\\ \dot{\boldsymbol{e}}(t)\end{bmatrix} &= \sum_{i=1}^{N}\mu_i(\boldsymbol{\xi}(t))\left(\begin{bmatrix}\boldsymbol{A}_i-\boldsymbol{B}_2\boldsymbol{B}_2^{\mathrm{T}}\boldsymbol{X} & \boldsymbol{B}_2\boldsymbol{B}_2^{\mathrm{T}}\boldsymbol{X}\\ -\dfrac{1}{\gamma^2}\boldsymbol{B}_{1i}\boldsymbol{B}_{1j}^{\mathrm{T}}\boldsymbol{X} & \boldsymbol{A}_i+\dfrac{1}{\gamma^2}\boldsymbol{B}_{1i}\boldsymbol{B}_{1i}^{\mathrm{T}}\boldsymbol{X}-\boldsymbol{Z}\boldsymbol{C}_2^{\mathrm{T}}\boldsymbol{C}_2\end{bmatrix}\right.\\ &\quad\left.\times\begin{bmatrix}\boldsymbol{x}(t)\\ \boldsymbol{e}(t)\end{bmatrix}+\begin{bmatrix}\boldsymbol{B}_{1i}\\ \boldsymbol{B}_{1i}-\boldsymbol{Z}\boldsymbol{C}_2^{\mathrm{T}}\boldsymbol{D}_{21i}\end{bmatrix}\boldsymbol{w}(t)\right)\\ \boldsymbol{z}(t) &= \sum_{i=1}^{N}\mu_i(\boldsymbol{\xi}(t))\begin{bmatrix}\boldsymbol{C}_{1i} & \boldsymbol{0}\\ -\boldsymbol{D}_{12i}\boldsymbol{B}_2^{\mathrm{T}}\boldsymbol{X} & \boldsymbol{D}_{12i}\boldsymbol{B}_2^{\mathrm{T}}\boldsymbol{X}\end{bmatrix}\begin{bmatrix}\boldsymbol{x}(t)\\ \boldsymbol{e}(t)\end{bmatrix}\end{aligned} \tag{5.2.22}$$

对系统(5.2.22)，如果选择式(5.2.18)的正定矩阵 $\boldsymbol{X}$，则容易验证满足命题 5.2.1 的条件。

(2) 前件变量 $\boldsymbol{\xi}(t)=\boldsymbol{y}(t)$。

在这种情况下，假设 $\boldsymbol{C}_{2i}=\boldsymbol{C}_2$。因为 $\boldsymbol{y}(t)$ 是前件变量，所以也要假设 $\boldsymbol{D}_{21i}=\boldsymbol{0}$，$i=1,2,\cdots,N$。此时，模糊系统(5.2.10)为

$$\begin{aligned}\dot{\boldsymbol{x}}(t) &= \sum_{i=1}^{N}\mu_i(\boldsymbol{y}(t))(\boldsymbol{A}_i\boldsymbol{x}(t)+\boldsymbol{B}_{1i}\boldsymbol{w}(t)+\boldsymbol{B}_{2i}\boldsymbol{u}(t))\\ \boldsymbol{z}(t) &= \sum_{i=1}^{N}\mu_i(\boldsymbol{y}(t))\begin{bmatrix}\boldsymbol{C}_{1i}\boldsymbol{x}(t)\\ \boldsymbol{D}_{12i}\boldsymbol{u}(t)\end{bmatrix}\\ \boldsymbol{y}(t) &= \boldsymbol{C}_2\boldsymbol{x}(t)\end{aligned} \tag{5.2.23}$$

由定理 5.2.2,有如下性质。

推论 5.2.1 考虑系统(5.2.23),令 $\boldsymbol{D}_{12i}=\boldsymbol{D}_{12}, i=1,2,\cdots,N$,若存在正定矩阵 $\boldsymbol{X}$ 和 $\boldsymbol{Z}$ 满足式(5.2.12)、(5.2.14) 和下面的矩阵不等式:

$$\begin{aligned}&\left(\boldsymbol{A}_i+\frac{1}{\gamma^2}\boldsymbol{B}_{1i}\boldsymbol{B}_{1i}^{\mathrm{T}}\boldsymbol{X}\right)\boldsymbol{Z}+\boldsymbol{Z}\left(\boldsymbol{A}_i+\frac{1}{\gamma^2}\boldsymbol{B}_{1i}\boldsymbol{B}_{1i}^{\mathrm{T}}\boldsymbol{X}\right)^{\mathrm{T}}\\&\qquad+\boldsymbol{B}_{1i}\boldsymbol{B}_{1i}^{\mathrm{T}}+\boldsymbol{Z}\left(\frac{1}{\gamma^2}\boldsymbol{X}\boldsymbol{B}_{2i}\boldsymbol{B}_{2i}^{\mathrm{T}}\boldsymbol{X}-\boldsymbol{C}_{2i}^{\mathrm{T}}\boldsymbol{C}_{2i}\right)\boldsymbol{Z}\leqslant-\boldsymbol{Q}_i<\boldsymbol{0}\\&-\frac{1}{\gamma^2}(\boldsymbol{Z}\boldsymbol{X}\Delta\boldsymbol{B}_{1ij}\Delta\boldsymbol{B}_{1ij}^{\mathrm{T}}+\Delta\boldsymbol{B}_{1ij}\Delta\boldsymbol{B}_{1ij}^{\mathrm{T}}\boldsymbol{X}\boldsymbol{Z})-\Big(\boldsymbol{Q}_i+\boldsymbol{Q}_j\\&\qquad+\Delta\boldsymbol{B}_{1ij}\Delta\boldsymbol{B}_{1ij}^{\mathrm{T}}+\frac{1}{\gamma^2}\boldsymbol{Z}\boldsymbol{X}\Delta\boldsymbol{B}_{1ij}\Delta\boldsymbol{B}_{1ij}^{\mathrm{T}}\boldsymbol{Z}\boldsymbol{X}\Big)\leqslant-\boldsymbol{Q}_{ij}<\boldsymbol{0},\quad i<j\end{aligned}\tag{5.2.24}$$

则输出反馈控制器

$$\begin{aligned}\dot{\hat{\boldsymbol{x}}}(t)&=\sum_{i=1}^{N}\mu_i(\boldsymbol{y}(t))[\hat{\boldsymbol{A}}_i\hat{\boldsymbol{x}}(t)+\boldsymbol{B}_{1i}\hat{\boldsymbol{w}}(t)+\boldsymbol{B}_{2i}\boldsymbol{u}(t)+\boldsymbol{Z}\boldsymbol{C}_{2i}^{\mathrm{T}}(\boldsymbol{y}(t)-\hat{\boldsymbol{y}}(t))]\\\boldsymbol{u}(t)&=-\sum_{i=1}^{N}\mu_i(\boldsymbol{y}(t))\boldsymbol{B}_{2i}^{\mathrm{T}}\boldsymbol{X}\hat{\boldsymbol{x}}(t)\end{aligned}$$

是 γ 次最优的。式中

$$\hat{\boldsymbol{y}}(t)=\boldsymbol{C}_2\hat{\boldsymbol{x}}(t)$$

$$\hat{\boldsymbol{w}}(t)=\frac{1}{\gamma^2}\sum_{i=1}^{N}\mu_i(\boldsymbol{y}(t))\boldsymbol{B}_{1i}^{\mathrm{T}}\boldsymbol{X}\hat{\boldsymbol{x}}(t)$$

注 5.2.2 因为 $\boldsymbol{D}_{2i}=\boldsymbol{0}$,所以对每个系统的 H^∞ 控制问题都是奇异的,可将式(5.2.24)替换为

$$\begin{aligned}&\left(\boldsymbol{A}_i+\frac{1}{\gamma^2}\boldsymbol{B}_{1i}\boldsymbol{B}_{1i}^{\mathrm{T}}\boldsymbol{X}\right)\boldsymbol{Z}+\boldsymbol{Z}\left(\boldsymbol{A}_i+\frac{1}{\gamma^2}\boldsymbol{B}_{1i}\boldsymbol{B}_{1i}^{\mathrm{T}}\boldsymbol{X}\right)^{\mathrm{T}}\\&\qquad+\boldsymbol{B}_{1i}\boldsymbol{B}_{1i}^{\mathrm{T}}+\boldsymbol{Z}\left(\frac{1}{\gamma^2}\boldsymbol{X}\boldsymbol{B}_{2i}\boldsymbol{B}_{2i}^{\mathrm{T}}\boldsymbol{X}-\frac{1}{\varepsilon}\boldsymbol{C}_2^{\mathrm{T}}\boldsymbol{C}_2\right)\boldsymbol{Z}\leqslant-\boldsymbol{Q}_i<\boldsymbol{0},\quad\varepsilon>0\end{aligned}$$

(3) $\boldsymbol{\xi}(t)=\boldsymbol{x}(t)$。

由于仅有观测变量 $\boldsymbol{y}(t)$ 是可以利用的,在这种情况下,控制器(5.2.16)不能利用,若在式(5.2.12)中用 $\hat{\boldsymbol{x}}$ 代替 $\boldsymbol{\xi}(t)$,则可获得可行的输出反馈控制器:

$$\begin{aligned}\dot{\hat{\boldsymbol{x}}}(t)&=\sum_{i=1}^{N}\mu_i(\hat{\boldsymbol{x}}(t))[\hat{\boldsymbol{A}}_i\hat{\boldsymbol{x}}(t)+\boldsymbol{B}_{1i}\hat{\boldsymbol{w}}(t)+\boldsymbol{B}_{2i}\boldsymbol{u}(t)+\boldsymbol{Z}\boldsymbol{C}_{2i}^{\mathrm{T}}(\boldsymbol{y}(t)-\hat{\boldsymbol{y}}(t))]\\\boldsymbol{u}(t)&=-\sum_{i=1}^{N}\mu_i(\hat{\boldsymbol{x}}(t))\boldsymbol{B}_{2i}^{\mathrm{T}}\boldsymbol{X}\hat{\boldsymbol{x}}(t)\end{aligned}\tag{5.2.25}$$

式中

$$\hat{\boldsymbol{y}}(t)=\sum_{i=1}^{N}\mu_i(\hat{\boldsymbol{x}}(t))\boldsymbol{C}_{2i}\hat{\boldsymbol{x}}(t)$$

$$\hat{\boldsymbol{w}}(t)=\frac{1}{\gamma^2}\sum_{i=1}^{N}\mu_i(\hat{\boldsymbol{x}}(t))\boldsymbol{B}_{1i}^{\mathrm{T}}\boldsymbol{X}\hat{\boldsymbol{x}}(t)$$

如果假设 $\boldsymbol{D}_{12i}=\boldsymbol{D}_{12}$ 和 $\boldsymbol{D}_{21i}=\boldsymbol{D}_{21}, i=1,2,\cdots,N$,则式(5.2.25)是式(5.2.10)中 $\boldsymbol{z}(t)=\boldsymbol{x}(t)$ 时的 γ 次最优控制器:

$$\begin{aligned}\dot{\boldsymbol{x}}(t) &= \sum_{i=1}^{N}\mu_i(\hat{\boldsymbol{x}}(t))(\boldsymbol{A}_i\boldsymbol{x}(t)+\boldsymbol{B}_{1i}\boldsymbol{w}(t)+\boldsymbol{B}_{2i}\boldsymbol{u}(t))\\ \boldsymbol{z}(t) &= \sum_{i=1}^{N}\mu_i(\hat{\boldsymbol{x}}(t))\begin{bmatrix}\boldsymbol{C}_{1i}\boldsymbol{x}(t)\\ \boldsymbol{D}_{12}\boldsymbol{u}(t)\end{bmatrix}\\ \boldsymbol{y}(t) &= \sum_{i=1}^{N}\mu_i(\hat{\boldsymbol{x}}(t))(\boldsymbol{C}_{2i}\boldsymbol{x}(t)+\boldsymbol{D}_{21}\boldsymbol{w}(t))\end{aligned}\tag{5.2.26}$$

事实上,可直接将定理 5.2.2 应用于式(5.2.25)和(5.2.26),便得到如下的推论。

推论 5.2.2　若存在正定矩阵 $\boldsymbol{X}$ 和 $\boldsymbol{Z}$ 满足式(5.2.12)～(5.2.15),则输出反馈控制器(5.2.25)是式(5.2.26)的 γ 次最优控制器。

5.2.3　仿真

例 5.2.1　考虑表示弹簧质量减振系统的模型如下:

$$\begin{aligned}\dot{\tau}(t) &= -0.02\tau(t)-0.67\tau^3(t)-0.1\dot{\tau}^3(t)+u(t)+w(t)\\ \boldsymbol{z}(t) &= \begin{bmatrix}0.5\tau(t)\\ u(t)\end{bmatrix},\quad y(t)=\tau(t)\end{aligned}\tag{5.2.27}$$

式中,$u(t)$是 H^∞ 控制的控制器;$w(t)$是干扰;$y(t)$是观测变量;$\boldsymbol{z}(t)$是控制输出。非线性项 $\tau(t)$满足 $\tau(t)\in[-1,1]$且

$$\begin{cases}0\cdot\tau(t)\leqslant -0.67\tau^3(t)\leqslant -0.67\tau(t), & \tau(t)<0\\ -0.67\tau(t)\leqslant -0.67\tau^3(t)\leqslant 0\cdot\tau(t), & \tau(t)\geqslant 0\end{cases}\tag{5.2.28}$$

这里可表示为上界和下界的凸组合:

$$-0.67\tau^3(t)=F_{11}(\tau(t))0\cdot\tau(t)-(1-F_{11}(\tau(t)))0.67\tau(t)$$

式中,$F_{11}(\tau(t))\in[0,1]$。解方程(5.2.28),可得表示“零”模糊集和“非零”模糊集的隶属函数 $F_{11}(\tau(t))$和 $F_{12}(\tau(t))(=1-F_{11}(\tau(t)))$如下:

$$F_{11}(\tau(t))=1-\tau^2(t),\quad F_{12}(\tau(t))=\tau^2(t)$$

类似地,用线性函数的凸组合表示式(5.2.27)里的非线性项 $\dot{\tau}(t)$,得到

$$F_{21}(\dot{\tau}(t))=1-\dot{\tau}^2(t),\quad F_{22}(\dot{\tau}(t))=\dot{\tau}^2(t),\quad \dot{\tau}(t)\in[-1,1]$$

则非线性模型(5.2.27)可表示为如下的模糊 T-S 模型。

如果 $\tau(t)$是 N_{i1}且 $\dot{\tau}(t)$是 N_{i2},则

$$\begin{aligned}\dot{\boldsymbol{x}}(t) &= \boldsymbol{A}_i\boldsymbol{x}(t)+\begin{bmatrix}0\\1\end{bmatrix}w(t)+\begin{bmatrix}0\\1\end{bmatrix}u(t),\quad i=1,2,3,4\\ \boldsymbol{z}(t) &= \begin{bmatrix}[0.5\quad 0]\boldsymbol{x}(t)\\ u(t)\end{bmatrix}\\ y(t) &= [1\quad 0]\boldsymbol{x}(t)\end{aligned}$$

其中

$$N_{11}=N_{12}=F_{11},\quad N_{13}=N_{14}=F_{12},\quad N_{21}=N_{23}=F_{21},\quad N_{22}=N_{24}=F_{22}$$

$$\boldsymbol{x}(t)=[\tau(t),\dot{\tau}(t)]^{\mathrm{T}}$$

$$\boldsymbol{A}_1=\begin{bmatrix}0 & 1\\ -0.02 & 0\end{bmatrix},\quad \boldsymbol{A}_2=\begin{bmatrix}0 & 1\\ -0.02 & -0.1\end{bmatrix}$$

$$\boldsymbol{A}_3=\begin{bmatrix}0 & 1\\ -0.69 & 0\end{bmatrix},\quad \boldsymbol{A}_4=\begin{bmatrix}0 & 1\\ -0.69 & -0.1\end{bmatrix}$$

此例中，前件变量是状态 $\boldsymbol{x}(t)$，仅观测变量 $y(t)$ 是可以利用的，不能用控制器(5.2.16)将推论 5.2.2 中的控制器应用于此系统，因为正定矩阵

$$\boldsymbol{X}=\begin{bmatrix}1.735 & 1.005\\ 1.005 & 1.779\end{bmatrix},\quad \boldsymbol{Z}=\begin{bmatrix}3.065 & 2.678\\ 2.678 & 4.207\end{bmatrix}$$

在 $\gamma=4.5$ 时，满足条件(5.2.12)和(5.2.14)。此时，控制器(5.2.25)变为

$$\begin{aligned}\dot{\hat{\boldsymbol{x}}}(t)&=\sum_{i=1}^{4}\mu_i(\hat{\boldsymbol{x}}(t))\left(\boldsymbol{A}_i-\begin{bmatrix}3.065 & 0\\ 0.9554 & 1.691\end{bmatrix}\right)\hat{\boldsymbol{x}}(t)+\begin{bmatrix}3.065\\ 2.678\end{bmatrix}y(t)\\ u(t)&=-[1.005\quad 1.779]\hat{\boldsymbol{x}}(t)\end{aligned}\tag{5.2.29}$$

且 γ 次最优模糊系统为

$$\begin{aligned}\dot{\boldsymbol{x}}(t)&=\sum_{i=1}^{4}\mu_i(\hat{\boldsymbol{x}}(t))\boldsymbol{A}_i\boldsymbol{x}(t)+\begin{bmatrix}0\\ 1\end{bmatrix}w(t)+\begin{bmatrix}0\\ 1\end{bmatrix}u(t)\\ \boldsymbol{z}(t)&=\begin{bmatrix}[0.5\quad 0]\boldsymbol{x}(t)\\ u(t)\end{bmatrix}\\ y(t)&=[1\quad 0]\boldsymbol{x}(t)\end{aligned}$$

式中

$$\mu_1(\hat{\boldsymbol{x}}(t))=F_{11}(\hat{x}_1(t))F_{21}(\hat{x}_2(t)),\quad \mu_2(\hat{\boldsymbol{x}}(t))=F_{11}(\hat{x}_1(t))F_{22}(\hat{x}_2(t))$$
$$\mu_3(\hat{\boldsymbol{x}}(t))=F_{12}(\hat{x}_1(t))F_{21}(\hat{x}_2(t)),\quad \mu_4(\hat{\boldsymbol{x}})=F_{12}(\hat{x}_1(t))F_{22}(\hat{x}_2(t))$$

取初始条件 $\boldsymbol{x}(0)=\boldsymbol{0}$，$\hat{\boldsymbol{x}}(0)=\boldsymbol{0}$，系统的扰动取为 $w(t)=\mathrm{e}^{-t}\cos t$。仿真结果由图 5-5 和图 5-6给出。

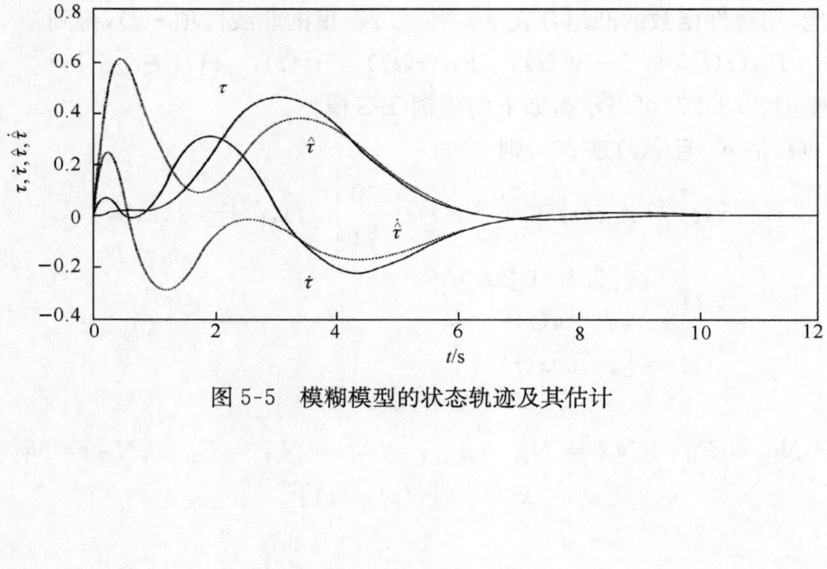

图 5-5　模糊模型的状态轨迹及其估计

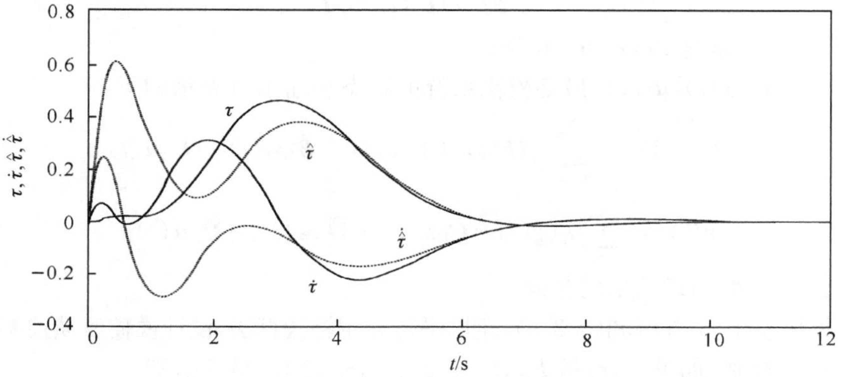

图 5-6　非线性模糊模型的状态轨迹及其估计

5.3　不确定离散模糊系统的 H^∞ 鲁棒控制

本节针对一类不确定离散模糊系统，介绍一种 H^∞ 鲁棒控制方法，研究不确定离散模糊控制系统的鲁棒稳定性和 H^∞ 控制性能，并基于线性矩阵不等式方法，给出不确定离散模糊系统的控制设计算法。

5.3.1　不确定离散模糊系统的描述及控制设计

考虑由模糊 T-S 模型所描述的一类多变量非线性不确定系统。

模糊系统规则：如果 $\xi_1(t)$ 是 F_{i1}，$\xi_2(t)$ 是 F_{i2}，…，$\xi_n(t)$ 是 F_{in}，则

$$\boldsymbol{x}(t+1)=\widetilde{\boldsymbol{A}}_{1i}\boldsymbol{x}(t)+\widetilde{\boldsymbol{B}}_{1i}\boldsymbol{w}(t)+\widetilde{\boldsymbol{B}}_{2i}\boldsymbol{u}(t) \tag{5.3.1}$$

$$\boldsymbol{z}(t)=\widetilde{\boldsymbol{C}}_{1i}\boldsymbol{x}(t)+\widetilde{\boldsymbol{D}}_{1i}\boldsymbol{w}(t)+\widetilde{\boldsymbol{D}}_{2i}\boldsymbol{u}(t) \tag{5.3.2}$$

$$\boldsymbol{x}_0=\boldsymbol{x}(0) \tag{5.3.3}$$

其中，$F_{ij}(j=1,2,\cdots,n)$ 是模糊集合；$\boldsymbol{\xi}(t)=[\xi_1(t),\cdots,\xi_n(t)]^{\mathrm{T}}$ 是模糊前件变量；$\boldsymbol{x}(t)\in\mathbf{R}^n$ 是状态变量；$\boldsymbol{u}(t)\in\mathbf{R}^m$ 是系统的控制输入；$\boldsymbol{z}(t)\in\mathbf{R}^l$ 是系统的控制输出；$\boldsymbol{w}(t)\in\mathbf{R}^q$ 是外部扰动输入向量；$\boldsymbol{w}(t)\in L_2[0,M-1]$；$\widetilde{\boldsymbol{A}}_{1i}$、$\widetilde{\boldsymbol{B}}_{1i}$、$\widetilde{\boldsymbol{B}}_{2i}$、$\widetilde{\boldsymbol{C}}_{1i}$、$\widetilde{\boldsymbol{D}}_{1i}$ 和 $\widetilde{\boldsymbol{D}}_{2i}$ 是具有适当维数的实数矩阵；$i=1,2,\cdots,N$。

假设不确定时变系统矩阵为

$$\widetilde{\boldsymbol{A}}_{1i}(t)=\boldsymbol{A}_{1i}+\Delta\boldsymbol{A}_{1i}(t),\quad \widetilde{\boldsymbol{B}}_{1i}(t)=\boldsymbol{B}_{1i}+\Delta\boldsymbol{B}_{1i}(t),\quad \widetilde{\boldsymbol{B}}_{2i}(t)=\boldsymbol{B}_{2i}+\Delta\boldsymbol{B}_{2i}(t) \tag{5.3.4}$$

$$\widetilde{\boldsymbol{C}}_{1i}(t)=\boldsymbol{C}_{1i}+\Delta\boldsymbol{C}_{1i}(t),\quad \widetilde{\boldsymbol{D}}_{1i}(t)=\boldsymbol{D}_{1i}+\Delta\boldsymbol{D}_{1i}(t),\quad \widetilde{\boldsymbol{D}}_{2i}(t)=\boldsymbol{D}_{2i}+\Delta\boldsymbol{D}_{2i}(t) \tag{5.3.5}$$

式中，$\boldsymbol{A}_{1i}$、$\boldsymbol{B}_{1i}$、$\boldsymbol{B}_{2i}$、$\boldsymbol{C}_{1i}$、$\boldsymbol{D}_{1i}$ 和 $\boldsymbol{D}_{2i}$ 是具有适当维数的实数矩阵；$\Delta\boldsymbol{A}_{1i}(t)$、$\Delta\boldsymbol{B}_{1i}(t)$、$\Delta\boldsymbol{B}_{2i}(t)$、$\Delta\boldsymbol{C}_{1i}(t)$、$\Delta\boldsymbol{D}_{1i}(t)$ 和 $\Delta\boldsymbol{D}_{2i}(t)$ 是具有适当维数的实数函数矩阵，它们表示时变的参数不确定性。假设参数不确定性是模有界的，并由下式给出：

$$\begin{bmatrix}\Delta\boldsymbol{A}_{1i}(t) & \Delta\boldsymbol{B}_{1i}(t) & \Delta\boldsymbol{B}_{2i}(t)\\ \Delta\boldsymbol{C}_{1i}(t) & \Delta\boldsymbol{D}_{1i}(t) & \Delta\boldsymbol{D}_{2i}(t)\end{bmatrix}=\begin{bmatrix}\boldsymbol{E}_{1i}\\ \boldsymbol{E}_{2i}\end{bmatrix}\boldsymbol{F}_i(t)[\boldsymbol{H}_{1i},\boldsymbol{H}_{2i},\boldsymbol{H}_{3i}] \tag{5.3.6}$$

式中，$\boldsymbol{E}_{1i}$、$\boldsymbol{H}_{1i}$、$\boldsymbol{E}_{2i}$、$\boldsymbol{H}_{2i}$ 和 $\boldsymbol{H}_{3i}$ 是已知具有适当维数的常数矩阵；$\boldsymbol{F}_i(t)$ 是未知非线性时变矩阵函数，并满足

$$\boldsymbol{F}_i^{\mathrm{T}}(t)\boldsymbol{F}_i(t) \leqslant \boldsymbol{I} \tag{5.3.7}$$

假设 $\boldsymbol{F}_i(t)$中的元素是 Lebesgue 可测的。

对给定数对$(\boldsymbol{x}(t),\boldsymbol{u}(t))$,最终模糊系统的状态和输出可表示如下:

$$\boldsymbol{x}(t+1) = \sum_{i=1}^{N}\mu_i(\boldsymbol{\xi}(t))(\widetilde{\boldsymbol{A}}_{1i}\boldsymbol{x}(t)+\widetilde{\boldsymbol{B}}_{1i}\boldsymbol{w}(t)+\widetilde{\boldsymbol{B}}_{2i}\boldsymbol{u}(t)) \tag{5.3.8}$$

$$\boldsymbol{z}(t) = \sum_{i=1}^{N}\mu_i(\boldsymbol{\xi}(t))(\widetilde{\boldsymbol{C}}_{1i}\boldsymbol{x}(t)+\widetilde{\boldsymbol{D}}_{1i}\boldsymbol{w}(t)+\widetilde{\boldsymbol{D}}_{2i}\boldsymbol{u}(t)) \tag{5.3.9}$$

式中,$\mu_i(\boldsymbol{\xi}(t))$与前面章给出的相同。

对于模糊模型(5.3.8)和(5.3.9),应用平行分布补偿算法,设计模糊反馈控制律如下。

模糊控制规则:如果 $\xi_1(t)$是 F_{i1},$\xi_2(t)$是 F_{i2},…,$\xi_n(t)$是 F_{in},则

$$\boldsymbol{u}(t) = -\boldsymbol{K}_i\boldsymbol{x}(t), \quad i=1,2,\cdots,N \tag{5.3.10}$$

整个模糊反馈控制律为

$$\boldsymbol{u}(t) = -\sum_{i=1}^{N}\mu_i(\boldsymbol{\xi}(t))\boldsymbol{K}_i\boldsymbol{x}(t) \tag{5.3.11}$$

模糊状态反馈控制器的设计目的是获得反馈增益矩阵 $\boldsymbol{K}_i$,并使得下面的闭环系统稳定:

$$\boldsymbol{x}(t+1) = \sum_{i=1}^{N}\sum_{j=1}^{N}\mu_i(\boldsymbol{\xi}(t))\mu_j(\boldsymbol{\xi}(t))[(\widetilde{\boldsymbol{A}}_{1i}-\widetilde{\boldsymbol{B}}_{2i}\boldsymbol{K}_j)\boldsymbol{x}(t)+\widetilde{\boldsymbol{B}}_{1i}\boldsymbol{w}(t)] \tag{5.3.12}$$

$$\boldsymbol{z}(t) = \sum_{i=1}^{N}\sum_{j=1}^{N}\mu_i(\boldsymbol{\xi}(t))\mu_j(\boldsymbol{\xi}(t))[(\widetilde{\boldsymbol{C}}_{1i}-\widetilde{\boldsymbol{D}}_{2i}\boldsymbol{K}_j)\boldsymbol{x}(t)+\widetilde{\boldsymbol{D}}_{1i}\boldsymbol{w}(t)] \tag{5.3.13}$$

注 5.3.1 如果模糊系统模型的每一规则有共同的输入矩阵 $\widetilde{\boldsymbol{B}}_2$ 和 $\widetilde{\boldsymbol{D}}_2$,即 $\widetilde{\boldsymbol{B}}_{2i}=\widetilde{\boldsymbol{B}}_2$,$\widetilde{\boldsymbol{D}}_{2i}=\widetilde{\boldsymbol{D}}_2$,则由式(5.3.12)和(5.3.13)所描述的闭环系统可简化为

$$\boldsymbol{x}(t+1) = \sum_{i=1}^{N}\mu_i(\boldsymbol{\xi}(t))[(\widetilde{\boldsymbol{A}}_{1i}-\widetilde{\boldsymbol{B}}_2\boldsymbol{K}_j)\boldsymbol{x}(t)+\widetilde{\boldsymbol{B}}_{1i}\boldsymbol{w}(t)]$$

$$\boldsymbol{z}(t) = \sum_{i=1}^{N}\mu_i(\boldsymbol{\xi}(t))[(\widetilde{\boldsymbol{C}}_{1i}-\widetilde{\boldsymbol{D}}_2\boldsymbol{K}_j)\boldsymbol{x}(t)+\widetilde{\boldsymbol{D}}_{1i}\boldsymbol{w}(t)]$$

简单起见,在模糊系统(5.3.8)和(5.3.9)中,如果 $\boldsymbol{u}(t)=\boldsymbol{0}$,则为自治模糊系统;如果 $\boldsymbol{w}(t)=\boldsymbol{0}$,则为无干扰系统;如果 $\boldsymbol{F}(t)=\boldsymbol{0}$,则为标称模糊系统。

定义 5.3.1 如果对所有的$\boldsymbol{w}(t)\in L_2[0,M)$,$\boldsymbol{w}(t)\neq\boldsymbol{0}$,模糊系统 (5.3.8)和(5.3.9)所对应的自治标称模糊系统在其平衡点是渐近稳定的,且系统的响应 $\boldsymbol{z}(t)$在零初始条件$(\boldsymbol{x}(0)=\boldsymbol{0})$下满足

$$\|\boldsymbol{z}(t)\|_2 < \gamma\|\boldsymbol{w}(t)\|_2 \tag{5.3.14}$$

式中,$\gamma>0$ 是给定的干扰衰减水平,则称模糊系统(5.3.8)和(5.3.9)所对应的自治不确定模糊系统是 L_2 增益小于等于 γ 稳定的。如果对所有允许的不确定项 $\boldsymbol{F}_i(t)$,模糊系统(5.3.8)和(5.3.9)所对应的自治模糊系统是 L_2 增益小于等于 γ 稳定的,则称模糊系统(5.3.8)和(5.3.9)所对应的自治不确定模糊系统是 L_2 增益小于等于 γ 鲁棒稳定的。

定义 5.3.2 对于给定的控制律(5.3.11)和干扰衰减水平 $\gamma>0$,如果对所有的 $\boldsymbol{w}(t)\in L_2[0,M)$,$\boldsymbol{w}(t)\neq\boldsymbol{0}$,无干扰的闭环模糊系统(5.3.8)和(5.3.9)是渐近稳定的,且系统的响应 $\boldsymbol{z}(t)$在零初始条件$(\boldsymbol{x}(0)=\boldsymbol{0})$下满足式(5.3.14),则称模糊系统(5.3.8)和

(5.3.9)所对应的标称模糊系统是 L_2 增益小于等于 γ 稳定的。如果对所有允许的不确定项 $\boldsymbol{F}_i(t)$，模糊系统(5.3.8)和(5.3.9)是 L_2 增益小于等于 γ 稳定的，则称不确定模糊系统(5.3.8)和(5.3.9)是 L_2 增益小于等于 γ 鲁棒稳定的。

首先给出模糊系统(5.3.8)所对应的自治标称无干扰模糊系统的鲁棒稳定条件，即

$$\boldsymbol{x}(t+1)=\sum_{i=1}^{N}\mu_i(\boldsymbol{\xi}(t))\widetilde{\boldsymbol{A}}_{1i}\boldsymbol{x}(t) \tag{5.3.15}$$

保证模糊系统(5.3.15)鲁棒稳定的充分条件可由文献[5]中的 Lyapunov 方法得到。

下面只考虑如何设计模糊控制律(5.3.11)，以保证闭环模糊系统(5.3.8)、(5.3.9)和(5.3.11)是 L_2 增益小于等于 γ 鲁棒渐近稳定的。

引理 5.3.1[47]　设 $\boldsymbol{A}$、$\boldsymbol{D}$、$\boldsymbol{E}$ 和 $\boldsymbol{F}$ 是具有适当维数的实数矩阵，且 $\|\boldsymbol{F}\|_2\leqslant 1$。对于 $\boldsymbol{P}>\boldsymbol{0}$ 和正数 ε，如果满足 $\varepsilon\boldsymbol{I}-\boldsymbol{D}^{\mathrm{T}}\boldsymbol{P}\boldsymbol{D}>0$，则有

$$(\boldsymbol{A}+\boldsymbol{D}\boldsymbol{F}\boldsymbol{E})^{\mathrm{T}}\boldsymbol{P}(\boldsymbol{A}+\boldsymbol{D}\boldsymbol{F}\boldsymbol{E})\leqslant\boldsymbol{A}^{\mathrm{T}}\boldsymbol{P}\boldsymbol{A}+\boldsymbol{A}^{\mathrm{T}}\boldsymbol{P}\boldsymbol{D}(\varepsilon\boldsymbol{I}-\boldsymbol{D}^{\mathrm{T}}\boldsymbol{P}\boldsymbol{D})^{-1}\boldsymbol{D}^{\mathrm{T}}\boldsymbol{P}\boldsymbol{A}+\varepsilon\boldsymbol{E}^{\mathrm{T}}\boldsymbol{E}$$

5.3.2　鲁棒稳定性及 H^∞ 性能分析

在本小节，首先分析模糊系统(5.3.8)和(5.3.9)所对应的自治标称模糊系统的稳定性和 H^∞ 性能。

引理 5.3.2　如果存在一个正定矩阵 $\boldsymbol{P}$，满足

$$\boldsymbol{A}_{1i}^{\mathrm{T}}\boldsymbol{P}\boldsymbol{A}_{1i}-\boldsymbol{P}<\boldsymbol{0},\quad i=1,2,\cdots,N \tag{5.3.16}$$

则自治标称无干扰模糊系统(5.3.15)是全局渐近稳定的。

引理 5.3.3　对于给定的两个矩阵 $\boldsymbol{A}\in\mathbf{R}^{m\times n}$ 和 $\boldsymbol{B}\in\mathbf{R}^{m\times n}$，两个半正定矩阵 $\boldsymbol{P}\in\mathbf{R}^{m\times m}$ 和 $\boldsymbol{Q}\in\mathbf{R}^{n\times n}$，满足

$$\boldsymbol{A}^{\mathrm{T}}\boldsymbol{P}\boldsymbol{A}-\boldsymbol{Q}<\boldsymbol{0},\quad \boldsymbol{B}^{\mathrm{T}}\boldsymbol{P}\boldsymbol{B}-\boldsymbol{Q}<\boldsymbol{0}$$

则

$$\boldsymbol{A}^{\mathrm{T}}\boldsymbol{P}\boldsymbol{B}+\boldsymbol{B}^{\mathrm{T}}\boldsymbol{P}\boldsymbol{A}-2\boldsymbol{Q}<\boldsymbol{0}$$

定理 5.3.1　对在零初始条件下的所有非零 $\boldsymbol{w}(t)\in L_2[0,M)$，如果存在正定矩阵 $\boldsymbol{P}$，满足

$$\begin{bmatrix}\boldsymbol{A}_{1i}^{\mathrm{T}}\boldsymbol{P}\boldsymbol{A}_{1i}-\boldsymbol{P}+\boldsymbol{C}_{1i}^{\mathrm{T}}\boldsymbol{C}_{1i} & \boldsymbol{A}_{1i}^{\mathrm{T}}\boldsymbol{P}\boldsymbol{B}_{1i}+\boldsymbol{C}_{1i}^{\mathrm{T}}\boldsymbol{D}_{1i}\\ \boldsymbol{B}_{1i}^{\mathrm{T}}\boldsymbol{P}\boldsymbol{A}_{1i}+\boldsymbol{D}_{1i}^{\mathrm{T}}\boldsymbol{C}_{1i} & -\gamma^2\boldsymbol{I}+\boldsymbol{B}_{1i}^{\mathrm{T}}\boldsymbol{P}\boldsymbol{B}_{1i}+\boldsymbol{D}_{1i}^{\mathrm{T}}\boldsymbol{D}_{1i}\end{bmatrix}<\boldsymbol{0} \tag{5.3.17}$$

则模糊系统(5.3.8)和(5.3.9)所对应的自治标称模糊系统是 L_2 增益小于等于 γ 稳定的。

证明　显然由式(5.3.17)可推出

$$\boldsymbol{A}_{1i}^{\mathrm{T}}\boldsymbol{P}\boldsymbol{A}_{1i}-\boldsymbol{P}+\boldsymbol{C}_{1i}^{\mathrm{T}}\boldsymbol{C}_{1i}<\boldsymbol{0}$$

这意味着不等式(5.3.16)成立，由引理 5.3.2 可得无干扰的模糊系统(5.3.15)是全局渐近稳定的。

自治标称模糊系统可以表示成

$$\boldsymbol{x}(t+1)=\sum_{i=1}^{N}\mu_i(\boldsymbol{\xi}(t))(\boldsymbol{A}_{1i}\boldsymbol{x}(t)+\boldsymbol{B}_{1i}\boldsymbol{w}(t)) \tag{5.3.18}$$

$$z(t)=\sum_{i=1}^{N}\mu_i(\boldsymbol{\xi}(t))(\boldsymbol{C}_{1i}\boldsymbol{x}(t)+\boldsymbol{D}_{1i}\boldsymbol{w}(t)) \tag{5.3.19}$$

选择 Lyapunov 函数为

$$V(\boldsymbol{x}(t))=\boldsymbol{x}^{\mathrm{T}}(t)\boldsymbol{P}\boldsymbol{x}(t) \tag{5.3.20}$$

定义

$$J_M=\sum_{k=0}^{M-1}(\boldsymbol{z}^{\mathrm{T}}(t)\boldsymbol{z}(t)-\gamma^2\boldsymbol{w}^{\mathrm{T}}(t)\boldsymbol{w}(t)) \tag{5.3.21}$$

不失一般性,可假设零初始条件($\boldsymbol{x}_0=\boldsymbol{0}$)。那么对于任何非零 $\boldsymbol{w}(t)\in L_2[0,M)$,有

$$\begin{aligned}J_M&=\sum_{k=0}^{M-1}(\boldsymbol{z}^{\mathrm{T}}(t)\boldsymbol{z}(t)+V(\boldsymbol{x}(t+1))-V(\boldsymbol{x}(t))-\gamma^2\boldsymbol{w}^{\mathrm{T}}(t)\boldsymbol{w}(t))-V(\boldsymbol{x}(M))\\&\leqslant\sum_{k=0}^{M-1}\sum_{i=1}^{N}\sum_{j=1}^{N}\mu_i(\boldsymbol{\xi}(t))\mu_j(\boldsymbol{\xi}(t))\bar{\boldsymbol{x}}^{\mathrm{T}}(t)\left([\hat{\boldsymbol{A}}_i^{\mathrm{T}},\hat{\boldsymbol{C}}_i^{\mathrm{T}}]\bar{\boldsymbol{P}}\begin{bmatrix}\hat{\boldsymbol{A}}_j\\\hat{\boldsymbol{C}}_j\end{bmatrix}-\hat{\boldsymbol{P}}\right)\bar{\boldsymbol{x}}(t)\end{aligned} \tag{5.3.22}$$

式中

$$\bar{\boldsymbol{x}}(t)=[\boldsymbol{x}^{\mathrm{T}}(t),\boldsymbol{w}^{\mathrm{T}}(t)]^{\mathrm{T}},\quad\bar{\boldsymbol{P}}=\begin{bmatrix}\boldsymbol{P}&\boldsymbol{0}\\\boldsymbol{0}&\boldsymbol{I}\end{bmatrix},\quad\hat{\boldsymbol{P}}=\begin{bmatrix}\boldsymbol{P}&\boldsymbol{0}\\\boldsymbol{0}&\gamma^2\boldsymbol{I}\end{bmatrix}$$

$$\hat{\boldsymbol{A}}_j=[\boldsymbol{A}_{1j},\boldsymbol{B}_{1j}],\quad\hat{\boldsymbol{C}}_j=[\boldsymbol{C}_{1j},\boldsymbol{D}_{1j}]$$

应用引理 5.3.3,有

$$J_M\leqslant\sum_{k=0}^{M-1}\sum_{i=1}^{N}\mu_i^2(\boldsymbol{\xi}(t))\bar{\boldsymbol{x}}^{\mathrm{T}}(t)\left([\hat{\boldsymbol{A}}_i^{\mathrm{T}},\hat{\boldsymbol{C}}_i^{\mathrm{T}}]\bar{\boldsymbol{P}}\begin{bmatrix}\hat{\boldsymbol{A}}_i\\\hat{\boldsymbol{C}}_i\end{bmatrix}-\hat{\boldsymbol{P}}\right)\bar{\boldsymbol{x}}(t)$$

由 Schur 分解原理可知,如果 LMI(5.3.17)成立,则 $J_M<0$,因此不等式(5.3.14)成立。换句话说,对于任何非零 $\boldsymbol{w}(t)\in L_2[0,M)$ 和 $\|\boldsymbol{z}(t)\|_2<\gamma\|\boldsymbol{w}(t)\|_2$,有 $\boldsymbol{z}(t)\in L_2[0,M)$。

推论 5.3.1　如果存在 $\varepsilon_i>0,i=1,2,\cdots,N$,及一个公共的正定矩阵 $\boldsymbol{P}$,满足矩阵不等式

$$\begin{bmatrix}\boldsymbol{A}_{1i}^{\mathrm{T}}\boldsymbol{P}\boldsymbol{A}_{1i}+\varepsilon_i\boldsymbol{H}_{1i}^{\mathrm{T}}\boldsymbol{H}_{1i}-\boldsymbol{P}&\boldsymbol{A}_{1i}^{\mathrm{T}}\boldsymbol{P}\boldsymbol{E}_{1i}\\\boldsymbol{E}_{1i}^{\mathrm{T}}\boldsymbol{P}\boldsymbol{A}_{1i}&-\varepsilon_i\boldsymbol{I}+\boldsymbol{E}_{1i}^{\mathrm{T}}\boldsymbol{P}\boldsymbol{E}_{1i}\end{bmatrix}<\boldsymbol{0} \tag{5.3.23}$$

则模糊系统(5.3.8)和(5.3.9)所对应的自治无干扰的不确定模糊系统是鲁棒稳定的。

推论 5.3.2　如果存在 $\varepsilon_i>0,\eta_i>0,i=1,2,\cdots,N$,及一个公共的正定矩阵 $\boldsymbol{P}$,满足矩阵不等式(5.3.24),则模糊系统(5.3.8)和(5.3.9)所对应的自治不确定模糊系统是 L_2 增益小于等于 γ 鲁棒稳定的。

$$\begin{bmatrix}-\boldsymbol{P}+\boldsymbol{\Omega}_{1i}&\boldsymbol{\Omega}_{2i}^{\mathrm{T}}&\boldsymbol{A}_{1i}^{\mathrm{T}}\boldsymbol{P}\boldsymbol{E}_{1i}&\boldsymbol{C}_{1i}^{\mathrm{T}}\boldsymbol{E}_{2i}\\\boldsymbol{\Omega}_{2i}&-\gamma^2\boldsymbol{I}+\boldsymbol{\Omega}_{3i}&\boldsymbol{B}_{1i}^{\mathrm{T}}\boldsymbol{P}\boldsymbol{E}_{1i}&\boldsymbol{D}_{1i}^{\mathrm{T}}\boldsymbol{E}_{2i}\\\boldsymbol{E}_{1i}^{\mathrm{T}}\boldsymbol{P}\boldsymbol{A}_{1i}&\boldsymbol{E}_{1i}^{\mathrm{T}}\boldsymbol{P}\boldsymbol{B}_{1i}&-\varepsilon_i\boldsymbol{I}+\boldsymbol{E}_{1i}^{\mathrm{T}}\boldsymbol{P}\boldsymbol{E}_{1i}&\boldsymbol{0}\\\boldsymbol{E}_{2i}^{\mathrm{T}}\boldsymbol{C}_{1i}&\boldsymbol{E}_{2i}^{\mathrm{T}}\boldsymbol{D}_{1i}&\boldsymbol{0}&-\eta_i\boldsymbol{I}+\boldsymbol{E}_{2i}^{\mathrm{T}}\boldsymbol{E}_{2i}\end{bmatrix}<\boldsymbol{0} \tag{5.3.24}$$

式中

$$\begin{aligned}\boldsymbol{\Omega}_{1i}&=\boldsymbol{A}_{1i}^{\mathrm{T}}\boldsymbol{P}\boldsymbol{A}_{1i}+\boldsymbol{C}_{1i}^{\mathrm{T}}\boldsymbol{C}_{1i}+(\varepsilon_i+\eta_i)\boldsymbol{H}_{1i}^{\mathrm{T}}\boldsymbol{H}_{1i}\\\boldsymbol{\Omega}_{2i}&=\boldsymbol{B}_{1i}^{\mathrm{T}}\boldsymbol{P}\boldsymbol{A}_{1i}+\boldsymbol{D}_{1i}^{\mathrm{T}}\boldsymbol{C}_{1i}+(\varepsilon_i+\eta_i)\boldsymbol{H}_{2i}^{\mathrm{T}}\boldsymbol{H}_{1i}\\\boldsymbol{\Omega}_{3i}&=\boldsymbol{B}_{1i}^{\mathrm{T}}\boldsymbol{P}\boldsymbol{B}_{1i}+\boldsymbol{D}_{1i}^{\mathrm{T}}\boldsymbol{D}_{1i}+(\varepsilon_i+\eta_i)\boldsymbol{H}_{2i}^{\mathrm{T}}\boldsymbol{H}_{2i}\end{aligned}$$

5.3.3 模糊 H^∞ 鲁棒控制设计

本小节考虑标称模糊系统的 H^∞ 模糊控制的设计问题。应用模糊控制律(5.3.10)，模糊闭环系统变为

$$\boldsymbol{x}(t+1)=\sum_{i=1}^{N}\sum_{j=1}^{N}\mu_i(\boldsymbol{\xi}(t))\mu_j(\boldsymbol{\xi}(t))(\boldsymbol{G}_{ij}\boldsymbol{x}(t)+\boldsymbol{B}_{1i}\boldsymbol{w}(t)) \tag{5.3.25}$$

$$\boldsymbol{z}(t)=\sum_{i=1}^{N}\sum_{j=1}^{N}\mu_i(\boldsymbol{\xi}(t))\mu_j(\boldsymbol{\xi}(t))(\boldsymbol{M}_{ij}\boldsymbol{x}(t)+\boldsymbol{D}_{1i}\boldsymbol{w}(t)) \tag{5.3.26}$$

式中，$\boldsymbol{G}_{ij}=\boldsymbol{A}_{1i}-\boldsymbol{B}_{2i}\boldsymbol{K}_j$；$\boldsymbol{M}_{ij}=\boldsymbol{C}_{1i}-\boldsymbol{D}_{2i}\boldsymbol{K}_j$。

如果定义 $\hat{\boldsymbol{G}}_{ij}=[\boldsymbol{G}_{ij},\boldsymbol{B}_{1i}]$，$\hat{\boldsymbol{M}}_{ij}=[\boldsymbol{M}_{ij},\boldsymbol{D}_{1i}]$，则有下面的定理。

定理 5.3.2　如果存在一个公共的正定矩阵 $\boldsymbol{P}$，满足下面的矩阵不等式：

$$\hat{\boldsymbol{G}}_{ii}^{\mathrm{T}}\boldsymbol{P}\hat{\boldsymbol{G}}_{ii}-\hat{\boldsymbol{P}}+\hat{\boldsymbol{M}}_{ii}^{\mathrm{T}}\hat{\boldsymbol{M}}_{ii}<\boldsymbol{0},\quad i=1,2,\cdots,N \tag{5.3.27}$$

$$(\hat{\boldsymbol{G}}_{ij}+\hat{\boldsymbol{G}}_{ji})^{\mathrm{T}}\boldsymbol{P}(\hat{\boldsymbol{G}}_{ij}+\hat{\boldsymbol{G}}_{ji})-4\hat{\boldsymbol{P}}+(\hat{\boldsymbol{M}}_{ij}+\hat{\boldsymbol{M}}_{ji})^{\mathrm{T}}(\hat{\boldsymbol{M}}_{ij}+\hat{\boldsymbol{M}}_{ji})\leqslant\boldsymbol{0},\quad i<j \tag{5.3.28}$$

则存在模糊反馈控制律(5.3.11)，使得标称模糊闭环系统(5.3.25)和(5.3.26)是 L_2 增益小于等于 γ 稳定的。

证明　选择具有式(5.3.20)的 Lyapunov 函数及式(5.3.21)所定义的 J_M，在零初始条件($\boldsymbol{x}_0=\boldsymbol{0}$)下，对于任何非零 $\boldsymbol{w}(t)\in L_2[0,M)$，有

$$\begin{aligned}J_M\leqslant&\sum_{k=0}^{M-1}\sum_{i=1}^{N}\sum_{j=1}^{N}\sum_{s=1}^{N}\sum_{l=1}^{N}\mu_i(\boldsymbol{\xi}(t))\mu_j(\boldsymbol{\xi}(t))\mu_s(\boldsymbol{\xi}(t))\mu_l(\boldsymbol{\xi}(t))\\&\times\bar{\boldsymbol{x}}^{\mathrm{T}}(t)\left([\hat{\boldsymbol{G}}_{ij}^{\mathrm{T}},\hat{\boldsymbol{M}}_{ij}^{\mathrm{T}}]\bar{\boldsymbol{P}}\begin{bmatrix}\hat{\boldsymbol{G}}_{st}\\\hat{\boldsymbol{M}}_{st}\end{bmatrix}-\hat{\boldsymbol{P}}\right)\bar{\boldsymbol{x}}(t)\end{aligned} \tag{5.3.29}$$

应用引理 5.3.2，可得

$$\begin{aligned}J_M\leqslant&\sum_{k=0}^{M-1}\sum_{i=1}^{N}\sum_{j=1}^{N}\mu_i(\boldsymbol{\xi}(t))\mu_j(\boldsymbol{\xi}(t))\bar{\boldsymbol{x}}^{\mathrm{T}}(t)\left([\hat{\boldsymbol{G}}_{ij}^{\mathrm{T}},\hat{\boldsymbol{M}}_{ij}^{\mathrm{T}}]\bar{\boldsymbol{P}}\begin{bmatrix}\hat{\boldsymbol{G}}_{ij}\\\hat{\boldsymbol{M}}_{ij}\end{bmatrix}-\hat{\boldsymbol{P}}\right)\bar{\boldsymbol{x}}(t)\\=&\sum_{k=0}^{M-1}\sum_{i=1}^{N}\sum_{j=1}^{N}\mu_i(\boldsymbol{z}(t))\mu_j(\boldsymbol{z}(t))\bar{\boldsymbol{x}}^{\mathrm{T}}(t)(\hat{\boldsymbol{G}}_{ij}^{\mathrm{T}}\boldsymbol{P}\hat{\boldsymbol{G}}_{ij}-\hat{\boldsymbol{P}}+\hat{\boldsymbol{M}}_{ij}^{\mathrm{T}}\hat{\boldsymbol{M}}_{ij})\bar{\boldsymbol{x}}(t)\end{aligned} \tag{5.3.30}$$

显然，如果 $J_M<0$，则标称模糊闭环系统是 L_2 增益小于等于 γ 稳定的。很容易验证

$$\begin{aligned}&\sum_{i=1}^{N}\sum_{j=1}^{N}\mu_i(\boldsymbol{\xi}(t))\mu_j(\boldsymbol{\xi}(t))\bar{\boldsymbol{x}}^{\mathrm{T}}(t)(\hat{\boldsymbol{G}}_{ij}^{\mathrm{T}}\boldsymbol{P}\hat{\boldsymbol{G}}_{ij}-\hat{\boldsymbol{P}}+\hat{\boldsymbol{M}}_{ij}^{\mathrm{T}}\hat{\boldsymbol{M}}_{ij})\bar{\boldsymbol{x}}(t)\\=&\sum_{i=1}^{N}\mu_i^2(\boldsymbol{\xi}(t))\bar{\boldsymbol{x}}^{\mathrm{T}}(t)(\hat{\boldsymbol{G}}_{ii}^{\mathrm{T}}\boldsymbol{P}\hat{\boldsymbol{G}}_{ii}-\hat{\boldsymbol{P}}+\hat{\boldsymbol{M}}_{ii}^{\mathrm{T}}\hat{\boldsymbol{M}}_{ii})\bar{\boldsymbol{x}}(t)\\&+2\sum_{i<j}^{N}\sum_{j=1}^{N}\mu_i(\boldsymbol{\xi}(t))\mu_j(\boldsymbol{\xi}(t))\bar{\boldsymbol{x}}^{\mathrm{T}}(t)\left[\left(\frac{\hat{\boldsymbol{G}}_{ij}+\hat{\boldsymbol{G}}_{ji}}{2}\right)^{\mathrm{T}}\boldsymbol{P}\left(\frac{\hat{\boldsymbol{G}}_{ij}+\hat{\boldsymbol{G}}_{ji}}{2}\right)\right.\\&\left.-\hat{\boldsymbol{P}}+\left(\frac{\hat{\boldsymbol{M}}_{ij}+\hat{\boldsymbol{M}}_{ji}}{2}\right)^{\mathrm{T}}\left(\frac{\hat{\boldsymbol{M}}_{ij}+\hat{\boldsymbol{M}}_{ji}}{2}\right)\right]\bar{\boldsymbol{x}}(t)\end{aligned}$$

因此，如果矩阵不等式(5.3.27)和(5.3.28)成立，则 $J_M<0$，即矩阵不等式(5.3.14)对所有的 $\boldsymbol{M}>\boldsymbol{0}$ 成立。

定理 5.3.3　如果存在正定矩阵 $\boldsymbol{X}$ 和矩阵 $\boldsymbol{Y}_i(i=1,2,\cdots,N)$，满足下面的矩阵不等式，则存在模糊反馈控制律(5.3.11)，使标称模糊闭环系统(5.3.25)和(5.3.26)是 L_2 增益小于等于 γ 稳定的，且稳定的控制增益为 $\boldsymbol{K}_i=\boldsymbol{Y}_i\boldsymbol{X}^{-1}$。

$$\begin{bmatrix} -\boldsymbol{X} & \boldsymbol{0} & (\boldsymbol{A}_{1i}\boldsymbol{X}-\boldsymbol{B}_{2i}\boldsymbol{Y}_j)^{\mathrm{T}} & (\boldsymbol{C}_{1i}\boldsymbol{X}-\boldsymbol{D}_{2i}\boldsymbol{Y}_j)^{\mathrm{T}} \\ \boldsymbol{0} & -\gamma^2\boldsymbol{I} & \boldsymbol{B}_{1i}^{\mathrm{T}} & \boldsymbol{D}_{1i}^{\mathrm{T}} \\ \boldsymbol{A}_{1i}\boldsymbol{X}-\boldsymbol{B}_{2i}\boldsymbol{Y}_j & \boldsymbol{B}_{1i} & -\boldsymbol{X} & \boldsymbol{0} \\ \boldsymbol{C}_{1i}\boldsymbol{X}-\boldsymbol{D}_{2i}\boldsymbol{Y}_j & \boldsymbol{D}_{1i} & \boldsymbol{0} & -\boldsymbol{I} \end{bmatrix}<\boldsymbol{0} \tag{5.3.31}$$

$$i=1,2,\cdots,N$$

$$\begin{bmatrix} -4\boldsymbol{X} & \boldsymbol{0} & \boldsymbol{\Gamma}_{ij}^{\mathrm{T}} & \boldsymbol{\Sigma}_{ij}^{\mathrm{T}} \\ \boldsymbol{0} & -4\gamma^2\boldsymbol{I} & \boldsymbol{B}_{1i}^{\mathrm{T}}+\boldsymbol{B}_{1j}^{\mathrm{T}} & \boldsymbol{D}_{1i}^{\mathrm{T}}+\boldsymbol{D}_{1j}^{\mathrm{T}} \\ \boldsymbol{\Gamma}_{ij} & \boldsymbol{B}_{1i}+\boldsymbol{B}_{1j} & -\boldsymbol{X} & \boldsymbol{0} \\ \boldsymbol{\Sigma}_{ij} & \boldsymbol{D}_{1i}+\boldsymbol{D}_{1j} & \boldsymbol{0} & -\boldsymbol{I} \end{bmatrix}\leqslant\boldsymbol{0},\quad i<j \tag{5.3.32}$$

式中

$$\boldsymbol{\Gamma}_{ij}=\boldsymbol{A}_{1i}\boldsymbol{X}-\boldsymbol{B}_{2i}\boldsymbol{Y}_j+\boldsymbol{A}_{1j}\boldsymbol{X}-\boldsymbol{B}_{2j}\boldsymbol{Y}_i$$
$$\boldsymbol{\Sigma}_{ij}=\boldsymbol{C}_{1i}\boldsymbol{X}-\boldsymbol{D}_{2i}\boldsymbol{Y}_j+\boldsymbol{C}_{1j}\boldsymbol{X}-\boldsymbol{D}_{2j}\boldsymbol{Y}_i$$

由定理 5.3.3 和引理 2.1.3，可得如下的推论。

推论 5.3.3　对于不确定模糊系统，假设在任何时刻 t 被激活的模糊规则数小于或等于 s，$1<s\leqslant N$，如果存在正定矩阵 $\boldsymbol{X}$，矩阵 $\boldsymbol{Y}_i(i=1,2,\cdots,N)$ 和正定矩阵 $\boldsymbol{Q}_1$、$\boldsymbol{Q}_2$，满足下面的矩阵不等式，则存在反馈控制律(5.3.11)，使得标称模糊闭环系统(5.3.25)和(5.3.26)是 L_2 增益小于等于 γ 稳定的。

$$\begin{bmatrix} -\boldsymbol{X}+(s-1)\boldsymbol{Q}_1 & \boldsymbol{0} & (\boldsymbol{A}_{1i}\boldsymbol{X}-\boldsymbol{B}_{2i}\boldsymbol{Y}_i)^{\mathrm{T}} & (\boldsymbol{C}_{1i}\boldsymbol{X}-\boldsymbol{D}_{2i}\boldsymbol{Y})^{\mathrm{T}} \\ \boldsymbol{0} & -\gamma^2\boldsymbol{I}+(s-1)\boldsymbol{Q}_2 & \boldsymbol{B}_{1i}^{\mathrm{T}} & \boldsymbol{D}_{1i}^{\mathrm{T}} \\ \boldsymbol{A}_{1i}\boldsymbol{X}-\boldsymbol{B}_{2i}\boldsymbol{Y}_i & \boldsymbol{B}_{1i} & -\boldsymbol{X} & \boldsymbol{0} \\ \boldsymbol{C}_{1i}\boldsymbol{X}-\boldsymbol{D}_{2i}\boldsymbol{Y}_i & \boldsymbol{D}_{1i} & \boldsymbol{0} & -\boldsymbol{I} \end{bmatrix}<\boldsymbol{0}$$

$$i=1,2,\cdots,N \tag{5.3.33}$$

$$\begin{bmatrix} -4\boldsymbol{X}-4\boldsymbol{Q}_1 & \boldsymbol{0} & \boldsymbol{\Gamma}_{ij}^{\mathrm{T}} & \boldsymbol{\Sigma}_{ij}^{\mathrm{T}} \\ \boldsymbol{0} & -4\gamma^2\boldsymbol{I}-4\boldsymbol{Q}_2 & \boldsymbol{B}_{1i}^{\mathrm{T}}+\boldsymbol{B}_{1j}^{\mathrm{T}} & \boldsymbol{D}_{1i}^{\mathrm{T}}+\boldsymbol{D}_{1j}^{\mathrm{T}} \\ \boldsymbol{\Gamma}_{ij} & \boldsymbol{B}_{1i}+\boldsymbol{B}_{1j} & -\boldsymbol{X} & \boldsymbol{0} \\ \boldsymbol{\Sigma}_{ij} & \boldsymbol{D}_{1i}+\boldsymbol{D}_{1j} & \boldsymbol{0} & -\boldsymbol{I} \end{bmatrix}\leqslant\boldsymbol{0},\quad i<j \tag{5.3.34}$$

5.3.4　不确定模糊系统的 $\boldsymbol{H}^{\infty}$ 鲁棒控制设计

本小节考虑不确定模糊系统的鲁棒 H^{∞} 模糊控制设计。应用模糊控制律(5.3.10)，不确定模糊闭环系统为

$$\boldsymbol{x}(t+1)=\sum_{i=1}^{N}\sum_{j=1}^{N}\mu_i(\boldsymbol{\xi}(t))\mu_j(\boldsymbol{\xi}(t))(\widetilde{\boldsymbol{G}}_{ij}\boldsymbol{x}(t)+\widetilde{\boldsymbol{B}}_{1i}\boldsymbol{w}(t)) \tag{5.3.35}$$

$$\boldsymbol{z}(t)=\sum_{i=1}^{N}\sum_{j=1}^{N}\mu_i(\boldsymbol{z}(t))\mu_j(\boldsymbol{z}(t))(\widetilde{\boldsymbol{M}}_{ij}\boldsymbol{x}(t)+\widetilde{\boldsymbol{D}}_{1i}\boldsymbol{w}(t)) \tag{5.3.36}$$

式中

$$\widetilde{\boldsymbol{G}}_{ij}=\widetilde{\boldsymbol{A}}_{1i}-\widetilde{\boldsymbol{B}}_{2i}\boldsymbol{K}_j=\boldsymbol{A}_{1i}-\boldsymbol{B}_{2i}\boldsymbol{K}_j+\boldsymbol{E}_{1i}\boldsymbol{F}_i(\boldsymbol{H}_{1i}-\boldsymbol{H}_{3i}\boldsymbol{K}_j)=\boldsymbol{G}_{ij}+\boldsymbol{E}_{1i}\boldsymbol{F}_i\boldsymbol{T}_{ij}$$
$$\widetilde{\boldsymbol{M}}_{ij}=\widetilde{\boldsymbol{C}}_{1i}-\widetilde{\boldsymbol{D}}_{2i}\boldsymbol{K}_j=\boldsymbol{C}_{1i}-\boldsymbol{D}_{2i}\boldsymbol{K}_j+\boldsymbol{E}_{2i}\boldsymbol{F}_i(\boldsymbol{H}_{1i}-\boldsymbol{H}_{3i}\boldsymbol{K}_j)=\boldsymbol{M}_{ij}+\boldsymbol{E}_{2i}\boldsymbol{F}_i\boldsymbol{T}_{ij}$$
$$\boldsymbol{T}_{ij}=\boldsymbol{H}_{1i}-\boldsymbol{H}_{3i}\boldsymbol{K}_j$$

与 5.3.3 节的讨论相类似，如果下面的不等式成立：

$$J_M\leqslant\sum_{k=0}^{M-1}\sum_{i=1}^{N}\sum_{j=1}^{N}\mu_i(\boldsymbol{\xi}(t))\mu_j(\boldsymbol{\xi}(t))\bar{\boldsymbol{x}}^{\mathrm{T}}(t)(\breve{\boldsymbol{G}}_{ij}^{\mathrm{T}}\boldsymbol{P}\breve{\boldsymbol{G}}_{ij}+\breve{\boldsymbol{M}}_{ij}^{\mathrm{T}}\breve{\boldsymbol{M}}_{ij}-\hat{\boldsymbol{P}})\bar{\boldsymbol{x}}(t)<0$$

式中

$$\breve{\boldsymbol{G}}_{ij}=[\widetilde{\boldsymbol{G}}_{ij},\widetilde{\boldsymbol{B}}_{1i}]=\hat{\boldsymbol{G}}_{ij}+\boldsymbol{E}_{1i}\boldsymbol{F}_i\hat{\boldsymbol{T}}_{ij}$$
$$\breve{\boldsymbol{M}}_{ij}=[\widetilde{\boldsymbol{M}}_{ij},\widetilde{\boldsymbol{D}}_{1i}]=\hat{\boldsymbol{M}}_{ij}+\boldsymbol{E}_{2i}\boldsymbol{F}_i\hat{\boldsymbol{T}}_{ij}$$
$$\hat{\boldsymbol{T}}_{ij}=[\boldsymbol{T}_{ij},\boldsymbol{H}_{2i}]=[\boldsymbol{H}_{1i}-\boldsymbol{H}_{3i}\boldsymbol{K}_j,\boldsymbol{H}_{2i}]$$

则不确定模糊闭环系统是 L_2 增益小于等于 γ 鲁棒稳定的。因此，如果下面的矩阵不等式成立，则不确定模糊闭环系统(5.3.35)和(5.3.36)是 L_2 增益小于等于 γ 鲁棒稳定的。

$$\breve{\boldsymbol{G}}_{ii}^{\mathrm{T}}\boldsymbol{P}\breve{\boldsymbol{G}}_{ii}-\hat{\boldsymbol{P}}+\breve{\boldsymbol{M}}_{ii}^{\mathrm{T}}\breve{\boldsymbol{M}}_{ii}<\boldsymbol{0},\quad i=1,2,\cdots,N \tag{5.3.37}$$

$$(\breve{\boldsymbol{G}}_{ij}+\breve{\boldsymbol{G}}_{ji})^{\mathrm{T}}\boldsymbol{P}(\breve{\boldsymbol{G}}_{ij}+\breve{\boldsymbol{G}}_{ji})-4\hat{\boldsymbol{P}}+(\breve{\boldsymbol{M}}_{ij}+\breve{\boldsymbol{M}}_{ji})^{\mathrm{T}}(\breve{\boldsymbol{M}}_{ij}+\breve{\boldsymbol{M}}_{ji})\leqslant\boldsymbol{0},\quad i<j \tag{5.3.38}$$

显然

$$\breve{\boldsymbol{G}}_{ij}+\breve{\boldsymbol{G}}_{ji}=\bar{\boldsymbol{G}}_{ij}+\bar{\boldsymbol{E}}_{1ij}\boldsymbol{F}_{ij}\bar{\boldsymbol{T}}_{ij}$$
$$\breve{\boldsymbol{M}}_{ij}+\breve{\boldsymbol{M}}_{ji}=\bar{\boldsymbol{M}}_{ij}+\bar{\boldsymbol{E}}_{2ij}\boldsymbol{F}_{ij}\bar{\boldsymbol{T}}_{ij}$$

式中

$$\bar{\boldsymbol{G}}_{ij}=\hat{\boldsymbol{G}}_{ij}+\hat{\boldsymbol{G}}_{ji},\quad\bar{\boldsymbol{M}}_{ij}=\hat{\boldsymbol{M}}_{ij}+\hat{\boldsymbol{M}}_{ji}$$
$$\bar{\boldsymbol{E}}_{1ij}=[\boldsymbol{E}_{1i},\boldsymbol{E}_{1j}],\quad\bar{\boldsymbol{E}}_{2ij}=[\boldsymbol{E}_{2i},\boldsymbol{E}_{2j}]$$
$$\boldsymbol{F}_{ij}=\mathrm{diag}(\boldsymbol{F}_i(t),\boldsymbol{F}_j(t)),\quad\bar{\boldsymbol{T}}_{ij}=[\hat{\boldsymbol{T}}_{ij}^{\mathrm{T}},\hat{\boldsymbol{T}}_{ji}^{\mathrm{T}}]^{\mathrm{T}}$$

由式(5.3.7)，有

$$\|\boldsymbol{F}_{ij}(t)\|\leqslant 1$$

根据引理 5.3.1 可知，如果下面的不等式成立，则矩阵不等式(5.3.37)和(5.3.38)成立。

$$\hat{\boldsymbol{G}}_{ii}^{\mathrm{T}}\boldsymbol{P}\hat{\boldsymbol{G}}_{ii}+\hat{\boldsymbol{G}}_{ii}^{\mathrm{T}}\boldsymbol{P}\boldsymbol{E}_{1i}(\varepsilon_i\boldsymbol{I}-\boldsymbol{E}_{1i}^{\mathrm{T}}\boldsymbol{P}\boldsymbol{E}_{1i})^{-1}\boldsymbol{E}_{1i}^{\mathrm{T}}\boldsymbol{P}\hat{\boldsymbol{G}}_{ii}+\varepsilon_i\hat{\boldsymbol{T}}_{ii}^{\mathrm{T}}\hat{\boldsymbol{T}}_{ii}+\hat{\boldsymbol{M}}_{ii}^{\mathrm{T}}\hat{\boldsymbol{M}}_{ii}$$
$$+\hat{\boldsymbol{M}}_{ii}^{\mathrm{T}}\boldsymbol{E}_{2i}(\eta_i\boldsymbol{I}-\boldsymbol{E}_{2i}^{\mathrm{T}}\boldsymbol{E}_{2i})^{-1}\boldsymbol{E}_{2i}^{\mathrm{T}}\hat{\boldsymbol{M}}_{ii}+\eta_i\hat{\boldsymbol{T}}_{ii}^{\mathrm{T}}\hat{\boldsymbol{T}}_{ii}-\hat{\boldsymbol{P}}<\boldsymbol{0},\quad i=1,2,\cdots,N$$
$$\bar{\boldsymbol{G}}_{ij}^{\mathrm{T}}\boldsymbol{P}\bar{\boldsymbol{G}}_{ij}+\bar{\boldsymbol{G}}_{ij}^{\mathrm{T}}\boldsymbol{P}\bar{\boldsymbol{E}}_{1ij}(\zeta_{ij}\boldsymbol{I}-\bar{\boldsymbol{E}}_{1ij}^{\mathrm{T}}\boldsymbol{P}\bar{\boldsymbol{E}}_{1ij})^{-1}\bar{\boldsymbol{E}}_{1ij}^{\mathrm{T}}\boldsymbol{P}\bar{\boldsymbol{G}}_{ij}+\zeta_{ij}\bar{\boldsymbol{T}}_{ij}^{\mathrm{T}}\bar{\boldsymbol{T}}_{ij}+\bar{\boldsymbol{M}}_{ij}^{\mathrm{T}}\bar{\boldsymbol{M}}_{ij}$$
$$+\bar{\boldsymbol{M}}_{ij}^{\mathrm{T}}\bar{\boldsymbol{E}}_{2ij}(\delta_{ij}\boldsymbol{I}-\bar{\boldsymbol{E}}_{2ij}^{\mathrm{T}}\bar{\boldsymbol{E}}_{2ij})^{-1}\bar{\boldsymbol{E}}_{2ij}^{\mathrm{T}}\bar{\boldsymbol{M}}_{ij}+\delta_{ij}\bar{\boldsymbol{T}}_{ij}^{\mathrm{T}}\bar{\boldsymbol{T}}_{ij}-4\hat{\boldsymbol{P}}<\boldsymbol{0},\quad i<j$$

显然，上式中

$$\varepsilon_i\boldsymbol{I}-\boldsymbol{E}_{1i}^{\mathrm{T}}\boldsymbol{P}\boldsymbol{E}_{1i}>\boldsymbol{0},\quad\eta_i\boldsymbol{I}-\boldsymbol{E}_{2i}^{\mathrm{T}}\boldsymbol{E}_{2i}>\boldsymbol{0}$$
$$\zeta_{ij}\boldsymbol{I}-\bar{\boldsymbol{E}}_{1ij}^{\mathrm{T}}\boldsymbol{P}\bar{\boldsymbol{E}}_{1ij}>\boldsymbol{0},\quad\delta_{ij}\boldsymbol{I}-\bar{\boldsymbol{E}}_{2ij}^{\mathrm{T}}\bar{\boldsymbol{E}}_{2ij}>\boldsymbol{0}$$

上面的矩阵不等式等价于

$$\begin{bmatrix} \hat{\boldsymbol{\Xi}}_{ii}-\hat{\boldsymbol{P}} & \hat{\boldsymbol{G}}_{ii}^{\mathrm{T}}\boldsymbol{P}\boldsymbol{E}_{1i} & \hat{\boldsymbol{M}}_{ii}^{\mathrm{T}}\boldsymbol{E}_{2i} \\ \boldsymbol{E}_{1i}^{\mathrm{T}}\boldsymbol{P}\hat{\boldsymbol{G}}_{ii} & -\varepsilon_i\boldsymbol{I}+\boldsymbol{E}_{1i}^{\mathrm{T}}\boldsymbol{P}\boldsymbol{E}_{1i} & \boldsymbol{0} \\ \boldsymbol{E}_{2i}^{\mathrm{T}}\hat{\boldsymbol{M}}_{ii} & \boldsymbol{0} & \eta_i\boldsymbol{I}-\boldsymbol{E}_{2i}^{\mathrm{T}}\boldsymbol{E}_{2i} \end{bmatrix}<\boldsymbol{0},\quad i=1,2,\cdots,N \tag{5.3.39}$$

$$\begin{bmatrix} \bar{\boldsymbol{\Xi}}_{ij}-4\hat{\boldsymbol{P}} & \bar{\boldsymbol{G}}_{ij}^{\mathrm{T}}\boldsymbol{P}\bar{\boldsymbol{E}}_{1ij} & \bar{\boldsymbol{M}}_{ij}^{\mathrm{T}}\bar{\boldsymbol{E}}_{2ij} \\ \bar{\boldsymbol{E}}_{1ij}^{\mathrm{T}}\boldsymbol{P}\bar{\boldsymbol{G}}_{ij} & -\zeta_{ij}\boldsymbol{I}+\bar{\boldsymbol{E}}_{1ij}^{\mathrm{T}}\boldsymbol{P}\bar{\boldsymbol{E}}_{1ij} & \boldsymbol{0} \\ \bar{\boldsymbol{E}}_{2ij}^{\mathrm{T}}\hat{\boldsymbol{M}}_{ij} & \boldsymbol{0} & -\delta_{ij}\boldsymbol{I}-\bar{\boldsymbol{E}}_{2ij}^{\mathrm{T}}\bar{\boldsymbol{E}}_{2ij} \end{bmatrix}\leqslant\boldsymbol{0},\quad i<j \tag{5.3.40}$$

式中

$$\hat{\boldsymbol{\Xi}}_{ii}=\hat{\boldsymbol{G}}_{ii}^{\mathrm{T}}\boldsymbol{P}\hat{\boldsymbol{G}}_{ii}+\hat{\boldsymbol{M}}_{ii}^{\mathrm{T}}\hat{\boldsymbol{M}}_{ii}+(\varepsilon_i+\eta_i)\hat{\boldsymbol{T}}_{ii}^{\mathrm{T}}\hat{\boldsymbol{T}}_{ii}$$
$$\bar{\boldsymbol{\Xi}}_{ij}=\bar{\boldsymbol{G}}_{ij}^{\mathrm{T}}\boldsymbol{P}\bar{\boldsymbol{G}}_{ij}+\bar{\boldsymbol{M}}_{ij}^{\mathrm{T}}\bar{\boldsymbol{M}}_{ij}+(\zeta_{ij}+\delta_{ij})\bar{\boldsymbol{T}}_{ij}^{\mathrm{T}}\bar{\boldsymbol{T}}_{ij}$$

令 $\boldsymbol{X}=\boldsymbol{P}^{-1}$,$\boldsymbol{Y}_i=\boldsymbol{K}_i\boldsymbol{X}$,$\boldsymbol{S}=\mathrm{diag}(\boldsymbol{X},\boldsymbol{I},\boldsymbol{I},\boldsymbol{I})$,则式(5.3.39)等价于

$$\begin{bmatrix} -\boldsymbol{X} & \boldsymbol{0} & (\boldsymbol{A}_{1i}\boldsymbol{X}-\boldsymbol{B}_{2i}\boldsymbol{Y}_i)^{\mathrm{T}} & (\boldsymbol{C}_{1i}\boldsymbol{X}-\boldsymbol{D}_{2i}\boldsymbol{Y}_i)^{\mathrm{T}} & (\boldsymbol{H}_{1i}\boldsymbol{X}-\boldsymbol{H}_{3i}\boldsymbol{Y}_i)^{\mathrm{T}} & (\boldsymbol{H}_{1i}\boldsymbol{X}-\boldsymbol{H}_{3i}\boldsymbol{Y}_i)^{\mathrm{T}} \\ \boldsymbol{0} & -\gamma^2\boldsymbol{I} & \boldsymbol{B}_{1i}^{\mathrm{T}} & \boldsymbol{D}_{1i}^{\mathrm{T}} & \boldsymbol{H}_{2i}^{\mathrm{T}} & \boldsymbol{H}_{2i}^{\mathrm{T}} \\ \boldsymbol{A}_{1i}\boldsymbol{X}-\boldsymbol{B}_{2i}\boldsymbol{Y}_i & \boldsymbol{B}_{1i} & -\boldsymbol{X}+\varepsilon_i^{-1}\boldsymbol{E}_{1i}\boldsymbol{E}_{1i}^{\mathrm{T}} & \boldsymbol{0} & \boldsymbol{0} & \boldsymbol{0} \\ \boldsymbol{C}_{1i}\boldsymbol{X}-\boldsymbol{D}_{2i}\boldsymbol{Y}_i & \boldsymbol{D}_{1i} & \boldsymbol{0} & -\boldsymbol{I}+\eta_i^{-1}\boldsymbol{E}_{2i}\boldsymbol{E}_{2i}^{\mathrm{T}} & \boldsymbol{0} & \boldsymbol{0} \\ \boldsymbol{H}_{1i}\boldsymbol{X}-\boldsymbol{H}_{3i}\boldsymbol{Y}_i & \boldsymbol{H}_{2i} & \boldsymbol{0} & \boldsymbol{0} & -\varepsilon_i^{-1}\boldsymbol{I} & \boldsymbol{0} \\ \boldsymbol{H}_{1i}\boldsymbol{X}-\boldsymbol{H}_{3i}\boldsymbol{Y}_i & \boldsymbol{H}_{2i} & \boldsymbol{0} & \boldsymbol{0} & \boldsymbol{0} & -\eta_i^{-1}\boldsymbol{I} \end{bmatrix}<\boldsymbol{0} \tag{5.3.41}$$

类似地,式(5.3.40)等价于

$$\begin{bmatrix} -4\boldsymbol{X} & \boldsymbol{0} & \boldsymbol{\Psi}_{ij}^{\mathrm{T}} & \boldsymbol{\Theta}_{ij}^{\mathrm{T}} & \hat{\boldsymbol{H}}_{1ij}^{\mathrm{T}} & \hat{\boldsymbol{H}}_{1ij}^{\mathrm{T}} \\ \boldsymbol{0} & -4\gamma^2\boldsymbol{I} & \boldsymbol{B}_{1i}^{\mathrm{T}}+\boldsymbol{B}_{1j}^{\mathrm{T}} & \boldsymbol{D}_{1i}^{\mathrm{T}}+\boldsymbol{D}_{1j}^{\mathrm{T}} & \hat{\boldsymbol{H}}_{2ij}^{\mathrm{T}} & \hat{\boldsymbol{H}}_{2ij}^{\mathrm{T}} \\ \boldsymbol{\Psi}_{ij} & \boldsymbol{B}_{1i}+\boldsymbol{B}_{1j} & -\boldsymbol{X}+\zeta_{ij}^{-1}\bar{\boldsymbol{E}}_{1ij}\bar{\boldsymbol{E}}_{1ij}^{\mathrm{T}} & \boldsymbol{0} & \boldsymbol{0} & \boldsymbol{0} \\ \boldsymbol{\Theta}_{ij} & \boldsymbol{D}_{1i}+\boldsymbol{D}_{1j} & \boldsymbol{0} & -\boldsymbol{I}+\delta_i^{-1}\bar{\boldsymbol{E}}_{2ij}\bar{\boldsymbol{E}}_{2ij}^{\mathrm{T}} & \boldsymbol{0} & \boldsymbol{0} \\ \hat{\boldsymbol{H}}_{1ij} & \hat{\boldsymbol{H}}_{2ij} & \boldsymbol{0} & \boldsymbol{0} & -\zeta_{ij}^{-1}\boldsymbol{I} & \boldsymbol{0} \\ \hat{\boldsymbol{H}}_{1ij} & \hat{\boldsymbol{H}}_{2ij} & \boldsymbol{0} & \boldsymbol{0} & \boldsymbol{0} & -\delta_{ij}^{-1}\boldsymbol{I} \end{bmatrix}<\boldsymbol{0}$$

$$i<j \tag{5.3.42}$$

式中

$$\hat{\boldsymbol{H}}_{1ij}=[\boldsymbol{X}\boldsymbol{H}_{1i}^{\mathrm{T}}-\boldsymbol{Y}_j^{\mathrm{T}}\boldsymbol{H}_{3i}^{\mathrm{T}},\ \boldsymbol{X}\boldsymbol{H}_{1j}^{\mathrm{T}}-\boldsymbol{Y}_i^{\mathrm{T}}\boldsymbol{H}_{3j}^{\mathrm{T}}]^{\mathrm{T}}$$
$$\hat{\boldsymbol{H}}_{2ij}=[\boldsymbol{H}_{2i}^{\mathrm{T}},\boldsymbol{H}_{2j}^{\mathrm{T}}]^{\mathrm{T}}$$
$$\boldsymbol{\Psi}_{ij}=\boldsymbol{X}\boldsymbol{A}_{1i}^{\mathrm{T}}-\boldsymbol{Y}_j^{\mathrm{T}}\boldsymbol{B}_{2i}^{\mathrm{T}}+\boldsymbol{X}\boldsymbol{A}_{1j}^{\mathrm{T}}-\boldsymbol{Y}_i^{\mathrm{T}}\boldsymbol{B}_{2j}^{\mathrm{T}}$$
$$\boldsymbol{\Theta}_{ij}=\boldsymbol{X}\boldsymbol{C}_{1i}^{\mathrm{T}}-\boldsymbol{Y}_j^{\mathrm{T}}\boldsymbol{D}_{2i}^{\mathrm{T}}+\boldsymbol{X}\boldsymbol{C}_{1j}^{\mathrm{T}}-\boldsymbol{Y}_i^{\mathrm{T}}\boldsymbol{D}_{2j}^{\mathrm{T}}$$

综上所述，可得到如下定理。

定理 5.3.4　如果存在正定矩阵 $\boldsymbol{X}$，矩阵 $\boldsymbol{Y}_i(i=1,2,\cdots,N)$ 及正数 ε_i、η_i、ζ_i、δ_i，满足矩阵不等式(5.3.41)和(5.3.42)，则存在反馈控制律(5.3.11)，使得不确定模糊闭环系统(5.3.35)和(5.3.36)是 L_2 增益小于等于 γ 鲁棒稳定的，且模糊控制器增益为 $\boldsymbol{K}_i=\boldsymbol{Y}_i\boldsymbol{X}^{-1}$。

推论 5.3.4　对于不确定模糊系统，假设在任何时刻 t 被激活的模糊规则数小于或等于 $s(1<s\leqslant N)$，且如果存在正定矩阵 $\boldsymbol{X}$，矩阵 $\boldsymbol{Y}_i(i=1,2,\cdots,N)$，正定矩阵 $\boldsymbol{Q}_1$、$\boldsymbol{Q}_2$ 和正数 ε_i、η_i、ζ_i、δ_i 满足下面矩阵不等式，则存在反馈控制律(5.3.11)，使得不确定模糊闭环系统(5.3.35)和(5.3.36)是 L_2 增益小于等于 γ 鲁棒稳定的。

$$\begin{bmatrix} -\boldsymbol{X}+(s-1)\boldsymbol{Q}_1 & \boldsymbol{0} & (\boldsymbol{A}_{1i}\boldsymbol{X}-\boldsymbol{B}_{2i}\boldsymbol{Y}_i)^{\mathrm{T}} & (\boldsymbol{C}_{1i}\boldsymbol{X}-\boldsymbol{D}_{2i}\boldsymbol{Y}_i)^{\mathrm{T}} & (\boldsymbol{H}_{1i}\boldsymbol{X}-\boldsymbol{H}_{3i}\boldsymbol{Y}_i)^{\mathrm{T}} & (\boldsymbol{H}_{1i}\boldsymbol{X}-\boldsymbol{H}_{3i}\boldsymbol{Y}_i)^{\mathrm{T}} \\ \boldsymbol{0} & -\gamma^2\boldsymbol{I}+(s-1)\boldsymbol{Q}_2 & \boldsymbol{B}_{1i}^{\mathrm{T}} & \boldsymbol{D}_{1i}^{\mathrm{T}} & \boldsymbol{H}_{2i}^{\mathrm{T}} & \boldsymbol{H}_{2i}^{\mathrm{T}} \\ \boldsymbol{A}_{1i}\boldsymbol{X}-\boldsymbol{B}_{2i}\boldsymbol{Y}_i & \boldsymbol{B}_{1i} & -\boldsymbol{X}+\varepsilon_i^{-1}\boldsymbol{E}_{1i}\boldsymbol{E}_{1i}^{\mathrm{T}} & \boldsymbol{0} & \boldsymbol{0} & \boldsymbol{0} \\ \boldsymbol{C}_{1i}\boldsymbol{X}-\boldsymbol{D}_{2i}\boldsymbol{Y}_i & \boldsymbol{D}_{1i} & \boldsymbol{0} & -\boldsymbol{I}+\eta_i^{-1}\boldsymbol{E}_{2i}\boldsymbol{E}_{2i}^{\mathrm{T}} & \boldsymbol{0} & \boldsymbol{0} \\ \boldsymbol{H}_{1i}\boldsymbol{X}-\boldsymbol{H}_{3i}\boldsymbol{Y}_i & \boldsymbol{H}_{2i} & \boldsymbol{0} & \boldsymbol{0} & -\varepsilon_i^{-1}\boldsymbol{I} & \boldsymbol{0} \\ \boldsymbol{H}_{1i}\boldsymbol{X}-\boldsymbol{H}_{3i}\boldsymbol{Y}_i & \boldsymbol{H}_{2i} & \boldsymbol{0} & \boldsymbol{0} & \boldsymbol{0} & -\eta_i^{-1}\boldsymbol{I} \end{bmatrix}<\boldsymbol{0},\quad i=1,2,\cdots,N \tag{5.3.43}$$

$$\begin{bmatrix} -4\boldsymbol{X}-4\boldsymbol{Q}_1 & \boldsymbol{0} & \boldsymbol{\Psi}_{ij}^{\mathrm{T}} & \boldsymbol{\Theta}_{ij}^{\mathrm{T}} & \hat{\boldsymbol{H}}_{1ij}^{\mathrm{T}} & \hat{\boldsymbol{H}}_{1ij}^{\mathrm{T}} \\ \boldsymbol{0} & -4\gamma^2\boldsymbol{I}-4\boldsymbol{Q}_2 & \boldsymbol{B}_{1i}^{\mathrm{T}}+\boldsymbol{B}_{1j}^{\mathrm{T}} & \boldsymbol{D}_{1i}^{\mathrm{T}}+\boldsymbol{D}_{1j}^{\mathrm{T}} & \hat{\boldsymbol{H}}_{2ij}^{\mathrm{T}} & \hat{\boldsymbol{H}}_{2ij}^{\mathrm{T}} \\ \boldsymbol{\Psi}_{ij} & \boldsymbol{B}_{1i}+\boldsymbol{B}_{1j} & -\boldsymbol{X}+\zeta_{ij}^{-1}\bar{\boldsymbol{E}}_{1ij}\bar{\boldsymbol{E}}_{1ij}^{\mathrm{T}} & \boldsymbol{0} & \boldsymbol{0} & \boldsymbol{0} \\ \boldsymbol{\Theta}_{ij} & \boldsymbol{D}_{1i}+\boldsymbol{D}_{1j} & \boldsymbol{0} & -\boldsymbol{I}+\delta_i^{-1}\bar{\boldsymbol{E}}_{2ij}\bar{\boldsymbol{E}}_{2ij}^{\mathrm{T}} & \boldsymbol{0} & \boldsymbol{0} \\ \hat{\boldsymbol{H}}_{1ij} & \hat{\boldsymbol{H}}_{2ij} & \boldsymbol{0} & \boldsymbol{0} & -\zeta_{ij}^{-1}\boldsymbol{I} & \boldsymbol{0} \\ \hat{\boldsymbol{H}}_{1ij} & \hat{\boldsymbol{H}}_{2ij} & \boldsymbol{0} & \boldsymbol{0} & \boldsymbol{0} & -\delta_{ij}^{-1}\boldsymbol{I} \end{bmatrix}<\boldsymbol{0}$$

$$i<j \tag{5.3.44}$$

5.3.5　仿真

设拖车模型为

$$x_1(t+1)=\left(1-\frac{vt}{L}\right)x_1(t)+\frac{vt}{l}u(t) \tag{5.3.45}$$

$$x_2(t+1)=x_2(t)+\frac{vt}{L}x_1(t) \tag{5.3.46}$$

$$x_3(t+1)=x_3(t)+vt\sin\left(x_2(t)+\frac{vt}{2L}x_1(t)\right) \tag{5.3.47}$$

式(5.3.45)和(5.3.46)是线性的,而式(5.3.47)是非线性的。给定模型的参数为 $l=2.8, L=5.5, v=-1.0, t=2.0$。根据上面的模型建立模糊 T-S 模型如下。

模糊系统规则 1:如果 $\xi(t)=x_2(t)+\frac{vt}{2L}x_1(t)$ 大约是 0,则

$$\boldsymbol{x}(t+1)=(\boldsymbol{A}_1+\Delta\boldsymbol{A}_1)\boldsymbol{x}(t)+\boldsymbol{B}_1u(t)$$

模糊系统规则 2:如果 $\xi(t)=x_2(t)\frac{vt}{2L}x_1(t)$ 大约是 π 或 −π,则

$$\boldsymbol{x}(t+1)=(\boldsymbol{A}_2+\Delta\boldsymbol{A}_2)\boldsymbol{x}(t)+\boldsymbol{B}_2u(t)-dv\pi t\cdot\mathrm{sgn}(\xi(t))$$

式中

$$\boldsymbol{A}_1=\begin{bmatrix}1-\frac{vt}{L} & 0 & 0\\ \frac{vt}{L} & 1 & 0\\ \frac{v^2t^2}{2L} & vt & 1\end{bmatrix},\quad \boldsymbol{B}_1=\begin{bmatrix}\frac{vt}{l}\\ 0\\ 0\end{bmatrix} \tag{5.3.48}$$

$$\boldsymbol{A}_2=\begin{bmatrix}1-\frac{vt}{L} & 0 & 0\\ \frac{vt}{L} & 1 & 0\\ \frac{dv^2t^2}{2L} & dvt & 1\end{bmatrix},\quad \boldsymbol{B}_2=\begin{bmatrix}\frac{vt}{l}\\ 0\\ 0\end{bmatrix} \tag{5.3.49}$$

$d\pi\cdot\mathrm{sgn}(\xi(t))$ 表示第二个局部子模型的补偿,并设 $d=0.01/\pi$。模糊隶属函数选择为

$$\mu_1(\xi(t))=\frac{\sin\xi(t)}{\xi(t)},\quad \mu_2(\xi(t))=1-\mu_1(\xi(t))$$

当不考虑不确定项 $\Delta\boldsymbol{A}_1$ 和 $\Delta\boldsymbol{A}_2$ 时,非线性模糊模型记为 S_o,其方程如下:

$$x_1(t+1)=\left(1-\frac{vt}{L}\right)x_1(t)+\frac{vt}{l}u(t) \tag{5.3.50}$$

$$x_2(t+1)=x_2(t)+\frac{vt}{L}x_1(t) \tag{5.3.51}$$

$$\begin{aligned}x_3(t+1)&=x_3(t)+\mu_1\left(\frac{v^2t^2}{2L}x_1(t)+vtx_2(t)\right)\\&\quad+\mu_2vt\left(\frac{dvt}{2L}x_1(t)+dx_2(t)+d\pi\cdot\mathrm{sgn}(\xi(t))\right)\\&=x_3(t)+(\mu_1+\mu_2d)vt\xi(t)-\mu_2vtd\pi\cdot\mathrm{sgn}(\xi(t))\end{aligned} \tag{5.3.52}$$

显然,模糊模型(5.3.52)是非线性模型(5.3.47)的全局逼近,式(5.3.47)与式(5.3.52)之间的建模误差为

$$\boldsymbol{e}_p(\xi(t))=vt[\sin\xi(t)-(\mu_1+\mu_2d)\xi(t)-\mu_2d\pi\cdot\mathrm{sgn}(\xi(t))] \tag{5.3.53}$$

图 5-7 给出了建模误差曲线。

事实上,我们能够在任意指定的精度内获得非线性系统的动态,即预先给定的容许界限 $\delta>0$,则 $\|\boldsymbol{e}_p(\xi(t))\|<\delta$,而且模糊局部子模型数越大,模糊模型的精度越高。

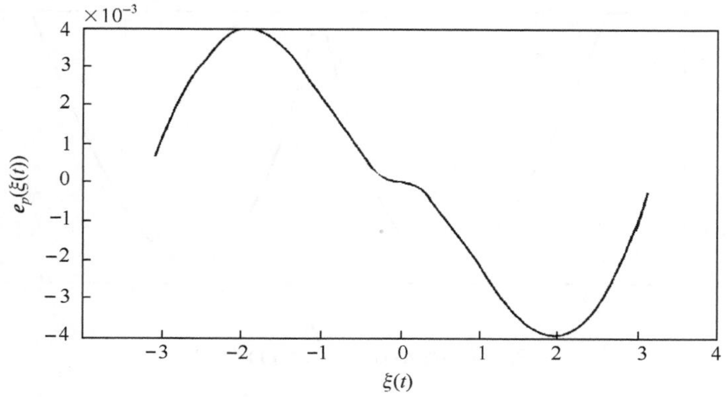

图 5-7　建模误差 $\boldsymbol{e}_p(\xi(t))$

在前面的不确定的模糊模型中，假设描述建模误差的不确定项为如下的形式：

$$\begin{aligned}\Delta\boldsymbol{A}_1 &= \boldsymbol{E}_1\boldsymbol{F}(\xi(t))\boldsymbol{H}_1\\ \Delta\boldsymbol{A}_2 &= \boldsymbol{E}_2\boldsymbol{F}(\xi(t))\boldsymbol{H}_2\end{aligned},\quad \|\boldsymbol{F}(\xi(t))\|\leqslant 1 \tag{5.3.54}$$

式中，$\boldsymbol{E}_1=[0\quad 0\quad a_1]^{\mathrm{T}}$；$\boldsymbol{E}_2=[0\quad 0\quad a_2]^{\mathrm{T}}$；$\boldsymbol{H}_1=\boldsymbol{H}_2=\left[\dfrac{vt}{2L}\quad 1\quad 0\right]$；参数 a_1 和 a_2 是预先给定的。简单起见，不妨假设 $a_1=a_2=a$，则不确定非线性模糊系统为

$$\begin{aligned}\boldsymbol{x}(t+1)=&[\mu_1(\xi(t))(\boldsymbol{A}_1+\Delta\boldsymbol{A}_1)+\mu_2(\xi(t))(\boldsymbol{A}_2+\Delta\boldsymbol{A}_2)]\boldsymbol{x}(t)\\&+(\mu_1(\xi(t))\boldsymbol{B}_1+\mu_2(\xi(t))\boldsymbol{B}_2)\boldsymbol{u}(t)-\mu_2 vd\pi t\cdot\operatorname{sgn}(\xi(t))\end{aligned} \tag{5.3.55}$$

$$\begin{aligned}x_1(t+1)&=\left(1-\frac{vt}{L}\right)x_1(t)+\frac{vt}{l}u(t)\\ x_2(t+1)&=x_2(t)+\frac{vt}{L}x_1(t)\\ x_3(t+1)&=x_3(t)+(\mu_1+\mu_2 d)vt\xi(t)\\&\quad-\mu_2 vtd\pi\cdot\operatorname{sgn}(\xi(t))+aF(\xi(t))\xi(t)\end{aligned} \tag{5.3.56}$$

如果令 $a\boldsymbol{F}(\xi(t))\xi(t)=\boldsymbol{e}_p(\xi(t))$，则式(5.3.56)将匹配非线性系统(5.3.47)，这将使得 $\boldsymbol{F}(\xi(t))$ 非常复杂。因此，令

$$a=\|\boldsymbol{e}_p(\xi(t))/(\xi(t))\|,\quad \xi(t)\in[-\pi,\pi]$$

则原非线性系统 S_o 将是不确定模糊系统(5.3.55)的一个子系统，即

$$S_o\in\{系统(5.3.55):\|\boldsymbol{F}(\xi(t))\|\leqslant 1\}$$

所以，不确定模糊系统(5.3.55)的鲁棒稳定性将保证一般非线性系统 S_o 的稳定性。图5-8给出了当 $a=0.0023$ 时的建模误差曲线，此时 $\boldsymbol{E}_1=\boldsymbol{E}_2=[0\quad 0\quad 0.0023]^{\mathrm{T}}$。应用定理 5.3.3，可得反馈增益为

$$\begin{aligned}\boldsymbol{K}_1&=[-3.3558\quad 4.7034\quad -0.7213]\\ \boldsymbol{K}_2&=[-3.0579\quad 3.1397\quad -0.6460]\end{aligned}$$

图 5-9 给出了初始条件为$[0.5\pi\quad 0.75\pi\quad -10]^{\mathrm{T}}$ 时，非线性系统(5.3.45)～(5.3.47)的状态响应曲线。

假设具有干扰的非线性系统为

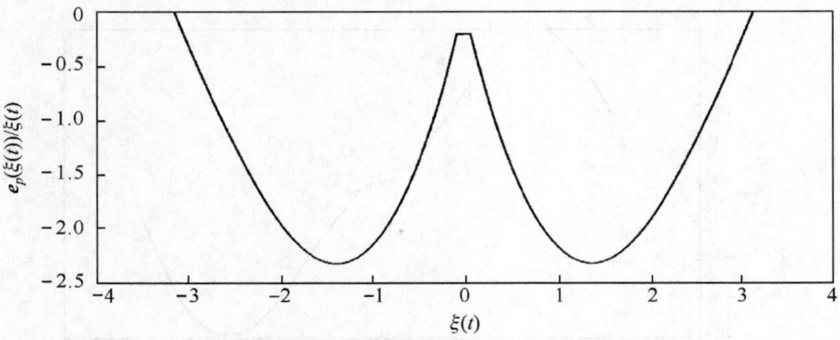

图 5-8 建模误差 $\boldsymbol{e}_p(\xi(t))/\xi(t)$

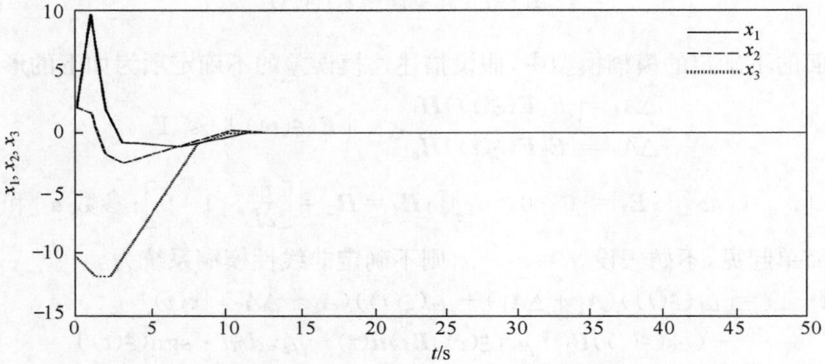

图 5-9 在初始条件$[0.5\pi \quad 0.75\pi \quad -10]^{\mathrm{T}}$下的状态响应曲线

$$x_1(t+1)=\left(1-\frac{vt}{L}\right)x_1(t)+\frac{vt}{l}u(t) \tag{5.3.57}$$

$$x_2(t+1)=x_2(t)+\frac{vt}{L}x_1(t)+0.2w(t) \tag{5.3.58}$$

$$x_3(t+1)=x_3(t)+vt\sin\left(x_2(t)+\frac{vt}{2L}x_1(t)\right)+0.1w(t) \tag{5.3.59}$$

$$z(t)=-0.1\left(x_2(t)+\frac{vt}{2L}x_1(t)\right)+w_3(t)-\frac{vt}{l}u(t) \tag{5.3.60}$$

式中,$z(t)$是可测量的输出;$w(t)$是外界干扰,且$w(t)\in L_2[0,M]$,这意味着

$$\boldsymbol{B}_1=[0 \quad 0.2 \quad 0.1]^{\mathrm{T}}, \quad \boldsymbol{C}_1=-0.1\left[\frac{vt}{2L} \quad 1 \quad 0\right], \quad D_1=1, \quad D_2=-\frac{vt}{l}$$

应用定理 5.3.4,可得反馈增益为

$$\boldsymbol{K}_1=[-2.0198 \quad 2.5901 \quad -0.3317]$$
$$\boldsymbol{K}_2=[-1.8983 \quad 1.9215 \quad -0.3316]$$

图 5-10 给出了$\gamma=1.3$、初始条件为$[0.5\pi \quad 0.75\pi \quad -10]^{\mathrm{T}}$时的不确定模糊系统的状态响应曲线。图 5-11 给出了随机干扰$w(t)$和输出响应$z(t)$的曲线。

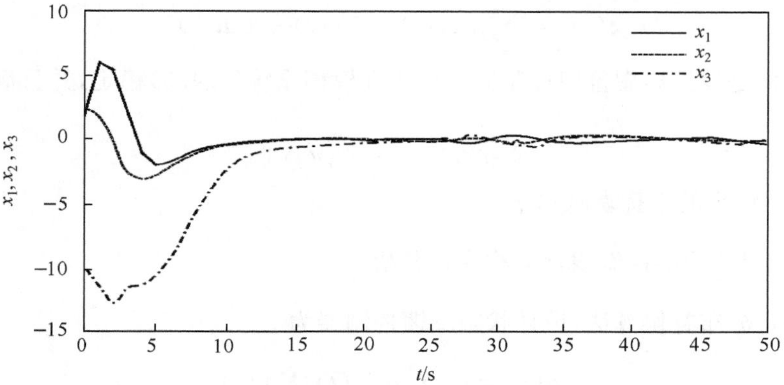

图 5-10　随机干扰下的状态响应曲线

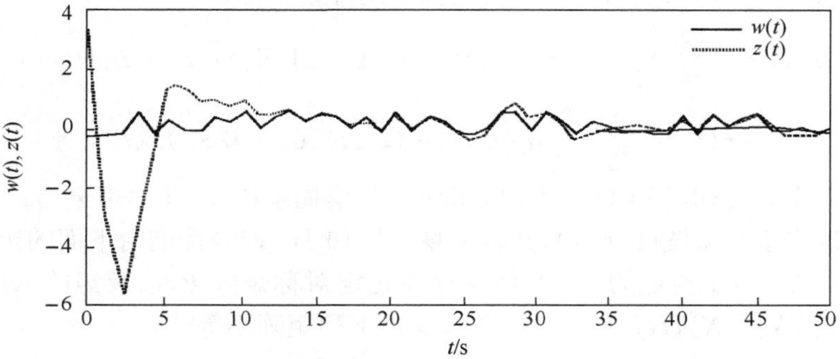

图 5-11　随机干扰 $w(t)$ 和输出响应 $z(t)$

5.4　不确定模糊系统的 H^{∞} 鲁棒控制及性能分析

本节针对一类不确定模糊 T-S 模糊系统，提出一种 H^{∞} 控制方法，研究模糊控制系统的鲁棒性和 H^{∞} 控制性能，并基于线性矩阵不等式方法给出模糊闭环系统的稳定性分析。

5.4.1　不确定模糊系统的描述

考虑由模糊 T-S 模型描述的不确定非线性系统，其模糊规则 i 如下：

如果 $\boldsymbol{z}_1(t)$ 是 $\boldsymbol{F}_{i1}$，$\boldsymbol{z}_2(t)$ 是 $\boldsymbol{F}_{i2}$，…，$\boldsymbol{z}_n(t)$ 是 $\boldsymbol{F}_{in}$，则

$$\dot{\boldsymbol{x}}(t)=\boldsymbol{A}_i\boldsymbol{x}(t)+\boldsymbol{B}_{1i}\boldsymbol{w}(t)+\boldsymbol{B}_{2i}\boldsymbol{u}(t) \tag{5.4.1}$$

$$\boldsymbol{z}(t)=\boldsymbol{C}_i\boldsymbol{x}(t)+\boldsymbol{D}_i\boldsymbol{u}(t) \tag{5.4.2}$$

式中，$\boldsymbol{x}(t)\in\mathbf{R}^n$ 是状态变量；$\boldsymbol{u}(t)\in\mathbf{R}^m$ 是系统的控制输入；$\boldsymbol{z}(t)\in\mathbf{R}^l$ 是系统的控制输出；$\boldsymbol{w}(t)\in\mathbf{R}^q$ 是系统的有界外部扰动输入向量；$\boldsymbol{A}_i$、$\boldsymbol{B}_{1i}$、$\boldsymbol{B}_{2i}$、$\boldsymbol{C}_i$ 和 $\boldsymbol{D}_i$ 是具有适当维数的实数矩阵；$i=1,2,\cdots,N$。

通过单点模糊化、乘积推理和中心平均加权反模糊化，得到模糊系统的全局模型如下：

$$\dot{\boldsymbol{x}}(t)=\sum_{i=1}^{N}\mu_i(\boldsymbol{z}(t))(\boldsymbol{A}_i\boldsymbol{x}(t)+\boldsymbol{B}_{1i}\boldsymbol{w}(t)+\boldsymbol{B}_{2i}\boldsymbol{u}(t)) \tag{5.4.3}$$

$$z(t)=\sum_{i=1}^{N}\mu_i(z(t))(C_i x(t)+D_i u(t)) \tag{5.4.4}$$

控制目标是设计模糊鲁棒控制器使得闭环模糊系统(5.4.3)稳定,并且满足如下 H^∞ 控制性能:

$$\|z(t)\|_2 \leqslant \gamma \|w(t)\|_2 \tag{5.4.5}$$

式中,$\gamma>0$ 是给定的干扰衰减水平。

5.4.2 模糊 H^∞ 鲁棒控制设计与稳定性分析

根据平行分布补偿算法,设计状态反馈控制器为

$$u(t)=-\sum_{i=1}^{N}\mu_i(z(t))K_i x(t) \tag{5.4.6}$$

由式(5.4.3)、(5.4.4)和(5.4.6)得到如下闭环系统方程:

$$\dot{x}(t)=\sum_{j=1}^{N}\sum_{i=1}^{N}\mu_i(z(t))\mu_j(z(t))[(A_i-B_{2i}K_j)x(t)+B_{1i}w(t)] \tag{5.4.7}$$

$$z(t)=\sum_{j=1}^{N}\sum_{i=1}^{N}\mu_i(z(t))\mu_j(z(t))(C_i-D_iK_j)x(t) \tag{5.4.8}$$

由定理 2.1.5 可知,当 $w(t)=0$ 时,闭环 T-S 模糊系统(5.4.8)是全局二次稳定的。

对于不确定模糊系统(5.4.7),其鲁棒稳定性和 H^∞ 控制性能由下面的定理给出。

定理 5.4.1 对于给定的 $\gamma>0$,如果存在正定对称矩阵 P,以及矩阵 K_i 和 X_{ij},其中 X_{ii} 是对称矩阵,$X_{ji}=X_{ij}^{\mathrm{T}}(i,j=1,2,\cdots,N)$,满足下列矩阵不等式:

$$QA_i^{\mathrm{T}}-M_i^{\mathrm{T}}B_{2i}^{\mathrm{T}}+A_iQ-B_{2i}M_i+\frac{1}{\gamma^2}B_{1i}B_{1i}^{\mathrm{T}}+Z_{ii}>0 \tag{5.4.9}$$

$$\begin{aligned}&QA_i^{\mathrm{T}}-M_j^{\mathrm{T}}B_{2i}^{\mathrm{T}}-M_i^{\mathrm{T}}B_{2j}^{\mathrm{T}}+QA_j^{\mathrm{T}}+A_iQ-B_{2i}M_j-B_{2j}M_i\\&\quad+A_jQ+\frac{1}{\gamma^2}B_{1i}B_{1j}^{\mathrm{T}}+\frac{1}{\gamma^2}B_{1j}B_{1i}^{\mathrm{T}}+Z_{ij}+Z_{ij}^{\mathrm{T}}\geqslant 0,\quad i\neq j\end{aligned} \tag{5.4.10}$$

$$H_k=\begin{bmatrix}Z_{11} & \cdots & Z_{1N} & QC_1^{\mathrm{T}}-M_k^{\mathrm{T}}D_1^{\mathrm{T}}\\ \vdots & & \vdots & \vdots\\ Z_{N1} & \cdots & Z_{NN} & QC_N^{\mathrm{T}}-M_k^{\mathrm{T}}D_N^{\mathrm{T}}\\ C_1Q-D_1M_k & \cdots & C_NQ-D_NM_k & I\end{bmatrix}>0,\quad k=1,2,\cdots,N \tag{5.4.11}$$

式中

$$Q=P^{-1},\quad M_i=K_iP^{-1},\quad Z_{ij}=P^{-1}X_{ij}P^{-1}$$

则闭环 T-S 模糊系统(5.4.7)是全局二次稳定的,且取得 H^∞ 控制性能(5.4.5)。

证明 选择 Lyapunov 函数

$$V(t)=x^{\mathrm{T}}(t)Px(t) \tag{5.4.12}$$

求 $V(t)$ 对时间的导数,由式(5.4.7)得到

$$\begin{aligned}\dot{V}(t)&=\dot{x}^{\mathrm{T}}(t)Px(t)+x^{\mathrm{T}}(t)P\dot{x}(t)\\&=\sum_{i=1}^{N}\sum_{j=1}^{N}\mu_i\mu_j x^{\mathrm{T}}\left[(A_i^{\mathrm{T}}-K_j^{\mathrm{T}}B_{2i}^{\mathrm{T}})P+P(A_i-B_{2i}K_j)+\frac{1}{\gamma^2}PB_{1i}B_{1i}^{\mathrm{T}}P\right]x\end{aligned}$$

$$
\begin{aligned}
& -\sum_{i=1}^{N}\sum_{j=1}^{N}\mu_i\mu_j\boldsymbol{x}^{\mathrm{T}}\frac{1}{\gamma^2}\boldsymbol{P}\boldsymbol{B}_{1i}\boldsymbol{B}_{1j}^{\mathrm{T}}\boldsymbol{P}\boldsymbol{x}+\sum_{i=1}^{r}\mu_i(\boldsymbol{w}^{\mathrm{T}}\boldsymbol{B}_{1i}^{\mathrm{T}}\boldsymbol{P}\boldsymbol{x}+\boldsymbol{x}^{\mathrm{T}}\boldsymbol{P}\boldsymbol{B}_{1i}\boldsymbol{w}) \\
= & \sum_{i=1}^{N}\mu_i^2\boldsymbol{x}^{\mathrm{T}}\left[(\boldsymbol{A}_i^{\mathrm{T}}-\boldsymbol{K}_j^{\mathrm{T}}\boldsymbol{B}_{2i}^{\mathrm{T}})\boldsymbol{P}+\boldsymbol{P}(\boldsymbol{A}_i-\boldsymbol{B}_{2i}\boldsymbol{K}_j)+\frac{1}{\gamma^2}\boldsymbol{P}\boldsymbol{B}_{1i}\boldsymbol{B}_{1i}^{\mathrm{T}}\boldsymbol{P}\right]\boldsymbol{x} \\
& +\sum_{i=1}^{N}\sum_{i<j}\mu_i\mu_j\boldsymbol{x}^{\mathrm{T}}\Big[(\boldsymbol{A}_i^{\mathrm{T}}-\boldsymbol{K}_j^{\mathrm{T}}\boldsymbol{B}_{2i}^{\mathrm{T}}+\boldsymbol{A}_j^{\mathrm{T}}-\boldsymbol{K}_i^{\mathrm{T}}\boldsymbol{B}_{2j}^{\mathrm{T}})\boldsymbol{P}+\boldsymbol{P}(\boldsymbol{A}_i-\boldsymbol{B}_{2i}\boldsymbol{F}_j+\boldsymbol{A}_j-\boldsymbol{B}_{2j}\boldsymbol{K}_i) \\
& +\frac{1}{\gamma^2}\boldsymbol{P}\boldsymbol{B}_{1i}\boldsymbol{B}_{1j}^{\mathrm{T}}\boldsymbol{P}+\frac{1}{\gamma^2}\boldsymbol{P}\boldsymbol{B}_{1j}\boldsymbol{B}_{1i}^{\mathrm{T}}\boldsymbol{P}\Big]-\sum_{i=1}^{N}\sum_{j=1}^{N}\mu_i\mu_j\boldsymbol{x}^{\mathrm{T}}\frac{1}{\gamma^2}\boldsymbol{P}\boldsymbol{B}_{1i}\boldsymbol{B}_{1j}^{\mathrm{T}}\boldsymbol{P}\boldsymbol{x} \\
& +\sum_{i=1}^{N}\mu_i(\boldsymbol{w}^{\mathrm{T}}\boldsymbol{B}_{1i}^{\mathrm{T}}\boldsymbol{P}\boldsymbol{x}+\boldsymbol{x}^{\mathrm{T}}\boldsymbol{P}\boldsymbol{B}_{1i}\boldsymbol{w})
\end{aligned} \tag{5.4.13}
$$

为了保证除 $\boldsymbol{x}(t)=\boldsymbol{0}$ 之外，$\dot{V}(t)<0$，先假设式(5.4.13)中第三个等式的第一个和第二个和式是负定的，即

$$
\boldsymbol{A}_i^{\mathrm{T}}\boldsymbol{P}-\boldsymbol{K}_i^{\mathrm{T}}\boldsymbol{B}_{2i}^{\mathrm{T}}\boldsymbol{P}+\boldsymbol{P}\boldsymbol{A}_i-\boldsymbol{P}\boldsymbol{B}_{2i}\boldsymbol{K}_i+\frac{1}{\gamma^2}\boldsymbol{P}\boldsymbol{B}_{1i}\boldsymbol{B}_{1i}^{\mathrm{T}}\boldsymbol{P}+\boldsymbol{X}_{ii}<\boldsymbol{0} \tag{5.4.14}
$$

$$
\begin{aligned}
& \boldsymbol{A}_i^{\mathrm{T}}\boldsymbol{P}-\boldsymbol{K}_j^{\mathrm{T}}\boldsymbol{B}_{2i}^{\mathrm{T}}\boldsymbol{P}-\boldsymbol{K}_i^{\mathrm{T}}\boldsymbol{B}_{2j}^{\mathrm{T}}\boldsymbol{P}+\boldsymbol{A}_j^{\mathrm{T}}\boldsymbol{P}+\boldsymbol{P}\boldsymbol{A}_i-\boldsymbol{P}\boldsymbol{B}_{2i}\boldsymbol{K}_j-\boldsymbol{P}\boldsymbol{B}_{2j}\boldsymbol{K}_i \\
& \quad +\boldsymbol{P}\boldsymbol{A}_j+\frac{1}{\gamma^2}\boldsymbol{P}\boldsymbol{B}_{1i}\boldsymbol{B}_{1j}^{\mathrm{T}}\boldsymbol{P}+\frac{1}{\gamma^2}\boldsymbol{P}\boldsymbol{B}_{1j}\boldsymbol{B}_{1i}^{\mathrm{T}}\boldsymbol{P}+\boldsymbol{X}_{ij}+\boldsymbol{X}_{ij}^{\mathrm{T}}\leqslant 0, \quad i\neq j
\end{aligned} \tag{5.4.15}
$$

式中，$\boldsymbol{X}_{ii}$ 和 $\boldsymbol{X}_{ij}$ 是正定对称矩阵，且 $\boldsymbol{X}_{ji}=\boldsymbol{X}_{ij}^{\mathrm{T}}$。

将式(5.4.14)和(5.4.15)左右同乘 $\boldsymbol{P}^{-1}$，令 $\boldsymbol{Q}=\boldsymbol{P}^{-1}$，$\boldsymbol{M}_i=\boldsymbol{K}_i\boldsymbol{P}^{-1}$，$\boldsymbol{Z}_{ij}=\boldsymbol{P}^{-1}\boldsymbol{X}_{ij}\boldsymbol{P}^{-1}$，得到定理 5.4.1 中的线性矩阵不等式(5.4.9)和(5.4.10)。

将式(5.4.14)和(5.4.15)代入式(5.4.13)，可得

$$
\begin{aligned}
\dot{V}(t) < & -\sum_{i=1}^{N}\mu_i^2\boldsymbol{x}^{\mathrm{T}}\boldsymbol{X}_{ii}\boldsymbol{x}-\sum_{i=1}^{N}\sum_{j=1}^{N}\boldsymbol{x}^{\mathrm{T}}(\boldsymbol{X}_{ij}+\boldsymbol{X}_{ij}^{\mathrm{T}})\boldsymbol{x} \\
& -\sum_{i=1}^{N}\sum_{j=1}^{N}\mu_i\mu_j\boldsymbol{x}^{\mathrm{T}}\frac{1}{\gamma^2}\boldsymbol{P}\boldsymbol{B}_{1i}\boldsymbol{B}_{1i}^{\mathrm{T}}\boldsymbol{P}\boldsymbol{x}+\sum_{i=1}^{N}\mu_i(\boldsymbol{w}^{\mathrm{T}}\boldsymbol{B}_{1i}^{\mathrm{T}}\boldsymbol{P}\boldsymbol{x}+\boldsymbol{x}^{\mathrm{T}}\boldsymbol{P}\boldsymbol{B}_{1i}\boldsymbol{w}) \\
= & -\sum_{i=1}^{N}\sum_{j=1}^{N}\mu_i\mu_j\boldsymbol{x}^{\mathrm{T}}\boldsymbol{X}_{ij}\boldsymbol{x}-\left(\frac{1}{\gamma}\sum_{i=1}^{N}\mu_i\boldsymbol{B}_{1i}^{\mathrm{T}}\boldsymbol{P}\boldsymbol{x}\right)^{\mathrm{T}}\left(\frac{1}{\gamma}\sum_{i=1}^{N}\mu_i\boldsymbol{B}_{1i}^{\mathrm{T}}\boldsymbol{P}\boldsymbol{x}\right) \\
& +\boldsymbol{w}^{\mathrm{T}}\left(\sum_{i=1}^{N}\mu_i\boldsymbol{B}_{1i}^{\mathrm{T}}\boldsymbol{P}\boldsymbol{x}\right)+\left(\sum_{i=1}^{N}\mu_i\boldsymbol{B}_{1i}^{\mathrm{T}}\boldsymbol{P}\boldsymbol{x}\right)^{\mathrm{T}}\boldsymbol{w} \\
= & -\sum_{i=1}^{N}\sum_{j=1}^{N}\mu_i\mu_j\boldsymbol{x}^{\mathrm{T}}\boldsymbol{X}_{ij}\boldsymbol{x}+\gamma^2\boldsymbol{w}^{\mathrm{T}}\boldsymbol{w}-\left(\gamma\boldsymbol{w}-\sum_{i=1}^{N}\mu_i\boldsymbol{B}_{1i}^{\mathrm{T}}\boldsymbol{P}\boldsymbol{x}\right)^{\mathrm{T}}\left(\gamma\boldsymbol{w}-\frac{1}{\gamma}\sum_{i=1}^{N}\mu_i\boldsymbol{B}_{1i}^{\mathrm{T}}\boldsymbol{P}\boldsymbol{x}\right)
\end{aligned} \tag{5.4.16}
$$

在式(5.4.16)中同时减去再加上 $\boldsymbol{z}^{\mathrm{T}}\boldsymbol{z}$ 和 $\gamma^2\boldsymbol{w}^{\mathrm{T}}\boldsymbol{w}$，并将式(5.4.8)代入得到

$$
\begin{aligned}
\dot{V}(t) < & -\sum_{i=1}^{N}\sum_{j=1}^{N}\mu_i\mu_j\boldsymbol{x}^{\mathrm{T}}[\boldsymbol{X}_{ij}-(\boldsymbol{C}_i-\boldsymbol{D}_i\boldsymbol{K}_j)^{\mathrm{T}}(\boldsymbol{C}_i-\boldsymbol{D}_i\boldsymbol{K}_j)]\boldsymbol{x}-\boldsymbol{z}^{\mathrm{T}}\boldsymbol{z}+\gamma^2\boldsymbol{w}^{\mathrm{T}}\boldsymbol{w} \\
& -\left(\gamma\boldsymbol{w}-\sum_{i=1}^{N}\mu_i\boldsymbol{B}_{1i}^{\mathrm{T}}\boldsymbol{P}\boldsymbol{x}\right)^{\mathrm{T}}\left(\gamma\boldsymbol{w}-\frac{1}{\gamma}\sum_{i=1}^{N}\mu_i\boldsymbol{B}_{1i}^{\mathrm{T}}\boldsymbol{P}\boldsymbol{x}\right)
\end{aligned}
$$

$$=-\begin{bmatrix}\mu_1 \boldsymbol{x}\\ \vdots \\ \mu_N \boldsymbol{x}\end{bmatrix}^{\mathrm{T}}\left(\begin{bmatrix}\boldsymbol{X}_{11} & \cdots & \boldsymbol{X}_{1N}\\ \vdots & & \vdots\\ \boldsymbol{X}_{N1} & \cdots & \boldsymbol{X}_{NN}\end{bmatrix}-\begin{bmatrix}\sum_{k=1}^{N}\mu_k(\boldsymbol{C}_1^{\mathrm{T}}-\boldsymbol{K}_k^{\mathrm{T}}\boldsymbol{D}_1^{\mathrm{T}})\\ \vdots \\ \sum_{k=1}^{N}\mu_k(\boldsymbol{C}_N^{\mathrm{T}}-\boldsymbol{K}_k^{\mathrm{T}}\boldsymbol{D}_N^{\mathrm{T}})\end{bmatrix}\times\begin{bmatrix}\sum_{k=1}^{N}\mu_k(\boldsymbol{C}_1^{\mathrm{T}}-\boldsymbol{K}_k^{\mathrm{T}}\boldsymbol{D}_1^{\mathrm{T}})\\ \vdots \\ \sum_{k=1}^{N}\mu_k(\boldsymbol{C}_N^{\mathrm{T}}-\boldsymbol{K}_k^{\mathrm{T}}\boldsymbol{D}_N^{\mathrm{T}})\end{bmatrix}^{\mathrm{T}}\right)\begin{bmatrix}\mu_1 \boldsymbol{x}\\ \vdots \\ \mu_N \boldsymbol{x}\end{bmatrix}$$

$$-\boldsymbol{z}^{\mathrm{T}}\boldsymbol{z}+\gamma^2\boldsymbol{w}^{\mathrm{T}}\boldsymbol{w}-\left(\gamma\boldsymbol{w}-\sum_{i=1}^{N}\mu_i\boldsymbol{B}_{1i}^{\mathrm{T}}\boldsymbol{P}\boldsymbol{x}\right)^{\mathrm{T}}\left(\gamma\boldsymbol{w}-\frac{1}{\gamma}\sum_{i=1}^{N}\mu_i\boldsymbol{B}_{1i}^{\mathrm{T}}\boldsymbol{P}\boldsymbol{x}\right) \tag{5.4.17}$$

假设式(5.4.17)中第一项是负定的,即

$$\begin{bmatrix}\boldsymbol{X}_{11} & \cdots & \boldsymbol{X}_{1N}\\ \vdots & & \vdots\\ \boldsymbol{X}_{N1} & \cdots & \boldsymbol{X}_{NN}\end{bmatrix}-\begin{bmatrix}\sum_{k=1}^{N}\mu_k(\boldsymbol{C}_1^{\mathrm{T}}-\boldsymbol{K}_k^{\mathrm{T}}\boldsymbol{D}_1^{\mathrm{T}})\\ \vdots \\ \sum_{k=1}^{N}\mu_k(\boldsymbol{C}_N^{\mathrm{T}}-\boldsymbol{K}_k^{\mathrm{T}}\boldsymbol{D}_N^{\mathrm{T}})\end{bmatrix}\times\begin{bmatrix}\sum_{k=1}^{N}\mu_k(\boldsymbol{C}_1^{\mathrm{T}}-\boldsymbol{K}_k^{\mathrm{T}}\boldsymbol{D}_1^{\mathrm{T}})\\ \vdots \\ \sum_{k=1}^{N}\mu_k(\boldsymbol{C}_N^{\mathrm{T}}-\boldsymbol{K}_k^{\mathrm{T}}\boldsymbol{D}_N^{\mathrm{T}})\end{bmatrix}^{\mathrm{T}}>\boldsymbol{0} \tag{5.4.18}$$

应用 Schur 分解原理,上式等价于

$$\sum_{k=1}^{N}\mu_k\begin{bmatrix}\boldsymbol{X}_{11} & \cdots & \boldsymbol{X}_{1N} & (\boldsymbol{C}_1^{\mathrm{T}}-\boldsymbol{K}_k^{\mathrm{T}}\boldsymbol{D}_1^{\mathrm{T}})\\ \vdots & & \vdots & \vdots\\ \boldsymbol{X}_{N1} & \cdots & \boldsymbol{X}_{NN} & (\boldsymbol{C}_N^{\mathrm{T}}-\boldsymbol{K}_k^{\mathrm{T}}\boldsymbol{D}_N^{\mathrm{T}})\\ (\boldsymbol{C}_1-\boldsymbol{D}_1\boldsymbol{K}_k) & \cdots & (\boldsymbol{C}_N-\boldsymbol{D}_N\boldsymbol{K}_k) & \boldsymbol{I}\end{bmatrix}>\boldsymbol{0} \tag{5.4.19}$$

将式(5.4.18)左右同乘 $\mathrm{diag}(\boldsymbol{P}^{-1},\cdots,\boldsymbol{P}^{-1},\boldsymbol{I})$,令 $\boldsymbol{Q}=\boldsymbol{P}^{-1}$,$\boldsymbol{M}_i=\boldsymbol{K}_i\boldsymbol{P}^{-1}$,$\boldsymbol{Z}_{ij}=\boldsymbol{P}^{-1}\boldsymbol{X}_{ij}\boldsymbol{P}^{-1}$,得到定理 5.4.1 中的不等式(5.4.11)。

由式(5.4.18)和(5.4.19)可得

$$\dot{V}(t)<-\boldsymbol{z}^{\mathrm{T}}\boldsymbol{z}+\gamma^2\boldsymbol{w}^{\mathrm{T}}\boldsymbol{w}-\left(\gamma\boldsymbol{w}-\frac{1}{\gamma}\sum_{i=1}^{N}\mu_i\boldsymbol{B}_{1i}^{\mathrm{T}}\boldsymbol{P}\boldsymbol{x}\right)^{\mathrm{T}}\left(\gamma\boldsymbol{w}-\frac{1}{\gamma}\sum_{i=1}^{N}\mu_i\boldsymbol{B}_{1i}^{\mathrm{T}}\boldsymbol{P}\boldsymbol{x}\right) \tag{5.4.20}$$

由式(5.4.20)可知,当 $\boldsymbol{w}(t)=\boldsymbol{0}$ 时,有 $\dot{V}(t)<-\alpha\boldsymbol{x}^{\mathrm{T}}\boldsymbol{x}$,即闭环模糊系统(5.4.7)是全局二次稳定的。在零初始条件下,对式(5.4.20)从 $t=0$ 到 $t=\infty$ 积分,可得

$$0\leqslant-\|\boldsymbol{z}\|_2^2+\gamma^2\|\boldsymbol{w}\|_2^2-\gamma^2\left\|\boldsymbol{w}(t)-\frac{1}{\gamma^2}\sum_{i=1}^{N}\mu_iB_{1j}^{\mathrm{T}}Px(t)\right\|_2^2$$

由此得到 $\|\boldsymbol{z}(t)\|_2\leqslant\gamma\|\boldsymbol{w}(t)\|_2$,即对于给定的 γ,所设计的模糊控制器(5.4.6)使得闭环模糊系统实现了 H^∞ 性能指标(5.4.5)。

5.4.3 仿真

例 5.4.1 设双连杆机械臂控制系统的动态方程为

$$\boldsymbol{M}(\boldsymbol{q})\ddot{\boldsymbol{q}}+\boldsymbol{C}(\boldsymbol{q},\dot{\boldsymbol{q}})\dot{\boldsymbol{q}}+\boldsymbol{G}(\boldsymbol{q})=\boldsymbol{\tau} \tag{5.4.21}$$

式中

$$M(q)=\begin{bmatrix}(m_1+m_2)l_1^2 & m_2l_1l_2(s_1s_2+c_1c_2)\\ m_2l_1l_2(s_1s_2+c_1c_2) & m_2l_2^2\end{bmatrix}$$

$$C(q,\dot{q})=m_2l_1l_2(c_1s_2-s_1c_2)\begin{bmatrix}0 & -\dot{q}_2\\ -\dot{q}_1 & 0\end{bmatrix},\quad G(q)=\begin{bmatrix}-(m_1+m_2)l_1gs_1\\ -m_2l_2gs_2\end{bmatrix}$$

式中，$\boldsymbol{q}=[q_1,q_2]^{\mathrm{T}}$，$q_1$ 和 q_2 是角位置；$\boldsymbol{\tau}=[\tau_1\quad \tau_2]^{\mathrm{T}}$ 是扭矩；g 是重力加速度；m_1 和 m_2 是连杆质量；l_1 和 l_2 是连杆长度；$s_1=\sin q_1$，$s_2=\sin q_2$，$c_1\cos q_1$，$c_2=\cos q_2$。系统中的参数选择为：$m_1=m_2=1\mathrm{kg}$，$l_1=l_2=1\mathrm{m}$。

令 $x_1=q_1$，$x_2=\dot{q}_1$，$x_3=q_2$，$x_4=\dot{q}_2$，则系统(5.4.21)可以表示为

$$\begin{aligned}&\dot{x}_1=x_2+w_1\\&\dot{x}_2=f_1(x)+g_{11}(x)\tau_1+g_{12}\tau_2+w_2\\&\dot{x}_3=x_4+w_3\\&\dot{x}_4=f_2(x)+g_{21}(x)\tau_1+g_{22}\tau_2+w_4\\&z_1=x_1+v_1\\&z_2=x_3+v_2\end{aligned}\tag{5.4.22}$$

式中，w_1、w_2、w_3 和 w_4 是外部干扰；v_1 和 v_2 是测量噪声；

$$f_1(x)=\frac{c_1s_2-s_1c_2}{l_1l_2[(m_1+m_2)-m_2\ (s_1s_2+c_1c_2)^2]\times[m_2l_1l_2(s_1s_2+c_1c_2)x_2^2-m_2l_2^2x_4^2]}$$
$$+\frac{1}{l_1l_2[(m_1+m_2)-m_2\ (s_1s_2+c_1c_2)^2]\times[(m_1+m_2)l_2gs_1-m_2l_2gs_2(s_1s_2+c_1c_2)]}$$

$$f_2(x)$$
$$=\frac{s_1c_2-c_1s_2}{l_1l_2[(m_1+m_2)-m_2\ (s_1s_2+c_1c_2)^2]\times[-(m_1+m_2)l_1^2x_2^2+m_2l_1l_2(s_1s_2+c_1c_2)x_4^2]}$$
$$+\frac{1}{l_1l_2[(m_1+m_2)-m_2\ (s_1s_2+c_1c_2)^2]\times[-(m_1+m_2)l_1gs_1(s_1s_2+c_1c_2)+(m_1+m_2)l_1gs_2]}$$

$$g_{11}(x)=\frac{m_2l_2^2}{m_2l_1^2l_2^2[(m_1+m_2)-m_2\ (s_1s_2+c_1c_2)^2]}$$

$$g_{12}(x)=\frac{-m_2l_1l_2\ (s_1s_2+c_1c_2)^2}{m_2l_1^2l_2^2[(m_1+m_2)-m_2\ (s_1s_2+c_1c_2)^2]}$$

$$g_{21}(x)=\frac{-m_2l_1l_2(s_1s_2+c_1c_2)}{m_2l_1^2l_2^2[(m_1+m_2)-m_2\ (s_1s_2+c_1c_2)^2]}$$

$$g_{22}(x)=\frac{(m_1+m_2)l_1^2}{m_2l_1^2l_2^2[(m_1+m_2)-m_2\ (s_1s_2+c_1c_2)^2]}$$

应用模糊 T-S 模型对系统(5.4.22)进行描述，模糊推理规则如下。

模糊系统规则 1：如果 x_1 大约是 $-\pi/2$ 且 x_3 大约是 $-\pi/2$，则

$$\dot{\boldsymbol{x}}=\boldsymbol{A}_1\boldsymbol{x}+\boldsymbol{B}_{21}\boldsymbol{u}+\boldsymbol{B}_{11}\boldsymbol{w},\quad \boldsymbol{z}=\boldsymbol{C}_1\boldsymbol{x}+\boldsymbol{D}_1\boldsymbol{u}$$

模糊系统规则 2：如果 x_1 大约是 $-\pi/2$ 且 x_3 大约是 0，则

$$\dot{\boldsymbol{x}}=\boldsymbol{A}_2\boldsymbol{x}+\boldsymbol{B}_{22}\boldsymbol{u}+\boldsymbol{B}_{12}\boldsymbol{w},\quad \boldsymbol{z}=\boldsymbol{C}_2\boldsymbol{x}+\boldsymbol{D}_2\boldsymbol{u}$$

模糊系统规则 3：如果 x_1 大约是 $-\pi/2$ 且 x_3 大约是 $\pi/2$，则

$$\dot{\boldsymbol{x}}=\boldsymbol{A}_3\boldsymbol{x}+\boldsymbol{B}_{23}\boldsymbol{u}+\boldsymbol{B}_{13}\boldsymbol{w},\quad \boldsymbol{z}=\boldsymbol{C}_3\boldsymbol{x}+\boldsymbol{D}_3\boldsymbol{u}$$

模糊系统规则 4:如果 x_1 大约是 0 且 x_3 大约是 $-\pi/2$,则

$$\dot{\boldsymbol{x}}=\boldsymbol{A}_4\boldsymbol{x}+\boldsymbol{B}_{24}\boldsymbol{u}+\boldsymbol{B}_{14}\boldsymbol{w},\quad \boldsymbol{z}=\boldsymbol{C}_4\boldsymbol{x}+\boldsymbol{D}_4\boldsymbol{u}$$

模糊系统规则 5:如果 x_1 大约是 0 且 x_3 大约是 0,则

$$\dot{\boldsymbol{x}}=\boldsymbol{A}_5\boldsymbol{x}+\boldsymbol{B}_{25}\boldsymbol{u}+\boldsymbol{B}_{15}\boldsymbol{w},\quad \boldsymbol{z}=\boldsymbol{C}_5\boldsymbol{x}+\boldsymbol{D}_5\boldsymbol{u}$$

模糊系统规则 6:如果 x_1 大约是 0 且 x_3 大约是 $-\pi/2$,则

$$\dot{\boldsymbol{x}}=\boldsymbol{A}_6\boldsymbol{x}+\boldsymbol{B}_{26}\boldsymbol{u}+\boldsymbol{B}_{16}\boldsymbol{w},\quad \boldsymbol{z}=\boldsymbol{C}_6\boldsymbol{x}+\boldsymbol{D}_6\boldsymbol{u}$$

模糊系统规则 7:如果 x_1 大约是 $\pi/2$ 且 x_3 大约是 $-\pi/2$,则

$$\dot{\boldsymbol{x}}=\boldsymbol{A}_7\boldsymbol{x}+\boldsymbol{B}_{27}\boldsymbol{u}+\boldsymbol{B}_{17}\boldsymbol{w},\quad \boldsymbol{z}=\boldsymbol{C}_7\boldsymbol{x}+\boldsymbol{D}_7\boldsymbol{u}$$

模糊系统规则 8:如果 x_1 大约是 $\pi/2$ 且 x_3 大约是 0,则

$$\dot{\boldsymbol{x}}=\boldsymbol{A}_8\boldsymbol{x}+\boldsymbol{B}_{28}\boldsymbol{u}+\boldsymbol{B}_{18}\boldsymbol{w},\quad \boldsymbol{z}=\boldsymbol{C}_8\boldsymbol{x}+\boldsymbol{D}_8\boldsymbol{u}$$

模糊系统规则 9:如果 x_1 大约是 $\pi/2$ 且 x_3 大约是 $\pi/2$,则

$$\dot{\boldsymbol{x}}=\boldsymbol{A}_9\boldsymbol{x}+\boldsymbol{B}_{29}\boldsymbol{u}+\boldsymbol{B}_{19}\boldsymbol{w},\quad \boldsymbol{z}=\boldsymbol{C}_9\boldsymbol{x}+\boldsymbol{D}_9\boldsymbol{u}$$

式中

$$\boldsymbol{A}_1=\begin{bmatrix}0 & 1.0000 & 0 & 0\\ 5.9270 & -0.0010 & -3.1550 & -8.4\times10^{-6}\\ 0 & 0 & 0 & 1.0000\\ -6.8590 & 0.0020 & 3.1550 & 6.2\times10^{-6}\end{bmatrix},\quad \boldsymbol{B}_{21}=\begin{bmatrix}0 & 0\\ 1 & -1\\ 0 & 0\\ -1 & 2\end{bmatrix}$$

$$\boldsymbol{A}_2=\begin{bmatrix}0 & 1.0000 & 0 & 0\\ 3.0428 & -0.0011 & 0.1791 & -0.0002\\ 0 & 0 & 0 & 1.0000\\ 3.5436 & 0.0313 & 2.5611 & 1.14\times10^{-5}\end{bmatrix},\quad \boldsymbol{B}_{22}=\begin{bmatrix}0 & 0\\ 0.5 & 0\\ 0 & 0\\ 0 & 1\end{bmatrix}$$

$$\boldsymbol{A}_3=\begin{bmatrix}0 & 1.0000 & 0 & 0\\ 6.2728 & 0.0030 & 0.4339 & -0.0001\\ 0 & 0 & 0 & 1.0000\\ 9.1041 & 0.0158 & -1.0574 & -3.2\times10^{-5}\end{bmatrix},\quad \boldsymbol{B}_{23}=\begin{bmatrix}0 & 0\\ 1 & 1\\ 0 & 0\\ 1 & 2\end{bmatrix}$$

$$\boldsymbol{A}_4=\begin{bmatrix}0 & 1.0000 & 0 & 0\\ 6.4535 & 0.0017 & 1.2427 & 0.0002\\ 0 & 0 & 0 & 1.0000\\ -3.1873 & -0.0306 & 5.1911 & -1.8\times10^{-5}\end{bmatrix},\quad \boldsymbol{B}_{24}=\begin{bmatrix}0 & 0\\ 0.5 & 0\\ 0 & 0\\ 0 & 1\end{bmatrix}$$

$$\boldsymbol{A}_5=\begin{bmatrix}0 & 1.0000 & 0 & 0\\ 11.1336 & -0.0010 & -1.8145 & 0\\ 0 & 0 & 0 & 1.0000\\ -9.0918 & 0 & 9.1638 & 0\end{bmatrix},\quad \boldsymbol{B}_{25}=\begin{bmatrix}0 & 0\\ 1 & -1\\ 0 & 0\\ -1 & 2\end{bmatrix}$$

$$\boldsymbol{A}_6=\begin{bmatrix}0 & 1.0000 & 0 & 0\\ 6.1702 & -0.0010 & 1.6870 & -0.0002\\ 0 & 0 & 0 & 1.0000\\ -2.3559 & 0.0314 & 4.5298 & 1.1\times10^{-5}\end{bmatrix},\quad \boldsymbol{B}_{26}=\begin{bmatrix}0 & 0\\ 0.5 & 0\\ 0 & 0\\ 0 & 1\end{bmatrix}$$

$$
\boldsymbol{A}_7=\begin{bmatrix} 0 & 1.0000 & 0 & 0 \\ 6.1206 & -0.0041 & 0.6205 & 0.0001 \\ 0 & 0 & 0 & 1.0000 \\ 8.8794 & -0.0193 & -1.0119 & 4.4\times 10^{-5} \end{bmatrix},\quad \boldsymbol{B}_{27}=\begin{bmatrix} 0 & 0 \\ 1 & 1 \\ 0 & 0 \\ 1 & 2 \end{bmatrix}
$$

$$
\boldsymbol{A}_8=\begin{bmatrix} 0 & 1.0000 & 0 & 0 \\ 3.6421 & 0.0018 & 0.0721 & 0.0002 \\ 0 & 0 & 0 & 1.0000 \\ 2.4290 & -0.0305 & 2.9832 & -1.9\times 10^{-5} \end{bmatrix},\quad \boldsymbol{B}_{28}=\begin{bmatrix} 0 & 0 \\ 0.5 & 0 \\ 0 & 0 \\ 0 & 1 \end{bmatrix}
$$

$$
\boldsymbol{A}_9=\begin{bmatrix} 0 & 1.0000 & 0 & 0 \\ 6.2933 & -0.0009 & -0.2188 & -1.2\times 10^{-5} \\ 0 & 0 & 0 & 1.0000 \\ -7.4649 & 0.0024 & 3.2693 & 9.2\times 10^{-6} \end{bmatrix},\quad \boldsymbol{B}_{29}=\begin{bmatrix} 0 & 0 \\ 1 & -1 \\ 0 & 0 \\ -1 & 2 \end{bmatrix}
$$

$$
\boldsymbol{B}_{1i}=\begin{bmatrix} 0.1 & 0 \\ 0 & 0.1 \\ 0 & 0.1 \\ 0.1 & 0 \end{bmatrix},\quad \boldsymbol{C}_i=\begin{bmatrix} 1 & 0 & 0 & 0 \\ 0 & 0 & 1 & 0 \end{bmatrix},\quad \boldsymbol{D}_i=\begin{bmatrix} 0.01 & 0.01 \\ 0.01 & 0.01 \end{bmatrix},\quad i=1,2,\cdots,9
$$

取模糊系统规则中模糊集的隶属函数如图 5-12 所示。

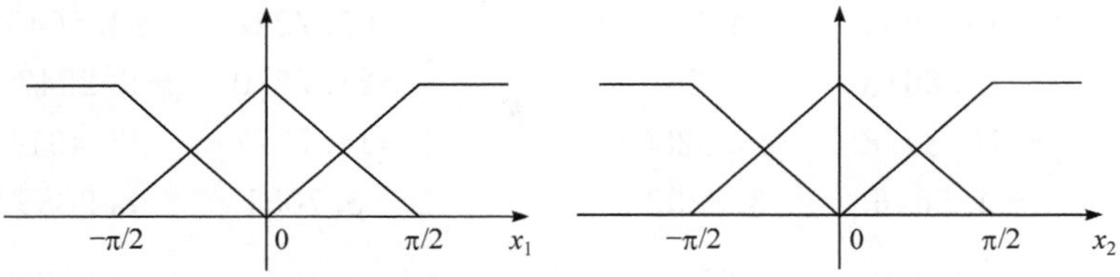

图 5-12　模糊隶属函数

在 $\gamma=1$ 时，求解定理 5.4.1 中的线性矩阵不等式，得到

$$
\boldsymbol{Q}=\begin{bmatrix} 0.3408 & -0.7625 & 0.0403 & -0.0950 \\ -0.7625 & 2.1515 & -0.0855 & 0.2102 \\ 0.0403 & -0.0855 & 0.3842 & -0.8695 \\ -0.0950 & 0.2102 & -0.8695 & 2.4631 \end{bmatrix}
$$

$$
\boldsymbol{M}_1=\begin{bmatrix} -5.5120 & -1.1974 \\ -0.6031 & -0.9373 \\ -2.1889 & -2.8969 \\ 0.6088 & -1.4924 \end{bmatrix}^{\mathrm{T}},\quad \boldsymbol{M}_2=\begin{bmatrix} -5.1735 & -1.1538 \\ 0.9488 & 2.2900 \\ -0.2387 & -2.8569 \\ 0.0533 & 0.2866 \end{bmatrix}^{\mathrm{T}}
$$

$$
\boldsymbol{M}_3=\begin{bmatrix} -4.9232 & 0.8572 \\ -0.9869 & 3.3792 \\ 0.3292 & -1.0745 \\ 1.3673 & -2.0696 \end{bmatrix}^{\mathrm{T}},\quad \boldsymbol{M}_4=\begin{bmatrix} -5.1961 & -0.0496 \\ 5.4064 & 0.3990 \\ -0.6878 & -2.4650 \\ -0.7609 & 1.4535 \end{bmatrix}^{\mathrm{T}}
$$

$$M_5=\begin{bmatrix}-5.8863 & -1.2516\\ 3.4258 & -1.4197\\ -1.4930 & -2.9086\\ 0.4383 & 2.0613\end{bmatrix}^{\mathrm{T}},\quad M_6=\begin{bmatrix}-6.3461 & 0.0860\\ 4.2396 & 0.4939\\ -1.5557 & -3.1412\\ -0.6837 & 0.7187\end{bmatrix}^{\mathrm{T}}$$

$$M_7=\begin{bmatrix}-5.0279 & 1.0304\\ -0.7633 & 3.6557\\ 0.1589 & -0.9113\\ 0.9824 & -1.9009\end{bmatrix}^{\mathrm{T}},\quad M_8=\begin{bmatrix}-4.6356 & -0.6215\\ 3.8643 & 1.0476\\ -0.2773 & -2.1656\\ -0.1154 & 1.1559\end{bmatrix}^{\mathrm{T}}$$

$$M_9=\begin{bmatrix}-4.3230 & -1.2494\\ 4.3942 & -0.5065\\ -1.4355 & -1.5145\\ -1.2021 & 0.4275\end{bmatrix}^{\mathrm{T}},\quad K_1=\begin{bmatrix}-80.2943 & -20.1649\\ -28.8159 & -7.7399\\ -22.7200 & -43.6406\\ -8.4105 & -16.1279\end{bmatrix}^{\mathrm{T}}$$

$$K_2=\begin{bmatrix}-68.6476 & -3.4640\\ -23.8301 & -0.3500\\ -0.3276 & -35.3838\\ -0.7080 & -12.4776\end{bmatrix}^{\mathrm{T}},\quad K_3=\begin{bmatrix}-72.1657 & 29.8249\\ -25.6818 & 12.0836\\ 13.0506 & -24.1819\\ 4.5702 & -9.2572\end{bmatrix}^{\mathrm{T}}$$

$$K_4=\begin{bmatrix}-46.3035 & 2.4339\\ -13.8613 & 0.8526\\ -10.3478 & -25.3280\\ -4.5646 & -8.3293\end{bmatrix}^{\mathrm{T}},\quad K_5=\begin{bmatrix}-65.7237 & -23.5645\\ -21.7270 & -9.2247\\ -14.7377 & -27.4911\\ -5.7051 & -8.9889\end{bmatrix}^{\mathrm{T}}$$

$$K_6=\begin{bmatrix}-68.0727 & 5.2548\\ -22.1618 & 1.8621\\ -20.5278 & -37.5254\\ -8.2579 & -12.9106\end{bmatrix}^{\mathrm{T}},\quad K_7=\begin{bmatrix}-75.4340 & 33.5818\\ -27.0188 & 13.5493\\ 9.1813 & -21.4153\\ 3.0361 & -8.1923\end{bmatrix}^{\mathrm{T}}$$

$$K_8=\begin{bmatrix}-46.3298 & -2.5405\\ -14.5761 & -0.5729\\ -2.1941 & -22.5888\\ -1.3643 & -7.5535\end{bmatrix}^{\mathrm{T}},\quad K_9=\begin{bmatrix}-38.5716 & -19.5578\\ -11.6481 & -7.2592\\ -22.3821 & -16.9850\\ -8.8824 & -5.9568\end{bmatrix}^{\mathrm{T}}$$

由定理 5.4.1 可知,$\boldsymbol{u}(t)=-\sum\limits_{j=1}^{9}\mu_j\boldsymbol{K}_j\boldsymbol{x}(t)$ 是 γ 次最优模糊控制器。取初始条件为 $\boldsymbol{x}(0)=[0.5,0.3,0.5,0.3]^{\mathrm{T}}$;系统扰动 $\boldsymbol{w}=[\sin(2t),\cos(2t)]^{\mathrm{T}}$。仿真结果由图 5-13 和图 5-14 给出。

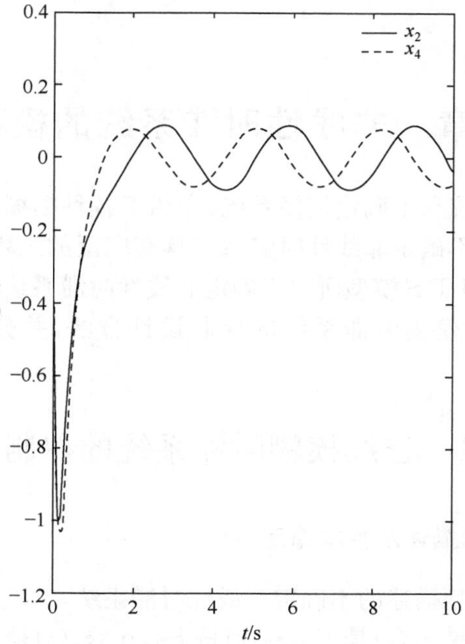

图 5-13　系统状态轨迹

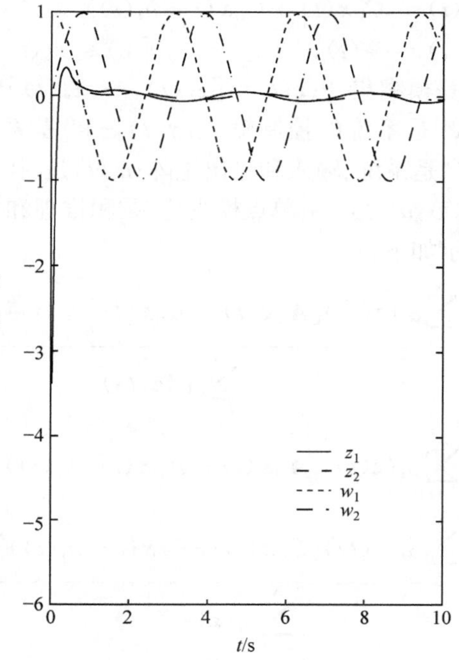

图 5-14　$z(t)$和 $w(t)$的轨迹

第 6 章　非线性时滞系统的模糊控制

前几章针对模糊系统和不确定模糊系统，介绍了各种模糊控制的设计方法和闭环系统的稳定性分析。由于不确定非线性时滞系统具有广泛的工程背景，相应的研究取得了一些成果，所以应用模糊 T-S 模型研究不确定非线性时滞系统的控制设计问题是非常有意义的。本章给出几种模糊时滞系统的控制设计方法，并分析其闭环系统的稳定性条件[49,51-53]。

6.1　连续模糊时滞系统的控制设计

6.1.1　模糊时滞系统的描述及基本稳定条件

考虑由模糊 T-S 模型描述的不确定非线性时滞系统。

模糊系统规则 i：如果 $z_1(t)$ 是 F_{i1}，$z_2(t)$ 是 F_{i2}，…，$z_n(t)$ 是 F_{in}，则

$$\dot{\boldsymbol{x}}(t)=\boldsymbol{A}_{1i}\boldsymbol{x}(t)+\boldsymbol{A}_{2i}\boldsymbol{x}(t-h_i(t))+\boldsymbol{B}_i\boldsymbol{u}(t) \tag{6.1.1}$$

$$\boldsymbol{y}(t)=\boldsymbol{C}_{1i}\boldsymbol{x}(t)+\boldsymbol{C}_{2i}\boldsymbol{x}(t-h_i(t)) \tag{6.1.2}$$

$$\boldsymbol{x}(t)=\boldsymbol{\Psi}(t),\quad t\in[-\tau,0],0\leqslant h_i(t)\leqslant\tau \tag{6.1.3}$$

其中，$F_{ij}(j=1,2,\cdots,n)$是模糊集合；$\boldsymbol{z}(t)=[z_1(t),\cdots,z_n(t)]^{\mathrm{T}}$ 是模糊前件变量；$\boldsymbol{x}(t)\in\mathbf{R}^n$ 是状态变量；$\boldsymbol{u}(t)\in\mathbf{R}^m$ 是系统的控制输入；$\boldsymbol{y}(t)\in\mathbf{R}^l$ 是系统的输出；$\boldsymbol{A}_{1i},\boldsymbol{A}_{2i}\in\mathbf{R}^{n\times n}$、$\boldsymbol{B}_i\in\mathbf{R}^{n\times m}$和$\boldsymbol{C}_{1i},\boldsymbol{C}_{2i}\in\mathbf{R}^{l\times n}$是系统、输入和输出矩阵；$h_i(t)$是时滞的时间；$i=1,2,\cdots,N$。

对于给定的数对$(\boldsymbol{x}(t),\boldsymbol{u}(t))$，由单点模糊化、乘积推理和平均加权反模糊化，模糊时滞系统的合成输出可表示如下：

$$\begin{aligned}\dot{\boldsymbol{x}}(t)&=\frac{\sum_{i=1}^{N}\alpha_i(\boldsymbol{z}(t))[\boldsymbol{A}_{1i}\boldsymbol{x}(t)+\boldsymbol{A}_{2i}\boldsymbol{x}(t-h_i(t))+\boldsymbol{B}_i\boldsymbol{u}(t)]}{\sum_{i=1}^{N}\alpha_i(\boldsymbol{z}(t))}\\&=\sum_{i=1}^{N}\mu_i(\boldsymbol{z}(t))[\boldsymbol{A}_{1i}\boldsymbol{x}(t)+\boldsymbol{A}_{2i}\boldsymbol{x}(t-h_i(t))+\boldsymbol{B}_i\boldsymbol{u}(t)]\end{aligned} \tag{6.1.4}$$

$$\begin{aligned}\boldsymbol{y}(t)&=\frac{\sum_{i=1}^{N}\alpha_i(\boldsymbol{z}(t))[\boldsymbol{C}_{1i}\boldsymbol{x}(t)+\boldsymbol{C}_{2i}\boldsymbol{x}(t-h_i(t))]}{\sum_{i=1}^{N}\alpha_i(\boldsymbol{z}(t))}\\&=\sum_{i=1}^{N}\mu_i(\boldsymbol{z}(t))[\boldsymbol{C}_{1i}\boldsymbol{x}(t)+\boldsymbol{C}_{2i}\boldsymbol{x}(t-h_i(t))]\end{aligned} \tag{6.1.5}$$

式中，$\alpha_i(\boldsymbol{z}(t))$和 $\mu_i(\boldsymbol{z}(t))$与第 2 章表示的相同。

本章假设对所有的 i 和 j，$\mu_i(\boldsymbol{z}(t))\mu_j(\boldsymbol{z}(t))\neq0$。

首先，给出连续模糊时滞系统(6.1.4)所对应的自治系统

$$\dot{\boldsymbol{x}}(t)=\sum_{i=1}^{N}\mu_i(\boldsymbol{z}(t))[\boldsymbol{A}_{1i}\boldsymbol{x}(t)+\boldsymbol{A}_{2i}\boldsymbol{x}(t-h_i(t))] \tag{6.1.6}$$

的稳定条件，有如下的定理。

定理 6.1.1　如果存在正定矩阵 $\boldsymbol{P}$ 和 $\boldsymbol{S}_i$，使得线性矩阵不等式成立：

$$\boldsymbol{A}_{1i}^{\mathrm{T}}\boldsymbol{P}+\boldsymbol{P}\boldsymbol{A}_{1i}+\boldsymbol{P}+\boldsymbol{P}\boldsymbol{A}_{2i}\boldsymbol{S}_i\boldsymbol{A}_{2i}^{\mathrm{T}}\boldsymbol{P}<\boldsymbol{0} \tag{6.1.7}$$

$$\boldsymbol{P}\geqslant\boldsymbol{S}_i^{-1},\quad i=1,2,\cdots,N \tag{6.1.8}$$

则连续的模糊时滞系统(6.1.6)是渐近稳定的。

证明　考虑 Lyapunov 函数

$$V(\boldsymbol{x}(t))=\boldsymbol{x}^{\mathrm{T}}(t)\boldsymbol{P}\boldsymbol{x}(t) \tag{6.1.9}$$

显然存在 σ_1 和 σ_2 使得如下的不等式成立：

$$\sigma_1\|\boldsymbol{x}(t)\|^2\leqslant V(\boldsymbol{x}(t))\leqslant\sigma_2\|\boldsymbol{x}(t)\|^2$$

式中，$\sigma_1=\lambda_{\min}(\boldsymbol{P})$；$\sigma_2=\lambda_{\max}(\boldsymbol{P})$。对 $V(\boldsymbol{x}(t))$ 求时间的导数，由式(6.1.6)可得

$$\begin{aligned}\dot{V}(\boldsymbol{x}(t))=&\sum_{i=1}^{N}\mu_i(\boldsymbol{z}(t))[\boldsymbol{x}^{\mathrm{T}}(t)(\boldsymbol{A}_{1i}^{\mathrm{T}}\boldsymbol{P}+\boldsymbol{P}\boldsymbol{A}_{1i})\boldsymbol{x}(t)+2\boldsymbol{x}^{\mathrm{T}}(t)\boldsymbol{P}\boldsymbol{A}_{2i}\boldsymbol{x}(t-h_i(t))]\\ \leqslant&\sum_{i=1}^{N}\mu_i(\boldsymbol{z}(t))[\boldsymbol{x}^{\mathrm{T}}(t)(\boldsymbol{A}_{1i}^{\mathrm{T}}\boldsymbol{P}+\boldsymbol{P}\boldsymbol{A}_{1i}+\boldsymbol{P}\boldsymbol{A}_{2i}\boldsymbol{S}_i\boldsymbol{A}_{2i}^{\mathrm{T}}\boldsymbol{P})\boldsymbol{x}(t)\\ &+\boldsymbol{x}^{\mathrm{T}}(t-h_i(t))\boldsymbol{S}_i^{-1}\boldsymbol{x}(t-h_i(t))]\\ \leqslant&\sum_{i=1}^{N}\mu_i(\boldsymbol{z}(t))[\boldsymbol{x}^{\mathrm{T}}(t)(\boldsymbol{A}_{1i}^{\mathrm{T}}\boldsymbol{P}+\boldsymbol{P}\boldsymbol{A}_{1i}+\boldsymbol{P}\boldsymbol{A}_{2i}\boldsymbol{S}_i\boldsymbol{A}_{2i}^{\mathrm{T}}\boldsymbol{P})\boldsymbol{x}(t)+V(\boldsymbol{x}(t-h_i(t)))]\end{aligned}$$

根据 Razumikhin 引理[56]，假设存在 $v>1$，当 $\theta\in[0,\tau]$时有

$$V(\boldsymbol{x}(t-\theta))<vV(\boldsymbol{x}(t))$$

于是可得

$$\dot{V}(\boldsymbol{x}(t))<\sum_{i=1}^{N}\mu_i(\boldsymbol{z}(t))[\boldsymbol{x}^{\mathrm{T}}(t)(\boldsymbol{A}_{1i}^{\mathrm{T}}\boldsymbol{P}+\boldsymbol{P}\boldsymbol{A}_{1i}+\boldsymbol{P}\boldsymbol{A}_{2i}\boldsymbol{S}_i\boldsymbol{A}_{2i}^{\mathrm{T}}\boldsymbol{P})\boldsymbol{x}(t)+vV(\boldsymbol{x}(t))]$$

如果

$$\boldsymbol{\Theta}(v)=\boldsymbol{A}_{1i}^{\mathrm{T}}\boldsymbol{P}+\boldsymbol{P}\boldsymbol{A}_{1i}+\boldsymbol{P}+\boldsymbol{P}\boldsymbol{A}_{2i}\boldsymbol{S}_i\boldsymbol{A}_{2i}^{\mathrm{T}}\boldsymbol{P}+v\boldsymbol{P}<\boldsymbol{0},\quad i=1,2,\cdots,N$$

则当 $\boldsymbol{x}(t)\neq\boldsymbol{0}$ 时，有 $\dot{V}(\boldsymbol{x}(t))<0$。根据 Razumikhin 引理，模糊时滞系统(6.1.6)是渐近稳定的。由式(6.1.7)可以推导出 $\boldsymbol{\Theta}(1)<\boldsymbol{0}$，所以一定存在充分小的 $\delta>0$，使得 $v=1+\delta$ 满足 $\boldsymbol{\Theta}(v)<\boldsymbol{0}$。

定理 6.1.1 表明时滞系统的模糊 T-S 模型的稳定性可以用 N 个子系统的正定矩阵 $\boldsymbol{P}$ 来表示，而稳定性准则归结为找满足 Lyapunov 不等式的 Lyapunov 函数。定理 6.1.1 给出了非线性模糊时滞系统全局稳定的一个充分条件。

令 $\boldsymbol{X}=\boldsymbol{P}^{-1}$，由 Schur 分解原理，容易找到与式(6.1.7)和(6.1.8)等价的线性矩阵不等式：

$$\boldsymbol{X}\boldsymbol{A}_{1i}^{\mathrm{T}}+\boldsymbol{A}_{1i}\boldsymbol{X}+\boldsymbol{X}+\boldsymbol{A}_{2i}\boldsymbol{S}_i\boldsymbol{A}_{2i}^{\mathrm{T}}<\boldsymbol{0} \tag{6.1.10}$$

$$\boldsymbol{S}_i\geqslant\boldsymbol{X} \tag{6.1.11}$$

由定理 6.1.1、式(6.1.10)和(6.1.11)，得到如下的推论。

推论 6.1.1 如果存在正定矩阵 $\boldsymbol{X}$ 和 $\boldsymbol{S}_i$,满足线性矩阵不等式(6.1.10)和(6.1.11),则连续的模糊时滞系统(6.1.6)是渐近稳定的。

对非线性时滞系统稳定性的研究并不重要,Lyapunov 第二定理及其扩展是解决这一问题的强大理论工具。很明显,为了证明一个系统具有渐近稳定的性质,存在 Lyapunov 函数不仅是充分的而且是必要的。但实际上,面对实际复杂的系统,由于很难找到一个 Lyapunov 函数或给出一般的构造算法,Lyapunov 的理论被减弱。即使对线性系统,也需要求解一些关联的代数方程、常微分方程或偏微分方程。在上述步骤中,Lyapunov 函数是由式(6.1.9)事先给定的,因此定理 6.1.1 或推论 6.1.1 中的条件可能是保守的。

6.1.2 模糊状态反馈控制设计与稳定性分析

针对模糊时滞系统(6.1.4),根据模糊平行分布补偿算法,设计模糊状态反馈控制器。

模糊控制规则 i:如果 $z_1(t)$ 是 F_{i1},$z_2(t)$ 是 F_{i2},…,$z_n(t)$ 是 F_{in},则

$$\boldsymbol{u}(t)=-\boldsymbol{K}_i\boldsymbol{x}(t),\quad i=1,2,\cdots,N \tag{6.1.12}$$

整个状态反馈控制律为

$$\boldsymbol{u}(t)=-\frac{\sum_{i=1}^{N}\alpha_i(\boldsymbol{z}(t))\boldsymbol{K}_i\boldsymbol{x}(t)}{\sum_{i=1}^{N}\alpha_i(\boldsymbol{z}(t))}=-\sum_{i=1}^{N}\mu_i(\boldsymbol{z}(t))\boldsymbol{K}_i\boldsymbol{x}(t) \tag{6.1.13}$$

状态反馈控制器的设计目的是确定局部反馈增益 $\boldsymbol{K}_i$,使式(6.1.4)和(6.1.13)组成的闭环系统稳定。把式(6.1.13)代入式(6.1.4),可得

$$\begin{aligned}\dot{\boldsymbol{x}}(t)=&\sum_{i=1}^{N}\sum_{j=1}^{N}\mu_i(\boldsymbol{z}(t))\mu_j(\boldsymbol{z}(t))[(\boldsymbol{A}_{1i}-\boldsymbol{B}_i\boldsymbol{K}_j)\boldsymbol{x}(t)+\boldsymbol{A}_{2i}\boldsymbol{x}(t-h_i(t))]\\=&\sum_{i=1}^{N}\mu_i^2(\boldsymbol{z}(t))[\boldsymbol{G}_{ii}\boldsymbol{x}(t)+\boldsymbol{A}_{2i}\boldsymbol{x}(t-h_i(t))]+\sum_{i,j=1,i<j}^{N}\mu_i(\boldsymbol{z}(t))\mu_j(\boldsymbol{z}(t))\\&\times[(\boldsymbol{G}_{ij}+\boldsymbol{G}_{ji})\boldsymbol{x}(t)+\boldsymbol{A}_{2i}\boldsymbol{x}(t-h_i(t))+\boldsymbol{A}_{2j}\boldsymbol{x}(t-h_i(t))]\end{aligned} \tag{6.1.14}$$

式中,$\boldsymbol{G}_{ij}=\boldsymbol{A}_{1i}-\boldsymbol{B}_i\boldsymbol{K}_j$。

注 6.1.1 若满足下面两个条件,则由式(6.1.14)所表达的模糊闭环时滞系统可以进一步简化。

(1) 如果每一个模糊子系统具有相同的输入矩阵 $\boldsymbol{B}$,即对所有的 i,有 $\boldsymbol{B}_i=\boldsymbol{B}$,那么对应的模糊闭环时滞系统可简化为

$$\dot{\boldsymbol{x}}(t)=\sum_{i=1}^{N}\mu_i(\boldsymbol{z}(t))[\boldsymbol{G}_{ii}\boldsymbol{x}(t)+\boldsymbol{A}_{2i}\boldsymbol{x}(t-h_i(t))]$$

(2) 如果每一个模糊子系统具有共同的时滞项 $h(t)$,即对所有的 i,有 $h_i(t)=h(t)$,那么对应的模糊闭环时滞系统可简化为

$$\begin{aligned}\dot{\boldsymbol{x}}(t)=&\sum_{i=1}^{N}\mu_i^2(\boldsymbol{z}(t))[\boldsymbol{G}_{ii}\boldsymbol{x}(t)+\boldsymbol{A}_{2i}\boldsymbol{x}(t-h(t))]\\&+\sum_{i,j=1,i<j}^{N}\mu_i(\boldsymbol{z}(t))\mu_j(\boldsymbol{z}(t))[(\boldsymbol{G}_{ij}+\boldsymbol{G}_{ji})\boldsymbol{x}(t)+(\boldsymbol{A}_{2i}+\boldsymbol{A}_{2j})\boldsymbol{x}(t-h(t))]\end{aligned}$$

类似 6.1.1 节中后一部分的分析，有如下的定理。

定理 6.1.2　如果存在正定矩阵 $\boldsymbol{X}$、$\boldsymbol{S}_i$ 和矩阵 $\boldsymbol{Y}_i$，满足 $\boldsymbol{S}_i \geqslant \boldsymbol{X}$ 和下面的线性矩阵不等式：

$$\boldsymbol{X}\boldsymbol{A}_{1i}^{\mathrm{T}}+\boldsymbol{A}_{1i}\boldsymbol{X}-\boldsymbol{B}_i\boldsymbol{Y}_i-\boldsymbol{Y}_i^{\mathrm{T}}\boldsymbol{B}_i^{\mathrm{T}}+\boldsymbol{X}+\boldsymbol{A}_{2i}\boldsymbol{S}_i\boldsymbol{A}_{2i}^{\mathrm{T}}<\boldsymbol{0} \tag{6.1.15}$$

$$\begin{aligned}&\boldsymbol{X}\boldsymbol{A}_{1i}^{\mathrm{T}}+\boldsymbol{A}_{1i}\boldsymbol{X}+\boldsymbol{X}\boldsymbol{A}_{1j}^{\mathrm{T}}+\boldsymbol{A}_{1j}\boldsymbol{X}-\boldsymbol{B}_i\boldsymbol{Y}_i-\boldsymbol{Y}_i^{\mathrm{T}}\boldsymbol{B}_i^{\mathrm{T}}-\boldsymbol{B}_j\boldsymbol{Y}_i-\boldsymbol{Y}_i^{\mathrm{T}}\boldsymbol{B}_j^{\mathrm{T}}\\&\quad+2\boldsymbol{X}+\boldsymbol{A}_{2i}\boldsymbol{S}_i\boldsymbol{A}_{2i}^{\mathrm{T}}+\boldsymbol{A}_{2i}\boldsymbol{S}_i\boldsymbol{A}_{2i}^{\mathrm{T}}<\boldsymbol{0},\quad i<j\end{aligned} \tag{6.1.16}$$

则存在模糊状态反馈控制律(6.1.13)，使得模糊闭环时滞系统(6.1.14)是渐近稳定的，且模糊反馈增益矩阵为 $\boldsymbol{K}_i=\boldsymbol{Y}_i\boldsymbol{X}^{-1}$，$i=1,2,\cdots,N$。

证明　考虑 Lyapunov 函数

$$V(\boldsymbol{x}(t))=\boldsymbol{x}^{\mathrm{T}}(t)\boldsymbol{P}\boldsymbol{x}(t)$$

式中 $\boldsymbol{P}=\boldsymbol{X}^{-1}$。$V(\boldsymbol{x}(t))$ 对时间的导数为

$$\begin{aligned}\dot V(\boldsymbol{x}(t))&=\sum_{i=1}^{N}\sum_{j=1}^{N}\mu_i(\boldsymbol{z}(t))\mu_j(\boldsymbol{z}(t))[\boldsymbol{x}^{\mathrm{T}}(t)(\boldsymbol{G}_{ij}^{\mathrm{T}}\boldsymbol{P}+\boldsymbol{P}\boldsymbol{G}_{ij})\boldsymbol{x}(t)+2\boldsymbol{x}^{\mathrm{T}}(t)\boldsymbol{P}\boldsymbol{A}_{2i}\boldsymbol{x}(t-h_i(t))]\\
&=\sum_{i=1}^{N}\mu_i^2(\boldsymbol{z}(t))[\boldsymbol{x}^{\mathrm{T}}(t)(\boldsymbol{G}_{ii}^{\mathrm{T}}\boldsymbol{P}+\boldsymbol{P}\boldsymbol{G}_{ii})\boldsymbol{x}(t)+2\boldsymbol{x}^{\mathrm{T}}(t)\boldsymbol{P}\boldsymbol{A}_{2i}\boldsymbol{x}(t-h_i(t))]\\
&\quad+\sum_{i,j=1,i<j}^{N}\mu_i(\boldsymbol{z}(t))\mu_j(\boldsymbol{z}(t))\{\boldsymbol{x}^{\mathrm{T}}(t)[(\boldsymbol{G}_{ij}+\boldsymbol{G}_{ji})^{\mathrm{T}}\boldsymbol{P}+\boldsymbol{P}(\boldsymbol{G}_{ij}+\boldsymbol{G}_{ji})]\boldsymbol{x}(t)\\
&\quad+2\boldsymbol{x}^{\mathrm{T}}(t)\boldsymbol{P}\boldsymbol{A}_{2i}\boldsymbol{x}(t-h_i(t))+2\boldsymbol{x}^{\mathrm{T}}(t)\boldsymbol{P}\boldsymbol{A}_{2j}\boldsymbol{x}(t-h_j(t))\}\\
&\leqslant\sum_{i=1}^{N}\mu_i^2(\boldsymbol{z}(t))[\boldsymbol{x}^{\mathrm{T}}(t)(\boldsymbol{G}_{ii}^{\mathrm{T}}\boldsymbol{P}+\boldsymbol{P}\boldsymbol{G}_{ii}+\boldsymbol{P}\boldsymbol{A}_{2i}\boldsymbol{S}_i\boldsymbol{A}_{2i}^{\mathrm{T}}\boldsymbol{P})\boldsymbol{x}(t)\\
&\quad+\boldsymbol{x}^{\mathrm{T}}(t-h_i(t))\boldsymbol{S}_i^{-1}\boldsymbol{x}(t-h_i(t))]+\sum_{i,j=1,i<j}^{N}\mu_i(\boldsymbol{z}(t))\mu_j(\boldsymbol{z}(t))\\
&\quad\times\{\boldsymbol{x}^{\mathrm{T}}(t)[(\boldsymbol{G}_{ij}+\boldsymbol{G}_{ji})^{\mathrm{T}}\boldsymbol{P}+\boldsymbol{P}(\boldsymbol{G}_{ij}+\boldsymbol{G}_{ji})+\boldsymbol{P}\boldsymbol{A}_{2i}\boldsymbol{S}_i\boldsymbol{A}_{2i}^{\mathrm{T}}\boldsymbol{P}+\boldsymbol{P}\boldsymbol{A}_{2j}\boldsymbol{S}_i\boldsymbol{A}_{2j}^{\mathrm{T}}\boldsymbol{P}]\boldsymbol{x}(t)\\
&\quad+\boldsymbol{x}^{\mathrm{T}}(t-h_i(t))\boldsymbol{S}_i^{-1}\boldsymbol{x}(t-h_i(t))+\boldsymbol{x}^{\mathrm{T}}(t-h_j(t))\boldsymbol{S}_j^{-1}\boldsymbol{x}(t-h_j(t))\}\\
&\leqslant\sum_{i=1}^{N}\mu_i^2(\boldsymbol{z}(t))[\boldsymbol{x}^{\mathrm{T}}(t)(\boldsymbol{G}_{ii}^{\mathrm{T}}\boldsymbol{P}+\boldsymbol{P}\boldsymbol{G}_{ii}+\boldsymbol{P}\boldsymbol{A}_{2i}\boldsymbol{S}_i\boldsymbol{A}_{2i}^{\mathrm{T}}\boldsymbol{P})\boldsymbol{x}(t)+V(\boldsymbol{x}(t-h_i(t)))]\\
&\quad+\sum_{i,j=1,i<j}^{N}\mu_i(\boldsymbol{z}(t))\mu_j(\boldsymbol{z}(t))\{\boldsymbol{x}^{\mathrm{T}}(t)[(\boldsymbol{G}_{ij}+\boldsymbol{G}_{ji})^{\mathrm{T}}\boldsymbol{P}+\boldsymbol{P}(\boldsymbol{G}_{ij}+\boldsymbol{G}_{ji})+\boldsymbol{P}\boldsymbol{A}_{2i}\boldsymbol{S}_i\boldsymbol{A}_{2i}^{\mathrm{T}}\boldsymbol{P}\\
&\quad+\boldsymbol{P}\boldsymbol{A}_{2j}\boldsymbol{S}_i\boldsymbol{A}_{2j}^{\mathrm{T}}\boldsymbol{P}]\boldsymbol{x}(t)+V(\boldsymbol{x}(t-h_i(t)))+V(\boldsymbol{x}(t-h_j(t)))\}\end{aligned}$$

假设存在 $v>1$，对所有的 $\theta\in[0,\tau]$，有

$$V(\boldsymbol{x}(t-\theta))<vV(\boldsymbol{x}(t))$$

则

$$\begin{aligned}\dot V(\boldsymbol{x}(t))<&\sum_{i=1}^{N}\mu_i^2(\boldsymbol{z}(t))[\boldsymbol{x}^{\mathrm{T}}(t)(\boldsymbol{G}_{ii}^{\mathrm{T}}\boldsymbol{P}+\boldsymbol{P}\boldsymbol{G}_{ii}+\boldsymbol{P}\boldsymbol{A}_{2i}\boldsymbol{S}_i\boldsymbol{A}_{2i}^{\mathrm{T}}\boldsymbol{P}+v\boldsymbol{P})\boldsymbol{x}(t)+V(\boldsymbol{x}(t-h_i(t)))]\\
&+\sum_{i,j=1,i<j}^{N}\mu_i(\boldsymbol{z}(t))\mu_j(\boldsymbol{z}(t))\boldsymbol{x}^{\mathrm{T}}(t)[(\boldsymbol{G}_{ij}+\boldsymbol{G}_{ji})^{\mathrm{T}}\boldsymbol{P}+\boldsymbol{P}(\boldsymbol{G}_{ij}+\boldsymbol{G}_{ji})\\
&+\boldsymbol{P}\boldsymbol{A}_{2i}\boldsymbol{S}_i\boldsymbol{A}_{2i}^{\mathrm{T}}\boldsymbol{P}+\boldsymbol{P}\boldsymbol{A}_{2j}\boldsymbol{S}_j\boldsymbol{A}_{2j}^{\mathrm{T}}\boldsymbol{P}+2v\boldsymbol{P}]\boldsymbol{x}(t)\end{aligned}$$

显然,如果下面的矩阵不等式成立:

$$\boldsymbol{X}\boldsymbol{G}_{ii}^{\mathrm{T}}+\boldsymbol{G}_{ii}\boldsymbol{X}+v\boldsymbol{X}+\boldsymbol{A}_{2i}\boldsymbol{S}_i\boldsymbol{A}_{2i}^{\mathrm{T}}\leqslant \boldsymbol{0}$$

$$\boldsymbol{X}(\boldsymbol{G}_{ij}+\boldsymbol{G}_{ji})^{\mathrm{T}}+(\boldsymbol{G}_{ij}+\boldsymbol{G}_{ji})\boldsymbol{X}+2v\boldsymbol{X}+\boldsymbol{A}_{2i}\boldsymbol{S}_i\boldsymbol{A}_{2i}^{\mathrm{T}}+\boldsymbol{A}_{2j}\boldsymbol{S}_j\boldsymbol{A}_{2j}^{\mathrm{T}}\leqslant \boldsymbol{0},\quad i<j$$

则$\dot{V}(\boldsymbol{x}(t))<0$。如果线性矩阵不等式(6.1.15)和(6.1.16)成立,则一定存在 $v>1$ 满足上面的矩阵不等式。

推论 6.1.2 对于具有相同输入矩阵 $\boldsymbol{B}$ 的模糊子系统,如果存在正定矩阵 $\boldsymbol{X}$、$\boldsymbol{S}_i$ 和矩阵 $\boldsymbol{Y}_i$,满足 $\boldsymbol{S}_i>\boldsymbol{X}$ 及线性矩阵不等式(6.1.15),则存在模糊状态反馈控制律(6.1.13),使得模糊闭环时滞系统(6.1.14)是渐近稳定的。

推论 6.1.3 对于具有共同时滞项 $h(t)$ 的模糊子系统,如果存在正定矩阵 $\boldsymbol{X}$、$\boldsymbol{S}_i$ 和矩阵 $\boldsymbol{Y}_i$,满足 $\boldsymbol{S}_i\geqslant\boldsymbol{X}$ 及线性矩阵不等式(6.1.15)和下面的线性矩阵不等式:

$$\begin{aligned}&\boldsymbol{X}\boldsymbol{A}_{1i}^{\mathrm{T}}+\boldsymbol{A}_{1i}\boldsymbol{X}+\boldsymbol{X}\boldsymbol{A}_{1j}^{\mathrm{T}}+\boldsymbol{A}_{1j}\boldsymbol{X}-\boldsymbol{B}_i\boldsymbol{Y}_j-\boldsymbol{Y}_j^{\mathrm{T}}\boldsymbol{B}_i^{\mathrm{T}}-\boldsymbol{B}_j\boldsymbol{Y}_i-\boldsymbol{Y}_i^{\mathrm{T}}\boldsymbol{B}_j^{\mathrm{T}}\\&\quad+\boldsymbol{X}+(\boldsymbol{A}_{2i}+\boldsymbol{A}_{2j})\boldsymbol{S}_i(\boldsymbol{A}_{2i}+\boldsymbol{A}_{2j})^{\mathrm{T}}<\boldsymbol{0},\quad i<j\end{aligned}\tag{6.1.17}$$

则存在模糊状态反馈控制律(6.1.13),使得模糊闭环时滞系统(6.1.14)是渐近稳定的。

通过上面的证明可以看出,定理 6.1.1 不仅给出了模糊闭环时滞系统的稳定性分析,而且模糊状态反馈控制律的设计最终归结为求公共的 Lyapunov 正定矩阵 $\boldsymbol{P}=\boldsymbol{X}^{-1}$,以及满足 $\boldsymbol{S}_i\geqslant\boldsymbol{P}^{-1}$ 和一些矩阵不等式(最多为 $N(N+1)/2$ 个)的正定矩阵 $\boldsymbol{S}_i$。如果模糊规则数 N 比较大,就很难找到满足上面定理条件的正定矩阵 $\boldsymbol{P}$。下面应用引理 2.1.2 和 2.1.3,给出较弱的稳定性条件。

定理 6.1.3 假设对于所有的 t,被激活的模糊控制规则数小于或等于 $s(1<s\leqslant N)$,而且如果存在正定矩阵 $\boldsymbol{X}$、$\boldsymbol{Z}$、$\boldsymbol{S}_i$ 和 $\boldsymbol{Y}_i$,满足 $\boldsymbol{S}_i\geqslant\boldsymbol{X}$ 和下面的线性矩阵不等式:

$$\boldsymbol{Z}+\boldsymbol{X}\geqslant\boldsymbol{0}\tag{6.1.18}$$

$$\boldsymbol{X}\boldsymbol{A}_{1i}^{\mathrm{T}}+\boldsymbol{A}_{1i}\boldsymbol{X}-\boldsymbol{B}_i\boldsymbol{Y}_i-\boldsymbol{Y}_i^{\mathrm{T}}\boldsymbol{B}_i^{\mathrm{T}}+s\boldsymbol{X}+\boldsymbol{A}_{2i}\boldsymbol{S}_i\boldsymbol{A}_{2i}^{\mathrm{T}}+(s-1)\boldsymbol{Z}<\boldsymbol{0}\tag{6.1.19}$$

$$\begin{aligned}&\boldsymbol{X}\boldsymbol{A}_{1i}^{\mathrm{T}}+\boldsymbol{A}_{1i}\boldsymbol{X}+\boldsymbol{X}\boldsymbol{A}_{1j}^{\mathrm{T}}+\boldsymbol{A}_{1j}\boldsymbol{X}-\boldsymbol{B}_i\boldsymbol{Y}_j-\boldsymbol{Y}_j^{\mathrm{T}}\boldsymbol{B}_i^{\mathrm{T}}-\boldsymbol{B}_j\boldsymbol{Y}_i\\&\quad-\boldsymbol{Y}_i^{\mathrm{T}}\boldsymbol{B}_j^{\mathrm{T}}+\boldsymbol{A}_{2i}\boldsymbol{S}_i\boldsymbol{A}_{2i}^{\mathrm{T}}+\boldsymbol{A}_{2j}\boldsymbol{S}_j\boldsymbol{A}_{2j}^{\mathrm{T}}-2\boldsymbol{Z}\leqslant\boldsymbol{0},\quad i<j\end{aligned}\tag{6.1.20}$$

则存在模糊状态反馈控制律(6.1.13),使得模糊闭环时滞系统(6.1.14)是渐近稳定的。

证明 类似于定理 6.1.1 的证明,选取 Lyapunov 函数为

$$V(\boldsymbol{x}(t))=\boldsymbol{x}^{\mathrm{T}}(t)\boldsymbol{P}\boldsymbol{x}(t)$$

式中,$\boldsymbol{P}=\boldsymbol{X}^{-1}>\boldsymbol{0}$。由条件(6.1.20)得到

$$(\boldsymbol{G}_{ij}+\boldsymbol{G}_{ji})^{\mathrm{T}}\boldsymbol{P}+\boldsymbol{P}(\boldsymbol{G}_{ij}+\boldsymbol{G}_{ji})+\boldsymbol{P}\boldsymbol{A}_{2i}\boldsymbol{S}_i\boldsymbol{A}_{2i}^{\mathrm{T}}\boldsymbol{P}+\boldsymbol{P}\boldsymbol{A}_{2j}\boldsymbol{S}_j\boldsymbol{A}_{2j}^{\mathrm{T}}\boldsymbol{P}\leqslant 2\boldsymbol{Q},\quad i<j$$

式中,$\boldsymbol{Q}=\boldsymbol{P}\boldsymbol{Z}\boldsymbol{P}$。求 $V(\boldsymbol{x}(t))$ 对时间的导数,可得

$$\begin{aligned}\dot{V}(\boldsymbol{x}(t))<&\sum_{i=1}^{N}\mu_i^2(\boldsymbol{z}(t))[\boldsymbol{x}^{\mathrm{T}}(t)(\boldsymbol{G}_{ii}^{\mathrm{T}}\boldsymbol{P}+\boldsymbol{P}\boldsymbol{G}_{ii}+\boldsymbol{P}\boldsymbol{A}_{2i}\boldsymbol{S}_i\boldsymbol{A}_{2i}^{\mathrm{T}}\boldsymbol{P}+v\boldsymbol{P})\boldsymbol{x}(t)]\\&+\sum_{i,j=1,i<j}^{N}2\mu_i(\boldsymbol{z}(t))\mu_j(\boldsymbol{z}(t))[\boldsymbol{x}^{\mathrm{T}}(t)(\boldsymbol{Q}+v\boldsymbol{P})\boldsymbol{x}(t)]\end{aligned}$$

由式(6.1.18)可推出 $\boldsymbol{Q}+v\boldsymbol{P}>\boldsymbol{Q}+\boldsymbol{P}\geqslant\boldsymbol{0}$。根据引理 2.1.3 可得

$$\dot{V}(\boldsymbol{x}(t))<\sum_{i=1}^{N}\mu_i^2(\boldsymbol{z}(t))\boldsymbol{x}^{\mathrm{T}}(t)[\boldsymbol{A}_{1i}^{\mathrm{T}}\boldsymbol{P}+\boldsymbol{P}\boldsymbol{A}_{1i}+\boldsymbol{P}\boldsymbol{A}_{2i}\boldsymbol{S}_i\boldsymbol{A}_{2i}^{\mathrm{T}}\boldsymbol{P}+vs\boldsymbol{P}+(s-1)\boldsymbol{Q}]\boldsymbol{x}(t)$$

显然,如果对所有的 i,下面的矩阵不等式成立:

$$\boldsymbol{\Theta}(v)=\boldsymbol{G}_{1i}^{\mathrm{T}}\boldsymbol{P}+\boldsymbol{P}\boldsymbol{G}_{1i}+\boldsymbol{P}\boldsymbol{A}_{2i}\boldsymbol{S}_i\boldsymbol{A}_{2i}^{\mathrm{T}}\boldsymbol{P}+vs\boldsymbol{P}+(s-1)\boldsymbol{Q}<\boldsymbol{0}$$

则当 $\boldsymbol{x}(t)\neq\boldsymbol{0}$ 时,得到$\dot{V}(\boldsymbol{x}(t))<0$,所以模糊闭环时滞系统是渐近稳定的。注意到由式(6.1.19)可以推导出 $\boldsymbol{\Theta}(1)<\boldsymbol{0}$,根据连续函数的性质,存在充分小的 $\delta>0$,使得 $v=1+\delta$ 满足 $\boldsymbol{\Theta}(v)<\boldsymbol{0}$。

推论 6.1.4 对于具有共同时滞项 $h(t)$ 的模糊子系统,假设对于所有的 t,被激活的模糊控制规则数小于或等于 $s(1<s\leqslant N)$,且如果存在正定矩阵 $\boldsymbol{X}$、$\boldsymbol{S}_i$ 及矩阵 $\boldsymbol{Y}_i$、$\boldsymbol{Z}\geqslant-\boldsymbol{X}$,满足 $\boldsymbol{S}_i\geqslant\boldsymbol{X}$ 及下面的线性矩阵不等式:

$$\boldsymbol{X}\boldsymbol{A}_{1i}^{\mathrm{T}}+\boldsymbol{A}_{1i}\boldsymbol{X}-\boldsymbol{B}_i\boldsymbol{Y}_i-\boldsymbol{Y}_i^{\mathrm{T}}\boldsymbol{B}_i^{\mathrm{T}}+\frac{s+1}{2}\boldsymbol{X}+\boldsymbol{A}_{2i}\boldsymbol{S}_i\boldsymbol{A}_{2i}^{\mathrm{T}}+(s-1)\boldsymbol{Z}<\boldsymbol{0} \tag{6.1.21}$$

$$\begin{aligned}&\boldsymbol{X}\boldsymbol{A}_{1i}^{\mathrm{T}}+\boldsymbol{A}_{1i}\boldsymbol{X}+\boldsymbol{X}\boldsymbol{A}_{1j}^{\mathrm{T}}+\boldsymbol{A}_{1j}\boldsymbol{X}-\boldsymbol{B}_i\boldsymbol{Y}_j-\boldsymbol{Y}_j^{\mathrm{T}}\boldsymbol{B}_i^{\mathrm{T}}-\boldsymbol{B}_j\boldsymbol{Y}_i-\boldsymbol{Y}_i^{\mathrm{T}}\boldsymbol{B}_j^{\mathrm{T}}\\&\quad+(\boldsymbol{A}_{2i}+\boldsymbol{A}_{2j})\boldsymbol{S}_i(\boldsymbol{A}_{2i}+\boldsymbol{A}_{2j})^{\mathrm{T}}\leqslant 2\boldsymbol{Z},\quad i<j\end{aligned} \tag{6.1.22}$$

则存在模糊状态反馈控制律(6.1.13),使得模糊闭环时滞系统(6.1.14)是渐近稳定的。

6.1.3 模糊输出反馈控制设计与稳定性分析

本小节首先应用平行分布补偿算法设计模糊观测器,然后介绍模糊时滞系统的输出反馈控制设计及其稳定性分析。

模糊时滞系统的观测器设计如下。

模糊观测器规则 i:如果 $z_1(t)$是 F_{i1},$z_2(t)$是 F_{i2},…,$z_n(t)$是 F_{in},则

$$\dot{\hat{\boldsymbol{x}}}(t)=\boldsymbol{A}_{1i}\hat{\boldsymbol{x}}(t)+\boldsymbol{A}_{2i}\hat{\boldsymbol{x}}(t-h_i(t))+\boldsymbol{B}_i\boldsymbol{u}(t)+\boldsymbol{G}_i(\boldsymbol{y}(t)-\hat{\boldsymbol{y}}(t)) \tag{6.1.23}$$

$$\hat{\boldsymbol{y}}(t)=\boldsymbol{C}_{1i}\hat{\boldsymbol{x}}(t)+\boldsymbol{C}_{2i}\hat{\boldsymbol{x}}(t-h_i(t)),\quad i=1,2,\cdots,N \tag{6.1.24}$$

最终合成的模糊观测器为

$$\begin{aligned}\dot{\hat{\boldsymbol{x}}}(t)&=\frac{\sum_{i=1}^{N}\alpha_i(\boldsymbol{z}(t))[\boldsymbol{A}_{1i}\hat{\boldsymbol{x}}(t)+\boldsymbol{A}_{2i}\hat{\boldsymbol{x}}(t-h_i(t))+\boldsymbol{B}_i\boldsymbol{u}(t)+\boldsymbol{G}_i(\boldsymbol{y}(t)-\hat{\boldsymbol{y}}(t))]}{\sum_{i=1}^{N}\alpha_i(\boldsymbol{z}(t))}\\&=\sum_{i=1}^{N}\mu_i(\boldsymbol{z}(t))[\boldsymbol{A}_{1i}\hat{\boldsymbol{x}}(t)+\boldsymbol{A}_{2i}\hat{\boldsymbol{x}}(t-h_i(t))+\boldsymbol{B}_i\boldsymbol{u}(t)+\boldsymbol{G}_i(\boldsymbol{y}(t)-\hat{\boldsymbol{y}}(t))]\end{aligned}$$

$$\hat{\boldsymbol{y}}(t)=\sum_{i=1}^{N}\mu_i(\boldsymbol{z}(t))[\boldsymbol{C}_{1i}\hat{\boldsymbol{x}}(t)+\boldsymbol{C}_{2i}\hat{\boldsymbol{x}}(t-h_i(t))]$$

与状态反馈控制律的设计相类似,基于模糊观测器的输出反馈控制律为

$$\boldsymbol{u}(t)=-\sum_{i=1}^{N}\mu_i(\boldsymbol{z}(t))\boldsymbol{K}_i\hat{\boldsymbol{x}}(t) \tag{6.1.25}$$

设观测误差为

$$\boldsymbol{e}(t)=\boldsymbol{x}(t)-\hat{\boldsymbol{x}}(t)$$

则模糊闭环时滞系统表示为

$$\dot{\boldsymbol{x}}(t)=\sum_{i=1}^{N}\sum_{j=1}^{N}\mu_i(\boldsymbol{z}(t))\mu_j(\boldsymbol{z}(t))[(\boldsymbol{A}_{1i}-\boldsymbol{B}_i\boldsymbol{K}_j)\boldsymbol{x}(t)$$

$$+\boldsymbol{A}_{2i}\boldsymbol{x}(t-h_i(t))+\boldsymbol{B}_i\boldsymbol{K}_j\boldsymbol{e}(t)] \quad (6.1.26)$$

$$\dot{\boldsymbol{e}}(t)=\sum_{i=1}^{N}\sum_{j=1}^{N}\mu_i(\boldsymbol{z}(t))\mu_j(\boldsymbol{z}(t))[(\boldsymbol{A}_{1i}-\boldsymbol{G}_i\boldsymbol{C}_{1j})\boldsymbol{e}(t)$$
$$+\boldsymbol{A}_{2i}\boldsymbol{e}(t-h_i(t))-\boldsymbol{G}_i\boldsymbol{C}_{2j}\boldsymbol{e}(t-h_j(t))] \quad (6.1.27)$$

定义辅助闭环时滞系统为

$$\dot{\tilde{\boldsymbol{x}}}(t)=\sum_{i=1}^{N}\sum_{j=1}^{N}\mu_i(\boldsymbol{z}(t))\mu_j(\boldsymbol{z}(t))[\boldsymbol{G}_{ij}\tilde{\boldsymbol{x}}(t)+\boldsymbol{M}_i\tilde{\boldsymbol{x}}(t-h_i(t))+\boldsymbol{N}_{ij}\tilde{\boldsymbol{x}}(t-h_i(t))]$$
$$=\sum_{i=1}^{N}\mu_i^2(\boldsymbol{z}(t))[\boldsymbol{G}_{ii}\tilde{\boldsymbol{x}}(t)+(\boldsymbol{M}_i+\boldsymbol{N}_{ii})\tilde{\boldsymbol{x}}(t-h_i(t))]+\sum_{i,j=1,i<j}^{N}\mu_i(\boldsymbol{z}(t))\mu_j(\boldsymbol{z}(t))$$
$$\times[(\boldsymbol{G}_{ij}+\boldsymbol{G}_{ji})\tilde{\boldsymbol{x}}(t)+(\boldsymbol{M}_i+\boldsymbol{N}_{ji})\tilde{\boldsymbol{x}}(t-h_i(t))+(\boldsymbol{M}_j+\boldsymbol{N}_{ij})\tilde{\boldsymbol{x}}(t-h_i(t))]$$
$$(6.1.28)$$

式中

$$\tilde{\boldsymbol{x}}(t)=\begin{bmatrix}\boldsymbol{x}(t)\\ \boldsymbol{e}(t)\end{bmatrix},\quad \boldsymbol{G}_{ij}=\begin{bmatrix}\boldsymbol{A}_{1i}-\boldsymbol{B}_i\boldsymbol{K}_j & \boldsymbol{B}_i\boldsymbol{K}_j\\ \boldsymbol{0} & \boldsymbol{A}_{1i}-\boldsymbol{G}_i\boldsymbol{C}_{1j}\end{bmatrix}$$

$$\boldsymbol{M}_i=\begin{bmatrix}\boldsymbol{A}_{2i} & \boldsymbol{0}\\ \boldsymbol{0} & \boldsymbol{A}_{2i}\end{bmatrix},\quad \boldsymbol{N}_{ij}=\begin{bmatrix}\boldsymbol{0} & \boldsymbol{0}\\ \boldsymbol{0} & -\boldsymbol{G}_i\boldsymbol{C}_{2j}\end{bmatrix}$$

注 6.1.2 如果对所有的 i,$h_i(t)=h(t)$,由式(6.1.28)所描述的模糊闭环时滞系统可以进一步简化,那么辅助模糊闭环时滞系统为

$$\dot{\tilde{\boldsymbol{x}}}(t)=\sum_{i=1}^{N}\sum_{j=1}^{N}\mu_i(\boldsymbol{z}(t))\mu_j(\boldsymbol{z}(t))[\boldsymbol{G}_{ij}\tilde{\boldsymbol{x}}(t)+\widetilde{\boldsymbol{M}}_{ij}\tilde{\boldsymbol{x}}(t-h(t))+\boldsymbol{N}_{ij}\tilde{\boldsymbol{x}}(t-h(t))]$$
$$=\sum_{i=1}^{N}\mu_i^2(\boldsymbol{z}(t))[\boldsymbol{G}_{ii}\tilde{\boldsymbol{x}}(t)+\widetilde{\boldsymbol{M}}_{ii}\tilde{\boldsymbol{x}}(t-h(t))]$$
$$+\sum_{i,j=1,i<j}^{N}\mu_i(\boldsymbol{z}(t))\mu_j(\boldsymbol{z}(t))[(\boldsymbol{G}_{ij}+\boldsymbol{G}_{ji})\tilde{\boldsymbol{x}}(t)+(\widetilde{\boldsymbol{M}}_{ij}+\widetilde{\boldsymbol{M}}_{ji})\tilde{\boldsymbol{x}}(t-h(t))]$$
$$(6.1.29)$$

式中,$\widetilde{\boldsymbol{M}}_{ij}=\begin{bmatrix}\boldsymbol{A}_{2i} & \boldsymbol{0}\\ \boldsymbol{0} & \boldsymbol{A}_{2i}-\boldsymbol{G}_i\boldsymbol{C}_{2j}\end{bmatrix}$。

类似于定理 6.1.1 的分析,如果存在正定矩阵 $\boldsymbol{X}$ 和 $\boldsymbol{S}_i$,满足 $\boldsymbol{S}_i\geqslant\boldsymbol{X}$ 及下面的矩阵不等式:

$$\boldsymbol{X}\boldsymbol{G}_{ii}^{\mathrm{T}}+\boldsymbol{G}_{ii}\boldsymbol{X}+\boldsymbol{X}+(\boldsymbol{M}_i+\boldsymbol{N}_{ii})\boldsymbol{S}_i(\boldsymbol{M}_i+\boldsymbol{N}_{ii})^{\mathrm{T}}<\boldsymbol{0} \quad (6.1.30)$$

$$\boldsymbol{X}(\boldsymbol{G}_{ij}+\boldsymbol{G}_{ji})^{\mathrm{T}}+(\boldsymbol{G}_{ij}+\boldsymbol{G}_{ji})\boldsymbol{X}+2\boldsymbol{X}+(\boldsymbol{M}_i+\boldsymbol{N}_{ji})\boldsymbol{S}_i(\boldsymbol{M}_i+\boldsymbol{N}_{ji})^{\mathrm{T}}$$
$$+(\boldsymbol{M}_j+\boldsymbol{N}_{ij})\boldsymbol{S}_j(\boldsymbol{M}_j+\boldsymbol{N}_{ij})^{\mathrm{T}}<\boldsymbol{0},\quad i<j \quad (6.1.31)$$

则由式(6.1.28)所描述的模糊闭环时滞系统是渐近稳定的。令

$$\boldsymbol{X}=\begin{bmatrix}\boldsymbol{X}_1 & \boldsymbol{0}\\ \boldsymbol{0} & \boldsymbol{X}_2^{-1}\end{bmatrix},\quad \boldsymbol{S}_i=\begin{bmatrix}\boldsymbol{S}_{1i} & \boldsymbol{0}\\ \boldsymbol{0} & \boldsymbol{S}_{2i}^{-1}\end{bmatrix}$$

则有

$$\boldsymbol{X}_1\boldsymbol{A}_{1i}^{\mathrm{T}}+\boldsymbol{A}_{1i}\boldsymbol{X}_1-\boldsymbol{B}_i\boldsymbol{K}_i\boldsymbol{X}_1-\boldsymbol{X}_1\boldsymbol{K}_i^{\mathrm{T}}\boldsymbol{B}_i^{\mathrm{T}}+\boldsymbol{X}_1+\boldsymbol{A}_{2i}\boldsymbol{S}_{1i}\boldsymbol{A}_{2i}^{\mathrm{T}}<\boldsymbol{0} \quad (6.1.32)$$

$$X_2^{-1}A_{1i}^{\mathrm{T}}+A_{1i}X_2^{-1}-G_iC_{1i}X_2^{-1}-X_2^{-1}C_{1i}^{\mathrm{T}}G_i^{\mathrm{T}}+X_2^{-1}+(A_{2i}-G_iC_{2i})S_{2i}^{-1}(A_{2i}-G_iC_{2i})^{\mathrm{T}}<0 \tag{6.1.33}$$

$$X_1A_{1i}^{\mathrm{T}}+A_{1i}X_1+X_1A_{1j}^{\mathrm{T}}+A_{1j}X_1-B_iK_jX_1-X_1K_j^{\mathrm{T}}B_i^{\mathrm{T}}-B_jK_iX_1-X_1K_i^{\mathrm{T}}B_j^{\mathrm{T}}+2X_1+A_{2i}S_{1i}A_{2i}^{\mathrm{T}}+A_{2j}S_{1j}A_{2j}^{\mathrm{T}}<0,\quad i<j \tag{6.1.34}$$

$$X_2^{-1}A_{1i}^{\mathrm{T}}+A_{1i}X_2^{-1}+X_2^{-1}A_{1j}^{\mathrm{T}}+A_{1j}X_2^{-1}-G_iC_{1j}X_2^{-1}-X_2^{-1}C_{1j}^{\mathrm{T}}G_i^{\mathrm{T}}-G_jC_{1i}X_2^{-1}-X_2^{-1}C_{1i}^{\mathrm{T}}G_j^{\mathrm{T}}+(A_{2i}-G_jC_{2i})S_{2i}^{-1}(A_{2i}-G_jC_{2i})^{\mathrm{T}}+(A_{2j}-G_iC_{2j})S_{2j}^{-1}(A_{2j}-G_iC_{2j})^{\mathrm{T}}+2X_2^{-1}<0,\quad i<j \tag{6.1.35}$$

令 $Y_i=K_iX_1$，$R_i=X_2G_i$，由 Schur 分解原理可知，式(6.1.32)～(6.1.35)等价于如下的线性矩阵不等式：

$$X_1A_{1i}^{\mathrm{T}}+A_{1i}X_1-B_iY_i-Y_i^{\mathrm{T}}B_i^{\mathrm{T}}+X_1+A_{2i}S_{1i}A_{2i}^{\mathrm{T}}<0 \tag{6.1.36}$$

$$\begin{bmatrix} A_{1i}^{\mathrm{T}}X_2+X_2A_{1i}-R_iC_{1i}-C_{1i}^{\mathrm{T}}R_i^{\mathrm{T}}+X_2 & X_2A_{2i}-R_iC_{2i} \\ A_{2i}^{\mathrm{T}}X_2-C_{2i}^{\mathrm{T}}R_i^{\mathrm{T}} & -S_{2i} \end{bmatrix}<0 \tag{6.1.37}$$

$$X_1A_{1i}^{\mathrm{T}}+A_{1i}X_1+X_1A_{1j}^{\mathrm{T}}+A_{1j}X_1-B_iY_j-Y_j^{\mathrm{T}}B_i^{\mathrm{T}}-B_jY_i-Y_i^{\mathrm{T}}B_j^{\mathrm{T}}+2X_1+A_{2i}S_{1i}A_{2i}^{\mathrm{T}}+A_{2j}S_{1j}A_{2j}^{\mathrm{T}}<0,\quad i<j \tag{6.1.38}$$

$$\begin{bmatrix} \Phi_{ij} & (A_{2i}^{\mathrm{T}}X_2-C_{2j}^{\mathrm{T}}R_i^{\mathrm{T}})^{\mathrm{T}} & (A_{2j}^{\mathrm{T}}X_2-C_{2i}^{\mathrm{T}}R_j^{\mathrm{T}})^{\mathrm{T}} \\ A_{2i}^{\mathrm{T}}X_2-C_{2j}^{\mathrm{T}}R_i^{\mathrm{T}} & -S_{2i} & 0 \\ A_{2j}^{\mathrm{T}}X_2-C_{2i}^{\mathrm{T}}R_j^{\mathrm{T}} & 0 & -S_{2j} \end{bmatrix}<0,\quad i<j \tag{6.1.39}$$

式中

$$\Phi_{ij}=A_{1i}^{\mathrm{T}}X_2+X_2A_{1i}+A_{1j}^{\mathrm{T}}X_2+X_2A_{1j}-R_iC_{1j}-C_{1j}^{\mathrm{T}}R_i^{\mathrm{T}}-R_jC_{1i}-C_{1i}^{\mathrm{T}}R_j^{\mathrm{T}}+2X_2$$

由此得到如下的定理。

定理 6.1.4　如果存在正定矩阵 X_1、X_2、S_{1i}、S_{2i} 及矩阵 Y_i、R_i，满足

$$S_{2i}\geqslant X_1,\quad X_2\geqslant S_{2i} \tag{6.1.40}$$

且线性矩阵不等式(6.1.36)～(6.1.39)成立，则存在模糊控制律(6.1.25)，使得模糊闭环时滞系统(6.1.28)是渐近稳定的，并且状态反馈增益矩阵和观测器增益矩阵分别为 $K_i=Y_iX_1^{-1}$ 和 $G_i=X_2^{-1}R_i$，$i=1,2,\cdots,N$。

证明　假设 $S_{2i}\geqslant X_1$，$X_2\geqslant S_{2i}$，且 Y_i 和 Z_i 满足线性矩阵不等式(6.1.36)～(6.1.39)，令

$$X=\begin{bmatrix} \lambda X_1 & 0 \\ 0 & X_2^{-1} \end{bmatrix},\quad S_i=\begin{bmatrix} \lambda S_{1i} & 0 \\ 0 & S_{2i}^{-1} \end{bmatrix}$$

式中 $\lambda>0$，则对 $i=1,2,\cdots,N$，有 $X\geqslant S_i$。类似于文献[28]中的分析，可以证明矩阵不等式(6.1.30)和(6.1.31)成立。因此，可推出模糊时滞闭环系统(6.1.28)是渐近稳定的。

推论 6.1.5　如果对所有的 i，有 $h_i(t)=h(t)$，且存在正定矩阵 X_1、X_2、S_{1i}、S_{2i} 及矩阵 Y_i、R_i，满足线性矩阵不等式(6.1.36)、(6.1.37)和(6.1.40)及

$$X_1A_{1i}^{\mathrm{T}}+A_{1i}X_1+X_1A_{1j}^{\mathrm{T}}+A_{1j}X_1-B_iY_j-Y_j^{\mathrm{T}}B_i^{\mathrm{T}}-B_jY_i-Y_i^{\mathrm{T}}B_j^{\mathrm{T}}+X_1+(A_{2i}+A_{2j})S_i(A_{2i}+A_{2j})^{\mathrm{T}}\leqslant 0,\quad i<j$$

$$\begin{bmatrix} \Psi_{ij} & X_2^{\mathrm{T}}A_{2i}-R_iC_{2j}+X_2^{\mathrm{T}}A_{2j}-R_jC_{2i} \\ A_{2i}^{\mathrm{T}}X_2-C_{2j}^{\mathrm{T}}R_i^{\mathrm{T}}+A_{2j}^{\mathrm{T}}X_2-C_{2i}^{\mathrm{T}}R_j^{\mathrm{T}} & -S_{2i} \end{bmatrix}<0$$

式中

$$\boldsymbol{\Psi}_{ij}=\boldsymbol{A}_{1i}^{\mathrm{T}}\boldsymbol{X}_2+\boldsymbol{X}_2\boldsymbol{A}_{1i}+\boldsymbol{A}_{1j}^{\mathrm{T}}\boldsymbol{X}_2+\boldsymbol{X}_2\boldsymbol{A}_{1j}-\boldsymbol{R}_i\boldsymbol{C}_{1j}-\boldsymbol{C}_{1j}^{\mathrm{T}}\boldsymbol{R}_i^{\mathrm{T}}-\boldsymbol{R}_j\boldsymbol{C}_{1i}-\boldsymbol{C}_{1i}^{\mathrm{T}}\boldsymbol{R}_j^{\mathrm{T}}+\boldsymbol{X}_2$$

则存在模糊控制律(6.1.25),使得模糊闭环时滞系统(6.1.28)是渐近稳定的。

应用引理 2.1.3,可得到如下结论。

定理 6.1.5　对于所有的 t,被激活的模糊控制规则数小于或等于 $s(1<s\leqslant N)$,而且如果存在正定矩阵 $\boldsymbol{X}_1$、$\boldsymbol{X}_2$、$\boldsymbol{S}_{1i}$、$\boldsymbol{S}_{2i}$及矩阵 $\boldsymbol{Z}_1\geqslant-\boldsymbol{X}_1$、$\boldsymbol{Z}_2\geqslant-\boldsymbol{X}_2$、$\boldsymbol{Y}_i$、$\boldsymbol{R}_i$,满足线性矩阵不等式(6.1.40)及

$$\boldsymbol{X}_1\boldsymbol{A}_{1i}^{\mathrm{T}}+\boldsymbol{A}_{1i}\boldsymbol{X}_1-\boldsymbol{B}_i\boldsymbol{Y}_i-\boldsymbol{Y}_i^{\mathrm{T}}\boldsymbol{B}_i^{\mathrm{T}}+s\boldsymbol{X}_1+\boldsymbol{A}_{2i}\boldsymbol{S}_{1i}\boldsymbol{A}_{2i}^{\mathrm{T}}+(s-1)\boldsymbol{Z}_1<\boldsymbol{0}$$

$$\begin{bmatrix}\boldsymbol{A}_{1i}^{\mathrm{T}}\boldsymbol{X}_2+\boldsymbol{X}_2\boldsymbol{A}_{1i}-\boldsymbol{R}_i\boldsymbol{C}_i-\boldsymbol{C}_i^{\mathrm{T}}\boldsymbol{R}_i^{\mathrm{T}}+s\boldsymbol{X}_2+(s-1)\boldsymbol{Z}_2 & \boldsymbol{X}_2\boldsymbol{A}_{2i}-\boldsymbol{R}_i\boldsymbol{C}_{2i}\\ \boldsymbol{A}_{2i}^{\mathrm{T}}\boldsymbol{X}_2-\boldsymbol{C}_{2i}^{\mathrm{T}}\boldsymbol{R}_i^{\mathrm{T}} & -\boldsymbol{S}_{2i}\end{bmatrix}<\boldsymbol{0}$$

$$\begin{aligned}&\boldsymbol{X}_1\boldsymbol{A}_{1i}^{\mathrm{T}}+\boldsymbol{A}_{1i}\boldsymbol{X}_1+\boldsymbol{X}_1\boldsymbol{A}_{1j}^{\mathrm{T}}+\boldsymbol{A}_{1j}\boldsymbol{X}_1-\boldsymbol{B}_i\boldsymbol{Y}_j-\boldsymbol{Y}_j^{\mathrm{T}}\boldsymbol{B}_i^{\mathrm{T}}-\boldsymbol{B}_j\boldsymbol{Y}_i\\&\quad-\boldsymbol{Y}_i^{\mathrm{T}}\boldsymbol{B}_j^{\mathrm{T}}+\boldsymbol{A}_{2i}\boldsymbol{S}_{1i}\boldsymbol{A}_{2i}^{\mathrm{T}}+\boldsymbol{A}_{2j}\boldsymbol{S}_{1j}\boldsymbol{A}_{2j}^{\mathrm{T}}-2\boldsymbol{Z}_1\leqslant\boldsymbol{0},\quad i<j\end{aligned}$$

$$\begin{bmatrix}\boldsymbol{\Omega}_{ij} & \boldsymbol{X}_2^{\mathrm{T}}\boldsymbol{A}_{2i}-\boldsymbol{R}_i\boldsymbol{C}_{2j} & \boldsymbol{X}_2^{\mathrm{T}}\boldsymbol{A}_{2j}-\boldsymbol{R}_j\boldsymbol{C}_{2i}\\ \boldsymbol{A}_{2i}^{\mathrm{T}}\boldsymbol{X}_2-\boldsymbol{C}_{2j}^{\mathrm{T}}\boldsymbol{R}_i^{\mathrm{T}} & -\boldsymbol{S}_{2i} & \boldsymbol{0}\\ \boldsymbol{A}_{2j}^{\mathrm{T}}\boldsymbol{X}_2-\boldsymbol{C}_{2i}^{\mathrm{T}}\boldsymbol{R}_j^{\mathrm{T}} & \boldsymbol{0} & -\boldsymbol{S}_{2j}\end{bmatrix}\leqslant\boldsymbol{0},\quad i<j$$

式中

$$\boldsymbol{\Omega}_{ij}=\boldsymbol{A}_{1i}^{\mathrm{T}}\boldsymbol{X}_2+\boldsymbol{X}_2\boldsymbol{A}_{1i}+\boldsymbol{A}_{1j}^{\mathrm{T}}\boldsymbol{X}_2+\boldsymbol{X}_2\boldsymbol{A}_{1j}-\boldsymbol{R}_i\boldsymbol{C}_j-\boldsymbol{C}_j^{\mathrm{T}}\boldsymbol{R}_i^{\mathrm{T}}-\boldsymbol{R}_j\boldsymbol{C}_i-\boldsymbol{C}_i^{\mathrm{T}}\boldsymbol{R}_j^{\mathrm{T}}-2\boldsymbol{Z}_2$$

则存在模糊控制律(6.1.25),使得模糊闭环时滞系统(6.1.28)是渐近稳定的,且状态反馈增益矩阵和观测器增益矩阵分别为

$$\boldsymbol{K}_i=\boldsymbol{Y}_i\boldsymbol{X}_1^{-1},\quad \boldsymbol{G}_i=\boldsymbol{X}_2^{-1}\boldsymbol{R}_i,\quad i=1,2,\cdots,N$$

推论 6.1.6　对于所有的 t,被激活的模糊控制规则数小于或等于 $s(1<s\leqslant N)$,且对所有的 i,有 $h_i(t)=h(t)$。如果存在正定矩阵 $\boldsymbol{X}_1$、$\boldsymbol{X}_2$、$\boldsymbol{S}_{1i}$、$\boldsymbol{S}_{2i}$及矩阵 $\boldsymbol{Z}_1\geqslant-\boldsymbol{X}_1$、$\boldsymbol{Z}_2\geqslant-\boldsymbol{X}_2$、$\boldsymbol{Y}_i$、$\boldsymbol{R}_i$,满足线性矩阵不等式(6.1.36)、(6.1.37)和(6.1.40)及

$$\boldsymbol{X}_1\boldsymbol{A}_{1i}^{\mathrm{T}}+\boldsymbol{A}_{1i}\boldsymbol{X}_1-\boldsymbol{B}_i\boldsymbol{Y}_i-\boldsymbol{Y}_i^{\mathrm{T}}\boldsymbol{B}_i^{\mathrm{T}}+\frac{s+1}{2}\boldsymbol{X}_1+\boldsymbol{A}_{2i}\boldsymbol{S}_{1i}\boldsymbol{A}_{2i}^{\mathrm{T}}+(s-1)\boldsymbol{Z}_1<\boldsymbol{0}$$

$$\begin{bmatrix}\boldsymbol{A}_{1i}^{\mathrm{T}}\boldsymbol{X}_2+\boldsymbol{X}_2\boldsymbol{A}_{1i}-\boldsymbol{R}_i\boldsymbol{C}_i-\boldsymbol{C}_i^{\mathrm{T}}\boldsymbol{R}_i^{\mathrm{T}}+\dfrac{s+1}{2}\boldsymbol{X}_2+(s-1)\boldsymbol{Z}_2 & \boldsymbol{X}_2\boldsymbol{A}_{2i}-\boldsymbol{R}_i\boldsymbol{C}_{2i}\\ \boldsymbol{A}_{2i}^{\mathrm{T}}\boldsymbol{X}_2-\boldsymbol{C}_{2i}^{\mathrm{T}}\boldsymbol{R}_i^{\mathrm{T}} & -\boldsymbol{S}_{2i}\end{bmatrix}<\boldsymbol{0}$$

$$\begin{aligned}&\boldsymbol{X}_1\boldsymbol{A}_{1i}^{\mathrm{T}}+\boldsymbol{A}_{1i}\boldsymbol{X}_1+\boldsymbol{X}_1\boldsymbol{A}_{1j}^{\mathrm{T}}+\boldsymbol{A}_{1j}\boldsymbol{X}_1-\boldsymbol{B}_i\boldsymbol{Y}_j-\boldsymbol{Y}_j^{\mathrm{T}}\boldsymbol{B}_i^{\mathrm{T}}-\boldsymbol{B}_j\boldsymbol{Y}_i-\boldsymbol{Y}_i^{\mathrm{T}}\boldsymbol{B}_j^{\mathrm{T}}\\&\quad+(\boldsymbol{A}_{2i}+\boldsymbol{A}_{2j})\boldsymbol{S}_{1i}(\boldsymbol{A}_{2i}+\boldsymbol{A}_{2j})^{\mathrm{T}}-2\boldsymbol{Z}_1\leqslant\boldsymbol{0},\quad i<j\end{aligned}$$

$$\begin{bmatrix}\boldsymbol{\Omega}_{ij} & \boldsymbol{X}_2^{\mathrm{T}}\boldsymbol{A}_{2i}+\boldsymbol{X}_2^{\mathrm{T}}\boldsymbol{A}_{2j}-\boldsymbol{R}_i\boldsymbol{C}_{2j}-\boldsymbol{R}_j\boldsymbol{C}_{2i}\\ \boldsymbol{A}_{2i}^{\mathrm{T}}\boldsymbol{X}_2+\boldsymbol{A}_{2j}^{\mathrm{T}}\boldsymbol{X}_2-\boldsymbol{C}_{2j}^{\mathrm{T}}\boldsymbol{R}_i^{\mathrm{T}}-\boldsymbol{C}_{2i}^{\mathrm{T}}\boldsymbol{R}_j^{\mathrm{T}} & -\boldsymbol{S}_{2i}\end{bmatrix}\leqslant\boldsymbol{0},\quad i<j$$

则存在模糊控制律(6.1.25),使得模糊闭环时滞系统(6.1.28)是渐近稳定的。

6.1.4　仿真

例 6.1.1　把 6.1.3 节所设计的模糊控制方法应用到拖车系统的控制问题,假设拖车系统的数学模型为

$$
\begin{aligned}
\dot{x}_1(t) &= -\frac{v\bar{t}}{Lt_0}x_1(t)+\frac{v\bar{t}}{lt_0}u(t)\\
\dot{x}_2(t) &= \frac{v\bar{t}}{Lt_0}x_1(t)\\
\dot{x}_3(t) &= \frac{v\bar{t}}{t_0}\sin\left(x_2(t)+\frac{v\bar{t}}{Lt_0}x_1(t)\right)
\end{aligned}
\tag{6.1.41}
$$

模型的参数选为

$$l=2.8\text{m},\quad L=5.5\text{m},\quad v=-1.0\text{m/s},\quad \bar{t}=2.0\text{s},\quad t_0=0.5\text{s}$$

假设系统 $x_1(t)$受时滞干扰且时滞模型为

$$
\begin{aligned}
\dot{x}_1(t) &= -a\,\frac{v\bar{t}}{Lt_0}x_1(t)-(1-a)\,\frac{v\bar{t}}{Lt_0}x_1(t-h)+\frac{v\bar{t}}{lt_0}u(t)\\
\dot{x}_2(t) &= a\,\frac{v\bar{t}}{Lt_0}x_1(t)+(1-a)\,\frac{v\bar{t}}{Lt_0}x_1(t-h)\\
\dot{x}_3(t) &= \frac{v\bar{t}}{t_0}\sin\left[x_2(t)+a\,\frac{v\bar{t}}{Lt_0}x_1(t)+(1-a)\,\frac{v\bar{t}}{Lt_0}x_1(t-h)\right]
\end{aligned}
\tag{6.1.42}
$$

式中,a 为延迟系数,$a\in[0,1]$,1 和 0 分别表示没有延迟和完全延迟的界限。在此例中,取 $a=0.7$。

利用下面的模糊 T-S 模型对非线性系统进行建模,并建立如下的模糊规则。

模糊系统规则 1:如果 $\theta(t)=x_2(t)+a\,\frac{v\bar{t}}{2L}x_1(t)+(1-a)\frac{v\bar{t}}{2L}x_1(t-h)$是 0,则

$$\dot{\boldsymbol{x}}(t)=\boldsymbol{A}_{11}\boldsymbol{x}(t)+\boldsymbol{A}_{12}\boldsymbol{x}(t-h)+\boldsymbol{B}_1u(t)$$

模糊系统规则 2:如果 $\theta(t)=x_2(t)+a\,\frac{v\bar{t}}{2L}x_1(t)+(1-a)\frac{v\bar{t}}{2L}x_1(t-h)$是 π 或−π,则

$$\dot{\boldsymbol{x}}(t)=\boldsymbol{A}_{21}\boldsymbol{x}(t)+\boldsymbol{A}_{22}\boldsymbol{x}(t-h)+\boldsymbol{B}_2u(t)$$

式中

$$
\boldsymbol{A}_{11}=\begin{bmatrix}-a\,\dfrac{v\bar{t}}{Lt_0} & 0 & 0\\ a\,\dfrac{v\bar{t}}{Lt_0} & 0 & 0\\ a\,\dfrac{dv^2\bar{t}^2}{2Lt_0} & \dfrac{v\bar{t}}{t_0} & 0\end{bmatrix},\quad
\boldsymbol{A}_{12}=\begin{bmatrix}-(1-a)\,\dfrac{v\bar{t}}{Lt_0} & 0 & 0\\ (1-a)\,\dfrac{v\bar{t}}{Lt_0} & 0 & 0\\ (1-a)\,\dfrac{v^2\bar{t}^2}{2Lt_0} & \dfrac{v\bar{t}}{t_0} & 0\end{bmatrix},\quad
\boldsymbol{B}_1=\begin{bmatrix}\dfrac{v\bar{t}}{lt_0}\\ 0\\ 0\end{bmatrix}
\tag{6.1.43}
$$

$$
\boldsymbol{A}_{21}=\begin{bmatrix}-a\,\dfrac{v\bar{t}}{Lt_0} & 0 & 0\\ a\,\dfrac{v\bar{t}}{Lt_0} & 0 & 0\\ a\,\dfrac{dv^2\bar{t}^2}{2Lt_0} & \dfrac{dv\bar{t}}{t_0} & 0\end{bmatrix},\quad
\boldsymbol{A}_{22}=\begin{bmatrix}-(1-a)\,\dfrac{v\bar{t}}{Lt_0} & 0 & 0\\ (1-a)\,\dfrac{v\bar{t}}{Lt_0} & 0 & 0\\ (1-a)\,\dfrac{dv^2\bar{t}^2}{2Lt_0} & \dfrac{v\bar{t}}{t_0} & 0\end{bmatrix},\quad
\boldsymbol{B}_2=\begin{bmatrix}\dfrac{v\bar{t}}{lt_0}\\ 0\\ 0\end{bmatrix}
\tag{6.1.44}
$$

设 $d=10t_0/\pi$,模糊隶属函数取为

$$\mu_1(\theta)=\left\{1-\frac{1}{1+\exp[-3(\theta(t)-0.5\pi)]}\right\}\frac{1}{1+\exp[-3(\theta(t)-0.5\pi)]}$$

$$\mu_2(\theta)=1-\mu_1(\theta)$$

应用定理 6.1.2,得到一个可行的解:

$$\boldsymbol{K}_1=[-2.8950\quad 7.3277\quad -0.8826]$$

$$\boldsymbol{K}_2=[-2.9732\quad 8.0932\quad -0.9575]$$

$$\boldsymbol{X}=\begin{bmatrix}10.3097 & 2.6419 & -1.8789\\ 2.6419 & 1.7393 & 5.3230\\ -1.8789 & 5.3230 & 43.9311\end{bmatrix}$$

取初始条件为$[0.5\pi\quad 0.75\pi\quad -5]$,$h$ 分别取为 1 和 5。图 6-1 和图 6-2 分别给出了这两种条件所对应的仿真曲线。

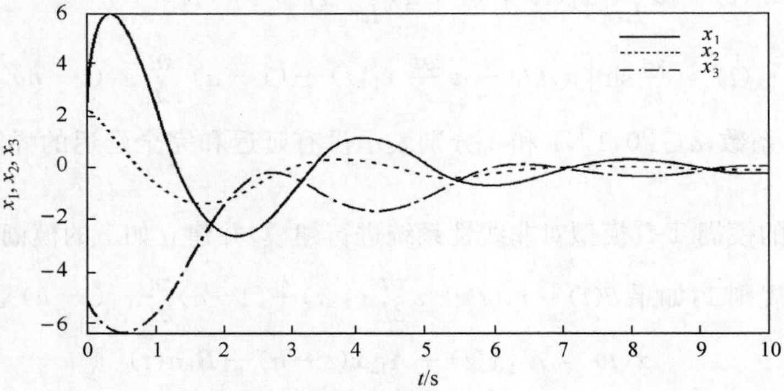

图 6-1　状态响应曲线($h=1$)

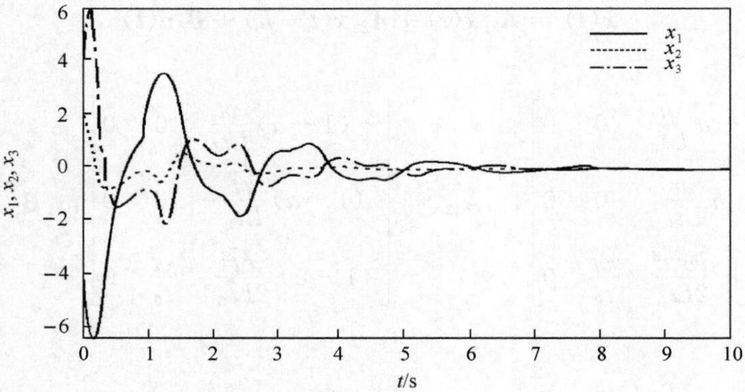

图 6-2　状态响应曲线($h=5$)

6.2　离散模糊时滞系统的控制设计

本节针对一类离散模糊时滞系统,给出模糊状态反馈控制和输出反馈控制的设计,并基于 Lyapunov 函数方法对模糊闭环系统的稳定性进行分析。

6.2.1 模糊状态反馈控制设计与稳定性分析

考虑由模糊 T-S 时滞模型所描述的非线性时滞系统。

模糊系统规则 i：如果 $z_1(t)$是 F_{i1}，$z_2(t)$是 F_{i2}，…，$z_n(t)$是 F_{in}，则

$$\boldsymbol{x}(t+1)=\boldsymbol{A}_{1i}\boldsymbol{x}(t)+\boldsymbol{A}_{2i}\boldsymbol{x}(t-h)+\boldsymbol{B}_i\boldsymbol{u}(t) \tag{6.2.1}$$

$$\boldsymbol{y}(t)\boldsymbol{C}_{1i}\boldsymbol{x}(t)+\boldsymbol{C}_{2i}\boldsymbol{x}(t-h),\quad t>0 \tag{6.2.2}$$

$$\boldsymbol{x}(t)=\boldsymbol{\Psi}(t),\quad t\in[-\tau,0] \tag{6.2.3}$$

假设 h 为正常数。对于给定的数对$(\boldsymbol{x}(t),\boldsymbol{u}(t))$，由单点模糊化、乘积推理和平均加权反模糊化，最终离散模糊时滞系统的合成输出可表示如下：

$$\boldsymbol{x}(t+1)=\sum_{i=1}^{N}\mu_i(\boldsymbol{z}(t))(\boldsymbol{A}_{1i}\boldsymbol{x}(t)+\boldsymbol{A}_{2i}\boldsymbol{x}(t-h)+\boldsymbol{B}_i\boldsymbol{u}(t)) \tag{6.2.4}$$

$$\boldsymbol{y}(t)=\sum_{i=1}^{N}\mu_i(\boldsymbol{z}(t))(\boldsymbol{C}_{1i}\boldsymbol{x}(t)+\boldsymbol{C}_{2i}\boldsymbol{x}(t-h)) \tag{6.2.5}$$

离散模糊时滞系统(6.2.4)所对应的离散自治模糊系统为

$$\boldsymbol{x}(t+1)=\sum_{i=1}^{N}\mu_i(\boldsymbol{z}(t))(\boldsymbol{A}_{1i}\boldsymbol{x}(t)+\boldsymbol{A}_{2i}\boldsymbol{x}(t-h)) \tag{6.2.6}$$

下面给出离散模糊时滞系统(6.2.6)稳定的充分条件。

引理 6.2.1　给定矩阵 $\boldsymbol{A},\boldsymbol{B}\in\mathbf{R}^{m\times n}$，两个正定矩阵 $\boldsymbol{P}\in\mathbf{R}^{m\times n}$ 和 $\boldsymbol{Q}\in\mathbf{R}^{m\times n}$，如果满足矩阵不等式 $\boldsymbol{A}^{\mathrm{T}}\boldsymbol{PA}-\boldsymbol{Q}<\boldsymbol{0}$ 和 $\boldsymbol{B}^{\mathrm{T}}\boldsymbol{PB}-\boldsymbol{Q}<\boldsymbol{0}$，则

$$\boldsymbol{A}^{\mathrm{T}}\boldsymbol{PB}+\boldsymbol{B}^{\mathrm{T}}\boldsymbol{PA}-2\boldsymbol{Q}<\boldsymbol{0}$$

定理 6.2.1　如果存在两个正定矩阵 $\boldsymbol{P}$ 和 $\boldsymbol{S}$，使得

$$\begin{bmatrix}\boldsymbol{A}_{1i}^{\mathrm{T}}\boldsymbol{PA}_{1i}-\boldsymbol{P}+\boldsymbol{S} & \boldsymbol{A}_{1i}^{\mathrm{T}}\boldsymbol{PA}_{2i}\\ \boldsymbol{A}_{2i}^{\mathrm{T}}\boldsymbol{PA}_{1i} & \boldsymbol{A}_{2i}^{\mathrm{T}}\boldsymbol{PA}_{2i}-\boldsymbol{S}\end{bmatrix}<\boldsymbol{0},\quad i=1,2,\cdots,N \tag{6.2.7}$$

成立，则离散模糊时滞系统(6.2.6)是渐近稳定的。

证明　选择 Lyapunov 函数为

$$V(\boldsymbol{x}(t))=\boldsymbol{x}^{\mathrm{T}}(t)\boldsymbol{Px}(t)+\sum_{\sigma=t-h}^{t-1}\boldsymbol{x}^{\mathrm{T}}(\sigma)\boldsymbol{Sx}(\sigma) \tag{6.2.8}$$

式中，$\boldsymbol{P}>\boldsymbol{0}$；$\boldsymbol{S}>\boldsymbol{0}$。显然存在 σ_1 和 σ_2 使得如下的不等式成立：

$$\sigma_1\|\boldsymbol{x}(t)\|^2\leqslant V(\boldsymbol{x}(t))\leqslant\sigma_2\|\boldsymbol{x}(t)\|^2$$

式中，$\sigma_1=\lambda_{\min}(\boldsymbol{P})$；$\sigma_2=\lambda_{\max}(\boldsymbol{P})+h\lambda_{\max}(\boldsymbol{S})$，于是有

$$\begin{aligned}\Delta V(\boldsymbol{x}(t))&=V(\boldsymbol{x}(t+1))-V(\boldsymbol{x}(t))\\&=\sum_{i=1}^{N}\mu_i^2(\boldsymbol{z}(t))\bar{\boldsymbol{x}}^{\mathrm{T}}(t)(\bar{\boldsymbol{A}}_i^{\mathrm{T}}\boldsymbol{P}\bar{\boldsymbol{A}}_i-\bar{\boldsymbol{P}})\bar{\boldsymbol{x}}(t)\\&\quad+\sum_{i,j=1,i<j}^{N}\mu_i(\boldsymbol{z}(t))\mu_j(\boldsymbol{z}(t))\bar{\boldsymbol{x}}^{\mathrm{T}}(t)(\bar{\boldsymbol{A}}_i^{\mathrm{T}}\boldsymbol{P}\bar{\boldsymbol{A}}_j+\bar{\boldsymbol{A}}_j^{\mathrm{T}}\boldsymbol{P}\bar{\boldsymbol{A}}_i-2\bar{\boldsymbol{P}})\bar{\boldsymbol{x}}(t)\end{aligned}$$

式中

$$\bar{\boldsymbol{x}}(t)=\begin{bmatrix}\boldsymbol{x}(t)\\ \boldsymbol{x}(t-h)\end{bmatrix},\quad \bar{\boldsymbol{A}}_i=[\boldsymbol{A}_{1i},\boldsymbol{A}_{2i}],\quad \bar{\boldsymbol{P}}=\begin{bmatrix}\boldsymbol{P}-\boldsymbol{S} & \boldsymbol{0}\\ \boldsymbol{0} & \boldsymbol{S}\end{bmatrix}$$

由引理 6.2.1 可知,如果线性矩阵不等式(6.2.7)成立,则当 $\boldsymbol{x}(t)\neq\boldsymbol{0}$ 时,有 $\Delta V(\boldsymbol{x}(t))<0$,从而离散模糊时滞系统(6.2.6)是渐近稳定的。

对于离散模糊时滞系统(6.2.4),根据模糊平行分布补偿算法,设计模糊状态反馈控制器如下。

模糊控制规则 i:如果 $z_1(t)$ 是 F_{i1},$z_2(t)$ 是 F_{i2},…,$z_n(t)$ 是 F_{in},则

$$\boldsymbol{u}(t)=-\boldsymbol{K}_i\boldsymbol{x}(t),\quad i=1,2,\cdots,N \tag{6.2.9}$$

整个状态反馈控制律为

$$\boldsymbol{u}(t)=-\frac{\sum_{i=1}^{N}\alpha_i(\boldsymbol{z}(t))\boldsymbol{K}_i\boldsymbol{x}(t)}{\sum_{i=1}^{N}\alpha_i(\boldsymbol{z}(t))}=-\sum_{i=1}^{N}\mu_i(\boldsymbol{z}(t))\boldsymbol{K}_i\boldsymbol{x}(t) \tag{6.2.10}$$

由式(6.2.4)和(6.2.10)组成的模糊闭环时滞系统为

$$\begin{aligned}\boldsymbol{x}(t+1)&=\sum_{i=1}^{N}\sum_{j=1}^{N}\mu_i(\boldsymbol{z}(t))\mu_j(\boldsymbol{z}(t))[(\boldsymbol{A}_{1i}-\boldsymbol{B}_i\boldsymbol{K}_j)\boldsymbol{x}(t)+\boldsymbol{A}_{2i}\boldsymbol{x}(t-h)]\\&=\sum_{i=1}^{N}\mu_i^2(\boldsymbol{z}(t))(\boldsymbol{G}_{ii}\boldsymbol{x}(t)+\boldsymbol{A}_{2i}\boldsymbol{x}(t-h))\\&\quad+\sum_{i,j=1,i<j}^{N}\mu_i(\boldsymbol{z}(t))\mu_j(\boldsymbol{z}(t))[(\boldsymbol{G}_{ij}+\boldsymbol{G}_{ji})\boldsymbol{x}(t)+(\boldsymbol{A}_{2i}+\boldsymbol{A}_{2j})\boldsymbol{x}(t-h)]\end{aligned} \tag{6.2.11}$$

式中,$\boldsymbol{G}_{ij}=\boldsymbol{A}_{1i}-\boldsymbol{B}_i\boldsymbol{K}_j$。

定理 6.2.2　对于给定的离散模糊时滞系统(6.2.4)和(6.2.5),如果存在正定矩阵 $\boldsymbol{X}$ 和 $\boldsymbol{Q}$ 及矩阵 $\boldsymbol{Y}$ 满足下面的矩阵不等式:

$$\begin{bmatrix}-\boldsymbol{X}-\boldsymbol{Q} & \boldsymbol{0} & (\boldsymbol{A}_{1i}\boldsymbol{X}-\boldsymbol{B}_i\boldsymbol{Y}_i)^{\mathrm{T}}\\ \boldsymbol{0} & -\boldsymbol{Q} & (\boldsymbol{A}_{2i}\boldsymbol{X})^{\mathrm{T}}\\ \boldsymbol{A}_{1i}\boldsymbol{X}-\boldsymbol{B}_i\boldsymbol{Y}_i & \boldsymbol{A}_{2i}\boldsymbol{X} & -\boldsymbol{X}\end{bmatrix}<\boldsymbol{0} \tag{6.2.12}$$

$$\begin{bmatrix}-\boldsymbol{X}-\boldsymbol{Q} & \boldsymbol{0} & \frac{1}{2}(\boldsymbol{A}_{1i}\boldsymbol{X}-\boldsymbol{B}_i\boldsymbol{Y}_j+\boldsymbol{A}_{1j}\boldsymbol{X}-\boldsymbol{B}_j\boldsymbol{Y}_i)^{\mathrm{T}}\\ \boldsymbol{0} & -\boldsymbol{Q} & \frac{1}{2}(\boldsymbol{A}_{2i}\boldsymbol{X}+\boldsymbol{A}_{2j}\boldsymbol{X})^{\mathrm{T}}\\ \frac{1}{2}(\boldsymbol{A}_{1i}\boldsymbol{X}-\boldsymbol{B}_i\boldsymbol{Y}_j+\boldsymbol{A}_{1j}\boldsymbol{X}-\boldsymbol{B}_j\boldsymbol{Y}_i) & \frac{1}{2}(\boldsymbol{A}_{2i}\boldsymbol{X}+\boldsymbol{A}_{2j}\boldsymbol{X}) & -\boldsymbol{X}\end{bmatrix}<\boldsymbol{0} \tag{6.2.13}$$

则模糊控制律(6.2.10)使得模糊闭环时滞系统(6.2.11)是渐近稳定的,且状态反馈增益为 $\boldsymbol{K}_i=\boldsymbol{Y}_i\boldsymbol{X}_1^{-1}$,$i=1,2,\cdots,N$。

证明　选择 Lyapunov 函数为

$$V(\boldsymbol{x}(t))=\boldsymbol{x}^{\mathrm{T}}(t)\boldsymbol{P}\boldsymbol{x}(t)+\sum_{\sigma=t-h}^{t-1}\boldsymbol{x}^{\mathrm{T}}(\sigma)\boldsymbol{S}\boldsymbol{x}(\sigma)$$

求 $V(\boldsymbol{x}(t))$ 的差分,由式(6.2.11)可得

$$\begin{aligned}\Delta V(\boldsymbol{x}(t)) &= V(\boldsymbol{x}(t+1)) - V(\boldsymbol{x}(t)) \\ &= \sum_{i=1}^{N}\sum_{j=1}^{N}\sum_{k=1}^{N}\sum_{l=1}^{N}\mu_i(\boldsymbol{z}(t))\mu_j(\boldsymbol{z}(t))\mu_k(\boldsymbol{z}(t))\mu_l(\boldsymbol{z}(t)) \\ &\quad\times[\boldsymbol{x}^{\mathrm{T}}(t)(\boldsymbol{G}_{ij}^{\mathrm{T}}\boldsymbol{P}\boldsymbol{G}_{kl}-\boldsymbol{P})\boldsymbol{x}(t)+\boldsymbol{x}^{\mathrm{T}}(t)\boldsymbol{G}_{ij}^{\mathrm{T}}\boldsymbol{P}\boldsymbol{A}_{2k}\boldsymbol{x}(t-h) \\ &\quad+\boldsymbol{x}^{\mathrm{T}}(t-h)\boldsymbol{A}_{2i}^{\mathrm{T}}\boldsymbol{P}\boldsymbol{G}_{kl}\boldsymbol{x}(t)+\boldsymbol{x}^{\mathrm{T}}(t-h)\boldsymbol{A}_{2i}^{\mathrm{T}}\boldsymbol{P}\boldsymbol{A}_{2k}\boldsymbol{x}(t-h) \\ &\quad+\boldsymbol{x}^{\mathrm{T}}(t)\boldsymbol{S}\boldsymbol{x}(t)-\boldsymbol{x}^{\mathrm{T}}(t-h)\boldsymbol{S}\boldsymbol{x}(t-h)] \\ &= \sum_{i=1}^{N}\sum_{j=1}^{N}\sum_{k=1}^{N}\sum_{l=1}^{N}\mu_i(\boldsymbol{z}(t))\mu_j(\boldsymbol{z}(t))\mu_k(\boldsymbol{z}(t))\mu_l(\boldsymbol{z}(t)) \\ &\quad\times\bar{\boldsymbol{x}}^{\mathrm{T}}(t)(\bar{\boldsymbol{A}}_{ij}^{\mathrm{T}}\boldsymbol{P}\bar{\boldsymbol{A}}_{kl}+\bar{\boldsymbol{P}})\bar{\boldsymbol{x}}(t)\end{aligned}$$

式中

$$\bar{\boldsymbol{x}}(t)=\begin{bmatrix}\boldsymbol{x}(t)\\ \boldsymbol{x}(t-h)\end{bmatrix},\quad \bar{\boldsymbol{A}}_{ij}=[\boldsymbol{G}_{ij},\boldsymbol{A}_{2i}],\quad \bar{\boldsymbol{P}}=\begin{bmatrix}\boldsymbol{P}-\boldsymbol{S} & \boldsymbol{0}\\ \boldsymbol{0} & \boldsymbol{S}\end{bmatrix}$$

应用引理 6.2.1,有

$$\begin{aligned}\Delta V(\boldsymbol{x}(t)) &\leqslant \sum_{i=1}^{N}\sum_{j=1}^{N}\mu_i(\boldsymbol{z}(t))\mu_j(\boldsymbol{z}(t))\bar{\boldsymbol{x}}^{\mathrm{T}}(t)(\bar{\boldsymbol{A}}_{ij}^{\mathrm{T}}\boldsymbol{P}\bar{\boldsymbol{A}}_{ij}-\bar{\boldsymbol{P}})\bar{\boldsymbol{x}}(t) \\ &= \frac{1}{4}\sum_{i=1}^{N}\sum_{j=1}^{N}\mu_i(\boldsymbol{z}(t))\mu_j(\boldsymbol{z}(t))\bar{\boldsymbol{x}}^{\mathrm{T}}(t)[(\bar{\boldsymbol{A}}_{ij}+\bar{\boldsymbol{A}}_{ji})^{\mathrm{T}}\boldsymbol{P}(\bar{\boldsymbol{A}}_{ij}+\bar{\boldsymbol{A}}_{ji})-4\bar{\boldsymbol{P}}]\bar{\boldsymbol{x}}(t) \\ &= \sum_{i=1}^{N}\mu_i^2(\boldsymbol{z}(t))\bar{\boldsymbol{x}}^{\mathrm{T}}(t)(\bar{\boldsymbol{A}}_{ii}^{\mathrm{T}}\boldsymbol{P}\bar{\boldsymbol{A}}_{ii}-\bar{\boldsymbol{P}})\bar{\boldsymbol{x}}(t) \\ &\quad+\sum_{i,j=1,i<j}^{N}2\mu_i(\boldsymbol{z}(t))\mu_j(\boldsymbol{z}(t))\bar{\boldsymbol{x}}^{\mathrm{T}}(t)\left[\left(\frac{\bar{\boldsymbol{A}}_{ij}+\bar{\boldsymbol{A}}_{ji}}{2}\right)^{\mathrm{T}}\boldsymbol{P}\left(\frac{\bar{\boldsymbol{A}}_{ij}+\bar{\boldsymbol{A}}_{ji}}{2}\right)-\bar{\boldsymbol{P}}\right]\bar{\boldsymbol{x}}(t)\end{aligned}\tag{6.2.14}$$

如果存在两个正定矩阵 $\boldsymbol{P}\in\mathbf{R}^{2n\times 2n}$ 和 $\boldsymbol{S}\in\mathbf{R}^{2n\times 2n}$,满足矩阵不等式

$$\bar{\boldsymbol{A}}_{ii}^{\mathrm{T}}\boldsymbol{P}\bar{\boldsymbol{A}}_{ii}-\bar{\boldsymbol{P}}<\boldsymbol{0}\tag{6.2.15}$$

$$\left(\frac{\bar{\boldsymbol{A}}_{ij}+\bar{\boldsymbol{A}}_{ji}}{2}\right)^{\mathrm{T}}\boldsymbol{P}\left(\frac{\bar{\boldsymbol{A}}_{ij}+\bar{\boldsymbol{A}}_{ji}}{2}\right)-\bar{\boldsymbol{P}}\leqslant\boldsymbol{0},\quad i<j\tag{6.2.16}$$

则模糊闭环时滞系统(6.2.11)是渐近稳定的。由 Schur 分解原理,式(6.2.15)和(6.2.16)分别等价于

$$\begin{bmatrix}-\boldsymbol{X}-\boldsymbol{Q} & \boldsymbol{0} & \boldsymbol{X}^{\mathrm{T}}\boldsymbol{G}_{ii}^{\mathrm{T}}\\ \boldsymbol{0} & -\boldsymbol{Q} & \boldsymbol{X}^{\mathrm{T}}\boldsymbol{A}_{2i}^{\mathrm{T}}\\ \boldsymbol{G}_{ii}\boldsymbol{X} & \boldsymbol{A}_{2i}\boldsymbol{X} & -\boldsymbol{X}\end{bmatrix}<\boldsymbol{0}\tag{6.2.17}$$

$$\begin{bmatrix}-\boldsymbol{X}-\boldsymbol{Q} & \boldsymbol{0} & \boldsymbol{X}^{\mathrm{T}}\left(\dfrac{\boldsymbol{G}_{ij}+\boldsymbol{G}_{ji}}{2}\right)^{\mathrm{T}}\\ \boldsymbol{0} & -\boldsymbol{Q} & \boldsymbol{X}^{\mathrm{T}}\left(\dfrac{\boldsymbol{A}_{2i}+\boldsymbol{A}_{2j}}{2}\right)^{\mathrm{T}}\\ \left(\dfrac{\boldsymbol{G}_{ij}+\boldsymbol{G}_{ji}}{2}\right)\boldsymbol{X} & \left(\dfrac{\boldsymbol{A}_{2i}+\boldsymbol{A}_{2j}}{2}\right)\boldsymbol{X} & -\boldsymbol{X}\end{bmatrix}<\boldsymbol{0}\tag{6.2.18}$$

式中,$\boldsymbol{X}=\boldsymbol{P}^{-1}$;$\boldsymbol{Q}=\boldsymbol{X}\boldsymbol{S}\boldsymbol{X}$。令 $\boldsymbol{Y}_i=\boldsymbol{K}_i\boldsymbol{X}$,将 $\boldsymbol{Y}_i$ 和 $\boldsymbol{G}_{ij}$ 代入式(6.2.17),则式(6.2.17)等价于下面的矩阵不等式:

$$\begin{bmatrix} -\boldsymbol{X}+\boldsymbol{Q} & \boldsymbol{0} & \boldsymbol{X}^{\mathrm{T}}\boldsymbol{A}_{1i}^{\mathrm{T}}-\boldsymbol{Y}_i^{\mathrm{T}}\boldsymbol{B}_i^{\mathrm{T}} \\ \boldsymbol{0} & -\boldsymbol{Q} & \boldsymbol{X}^{\mathrm{T}}\boldsymbol{A}_{2i}^{\mathrm{T}} \\ \boldsymbol{A}_{1i}\boldsymbol{X}-\boldsymbol{B}_i\boldsymbol{Y}_i & \boldsymbol{A}_{2i}\boldsymbol{X} & -\boldsymbol{X} \end{bmatrix}<\boldsymbol{0} \tag{6.2.19}$$

同理,式(6.2.18)等价于下面的矩阵不等式:

$$\begin{bmatrix} -\boldsymbol{X}-\boldsymbol{Q} & \boldsymbol{0} & \frac{1}{2}(\boldsymbol{A}_{1i}\boldsymbol{X}-\boldsymbol{B}_i\boldsymbol{Y}_j+\boldsymbol{A}_{1j}\boldsymbol{X}-\boldsymbol{B}_j\boldsymbol{Y}_i)^{\mathrm{T}} \\ \boldsymbol{0} & -\boldsymbol{Q} & \frac{1}{2}(\boldsymbol{A}_{2i}\boldsymbol{X}+\boldsymbol{A}_{2j}\boldsymbol{X})^{\mathrm{T}} \\ \frac{1}{2}(\boldsymbol{A}_{1i}\boldsymbol{X}-\boldsymbol{B}_i\boldsymbol{Y}_j+\boldsymbol{A}_{1j}\boldsymbol{X}-\boldsymbol{B}_j\boldsymbol{Y}_i) & \frac{1}{2}(\boldsymbol{A}_{2i}\boldsymbol{X}+\boldsymbol{A}_{2j}\boldsymbol{X}) & -\boldsymbol{X} \end{bmatrix}<\boldsymbol{0} \tag{6.2.20}$$

6.2.2 模糊输出反馈控制设计与稳定性分析

对于离散模糊时滞系统(6.2.4),如果状态变量不可以直接测量,则首先设计模糊观测器,然后设计模糊输出反馈控制律。

模糊观测器规则 i:如果 $z_1(t)$是 F_{i1},$z_2(t)$是 F_{i2},…,$z_n(t)$是 F_{in},则

$$\begin{aligned} \hat{\boldsymbol{x}}(t+1) &= \boldsymbol{A}_{1i}\hat{\boldsymbol{x}}(t)+\boldsymbol{A}_{2i}\hat{\boldsymbol{x}}(t-h)+\boldsymbol{B}_i\boldsymbol{u}(t)+\boldsymbol{G}_i(\boldsymbol{y}(t)-\hat{\boldsymbol{y}}(t)) \\ \hat{\boldsymbol{y}}(t) &= \boldsymbol{C}_{1i}\hat{\boldsymbol{x}}(t)+\boldsymbol{C}_{2i}\hat{\boldsymbol{x}}(t-h), \quad i=1,2,\cdots,N \end{aligned} \tag{6.2.21}$$

最终合成的模糊观测器为

$$\begin{aligned} \dot{\hat{\boldsymbol{x}}}(t) &= \sum_{i=1}^{N}\mu_i(\boldsymbol{z}(t))[\boldsymbol{A}_{1i}\hat{\boldsymbol{x}}(t)+\boldsymbol{A}_{2i}\hat{\boldsymbol{x}}(t-h)+\boldsymbol{B}_i\boldsymbol{u}(t)+\boldsymbol{G}_i(\boldsymbol{y}(t)-\hat{\boldsymbol{y}}(t))] \\ \dot{\hat{\boldsymbol{y}}}(t) &= \sum_{i=1}^{N}\mu_i(\boldsymbol{z}(t))(\boldsymbol{C}_{1i}\hat{\boldsymbol{x}}(t)+\boldsymbol{C}_{2i}\hat{\boldsymbol{x}}(t-h)) \end{aligned} \tag{6.2.22}$$

设计基于模糊观测器的输出反馈控制律为

$$\boldsymbol{u}(t)=-\sum_{i=1}^{N}\mu_i(\boldsymbol{z}(t))\boldsymbol{K}_i\hat{\boldsymbol{x}}(t) \tag{6.2.23}$$

则模糊闭环系统表示为

$$\begin{aligned} \tilde{\boldsymbol{x}}(t+1)= &\sum_{i=1}^{N}\mu_i^2(\boldsymbol{z}(t))(\boldsymbol{G}_{ii}\tilde{\boldsymbol{x}}(t)+\boldsymbol{M}_{ii}\tilde{\boldsymbol{x}}(t-h)) \\ &+\sum_{i,j=1,i<j}^{N}\mu_i(\boldsymbol{z}(t))\mu_j(\boldsymbol{z}(t))[(\boldsymbol{G}_{ij}+\boldsymbol{G}_{ji})\tilde{\boldsymbol{x}}(t)+(\boldsymbol{M}_{ij}+\boldsymbol{M}_{ji})\tilde{\boldsymbol{x}}(t-h)] \end{aligned} \tag{6.2.24}$$

式中

$$\tilde{\boldsymbol{x}}(t)=\begin{bmatrix}\boldsymbol{x}(t)\\ \boldsymbol{e}(t)\end{bmatrix},\quad \boldsymbol{G}_{ij}=\begin{bmatrix}\boldsymbol{A}_{1i}-\boldsymbol{B}_i\boldsymbol{K}_i & \boldsymbol{B}_i\boldsymbol{K}_i \\ \boldsymbol{0} & \boldsymbol{A}_{1i}-\boldsymbol{G}_i\boldsymbol{C}_{1j}\end{bmatrix},\quad \boldsymbol{M}_{ij}=\begin{bmatrix}\boldsymbol{A}_{2i} & \boldsymbol{0} \\ \boldsymbol{0} & \boldsymbol{A}_{2i}-\boldsymbol{G}_i\boldsymbol{C}_{2j}\end{bmatrix}$$

其中,$\boldsymbol{e}(t)=\boldsymbol{x}(t)-\hat{\boldsymbol{x}}(t)$。

定理 6.2.3 对于给定的离散模糊时滞系统(6.2.4)和(6.2.5),如果存在正定矩阵 $\boldsymbol{X}_1$、$\boldsymbol{X}_2$、$\boldsymbol{Q}_1$ 和 $\boldsymbol{Q}_2$ 以及矩阵 $\boldsymbol{Y}_i$、$\boldsymbol{R}_i$,满足下面的矩阵不等式:

$$\begin{bmatrix} -\boldsymbol{X}_1-\boldsymbol{Q}_1 & \boldsymbol{0} & \boldsymbol{X}_1^{\mathrm{T}}\boldsymbol{A}_{1i}^{\mathrm{T}}-\boldsymbol{Y}_i^{\mathrm{T}}\boldsymbol{B}_i^{\mathrm{T}} \\ \boldsymbol{0} & -\boldsymbol{Q}_1 & \boldsymbol{X}_1^{\mathrm{T}}\boldsymbol{A}_{2i}^{\mathrm{T}} \\ \boldsymbol{A}_{1i}\boldsymbol{X}_1-\boldsymbol{B}_i\boldsymbol{Y}_i & \boldsymbol{A}_{2i}\boldsymbol{X}_1 & -\boldsymbol{X}_1 \end{bmatrix}<\boldsymbol{0} \tag{6.2.25}$$

$$\begin{bmatrix} -\boldsymbol{X}_2-\boldsymbol{Q}_2 & \boldsymbol{0} & (\boldsymbol{X}_2\boldsymbol{A}_{2i}-\boldsymbol{R}_i\boldsymbol{C}_{1i})^{\mathrm{T}} \\ \boldsymbol{0} & -\boldsymbol{Q}_2 & (\boldsymbol{X}_2\boldsymbol{A}_{2i}-\boldsymbol{R}_i\boldsymbol{C}_{2i})^{\mathrm{T}} \\ \boldsymbol{X}_2\boldsymbol{A}_{2i}-\boldsymbol{R}_i\boldsymbol{C}_{1i} & \boldsymbol{X}_2\boldsymbol{A}_{2i}-\boldsymbol{R}_i\boldsymbol{C}_{2i} & -\boldsymbol{X}_2 \end{bmatrix}<\boldsymbol{0} \tag{6.2.26}$$

$$\begin{bmatrix} -\boldsymbol{X}_1-\boldsymbol{Q}_1 & \boldsymbol{0} & \dfrac{1}{2}\hat{\boldsymbol{Y}}_{ij}^{\mathrm{T}} \\ \boldsymbol{0} & -\boldsymbol{Q}_1 & \dfrac{1}{2}(\boldsymbol{A}_{2i}\boldsymbol{X}_1+\boldsymbol{A}_{2j}\boldsymbol{X}_1)^{\mathrm{T}} \\ \dfrac{1}{2}\hat{\boldsymbol{Y}}_{ij} & \dfrac{1}{2}(\boldsymbol{A}_{2i}\boldsymbol{X}_1+\boldsymbol{A}_{2j}\boldsymbol{X}_1) & -\boldsymbol{X}_1 \end{bmatrix}<\boldsymbol{0},\quad i<j \tag{6.2.27}$$

$$\begin{bmatrix} -\boldsymbol{X}_2-\boldsymbol{Q}_2 & \boldsymbol{0} & \dfrac{1}{2}\hat{\boldsymbol{R}}_{1ij}^{\mathrm{T}} \\ \boldsymbol{0} & -\boldsymbol{Q}_2 & \dfrac{1}{2}\hat{\boldsymbol{R}}_{2ij}^{\mathrm{T}} \\ \dfrac{1}{2}\hat{\boldsymbol{R}}_{1ij} & \dfrac{1}{2}\hat{\boldsymbol{R}}_{2ij} & -\boldsymbol{X}_2 \end{bmatrix}<\boldsymbol{0},\quad i<j \tag{6.2.28}$$

式中

$$\begin{aligned} \hat{\boldsymbol{Y}}_{ij} &= \boldsymbol{A}_{1i}\boldsymbol{X}_1+\boldsymbol{A}_{1j}\boldsymbol{X}_1-\boldsymbol{B}_i\boldsymbol{Y}_j-\boldsymbol{B}_j\boldsymbol{Y}_i \\ \hat{\boldsymbol{R}}_{1ij} &= \boldsymbol{X}_2\boldsymbol{A}_{2i}+\boldsymbol{X}_2\boldsymbol{A}_{2j}-\boldsymbol{R}_i\boldsymbol{C}_{1j}-\boldsymbol{R}_j\boldsymbol{C}_{1i} \\ \hat{\boldsymbol{R}}_{2ij} &= \boldsymbol{X}_2\boldsymbol{A}_{2i}+\boldsymbol{X}_2\boldsymbol{A}_{2j}-\boldsymbol{R}_i\boldsymbol{C}_{2j}-\boldsymbol{R}_j\boldsymbol{C}_{2i} \end{aligned}$$

则模糊控制律(6.2.23)使得模糊闭环时滞系统(6.2.24)是渐近稳定的，且状态反馈增益和观测增益分别为

$$\boldsymbol{K}_i=\boldsymbol{Y}_i\boldsymbol{X}_1^{-1},\quad \boldsymbol{G}_i=\boldsymbol{X}_2^{-1}\boldsymbol{R}_i,\quad i=1,2,\cdots,N$$

证明　选择 Lyapunov 函数为

$$V(\tilde{\boldsymbol{x}}(t))=\tilde{\boldsymbol{x}}^{\mathrm{T}}(t)\boldsymbol{P}\tilde{\boldsymbol{x}}(t)+\sum_{\sigma=t-h}^{t-1}\tilde{\boldsymbol{x}}^{\mathrm{T}}(\sigma)\boldsymbol{S}\tilde{\boldsymbol{x}}(\sigma)$$

求 $V(\tilde{\boldsymbol{x}}(t))$的差分，由式(6.2.24)可得

$$\begin{aligned} \Delta V(\tilde{\boldsymbol{x}}(t)) &= V(\tilde{\boldsymbol{x}}(t+1))-V(\tilde{\boldsymbol{x}}(t)) \\ &= \sum_{i=1}^{N}\sum_{j=1}^{N}\sum_{k=1}^{N}\sum_{l=1}^{N}\mu_i(\boldsymbol{z}(t))\mu_j(\boldsymbol{z}(t))\mu_k(\boldsymbol{z}(t))\mu_l(\boldsymbol{z}(t)) \\ &\quad \times[\tilde{\boldsymbol{x}}^{\mathrm{T}}(t)(\boldsymbol{G}_{ij}^{\mathrm{T}}\boldsymbol{P}\boldsymbol{G}_{kl}-\boldsymbol{P})\tilde{\boldsymbol{x}}(t)+\tilde{\boldsymbol{x}}^{\mathrm{T}}(t)\boldsymbol{G}_{ij}^{\mathrm{T}}\boldsymbol{P}\boldsymbol{M}_{kl}\tilde{\boldsymbol{x}}(t-h) \\ &\quad +\tilde{\boldsymbol{x}}^{\mathrm{T}}(t-h)\boldsymbol{M}_{ij}^{\mathrm{T}}\boldsymbol{P}\boldsymbol{G}_{kl}\tilde{\boldsymbol{x}}(t)+\tilde{\boldsymbol{x}}^{\mathrm{T}}(t-h)\boldsymbol{M}_{j}^{\mathrm{T}}\boldsymbol{P}\boldsymbol{M}_{kl}\tilde{\boldsymbol{x}}(t-h) \\ &\quad +\tilde{\boldsymbol{x}}^{\mathrm{T}}(t)\boldsymbol{S}\tilde{\boldsymbol{x}}(t)-\tilde{\boldsymbol{x}}^{\mathrm{T}}(t-h)\boldsymbol{S}\tilde{\boldsymbol{x}}(t-h)] \\ &= \sum_{i=1}^{N}\sum_{j=1}^{N}\sum_{k=1}^{N}\sum_{l=1}^{N}\mu_i(\boldsymbol{z}(t))\mu_j(\boldsymbol{z}(t))\mu_k(\boldsymbol{z}(t))\mu_l(\boldsymbol{z}(t)) \\ &\quad \times\bar{\boldsymbol{x}}^{\mathrm{T}}(t)(\bar{\boldsymbol{A}}_{ij}^{\mathrm{T}}\boldsymbol{P}\bar{\boldsymbol{A}}_{kl}+\bar{\boldsymbol{P}})\bar{\boldsymbol{x}}(t) \end{aligned}$$

式中

$$\bar{\boldsymbol{x}}(t)=\begin{bmatrix}\tilde{\boldsymbol{x}}(t)\\ \tilde{\boldsymbol{x}}(t-h)\end{bmatrix},\quad \bar{\boldsymbol{A}}_{ij}=[\boldsymbol{G}_{ij},\boldsymbol{M}_{ij}],\quad \bar{\boldsymbol{P}}=\begin{bmatrix}\boldsymbol{P}-\boldsymbol{S} & \boldsymbol{0}\\ \boldsymbol{0} & \boldsymbol{S}\end{bmatrix}$$

应用引理 6.2.1,有

$$\begin{aligned}\Delta V(\boldsymbol{x}(t))&\leqslant\sum_{i=1}^{N}\sum_{j=1}^{N}\mu_i(\boldsymbol{z}(t))\mu_j(\boldsymbol{z}(t))\bar{\boldsymbol{x}}^{\mathrm{T}}(t)(\bar{\boldsymbol{A}}_{ij}^{\mathrm{T}}\boldsymbol{P}\bar{\boldsymbol{A}}_{ij}-\bar{\boldsymbol{P}})\bar{\boldsymbol{x}}(t)\\&=\frac{1}{4}\sum_{i=1}^{N}\sum_{j=1}^{N}\mu_i(\boldsymbol{z}(t))\mu_j(\boldsymbol{z}(t))\bar{\boldsymbol{x}}^{\mathrm{T}}(t)[(\bar{\boldsymbol{A}}_{ij}+\bar{\boldsymbol{A}}_{ji})^{\mathrm{T}}\boldsymbol{P}(\bar{\boldsymbol{A}}_{ij}+\bar{\boldsymbol{A}}_{ji})-4\bar{\boldsymbol{P}}]\bar{\boldsymbol{x}}(t)\\&=\sum_{i=1}^{N}\mu_i^2(\boldsymbol{z}(t))\bar{\boldsymbol{x}}^{\mathrm{T}}(t)(\bar{\boldsymbol{A}}_{ii}^{\mathrm{T}}\boldsymbol{P}\bar{\boldsymbol{A}}_{ii}-\bar{\boldsymbol{P}})\bar{\boldsymbol{x}}(t)\\&\quad+\sum_{i,j=1,i<j}^{N}2\mu_i(\boldsymbol{z}(t))\mu_j(\boldsymbol{z}(t))\bar{\boldsymbol{x}}^{\mathrm{T}}(t)\left[\left(\frac{\bar{\boldsymbol{A}}_{ij}+\bar{\boldsymbol{A}}_{ji}}{2}\right)^{\mathrm{T}}\boldsymbol{P}\left(\frac{\bar{\boldsymbol{A}}_{ij}+\bar{\boldsymbol{A}}_{ji}}{2}\right)-\bar{\boldsymbol{P}}\right]\bar{\boldsymbol{x}}(t)\end{aligned}\tag{6.2.29}$$

如果存在两个正定矩阵 $\boldsymbol{P}\in\mathbf{R}^{2n\times 2n}$ 和 $\boldsymbol{S}\in\mathbf{R}^{2n\times 2n}$,满足矩阵不等式

$$\bar{\boldsymbol{A}}_{ii}^{\mathrm{T}}\boldsymbol{P}\bar{\boldsymbol{A}}_{ii}-\bar{\boldsymbol{P}}<\boldsymbol{0}\tag{6.2.30}$$

$$\left(\frac{\bar{\boldsymbol{A}}_{ij}+\bar{\boldsymbol{A}}_{ji}}{2}\right)^{\mathrm{T}}\boldsymbol{P}\left(\frac{\bar{\boldsymbol{A}}_{ij}+\bar{\boldsymbol{A}}_{ji}}{2}\right)-\bar{\boldsymbol{P}}\leqslant\boldsymbol{0},\quad i<j\tag{6.2.31}$$

则模糊闭环系统(6.2.24)是渐近稳定的。由 Schur 分解原理,式(6.2.30)和(6.2.31)分别等价于

$$\begin{bmatrix}-\boldsymbol{X}-\boldsymbol{Q} & \boldsymbol{0} & \boldsymbol{X}\boldsymbol{G}_{ii}^{\mathrm{T}}\\ \boldsymbol{0} & -\boldsymbol{Q} & \boldsymbol{X}\boldsymbol{M}_{ii}^{\mathrm{T}}\\ \boldsymbol{G}_{ii}\boldsymbol{X} & \boldsymbol{M}_{ii}\boldsymbol{X} & -\boldsymbol{X}\end{bmatrix}<\boldsymbol{0}\tag{6.2.32}$$

$$\begin{bmatrix}-\boldsymbol{X}-\boldsymbol{Q} & \boldsymbol{0} & \boldsymbol{X}^{\mathrm{T}}\left(\dfrac{\boldsymbol{G}_{ij}+\boldsymbol{G}_{ji}}{2}\right)^{\mathrm{T}}\\ \boldsymbol{0} & -\boldsymbol{Q} & \boldsymbol{X}^{\mathrm{T}}\left(\dfrac{\boldsymbol{M}_{ij}+\boldsymbol{M}_{ji}}{2}\right)^{\mathrm{T}}\\ \left(\dfrac{\boldsymbol{G}_{ij}+\boldsymbol{G}_{ji}}{2}\right)\boldsymbol{X} & \left(\dfrac{\boldsymbol{M}_{ij}+\boldsymbol{M}_{ji}}{2}\right)\boldsymbol{X} & -\boldsymbol{X}\end{bmatrix}<\boldsymbol{0}\tag{6.2.33}$$

显然,式中 $\boldsymbol{X}=\boldsymbol{P}^{-1}$,$\boldsymbol{Q}=\boldsymbol{X}\boldsymbol{S}\boldsymbol{X}$。令

$$\boldsymbol{X}=\begin{bmatrix}\boldsymbol{X}_1 & \boldsymbol{0}\\ \boldsymbol{0} & \boldsymbol{X}_2^{-1}\end{bmatrix},\quad \boldsymbol{Q}=\begin{bmatrix}\boldsymbol{Q}_1 & \boldsymbol{0}\\ \boldsymbol{0} & \boldsymbol{X}_2^{-1}\boldsymbol{Q}_2\boldsymbol{X}_2^{-1}\end{bmatrix}$$

将 $\boldsymbol{X}$ 和 $\boldsymbol{Q}$ 代入式(6.2.32),则式(6.2.32)等价于下面的矩阵不等式:

$$\begin{bmatrix}-\boldsymbol{X}_1-\boldsymbol{Q}_1 & \boldsymbol{0} & (\boldsymbol{A}_{1i}\boldsymbol{X}_1-\boldsymbol{B}_i\boldsymbol{Y}_i)^{\mathrm{T}}\\ \boldsymbol{0} & -\boldsymbol{Q}_1 & (\boldsymbol{A}_{2i}\boldsymbol{X}_1)^{\mathrm{T}}\\ \boldsymbol{A}_{1i}\boldsymbol{X}_1-\boldsymbol{B}_i\boldsymbol{Y}_i & \boldsymbol{A}_{2i}\boldsymbol{X}_1 & -\boldsymbol{X}_1\end{bmatrix}<\boldsymbol{0}\tag{6.2.34}$$

$$\begin{bmatrix}-\boldsymbol{X}_2-\boldsymbol{Q}_2 & \boldsymbol{0} & (\boldsymbol{X}_2\boldsymbol{A}_{2i}-\boldsymbol{R}_i\boldsymbol{C}_{1i})^{\mathrm{T}}\\ \boldsymbol{0} & -\boldsymbol{Q}_2 & (\boldsymbol{X}_2\boldsymbol{A}_{2i}-\boldsymbol{R}_i\boldsymbol{C}_{2i})^{\mathrm{T}}\\ \boldsymbol{X}_2\boldsymbol{A}_{2i}-\boldsymbol{R}_i\boldsymbol{C}_{1i} & \boldsymbol{X}_2\boldsymbol{A}_{2i}-\boldsymbol{R}_i\boldsymbol{C}_{2i} & -\boldsymbol{X}_2\end{bmatrix}<\boldsymbol{0}\tag{6.2.35}$$

同理,式(6.2.33)等价于下面的矩阵不等式:

$$\begin{bmatrix} -X_1-Q_1 & 0 & \frac{1}{2}\hat{Y}_{ij}^{\mathrm{T}} \\ 0 & -Q_1 & \frac{1}{2}(A_{2i}X_1+A_{2j}X_1)^{\mathrm{T}} \\ \frac{1}{2}\hat{Y}_{ij} & \frac{1}{2}(A_{2i}X_1+A_{2j}X_1) & -X_1 \end{bmatrix}<0,\quad i<j \tag{6.2.36}$$

$$\begin{bmatrix} -X_2-Q_2 & 0 & \frac{1}{2}\hat{R}_{1ij}^{\mathrm{T}} \\ 0 & -Q_2 & \frac{1}{2}\hat{R}_{2ij}^{\mathrm{T}} \\ \frac{1}{2}\hat{R}_{1ij} & \frac{1}{2}\hat{R}_{2ij} & -X_2 \end{bmatrix}<0,\quad i<j \tag{6.2.37}$$

因此,如果矩阵不等式(6.2.34)～(6.2.37)成立,则模糊闭环时滞系统(6.2.24)是渐近稳定的。

如果在式(6.2.31)中,令

$$\left(\frac{\bar{A}_{ij}+\bar{A}_{ji}}{2}\right)^{\mathrm{T}}P\left(\frac{\bar{A}_{ij}+\bar{A}_{ji}}{2}\right)-\bar{P}\leqslant Z$$

式中,$Z\geqslant 0$,则由引理 6.2.1 可得到如下的定理。

定理 6.2.4　对于给定的离散模糊时滞系统(6.2.4)和(6.2.5),假设在任何时刻 t,被激活的模糊规则数小于或等于 $s(1<s\leqslant N)$,而且如果存在正定矩阵 X_1、X_2、Q_1、Q_2 和 $Z_1\geqslant 0$、$Z_2\geqslant 0$ 及矩阵 Y_i、R_i 满足以下矩阵不等式,则模糊控制律(6.2.23)使得模糊闭环时滞系统(6.2.24)是渐近稳定的。

$$\begin{bmatrix} -\bar{Q}_1-(s-1)Z_1 & \bar{Y}_{ii}^{\mathrm{T}} \\ \bar{Y}_{ii} & -X_1 \end{bmatrix}<0 \tag{6.2.38}$$

$$\begin{bmatrix} -\bar{Q}_2-(s-1)Z_2 & \bar{R}_{ii}^{\mathrm{T}} \\ \bar{R}_{ii} & -X_2 \end{bmatrix}<0 \tag{6.2.39}$$

$$\begin{bmatrix} -\bar{Q}_1-Z_1 & \left(\frac{\bar{Y}_{ij}+\bar{Y}_{ji}}{2}\right)^{\mathrm{T}} \\ \frac{\bar{Y}_{ij}+\bar{Y}_{ji}}{2} & -X_1 \end{bmatrix}<0,\quad i<j \tag{6.2.40}$$

$$\begin{bmatrix} -\bar{Q}_2-Z_2 & \left(\frac{\bar{R}_{ij}+\bar{R}_{ji}}{2}\right)^{\mathrm{T}} \\ \frac{\bar{R}_{ij}+\bar{R}_{ji}}{2} & -X_2 \end{bmatrix}<0,\quad i<j \tag{6.2.41}$$

式中

$$\bar{Q}_1=\begin{bmatrix} -X_1-Q_1 & 0 \\ 0 & -Q_1 \end{bmatrix},\quad \bar{Q}_2=\begin{bmatrix} -X_2-Q_2 & 0 \\ 0 & -Q_2 \end{bmatrix}$$

$$\bar{Y}_{ij}=[A_{1i}X_1-B_iY_j, A_{2i}X_1]$$

$$\bar{R}_{ij}=[X_2A_{2i}-R_iC_{1j}, X_2A_{2i}-R_iC_{2j}]$$

6.3　不确定模糊时滞系统的输出反馈控制

前两节对一类不确定连续模糊时滞系统,给出了模糊状态反馈和输出反馈控制方法,以及系统的稳定性分析。本节针对一类不确定模糊时滞系统给出模糊状态反馈控制和基于观测器的动态输出反馈控制的设计。

6.3.1　模糊状态反馈控制与稳定性分析

考虑由模糊 T-S 模型所描述的非线性不确定时滞系统。

模糊系统规则:如果 $z_1(t)$是 F_{i1},$z_2(t)$是 F_{i2},…,$z_n(t)$是 F_{in},则

$$\begin{aligned}\dot{\boldsymbol{x}}(t)&=(\boldsymbol{A}_{1i}+\Delta\boldsymbol{A}_i)\boldsymbol{x}(t)+\boldsymbol{A}_{2i}\boldsymbol{x}(t-h)\\&\quad+(\boldsymbol{B}_i+\Delta\boldsymbol{B}_i)\boldsymbol{u}(t),\quad i=1,2,\cdots,N\\\boldsymbol{y}(t)&=\boldsymbol{C}_i\boldsymbol{x}(t)\end{aligned}\tag{6.3.1}$$

其中,$F_{ij}(j=1,2,\cdots,n)$是模糊集合;$\boldsymbol{z}(t)=[z_1(t),\cdots,z_n(t)]^{\mathrm{T}}$ 是模糊前件变量;$\boldsymbol{x}(t)\in\mathbf{R}^n$ 是状态变量;$\boldsymbol{u}(t)\in\mathbf{R}^m$ 是系统的控制输入;$\boldsymbol{y}(t)\in\mathbf{R}^l$ 是系统的输出;$\boldsymbol{A}_{1i},\boldsymbol{A}_{2i}\in\mathbf{R}^{n\times n}$、$\boldsymbol{B}_i\in\mathbf{R}^{n\times m}$和$\boldsymbol{C}_i\in\mathbf{R}^{l\times n}$是系统、输入和输出矩阵;$\Delta\boldsymbol{A}_i$ 和 $\Delta\boldsymbol{B}_i$ 是具有适当维数的时变矩阵;h 表示时滞的时间。

给定输出输入数对($\boldsymbol{y}(t)$,$\boldsymbol{u}(t)$),通过单点模糊化、乘积推理和中心平均加权反模糊化,式(6.3.1)可以表示成如下的模糊模型:

$$\begin{aligned}\dot{\boldsymbol{x}}(t)&=\sum_{i=1}^{N}\mu_i(\boldsymbol{z}(t))[(\boldsymbol{A}_{1i}+\Delta\boldsymbol{A}_i)\boldsymbol{x}(t)+(\boldsymbol{B}_i+\Delta\boldsymbol{B}_i)\boldsymbol{u}(t)]\\&\quad+\sum_{i=1}^{N}\mu_i(\boldsymbol{z}(t))\boldsymbol{A}_{2i}\boldsymbol{x}(t-h)\\\boldsymbol{y}(t)&=\sum_{i=1}^{N}\mu_i(\boldsymbol{z}(t))\boldsymbol{C}_i\boldsymbol{x}(t)\end{aligned}\tag{6.3.2}$$

式中,$\mu_i(\boldsymbol{z}(t))$与 6.1 节给出的相同。

假设 6.3.1　假设不确定参数矩阵是模有界的,且可表示成如下的形式:

$$[\Delta\boldsymbol{A}_i,\Delta\boldsymbol{B}_i]=\boldsymbol{D}_i\boldsymbol{F}_i(t)[\boldsymbol{E}_{1i},\boldsymbol{E}_{2i}]$$
$$\boldsymbol{F}_i^{\mathrm{T}}(t)\boldsymbol{F}_i(t)\leqslant\boldsymbol{I}$$

式中,$\boldsymbol{D}_i$、$\boldsymbol{E}_{1i}$和$\boldsymbol{E}_{2i}$是已知的具有适当维数的实数矩阵;$\boldsymbol{F}_i(t)$是未知矩阵,其元素是 Lebesgue 可测函数;$\boldsymbol{I}$ 是单位矩阵。

基于平行分布补偿算法,模糊反馈控制取为 6.1 节的模糊反馈控制律:

$$\boldsymbol{u}(t)=\sum_{i=1}^{N}\mu_i(\boldsymbol{z}(t))\boldsymbol{K}_i\boldsymbol{x}(t)\tag{6.3.3}$$

由式(6.3.2)和(6.3.3)组成的模糊闭环时滞系统为

$$\dot{\boldsymbol{x}}(t)=\sum_{i=1}^{N}\sum_{j=1}^{N}\mu_i(\boldsymbol{z}(t))\mu_j(\boldsymbol{z}(t))[(\boldsymbol{A}_{1i}+\Delta\boldsymbol{A}_i)+(\boldsymbol{B}_i+\Delta\boldsymbol{B}_i)\boldsymbol{K}_j]\boldsymbol{x}(t)$$

$$+\sum_{i=1}^{N}\sum_{j=1}^{N}\mu_i(\boldsymbol{z}(t))\mu_j(\boldsymbol{z}(t))\boldsymbol{A}_{2i}\boldsymbol{x}(t-h) \tag{6.3.4}$$

$$\boldsymbol{y}(t)=\sum_{i=1}^{N}\mu_i(\boldsymbol{z}(t))\boldsymbol{C}_i\boldsymbol{x}(t) \tag{6.3.5}$$

对于模糊闭环系统(6.3.4)的渐近稳定性问题,有如下的定理。

定理 6.3.1　如果存在正定矩阵 $\boldsymbol{P}$ 和 $\boldsymbol{S}$,以及反馈增益矩阵 $\boldsymbol{K}_i$,使得线性矩阵不等式(6.3.6)成立,则模糊控制律(6.3.3)可保证不确定模糊时滞系统(6.3.4)是渐近稳定的。

$$\begin{bmatrix} \boldsymbol{\Phi}_{ij} & (\boldsymbol{E}_{1i}+\boldsymbol{E}_{2i}\boldsymbol{Y}_j)^{\mathrm{T}} & \boldsymbol{A}_{2i}\boldsymbol{X} \\ \boldsymbol{E}_{1i}+\boldsymbol{E}_{2i}\boldsymbol{Y}_j & -\boldsymbol{I} & \boldsymbol{0} \\ \boldsymbol{X}\boldsymbol{A}_{2i}^{\mathrm{T}} & \boldsymbol{0} & -\boldsymbol{Q} \end{bmatrix}<\boldsymbol{0},\quad i,j=1,2,\cdots,N \tag{6.3.6}$$

式中

$$\boldsymbol{\Phi}_{ij}=\boldsymbol{X}\boldsymbol{A}_{1i}^{\mathrm{T}}+\boldsymbol{A}_{1i}\boldsymbol{X}+\boldsymbol{Y}_j\boldsymbol{B}_i^{\mathrm{T}}+\boldsymbol{B}_i\boldsymbol{Y}_j+\boldsymbol{D}_i\boldsymbol{D}_i^{\mathrm{T}}+\boldsymbol{Q}$$

$$\boldsymbol{X}=\boldsymbol{P}^{-1},\quad \boldsymbol{Y}_j=\boldsymbol{K}_j\boldsymbol{X},\quad \boldsymbol{Q}=\boldsymbol{X}^{-1}\boldsymbol{S}\boldsymbol{X}^{-1}$$

证明　选取 Lyapunov 函数为

$$V(\boldsymbol{x}(t))=\boldsymbol{x}^{\mathrm{T}}(t)\boldsymbol{P}\boldsymbol{x}(t)+\int_{t-h}^{t}\boldsymbol{x}^{\mathrm{T}}(\tau)\boldsymbol{S}\boldsymbol{x}(\tau)\mathrm{d}\tau$$

求 $V(\boldsymbol{x}(t))$ 对时间的导数,可得

$$\dot{V}(\boldsymbol{x}(t))=\dot{\boldsymbol{x}}^{\mathrm{T}}(t)\boldsymbol{P}\boldsymbol{x}(t)+\boldsymbol{x}^{\mathrm{T}}(t)\boldsymbol{P}\dot{\boldsymbol{x}}(t)+\boldsymbol{x}^{\mathrm{T}}(t)\boldsymbol{S}\boldsymbol{x}(t)-\boldsymbol{x}^{\mathrm{T}}(t-h)\boldsymbol{S}\boldsymbol{x}(t-h) \tag{6.3.7}$$

把式(6.3.4)代入式(6.3.7),可得

$$\begin{aligned}\dot{V}(\boldsymbol{x}(t))=&\sum_{i=1}^{N}\sum_{j=1}^{N}\mu_i(\boldsymbol{z}(t))\mu_j(\boldsymbol{z}(t))\{\boldsymbol{x}^{\mathrm{T}}(t)[(\boldsymbol{A}_{1i}+\Delta\boldsymbol{A}_i)+(\boldsymbol{B}_i+\Delta\boldsymbol{B}_i)\boldsymbol{K}_j]^{\mathrm{T}}\boldsymbol{P}\\&+\boldsymbol{P}[(\boldsymbol{A}_{1i}+\Delta\boldsymbol{A}_i)+(\boldsymbol{B}_i+\Delta\boldsymbol{B}_i)\boldsymbol{K}_j]\boldsymbol{x}(t)\}\\&+2\sum_{i=1}^{N}\sum_{j=1}^{N}\mu_i(\boldsymbol{z}(t))\mu_j(\boldsymbol{z}(t))\boldsymbol{x}^{\mathrm{T}}(t)\boldsymbol{P}\boldsymbol{A}_{2i}\boldsymbol{x}(t-h)\\&+\sum_{i=1}^{N}\sum_{j=1}^{N}\mu_i(\boldsymbol{z}(t))\mu_j(\boldsymbol{z}(t))\boldsymbol{x}^{\mathrm{T}}(t)\boldsymbol{S}\boldsymbol{x}(t)\\&-\sum_{i=1}^{N}\sum_{j=1}^{N}\mu_i(\boldsymbol{z}(t))\mu_j(\boldsymbol{z}(t))\boldsymbol{x}^{\mathrm{T}}(t-h)\boldsymbol{S}\boldsymbol{x}(t-h)\end{aligned} \tag{6.3.8}$$

引理 6.3.1　假设 $\boldsymbol{F}^{\mathrm{T}}(t)\boldsymbol{F}(t)\leqslant\boldsymbol{I}$, 对于具有适当维数的矩阵 $\boldsymbol{X}$ 和 $\boldsymbol{Y}$,有

$$2\boldsymbol{X}^{\mathrm{T}}\boldsymbol{F}\boldsymbol{Y}\leqslant\boldsymbol{X}^{\mathrm{T}}\boldsymbol{X}+\boldsymbol{Y}^{\mathrm{T}}\boldsymbol{Y}$$

把引理 6.3.1 应用到式(6.3.8)中的第一项,根据假设 6.1.1,有

$$\begin{aligned}&2\boldsymbol{x}^{\mathrm{T}}(t)\boldsymbol{P}[(\boldsymbol{A}_{1i}+\Delta\boldsymbol{A}_i)+(\boldsymbol{B}_i+\Delta\boldsymbol{B}_i)\boldsymbol{K}_j]\boldsymbol{x}(t)\\&=\boldsymbol{x}^{\mathrm{T}}(t)\boldsymbol{N}_{ij}\boldsymbol{x}(t)+\boldsymbol{x}^{\mathrm{T}}(t)[\boldsymbol{P}\boldsymbol{D}_i\boldsymbol{F}_i(t)(\boldsymbol{E}_{1i}+\boldsymbol{E}_{2i}\boldsymbol{K}_j)\\&\quad+(\boldsymbol{E}_{1i}+\boldsymbol{E}_{2i}\boldsymbol{K}_j)^{\mathrm{T}}\boldsymbol{F}_i^{\mathrm{T}}(t)\boldsymbol{D}_i^{\mathrm{T}}\boldsymbol{P}]\boldsymbol{x}(t)\\&\leqslant\boldsymbol{x}^{\mathrm{T}}(t)\boldsymbol{N}_{ij}\boldsymbol{x}(t)+\boldsymbol{x}^{\mathrm{T}}(t)\boldsymbol{P}\boldsymbol{D}_i\boldsymbol{D}_i^{\mathrm{T}}\boldsymbol{P}\boldsymbol{x}(t)\\&\quad+\boldsymbol{x}^{\mathrm{T}}(t)(\boldsymbol{E}_{1i}+\boldsymbol{E}_{2i}\boldsymbol{K}_j)^{\mathrm{T}}(\boldsymbol{E}_{1i}+\boldsymbol{E}_{2i}\boldsymbol{K}_j)\boldsymbol{x}(t)\end{aligned} \tag{6.3.9}$$

式中

$$
\begin{aligned}
\boldsymbol{N}_{ij} &= \boldsymbol{A}_{1i}^{\mathrm{T}}\boldsymbol{P} + \boldsymbol{P}\boldsymbol{A}_{1i} + \boldsymbol{K}_j^{\mathrm{T}}\boldsymbol{B}_i^{\mathrm{T}}\boldsymbol{P} + \boldsymbol{P}\boldsymbol{B}_i\boldsymbol{K}_j \\
2\boldsymbol{x}^{\mathrm{T}}(t)\boldsymbol{P}\boldsymbol{A}_{2i}\boldsymbol{x}(t-h) &= \boldsymbol{x}^{\mathrm{T}}(t)\boldsymbol{P}\boldsymbol{A}_{2i}\boldsymbol{S}^{-1}\boldsymbol{A}_{2i}^{\mathrm{T}}\boldsymbol{P}\boldsymbol{x}(t) + \boldsymbol{x}^{\mathrm{T}}(t-h)\boldsymbol{S}\boldsymbol{x}(t-h)
\end{aligned}
\tag{6.3.10}
$$

把式(6.3.9)和(6.3.10)分别代入式(6.3.8),可得

$$
\begin{aligned}
\dot{V}(\boldsymbol{x}(t)) \leqslant \sum_{i=1}^{N}\sum_{j=1}^{N}\mu_i(\boldsymbol{z}(t))\mu_j(\boldsymbol{z}(t))\boldsymbol{x}^{\mathrm{T}}(t)[\boldsymbol{N}_{ij} + \boldsymbol{P}\boldsymbol{D}_i\boldsymbol{D}_i^{\mathrm{T}}\boldsymbol{P} \\
+ (\boldsymbol{E}_{1i} + \boldsymbol{E}_{2i}\boldsymbol{K}_j)^{\mathrm{T}}(\boldsymbol{E}_{1i} + \boldsymbol{E}_{2i}\boldsymbol{K}_j) + \boldsymbol{S} + \boldsymbol{P}\boldsymbol{A}_{2i}\boldsymbol{S}^{-1}\boldsymbol{A}_{2i}^{\mathrm{T}}\boldsymbol{P}]\boldsymbol{x}(t)
\end{aligned}
\tag{6.3.11}
$$

如果假设

$$
\boldsymbol{N}_{ij} + \boldsymbol{S} + \boldsymbol{P}\boldsymbol{D}_i\boldsymbol{D}_i^{\mathrm{T}}\boldsymbol{P} + (\boldsymbol{E}_{1i} + \boldsymbol{E}_{2i}\boldsymbol{K}_j)^{\mathrm{T}}(\boldsymbol{E}_{1i} + \boldsymbol{E}_{2i}\boldsymbol{K}_j) + \boldsymbol{P}\boldsymbol{A}_{2i}\boldsymbol{S}^{-1}\boldsymbol{A}_{2i}^{\mathrm{T}}\boldsymbol{P} < \boldsymbol{0} \tag{6.3.12}
$$

则可保证$\dot{V}(\boldsymbol{x}(t))<0$,那么模糊闭环时滞系统(6.3.4)是渐近稳定的。用$\boldsymbol{X}=\boldsymbol{P}^{-1}$同时左乘和右乘式(6.3.12),并由 Schur 分解原理可得线性矩阵不等式(6.3.6),因此,定理6.3.1成立。

6.3.2 模糊输出反馈控制与稳定性分析

一般来说,控制系统的状态不都是直接可测的,如果模糊系统(6.3.1)的状态不可测,则定理6.3.1的结论不能成立,需要设计状态观测器对系统的状态进行估计。

模糊状态观测器设计如下。

模糊观测器规则 i:如果 $z_1(t)$是 F_{i1},$z_2(t)$是 F_{i2},…,$z_n(t)$是 F_{in},则

$$
\begin{aligned}
\dot{\hat{\boldsymbol{x}}}(t) &= \boldsymbol{A}_i\hat{\boldsymbol{x}}(t) + \boldsymbol{B}_i\boldsymbol{u}(t) + \boldsymbol{G}_i(\boldsymbol{y}(t) - \hat{\boldsymbol{y}}(t)) \\
\hat{\boldsymbol{y}}(t) &= \boldsymbol{C}_i\hat{\boldsymbol{x}}(t)
\end{aligned}
\tag{6.3.13}
$$

式中,$\boldsymbol{G}_i\in\mathbf{R}^{n\times l}$为观测器增益矩阵;$i=1,2,\cdots,N$。

最终合成的模糊观测器为

$$
\begin{aligned}
\dot{\hat{\boldsymbol{x}}}(t) &= \sum_{i=1}^{N}\mu_i(\boldsymbol{z}(t))[\boldsymbol{A}_i\hat{\boldsymbol{x}}(t) + \boldsymbol{B}_i\boldsymbol{u}(t) + \boldsymbol{G}_i(\boldsymbol{y}(t) - \hat{\boldsymbol{y}}(t))] \\
\hat{\boldsymbol{y}}(t) &= \sum_{i=1}^{N}\mu_i(\boldsymbol{z}(t))\boldsymbol{C}_i\hat{\boldsymbol{x}}(t)
\end{aligned}
\tag{6.3.14}
$$

设计模糊控制器

$$
\boldsymbol{u}(t) = \sum_{i=1}^{N}\mu_i(\boldsymbol{z}(t))\boldsymbol{K}_i\hat{\boldsymbol{x}}(t) \tag{6.3.15}
$$

定义观测误差为

$$
\boldsymbol{e}(t) = \boldsymbol{x}(t) - \hat{\boldsymbol{x}}(t) \tag{6.3.16}
$$

由式(6.3.2)、(6.3.14)、(6.3.15)和(6.3.16),误差方程可表示为

$$
\begin{aligned}
\dot{\boldsymbol{e}}(t) = &\sum_{i=1}^{N}\sum_{j=1}^{N}\mu_i(\boldsymbol{z}(t))\mu_j(\boldsymbol{z}(t))(\boldsymbol{A}_{1i} - \boldsymbol{G}_i\boldsymbol{C}_j + \Delta\boldsymbol{B}_i\boldsymbol{K}_j)\boldsymbol{e}(t) \\
&+ \sum_{i=1}^{N}\sum_{j=1}^{N}\mu_i(\boldsymbol{z}(t))\mu_j(\boldsymbol{z}(t))(\Delta\boldsymbol{A}_i + \Delta\boldsymbol{B}_i\boldsymbol{K}_j)\boldsymbol{x}(t) \\
&+ \sum_{i=1}^{N}\sum_{j=1}^{N}\mu_i(\boldsymbol{z}(t))\mu_j(\boldsymbol{z}(t))\boldsymbol{A}_{2i}\boldsymbol{x}(t-h)
\end{aligned}
\tag{6.3.17}
$$

模糊闭环时滞系统的状态方程为

$$\begin{aligned}\dot{\boldsymbol{x}}(t)= & \sum_{i=1}^{N}\sum_{j=1}^{N}\mu_i(\boldsymbol{z}(t))\mu_j(\boldsymbol{z}(t))[(\boldsymbol{A}_{1i}+\Delta\boldsymbol{A}_i)+(\boldsymbol{B}_i+\Delta\boldsymbol{B}_i)\boldsymbol{K}_j]\boldsymbol{x}(t)\\ & -\sum_{i=1}^{N}\sum_{j=1}^{N}\mu_i(\boldsymbol{z}(t))\mu_j(\boldsymbol{z}(t))(\boldsymbol{B}_i+\Delta\boldsymbol{B}_i)\boldsymbol{K}_j\boldsymbol{e}(t)\\ & +\sum_{i=1}^{N}\sum_{j=1}^{N}\mu_i(\boldsymbol{z}(t))\mu_j(\boldsymbol{z}(t))\boldsymbol{A}_{2i}\boldsymbol{x}(t-h)\end{aligned} \tag{6.3.18}$$

定义辅助状态为

$$\tilde{\boldsymbol{x}}^{\mathrm{T}}(t)=[\boldsymbol{x}(t),\boldsymbol{e}(t)] \tag{6.3.19}$$

由式(6.3.17)和(6.3.18)组成的辅助系统为

$$\begin{aligned}\dot{\tilde{\boldsymbol{x}}}(t)= & \sum_{i=1}^{N}\sum_{j=1}^{N}\mu_i(\boldsymbol{z}(t))\mu_j(\boldsymbol{z}(t))(\tilde{\boldsymbol{A}}_{ij}+\Delta\tilde{\boldsymbol{A}}_{ij})\tilde{\boldsymbol{x}}(t)\\ & +\sum_{i=1}^{N}\sum_{j=1}^{N}\mu_i(\boldsymbol{z}(t))\mu_j(\boldsymbol{z}(t))\tilde{\boldsymbol{A}}_{2ij}\tilde{\boldsymbol{x}}(t-h)\end{aligned} \tag{6.3.20}$$

式中

$$\tilde{\boldsymbol{A}}_{ij}=\begin{bmatrix}\boldsymbol{A}_{1i}+\boldsymbol{B}_i\boldsymbol{K}_j & -\boldsymbol{B}_i\boldsymbol{K}_j\\ \boldsymbol{0} & \boldsymbol{A}_{1i}-\boldsymbol{G}_i\boldsymbol{C}_j\end{bmatrix}$$

$$\Delta\tilde{\boldsymbol{A}}_{ij}=\begin{bmatrix}\Delta\boldsymbol{A}_i+\Delta\boldsymbol{B}_i\boldsymbol{K}_j & -\Delta\boldsymbol{B}_i\boldsymbol{K}_j\\ \Delta\boldsymbol{A}_i+\Delta\boldsymbol{B}_i\boldsymbol{K}_j & -\Delta\boldsymbol{B}_i\boldsymbol{K}_j\end{bmatrix},\quad \tilde{\boldsymbol{A}}_{2ij}=\begin{bmatrix}\boldsymbol{A}_{2i} & \boldsymbol{0}\\ \boldsymbol{A}_{2i} & \boldsymbol{0}\end{bmatrix}$$

根据假设 6.3.1，$\Delta\tilde{\boldsymbol{A}}_{ij}$ 可表示成

$$\Delta\tilde{\boldsymbol{A}}_{ij}=\tilde{\boldsymbol{D}}_i\tilde{\boldsymbol{F}}_i(t)\tilde{\boldsymbol{E}}_{ij} \tag{6.3.21}$$

式中

$$\tilde{\boldsymbol{D}}_i=\begin{bmatrix}\boldsymbol{D}_i & \boldsymbol{0}\\ \boldsymbol{0} & \boldsymbol{D}_i\end{bmatrix},\quad \tilde{\boldsymbol{F}}_i(t)=\begin{bmatrix}\boldsymbol{F}_{1i} & \boldsymbol{0}\\ \boldsymbol{0} & \boldsymbol{F}_{2i}\end{bmatrix},\quad \tilde{\boldsymbol{E}}_{ij}=\begin{bmatrix}\boldsymbol{E}_{1i}+\boldsymbol{E}_{2i}\boldsymbol{K}_j & -\boldsymbol{E}_{2i}\boldsymbol{K}_j\\ \boldsymbol{E}_{1i}+\boldsymbol{E}_{2i}\boldsymbol{K}_j & -\boldsymbol{E}_{2i}\boldsymbol{K}_j\end{bmatrix}$$

并满足 $\tilde{\boldsymbol{F}}_i^{\mathrm{T}}(t)\tilde{\boldsymbol{F}}_i(t)\leqslant\boldsymbol{I}$。

关于辅助系统(6.3.20)的渐近稳定性问题，有如下的定理。

定理 6.3.2　如果存在正定矩阵 $\boldsymbol{P}_{11}$、$\boldsymbol{P}_{22}$、$\boldsymbol{S}_{11}$ 和 $\boldsymbol{S}_{22}$，反馈增益矩阵 $\boldsymbol{K}_i$ 和观测器增益矩阵 $\boldsymbol{G}_i$，使得下面的线性矩阵不等式成立，则模糊控制律(6.3.15)使得模糊时滞系统(6.3.20)是渐近稳定的。

$$\begin{bmatrix}\boldsymbol{\Theta}_{ij} & (\boldsymbol{A}_{2i}+\boldsymbol{B}_{2i}\boldsymbol{Y}_j)^{\mathrm{T}} & \boldsymbol{X}_{11}\boldsymbol{A}_{2i}\\ \boldsymbol{A}_{2i}+\boldsymbol{B}_{2i}\boldsymbol{Y}_j & -\boldsymbol{Q} & \boldsymbol{0}\\ \boldsymbol{A}_{2i}^{\mathrm{T}}\boldsymbol{X}_{11} & \boldsymbol{0} & -\dfrac{1}{2}\boldsymbol{I}\end{bmatrix}<\boldsymbol{0} \tag{6.3.22}$$

$$\begin{bmatrix}\boldsymbol{\Psi}_{ij} & \boldsymbol{P}_{22}\boldsymbol{D}_i & \boldsymbol{P}_{22}\boldsymbol{A}_{2i} & \boldsymbol{P}_{22}\boldsymbol{\Gamma}_{ij}^{\mathrm{T}}\\ \boldsymbol{D}_i^{\mathrm{T}}\boldsymbol{P}_{22} & -\boldsymbol{I} & \boldsymbol{0} & \boldsymbol{0}\\ \boldsymbol{A}_{2i}^{\mathrm{T}}\boldsymbol{P}_{22} & \boldsymbol{0} & -\boldsymbol{S}_{11} & \boldsymbol{0}\\ \boldsymbol{\Gamma}_{ij}\boldsymbol{P}_{22} & \boldsymbol{0} & \boldsymbol{0} & \boldsymbol{M}_{11}\end{bmatrix}<\boldsymbol{0} \tag{6.3.23}$$

式中

$$\boldsymbol{X}_{11}=\boldsymbol{P}_{11}^{-1},\quad \boldsymbol{Y}_j=\boldsymbol{K}_j\boldsymbol{X}_{11},\quad \boldsymbol{Z}_i=\boldsymbol{P}_{22}\boldsymbol{G}_i$$

$$\boldsymbol{\Theta}_{ij}=\boldsymbol{X}_{11}\boldsymbol{A}_{1i}^{\mathrm{T}}+\boldsymbol{A}_{1i}\boldsymbol{X}_{11}+\boldsymbol{Y}_j^{\mathrm{T}}\boldsymbol{B}_i^{\mathrm{T}}+\boldsymbol{B}_i\boldsymbol{Y}_j+\boldsymbol{D}_i\boldsymbol{D}_i^{\mathrm{T}}$$
$$\boldsymbol{\Psi}_{ij}=\boldsymbol{\Xi}_{ij}-\boldsymbol{\Sigma}_{ij}^{\mathrm{T}}\boldsymbol{M}_{11}^{-1}\boldsymbol{\Sigma}_{ij}-\boldsymbol{P}_{22}\boldsymbol{\Gamma}_{ij}^{\mathrm{T}}\boldsymbol{M}_{11}^{-1}\boldsymbol{\Sigma}_{ij}-\boldsymbol{\Sigma}_{ij}^{\mathrm{T}}\boldsymbol{M}_{11}^{-1}\boldsymbol{\Gamma}_{ij}\boldsymbol{P}_{22}$$
$$\boldsymbol{\Xi}_{ij}=\boldsymbol{A}_{1i}^{\mathrm{T}}\boldsymbol{P}_{22}+\boldsymbol{P}_{22}\boldsymbol{A}_{1i}+\boldsymbol{C}_j^{\mathrm{T}}\boldsymbol{Z}_i^{\mathrm{T}}+\boldsymbol{Z}_i\boldsymbol{C}_j+\boldsymbol{S}_{22}+2(\boldsymbol{E}_{2i}\boldsymbol{K}_j)^{\mathrm{T}}\boldsymbol{E}_{2i}\boldsymbol{K}_j$$
$$\boldsymbol{\Gamma}_{ij}=\boldsymbol{P}_{11}\boldsymbol{A}_{2i}\boldsymbol{S}_{11}^{-1}\boldsymbol{A}_{2i}^{\mathrm{T}}\boldsymbol{P}_{11}$$
$$\boldsymbol{\Sigma}_{ij}=\boldsymbol{P}_{11}\boldsymbol{B}_i\boldsymbol{K}_j-(\boldsymbol{E}_{1i}+\boldsymbol{E}_{2i}\boldsymbol{K}_j)^{\mathrm{T}}\boldsymbol{E}_{2i}\boldsymbol{K}_j$$

证明　考虑 Lyapunov 函数

$$V(t)=V(\tilde{\boldsymbol{x}}(t))=\tilde{\boldsymbol{x}}^{\mathrm{T}}(t)\tilde{\boldsymbol{P}}\tilde{\boldsymbol{x}}(t)+\int_{t-h}^{t}\tilde{\boldsymbol{x}}^{\mathrm{T}}(\tau)\tilde{\boldsymbol{S}}\tilde{\boldsymbol{x}}(\tau)\mathrm{d}\tau \tag{6.3.24}$$

求 $V(t)$对时间的导数,可得

$$\dot{V}(t)=\dot{\tilde{\boldsymbol{x}}}^{\mathrm{T}}(t)\tilde{\boldsymbol{P}}\tilde{\boldsymbol{x}}(t)+\tilde{\boldsymbol{x}}^{\mathrm{T}}(t)\tilde{\boldsymbol{P}}\dot{\tilde{\boldsymbol{x}}}(t)+\tilde{\boldsymbol{x}}^{\mathrm{T}}(t)\tilde{\boldsymbol{S}}\tilde{\boldsymbol{x}}(t)-\tilde{\boldsymbol{x}}^{\mathrm{T}}(t-h)\tilde{\boldsymbol{S}}\tilde{\boldsymbol{x}}(t-h) \tag{6.3.25}$$

把式(6.3.20)代入式(6.3.25),可得

$$\begin{aligned}\dot{V}(t)=&\sum_{i=1}^{N}\sum_{j=1}^{N}\mu_i(\boldsymbol{z}(t))\mu_j(\boldsymbol{z}(t))\tilde{\boldsymbol{x}}^{\mathrm{T}}(t)[(\tilde{\boldsymbol{A}}_{ij}+\Delta\tilde{\boldsymbol{A}}_{ij})^{\mathrm{T}}\tilde{\boldsymbol{P}}+\tilde{\boldsymbol{P}}(\tilde{\boldsymbol{A}}_{ij}+\Delta\tilde{\boldsymbol{A}}_{ij})]\tilde{\boldsymbol{x}}(t)\\&+2\sum_{i=1}^{N}\sum_{j=1}^{N}\mu_i(\boldsymbol{z}(t))\mu_j(\boldsymbol{z}(t))\tilde{\boldsymbol{x}}^{\mathrm{T}}(t)\tilde{\boldsymbol{P}}\tilde{\boldsymbol{A}}_{2ij}\tilde{\boldsymbol{x}}(t-h)\\&+\sum_{i=1}^{N}\sum_{j=1}^{N}\mu_i(\boldsymbol{z}(t))\mu_j(\boldsymbol{z}(t))\tilde{\boldsymbol{x}}^{\mathrm{T}}(t)\tilde{\boldsymbol{S}}\tilde{\boldsymbol{x}}(t)\\&-\sum_{i=1}^{N}\sum_{j=1}^{N}\mu_i(\boldsymbol{z}(t))\mu_j(\boldsymbol{z}(t))\tilde{\boldsymbol{x}}^{\mathrm{T}}(t-h)\tilde{\boldsymbol{S}}\tilde{\boldsymbol{x}}(t-h)\end{aligned} \tag{6.3.26}$$

把引理 6.3.1 应用到式(6.3.26)的第一项,有

$$\begin{aligned}&\tilde{\boldsymbol{x}}^{\mathrm{T}}(t)(\Delta\tilde{\boldsymbol{A}}_{ij}^{\mathrm{T}}\tilde{\boldsymbol{P}}+\tilde{\boldsymbol{P}}\Delta\tilde{\boldsymbol{A}}_{ij}^{\mathrm{T}})\tilde{\boldsymbol{x}}(t)\\&=\tilde{\boldsymbol{x}}^{\mathrm{T}}(t)\tilde{\boldsymbol{E}}_{ij}^{\mathrm{T}}\tilde{\boldsymbol{F}}_i^{\mathrm{T}}(t)\tilde{\boldsymbol{D}}_i^{\mathrm{T}}\tilde{\boldsymbol{P}}\tilde{\boldsymbol{x}}(t)+\tilde{\boldsymbol{x}}^{\mathrm{T}}(t)\tilde{\boldsymbol{P}}\tilde{\boldsymbol{D}}_i\tilde{\boldsymbol{F}}_i(t)\tilde{\boldsymbol{E}}_{ij}\tilde{\boldsymbol{x}}(t)\\&\leqslant\tilde{\boldsymbol{x}}^{\mathrm{T}}(t)\tilde{\boldsymbol{P}}\tilde{\boldsymbol{D}}_i\tilde{\boldsymbol{D}}_i^{\mathrm{T}}\tilde{\boldsymbol{P}}\tilde{\boldsymbol{x}}(t)+\tilde{\boldsymbol{x}}^{\mathrm{T}}(t)\tilde{\boldsymbol{E}}_{ij}^{\mathrm{T}}\tilde{\boldsymbol{E}}_{ij}\tilde{\boldsymbol{x}}(t)\end{aligned} \tag{6.3.27}$$

把式(6.3.27)代入式(6.3.26),采用与证明定理 6.3.1 的相同处理方法,可得

$$\begin{aligned}\dot{V}(t)\leqslant&\sum_{i=1}^{N}\sum_{j=1}^{N}\mu_i(\boldsymbol{z}(t))\mu_j(\boldsymbol{z}(t))\tilde{\boldsymbol{x}}^{\mathrm{T}}(t)(\tilde{\boldsymbol{A}}_{ij}^{\mathrm{T}}\tilde{\boldsymbol{P}}+\tilde{\boldsymbol{P}}\tilde{\boldsymbol{A}}_{ij}+\tilde{\boldsymbol{E}}_{ij}^{\mathrm{T}}\tilde{\boldsymbol{E}}_{ij}+\tilde{\boldsymbol{S}})\tilde{\boldsymbol{x}}(t)\\&+\sum_{i=1}^{N}\sum_{j=1}^{N}\mu_i(\boldsymbol{z}(t))\mu_j(\boldsymbol{z}(t))\tilde{\boldsymbol{x}}^{\mathrm{T}}(t)(\tilde{\boldsymbol{P}}\tilde{\boldsymbol{A}}_{2ij}\tilde{\boldsymbol{S}}^{-1}\tilde{\boldsymbol{A}}_{2ij}^{\mathrm{T}}\tilde{\boldsymbol{P}}+\tilde{\boldsymbol{P}}\tilde{\boldsymbol{D}}_i\tilde{\boldsymbol{D}}_i^{\mathrm{T}}\tilde{\boldsymbol{P}})\tilde{\boldsymbol{x}}(t)\end{aligned} \tag{6.3.28}$$

假设

$$\tilde{\boldsymbol{A}}_{ij}^{\mathrm{T}}\tilde{\boldsymbol{P}}+\tilde{\boldsymbol{P}}\tilde{\boldsymbol{A}}_{ij}+\tilde{\boldsymbol{S}}+\tilde{\boldsymbol{P}}\tilde{\boldsymbol{D}}_i\tilde{\boldsymbol{D}}_i^{\mathrm{T}}\tilde{\boldsymbol{P}}+\tilde{\boldsymbol{E}}_{ij}^{\mathrm{T}}\tilde{\boldsymbol{E}}_{ij}+\tilde{\boldsymbol{P}}\tilde{\boldsymbol{A}}_{2ij}\tilde{\boldsymbol{S}}^{-1}\tilde{\boldsymbol{A}}_{2ij}^{\mathrm{T}}\tilde{\boldsymbol{P}}<\boldsymbol{0} \tag{6.3.29}$$

令

$$\tilde{\boldsymbol{P}}=\begin{bmatrix}\boldsymbol{P}_{11}&\boldsymbol{0}\\\boldsymbol{0}&\boldsymbol{P}_{22}\end{bmatrix},\quad\tilde{\boldsymbol{S}}=\begin{bmatrix}\boldsymbol{S}_{11}&\boldsymbol{0}\\\boldsymbol{0}&\boldsymbol{S}_{22}\end{bmatrix}$$

把 $\tilde{\boldsymbol{P}}$、$\tilde{\boldsymbol{S}}$、$\tilde{\boldsymbol{A}}_{ij}$、$\tilde{\boldsymbol{E}}_{ij}$ 和 $\tilde{\boldsymbol{A}}_{2ij}$ 代入式(6.3.29),可得

$$\boldsymbol{M}=\begin{bmatrix}\boldsymbol{M}_{11}&\boldsymbol{M}_{12}\\\boldsymbol{M}_{21}&\boldsymbol{M}_{22}\end{bmatrix}<\boldsymbol{0} \tag{6.3.30}$$

式中

$$\boldsymbol{M}_{11}=(\boldsymbol{A}_{1i}+\boldsymbol{B}_i\boldsymbol{K}_j)^{\mathrm{T}}\boldsymbol{P}_{11}+\boldsymbol{P}_{11}(\boldsymbol{A}_{1i}+\boldsymbol{B}_i\boldsymbol{K}_j)+\boldsymbol{S}_{11}+\boldsymbol{P}_{11}\boldsymbol{D}_i\boldsymbol{D}_i^{\mathrm{T}}\boldsymbol{P}_{11}+\boldsymbol{P}_{11}\boldsymbol{A}_{2i}\boldsymbol{S}_{11}^{-1}\boldsymbol{A}_{2i}^{\mathrm{T}}\boldsymbol{P}_{11}+2(\boldsymbol{E}_{1i}+\boldsymbol{E}_{2i}\boldsymbol{K}_j)^{\mathrm{T}}(\boldsymbol{E}_{1i}+\boldsymbol{E}_{2i}\boldsymbol{K}_j) \tag{6.3.31}$$

$$\boldsymbol{M}_{21}=\boldsymbol{M}_{12}^{\mathrm{T}}=\boldsymbol{P}_{11}\boldsymbol{B}_i\boldsymbol{K}_j+\boldsymbol{P}_{22}\boldsymbol{A}_{2i}\boldsymbol{S}_{11}^{-1}\boldsymbol{A}_{2i}^{\mathrm{T}}\boldsymbol{P}_{11}-(\boldsymbol{E}_{1i}+\boldsymbol{E}_{2i}\boldsymbol{K}_j)^{\mathrm{T}}\boldsymbol{E}_{2i}\boldsymbol{K}_j \tag{6.3.32}$$

$$\boldsymbol{M}_{22}=\boldsymbol{A}_{1i}^{\mathrm{T}}\boldsymbol{P}_{22}+\boldsymbol{P}_{22}\boldsymbol{A}_{1i}+\boldsymbol{C}_j^{\mathrm{T}}\boldsymbol{G}_i^{\mathrm{T}}\boldsymbol{P}_{22}+\boldsymbol{P}_{22}\boldsymbol{G}_i\boldsymbol{C}_j+\boldsymbol{S}_{22}+\boldsymbol{P}_{22}\boldsymbol{D}_i\boldsymbol{D}_i^{\mathrm{T}}\boldsymbol{P}_{22}+\boldsymbol{P}_{22}\boldsymbol{A}_{2i}\boldsymbol{S}_{11}^{-1}\boldsymbol{A}_{2i}^{\mathrm{T}}\boldsymbol{P}_{22}+2(\boldsymbol{E}_{2i}\boldsymbol{K}_j)^{\mathrm{T}}\boldsymbol{E}_{2i}\boldsymbol{K}_j \tag{6.3.33}$$

则有

$$\boldsymbol{M}_{22}=\boldsymbol{\Xi}_{ij}+\boldsymbol{P}_{22}\boldsymbol{D}_i\boldsymbol{D}_i^{\mathrm{T}}\boldsymbol{P}_{22}+\boldsymbol{P}_{22}\boldsymbol{A}_{2i}\boldsymbol{S}_{11}^{-1}\boldsymbol{A}_{2i}^{\mathrm{T}}\boldsymbol{P}_{22} \tag{6.3.34}$$

$$\boldsymbol{M}_{12}=\boldsymbol{\Sigma}_{ij}+\boldsymbol{\Gamma}_{ij}\boldsymbol{P}_{22} \tag{6.3.35}$$

$$\boldsymbol{M}_{22}-\boldsymbol{M}_{12}^{\mathrm{T}}\boldsymbol{M}_{11}^{-1}\boldsymbol{M}_{12}=\boldsymbol{\Psi}_{ij}+\boldsymbol{P}_{22}\boldsymbol{D}_i\boldsymbol{D}_i^{\mathrm{T}}\boldsymbol{P}_{22}+\boldsymbol{P}_{22}\boldsymbol{A}_{2i}\boldsymbol{S}_{11}^{-1}\boldsymbol{A}_{2i}^{\mathrm{T}}\boldsymbol{P}_{22}-\boldsymbol{P}_{22}\boldsymbol{\Gamma}_{ij}^{\mathrm{T}}\boldsymbol{M}_{11}^{-1}\boldsymbol{\Gamma}_{ij}\boldsymbol{P}_{22} \tag{6.3.36}$$

引理 6.3.2　假设 $\boldsymbol{M}_{11}$是可逆矩阵，则 $\boldsymbol{M}$ 是负定矩阵的充分必要条件是 $\boldsymbol{M}_{11}<\boldsymbol{0}$ 和 $\boldsymbol{M}_{22}-\boldsymbol{M}_{12}^{\mathrm{T}}\boldsymbol{M}_{11}^{-1}\boldsymbol{M}_{12}<\boldsymbol{0}$。

由引理 6.3.2，假设 $\boldsymbol{M}_{11}<\boldsymbol{0}$，$\boldsymbol{M}_{22}-\boldsymbol{M}_{12}^{\mathrm{T}}\boldsymbol{M}_{11}^{-1}\boldsymbol{M}_{12}<\boldsymbol{0}$，并记 $\boldsymbol{Q}_{11}=\boldsymbol{P}_{11}^{-1}$，$\boldsymbol{Y}_i=\boldsymbol{K}_i\boldsymbol{Q}_{11}$，用 $\boldsymbol{Q}_{11}=\boldsymbol{P}_{11}^{-1}$同时左乘和右乘式(6.3.33)，并对式(6.3.33)和(6.3.36)应用 Schur 分解原理，即得线性矩阵不等式(6.3.22)和(6.3.23)，因此定理 6.3.2 成立。

6.3.3　仿真

例 6.3.1　设非线性时滞系统为

$$\begin{aligned}\dot{x}_1(t)&=-0.1x_1^3(t)-0.0125x_1(t-4)-0.02x_2(t)\\&\quad-0.67x_2^3(t)-0.1x_2^3(t-4)-0.005x_2(t-4)+u(t)\\y(t)&=x_2(t)\end{aligned} \tag{6.3.37}$$

假设 $x_2(t)$是可测的，$x_1(t)\in[-1.5,1.5]$，$x_2(t)\in[-1.5,1.5]$。由于 $x_1(t)$不可测，且 $x_1^3(t)=c(t)x_1(t)$，其中 $c(t)\in[0,2.25]$，利用 6.1 节的处理方法，式(6.3.37)中的非线性项可以表示为

$$\begin{aligned}-0.67x_2^3(t)&=F_{11}(x_2(t))\cdot 0\cdot x_2(t)-(1-F_{11}(x_2(t)))\cdot 1.5075x_2(t)\\-0.1x_2^3(t-4)&=F_{11}(x_2(t))\cdot 0\cdot x_2(t-4)-(1-F_{11}(x_2(t)))\end{aligned} \tag{6.3.38}$$

求解方程(6.3.38)得到

$$F_{11}(x_2(t))=1-\frac{x_2^2(t)}{2.25},\quad F_{21}(x_2(t))=\frac{x_2^2(t)}{2.25}$$

把 $F_{11}(x_2(t))$和 $F_{21}(x_2(t))$看作模糊集 F_{11}和 F_{12}的隶属函数，建立模糊 T-S 模型如下。

模糊系统规则 1：如果 $x_2(t)$是 F_{11}，则

$$\dot{\boldsymbol{x}}(t)=(\boldsymbol{A}_1+\Delta\boldsymbol{A}_1(t))\boldsymbol{x}(t)+\boldsymbol{B}_1u(t)+\boldsymbol{A}_{d1}\boldsymbol{x}(t-4)$$
$$y(t)=\boldsymbol{C}_1\boldsymbol{x}(t)$$

模糊系统规则 2：如果 $x_2(t)$是 F_{12}，则

$$\dot{\boldsymbol{x}}(t)=(\boldsymbol{A}_2+\Delta\boldsymbol{A}_2(t))\boldsymbol{x}(t)+\boldsymbol{B}_2u(t)+\boldsymbol{A}_{d2}\boldsymbol{x}(t-4)$$
$$y(t)=\boldsymbol{C}_2\boldsymbol{x}(t)$$

式中

$$\boldsymbol{x}(t) = [x_1(t), x_2(t)]^{\mathrm{T}}$$

$$\boldsymbol{A}_1 = \begin{bmatrix} -0.1125 & -0.02 \\ 1 & 0 \end{bmatrix}, \quad \boldsymbol{A}_{d1} = \begin{bmatrix} -0.1125 & -0.002 \\ 0 & 0 \end{bmatrix}$$

$$\boldsymbol{A}_2 = \begin{bmatrix} -0.1125 & -1.527 \\ 1 & 0 \end{bmatrix}, \quad \boldsymbol{A}_{d2} = \begin{bmatrix} -0.1125 & -0.23 \\ 0 & 0 \end{bmatrix}$$

$$\boldsymbol{B}_1 = \boldsymbol{B}_2 = [1 \quad 0]^{\mathrm{T}}, \quad \boldsymbol{C}_1 = \boldsymbol{C}_2 = [0 \quad 1]$$

$$\Delta\boldsymbol{A}_1 = \boldsymbol{D}\boldsymbol{F}(t)\boldsymbol{E}_{11}, \quad \Delta\boldsymbol{A}_2 = \boldsymbol{D}\boldsymbol{F}(t)\boldsymbol{E}_{12}$$

$$\boldsymbol{D} = [-0.1125 \quad 0]^{\mathrm{T}}, \quad \boldsymbol{E}_{11} = \boldsymbol{E}_{12} = [1 \quad 0], \quad \boldsymbol{F}^{\mathrm{T}}(t)\boldsymbol{F}(t) \leqslant \boldsymbol{I}$$

简单起见,给定 $\boldsymbol{S}=\boldsymbol{I}$,解矩阵不等式(6.3.22)和(6.3.23)可得反馈增益和观测器增益矩阵为 $\boldsymbol{K}_1=[1.58 \quad 4.83]$,$\boldsymbol{K}_2=[1.16 \quad 4.75]$,$\boldsymbol{G}_2=\begin{bmatrix}14\\35\end{bmatrix}$,$\boldsymbol{G}_1=\begin{bmatrix}14\\33\end{bmatrix}$。

取仿真的初始条件为:$x_1(0)=0.5$,$x_2(0)=0$;$\hat{x}_1(0)=\hat{x}_2(0)=0$。仿真结果如图 6-3 所示。

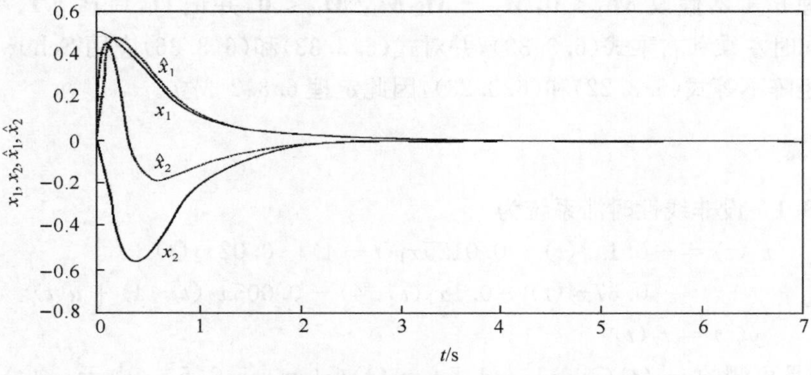

图 6-3 系统的状态及其状态估计曲线

6.4 不确定模糊时滞系统的输出反馈 H^∞ 控制

本节针对一类不确定模糊时滞系统给出一种 H^∞ 输出反馈方法,并基于线性矩阵不等式理论,给出 H^∞ 输出反馈控制的设计算法及其系统的稳定性分析。

6.4.1 模糊输出反馈 H^∞ 控制设计

考虑由模糊 T-S 模型所描述的不确定线性时滞连续系统。

模糊系统规则 i:如果 $z_1(t)$ 是 F_{i1},$z_2(t)$ 是 F_{i2},…,$z_n(t)$ 是 F_{in},则

$$\begin{aligned} \dot{\boldsymbol{x}}(t) &= (\boldsymbol{A}_{1i} + \Delta\boldsymbol{A}_i(t))\boldsymbol{x}(t) + \boldsymbol{A}_{2i}\boldsymbol{x}(t-h(t)) + \boldsymbol{B}_{1i}\boldsymbol{w}_1(t) + \boldsymbol{B}_{2i}\boldsymbol{u}(t) \\ \boldsymbol{e}_1(t) &= \boldsymbol{C}_{1i}\boldsymbol{x}(t) \\ \boldsymbol{e}_2(t) &= \boldsymbol{u}(t) \\ \boldsymbol{y}(t) &= \boldsymbol{C}_{2i}\boldsymbol{x}(t) + \boldsymbol{w}_2(t) \\ \boldsymbol{x}(t) &= \boldsymbol{0}, \quad t \leqslant 0 \end{aligned} \tag{6.4.1}$$

其中，$F_{ij}(j=1,2,\cdots,n)$是模糊集合；$\boldsymbol{z}(t)=[z_1(t),\cdots,z_n(t)]^{\mathrm{T}}$ 是模糊前件变量；$\boldsymbol{x}(t)\in\mathbf{R}^n$ 是状态变量；$\boldsymbol{u}(t)\in\mathbf{R}^m$ 是系统的控制输入；$\boldsymbol{y}(t)\in\mathbf{R}^l$ 是系统的输出；$\boldsymbol{A}_{1i},\boldsymbol{A}_{2i}\in\mathbf{R}^{n\times n}$、$\boldsymbol{B}_{1i},\boldsymbol{B}_{2i}\in\mathbf{R}^{n\times m}$和$\boldsymbol{C}_{1i},\boldsymbol{C}_{2i}\in\mathbf{R}^{l\times n}$分别是系统、输入和输出矩阵；$\boldsymbol{w}_1$ 和 $\boldsymbol{w}_2$ 是平方可积的干扰输入；$\boldsymbol{e}_1$ 和 $\boldsymbol{e}_2$ 是控制器输出变量；$i=1,2,\cdots,N$；$h(t)$表示时滞的时间，满足下面的条件：

$$0\leqslant h(t)<\infty,\quad \dot{h}(t)\leqslant\beta<1 \tag{6.4.2}$$

假设 6.4.1　假设不确定参数矩阵 $\Delta\boldsymbol{A}_i(t)$表示为

$$\Delta\boldsymbol{A}_i(t)=\boldsymbol{HF}(t)\boldsymbol{E}_i,\quad i=1,2,\cdots,N \tag{6.4.3}$$

式中，$\boldsymbol{H}$ 和 $\boldsymbol{E}_i$ 为常数矩阵；$\boldsymbol{F}(t)$为未知矩阵函数，且满足

$$\boldsymbol{F}(t)\in\bar{\boldsymbol{F}}=\{\boldsymbol{F}(t)\mid\boldsymbol{F}^{\mathrm{T}}(t)\boldsymbol{F}(t)\leqslant\boldsymbol{I},\boldsymbol{F}(t)\text{ 中的元素是 Lebesgue 可测函数}\} \tag{6.4.4}$$

对于给定的数对$(\boldsymbol{y}(t),\boldsymbol{u}(t))$，由单点模糊化、乘积推理和平均加权反模糊化，动态系统模型(6.4.1)可以表示成如下的模糊时滞系统：

$$\begin{aligned}\dot{\boldsymbol{x}}(t)&=(\boldsymbol{A}_1(\mu)+\boldsymbol{HF}(t)\boldsymbol{E}(\mu))\boldsymbol{x}(t)+\boldsymbol{A}_2(\mu)\boldsymbol{x}(t-h(t))\\&\quad+\boldsymbol{B}_1(\mu)\boldsymbol{w}_1(t)+\boldsymbol{B}_2(\mu)\boldsymbol{u}(t)\\\boldsymbol{e}_1(t)&=\boldsymbol{C}_1(\mu)\boldsymbol{x}(t)\\\boldsymbol{e}_2(t)&=\boldsymbol{u}(t)\\\boldsymbol{y}(t)&=\boldsymbol{C}_2(\mu)\boldsymbol{x}(t)+\boldsymbol{w}_2(t)\end{aligned} \tag{6.4.5}$$

式中

$$\begin{aligned}&\mu=[\mu_1,\mu_2,\cdots,\mu_N]\\&\boldsymbol{A}_1(\mu)=\sum_{i=1}^{N}\mu_i(\boldsymbol{z}(t))\boldsymbol{A}_{1i},\quad \boldsymbol{A}_2(\mu)=\sum_{i=1}^{N}\mu_i(\boldsymbol{z}(t))\boldsymbol{A}_{2i}\\&\boldsymbol{B}_1(\mu)=\sum_{i=1}^{N}\mu_i(\boldsymbol{z}(t))\boldsymbol{B}_{1i},\quad \boldsymbol{B}_2(\mu)=\sum_{i=1}^{N}\mu_i(\boldsymbol{z}(t))\boldsymbol{B}_{2i}\\&\boldsymbol{C}_1(\mu)=\sum_{i=1}^{N}\mu_i(\boldsymbol{z}(t))\boldsymbol{C}_{1i},\quad \boldsymbol{C}_2(\mu)=\sum_{i=1}^{N}\mu_i(\boldsymbol{z}(t))\boldsymbol{C}_{2i}\\&\boldsymbol{E}(\mu)=\sum_{i=1}^{N}\mu_i(\boldsymbol{z}(t))\boldsymbol{E}_i\end{aligned} \tag{6.4.6}$$

设计模糊输出反馈控制器为

$$\begin{aligned}\dot{\hat{\boldsymbol{x}}}(t)&=\boldsymbol{A}_i(\mu)\hat{\boldsymbol{x}}(t)+\boldsymbol{B}_i(\mu)\boldsymbol{y}(t),\quad \hat{\boldsymbol{x}}(0)=\boldsymbol{0}\\\boldsymbol{u}(t)&=\boldsymbol{K}_i\hat{\boldsymbol{x}}(t)\end{aligned} \tag{6.4.7}$$

式中，矩阵函数 $\boldsymbol{A}_i(\mu)$、$\boldsymbol{B}_i(\mu)$均为隶属函数的函数。

由式(6.4.5)和(6.4.7)可得模糊闭环系统如下：

$$\begin{aligned}\dot{\boldsymbol{\zeta}}(t)&=(\hat{\boldsymbol{A}}_1(\mu)+\hat{\boldsymbol{H}}\boldsymbol{F}(t)\hat{\boldsymbol{E}}(\mu))\boldsymbol{\zeta}(t)\\&\quad+\hat{\boldsymbol{A}}_2(\mu)\boldsymbol{x}(t-h(t))+\hat{\boldsymbol{B}}(\mu)\boldsymbol{w}(t)\\\boldsymbol{e}(t)&=\hat{\boldsymbol{C}}(\mu)\boldsymbol{\zeta}(t)\\\boldsymbol{\zeta}(t)&=\boldsymbol{0},\quad t\leqslant 0\end{aligned} \tag{6.4.8}$$

式中

$$\boldsymbol{\zeta}(t)=[\boldsymbol{x}^{\mathrm{T}}(t),\hat{\boldsymbol{x}}^{\mathrm{T}}(t)]^{\mathrm{T}},\quad \boldsymbol{w}(t)=[\boldsymbol{w}_1^{\mathrm{T}}(t),\boldsymbol{w}_2^{\mathrm{T}}(t)]^{\mathrm{T}},\quad \boldsymbol{e}(t)=[\boldsymbol{e}_1^{\mathrm{T}}(t),\boldsymbol{e}_2^{\mathrm{T}}(t)]^{\mathrm{T}}$$

$$\begin{aligned}&\hat{\boldsymbol{A}}_1(\mu)=\begin{bmatrix}\boldsymbol{A}_1(\mu) & \boldsymbol{B}_2(\mu)\boldsymbol{K}_i(\mu)\\ \boldsymbol{B}_i(\mu)\boldsymbol{C}_2(\mu) & \boldsymbol{A}_i(\mu)\end{bmatrix},\quad \hat{\boldsymbol{A}}_2(\mu)=[\boldsymbol{A}_2^{\mathrm{T}}(\mu),\boldsymbol{0}]^{\mathrm{T}}\\ &\hat{\boldsymbol{B}}(\mu)=\begin{bmatrix}\boldsymbol{B}_1(\mu) & \boldsymbol{0}\\ \boldsymbol{0} & \boldsymbol{B}_i(\mu)\end{bmatrix},\quad \hat{\boldsymbol{C}}(\mu)=\begin{bmatrix}\boldsymbol{C}_1(\mu) & \boldsymbol{0}\\ \boldsymbol{0} & \boldsymbol{K}_i(\mu)\end{bmatrix}\\ &\hat{\boldsymbol{E}}(\mu)=[\boldsymbol{E}(\mu),\boldsymbol{0}],\quad \hat{\boldsymbol{H}}=[\boldsymbol{H}^{\mathrm{T}},\boldsymbol{0}]^{\mathrm{T}}\end{aligned}\tag{6.4.9}$$

定义包含所有控制器参数的变量为

$$\boldsymbol{G}(\mu)=\begin{bmatrix}\boldsymbol{0} & \boldsymbol{K}_i(\mu)\\ \boldsymbol{B}_i(\mu) & \boldsymbol{A}_i(\mu)\end{bmatrix}\tag{6.4.10}$$

引入如下的缩写矩阵：

$$\begin{aligned}&\boldsymbol{A}_0(\mu)=\begin{bmatrix}\boldsymbol{A}_1(\mu) & \boldsymbol{0}\\ \boldsymbol{0} & \boldsymbol{0}\end{bmatrix},\quad \boldsymbol{B}_{10}(\mu)=\begin{bmatrix}\boldsymbol{B}_1(\mu) & \boldsymbol{0}\\ \boldsymbol{0} & \boldsymbol{0}\end{bmatrix}\\ &\boldsymbol{B}_{00}(\mu)=\begin{bmatrix}\boldsymbol{B}_2(\mu) & \boldsymbol{0}\\ \boldsymbol{0} & \boldsymbol{I}\end{bmatrix},\quad \boldsymbol{C}_{00}(\mu)=\begin{bmatrix}\boldsymbol{C}_2(\mu) & \boldsymbol{0}\\ \boldsymbol{0} & \boldsymbol{I}\end{bmatrix}\\ &\boldsymbol{C}_{10}(\mu)=\begin{bmatrix}\boldsymbol{C}_1(\mu) & \boldsymbol{0}\\ \boldsymbol{0} & \boldsymbol{0}\end{bmatrix},\quad \boldsymbol{D}_{10}(\mu)=\begin{bmatrix}\boldsymbol{0} & \boldsymbol{I}\\ \boldsymbol{0} & \boldsymbol{0}\end{bmatrix},\quad \boldsymbol{D}_{20}(\mu)=\begin{bmatrix}\boldsymbol{0} & \boldsymbol{0}\\ \boldsymbol{I} & \boldsymbol{0}\end{bmatrix}\end{aligned}\tag{6.4.11}$$

则模糊闭环系统(6.4.8)中的矩阵可表示为

$$\begin{aligned}\hat{\boldsymbol{A}}(\mu)&=\boldsymbol{A}_0(\mu)+\boldsymbol{B}_{00}(\mu)\boldsymbol{G}(\mu)\boldsymbol{C}_{00}(\mu)\\ \hat{\boldsymbol{B}}(\mu)&=\boldsymbol{B}_{10}(\mu)+\boldsymbol{B}_{00}(\mu)\boldsymbol{G}(\mu)\boldsymbol{D}_{10}(\mu)\\ \hat{\boldsymbol{C}}(\mu)&=\boldsymbol{C}_{10}(\mu)+\boldsymbol{D}_{20}(\mu)\boldsymbol{G}(\mu)\boldsymbol{C}_{00}(\mu)\end{aligned}\tag{6.4.12}$$

注意到，式(6.4.11)仅含有系统(6.4.5)中的矩阵，而且式(6.4.12)中的所有矩阵都是与控制器 $\boldsymbol{G}(\mu)$ 仿射线性的。

对于给定的正数 γ，如果下面的不等式成立：

$$\int_0^T \|\boldsymbol{e}(t)\|^2\mathrm{d}t\leqslant\gamma^2\int_0^T\|\boldsymbol{w}(t)\|^2\mathrm{d}t\tag{6.4.13}$$

式中，$T>0$；$\boldsymbol{w}\in L_2[0,T]$；$\|\cdot\|$ 表示 Euclidian 范数，则称模糊闭环系统(6.4.8)的 L_2 增益小于或等于 γ。

目标是设计形如式(6.4.7)的 H^∞ 输出反馈控制器，使得模糊时滞系统(6.4.5)全局指数稳定，且 L_2 增益小于等于 γ。

6.4.2　稳定性和 L_2 范数的分析

将模糊闭环系统(6.4.8)表示成如下的状态方程：

$$\begin{aligned}\dot{\boldsymbol{\zeta}}(t)&=\hat{\boldsymbol{A}}_1(\mu)\boldsymbol{\zeta}(t)+\hat{\boldsymbol{A}}_2(\mu)\boldsymbol{x}(t-h_1(t))\\ &\quad+\hat{\boldsymbol{H}}\boldsymbol{p}(t)+\hat{\boldsymbol{B}}(\mu)\boldsymbol{w}(t)\\ \boldsymbol{q}(t)&=\boldsymbol{E}(\mu)\boldsymbol{\zeta}(t)\\ \boldsymbol{e}(t)&=\hat{\boldsymbol{C}}(\mu)\boldsymbol{\zeta}(t)\\ \boldsymbol{p}(t)&=\boldsymbol{F}(t)\boldsymbol{q}(t),\quad \|\boldsymbol{F}(t)\|\leqslant 1\end{aligned}\tag{6.4.14}$$

引理 6.4.1　考虑模糊闭环系统(6.4.8)所对应的自治系统,如果存在正定矩阵 $\boldsymbol{P}$ 和 $\boldsymbol{S}$ 及正数 $\boldsymbol{\lambda}$ 和 $\boldsymbol{\alpha}$,满足如下的不等式:

$$\begin{bmatrix} \hat{\boldsymbol{A}}_1^{\mathrm{T}}(\mu)\boldsymbol{P}+\boldsymbol{P}\hat{\boldsymbol{A}}_1(\mu)+\hat{\boldsymbol{S}}+\hat{\boldsymbol{S}}_0 & \boldsymbol{P}\hat{\boldsymbol{A}}_2(\mu) & \boldsymbol{P}\hat{\boldsymbol{H}} & \lambda\hat{\boldsymbol{E}}^{\mathrm{T}}(\mu) \\ \hat{\boldsymbol{A}}_2^{\mathrm{T}}(\mu)\boldsymbol{P} & -\hat{\boldsymbol{S}}_1 & \boldsymbol{0} & \boldsymbol{0} \\ \hat{\boldsymbol{H}}^{\mathrm{T}}\boldsymbol{P} & \boldsymbol{0} & -\lambda\boldsymbol{I} & \boldsymbol{0} \\ \lambda\hat{\boldsymbol{E}}(\mu) & \boldsymbol{0} & \boldsymbol{0} & -\lambda\boldsymbol{I} \end{bmatrix} \leqslant \boldsymbol{0} \tag{6.4.15}$$

式中,β 由式(6.4.2)定义,且

$$\hat{\boldsymbol{S}}=\begin{bmatrix} \boldsymbol{S}_{11} & \boldsymbol{0} \\ \boldsymbol{0} & \boldsymbol{0} \end{bmatrix},\quad \hat{\boldsymbol{S}}_0=\begin{bmatrix} \alpha\boldsymbol{I} & \boldsymbol{0} \\ \boldsymbol{0} & \boldsymbol{0} \end{bmatrix},\quad \hat{\boldsymbol{S}}_1=(1-\beta)\boldsymbol{S} \tag{6.4.16}$$

则模糊闭环系统(6.4.8)所对应的自治系统是全局指数稳定的。

证明　考虑 Lyapunov 函数

$$V(t)=V(\boldsymbol{\zeta},t)=\boldsymbol{\zeta}^{\mathrm{T}}\boldsymbol{P}\boldsymbol{\zeta}+\int_{t-h(t)}^{t}\boldsymbol{x}^{\mathrm{T}}(\tau)\boldsymbol{S}\boldsymbol{x}(\tau)\mathrm{d}\tau \tag{6.4.17}$$

式中,$\boldsymbol{P}$ 和 $\boldsymbol{S}$ 为正定矩阵,则存在正数 δ_1 和 δ_2,使得 $\delta_1\|\boldsymbol{\zeta}\|^2\leqslant V(t)\leqslant\delta_2\|\boldsymbol{\zeta}\|^2$。如果存在正数 α,满足 $\dot{V}(t)\leqslant-\alpha\|\boldsymbol{x}(t)\|^2$,则模糊闭环系统(6.4.8)所对应的自治系统是全局指数稳定的。由系统(6.4.8)可得

$$\dot{V}(t)=\dot{\boldsymbol{\zeta}}^{\mathrm{T}}\boldsymbol{P}\boldsymbol{\zeta}+\boldsymbol{\zeta}^{\mathrm{T}}\boldsymbol{P}\dot{\boldsymbol{\zeta}}+\boldsymbol{x}^{\mathrm{T}}(t)\boldsymbol{S}\boldsymbol{x}(t)-\boldsymbol{x}^{\mathrm{T}}(t-h(t))\hat{\boldsymbol{S}}_1\boldsymbol{x}(t-h(t)) \tag{6.4.18}$$

通过 Schur 分解原理可知,对所有的 μ,条件 $\dot{V}(t)\leqslant-\alpha\|\boldsymbol{x}(t)\|^2$ 与(6.4.15)是等价的。

引理 6.4.2　对于给定的正数 γ,如果存在正定矩阵 $\boldsymbol{P}$ 和 $\boldsymbol{S}$ 及正数 λ 和 α,满足如下的不等式:

$$\begin{bmatrix} \hat{\boldsymbol{A}}_1^{\mathrm{T}}(\mu)\boldsymbol{P}+\boldsymbol{P}\hat{\boldsymbol{A}}_1(\mu)+\hat{\boldsymbol{S}}+\hat{\boldsymbol{S}}_0 & \boldsymbol{P}\hat{\boldsymbol{A}}_2(\mu) & \boldsymbol{P}\hat{\boldsymbol{H}} & \boldsymbol{P}\hat{\boldsymbol{B}}(\mu) & \hat{\boldsymbol{C}}^{\mathrm{T}}(\mu) & \lambda\hat{\boldsymbol{E}}^{\mathrm{T}}(\mu) \\ \hat{\boldsymbol{A}}_2^{\mathrm{T}}(\mu)\boldsymbol{P} & -\hat{\boldsymbol{S}}_1 & \boldsymbol{0} & \boldsymbol{0} & \boldsymbol{0} & \boldsymbol{0} \\ \hat{\boldsymbol{H}}^{\mathrm{T}}\boldsymbol{P} & \boldsymbol{0} & -\lambda\boldsymbol{I} & \boldsymbol{0} & \boldsymbol{0} & \boldsymbol{0} \\ \hat{\boldsymbol{B}}^{\mathrm{T}}(\mu)\boldsymbol{P} & \boldsymbol{0} & \boldsymbol{0} & -\gamma^2\boldsymbol{I} & \boldsymbol{0} & \boldsymbol{0} \\ \hat{\boldsymbol{C}}(\mu) & \boldsymbol{0} & \boldsymbol{0} & \boldsymbol{0} & -\boldsymbol{I} & \boldsymbol{0} \\ \lambda\hat{\boldsymbol{E}}(\mu) & \boldsymbol{0} & \boldsymbol{0} & \boldsymbol{0} & \boldsymbol{0} & -\lambda\boldsymbol{I} \end{bmatrix} \leqslant \boldsymbol{0} \tag{6.4.19}$$

则模糊闭环系统(6.4.8)是全局指数稳定的,且 L_2 增益小于等于 γ。

证明　若正定矩阵 $\boldsymbol{P}$ 和 $\boldsymbol{S}$ 及正数 λ 和 α 满足式(6.4.19),则也满足不等式(6.4.15)。利用 Lyapunov 函数(6.4.17)和(6.4.18)以及下面的不等式:

$$J(t)=\dot{V}(t)+\boldsymbol{e}^{\mathrm{T}}(t)\boldsymbol{e}(t)-\gamma^2\boldsymbol{w}^{\mathrm{T}}(t)\boldsymbol{w}(t)\leqslant 0 \tag{6.4.20}$$

可获得不等式(6.4.19)。因为 $V(\boldsymbol{x}(T))>0$,由条件(6.4.20)可推出式(6.4.13)。

6.4.3　稳定性分析

本小节应用引理 6.4.2 的结果,给出存在模糊 H^{∞} 输出反馈控制器(6.4.7)的充分条件,并介绍如何构造控制器的算法。

定义 6.4.1 对于给定的正数 γ,如果存在有限维控制器(6.4.7),正定矩阵 $\boldsymbol{P}$ 和 $\boldsymbol{S}$,以及正数 λ 和 α 满足式(6.4.19),则模糊时滞系统(6.4.5)是全局稳定的,且 L_2 增益小于等于于 γ 的问题可解。

利用式(6.4.10)和(6.4.11)的记法,定义不等式(6.4.19)的左边为

$$\boldsymbol{M}(\mu)=\boldsymbol{\Phi}(\mu)+\boldsymbol{\Sigma\Pi}(\mu)\boldsymbol{G}(\mu)\boldsymbol{\Theta}^{\mathrm{T}}(\mu)+\boldsymbol{\Theta}(\mu)\boldsymbol{G}^{\mathrm{T}}(\mu)\boldsymbol{\Pi}^{\mathrm{T}}(\mu)\boldsymbol{\Sigma}^{\mathrm{T}} \tag{6.4.21}$$

式中

$$\begin{aligned}\boldsymbol{\Sigma}&=\operatorname{diag}(\boldsymbol{P},\boldsymbol{I},\boldsymbol{I},\boldsymbol{I},\boldsymbol{I},\boldsymbol{I})\\ \boldsymbol{\Pi}(\mu)&=[\boldsymbol{B}_{00}^{\mathrm{T}}(\mu)\quad \boldsymbol{0}\quad \boldsymbol{0}\quad \boldsymbol{0}\quad \boldsymbol{D}_{20}^{\mathrm{T}}(\mu)\quad \boldsymbol{0}]^{\mathrm{T}}\\ \boldsymbol{\Theta}(\mu)&=[\boldsymbol{C}_{00}(\mu)\quad \boldsymbol{0}\quad \boldsymbol{0}\quad \boldsymbol{D}_{10}(\mu)\quad \boldsymbol{0}\quad \boldsymbol{0}]^{\mathrm{T}}\end{aligned} \tag{6.4.22}$$

$$\boldsymbol{\Phi}(\mu)=\begin{bmatrix}\boldsymbol{A}_0^{\mathrm{T}}(\mu)\boldsymbol{P}+\boldsymbol{P}\boldsymbol{A}_0(\mu)+\hat{\boldsymbol{S}}+\hat{\boldsymbol{S}}_0 & \boldsymbol{P}\hat{\boldsymbol{A}}_2(\mu) & \boldsymbol{P}\hat{\boldsymbol{H}} & \boldsymbol{P}\boldsymbol{B}_{10}(\mu) & \boldsymbol{C}_{10}^{\mathrm{T}}(\mu) & \lambda\hat{\boldsymbol{E}}^{\mathrm{T}}(\mu)\\ \hat{\boldsymbol{A}}_2^{\mathrm{T}}(\mu)\boldsymbol{P} & -\hat{\boldsymbol{S}}_1 & \boldsymbol{0} & \boldsymbol{0} & \boldsymbol{0} & \boldsymbol{0}\\ \hat{\boldsymbol{H}}^{\mathrm{T}}\boldsymbol{P} & \boldsymbol{0} & -\lambda\boldsymbol{I} & \boldsymbol{0} & \boldsymbol{0} & \boldsymbol{0}\\ \boldsymbol{B}_{10}^{\mathrm{T}}(\mu)\boldsymbol{P} & \boldsymbol{0} & \boldsymbol{0} & -\gamma^2\boldsymbol{I} & \boldsymbol{0} & \boldsymbol{0}\\ \boldsymbol{C}_{10}(\mu) & \boldsymbol{0} & \boldsymbol{0} & \boldsymbol{0} & -\boldsymbol{I} & \boldsymbol{0}\\ \lambda\hat{\boldsymbol{E}}(\mu) & \boldsymbol{0} & \boldsymbol{0} & \boldsymbol{0} & \boldsymbol{0} & -\lambda\boldsymbol{I}\end{bmatrix} \tag{6.4.23}$$

定义 $\boldsymbol{\Pi}_1(\mu)$ 和 $\boldsymbol{\Theta}_1(\mu)$ 为正交矩阵,即 $\boldsymbol{\Pi}_1^{\mathrm{T}}(\mu)\boldsymbol{\Pi}(\mu)=\boldsymbol{0}$,$\boldsymbol{\Theta}_1^{\mathrm{T}}(\mu)\boldsymbol{\Theta}(\mu)=\boldsymbol{0}$,且$[\boldsymbol{\Pi}(\mu),\boldsymbol{\Pi}_1(\mu)]$、$[\boldsymbol{\Theta}(\mu),\boldsymbol{\Theta}_1(\mu)]$均为列满秩矩阵,则有

$$\boldsymbol{\Pi}_1^{\mathrm{T}}(\mu)=\begin{bmatrix}\boldsymbol{I}&\boldsymbol{0}&\boldsymbol{0}&\boldsymbol{0}&\boldsymbol{0}&\boldsymbol{0}&\boldsymbol{0}&-\boldsymbol{B}_2(\mu)&\boldsymbol{0}\\ \boldsymbol{0}&\boldsymbol{0}&\boldsymbol{I}&\boldsymbol{0}&\boldsymbol{0}&\boldsymbol{0}&\boldsymbol{0}&\boldsymbol{0}&\boldsymbol{0}\\ \boldsymbol{0}&\boldsymbol{0}&\boldsymbol{0}&\boldsymbol{I}&\boldsymbol{0}&\boldsymbol{0}&\boldsymbol{0}&\boldsymbol{0}&\boldsymbol{0}\\ \boldsymbol{0}&\boldsymbol{0}&\boldsymbol{0}&\boldsymbol{0}&\boldsymbol{I}&\boldsymbol{0}&\boldsymbol{0}&\boldsymbol{0}&\boldsymbol{0}\\ \boldsymbol{0}&\boldsymbol{0}&\boldsymbol{0}&\boldsymbol{0}&\boldsymbol{0}&\boldsymbol{I}&\boldsymbol{0}&\boldsymbol{0}&\boldsymbol{0}\\ \boldsymbol{0}&\boldsymbol{0}&\boldsymbol{0}&\boldsymbol{0}&\boldsymbol{0}&\boldsymbol{0}&\boldsymbol{I}&\boldsymbol{0}&\boldsymbol{0}\\ \boldsymbol{0}&\boldsymbol{0}&\boldsymbol{0}&\boldsymbol{0}&\boldsymbol{0}&\boldsymbol{0}&\boldsymbol{0}&\boldsymbol{0}&\boldsymbol{I}\end{bmatrix}$$

$$\boldsymbol{\Theta}_1^{\mathrm{T}}(\mu)=\begin{bmatrix}\boldsymbol{I}&\boldsymbol{0}&\boldsymbol{0}&\boldsymbol{0}&\boldsymbol{0}&-\boldsymbol{C}_2^{\mathrm{T}}(\mu)&\boldsymbol{0}&\boldsymbol{0}&\boldsymbol{0}\\ \boldsymbol{0}&\boldsymbol{0}&\boldsymbol{I}&\boldsymbol{0}&\boldsymbol{0}&\boldsymbol{0}&\boldsymbol{0}&\boldsymbol{0}&\boldsymbol{0}\\ \boldsymbol{0}&\boldsymbol{0}&\boldsymbol{0}&\boldsymbol{I}&\boldsymbol{0}&\boldsymbol{0}&\boldsymbol{0}&\boldsymbol{0}&\boldsymbol{0}\\ \boldsymbol{0}&\boldsymbol{0}&\boldsymbol{0}&\boldsymbol{0}&\boldsymbol{I}&\boldsymbol{0}&\boldsymbol{0}&\boldsymbol{0}&\boldsymbol{0}\\ \boldsymbol{0}&\boldsymbol{0}&\boldsymbol{0}&\boldsymbol{0}&\boldsymbol{0}&\boldsymbol{I}&\boldsymbol{0}&\boldsymbol{0}&\boldsymbol{0}\\ \boldsymbol{0}&\boldsymbol{0}&\boldsymbol{0}&\boldsymbol{0}&\boldsymbol{0}&\boldsymbol{0}&\boldsymbol{0}&\boldsymbol{I}&\boldsymbol{0}\\ \boldsymbol{0}&\boldsymbol{0}&\boldsymbol{0}&\boldsymbol{0}&\boldsymbol{0}&\boldsymbol{0}&\boldsymbol{0}&\boldsymbol{0}&\boldsymbol{I}\end{bmatrix} \tag{6.4.24}$$

因为 $\boldsymbol{\Pi}_1(\mu)$ 和 $\boldsymbol{\Theta}_1(\mu)$ 为列满秩矩阵,显然,若 $\boldsymbol{M}(\mu)<\boldsymbol{0}$,则 $\boldsymbol{\Pi}_1^{\mathrm{T}}(\mu)\boldsymbol{\Sigma}^{-1}\boldsymbol{M}(\mu)\boldsymbol{\Sigma}^{-1}\boldsymbol{\Pi}_1(\mu)<\boldsymbol{0}$ 和 $\boldsymbol{\Theta}_1^{\mathrm{T}}(\mu)\boldsymbol{M}(\mu)\boldsymbol{\Theta}_1(\mu)<\boldsymbol{0}$ 成立,从而有

$$\boldsymbol{\Pi}_1^{\mathrm{T}}(\mu)\boldsymbol{\Sigma}^{-1}\boldsymbol{\Phi}(\mu)\boldsymbol{\Sigma}^{-1}\boldsymbol{\Pi}_1(\mu)<\boldsymbol{0} \tag{6.4.25}$$

$$\boldsymbol{\Theta}_1^{\mathrm{T}}(\mu)\boldsymbol{\Phi}(\mu)\boldsymbol{\Theta}_1(\mu)<\boldsymbol{0} \tag{6.4.26}$$

定理 6.4.1 对于给定的正数 γ,模糊时滞系统(6.4.5)是全局指数稳定的,且 L_2 增

益小于等于 γ 的问题可解的充分必要条件是存在正定矩阵 $\boldsymbol{X}\in\mathbf{R}^n$、$\boldsymbol{Y}\in\mathbf{R}^n$ 和 $\boldsymbol{S}$，以及正数 λ 和 α 满足下面不等式：

$$\begin{bmatrix} \boldsymbol{\Lambda}(\mu) & \boldsymbol{A}_2(\mu) & \boldsymbol{H} & \boldsymbol{B}_1(\mu) & \boldsymbol{Y}\boldsymbol{C}_1^{\mathrm{T}}(\mu) & \boldsymbol{Y}\boldsymbol{E}^{\mathrm{T}}(\mu) & \boldsymbol{Y} \\ \boldsymbol{A}_2^{\mathrm{T}}(\mu) & -\hat{\boldsymbol{S}}_1 & \boldsymbol{0} & \boldsymbol{0} & \boldsymbol{0} & \boldsymbol{0} & \boldsymbol{0} \\ \boldsymbol{H}^{\mathrm{T}} & \boldsymbol{0} & -\lambda\boldsymbol{I} & \boldsymbol{0} & \boldsymbol{0} & \boldsymbol{0} & \boldsymbol{0} \\ \boldsymbol{B}_1^{\mathrm{T}}(\mu) & \boldsymbol{0} & \boldsymbol{0} & -\gamma^2\boldsymbol{I} & \boldsymbol{0} & \boldsymbol{0} & \boldsymbol{0} \\ \boldsymbol{C}_1(\mu)\boldsymbol{Y} & \boldsymbol{0} & \boldsymbol{0} & \boldsymbol{0} & -\boldsymbol{I} & \boldsymbol{0} & \boldsymbol{0} \\ \boldsymbol{E}(\mu)\boldsymbol{Y} & \boldsymbol{0} & \boldsymbol{0} & \boldsymbol{0} & \boldsymbol{0} & -\lambda^{-1}\boldsymbol{I} & \boldsymbol{0} \\ \boldsymbol{Y} & \boldsymbol{0} & \boldsymbol{0} & \boldsymbol{0} & \boldsymbol{0} & \boldsymbol{0} & -(\boldsymbol{S}+\alpha\boldsymbol{I})^{-1} \end{bmatrix} < \boldsymbol{0} \tag{6.4.27}$$

$$\begin{bmatrix} \boldsymbol{\Gamma}(\mu) & \boldsymbol{X}\boldsymbol{A}_2(\mu) & \boldsymbol{X}\boldsymbol{H} & \boldsymbol{X}\boldsymbol{B}_1(\mu) & \boldsymbol{C}_1^{\mathrm{T}}(\mu) & \lambda\boldsymbol{E}^{\mathrm{T}}(\mu) \\ \boldsymbol{A}_2^{\mathrm{T}}(\mu)\boldsymbol{X} & -\hat{\boldsymbol{S}}_1 & \boldsymbol{0} & \boldsymbol{0} & \boldsymbol{0} & \boldsymbol{0} \\ \boldsymbol{H}^{\mathrm{T}}\boldsymbol{X} & \boldsymbol{0} & -\lambda\boldsymbol{I} & \boldsymbol{0} & \boldsymbol{0} & \boldsymbol{0} \\ \boldsymbol{B}_1^{\mathrm{T}}(\mu)\boldsymbol{X} & \boldsymbol{0} & \boldsymbol{0} & -\gamma^2\boldsymbol{I} & \boldsymbol{0} & \boldsymbol{0} \\ \boldsymbol{C}_1(\mu) & \boldsymbol{0} & \boldsymbol{0} & \boldsymbol{0} & -\boldsymbol{I} & \boldsymbol{0} \\ \lambda\boldsymbol{E}(\mu) & \boldsymbol{0} & \boldsymbol{0} & \boldsymbol{0} & \boldsymbol{0} & -\lambda\boldsymbol{I} \end{bmatrix} < \boldsymbol{0} \tag{6.4.28}$$

$$\begin{bmatrix} \boldsymbol{X} & \boldsymbol{I} \\ \boldsymbol{I} & \boldsymbol{Y} \end{bmatrix} \geqslant \boldsymbol{0} \tag{6.4.29}$$

式中

$$\begin{aligned} \boldsymbol{\Lambda}(\mu) &= \boldsymbol{Y}\boldsymbol{A}_1^{\mathrm{T}}(\mu) + \boldsymbol{A}_1(\mu)\boldsymbol{Y} - \boldsymbol{B}_2(\mu)\boldsymbol{B}_2^{\mathrm{T}}(\mu) \\ \boldsymbol{\Gamma}(\mu) &= \boldsymbol{A}_1^{\mathrm{T}}(\mu)\boldsymbol{X} + \boldsymbol{X}\boldsymbol{A}_1(\mu) + \boldsymbol{S} + \alpha\boldsymbol{I} - \gamma^2\boldsymbol{C}_2^{\mathrm{T}}(\mu)\boldsymbol{C}_2(\mu) \end{aligned} \tag{6.4.30}$$

因此，一个 n 维严格真的输出反馈为

$$\begin{aligned} \boldsymbol{A}_i(\mu) =& \boldsymbol{A}_1(\mu) - \gamma^2\boldsymbol{Z}^{-1}\boldsymbol{C}_2^{\mathrm{T}}(\mu)\boldsymbol{C}_2(\mu) - \boldsymbol{B}_2(\mu)\boldsymbol{B}_2^{\mathrm{T}}(\mu)\boldsymbol{Y}^{-1} \\ &+ \gamma^{-2}\boldsymbol{B}_1(\mu)\boldsymbol{B}_1^{\mathrm{T}}(\mu)\boldsymbol{Y}^{-1} + \lambda^{-1}\boldsymbol{H}\boldsymbol{H}^{\mathrm{T}}\boldsymbol{Y}^{-1} \\ &+ \boldsymbol{A}_2(\mu)\hat{\boldsymbol{S}}_1^{-1}\boldsymbol{A}_2^{\mathrm{T}}(\mu)\boldsymbol{Y}^{-1} - \boldsymbol{Z}^{-1}\boldsymbol{L}(\mu) \\ \boldsymbol{B}_i(\mu) =& \gamma^2\boldsymbol{Z}^{-1}\boldsymbol{C}_2^{\mathrm{T}}(\mu), \quad \boldsymbol{C}_i(\mu) = -\boldsymbol{B}_2^{\mathrm{T}}(\mu)\boldsymbol{Y}^{-1} \end{aligned} \tag{6.4.31}$$

式中

$$\begin{aligned} \boldsymbol{Z} &= \boldsymbol{X} - \boldsymbol{Y}^{-1} \\ \boldsymbol{L}(\mu) &= -[\boldsymbol{Y}^{-1}\boldsymbol{A}_1(\mu) + \boldsymbol{A}_1^{\mathrm{T}}(\mu)\boldsymbol{Y}^{-1} - \boldsymbol{Y}^{-1}\boldsymbol{B}_2(\mu)\boldsymbol{B}_2^{\mathrm{T}}(\mu)\boldsymbol{Y}^{-1} \\ &\quad + \boldsymbol{Y}^{-1}(\gamma^{-2}\boldsymbol{B}_1(\mu)\boldsymbol{B}_1^{\mathrm{T}}(\mu) + \lambda^{-1}\boldsymbol{H}\boldsymbol{H}^{\mathrm{T}} + \boldsymbol{A}_2(\mu)\hat{\boldsymbol{S}}_1^{-1}\boldsymbol{A}_2^{\mathrm{T}}(\mu))\boldsymbol{Y}^{-1} \\ &\quad + \boldsymbol{C}_1^{\mathrm{T}}(\mu)\boldsymbol{C}_1(\mu) + \boldsymbol{S} + \alpha\boldsymbol{I} + \lambda\boldsymbol{E}^{\mathrm{T}}(\mu)\boldsymbol{E}(\mu)] \end{aligned} \tag{6.4.32}$$

证明　（必要性）设 $\boldsymbol{P}\in\mathbf{R}^{(n+m)\times(n+m)}$ 为满足引理 6.4.2 的正定矩阵，定义 $\boldsymbol{Q}=\boldsymbol{P}^{-1}$，将 $\boldsymbol{P}$ 分解为

$$\boldsymbol{P} = \begin{bmatrix} \boldsymbol{X} & \boldsymbol{X}_2 \\ \boldsymbol{X}_2^{\mathrm{T}} & \boldsymbol{X}_3 \end{bmatrix}, \quad \boldsymbol{Q} = \begin{bmatrix} \boldsymbol{Y} & \boldsymbol{Y}_2 \\ \boldsymbol{Y}_2^{\mathrm{T}} & \boldsymbol{Y}_3 \end{bmatrix} \tag{6.4.33}$$

式中，$\boldsymbol{X},\boldsymbol{Y}\in\mathbf{R}^{n\times n}$；$\boldsymbol{X}_3,\boldsymbol{Y}_3\in\mathbf{R}^{m\times n}$。根据矩阵逆引理，有 $\boldsymbol{X}-\boldsymbol{Y}^{-1}\geqslant\boldsymbol{0}$，即线性矩阵不等式(6.4.29)成立。对式(6.4.25)和(6.4.26)进行代数处理，并对式(6.4.25)和(6.4.26)

运用 Schur 分解原理,得到式(6.4.27)和(6.4.28)。

(充分性)为了证明控制器(6.4.31)是全局指数稳定的,且 L_2 增益小于等于 γ。令

$$\boldsymbol{P}=\begin{bmatrix}\boldsymbol{X} & -(\boldsymbol{X}-\boldsymbol{Y}^{-1})\\ -(\boldsymbol{X}-\boldsymbol{Y}^{-1}) & \boldsymbol{X}-\boldsymbol{Y}^{-1}\end{bmatrix}>\boldsymbol{0} \tag{6.4.34}$$

把不等式(6.4.19)的左边重新定义为

$$\begin{aligned}\boldsymbol{\Xi}(\mu)=&\hat{\boldsymbol{A}}_1^{\mathrm{T}}(\mu)\boldsymbol{P}+\boldsymbol{P}\hat{\boldsymbol{A}}_1(\mu)+\hat{\boldsymbol{S}}+\hat{\boldsymbol{S}}_0+\hat{\boldsymbol{C}}^{\mathrm{T}}(\mu)\hat{\boldsymbol{C}}(\mu)+\lambda\hat{\boldsymbol{E}}^{\mathrm{T}}(\mu)\hat{\boldsymbol{E}}(\mu)\\&+\gamma^{-2}\boldsymbol{P}\hat{\boldsymbol{B}}(\mu)\hat{\boldsymbol{B}}^{\mathrm{T}}(\mu)\boldsymbol{P}+\lambda^{-1}\boldsymbol{P}\hat{\boldsymbol{H}}\hat{\boldsymbol{H}}^{\mathrm{T}}\boldsymbol{P}+\boldsymbol{P}\hat{\boldsymbol{A}}_2(\mu)\hat{\boldsymbol{S}}_1^{-1}\hat{\boldsymbol{A}}_2^{\mathrm{T}}(\mu)\boldsymbol{P}\end{aligned} \tag{6.4.35}$$

式中,$\hat{\boldsymbol{A}}_1$、$\hat{\boldsymbol{A}}_2$、$\hat{\boldsymbol{B}}$、$\hat{\boldsymbol{C}}$、$\hat{\boldsymbol{H}}$ 和 $\hat{\boldsymbol{E}}$ 均由式(6.4.9)所定义。将 $\boldsymbol{\Xi}$ 分解成 $n\times n$ 的子矩阵块 $\boldsymbol{\Xi}_{11}$、$\boldsymbol{\Xi}_{12}$ 和 $\boldsymbol{\Xi}_{22}$,定义变换

$$\boldsymbol{T}=\begin{bmatrix}\boldsymbol{I} & \boldsymbol{0}\\ \boldsymbol{I} & \boldsymbol{I}\end{bmatrix} \tag{6.4.36}$$

则模糊时滞系统(6.4.5)中的矩阵以及 $\hat{\boldsymbol{S}}$、$\hat{\boldsymbol{S}}_0$ 变换为

$$\begin{aligned}&\widetilde{\boldsymbol{A}}_1(\mu)=\boldsymbol{T}^{-1}\hat{\boldsymbol{A}}_1(\mu)\boldsymbol{T},\quad \widetilde{\boldsymbol{A}}_2(\mu)=\boldsymbol{T}^{-1}\hat{\boldsymbol{A}}_2(\mu),\quad \widetilde{\boldsymbol{B}}(\mu)=\boldsymbol{T}^{-1}\hat{\boldsymbol{B}}(\mu)\\&\widetilde{\boldsymbol{C}}(\mu)=\hat{\boldsymbol{C}}(\mu)\boldsymbol{T},\quad \widetilde{\boldsymbol{E}}(\mu)=\hat{\boldsymbol{E}}(\mu)\boldsymbol{T},\quad \widetilde{\boldsymbol{P}}(\mu)=\boldsymbol{T}^{\mathrm{T}}\boldsymbol{P}(\mu)\boldsymbol{T}\\&\widetilde{\boldsymbol{H}}=\boldsymbol{T}^{-1}\hat{\boldsymbol{H}},\quad \widetilde{\boldsymbol{S}}=\boldsymbol{T}^{\mathrm{T}}\hat{\boldsymbol{S}}\boldsymbol{T},\quad \widetilde{\boldsymbol{S}}_0=\boldsymbol{T}^{\mathrm{T}}\hat{\boldsymbol{S}}_0\boldsymbol{T}\end{aligned} \tag{6.4.37}$$

$\boldsymbol{T}^{\mathrm{T}}\boldsymbol{\Xi}(\mu)\boldsymbol{T}<\boldsymbol{0}$ 可写成

$$\begin{aligned}&\widetilde{\boldsymbol{A}}_1^{\mathrm{T}}(\mu)\widetilde{\boldsymbol{P}}+\widetilde{\boldsymbol{P}}\widetilde{\boldsymbol{A}}_1(\mu)+\widetilde{\boldsymbol{S}}+\widetilde{\boldsymbol{S}}_0+\widetilde{\boldsymbol{C}}^{\mathrm{T}}(\mu)\widetilde{\boldsymbol{C}}(\mu)+\lambda\widetilde{\boldsymbol{E}}^{\mathrm{T}}(\mu)\widetilde{\boldsymbol{E}}(\mu)\\&+\gamma^{-2}\widetilde{\boldsymbol{P}}\widetilde{\boldsymbol{B}}(\mu)\widetilde{\boldsymbol{B}}^{\mathrm{T}}(\mu)\widetilde{\boldsymbol{P}}+\lambda^{-1}\widetilde{\boldsymbol{P}}\widetilde{\boldsymbol{H}}\widetilde{\boldsymbol{H}}^{\mathrm{T}}\widetilde{\boldsymbol{P}}+\widetilde{\boldsymbol{P}}\widetilde{\boldsymbol{A}}_2(\mu)\widetilde{\boldsymbol{S}}_1^{-1}\widetilde{\boldsymbol{A}}_2^{\mathrm{T}}(\mu)\widetilde{\boldsymbol{P}}<\boldsymbol{0}\end{aligned} \tag{6.4.38}$$

注意到,$\boldsymbol{T}^{\mathrm{T}}\boldsymbol{\Xi}(\mu)\boldsymbol{T}<\boldsymbol{0}$ 当且仅当 $\boldsymbol{\Xi}(\mu)<\boldsymbol{0}$。记式(6.4.38)的左边为 $\widetilde{\boldsymbol{\Xi}}$,将其分解为矩阵块 $\widetilde{\boldsymbol{\Xi}}_{11}$,$\widetilde{\boldsymbol{\Xi}}_{12}$,$\widetilde{\boldsymbol{\Xi}}_{22}\in\mathbf{R}^{n\times n}$。根据控制器(6.4.31),$\widetilde{\boldsymbol{\Xi}}$ 可表示为

$$\widetilde{\boldsymbol{\Xi}}(\mu)=\begin{bmatrix}-\boldsymbol{L}(\mu) & -\boldsymbol{L}(\mu)\\ -\boldsymbol{L}(\mu) & \widetilde{\boldsymbol{\Xi}}_{11}-\boldsymbol{L}(\mu)\end{bmatrix} \tag{6.4.39}$$

由 Schur 分解原理,$\widetilde{\boldsymbol{\Xi}}(\mu)<\boldsymbol{0}$ 等价于式(6.4.27)和(6.4.28)。

定理 6.4.2 对于模糊时滞系统(6.4.5),满足条件(6.4.2),如果存在正定矩阵 $\widetilde{\boldsymbol{X}}$、$\widetilde{\boldsymbol{Y}}$ 和 $\widetilde{\boldsymbol{S}}_1$ 以及正数 $\tilde{\gamma}$、$\tilde{\alpha}$、λ 满足下面的矩阵不等式,则其模糊闭环系统是全局指数稳定的,且 L_2 增益小于等于 γ 的问题是可解的。

$$\begin{aligned}&\boldsymbol{\Psi}_{ii}<\boldsymbol{0},\quad i=1,2,\cdots,N\\&\boldsymbol{\Psi}_{ij}+\boldsymbol{\Psi}_{ji}<\boldsymbol{0},\quad i<j<N\end{aligned} \tag{6.4.40}$$

$$\begin{aligned}&\boldsymbol{\Omega}_{ii}<\boldsymbol{0},\quad i=1,2,\cdots,N\\&\boldsymbol{\Omega}_{ij}+\boldsymbol{\Omega}_{ji}<\boldsymbol{0},\quad i<j<N\end{aligned} \tag{6.4.41}$$

$$\begin{bmatrix}\widetilde{\boldsymbol{X}} & \boldsymbol{I}\\ \boldsymbol{I} & \widetilde{\boldsymbol{Y}}\end{bmatrix}\geqslant\boldsymbol{0} \tag{6.4.42}$$

式中

$$\boldsymbol{\Psi}_{ij}=\begin{bmatrix}\boldsymbol{\Lambda}_{ij} & \boldsymbol{B}_{1i} & \tilde{\boldsymbol{Y}}\boldsymbol{C}_1^{\mathrm{T}} & \tilde{\boldsymbol{Y}}\boldsymbol{E}_i^{\mathrm{T}} & \tilde{\boldsymbol{Y}} & \tilde{\boldsymbol{Y}}\\ \boldsymbol{B}_{1i}^{\mathrm{T}} & -\tilde{\gamma}\boldsymbol{I} & \boldsymbol{0} & \boldsymbol{0} & \boldsymbol{0} & \boldsymbol{0}\\ \boldsymbol{C}_1\tilde{\boldsymbol{Y}} & \boldsymbol{0} & -\lambda\boldsymbol{I} & \boldsymbol{0} & \boldsymbol{0} & \boldsymbol{0}\\ \boldsymbol{E}_i\tilde{\boldsymbol{Y}} & \boldsymbol{0} & \boldsymbol{0} & -\boldsymbol{I} & \boldsymbol{0} & \boldsymbol{0}\\ \tilde{\boldsymbol{Y}} & \boldsymbol{0} & \boldsymbol{0} & \boldsymbol{0} & -\tilde{\boldsymbol{S}}_1^{-1} & \boldsymbol{0}\\ \tilde{\boldsymbol{Y}} & \boldsymbol{0} & \boldsymbol{0} & \boldsymbol{0} & \boldsymbol{0} & -\tilde{\alpha}^{-1}\boldsymbol{I}\end{bmatrix} \tag{6.4.43}$$

$$\boldsymbol{\Omega}_{ij}=\begin{bmatrix}\boldsymbol{\Gamma}_{ij} & \boldsymbol{I} & \tilde{\boldsymbol{X}}\boldsymbol{A}_{2i} & \tilde{\boldsymbol{X}}\boldsymbol{H} & \tilde{\boldsymbol{X}}\boldsymbol{B}_{1i} & \boldsymbol{C}_1^{\mathrm{T}}\\ \boldsymbol{I} & -\tilde{\alpha}^{-1}\boldsymbol{I} & \boldsymbol{0} & \boldsymbol{0} & \boldsymbol{0} & \boldsymbol{0}\\ \boldsymbol{A}_{2i}^{\mathrm{T}}\tilde{\boldsymbol{X}} & \boldsymbol{0} & -(1-\beta)\tilde{\boldsymbol{S}}_1 & \boldsymbol{0} & \boldsymbol{0} & \boldsymbol{0}\\ \boldsymbol{H}^{\mathrm{T}}\tilde{\boldsymbol{X}} & \boldsymbol{0} & \boldsymbol{0} & -\boldsymbol{I} & \boldsymbol{0} & \boldsymbol{0}\\ \boldsymbol{B}_{1i}^{\mathrm{T}}\tilde{\boldsymbol{X}} & \boldsymbol{0} & \boldsymbol{0} & \boldsymbol{0} & -\tilde{\gamma}\boldsymbol{I} & \boldsymbol{0}\\ \boldsymbol{C}_1 & \boldsymbol{0} & \boldsymbol{0} & \boldsymbol{0} & \boldsymbol{0} & -\lambda\boldsymbol{I}\end{bmatrix} \tag{6.4.44}$$

其中

$$\begin{aligned}\boldsymbol{\Lambda}_{ij}&=\tilde{\boldsymbol{Y}}\boldsymbol{A}_{1i}^{\mathrm{T}}+\boldsymbol{A}_{1i}\tilde{\boldsymbol{Y}}-\lambda\boldsymbol{B}_{2i}\boldsymbol{B}_{2j}^{\mathrm{T}}+(1-\beta)^{-1}\boldsymbol{A}_{2i}\tilde{\boldsymbol{S}}_1^{-1}\boldsymbol{A}_{2j}^{\mathrm{T}}+\boldsymbol{H}\boldsymbol{H}^{\mathrm{T}}\\ \boldsymbol{\Gamma}_{ij}&=\tilde{\boldsymbol{X}}\boldsymbol{A}_{1i}+\boldsymbol{A}_{1i}^{\mathrm{T}}\tilde{\boldsymbol{X}}+\tilde{\boldsymbol{S}}_1-\tilde{\gamma}\boldsymbol{C}_{2i}^{\mathrm{T}}\boldsymbol{C}_{2i}+\boldsymbol{E}_i^{\mathrm{T}}\boldsymbol{E}_j\end{aligned} \tag{6.4.45}$$

进而可得正定矩阵 $\boldsymbol{X}$、$\boldsymbol{Y}$、$\boldsymbol{S}$ 和正数 α、γ 为

$$\begin{gathered}\boldsymbol{X}=\lambda\tilde{\boldsymbol{X}},\quad \boldsymbol{Y}=\lambda^{-1}\tilde{\boldsymbol{Y}},\quad \boldsymbol{S}=\lambda\tilde{\boldsymbol{S}}_1\\ \alpha=\lambda\tilde{\alpha},\quad \gamma^2=\lambda\tilde{\gamma}\end{gathered} \tag{6.4.46}$$

可获得式(6.4.31)的输出反馈控制器。

证明　定理 6.4.1 中不等式(6.4.27)和(6.4.28)等价于

$$\begin{aligned}&\boldsymbol{Y}\boldsymbol{A}_1^{\mathrm{T}}(\mu)+\boldsymbol{A}_1(\mu)\boldsymbol{Y}-\boldsymbol{B}_2(\mu)\boldsymbol{B}_2^{\mathrm{T}}(\mu)\\ &\quad+(1-\beta)^{-1}\boldsymbol{A}_2(\mu)\boldsymbol{S}^{-1}\boldsymbol{A}_2^{\mathrm{T}}(\mu)+\lambda^{-1}\boldsymbol{H}\boldsymbol{H}^{\mathrm{T}}+\gamma^{-2}\boldsymbol{B}_1(\mu)\boldsymbol{B}_1^{\mathrm{T}}(\mu)\\ &\quad+\boldsymbol{Y}\boldsymbol{C}_1^{\mathrm{T}}(\mu)\boldsymbol{C}_1(\mu)\boldsymbol{Y}+\lambda\boldsymbol{Y}\boldsymbol{E}^{\mathrm{T}}(\mu)\boldsymbol{E}(\mu)\boldsymbol{Y}+\boldsymbol{Y}\boldsymbol{S}\boldsymbol{Y}+\alpha\boldsymbol{Y}\boldsymbol{Y}<\boldsymbol{0}\end{aligned} \tag{6.4.47}$$

$$\begin{aligned}&\boldsymbol{X}\boldsymbol{A}_1(\mu)+\boldsymbol{A}_1^{\mathrm{T}}(\mu)\boldsymbol{X}+\boldsymbol{S}+\alpha\boldsymbol{I}-\gamma^2\boldsymbol{C}_2^{\mathrm{T}}(\mu)\boldsymbol{C}_2(\mu)\\ &\quad+(1-\beta)^{-1}\boldsymbol{X}\boldsymbol{A}_2^{\mathrm{T}}(\mu)\boldsymbol{S}^{-1}\boldsymbol{A}_2^{\mathrm{T}}(\mu)\boldsymbol{X}+\lambda^{-1}\boldsymbol{X}\boldsymbol{H}\boldsymbol{H}^{\mathrm{T}}\boldsymbol{X}\\ &\quad+\gamma^{-2}\boldsymbol{X}\boldsymbol{B}_1(\mu)\boldsymbol{B}_1^{\mathrm{T}}(\mu)\boldsymbol{X}+\boldsymbol{C}_1^{\mathrm{T}}(\mu)\boldsymbol{C}_1(\mu)+\lambda\boldsymbol{E}^{\mathrm{T}}(\mu)\boldsymbol{E}(\mu)<\boldsymbol{0}\end{aligned} \tag{6.4.48}$$

首先,用 λ 乘式(6.4.47),λ^{-1} 乘式(6.4.48)。然后令 $\tilde{\boldsymbol{X}}=\lambda^{-1}\boldsymbol{X}$,$\tilde{\boldsymbol{Y}}=\lambda\boldsymbol{Y}$,$\tilde{\boldsymbol{S}}_1=\lambda^{-1}\boldsymbol{S}$,$\tilde{\alpha}=\lambda^{-1}\alpha$ 和 $\tilde{\gamma}=\lambda^{-1}\gamma^2$。那么,应用 Schur 分解原理和式(6.4.6)的记法,可知式(6.4.47)和(6.4.48)等价于如下的不等式:

$$\begin{gathered}\sum_{i=1}^{N}\sum_{j=1}^{N}\mu_i(\boldsymbol{z}(t))\mu_j(\boldsymbol{z}(t))\boldsymbol{\Psi}_{ij}<\boldsymbol{0}\\ \sum_{i=1}^{N}\sum_{j=1}^{N}\mu_i(\boldsymbol{z}(t))\mu_j(\boldsymbol{z}(t))\boldsymbol{\Omega}_{ij}<\boldsymbol{0}\end{gathered} \tag{6.4.49}$$

式(6.4.49)也可变为

$$\begin{gathered}\sum_{i=1}^{N}\sum_{j=1}^{N}\mu_i(\boldsymbol{z}(t))\mu_j(\boldsymbol{z}(t))\boldsymbol{\Psi}_{ij}+\sum_{i<j}^{N}\mu_i(\boldsymbol{z}(t))\mu_j(\boldsymbol{z}(t))(\boldsymbol{\Psi}_{ij}+\boldsymbol{\Psi}_{ji})<\boldsymbol{0}\\ \sum_{i=1}^{N}\sum_{j=1}^{N}\mu_i(\boldsymbol{z}(t))\mu_j(\boldsymbol{z}(t))\boldsymbol{\Omega}_{ij}+\sum_{i<j}^{N}\mu_i(\boldsymbol{z}(t))\mu_j(\boldsymbol{z}(t))(\boldsymbol{\Omega}_{ij}+\boldsymbol{\Omega}_{ji})<\boldsymbol{0}\end{gathered} \tag{6.4.50}$$

由式(6.4.50)可得式(6.4.40)和(6.4.41)。

注意到,不等式(6.4.40)是关于 $\tilde{\boldsymbol{Y}}$、$\tilde{\boldsymbol{S}}_1$ 和 $\tilde{\gamma}$、$\tilde{\alpha}$、λ 的线性矩阵不等式,不等式(6.4.41)是关于 $\tilde{\boldsymbol{X}}$、$\tilde{\boldsymbol{S}}_1$ 和 $\tilde{\gamma}$、$\tilde{\alpha}$、λ 的线性矩阵不等式。然而,式(6.4.40)和(6.4.41)不是关于变量 $\tilde{\boldsymbol{S}}_1$ 的线性矩阵不等式。因此,下面给出求上面凸问题解的构造算法。

简单起见,令 $\tilde{\boldsymbol{S}}_1=k\boldsymbol{I}$,设计步骤如下。

(1) 找区域:

$$\bar{\boldsymbol{D}}_s=\{k\mid\tilde{\boldsymbol{Y}}>\boldsymbol{0},\tilde{\gamma}>0,\tilde{\alpha}>0,\lambda>0,满足式(6.4.40)\}\tag{6.4.51}$$

(2) 找区域:

$$\tilde{\boldsymbol{D}}_s=\{k\mid\tilde{\boldsymbol{X}}>\boldsymbol{0},\tilde{\gamma}>0,\tilde{\alpha}>0,\lambda>0,满足式(6.4.41)\}\tag{6.4.52}$$

(3) 获得 $\bar{\boldsymbol{D}}_s$ 和 $\tilde{\boldsymbol{D}}_s$ 的交:

$$\hat{\boldsymbol{D}}_s=\bar{\boldsymbol{D}}_s\cap\tilde{\boldsymbol{D}}_s\tag{6.4.53}$$

(4) 计算 $\tilde{\boldsymbol{X}}$、$\tilde{\boldsymbol{Y}}$ 和 $\tilde{\gamma}$、$\tilde{\alpha}$、λ 满足

$$\min_{\tilde{S}_1\in\hat{D}_s}(\tilde{\gamma}+\lambda),\ 满足式(6.4.40)\sim(6.4.42)\tag{6.4.54}$$

(5) 计算正定矩阵 $\boldsymbol{X}$、$\boldsymbol{Y}$ 和正数 γ、α 满足式(6.4.46)。

(6) 用 $\boldsymbol{X}$、$\boldsymbol{Y}$ 和 γ、α、λ 构造输出反馈控制器(6.4.31)。

注 6.4.1 在步骤(1)中,$\hat{\boldsymbol{D}}_s$ 的存在并不能推出矩阵不等式(6.4.40)~(6.4.42),但是可解的必要条件是式(6.4.40)~(6.4.42)可解。

注 6.4.2 在步骤(4)中,式(6.4.54)的最小优化问题不是关于 $\tilde{\boldsymbol{S}}_1$ 方面的凸问题。然而,因为在步骤(3)中,其计算是在域 $\tilde{\boldsymbol{S}}_1$ 内完成的,所以很容易找到 $\tilde{\gamma}+\lambda$ 的最小值。

6.4.4 仿真

例 6.4.1 设非线性时滞系统为

$$\begin{aligned}\dot{x}_1(t)=&-0.1x_1^3(t)-0.0125x_1(t-h(t))-0.02x_2(t)-0.67x_2^3(t)\\&-0.1x_2^3(t-h(t))-0.005x_2(t-h(t))+w(t)+u(t)\\y(t)=&\ x_2(t)\\e_1(t)=&\ x_2(t),\quad e_2(t)=u(t)\end{aligned}$$

式中,时滞时间 $h(t)=4+0.5\cos(0.9t)$。假设 $x_2(t)$是可测的,且

$$x_1(t)\in[-1.5,1.5],\quad x_2(t)\in[-1.5,1.5]$$

因为 $x_1(t)$是不可观测的,假设 $x_1^3(t)=c(t)x_1(t)$,其中 $c(t)$是不确定项,且 $c(t)\in[0,2.25]$,则非线性项表示如下:

$$\begin{aligned}-0.67x_2^3(t)&=F_{11}(x_2(t))\cdot0\cdot x_2(t)-(1-F_{11}(x_2(t)))\cdot1.5075\cdot x_2(t)\\-0.1x_2^3(t-h(t))&=F_{11}(x_2(t))\cdot0\cdot x_2(t-h(t))\\&\quad-(1-F_{11}(x_2(t)))\cdot0.225\cdot x_2(t-h(t))\end{aligned}$$

通过求解上面的方程,$F_{11}(x_2(t))$和 $F_{21}(x_2(t))$可表示如下:

$$F_{11}(x_2(t))=1-\frac{x_2^2(t)}{2.25}$$

$$F_{21}(x_2(t))=1-F_{11}(x_2(t))=\frac{x_2^2(t)}{2.25}$$

$F_{11}(x_2(t))$和 $F_{21}(x_2(t))$作为模糊集 F_{11} 和 F_{21} 的隶属函数，建立不确定模糊 T-S 模型如下。

模糊系统规则 1：如果 $x_2(t)$是 F_{11}，则

$$\dot{\boldsymbol{x}}(t) = (\boldsymbol{A}_{11} + \Delta\boldsymbol{A}_1(t))\boldsymbol{x}(t) + \boldsymbol{A}_{21}\boldsymbol{x}(t-h(t)) + \boldsymbol{B}_{11}w_1(t) + \boldsymbol{B}_{21}u(t)$$
$$y(t) = \boldsymbol{C}_{21}\boldsymbol{x}(t)$$
$$e_1(t) = \boldsymbol{C}_1\boldsymbol{x}(t)$$
$$e_2(t) = u(t)$$

模糊系统规则 2：如果 $x_2(t)$是 F_{21}，则

$$\dot{\boldsymbol{x}}(t) = (\boldsymbol{A}_{12} + \Delta\boldsymbol{A}_2(t))\boldsymbol{x}(t) + \boldsymbol{A}_{22}\boldsymbol{x}(t-h(t)) + \boldsymbol{B}_{12}w_1(t) + \boldsymbol{B}_{22}u(t)$$
$$y(t) = \boldsymbol{C}_{22}\boldsymbol{x}(t)$$
$$e_1(t) = \boldsymbol{C}_2\boldsymbol{x}(t)$$
$$e_2(t) = u(t)$$

式中

$$\boldsymbol{x}(t) = [x_1(t), x_2(t)]^{\mathrm{T}}$$

$$\boldsymbol{A}_{11} = \begin{bmatrix} -0.1125 & -0.02 \\ 1 & 0 \end{bmatrix}, \quad \boldsymbol{A}_{21} = \begin{bmatrix} -0.0125 & -0.005 \\ 0 & 0 \end{bmatrix}$$

$$\boldsymbol{A}_{12} = \begin{bmatrix} -0.1125 & -1.527 \\ 1 & 0 \end{bmatrix}, \quad \boldsymbol{A}_{22} = \begin{bmatrix} -0.0125 & -0.23 \\ 1 & 0 \end{bmatrix}$$

$$\boldsymbol{B}_{11} = \boldsymbol{B}_{12} = [1 \quad 0]^{\mathrm{T}}, \quad \boldsymbol{B}_{21} = \boldsymbol{B}_{22} = [0 \quad 1]^{\mathrm{T}}$$

$$\boldsymbol{C}_{21} = \boldsymbol{C}_{22} = [0 \quad 1], \quad \boldsymbol{C}_1 = \boldsymbol{C}_2 = [0 \quad 1]$$

$$\Delta\boldsymbol{A}_1 = \boldsymbol{HF}(t)\boldsymbol{E}_1, \quad \Delta\boldsymbol{A}_2 = \boldsymbol{HF}(t)\boldsymbol{E}_2$$

$$\boldsymbol{H} = [-0.1125 \quad 0]^{\mathrm{T}}, \quad \boldsymbol{E}_1 = \boldsymbol{E}_2 = [1 \quad 0], \quad \boldsymbol{F}(t) \in \bar{\boldsymbol{F}}$$

简单起见，令 $\tilde{\boldsymbol{S}}_1 = k\boldsymbol{I}$，通过步骤(1)、(2)和(3)，可得

$$\hat{\boldsymbol{D}}_s = \{\tilde{\boldsymbol{S}}_1 \mid \tilde{\boldsymbol{S}}_1 = k\boldsymbol{I}, 10^{-9} < k < 2.8 \times 10^{-5}\}$$

步骤(4)中最小值在 $\tilde{\boldsymbol{S}}_1 = 0.4369\,\boldsymbol{I}$ 处取得，且 γ 的最小值为 6.6509。λ、α 和 $\boldsymbol{X}$、$\boldsymbol{Y}$、$\boldsymbol{S}$ 的值分别为

$$\lambda = 4.4396, \quad \alpha = 0.6831 \times 10^{-6}, \quad \boldsymbol{S} = \begin{bmatrix} 1.9399 & 0 \\ 0 & 1.9399 \end{bmatrix}$$

$$\boldsymbol{X} = \begin{bmatrix} 12.2163 & -8.9800 \\ 8.9800 & 22.2509 \end{bmatrix}, \quad \boldsymbol{Y} = \begin{bmatrix} 0.2954 & -0.0697 \\ -0.0697 & 0.1517 \end{bmatrix}$$

取初始状态为 $x_1(0) = -1$ 和 $x_2(0) = -1.2$，干扰信号 $w(t)$为

$$w(t) = \begin{cases} 0.3, & 2\mathrm{s} \leqslant t \leqslant 3\mathrm{s} \\ 0, & \text{其他} \end{cases}$$

仿真结果由图 6-4 给出。

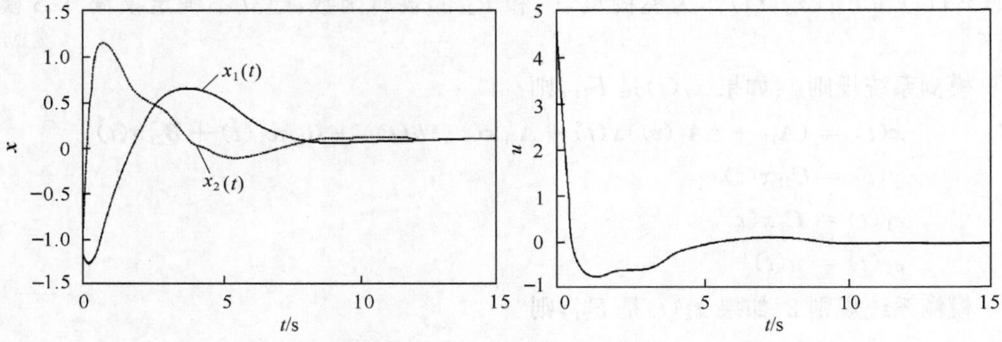

图 6-4　非线性系统的仿真结果

6.5　不确定模糊时滞系统的静态输出反馈控制

本节针对一类范数有界的不确定时滞模糊系统，给出静态输出反馈控制的设计方法，并用矩阵不等式的形式给出系统可通过静态输出反馈渐近稳定的充分条件。由于静态输出反馈算法求解的主要困难在于静态输出反馈解集不是凸的，不能直接用线性矩阵不等式求解。因此，通过引入辅助变量，将矩阵不等式转化为迭代线性矩阵不等式(ILMI)，并相应地建立迭代线性矩阵不等式的算法来求解。

6.5.1　模糊静态输出反馈控制设计与稳定性分析

考虑由模糊 T-S 模型所描述的不确定非线性时滞系统。

模糊系统规则 i：如果 $z_1(t)$是 F_{i1}，$z_2(t)$是 F_{i2}，…，$z_n(t)$是 F_{in}，则

$$\begin{aligned}\dot{\boldsymbol{x}}(t) &= (\boldsymbol{A}_i + \Delta\boldsymbol{A}_i(t))\boldsymbol{x}(t) + (\boldsymbol{A}_{di} + \Delta\boldsymbol{A}_{di}(t))\boldsymbol{x}(t-h) \\ &\quad + (\boldsymbol{B}_i + \Delta\boldsymbol{B}_i(t))\boldsymbol{u}(t) \\ \boldsymbol{y}(t) &= \boldsymbol{C}_i\boldsymbol{x}(t) \\ \boldsymbol{x}(t) &= \boldsymbol{\Psi}(t), \quad t \in [-h,0], \quad i = 1,2,\cdots,N\end{aligned} \tag{6.5.1}$$

式中，各种变量和符号与 6.3 节相同。

假定不确定参数是范数有界的，且具有如下形式：

$$[\Delta\boldsymbol{A}_i(t), \Delta\boldsymbol{B}_i(t), \Delta\boldsymbol{A}_{di}(t)] = \boldsymbol{D}_i\boldsymbol{F}_i(t)[\boldsymbol{E}_{1i}, \boldsymbol{E}_{2i}, \boldsymbol{E}_{di}] \tag{6.5.2}$$

式中，$\boldsymbol{D}_i$、$\boldsymbol{E}_{1i}$、$\boldsymbol{E}_{2i}$和 $\boldsymbol{E}_{di}$ 是具有适当维数的已知实数矩阵；$\boldsymbol{F}_i(t) \in \mathbf{R}^{i\times j}$满足

$$\boldsymbol{F}_i^{\mathrm{T}}(t)\boldsymbol{F}_i(t) \leqslant \boldsymbol{I} \tag{6.5.3}$$

整个模糊时滞系统的模型为

$$\begin{aligned}\dot{\boldsymbol{x}}(t) = \sum_{i=1}^{N}\mu_i(\boldsymbol{z}(t))[&(\boldsymbol{A}_i + \Delta\boldsymbol{A}_i(t))\boldsymbol{x}(t) + (\boldsymbol{A}_{di} + \Delta\boldsymbol{A}_{di}(t))\boldsymbol{x}(t-d) \\ &+ (\boldsymbol{B}_i + \Delta\boldsymbol{B}_i(t))]\boldsymbol{u}(t)\end{aligned} \tag{6.5.4}$$

$$\boldsymbol{y}(t) = \sum_{i=1}^{N}\mu_i(\boldsymbol{z}(t))\boldsymbol{C}_i\boldsymbol{x}(t) \tag{6.5.5}$$

模糊静态输出反馈控制律：如果 $z_1(t)$是 F_{i1}，$z_2(t)$是 F_{i2}，…，$z_n(t)$是 F_{in}，则

$$\boldsymbol{u}(t)=\boldsymbol{K}_i\boldsymbol{y}(t)$$

模糊静态输出反馈控制器表示为

$$\boldsymbol{u}(t)=\sum_{i=1}^{N}\mu_i(\boldsymbol{z}(t))\boldsymbol{K}_i\boldsymbol{y}(t) \tag{6.5.6}$$

静态输出反馈镇定问题就是要寻找静态输出反馈增益 $\boldsymbol{K}_i(i=1,2,\cdots,N)$，使得模糊闭环时滞系统

$$\begin{aligned}\dot{\boldsymbol{x}}(t)=&\sum_{i=1}^{N}\mu_i^2(\boldsymbol{z}(t))\{[(\boldsymbol{A}_i+\boldsymbol{B}_i\boldsymbol{K}_i\boldsymbol{C}_i)+\boldsymbol{D}_i\boldsymbol{F}_i(\boldsymbol{E}_{1i}+\boldsymbol{E}_{2i}\boldsymbol{K}_i\boldsymbol{C}_i)]\boldsymbol{x}(t)\\&+(\boldsymbol{A}_{di}+\boldsymbol{D}_i\boldsymbol{F}_i\boldsymbol{E}_{di})\}\boldsymbol{x}(t-d)\\&+\sum_{i<j}^{N}\mu_i(\boldsymbol{z}(t))\mu_j(\boldsymbol{z}(t))\{[(\boldsymbol{A}_i+\boldsymbol{A}_j+\boldsymbol{B}_i\boldsymbol{K}_j\boldsymbol{C}_j+\boldsymbol{B}_j\boldsymbol{K}_i\boldsymbol{C}_i)+\boldsymbol{D}_i\boldsymbol{F}_i(\boldsymbol{E}_{1i}+\boldsymbol{E}_{2i}\boldsymbol{K}_j\boldsymbol{C}_j)\\&+\boldsymbol{D}_j\boldsymbol{F}_j(\boldsymbol{E}_{1j}+\boldsymbol{E}_{2j}\boldsymbol{K}_i\boldsymbol{C}_i)]\boldsymbol{x}(t)+(\boldsymbol{A}_{di}+\boldsymbol{A}_{dj}+\boldsymbol{D}_i\boldsymbol{F}_i\boldsymbol{E}_{di}+\boldsymbol{D}_j\boldsymbol{F}_j\boldsymbol{E}_{dj})\}\boldsymbol{x}(t-d)\end{aligned} \tag{6.5.7}$$

是稳定的。

定义 6.5.1　如果存在反馈增益 $\boldsymbol{K}_i(i=1,2,\cdots,r)$ 使得模糊时滞系统(6.5.7)稳定，则称系统(6.5.7)可以通过静态输出反馈稳定。

定理 6.5.1　对于系统(6.5.7)，如果存在公共矩阵 $\boldsymbol{P}>\boldsymbol{0}$，$\boldsymbol{S}>\boldsymbol{0}$，$\boldsymbol{K}_i(i=1,2,\cdots,N)$ 满足下列矩阵不等式：

$$\begin{bmatrix}\boldsymbol{\Lambda}_1 & \boldsymbol{P}(\boldsymbol{A}_{di}+\boldsymbol{D}_i\boldsymbol{F}_i(t)\boldsymbol{E}_{di})\\(\boldsymbol{A}_{di}+\boldsymbol{D}_i\boldsymbol{F}_i(t)\boldsymbol{E}_{di})^{\mathrm{T}}\boldsymbol{P} & -\boldsymbol{S}\end{bmatrix}<\boldsymbol{0} \tag{6.5.8}$$

$$\begin{bmatrix}\boldsymbol{\Lambda}_2 & \boldsymbol{P}(\boldsymbol{A}_{di}+\boldsymbol{A}_{dj}+\boldsymbol{D}_i\boldsymbol{F}_i(t)\boldsymbol{E}_{di}+\boldsymbol{D}_j\boldsymbol{F}_j(t)\boldsymbol{E}_{dj})\\(\boldsymbol{A}_{di}+\boldsymbol{A}_{dj}+\boldsymbol{D}_i\boldsymbol{F}_i(t)\boldsymbol{E}_{di}+\boldsymbol{D}_j\boldsymbol{F}_j(t)\boldsymbol{E}_{dj})^{\mathrm{T}}\boldsymbol{P} & -2\boldsymbol{S}\end{bmatrix}\leqslant\boldsymbol{0} \tag{6.5.9}$$

式中

$$\begin{aligned}\boldsymbol{\Lambda}_1=&\boldsymbol{A}_i^{\mathrm{T}}\boldsymbol{P}+\boldsymbol{P}\boldsymbol{A}_i-\boldsymbol{P}\boldsymbol{B}_i\boldsymbol{B}_i^{\mathrm{T}}\boldsymbol{P}+(\boldsymbol{B}_i^{\mathrm{T}}\boldsymbol{P}+\boldsymbol{K}_i\boldsymbol{C}_i)^{\mathrm{T}}(\boldsymbol{B}_i^{\mathrm{T}}\boldsymbol{P}+\boldsymbol{K}_i\boldsymbol{C}_i)\\&+[\boldsymbol{D}_i\boldsymbol{F}_i(\boldsymbol{E}_{1i}+\boldsymbol{E}_{2i}\boldsymbol{K}_i\boldsymbol{C}_i)]^{\mathrm{T}}\boldsymbol{P}+\boldsymbol{P}\boldsymbol{D}_i\boldsymbol{F}_i(\boldsymbol{E}_{1i}+\boldsymbol{E}_{2i}\boldsymbol{K}_i\boldsymbol{C}_i)+\boldsymbol{S}\\\boldsymbol{\Lambda}_2=&\boldsymbol{A}_i^{\mathrm{T}}\boldsymbol{P}+\boldsymbol{A}_j^{\mathrm{T}}\boldsymbol{P}+\boldsymbol{P}\boldsymbol{A}_i+\boldsymbol{P}\boldsymbol{A}_j-\boldsymbol{P}\boldsymbol{B}_i\boldsymbol{B}_i^{\mathrm{T}}\boldsymbol{P}-\boldsymbol{P}\boldsymbol{B}_j\boldsymbol{B}_j^{\mathrm{T}}\boldsymbol{P}+(\boldsymbol{B}_i^{\mathrm{T}}\boldsymbol{P}+\boldsymbol{K}_j\boldsymbol{C}_j)^{\mathrm{T}}(\boldsymbol{B}_i^{\mathrm{T}}\boldsymbol{P}+\boldsymbol{K}_j\boldsymbol{C}_j)\\&+(\boldsymbol{B}_j^{\mathrm{T}}\boldsymbol{P}+\boldsymbol{K}_i\boldsymbol{C}_i)^{\mathrm{T}}(\boldsymbol{B}_j^{\mathrm{T}}\boldsymbol{P}+\boldsymbol{K}_i\boldsymbol{C}_i)+[\boldsymbol{D}_i\boldsymbol{F}_i(\boldsymbol{E}_{1i}+\boldsymbol{E}_{2i}\boldsymbol{K}_j\boldsymbol{C}_j)]^{\mathrm{T}}\boldsymbol{P}\\&+[\boldsymbol{D}_j\boldsymbol{F}_j(\boldsymbol{E}_{1j}+\boldsymbol{E}_{2j}\boldsymbol{K}_i\boldsymbol{C}_i)]^{\mathrm{T}}\boldsymbol{P}+\boldsymbol{P}\boldsymbol{D}_i\boldsymbol{F}_i(\boldsymbol{E}_{1i}+\boldsymbol{E}_{2i}\boldsymbol{K}_j\boldsymbol{C}_j)+\boldsymbol{P}\boldsymbol{D}_j\boldsymbol{F}_j(\boldsymbol{E}_{1j}+\boldsymbol{E}_{2j}\boldsymbol{K}_i\boldsymbol{C}_i)\end{aligned}$$

则模糊静态输出反馈控制(6.5.6)可使模糊时滞系统(6.5.7)渐近稳定。

证明　选取 Lyapunov 函数为

$$V(\boldsymbol{x}(t))=\boldsymbol{x}^{\mathrm{T}}(t)\boldsymbol{P}\boldsymbol{x}(t)+\int_{t-h}^{t}\boldsymbol{x}^{\mathrm{T}}(\tau)\boldsymbol{S}\boldsymbol{x}(\tau)\mathrm{d}\tau \tag{6.5.10}$$

则 $V(\boldsymbol{x}(t))$ 沿式(6.5.7)对时间的导数为

$$\begin{aligned}\dot{V}(\boldsymbol{x}(t))=&\dot{\boldsymbol{x}}^{\mathrm{T}}(t)\boldsymbol{P}\boldsymbol{x}(t)+\boldsymbol{x}^{\mathrm{T}}(t)\boldsymbol{P}\dot{\boldsymbol{x}}(t)+\boldsymbol{x}^{\mathrm{T}}(t)\boldsymbol{S}\boldsymbol{x}(t)-\boldsymbol{x}^{\mathrm{T}}(t-h)\boldsymbol{S}\boldsymbol{x}(t-h)\\=&\sum_{i=1}^{N}\mu_1^2(\boldsymbol{z}(t))\begin{bmatrix}\boldsymbol{x}(t)\\\boldsymbol{x}(t-h)\end{bmatrix}^{\mathrm{T}}\begin{bmatrix}\boldsymbol{\Lambda}_1-\boldsymbol{C}_i^{\mathrm{T}}\boldsymbol{K}_i^{\mathrm{T}}\boldsymbol{K}_i\boldsymbol{C}_i & \boldsymbol{P}(\boldsymbol{A}_{di}+\boldsymbol{D}_i\boldsymbol{F}_i\boldsymbol{E}_{di})\\(\boldsymbol{A}_{di}+\boldsymbol{D}_i\boldsymbol{F}_i\boldsymbol{E}_i)^{\mathrm{T}}\boldsymbol{P} & -\boldsymbol{S}\end{bmatrix}\begin{bmatrix}\boldsymbol{x}(t)\\\boldsymbol{x}(t-h)\end{bmatrix}\end{aligned}$$

$$
\begin{aligned}
&+\sum_{i<j}^{N}\mu_i(\boldsymbol{z}(t))\mu_j(\boldsymbol{z}(t))\begin{bmatrix}\boldsymbol{x}(t)\\ \boldsymbol{x}(t-h)\end{bmatrix}^{\mathrm{T}}\\
&\times\begin{bmatrix}\boldsymbol{\Lambda}_1-\boldsymbol{C}_i^{\mathrm{T}}\boldsymbol{K}_i^{\mathrm{T}}\boldsymbol{K}_i\boldsymbol{C}_i-\boldsymbol{C}_j^{\mathrm{T}}\boldsymbol{K}_j^{\mathrm{T}}\boldsymbol{K}_j\boldsymbol{C}_j & \boldsymbol{P}(\boldsymbol{A}_{di}+\boldsymbol{A}_{dj}+\boldsymbol{D}_i\boldsymbol{F}_i\boldsymbol{E}_{di}+\boldsymbol{D}_j\boldsymbol{F}_j\boldsymbol{E}_{dj})\\ (\boldsymbol{A}_{di}+\boldsymbol{A}_{dj}+\boldsymbol{D}_i\boldsymbol{F}_i\boldsymbol{E}_{di}+\boldsymbol{D}_j\boldsymbol{F}_j\boldsymbol{E}_{dj})^{\mathrm{T}}\boldsymbol{P} & -2\boldsymbol{S}\end{bmatrix}\\
&\times\begin{bmatrix}\boldsymbol{x}(t)\\ \boldsymbol{x}(t-h)\end{bmatrix}\\
&\leqslant\sum_{i=1}^{N}\mu_i^2(\boldsymbol{z}(t))\boldsymbol{x}^{\mathrm{T}}(t)(-\boldsymbol{C}_i^{\mathrm{T}}\boldsymbol{K}_i^{\mathrm{T}}\boldsymbol{K}_i\boldsymbol{C}_i)\boldsymbol{x}(t)\\
&\quad+\sum_{i<j}^{N}\mu_i(\boldsymbol{z}(t))\mu_j(\boldsymbol{z}(t))\boldsymbol{x}^{\mathrm{T}}(t)(-\boldsymbol{C}_i^{\mathrm{T}}\boldsymbol{K}_i^{\mathrm{T}}\boldsymbol{K}_i\boldsymbol{C}_i-\boldsymbol{C}_j^{\mathrm{T}}\boldsymbol{K}_j^{\mathrm{T}}\boldsymbol{K}_j\boldsymbol{C}_j)\boldsymbol{x}(t)<0
\end{aligned}
$$

因此,模糊时滞系统(6.5.7)是渐近稳定的。

下面将证明定理 6.5.1 中的输出反馈条件等价于以下二次矩阵不等式的可解性。

定理 6.5.2 对于系统(6.5.7),存在对称正定矩阵使得矩阵不等式(6.5.8)和(6.5.9)成立,当且仅当存在常数 ε_{ii}、ε_{ij} 和 $\varepsilon_{ji}(i<j)$ 使得下面的矩阵不等式成立:

$$
\begin{bmatrix}
\boldsymbol{A}_i^{\mathrm{T}}\boldsymbol{P}+\boldsymbol{P}\boldsymbol{A}_i-\boldsymbol{P}\boldsymbol{B}_i\boldsymbol{B}_i^{\mathrm{T}}\boldsymbol{P}+\boldsymbol{S} & \boldsymbol{P}\boldsymbol{A}_{di} & (\boldsymbol{E}_{1i}+\boldsymbol{E}_{2i}\boldsymbol{K}_i\boldsymbol{C}_i)^{\mathrm{T}} & (\boldsymbol{B}_i^{\mathrm{T}}\boldsymbol{P}+\boldsymbol{K}_i\boldsymbol{C}_i)^{\mathrm{T}} & \varepsilon_{ii}\boldsymbol{P}\boldsymbol{D}_i\\
\boldsymbol{A}_{di}^{\mathrm{T}}\boldsymbol{P} & -\boldsymbol{S} & \boldsymbol{E}_{di}^{\mathrm{T}} & \boldsymbol{0} & \boldsymbol{0}\\
\boldsymbol{E}_{1i}+\boldsymbol{E}_{2i}\boldsymbol{K}_i\boldsymbol{C}_i & \boldsymbol{E}_{di} & -\varepsilon_{ii}\boldsymbol{I} & \boldsymbol{0} & \boldsymbol{0}\\
\boldsymbol{B}_i^{\mathrm{T}}\boldsymbol{P}+\boldsymbol{K}_i\boldsymbol{C}_i & \boldsymbol{0} & \boldsymbol{0} & -\boldsymbol{I} & \boldsymbol{0}\\
\varepsilon_{ii}\boldsymbol{D}_i^{\mathrm{T}}\boldsymbol{P} & \boldsymbol{0} & \boldsymbol{0} & \boldsymbol{0} & -\varepsilon_{ii}\boldsymbol{I}
\end{bmatrix}<\boldsymbol{0}
\tag{6.5.11}
$$

$$
\begin{bmatrix}
\boldsymbol{\Gamma} & \boldsymbol{P}(\boldsymbol{A}_{di}+\boldsymbol{A}_{dj}) & (\boldsymbol{E}_{1i}+\boldsymbol{E}_{2i}\boldsymbol{K}_j\boldsymbol{C}_j)^{\mathrm{T}} & (\boldsymbol{E}_{1j}+\boldsymbol{E}_{2j}\boldsymbol{K}_i\boldsymbol{C}_i)^{\mathrm{T}} & (\boldsymbol{B}_i^{\mathrm{T}}\boldsymbol{P}+\boldsymbol{K}_j\boldsymbol{C}_j)^{\mathrm{T}} & (\boldsymbol{B}_j^{\mathrm{T}}\boldsymbol{P}+\boldsymbol{K}_i\boldsymbol{C}_i)^{\mathrm{T}} & \varepsilon_{ij}\boldsymbol{P}\boldsymbol{D}_i & \varepsilon_{ji}\boldsymbol{P}\boldsymbol{D}_j\\
(\boldsymbol{A}_{di}+\boldsymbol{A}_{dj})^{\mathrm{T}}\boldsymbol{P} & -2\boldsymbol{S} & \boldsymbol{E}_{di}^{\mathrm{T}} & \boldsymbol{E}_{dj}^{\mathrm{T}} & \boldsymbol{0} & \boldsymbol{0} & \boldsymbol{0} & \boldsymbol{0}\\
\boldsymbol{E}_{1i}+\boldsymbol{E}_{2i}\boldsymbol{K}_j\boldsymbol{C}_j & \boldsymbol{E}_{di} & -\varepsilon_{ij}\boldsymbol{I} & \boldsymbol{0} & \boldsymbol{0} & \boldsymbol{0} & \boldsymbol{0} & \boldsymbol{0}\\
\boldsymbol{E}_{1j}+\boldsymbol{E}_{2j}\boldsymbol{K}_i\boldsymbol{C}_i & \boldsymbol{E}_{dj} & \boldsymbol{0} & -\varepsilon_{ji}\boldsymbol{I} & \boldsymbol{0} & \boldsymbol{0} & \boldsymbol{0} & \boldsymbol{0}\\
\boldsymbol{B}_i^{\mathrm{T}}\boldsymbol{P}+\boldsymbol{K}_j\boldsymbol{C}_j & \boldsymbol{0} & \boldsymbol{0} & \boldsymbol{0} & -\boldsymbol{I} & \boldsymbol{0} & \boldsymbol{0} & \boldsymbol{0}\\
\boldsymbol{B}_j^{\mathrm{T}}\boldsymbol{P}+\boldsymbol{K}_i\boldsymbol{C}_i & \boldsymbol{0} & \boldsymbol{0} & \boldsymbol{0} & \boldsymbol{0} & -\boldsymbol{I} & \boldsymbol{0} & \boldsymbol{0}\\
\varepsilon_{ij}\boldsymbol{D}_i^{\mathrm{T}}\boldsymbol{P} & \boldsymbol{0} & \boldsymbol{0} & \boldsymbol{0} & \boldsymbol{0} & \boldsymbol{0} & -\varepsilon_{ij}\boldsymbol{I} & \boldsymbol{0}\\
\varepsilon_{ji}\boldsymbol{D}_j^{\mathrm{T}}\boldsymbol{P} & \boldsymbol{0} & \boldsymbol{0} & \boldsymbol{0} & \boldsymbol{0} & \boldsymbol{0} & \boldsymbol{0} & -\varepsilon_{ij}\boldsymbol{I}
\end{bmatrix}\leqslant\boldsymbol{0}
\tag{6.5.12}
$$

式中

$$\boldsymbol{\Gamma}=\boldsymbol{P}(\boldsymbol{A}_i+\boldsymbol{A}_j)+(\boldsymbol{A}_i+\boldsymbol{A}_j)^{\mathrm{T}}\boldsymbol{P}-\boldsymbol{P}\boldsymbol{B}_i\boldsymbol{B}_i^{\mathrm{T}}\boldsymbol{P}-\boldsymbol{P}\boldsymbol{B}_i\boldsymbol{B}_i^{\mathrm{T}}\boldsymbol{P}+\boldsymbol{S}$$

证明 定义

$$\boldsymbol{\Phi}_1=\begin{bmatrix}\boldsymbol{A}_i^{\mathrm{T}}\boldsymbol{P}+\boldsymbol{P}\boldsymbol{A}_i-\boldsymbol{P}\boldsymbol{B}_i\boldsymbol{B}_i^{\mathrm{T}}\boldsymbol{P}+(\boldsymbol{B}_i^{\mathrm{T}}\boldsymbol{P}+\boldsymbol{K}_i\boldsymbol{C}_i)^{\mathrm{T}}(\boldsymbol{B}_i^{\mathrm{T}}\boldsymbol{P}+\boldsymbol{K}_i\boldsymbol{C}_i)\boldsymbol{S} & \boldsymbol{P}\boldsymbol{A}_{di}\\ \boldsymbol{A}_{di}^{\mathrm{T}}\boldsymbol{P} & -\boldsymbol{S}\end{bmatrix}$$

$$\boldsymbol{\Phi}_2=\begin{bmatrix}\widetilde{\boldsymbol{\Gamma}} & \boldsymbol{P}(\boldsymbol{A}_{di}+\boldsymbol{A}_{dj})\\ (\boldsymbol{A}_{di}+\boldsymbol{A}_{dj})^{\mathrm{T}}\boldsymbol{P} & -2\boldsymbol{S}\end{bmatrix}$$

$$\begin{aligned}\widetilde{\boldsymbol{\Gamma}}=&(\boldsymbol{A}_i+\boldsymbol{A}_j)^{\mathrm{T}}\boldsymbol{P}+\boldsymbol{P}(\boldsymbol{A}_i+\boldsymbol{A}_j)-\boldsymbol{P}\boldsymbol{B}_i\boldsymbol{B}_i^{\mathrm{T}}\boldsymbol{P}-\boldsymbol{P}\boldsymbol{B}_j\boldsymbol{B}_j^{\mathrm{T}}\boldsymbol{P}\\&+(\boldsymbol{B}_i^{\mathrm{T}}\boldsymbol{P}+\boldsymbol{K}_j\boldsymbol{C}_j)^{\mathrm{T}}(\boldsymbol{B}_i^{\mathrm{T}}\boldsymbol{P}+\boldsymbol{K}_j\boldsymbol{C}_j)+(\boldsymbol{B}_j^{\mathrm{T}}\boldsymbol{P}+\boldsymbol{K}_i\boldsymbol{C}_i)^{\mathrm{T}}(\boldsymbol{B}_j^{\mathrm{T}}\boldsymbol{P}+\boldsymbol{K}_i\boldsymbol{C}_i)\end{aligned}$$

则不等式(6.5.8)和(6.5.9)分别等价于

$$\boldsymbol{\Phi}_1+\begin{bmatrix}\boldsymbol{P}\boldsymbol{D}_i\\ \boldsymbol{0}\end{bmatrix}\boldsymbol{F}_i(t)[\boldsymbol{E}_{1i}+\boldsymbol{E}_{2i}\boldsymbol{K}_i\boldsymbol{C}_i,\boldsymbol{E}_{di}]+[\boldsymbol{E}_{1i}+\boldsymbol{E}_{2i}\boldsymbol{K}_i\boldsymbol{C}_i,\boldsymbol{E}_{di}]^{\mathrm{T}}\boldsymbol{F}_i^{\mathrm{T}}(t)\begin{bmatrix}\boldsymbol{P}\boldsymbol{D}_i\\ \boldsymbol{0}\end{bmatrix}^{\mathrm{T}}<\boldsymbol{0}\tag{6.5.13}$$

$$\begin{aligned}&\boldsymbol{\Phi}_2+\begin{bmatrix}\boldsymbol{P}\boldsymbol{D}_i\\ \boldsymbol{0}\end{bmatrix}\boldsymbol{F}_i(t)[\boldsymbol{E}_{1i}+\boldsymbol{E}_{2i}\boldsymbol{K}_j\boldsymbol{C}_j,\boldsymbol{E}_{di}]+[\boldsymbol{E}_{1i}+\boldsymbol{E}_{2i}\boldsymbol{K}_j\boldsymbol{C}_j,\boldsymbol{E}_{di}]^{\mathrm{T}}\boldsymbol{F}_i^{\mathrm{T}}(t)\begin{bmatrix}\boldsymbol{P}\boldsymbol{D}_i\\ \boldsymbol{0}\end{bmatrix}^{\mathrm{T}}\\&+\begin{bmatrix}\boldsymbol{P}\boldsymbol{D}_j\\ \boldsymbol{0}\end{bmatrix}\boldsymbol{F}_j(t)[\boldsymbol{E}_{1j}+\boldsymbol{E}_{2j}\boldsymbol{K}_i\boldsymbol{C}_i,\boldsymbol{E}_{dj}]+[\boldsymbol{E}_{1j}+\boldsymbol{E}_{2j}\boldsymbol{K}_i\boldsymbol{C}_i,\boldsymbol{E}_{dj}]^{\mathrm{T}}\boldsymbol{F}_j^{\mathrm{T}}(t)\begin{bmatrix}\boldsymbol{P}\boldsymbol{D}_j\\ \boldsymbol{0}\end{bmatrix}^{\mathrm{T}}\leqslant\boldsymbol{0}\end{aligned}\tag{6.5.14}$$

应用引理 3.1.1,矩阵不等式(6.5.13)和(6.5.14)对于所有满足 $\boldsymbol{F}_i^{\mathrm{T}}(t)\boldsymbol{F}_i(t)\leqslant\boldsymbol{I}$ 的 $\boldsymbol{F}_i(t)$ 成立当且仅当对某些常数 $\varepsilon_{ii}>0,\varepsilon_{ij}>0(i<j)$,使得下面的不等式成立:

$$\begin{bmatrix}\boldsymbol{\Omega}_1 & \boldsymbol{P}\boldsymbol{A}_{di}+\varepsilon_{ii}^{-1}(\boldsymbol{E}_{1i}+\boldsymbol{E}_{2i}\boldsymbol{K}_i\boldsymbol{C}_i)^{\mathrm{T}}\boldsymbol{E}_{di}\\ \boldsymbol{A}_{di}^{\mathrm{T}}\boldsymbol{P}+\varepsilon_{ii}^{-1}\boldsymbol{E}_{di}^{\mathrm{T}}(\boldsymbol{E}_{1i}+\boldsymbol{E}_{2i}\boldsymbol{K}_i\boldsymbol{C}_i) & -\boldsymbol{S}+\varepsilon_{ii}^{-1}\boldsymbol{E}_{di}^{\mathrm{T}}\boldsymbol{E}_{di}\end{bmatrix}<\boldsymbol{0}\tag{6.5.15}$$

$$\begin{bmatrix}\boldsymbol{\Omega}_2 & \boldsymbol{\Theta}\\ \boldsymbol{\Theta}^{\mathrm{T}} & -\boldsymbol{S}+\varepsilon_{ij}^{-1}\boldsymbol{E}_{di}^{\mathrm{T}}\boldsymbol{E}_{di}+\varepsilon_{ji}^{-1}\boldsymbol{E}_{di}^{\mathrm{T}}\boldsymbol{E}_{dj}\end{bmatrix}\leqslant\boldsymbol{0}\tag{6.5.16}$$

式中

$$\begin{aligned}\boldsymbol{\Omega}_1=&\boldsymbol{A}_i^{\mathrm{T}}\boldsymbol{P}+\boldsymbol{P}\boldsymbol{A}_i-\boldsymbol{P}\boldsymbol{B}_i\boldsymbol{B}_i^{\mathrm{T}}\boldsymbol{P}+(\boldsymbol{B}_i^{\mathrm{T}}\boldsymbol{P}+\boldsymbol{K}_i\boldsymbol{C}_i)^{\mathrm{T}}(\boldsymbol{B}_i^{\mathrm{T}}\boldsymbol{P}+\boldsymbol{K}_i\boldsymbol{C}_i)+\varepsilon_{ii}\boldsymbol{P}\boldsymbol{D}_i\boldsymbol{D}_i^{\mathrm{T}}\boldsymbol{P}\\&+\varepsilon_{ii}^{-1}(\boldsymbol{E}_{1i}+\boldsymbol{E}_{2i}\boldsymbol{K}_i\boldsymbol{C}_i)^{\mathrm{T}}(\boldsymbol{E}_{1i}+\boldsymbol{E}_{2i}\boldsymbol{K}_i\boldsymbol{C}_i)+\boldsymbol{S}\end{aligned}$$

$$\begin{aligned}\boldsymbol{\Omega}_2=&\widetilde{\boldsymbol{\Gamma}}+\varepsilon_{ij}\boldsymbol{P}\boldsymbol{D}_i\boldsymbol{D}_i^{\mathrm{T}}\boldsymbol{P}+\varepsilon_{ji}\boldsymbol{P}\boldsymbol{D}_j\boldsymbol{D}_j^{\mathrm{T}}\boldsymbol{P}+\varepsilon_{ij}^{-1}(\boldsymbol{E}_{1i}+\boldsymbol{E}_{2i}\boldsymbol{K}_j\boldsymbol{C}_j)^{\mathrm{T}}(\boldsymbol{E}_{1i}+\boldsymbol{E}_{2i}\boldsymbol{K}_j\boldsymbol{C}_j)\\&+\varepsilon_{ji}^{-1}(\boldsymbol{E}_{1j}+\boldsymbol{E}_{2j}\boldsymbol{K}_i\boldsymbol{C}_i)^{\mathrm{T}}(\boldsymbol{E}_{1j}+\boldsymbol{E}_{2j}\boldsymbol{K}_i\boldsymbol{C}_i)+2\boldsymbol{S}\end{aligned}$$

$$\boldsymbol{\Theta}=\boldsymbol{P}(\boldsymbol{A}_{di}+\boldsymbol{A}_{dj})+\varepsilon_{ij}^{-1}(\boldsymbol{E}_{1i}+\boldsymbol{E}_{2i}\boldsymbol{K}_j\boldsymbol{C}_j)^{\mathrm{T}}\boldsymbol{E}_{di}+\varepsilon_{ji}^{-1}(\boldsymbol{E}_{1j}+\boldsymbol{E}_{2j}\boldsymbol{K}_i\boldsymbol{C}_i)^{\mathrm{T}}\boldsymbol{E}_{dj}$$

由 Schur 分解原理,不等式(6.5.15)和(6.5.16)等价于不等式(6.5.8)和(6.5.9)。

注意到,矩阵不等式(6.5.15)和(6.5.16)是二次矩阵不等式,如果能够找到正定矩阵 $\boldsymbol{P}$、$\boldsymbol{S}$ 和常数 ε_{ii}、$\varepsilon_{ij}\,(i<j)$ 以及矩阵 $\boldsymbol{K}_i$ 满足矩阵不等式(6.5.15)和(6.5.16),则静态输出反馈增益 $\boldsymbol{K}_i$ 存在。

由于 $-\boldsymbol{P}\boldsymbol{B}_i\boldsymbol{B}_i^{\mathrm{T}}\boldsymbol{P}$ 及 $-\boldsymbol{P}\boldsymbol{B}_i\boldsymbol{B}_i^{\mathrm{T}}\boldsymbol{P}-\boldsymbol{P}\boldsymbol{B}_j\boldsymbol{B}_j^{\mathrm{T}}\boldsymbol{P}$ 中存在负号,不等式(6.5.15)和(6.5.16) 不能化简为线性矩阵不等式。为了修正这些项,可以采用辅助设计变量的方法。对任何相同维数的矩阵 $\boldsymbol{X}$ 和 $\boldsymbol{P}$,总有 $(\boldsymbol{X}-\boldsymbol{P})^{\mathrm{T}}\boldsymbol{B}\boldsymbol{B}^{\mathrm{T}}(\boldsymbol{X}-\boldsymbol{P})\geqslant\boldsymbol{0}$,可得到

$$\boldsymbol{X}\boldsymbol{B}\boldsymbol{B}^{\mathrm{T}}\boldsymbol{P}+\boldsymbol{P}\boldsymbol{B}\boldsymbol{B}^{\mathrm{T}}\boldsymbol{X}-\boldsymbol{X}\boldsymbol{B}\boldsymbol{B}^{\mathrm{T}}\boldsymbol{X}\leqslant\boldsymbol{P}\boldsymbol{B}\boldsymbol{B}^{\mathrm{T}}\boldsymbol{P}\tag{6.5.17}$$

推论 6.5.1　对于系统(6.5.7),如果存在公共的正定矩阵 $\boldsymbol{P}$、$\boldsymbol{S}$ 及 $\boldsymbol{K}_i\,(i=1,2,\cdots,r)$,常数 ε_{ii}、$\varepsilon_{ij}\,(i<j)$,满足下面的矩阵不等式:

$$\begin{bmatrix} \boldsymbol{\Pi}_1 & \boldsymbol{P}\boldsymbol{A}_{di} & (\boldsymbol{E}_{1i}+\boldsymbol{E}_{2i}\boldsymbol{K}_i\boldsymbol{C}_i)^{\mathrm{T}} & (\boldsymbol{B}_i^{\mathrm{T}}\boldsymbol{P}+\boldsymbol{K}_i\boldsymbol{C}_i)^{\mathrm{T}} & \varepsilon_{ii}\boldsymbol{P}\boldsymbol{D}_i \\ \boldsymbol{A}_{di}^{\mathrm{T}}\boldsymbol{P} & -\boldsymbol{S} & \boldsymbol{E}_{di}^{\mathrm{T}} & \boldsymbol{0} & \boldsymbol{0} \\ \boldsymbol{E}_{1i}+\boldsymbol{E}_{2i}\boldsymbol{K}_i\boldsymbol{C}_i & \boldsymbol{E}_{di} & -\varepsilon_{ii}\boldsymbol{I} & \boldsymbol{0} & \boldsymbol{0} \\ \boldsymbol{B}_i^{\mathrm{T}}\boldsymbol{P}+\boldsymbol{K}_i\boldsymbol{C}_i & \boldsymbol{0} & \boldsymbol{0} & -\boldsymbol{I} & \boldsymbol{0} \\ \varepsilon_{ii}\boldsymbol{D}_i^{\mathrm{T}}\boldsymbol{P} & \boldsymbol{0} & \boldsymbol{0} & \boldsymbol{0} & -\varepsilon_{ii}\boldsymbol{I} \end{bmatrix} < \boldsymbol{0} \tag{6.5.18}$$

$$\begin{bmatrix} \boldsymbol{\Pi}_2 & \boldsymbol{P}(\boldsymbol{A}_{di}+\boldsymbol{A}_{dj}) & (\boldsymbol{E}_{1i}+\boldsymbol{E}_{2i}\boldsymbol{K}_j\boldsymbol{C}_j)^{\mathrm{T}} & (\boldsymbol{E}_{1j}+\boldsymbol{E}_{2j}\boldsymbol{K}_i\boldsymbol{C}_i)^{\mathrm{T}} & (\boldsymbol{B}_i^{\mathrm{T}}\boldsymbol{P}+\boldsymbol{K}_j\boldsymbol{C}_j)^{\mathrm{T}} & (\boldsymbol{B}_j^{\mathrm{T}}\boldsymbol{P}+\boldsymbol{K}_i\boldsymbol{C}_i)^{\mathrm{T}} & \varepsilon_{ij}\boldsymbol{P}\boldsymbol{D}_i & \varepsilon_{ji}\boldsymbol{P}\boldsymbol{D}_j \\ (\boldsymbol{A}_{di}+\boldsymbol{A}_{dj})^{\mathrm{T}}\boldsymbol{P} & -2\boldsymbol{S} & \boldsymbol{E}_{di}^{\mathrm{T}} & \boldsymbol{E}_{dj}^{\mathrm{T}} & \boldsymbol{0} & \boldsymbol{0} & \boldsymbol{0} & \boldsymbol{0} \\ \boldsymbol{E}_{1i}+\boldsymbol{E}_{2i}\boldsymbol{K}_j\boldsymbol{C}_j & \boldsymbol{E}_{di} & -\varepsilon_{ij}\boldsymbol{I} & \boldsymbol{0} & \boldsymbol{0} & \boldsymbol{0} & \boldsymbol{0} & \boldsymbol{0} \\ \boldsymbol{E}_{1j}+\boldsymbol{E}_{2j}\boldsymbol{K}_i\boldsymbol{C}_i & \boldsymbol{E}_{dj} & \boldsymbol{0} & -\varepsilon_{ji}\boldsymbol{I} & \boldsymbol{0} & \boldsymbol{0} & \boldsymbol{0} & \boldsymbol{0} \\ \boldsymbol{B}_i^{\mathrm{T}}\boldsymbol{P}+\boldsymbol{K}_j\boldsymbol{C}_j & \boldsymbol{0} & \boldsymbol{0} & \boldsymbol{0} & -\boldsymbol{I} & \boldsymbol{0} & \boldsymbol{0} & \boldsymbol{0} \\ \boldsymbol{B}_j^{\mathrm{T}}\boldsymbol{P}+\boldsymbol{K}_i\boldsymbol{C}_i & \boldsymbol{0} & \boldsymbol{0} & \boldsymbol{0} & \boldsymbol{0} & -\boldsymbol{I} & \boldsymbol{0} & \boldsymbol{0} \\ \varepsilon_{ij}\boldsymbol{D}_i^{\mathrm{T}}\boldsymbol{P} & \boldsymbol{0} & \boldsymbol{0} & \boldsymbol{0} & \boldsymbol{0} & \boldsymbol{0} & -\varepsilon_{ij}\boldsymbol{I} & \boldsymbol{0} \\ \varepsilon_{ji}\boldsymbol{D}_j^{\mathrm{T}}\boldsymbol{P} & \boldsymbol{0} & \boldsymbol{0} & \boldsymbol{0} & \boldsymbol{0} & \boldsymbol{0} & \boldsymbol{0} & -\varepsilon_{ij}\boldsymbol{I} \end{bmatrix} \leqslant \boldsymbol{0} \tag{6.5.19}$$

式中

$$\boldsymbol{\Pi}_1=\boldsymbol{A}_i^{\mathrm{T}}\boldsymbol{P}+\boldsymbol{P}_i\boldsymbol{A}-\boldsymbol{X}\boldsymbol{B}_i\boldsymbol{B}_i^{\mathrm{T}}\boldsymbol{P}-\boldsymbol{P}\boldsymbol{B}_i\boldsymbol{B}_i^{\mathrm{T}}\boldsymbol{X}+\boldsymbol{X}\boldsymbol{B}_i\boldsymbol{B}_i^{\mathrm{T}}\boldsymbol{X}+\boldsymbol{S}$$

$$\begin{aligned}\boldsymbol{\Pi}_2=\;&\boldsymbol{P}(\boldsymbol{A}_i+\boldsymbol{A}_j)+(\boldsymbol{A}_i+\boldsymbol{A}_j)^{\mathrm{T}}\boldsymbol{P}-\boldsymbol{X}\boldsymbol{B}_i\boldsymbol{B}_i^{\mathrm{T}}\boldsymbol{P}-\boldsymbol{P}\boldsymbol{B}_i\boldsymbol{B}_i^{\mathrm{T}}\boldsymbol{X}+\boldsymbol{X}\boldsymbol{B}_i\boldsymbol{B}_i^{\mathrm{T}}\boldsymbol{X}\\&-\boldsymbol{X}\boldsymbol{B}_j\boldsymbol{B}_j^{\mathrm{T}}\boldsymbol{P}-\boldsymbol{P}\boldsymbol{B}_j\boldsymbol{B}_j^{\mathrm{T}}\boldsymbol{X}+\boldsymbol{X}\boldsymbol{B}_j\boldsymbol{B}_j^{\mathrm{T}}\boldsymbol{X}+\boldsymbol{S}\end{aligned}$$

则静态输出反馈控制可使模糊时滞系统(6.5.7)渐近稳定。

式(6.5.18)和(6.5.19)中,如果 $\boldsymbol{X}$ 是固定的,则可以转换为求解未知矩阵 $\boldsymbol{P}>\boldsymbol{0}$ 和 $\boldsymbol{K}_i$ 的线性矩阵不等式。而线性矩阵不等式问题是凸的,如果可行解存在,则可有效地进行求解。然而,一般情况下对某个固定的 $\boldsymbol{X}$,不等式(6.5.18)和(6.5.19)未必有解。下面给出一种迭代线性矩阵不等式算法,可对不等式进行有效的求解。

迭代线性矩阵不等式算法的步骤如下。

(1) 选取适当的常数 $\varepsilon_{ii}>0$,$\varepsilon_{ij}>0\,(i<j)$。求解矩阵不等式

$$\boldsymbol{A}_i^{\mathrm{T}}\boldsymbol{P}+\boldsymbol{P}\boldsymbol{A}_i-\boldsymbol{P}\boldsymbol{B}_i\boldsymbol{B}_i^{\mathrm{T}}\boldsymbol{P}<\boldsymbol{0},\quad i=1,2,\cdots,N \tag{6.5.20}$$

求得公共的正定矩阵 $\boldsymbol{P}$,如果式(6.5.20)无解,则求解下列代数 Riccati 方程:

$$\boldsymbol{A}_i^{\mathrm{T}}\boldsymbol{P}_i+\boldsymbol{P}_i\boldsymbol{A}_i-\boldsymbol{P}_i\boldsymbol{B}_i\boldsymbol{B}_i^{\mathrm{T}}\boldsymbol{P}_i+\boldsymbol{Q}=\boldsymbol{0},\quad i=1,2,\cdots,N$$

令 $\boldsymbol{P}$ 是 $\boldsymbol{P}_1,\boldsymbol{P}_2,\cdots,\boldsymbol{P}_N$ 中迹最小的,并令 $l=1$,$\boldsymbol{X}_l=\boldsymbol{P}$。

(2) 求解下列关于 $\boldsymbol{P}_l$、$\boldsymbol{K}_i$、α_l 的优化问题：

min $\alpha_l(l=1,2,\cdots,N)$，满足

$$\begin{bmatrix} \boldsymbol{\Pi}_1^l & \boldsymbol{P}_l\boldsymbol{A}_{di} & (\boldsymbol{E}_{1i}+\boldsymbol{E}_{2i}\boldsymbol{K}_i\boldsymbol{C}_i)^{\mathrm{T}} & (\boldsymbol{B}_i^{\mathrm{T}}\boldsymbol{P}_l+\boldsymbol{K}_i\boldsymbol{C}_i)^{\mathrm{T}} & \varepsilon_{ii}\boldsymbol{P}_l\boldsymbol{D}_i \\ \boldsymbol{A}_{di}^{\mathrm{T}}\boldsymbol{P}_l & -\boldsymbol{S} & \boldsymbol{E}_{di}^{\mathrm{T}} & \boldsymbol{0} & \boldsymbol{0} \\ \boldsymbol{E}_{1i}+\boldsymbol{E}_{2i}\boldsymbol{K}_i\boldsymbol{C}_i & \boldsymbol{E}_{di} & -\varepsilon_{ii}\boldsymbol{I} & \boldsymbol{0} & \boldsymbol{0} \\ \boldsymbol{B}_i^{\mathrm{T}}\boldsymbol{P}_l+\boldsymbol{K}_i\boldsymbol{C}_i & \boldsymbol{0} & \boldsymbol{0} & -\boldsymbol{I} & \boldsymbol{0} \\ \varepsilon_{ii}\boldsymbol{D}_i^{\mathrm{T}}\boldsymbol{P}_l & \boldsymbol{0} & \boldsymbol{0} & \boldsymbol{0} & -\varepsilon_{ii}\boldsymbol{I} \end{bmatrix} < \boldsymbol{0} \tag{6.5.21}$$

$$\begin{bmatrix} \boldsymbol{\Pi}_2^l & \boldsymbol{P}_l(\boldsymbol{A}_{di}+\boldsymbol{A}_{dj}) & (\boldsymbol{E}_{1i}+\boldsymbol{E}_{2i}\boldsymbol{K}_j\boldsymbol{C}_j)^{\mathrm{T}} & (\boldsymbol{E}_{1j}+\boldsymbol{E}_{2j}\boldsymbol{K}_i\boldsymbol{C}_i)^{\mathrm{T}} & (\boldsymbol{B}_i^{\mathrm{T}}\boldsymbol{P}_l+\boldsymbol{K}_j\boldsymbol{C}_j)^{\mathrm{T}} & (\boldsymbol{B}_j^{\mathrm{T}}\boldsymbol{P}_l+\boldsymbol{K}_i\boldsymbol{C}_i)^{\mathrm{T}} & \varepsilon_{ij}\boldsymbol{P}_l\boldsymbol{D}_i & \varepsilon_{ji}\boldsymbol{P}_l\boldsymbol{D}_j \\ (\boldsymbol{A}_{di}+\boldsymbol{A}_{dj})^{\mathrm{T}}\boldsymbol{P}_l & -2\boldsymbol{S} & \boldsymbol{E}_{di}^{\mathrm{T}} & \boldsymbol{E}_{dj}^{\mathrm{T}} & \boldsymbol{0} & \boldsymbol{0} & \boldsymbol{0} & \boldsymbol{0} \\ \boldsymbol{E}_{1i}+\boldsymbol{E}_{2i}\boldsymbol{K}_j\boldsymbol{C}_j & \boldsymbol{E}_{di} & -\varepsilon_{ij}\boldsymbol{I} & \boldsymbol{0} & \boldsymbol{0} & \boldsymbol{0} & \boldsymbol{0} & \boldsymbol{0} \\ \boldsymbol{E}_{1j}+\boldsymbol{E}_{2j}\boldsymbol{K}_i\boldsymbol{C}_i & \boldsymbol{E}_{dj} & \boldsymbol{0} & -\varepsilon_{ji}\boldsymbol{I} & \boldsymbol{0} & \boldsymbol{0} & \boldsymbol{0} & \boldsymbol{0} \\ \boldsymbol{B}_i^{\mathrm{T}}\boldsymbol{P}_l+\boldsymbol{K}_j\boldsymbol{C}_j & \boldsymbol{0} & \boldsymbol{0} & \boldsymbol{0} & -\boldsymbol{I} & \boldsymbol{0} & \boldsymbol{0} & \boldsymbol{0} \\ \boldsymbol{B}_j^{\mathrm{T}}\boldsymbol{P}_l+\boldsymbol{K}_i\boldsymbol{C}_i & \boldsymbol{0} & \boldsymbol{0} & \boldsymbol{0} & \boldsymbol{0} & -\boldsymbol{I} & \boldsymbol{0} & \boldsymbol{0} \\ \varepsilon_{ij}\boldsymbol{D}_i^{\mathrm{T}}\boldsymbol{P}_l & \boldsymbol{0} & \boldsymbol{0} & \boldsymbol{0} & \boldsymbol{0} & \boldsymbol{0} & -\varepsilon_{ij}\boldsymbol{I} & \boldsymbol{0} \\ \varepsilon_{ji}\boldsymbol{D}_j^{\mathrm{T}}\boldsymbol{P}_l & \boldsymbol{0} & \boldsymbol{0} & \boldsymbol{0} & \boldsymbol{0} & \boldsymbol{0} & \boldsymbol{0} & -\varepsilon_{ij}\boldsymbol{I} \end{bmatrix} \leqslant \boldsymbol{0} \tag{6.5.22}$$

式中

$$\boldsymbol{\Pi}_1^l=\boldsymbol{A}_i^{\mathrm{T}}\boldsymbol{P}_l+\boldsymbol{P}_l\boldsymbol{A}_i-\boldsymbol{X}_l\boldsymbol{B}_i\boldsymbol{B}_i^{\mathrm{T}}\boldsymbol{P}_l-\boldsymbol{P}_l\boldsymbol{B}_i\boldsymbol{B}_i^{\mathrm{T}}\boldsymbol{X}_l+\boldsymbol{X}_l\boldsymbol{B}_i\boldsymbol{B}_i^{\mathrm{T}}\boldsymbol{X}_l+\boldsymbol{S}-\alpha_l\boldsymbol{P}_l$$

$$\begin{aligned}\boldsymbol{\Pi}_2^l=&\boldsymbol{P}_l(\boldsymbol{A}_i+\boldsymbol{A}_j)+(\boldsymbol{A}_i+\boldsymbol{A}_j)^{\mathrm{T}}\boldsymbol{P}_l-\boldsymbol{X}_l\boldsymbol{B}_i\boldsymbol{B}_i^{\mathrm{T}}\boldsymbol{P}_l-\boldsymbol{P}_l\boldsymbol{B}_i\boldsymbol{B}_i^{\mathrm{T}}\boldsymbol{X}_l+\boldsymbol{X}_l\boldsymbol{B}_i\boldsymbol{B}_i^{\mathrm{T}}\boldsymbol{X}_l\\&-\boldsymbol{X}_l\boldsymbol{B}_j\boldsymbol{B}_j^{\mathrm{T}}\boldsymbol{P}_l-\boldsymbol{P}_l\boldsymbol{B}_j\boldsymbol{B}_j^{\mathrm{T}}\boldsymbol{X}_l+\boldsymbol{X}_l\boldsymbol{B}_j\boldsymbol{B}_j^{\mathrm{T}}\boldsymbol{X}_l+\boldsymbol{S}-\alpha_l\boldsymbol{P}_l\end{aligned}$$

用 α_l^* 表示 α_l 的最优值。

(3) 如果 $\alpha_l^*\leqslant 0$，则 $\boldsymbol{K}_i(i=1,2,\cdots,N)$ 可使模糊系统稳定的输出反馈增益停止；否则转到步骤(4)。

(4) 求解下列关于 $\boldsymbol{P}_l$ 和 $\boldsymbol{K}_i$ 的优化问题，$\alpha_l=\alpha_l^*$：

min tr$\{\boldsymbol{P}_l\}$，满足

式(6.5.21) 及(6.5.22)

用 $\boldsymbol{P}_l^*$ 表示 $\boldsymbol{P}_l$ 的最优解。

(5) 如果 $\|\boldsymbol{X}_l-\boldsymbol{P}_l^*\|<\delta$($\delta$ 表示一个误差容限)，则转到步骤(6)；否则令 $i=i+1$，$\boldsymbol{X}_l=\boldsymbol{P}_{l-1}^*$，回到步骤(2)。

(6) 该系统不能由本节所述的静态输出反馈的控制方法稳定，停止。

6.5.2 仿真

例 6.5.1 考虑不确定非线性时滞系统：

$$\begin{aligned}
\dot{x}_1(t) &= 0.2\sin t x_1(t) + 0.4x_1(t-1) - 1.5x_2(t) + 0.1x_1(t)x_2(t) - u(t) \\
\dot{x}_2(t) &= x_1(t) - (3+0.2\cos t)x_2(t) + 0.1x_2(t-1) + (1-0.2\cos t)u(t) \\
y(t) &= x_2(t)
\end{aligned} \tag{6.5.23}$$

对系统(6.5.23)进行模糊建模，建立如下的模糊规则。

模糊系统规则 1：如果 $x_1(t)$是 F_1(极大)，则

$$\dot{\boldsymbol{x}}(t) = (\boldsymbol{A}_1 + \Delta\boldsymbol{A}_1)\boldsymbol{x}(t) + (\boldsymbol{A}_{d1} + \Delta\boldsymbol{A}_{d1})\boldsymbol{x}(t-1) + (\boldsymbol{B}_1 + \Delta\boldsymbol{B}_1)u(t)$$

$$y(t) = \boldsymbol{C}_1\boldsymbol{x}(t)$$

模糊系统规则 2：如果 $x_1(t)$是 F_2(极小)，则

$$\dot{\boldsymbol{x}}(t) = (\boldsymbol{A}_2 + \Delta\boldsymbol{A}_2)\boldsymbol{x}(t) + (\boldsymbol{A}_{d2} + \Delta\boldsymbol{A}_{d2})\boldsymbol{x}(t-1) + (\boldsymbol{B}_2 + \Delta\boldsymbol{B}_2)u(t)$$

$$y(t) = \boldsymbol{C}_2\boldsymbol{x}(t)$$

式中

$$\boldsymbol{A}_1 = \begin{bmatrix} 0 & -1 \\ 1 & -3 \end{bmatrix}, \quad \boldsymbol{A}_2 = \begin{bmatrix} 0 & -2 \\ 1 & -3 \end{bmatrix}$$

$$\boldsymbol{B}_1 = \boldsymbol{B}_2 = \begin{bmatrix} -1 \\ 1 \end{bmatrix}, \quad \boldsymbol{C}_1 = \boldsymbol{C}_2 = [0 \quad 1]$$

$$\boldsymbol{A}_{d1} = \boldsymbol{A}_{d2} = \begin{bmatrix} 0.4 & 0 \\ 0 & 0.1 \end{bmatrix}$$

令

$$\boldsymbol{F}_1(t) = \boldsymbol{F}_2(t) = \begin{bmatrix} \sin t & 0 \\ 0 & \cos t \end{bmatrix}, \quad \boldsymbol{D}_1 = \boldsymbol{D}_2 = \begin{bmatrix} 1 & 0 \\ 0 & -1 \end{bmatrix}$$

$$\boldsymbol{E}_{11} = \boldsymbol{E}_{12} = \begin{bmatrix} 0.2 & 0 \\ 0 & 0.2 \end{bmatrix}, \quad \boldsymbol{E}_{d1} = \boldsymbol{E}_{d2} = \begin{bmatrix} 0 & 0 \\ 0 & 0 \end{bmatrix}, \quad \boldsymbol{E}_{21} = \boldsymbol{E}_{22} = \begin{bmatrix} 0 \\ 0.2 \end{bmatrix}$$

模糊隶属函数为

$$\mu_1(\boldsymbol{x}(t)) = \begin{cases} 0, & x_1(t) < -5 \\ 0.1x_1(t) + 0.5, & -5 \leqslant x_1(t) \leqslant 5 \\ 1, & x_1(t) > 5 \end{cases}, \mu_2(x_1(t)) = 1 - \mu_1(x_1(t))$$

经过 7 次迭代，得到 $\alpha = -0.0009$，以及

$$\boldsymbol{P} = \begin{bmatrix} 1.4737 & -1.9962 \\ -1.9962 & 4.8014 \end{bmatrix}, \quad \boldsymbol{K}_1 = 0.9077, \quad \boldsymbol{K}_2 = -0.1970$$

给定初始条件 $\boldsymbol{x}^{\mathrm{T}}(0) = [2 \quad 2]$，仿真时间为 20s。原系统响应曲线和引入控制器后的闭环系统响应曲线分别见图 6-5 和图 6-6。

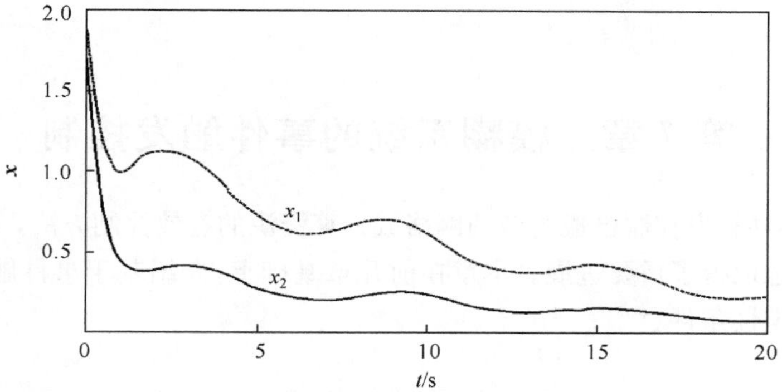

图 6-5　原系统响应曲线

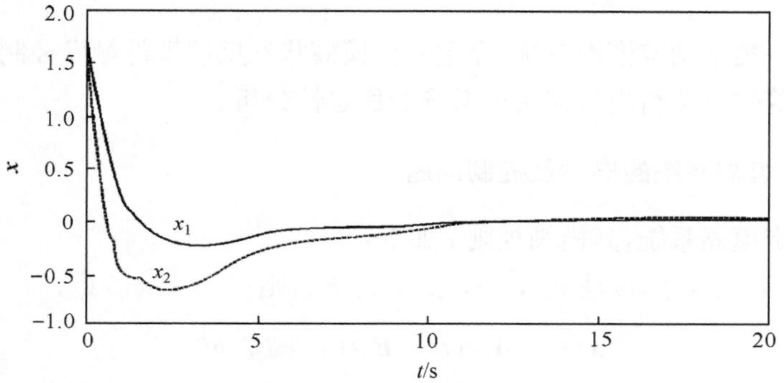

图 6-6　模糊状态输出反馈控制响应曲线

第 7 章　模糊系统的事件触发控制

近年来，事件触发控制已成为节约网络或计算资源的有效控制方法，关于模糊系统的事件触发控制也取得了重要进展。本章在前几章基础上，介绍基于事件触发的模糊控制设计方法及稳定性条件[54-57]。

7.1　连续模糊系统的静态事件触发控制

本节针对一类不确定模糊系统，介绍一种模糊状态反馈事件触发控制设计方法，并应用线性矩阵不等式方法给出模糊闭环系统的稳定性分析。

7.1.1　不确定模糊系统的描述及控制问题

考虑不确定模糊系统，其模糊规则 i 如下：

如果 $\xi_1(t)$是 F_{i1}，$\xi_2(t)$是 F_{i2}，…，$\xi_n(t)$是 F_{in}，则

$$\begin{aligned}\dot{\boldsymbol{x}}(t)&=\boldsymbol{A}_i\boldsymbol{x}(t)+\boldsymbol{B}_i\boldsymbol{u}(t)+\boldsymbol{B}_{wi}\boldsymbol{w}(t)\\ \boldsymbol{z}(t)&=\boldsymbol{C}_i\boldsymbol{x}(t)+\boldsymbol{D}_i\boldsymbol{u}(t)\end{aligned}\tag{7.1.1}$$

其中，$\boldsymbol{\xi}(t)=[\xi_1(t),\cdots,\xi_n(t)]^{\mathrm{T}}$ 是模糊前件变量；$\boldsymbol{x}(t)\in\mathbf{R}^n$ 是状态变量；$\boldsymbol{u}(t)\in\mathbf{R}^m$ 是系统的控制输入；$\boldsymbol{z}(t)\in\mathbf{R}^p$ 是系统的输出；$\boldsymbol{w}(t)\in L_2[0,\infty)$是外部扰动输入向量；$\boldsymbol{A}_i$、$\boldsymbol{B}_i$、$\boldsymbol{B}_{wi}$、$\boldsymbol{C}_i$ 和 $\boldsymbol{D}_i$ $(i=1,2,\cdots,N)$是具有适当维数的实数矩阵。系统(7.1.1)的初始条件为 $\boldsymbol{x}(t_0)=\boldsymbol{x}_0$。

通过单点模糊化、乘积推理和中心平均加权反模糊化，可得模糊系统的整个状态方程如下：

$$\dot{\boldsymbol{x}}(t)=\sum_{i=1}^{N}\mu_i(\boldsymbol{\xi}(t))(\boldsymbol{A}_i\boldsymbol{x}(t)+\boldsymbol{B}_i\boldsymbol{u}(t)+\boldsymbol{B}_{wi}\boldsymbol{w}(t))\tag{7.1.2}$$

$$\boldsymbol{z}(t)=\sum_{i=1}^{N}\mu_i(\boldsymbol{\xi}(t))(\boldsymbol{C}_i\boldsymbol{x}(t)+\boldsymbol{D}_i\boldsymbol{u}(t))\tag{7.1.3}$$

控制目标是设计基于事件触发机制的模糊 H^∞ 状态反馈控制，使得模糊系统稳定，并且满足如下的 H^∞ 控制性能：

$$\|\boldsymbol{z}(t)\|_2^2<\gamma^2\ \|\boldsymbol{w}(t)\|_2^2\tag{7.1.4}$$

式中，$\gamma>0$ 是给定的干扰衰减水平。

7.1.2　静态事件触发机制设计

本小节将给出一种事件触发机制的设计方法，该方法根据预先设定的事件触发条件

对接收到的采样数据进行筛选，符合触发条件的采样信号即被发送给控制器，否则不发送，如图 7-1 所示。注意，存储器始终保存的是最新的数据，即需要发送的数据。

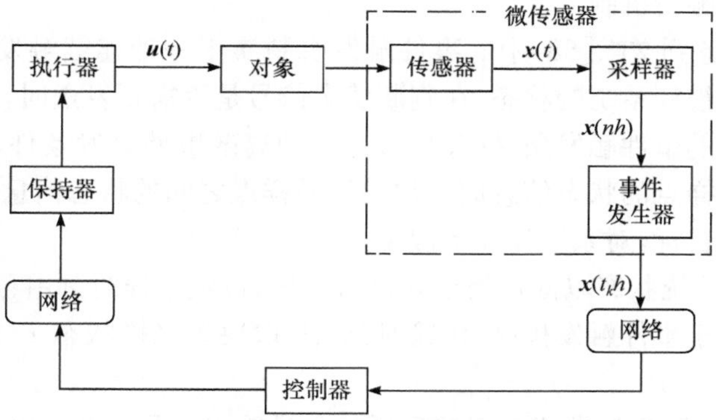

图 7-1　控制系统的事件触发控制框架

下面给出事件触发条件：

$$t_{k+1}h=t_kh+\min_{n\geqslant 0}\left\{nh\,\middle|\,\begin{array}{l}\boldsymbol{e}^{\mathrm{T}}(i_kh)\boldsymbol{\Phi}\boldsymbol{e}(i_kh)\geqslant\delta_1\boldsymbol{x}(i_kh)^{\mathrm{T}}\boldsymbol{\Phi}\boldsymbol{x}(i_kh)\\ \|\boldsymbol{x}(i_kh)\|\geqslant\delta_2>0\end{array}\right\} \tag{7.1.5}$$

式中，h 表示采样周期；$\boldsymbol{e}(i_kh)=\boldsymbol{x}(i_kh)-\boldsymbol{x}(t_kh)$表示事件触发误差，即当前采样时刻与最新发送时刻之间的状态误差，$\boldsymbol{x}(i_kh)$表示当前采样数据，$\boldsymbol{x}(t_kh)$表示最新传输出去的数据；$\delta_1>0$ 和 $\delta_2>0$ 为事件触发阈值参数；$\boldsymbol{\Phi}$ 为正定对称矩阵；t_kh（$t_k\in\{0,1,2,\cdots\}$）表示当前触发时刻，$t_{k+1}h$ 是下一次触发时刻。

事件触发机制的本质就是当前采样信号 $\boldsymbol{x}(i_kh)$满足触发条件(7.1.5)时，事件发生器就将其 $\boldsymbol{x}(i_kh)$释放，否则不释放。

假定事件发生器释放信号的时刻为 $t_0h,t_1h,t_2h,\cdots$，其中 $t_0=0$ 表示初始发送时刻为 0，也就是事件发生器第一次释放数据的时刻假定为 0，随后的采样数据发送与否取决于事件触发条件(7.1.5)；相应地，$\boldsymbol{x}(t_kh)$（$k=0,1,2,\cdots,\infty$）表示成功释放的采样信号（即满足触发条件(7.1.5)的采样信号）。显然，被释放的信号 $\boldsymbol{x}(t_kh)$是采样信号 $\boldsymbol{x}(i_kh)$的一个子集。另外，在考虑数据传输时延的情况下，如图 7-2 所示，所有被释放的信号 $\boldsymbol{x}(t_0h)$，$\boldsymbol{x}(t_1h)$，$\boldsymbol{x}(t_2h)$，…到达执行器的时刻分别为 $t_0h+\tau_0$，$t_1h+\tau_1$，$t_2h+\tau_2$，…。

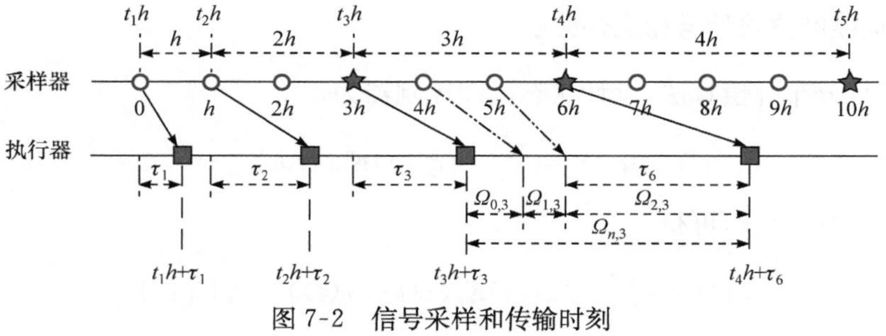

图 7-2　信号采样和传输时刻

注 7.1.1　根据事件触发条件(7.1.5)可以看出，只有部分采样数据需要发送给控制器,避免了冗余信号在网络中的传输,减少了网络传输压力,节省了网络带宽资源。特别地,当触发条件(7.1.5)中的参数 $\delta_1=0$ 时,$\{t_0,t_1,t_2,\cdots\}=\{0,1,2,\cdots\}$,事件触发机制就退化成正常的周期触发机制。

注 7.1.2 注意到文献[58]中的事件触发机制属于一种连续触发机制,也就是说触发条件连续依赖于被控系统的状态,在判断状态信号是否需要发送时,要进行连续的计算比较。而本节所提的事件触发条件(7.1.5)是一种离散事件触发条件,根据这个条件,只需比较相邻离散采样点的状态信息而无须关注采样点之间的状态信息。

为了实现控制目标,对系统作如下假设。

假设 7.1.1 系统状态以固定周期 h 进行采样,设定采样时刻由 $\{jh\mid j\in\mathbf{N}\}$ 表示。采样数据的发送取决于事件触发机制,传输时刻 t_kh 取决于采样状态 $x(jh)$,传输采样时刻描述成 $\{t_kh\mid t_k\in\mathbf{N}\}$。

假设 7.1.2 零阶保持器用于保持采样的测量输出信号,直到出现新采样测量输出才会使其值改变。

假设 7.1.3 零阶保持器的保持时间是 $t\in\boldsymbol{\Omega}=[t_kh+\tau_{t_k},t_{k+1}h+\tau_{t_{k+1}})$,其中 τ_{t_k} 是通信时延,且 $\tau_{t_k}\in(0,\bar{\tau}]$,$\bar{\tau}$ 表示延时上界;控制信号达到零阶保持器时的瞬时值表示为 $t_kh+\tau_{t_k}$。

由假设 7.1.1~7.1.3 可以看出,所设定的发送时刻 $\{t_kh\mid t_k\in\mathbf{N}\}$ 是 $\{jh\mid j\in\mathbf{N}\}$ 的一个子集,零阶保持器的保持区域由下列子集组成:

$$[t_kh+\tau_{t_k},t_{k+1}h+\tau_{t_{k+1}})=\bigcup_{l=0}^{d}\boldsymbol{\Omega}_{l,k}$$

式中,$\boldsymbol{\Omega}_{l,k}=[i_kh+\tau_{t_k+l},i_kh+h+\tau_{t_k+l+1})$;$i_kh$ 表示在两个联合发送时刻之间的采样,$i_kh=t_kh+lh$,$l=0,1,\cdots,d$,且 $d=t_{k+1}-t_k-1$;τ_{t_k} 和 $\tau_{t_{k+1}}$ 分别表示在时刻 t_kh 和 $t_{k+1}h$ 的通信时延。

对于 $t\in\boldsymbol{\Omega}_{l,k}$,由定义 $\eta(t)=t-i_kh$ 可得

$$\boldsymbol{x}(t_kh)=\boldsymbol{x}(t-\eta(t))-\boldsymbol{e}_k(i_kh) \tag{7.1.6}$$

由 $\eta(t)$ 的定义可知,$\eta(t)$ 是一个可微函数并且满足

$$\dot{\eta}(t)=1,\quad 0<\tau_{t_k+l}\leqslant\eta(t)\leqslant h+\bar{\tau}\overset{\text{def}}{=}\bar{\eta} \tag{7.1.7}$$

在区间 $[t_0-\eta,t_0]$ 上,设定状态初始值为 $x(t_0+\alpha)=\phi(\alpha)$,$\alpha\in[-\bar{\eta},0]$,$\phi(0)=x_0$,其中 $\phi(\alpha)$ 是在 $[t_0-\bar{\eta},t_0]$ 上的一个连续函数。

7.1.3 模糊控制器设计与稳定性分析

根据平行分布补偿算法,设计状态反馈控制器为

$$\boldsymbol{u}(t)=\sum_{j=1}^{N}\mu_j(\boldsymbol{\xi}(t))\boldsymbol{K}_j\boldsymbol{x}(t_kh) \tag{7.1.8}$$

由式(7.1.6)和(7.1.8)可得

$$\boldsymbol{u}(t)=\sum_{j=1}^{N}\mu_j(\boldsymbol{\xi}(t))\boldsymbol{K}_j(\boldsymbol{x}(t-\eta(t))-\boldsymbol{e}_k(i_kh)) \tag{7.1.9}$$

把式(7.1.9)代入式(7.1.2)和(7.1.3),得到闭环系统方程如下:

$$\dot{\boldsymbol{x}}(t)=\boldsymbol{A}^i\boldsymbol{x}(t)+\boldsymbol{B}_j^i\boldsymbol{x}(t-\eta(t))-\boldsymbol{B}_j^i\boldsymbol{e}_k(i_kh)+\boldsymbol{B}_w^i\boldsymbol{w}(t) \tag{7.1.10}$$

$$z(t)=C^{i}x(t)+D_{j}^{i}x(t-\eta(t))-D_{j}^{i}e_{k}(i_{k}h) \tag{7.1.11}$$

式中

$$A^{i}=\sum_{i=1}^{N}\mu_{i}A_{i},\quad B_{w}^{i}=\sum_{i=1}^{N}\mu_{i}B_{wi},\quad C^{i}=\sum_{i=1}^{N}\mu_{i}C_{i}$$

$$B_{j}^{i}=\sum_{i=1}^{N}\sum_{j=1}^{N}\mu_{i}\mu_{j}B_{i}K_{j},\quad D_{j}^{i}=\sum_{i=1}^{N}\sum_{j=1}^{N}\mu_{i}\mu_{j}D_{i}K_{j}$$

引理 7.1.1 对于给定的常数 $a>0,b>0$ 且 $a<b$，以及任意正定矩阵 M，矩阵不等式

$$\left(\int_{a}^{b}x(s)\mathrm{d}s\right)^{\mathrm{T}}M\left(\int_{a}^{b}x(s)\mathrm{d}s\right)\leqslant(b-a)\int_{a}^{b}x^{\mathrm{T}}(s)Mx(s)\mathrm{d}s$$

成立，式中，$x(t):[a,b]\rightarrow\mathbf{R}^{n}$。

定理 7.1.1 对于给定的常数 $\bar{\eta}>0,\gamma>0$，如果存在正定对称矩阵 P_1、P_2、Q、R_1、R_2，以及矩阵 K_j 和具有适当维数的矩阵 M、N、L，满足下列线性矩阵不等式：

$$\widetilde{\Lambda}_{1}^{ij}+\widetilde{\Lambda}_{1}^{ji}<0 \tag{7.1.12}$$

$$\widetilde{\Lambda}_{2}^{ij}+\widetilde{\Lambda}_{2}^{ji}<0 \tag{7.1.13}$$

式中

$$\widetilde{\Lambda}_{1}^{ij}=\begin{bmatrix}\widetilde{\Psi}_{1}^{ij} & \sqrt{\bar{\eta}}(\widetilde{H}_{2}^{ij})^{\mathrm{T}} & \sqrt{\bar{\eta}}(\widetilde{H}_{2}^{ij})^{\mathrm{T}} & \sqrt{\bar{\eta}}\widetilde{L} & (\widetilde{H}_{3}^{ij})^{\mathrm{T}} & (\widetilde{H}_{2}^{ij})^{\mathrm{T}} & \bar{\eta}H_{1}\widetilde{R}_{1}\\ \sqrt{\bar{\eta}}\widetilde{H}_{2}^{ij} & -\widetilde{Q}^{-1} & 0 & 0 & 0 & 0 & 0\\ \sqrt{\bar{\eta}}\widetilde{H}_{2}^{ij} & 0 & -\widetilde{R}_{2}^{-1} & 0 & 0 & 0 & 0\\ \sqrt{\bar{\eta}}\widetilde{L}^{\mathrm{T}} & 0 & 0 & -\bar{\eta}\widetilde{Q}^{-1} & 0 & 0 & 0\\ \widetilde{H}_{3}^{ij} & 0 & 0 & 0 & -I & 0 & 0\\ \widetilde{H}_{2}^{ij} & 0 & 0 & 0 & 0 & -\varepsilon I & 0\\ \bar{\eta}\widetilde{R}_{1}H_{1}^{\mathrm{T}} & 0 & 0 & 0 & 0 & 0 & -\varepsilon^{-1}I\end{bmatrix}$$

$$\widetilde{\Lambda}_{2}^{ij}=\begin{bmatrix}\widetilde{\Psi}_{1}^{ij} & \sqrt{\bar{\eta}}(\widetilde{H}_{2}^{ij})^{\mathrm{T}} & \sqrt{\bar{\eta}}\widetilde{M} & \sqrt{\bar{\eta}}\widetilde{N} & (\widetilde{H}_{3}^{ij})^{\mathrm{T}}\\ \sqrt{\bar{\eta}}\widetilde{H}_{2}^{ij} & -\widetilde{Q}^{-1} & 0 & 0 & 0\\ \sqrt{\bar{\eta}}\widetilde{M}^{\mathrm{T}} & 0 & -\widetilde{Q}^{-1} & 0 & 0\\ \sqrt{\bar{\eta}}\widetilde{N}^{\mathrm{T}} & 0 & 0 & -\widetilde{R}_{2} & 0\\ \widetilde{H}_{3}^{ij} & 0 & 0 & 0 & -I\end{bmatrix}$$

其中

$$\widetilde{\Psi}_{1}^{ij}=\widetilde{G}^{ij}+\widetilde{\Delta}+\widetilde{\Delta}^{\mathrm{T}},\quad \widetilde{\Delta}=[\widetilde{M}+\widetilde{N},\widetilde{L}-\widetilde{M},0,-\widetilde{L},-\widetilde{N},0]$$

$$\widetilde{G}^{ij}=\begin{bmatrix}\widetilde{P}_{2}+A_{i}X+XA_{i}^{\mathrm{T}}-\widetilde{R}_{1} & B_{i}M_{j} & -B_{i}M_{j} & 0 & \widetilde{R}_{1} & -B_{wi}\\ M_{j}^{\mathrm{T}}B_{i}^{\mathrm{T}} & -(\delta_{1}\widetilde{\Phi}+\delta_{2}^{2}XX) & 0 & 0 & 0 & 0\\ -M_{j}^{\mathrm{T}}B_{i}^{\mathrm{T}} & 0 & -\widetilde{\Phi} & 0 & 0 & 0\\ 0 & 0 & 0 & -\widetilde{P}_{2} & 0 & 0\\ \widetilde{R}_{1} & 0 & 0 & 0 & -\widetilde{R}_{1} & 0\\ -B_{wi}^{\mathrm{T}} & 0 & 0 & 0 & 0 & -\gamma^{2}I\end{bmatrix}$$

$$H_{1}=\mathrm{col}(I,0,0,0,-I,0),\quad \widetilde{H}_{2}^{ij}=[A_{i}X,B_{i}M_{j},-B_{i}M_{j}0,0,B_{wi}]$$

$$\widetilde{\boldsymbol{H}}_3^{ij}=[\boldsymbol{C}_i\boldsymbol{X},\boldsymbol{D}_i\boldsymbol{M}_j,-\boldsymbol{D}_i\boldsymbol{M}_j,\boldsymbol{0},\boldsymbol{0},\boldsymbol{0}],\quad \widetilde{\boldsymbol{\Phi}}=\boldsymbol{X}\boldsymbol{\Phi}\boldsymbol{X}^{\mathrm{T}}$$

$$\boldsymbol{X}=\boldsymbol{P}_1^{-1},\quad \widetilde{\boldsymbol{P}}_2=\boldsymbol{P}_1^{-1}\boldsymbol{P}_2\boldsymbol{P}_1^{-1},\quad \widetilde{\boldsymbol{Q}}=\boldsymbol{P}_1^{-1}\boldsymbol{Q}\boldsymbol{P}_1^{-1},\quad \boldsymbol{R}_1=\boldsymbol{P}_1^{-1}\boldsymbol{R}_1\boldsymbol{P}_1^{-1},\quad \boldsymbol{R}_2=\boldsymbol{P}_1^{-1}\boldsymbol{R}_2\boldsymbol{P}_1^{-1}$$

$$\widetilde{\boldsymbol{M}}=\boldsymbol{P}_1^{-1}\boldsymbol{M}\boldsymbol{P}_1^{-1},\quad \widetilde{\boldsymbol{N}}=\boldsymbol{P}_1^{-1}\boldsymbol{N}\boldsymbol{P}_1^{-1},\quad \widetilde{\boldsymbol{L}}=\boldsymbol{P}_1^{-1}\boldsymbol{L}\boldsymbol{P}_1^{-1},\quad \boldsymbol{M}_j=\boldsymbol{K}_j\boldsymbol{P}_1^{-1}$$

则闭环模糊系统(7.1.10)和(7.1.11)是全局二次稳定而且取得 H^∞ 控制性能(7.1.4)。

证明 选择 Lyapunov 函数

$$V(t)=V_1(t)+V_2(t) \tag{7.1.14}$$

式中

$$V_1(t)=\boldsymbol{x}^{\mathrm{T}}(t)\boldsymbol{P}_1\boldsymbol{x}(t)+\int_{t-\bar{\eta}}^{t}\boldsymbol{x}^{\mathrm{T}}(v)\boldsymbol{P}_2\boldsymbol{x}(v)\mathrm{d}v+\int_{t-\bar{\eta}}^{t}\int_{s}^{t}\dot{\boldsymbol{x}}^{\mathrm{T}}(v)\boldsymbol{Q}\dot{\boldsymbol{x}}(v)\mathrm{d}v\mathrm{d}s \tag{7.1.15}$$

$$V_2(t)=(\bar{\eta}-\eta(t))\left[(\boldsymbol{x}^{\mathrm{T}}(t)-\boldsymbol{x}^{\mathrm{T}}(s_k))\boldsymbol{R}_1(\boldsymbol{x}(t)-\boldsymbol{x}(s_k))+\int_{s_k}^{t}\dot{\boldsymbol{x}}^{\mathrm{T}}(v)\boldsymbol{R}_2\dot{\boldsymbol{x}}(v)\mathrm{d}v\right] \tag{7.1.16}$$

其中,$\boldsymbol{P}_1$、$\boldsymbol{P}_2$、$\boldsymbol{Q}$、$\boldsymbol{R}_1$、$\boldsymbol{R}_2$ 是正定对称矩阵。

求 $\dot{V}(t)$ 对时间的导数,注意到 $\frac{\mathrm{d}}{\mathrm{d}t}\boldsymbol{x}(s_k)=0$ 和 $\dot{\eta}(t)=1$,得到

$$\dot{V}(t)=\dot{V}_1(t)+\dot{V}_2(t) \tag{7.1.17}$$

式中

$$\begin{aligned}\dot{V}_1(t)=&\ 2\boldsymbol{x}^{\mathrm{T}}(t)\boldsymbol{P}_1\dot{\boldsymbol{x}}(t)+\boldsymbol{x}^{\mathrm{T}}(t)\boldsymbol{P}_2\boldsymbol{x}(t)-\boldsymbol{x}^{\mathrm{T}}(t-\bar{\eta})\boldsymbol{P}_2\boldsymbol{x}(t-\bar{\eta})\\&+\bar{\eta}\dot{\boldsymbol{x}}^{\mathrm{T}}(t)\boldsymbol{Q}\dot{\boldsymbol{x}}(t)-\int_{t-\bar{\eta}}^{t}\dot{\boldsymbol{x}}^{\mathrm{T}}(v)\boldsymbol{Q}\dot{\boldsymbol{x}}(v)\mathrm{d}v\\ \dot{V}_2(t)=&-(\boldsymbol{x}^{\mathrm{T}}(t)-\boldsymbol{x}^{\mathrm{T}}(s_k))\boldsymbol{R}_1(\boldsymbol{x}(t)-\boldsymbol{x}(s_k))-\int_{s_k}^{t}\dot{\boldsymbol{x}}^{\mathrm{T}}(v)\boldsymbol{R}_2\dot{\boldsymbol{x}}(v)\mathrm{d}v\\&+(\bar{\eta}-\eta(t))[2(\boldsymbol{x}^{\mathrm{T}}(t)-\boldsymbol{x}^{\mathrm{T}}(s_k))\boldsymbol{R}_1\dot{\boldsymbol{x}}(t)+\dot{\boldsymbol{x}}^{\mathrm{T}}(t)\boldsymbol{R}_2\dot{\boldsymbol{x}}(t)]\end{aligned} \tag{7.1.18}$$

利用牛顿-莱布尼兹公式,可得

$$\begin{cases}\boldsymbol{\rho}^{\mathrm{T}}(t)\boldsymbol{M}\left(\boldsymbol{x}(t)-\boldsymbol{x}(t-\eta(t))-\int_{t-\eta(t)}^{t}\dot{\boldsymbol{x}}(s)\mathrm{d}s\right)=0\\ \boldsymbol{\rho}^{\mathrm{T}}(t)\boldsymbol{N}\left(\boldsymbol{x}(t)-\boldsymbol{x}(s_k)-\int_{s_k}^{t}\dot{\boldsymbol{x}}(s)\mathrm{d}s\right)=0\\ \boldsymbol{\rho}^{\mathrm{T}}(t)\boldsymbol{L}\left(\boldsymbol{x}(t-\eta(t))-\boldsymbol{x}(t-\bar{\eta})-\int_{t-\bar{\eta}}^{t-\eta(t)}\dot{\boldsymbol{x}}(s)\mathrm{d}s\right)=0\end{cases} \tag{7.1.19}$$

式中,$\boldsymbol{\rho}^{\mathrm{T}}(t)=[\boldsymbol{x}^{\mathrm{T}}(t),\boldsymbol{x}^{\mathrm{T}}(t-\eta(t)),\boldsymbol{e}_k^{\mathrm{T}}(i_kh),\boldsymbol{x}^{\mathrm{T}}(t-\bar{\eta}),\boldsymbol{x}^{\mathrm{T}}(s_k),\boldsymbol{w}^{\mathrm{T}}(t)]$。

利用引理 3.3.1 和引理 7.1.1,可以得出对于正定对称矩阵 $\boldsymbol{Q}$ 和 $\boldsymbol{R}_2$,如下线性矩阵不等式成立:

$$\begin{aligned}-\boldsymbol{\rho}^{\mathrm{T}}(t)\boldsymbol{M}\int_{t-\eta(t)}^{t}\dot{\boldsymbol{x}}(s)\mathrm{d}s&\leqslant\frac{\eta(t)}{2}\boldsymbol{\rho}^{\mathrm{T}}(t)\boldsymbol{M}\boldsymbol{Q}^{-1}\boldsymbol{M}^{\mathrm{T}}\boldsymbol{\rho}^{\mathrm{T}}(t)+\frac{1}{2\eta(t)}\left(\int_{t-\eta(t)}^{t}\dot{\boldsymbol{x}}(s)\mathrm{d}s\right)^{\mathrm{T}}\boldsymbol{Q}\int_{t-\eta(t)}^{t}\dot{\boldsymbol{x}}(s)\mathrm{d}s\\&\leqslant\frac{\eta(t)}{2}\boldsymbol{\rho}^{\mathrm{T}}(t)\boldsymbol{M}\boldsymbol{Q}^{-1}\boldsymbol{M}^{\mathrm{T}}\boldsymbol{\rho}^{\mathrm{T}}(t)+\frac{1}{2}\int_{t-\eta(t)}^{t}\dot{\boldsymbol{x}}^{\mathrm{T}}(s)\boldsymbol{Q}\dot{\boldsymbol{x}}(s)\mathrm{d}s\end{aligned}$$

$$-\boldsymbol{\rho}^{\mathrm{T}}(t)\boldsymbol{N}\int_{s_k}^{t}\dot{\boldsymbol{x}}(s)\mathrm{d}s\leqslant\frac{\eta(t)}{2}\boldsymbol{\rho}^{\mathrm{T}}(t)\boldsymbol{N}\boldsymbol{R}_2^{-1}\boldsymbol{N}^{\mathrm{T}}\boldsymbol{\rho}^{\mathrm{T}}(t)+\frac{1}{2}\int_{s_k}^{t}\dot{\boldsymbol{x}}(s)\boldsymbol{R}_2\dot{\boldsymbol{x}}(s)\mathrm{d}s$$

$$-\boldsymbol{\rho}^{\mathrm{T}}(t)\boldsymbol{L}\int_{t-\bar{\eta}}^{t-\eta(t)}\dot{\boldsymbol{x}}(s)\mathrm{d}s\leqslant\frac{\bar{\eta}-\eta(t)}{2}\boldsymbol{\rho}^{\mathrm{T}}(t)\boldsymbol{L}\boldsymbol{Q}^{-1}\boldsymbol{L}^{\mathrm{T}}\boldsymbol{\rho}^{\mathrm{T}}(t)+\frac{1}{2}\int_{t-\bar{\eta}}^{t-\eta(t)}\dot{\boldsymbol{x}}(s)\boldsymbol{Q}\dot{\boldsymbol{x}}(s)\mathrm{d}s$$

由此得到

$$\begin{aligned}&-\boldsymbol{\rho}^{\mathrm{T}}\left(\boldsymbol{M}\int_{t-\eta(t)}^{t}\dot{\boldsymbol{x}}(s)\mathrm{d}s+\boldsymbol{N}\int_{s_k}^{t}\dot{\boldsymbol{x}}(s)\mathrm{d}s+\boldsymbol{L}\int_{t-\bar{\eta}}^{t-\eta(t)}\dot{\boldsymbol{x}}(s)\mathrm{d}s\right)\\&\leqslant\frac{\eta(t)}{2}\boldsymbol{\rho}^{\mathrm{T}}(\boldsymbol{M}\boldsymbol{Q}^{-1}\boldsymbol{M}^{\mathrm{T}}+\boldsymbol{N}\boldsymbol{R}_2^{-1}\boldsymbol{N}^{\mathrm{T}})\boldsymbol{\rho}+\frac{\bar{\eta}-\eta(t)}{2}\boldsymbol{\rho}^{\mathrm{T}}\boldsymbol{L}\boldsymbol{Q}^{-1}\boldsymbol{L}^{\mathrm{T}}\boldsymbol{\rho}\\&\quad+\frac{1}{2}\int_{t-\bar{\eta}}^{t}\dot{\boldsymbol{x}}^{\mathrm{T}}(s)\boldsymbol{Q}\dot{\boldsymbol{x}}(s)\mathrm{d}s+\frac{1}{2}\int_{s_k}^{t}\dot{\boldsymbol{x}}^{\mathrm{T}}(s)\boldsymbol{R}_2\dot{\boldsymbol{x}}(s)\mathrm{d}s\end{aligned}\tag{7.1.20}$$

在事件触发机制(7.1.5)下，在式(7.1.20)中同时减去再加上 $\boldsymbol{z}^{\mathrm{T}}\boldsymbol{z}$，并将式(7.1.9)代入，得到

$$\begin{aligned}V(t)&\leqslant\sum_{i=1}^{N}\sum_{j=1}^{N}\mu_i\mu_j\boldsymbol{\rho}^{\mathrm{T}}(\boldsymbol{\Lambda}^{ij}+\boldsymbol{\Lambda}^{ji})\boldsymbol{\rho}-\boldsymbol{z}^{\mathrm{T}}(t)\boldsymbol{z}(t)+\gamma^2\boldsymbol{w}^{\mathrm{T}}(t)\boldsymbol{w}(t)-\boldsymbol{x}^{\mathrm{T}}(i_kh)\boldsymbol{x}(i_kh)\\&\leqslant\sum_{i=1}^{N}\sum_{i\leqslant j}^{N}\mu_i\mu_j\boldsymbol{\rho}^{\mathrm{T}}(\boldsymbol{\Lambda}^{ij}+\boldsymbol{\Lambda}^{ji})\boldsymbol{\rho}-\boldsymbol{z}^{\mathrm{T}}(t)\boldsymbol{z}(t)+\gamma^2\boldsymbol{w}^{\mathrm{T}}(t)\boldsymbol{w}(t)-\boldsymbol{x}^{\mathrm{T}}(i_kh)\boldsymbol{x}(i_kh)\end{aligned}\tag{7.1.21}$$

式中

$$\boldsymbol{\Lambda}^{ij}=\boldsymbol{G}^{ij}+(\bar{\eta}-\eta(t))\boldsymbol{\Xi}_1^{ij}+\eta(t)\boldsymbol{\Xi}_2+\bar{\eta}(\boldsymbol{H}_2^{ij})^{\mathrm{T}}\boldsymbol{Q}\boldsymbol{H}_2^{ij}+(\boldsymbol{H}_3^{ij})^{\mathrm{T}}\boldsymbol{H}_3^{ij}+\boldsymbol{\Delta}+\boldsymbol{\Delta}^{\mathrm{T}}$$

$$\boldsymbol{\Xi}_1^{ij}=\boldsymbol{L}\boldsymbol{Q}^{-1}\boldsymbol{L}^{\mathrm{T}}+(\boldsymbol{H}_2^{ij})^{\mathrm{T}}\boldsymbol{R}_2\boldsymbol{H}_2^{ij}+2\boldsymbol{H}_1\boldsymbol{R}_1\boldsymbol{H}_2^{ij},\quad\boldsymbol{\Xi}_2=\boldsymbol{M}\boldsymbol{Q}^{-1}\boldsymbol{M}^{\mathrm{T}}+\boldsymbol{N}\boldsymbol{R}_2^{-1}\boldsymbol{N}^{\mathrm{T}}$$

其中

$$\boldsymbol{G}^{ij}=\begin{bmatrix}\boldsymbol{P}_2+\boldsymbol{P}_1\boldsymbol{A}_i+\boldsymbol{A}_i^{\mathrm{T}}\boldsymbol{P}_1-\boldsymbol{R}_1 & \boldsymbol{P}_1\boldsymbol{B}_i\boldsymbol{K}_j & -\boldsymbol{P}_1\boldsymbol{B}_i\boldsymbol{K}_j & \boldsymbol{0} & \boldsymbol{R}_1 & -\boldsymbol{P}_1\boldsymbol{B}_{wi}\\ \boldsymbol{K}_j^{\mathrm{T}}\boldsymbol{B}_i^{\mathrm{T}}\boldsymbol{P}_1 & -(\delta_1\boldsymbol{\Phi}+\delta_2^2\boldsymbol{I}) & \boldsymbol{0} & \boldsymbol{0} & \boldsymbol{0} & \boldsymbol{0}\\ -\boldsymbol{K}_j^{\mathrm{T}}\boldsymbol{B}_i^{\mathrm{T}}\boldsymbol{P}_1 & \boldsymbol{0} & -\boldsymbol{\Phi} & \boldsymbol{0} & \boldsymbol{0} & \boldsymbol{0}\\ \boldsymbol{0} & \boldsymbol{0} & \boldsymbol{0} & -\boldsymbol{P}_2 & \boldsymbol{0} & \boldsymbol{0}\\ \boldsymbol{R}_1 & \boldsymbol{0} & \boldsymbol{0} & \boldsymbol{0} & -\boldsymbol{R}_1 & \boldsymbol{0}\\ -\boldsymbol{B}_{wi}^{\mathrm{T}}\boldsymbol{P}_1 & \boldsymbol{0} & \boldsymbol{0} & \boldsymbol{0} & \boldsymbol{0} & -\gamma^2\boldsymbol{I}\end{bmatrix}$$

$$\boldsymbol{\Delta}=[\boldsymbol{M}+\boldsymbol{N},\boldsymbol{L}-\boldsymbol{M},\boldsymbol{0},-\boldsymbol{L},-\boldsymbol{N},\boldsymbol{0}],\quad\boldsymbol{H}_1=\mathrm{col}(\boldsymbol{I},\boldsymbol{0},\boldsymbol{0},\boldsymbol{0},-\boldsymbol{I},\boldsymbol{0})$$

$$\boldsymbol{H}_2^{ij}=[\boldsymbol{A}_i,\boldsymbol{B}_i\boldsymbol{K}_j,-\boldsymbol{B}_i\boldsymbol{K}_j,\boldsymbol{0},\boldsymbol{0},\boldsymbol{B}_{wi}],\quad\boldsymbol{H}_3^{ij}=[\boldsymbol{C}_i,\boldsymbol{D}_i\boldsymbol{K}_j,-\boldsymbol{D}_i\boldsymbol{K}_j,\boldsymbol{0},\boldsymbol{0},\boldsymbol{0}]$$

为了保证除 $\boldsymbol{x}(t)=\boldsymbol{0}$ 之外，$\dot{V}(t)<0$，先假设式(7.1.21)中第一个和式是负定的，即

$$\boldsymbol{\Lambda}^{ij}+\boldsymbol{\Lambda}^{ji}<\boldsymbol{0}\tag{7.1.22}$$

由引理 3.3.1 可知，对于任何 $\varepsilon>0$，如下不等式成立：

$$\bar{\eta}\boldsymbol{H}_1\boldsymbol{R}_1\boldsymbol{H}_2^{ij}+\bar{\eta}(\boldsymbol{H}_2^{ij})^{\mathrm{T}}\boldsymbol{R}_1\boldsymbol{H}_1^{\mathrm{T}}\leqslant\frac{1}{\varepsilon}\boldsymbol{H}_1\boldsymbol{H}_1^{\mathrm{T}}+\bar{\eta}^2\varepsilon(\boldsymbol{H}_2^{ij})^{\mathrm{T}}\boldsymbol{R}_1\boldsymbol{R}_1\boldsymbol{H}_2^{ij}\tag{7.1.23}$$

把式(7.1.23)代入式(7.1.22)，并应用 Schur 分解原理，可以推导出下面矩阵不等式：

$$\boldsymbol{\Lambda}_1^{ij}+\boldsymbol{\Lambda}_1^{ji}<\boldsymbol{0}\tag{7.1.24}$$

$$\boldsymbol{\Lambda}_2^{ij}+\boldsymbol{\Lambda}_2^{ji}<\boldsymbol{0}\tag{7.1.25}$$

式中

$$\boldsymbol{\Lambda}_1^{ij}=\begin{bmatrix} \boldsymbol{\Psi}_1^{ij} & \sqrt{\eta}(\boldsymbol{H}_2^{ij})^{\mathrm{T}} & \sqrt{\eta}(\boldsymbol{H}_2^{ij})^{\mathrm{T}} & \sqrt{\eta}\boldsymbol{L} & (\boldsymbol{H}_3^{ij})^{\mathrm{T}} & (\boldsymbol{H}_2^{ij})^{\mathrm{T}} & \eta\boldsymbol{H}_1\boldsymbol{R}_1 \\ \sqrt{\eta}\boldsymbol{H}_2^{ij} & -\boldsymbol{Q}^{-1} & \boldsymbol{0} & \boldsymbol{0} & \boldsymbol{0} & \boldsymbol{0} & \boldsymbol{0} \\ \sqrt{\eta}\boldsymbol{H}_2^{ij} & \boldsymbol{0} & -\boldsymbol{R}_2^{-1} & \boldsymbol{0} & \boldsymbol{0} & \boldsymbol{0} & \boldsymbol{0} \\ \sqrt{\eta}\boldsymbol{L}^{\mathrm{T}} & \boldsymbol{0} & \boldsymbol{0} & -\boldsymbol{Q}^{-1} & \boldsymbol{0} & \boldsymbol{0} & \boldsymbol{0} \\ \boldsymbol{H}_3^{ij} & \boldsymbol{0} & \boldsymbol{0} & \boldsymbol{0} & -\boldsymbol{I} & \boldsymbol{0} & \boldsymbol{0} \\ \boldsymbol{H}_2^{ij} & \boldsymbol{0} & \boldsymbol{0} & \boldsymbol{0} & \boldsymbol{0} & -\varepsilon\boldsymbol{I} & \boldsymbol{0} \\ \eta\boldsymbol{R}_1\boldsymbol{H}_1^{\mathrm{T}} & \boldsymbol{0} & \boldsymbol{0} & \boldsymbol{0} & \boldsymbol{0} & \boldsymbol{0} & -\varepsilon^{-1}\boldsymbol{I} \end{bmatrix}$$

$$\boldsymbol{\Lambda}_2^{ij}=\begin{bmatrix} \boldsymbol{\Psi}_1^{ij} & \sqrt{\eta}(\boldsymbol{H}_2^{ij})^{\mathrm{T}} & \sqrt{\eta}\boldsymbol{M} & \sqrt{\eta}\boldsymbol{N} & (\boldsymbol{H}_3^{ij})^{\mathrm{T}} \\ \sqrt{\eta}\boldsymbol{H}_2^{ij} & -\boldsymbol{Q}^{-1} & \boldsymbol{0} & \boldsymbol{0} & \boldsymbol{0} \\ \sqrt{\eta}\boldsymbol{M}^{\mathrm{T}} & \boldsymbol{0} & -\boldsymbol{Q} & \boldsymbol{0} & \boldsymbol{0} \\ \sqrt{\eta}\boldsymbol{N}^{\mathrm{T}} & \boldsymbol{0} & \boldsymbol{0} & -\boldsymbol{R}_2^{-1} & \boldsymbol{0} \\ \boldsymbol{H}_3^{ij} & \boldsymbol{0} & \boldsymbol{0} & \boldsymbol{0} & -\boldsymbol{I} \end{bmatrix}$$

其中，$\boldsymbol{\Psi}_1^{ij}=\boldsymbol{G}^{ij}+\boldsymbol{\Delta}+\boldsymbol{\Delta}^{\mathrm{T}}$。

引进变量 $\boldsymbol{X}=\boldsymbol{P}_1^{-1}$，并且令

$$\boldsymbol{X}\boldsymbol{P}_2\boldsymbol{X}^{\mathrm{T}}=\widetilde{\boldsymbol{P}}_2,\quad \boldsymbol{X}\boldsymbol{Q}\boldsymbol{X}^{\mathrm{T}}=\widetilde{\boldsymbol{Q}},\quad \boldsymbol{X}\boldsymbol{R}_1\boldsymbol{X}^{\mathrm{T}}=\widetilde{\boldsymbol{R}}_1,\quad \boldsymbol{X}\boldsymbol{R}_2\boldsymbol{X}^{\mathrm{T}}=\widetilde{\boldsymbol{R}}_2,\quad \boldsymbol{X}\boldsymbol{M}\boldsymbol{X}^{\mathrm{T}}=\widetilde{\boldsymbol{M}}$$
$$\boldsymbol{X}\boldsymbol{N}\boldsymbol{X}^{\mathrm{T}}=\widetilde{\boldsymbol{N}},\quad \boldsymbol{X}\boldsymbol{L}\boldsymbol{X}^{\mathrm{T}}=\widetilde{\boldsymbol{L}},\quad \boldsymbol{X}\boldsymbol{\Phi}\boldsymbol{X}^{\mathrm{T}}=\widetilde{\boldsymbol{\Phi}},\quad \boldsymbol{M}_j=\boldsymbol{K}_j\boldsymbol{X}$$

在式(7.1.24)左右两侧同时乘以 $\mathrm{diag}(\boldsymbol{X},\boldsymbol{X},\boldsymbol{X},\boldsymbol{X},\boldsymbol{X},\boldsymbol{I},\boldsymbol{X},\boldsymbol{X},\boldsymbol{X},\boldsymbol{I},\boldsymbol{I},\boldsymbol{I})$，得到定理 7.1.1 中的矩阵不等式(7.1.12)。在式(7.1.25)左右两侧同时乘以 $\mathrm{diag}(\boldsymbol{X},\boldsymbol{X},\boldsymbol{X},\boldsymbol{X},\boldsymbol{X},\boldsymbol{I},\boldsymbol{X},\boldsymbol{X},\boldsymbol{X},\boldsymbol{I})$，得到定理 7.1.1 中的矩阵不等式(7.1.13)。

由式(7.1.24)和(7.1.25)可得

$$\dot{V}(t)<-\boldsymbol{z}^{\mathrm{T}}(t)\boldsymbol{z}(t)+\gamma^2\boldsymbol{w}^{\mathrm{T}}(t)\boldsymbol{w}(t) \tag{7.1.26}$$

可知当 $\boldsymbol{w}(t)=\boldsymbol{0}$ 时，有 $\dot{V}(t)<0$，即闭环模糊系统(7.1.10)和(7.1.11)是全局二次稳定的。

在零初始条件下，对式(7.1.26)从 $t=0$ 到 $t=\infty$ 积分得到

$$0<-\|\boldsymbol{z}(t)\|_2^2+\gamma^2\|\boldsymbol{w}(t)\|_2^2$$

由此得到 $\|\boldsymbol{z}(t)\|_2^2<\gamma^2\|\boldsymbol{w}(t)\|_2^2$，即对于给定的 γ，所设计的模糊事件触发控制器(7.1.8)使得闭环模糊系统取得 H^∞ 性能指标(7.1.4)。

7.1.4 仿真

考虑如下弹簧质点系统：

$$\begin{cases}\dot{x}_1=x_2\\ \dot{x}_2=-0.01x_1-0.67x_1^3+w+u\end{cases} \tag{7.1.27}$$

式中，x_1 和 x_2 是弹簧质点的位置和速度，且 $x_1\in[-1,1]$；u 是作用在质点上的力；$w=0.2\sin(2\pi t)\exp(-t)$ 是外部扰动。

首先用模糊 T-S 模型表示系统(7.1.27)，设模糊推理规则如下。

模糊系统规则 1：如果 x_1 是 μ_1，则

$$\dot{\boldsymbol{x}}(t)=\boldsymbol{A}_1\boldsymbol{x}(t)+\boldsymbol{B}_1u(t)+\boldsymbol{B}_{w1}w(t),\quad \boldsymbol{z}(t)=\boldsymbol{C}_1\boldsymbol{x}(t)$$

模糊系统规则 2：如果 x_2 是 μ_2，则

$$\dot{\boldsymbol{x}}(t)=\boldsymbol{A}_2\boldsymbol{x}(t)+\boldsymbol{B}_2u(t)+\boldsymbol{B}_{w2}w(t),\quad \boldsymbol{z}(t)=\boldsymbol{C}_2\boldsymbol{x}(t)$$

式中

$$\boldsymbol{A}_1=\begin{bmatrix}0 & 1\\ -0.01 & 0\end{bmatrix},\quad \boldsymbol{A}_2=\begin{bmatrix}0 & 1\\ -0.68 & 0\end{bmatrix},\quad \boldsymbol{B}_i=\begin{bmatrix}0\\ 1\end{bmatrix},\quad \boldsymbol{B}_{wi}=\begin{bmatrix}0\\ 1\end{bmatrix},\quad \boldsymbol{C}_i=\begin{bmatrix}1 & 0\end{bmatrix}$$

模糊隶属函数为

$$\mu_1(x_1)=1-x_1^2,\quad \mu_2(x_1)=1-\mu_1(x_1)$$

给定 $\gamma=3,\delta_1=0.05,\delta_2=0.03,\bar{\eta}=0.35$。求解定理 7.1.1 中的线性矩阵不等式，通过计算可得，$\boldsymbol{K}_1=[-0.9045,-1.3974]$，$\boldsymbol{K}_2=[-0.4213,-1.2368]$。取初始条件为 $\boldsymbol{x}(0)=[1,-1]^{\mathrm{T}}$；选取采样周期分别为 $h=0.2\mathrm{s}$ 和 $h=0.3\mathrm{s}$。仿真结果由图 7-3 和图 7-4 给出。

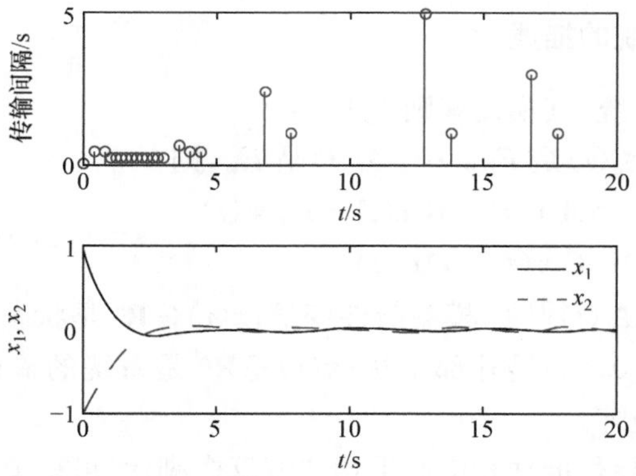

图 7-3　$h=0.2\mathrm{s}$ 的触发时刻和状态 x_1 和 x_2 的轨迹

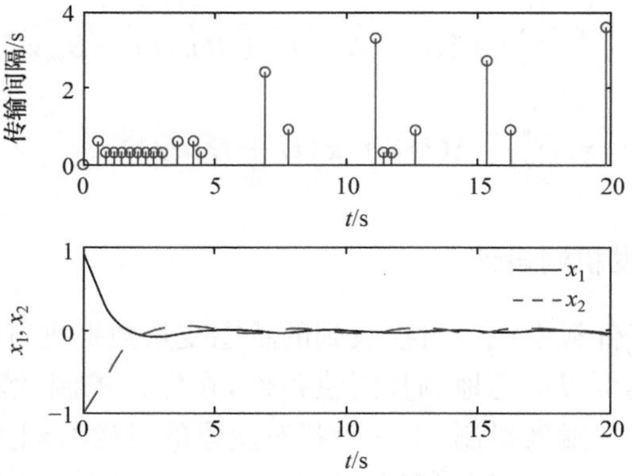

图 7-4　$h=0.3\mathrm{s}$ 的触发时刻和状态 x_1 和 x_2 的轨迹

为了说明本节所提方法的有效性，表 7-1 给出不同采样周期和不同事件触发阈值下的数据包传输数量。选取仿真时间 $T=20\mathrm{s}$。由表 7.1.1 可以看出，在阈值相同的情况

下,采样周期越大,触发次数越少;在采样周期相同的情况下,阈值越大,触发次数越少。

表 7-1　传输数据包的数量对比结果

事件触发阈值	采样周期		
	0.1s	0.2s	0.3s
$\delta_1=0.0001$	129	82	59
$\delta_1=0.02$	38	29	25
$\delta_1=0.03$	25	19	18

7.2　连续模糊系统自适应事件触发 H^∞ 控制

本节扩展了7.1节的固定阈值事件触发控制,给出一种自适应事件触发通信方案和模糊系统的异步前件重构方法,并基于线性矩阵不等式给出闭环系统的稳定性分析。

7.2.1　不确定模糊系统的描述

考虑不确定模糊系统,其模糊规则 i 如下:

如果 $\xi_1(t)$是 F_{i1}, $\xi_2(t)$是 F_{i2}, …, $\xi_n(t)$是 F_{in},则

$$\begin{aligned}\dot{\boldsymbol{x}}(t)&=\boldsymbol{A}_i\boldsymbol{x}(t)+\boldsymbol{B}_i\boldsymbol{u}(t)+\boldsymbol{B}_{wi}\boldsymbol{w}(t)\\ \boldsymbol{z}(t)&=\boldsymbol{C}_i\boldsymbol{x}(t)+\boldsymbol{D}_i\boldsymbol{u}(t)\end{aligned},\quad i=1,2,\cdots,N \tag{7.2.1}$$

其中,$\boldsymbol{\xi}(t)=[\xi_1(t),\cdots,\xi_n(t)]^{\mathrm{T}}$ 是模糊前件变量;$\boldsymbol{x}(t)\in\mathbf{R}^n$ 是状态向量;$\boldsymbol{u}(t)\in\mathbf{R}^m$ 是系统的控制输入;$\boldsymbol{w}(t)\in L_2[0,\infty)$是外部干扰;$\boldsymbol{z}(t)\in\mathbf{R}^p$ 是系统的输出;$\boldsymbol{A}_i$、$\boldsymbol{B}_i$、$\boldsymbol{B}_{wi}$、$\boldsymbol{C}_i$、$\boldsymbol{D}_i$ 是具有适当维数的实数矩阵。

通过单点模糊化、乘积推理和中心平均加权反模糊化,可得模糊系统的整个状态方程如下:

$$\begin{aligned}\dot{\boldsymbol{x}}(t)&=\sum_{i=1}^{N}\mu_i(\boldsymbol{\xi}(t))(\boldsymbol{A}_i\boldsymbol{x}(t)+\boldsymbol{B}_i\boldsymbol{u}(t)+\boldsymbol{B}_{wi}\boldsymbol{w}(t))\\ \boldsymbol{z}(t)&=\sum_{i=1}^{N}\mu_i(\boldsymbol{\xi}(t))(\boldsymbol{C}_i\boldsymbol{x}(t)+\boldsymbol{D}_i\boldsymbol{u}(t))\end{aligned} \tag{7.2.2}$$

7.2.2　自适应事件触发机制设计

本节设计自适应事件触发机制对接收到的状态变量数据进行筛选,与7.1节相比,本节设计的事件触发方案可以动态地调整阈值条件,在保证控制性能的同时节省更多的网络资源。设计自适应事件触发机制,下一个状态变量的发送时刻为

$$t_{k+1}h=t_kh+\min_{n\in\mathbf{N}}\{nh\,|\,\boldsymbol{e}^{\mathrm{T}}(i_kh)\boldsymbol{\Phi}\boldsymbol{e}(i_kh)>\sigma(t_kh)\boldsymbol{x}^{\mathrm{T}}(t_kh)\boldsymbol{\Phi}\boldsymbol{x}(t_kh)\} \tag{7.2.3}$$

式中,$\boldsymbol{e}(i_kh)$是当前采样状态与最新传输状态之间的误差,可表达为

$$\boldsymbol{e}(i_kh)=\boldsymbol{x}(i_kh)-\boldsymbol{x}(t_kh) \tag{7.2.4}$$

其中,$\boldsymbol{x}(i_kh)$是当前状态变量,且 $i_kh=t_kh+nh$;$\boldsymbol{\Phi}$ 是正定对称矩阵;$\sigma(t_kh)>0$ 是事件触发

阈值，通过以下自适应规则更新：

$$\sigma(t_{k+1}h)=\max\left\{\sigma(t_kh)\left\{1-\frac{2\alpha}{\pi}\arctan[\beta(\|\boldsymbol{x}(t_{k+1}h)\|-\|\boldsymbol{x}(t_kh)\|)]\right\},\sigma_m\right\} \tag{7.2.5}$$

其中，$\alpha>0$ 和 $\beta>0$ 为设计参数；$\|\sigma(t_kh)\|>\sigma_m$，且 $\sigma(0)=\sigma_m$。

可以看出，事件触发机制传送状态变量的时刻为 $\{t_0h,t_1h,t_2h,\cdots\}$，记 $t_0=0$。在考虑通信时延的情况下，被传送的状态变量 $\boldsymbol{x}(t_0),\boldsymbol{x}(t_1),\boldsymbol{x}(t_2),\cdots$ 到达执行器的时刻分别为 $t_0h+\tau_0,t_1h+\tau_1,t_2h+\tau_2,\cdots$，其中 τ_k 是通信时延。

由事件触发机制(7.2.3)可得如下关系式：

$$\boldsymbol{e}^{\mathrm{T}}(i_kh)\boldsymbol{\Phi e}(i_kh)\leqslant\sigma_m\boldsymbol{x}^{\mathrm{T}}(t_kh)\boldsymbol{\Phi x}(t_kh),\quad t\in[t_kh+\tau_{t_k},t_{k+1}h+\tau_{t_{k+1}}) \tag{7.2.6}$$

对于 $t\in[t_kh+\tau_{t_k},t_{k+1}h+\tau_{t_{k+1}})$，定义通信时延为

$$\eta(t)=t-i_kh \tag{7.2.7}$$

由 $\eta(t)$ 的定义可知，$\eta(t)$ 是一个可微函数并且满足

$$\tau_1=\min\{\tau_{t_kh}\}\leqslant\eta(t)\leqslant h+\max\{\tau_{t_{k+1}h}\}=\tau_2 \tag{7.2.8}$$

7.2.3　模糊控制器设计与稳定性分析

设计模糊控制器，其模糊控制规则 i 如下：

如果 $\xi_1(t_k)$ 是 F_{i1}，$\xi_2(t_k)$ 是 F_{i2}，…，$\xi_n(t_k)$ 是 F_{in}，则

$$\boldsymbol{u}(t)=\boldsymbol{K}_j\boldsymbol{x}(t_k),\quad t\in[t_kh+\tau_{tk},t_{k+1}h+\tau_{t_{k+1}}] \tag{7.2.9}$$

其中，$\boldsymbol{\xi}(t_k)=[\xi_1(t_k),\cdots,\xi_n(t_k)]^{\mathrm{T}}$ 是模糊前件变量；$\boldsymbol{K}_j$ 是控制增益矩阵。

由此可得全局模糊控制器如下：

$$\boldsymbol{u}(t)=\sum_{j=1}^{N}\mu_j(\boldsymbol{\xi}(t_k))\boldsymbol{K}_j\boldsymbol{x}(t_k) \tag{7.2.10}$$

注意到，基于模糊控制器(7.2.10)的闭环模糊系统中存在前件变量异步的问题。针对此问题给出如下假设。

假设 7.2.1　假设存在正实数 λ_1、λ_2、Δ_j，满足下列条件：

$$|\mu_j(\boldsymbol{\xi}(t))-\mu_j(\boldsymbol{\xi}(t_k))|\leqslant\Delta_j$$

$$\mu_j(\boldsymbol{\xi}(t_k))=\rho_j(\boldsymbol{\xi}(t),\boldsymbol{\xi}(t_kh))\mu_j(\boldsymbol{\xi}(t))$$

$$\lambda_1\leqslant\frac{\rho_i(\boldsymbol{\xi}(t),\boldsymbol{\xi}(t_kh))}{\rho_j(\boldsymbol{\xi}(t),\boldsymbol{\xi}(t_kh))}\leqslant\lambda_2$$

式中，$\rho_j(\boldsymbol{\xi}(t),\boldsymbol{\xi}(t_kh))>0$。

根据假设 7.2.1，全局模糊控制器可以表示为

$$\boldsymbol{u}(t)=\sum_{j=1}^{N}\rho_j\mu_j(\boldsymbol{\xi}(t))\boldsymbol{K}_j\boldsymbol{x}(t_kh) \tag{7.2.11}$$

再由式(7.2.4)和(7.2.7)，式(7.2.11)可以进一步表示为

$$\boldsymbol{u}(t)=\sum_{j=1}^{N}\rho_j\mu_j(\boldsymbol{\xi}(t))\boldsymbol{K}_j(\boldsymbol{x}(t-\eta(t))-\boldsymbol{e}(i_kh)) \tag{7.2.12}$$

把式(7.2.9)代入式(7.2.2)，得到闭环系统方程如下：

$$\begin{aligned}\dot{\boldsymbol{x}}(t)&=\boldsymbol{A}^i\boldsymbol{x}(t)+\boldsymbol{B}_j^i\boldsymbol{x}(t-\eta(t))-\boldsymbol{B}_w^i\boldsymbol{e}(i_kh)+\boldsymbol{w}(t)\\ \boldsymbol{z}(t)&=\boldsymbol{C}^i\boldsymbol{x}(t)+\boldsymbol{D}_j^i\boldsymbol{x}(t-\eta(t))-\boldsymbol{D}_j^i\boldsymbol{e}(i_kh)\end{aligned}\tag{7.2.13}$$

式中

$$\boldsymbol{A}^i=\sum_{i=1}^N\mu_i\boldsymbol{A}_i,\quad \boldsymbol{B}_j^i=\sum_{i=1}^N\sum_{j=1}^N\rho_j\mu_i\mu_j\boldsymbol{B}_i\boldsymbol{K}_j,\quad \boldsymbol{B}_w^i=\sum_{i=1}^N\mu_i\boldsymbol{B}_{wi}$$

$$\boldsymbol{D}_j^i=\sum_{i=1}^N\sum_{j=1}^N\rho_j\mu_i\mu_j\boldsymbol{D}_i\boldsymbol{K}_j,\quad \boldsymbol{C}^i=\sum_{i=1}^N\mu_i\mu_j\boldsymbol{C}_i$$

在区间$[t_0-\bar{\eta},t_0]$上，设定状态初始值为$\boldsymbol{x}(t_0+\alpha)=\boldsymbol{\phi}(\alpha)$，$\alpha\in[-\bar{\eta},0]$，$\boldsymbol{\phi}(0)=\boldsymbol{x}_0$，其中$\boldsymbol{\phi}(\alpha)$是在$[t_0-\bar{\eta},t_0]$上的一个连续函数。

控制目标是设计模糊H^∞事件触发控制器使得闭环模糊系统(7.2.13)稳定，并且满足如下H^∞控制性能：

$$\|\boldsymbol{z}(t)\|_2^2<\gamma^2\|\boldsymbol{w}(t)\|_2^2\tag{7.2.14}$$

式中，$\gamma>0$是给定的干扰衰减水平。

定理 7.2.1 对于给定的实数$\tau_2>\tau_1\geqslant0$，$\lambda_2>\lambda_1>0$，如果存在正定对称矩阵$\boldsymbol{P}$、$\boldsymbol{Q}_1$、$\boldsymbol{Q}_2$、$\boldsymbol{R}_1$、$\boldsymbol{R}_2$、$\boldsymbol{W}$，以及矩阵$\boldsymbol{K}_j$、$\boldsymbol{U}$，满足下列矩阵不等式：

$$\begin{bmatrix}\tilde{\boldsymbol{\Gamma}}_{11}^{ll} & *\\ \tilde{\boldsymbol{\Gamma}}_{21}^{ll} & \tilde{\boldsymbol{\Gamma}}_{22}\end{bmatrix}<\boldsymbol{0}\tag{7.2.15}$$

$$\begin{bmatrix}\tilde{\boldsymbol{\Gamma}}_{11}^{ij}+\lambda_1\boldsymbol{\Gamma}_{11}^{ji} & * & *\\ \tilde{\boldsymbol{\Gamma}}_{21}^{ij} & \tilde{\boldsymbol{\Gamma}}_{21} & *\\ \sqrt{\lambda_1}\tilde{\boldsymbol{\Gamma}}_{21}^{ji} & \boldsymbol{0} & \tilde{\boldsymbol{\Gamma}}_{21}\end{bmatrix}<\boldsymbol{0}\tag{7.2.16}$$

$$\begin{bmatrix}\tilde{\boldsymbol{\Gamma}}_{11}^{ij}+\lambda_2\tilde{\boldsymbol{\Gamma}}_{11}^{ji} & * & *\\ \tilde{\boldsymbol{\Gamma}}_{21}^{ij} & \tilde{\boldsymbol{\Gamma}}_{21} & *\\ \sqrt{\lambda_2}\tilde{\boldsymbol{\Gamma}}_{21}^{ji} & \boldsymbol{0} & \tilde{\boldsymbol{\Gamma}}_{21}\end{bmatrix}<\boldsymbol{0}\tag{7.2.17}$$

$$\begin{bmatrix}\tilde{\boldsymbol{R}}_2 & *\\ \tilde{\boldsymbol{U}} & \tilde{\boldsymbol{R}}_2\end{bmatrix}>\boldsymbol{0}\tag{7.2.18}$$

式中，$*$表示由矩阵的对称性得到的子块；

$$\tilde{\boldsymbol{\Gamma}}_{11}^{ij}=\begin{bmatrix}\tilde{\boldsymbol{\Gamma}}_{11}^{ij(11)} & \tilde{\boldsymbol{R}}_1 & \boldsymbol{B}_i\boldsymbol{Y}_j & \boldsymbol{0} & -\boldsymbol{B}_i\boldsymbol{Y}_j & \boldsymbol{B}_{wi}\\ \tilde{\boldsymbol{R}}_1 & \boldsymbol{\Gamma}_{11}^{ij(22)} & \tilde{\boldsymbol{R}}_2-\tilde{\boldsymbol{U}}^{\mathrm{T}}+\pi^2\tilde{\boldsymbol{W}}/4 & \tilde{\boldsymbol{U}}^{\mathrm{T}} & \boldsymbol{0} & \boldsymbol{0}\\ \boldsymbol{Y}_j^{\mathrm{T}}\boldsymbol{B}_i^{\mathrm{T}} & \tilde{\boldsymbol{R}}_2-\tilde{\boldsymbol{U}}^{\mathrm{T}}+\pi^2\tilde{\boldsymbol{W}}/4 & \boldsymbol{\Gamma}_{11}^{ij(33)} & \tilde{\boldsymbol{R}}_2-\tilde{\boldsymbol{U}}^{\mathrm{T}} & -\sigma_m\tilde{\boldsymbol{\Phi}} & \boldsymbol{0}\\ \boldsymbol{0} & \tilde{\boldsymbol{U}} & \tilde{\boldsymbol{R}}_2-\tilde{\boldsymbol{U}} & -\tilde{\boldsymbol{R}}_2 & \boldsymbol{0} & \boldsymbol{0}\\ -\boldsymbol{Y}_j^{\mathrm{T}}\boldsymbol{B}_i^{\mathrm{T}} & \boldsymbol{0} & -\sigma_m\tilde{\boldsymbol{\Phi}} & \boldsymbol{0} & \sigma_m\tilde{\boldsymbol{\Phi}}-\tilde{\boldsymbol{\Phi}} & \boldsymbol{0}\\ \boldsymbol{B}_{wi}^{\mathrm{T}} & \boldsymbol{0} & \boldsymbol{0} & \boldsymbol{0} & \boldsymbol{0} & -\gamma^2\boldsymbol{I}\end{bmatrix}$$

$$\tilde{\boldsymbol{\Gamma}}_{21}^{ij}=\mathrm{col}\{\tau_1\boldsymbol{R}_1\tilde{\boldsymbol{F}}_1^{ij},(\tau_2-\tau_1)\boldsymbol{R}_1\tilde{\boldsymbol{F}}_1^{ij},\tau_2\tilde{\boldsymbol{F}}_1^{ij},\tilde{\boldsymbol{F}}_2^{ij}\},\quad \tilde{\boldsymbol{\Gamma}}_{22}=-\mathrm{diag}(\boldsymbol{X}\boldsymbol{R}_1\boldsymbol{X},\boldsymbol{X}\boldsymbol{R}_2\boldsymbol{X},\boldsymbol{X}\boldsymbol{W}\boldsymbol{X},\boldsymbol{I})$$

其中

$$\widetilde{\boldsymbol{\Gamma}}_{11}^{ij(11)}=\boldsymbol{A}_i\boldsymbol{X}+\boldsymbol{X}\boldsymbol{A}_i^{\mathrm{T}}+\widetilde{\boldsymbol{Q}}_1-\widetilde{\boldsymbol{R}}_1,\quad \boldsymbol{\Gamma}_{11}^{ij(22)}=-\widetilde{\boldsymbol{Q}}_1+\widetilde{\boldsymbol{Q}}_2-\widetilde{\boldsymbol{R}}_1-\widetilde{\boldsymbol{R}}_2-\pi^2\widetilde{\boldsymbol{W}}/4$$

$$\boldsymbol{\Gamma}_{11}^{ij(33)}=-2\widetilde{\boldsymbol{R}}_2+\widetilde{\boldsymbol{U}}+\widetilde{\boldsymbol{U}}^{\mathrm{T}}-\pi^2\widetilde{\boldsymbol{W}}/4+\sigma_m\widetilde{\boldsymbol{\Phi}}$$

$$\widetilde{\boldsymbol{F}}_1^{ij}=[\boldsymbol{A}_i\boldsymbol{X},\boldsymbol{0},\boldsymbol{B}_i\boldsymbol{Y}_j,\boldsymbol{0},-\boldsymbol{B}_i\boldsymbol{Y}_j,\boldsymbol{B}_{wi}\boldsymbol{X}],\quad \widetilde{\boldsymbol{F}}_2^{ij}=[\boldsymbol{C}_i\boldsymbol{X},\boldsymbol{0},\boldsymbol{D}_i\boldsymbol{Y}_j,\boldsymbol{0},-\boldsymbol{D}_i\boldsymbol{Y}_j,\boldsymbol{0}]$$

则基于事件触发机制(7.2.3)的控制器(7.2.10)，可以证明闭环模糊系统(7.2.13)是全局二次稳定而且取得 H^∞ 控制性能(7.2.14)。

证明　选择 Lyapunov 函数

$$V(t)=\sum_{p=1}^{4}V_p(t) \tag{7.2.19}$$

式中

$$V_1(t)=\boldsymbol{x}^{\mathrm{T}}(t)\boldsymbol{P}\boldsymbol{x}(t)$$

$$V_2(t)=\int_{t-\tau_1}^{t}\boldsymbol{x}^{\mathrm{T}}(s)\boldsymbol{Q}_1\boldsymbol{x}(s)\mathrm{d}s+\int_{t-\tau_2}^{t-\tau_1}\boldsymbol{x}^{\mathrm{T}}(s)\boldsymbol{Q}_2\boldsymbol{x}(s)\mathrm{d}s$$

$$V_3(t)=\tau_1\int_{t-\tau_1}^{t}\int_{s}^{t}\dot{\boldsymbol{x}}^{\mathrm{T}}(v)\boldsymbol{R}_1\dot{\boldsymbol{x}}(v)\mathrm{d}v\mathrm{d}s+(\tau_2-\tau_1)\int_{t-\tau_2}^{t-\tau_1}\int_{s}^{t}\dot{\boldsymbol{x}}^{\mathrm{T}}(v)\boldsymbol{R}_2\dot{\boldsymbol{x}}(v)\mathrm{d}v\mathrm{d}s$$

$$V_4(t)=\tau_2^2\int_{i_kh}^{t}\dot{\boldsymbol{x}}^{\mathrm{T}}(s)\boldsymbol{W}\dot{\boldsymbol{x}}(s)\mathrm{d}s-\frac{\pi^2}{4}\int_{i_kh}^{t-\tau_1}(\boldsymbol{x}(s)-\boldsymbol{x}(i_kh))^{\mathrm{T}}\boldsymbol{W}(\boldsymbol{x}(s)-\boldsymbol{x}(i_kh))\mathrm{d}s$$

式中，$\boldsymbol{P}$、$\boldsymbol{Q}_1$、$\boldsymbol{Q}_2$、$\boldsymbol{R}_1$、$\boldsymbol{R}_2$、$\boldsymbol{W}$ 是正定对称矩阵。

求 $V(t)$ 对时间的导数，可得

$$\dot{V}(t)=\sum_{p=1}^{4}\dot{V}_p(t) \tag{7.2.20}$$

式中

$$\dot{V}_1(t)=2\boldsymbol{x}^{\mathrm{T}}(t)\boldsymbol{P}\dot{\boldsymbol{x}}(t)$$

$$\dot{V}_2(t)=\boldsymbol{x}^{\mathrm{T}}(t)\boldsymbol{Q}_1\boldsymbol{x}(t)-\boldsymbol{x}^{\mathrm{T}}(t-\tau_1)(\boldsymbol{Q}_1-\boldsymbol{Q}_2)\boldsymbol{x}(t-\tau_1)-\boldsymbol{x}^{\mathrm{T}}(t-\tau_2)\boldsymbol{Q}_2\boldsymbol{x}(t-\tau_2)$$

$$\begin{aligned}\dot{V}_3(t)=&\tau_1^2\dot{\boldsymbol{x}}^{\mathrm{T}}(t)\boldsymbol{R}_1\dot{\boldsymbol{x}}(t)+(\tau_2-\tau_1)^2\dot{\boldsymbol{x}}^{\mathrm{T}}(t)\boldsymbol{R}_2\dot{\boldsymbol{x}}(t)\\&-\tau_1\int_{t-\tau_1}^{t}\dot{\boldsymbol{x}}^{\mathrm{T}}(s)\boldsymbol{R}_1\dot{\boldsymbol{x}}(s)\mathrm{d}s-(\tau_2-\tau_1)\int_{t-\tau_2}^{t-\tau_1}\dot{\boldsymbol{x}}^{\mathrm{T}}(s)\boldsymbol{R}_2\dot{\boldsymbol{x}}(s)\mathrm{d}s\\=&\tau_1^2\dot{\boldsymbol{x}}^{\mathrm{T}}(t)\boldsymbol{R}_1\dot{\boldsymbol{x}}(t)+(\tau_2-\tau_1)^2\dot{\boldsymbol{x}}^{\mathrm{T}}(t)\boldsymbol{R}_2\dot{\boldsymbol{x}}(t)-\tau_1\int_{t-\tau_1}^{t}\dot{\boldsymbol{x}}^{\mathrm{T}}(s)\boldsymbol{R}_1\dot{\boldsymbol{x}}(s)\mathrm{d}s\\&-(\tau_2-\tau_1)\int_{t-\tau_2}^{t-\eta(t)}\dot{\boldsymbol{x}}^{\mathrm{T}}(s)\boldsymbol{R}_2\dot{\boldsymbol{x}}(s)\mathrm{d}s-(\tau_2-\tau_1)\int_{t-\eta(t)}^{t-\tau_1}\dot{\boldsymbol{x}}^{\mathrm{T}}(s)\boldsymbol{R}_2\dot{\boldsymbol{x}}(s)\mathrm{d}s\end{aligned}$$

$$\dot{V}_4(t)=-\frac{\pi^2}{4}(\boldsymbol{x}(t-\tau_1)-\boldsymbol{x}(t-\eta(t)))^{\mathrm{T}}\boldsymbol{W}(\boldsymbol{x}(t-\tau_1)-\boldsymbol{x}(t-\eta(t)))+\tau_2^2\dot{\boldsymbol{x}}^{\mathrm{T}}(t)\boldsymbol{W}\dot{\boldsymbol{x}}(t)$$

根据引理 7.1.1，$\dot{V}_3(t)$ 满足如下矩阵不等式：

$$\begin{aligned}\dot{V}_3(t)\leqslant&\tau_1^2\dot{\boldsymbol{x}}^{\mathrm{T}}(t)\boldsymbol{R}_1\dot{\boldsymbol{x}}(t)+(\tau_2-\tau_1)^2\dot{\boldsymbol{x}}^{\mathrm{T}}(t)\boldsymbol{R}_2\dot{\boldsymbol{x}}(t)-(\boldsymbol{x}(t)-\boldsymbol{x}(t-\tau_1))^{\mathrm{T}}\boldsymbol{R}_1(\boldsymbol{x}(t)-\boldsymbol{x}(t-\tau_1))\\&-\frac{\tau_2-\tau_1}{\tau_2-\eta(t)}(\boldsymbol{x}(t-\eta(t))-\boldsymbol{x}(t-\tau_2))^{\mathrm{T}}\boldsymbol{R}_2(\boldsymbol{x}(t-\eta(t))-\boldsymbol{x}(t-\tau_2))\\&-\frac{\tau_2-\tau_1}{\eta(t)-\tau_1}(\boldsymbol{x}(t-\eta(t))-\boldsymbol{x}(t-\tau_1))^{\mathrm{T}}\boldsymbol{R}_2(\boldsymbol{x}(t-\eta(t))-\boldsymbol{x}(t-\tau_1))\end{aligned} \tag{7.2.21}$$

如果矩阵不等式

$$\begin{bmatrix} \boldsymbol{R}_2 & * \\ \boldsymbol{U} & \boldsymbol{R}_2 \end{bmatrix} > \boldsymbol{0} \tag{7.2.22}$$

成立，则式(7.2.21)可以进一步表示为

$$\begin{aligned}\dot{V}_3(t) \leqslant & \tau_1^2 \dot{\boldsymbol{x}}^{\mathrm{T}}(t)\boldsymbol{R}_1\dot{\boldsymbol{x}}(t) + (\tau_2-\tau_1)^2\dot{\boldsymbol{x}}^{\mathrm{T}}(t)\boldsymbol{R}_2\dot{\boldsymbol{x}}(t) \\ & -(\boldsymbol{x}(t)-\boldsymbol{x}(t-\tau_1))^{\mathrm{T}}\boldsymbol{R}_1(\boldsymbol{x}(t)-\boldsymbol{x}(t-\tau_1)) \\ & -\begin{bmatrix}\boldsymbol{x}(t-\tau_1)-\boldsymbol{x}(t-\eta(t)) \\ \boldsymbol{x}(t-\eta(t))-\boldsymbol{x}(t-\tau_2)\end{bmatrix}^{\mathrm{T}}\begin{bmatrix}\boldsymbol{R}_2 & * \\ \boldsymbol{U} & \boldsymbol{R}_2\end{bmatrix}\begin{bmatrix}\boldsymbol{x}(t-\tau_1)-\boldsymbol{x}(t-\eta(t)) \\ \boldsymbol{x}(t-\eta(t))-\boldsymbol{x}(t-\tau_2)\end{bmatrix}\end{aligned} \tag{7.2.23}$$

定义 $\boldsymbol{\zeta}^{\mathrm{T}}(t)=[\boldsymbol{x}^{\mathrm{T}}(t),\boldsymbol{x}^{\mathrm{T}}(t-\tau_1),\boldsymbol{x}^{\mathrm{T}}(t-\eta(t)),\boldsymbol{x}^{\mathrm{T}}(t-\tau_2),\boldsymbol{e}^{\mathrm{T}}(i_kh),\boldsymbol{w}^{\mathrm{T}}(t)]$。将式(7.2.6)和(7.2.23)代入式(7.2.20)，并在式(7.2.20)中减去再加上 $\boldsymbol{z}^{\mathrm{T}}\boldsymbol{z}$，可得

$$\begin{aligned}\dot{V}(t) \leqslant & \sum_{i=1}^{N}\sum_{j=1}^{N}\rho_j\boldsymbol{\mu}_i\boldsymbol{\mu}_j\boldsymbol{\zeta}^{\mathrm{T}}(t)[\boldsymbol{\Gamma}_{11}^{ij}-(\boldsymbol{\Gamma}_{21}^{ij})^{\mathrm{T}}\boldsymbol{\Gamma}_{22}\boldsymbol{\Gamma}_{21}^{ij}]\boldsymbol{\zeta}(t)-\boldsymbol{z}^{\mathrm{T}}(t)\boldsymbol{z}(t)+\gamma^2\boldsymbol{w}^{\mathrm{T}}(t)\boldsymbol{w}(t) \\ = & \sum_{i=1}^{N}\rho_j\boldsymbol{\mu}_i^2\boldsymbol{\zeta}^{\mathrm{T}}(t)[\boldsymbol{\Gamma}_{11}^{ij}-(\boldsymbol{\Gamma}_{21}^{ij})^{\mathrm{T}}\boldsymbol{\Gamma}_{22}\boldsymbol{\Gamma}_{21}^{ij}]\boldsymbol{\zeta}(t) \\ & +\sum_{i<j}^{N}\rho_j\boldsymbol{\mu}_i\boldsymbol{\mu}_j\boldsymbol{\zeta}^{\mathrm{T}}(t)\left[\boldsymbol{\Gamma}_{11}^{ij}+\frac{\rho_i}{\rho_j}\boldsymbol{\Gamma}_{11}^{ji}-(\boldsymbol{\Gamma}_{21}^{ij})^{\mathrm{T}}\boldsymbol{\Gamma}_{22}\boldsymbol{\Gamma}_{21}^{ij}-\frac{\rho_i}{\rho_j}(\boldsymbol{\Gamma}_{21}^{ji})^{\mathrm{T}}\boldsymbol{\Gamma}_{22}\boldsymbol{\Gamma}_{21}^{ji}\right]\boldsymbol{\zeta}(t) \\ & -\boldsymbol{z}^{\mathrm{T}}(t)\boldsymbol{z}(t)+\gamma^2\boldsymbol{w}^{\mathrm{T}}(t)\boldsymbol{w}(t)\end{aligned} \tag{7.2.24}$$

式中

$$\boldsymbol{\Gamma}_{11}^{ij}=\begin{bmatrix}\boldsymbol{\Gamma}_{11}^{ij(11)} & \boldsymbol{R}_1 & \boldsymbol{B}_i\boldsymbol{K}_j & \boldsymbol{0} & -\boldsymbol{B}_i\boldsymbol{K}_j & \boldsymbol{P}\boldsymbol{B}_{wi} \\ \boldsymbol{R}_1 & \boldsymbol{\Gamma}_{11}^{ij(22)} & \boldsymbol{R}_2-\boldsymbol{U}^{\mathrm{T}}+\pi^2\boldsymbol{W}/4 & \boldsymbol{U}^{\mathrm{T}} & \boldsymbol{0} & \boldsymbol{0} \\ \boldsymbol{K}_j^{\mathrm{T}}\boldsymbol{B}_i^{\mathrm{T}} & \boldsymbol{R}_2-\boldsymbol{U}+\pi^2\boldsymbol{W}/4 & \boldsymbol{\Gamma}_{11}^{ij(33)} & \boldsymbol{R}_2-\boldsymbol{U}^{\mathrm{T}} & -\sigma_m\boldsymbol{\Phi} & \boldsymbol{0} \\ \boldsymbol{0} & \boldsymbol{U} & \boldsymbol{R}_2-\boldsymbol{U} & -\boldsymbol{R}_2 & \boldsymbol{0} & \boldsymbol{0} \\ -\boldsymbol{K}_j^{\mathrm{T}}\boldsymbol{B}_i^{\mathrm{T}}\boldsymbol{P} & \boldsymbol{0} & -\sigma_m\boldsymbol{\Phi} & \boldsymbol{0} & \sigma_m\boldsymbol{\Phi}-\boldsymbol{\Phi} & \boldsymbol{0} \\ \boldsymbol{B}_{wi}^{\mathrm{T}}\boldsymbol{P} & \boldsymbol{0} & \boldsymbol{0} & \boldsymbol{0} & \boldsymbol{0} & -\gamma^2\boldsymbol{I}\end{bmatrix}$$

$$\boldsymbol{\Gamma}_{21}^{ij}=\mathrm{col}\{\tau_1\boldsymbol{R}_1\boldsymbol{F}_1^{ij},(\tau_2-\tau_1)\boldsymbol{R}_1\boldsymbol{F}_1^{ij},\tau_2\boldsymbol{F}_1^{ij},\boldsymbol{F}_2^{ij}\},\quad \boldsymbol{\Gamma}_{22}=-\mathrm{diag}(\boldsymbol{R}_1,\boldsymbol{R}_2,\boldsymbol{W},\boldsymbol{I})$$

其中

$$\begin{aligned}&\boldsymbol{\Gamma}_{11}^{ij(11)}=\boldsymbol{P}\boldsymbol{A}_i+\boldsymbol{A}_i^{\mathrm{T}}\boldsymbol{P}+\boldsymbol{Q}_1-\boldsymbol{R}_1,\quad \boldsymbol{\Gamma}_{11}^{ij(22)}=-\boldsymbol{Q}_1+\boldsymbol{Q}_2-\boldsymbol{R}_1-\boldsymbol{R}_2-\pi^2\boldsymbol{W}/4 \\ &\boldsymbol{\Gamma}_{11}^{ij(33)}=-2\boldsymbol{R}_2+\boldsymbol{U}+\boldsymbol{U}^{\mathrm{T}}-\pi^2\boldsymbol{W}/4+\sigma_m\boldsymbol{\Phi} \\ &\boldsymbol{F}_1^{ij}=[\boldsymbol{A}_i,\boldsymbol{0},\boldsymbol{B}_i\boldsymbol{K}_j,\boldsymbol{0},-\boldsymbol{B}_i\boldsymbol{K}_j,\boldsymbol{B}_{wi}],\quad \boldsymbol{F}_2^{ij}=[\boldsymbol{C}_i,\boldsymbol{0},\boldsymbol{D}_i\boldsymbol{K}_j,\boldsymbol{0},-\boldsymbol{D}_i\boldsymbol{K}_j,\boldsymbol{0}]\end{aligned}$$

为了保证除 $\boldsymbol{x}(t)=\boldsymbol{0}$ 之外，$\dot{V}(t)<0$，首先假设在式(7.2.24)中等号后的第一个和式和第二个和式是负定的，即

$$\boldsymbol{\Gamma}_{11}^{ii}+(\boldsymbol{\Gamma}_{21}^{ii})^{\mathrm{T}}\boldsymbol{\Gamma}_{22}\boldsymbol{\Gamma}_{21}^{ii}<\boldsymbol{0} \tag{7.2.25}$$

$$\boldsymbol{\Gamma}_{11}^{ij}+\frac{\rho_i}{\rho_j}\boldsymbol{\Gamma}_{11}^{ji}-(\boldsymbol{\Gamma}_{21}^{ij})^{\mathrm{T}}\boldsymbol{\Gamma}_{22}\boldsymbol{\Gamma}_{21}^{ij}-\frac{\rho_i}{\rho_j}(\boldsymbol{\Gamma}_{21}^{ji})^{\mathrm{T}}\boldsymbol{\Gamma}_{22}\boldsymbol{\Gamma}_{21}^{ji}<\boldsymbol{0} \tag{7.2.26}$$

定义 $\varepsilon_1=\dfrac{\lambda_2-\rho_i/\rho_j}{\lambda_2-\lambda_1}\geqslant 0$ 和 $\varepsilon_2=\dfrac{\rho_i/\rho_j-\lambda_2}{\lambda_2-\lambda_1}\geqslant 0$，则式(7.2.26)可以表示为

$$\sum_{m=1}^{2}\varepsilon_m\left(\boldsymbol{\Gamma}_{11}^{ij}+\lambda_m\boldsymbol{\Gamma}_{11}^{ji}-(\boldsymbol{\Gamma}_{21}^{ij})^{\mathrm{T}}\boldsymbol{\Gamma}_{22}\boldsymbol{\Gamma}_{21}^{ij}-\frac{\rho_i}{\rho_j}(\boldsymbol{\Gamma}_{21}^{ji})^{\mathrm{T}}\boldsymbol{\Gamma}_{22}\boldsymbol{\Gamma}_{21}^{ji}\right)<\mathbf{0} \tag{7.2.27}$$

注意到，矩阵不等式(7.2.27)成立的充分条件为如下矩阵不等式成立：

$$\boldsymbol{\Gamma}_{11}^{ij}+\lambda_1\boldsymbol{\Gamma}_{11}^{ji}-(\boldsymbol{\Gamma}_{21}^{ij})^{\mathrm{T}}\boldsymbol{\Gamma}_{22}\boldsymbol{\Gamma}_{21}^{ij}-\frac{\rho_i}{\rho_j}(\boldsymbol{\Gamma}_{21}^{ji})^{\mathrm{T}}\boldsymbol{\Gamma}_{22}\boldsymbol{\Gamma}_{21}^{ji}<\mathbf{0} \tag{7.2.28}$$

$$\boldsymbol{\Gamma}_{11}^{ij}+\lambda_2\boldsymbol{\Gamma}_{11}^{ji}-(\boldsymbol{\Gamma}_{21}^{ij})^{\mathrm{T}}\boldsymbol{\Gamma}_{22}\boldsymbol{\Gamma}_{21}^{ij}-\frac{\rho_i}{\rho_j}(\boldsymbol{\Gamma}_{21}^{ji})^{\mathrm{T}}\boldsymbol{\Gamma}_{22}\boldsymbol{\Gamma}_{21}^{ji}<\mathbf{0} \tag{7.2.29}$$

根据假设 7.2.1，有 $\left(\lambda_2-\frac{\rho_i}{\rho_j}\right)(\boldsymbol{\Gamma}_{21}^{ji})^{\mathrm{T}}\boldsymbol{\Gamma}_{22}\boldsymbol{\Gamma}_{21}^{ji}<\mathbf{0}$，则式(7.2.28)和(7.2.29)可以进一步表示为

$$\boldsymbol{\Gamma}_{11}^{ij}+\lambda_1\boldsymbol{\Gamma}_{11}^{ji}-(\boldsymbol{\Gamma}_{21}^{ij})^{\mathrm{T}}\boldsymbol{\Gamma}_{22}\boldsymbol{\Gamma}_{21}^{ij}-\lambda_2(\boldsymbol{\Gamma}_{21}^{ji})^{\mathrm{T}}\boldsymbol{\Gamma}_{22}\boldsymbol{\Gamma}_{21}^{ji}<\mathbf{0} \tag{7.2.30}$$

$$\boldsymbol{\Gamma}_{11}^{ij}+\lambda_2\boldsymbol{\Gamma}_{11}^{ji}-(\boldsymbol{\Gamma}_{21}^{ij})^{\mathrm{T}}\boldsymbol{\Gamma}_{22}\boldsymbol{\Gamma}_{21}^{ij}-\lambda_2(\boldsymbol{\Gamma}_{21}^{ji})^{\mathrm{T}}\boldsymbol{\Gamma}_{22}\boldsymbol{\Gamma}_{21}^{ji}<\mathbf{0} \tag{7.2.31}$$

应用 Schur 分解原理，式(7.2.25)、(7.2.30)和(7.2.31)等价于下列矩阵不等式：

$$\begin{bmatrix}\boldsymbol{\Gamma}_{11}^{ii} & * \\ \boldsymbol{\Gamma}_{21}^{ii} & \boldsymbol{\Gamma}_{22}\end{bmatrix}<\mathbf{0} \tag{7.2.32}$$

$$\begin{bmatrix}\boldsymbol{\Gamma}_{11}^{ij}+\lambda_1\boldsymbol{\Gamma}_{11}^{ji} & * & * \\ \boldsymbol{\Gamma}_{21}^{ij} & \boldsymbol{\Gamma}_{21} & * \\ \sqrt{\lambda_1}\boldsymbol{\Gamma}_{21}^{ji} & \mathbf{0} & \boldsymbol{\Gamma}_{21}\end{bmatrix}<\mathbf{0} \tag{7.2.33}$$

$$\begin{bmatrix}\boldsymbol{\Gamma}_{11}^{ij}+\lambda_2\boldsymbol{\Gamma}_{11}^{ji} & * & * \\ \boldsymbol{\Gamma}_{21}^{ij} & \boldsymbol{\Gamma}_{21} & * \\ \sqrt{\lambda_2}\boldsymbol{\Gamma}_{21}^{ji} & \mathbf{0} & \boldsymbol{\Gamma}_{21}\end{bmatrix}<\mathbf{0} \tag{7.2.34}$$

通过上述分析可知，如果矩阵不等式(7.2.22)、(7.2.32)、(7.2.33)和(7.2.34)成立，则有 $\dot{V}(t)<0$。

引进变量 $\boldsymbol{X}=\boldsymbol{P}^{-1}$，并且令

$$\boldsymbol{X}\boldsymbol{Q}_1\boldsymbol{X}=\widetilde{\boldsymbol{Q}}_1,\quad \boldsymbol{X}\boldsymbol{Q}_2\boldsymbol{X}=\widetilde{\boldsymbol{Q}}_2,\quad \boldsymbol{X}\boldsymbol{R}_1\boldsymbol{X}=\widetilde{\boldsymbol{R}}_1,\quad \boldsymbol{X}\boldsymbol{R}_2\boldsymbol{X}=\widetilde{\boldsymbol{R}}_2$$

$$\boldsymbol{X}\boldsymbol{\Phi}\boldsymbol{X}=\widetilde{\boldsymbol{\Phi}},\quad \boldsymbol{X}\boldsymbol{W}\boldsymbol{X}=\widetilde{\boldsymbol{W}},\quad \boldsymbol{X}\boldsymbol{U}\boldsymbol{X}=\widetilde{\boldsymbol{U}},\quad \boldsymbol{Y}_j=\boldsymbol{K}_j\boldsymbol{X}$$

$$\boldsymbol{J}_1=\mathrm{diag}(\boldsymbol{X},\boldsymbol{X},\boldsymbol{X},\boldsymbol{X},\boldsymbol{X},\boldsymbol{I}),\quad \boldsymbol{J}_2=\mathrm{diag}(\boldsymbol{R}_1^{-1},\boldsymbol{R}_2^{-1},\boldsymbol{W}^{-1},\boldsymbol{I})$$

在式(7.2.32)左右两侧同时乘以 $\mathrm{diag}(\boldsymbol{J}_1,\boldsymbol{J}_2)$，得到定理 7.2.1 中的矩阵不等式(7.2.15)；在式(7.2.28)和(7.2.29)左右两侧同时乘以 $\mathrm{diag}(\boldsymbol{J}_1,\boldsymbol{J}_2,\boldsymbol{J}_2)$，得到定理 7.2.1 中的矩阵不等式(7.2.16)和(7.2.17)；在式(7.2.22)左右两侧同时乘以 $\mathrm{diag}(\boldsymbol{X},\boldsymbol{X})$，得到定理 7.2.1 中的矩阵不等式(7.2.18)。

由此可得

$$\dot{V}(t)<-\boldsymbol{z}^{\mathrm{T}}(t)\boldsymbol{z}(t)+\gamma^2\boldsymbol{w}^{\mathrm{T}}(t)\boldsymbol{w}(t) \tag{7.2.35}$$

可知当 $\boldsymbol{w}(t)=\mathbf{0}$ 时，有 $\dot{V}(t)<0$，即闭环模糊系统(7.2.13)是全局二次稳定的。在零初始条件下，对式(7.2.35)从 $t=0$ 到 $t=\infty$ 积分得到

$$0<-\|\boldsymbol{z}\|_2^2+\gamma^2\|\boldsymbol{w}\|_2^2$$

由此得到 $\|\boldsymbol{z}(t)\|_2^2<\gamma\|\boldsymbol{w}(t)\|_2^2$，即对于给定的 γ，所设计的模糊事件触发控制器(7.2.10)

使得闭环模糊系统取得 H^{∞} 性能指标(7.2.14)。

7.2.4 仿真

例 7.2.1 考虑卡车挂车的控制问题,其模型为

$$\begin{aligned}\dot{x}_1(t)&=-\frac{v\bar{t}}{Lt_0}x_1(t)+\frac{v\bar{t}}{lt_0}u(t)\\ \dot{x}_2(t)&=\frac{v\bar{t}}{Lt_0}x_1(t)\\ \dot{x}_3(t)&=-\frac{v\bar{t}}{Lt_0}\sin\left(x_2(t)+\frac{v\bar{t}}{2L}x_1(t)\right)\end{aligned}\tag{7.2.36}$$

式中,$l=2.8\text{m}$,$L=5.5\text{m}$,$v=-1.0\text{s}$,$\bar{t}=2.0\text{s}$,$t_0=0.5$。

应用 T-S 模型对系统(7.2.36)进行建模,模糊规则如下。

模糊系统规则 1:如果 $\xi(t)=x_2(t)+\frac{v\bar{t}}{2L}x_1(t)$ 约为 0,则

$$\dot{\boldsymbol{x}}(t)=\boldsymbol{A}_1\boldsymbol{x}(t)+\boldsymbol{B}_1\boldsymbol{u}(t)$$

模糊系统规则 2:如果 $\xi(t)=x_2(t)+\frac{v\bar{t}}{2L}x_1(t)$ 约为 $\pm\pi$,则

$$\dot{\boldsymbol{x}}(t)=\boldsymbol{A}_2\boldsymbol{x}(t)+\boldsymbol{B}_2\boldsymbol{u}(t)$$

式中

$$\boldsymbol{A}_1=\begin{bmatrix}-\frac{v\bar{t}}{Lt_0} & 0 & 0\\ \frac{v\bar{t}}{Lt_0} & 0 & 0\\ \frac{v^2\ \bar{t}^2}{2Lt_0} & \frac{v\bar{t}}{t_0} & 0\end{bmatrix},\quad \boldsymbol{A}_1=\begin{bmatrix}-\frac{v\bar{t}}{Lt_0} & 0 & 0\\ \frac{v\bar{t}}{Lt_0} & 0 & 0\\ \frac{\mathrm{d}v^2\ \bar{t}^2}{2Lt_0} & \frac{\mathrm{d}v\bar{t}}{t_0} & 0\end{bmatrix},\quad \boldsymbol{B}_1=\boldsymbol{B}_2=\begin{bmatrix}\frac{v\bar{t}}{lt_0}\\ 0\\ 0\end{bmatrix}$$

模糊隶属函数为

$$\mu_1=\left\{1-\frac{1}{1+\exp[-3(z(t)-0.5\pi)]}\right\}\left\{1+\frac{1}{1+\exp[-3(z(t)-0.5\pi)]}\right\}$$

$$\mu_2=1-\mu_1$$

选取 $\tau_1=0$,$\tau_2=0.612$,$\lambda_1=0.8$,$\lambda_2=1.13$,$\sigma_m=0.1$。求解定理 7.2.1 中的线性矩阵不等式,可得

$$\boldsymbol{K}_1=[1.0900\quad -0.2574\quad 0.0040],\quad \boldsymbol{K}_2=[1.0959\quad -0.2607\quad 0.0041]$$

$$\boldsymbol{\Phi}=\begin{bmatrix}54.0157 & -12.7945 & 0.1997\\ -12.7945 & 3.0542 & -0.0467\\ 0.1997 & -0.0467 & 0.0008\end{bmatrix}$$

仿真中,取初始条件为 $\boldsymbol{x}(0)=[2,-2,0.5]^{\mathrm{T}}$,采样周期 $h=0.5\text{s}$。仿真结果如图 7-5 和图 7-6 所示。

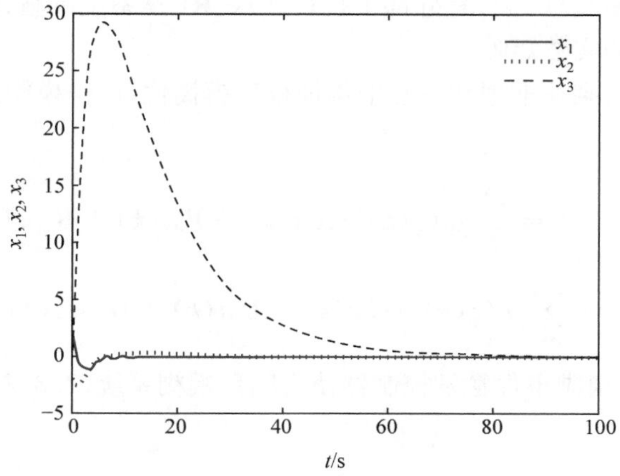

图 7-5　状态响应曲线

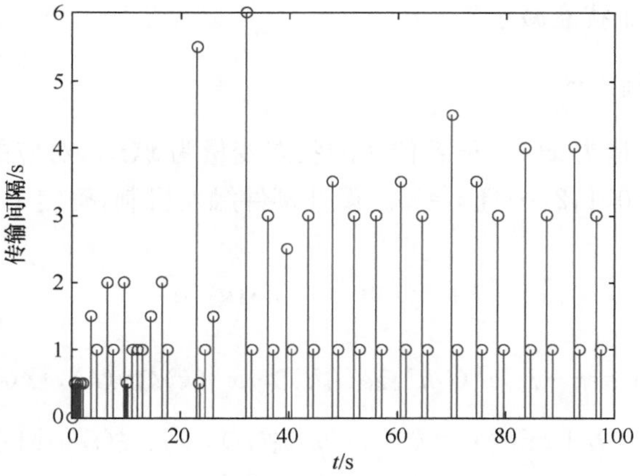

图 7-6　触发时刻和传输间隔

7.3　离散模糊系统的事件触发控制

本节针对离散时间非线性系统，提出基于事件触发机制的模糊控制方法。在事件发生器中引入前件变量偏差触发条件，从而取消模糊控制器与被控对象的前件变量之间的同步要求；通过引入一组基于模糊前提变量特性的松弛等式/不等式，提出具有较小保守性的控制设计算法。

7.3.1　不确定模糊系统的描述及控制问题

考虑不确定模糊系统，其模糊规则 i 如下：

如果 $\xi_1(k)$是 F_{i1}，$\xi_2(k)$是 F_{i2}，…，$\xi_n(k)$是 F_{in}，则

$$\begin{cases} \boldsymbol{x}(k+1)=\boldsymbol{A}_i\boldsymbol{x}(k)+\boldsymbol{B}_i\boldsymbol{u}(k)+\boldsymbol{B}_{wi}\boldsymbol{w}(k) \\ \boldsymbol{z}(k)=\boldsymbol{C}_i\boldsymbol{x}(k)+\boldsymbol{D}_i\boldsymbol{u}(k)+\boldsymbol{D}_{wi}\boldsymbol{w}(k) \end{cases},\quad i=1,2,\cdots,N \tag{7.3.1}$$

其中，$\boldsymbol{\xi}(k)=[\xi_1(k),\cdots,\xi_n(k)]^{\mathrm{T}}$ 是模糊前件变量；$\boldsymbol{x}(k)\in\mathbf{R}^n$ 是状态向量；$\boldsymbol{u}(k)\in\mathbf{R}^m$ 是系

统的控制输入;$\boldsymbol{w}(k)\in L_2[0,\infty)$是外部干扰;$\boldsymbol{z}(k)\in\mathbf{R}^p$ 是系统的输出;$\boldsymbol{A}_i$、$\boldsymbol{B}_i$、$\boldsymbol{B}_{wi}$、$\boldsymbol{C}_i$、$\boldsymbol{D}_i$、$\boldsymbol{D}_{wi}$是具有适当维数的实数矩阵。

通过单点模糊化、乘积推理和中心平均加权反模糊化,可得模糊系统的整个状态方程如下:

$$\begin{aligned}\boldsymbol{x}(k+1)&=\sum_{i=1}^{N}\mu_i(\boldsymbol{\xi}(k))(\boldsymbol{A}_i\boldsymbol{x}(k)+\boldsymbol{B}_i\boldsymbol{u}(k)+\boldsymbol{B}_{wi}\boldsymbol{w}(k))\\ \boldsymbol{z}(k)&=\sum_{i=1}^{N}\mu_i(\boldsymbol{\xi}(k))(\boldsymbol{C}_i\boldsymbol{x}(k)+\boldsymbol{D}_i\boldsymbol{u}(k)+\boldsymbol{D}_{wi}\boldsymbol{w}(k))\end{aligned}\tag{7.3.2}$$

控制目标是设计模糊事件触发控制器使得闭环模糊系统(7.3.2)稳定,并且满足如下H^∞控制性能:

$$\sum_{k=1}^{\infty}\boldsymbol{z}^{\mathrm{T}}(k)\boldsymbol{z}(k)\leqslant\gamma^2\sum_{k=1}^{\infty}\boldsymbol{w}^{\mathrm{T}}(k)\boldsymbol{w}(k)\tag{7.3.3}$$

式中,$\gamma>0$ 是给定的干扰衰减水平。

7.3.2 事件触发机制设计

定义当前状态变量为 $\boldsymbol{x}(k)$,最新传送的状态变量为 $\boldsymbol{x}(t_l)$,对应的发送时刻为 t_l,即当前触发时刻,其中 $l=0,1,2,\cdots$且 $t_0=0$。设计事件触发机制,确定下一个状态变量的发送时刻 t_{l+1}为

$$t_{l+1}=\min\{t_{(l+1)1},t_{(l+1)2}\}\tag{7.3.4}$$

式中

$$t_{(l+1)1}=t_l+\min_{j_1}\{j_1=k-t_l\,|\,\boldsymbol{e}^{\mathrm{T}}(i_kh)\boldsymbol{\Omega}\boldsymbol{e}(i_kh)>\sigma\boldsymbol{x}^{\mathrm{T}}(k)\boldsymbol{\Omega}\boldsymbol{x}(k),\ |\boldsymbol{x}(k)|>\varepsilon\}\tag{7.3.5}$$

$$t_{(l+1)2}=t_l+\min_{j_2}\{j_2=k-t_l\,|\,|\mu_i(\xi(t_l))-\mu_i(\xi(i_kh))|>\rho_i\}\tag{7.3.6}$$

其中,$\boldsymbol{\Omega}$ 是正定对称矩阵;$\sigma\geqslant0$、$\varepsilon\geqslant0$、$0\leqslant\rho_i\leqslant1$ 是设计参数;$\boldsymbol{e}(i_kh)$是当前采样状态与最新传输状态之间的误差,可表达为

$$\boldsymbol{e}(i_kh)=\boldsymbol{x}(i_kh)-\boldsymbol{x}(t_l)\tag{7.3.7}$$

其中,$\boldsymbol{x}(i_kh)$是当前状态变量,且 $i_kh=t_k+nh$,h 是采样周期。

可以看出,事件触发机制传送状态变量的时刻为$\{t_0,t_1,t_2,\cdots\}$。在考虑数据传输时延的情况下,被传送的状态变量 $\boldsymbol{x}(t_0)$,$\boldsymbol{x}(t_1)$,$\boldsymbol{x}(t_2)$,…到达执行器的时刻分别为 $t_0+\tau_0$,$t_1+\tau_1$,$t_2+\tau_2$,…,其中 τ_0,τ_1,τ_2,…是通信时延,即 τ_l。对于 $t\in[t_l+\tau_l,t_{l+1}+\tau_{l+1})$,定义通信诱导时延为 $\eta(k)=k-i_kh$。为方便控制设计,假设 $\eta(k)$为常数 τ。

7.3.3 模糊控制器设计与稳定性分析

设计模糊控制器,其模糊控制规则 i 如下:

如果 $\xi_1(t_k)$是 F_{i1},$\xi_2(t_k)$是 F_{i2},…,$\xi_n(t_k)$是 F_{in},则

$$\boldsymbol{u}(k)=\boldsymbol{K}_j\boldsymbol{x}(t_l),\quad k\in[t_l+\tau_l,t_{l+1}+\tau_{l+1}]\tag{7.3.8}$$

其中,$\boldsymbol{\xi}(t_k)=[\xi_1(t_k),\cdots,\xi_n(t_k)]^{\mathrm{T}}$ 是模糊前件变量;$\boldsymbol{K}_j$ 是控制增益矩阵。

由此可得全局模糊控制器如下:

$$\boldsymbol{u}(k)=\sum_{j=1}^{N}\mu_j(\boldsymbol{\xi}(t_k))\boldsymbol{K}_j\boldsymbol{x}(t_l) \tag{7.3.9}$$

下面记 $\mu_j=\mu_j(\boldsymbol{\xi}(k))$，$\bar{\mu}_j=\mu_j(\boldsymbol{\xi}(t_k))$。

引理 7.3.1　考虑隶属函数 μ_j、$\bar{\mu}_j$ 和事件触发条件(7.3.4)，对于矩阵 $\boldsymbol{S}_0$、$\boldsymbol{T}_0$，以及矩阵 $\boldsymbol{S}_i$、$\boldsymbol{T}_i$、$\boldsymbol{W}_i$、$\boldsymbol{Z}_i$、$\boldsymbol{V}_i$，满足

$$\boldsymbol{W}_i+\boldsymbol{W}_i^{\mathrm{T}}>0,\quad \boldsymbol{Z}_i+\boldsymbol{Z}_i^{\mathrm{T}}>0,\quad \boldsymbol{V}_i+\boldsymbol{V}_i^{\mathrm{T}}>0 \tag{7.3.10}$$

有以下等式或不等式成立：

$$\boldsymbol{\lambda}_1=\left(1-\sum_{i=1}^{N}\mu_i\right)\left[\boldsymbol{S}_0+\boldsymbol{S}_0^{\mathrm{T}}+\sum_{j=1}^{N}\mu_j(\boldsymbol{S}_j+\boldsymbol{S}_j^{\mathrm{T}})\right]=\boldsymbol{0},\quad \boldsymbol{\lambda}_2=\sum_{i=1}^{N}(\mu_i^2-\mu_i)(-\boldsymbol{W}_i-\boldsymbol{W}_i^{\mathrm{T}})\geqslant\boldsymbol{0}$$

$$\boldsymbol{\lambda}_3=\left(1-\sum_{i=1}^{N}\bar{\mu}_i\right)\left[\boldsymbol{T}_0+\boldsymbol{T}_0^{\mathrm{T}}+\sum_{j=1}^{N}\bar{\mu}_j(\boldsymbol{T}_j+\boldsymbol{T}_j^{\mathrm{T}})\right]=\boldsymbol{0},\quad \boldsymbol{\lambda}_4=\sum_{i=1}^{N}(\bar{\mu}_i^2-\bar{\mu}_i)(-\boldsymbol{Z}_i-\boldsymbol{Z}_i^{\mathrm{T}})\geqslant\boldsymbol{0}$$

$$\boldsymbol{\lambda}_5=\sum_{i=1}^{N}\left[(\mu_i-\bar{\mu}_i)^2-\rho_i^2\right](-\boldsymbol{V}_i-\boldsymbol{V}_i^{\mathrm{T}})\geqslant\boldsymbol{0}$$

把式(7.3.9)代入式(7.3.2)，得到如下闭环系统方程：

$$\begin{aligned}\boldsymbol{x}(k+1)&=\boldsymbol{\Upsilon}_1\boldsymbol{x}(k)+\boldsymbol{\Upsilon}_2\boldsymbol{x}(k-\tau)-\boldsymbol{\Upsilon}_2\boldsymbol{e}(i_kh)+\boldsymbol{\Upsilon}_3\boldsymbol{w}(k)\\ \boldsymbol{z}(k)&=\boldsymbol{\Upsilon}_4\boldsymbol{x}(k)+\boldsymbol{\Upsilon}_5\boldsymbol{x}(k-\tau)+\boldsymbol{\Upsilon}_5\boldsymbol{e}(i_kh)+\boldsymbol{\Upsilon}_6\boldsymbol{w}(k)\end{aligned} \tag{7.3.11}$$

式中

$$\boldsymbol{\Upsilon}_1=\sum_{i=1}^{N}\mu_i\boldsymbol{A}_i,\quad \boldsymbol{\Upsilon}_2=\sum_{i=1}^{N}\sum_{j=1}^{N}\mu_i\bar{\mu}_j\boldsymbol{B}_i\boldsymbol{K}_j,\quad \boldsymbol{\Upsilon}_3=\sum_{i=1}^{N}\mu_i\boldsymbol{B}_{wi}$$

$$\boldsymbol{\Upsilon}_4=\sum_{i=1}^{N}\mu_i\boldsymbol{C}_i,\quad \boldsymbol{\Upsilon}_5=\sum_{i=1}^{N}\sum_{j=1}^{N}\mu_i\bar{\mu}_j\boldsymbol{D}_i\boldsymbol{K}_j,\quad \boldsymbol{\Upsilon}_6=\sum_{i=1}^{N}\mu_i\boldsymbol{D}_{wi}$$

定理 7.3.1　给定实数 $\tau>0$，$\gamma>0$，$\sigma>0$，$\varepsilon>0$ 和 μ，如果存在正定对称矩阵 $\boldsymbol{P}$、$\boldsymbol{Q}$、$\boldsymbol{R}$、$\boldsymbol{\Omega}$，以及矩阵 $\boldsymbol{S}_0$、$\boldsymbol{T}_0$、$\boldsymbol{S}_i$、$\boldsymbol{T}_i$、$\boldsymbol{W}_i$、$\boldsymbol{Z}_i$、$\boldsymbol{V}_i$、$\boldsymbol{Y}_i$，满足矩阵不等式(7.3.10)和如下线性矩阵不等式：

$$\boldsymbol{\Phi}=\begin{bmatrix}\boldsymbol{\Phi}_{11} & * & *\\ \boldsymbol{\Phi}_{21} & \boldsymbol{\Phi}_{22} & *\\ \boldsymbol{\Phi}_{31} & \boldsymbol{\Phi}_{32} & \boldsymbol{\Phi}_{33}\end{bmatrix}<\boldsymbol{0} \tag{7.3.12}$$

式中

$$\begin{aligned}\boldsymbol{\Phi}_{11}=&\boldsymbol{e}_1^{\mathrm{T}}(-\boldsymbol{X}+\widetilde{\boldsymbol{Q}}+\varepsilon^2\boldsymbol{X})\boldsymbol{e}_1+\boldsymbol{e}_2^{\mathrm{T}}(-\boldsymbol{Q}+\sigma\widetilde{\boldsymbol{\Omega}})\boldsymbol{e}_2-\boldsymbol{e}_3^{\mathrm{T}}\widetilde{\boldsymbol{\Omega}}\boldsymbol{e}_3-\gamma^2\boldsymbol{e}_4^{\mathrm{T}}\boldsymbol{e}_4+(\boldsymbol{e}_1-\boldsymbol{e}_2)^{\mathrm{T}}\widetilde{\boldsymbol{R}}(\boldsymbol{e}_1-\boldsymbol{e}_2)\\ &-\boldsymbol{e}_5^{\mathrm{T}}\boldsymbol{X}\boldsymbol{e}_5-\boldsymbol{e}_6^{\mathrm{T}}\boldsymbol{e}_6+\boldsymbol{e}_7^{\mathrm{T}}(-2\mu\boldsymbol{X}+\mu^2\widetilde{\boldsymbol{R}})\boldsymbol{e}_7-2\tau\boldsymbol{e}_1^{\mathrm{T}}\boldsymbol{X}\boldsymbol{e}_7+\left(\boldsymbol{S}_0+\boldsymbol{T}_0+\sum_{i=1}^{N}\rho_i^2\boldsymbol{V}_i\right)+(*)\end{aligned}$$

$$\boldsymbol{\Phi}_{21}=\mathrm{col}\{\boldsymbol{\Phi}_{21}^{1},\cdots,\boldsymbol{\Phi}_{21}^{N}\},\quad \boldsymbol{\Phi}_{31}=\mathrm{col}\{\boldsymbol{\Phi}_{31}^{1},\cdots,\boldsymbol{\Phi}_{31}^{N}\}$$

$$\boldsymbol{\Phi}_{22}=\begin{bmatrix}\boldsymbol{\Phi}_{22}^{11} & \cdots & \boldsymbol{\Phi}_{22}^{1N}\\ \vdots & & \vdots\\ \boldsymbol{\Phi}_{22}^{N1} & \cdots & \boldsymbol{\Phi}_{22}^{NN}\end{bmatrix},\quad \boldsymbol{\Phi}_{32}=\begin{bmatrix}\boldsymbol{\Phi}_{32}^{11} & \cdots & \boldsymbol{\Phi}_{32}^{1N}\\ \vdots & & \vdots\\ \boldsymbol{\Phi}_{32}^{N1} & \cdots & \boldsymbol{\Phi}_{32}^{NN}\end{bmatrix},\quad \boldsymbol{\Phi}_{33}=\begin{bmatrix}\boldsymbol{\Phi}_{33}^{11} & \cdots & \boldsymbol{\Phi}_{33}^{1N}\\ \vdots & & \vdots\\ \boldsymbol{\Phi}_{33}^{N1} & \cdots & \boldsymbol{\Phi}_{33}^{NN}\end{bmatrix}$$

其中

$$\boldsymbol{\Phi}_{21}^{i}=\begin{bmatrix}\mathbf{0}&\mathbf{0}&\mathbf{0}&\mathbf{0}&\mathbf{0}\\\boldsymbol{A}_i\boldsymbol{X}&\mathbf{0}&\mathbf{0}&\boldsymbol{B}_{wi}&\mathbf{0}\\\boldsymbol{C}_i\boldsymbol{X}&\mathbf{0}&\mathbf{0}&\boldsymbol{D}_{wi}&\mathbf{0}\\\tau\boldsymbol{A}_i\boldsymbol{X}&\mathbf{0}&\mathbf{0}&\tau\boldsymbol{B}_{wi}&\mathbf{0}\end{bmatrix}+\boldsymbol{S}_i-\boldsymbol{S}_0+\boldsymbol{W}_i,\quad \boldsymbol{\Phi}_{31}^{i}=\boldsymbol{T}_i-\boldsymbol{T}_0+\boldsymbol{Z}_i$$

$$\boldsymbol{\Phi}_{22}^{ii}=(-\boldsymbol{S}_i-\boldsymbol{W}_i-\boldsymbol{V}_i)-(*),\quad \boldsymbol{\Phi}_{22}^{ij}=-\boldsymbol{S}_i-\boldsymbol{S}_j$$

$$\boldsymbol{\Phi}_{32}^{ii}=\begin{bmatrix}\mathbf{0}&\mathbf{0}&\mathbf{0}&\mathbf{0}&\mathbf{0}\\\mathbf{0}&\boldsymbol{B}_i\boldsymbol{Y}_i&\boldsymbol{B}_i\boldsymbol{Y}_i&\mathbf{0}&\mathbf{0}\\\mathbf{0}&\boldsymbol{D}_i\boldsymbol{Y}_i&\boldsymbol{D}_i\boldsymbol{Y}_i&\mathbf{0}&\mathbf{0}\\\mathbf{0}&\tau\boldsymbol{B}_i\boldsymbol{Y}_i&\tau\boldsymbol{B}_i\boldsymbol{Y}_i&\mathbf{0}&\mathbf{0}\end{bmatrix}+(\boldsymbol{V}_i)+(*),\quad \boldsymbol{\Phi}_{33}^{ij}=-\boldsymbol{T}_i-\boldsymbol{T}_j$$

$$\boldsymbol{\Phi}_{32}^{ij}=\begin{bmatrix}\mathbf{0}&\mathbf{0}&\mathbf{0}&\mathbf{0}&\mathbf{0}\\\mathbf{0}&\boldsymbol{B}_j\boldsymbol{Y}_i&\boldsymbol{B}_j\boldsymbol{Y}_i&\mathbf{0}&\mathbf{0}\\\mathbf{0}&\boldsymbol{D}_j\boldsymbol{Y}_i&\boldsymbol{D}_j\boldsymbol{Y}_i&\mathbf{0}&\mathbf{0}\\\mathbf{0}&\tau\boldsymbol{B}_j\boldsymbol{Y}_i&\tau\boldsymbol{B}_j\boldsymbol{Y}_i&\mathbf{0}&\mathbf{0}\end{bmatrix},\quad \boldsymbol{\Phi}_{33}^{ii}=(-\boldsymbol{T}_i-\boldsymbol{Z}_i-\boldsymbol{V}_i)+(*)$$

$$\boldsymbol{X\Omega X}=\widetilde{\boldsymbol{\Omega}},\quad \boldsymbol{XQX}=\widetilde{\boldsymbol{Q}},\quad \boldsymbol{XRX}=\widetilde{\boldsymbol{R}},\quad \boldsymbol{Y}_j=\boldsymbol{K}_j\boldsymbol{X}$$

$\boldsymbol{e}_m(m=1,2,\cdots,7)$表示块元矩阵,如$\boldsymbol{e}_2=[\mathbf{0}\quad \boldsymbol{I}\quad \mathbf{0}\quad \cdots\quad \mathbf{0}]$;$\boldsymbol{\Lambda}+(*)=\boldsymbol{\Lambda}+\boldsymbol{\Lambda}^{\mathrm{T}}$。那么,闭环模糊系统(7.3.11)是全局二次稳定的且取得H^{∞}控制性能(7.3.3)。

证明 选择 Lyapunov-Krasovskii 泛函:

$$V(k)=\boldsymbol{x}^{\mathrm{T}}(k)\boldsymbol{P}\boldsymbol{x}(k)+\sum_{p=k-\tau}^{k-1}\boldsymbol{x}^{\mathrm{T}}(p)\boldsymbol{Q}\boldsymbol{x}(p)+\tau\sum_{q=-\tau+1}^{0}\sum_{p=k-1+q}^{k-1}\boldsymbol{s}^{\mathrm{T}}(p)\boldsymbol{R}\boldsymbol{s}(p)\tag{7.3.13}$$

式中,$\boldsymbol{s}(k)=\boldsymbol{x}(k+1)-\boldsymbol{x}(k)$。

求$V(k)$的差分,并由式(7.3.11)可得

$$\begin{aligned}\Delta V(k)&=V(k+1)-V(k)\\&=\boldsymbol{x}^{\mathrm{T}}(k+1)\boldsymbol{P}\boldsymbol{x}(k+1)-\boldsymbol{x}^{\mathrm{T}}(k)\boldsymbol{P}\boldsymbol{x}(k)+\boldsymbol{x}^{\mathrm{T}}(k)\boldsymbol{Q}\boldsymbol{x}(k)\\&\quad-\boldsymbol{x}^{\mathrm{T}}(k-\tau)\boldsymbol{Q}\boldsymbol{x}(k-\tau)+\tau^2\boldsymbol{s}^{\mathrm{T}}(k)\boldsymbol{R}\boldsymbol{s}(k)-\tau\sum_{p=k-\tau}^{k-1}\boldsymbol{s}^{\mathrm{T}}(p)\boldsymbol{R}\boldsymbol{s}(p)\end{aligned}\tag{7.3.14}$$

根据 Jensen 不等式,有

$$-\tau\sum_{p=k-\tau}^{k-1}\boldsymbol{s}^{\mathrm{T}}(p)\boldsymbol{R}\boldsymbol{s}(p)\leqslant-(\boldsymbol{x}(k)-\boldsymbol{x}(k-\tau))^{\mathrm{T}}\boldsymbol{R}(\boldsymbol{x}(k)-\boldsymbol{x}(k-\tau))$$

则有

$$\begin{aligned}\Delta V(k)\leqslant&(\boldsymbol{\Upsilon}_1\boldsymbol{x}(k)+\boldsymbol{\Upsilon}_2\boldsymbol{x}(k-\tau)-\boldsymbol{\Upsilon}_2\boldsymbol{e}(i_kh)+\boldsymbol{\Upsilon}_3\boldsymbol{w}(k))^{\mathrm{T}}\\&\boldsymbol{P}(\boldsymbol{\Upsilon}_1\boldsymbol{x}(k)+\boldsymbol{\Upsilon}_2\boldsymbol{x}(k-\tau)-\boldsymbol{\Upsilon}_2\boldsymbol{e}(i_kh)+\boldsymbol{\Upsilon}_3\boldsymbol{w}(k))-\boldsymbol{x}^{\mathrm{T}}(k)\boldsymbol{P}\boldsymbol{x}(k)\\&+\boldsymbol{x}^{\mathrm{T}}(k)\boldsymbol{Q}\boldsymbol{x}(k)-\boldsymbol{x}^{\mathrm{T}}(k-\tau)\boldsymbol{Q}\boldsymbol{x}(k-\tau)+\tau^2\boldsymbol{s}^{\mathrm{T}}(k)\boldsymbol{R}\boldsymbol{s}(k)\\&-(\boldsymbol{x}(k)-\boldsymbol{x}(k-\tau))^{\mathrm{T}}\boldsymbol{R}(\boldsymbol{x}(k)-\boldsymbol{x}(k-\tau))\end{aligned}$$

由事件触发机制(7.3.5)可知,当$k\in[t_l+\tau_l,t_{l+1}+\tau_{l+1}]$时,$\boldsymbol{e}^{\mathrm{T}}(i_kh)\boldsymbol{\Omega}\boldsymbol{e}(i_kh)-\sigma\boldsymbol{x}(k)^{\mathrm{T}}\boldsymbol{\Omega}\boldsymbol{x}(k)<0$,上式可进一步表示为

$$\begin{aligned}&\Delta V(k)+\boldsymbol{z}^{\mathrm{T}}(k)\boldsymbol{z}(k)-\gamma^2\boldsymbol{w}^{\mathrm{T}}(k)\boldsymbol{w}(k)\\&\leqslant(\boldsymbol{\Upsilon}_1\boldsymbol{x}(k)+\boldsymbol{\Upsilon}_2\boldsymbol{x}(k-\tau)-\boldsymbol{\Upsilon}_2\boldsymbol{e}(i_kh)+\boldsymbol{\Upsilon}_3\boldsymbol{w}(k))^{\mathrm{T}}\boldsymbol{P}(\boldsymbol{\Upsilon}_1\boldsymbol{x}(k)\end{aligned}$$

$$
\begin{aligned}
&+\Upsilon_2\boldsymbol{x}(k-\tau)-\Upsilon_2\boldsymbol{e}(i_kh)+\Upsilon_3\boldsymbol{w}(k))-\boldsymbol{x}^{\mathrm{T}}(k)\boldsymbol{P}\boldsymbol{x}(k)\\
&+\boldsymbol{x}^{\mathrm{T}}(k)\boldsymbol{Q}\boldsymbol{x}(k)-\boldsymbol{x}^{\mathrm{T}}(k-\tau)\boldsymbol{Q}\boldsymbol{x}(k-\tau)+\tau^2\boldsymbol{s}^{\mathrm{T}}(k)\boldsymbol{R}\boldsymbol{s}(k)\\
&-(\boldsymbol{x}(k)-\boldsymbol{x}(k-\tau))^{\mathrm{T}}\boldsymbol{R}(\boldsymbol{x}(k)-\boldsymbol{x}(k-\tau))\\
&+(\Upsilon_4\boldsymbol{x}(k)+\Upsilon_5\boldsymbol{x}(k-\tau)+\Upsilon_5\boldsymbol{e}(i_kh)+\Upsilon_6\boldsymbol{w}(k))^{\mathrm{T}}\\
&\times(\Upsilon_4\boldsymbol{x}(k)+\Upsilon_5\boldsymbol{x}(k-\tau))+\Upsilon_5\boldsymbol{e}(i_kh)+\Upsilon_6\boldsymbol{w}(k)-\gamma^2\boldsymbol{w}^{\mathrm{T}}(k)\boldsymbol{w}(k)\\
&-\boldsymbol{e}^{\mathrm{T}}(i_kh)\boldsymbol{\Omega}\boldsymbol{e}(i_kh)
\end{aligned}\tag{7.3.15}
$$

定义 $\boldsymbol{Z}=[\boldsymbol{x}^{\mathrm{T}}(k)\quad \boldsymbol{x}^{\mathrm{T}}(k-\tau)\quad \boldsymbol{e}^{\mathrm{T}}(i_kh)\quad \boldsymbol{w}^{\mathrm{T}}(k)]^{\mathrm{T}}$，式(7.3.15)可以表示为

$$
\begin{aligned}
&\Delta V(k)+\boldsymbol{z}^{\mathrm{T}}(k)\boldsymbol{z}(k)-\gamma^2\boldsymbol{w}^{\mathrm{T}}(k)\boldsymbol{w}(k)\\
&\leqslant\boldsymbol{Z}^{\mathrm{T}}(\boldsymbol{\psi}_0+\bar{\Upsilon}_1^{\mathrm{T}}\boldsymbol{P}\bar{\Upsilon}_1+\bar{\Upsilon}_2^{\mathrm{T}}\bar{\Upsilon}_2+\tau^2\,\bar{\Upsilon}_3^{\mathrm{T}}\boldsymbol{PRP}\bar{\Upsilon}_3)\boldsymbol{Z}
\end{aligned}\tag{7.3.16}
$$

为了保证 $\Delta V(k)+\boldsymbol{z}^{\mathrm{T}}(k)\boldsymbol{z}(k)-\gamma^2\boldsymbol{w}^{\mathrm{T}}(k)\boldsymbol{w}(k)\leqslant 0$，假设式(7.3.16)是负定的，即

$$
\boldsymbol{\psi}_0+\boldsymbol{\Sigma}_1^{\mathrm{T}}\boldsymbol{P}\boldsymbol{\Sigma}_1+\boldsymbol{\Sigma}_2^{\mathrm{T}}\boldsymbol{\Sigma}_2+\tau^2\boldsymbol{\Sigma}_3^{\mathrm{T}}\boldsymbol{PRP}\boldsymbol{\Sigma}_3<\mathbf{0}\tag{7.3.17}
$$

应用 Schur 分解原理，式(7.3.17)等价于

$$
\begin{bmatrix}
\boldsymbol{\psi}_0 & \boldsymbol{\Sigma}_1^{\mathrm{T}}\boldsymbol{P} & \boldsymbol{\Sigma}_2^{\mathrm{T}} & \tau\boldsymbol{\Sigma}_3^{\mathrm{T}}\boldsymbol{P}\\
\boldsymbol{P}\boldsymbol{\Sigma}_1 & -\boldsymbol{P} & \mathbf{0} & \mathbf{0}\\
\boldsymbol{\Sigma}_2 & \mathbf{0} & -\boldsymbol{I} & \mathbf{0}\\
\tau\boldsymbol{P}\boldsymbol{\Sigma}_3 & \mathbf{0} & \mathbf{0} & -\boldsymbol{R}^{-1}
\end{bmatrix}<\mathbf{0}\tag{7.3.18}
$$

式中

$$
\boldsymbol{\psi}_0=\mathrm{diag}(-\boldsymbol{P}+\boldsymbol{Q}+\varepsilon^2\boldsymbol{P},-\boldsymbol{Q}+\sigma\boldsymbol{\Omega},-\boldsymbol{\Omega},-\gamma^2\boldsymbol{I})-(\boldsymbol{e}_1-\boldsymbol{e}_2)^{\mathrm{T}}\boldsymbol{R}(\boldsymbol{e}_1-\boldsymbol{e}_2)
$$

$$
\boldsymbol{\Sigma}_1=[\Upsilon_1\quad\Upsilon_2\quad\Upsilon_3\quad\Upsilon_4],\quad \boldsymbol{\Sigma}_2=[\Upsilon_4\quad\Upsilon_5\quad\Upsilon_5\quad\Upsilon_6],\quad \boldsymbol{\Sigma}_3=[\Upsilon_1-\boldsymbol{I}\quad\Upsilon_2\quad\Upsilon_2\quad\Upsilon_3]
$$

引进变量 $\boldsymbol{X}=\boldsymbol{P}^{-1}$，并且令

$$
\boldsymbol{X\Omega X}=\widetilde{\boldsymbol{\Omega}},\quad \boldsymbol{XQX}=\widetilde{\boldsymbol{Q}},\quad \boldsymbol{XRX}=\widetilde{\boldsymbol{R}},\quad \boldsymbol{Y}_j=\boldsymbol{K}_j\boldsymbol{X}
$$

在式(7.3.18)左右两侧同时乘以 $\mathrm{diag}(\boldsymbol{P}^{-1},\boldsymbol{P}^{-1},\boldsymbol{P}^{-1},\boldsymbol{I},\boldsymbol{P}^{-1},\boldsymbol{I},\boldsymbol{P}^{-1}\boldsymbol{P}^{-1})$，得到

$$
\bar{\boldsymbol{\psi}}=\begin{bmatrix}
\bar{\boldsymbol{\psi}}_0 & \bar{\boldsymbol{\Sigma}}_1^{\mathrm{T}} & \bar{\boldsymbol{\Sigma}}_2^{\mathrm{T}} & \tau\bar{\boldsymbol{\Sigma}}_3^{\mathrm{T}}\\
\bar{\boldsymbol{\Sigma}}_1 & -\boldsymbol{X} & \mathbf{0} & \mathbf{0}\\
\bar{\boldsymbol{\Sigma}}_2 & \mathbf{0} & -\boldsymbol{I} & \mathbf{0}\\
\tau\bar{\boldsymbol{\Sigma}}_3 & \mathbf{0} & \mathbf{0} & -\boldsymbol{X}\widetilde{\boldsymbol{R}}^{-1}\boldsymbol{X}
\end{bmatrix}<\mathbf{0}\tag{7.3.19}
$$

式中

$$
\begin{aligned}
&\bar{\boldsymbol{\psi}}_0=\mathrm{diag}(-\boldsymbol{X}+\widetilde{\boldsymbol{Q}}+\varepsilon^2\boldsymbol{X},-\widetilde{\boldsymbol{Q}}+\sigma\widetilde{\boldsymbol{\Omega}},-\widetilde{\boldsymbol{\Omega}},-\gamma^2\boldsymbol{I})-(\boldsymbol{e}_1-\boldsymbol{e}_2)^{\mathrm{T}}\widetilde{\boldsymbol{R}}(\boldsymbol{e}_1-\boldsymbol{e}_2)\\
&\bar{\boldsymbol{\Sigma}}_1=[\bar{\Upsilon}_1\quad\bar{\Upsilon}_2\quad\bar{\Upsilon}_2\quad\bar{\Upsilon}_3],\quad \bar{\boldsymbol{\Sigma}}_2=[\bar{\Upsilon}_4\quad\bar{\Upsilon}_5\quad\bar{\Upsilon}_5\quad\bar{\Upsilon}_6]\\
&\bar{\boldsymbol{\Sigma}}_3=[\bar{\Upsilon}_1-\boldsymbol{X}\quad\bar{\Upsilon}_2\quad\bar{\Upsilon}_2\quad\bar{\Upsilon}_3]\\
&\bar{\Upsilon}_1=\sum_{i=1}^{N}\mu_i\boldsymbol{A}_i\boldsymbol{X},\quad \bar{\Upsilon}_2=\sum_{i=1}^{N}\sum_{j=1}^{N}\mu_i\bar{\mu}_j\boldsymbol{B}_i\boldsymbol{Y}_j,\quad \bar{\Upsilon}_3=\sum_{i=1}^{N}\mu_i\boldsymbol{B}_{wi}\\
&\bar{\Upsilon}_4=\sum_{i=1}^{N}h_i\boldsymbol{C}_i\boldsymbol{X},\quad \bar{\Upsilon}_5=\sum_{i=1}^{N}\sum_{j=1}^{N}\mu_i\bar{\mu}_j\boldsymbol{D}_i\boldsymbol{Y}_j,\quad \bar{\Upsilon}_6=\sum_{i=1}^{N}\mu_i\boldsymbol{D}_{wi}
\end{aligned}
$$

由引理 7.3.1 得到

$$
\bar{\boldsymbol{\psi}}+\sum_{m=1}^{5}\boldsymbol{\lambda}_m<\mathbf{0}\tag{7.3.20}
$$

注意到,式(7.3.20)中存在非线性耦合项$-\boldsymbol{X}\widetilde{\boldsymbol{R}}^{-1}\boldsymbol{X}$。对于给定实数$\mu$,以及正定对称矩阵$\widetilde{\boldsymbol{R}}>0,\boldsymbol{X}>0$,有$(\mu\boldsymbol{I}-\widetilde{\boldsymbol{R}}^{-1}\boldsymbol{X})^{\mathrm{T}}\widetilde{\boldsymbol{R}}(\mu\boldsymbol{I}-\widetilde{\boldsymbol{R}}^{-1}\boldsymbol{X})\geqslant 0$,则如下不等式成立:

$$-\boldsymbol{X}\widetilde{\boldsymbol{R}}^{-1}\boldsymbol{X}\leqslant -2\mu\boldsymbol{X}+\mu^2\widetilde{\boldsymbol{R}} \tag{7.3.21}$$

将式(7.3.21)代入式(7.3.20),得到定理7.3.1中的线性矩阵不等式(7.3.12),也即

$$\Delta V(k)+\boldsymbol{z}^{\mathrm{T}}(k)\boldsymbol{z}(k)-\gamma^2\boldsymbol{w}^{\mathrm{T}}(k)\boldsymbol{w}(k)<\boldsymbol{0} \tag{7.3.22}$$

对式(7.3.22)两边从0至∞求和,并结合零初始条件,有

$$\sum_{k=1}^{\infty}\boldsymbol{z}^{\mathrm{T}}(k)\boldsymbol{z}(k)\leqslant\gamma^2\sum_{k=1}^{\infty}\boldsymbol{w}^{\mathrm{T}}(k)\boldsymbol{w}(k) \tag{7.3.23}$$

即对于给定的γ,所设计的模糊事件触发控制器(7.3.9)使得闭环模糊系统取得H^{∞}性能指标(7.3.3)。

7.3.4 仿真

考虑如下弹簧质点系统:

$$\begin{cases}\dot{x}_1=x_2\\ \dot{x}_2=-0.01x_1-0.67x_1^3+w+u\end{cases} \tag{7.3.24}$$

式中,x_1、x_2是弹簧质点的位置和速度,且$x_1\in[-1,1]$;u是作用在质点上的力;$w=0.2\mathrm{e}^{-0.1t}\sin(0.2\pi t)$是外部扰动。

用模糊T-S模型来表示系统(7.3.24),设模糊推理规则如下。

模糊系统规则1:如果x_1是μ_1,则

$$\dot{\boldsymbol{x}}(t)=\boldsymbol{A}_1\boldsymbol{x}(t)+\boldsymbol{B}_1\boldsymbol{u}(t)+\boldsymbol{B}_{w1}\boldsymbol{w}(t),\quad \boldsymbol{z}(t)=\boldsymbol{C}_1\boldsymbol{x}(t)$$

模糊系统规则2:如果x_2是μ_2,则

$$\dot{\boldsymbol{x}}(t)=\boldsymbol{A}_2\boldsymbol{x}(t)+\boldsymbol{B}_2\boldsymbol{u}(t)+\boldsymbol{B}_{w2}\boldsymbol{w}(t),\quad \boldsymbol{z}(t)=\boldsymbol{C}_2\boldsymbol{x}(t)$$

式中

$$\boldsymbol{A}_1=\begin{bmatrix}1 & 0.1\\ -0.001 & 1\end{bmatrix},\quad \boldsymbol{B}_1=\boldsymbol{B}_{w1}=\begin{bmatrix}0.005\\ 0.1\end{bmatrix},\quad \boldsymbol{A}_2=\begin{bmatrix}0.9966 & 0.0999\\ -0.0679 & 0.9966\end{bmatrix}$$

$$\boldsymbol{B}_2=\boldsymbol{B}_{w2}=\begin{bmatrix}0.005\\ 0.0999\end{bmatrix},\quad \boldsymbol{C}_1=\boldsymbol{C}_2=[1\quad 0]$$

模糊隶属函数为

$$\mu_1=1-x_1^2,\quad \mu_2=x_1^2$$

给定$\rho_1=\rho_2=0.1,\mu=0.9,\tau=2,\varepsilon=0$。设置$\sigma$为不同值,求解定理7.3.1,得到$\gamma_{\min}$如表7-2所示。可以看出,$\sigma$越大,$\gamma_{\min}$越大,进一步表明,减少数据传输量将导致控制性能下降。因此,通过设置适当的事件触发机制参数,可以达到控制系统整体性能的最佳折中。

表7-2 不同σ对应的$\gamma_{\min}$

σ	0	0.01	0.05	0.1	0.2	0.3	0.4
$\gamma_{\min}$	0.49	0.60	0.82	1.1	2.0	3.6	8.9

给定$\gamma=2,\rho_1=\rho_2=0.1,\mu=0.9,\tau=2,\sigma=0.01,\varepsilon=0.03$。求解定理7.3.1,可得

$$\boldsymbol{\Omega}=\begin{bmatrix}33.5771 & 20.5289\\ 20.5289 & 24.1141\end{bmatrix},\quad \boldsymbol{K}_1=[-1.9792 \quad -2.2465],\quad \boldsymbol{K}_2=[-1.3857 \quad -2.2227]$$

取初始条件为 $\boldsymbol{x}(0)=[1,-1]^{\mathrm{T}}$，采样周期为 0.1s。仿真结果由图 7-7 和图 7-8 给出，可见本节设计的模糊事件触发控制器可以使得闭环系统性能达到设计要求，数据传输率大为下降。

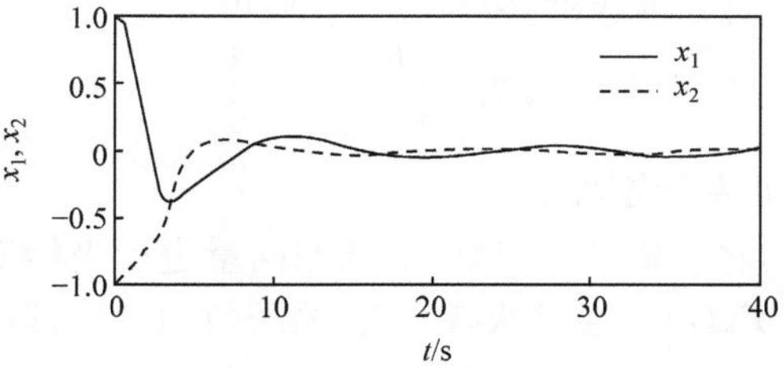

图 7-7　定常时滞情况下的状态响应曲线

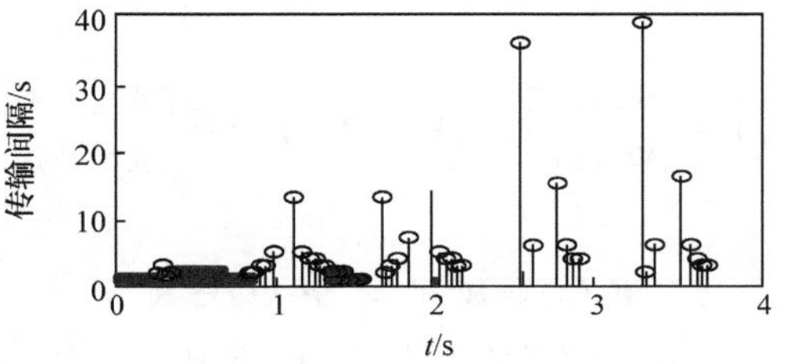

图 7-8　定常时滞情况下的传输间隔

7.4　连续模糊系统的事件触发滑模控制

本节针对一类不确定模糊系统，设计基于事件触发的滑模控制器，并基于线性矩阵不等式方法给出模糊闭环系统的稳定性分析。

7.4.1　不确定模糊系统的描述及控制问题

考虑不确定模糊系统，其模糊规则 i 如下：

如果 $\xi_1(t)$是 F_{i1}，$\xi_2(t)$是 F_{i2}，…，$\xi_n(t)$是 F_{in}，则

$$\dot{\boldsymbol{x}}(t)=\boldsymbol{A}_i\boldsymbol{x}(t)+\boldsymbol{B}_i(\boldsymbol{u}(t)+\boldsymbol{C}_i\boldsymbol{f}(t)),\quad i=1,2,\cdots,N \tag{7.4.1}$$

式中，$\boldsymbol{x}(t)\in\mathbf{R}^n$ 是状态向量；$\boldsymbol{u}(t)\in\mathbf{R}^m$ 是系统的控制输入；$\boldsymbol{A}_i$、$\boldsymbol{B}_i$ 和 $\boldsymbol{C}_i$ 是具有适当维数的实数矩阵；$\boldsymbol{f}(t)\in\mathbf{R}^q$ 是系统的有界外部扰动输入向量，且有

$$\|\boldsymbol{C}_i\boldsymbol{f}(t)\|\leqslant\zeta(i) \tag{7.4.2}$$

通过单点模糊化、乘积推理和中心平均加权反模糊化，得到模糊系统的全局模型如下：

$$\dot{\boldsymbol{x}}(t)=\sum_{i=1}^{N}\mu_i(\boldsymbol{\xi}(t))[\boldsymbol{A}_i\boldsymbol{x}(t)+\boldsymbol{B}_i(\boldsymbol{u}(t)+\boldsymbol{C}_i\boldsymbol{f}(t))] \tag{7.4.3}$$

令

$$\mu_i=\mu_i(\boldsymbol{\xi}(t)),\quad \boldsymbol{A}(\mu)=\sum_{i=1}^{N}\mu_i\boldsymbol{A}_i,\quad \boldsymbol{B}(\mu)=\sum_{i=1}^{N}\mu_i\boldsymbol{B}_i,\quad \boldsymbol{C}(\mu)=\sum_{i=1}^{N}\mu_i\boldsymbol{C}_i$$

则模糊系统(7.4.3)可表示成

$$\dot{\boldsymbol{x}}(t)=\boldsymbol{A}(\mu)\boldsymbol{x}(t)+\boldsymbol{B}(\mu)(\boldsymbol{u}(t)+\boldsymbol{C}(\mu)\boldsymbol{f}(t)) \tag{7.4.4}$$

假设 7.4.1 系统的输入矩阵 $\boldsymbol{B}_i$ 是列满秩的,且($\boldsymbol{A}_i,\boldsymbol{B}_i$)是可控的。

由假设 7.4.1 可知,存在非奇异变换矩阵 $\boldsymbol{T}$,使得

$$\boldsymbol{T}\boldsymbol{B}_i=\begin{bmatrix}\boldsymbol{0}_{(n-m)\times m}\\ \boldsymbol{B}_{1i}\end{bmatrix}$$

式中,$\boldsymbol{B}_{1i}\in\mathbf{R}^{m\times m}$ 是一个非奇异矩阵。

以 $\boldsymbol{T}$ 作为变换矩阵,将系统(7.4.1)中的状态向量进行坐标变换,即引入一个新的状态向量 $\boldsymbol{\Psi}(t)$,且 $\boldsymbol{\Psi}(t)=\boldsymbol{T}\boldsymbol{x}(t)$。通过状态变换,系统(7.4.1)可以表示为

$$\dot{\boldsymbol{\Psi}}(t)=\bar{\boldsymbol{A}}_i\boldsymbol{\Psi}(t)+\begin{bmatrix}\boldsymbol{0}_{(n-m)\times m}\\ \boldsymbol{B}_{1i}\end{bmatrix}\times(\boldsymbol{u}(t)+\boldsymbol{C}_i\boldsymbol{f}(t)) \tag{7.4.5}$$

式中

$$\boldsymbol{\Psi}(t)=\begin{bmatrix}\boldsymbol{\Psi}_1(t)\\ \boldsymbol{\Psi}_2(t)\end{bmatrix},\quad \bar{\boldsymbol{A}}_i\overset{\text{def}}{=}\boldsymbol{T}\boldsymbol{A}_i\boldsymbol{T}^{-1}\overset{\text{def}}{=}\begin{bmatrix}\boldsymbol{A}_{11i} & \boldsymbol{A}_{12i}\\ \boldsymbol{A}_{21i} & \boldsymbol{A}_{22i}\end{bmatrix}$$

其中

$$\boldsymbol{\Psi}_1(t)\in\mathbf{R}^{n-m},\quad \boldsymbol{\Psi}_2(t)\in\mathbf{R}^{m}$$
$$\boldsymbol{A}_{11i}\in\mathbf{R}^{(n-m)\times(n-m)},\quad \boldsymbol{A}_{12i}\in\mathbf{R}^{(n-m)\times m}$$
$$\boldsymbol{A}_{21i}\in\mathbf{R}^{m\times(n-m)},\quad \boldsymbol{A}_{22i}\in\mathbf{R}^{m\times m}$$

因此,通过状态变换的模糊系统的全局模型如下:

$$\begin{bmatrix}\dot{\boldsymbol{\Psi}}_1(t)\\ \dot{\boldsymbol{\Psi}}_2(t)\end{bmatrix}=\sum_{i=1}^{N}\mu_i(\xi(t))\left\{\begin{bmatrix}\boldsymbol{A}_{11i} & \boldsymbol{A}_{12i}\\ \boldsymbol{A}_{21i} & \boldsymbol{A}_{22i}\end{bmatrix}\begin{bmatrix}\boldsymbol{\Psi}_1(t)\\ \boldsymbol{\Psi}_2(t)\end{bmatrix}+\begin{bmatrix}\boldsymbol{0}_{(n-m)\times m}\\ \boldsymbol{B}_{1i}\end{bmatrix}\times(\boldsymbol{u}(t)+\boldsymbol{C}_i\boldsymbol{f}(t))\right\} \tag{7.4.6}$$

7.4.2 事件触发滑模控制设计与稳定性分析

首先,针对系统(7.4.6)设计如下滑模面:

$$\boldsymbol{s}(t)=\boldsymbol{\Psi}_2(t)+\boldsymbol{G}_j\boldsymbol{\Psi}_1(t) \tag{7.4.7}$$

式中,$\boldsymbol{G}_j\in\mathbf{R}^{m\times(n-m)}$ 是待设计矩阵。

拟采样状态变量为 $\boldsymbol{\Psi}(t)=[\boldsymbol{\Psi}_1^{\mathrm{T}}(t)\quad \boldsymbol{\Psi}_2^{\mathrm{T}}(t)]^{\mathrm{T}}$。定义当前状态变量为 $\boldsymbol{\Psi}_1(i_kh)$ 和 $\boldsymbol{\Psi}_2(i_kh)$,其中 $i_kh=t_kh+nh$,h 是采样周期;最新传送的状态变量为 $\boldsymbol{\Psi}_1(t_kh)$ 和 $\boldsymbol{\Psi}_2(t_kh)$;当前采样数据与 $\boldsymbol{e}(i_kh)$ 最新传输数据之间的状态误差为

$$\boldsymbol{e}(i_kh)=\boldsymbol{\Psi}_1(i_kh)-\boldsymbol{\Psi}_1(t_kh) \tag{7.4.8}$$

基于此状态误差设计事件触发机制,也即事件触发的下一传送时刻 t_{k+1} 为

$$t_{k+1}h=t_kh+\min_{n\geqslant 1}\{nh\,|\,\boldsymbol{e}^{\mathrm{T}}(i_kh)\boldsymbol{\Phi}_1\boldsymbol{e}(i_kh)>\delta\boldsymbol{\Psi}_1^{\mathrm{T}}(t_kh)\boldsymbol{\Phi}_2\boldsymbol{\Psi}_1(t_kh)\} \tag{7.4.9}$$

式中,$\boldsymbol{\Phi}_1$ 和 $\boldsymbol{\Phi}_2$ 是对称正定矩阵;$0\leqslant\delta<1$。

零阶保持器的保持时间是$[t_kh+\tau_{t_k},t_{k+1}h+\tau_{t_{k+1}})$,其中 τ_{t_k} 和 $\tau_{t_{k+1}}$ 分别表示在时刻 t_kh

和 $t_{k+1}h$ 的通信时延，其上界为 $\bar{\tau}>0$；零阶保持器的保持区域可表示为 $[t_kh+\tau_{t_k}, t_{k+1}h+\tau_{t_{k+1}})=\bigcup_{l=0}^{d}\boldsymbol{\Omega}_{l,k}$，其中 $\boldsymbol{\Omega}_{l,k}=[i_kh+\tau_{t_k+l}, i_kh+h+\tau_{t_k+l+1}), l=0,1,\cdots,d$，且 $d=t_{k+1}h-t_kh-1$。

对于 $t\in\boldsymbol{\Omega}_{l,k}$，通信时延可表示为

$$\eta(t)=t-i_kh,\quad 0\leqslant\eta(t)\leqslant h+\bar{\tau}=\bar{\eta}$$

由事件触发机制(7.4.9)，可得如下关系式：

$$\boldsymbol{e}^{\mathrm{T}}(i_kh)\boldsymbol{\Phi}_1\boldsymbol{e}(i_kh)\leqslant\delta\boldsymbol{\Psi}_1^{\mathrm{T}}(t_kh)\boldsymbol{\Phi}_2\boldsymbol{\Psi}_1(t_kh),\quad t\in[t_kh+\tau_{t_k}, t_{k+1}h+\tau_{t_{k+1}})\tag{7.4.10}$$

基于事件触发机制(7.4.9)，设计滑模控制器为

$$\boldsymbol{u}(t)=\boldsymbol{u}_{eq}(t)-\varphi\mathrm{sgn}(\boldsymbol{s}(t))\tag{7.4.11}$$

式中

$$\begin{aligned}\boldsymbol{u}_{eq}(t)=&-\boldsymbol{B}_{1i}^{-1}[(\boldsymbol{G}_j\boldsymbol{A}_{11i}+\boldsymbol{A}_{21i})\boldsymbol{e}(t)\\&+(\boldsymbol{G}_j\boldsymbol{A}_{11i}+\boldsymbol{A}_{21i}-\boldsymbol{G}_j\boldsymbol{A}_{12i}\boldsymbol{G}_j-\boldsymbol{A}_{22i}\boldsymbol{G}_j)\boldsymbol{\Psi}_1(t_k)]-\boldsymbol{C}_i\boldsymbol{f}(t)\end{aligned}\tag{7.4.12}$$

其中，$\boldsymbol{e}(t)=\boldsymbol{\Psi}_1(t)-\boldsymbol{\Psi}_1(t_kh)$。

接下来，分析滑动模态的渐近稳定条件。基于上述分析，当系统状态到达滑模面(7.4.7)时，有

$$\boldsymbol{s}(t)=\boldsymbol{\Psi}_2(t_kh)+\boldsymbol{G}_j\boldsymbol{\Psi}_1(t_kh)=\boldsymbol{0},\quad t\in[t_kh+\tau_{t_k}, t_{k+1}h+\tau_{t_{k+1}})\tag{7.4.13}$$

进而得到

$$\boldsymbol{\Psi}_2(t_kh)=-\boldsymbol{G}_j\boldsymbol{\Psi}_1(t_kh)\tag{7.4.14}$$

把式(7.4.8)代入式(7.4.14)，可得

$$\boldsymbol{\Psi}_2(t_kh)=-\boldsymbol{G}_j(\boldsymbol{\Psi}_1(t-\eta(t))-\boldsymbol{e}_k(i_kh))\tag{7.4.15}$$

因此，由式(7.4.6)、(7.4.14)和(7.4.15)得到如下滑动模态：

$$\dot{\boldsymbol{\Psi}}_1(t)=\sum_{i=1}^{N}\sum_{i=1}^{N}\mu_i\mu_j(\boldsymbol{A}_{11i}\boldsymbol{\Psi}_1(t)-\boldsymbol{A}_{12i}\boldsymbol{G}_j\boldsymbol{\Psi}_1(t-\eta(t))+\boldsymbol{A}_{12i}\boldsymbol{G}_j\boldsymbol{e}_k(i_kh))\tag{7.4.16}$$

对于滑动模态(7.4.16)，其初始条件为 $\boldsymbol{\Psi}(t)=\boldsymbol{\phi}(t), t\in[-\bar{\eta},0]$，其中 $\boldsymbol{\phi}(t)$ 是初始值。

下面定理给出了滑动模态的渐近稳定的充分条件。

定理 7.4.1　对于给定的常数 $\eta_M>0, \eta_{Mm}>0, \delta\in[0,1)$，如果存在正定对称矩阵 $\boldsymbol{W}_1$、$\boldsymbol{W}_2$、$\boldsymbol{P}$、$\boldsymbol{Q}_i$、$\boldsymbol{R}_i$、$\boldsymbol{\Xi}_i$、$\boldsymbol{T}$、$\boldsymbol{U}$，以及矩阵 $\boldsymbol{M}$ 和 $\boldsymbol{G}_j$，满足下列矩阵不等式：

$$\bar{\boldsymbol{\Omega}}^{iilu}<\boldsymbol{0}\tag{7.4.17}$$

$$\frac{1}{N-1}\bar{\boldsymbol{\Omega}}^{iilu}+\frac{1}{2}(\bar{\boldsymbol{\Omega}}^{ijlu}+\bar{\boldsymbol{\Omega}}^{jilu})<\boldsymbol{0}\tag{7.4.18}$$

$$\begin{bmatrix}\bar{\boldsymbol{U}} & \bar{\boldsymbol{M}}\\ * & \bar{\boldsymbol{U}}\end{bmatrix}\geqslant\boldsymbol{0}\tag{7.4.19}$$

式中

$$
\overline{\boldsymbol{\Omega}}^{ijlu}=\begin{bmatrix}
\overline{\boldsymbol{\Omega}}_{11}^{ii} & \boldsymbol{0} & \overline{\boldsymbol{T}} & \overline{\boldsymbol{\Omega}}_{14}^{ij} & \overline{\boldsymbol{\Omega}}_{15}^{ij} & \overline{\boldsymbol{\Omega}}_{16}^{ii} & \overline{\boldsymbol{\Omega}}_{17}^{ii} \\
* & \overline{\boldsymbol{\Omega}}_{22}^{l} & \overline{\boldsymbol{M}} & \overline{\boldsymbol{\Omega}}_{24} & \boldsymbol{0} & \boldsymbol{0} & \boldsymbol{0} \\
* & * & \overline{\boldsymbol{\Omega}}_{33}^{u} & \overline{\boldsymbol{\Omega}}_{34} & \boldsymbol{0} & \boldsymbol{0} & \boldsymbol{0} \\
* & * & * & \overline{\boldsymbol{\Omega}}_{44} & \overline{\boldsymbol{\Omega}}_{45} & \overline{\boldsymbol{\Omega}}_{46}^{ij} & \overline{\boldsymbol{\Omega}}_{47}^{ij} \\
* & * & * & * & \overline{\boldsymbol{\Omega}}_{55} & \overline{\boldsymbol{\Omega}}_{56}^{ij} & \overline{\boldsymbol{\Omega}}_{57}^{ij} \\
* & * & * & * & * & -\dfrac{1}{\boldsymbol{T}} & \boldsymbol{0} \\
* & * & * & * & * & * & -\dfrac{1}{\boldsymbol{U}}
\end{bmatrix}
$$

其中

$$
\overline{\boldsymbol{\Omega}}_{11}^{ii}=\boldsymbol{X}\boldsymbol{A}_{11i}+\boldsymbol{A}_{11i}^{\mathrm{T}}\boldsymbol{X}+\overline{\boldsymbol{Q}}_i+\overline{\boldsymbol{R}}_i-\overline{\boldsymbol{T}},\quad \overline{\boldsymbol{\Omega}}_{14}^{ij}=-\boldsymbol{A}_{12i}\boldsymbol{K}_j,\quad \overline{\boldsymbol{\Omega}}_{15}^{ij}=\boldsymbol{A}_{12i}\boldsymbol{K}_j
$$

$$
\overline{\boldsymbol{\Omega}}_{16}^{ii}=\eta_M\boldsymbol{X}\boldsymbol{A}_{11i}^{\mathrm{T}},\quad \overline{\boldsymbol{\Omega}}_{17}^{ii}=\eta_{Mm}\boldsymbol{X}\boldsymbol{A}_{11i}^{\mathrm{T}},\quad \overline{\boldsymbol{\Omega}}_{22}^{l}=\overline{\boldsymbol{\Xi}}_l-\overline{\boldsymbol{Q}}_l-\overline{\boldsymbol{U}},\quad \overline{\boldsymbol{\Omega}}_{24}=-\overline{\boldsymbol{M}}+\overline{\boldsymbol{U}}
$$

$$
\overline{\boldsymbol{\Omega}}_{33}^{u}=-\overline{\boldsymbol{\Xi}}_u-\overline{\boldsymbol{R}}_u-\overline{\boldsymbol{T}}-\overline{\boldsymbol{U}},\quad \overline{\boldsymbol{\Omega}}_{34}=-\overline{\boldsymbol{M}}^{\mathrm{T}}+\overline{\boldsymbol{U}}
$$

$$
\overline{\boldsymbol{\Omega}}_{44}=\overline{\boldsymbol{M}}-\overline{\boldsymbol{U}}+\overline{\boldsymbol{M}}^{\mathrm{T}}-\overline{\boldsymbol{U}}^{\mathrm{T}}+\delta\overline{\boldsymbol{W}}_2,\quad \overline{\boldsymbol{\Omega}}_{45}=-\delta\overline{\boldsymbol{W}}_2,\quad \overline{\boldsymbol{\Omega}}_{46}^{ij}=-\eta_M\boldsymbol{K}_j^{\mathrm{T}}\boldsymbol{A}_{12i}^{\mathrm{T}}
$$

$$
\overline{\boldsymbol{\Omega}}_{47}^{ij}=-\eta_{Mm}\boldsymbol{K}_j^{\mathrm{T}}\boldsymbol{A}_{12i}^{\mathrm{T}},\quad \overline{\boldsymbol{\Omega}}_{55}=\delta\overline{\boldsymbol{W}}_2-\overline{\boldsymbol{W}}_1,\quad \overline{\boldsymbol{\Omega}}_{56}^{ij}=\eta_M\boldsymbol{K}_j^{\mathrm{T}}\boldsymbol{A}_{12i}^{\mathrm{T}}
$$

$$
\overline{\boldsymbol{\Omega}}_{57}^{ij}=\eta_{Mm}\boldsymbol{K}_j^{\mathrm{T}}\boldsymbol{A}_{12i}^{\mathrm{T}},\quad \boldsymbol{X}=\boldsymbol{P}_1^{-1},\quad \boldsymbol{G}_j=\boldsymbol{K}_j\boldsymbol{P}_1^{-1},\quad \boldsymbol{X}\boldsymbol{W}_1\boldsymbol{X}=\overline{\boldsymbol{W}}_1,\quad \boldsymbol{X}\boldsymbol{W}_2\boldsymbol{X}=\overline{\boldsymbol{W}}_2
$$

$$
\boldsymbol{X}\boldsymbol{Q}_i\boldsymbol{X}=\overline{\boldsymbol{Q}}_i,\quad \boldsymbol{X}\boldsymbol{R}_i\boldsymbol{X}=\overline{\boldsymbol{R}}_i,\quad \boldsymbol{X}\boldsymbol{\Xi}_i\boldsymbol{X}=\overline{\boldsymbol{\Xi}}_i,\quad \boldsymbol{X}\boldsymbol{T}\boldsymbol{X}=\overline{\boldsymbol{T}},\quad \boldsymbol{X}\boldsymbol{U}\boldsymbol{X}=\overline{\boldsymbol{U}},\quad \boldsymbol{X}\boldsymbol{M}\boldsymbol{X}=\overline{\boldsymbol{M}}
$$

则滑动模态(7.4.16)是渐近稳定的。

证明　选择 Lyapunov 函数

$$
V(t)=\sum_{p=1}^{4}V_p(t) \tag{7.4.20}
$$

式中

$$
V_1(t)=\boldsymbol{\Psi}_1^{\mathrm{T}}(t)\boldsymbol{P}\boldsymbol{\Psi}_1(t)
$$

$$
V_2(t)=\int_{t-\eta_m}^{t}\boldsymbol{\Psi}_1^{\mathrm{T}}(s)\boldsymbol{Q}(s)\boldsymbol{\Psi}_1(s)\mathrm{d}s+\int_{t-\eta_M}^{t}\boldsymbol{\Psi}_1^{\mathrm{T}}(s)\boldsymbol{R}(s)\boldsymbol{\Psi}_1(s)\mathrm{d}s+\int_{t-\eta_M}^{t-\eta_m}\boldsymbol{\Psi}_1^{\mathrm{T}}(s)\boldsymbol{\Xi}(s)\boldsymbol{\Psi}_1(s)\mathrm{d}s
$$

$$
V_3(t)=\eta_M\int_{-\eta_M}^{0}\int_{t+\theta}^{t}\dot{\boldsymbol{\Psi}}_1^{\mathrm{T}}(s)\boldsymbol{T}\dot{\boldsymbol{\Psi}}_1(s)\mathrm{d}s\mathrm{d}\theta
$$

$$
V_4(t)=(\eta_M-\eta_m)\int_{-\eta_M}^{-\eta_m}\int_{t+\theta}^{t}\dot{\boldsymbol{\Psi}}_1^{\mathrm{T}}(s)\boldsymbol{U}\dot{\boldsymbol{\Psi}}_1(s)\mathrm{d}s\mathrm{d}\theta
$$

其中,$\boldsymbol{P}$、$\boldsymbol{T}$、$\boldsymbol{U}$ 是正定对称矩阵;$\boldsymbol{Q}(s)=\sum_{i=1}^{N}\mu_i\boldsymbol{Q}_i$,$\boldsymbol{R}(s)=\sum_{i=1}^{N}\mu_i\boldsymbol{R}_i$,$\boldsymbol{\Xi}(s)=\sum_{i=1}^{N}\mu_i\boldsymbol{\Xi}_i$,且 $\boldsymbol{Q}_i$、$\boldsymbol{R}_i$、$\boldsymbol{\Xi}_i$ 是正定对称矩阵。

求 $V(t)$对时间的导数,并由式(7.4.16)可得

$$
\dot{V}(t)=\sum_{p=1}^{4}\dot{V}_p(t) \tag{7.4.21}
$$

式中

$$\begin{aligned}\dot{V}_1(t) &= \boldsymbol{\Psi}_1^{\mathrm{T}}(t)(\boldsymbol{P}\boldsymbol{A}_{11i}+\boldsymbol{A}_{11i}^{\mathrm{T}}\boldsymbol{P})\boldsymbol{\Psi}_1(t)-2\boldsymbol{\Psi}_1^{\mathrm{T}}(t)\boldsymbol{P}\boldsymbol{A}_{12i}\boldsymbol{G}_j\boldsymbol{\Psi}_1(t-\eta(t))\\&\quad+2\boldsymbol{\Psi}_1^{\mathrm{T}}(t)\boldsymbol{P}\boldsymbol{A}_{12i}\boldsymbol{G}_j\boldsymbol{e}_k(s_kh)\\ \dot{V}_2(t) &= \boldsymbol{\Psi}_1^{\mathrm{T}}(t)\boldsymbol{Q}(t)\boldsymbol{\Psi}_1(t)-\boldsymbol{\Psi}_1^{\mathrm{T}}(t-\eta_m)\boldsymbol{Q}(t-\eta_m)\boldsymbol{\Psi}_1(t-\eta_m)\\&\quad+\boldsymbol{\Psi}_1^{\mathrm{T}}(t)\boldsymbol{R}(t)\boldsymbol{\Psi}_1(t)-\boldsymbol{\Psi}_1^{\mathrm{T}}(t-\eta_M)\boldsymbol{R}(t-\eta_M)\boldsymbol{\Psi}_1(t-\eta_M)\\&\quad+\boldsymbol{\Psi}_1^{\mathrm{T}}(t-\eta_m)\boldsymbol{\Xi}(t-\eta_m)\boldsymbol{\Psi}_1(t-\eta_m)\\&\quad-\boldsymbol{\Psi}_1^{\mathrm{T}}(t-\eta_M)\boldsymbol{\Xi}(t-\eta_M)\boldsymbol{\Psi}_1(t-\eta_M)\\ \dot{V}_3(t) &= \eta_M^2\dot{\boldsymbol{\Psi}}_1^{\mathrm{T}}(t)\boldsymbol{T}\dot{\boldsymbol{\Psi}}_1(t)-h_M\int_{t-\eta_M}^{t}\dot{\boldsymbol{\Psi}}_1^{\mathrm{T}}(s)\boldsymbol{T}\dot{\boldsymbol{\Psi}}_1(s)\mathrm{d}s\\ \dot{V}_4(t) &= \eta_{Mm}^2\dot{\boldsymbol{\Psi}}_1^{\mathrm{T}}(t)\boldsymbol{U}\dot{\boldsymbol{\Psi}}_1(t)-\eta_{Mm}\int_{t-\eta_M}^{t-\eta_m}\dot{\boldsymbol{\Psi}}_1^{\mathrm{T}}(s)\boldsymbol{U}\dot{\boldsymbol{\Psi}}_1(s)\mathrm{d}s\end{aligned}$$

其中，$\eta_{Mm}=\eta_M-\eta_m$。

由引理 7.1.1 可得

$$\dot{V}_3(t)\leqslant\eta_M^2\dot{\boldsymbol{\Psi}}_1^{\mathrm{T}}(t)\boldsymbol{T}\dot{\boldsymbol{\Psi}}_1(t)-(\boldsymbol{\Psi}_1(t)-\boldsymbol{\Psi}_1(t-\eta_M))^{\mathrm{T}}\boldsymbol{T}(\boldsymbol{\Psi}_1(t)-\boldsymbol{\Psi}_1(t-\eta_M))\tag{7.4.22}$$

注意到，$\dot{V}_4(t)$可以表示为

$$\begin{aligned}\dot{V}_4(t) &= \eta_{Mm}^2\dot{\boldsymbol{\Psi}}_1^{\mathrm{T}}(t)\boldsymbol{U}\dot{\boldsymbol{\Psi}}_1(t)-\eta_{Mm}\int_{t-\eta(t)}^{t-h_m}\dot{\boldsymbol{\Psi}}_1^{\mathrm{T}}(s)\boldsymbol{U}\dot{\boldsymbol{\Psi}}_1(s)\mathrm{d}s\\&\quad-\eta_{Mm}\int_{t-h_M}^{t-\eta(t)}\dot{\boldsymbol{\Psi}}_1^{\mathrm{T}}(s)\boldsymbol{U}\dot{\boldsymbol{\Psi}}_1(s)\mathrm{d}s\end{aligned}$$

再根据引理 7.4.1，可得

$$\begin{aligned}\dot{V}_4(t)&\leqslant\eta_{Mm}^2\dot{\boldsymbol{\Psi}}_1^{\mathrm{T}}(t)\boldsymbol{U}\dot{\boldsymbol{\Psi}}_1(t)\\&\quad-\frac{\eta_{Mm}}{\eta(t)-\eta_m}(\boldsymbol{\Psi}_1(t-\eta(t))-\boldsymbol{\Psi}_1(t-\eta_m))^{\mathrm{T}}\boldsymbol{U}(\boldsymbol{\Psi}_1(t-\eta(t))-\boldsymbol{\Psi}_1(t-\eta_m))\\&\quad-\frac{\eta_{Mm}}{\eta_M-\eta(t)}(\boldsymbol{\Psi}_1(t-\eta(t))-\boldsymbol{\Psi}_1(t-\eta_M))^{\mathrm{T}}\boldsymbol{U}(\boldsymbol{\Psi}_1(t-\eta(t))-\boldsymbol{\Psi}_1(t-\eta_M))\end{aligned}\tag{7.4.23}$$

如果矩阵不等式

$$\begin{bmatrix}\boldsymbol{U} & \boldsymbol{M}\\ * & \boldsymbol{U}\end{bmatrix}\geqslant\boldsymbol{0}\tag{7.4.24}$$

成立，则式(7.4.23)可以进一步表示为

$$\begin{aligned}\dot{V}_4(t)&\leqslant\eta_{Mm}^2\dot{\boldsymbol{\Psi}}_1^{\mathrm{T}}(t)\boldsymbol{U}\dot{\boldsymbol{\Psi}}_1(t)\\&\quad-\begin{bmatrix}\boldsymbol{\Psi}_1(t-\eta_m)-\boldsymbol{\Psi}_1(t-\eta(t))\\ \boldsymbol{\Psi}_1(t-\eta(t))-\boldsymbol{\Psi}_1(t-\eta_M)\end{bmatrix}^{\mathrm{T}}\begin{bmatrix}\boldsymbol{U} & \boldsymbol{M}\\ * & \boldsymbol{U}\end{bmatrix}\begin{bmatrix}\boldsymbol{\Psi}_1(t-\eta_m)-\boldsymbol{\Psi}_1(t-\eta(t))\\ \boldsymbol{\Psi}_1(t-\eta(t))-\boldsymbol{\Psi}_1(t-\eta_M)\end{bmatrix}\end{aligned}\tag{7.4.25}$$

定义 $\boldsymbol{\Upsilon}(t)=[\boldsymbol{\Psi}_1^{\mathrm{T}}(t),\boldsymbol{\Psi}_1^{\mathrm{T}}(t-\eta_m),\boldsymbol{\Psi}_1^{\mathrm{T}}(t-\eta_M),\boldsymbol{\Psi}_1^{\mathrm{T}}(t-\eta(t)),\boldsymbol{e}_k^{\mathrm{T}}(s_kh)]^{\mathrm{T}}$。将式(7.4.22)和(7.4.25)代入式(7.4.21)，可得

$$\begin{aligned}\dot{V}(t)&\leqslant\sum_{i=1}^{N}\sum_{j=1}^{N}\sum_{l=1}^{N}\sum_{u=1}^{N}\mu_i\mu_j\mu_l\mu_u\boldsymbol{\Upsilon}^{\mathrm{T}}(t)\boldsymbol{\Omega}^{ijlu}\boldsymbol{\Upsilon}(t)\\&\quad+\boldsymbol{e}_k^{\mathrm{T}}(s_kh)\boldsymbol{W}_1\boldsymbol{e}_k(s_kh)-\delta\boldsymbol{\Psi}_1^{\mathrm{T}}(t_k)\boldsymbol{W}_2\boldsymbol{\Psi}_1(t_k)\end{aligned}\tag{7.4.26}$$

式中

$$\boldsymbol{\Omega}^{ijlu}=\begin{bmatrix}\boldsymbol{\Omega}_{11}^{ii} & \boldsymbol{0} & \boldsymbol{T} & \boldsymbol{\Omega}_{14}^{ij} & \boldsymbol{\Omega}_{15}^{ij}\\ * & \boldsymbol{\Omega}_{22}^{l} & \boldsymbol{V} & \boldsymbol{\Omega}_{24} & \boldsymbol{0}\\ * & * & \boldsymbol{\Omega}_{33}^{u} & \boldsymbol{\Omega}_{34} & \boldsymbol{0}\\ * & * & * & \boldsymbol{\Omega}_{44}^{ij} & \boldsymbol{\Omega}_{45}^{ij}\\ * & * & * & * & \boldsymbol{\Omega}_{55}^{ij}\end{bmatrix}$$

其中

$$\boldsymbol{\Omega}_{11}^{ii}=\boldsymbol{P}\boldsymbol{A}_{11i}+\boldsymbol{A}_{11i}^{\mathrm{T}}\boldsymbol{P}+\boldsymbol{Q}_i+\boldsymbol{R}_i-\boldsymbol{T}+\eta_M^2\boldsymbol{A}_{11i}^{\mathrm{T}}\boldsymbol{T}\boldsymbol{A}_{11i}+\eta_{Mm}^2\boldsymbol{A}_{11i}^{\mathrm{T}}\boldsymbol{U}\boldsymbol{A}_{11i}$$

$$\boldsymbol{\Omega}_{14}^{ij}=-\boldsymbol{P}\boldsymbol{A}_{12i}\boldsymbol{G}_j-\eta_M^2\boldsymbol{A}_{11i}^{\mathrm{T}}\boldsymbol{T}\boldsymbol{A}_{12i}\boldsymbol{G}_j-\eta_{Mm}^2\boldsymbol{A}_{11i}^{\mathrm{T}}\boldsymbol{U}\boldsymbol{A}_{12i}\boldsymbol{G}_j$$

$$\boldsymbol{\Omega}_{15}^{ij}=\boldsymbol{P}\boldsymbol{A}_{12i}\boldsymbol{G}_j+\eta_M^2\boldsymbol{A}_{11i}^{\mathrm{T}}\boldsymbol{T}\boldsymbol{A}_{12i}\boldsymbol{G}_j+\eta_{Mm}^2\boldsymbol{A}_{11i}^{\mathrm{T}}\boldsymbol{U}\boldsymbol{A}_{12i}\boldsymbol{G}_j$$

$$\boldsymbol{\Omega}_{22}^{l}=\boldsymbol{\Xi}_l-\boldsymbol{Q}_l-\boldsymbol{U},\quad \boldsymbol{\Omega}_{24}=-\boldsymbol{M}+\boldsymbol{U}$$

$$\boldsymbol{\Omega}_{33}^{u}=-\boldsymbol{\Xi}_u-\boldsymbol{R}_u-\boldsymbol{T}-\boldsymbol{U},\quad \boldsymbol{\Omega}_{34}=-\boldsymbol{M}^{\mathrm{T}}+\boldsymbol{U}$$

$$\boldsymbol{\Omega}_{44}^{ij}=\boldsymbol{M}-\boldsymbol{U}+\boldsymbol{M}^{\mathrm{T}}-\boldsymbol{U}^{\mathrm{T}}+\delta\boldsymbol{W}_2+\eta_M^2\boldsymbol{G}_j^{\mathrm{T}}\boldsymbol{A}_{12i}^{\mathrm{T}}\boldsymbol{T}\boldsymbol{A}_{12i}\boldsymbol{G}_j+\eta_{Mm}^2\boldsymbol{G}_j^{\mathrm{T}}\boldsymbol{A}_{12i}^{\mathrm{T}}\boldsymbol{U}\boldsymbol{A}_{12i}\boldsymbol{G}_j$$

$$\boldsymbol{\Omega}_{45}^{ij}=-\delta\boldsymbol{W}_2-\eta_M^2\boldsymbol{G}_j^{\mathrm{T}}\boldsymbol{A}_{12i}^{\mathrm{T}}\boldsymbol{T}\boldsymbol{A}_{12i}\boldsymbol{G}_j-\eta_{Mm}^2\boldsymbol{G}_j^{\mathrm{T}}\boldsymbol{A}_{12i}^{\mathrm{T}}\boldsymbol{U}\boldsymbol{A}_{12i}\boldsymbol{G}_j$$

$$\boldsymbol{\Omega}_{55}^{ij}\overset{\mathrm{def}}{=}\delta\boldsymbol{W}_2-\boldsymbol{W}_1+\eta_M^2\boldsymbol{G}_j^{\mathrm{T}}\boldsymbol{A}_{12i}^{\mathrm{T}}\boldsymbol{T}\boldsymbol{A}_{12i}\boldsymbol{G}_j+\eta_{Mm}^2\boldsymbol{G}_j^{\mathrm{T}}\boldsymbol{A}_{12i}^{\mathrm{T}}\boldsymbol{U}\boldsymbol{A}_{12i}\boldsymbol{G}_j$$

由式(7.4.10)可得

$$\boldsymbol{e}_k^{\mathrm{T}}(s_kh)\boldsymbol{W}_1\boldsymbol{e}_k(s_kh)-\delta\boldsymbol{\Psi}_1^{\mathrm{T}}(t_k)\boldsymbol{W}_2\boldsymbol{\Psi}_1(t_k)\leqslant\boldsymbol{0}$$

根据上述不等式,矩阵不等式(7.4.26)可以表示为

$$\begin{aligned}\dot{V}(t)&\leqslant\sum_{i=1}^{N}\sum_{j=1}^{N}\sum_{l=1}^{N}\sum_{u=1}^{N}\mu_i\mu_j\mu_l\mu_u\boldsymbol{\Upsilon}^{\mathrm{T}}(t)\boldsymbol{\Omega}^{ijlu}\boldsymbol{\Upsilon}(t)\\&=\sum_{l=1}^{N}\sum_{u=1}^{N}\mu_l\mu_u\left[\sum_{i=1}^{N}\mu_i^2\boldsymbol{\Upsilon}^{\mathrm{T}}(t)\boldsymbol{\Omega}^{iilu}\boldsymbol{\Upsilon}(t)+\sum_{i<j}^{N}2\mu_i\mu_j\boldsymbol{\Upsilon}^{\mathrm{T}}(t)(\boldsymbol{\Omega}^{ijlu}+\boldsymbol{\Omega}^{jilu})\boldsymbol{\Upsilon}(t)\right]\end{aligned}\tag{7.4.27}$$

为了保证除 $\boldsymbol{x}(t)=\boldsymbol{0}$ 之外,$\dot{V}(t)<0$,首先假设在式(7.4.25)中第一个和式是负定的,即

$$\boldsymbol{\Omega}^{iilu}<\boldsymbol{0}\tag{7.4.28}$$

然后假设

$$\frac{1}{N-1}\boldsymbol{\Omega}^{iilu}+\boldsymbol{\Omega}^{ijlu}+\boldsymbol{\Omega}^{jilu}<\boldsymbol{0}\tag{7.4.29}$$

把式(7.4.29)代入式(7.4.27),可得

$$\dot{V}(t)<\sum_{l=1}^{N}\sum_{u=1}^{N}\mu_l\mu_u\left(\sum_{i=1}^{N}\mu_i^2\boldsymbol{\Upsilon}^{\mathrm{T}}(t)\boldsymbol{\Omega}^{iilu}\boldsymbol{\Upsilon}(t)-\frac{1}{N-1}\sum_{i<j}^{N}2\mu_i\mu_j\boldsymbol{\Upsilon}^{\mathrm{T}}(t)\boldsymbol{\Omega}^{iilu}\boldsymbol{\Upsilon}(t)\right)$$

应用引理 2.1.2,上式可以表示为

$$\dot{V}(t)<\sum_{l=1}^{N}\sum_{u=1}^{N}\mu_l\mu_u\left(\sum_{i=1}^{N}\mu_i^2\boldsymbol{\Upsilon}^{\mathrm{T}}(t)\boldsymbol{\Omega}^{iilu}\boldsymbol{\Upsilon}(t)-\sum_{i=1}^{N}\mu_i^2\boldsymbol{\Upsilon}^{\mathrm{T}}(t)\boldsymbol{\Omega}^{iilu}\boldsymbol{\Upsilon}(t)\right)=\boldsymbol{0}\tag{7.4.30}$$

由上述分析可知,如果矩阵不等式(7.4.24)、(7.4.28)和(7.4.29)成立,则有 $\dot{V}(t)<0$,即滑动模态(7.4.16)是渐近稳定的。

引进变量 $\boldsymbol{X}=\boldsymbol{P}_1^{-1}$,并且令

$$\boldsymbol{X}\boldsymbol{W}_1\boldsymbol{X}=\overline{\boldsymbol{W}}_1,\quad \boldsymbol{X}\boldsymbol{W}_2\boldsymbol{X}=\overline{\boldsymbol{W}}_2,\quad \boldsymbol{X}\boldsymbol{Q}_i\boldsymbol{X}=\overline{\boldsymbol{Q}}_i,\quad \boldsymbol{X}\boldsymbol{R}_i\boldsymbol{X}=\overline{\boldsymbol{R}}_i$$
$$\boldsymbol{X}\boldsymbol{\Xi}_i\boldsymbol{X}=\overline{\boldsymbol{\Xi}}_i,\quad \boldsymbol{X}\boldsymbol{T}\boldsymbol{X}=\overline{\boldsymbol{T}},\quad \boldsymbol{X}\boldsymbol{U}\boldsymbol{X}=\overline{\boldsymbol{U}},\quad \boldsymbol{X}\boldsymbol{M}\boldsymbol{X}=\overline{\boldsymbol{M}}$$

在式(7.4.28)和(7.4.29)左右两侧同时乘以 $\mathrm{diag}(\boldsymbol{X},\boldsymbol{X},\boldsymbol{X},\boldsymbol{X},\boldsymbol{X})$，并应用 Schur 分解原理，得到定理 7.4.1 中的矩阵不等式(7.4.17)和(7.4.18)。在矩阵不等式(7.2.24)左右两侧同时乘以 $\mathrm{diag}(\boldsymbol{X},\boldsymbol{X})$，得到定理 7.4.1 中的矩阵不等式(7.4.19)。

定理 7.4.2　给定不确定模糊系统(7.4.4)，设计形如式(7.4.7)的滑模面，$\boldsymbol{G}_j$ 由定理 7.4.1 得出，则基于事件触发机制(7.4.9)设计的滑模模糊控制器(7.4.11)使得闭环模糊系统到达期望滑模面，即 $\boldsymbol{s}(t)=\boldsymbol{0}$。

证明　选择 Lyapunov 函数

$$V_s(t)=\frac{1}{2}\boldsymbol{s}(t)^{\mathrm{T}}\boldsymbol{B}_{1i}^{-1}\boldsymbol{s}(t) \tag{7.4.31}$$

对滑模面(7.4.13)求时间导数，可得

$$\dot{\boldsymbol{s}}(t)=[\boldsymbol{G}_j\quad \boldsymbol{I}]\begin{bmatrix}\dot{\boldsymbol{\Psi}}_1(t_k)\\ \dot{\boldsymbol{\Psi}}_2(t_k)\end{bmatrix} \tag{7.4.32}$$

注意到，式(7.4.6)可表示为

$$\begin{aligned}&\dot{\boldsymbol{\Psi}}_1(t)=\boldsymbol{A}_{11i}\boldsymbol{\Psi}_1(t)-\boldsymbol{A}_{12i}\boldsymbol{G}_j\boldsymbol{\Psi}_1(t_k)\\&\dot{\boldsymbol{\Psi}}_2(t)=\boldsymbol{A}_{21i}\boldsymbol{\Psi}_1(t)-\boldsymbol{A}_{22i}\boldsymbol{G}_j\boldsymbol{\Psi}_1(t_k)+\boldsymbol{B}_{1i}(\boldsymbol{u}(t)+\boldsymbol{C}_i\boldsymbol{f}(t))\end{aligned} \tag{7.4.33}$$

则式(7.4.32)等价于如下表达式：

$$\begin{aligned}\dot{\boldsymbol{s}}(t)=&\boldsymbol{G}_j\boldsymbol{A}_{11i}\boldsymbol{\Psi}_1(t)-\boldsymbol{G}_j\boldsymbol{A}_{12i}\boldsymbol{G}_j\boldsymbol{\Psi}_1(t_k)+\boldsymbol{A}_{21i}\boldsymbol{\Psi}_1(t)\\&-\boldsymbol{A}_{22i}\boldsymbol{G}_j\boldsymbol{\Psi}_1(t_k)+\boldsymbol{B}_{1i}(\boldsymbol{u}(t)+\boldsymbol{C}_i\boldsymbol{f}(t))\end{aligned} \tag{7.4.34}$$

将式(7.4.33)代入式(7.4.34)，可得闭环滑动模态为

$$\dot{\boldsymbol{s}}(t)=-\varphi\,\mathrm{sgn}(\boldsymbol{s}(t))\boldsymbol{B}_{1i} \tag{7.4.35}$$

对 $V_s(t)$ 求时间导数，并将式(7.4.35)代入可得

$$\dot{V}_s(t)=-\varphi\boldsymbol{s}(t)^{\mathrm{T}}\mathrm{sgn}(\boldsymbol{s}(t))=-\varphi\,\|\boldsymbol{s}(t)\| \tag{7.4.36}$$

可以看出，当 $\boldsymbol{s}(t)\neq 0$ 时，有 $\dot{V}_s(t)<0$。因此，基于事件触发的滑模模糊控制器(7.4.11)使得闭环模糊系统到达期望的滑模面。

7.4.3　仿真

考虑如下不确定模糊系统：

$$\dot{\boldsymbol{x}}(t)=\sum_{i=1}^{2}\mu_i[\boldsymbol{A}_i\boldsymbol{x}(t)+\boldsymbol{B}_i(\boldsymbol{u}(t)+C_if(t))]$$

式中

$$\boldsymbol{A}_1=\begin{bmatrix}-1.2 & 0.3\\ 1 & -0.8\end{bmatrix},\quad \boldsymbol{B}_1=\begin{bmatrix}0\\2\end{bmatrix},\quad C_1=1.6$$

$$\boldsymbol{A}_2=\begin{bmatrix}0.6 & -0.5\\ -1.2 & -0.4\end{bmatrix},\quad \boldsymbol{B}_2=\begin{bmatrix}0\\2\end{bmatrix},\quad C_2=2$$

模糊隶属函数为

$$\mu_1=\frac{1}{2}(1-\sin x_1(t)),\quad \mu_2=\frac{1}{2}(1+\sin x_1(t))$$

给定 $\delta=0.8,h_m=1,h_M=3$。求解定理 7.4.1 中的线性矩阵不等式,可得

$$K_1=1.1389\times10^{-4},\quad K_2=-1.4672\times10^{-4},\quad \bar{P}=1.1701\times10^{-4}$$

进而得到

$$G_1=0.9733,\quad G_2=1.2538,\quad W_1=0.0062,\quad W_2=1.4373\times10^{-4}$$

基于事件触发的滑模控制器具体形式如下:

$$\begin{aligned}u(t)=&\mu_1\left[-\frac{1}{2}(-0.1679\boldsymbol{e}(t)+0.3265\boldsymbol{\Psi}_1(t_k))-1.6f(t)-\varphi\mathrm{sgn}(\boldsymbol{s}(t))\right]\\&+\mu_2\left[-\frac{1}{2}(-1.9523\boldsymbol{e}(t)-1.6678\boldsymbol{\Psi}_1(t_k))-2f(t)-\varphi\mathrm{sgn}(\boldsymbol{s}(t))\right]\end{aligned}$$

式中,$\varphi=0.005$;外部干扰 $f(t)=0.5\mathrm{e}^{-t}\sin t$。

取初始条件为初始条件 $\boldsymbol{x}(0)=[-0.5\quad -0.4]^{\mathrm{T}}$。仿真结果由图 7-9~图 7-12 给出。可以看出,50s 内传输了 110 个采样信号,传输效率为 26.44%,即节省了 73.56%的通信资源。

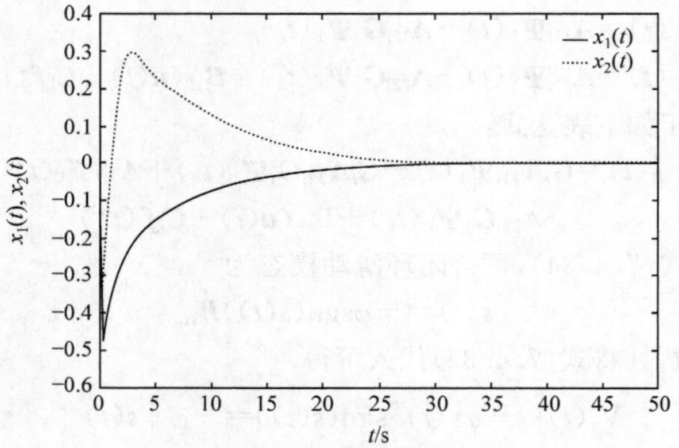

图 7-9 闭环模糊系统的状态响应

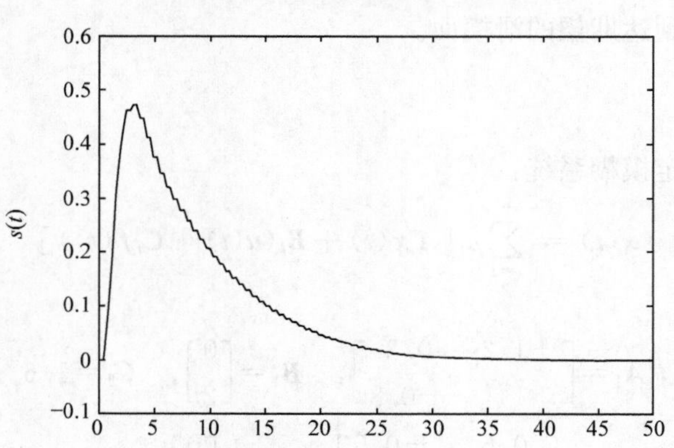

图 7-10 滑模面轨迹 $s(t)$

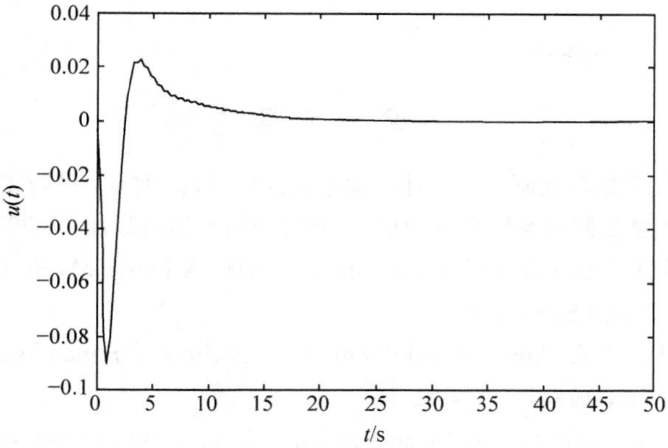

图 7-11　控制输入信号 $u(t)$

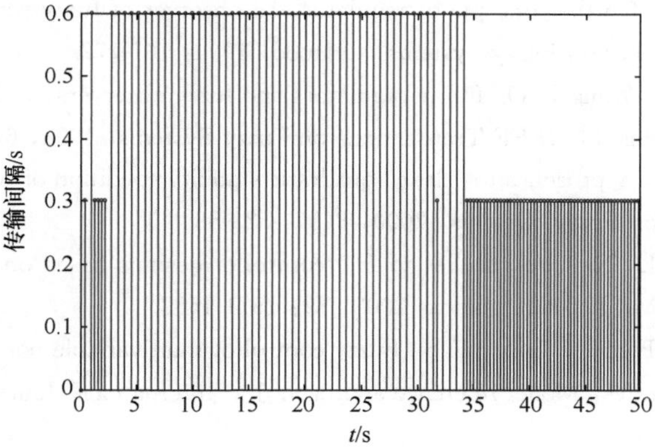

图 7-12　触发时刻和传输间隔

参考文献

[1] 王立新. 自适应模糊系统与控制——设计与稳定性分析[M]. 北京：国防工业出版社，1995.

[2] 张文修，梁广锡. 模糊控制与系统[M]. 西安：西安交通大学出版社，1998.

[3] Tanaka K，Wang H O. Fuzzy Control System and Analysis：A Linear Matrix Inequality Approach[M]. Hoboken：John Willy and Sons，2001.

[4] Ma X J，Sun Z Q，He Y Y. Analysis and design of fuzzy controller and observer[J]. IEEE Transactions on Fuzzy Systems，1998，6(1)：41-51.

[5] Tanaka K，Sugeno M. Stability analysis and design of fuzzy control systems[J]. Fuzzy Sets and Systems，1992，45(2)：135-156.

[6] Tanaka K，Sano M. On the concepts of regulator and observer of fuzzy control systems[C]. IEEE International Conference on Fuzzy Systems，Orlando，1994：767-772.

[7] Tanaka K，Ikeda T，Wang H O. Fuzzy regulators and fuzzy observers：Relaxed stability conditions and LMI based designs[J]. IEEE Transactions on Fuzzy Systems，1998，6(2)：250-264.

[8] Kim E，Lee H. New approaches to relaxed quadratic stability condition of fuzzy control systems[J]. IEEE Transactions on Fuzzy Systems，2000，8(5)：523-534.

[9] Liu X D，Zhang Q L. New approaches to H^{∞} controller designs based on fuzzy observers for T-S fuzzy systems via LMI[J]. Automatica，2003，39：1571-1582.

[10] Lam H K，Leung F H F，Tam P K S. Fuzzy control of multivariable nonlinear systems subject to parameter uncertainties：Model reference approach[J]. International Journal of Approximate Reasoning，2001，26：129-144.

[11] Lee H J，Park J B，Chen G R. Robust fuzzy control of nonlinear systems with parametric uncertainties[J]. IEEE Transactions on Fuzzy Systems，2001，9(2)：369-379.

[12] Xie L. Output feedback H^{∞} control of systems with parameter uncertainties[J]. International Journal of Control，1996，63(4)：741-750.

[13] Tong S C，Li H X. Observer based robust fuzzy control of nonlinear systems with parametric uncertainties[J]. Fuzzy Sets and Systems，2002，131(2)：165-184.

[14] Gahinet P，Nemirovski A，Laub A，et al. LMI Control Toolbox for Use with MATLAB[M]. Natick：MathWorks.，1995.

[15] 巩长中，王伟. 基于观测器的离散非线性系统模糊鲁棒控制[J]. 控制理论与应用，2005，22(1)：96-100.

[16] 佟绍成，王艳平，王涛. 基于状态观测器的一类非线性系统的模糊鲁棒控制[J]. 控制与决策，2001，16(1)：62-64.

[17] 佟绍成，周军. 一类不确定非线性系统的模糊动态输出反馈控制[J]. 控制与决策，2001，16(5)：540-544.

[18] Kiriakidis K. Nonlinear control system design via fuzzy modeling and LMIs[J]. International Journal of Control，1999，72(7/8)：676-685.

[19] Kiriakidis K. Fuzzy model based control of complex plants[J]. IEEE Transactions on Fuzzy Systems，1998，6(4)：517-529.

[20] Johansen T A. Fuzzy model based control: Stability, robustness, and performance issues[J]. IEEE Transactions on Fuzzy Systems, 1994, 2(3): 221-234.

[21] Cao Y Y, Lin Z L, Shamash Y. Set invariance analysis and gain scheduling control for LPV systems subject to actuator saturation[J]. Systems and Control Letters, 2002, 46: 137-151.

[22] Tong S C, Chai T Y. Direct adaptive fuzzy control and robust analysis systems for unknown multivariable nonlinear systems[J]. Fuzzy Sets and Systems, 1999, 106(3): 309-319.

[23] Johansen T A, Foss B A. Constructing NARMAX models using ARMAX models[J]. International Journal of Control, 1993, 58(3): 1125-1153.

[24] Desoer C A, Vidyasagar M. Feedback Systems Input-Output Properties[M]. New York: Academic, 1975.

[25] Zames G. On the input-output stability of time-varying nonlinear feedback systems[J]. IEEE Transactions on Automatic Control, 1966, 11: 228-238.

[26] Chen B Sen, Tseng C S, Uang H J. Robustness design of nonlinear dynamic systems via fuzzy linear control[J]. IEEE Transactions on Fuzzy Systems, 1999, 7(5): 571-585.

[27] Khalil H K. Nonlinear Systems[M]. Englewood Cliffs: Prentice Hall, 1992.

[28] LaSalle J P. Some extensions of Lyapunov's second method[J]. IRE Transactions on Circuit Theory, 1960, 4(1): 520-527.

[29] Boyd S, Ghaoui L E, Feron E, et al. Linear Matrix Inequalities in System and Control Theory[M]. Philadelphia: Society for Industrial and Applied Mathematics, 1994.

[30] Tseng C S, Chen B S, Uang H. Fuzzy tracking control design for nonlinear dynamic systems via T-S fuzzy model[J]. IEEE Transactions on Fuzzy Systems, 2001, 9(3): 381-392.

[31] Tong S C, Wang T, Li H X. Fuzzy robust tracking control design for uncertain nonlinear dynamic systems[J]. International Journal of Approximate Reasoning, 2002, 30(2): 73-90.

[32] Tseng C S, Chen B S. H^{∞} decentralized fuzzy model reference tracking control design for nonlinear interconnected systems[J]. IEEE Transactions on Fuzzy Systems, 2001, 9(6): 795-809.

[33] 佟绍成，柴天佑. 一类多变量非线性动态系统的模糊鲁棒控制[J]. 自动化学报，2000，26(5)：30-37.

[34] Gutman S. Uncertain dynamic systems—A Lyapunov min-max approach[J]. IEEE Transactions on Automatic Control, 1979, 24: 438-443.

[35] Utkin V I. Sliding Models in Control and Optimization[M]. New York: Springer, 1992.

[36] Petersen I R. A stabilization algorithm for a class of uncertain linear system[J]. System and Control Letters, 1987, 8: 351-357.

[37] Cao S G, Rees N W, Feng G. Analysis and design for a class of complex control systems, Part Ⅱ: Fuzzy controller design[J]. Automatica, 1997, 33(6): 1029-1039.

[38] Garcia G, Bernussou J, Arzelier D. Robust stabilization of discrete time linear systems with norm-bounded time varying uncertainty[J]. System and Control Letters, 1994, 22: 327-339.

[39] Feng M, Harris C J. Feedback stabilization of fuzzy systems via linear matrix inequalities[J]. International Journal of Systems Science, 2001, 32(2): 221-231.

[40] Feng M, Harris C J. Piecewise Lyapunov stability conditions of fuzzy systems[J]. IEEE Transactions on Systems, Man and Cybernetics, 2001, 32(3): 1245-1256.

[41] Tanaka K, Ikeda T, Wang H Q. Robust stabilization of a class of uncertain nonlinear systems via fuzzy control: Quadratic stabilizability, H^{∞} control theory and linear matrix inequalities[J]. IEEE

Transactions on Fuzzy Systems, 1996, 4(1): 1-13.

[42] Barmish B R. Necessary and sufficient conditions for quadratic stabilizability of an uncertain linear systems[J]. Journal of Optimization Theory and Applications, 1985, 46(4): 399-408.

[43] Khargonekar P P, Petersen I R, Zhou K. Robust stabilization of uncertainty linear systems: Quadratic stabilizability and H^∞ control theory[J]. IEEE Transactions on Automatic Control, 1990, 35(3): 356-361.

[44] Zhou K, Khargonekar P P. An algebraic Riccati equation approach to H^∞ optimization[J]. System and Control Letters, 1998, 11: 85-91.

[45] Yoneyama J. H^∞ control for Takagi-Sugeno fuzzy systems[J]. International Journal of Systems Science, 2001, 32(7): 915-924.

[46] Zhou K, Doyle J C, Glover K. Robust and Optimal Control[M]. Englewood Cliffs: Prentice Hall, 1996.

[47] Cao Y Y, Frank P M. Robust H^∞ disturbance attenuation for a class of uncertain discrete-time fuzzy systems[J]. IEEE Transactions on Fuzzy Systems, 2000, 8(4): 106-415.

[48] Liu X D, Zhang Q L. Approaches to quadratic stability conditions and H^∞ control designs for T-S fuzzy systems[J]. IEEE Transactions on Fuzzy Systems, 2003, 11(6): 795-809.

[49] Cao Y Y, Frank P M. Stability analysis and synthesis of nonlinear time delay systems via linear Tanagi-Sugeno fuzzy model[J]. Fuzzy Sets and Systems, 2001, 124: 213-229.

[50] Razumihkin B S. The application of Lyapunov's method to problem in stability systems with delay[J]. Automatic & Remote Control, 1960, 21(3): 515-520.

[51] Cao Y Y, Frank P M. Analysis and synthesis of nonlinear time-delay systems via fuzzy control[J]. IEEE Transactions on Fuzzy Systems, 2000, 8(6): 200-211.

[52] 佟绍成. 模糊时滞系统的输出反馈控制及其稳定性分析[J]. 控制与决策, 2001, 9(3): 102-110.

[53] Lee K P, Kim J H, Jeung E T, et al. Output feedback robust H^∞ control of uncertain fuzzy dynamic systems with time-varying delay[J]. IEEE Transactions on Fuzzy Systems, 2000, 8(6): 657-664.

[54] Peng C, Han Q L, Yue D. To transmit or not to transmit: A discrete event-triggered communication scheme for networked Takagi-Sugeno fuzzy systems[J]. IEEE Transactions on Fuzzy Systems, 2012, 21(1): 164-170.

[55] Su X J, Wen Y, Shi P, et al. Event-triggered fuzzy control for nonlinear systems via sliding mode approach[J]. IEEE Transactions on Fuzzy Systems, 2019, 29(2): 336-344.

[56] Peng C, Yang M J, Zhang J, et al. Network-based H^∞ control for T-S fuzzy systems with an adaptive event-triggered communication scheme[J]. Fuzzy Sets and Systems, 2017, 329: 61-76.

[57] 刘健辰, 时光. 基于事件触发传输机制的非线性系统模糊 H^∞ 控制[J]. 控制与决策, 2016, 31(9): 1553-1560.

[58] Wang X, Lemmon M. Self-triggered feedback control systems with finite-gain stability[J]. IEEE Transactions on Automatic Control, 2009, 45(3): 452-467.